Bau und Physik
der Galaxis

Bau und Physik der Galaxis

von
Prof. Dr. Helmut Scheffler
Landessternwarte Heidelberg-Königsstuhl
und Universität Heidelberg
und
Prof. Dr. Hans Elsässer
Max-Planck-Institut für Astronomie Heidelberg
und Universität Heidelberg

2., überarbeitete und erweiterte Auflage

B·I·
Wissenschaftsverlag
Mannheim/Leipzig/Wien/Zürich

Die Deutsche Bibliothek – CIP-Einheitsaufnahme

Scheffler, Helmut:
Bau und Physik der Galaxis / von Helmut Scheffler und Hans Elsässer. – 2., überarb. und erw. Aufl. – Mannheim; Leipzig; Wien; Zürich: BI-Wiss.-Verl., 1992
ISBN 3-411-14402-5
NE: Elsässer, Hans:

Gedruckt auf säurefreiem Papier
mit neutralem pH-Wert (bibliotheksfest)

Druck: Progressdruck GmbH, Speyer
Bindearbeit: Klambt-Druck GmbH, Speyer
Printed in Germany
ISBN 3-411-14402-5

Vorwort zur 2. Auflage

Die Erforschung unserer Galaxis hat seit dem Erscheinen der 1. Auflage dieses Buches, vor fast einem Jahrzehnt, zahlreiche neue Erkenntnisse gebracht. Um das Buch – im Rahmen seiner Zielsetzung – auf den neuesten Stand zu bringen, waren daher an vielen Stellen Änderungen, teilweise größeren Umfangs, wie auch Erweiterungen durch neue Abschnitte erforderlich. Die wichtigsten hierbei berücksichtigten Themen sind: Modell der Galaxis aus Sternzählungen, galaktischer Bulge (Kapitel II); Beobachtungen der interstellaren Materie im fernen Infrarot und im Submillimetergebiet, Natur der emittierenden Staubteilchen (Kapitel III); galaktische Rotationskurve, Molekülwolken, Struktur des galaktischen Zentrums, galaktischer Gas-Halo (Kapitel IV); Massenmodelle der Galaxis, frühe galaktische Entwicklung (Kapitel V). Das Verzeichnis ergänzender und weiterführender Literatur wurde ebenfalls aktualisiert.

Sofern nicht die speziellen Maßeinheiten der Astronomie: Parsec [pc], Sonnenmasse [$\mathfrak{M}_{\odot}$] und Länge des Jahres [a] üblich sind, benutzen wir, wie in unserer „Physik der Sterne und der Sonne", meist das Gaußsche cgs-System. Die dort gegebene Begründung sei hier wiederholt: In der astrophysikalischen Originalliteratur wird – vor allem von den Theoretikern – weiterhin das cgs-System verwendet. Es ist nicht erkennbar, daß sich dies in absehbarer Zeit ändern wird. Da dieses Buch auch eine Brücke zum Studium spezieller Reviewartikel und Originalarbeiten schlagen soll, erschien es fast zwingend, in den theoretischen Teilen das cgs-System beizubehalten. Auf diese Weise wird vermieden, daß sich die Ausdrücke für Absorptions- und Emissionskoeffizienten, Äquivalentbreiten oder etwa für den magnetischen Druck von den in der Originalliteratur benutzten unterscheiden. Zahlenwerte von Strahlungsgrößen werden auch unter Verwendung der SI-Einheiten angegeben.

Die Zeichnungen für neue Abbildungen hat Frau B. Farr angefertigt. Der größte Teil der angefallenen Schreibarbeiten wurde von Frau U. Kapczynski ausgeführt.

Dem Verlag danken wir wieder für die stets angenehme Zusammenarbeit.

Heidelberg, im Juni 1991

H. Scheffler
H. Elsässer

Auszug aus dem Vorwort zur 1. Auflage

In der neueren astronomischen Literatur fehlt bisher – nicht nur im deutschen Sprachraum – ein systematisches Lehrbuch, das die Methoden und Ergebnisse der Erforschung unserer Galaxis auf einem mittleren Niveau in voller Breite darstellt. Dem abzuhelfen ist das Hauptanliegen dieses Bandes, der damit eine ähnliche Zielsetzung hat wie unsere im gleichen Verlag erschienene „Physik der Sterne und der Sonne".

Auch dieses Buch wendet sich in erster Linie an die Studierenden der Astronomie, sei es im Haupt- oder im Nebenfach, und an Naturwissenschaftler verwandter Interessenrichtungen. Wir hoffen wieder, daß auch andere Liebhaber der Himmelskunde Nutzen daraus ziehen können. Eine ähnliche Aufteilung des Stoffes, wie in der „Physik der Sterne und der Sonne" – die uns auch von der Sache her angemessen erscheint – soll dies begünstigen: In den drei ersten Kapiteln steht die empirische Forschung basisbildend im Vordergrund. Wo es ohne besondere theoretische Hilfsmittel möglich ist, wird hier zur Aufhellung der Zusammenhänge des öfteren ein Ausblick auf die spätere quantitative Interpretation gegeben. Zum Verständnis reichen meist elementare mathematische und physikalische Kenntnisse aus. In den vorwiegend der Theorie gewidmeten Kapiteln IV und V werden etwas höhere, in der Regel etwa dem Stadium des Vordiploms in Physik entsprechende Anforderungen gestellt.

Der Zwang zur Anordnung des Stoffes in eindimensionaler Folge erfordert unausweichlich einige Kompromisse. So führt allein schon die Trennung von Beobachtung und Theorie dazu, daß ein bestimmtes Thema an zwei oder drei Stellen des Buches angesprochen wird, beispielsweise die interstellare Polarisation in den Kapiteln III (Beobachtungen), IV (Interpretation mit Optik kleiner Teilchen) und V (Theorie der Ausrichtung länglicher Staubpartikel). Wir hoffen, daß dieser Nachteil durch die jeweils gegebenen Verweise weitgehend aufgehoben ist. Eine andere Schwierigkeit tritt bei der Behandlung des interstellaren Gases auf. Während es verhältnismäßig gut möglich ist, die Verteilung und Bewegung der Sterne *nach* der Physik der Sterne zu besprechen, wäre eine analoge Trennung beim interstellaren Gas kaum durchzuführen. Die Themen „physikalischer Zustand" einerseits und „räumliche Verteilung und Bewegung" andererseits können hier in der Regel nicht isoliert betrachtet werden. So erfordert beispielsweise die Ableitung der Dichteverteilung des interstellaren neutralen Wasserstoffes bereits Annahmen über dessen Kinematik und für detaillierte Aussagen über die Temperatur ist gleichzeitig eine Diskussion der räumlichen Struktur notwendig. Wir haben aus diesem Grund den physikalischen Zustand wie auch die räumliche Verteilung und Kinematik des interstellaren Gases in möglichst enger Nachbarschaft in *einem* Kapitel (IV) behandelt.

Bei der Stoffauswahl wurde wieder angestrebt, in erster Linie den abgeklärten, fundierten Wissensbestand zu berücksichtigen. Die Fülle neuer empirischer wie theoretischer Resultate der intensiven Forschung auf nahezu allen hier behandelten Gebieten ließ es jedoch unumgänglich erscheinen, teilweise auch gegenwärtig noch in der Diskussion stehende Ergebnisse aufzunehmen. Die Zusammenstellung ergänzender und weiterführender Literatur soll jenen Lesern ein erster Leitfaden sein, die sich in ein Spezialgebiet tiefer einarbeiten möchten.

Die relativ große Zahl der auftretenden Formeln aus unterschiedlichen Bereichen der Astronomie und Astrophysik bringt es mit sich, daß in einigen Fällen verschiedene Größen mit demselben Symbol bezeichnet werden müssen. So verbietet es sich beispielsweise, die interstellare Exitinktion und die erste der Oortschen Konstanten der galaktischen Rotation anders als, wie üblich, mit A zu bezeichnen. Ähnliches gilt für die Verwendung von φ als Polarwinkel und als Funktionssymbol, etwa für die Leuchtkraftfunktion der Sterne. In anderen Fällen zwingt die begrenzte Zahl der verfügbaren Zeichen zu mehrfacher Vergabe desselben Symbols – dies aber jeweils in verschiedenen Abschnitten. Dem Leser, der in der Lage ist, der Darstellung zu folgen, dürften jedoch hierdurch kaum Schwierigkeiten enstehen.

Heidelberg, im April 1982

H. Scheffler
H. Elsässer

Inhalt

Einleitender Überblick

Die Astronomie beschäftigt sich schon seit langem mit der Erforschung der Galaxis. Im Laufe der Zeit rückten immer wieder neue Aspekte in den Vordergrund des Interesses und auch in der Gegenwart sind Objekte und Vorgänge in unserem Milchstraßensystem nach wie vor zentrale Themen der Forschung. Die folgende Einleitung enthält einen gedrängten Überblick über die verschiedenartigen Fragestellungen und ihre Historie. Sie soll das Eindringen in die ausführlichere Darstellung der späteren Kapitel erleichtern.

Das Sternsystem

Seit der Erfindung des Fernrohres weiß man zwar, daß das Phänomen der Milchstraße durch sehr viele schwache Sterne erzeugt wird, Vorstellungen von einem übergeordneten großen Sternsystem wurden jedoch erst um die Mitte des 18. Jahrhunderts, zunächst weitgehend auf spekulativem Wege, entwickelt. 1750 schlug Thomas Wright zur Deutung der Milchstraße zwei alternative Möglichkeiten vor: eine ringförmige Anordnung der Sterne um die Sonne und ein nach seiner Ansicht ebenfalls geeignetes Modell einer von Sternen erfüllten Kugelschale. Immanuel Kant (1755: „Allgemeine Naturgeschichte und Theorie des Himmels") und sodann Johann Heinrich Lambert (1761: „Cosmologische Briefe") führten erstmals die Annahme eines flachen, scheibenförmigen Sternsystems ein. Die Sonne mit ihren Planeten soll sich danach zentral in der Hauptebene des Systems befinden, so daß für den Beobachter auf der Erde die Hauptmasse der Sterne in einem breiten Band erscheint, das die ganze Himmelskugel entlang eines Großkreises umspannt.

Mit Methoden der empirischen Forschung ist dem Problem der Milchstraße zuerst Friedrich Wilhelm Herschel (1738–1822, auch William H.) nachgegangen. Im Gesichtsfeld seines Spiegelteleskops führte er Sternzählungen aus. Unter den Voraussetzungen: (1) gleiche wahre Helligkeit aller Sterne, (2) konstante räumliche Anzahldichte und (3) Helligkeitsabnahme umgekehrt proportional zum Entfernungsquadrat leitete er daraus ab, daß sich die Sonne nahe dem Zentrum eines flachen, ungefähr linsenförmigen Sternsystems befinden müsse. Die Aussage über die Lage der Sonne, wie auch die gefundenen Abmessungen des Systems, konnten zwar später nicht bestätigt werden, Wilhelm Herschel wurde jedoch mit seiner Methode der „Sterneichungen" zum Begründer der Stellarstatistik.

Das Problem der *„klassischen" Stellarstatistik*, die Ableitung der räumlichen Verteilung der Sterne in einer bestimmten Richtung aus der Abhängigkeit der Sternzahlen von der scheinbaren Sternhelligkeit, erhielt seine mathematische Formulierung zunächst durch F. G. W. Struve (1847) und dann, um die Wende zum 20. Jahrhundert, vor allem durch H. von Seeliger, Karl Schwarzschild und J. C. Kapteyn. In diesen Ansätzen wurde nun auch berücksichtigt, daß die absoluten Helligkeiten der Sterne über einen weiten Bereich streuen. Die neue Methode konnte etwa zwischen 1890 und 1920 auf folgende Beobachtungen zurückgreifen: (1) Durchmusterungen des ganzen Himmels, die Positionen und scheinbare Helligkeiten aller Sterne bis zur 10. Größe und in ausgewählten Feldern auch bis zu geringeren Helligkeiten lieferten und (2) Entfernungsbestimungen, vor allem mit statistischen Methoden, aus denen in Verbindung mit den scheinbaren Helligkeiten die Verteilungsfunktion der absoluten Helligkeiten gewonnen wurde. Die erzielten Ergebnisse für die räumliche Sternverteilung waren qualitativ ähnlich denen von Wilhelm Herschel. Hinsichtlich der Erstreckung des Sternsystems in seiner Symmetrieebene und der Lage der Sonne erwies sich das erhaltene Bild jedoch gegen Ende der Zwanzigerjahre als eine Fiktion. Man hatte tatsächlich nur einen kleinen Teil des Milchstraßensystems erfaßt.

Ursachen des Mißerfolgs waren vor allem die zu geringe Reichweite des Beobachtungsmaterials und die Vernachlässigung der gerade im Bereich der galaktischen Hauptebene starken allgemeinen Lichtabschwächung durch interstellaren Staub – sie wurde erst 1930 nachgewiesen. Heute wissen wir, daß die *interstellare Extinktion* visuellen Sternlichtes auf dem Weg vom tatsächlichen galaktischen Zentrum zur Sonne durchschnittlich etwa 20 Größenklassen, also etwa einen Faktor 10^{-8} beträgt! Die damals verfügbaren allgemeinen Sternzählungen bis zu sukzessiven Grenzhelligkeiten konnten daher nur Aussagen über die „lokale Sternverteilung" in einem gewissen Nahbereich um die Sonne liefern.

Ein weiterer Nachteil der klassischen Methode ergibt sich daraus, daß alle Sterne, mit den verschiedensten absoluten Helligkeiten, einbezogen werden, wodurch zwischen scheinbarer Helligkeit und Entfernung nur eine außerordentlich unscharfe, statistische Beziehung vorliegt. Die Fortentwicklung des Verfahrens bestand deshalb – neben der Berücksichtigung der interstellaren Extinktion – in der Beschränkung auf jeweils eine möglichst enge Spektralgruppe mit relativ geringer Streuung der absoluten Helligkeiten. Dazu ist allerdings die Spektralklassifikation oder eine äquivalente photometrische Klassifikation aller Sterne der gewählten Felder bis zu einer möglichst schwachen Grenzhelligkeit nötig. Die erzielbare Reichweite hängt natürlich stark von der absoluten Helligkeit der jeweils herangezogenen Sterntypen ab: Bei einer visuellen Grenzhelligkeit $m_V \approx 13^m$ erhält man die Verteilung der Sterne in der galaktischen Ebene beispielsweise für die Typen F8V – G5V etwa bis zu einer Entfernung von 500 pc und für B5V – A2V etwa bis zu 2 kpc, während der Abstand zum Zentrum des Systems nach heutiger Kenntnis rund 8 kpc beträgt!

Entscheidende Fortschritte, insbesondere die Gewinnung der wahren Dimensionen der Galaxis und der Lage der Sonne in Bezug auf das Zentrum, brachte der Gedanke, zunächst einmal das *„Gerüst" des Systems* zu ermitteln, indem man sich auf stellare Objekte mit besonders großen absoluten Helligkeiten beschränkte, die auch in sehr großen Entfernungen noch beobachtbar sind. Die Impulse gingen dabei von der nach der Jahrhundertwende stark aufstrebenden Astronomie in den USA aus.

Besondere Bedeutung erlangten Untersuchungen der Verteilung der kugelförmigen Sternhaufen.

H. Shapley wies 1917 darauf hin, daß bereits aus der scheinbaren Verteilung der Kugelhaufen an der Sphäre geschlossen werden müsse, daß (1) diese Objekte dem System angehören und (2) das Zentrum des Systems in relativ großem Abstand von der Sonne in Richtung des Sternbildes Sagittarius liegt. Denn die Kugelhaufen sind symmetrisch zur galaktischen Ebene angeordnet (1) und die meisten Objekte findet man in *einer* Hälfte der Himmelskugel, und zwar besonders konzentriert um die Richtung des Sternbildes Sagittarius (2).

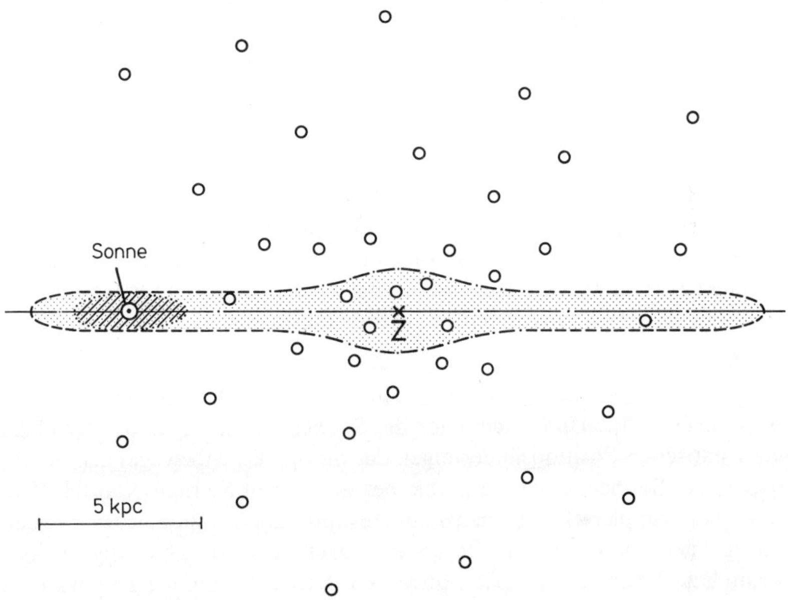

Abb. E.1: Senkrecht zur galaktischen Symmetrieebene durch das galaktische Zentrum (Z) und den Ort der Sonne gelegter Querschnitt des Sternsystems (schematisch). Die Begrenzung der „galaktischen Scheibe" ist gestrichelt dargestellt (Dicke der Scheibe überhöht); im Zentralgebiet tritt eine Aufwölbung hinzu (strich-punktiert). Die kugelförmigen Sternhaufen werden durch offene Kreise repräsentiert. Durch die klassischen Untersuchungen wurde etwa der schraffierte Bereich um die Sonne erfaßt („lokales Sternsystem").

Die Kugelhaufen boten, neben dem Vorteil großer Gesamtleuchtkraft, die Möglichkeit verhältnismäßig guter photometrischer Entfernungsbestimmungen mit Hilfe ihrer RR Lyrae-Sterne. Die absoluten Helligkeiten dieser „Haufenveränderlichen" waren angenähert bekannt. In den entfernteren Kugelhaufen ließen sich diese Sterne zwar nicht mehr erkennen, hier konnten jedoch die für nahe Kugelhaufen gewonnenen Kenntnisse über die Leuchtkraft der hellsten Haufensterne oder eines ganzen Haufens herangezogen werden. Die zunächst nicht berücksichtigte interstellare Extinktion wirkte sich nicht so gravierend aus wie bei den Sternzählungen in der Milchstraße, weil sich die Kugelhaufen vorwiegend in größeren Abständen von der galaktischen Ebene befinden und ihr Licht daher nur einen entsprechend kurzen Weg in der verhältnismäßig dünnen galaktischen Staubschicht zurückgelegt hat.

Shapley fand eine angenähert sphärische Verteilung der Kugelhaufen von wesentlich größerer Ausdehnung als sie das oben erwähnte Sternsystem der ersten, klassischen Untersuchungen auf der Basis von Sternzählungen aufwies. Die Sonne nimmt darin eine sehr exzentrische Lage ein (Abb. E.1). Die späteren Arbeiten haben dieses Ergebnis bestätigt und lieferten einen Zentrumsabstand der Sonne von etwa 10 kpc. Die auf der Grundlage der älteren allgemeinen Sternzählungen gewonnenen Aussagen beschränken sich somit auf ein kleines Stück der außen angenähert planparallelen Schichtung der „galaktischen Scheibe“ um den Ort der Sonne herum.

Weitere stellare Objekte relativ großer Absoluthelligkeit, deren großräumige Verteilung auf dem von Shapley eingeschlagenen Wege ermittelt werden konnte, sind neben den isoliert vorkommenden RR Lyrae-Sternen und einigen anderen Veränderlichen-Typen die offenen Sternhaufen, die O- und B-Sterne und die Überriesen von späterem Spektraltypus. Für die jungen offenen Sternhaufen und die OB-Sterne konnten auch erstmals klare Andeutungen einer Spiralstruktur festgestellt werden, wie man sie schon lange von den extragalaktischen Systemen her kannte (Abbn. E.2 und E.3).

Einen weiteren wichtigen Schlüssel zur Lösung des klassischen galaktischen Problems lieferten die Untersuchungen der *Sternbewegungen.* Schon Herschel hatte aus systematischen Positionsänderungen der Sterne (Eigenbewegungen) den Zielpunkt (Apex) der Sonnenbewegung gegenüber den nahen Sternen ermittelt. Die Anwendung des Dopplerschen Prinzips zur Bestimmung der im Sehstrahl liegenden „radialen“ Komponente der Sternbewegungen aus Verschiebungen der stellaren Fraunhoferlinien lieferte später auch den Betrag der Sonnengeschwindigkeit.

Befriedigend genaue „Radialgeschwindigkeiten“ wurden erstmals 1890 von H. C. Vogel in Potsdam anhand photographischer Spektren gemessen. Das in den Zwanzigerjahren vorliegende Material erlaubte eine aufschlußreiche Diskussion der Häufigkeitsverteilung der Raumgeschwindigkeiten der Sterne der Sonnenumgebung. Es zeigte sich: (1) die meisten Sterne besitzen Geschwindigkeiten unterhalb von etwa 30 km s^{-1} mit ungefähr zufällig verteilten Richtungen und (2) die Bewegungen der übrigen Sterne mit hohen Geschwindigkeiten (Schnelläufer), etwa oberhalb 60 km s^{-1}, sind aber überwiegend nur nach einer Seite des Himmels gerichtet (Asymmetrie der großen Sternbewegungen).

1926 versuchte der schwedische Astronom B. Lindblad eine Deutung: Der beobachtete Effekt läßt sich zwanglos erklären, wenn (a) die Sonne und die anderen (nahen) Sterne kleiner Geschwindigkeit um ein weit entferntes Zentrum kreisen und (b) die Sterne hoher Geschwindigkeit nicht oder nur schwach an der Umlaufsbewegung teilnehmen. Die Richtung zum Rotationszentrum des Systems muß dann senkrecht auf der Richtung der Asymmetrie liegen, jedoch innerhalb der galaktischen Ebene. Damit ergab sich das Zentrum in Richtung Sagittarius, in welcher Shapley den Mittelpunkt des Systems der Kugelhaufen annahm.

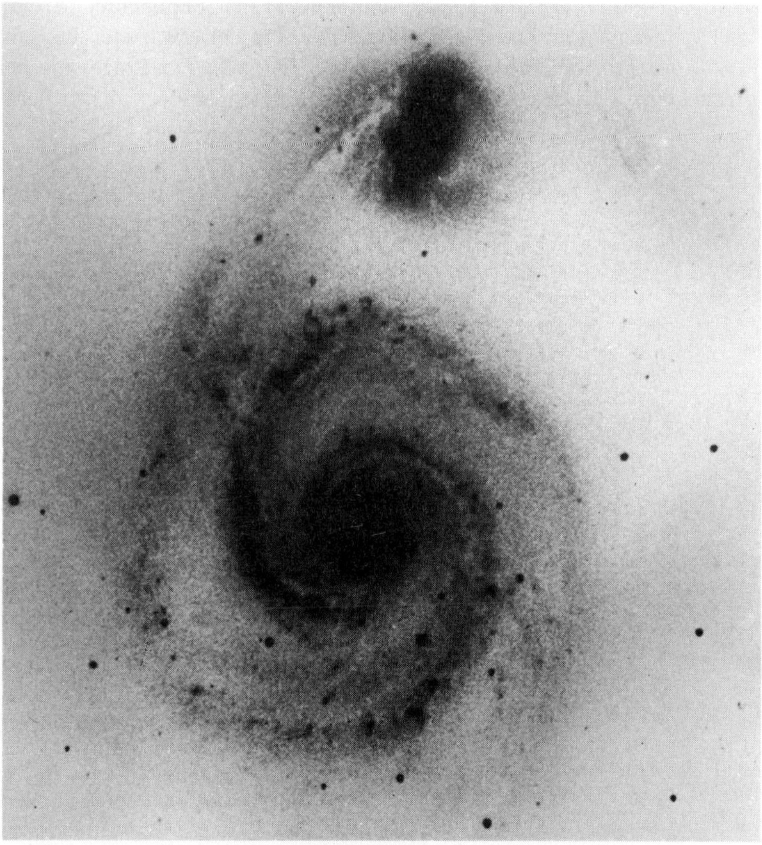

Abb. E.2: Die Spiralgalaxie M 51 im Sternbild Jagdhunde im roten Licht.

Lindblad unterschied mehrere axialsymmetrische Untersysteme verschieden hoher Rotationsgeschwindigkeit und Abplattung. Schnelläufer und Kugelhaufen bilden wenig abgeplattete Untersysteme, die kaum mitrotieren: die Einzelobjekte bewegen sich in beliebig geneigten Bahnen um das galaktische Zentrum.

Etwa zur gleichen Zeit wie Lindblad untersuchte auch der Niederländer J. H. Oort die Sternbewegungen. Oort studierte die kleinen systematischen Effekte, die als Folge einer Rotation beobachtbar sein müßten. Selbst wenn das flache Untersystem wie ein starrer Körper rotieren würde, müßte sich dies nachweisen lassen: Die Komponenten der Eigenbewegungen parallel zum galaktischen Äquator sollten dann einen systematischen Anteil enthalten. Denn von einem astronomischen Koordinatensystem aus gesehen, das zwar an der galaktischen Rotation teilnimmt, aber sich dabei nicht dreht, würde beispielsweise die Richtung zum galaktischen Zentrum während einer Rotation einmal um den Beobachter herumlaufen! Tatsächlich war schon damals ein solcher Effekt in der erwarteten Richtung von etwa 0″002 pro Jahr bekannt. Wegen der sehr viel größeren Präzessionsbewegung der Erdachse ist jedoch ein so kleiner Betrag nur sehr schwer abzusichern.

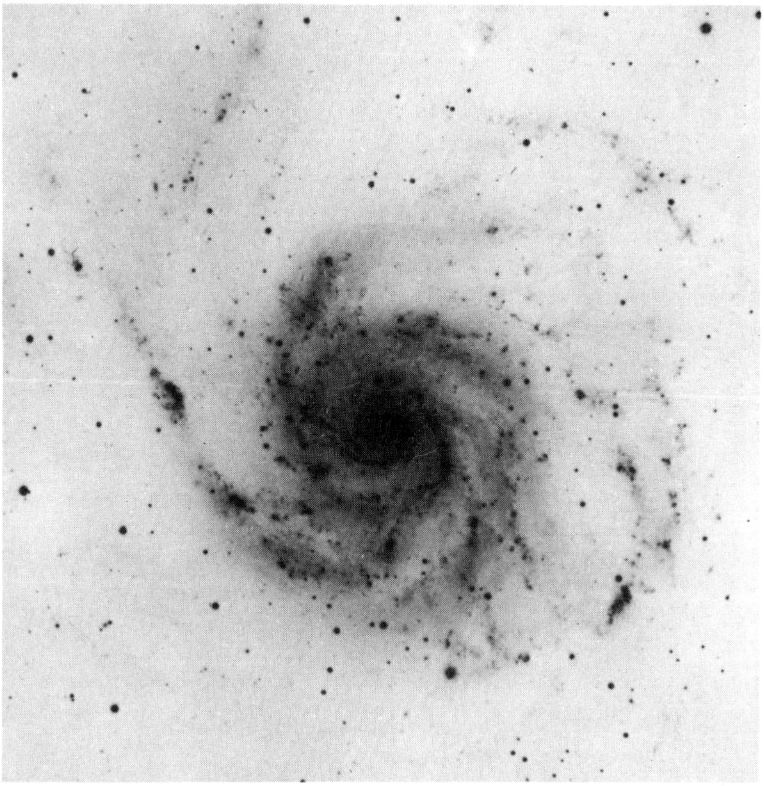

Abb. E.3: Die Spiralgalaxie M 101 im Großen Bären.

Oort hatte noch ein weiteres Argument: Wenn die Umlaufgeschwindigkeit der Sterne, wie bei der Kepler-Bewegung der Planeten um die Sonne, mit dem Abstand vom Massenzentrum abnimmt, so daß also eine Scherung des Geschwindigkeitsfeldes auftritt, dann sollte sich dies für den mitumlaufenden Beobachter in einer systematischen Variation der Eigenbewegungen und Radialgeschwindigkeiten der Sterne entlang des galaktischen Äquators äußern. Dieser Effekt der *differentiellen galaktischen Rotation* sollte die Form einer Doppelwelle besitzen; in den Richtungen zum Zentrum und zum Antizentrum müßte er beispielsweise in den Radialgeschwindigkeiten verschwinden und in den Eigenbewegungen gerade ein Maximum erreichen (II.4.1). Oort konnte 1927 zeigen, daß dieser Effekt tatsächlich den individuellen Sternbewegungen überlagert ist. Damit hatten die Sternbewegungen auch ein weiteres Argument für die Richtung zum galaktischen Zentrum ergeben. Für einen Zentrumsabstand der Sonne zwischen 8 und 10 kpc liefert die Interpretation der Beobachtungen eine Umlaufgeschwindigkeit am Ort der Sonne von 200 bis 250 km s^{-1}. Aus dieser Bahngeschwindigkeit und dem Abstand zum galaktischen Zentrum ergibt sich unmittelbar eine erste Abschätzung der innerhalb der Sonnenbahn vereinigten gravitierenden Masse der Galaxis von der Größenordnung 10^{11} Sonnenmassen.

Die Abhängigkeit der Umlaufsgeschwindigkeit der Sterne der galaktischen Scheibe vom Zentrumsabstand konnte zunächst nur für einen relativ kleinen Bereich um die Sonne gewonnen werden. Aussagen über das großräumige Rotationsgesetz waren später auf der Grundlage von Messungen radiofrequenter Linienemission interstellaren Gases möglich (s. unten). Der Verlauf der Rotationsgeschwindigkeit mit wachsendem Zentrumsabstand außerhalb der galaktischen Umlaufsbahn der Sonne wurde jedoch erst in neuester Zeit bestimmt. Das überraschende Ergebnis nahezu konstant bleibender Geschwindigkeit zwingt zu der Annhame einer weit hinaus reichenden „dunklen Korona" von beträchtlicher Masse. Woraus diese besteht, ist bis heute unklar.

Die Einsicht, daß die Galaxis Untersysteme verschieden starker Abplattung und verschiedener Kinematik umfaßt, gewann neue Aspekte, als die Theorie der Sternentwicklung Aussagen über das Alter der einzelnen Mitglieder ermöglichte. Die empirische Basis bildeten dabei die Farbenhelligkeits-Diagramme (FHD) von Sternhaufen. Die im FHD zutage tretenden Unterschiede zwischen offenen Haufen und normalen Sternen der Sonnenumgebung einerseits und den Kugelhaufen andererseits (PSS[1] I.2.9) ließen sich zunächst grob als Unterschiede im Alter deuten: offene Sternhaufen mit O- und B-Sternen sind die jüngsten Objekte ($\lesssim 10^7$ Jahre), Kugelhaufen sind die ältesten ($\approx 10^{10}$ Jahre).

Nachdem es W. Baade 1944 gelungen war, die inneren Bereiche der unserem Milchstraßensystem gleichartigen Andromedagalaxie in Einzelsterne aufzulösen, stellte er anhand ihrer Lage im Farben-Helligkeits-Diagramm fest, daß die dort vorhandenen Sterne den hellsten roten Riesen von Kugelhaufen sehr ähnlich sind. Demgegenüber ergab sich für die Spiralarme dieser Galaxie etwa dieselbe Sternmischung

[1] PSS = Scheffler/Elsässer: Physik der Sterne und der Sonne, 2. Auflage, B.I.-Wissenschaftsverlag Mannheim 1990.

wie man sie in den offenen Sternhaufen mit O- und B-Sternen findet. Baade folgerte daraus, daß es generell zwei fundamental verschiedene *Sternpopulationen* gebe: Population I umfaßt die Sterne der flachen, voll an der galaktischen Rotation teilnehmenden Untersysteme (galaktische Scheibe), darunter insbesondere die typischen Spiralarmobjekte, die noch sehr jung sein können; Population II besteht aus den durchweg sehr alten Kugelhaufen und anderen zum galaktischen Zentrum hin konzentrierten, angenähert sphärisch verteilten Objekten.

Als weiteres unterscheidendes Merkmal erkannte man einige Jahre später die chemische Zusammensetzung: Vergleiche der beobachteten FHD von Kugelhaufen mit Berechnungen der Sternentwicklung zeigten, daß diese Objekte um etwa zwei Größenordnungen geringere relative Häufigkeiten der schwereren Elemente (ab Kohlenstoff) aufweisen müssen als offene Haufen und normale Sterne der Sonnenumgebung (PSS VI.3.3). Es ergab sich also eine Abhängigkeit der chemischen Zusammensetzung vom Alter.

Baades Schema erwies sich bald als zu grobe Vereinfachung. Mit den Fortschritten von Beobachtung und Theorie zeigte sich, daß insbesondere eine Verfeinerung der Einteilung nötig ist. Auf einer Konferenz über Sternpopulationen, die 1957 im Vatikan stattfand, wurde ein erweitertes Schema entwickelt. Es wird am Schluß des zweiten Kapitels beschrieben und im Zusammenhang mit den Vorstellungen von der Entwicklung der Sterne und der Galaxis als Ganzes qualitativ diskutiert.

Das alte Problem der Stellarstatistik, den Aufbau des ganzen Sternsystems aus Sternzählungen zu ermitteln, erfährt seit 1980 eine Renaissance (J. N. Bahcall und R. M. Soneira). Folgende Gründe lassen heute auf bessere Resultate hoffen als die um 1920 auf diesem Wege abgeleiteten: (1) Es besteht kein Zweifel mehr daran, daß unser Milchstraßensystem eine typische Spiralgalaxie ist. (2) Der Einsatz leistungsfähiger, großer Teleskope in Verbindung mit modernen, hochempfindlichen Strahlungsempfängern hat die Ableitung der Lichtverteilung in diesen externen Galaxien ermöglicht, insbesondere deren Zusammensetzung aus mehreren Komponenten von jeweils ganz bestimmter Form. Für ein Modell des großräumigen Aufbaus unserer Galaxis kann man sich daher von der hierbei gefundenen Geometrie leiten lassen. (3) Für zahlreiche ausgewählte Felder liegen inzwischen zuverlässige Sternzahlen bis zu $m_V \approx 22^m$ vor, die durch automatisierte Auswertung tiefreichender photographischer Platten abgeleitet wurden.

Die interstellare Materie

In den äußeren Bereichen der galaktischen Scheibe, in der Umgebung unseres Sonnensystems, ist das Verhältnis der durchschnittlichen gegenseitigen Sternabstände zu den Sterndurchmessern von der Größenordnung $1\,\text{pc} : 10^6\,\text{km} = 3 \cdot 10^{13} : 10^6 = 3 \cdot 10^7 : 1$. Nur ein winziger Bruchteil des Raumes wird also durch Materie in Form von Sternen ausgefüllt, größenordnungsmäßig die dritte Potenz vom reziproken Wert dieses Verhältnisses, rund 10^{-22}. Mit dem Bekanntwerden der wahren Entfernungen der Sterne und ihrer Dimensionen stellte sich daher auch sogleich die Frage, ob der verbleibende außerordentliche weite Raum noch Materie in anderer als der stellaren Form enthält.

Wir kennen die gesicherte Antwort erst seit wenigen Jahrzehnten: Zwischen den Sternen befinden sich größere Mengen von Gas und kleinen festen Teilchen – interstellarer Staub – mit einem Anteil an der Gesamtmasse der Galaxis von zusammen etwa 5 bis 10%; in der Sonnenumgebung liegt der Massenanteil der interstellaren Materie sogar bei rund 30%. Die Dichte dieses Mediums beträgt jedoch im Mittel nur etwa ein Atom pro Kubikzentimeter und erreicht selbst in den stärksten Verdichtungen, unmittelbar vor dem Beginn der Bildung von Protosternen, nur Werte vom 10^{-18}-fachen der mittleren Dichte in der Sonne. Es überrascht daher nicht, daß diese Materie den klassischen visuellen Beobachtungen nahezu völlig verborgen geblieben ist. Das Studium der interstellaren Materie bildet infolgedessen einen recht jungen Zweig der galaktischen Astronomie. Trotz der großen Fortschritte, die dieses Gebiet heute sehr attraktiv gemacht haben, tragen die erzielten Ergebnisse des öfteren noch den Charakter des Vorläufigen. Die Darstellung des gewonnenen Bildes läßt sich daher nicht ganz von der jungen Geschichte seiner Entstehung lösen.

Die *Erscheinungsformen* interstellarer Materie sind sehr vielfältig. Der Hauptgrund dafür ist die inhomogene Struktur dieses Mediums: Dichte, Temperatur, Zusammensetzung aus Atomen, Ionen, Molekülen und festen Teilchen (Staub), und sein Bewegungszustand variieren von Ort zu Ort erheblich. Der visuellen Beobachtung sind nur zwei Erscheinungen unmittelbar zugänglich: die diffusen hellen Nebel und die in der zerklüfteten Struktur der Milchstraße sichtbar werdende Extinktion des Sternlichtes durch „Dunkelwolken". Beispiele zeigen die Abbn. E.4 bzw. E.5 und E.6. Schon Wilhelm Herschel gelangte aufgrund der Beobachtungen von hellen „Nebelflecken" mit seinem großen Spiegelteleskop im Jahre 1811 zu der Überzeugung, daß die Häufigkeit der nebulosen Materie alle Vorstellungen übersteigen müsse. Herschel waren auch schon die von interstellarem Staub erzeugten Dunkelwolken als „Löcher im Sternhimmel" aufgefallen. Nachdem sich aber die Meinung gebildet hatte, die hellen Nebelflecke seien ferne Sternsysteme, neigten die meisten Astronomen – noch bis in die Zwanzigerjahre unseres Jahrhunderts – zu der Annahme eines vollständig leeren Raumes zwischen den Sternen, in dem die wenigen, später als Gas- und Staubwolken erkannten Objekte lediglich isolierte Erscheinungen bilden. Die Entdeckung einer scharfen Absorptionslinie interstellaren Ursprungs, der berühmten ruhenden Kalziumlinie im Spektrum des spektroskopischen Doppelsternes δ Orionis durch J. Hartmann im Jahre 1904, wurde in ihrer Tragweite zunächst nur von sehr wenigen Forschern erkannt und als lokale Absorption in der unmittelbaren Umgebung des Sternes gedeutet.

Die ersten überzeugenden Beobachtungsergebnisse über weit verbreitete interstellare Phänomene brachte die Einführung der Photographie in die systematische

Abb. E.4a: Der Orionnebel im Licht der Wasserstofflinie Hα.

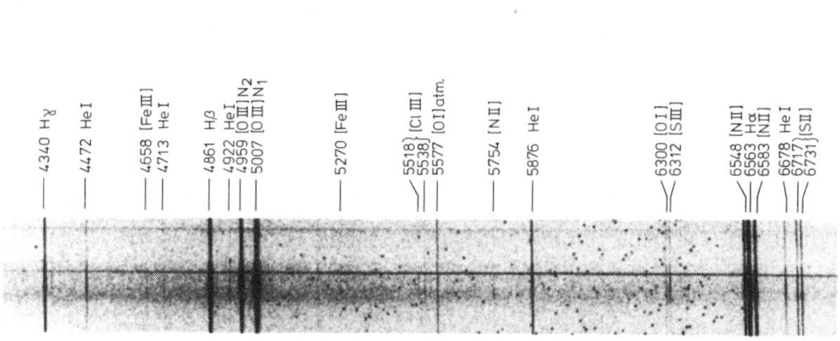

Abb. E.4b: Spektrum des Orionnebels (Ausschnitt), aufgenommen mit einem elektromagnetisch fokussierten Bildverstärker. Spaltbreite 2″, Spaltlänge 190″, Dispersion auf dem Original 60 Å/mm. Etwa in der Mitte des Spaltes befand sich ein Stern, dessen kontinuierliches Spektrum als dünner Faden erscheint. Es ist jedoch auch ein schwaches Nebelkontinuum erkennbar. Die verstreuten schwarzen Punkte werden beim Auftreffen von Restionen des Vakuums der Bildverstärkerröhre auf die Kathode erzeugt („Ionenblitze“).

Abb. E.5: Der „Kohlensack", eine große Dunkelwolke in der südlichen Milchstraße, und das Sternbild des Südlichen Kreuzes.

Himmelsbeobachtung. Langbelichtete Aufnahmen lieferten ein weit klareres Bild von diesen Erscheinungen als es die visuelle Beobachtung vermochte, es wurden viele schwächere, bis dahin unbekannte diffuse Nebel und Dunkelwolken entdeckt (E. E. Barnard, F. Ross, M. Wolf). Aufnahmen von Spektren diffuser Nebel zeigten darüber hinaus, daß es zwei verschiedene Typen gibt: „Emissionsnebel", deren optische Strahlung aus einzelnen Emissionslinien von Atomen oder Ionen besteht (Beispiel: Abb. E.4), und „Reflexionsnebel", die einfach das Licht benachbarter Sterne reflektieren und daher kontinuierliche Spektren besitzen (Beispiel: Abb. E.7). Andererseits gelang es, in den Dunkelwolken eine Schwächung des kontinuierlichen Sternlichtes nachzuweisen (M. Wolf 1923). Erst die um 1930 bekannt werdenden Beweise für die Existenz eines allgemein verbreiteten interstellaren Mediums führten zum endgültigen Wandel der Vorstellungen: Für die Gaskomponente die Beobachtung einer systematischen Zunahme der Stärken der scharfen interstellaren Absorptionslinien in Sternspektren mit der Entfernung (O. Struve 1928), für die Staubkomponente ein Vergleich photometrischer und geometrischer Entfernungsbestimmungen offener Sternhaufen, aus dem eine allgemeine interstellare Extinktion von fast einer Größenklasse auf 1 kpc folgte (R. Trümpler 1930). Das Jahr 1930 markiert daher etwa den Startpunkt der Erforschung der interstellaren Materie als neues Teilgebiet der Astronomie.

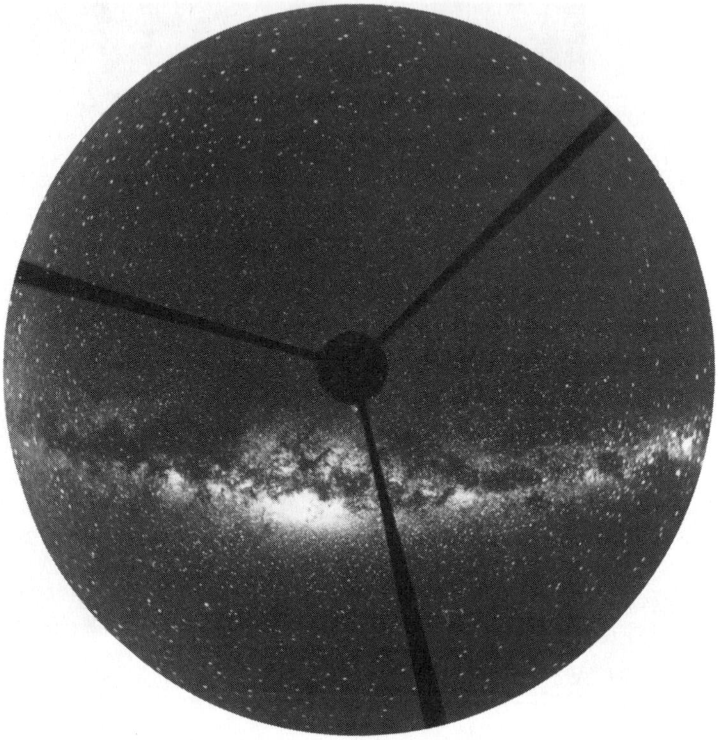

Abb. E.6: Weitwinkelaufnahme der südlichen Milchstraße mit einer Kugelspiegelkamera. Die helle Sternwolke in der Mitte des Milchstraßenbogens zeigt die Richtung zum galaktischen Zentrum an. Halbrechts ist der „Kohlensack“ als dunkles Rechteck zu erkennen.

Für das Verständnis des Leuchtens der diffusen Nebel war von grundlegender Bedeutung die von E. Hubble schon 1922 entdeckte Gesetzmäßigkeit, daß der jeweils als Energiequelle des Nebels in Betracht kommende Stern beim Vorliegen eines *Emissionsnebels* stets einen Spektraltyp früher als B1 besitzt. Nur diese sehr heißen Sterne strahlen im extremen Ultraviolett genügend stark, um das häufigste Element im interstellaren Gas, den Wasserstoff, zu ionisieren und damit ein dünnes thermisches Plasma mit einer Temperatur von etwa 10^4 K zu erzeugen, dessen Linienemission wir als Nebelleuchten beobachten. Nach frühen Überlegungen A. S. Eddingtons (1926) zur Frage der Ionisation und der Temperatur des interstellaren Mediums zeigte B. Strömgen 1939, daß der Bereich ionisierten Wasserstoffs um den heißen Stern nach außen relativ scharf begrenzt sein sollte, wie man es auch vielfach beobachtet.

Abb. E.7: Reflexionsnebel um die Plejadensterne.

Im Sichtbaren modifiziert allerdings meist eingelagerter interstellarer Staub das Erscheinungsbild beträchtlich und läßt nicht ohne weiteres die wahre Form dieser seither als *H II-Regionen** bezeichneten Bereiche ionisierten Gases erkennen. Ein ungestörtes Bild von der Struktur der H II-Regionen vermittelten erst – seit den Sechzigerjahren – die Messungen ihrer kontinuierlichen Radioemission, die den Staub ungehindert durchdringen kann. Abb. E.8 zeigt dies am Beispiel des Orionnebels. Diese Emission kann als thermische Bremsstrahlung gedeutet werden, die bei Vorübergängen freier Elektronen an den Ionen entsteht (frei-frei-Übergänge). Mit dem Radiokontinuum treten auch Radioemissionslinien auf, die bei den Rekombinationsprozessen der Ionen, vor allem des Wasserstoffs, durch Übergänge zwischen den hohen, sehr dicht beieinander liegenden Energiezuständen – etwa

* Eigentlich müßte man sagen H^+-Regionen, weil H II die Bezeichnung des Spektrums von H^+ ist, das es nicht gibt. Vielmehr beobachtet man hier das bei der Bildung neutralen Wasserstoffs durch Rekombination entstehende H I-Spektrum.

von $n = 110$ nach $n = 109$ – entstehen. Sie werden als Radiorekombinationslinien bezeichnet.

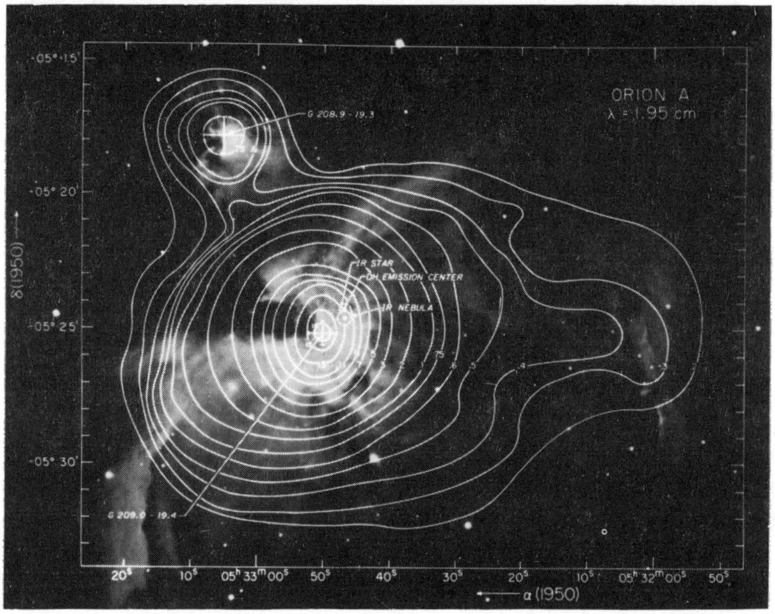

Abb. E.8: Konturenkarte der beobachteten Radiokontinuumsstrahlung bei 1.95 cm Wellenlänge (Radioquelle Orion A) über einer Hα-Aufnahme des Orionnebels. Das Zentrum der Radiokonturen fällt annähernd mit den Trapezsternen zusammen. (Nach P. G. Mezger).

Die Strahlung von kühleren Sternen mit Spektraltypen etwa ab B1 reicht zur Erzeugung einer ausgedehnten H II-Region nicht aus. Befindet sich genügend interstellare Materie in der Nähe, so kann diese jedoch durch Streuung des Sternlichtes an der Staubkomponente als *Reflexionsnebel* optisch in Erscheinung treten. In den Emissionsnebeln erzeugt der Staubanteil allerdings ebenfalls ein – gegenüber der Linienstrahlung – schwaches kontinuierliches Streulicht. Auf Rotaufnahmen des Milchstraßenbereiches treten die Emissionsnebel wegen des Vorherrschens der *H*α-Linie des Wasserstoffs bei λ 6563 Å besonders stark hervor, während Reflexionsnebel auf Blauaufnahmen deutlicher ausgeprägt sind: sie geben vorwiegend das blaue Kontinuum der benachbarten helleren Sterne mit Spektraltypen B 1 bis A wieder.

Quantitative Aussagen über die allgemeine *interstellare Extinktion des Sternlichtes* sind zwar schon in den Dreißigerjahren erzielt worden, das entscheidende Beobachtungsmaterial erbrachte indessen erst die moderne photoelektrische Meßtechnik.

Die wichtigsten Resultate lieferten Vergleiche der beobachteten Energieverteilungen in den Spektren von verschieden weit entfernten Sternen gleichen Spektraltyps, also gleicher wahrer Energieverteilung. Es ergab sich eine Verfärbung des Sternlichtes, die mit der Entfernung systematisch zunimmt. Die Extinktion wächst mit abnehmender Wellenlänge, im Sichtbaren etwa proportional λ^{-1}. Durch Messungen von künstlichen Satelliten aus, konnte später auch der Ultraviolettbereich erfaßt werden. Die Interpretation schon der ersten Resultate über das Verfärbungsgesetz im sichtbaren Bereich führte zu dem Schluß, daß als Ursache des Phänomens nur kleine feste Teilchen mit Durchmessern von der Größenordnung der Lichtwellenlänge und eventuell weitere noch kleinere Teilchen in Frage kommen. Die wahre Natur dieser Partikel (Eis mit Verunreinigungen, Silikate, Graphit ...) ist allerdings bis heute noch nicht völlig geklärt.

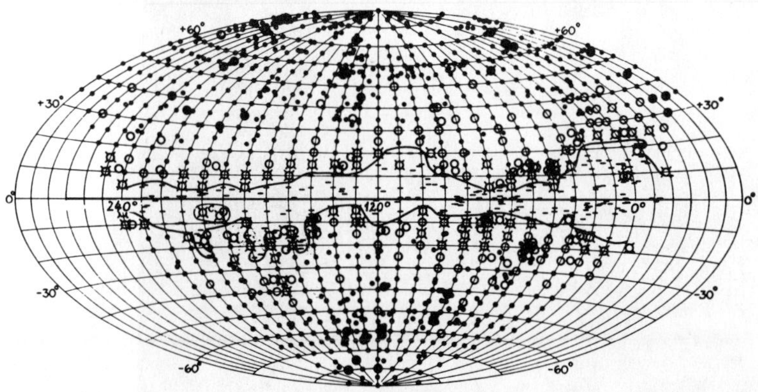

Abb. E.9: Verteilung der außergalaktischen Sternsysteme an der Sphäre in galaktischen Koordinaten mit der Symmetrielinie der Milchstraße als Grundkreis (galaktischer Äquator 0° – 0°). Kleine Punkte: normale Flächendichte, große Punkte: Überschuß, Kreise: Defizit, Kreise mit radialen Strichen: großes Defizit, horizontale Striche: keine Galaxien. (Nach E. Hubble).

Die interstellare Verfärbung konzentriert sich vor allem auf das Gebiet nahe dem galaktischen Äquator. Durch Ausdehnung der Messungen ins ferne Infrarot, wo die Extinktion schließlich verschwindend klein wird, ließ sich auch jeweils der ganze Betrag der Lichtschwächung, üblicherweise charakterisiert durch die Extinktion A_V in Größenklassen für den visuellen Bereich ($\lambda \approx 5400$ Å), ermitteln. In der galaktischen Ebene findet man Durchschnittswerte für A_V von 1 bis 2 Größenklassen auf 1 kpc Wegstrecke, jedoch große Schwankungen von Ort zu Ort. Die wolkige Verteilung der Staubteilchen entspricht in großen Zügen der Dichteverteilung der weiter unten angesprochenen, weitaus massigeren Gaskomponente des interstellaren Mediums; die Dicke der Staubschicht beträgt effektiv nur etwa 200 pc.

Die nächsten, besonders dichten Konzentrationen von Gas und Staub treten als Dunkelwolken in Erscheinung. Im Sichtbaren und erst recht im Ultraviolett ist uns bei niedrigen galaktischen Breiten der Blick auf weit entfernte galaktische oder gar außergalaktische Objekte verwehrt: Die Sichtweite reicht nicht bis zum galaktischen Zentrum, und in einem Gürtel zwischen etwa $+15°$ und $-15°$ galaktischer Breite lassen sich praktisch keine außergalaktischen Sternsysteme finden (E. Hubble 1936, siehe Abb. E.9). Bei Blickrichtung parallel zur galaktischen Ebene dürfte unser Milchstraßensystem daher von außen gesehen einen ähnlichen Anblick bieten, wie ihn die in Abb. E.10 wiedergegebene Aufnahme einer fernen Galaxie zeigt.

Abb. E.10: Spiralgalaxie „von der Kante" gesehen.

Durch Reflexion eines Teils der auf sie treffenden Sternstrahlung erzeugen die interstellaren Staubteilchen in ihrer Gesamtheit ein allgemeines *galaktisches Streulicht,* das in neuerer Zeit mit wachsender Zuverlässigkeit gemessen werden konnte; die Beobachtungen erstrecken sich heute bis ins ferne Ultraviolett. Insbesondere erweist sich auch in Dunkelwolken der Untergrund zwischen den schwachen Sternen nicht als völlig dunkel. Derartige Messungen liefern primär Information über die Streueigenschaften der Teilchen.

Ein weiteres vom interstellaren Staub erzeugtes Phänomen ist eine schwache, aber heute sehr genau meßbare *interstellare Polarisation des Sternlichtes.* Diese Auswirkung der festen Teilchen wurde 1948 durch W. A. Hiltner und J. S. Hall endeckt bei der Suche nach einer von S. Chandrasekhar theoretisch vorhergesagten Polarisation stellaren Ursprungs, die man – da sich der Effekt über die ganze symmetrische Sternscheibe aufheben muß – bei Bedeckungsveränderlichen hoffte beobachten zu können. Messungen an einer größeren Anzahl von Sternen lieferten zwar positive Ergebnisse, ließen aber keinen Zweifel an einem interstellaren Ursprung der festgestellten linearen Polarisationen: In manchen Bereichen der Milchstraße zeigte das Licht aller beobachteten Sterne nahezu die gleiche Polarisationsrichtung (siehe Abb. E.11).

Dieser Befund zwang zu der Annahme, daß zumindest ein Teil der festen Partikel nichtsphärische, also etwa längliche Formen besitzen muß und ihre Hauptachsen großräumig in einem gewissen Umfang einheitlich orientiert sind. Es wurde vermutet, daß dies durch interstellare Magnetfelder geschieht, deren Verlauf damit erkennbar wird.

Diese Hypothese erhielt bald eine starke Stütze durch die Beobachtungen von Faraday-Rotation bei der linerar polarisierten Strahlung bestimmter ferner diskreter Radioquellen, die beim Durchqueren dieser großräumigen interstellaren Magnetfelder entstehen muß.

Wenden wir uns nun wieder den Phänomenen des *interstellaren Gases* zu! Das außerhalb der Emissionsnebel verbreitete Gas war der Beobachtung zunächst nur durch seine interstellaren Absorptionslinien im sichtbaren Bereich der Sternspektren zugänglich gewesen. Hier sind einige Atome und Ionen, wie Na und Ca^+, sowie die zweitatomigen Moleküle CN und CH durch Linien vertreten. Das häufigste Element, der Wasserstoff, ließ sich jedoch nicht beobachten: Weitab von HII-Regionen befinden sich die H-Atome im Grundzustand und absorbieren daher erst im Ultraviolett, beginnend mit der Linie Lyman α bei 1216 Å. Der Nachweis von interstellaren Absorptionslinien des neutralen Wasserstoffs und auch von Wasserstoffmolekülen gelang daher erst durch Beobachtungen von Raketen aus und besonders erfolgreich mit Satelliten der OAO-Reihe (Orbiting Astronomical Observatory). In den Siebzigerjahren endeckte man dabei auch instellare Linien von überraschend hoch ionisierten Elementen, so etwa zwei O VI-Linien, die in einer weit verbreiteten sehr heißen Komponente (10^5 ... 10^6 K) des interstellaren Mediums entstehen müssen.

Über die Bewegungsverhältnisse und die Struktur des absorbierenden Gases lieferten die Spektralbeobachtungen im Sichtbaren schon früh bemerkenswerte Aussagen. J. S. Plaskett und J. A. Pearce hatten 1933 gezeigt, daß die Dopplerverschiebungen der interstellaren Absorptionslinien im Mittel der Doppelwelle der differentiellen galaktischen Rotation folgen, das Gas also an der galaktischen Rotation teilnimmt. Hochaufgelöste Spektrogramme ergaben sodann, daß die Linien meist aus mehreren scharfen Komponenten bestehen, deren Anzahl mit der Weglänge des Lichtes in der galaktischen Scheibe zunimmt (C. S. Beals 1936, W. S. Adams 1943 u. a.). Diese Beobachtungen bildeten eine starke Stütze für die Vorstellung, daß auch das Gas – wie der Staub – eine Wolkenstruktur besitzt.

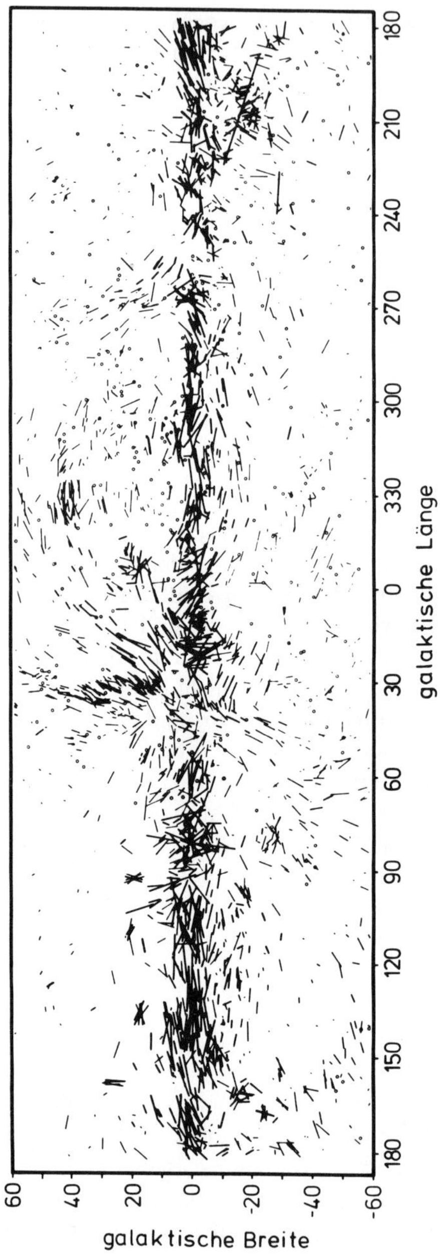

Abb. E.11: Zusammenfassende Darstellung von Messungen der interstellaren linearen Polarisation des Sternlichtes in galaktischen Koordinaten. Am Ort jedes beobachteten Sternes ist die Polarisation jeweils durch einen Strich repräsentiert, aus dessen Richtung und Länge der Polarisationswinkel bzw. der Betrag der Polarisation hervorgeht. Sterne mit Polarisationsbeträgen unter 0.08 Prozent sind durch kleine Kreise bezeichnet. (Nach D. S. Mathewson und V. L. Ford).

Zu einem der herausragenden Forschungsfelder der Astronomie ist die interstellare Materie erst durch die nach dem Zweiten Weltkrieg einsetzenden beobachtungstechnischen Entwicklungen geworden. Ungeahnte Fortschritte brachten zunächst die Messungen von *Radiofrequenzstrahlung des interstellaren Gases*, die erstmals eine Durchdringung der ganzen galaktischen Scheibe ermöglichten und bis in die neueste Zeit immer wieder zu überraschenden Entdeckungen führten.

Die Erforschung der galaktischen Struktur und Kinematik wurde in den Fünfzigerjahren weitgehend beherrscht von den Meßergebnissen der Linienemission des interstellaren neutralen Wasserstoffs bei 21 cm Wellenlänge. Diese Radiospektrallinie entsteht durch einen Hyperfeinstrukturübergang im Grundzustand des neutralen H-Atoms. Nach Voraussage durch H. C. van de Hulst 1944 wurde die Emission 1951 fast gleichzeitig von drei verschiedenen Arbeitsgruppen in den Niederlanden, den USA und Australien nachgewiesen. Die Bedeutung dieser Entdeckung ergibt sich daraus, daß eine Radiolinie – im Gegensatz zu der etwa zur gleichen Zeit nachgewiesenen kontinuierlichen galaktischen Radioemission – durch die Messung von Dopplerverschiebungen Aussagen über das Geschwindigkeitsfeld des Gases und damit unter geeigneten Voraussetzungen auch über die räumliche Verteilung des Gases erlaubt.

Die ersten systematischen Beobachtungsreihen zeigten, daß die 21 cm-Emission aus einer verhältnismäßig dünnen wolkigen Schicht um die galaktische Ebene kommt, aus jenem Bereich, auf den sich auch der interstellare Staub konzentriert. In der Richtung zum galaktischen Zentrum wird die Schicht für die Linienmitte optisch dick. Die dort gemessene Strahlungstemperatur von rund 100 K stellt daher einen Näherungswert für die kinetische Temperatur des neutralen Wasserstoffs dar. Andererseits ließ sich nun das Rotationsgesetz für einen weitaus größeren Bereich ableiten als dies die optischen Beobachtungen bisher erlaubt hatten. Auf der Grundlage dieser Resultate konnte aus den Linienprofilen ein erstes Modell für die Dichteverteilung des Gases in der ganzen galaktischen Scheibe mit klaren Anzeichen einer Spiralstruktur abgeleitet werden (Abb. E.12). Dem gewonnenen Bild haftete eine solche Überzeugungskraft an, daß seine Schwächen erst etwa anderthalb Jahrzehnte später offenkundig wurden.

Neue Aussagen über die Feinstruktur der Gasverteilung lieferten Beobachtungen von 21 cm-Linienprofilen in Absorption, die vom galaktischen Wasserstoff in den kontinuierlichen Spektren diskreter galaktischer oder außergalaktischer Radioquellen erzeugt werden. Wie die optischen interstellaren Absorptionslinien in Sternspektren, so läßt sich auch die 21 cm-Absorptionslinie meist in mehrere Komponenten auflösen, die jeweils durch einzelne, vom Sehstrahl getroffene Wolken hervorgebracht werden.

Die historisch zuerst entdeckte kontinuierliche Radiofrequenzstrahlung wird durch Quellen sehr verschiedener Struktur (Punktquellen, Flächenquellen, allgemeiner Hintergrund) und spektraler Zusammensetzung erzeugt. Karl Jansky, ein ameri-

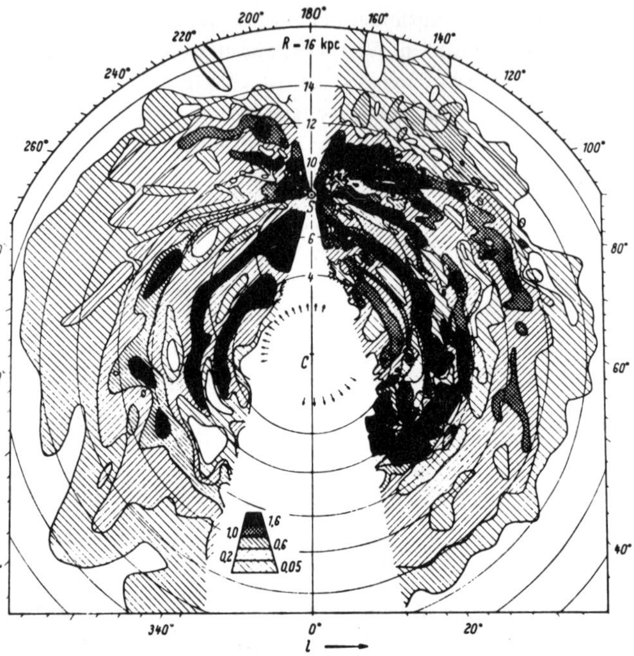

Abb. E.12: Das aus den ersten systematischen Beobachtungsreihen der 21 cm-Linienstrahlung abgeleitete, und 1958 durch J. H. Oort, F. T. Kerr und G. Westerhout publizierte Ergebnis für die Verteilung des interstellaren neutralen Wasserstoffs in der galaktischen Ebene. Dabei wurde angenommen, daß sich das interstellare Gas auf Kreisbahnen um das galaktische Zentrum bewegt (Abstand der Sonne vom Zentrum $R = 8.2$ kpc). Für die beiden weißen Sektoren um die Richtungen 0° (Zentrum) und 180° (Antizentrum) sind keine Aussagen möglich. Die Dichte ist in Stufen von 0.05 bis 1.6 H-Atome pro cm^3 durch verschieden starke Schraffur dargestellt.

kanischer Radioingenieur, der diese kosmischen Radiowellen 1932 zufällig fand – er arbeitete bei $\lambda = 15$ m –, konnte schon zeigen, daß die Strahlung von einer über die ganze Milchstraße ausgedehnten Quelle kommt, mit größter Stärke aus der Richtung Sagittarius. Ein anderer amerikanischer Radioingenieur, Grote Reber, stellte 1944 die erste Radiokarte der Milchstraße her, deren Publikation einen wesentlichen Anstoß für den Start der galaktischen Radioastronomie gab. Mit der Steigerung der Empfindlichkeit und vor allem der Richtungsauflösung der Radioteleskope konnten später die interstellaren galaktischen Quellen von den übrigen Radioquellen klar abgetrennt werden (Abb. E.13) und es ergab sich das folgende Bild: Die HII-Regionen der dünnen galaktischen Gas-Staub-Schicht liefern in einem sehr schmalen galaktischen Gürtel kontinuierliche thermische Bremsstrahlung, deren Stärke für Wellenlängen oberhalb von 1 m rasch abfällt. Dieser Emission überlagert sich eine nichtthermische, bei längeren Wellen dominierende Strahlung mit wesentlich geringerer Konzentration zur galaktischen Ebene. Sie wird bei den Bewegungen relativistischer Elektronen in Magnetfeldern erzeugt; als diskrete interstellare Quellen treten die Supernova-Überreste hervor.

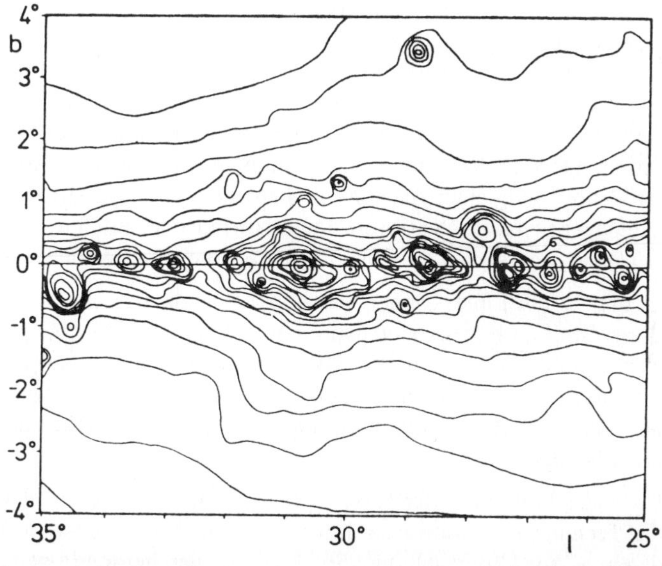

Abb. E.13: Ausschnitt einer Konturenkarte der galaktischen Radiokontinuumsstrahlung bei 1414 MHz. Winkelauflösungsvermögen 11 Bogenminuten. Die mittlere horizontale Linie $b = 0°$ stellt den Verlauf des galaktischen Äquators dar (b = galaktische Breite, l = galaktische Länge). Die hier stark konzentrierten H II-Regionen treten als diskrete Radioquellen hervor. (Nach W. J. Altenhoff et al. 1970).

Die Suche nach weiteren Radiolinien leitete in den Sechzigerjahren einen neuen Schub von Entdeckungen ein. 1963 wurde Linienstrahlung interstellarer OH-Molekülradikale bei 18 cm Wellenlänge gemessen und 1968 gelang erstmals die Auffindung von Linien eines mehratomigen Moleküls, des Ammoniaks, NH_3. Vor allem durch Beobachtungen in den Bereichen von H II-Regionen sind seither rund 80 Arten interstellarer Moleküle durch ihre Linienemission im Mikrowellengebiet nachgewiesen worden, von einfachen Molekülen wie CO bis hin zu komplexen organischen Verbindungen wie z. B. Formamid, $HCONH_2$.

Diese Moleküle befinden sich nicht in den H II-Regionen selbst, sondern in größeren und massenreicheren Materiekonzentrationen, die für optische Strahlung undurchdringlich sind. Die Möglichkeit längerfristiger Existenz verdanken die Moleküle der hohen Staubdichte in diesen sehr kalten Wolken: Das interstellare Strahlungsfeld, das bald sämtliche Moleküle dissoziieren würde, ist hier praktisch vollständig abgeschirmt; in weniger dichten Wolken findet man oft nur die einfachen und stabileren Moleküle wie etwa CO und OH. Die HII-Regionen selbst erwiesen sich andererseits als Teilbereiche der großen Molekülwolken, in denen die Verdichtung bis zur Sternbildung fortgeschritten ist.

Radiokontinuumsbeobachtungen mit hoher Winkelauflösung haben auch kleine, sogenannte kompakte HII-Regionen mit besonders hohen Dichten erkennen lassen, von denen viele im Sichtbaren nicht als Emissionsnebel in Erscheinung treten. Wir haben es hier mit Frühstadien von HII-Regionen zu tun. Eine interessante Besonderheit stellen starke Linienemissionen von OH- und H_2O-Molekülen dar, die aus extrem kleinen Winkelbereichen kommen, mit linearen Ausdehnungen von der Größenordnung einer Astronomischen Einheit. Diese Strahlung wird mit der Annahme eines natürlichen Maser-Mechanismus gedeutet, der möglicherweise in den Hüllen neu entstehender massereicher Sterne zu lokalisieren ist.

In der 21 cm-Linie können die dichten Wolken nicht beobachtet werden: Der Wasserstoff muß hier weitgehend in molekularer Form voliegen. Tatsächlich findet man in den Richtungen von Dunkelwolken in der Regel ein Defizit an 21 cm-Strahlung. Das H_2-Molekül besitzt leider kein Radiospektrum und seine im fernen Ultraviolett liegenden Linien sind in dichten Wolken wegen der starken Extinktion nicht beobachtbar.

Etwa gleichzeitig mit der Mikrowellenspektroskopie interstellarer Moleküle wurde die Technik astronomischer Infrarotbeobachtungen entwickelt und – unter anderem – zur Untersuchung von HII-Regionen herangezogen. Dabei erwiesen sich die kompakten HII-Regionen oft als kräftige *Infrarotquellen* mit einem kontinuierlichen Spektrum, das dem eines Schwarzen Körpers von einigen hundert Kelvin ähnlich ist. Man erfaßt hier die thermische Emission des durch einen oder mehrere, wegen hoher Extinktion oft nicht sichtbare, massereiche junge Sterne aufgeheizten zirkum- oder interstellaren Staubes. Beobachtungen bis in das ferne Infrarot gestatten auch den Nachweis der Emission von Protosternen bei Temperaturen von weniger als hundert Kelvin.

Mit dem 1983 gestarteten „Infra Red Astronomical Satellite“ (IRAS) konnte sogar die Wärmestrahlung des weit verbreiteten kalten interstellaren Staubes bei Wellenlängen bis zu 100 μm gemessen werden. Die Karten der Verteilung dieser Strahlung an der Sphäre zeigen die starke Konzentration des Staubes zur galaktischen Ebene (Abb. E.14).

Die Weltraumtechnik hat es ermöglicht, die Primärkomponente der schon seit langem bekannten *Kosmischen Strahlung* („Höhenstrahlung“, V. F. Hess 1912) vor ihrer Modifikation durch das geomagnetische Feld direkt zu messen. Die Kosmische Strahlung besteht aus geladenen Teilchen mit relativistischen Geschwindigkeiten, überwiegend Protonen, α-Teilchen und Elektronen, die den interstellaren Raum durchfluten und dabei sowohl mit dem dort vorhandenen Magnetfeld, als auch mit der interstellaren Materie in Wechselwirkung treten. Die leichten Elektronen werden durch das interstellare Magnetfeld abgelenkt und gebremst, wobei die bereits erwähnte nichtthermische Radiofrequenzstrahlung (Synchrotronstrahlung) aus der galaktischen Scheibe erzeugt wird – soweit sie nicht von diskreten Quellen (Überresten von Supernovae) kommt. Bei genügend hoher Teilchenenergie kann diese Bremsstrahlung auch sehr viel kurzwelliger sein und im Bereich der Röntgen- oder gar der Gammastrahlung liegen. Hochenergetische Gamma-Quanten (Energie >10 MeV) können auch im Anschluß an Stöße zwischen Nukleonen der Kosmischen Strahlung und Kernen der interstellaren Atome entstehen, nämlich beim Zerfall der hierbei erzeugten neutralen π-Mesonen.

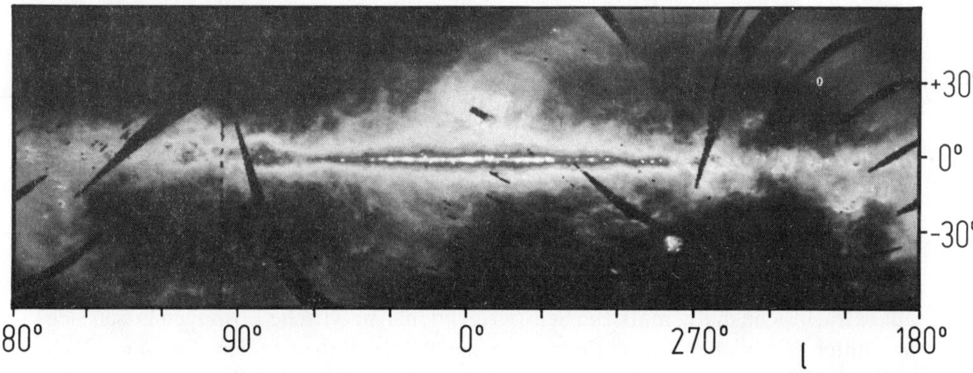

Abb. E.14: Verteilung der Infrarotstrahlung bei 60 μm an der Sphäre in galaktischen Koordinaten nach Messungen mit dem Satelliten IRAS. Die schmalen schwarzen Streifen bedecken Bereiche, für die keine Messungen vorliegen. Das sinusförmige, helle Band wird durch die thermische Emission des zur Ebene der Ekliptik konzentrierten interplanetaren Staubes erzeugt. (Nach E. R. Deul und W. B. Burton).

1975 wurden die ersten gesicherten Messungen dieser *Gammastrahlung aus dem interstellaren Raum* bekannt – gewonnen von einigen Forscherteams mit Satelliten der NASA und der europäischen Weltraumforschungsorganisation ESA (European Space Agency). Die Verteilung an der Sphäre zeigt klar die galaktische Scheibe und – neben diskreten Quellen (Krebsnebel-Pulsar, Vela-Pulsar, s. PSS II.3.4) – auch verstärkte Strahlung aus Richtungen tangential zu Spiralarmen, in denen die Materiedichte höher ist als in Zwischenarmgebieten. Die nichtthermische Komponente der kosmischen Radiofrequenzstrahlung (ohne diskrete Quellen) weist eine sehr ähnliche Verteilung auf, weil diese Strahlung vorwiegend durch Abbremsung relativistischer Elektronen der Kosmischen Strahlung in den Magnetfeldern der galaktischen Spiralarme entsteht. Das Spektrum der gefundenen Gammastrahlung ist mit deren Erzeugung durch π°-Mesonen-Zerfall verträglich.

Dynamik und Entwicklung

Während in den folgenden Kapiteln I bis III die stellaren und interstellaren Phänomene unserer Galaxis im Vordergrund stehen, beschäftigen sich die Kapitel IV und V mit der Deutung der Erscheinungen und ihrer Physik. Insbesondere wird nach der Dynamik, also nach den beteiligten Kräften und der Art ihrer Wirkungen, gefragt.

Für ein tieferes Verständnis der empirisch festgestellten Zusammenhänge zwischen der räumlichen Verteilung der Sterne und ihren Bewegungen ist die Mechanik von Systemen vieler gravitierender Massenpunkte studiert worden *(Stellardynamik)*. Für den Zustand und die zeitliche Entwicklung eines solchen Systems ist es entscheidend, ob es zu Stößen bzw. engen Begegnungen der einzelnen Sterne kommt. Im Sternfeld der Galaxis ist das im allgemeinen nicht der Fall. Die Bewegung des Einzelsterns wird deshalb durch das Gravitationsfeld beherrscht, das von der Gesamtheit aller Sterne des Milchstraßensystems ausgeht. Anders kann es dagegen in den dichter gepackten Sternhaufen und im Kern der Galaxis sein. Dort wird bei engen Begegnungen immer wieder soviel Energie auf einen der „Stoßpartner“ übertragen, daß es zur Überschreitung der Entweichgeschwindigkeit kommt und der Stern unter Mitnahme von Energie den Haufen verläßt.

Die stellardynamische Theorie, auch wenn sie statistisch konzipiert ist, stößt schnell auf beträchtliche mathematische Schwierigkeiten. Analytische Lösungen lassen sich nur unter erheblichen Einschränkungen der Allgemeinheit finden. Es war jedoch möglich, die Geschwindigkeitsverteilung der Sterne in großen Zügen zu reproduzieren. Aus den Sternbewegungen senkrecht zur galaktischen Ebene kann die Massendichte in der Sonnenumgebung und dann, mit bekannter Rotationskurve, ein Modell der Massenverteilung in der ganzen Galaxis abgeleitet werden.

Bedeutende Fortschritte haben seit den Siebzigerjahren große und sehr schnelle Rechenanlagen gebracht. Damit ist es möglich geworden, ganze Sternsysteme numerisch zu simulieren. Auf zahlreiche analytisch schwer zu behandelnde Fragen, etwa nach der Stabilität von Sternhaufen oder der ganzen galaktischen Scheibe, oder nach der Entstehung von Spiralstruktur, konnten auf diesem Wege neue Antworten gefunden werden.

Die quantitative *Theorie des interstellaren Mediums* ist heute noch weit entfernt von dem Stadium, das die Physik der Sterne mit der Theorie des Sternaufbaues und der Sternentwicklung erreicht hat. Die Schwierigkeit liegt darin, daß das kompliziert strukturierte interstellare Medium aus mehreren miteinander wechselwirkenden Komponenten besteht und oft von nichtlinearen dynamischen Vorgängen beherrscht wird: In dem dünnen neutralen Gas liegt die Schallgeschwindigkeit etwa bei 1 km s^{-1}, so daß fast alle beobachteten Bewegungen mit Überschallgeschwindigkeit erfolgen und somit Stoßwellen erzeugen müssen; außerdem bestehen Wechselwirkungen mit den interstellaren Magnetfeldern.

Bevor man sich mit der Dynamik der interstellaren Materie befassen kann, muß aus den Beobachtungen mit Hilfe theoretischer Überlegungen ihr physikalischer Zustand ermittelt werden. Wie hoch sind die Dichten und Temperaturen, wie ist sie großräumig verteilt und wie verhält sie sich kinematisch? Ein wichtiges, sich daran anschließendes Thema ist der Wärmehaushalt des interstellaren Gases: Wie wird es geheizt und gekühlt? Die kinetische Temperatur des neutralen Wasserstoffs (HI) im interstellaren Raum beträgt etwa 10^2 K, in den ionisierten HII-Regionen erreicht sie etwa 10^4 K. Der Einblick in die wesentlichen thermischen Prozesse ermöglicht eine Erklärung dieser Tatsachen und läßt beispielweise auch verstehen, warum die Temperatur der HII-Regionen praktisch konstant und unabhängig ist von der Oberflächentemperatur des zentralen anregenden Sterns. Das Wärmegleichgewicht der verschiedenen Gaskomponenten außerhalb von HII-Regionen, bei Anwesenheit von Staub und dem interstellaren Strahlungsfeld, einschließlich des hochenergetischen Teilchenflusses der Kosmischen Strahlung, ist auch durch dynamische Prozesse bestimmt. Wird es als idealisiertes statisches Problem behandelt, so zeigt sich, daß thermische Stabilität nur für zwei Gasphasen mit kinetischen Temperaturen und Dichten von ungefähr 10^2 K und 10 Atomen cm^{-3} bzw. 10^4 K und 0.1 Atomen cm^{-3} vorliegen kann: Kalte Wolken können sich dann im hydrostatischen Gleichgewicht mit einem sie umgebenden warmen, aber sehr dünnen „Zwischenwolkenmedium" befinden. Eine leichte Kompression dieses dünnen Mediums würde zu thermischer Instabilität und damit zu Verdichtung bis zur stabilen kalten Wolkenphase führen.

Andere Fragen, auf die in den Kapiteln IV und V eingegangen wird, betreffen die chemische Zusammensetzung der interstellaren Materie – im Großen und Ganzen findet man dasselbe Resultat wie für die Population I-Sterne –, den Zustand der Molekülwolken und die Rolle der interstellaren Staubteilchen.

Bei der Dynamik des interstellaren Mediums sind seit den Fünfzigerjahren, wiederum nicht zuletzt dank schneller elektronischer Großrechner, bemerkenswerte Fortschritte erzielt worden. Wie schon erwähnt, ist das Auftreten von Stoßfronten eine wichtige Erscheinung, etwa für die zeitliche Entwicklung einer HII-Region in der Umgebung eines neu entstehenden heißen Sterns oder für die Ausbreitung einer Supernovahülle in das umgebende interstellare Medium hinein. Detaillierte numerische Rechnungen haben hier in neuerer Zeit wesentliche Aufschlüsse gebracht.

Die Theorie der interstellaren Materie kann naturgemäß nicht außerachtlassen, daß das diffuse Medium in ein Sternsystem mit weit überwiegender Masse eingebettet ist. Auswirkungen des von den Sternen bestimmten Gravitationsfeldes auf die interstellare Materie können deshalb wichtig sein, wie etwa bei der galaktischen Spiralstruktur. So nimmt die von Lin und Shu in den Sechzigerjahren entwickelte Dichtewellentheorie der Spiralstruktur an, daß im Gravitationsfeld einer Galaxie spiralförmige Wellen auftreten, die nur etwa mit der halben Geschwindigkeit an der galaktischen Rotation teilnehmen. Die beobachtete Konzentration der interstellaren Wolken auf die Spiralarme kann dann zwanglos als Folge des Hineinlaufens eines überall in der galaktischen Ebene vorhandenen dünnen und warmen Mediums in diese Welle mit höherem Gravitationspotential und nachfolgende Verdichtung erklärt werden. Der empirische Nachweis einer weit verbreiteten heißen Komponente des interstellaren Mediums (10^5 bis 10^6 K, Dichte $\approx 10^{-3}$ cm^{-3}), die wahrscheinlich von den Stoßfronten der Supernovae erzeugt wird, zwingt allerdings zu einer Modifizierung des statischen Bildes. Dynamische Prozesse spielen offenbar eine weit größere Rolle als man vorher angenommen hatte.

Ein anderer Problemkreis der Theorie, der die Beziehung zwischen der interstellaren und der in Sternen konzentrierten Materie betrifft, ist der Vorgang der Sternentstehung, bei dem die Materie durch Verdichtung von dem einen in den anderen Zustand überführt wird. Heute wird in aufwendigen Rechnungen versucht, die Entwicklung einer gravitationsinstabilen Wolke bis hin zur Sternbildung nachzuvollziehen und damit Einblick in die dafür wesentlichen physikalischen Prozesse zu gewinnen. Auch die Entstehung und Entwicklung der Galaxis als Ganzes gehört hierher, nachdem angenommen werden muß, daß die Protogalaxis aus einer großen, annähernd kugelförmigen, von diffuser Materie geringer räumlicher Dichte erfüllten Gaswolke bestand, in der sich vor etwa 10^{10} Jahren die erste Sterngeneration bildete. Die empirischen Befunde über die Sternpopulationen geben wichtige Anhaltspunkte dafür, wie sich aus einer sphärischen Wolke schließlich eine stark abgeplattete rotierende Scheibe mit den heute zu beobachtenden charakteristischen Merkmalen unserer Galaxis entwickelt haben kann.

I Positionen, Bewegungen und Entfernungen der Sterne – Begriffe und Methoden

Die Körper des Planetensystems einschließlich der interplanetaren Materie können heute mit Hilfe von Raumsonden durch unmittelbare Messungen am Ort der Objekte erforscht werden. Unser Wissen über den Bau des Weltalls jenseits der Grenzen des Sonnensystems geht demgegenüber ausschließlich auf die am Ort des terrestrischen oder „extraterrestrischen" Beobachters nachweisbaren Strahlungsfelder der kosmischen Objekte (einschließlich Partikelstrahlung und eventuell Gravitationsstrahlung) zurück.

Für die Ableitung der räumlichen Anordnung der emittierenden Objekte benötigt man die Richtung ihrer Strahlung und ihre Entfernungen. Solange man noch nichts über den wahren Strahlungsfluß am Ort eines Objektes weiß, können Aussagen über seine Entfernung geometrisch durch die Messung von Richtungsänderungen der Strahlung infolge einer bekannten Ortsveränderung des Beobachters oder des Objektes ermittelt werden. Alle grundlegenden Entfernungsabstimmungen stützen sich daher wieder auf Richtungsmessungen.

Dies gilt insbesondere für die praktisch punktförmig erscheinenden Sterne. Die erwünschten Ortsveränderungen des Beobachters ergeben sich durch die Bewegung der Erde um die Sonne und durch die Bewegung des ganzen Sonnensystems durch den Raum (Parallaxe). Das Verfahren basiert daher auf der Kenntnis der Erdbahndimensionen bzw. des Geschwindigkeitsvektors der Sonne relativ zu einer als repräsentativ angesehenen Auswahl von Sternen. Die „Sonnenbewegung" kann aus den Dopplerverschiebungen der Spektren dieser Sterne – sie liefern die im Sehstrahl liegende relative Geschwindigkeitskomponente – durch geeignete Mittelbildung gewonnen werden. Der Fall bekannter Ortsveränderung des Objektes liegt bei den Mitgliedern einer an der Sphäre hinreichend ausgedehnten Gruppe von Sternen mit parallelen und gleichgroßen Geschwindigkeitsvektoren vor: Hier läßt sich die Bewegung der Gruppe nach Betrag und Richtung aus Dopplereffektmessungen in Verbindung mit einer geometrischen Bestimmung der Zielrichtung ableiten, die wieder auf Richtungsmessungen beruht (Sternstromparallaxe).

In der beschriebenen Weise gewonnene Entfernungen von Sternen verschiedenen physikalischen Typs bilden die Grundlage für die Ableitung von Maßzahlen der eigenen, absoluten Strahlungsleistungen dieser Objekte, auf denen nun weitreichende sekundäre photometrische Methoden der Entfernungsbestimmung aufbauen – durch Vergleich von „scheinbarer" und „wahrer" Helligkeit. Diese ermöglichen quantitative Aussagen über die großräumige Verteilung stellarer Objekte und die Grenzen des Sternsystems; sie liefern auch den Längenmaßstab für die Ableitung der Verteilung des interstellaren Gases aus seinen Linienstrahlungen im Radiofrequenzgebiet. Man kann somit sagen, daß unser heutiges Wissen über die Dimensionen des Milchstraßensystems, über die Maßskalen seiner räumlichen Strukturen und partiell auch seiner inneren Bewegungen letztlich auf Bestimmungen der Richtungen von Sternen in Verbindung mit Dopplereffektmessungen basiert.

Voraussetzung für die Ableitung von Richtungsänderungen kosmischer Objekte ist ein reproduzierbares Koordinatensystem, auf welches die zu verschiedenen Zeiten ausgeführten Richtungsmessungen bezogen werden können. Weil die Beobachtungen unmittelbar nur Richtungen liefern, wählt man räumliche Polarkoordinaten, deren Ursprung zunächst mit dem Beobachtungsort zusammenfällt. Die Entfernungskoordinate (Radiusvektor) ist vorerst noch unbestimmt, weshalb man auch von Ortsangaben auf der Himmelskugel, einer Kugel mit unbestimmten Radius um den Beobachtungsort als Mittelpunkt, sprechen kann. Da der Winkel zwischen zwei Richtungen grundsätzlich als Länge eines Kreisbogens definiert ist, kommt die Verwendung derartiger „sphärischer Koordinaten" auch der Anschauung entgegen.

Die begriffliche Konzeption geeigneter sphärischer Koordinatensysteme und die Realisierung eines drehungsfreien, raumfesten Systems sind Aufgaben der „Sphärischen Astronomie" und der „Astrometrie". Wir behandeln deshalb in diesem Kapitel zunächst die relevanten Teile dieser beiden ältesten Zweige der Astronomie einschließlich wichtiger Begriffsbildungen zur Beschreibung der Sternbewegungen im Raum. Der zweite Abschnitt befaßt sich dann mit den verschiedenen Methoden zur Bestimmung der Entfernungen der Sterne.

1 Örter und Bewegungen

1.1 Astronomische Koordinatensysteme

Zur Defintion eines sphärischen astronomischen Koordinatensystems benötigt man eine Grundebene durch den Ursprung, die an der Himmelskugel einen Großkreis ausschneidet, und einen festen Richtpunkt oder Nullpunkt auf diesem Großkreis. Dann ist der „Ort" eines Gestirnes[1] als Punkt auf einer Kugelfläche durch zwei auf Großkreisen gemessene Bögen eindeutig festgelegt. Je nach Aufgabenstellung werden Systeme mit verschiedener Lage der Grundebene und des Nullpunktes der Zählung auf dem entsprechenden Grundkreis verwendet.

Horizontsystem: Bei diesem für die praktische Beobachtung nächstliegenden Bezugssystem wird die verhältnismäßig leicht realisierbare lokale Richtung der Schwerkraft als vertikale Achse gewählt; ihr oberer und unterer Durchstoßungspunkt der Himmelskugel heißen Zenit und Nadir. Die senkrecht zur Vertikalen liegende Ebene durch den Ort des Beobachters heißt Horizontebene und bildet die Grundebene des Systems. Eine der beiden Winkelkoordinaten, die zur Festlegung der Position eines punktförmigen kosmischen Objektes benötigt werden, ist die **Zenitdistanz** z, der Winkel zwischen dem Zenit als Nullrichtung und dem Objekt. Manchmal wird auch ihr Komplement, die Höhe $h = 90° - z$ benutzt. Großkreise

[1] In der Astronomie üblicher Plural: Örter.

durch Zenit und Nadir heißen Vertikalkreise; Zenitdistanz und Höhe können somit als Bögen auf einem Vertikalkreis bezeichnet werden (Abb. I.1). Kreise gleicher Zenitdistanz bzw. Höhe, also Parallelkreise zum Horizont, die keine größten Kreise sind, werden auch Almukantarate genannt.

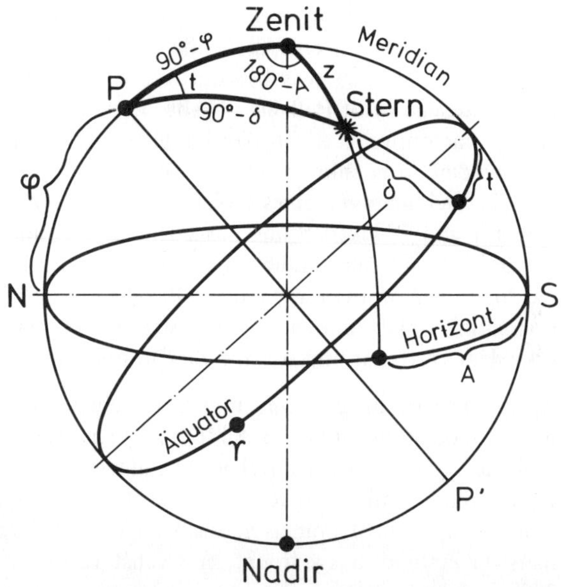

Abb. I.1: Horizontsystem und Äquatorsystem.

Als zweite Winkelkoordinate dient der Winkel zwischen der Ebene des Vertikalkreises des Objektes und der Ebene eines festen Vertikalkreises, die durch eine Nullrichtung in der Horizontebene, nämlich die Südrichtung (Nordhalbkugel!), bestimmt wird oder, anders ausgedrückt, der Bogen auf dem Horizontkreis zwischen dem Vertikalkreis des Objektes und dem Südpunkt. Dieser Bogen wird **Azimut** *A* genannt, und im Uhrzeigersinn (über Westen, Norden, Osten) von 0° bis 360° gezählt (Linkssystem)[2].

Der Südpunkt ist dadurch festgelegt, daß alle Gestirne im Laufe ihrer scheinbaren täglichen Bewegung durch die Erdrotation auf dem Vertikalkreis dieses Punktes (S) ihre größte Höhe bzw. kleinste Zenitdistanz erreichen . Man spricht von der oberen Kulmination; die untere Kulmination erfolgt auf der gegenüberliegenden (nördlichen) Hälfte desselben Vertikalkreises. Dieser Großkreis enthält auch die beiden Durchstoßpunkte der Achse der täglichen Himmelsdrehung an der Sphäre, den nördlichen und den südlichen **Himmelspol** (P und P′ in Abb. I.1) und wird

[2] In der Geodäsie beginnt man die Zählung im Norden.

Meridian genannt. Der Vertikalkreis durch die bei $A = 90°$ und $270°$ liegenden Horizontpunkte, den Ost- und Westpunkt, wird als **Erster Vertikal** bezeichnet.

Erstes Äquatorsytem: Die Grundebene eines Bezugssystems für die Bestimmung der räumlichen Lage und Bewegung von Himmelskörpern sollte von der Erdrotation frei sein und wenigstens in erster Näherung gegenüber den Fixsternen festliegen. Diese Bedingung erfüllt die senkrecht zur Rotationsache liegende Ebene (Erdäquator). Der ihr entsprechende Großkreis der Sphäre wird Himmelsäquator genannt. Der Winkel zwischen der Achse durch die beiden Himmelspole und der Horizontebene heißt **Polhöhe** φ (Abb. I.1); er ist gleich der geographischen Breite des Beobachtungsortes. Großkreise der Himmelskugel durch die beiden Himmelspole werden Stundenkreise genannt. Analog zur Höhe im Horizontsystem definiert man die **Deklination** δ eines Objektes als Bogen auf einem Stundenkreis zwischen Äquator und Objektrichtung ausgedrückt in Gradmaß, nach dem nördlichen Pol positiv und nach dem südlichen Pol negativ gezählt. Die kleinen Kreise konstanter Deklinationen werden wieder als Parallelkreise bezeichnet. Sterne auf Parallelkreisen mit Polabständen $90 - \delta < \varphi$, also Deklinationen $\delta > 90 - \varphi$ bleiben stets über dem Horizont und werden Zirkumpolarsterne genannt.

Als zweite Koordinate wählt man den Bogen auf dem Himmelsäquator zwischen dem Stundenkreis durch den Südpunkt, dem Meridian, und dem Stundenkreis des Objektes; er wird **Stundenwinkel** t genannt, weil er ein Maß für die Zeit ist, die seit der oberen Kulmination vergangen ist. Der Stundenwinkel wird, wie das Azimut, vom Nordpol des Himmels gesehen im Uhrzeigersinn gezählt (Linkssystem), und meist in Zeitmaß ausgedrückt; er wächst von 0 bis 24 Uhr, entsprechend $0°$ bis $360°$, und beträgt bei der unteren Kulmination gerade 12 Uhr bzw. $180°$.

Zur Umrechnung von horizontalen in äquatoriale Koordinaten und umgekehrt benutzt man die beiden folgenden Formelgruppen

$$\left.\begin{aligned} \cos\delta\,\sin t &= \sin z\,\sin A \\ \sin\delta &= \cos z\,\sin\varphi - \sin z\,\cos\varphi\,\cos A \\ \cos\delta\,\cos t &= \cos z\,\cos\varphi + \sin z\,\sin\varphi\,\cos A \end{aligned}\right\} \tag{I.1}$$

und

$$\left.\begin{aligned} \sin z\,\sin A &= \cos\delta\,\sin t \\ \cos z &= \sin\varphi\,\sin\delta + \cos\varphi\,\cos\delta\,\cos t \\ -\sin z\,\cos A &= \cos\varphi\,\sin\delta - \sin\varphi\,\cos\delta\,\cos t \end{aligned}\right\} \tag{I.2}$$

Diese Beziehungen folgen unmittelbar aus den im Anhang A abgeleiteten Formeln der sphärischen Trigonometrie, wenn man dort die Seiten bzw. Winkel a, b, c, α und γ ersetzt durch z, $90° - \varphi$, $90° - \delta$, t und $180° - A$ (Vergleich von Abb. I.1 und Abb. A.1): Die Gln. (I.2) gehen aus (A.3), (A.6) und (A.4) hervor, die erste Gl. (I.1) ist mit der ersten Gl. (I.2) identisch und die beiden anderen Gln. (I.1) ergeben sich aus (A.7) und (A.5).

Zweites Äquatorsystem, Sternzeit: Die Deklination ist von der Zeit unabhängig. Um auch als zweite Koordinate, anstelle von t, eine zeitunabhängige Größe zu haben, und so ein von der Erdrotation völlig freies Bezugssystem zu gewinnen, wählt man als Nullpunkt auf dem Himmelsäquator den **Frühlingspunkt.** Das ist der Punkt, in welchem der Mittelpunkt der Sonnenscheibe im Frühjahr, von der südlichen Seite kommend, den Himmelsäquator passiert oder, anders ausgedrückt, der „aufsteigende Knoten" der **Ekliptik,** der in der Richtung von Westen über Süden nach Osten durchlaufenen Jahresbahn der Sonne vor dem Fixsternhimmel, bezüglich des Himmelsäquators. Der Bogen auf dem Äquator vom Frühlingspunkt (♈) bis zum Stundenkreis des Objektes heißt **Rektaszension** α, manchmal auch abgekürzt AR (für ascensio recta = Gerade Aufsteigung). Die Rektaszension wird entgegen dem Uhrzeigersinn, also von Westen über Süden nach Osten, von 0 bis 24 Uhr oder 0° bis 360° gezählt (Rechtssystem).

Der Stundenwinkel eines fernen, praktisch raumfesten Objektes ist auch ein Zeitmaß, mit der Periode der Erdrotation als natürlicher Einheit, während die Rektaszension die feste Differenz der Stundenwinkel des Frühlingspunktes und des Objektes darstellt. Der Übergang zwischen den beiden Äquatorsystemen, $\alpha \leftrightarrow t$, erfordert daher die Kenntnis des momentanen Stundenwinkels des Frühlingspunktes. Dieser wird als **Sternzeit** Θ definiert. Es gilt (Abb. I.2)

$$\Theta = \alpha + t\,. \tag{I.3}$$

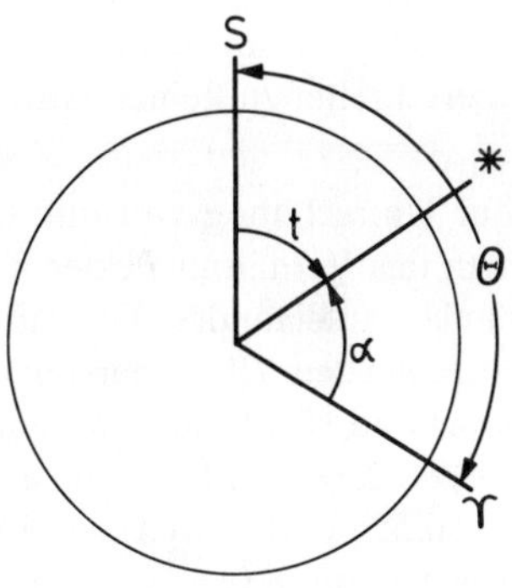

Abb. I.2: Zusammenhang zwischen Stundenwinkel t, Rektaszension α und Sternzeit θ. Blick vom Himmelsnordpol auf die Äquatorebene.

Die Sternzeit ist als Stundenwinkel gegen den Meridian des Beobachtungsortes eine Ortszeit, das heißt, sie hängt von der geographischen Länge des Beobachtungsortes ab. Für die Ausrichtung eines äquatorial montierten Fernrohres (Realisierung des ersten Äquatorsystems) auf ein Objekt bekannter Rektaszension (und Deklination) benötigt man eine nach Ortssternzeit regulierte Uhr, mit deren Ablesung Θ der einzustellende Stundenwinkel $t = \Theta - \alpha$ gebildet werden kann. Für ein kulminierendes Objekt ($t = 0$) gilt $\Theta = \alpha$ oder, anders ausgedrückt, die Sternzeit ist gleich der „kulminierenden Rektaszension".

Zu einer vollständigen astrometrischen Beobachtung gehört die Angabe von Ort und Zeit. Wir gehen deshalb noch kurz auf den Zusammenhang der Sternzeit mit der Sonnenzeit ein. Die Sonne durchläuft während eines Jahres den Großkreis der Ekliptik entgegen der Richtung der scheinbaren täglichen Bewegung der Gestirne. Gegen den Äquator ist die Ekliptik um rund $23\frac{1}{2}$ Grad geneigt; dieser Winkel heißt „Schiefe der Ekliptik". Die Schnittpunkte beider Großkreise werden Frühlings- und Herbstäquinoktium (Tagundnachtgleiche) oder kurz Frühlings- und Herbstpunkt genannt. Die Ekliptik dient auch als Grundkreis eines weiteren sphärischen Koordinatensystems, des *Ekliptiksystems* (ekliptikale Breite β und Länge λ analog zu δ und α definiert mit dem Frühlingspunkt als Nullpunkt für λ), das jedoch nur für Objekte des Sonnensystems angemessen ist. Der Stundenwinkel des Sonnenmittelpunktes stellt aus zwei Gründen kein gleichmäßiges Zeitmaß dar: (1) weil die Bewegung der Sonne nicht auf dem Äquator erfolgt und (2) weil die Sonnenbewegung auf der Ekliptik – als Spiegelbild der Erdbewegung um die Sonne auf einer elliptischen Bahn – mit ungleichmäßiger Winkelgeschwindigkeit abläuft. Um ein gleichmäßiges Sonnenzeitmaß zu erhalten, hat man deshalb eine fiktive mittlere Sonne eingeführt, die sich mit konstanter Winkelgeschwindigkeit auf dem Himmelsäquator bewegt und gleichzeitig mit der wahren Sonne durch den Frühlingspunkt geht. Bezeichnet $\bar{t}_\odot$ den Stundenwinkel dieser mittleren Sonne, dann lautet die Definition der **mittleren Sonnenzeit** (Ortszeit) $\bar{t}_\odot + 12^h$. Die Differenz gegen die wahre Sonnenzeit $\bar{t}_\odot + 12^h$, gebildet im Sinne wahre Zeit minus mittlere Zeit, heißt **Zeitgleichung** $= t_\odot - \bar{t}_\odot = \bar{\alpha}_\odot - \alpha_\odot$ (nach Gl. I.1), wobei $\bar{\alpha}_\odot$ und $\alpha_\odot$ die Rektaszensionen der mittleren und wahren Sonne bedeuten. Der Betrag der Zeitgleichung überschreitet zu keiner Jahreszeit 17^m.

Zur Umrechnung von mittlerer Sonnenzeit in Sternzeit und umgekehrt benötigt man das Verhältnis beider Zeiteinheiten und die Beziehung der Zählungsanfangspunkte aufeinander. Die mittlere Sonne bewegt sich relativ zum Frühlingspunkt entgegen dem Uhrzeigersinn in 365.2422 mittleren Sonnentagen um 360° (tropisches Jahr) und rückt daher an einem mittleren Tag um einen Winkel weiter, dem $24^h/365.2422 = 3^m\,56\overset{s}{.}555$ entsprechen. Ein mittlerer Sonnentag entspricht somit $24^h\,3^m\,56\overset{s}{.}555$ in Sternzeitmaß. Die Sternzeit im mittleren Mittag, $\bar{t}_\odot = 0$, ist nach (I.3) gegeben durch $\Theta = \bar{\alpha}_\odot$. Die Rektaszension der mittleren Sonne $\bar{\alpha}_\odot$ ist zur mittleren Zeit bekannt, so daß man damit für jeden Tag die gegenseitige Lage der Zählungsanfangspunkte beider Zeitmaße hat. Die astronomischen Jahrbücher geben Θ für den Nullmeridian von Greenwich jeweils für 0 Uhr mittlerer Ortszeit Greenwich (= Weltzeit oder Universal Time) = 1 Uhr Mitteleuropäischer Zeit (MEZ). Bezeichnet $\Theta_{\lambda,\mathrm{UT}}$ die Sternzeit an einem Ort mit der östlichen Länge λ (Zeitmaß) zur Weltzeit UT (= MEZ – 1^h), insbesondere also $\Theta_{0,0}$ die Sternzeit auf dem Nullmeridian für 0^h UT, dann gilt

$$\Theta_{\lambda,\mathrm{UT}} = \Theta_{0,0} + \mathrm{UT} + 3^m\,56\overset{s}{.}555 \cdot \frac{\mathrm{UT}}{24^h} + \lambda\,.$$

Für eine erste Orientierung darüber, welche Sterne zu den verschiedenen Jahreszeiten beobachtbar sind, ist es nützlich, die jeweilige Sternzeit für Mitternacht (= kulminierende Rektaszension) zu wissen: Zum Frühlingsanfang (21. März) und Herbstanfang (23. September) sind die Ortsternzeiten für 0^h mittlerer Ortszeit 12^h bzw. 0^h, für Sommer- und Wintersonnenwende (22. Juni und 22. Dezember) 18^h bzw. 6^h.

Galaktische Koordinaten: Wegen seiner genauen Reproduzierbarkeit werden alle Messungen von Sternpositionen primär auf das Äquatorsystem bezogen. Bei den Untersuchungen über die Struktur und die Bewegungsverhältnisse im Milchstraßensystem ist es jedoch oft zweckmäßig, zur Diskussion der Daten auf ein Koordinatensystem überzugehen, das die Symmetrieebene der Galaxis zur Hauptebene hat. Da sich zeigte, daß die Sonne sehr nahe der durch das neutrale Wasserstoffgas (s. Einleitender Überblick) definierten mittleren Ebene liegt (innerhalb der Fehlergrenzen von etwa ± 20 pc), bildet deren Schnittlinie mit der Sphäre praktisch einen Großkreis; er wird als galaktischer Äquator bezeichnet und verläuft längs dem sichtbaren Band der Milchstraße. Analog zur Deklination wird der Winkelabstand vom galaktischen Äquator – nach nördlichen Seite positiv, nach der südlichen Seite negativ gezählt – als **galaktische Breite** b eingeführt. Auf dem galaktischen Äquator zählt man entgegen dem Uhrzeigersinn die **galaktische Länge** l von einer Nullrichtung aus von 0° bis 360° (Abb. I.3).

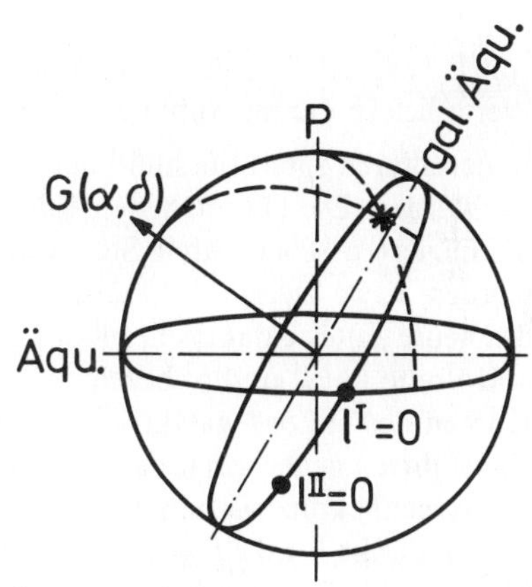

Abb. I.3: Zur Definition der galaktischen Koordinaten.

Das heute gebräuchliche System galaktischer Koordinaten ist nach internationaler Übereinkunft festgelegt durch die äquatorialen Koordinaten des galaktischen Nordpols

$$\alpha = 12^h\,49^m,\ \delta = +27\overset{\circ}{.}4\ (1950.0)$$

und, als Nullrichtung der Längenzählung, den Punkt auf dem galaktischen Äquator, der vom aufsteigenden Knoten des galaktischen Äquators über den Himmelsäquator einen (im Uhrzeigersinn gezählten) Abstand von 33° besitzt. Dieser Punkt hat die äquatorialen Koordinaten

$$\alpha = 17^h\,42^m\!.4, \quad \delta = -28^\circ\!.92 \ (1950.0).$$

Dabei bedeutet die jeweils in Klammern beigefügte Angabe, daß sich diese Werte auf die Lage des Äquatorsystems am Jahresanfang von 1950 beziehen (weiteres dazu in I.1.2. u. I.1.3). Der angegebene Nullpunkt der Längenzählung ist nach optischen und Radiobeobachtungen als Richtung zum Zentrum der Galaxis bestimmt worden; er fällt praktisch mit der Position der intensiven Radioquelle Sagittarius A zusammen (II.1.3; III.2.2). Die Neigung des galaktischen Äquators gegen den Himmelsäquator beträgt $i = 62^\circ\!.6$; die Rektaszension des aufsteigenden Knotens ist $\alpha_\Omega = 18^h\,49^m = 282^\circ\!.25$.

Die Transformationsformel für die Überführung von (α, δ) in (l, b) lauten:

$$\left.\begin{aligned} \cos b \cos(l-33^\circ) &= \cos\delta \cos(\alpha - 282^\circ\!.25) \\ \sin b \quad\quad &= \sin\delta \cos 62^\circ\!.6 - \cos\delta \sin 62^\circ\!.6 \sin(\alpha - 282^\circ\!.25) \\ \cos b \sin(l-33^\circ) &= \sin\delta \sin 62^\circ\!.6 + \cos\delta \cos 62^\circ\!.6 \sin(\alpha - 282^\circ\!.25) \end{aligned}\right\} \qquad (I.4)$$

Zur Ableitung setze man in den Gln. (A.3), (A.7) und (A.5) anstelle von a, b, c, α und γ ein: $90° - \delta$, $i = 62^\circ\!.6$, $90° - b$, $90° - (l - 33°)$ und $(\alpha - 282^\circ\!.25) + 90°$ (Vergleich von Abb. I.3 mit Abb. A.1).

Zur Umwandlung von (α, δ) in (l, b) und umgekehrt liegen ausführliche Tabellen vor: I. Torgård, Annals of the Observatory of Lund Nr. 15, 16, 17 (1961). Genäherte Werte liefern die im Anhang C gegebenen Karten.

In der älteren Literatur sind noch andere galaktische Koordinatensysteme verwendet worden. Die Hauptebene ist dabei aus der durch interstellare Extinktion stark modifizierten scheinbaren Sternverteilung im Bereich der Milchstraße abgeleitet worden. Etwa zwischen 1932 und 1960 wurde am häufigsten ein System benutzt, das heute „altes galaktisches Koordinatensystem" genannt wird, und dessen Länge und Breite mit $l^{\rm I}$ und $b^{\rm I}$ bezeichnet werden. Als Nullpunkt diente der aufsteigende Knoten des „alten" galaktischen Äquators über dem Himmelsäquator. Die oben eingeführten neuen galaktischen Koordinaten wurden zunächst (ab $\sim$1960) mit $l^{\rm II}$, $b^{\rm II}$ bezeichnet, inzwischen werden die oberen Indizes weggelassen. Im alten System ist der Punkt $l = 0°$, $b = 0°$, die Zentrumsrichtung, gegeben durch $l^{\rm I} = 327^\circ\!.7$ und $b^{\rm I} = -1^\circ\!.40$. Tabellen für die Umrechnung alter in neue galaktische Koordinaten und umgekehrt sind in den oben angeführten Publikationen der Sternwarte Lund enthalten.

1.2 Zeitliche Änderungen der Sternkoordinaten

Präzession: Gravitationswirkungen von Sonne und Mond auf den schwach abgeplatteten Erdkörper führen zu Verlagerungen der Rotationsache und damit des

Himmelsäquators relativ zur Ekliptik. Der säkulare, d.h. der Zeit proportionale Anteil dieser Drehbewegungen heißt **Lunisolar-Präzession,** der verbleibende periodische Anteil wird Nutation genannt. Der Einfluß der Planeten auf die Bahnbewegung der Erde um die Sonne erzeugt zusätzlich eine kleine Verlagerung der Ekliptik gegenüber der Grundebene eines Inertialsystems, in welchem die beobachteten Bewegungen aller Planeten mit hoher Genaugkeit durch die Newtonsche Mechanik beschrieben werden können. Diese Veränderung wird als **planetarische Präzession** bezeichnet.

Die Wirkung der Lunisolar-Präzession wird durch Abb. I.4a erläutert. Der Himmelspol P bewegt sich auf einem Parallelkreis des Ekliptiksystems um den Pol der Ekliptik Π, wodurch die Äquinoktien „vorrücken". Mit der Verschiebung des Frühlingsäquinoktiums (Frühlingspunkt Υ) werden die ekliptikalen Längen und ebenso die Rektaszensionen aller raumfesten Objekte vergrößert. Die jährliche Lunisolar-Präzession in ekliptikaler Länge (Abb. I.4b), die Verschiebung $\Upsilon_1\,\Upsilon_2$, werde mit ψ bezeichnet; ψ beträgt rund 50″, ein ganzer Umlauf des Pols dauert rund 26000 Jahre („Platonisches Jahr"). Diese Drehung des Koordinatensystems kann in zwei Komponenten zerlegt werden: eine Drehung des Äquatorsystems um die Himmelsachse PP′ als z-Achse (vgl. Anhang A, Abb. A.3) $\omega_3 = \Upsilon_2 Q = -\psi\cos\varepsilon$ (positive Drehwinkel bedeuten rechtsläufige Drehungen) und eine Drehung um die senkrechte Achse durch den Äquatorpunkt $\alpha = 90^\circ$ als y-Achse $\omega_2 = \Upsilon_1 Q = +\psi\sin\varepsilon$. Eine Drehung um die Äquinoktialachse (x-Achse) findet nicht statt: $\omega_1 = 0$. Die schwach variable jährliche Präzession durch die Planeten $\Upsilon_2\,\Upsilon_2' = \chi \approx 0''\!.1$ pro Jahr wirkt der Lunisolar-Präzession entgegen und kann durch den Übergang zu $\omega_3 = -\psi\cos\varepsilon + \chi$ berücksichtigt werden. Die Schiefe der Ekliptik ε ändert sich nur sehr geringfügig, gegenwärtig nimmt sie jährlich um $\approx 0''\!.5$ ab; 1900 betrug sie $23^\circ 27' 8''\!.26$, im Jahr 2000 (Jahresanfang) wird $\varepsilon = 23^\circ 26' 21''\!.45$ sein.

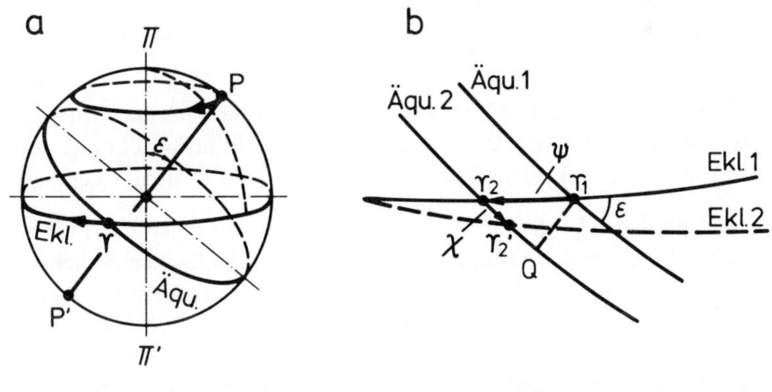

Abb. I.4: (a) Die Bewegung des Himmelsnordpols P und des Frühlingspunktes Υ durch die Lunisolarpräzession.
(b) Zur Definition der jährlichen Präzession in Länge ψ und der jährlichen Präzession durch die Planeten χ. (Erläuterung im Text).

Die Strecke, um die der Frühlingspunkt jährlich in der Ekliptik fortschreitet: $p = \psi - \chi \cos\varepsilon$ wird als allgemeine Präzession in Länge bezeichnet.

Die Änderungen der Rektaszension und Deklination ergeben sich unmittelbar, wenn man die Werte der Drehkomponenten ω_1, ω_2, ω_3 in die für $\omega_i \ll 1$ gültigen Gleichungen (A.16) des Anhangs A einsetzt und L, B mit α, δ identifiziert. Man schreibt das Resultat in der Form

$$\left.\begin{aligned}\dot{\alpha} &= p_\alpha = m + n \sin\alpha \operatorname{tg}\delta \\ \dot{\delta} &= p_\delta = n \cos\alpha,\end{aligned}\right\} \tag{I.5}$$

wobei m und n, die Komponenten der sogenannten allgemeinen Präzession in α und δ, pro Jahr gegeben sind durch

$$\left.\begin{aligned}m &= \psi \cos\varepsilon - \chi \approx 3\overset{s}{.}07 \approx 46'' \\ n &= \psi \sin\varepsilon \approx 1\overset{s}{.}34 \approx 20''\end{aligned}\right\} \tag{I.6}$$

Diese Größen sind langsam zeitabhängig. Für den Zeitzwischenraum Δt hat man in der Näherung für kleine Drehungen

$$\Delta\alpha = p_\alpha \cdot \Delta t, \quad \Delta\delta = p_\delta \cdot \Delta t. \tag{I.7}$$

Diese Formeln versagen in der Nähe der Himmelspole $\delta \approx \pm 90°$. Tabellen zur bequemen Ermittlung der Komponenten der jährlichen Präzession p_α und p_δ zu den Argumenten α, δ findet man zum Beispiel in: Landolt-Börnstein, Zahlenwerte und Funktionen Band VI/1 1965), Abschn. 5.1.1.6 oder Band VI/2c (1982), Abschn. 8.1.1.6.

Bei höheren Genauigkeitsansprüchen und längeren Zwischenzeiten geht man von den strengen Transformationsformeln zwischen zwei beliebigen Lagen des Äquators aus oder setzt dann die Reihenentwicklung an

$$\Delta\alpha = \alpha - \alpha_0 = \mathrm{I}_\alpha (t - t_0) + \mathrm{II}_\alpha (t - t_0)^2 + \mathrm{III}_\alpha (t - t_0)^3 + \ldots \tag{I.8}$$

mit $\mathrm{I}_\alpha = (\mathrm{d}\alpha/\mathrm{d}t)_0$ = jährliche Präzession in α, $\mathrm{II}_\alpha = (\mathrm{d}^2\alpha/\mathrm{d}t^2)_0/2$ und $\mathrm{III}_\alpha = (\mathrm{d}^3\alpha/\mathrm{d}t^3)_0/6$; ganz entsprechend wird $\Delta\delta = \delta - \delta_0$ dargestellt. Das dritte Glied wird nur bei großen Zeiträumen $\Delta t = t - t_0$ merklich. Auf die Berechnung von II_α und III_α kann hier nicht eingegangen werden; es stehen dafür auch Tafeln zur Verfügung.

Die Grundlagen praktisch aller bisherigen Anwendungen der Präzessionsformeln, also auch der in der Literatur vorhandenen einschlägigen Tabellen, bildeten die von S. Newcomb aus Beobachtungen des 19. Jahrhunderts abgeleiteten Werte von ψ und χ, die einer allgemeinen Präzession in Länge $p = 5025\overset{''}{.}641$ (pro Jahrhundert für 1900) entsprechen. Nach heutigem Wissen ist dieser Wert um etwa $1''$ zu klein. Die allgemeinen Grundgedanken der Gewinnung von ψ und χ werden in I.1.3 geschildert. Das Material der neueren Sternkataloge ergab eine Korrektur $\Delta\psi = +1\overset{''}{.}1$ (s. II.4.2),die zusammen mit Verbesserungen von χ auf der Basis neuer Ergebnisse über die Planetenmassen auf $p = 5029\overset{''}{.}0966$ für 2000 (Jahresanfang) führt

(W. Fricke 1976). Dieser Wert ist 1976 von der Internationalen Astronomischen Union (IAU) empfohlen worden und seit 1984 in Gebrauch. Für die Komponenten der allgemeinen Präzession in α und δ sind folgende Ausdrücke abgeleitet worden (jeweils pro Jahrhundert):

$$m = 4612''.4362 + 2''.79312\,T - 0''.000278\,T^2$$
$$n = 2004''.3109 - 0''.85330\,T - 0''.000217\,T^2,$$

wobei T die Zeitdifferenz gegen den Jahresanfang 2000 in julianischen Jahrhunderten (= 36525 Tage) bezeichnet.

Nutation: Der Präzessionsbewegung des Himmelspols auf einem Parallelkreis um den Pol der Ekliptik mit konstanter Geschwindigkeit (Abb. I.4a) überlagert sich die Nutation als periodische Schwankung, wobei sich sowohl die ekliptikale Länge als auch die ekliptikale Breite des Himmelspols ändern: Der wahre Himmelspol beschreibt um den durch die Präzession beeinflußten, sogenannten mittleren Himmelspol eine angenähert elliptische Bewegung. Die momentane Lage des Pols wird durch die Nutation in Länge $\Delta\lambda(t)$ und die Nutation in Schiefe $\Delta\varepsilon(t)$ beschrieben. Anhand von Abb. I.4a, b macht man sich leicht klar, daß diese Abweichung einer Drehung des Äquatorsystems entspricht mit den Komponenten um die x-, y- und z-Achse: $\omega_1 = -\Delta\varepsilon$, $\omega_2 = +\Delta\lambda \cdot \sin\varepsilon$, $\omega_3 = -\Delta\lambda\,\cos\varepsilon$, wobei die ω_i hier kleine Winkel bedeuten. Die Gleichungen (A.16) liefern damit die Nutationsformeln:

$$\left.\begin{aligned} \Delta\alpha &= \Delta\lambda\,(\cos\varepsilon + \sin\varepsilon\,\mathrm{tg}\,\delta\,\sin\alpha) - \Delta\varepsilon\,\mathrm{tg}\,\delta\,\cos\alpha \\ \Delta\delta &= \Delta\lambda\,\sin\varepsilon\,\cos\alpha \qquad\qquad\qquad + \Delta\varepsilon\,\sin\alpha \end{aligned}\right\} \qquad \text{(I.9)}$$

$\Delta\varepsilon(t)$ und $\Delta\lambda(t)$ bestehen jeweils aus mehreren Gliedern mit verschiedenen Periodenlängen. Das Glied mit der größten Amplitude lautet $+9''.21\,\cos\Omega$ bzw. $-17''.24\,\sin\Omega$, wobei Ω die ekliptikale Länge des aufsteigenden Knotens der Mondbahn über die Ekliptik bezeichnet. Infolge des Einflusses der Sonne auf die um 5° gegen die Ekliptik geneigte Mondbahn wandert die Knotenlinie in 18.6 Jahren einmal rückwärts durch die ganze Ekliptik und damit Ω von 0° bis 360°. Der Himmelspol beschreibt demnach in 18.6 Jahren an der Sphäre eine Ellipse um den mittleren Pol, deren große Halbachse (parallel zu einem Kreis konstanter Länge λ) $\Delta\varepsilon = 9''.21$ und deren kleine Halbachse (auf Parallelkreis zur Ekliptik) $\Delta\lambda\,\sin\varepsilon = 17''.24 \cdot \sin\varepsilon = 6''.86$ beträgt. Der Zahlenfaktor des Hauptgliedes von $\Delta\varepsilon(t)$ vom Betrag $N = 9''.21$ wird **Nutationskonstante** genannt. Die genauen Werte von $\Delta\varepsilon(t)$ und $\Delta\lambda(t)$ werden für den Anfang jedes Tages in den astronomischen Jahrbüchern gegeben.

Jährliche Parallaxe, Astronomische Entfernungseinheiten: Mit der Bewegung der Erde um die Sonne sind in geozentrischen Bezugssystemen kleine Verschiebungen der Sternpositionen mit Jahresperiode verbunden. Der Winkel, unter dem die große Halbachse der Erdbahn a bei senkrechter Aufsicht von einem Stern aus erscheint, wird **Parallaxe p** des Sternes genannt. Mit der Entfernung des Sternes r besteht der Zusammenhang

$$\frac{a}{r} = p,$$

da auch für die nächsten Sterne gilt $p < 1''$ (s. I.2.1).

Die Bestimmung von a = mittlere Entfernung Erde-Sonne lieferte $a = 149\,597\,870$ km. Für Abstände innerhalb des Sonnensystems dient diese Entfernung als Längeneinheit und wird Astronomische Einheit (AE) genannt (genauere Definition s. Anhang Astronomische und physikalische Konstanten; Bestimmung s. PSS[1] I.1.1). Für die Entfernungen der Sterne benutzt man die größere Einheit parsec (pc), die Entfernung, aus welcher 1 AE unter dem Winkel $p = 1''$ erscheint. Es gilt somit, wegen $p \approx \sin p \approx p'' \cdot \sin 1'' = p''/206\,265$,

$$1 \text{ pc} = 206\,265 \text{ AE} = 3.086 \cdot 10^{18} \text{ cm}.$$

Man benutzt auch die großen Einheiten 1 kpc = 10^3 pc und 1 Mpc = 10^6 pc. Der Zusammenhang mit dem Lichtjahr (L.J.) ist 1 pc = 3.26 L.J. Drückt man r in pc aus, dann gilt einfach

$$r = \frac{1}{p''}. \tag{I.10}$$

Die Veränderung der Sternenposition durch die Parallaxe kann in folgender Weise berechnet werden. Der Übergang zu einem heliozentrischen Bezugssystem führt bei Annahme einer Kreisbahn für die Erdbewegung in rechtwinkligen ekliptikalen Koordinaten (Abb. I.5a)

$$\Delta x = x' - x = -a \cos \lambda_\odot, \quad \Delta y = y' - y = -a \sin \lambda_\odot. \tag{I.11}$$

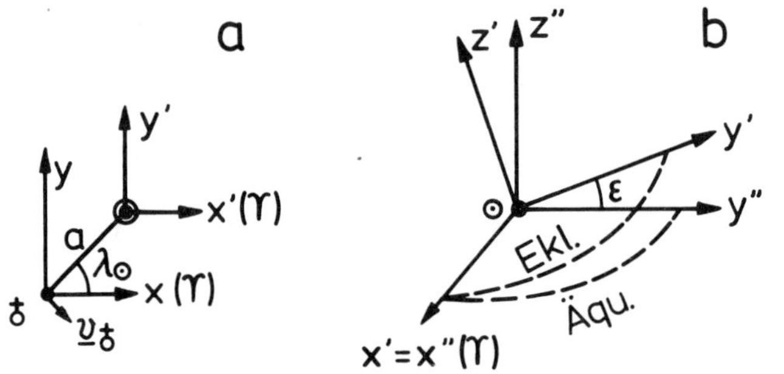

Abb. I.5: (a) Zur Ableitung von Gl. (I.11); (b) zur Ableitung von Gl. (I.12).

$\lambda_\odot$ bezeichnet die ekliptikale Länge der Sonne. Geht man zu rechtwinkligen äquatorialen Koordinaten über (Abb. I.5b), dann bleibt Δx ungeändert, während sich

[1] PSS = Scheffler/Elsässer: Physik der Sterne und der Sonne, B.I.-Wissenschaftsverlag Mannheim 1990.

bei Δy der Faktor $\cos\varepsilon$ und eine endliche z-Komponente $z''-z' = (y'-y)\sin\varepsilon$ ergibt. Damit folgt in diesem Fall

$$\Delta x = -a\cos\lambda_\odot,\ \Delta y = -a\sin\lambda_\odot\cos\varepsilon,\ \Delta z = -a\sin\lambda_\odot\sin\varepsilon. \tag{I.12}$$

Zur Gewinnung der beobachtbaren Änderungen der ekliptikalen bzw. äquatorialen Koordinaten im geozentrischen System können die im Anhang A abgeleiteten Gleichungen (A.11) und A.12) für die entsprechenden Tangentialkomponenten herangezogen werden, indem man dort $\dot{x}$, $\dot{y}$, $\dot{z}$ durch $-\Delta x$, $-\Delta y$, $-\Delta z$ nach (I.11) bzw. (I.12) ersetzt und L, B mit λ, β bzw. α, δ identifiziert ($v_r = 0$).

Im Ekliptiksystem erhält man dann mit $t_\lambda = r\cos\beta\Delta\lambda$, $t_\beta = r\Delta\beta$ und $a/r = p$ die Tangentialkomponenten an der Sphäre

$$\xi = \frac{t_\lambda}{r} = \Delta\lambda\cos\beta = p\sin(\lambda_\odot-\lambda), \eta = \frac{t_\beta}{r} = \Delta\beta = p\cos(\lambda_\odot-\lambda). \tag{I.13}$$

Damit folgt insbesondere

$$\frac{\xi^2}{p^2} + \frac{\eta^2}{p^2\sin^2\beta} = 1\,, \tag{I.14}$$

d.h., der Stern beschreibt (in der Tangentialebene der Sphäre) eine kleine Ellipse um den Sternort für $r = \infty$, deren große Achse parallel zur Ekliptik liegt und $2p$ entspricht. Für einen Stern am Pol der Ekliptik ($\beta = 90°$) ergibt sich (bei kreisförmiger Erdbahn) ein Kreis; ein Stern in der Ekliptik ($\beta = 0°$) wandert auf einem Bogen der Länge $2p$ jährlich einmal hin und her.

In äquatorialen Koordinaten erhält man für die im Sinne geozentrisch minus heliozentrisch gebildeten Änderungen $\Delta\alpha$ und $\Delta\delta$

$$\left.\begin{aligned} \frac{t_\alpha}{r} &= \Delta\alpha\cos\delta = p(\cos\alpha\cos\varepsilon\cos\lambda_\odot - \sin\alpha\cos\lambda_\odot) \\ \frac{t_\delta}{r} &= \Delta\delta \quad\;\; = p(\cos\delta\sin\varepsilon\sin\lambda_\odot - \cos\alpha\sin\delta\cos_\odot - \\ &\qquad\qquad - \sin\alpha\sin\delta\cos\varepsilon\sin\lambda_\odot). \end{aligned}\right\} \tag{I.15}$$

Mit p in Bogensekunden ergeben sich auch $\Delta\alpha$ und $\Delta\delta$ in diesem Maß.

Aberration: Wegen der Endlichkeit der Lichtgeschwindigkeit c erscheint einem mit der Geschwindigkeit v bewegten Beobachter die Richtung ankommender elektromagnetischer Strahlung im allgemeinen verändert. Der Winkel γ zwischen der Bewegungsrichtung und der Richtung zur Lichtquelle (Abb. I.1a) verkleinert sich für $v \ll c$ um den Betrag

$$\eta = \gamma-\gamma' = \frac{v}{c}\sin\gamma'. \tag{I.16}$$

Als Folge der Bewegung der Erde um die Sonne – angenähert mit konstanter Geschwindigkeit $v = v_{♁}$ auf einem Kreis – ergibt sich eine der jährlichen Parallaxe ähnliche Auswirkung auf die geozentrischen Sternkoordinaten. Dies zeigt der Vergleich von Abb. I.6a und b. Der Sinussatz liefert hier $\sin q/\sin(180° - \vartheta) = a/r = p$ oder – wegen $\sin q \approx q$ –

$$q = \vartheta - \vartheta' = p \sin\vartheta'. \tag{I.17}$$

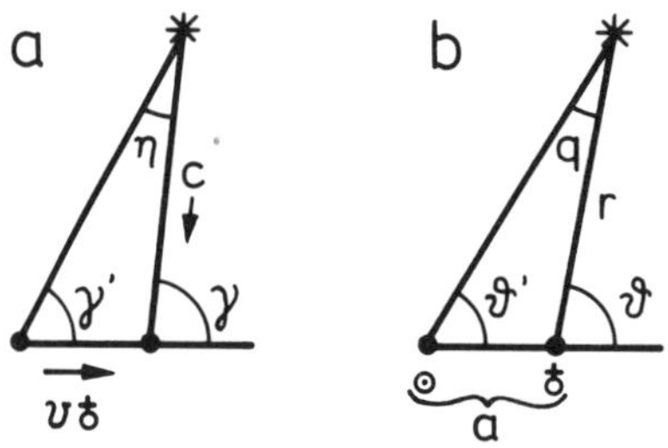

Abb. I.6: Zum Vergleich der Auswirkungen der jährlichen Aberration (a) und der jährlichen Parallaxe (b).

Die Ebenen der Abb. I.6a und b stehen jedoch senkrecht aufeinander (Kreisbahn!), wobei die Grundlinien beider Dreiecke in der Ebene der Ekliptik verlaufen. Daher müssen sich die (I.13) bis (I.15) analogen Beziehungen für die Koordinatenänderungen durch die jährliche Aberration einfach aus diesen Formeln gewinnen lassen, indem man die Parallaxe p durch die sogenannte **Aberrationskonstante** $A = \bar{v}_{♁}/c$, mit $\bar{v}_{♁}$ = *mittlere Bahngeschwindigkeit der Erde, und* $\lambda_{\odot}$ durch $\lambda_{\odot} - 90°$ ersetzt. Man erhält insbesondere

$$\left.\begin{aligned} \Delta\alpha\cos\delta &= -A(\cos\alpha\cos\varepsilon\cos\lambda_{\odot} + \sin\alpha\sin\lambda_{\odot}) \\ \Delta\delta &= -A(\cos\delta\sin\varepsilon\cos\lambda_{\odot} + \cos\alpha\sin\delta\sin\lambda_{\odot} - \\ &\qquad - \sin\alpha\sin\delta\cos\varepsilon\cos\lambda_{\odot}). \end{aligned}\right\} \tag{I.18}$$

Für die Bewegung des Sternes in der Tangentialebene folgt eine „Aberrationsellipse“ mit der großen Halbachse A parallel zur Ekliptik, die jedoch gegenüber der parallaktischen Ellipse mit einer Phasenverschiebung von 90° durchlaufen wird (Abb. I.7). Die Aberrationskonstante ergibt sich zu $A = 20''\!.5$, weshalb die jährliche Aberration ein weit größerer Effekt ist als die jährliche Parallaxe.

Die Bewegung des Beobachters infolge der Erdrotation bewirkt eine tägliche Aberration, deren Konstante $0''\!.32 \cos\varphi$ beträgt (φ = geographische Breite des Beobachtungsortes). Diese muß vor allem bei genauen Absolutbestimmungen von α berücksichtigt werden, weil durch sie jeder Stern um $0^{s}\!.021 \cos\varphi/\cos\delta$ zu spät durch den Meridian geht (Bewegung des Beobachters nach Osten!).

Scheinbarer, wahrer und mittlerer Ort: Unter dem Einfluß von Präzession und Nutation verändert das in I.1 eingeführte (zweite) Äquatorsystem seine Lage mit der Zeit. Zur Charakterisierung des benutzten Systems sphärischer Koordinaten α, δ gehört deshalb stets auch eine Zeitangabe. Man sagt deshalb: α und δ beziehen sich auf das wahre **Äquinoktium,** d. h. auf die Lage von Frühlingspunkt und Äquatorebene, zu einer bestimmten Zeit. Befreit man α und δ von der in diesem Zeitpunkt vorliegenden Nutation (Gln. I.9), dann beziehen sich diese auf ein fiktives, mittleres, nur durch die Präzession beeinflußtes Äquatorsystem oder, wie man sagt, auf das mittlere Äquinoktium für diesen Zeitpunkt.

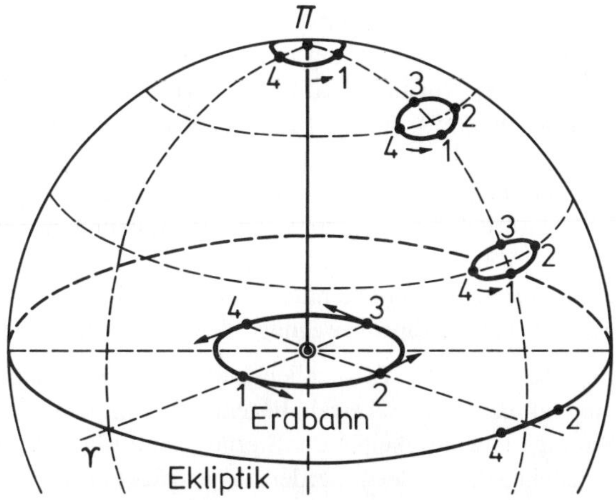

Abb. I.7: Aberrationsbahnen an der Sphäre für Sterne verschiedener ekliptikaler Breite. Die Ziffern 1 bis 4 charakterisieren Positionen der Erde, die in Abständen von einem Vierteljahr eingenommen werden. Die parallaktischen Ellipsen besitzen dieselben Lagen, an die Stelle der 1 tritt jedoch 2 usw.

Direkte Bestimmungen von α und δ eines Sternes durch Absolutbeobachtungen – auf die weiter unten (I.1.4) eingegangen wird – beziehen sich stets auf das momentane wahre Äquinoktium (zur Beobachtungszeit). Allerdings ergeben sich zunächst Positionsangaben, die noch durch die Strahlenberechnung in der Erdatmosphäre (Refraktion) sowie durch jährliche und tägliche Aberration und Parallaxe verfälscht sind. Man benutzt zur Unterscheidung der verschiedenen Reduktionsstufen folgende Bezeichnungen:

Scheinbarer Ort	=	beobachteter Ort, korrigiert wegen Refraktion und täglicher Aberration (geozentrischer Sternort);
Wahrer Ort	=	Scheinbarer Ort, korrigiert wegen jährlicher Aberration und Parallaxe (heliozentrischer Sternort);
Mittlerer Ort	=	Wahrer Ort, korrigiert wegen des Einflusses der Nutation.

Der scheinbare Ort ist also gegenüber dem wahren Ort mit (jährlicher) Aberration und Parallaxe behaftet – die Einbeziehung der täglichen Aberration schon beim scheinbaren Ort hat praktische Gründe: sie erfolgt zweckmäßig gemeinsam mit der Korrektur von Instrumentalfehlern. Wahrer und mittlerer Ort beziehen sich demgegenüber auf zwei verschiedene Lagen des Koordinatensystems.

Zu verschiedenen Zeiten und an verschiedenen Sternwarten ausgeführte Reihen absoluter Beobachtungen liefern wahre Örter, die sich im allgemeinen auf verschiedene wahre Äquinoktien (zu den Beobachtungszeiten) beziehen. Für die Zusammenstellung eines Verzeichnisses von Sternörtern ist es nötig, alle Einzelpositionen durch Anbringen der entsprechenden Präzession und Nutation auf das mittlere Äquinoktium zum Anfang des jeweiligen Beobachtungsjahres und weiter auf ein einheitliches Normal-Äquinoktium zu übertragen, beispelsweise auf den Jahresanfang von 1950; man schreibt dann 1950.0. Damit ist ein einheitliches Bezugssystem gewählt. Daß sich die Koordinaten auch auf eine bestimmte Beobachtungszeit beziehen – in der Astrometrie als **„Epoche"** der Beobachtungen bezeichnet – wird natürlich hiervon nicht berührt. Bestehen zwischen den zu verschiedenen Beobachtungszeiten (Epochen) gehörenden, aber auf das gleiche Normal-Äquinoktium bezogenen Koordinaten α, δ eines Sternes signifikante Unterschiede, dann werden sie als **„Eigenbewegung"** des Sternes interpretiert.

Eigenbewegungen: Tatsächlich änderen sich die einzelnen Sternörter (α, δ) durch die senkrecht zum Sehstrahl liegenden „Tangentialkomponenten" der individuellen Raumgeschwindigkeiten der Sterne. Diese Eigenbewegungen, bezogen auf ein Jahr (oder ein Jahrhundert), werden ausgedrückt durch den Bogen μ entlang eines Großkreises zwischen den beiden Positionen zu den Zeiten t und $t+1$ Jahr und den Positionswinkel P der damit festgelegten Richtung (Abb. I.8). Bis auf Glieder höherer Ordnung, die nur bei großen Eigenbewegungen (nahe Objekte!) merklich werden, gilt für die äquatorialen Komponenten [Bogensekunden/Jahr]

$$\mu''_\alpha = \mu'' \sin P, \quad \mu''_\delta = \mu'' \cos P. \tag{I.19}$$

Dabei ist $\mu''_\alpha = 15\,\mu^s_\alpha \cos\delta$, wenn μ^s_α die – auf dem Äquator gezählte – Änderung von α in Zeitsekunden bezeichnet (vgl. Abb. A.2, wo $\varrho = \cos B$!).

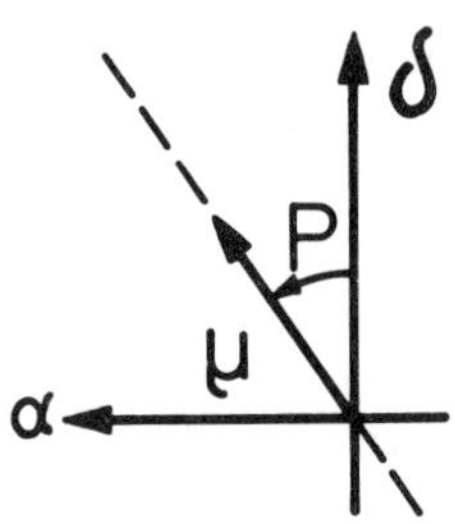

Abb. I.8: Zum Begriff der Eigenbewegung. Zählweise des Positionswinkels P: Nord → Ost → Süd → West von 0° bis 360°.

Die Beträge der gemessenen Eigenbewegungen sind im allgemeinen kleiner als 0″.1 pro Jahr. Sichere Werte lassen sich daher in der Regel nur aus Positionsbestimmungen ableiten, deren Epochen um Jahrzehnte auseinander liegen. Die größte bisher gefundene Eigenbewegung beträgt 10″.3 pro Jahr (Barnard's „Pfeilstern", ein naher roter Zwerg).

Aus absoluten Örtern (α, δ) eines Sternes erhält man die sogenannte **absolute Eigenbewegung.** Zur Auffindung von möglichst vielen Sternen mit großen Eigenbewegungen nimmt man demgegenüber einen unmittelbaren Vergleich von Photoplatten desselben Feldes vor, die zu verschiedenen Zeiten aufgenommen worden sind. Dabei dienen die schwächsten, in der Regel weit entfernten Sterne als Bezugspunkte. Die Resultate sind dann nur **relative Eigenbewegungen,** in denen beispielsweise die Teilnahme des Beobachters an einer reinen Drehung des gesamten Sternsystems nicht zum Ausdruck kommen kann. Absolute Eigenbewegungen erfordern dagegen die Festlegung eines astronomischen Koordinatensystems, das nicht an der galaktischen Rotation teilnimmt und völlig drehungsfrei ist (I.1.4).

1.3 Raumgeschwindigkeiten und Sonnenbewegung

Die Ableitung des Geschwindigkeitsvektors eines Sternes basiert auf der Bestimmung der Geschwindigkeitskomponenten im Sehstrahl, der sogenannten Radialgeschwindigkeit, und der beiden senkrecht dazu liegenden Komponenten der Tangentialgeschwindigkeit, die aus Eigenbewegung und Entfernung gewonnen werden.

Radialgeschwindigkeit: Diese Komponente der Bewegung eines kosmischen Objektes erhält man durch Messung der Dopplerverschiebungen $\Delta\lambda = \lambda - \lambda_0$ von Linien in seinem Spektrum (Ruhe-Wellenlänge λ_0) und Anwendung der Dopplerformel für Geschwindigkeiten, die klein sind gegen die Lichtgeschwindigkeit c:

$$\frac{v_r'}{c} = \frac{\Delta\lambda}{\lambda_0}. \tag{I.20}$$

Hierbei ist v_r' die Radialgeschwindigkeit in Bezug auf den Beobachter an der Erdoberfläche; v_r' ist positiv, wenn $\Delta\lambda = \lambda - \lambda_0$ positiv ist, also bei einer Rotverschiebung. Der Übergang zu v_r, bezogen auf die Sonne, erfordert die Anbringung der wirksamen Komponenten der Bahnbewegung und der Rotation der Erde. Bezeichnen v_a die Komponente der Bahngeschwindigkeit der Erde in Richtung auf den Stern und v_d die Komponente der Geschwindigkeit des Beobachters infolge der Erdrotation in Richtung des Sternes, dann gilt

$$v_r = v_r' + v_a + v_d. \tag{I.21}$$

Zur Berechnung von v_a kann die im Anhang A abgeleitete Beziehung (A.10) herangezogen werden. Setzt man hier für $\dot{x}$, $\dot{y}$, $\dot{z}$ die Komponenten der Bahnbewegung der Erde ein, dann hat dieser Ausdruck gerade die Bedeutung von v_a. Da in den astronomischen Jahrbüchern für jeden Tag die rechtwinkligen Koordinaten der Sonne im Äquatorsystem X, Y, Z (in AE) gegeben werden, deren erste Differenzen ΔX, ΔY, ΔZ, praktisch gleich $\dot{X}$, $\dot{Y}$, $\dot{Z}$, gesetzt werden dürfen – bis auf den Umrechnungsfaktor von AE/Tag auf km s^{-1}: 1 AE/86400 = 1731.5 –, so können $\dot{x}$, $\dot{y}$, $\dot{z}$ unmittelbar durch $-\Delta X$, $-\Delta Y$, $-\Delta Z$ ausgedrückt werden. Gl. (A.10) liefern dann mit $(L, B) = (\alpha, \delta)$

$$v_a = -1731.5\,(\Delta X \cos\alpha \cos\delta + \Delta Y \sin\alpha \cos\delta + \Delta Z \sin\delta)\,[\mathrm{km\,s^{-1}}]. \qquad (I.22)$$

Für v_d erhält man bei Annahme einer Kugel für die Erdoberfläche mit der Geschwindigkeit eines Punktes am Äquator von 0.465 km s^{-1} den Ausdruck

$$v_d = -0.465 \cos\varphi \cos\delta \sin t \,[\mathrm{km\,s^{-1}}]. \qquad (I.23)$$

Dabei ist φ die geographische Breite des Beobachtungsortes, und t ist der Stundenwinkel des Objektes.

Der mittlere Fehler der besten Radialgeschwindigkeitsbestimmungen für Sterne liegt heute etwa bei ± 0.5 km s^{-1}. Etwa für 25000 Sterne liegen Radialgeschwindigkeitsmessungen vor, die in verschiedenen Katalogen publiziert worden sind. Umfangreichste Quelle ist der General Catalogue of Stellar Radial Velocities (GCRV) von R. E. Wilson. Zusammenstellungen weiterer Kataloge sind gegeben in: Landolt-Börnstein, Zahlenwerte und Funktionen, Bände VI/1, VI/2c, Astronomie und Astrophysik (1965, 1982); siehe ferner Literaturverzeichnis.

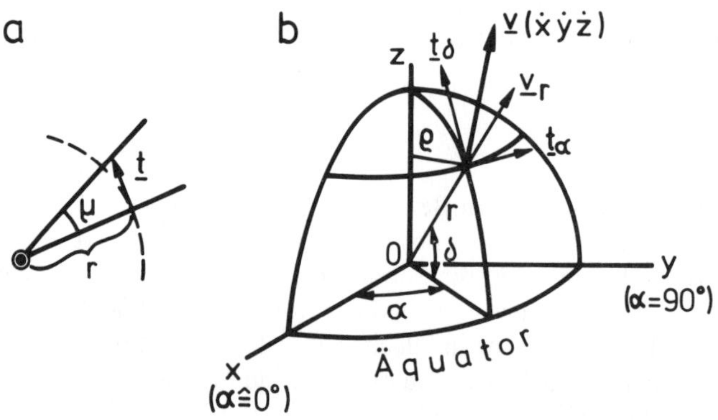

Abb. I.9: (a) Zur Definition der Tangentialgeschwindigkeit t. (b) zur Gewinnung der rechtwinkligen Komponenten $\dot{x}$, $\dot{y}$, $\dot{z}$ der Raumgeschwindigkeit.

Tangentialgeschwindigkeit und Eigenbewegung: Wir bezeichnen die Komponenten der Tangentialgeschwindigkeit eines Sternes (Abb. I.9a) in Richtung wachsender Rektaszension bzw. Deklination mit t_α und t_δ. Man erhält diese Größen durch Multiplikation der entsprechenden Komponenten der Eigenbewegung mit der Entfernung r. Bei Verwendung der Einheiten Bogensekunden pro Jahr und parsec gilt

$$\left.\begin{aligned} t_\alpha &= K \cdot r \cdot \mu''_\alpha \,[\mathrm{km\,s^{-1}}] \\ t_\delta &= K \cdot r \cdot \mu''_\delta \,[\mathrm{km\,s^{-1}}] \end{aligned}\right\} \qquad \text{(I.24)}$$

mit

$$K = \frac{(1\,\mathrm{pc} \rightarrow \mathrm{km}) \cdot (1'' \rightarrow \mathrm{Bogen})}{(1\,\mathrm{Jahr} \rightarrow \mathrm{s})} = 4.738 \qquad \text{(I.25)}$$

und $\mu''_\alpha = 15\,\mu^{\mathrm{s}}_\alpha \cos\delta$. Als Beispiel seien hier die numerischen Werte für Sirius = α Canis Majoris (α CMa) angegeben (t_α, t_δ, v_r in km s^{-1}):

μ^{s}_α	μ''_α	μ''_δ	r[pc]	t_α	t_δ	v_r
$-0\overset{\mathrm{s}}{.}0379$	$-0\overset{''}{.}545$	$-1\overset{''}{.}211$	2.65	-6.84	-15.21	-8

Komponenten der Raumgeschwindigkeit $\dot{x}$, $\dot{y}$, $\dot{z}$, im Äquatorsystem: Man bezeichnet als Raumgeschwindigkeit den Vektor $v(\dot{x}, \dot{y}, \dot{z})$, bezogen auf das Koordinatensystem mit dem Ursprung im Schwerpunkt des Sonnensystems (Abb. I.19b). Für den Betrag von v ergibt sich im Beispiel des Sirius $v = \sqrt{t_\alpha^2 + t_\delta^2 + v_r^2} = 21.0$ km s^{-1}. Zur Gewinnung des Zusammenhangs von ($\dot{x}$, $\dot{y}$, $\dot{z}$) mit (t_α, t_δ, v_r) sei auf den Anhang A verwiesen. Die dort benutzten Winkel L, B entsprechen α, δ. Man erhält damit unmittelbar aus den Gln. (A.13), (A.10) bis (A.12) und (A.14) mit der dortigen Indizierung

$$\begin{pmatrix} \dot{x} \\ \dot{y} \\ \dot{z} \end{pmatrix} = (\gamma_{ik}) \cdot \begin{pmatrix} t_\alpha \\ t_\delta \\ v_r \end{pmatrix} \quad \text{und} \quad \begin{pmatrix} t_\alpha \\ t_\delta \\ v_r \end{pmatrix} = (\gamma_{ki}) \cdot \begin{pmatrix} \dot{x} \\ \dot{y} \\ \dot{z} \end{pmatrix} \qquad \text{(I.26)}$$

mit

$$(\gamma_{ik}) = \begin{pmatrix} -\sin\alpha & -\cos\alpha\sin\delta & \cos\alpha\cos\delta \\ \cos\alpha & -\sin\alpha\sin\delta & \sin\alpha\cos\delta \\ 0 & \cos\delta & \sin\delta \end{pmatrix} \qquad \text{(I.27)}$$

Sonnenbewegung und Lokales Bezugssystem: Die Wahl der Sonne als Ursprung des Koordinatensystems räumt diesem Stern willkürlich eine bevorzugte Stellung ein. Um hiervon frei zu werden, definiert man ein lokales Bezugssystem (englisch: local standard of rest), in welchem die Mittelwerte der drei Geschwindigkeitskomponenten einer repräsentativen Auswahl von Sternen aus einer bestimmten Umgebung der Sonne verschwinden. Bezeichnen wir die Geschwindigkeitskomponenten der

Sterne im lokalen Bezugssystem mit u, v, w, dann gilt (ein Querstrich bedeutet Mittelung über alle ausgewählten Sterne)

$$\begin{matrix} u = \dot{x} - \bar{\dot{x}} \\ v = \dot{y} - \bar{\dot{y}} \\ w = \dot{z} - \bar{\dot{z}} \end{matrix} \quad \text{und somit} \quad \left\{ \begin{matrix} \bar{u} = 0 \\ \bar{v} = 0 \\ \bar{w} = 0 \end{matrix} \right. \quad \text{und} \quad \left. \begin{matrix} u_\odot = -\bar{\dot{x}} \\ v_\odot = -\bar{\dot{y}} \\ w_\odot = -\bar{\dot{z}} \end{matrix} \right\} \tag{I.28}$$

wegen $(\dot{x}_\odot, \dot{y}_\odot, \dot{z}_\odot) = (0, 0, 0)$. Den Geschwindigkeitsmittelpunkt $(\bar{\dot{x}}, \bar{\dot{y}}, \bar{\dot{z}})$ nennt man auch Zentroid der Bewegungen der ausgewählten Teilmenge von Sternen. Der Vektor (u, v, w) wird **Pekuliargeschwindigkeit** des Sternes genannt. Die Pekuliargeschwindigkeit der Sonne $(u_\odot, v_\odot, w_\odot)$ bezeichnet man auch als lokale Sonnenbewegung. Die Zielrichtung der Sonnenbewegung mit den äquatorialen Koordinaten $A_\odot$ und $D_\odot$ heißt **Apex,** der Gegenpunkt **Antapex.** Der Zusammenhang von $u_\odot, v_\odot, w_\odot$ mit den Apexkoordinaten und dem Betrag der Sonnenbewegung $S_\odot = \sqrt{u_\odot^2 + v_\odot^2 + w_\odot^2}$ lautet (Abb. I.10)

$$\left. \begin{matrix} u_\odot = S_\odot \cos D_\odot \cos A_\odot \\ v_\odot = S_\odot \cos D_\odot \sin A_\odot \\ w_\odot = S_\odot \sin D_\odot \end{matrix} \right\} \tag{I.29}$$

Auf die Bestimmung des Apex $(A_\odot, D_\odot)$ und des Betrages $S_\odot$ wird in II.3.2 eingegangen.

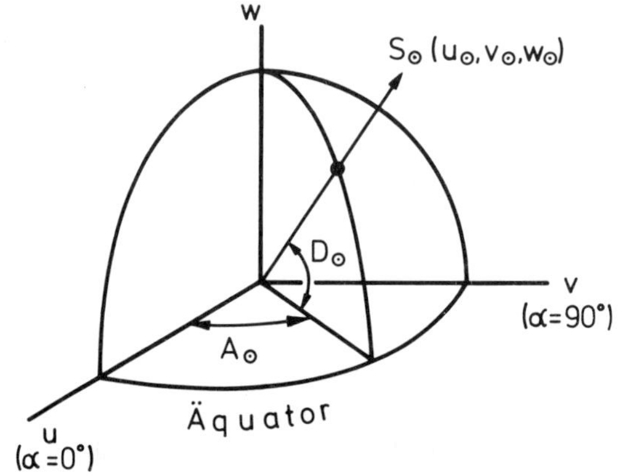

Abb. I.10: Zur Ableitung des Apex der Sonnenbewegung.

In neueren Untersuchungen geht man meist zu einem *galaktisch orientierten Koordinatensystem* über. An die Stelle von $\dot{x}, \dot{y}, \dot{z}$ treten dann $\dot{\xi}, \dot{\eta}, \dot{\zeta}$, wobei

$\dot{\xi}$ = Komponente in Richtung $l = 0°$, $b = 0°$ (galakt. Zentrum)
$\dot{\eta}$ = Komponente in Richtung $l = 90°$, $b = 0°$ (Richtung der galakt. Rotation)
$\dot{\zeta}$ = Komponente in Richtung $b = 90°$ (galakt. Nordpol).

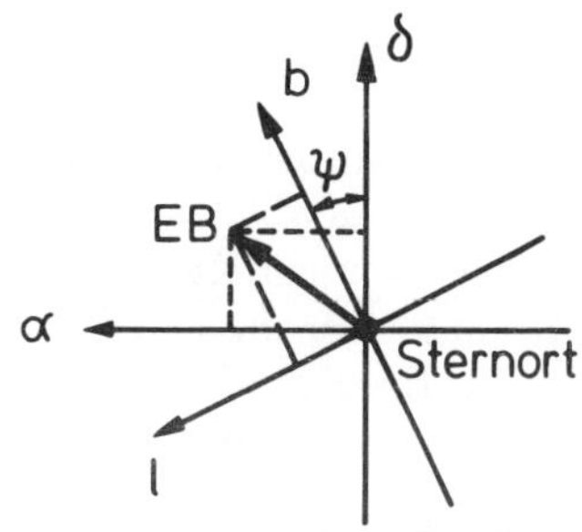

Abb. I.11: Zur Berechnung der Eigenbewegungskomponenten μ_l, μ_b in galaktischen Koordinaten.

Zur Ableitung von $\dot{\xi}$, $\dot{\eta}$, $\dot{\zeta}$ berechnet man zunächst die Eigenbewegungskomponenten in den galaktischen Koordinaten (l, b): $\mu_l'' = \dot{l}\cos b$ und μ_b''. Nach Abb. I.11 gilt

$$\left.\begin{aligned} \mu_l'' &= \mu_\alpha'' \sin\psi + \mu_\delta'' \cos\psi \\ \mu_b'' &= -\mu_\alpha'' \cos\psi + \mu_\delta'' \sin\psi \end{aligned}\right\} \qquad \text{(I.30)}$$

Der hier auftretende „parallaktische Winkel“ ψ folgt aus den Gleichungen

$$\left.\begin{aligned} -\cos b \cos\psi &= \cos\delta_0 \sin\delta \cos(\alpha_0-\alpha) - \sin\delta_0 \sin\delta \\ -\cos b \sin\psi &= \cos\delta_0 \sin(\alpha_0-\alpha) \end{aligned}\right\} \qquad \text{(I.31)}$$

(Vergleich von Abb. I.1 mit Abb. A.1, wo dieser Winkel mit β bezeichnet ist, und Anwendung der Formeln der sphärischen Trigonometrie). Dabei sind α_0, δ_0 die äquatorialen Koordinaten des galaktischen Nordpols; ψ liegt stets im selben Quadranten wie $\alpha - \alpha_0$. Der Übergang von $t_l = K \cdot r \cdot \mu_l''$, $t_b = K \cdot r \cdot \mu_b''$ und v_r zu $\dot{\xi}$, $\dot{\eta}$, $\dot{\zeta}$, erfolgt analog zu (I.26) mit (I.27), man hat dort lediglich t_α, t_δ durch t_l, t_b sowie α und δ durch l bzw. b zu ersetzen. Die Komponenten der Pekuliargeschwindigkeit im galaktischen Koordinatensystem werden wir mit U, V, W bezeichnen; es gelten die zu (I.28) analogen Gleichungen.

1.4 Das Fundamentale Astronomische Koordinatensystem

Für das Studium der Bewegungen der Himmelskörper benötigt man ein Bezugssystem, das als ruhend betrachtet werden kann. Das Problem der absoluten Bewegung, und damit die Frage nach einem absolut ruhenden Bezugssystem, ist Gegenstand verschiedener Gedankenexperimente und praktischer Versuche gewesen. Das gegenwärtig benutzte Fundamentale Astronomische Koordinatensystem wurde auf der Basis von Beobachtungen, die sich über mehr als 200 Jahre erstrekken, so festgelegt, daß sich in ihm die Bewegungsvorgänge mit hoher Genauigkeit nach den Gesetzen der Newton'schen Mechanik darstellen lassen[1]. Es handelt sich also um die Approximation eines Inertialsystems, in dem das Trägheitsgesetz gilt. Der als unabhängige Veränderliche auftretende Zeitparameter, die Inertialzeit, wird in den astronomischen Jahrbüchern Ephemeridenzeit, seit 1984 **dynamische Zeit** genannt.

Eine wesentliche Grundlage bilden mit größtmöglicher Genauigkeit gemessene Örter von ausgewählten Sternen. Weil sich die Sterne relativ zum Inertialsystem bewegen, kann ein Katalog von Sternörtern für einen bestimmten Zeitpunkt, ohne Angaben über die Eigenbewegungen, stets nur ein Bezugssystem für diesen Zeitpunkt (Epoche) realisieren. Ein Koordinatensystem, das für einen längeren Zeitraum gültig ist, läßt sich erst nach Kenntnis der Sternbewegungen gewinnen.

Realsierung eines astronomischen Koordinatensystems zu einer Epoche: Die praktische Festlegung eines Bezugssystems, das definiert wird durch die Äquatorebene und die in dieser liegende Nullrichtung zum Frühlingspunkt für einen bestimmten Zeitpunkt, besteht in direkten Messungen der sphärischen Koordinaten α und δ einer Anzahl von Himmelskörpern bezüglich dieses Systems, die wir uns ohne wesentliche Einschränkung zum gleichen Zeitpunkt ausgeführt denken können. Zu diesen sogenannten absoluten Bestimmungen von α und δ dient der Meridiankreis, ein Fernrohr mit Okularmikrometer, das nur um eine horizontale, ostwestlich orientierte Achse drehbar ist und dessen optische Achse dabei stets in der Meridianebene liegt. Fernrohrfeste, sich mitdrehende Teilkreise ermöglichen nach Feststellung der Zenitrichtung (mit Hilfe eines Quecksilberhorizontes) die Ablesung der (scheinbaren) Zeitdistanz eines kulminierenden Sternes. In Verbindung mit einer nach Sternzeit regulierten Uhr kann außerdem die Zeit des Meridiandurchgangs des Sternes bestimmt werden.

Abb. I.12a erläutert das Prinzip der *Messung absoluter Deklinationen.* Die gemessene („scheinbare“) Zenitdistanz muß zunächst vom Einfluß der Refraktion, der Strahlenberechnung in der Erdatmosphäre, befreit werden – worauf hier nicht näher eingegangen werden soll. Aus der reduzierten („wahren“) Zenitdistanz des Sternes z im Meridian ergibt sich die Deklination zu

$$\delta = \begin{cases} \varphi - z & \text{für } \delta < \varphi \quad \text{(Stern südlich des Zenits)} \\ \varphi + z & \text{für } \delta > \varphi \quad \text{(Stern nördlich des Zenits).} \end{cases}$$

Dabei ist φ die momentane Polhöhe, die durch Messungen der Zenitdistanzen von polnahen Zirkumpolarsternen in oberer und unterer Kulmination z_o bzw. z_u bestimmt wird. Es gilt $\varphi = 90° - \frac{1}{2}(z_u - z_o)$.

[1] Nach der Relativitätstheorie zu erwartende, praktisch stets sehr kleine Abweichungen von der Newton'schen Mechanik sind nur bei den Bewegungen ganz weniger Objekte merkbar und werden dort berücksichtigt.

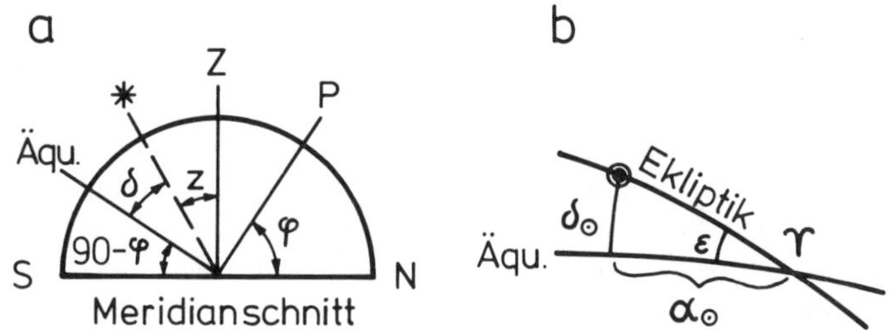

Abb. I.12: Zur Bestimmung absoluter Deklinationen (a) und absoluter Rektaszensionen (b).

Die Messung absoluter Rektazensionen kann gleichgesetzt werden mit der Bestimmung des Sternzeit-Intervalles zwischen dem Meridiandurchgang des Frühlingspunktes ($\alpha = 0$) und dem Meridiandurchgang des betrachteten Sternes. Zur Feststellung des Frühlingspunktes, des aufsteigenden Knotens der Sonnenbahn über den Äquator, sind offenbar Beobachtungen der Sonne nötig. Die Beobachtung des Meridiandurchgangs des Frühlingspunktes kann auf die Beobachtung des Meridiandurchgangs der Sonne (Scheibenmittelpunkt) zurückgeführt werden: Durch absolute Deklinationsmessungen der Sonne läßt sich die Rektaszension der Sonne $\alpha_\odot$ ableiten, womit bereits der Abstand eines beobachtbaren Objektes vom Frühlingspunkt gegeben ist. Beobachtungen während der Solstitien, der Sonnenwendepunkte, liefern die Maximalwerte von $|\delta_\odot|$, die gleich sind der Schiefe der Ekliptik ε. Damit kann nun aus Beobachtungen der Deklination der Sonne in der Nähe der Äquinoktien (Abb. I.12b) die Sonnenrektaszension berechnet werden, denn es gilt dort $\sin\alpha_\odot = \mathrm{tg}\,\delta_\odot/\mathrm{tg}\,\varepsilon$. Die Rektaszension des Sternes α_* folgt hiernach aus der Differenz zwischen den Sternzeitablesungen U_* und $U_\odot$ für die Meridiandurchgänge von Stern und Sonne („Anschluß an die Sonne"): $\alpha_* - \alpha_\odot = U_* - U_\odot$.

Gewinnung eines Fundamentalsystems absoluter Positionen und Eigenbewegungen: Absolute Bestimmungen von α und δ liegen für eine größere Anzahl von Sternen für mehrere verschiedene Epochen vor – teilweise um Jahrhunderte zurückreichend und dann allerdings mit geringerer Genaugkeit als neuere Messungen. Für die Stellarastronomie besteht die Bedeutung dieser Beobachtungen vor allem darin, daß ihr Vergleich zeitliche Änderungen von Sternpositionen infolge der Raumbewegungen der Sterne liefern kann. Dazu ist es jedoch notendig, alle Koordinatenangaben auf dasselbe Bezugssystem, also auf ein Normal-Äquinoktium zu übertragen. Diese Übertragungen von Koordinatensystemen zur Beobachtungsepoche auf einen anderen Zeitpunkt beinhalten das eigentliche Problem der Fundamentalen Astrometrie, das sich als recht verwickelt erweist.

Wären die Sterne ideale Fixpunkte an der Sphäre, dann könnten durch Absolutbeobachtungen von α und δ für eine hinreichend große Anzahl von Epochen t_1, t_2, ... sämtliche Konstanten der ihrer Form nach bekannten säkularen (der Zeit proportionalen) und periodischen Änderungen von α und δ durch Präzession, Nutation, Aberration und Parallaxe bestimmt werden. Durch die Eigenbewegungen ändern sich jedoch die einzelnen Sternörter in nicht vorhersehbare Weise. Die Aufgabe der Fundamentalen Astrometrie ist somit nicht voraussetzungsfrei lösbar. Der bisher eingeschlagene Weg postuliert für die Bestimmung des Einflusses der planetarischen Präzession auf die Lage des Frühlingspunktes die Newtonsche Mechanik: Die Berechnung der Bahnen der Planeten und des Mondes unter Berücksichtigung der gegenseitigen Störungen liefert die Koordinaten dieser Körper in Bezug auf ein Inertialsystem. Es ergibt sich insbesondere die gefragte Lageänderung der Erdbahn, und damit der Ekliptik, gegenüber dem Inertialsystem infolge der planetarischen Präzession. Positionsbestimmungen der Planeten und des Mondes können hiernach zur Festlegung dieses Inertialsystems dienen.

Die Konstante der Lunisolar-Präzession und die Konstanten der Nutation werden jedoch aus Sternbeobachtungen abgeleitet (weil bisher eine Berechnung dieser Konstanten aus der Massenverteilung im Erdinnern noch nicht mit der wünschenswerten Genaugkeit möglich war). Dazu sind Annahmen über das statistische Verhalten der Eigenbewegungen der Sterne notwendig. Die Raumbewegungen der Sterne haben sich als nicht völlig regellos erwiesen, sondern sie enthalten gewisse systematische Anteile II. 5.2).

Die Aberrationskonstante wird stets aus Lichtgeschwindigkeit und Erdbahngeschwindigkeit (auf der Grundlage des Betrags der Astronomischen Einheit) berechnet.

Die auf diese Weise gewonnene Approximation eines Inertialsystems nennt man Fundamentales Astronomisches Koordinatensystem. Zu seiner praktischen Festlegung sind Absolutmessungen der Positionen (α, δ) einer größeren Anzahl über die ganze Sphäre verteilter Sterne sowie auch der Planeten und des Mondes zu mehreren Epochen t_1, t_2, ... (praktisch mindestens einige Jahrzehnte) notwendig. Diese liefern (1) die Konstanten der Transformationsgleichungen für die Überführung von absoluten Positionen (α, δ), bezogen auf das wahre Äquinoktium zur Beobachtungsepoche, auf ein im Schwerpunkt des Sonnensystems ruhendes Koordinatensystem mit einer bestimmten Lage des Äquators und des Frühlingspunktes, oder kurz: für die Übertragung der Örter auf ein festes Äquinoktium t_0, und (2) ein sogenanntes Fundamentalsystem absoluter Positionen und absoluter Eigenbewegungen der beobachteten Sterne für das Äquinoktium t_0. Diese Daten werden in sogenannten Fundamentalkatalogen (FK) zusammengestellt.

Der erste FK wurde von F. W. Bessel bearbeitet und 1818 unter dem Titel Fundamenta Astronomiae herausgegeben. Es folgten weitere, dem jeweiligen Stand des Beobachtungsmaterials entsprechende verbesserte Sternkataloge dieser Art. 1988 erschien der vom Astronomischen Rechen-Institut in Heidelberg bearbeitete fünfte Fundamentalkatalog. Der FK 5 enthält 1 535 Sterne mit scheinbaren Helligkeiten bis $m = 7$; Äquinoktium und Epoche sind 2000.0 und 1950.0. Die innere Genauigkeit beträgt im Bereich $-30^\circ < \delta \leqq 90^\circ$ für die Positionen $\Delta\alpha \cos\delta = \pm 0\overset{s}{.}009$,

$\Delta\delta = \pm 0\rlap{.}''02$ und für die Eigenbewegungen (pro Jahrhundert) $\Delta\mu_\alpha \cos\delta = \pm 0\rlap{.}^s004$, $\Delta\mu_\delta = \pm 0\rlap{.}''06$. In Abb. I.13 sind zwei Seiten aus dem FK 5 teilweise reproduziert.

Für eine weit größere Anzahl von Sternen sind Positionen durch differentielle Messungen gegen Fundamentalsterne bestimmt worden. Ein auf diese Weise entstandener erweiterter Fundamentalkatalog ist der General Catalogue (GC) von B. Boss (1937) mit 33342 Sternen bis zu $m = 9$. Von den Resultaten anderer Unternehmen, bei denen bezüglich der Deklination zonenweise viele Sterne an Fundamentalsterne angeschlossen wurden – in neuerer Zeit stets über photographische Aufnahmen größerer Felder – seien die sogenannten Zonenkataloge der Astronomischen Gesellschaft AGK 1 (Epoche 1880), AGK 2 (1930) und AGK 3 (1975) erwähnt. Diese enthalten über 180000 Sterne bis $m = 9$, teilweise bis $m = 13$, für die damit absolute Eigenbewegungen abgeleitet werden konnten.

Ein weiteres umfangreiches Werk ist der „Star Catalog" des Smithsonian Astrophysical Observatory (s. Literaturverzeichnis), kurz „SAO-Katalog" genannt. Es handelt sich um eine Kombination verschiedener früherer Kataloge. In vier Bänden werden Positionen und Eigenbewegungen für 258997 Sterne im System des FK 4 gegeben (etwa bis zur visuellen Grenzhelligkeit $V = 10$); für 99% dieser Sterne ist V und für 80% ist auch der Spektraltyp angegeben. Nachfolger des SAO-Katalogs ist der seit 1990 vom Astronomischen Rechen-Institut in Heidelberg publizierte „PPM (Positions and Proper Motions) Star Catalogue", dessen verbesserte Positionen und EB sich nun auf das neue Standard-System FK5/J2000.0 beziehen.

1.5 Extragalaktisch verankertes Bezugssystem, Radioastrometrie

Die Eigenbewegungen der Sterne haben schon früh den Vorschlag nahe gelegt, sehr weit entfernte extragalaktische Sternsysteme als Repräsentanten eines absoluten Koordinatensystems heranzuziehen. Schon Herschel (1785) und Laplace (1797) sahen in den „Nebelflecken" die dafür geeigneten Bezugsobjekte.

Hellere Galaxien zeigen eine diffuse Struktur und nur sehr schwache Objekte sind hinreichend punktförmig, um eine befriedigende Maßgenauigkeit von Positionen

---

Abb. I.13: Die beiden nachfolgenden Seiten zeigen eine Reproduktion aus dem FK 5 (Veröffentlichungen des Astron. Rechen-Instituts Heidelberg Nr. 32, 1988). Obere Teile zweier aufeinander folgender Seiten. Die Sterne sind in üblicher Weise nach aufsteigender Rektaszension geordnet. Die erste Spalte enthält jeweils die Nummer des Fundamentalsternes. Auf der ersten Seite folgen Namen, scheinbare visuelle Helligkeit, Spektraltyp, sodann α, μ_α (pro Jahrhundert), δ, μ_δ (pro Jahrhundert) für Äquinox und Epoche 2000.0 und schließlich die Nummern der Sternes im „General Catalogue" von B. Boss sowie im „Henry Draper Catalogue"; auf der zweiten Seite folgen α, μ_α, δ, μ_δ für Äquinox und Epoche 1950.0. Ep. (α), Ep. (δ) bezeichnen die mittleren Epochen der zugrunde gelegten Einzelbeobachtungen von α und δ: 52.27 bedeutet beispielsweise 1952.27. $m(\alpha)$, $m(\mu)$ usw. sind die mittleren Fehler der einzelnen Größen. Die letzte Spalte gibt die Nummer des Sternes in der Bonner Durchmusterung und ihren südlichen Ergänzungen (s. II.1.1).

EQUINOX AND EPOCH J2000.0

No	Name	Mag	Sp	α_{2000}	μ_{2000}	δ_{2000}	μ'_{2000}	GC	HD
				h m s	s	° ′ ″	″		
1486	δ Sct	4.72	F0	18 42 16.432	+ 0.063	− 9 3 9.20	+ 0.18	25580	172748
698	ζ Pav	4.01	K0	18 43 2.092	− 0.095	−71 25 41.23	− 15.60	25522	171759
702	ε Sct	4.90	G5	18 43 31.259	+ 0.148	− 8 16 30.81	+ 0.80	25610	173009
703	110 Her	4.19	F5	18 45 39.725	− 0.057	+20 32 46.72	− 33.48	25698	173667
1487	φ Sgr	3.17	B8	18 45 39.389	+ 0.398	−26 59 26.82	+ 0.04	25661	173300
1488	+26°3349 Lyr	4.83	K0	18 46 4.481	+ 0.132	+26 39 43.62	+ 2.39	25721	173780
1494	50 Dra	5.35	A0	18 46 22.190	− 0.409	+75 26 2.29	+ 7.32	25839	175286
1492	Grb 2671 Dra	5.88	B5	18 46 43.077	+ 0.114	+52 59 16.81	− 0.15	25757	174237
1491	111 Her	4.36	A3	18 47 1.266	+ 0.510	+18 10 53.39	+ 11.62	25734	173880
1489	β Sct	4.22	G0	18 47 10.480	− 0.029	− 4 44 52.36	− 1.64	25730	173764
1490	η^1 CrA	5.49	A2	18 48 50.492	+ 0.228	−43 40 48.25	− 1.92	25748	173715
705	β Lyr	3.3-4.3	(10)	18 50 4.800	+ 0.026	+33 21 45.65	− 0.30	25847	174638
1493	30 Sgr	6.29	F0	18 50 50.485	− 0.136	−22 9 43.83	− 3.31	25835	174309
707	o Dra	4.66	K0	18 51 12.083	+ 1.040	+59 23 18.13	+ 2.66	25905	175306
704	λ Pav	3.4-4.3	B2	18 52 13.008	− 0.081	−62 11 15.36	− 1.43	25823	173948
714	υ Dra	4.82	K0	18 54 23.851	+ 1.021	+71 17 49.92	+ 4.39	26024	176524
706	σ Sgr	2.02	B3	18 55 15.924	+ 0.099	−26 17 48.23	− 5.42	25941	175191
711	R Lyr	3.9-5.0	M3	18 55 20.111	+ 0.214	+43 56 45.99	+ 8.25	25996	175865
1495	114 G. Sgr	5.58	F5	18 55 31.012	− 0.172	−16 22 35.98	− 18.45	25955	175317
709	ϑ Ser *pr*	4.62	A5	18 56 13.190	+ 0.325	+ 4 12 12.91	+ 3.09	25991	175638
710	ξ^2 Sgr	3.51	K0	18 57 43.797	+ 0.235	−21 6 23.97	− 1.16	26019	175775
708	λ Tel	4.87	B9	18 58 27.748	+ 0.112	−52 56 19.14	− 1.07	26016	175510
713	γ Lyr	3.24	A0p	18 58 56.621	− 0.016	+32 41 22.42	+ 0.23	26086	176437
712	ε Aql	4.02	K0	18 59 37.362	− 0.349	+15 4 5.80	− 7.34	26091	176411
716	ζ Aql	2.99	A0	19 5 24.611	− 0.035	+13 51 48.43	− 9.60	26270	177724

EQUINOX AND EPOCH B1950.0

No.	α_{1950}	μ_{1950}	δ_{1950}	μ'_{1950}	Ep.(α)	$m(\alpha)$	$m(\mu)$	Ep.(δ)	$m(\delta)$	$m(\mu')$	DM
1486	18h 39m 32.169s	+ 0.063s	− 9° 6′ 7.23″	+ 0.18″	52.27	0.8	3.2	40.27	1.7	5.7	BD− 9° 4796
698	18 37 12.334	− 0.144	−71 28 27.99	− 15.59	54.52	4.7	15.9	45.35	3.1	9.6	CPD−71 2353
702	18 40 47.875	+ 0.148	− 8 19 34.54	+ 0.79	55.16	0.9	3.7	46.76	1.9	6.2	BD− 8 4686
703	18 43 30.570	− 0.069	+20 29 49.71	− 33.48	51.45	0.7	2.6	41.68	1.5	5.1	BD+20 3926
1487	18 42 32.022	+ 0.398	−27 2 38.48	+ 0.01	41.96	1.3	3.8	31.56	2.2	6.2	CoD−27 13170
1488	18 44 3.554	+ 0.133	+26 36 26.61	+ 2.38	61.94	1.1	6.2	58.17	2.1	10.5	BD+26 3349
1494	18 47 59.852	− 0.371	+75 22 33.73	+ 7.35	52.68	4.0	14.3	40.76	2.1	6.3	BD+75 682
1492	18 45 36.047	+ 0.114	+52 55 56.38	− 0.16	61.87	1.4	8.7	52.38	2.2	8.7	BD+52 2280
1491	18 44 48.754	+ 0.514	+18 7 28.13	+ 11.58	55.34	1.0	4.1	48.81	2.1	7.1	BD+18 3823
1489	18 44 31.298	− 0.030	− 4 48 10.71	− 1.64	51.37	1.0	3.8	42.25	1.9	6.6	BD− 4 4582
1490	18 45 14.122	+ 0.227	−43 44 11.55	− 1.94	66.69	2.1	10.9	58.76	3.2	11.5	CoD−43 12841
705	18 48 14.001	+ 0.026	+33 18 12.47	− 0.30	47.01	0.8	2.5	33.16	1.5	3.7	BD+33 3223
1493	18 47 50.201	− 0.137	−22 13 16.28	− 3.30	49.02	1.3	4.2	44.63	2.4	7.8	BD−22 4881
707	18 50 27.866	+ 1.041	+59 19 36.33	+ 2.59	54.55	1.5	5.6	43.65	1.7	4.7	BD+59 1925
704	18 47 35.493	− 0.083	−62 14 51.17	− 1.42	59.08	3.5	14.1	48.42	3.4	11.1	CPD−62 5983
714	18 55 1.024	+ 1.031	+71 13 50.76	+ 4.32	51.01	2.6	9.6	40.80	1.8	5.7	BD+71 915
706	18 52 9.989	+ 0.097	−26 21 38.28	− 5.43	45.65	1.2	3.6	33.90	2.1	6.1	CoD−26 13595
711	18 53 48.791	+ 0.219	+43 52 45.45	+ 8.23	53.64	1.1	4.4	41.93	1.9	5.9	BD+43 3117
1495	18 52 38.244	− 0.178	−16 26 21.06	− 18.44	55.81	1.4	6.0	47.56	2.4	9.8	BD−16 5078
709	18 53 44.034	+ 0.326	+ 4 8 13.25	+ 3.07	47.58	0.9	3.1	37.72	1.8	5.3	BD+ 4 3916
710	18 54 44.891	+ 0.235	−21 10 26.87	− 1.18	53.09	1.3	5.1	46.22	2.5	8.3	BD−21 5201
708	18 54 28.060	+ 0.111	−53 0 23.05	− 1.08	63.44	2.9	14.9	52.86	3.6	13.5	CPD−53 9402
713	18 57 4.361	− 0.016	+32 37 11.32	+ 0.23	54.25	0.8	3.0	41.19	1.5	4.7	BD+32 3286
712	18 57 21.176	− 0.351	+14 59 56.45	− 7.31	52.57	0.8	2.7	43.66	1.4	4.6	BD+14 3736
716	19 3 6.705	− 0.038	+13 47 15.87	− 9.60	49.65	0.7	2.1	33.51	1.3	3.4	BD+13 3899

zu ermöglichen. Erst in den letzten Jahrzehnten ist es – am Lick-Observatorium und am Observatorium von Pulkowo – gelungen, Eigenbewegungen relativ zu Galaxien auf Photoplatten zu messen. Man hat damit unmittelbar absolute Eigenbewegungen gewonnen. Die Grenzgröße betrug bei diesen Programmen nur etwa $m_B = 17$, so daß nicht genügend sternähnliche Objekte erfaßt werden konnten. Es war daher auf diesem Wege noch nicht möglich, ein System von Positionen von Galaxien mit der hohen Genauigkeit zu bestimmen, die das in I.1.4 beschriebene herkömmliche Verfahren heute auszeichnet.

Dieses Ziel ist dagegen für kompakte extragalaktische Radioquellen schon erreichbar: Die moderne Technik der Radiointerferometrie ermöglicht die Messung absoluter Positionen in Bezug auf den Himmelsäquator mit außerordentlich großer Präzision. Indem man solche optischen Sterne in das Meßprogramm einbezieht, die gleichzeitig Radiostrahler sind, kann das realisierte extragalaktische Bezugssystem mit dem Fundamentalen Koordinatensystem verbunden werden.

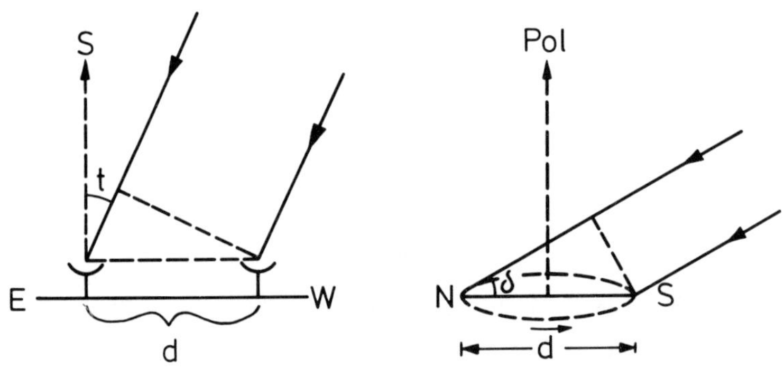

Abb. I.14: Links: Interferometrische Beobachtung eines Objektes bei $\delta = 0°$. Rechts: Die Basis der Länge d rotiert täglich in einer zur Polachse senkrechten Ebene. Für $\delta \neq 0$ ist daher die wirksame Basis $d \cdot \cos\delta$; befindet sich das Objekt am Pol, dann ist die Phasendifferenz ständig gleich Null.

Das Prinzip der Messung von δ und α sei an einem aus zwei Elementen bestehenden Interferometer erläutert, dessen Verbindungslinie der Länge d, die Basis, genau in Ost-West-Richtung liegt (Abb. I.14). Zwischen den an beiden Antennen eintreffenden Wellenzügen besteht eine Phasendifferenz Φ, die sich offenbar mit der täglichen Bewegung der Quelle, also mit ihrem Stundenwinkel t, ändert und die außerdem von der Deklination der Quelle δ abhängt. Man erhält

$$\Phi(t) = \frac{2\pi}{\lambda} d \cdot \cos\delta \cdot \sin t\,,$$

wobei λ die Wellenlänge bezeichnet. Die gemessenen Werte folgen in Abhängigkeit von t einer Sinusfunktion, aus deren Amplitude sich die Deklination ergibt. Wenn von einer einzigen Radioquelle die Rektaszension bekannt ist, läßt sich aus den Stundenwinkeln die Rektaszension jeder anderen Quelle bestimmen. Bei den ersten erfolgreichen Messungen dieser Art (1972) mit dem Interferometer von 5 km Basislänge in Cambridge, England, wurde dazu der im Fundamentalkatalog verzeichnete bekannte Veränderliche β Persei = Algol benutzt, der auch ein Radiostrahler ist.

Weitere Messungen wurden mit Interferometern sehr langer Basis ausgeführt, bei denen die Einzelantennen nicht mehr durch Kabel und im Extremfall auch nicht mehr über Funk miteinander verbunden sind (Very Long Baseline Interferometry, oft abgekürzt VLBI, vor allem für interkontenentale Basislängen). Die erzielten Genauigkeiten der einzelnen Positionsbestimmung extragalaktischer Quellen liegen bei $\pm 0\overset{''}{.}05$ und übertreffen damit bereits die klassischen Absolutmessungen mit optischen Instrumenten – diese Zahl darf nicht unmittelbar mit den in I.1.4 angegebenen Genauigkeiten der Positionen von FK 5 Sternen verglichen werden, die auf Beobachtungen über einen langen Zeitraum beruhen! Bisher durchgeführte Vergleiche zwischen dem klassischen Fundamentalen Koordinatensystem und dem radioastrometrischen Bezugssystem haben gute Übereinstimmung (auf $\approx \pm 0\overset{''}{.}1$) ergeben und lassen erwarten, daß das Fundamentalsystem bereits sehr nahe mit einem extragalaktischen Inertialsystem zusammenfällt.

2 Entfernungen

Die Methoden zur Ableitung der Entfernungen von Sternen des Milchstraßensystems lassen sich im wesentlichen in geometrisch-kinematische und photometrische einteilen. Die photometrischen Verfahren setzen die Kenntnis der Entfernungen einer hinreichenden Anzahl von Sternen jenes Typs, auf den sie angewandt werden sollen, bereits voraus (sekundäre Methoden). Die meisten der geometrisch-kinematischen Verfahren tragen demgegenüber primären Charakter, weil sie ohne Kenntnis anderer Sternentfernungen auskommen und eingehende Basisgrößen (beispielsweise die Sonnengeschwindigkeit) aus geometrisch-kinematischen Untersuchungen selbst gewonnen werden können.

2.1 Primäre Methoden

Trigonometrische Parallaxen: Die in I.1.2 erläuterte jährliche parallaktische Bewegung – im Äquatorsystem beschrieben durch die Gln. (I.15) – kann bei den nächsten Sternen beobachtet und zur Ableitung der Parallaxe p bzw. der Entfernung $r[\mathrm{pc}] = 1/p''$ herangezogen werden.

Da bereits der Stern mit der kleinsten Entfernung, Proxima Centauri, nur eine Parallaxe von $0\overset{''}{.}76$ besitzt, lassen sich auch bei nahen Sternen Entfernungsfehler von wenigen Prozent nur dann erreichen, wenn die Amplitude der jährlichen Ortsverschiebung mit einer systematischen Genauigkeit von etwa $\pm 0''.01$ ermittelt werden kann. Auf der Grundlage absoluter Bestimmungen von α und δ ist dies nicht möglich, wohl aber durch Messungen der Positionen relativ zu einer Anzahl an der Sphäre benachbarter, jedoch sehr viel weiter entfernter Sterne, die keine meßbaren parallaktischen Verschiebungen zeigen, nämlich schwacher Sterne mit besonders kleinen Eigenbewegungen.

Das Beobachtungsmaterial für die Ableitung dieser „trigonometrischen" Parallaxen bilden photographische Aufnahmen, die – in geeigneter Weise über das Jahr verteilt – meist mit langbrennweitigen Fernrohren gewonnen wurden. Der mittlere Fehler guter Bestimmungen, bei denen die erhaltenen Einzelpositionen relativ zum Mittel der Bezugssterne klar der parallaktischen Ellipse folgen (Abb. I.15), liegt bei $\pm 0''.01$ und läßt sich durch Erhöhung der Plattenzahl noch etwas verringern. Verlangt man, daß die Unsicherheiten der trigonometrischen Parallaxe unter 20% liegt, dann muß man sich also auf Werte $p > 0''.05$ beschränken und der erfaßbare Raumbereich ist durch $r \lessapprox 20$ pc gegeben.

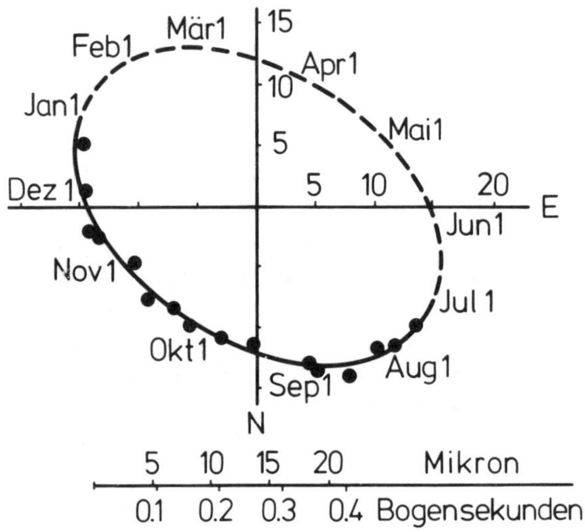

Abb. I.15: Beobachtungsergebnisse für die parallaktische Bewegung des sonnennahen M-Zwerges Ross 248. Die Punkte stellen Mittelwerte aus zahlreichen Einzelmessungen dar, die in den Jahren 1937–46 an derselben Sternwarte ausgeführt wurden. Ergebnis der Parallaxenbestimmung; $p = 0''.318$. (Nach P. van de Kamp).

Die meisten vorliegenden Ergebnisse sind in dem von Louise F. Jenkins herausgegebenen „General Catalogue of Trigonometric Stellar Parallaxes" (Yale University Oberservatory, New Haven, USA) und seinen Ergänzungen zusammengestellt: Daten für 5822 Sterne in der Ausgabe von 1952 und für weitere rund 600 Sterne im Supplement von 1963. Nur für etwa ein Drittel der aufgeführten Sterne sind die

Parallaxenwerte ausreichend genau bestimmt. Von den gegenwärtig bekannten trigonometrischen Parallaxenwerten für rund 7000 Sterne weisen nur etwa 5% Fehler kleiner als 10% auf, wobei es sich natürlich um Werte $p > 0''.05$ handelt.

Sternstromparallaxen: Man versteht unter einem Sternstrom oder Bewegungshaufen eine Gruppe von Sternen mit angenähert parallelen und dem Betrag nach gleichen Raumgeschwindigkeiten in bezug auf die Sonne. Beispiele sind offene Sternhaufen, wie etwa die Hyaden und die Praesepe (PSS I.2.9). Bei der Diskussion des Materials der Eigenbewegungen und Radialgeschwindigkeiten sind darüber hinaus ausgedehnte relativ nahe Gruppen von Sternen mit einheitlicher Bewegung gefunden worden, deren Erscheinungsbild an der Sphäre die Zusammengehörigkeit nicht ohne weiteres erkennen läßt. Die bemerkenswertesten Beispiele sind der Taurus-Strom, zu dem die Hyaden gehören (Abb. I.16), der Ursa-Major-Strom einschließlich der sogenannten Sirius-Gruppe und der Scorpio-Centaurus-Strom, dessen Mitglieder an der Sphäre über ein Gebiet von etwa 30° × 60° verteilt erscheinen. Diese Bewegungshaufen ermöglichen auf folgende Weise die Bestimmung der Entfernungen ihrer Mitglieder und – sofern dies sinnvoll ist – deren mittlerer Entfernung.

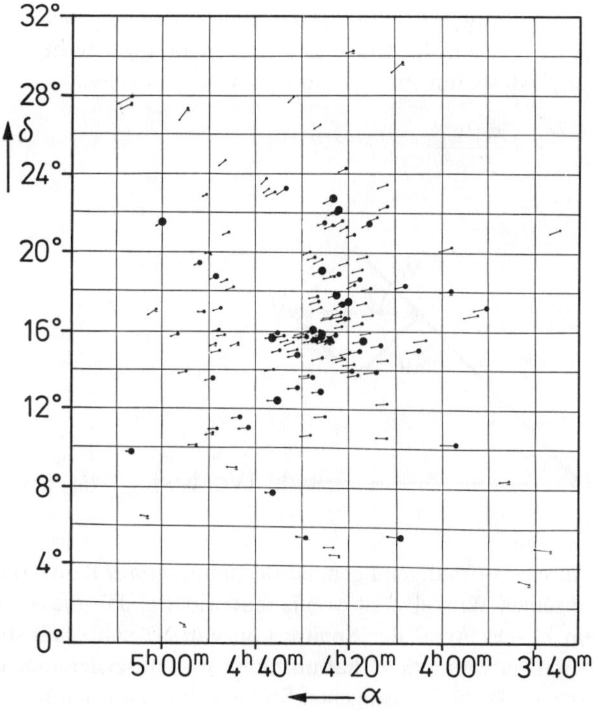

Abb. I.16: Der Taurus-Bewegungshaufen mit den Hyaden. Die Eigenbewegungen der Sterne sind durch Pfeile dargestellt. (Nach H. G. van Bueren).

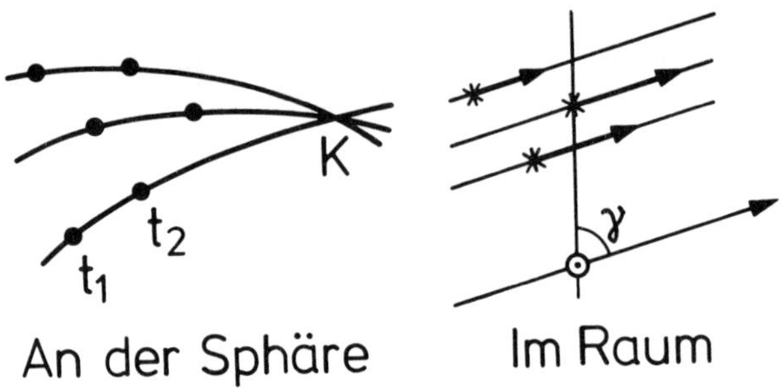

Abb. I.17: Zur Definition des Konvergenzpunktes eines Bewegungshaufens.

Legt man durch die Örter jedes Strommitgliedes für zwei verschiedene Zeitpunkte t_1, t_2 jeweils Großkreise, die somit durch die Richtungen (Positionswinkel) der Eigenbewegung bestimmt sind, dann schneiden sich diese Kreise angenähert in einem Punkt der Sphäre, dem **Konvergenzpunkt** (K in Abb. I.17, linker Teil). Hat man die Koordinaten dieses Punktes ermittelt, dann ist damit offenbar der Fluchtpunkt oder Vertex der Sternbewegungen gefunden (Abb. I.17 rechts) und es können die Winkel γ zwischen dieser Richtung und den Sehstrahlen zu jedem einzelnen Strommitglied berechnet werden. Sind auch die Radialgeschwindigkeiten dieser Sterne, v_r, bekannt, so lassen sich nun ihre Tangentialgeschwindigkeiten berechnen, $t_\mu = v_r \cdot \mathrm{tg}\gamma$ (Abb. I.18), die andererseits gegeben sind durch $t_\mu = K \cdot r \cdot \mu''$ (s. I.1.3, Gl. I.24). Aus γ, v_r und dem Betrag der Eigenbewegung μ'' eines Strommitgliedes kann somit seine Entfernung abgeleitet werden:

$$r = \frac{v_r \cdot \mathrm{tg}\gamma}{K \cdot \mu''}. \qquad \text{(I.32)}$$

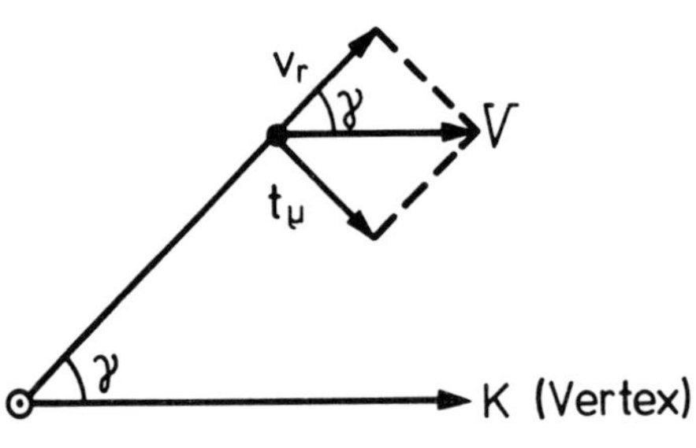

Abb. I.18: Zur Ableitung von Gl. (I.32).

Für eine befriedigend genaue Bestimmung des Konvergenzpunktes, und damit der einzelnen Winkel γ, ist es offenbar wichtig, daß die Strommitglieder nicht nur auf ein kleines Areal der Sphäre konzentriert sind. Günstige Fälle stellen daher die bereits erwähnten, verhältnismäßig weit ausgedehnten Bewegungshaufen dar. Die Anzahl der herangezogenen Sterne sollte natürlich möglichst groß sein. Wenn alle

Strommitglieder praktisch die gleiche Raumgeschwindigkeit besitzen, braucht andererseits die Radialgeschwindigkeit v_r im Prinzip nur von einem dieser Sterne bekannt zu sein – v_r, γ und der Positionswinkel der Eigenbewegung legen den Vektor der Raumgeschwindigkeit V fest!

Tabelle I.1: Galaktische Koordinaten des Konvergenzpunktes l, b und Betrag der Raumgeschwindigkeit V (jeweils bezogen auf ein fest mit der Sonne verbundenes System) sowie mittlere Entfernung r und Ausdehnung D für drei wichtige Bewegungshaufen. N ist ein Richtwert für die Anzahl der gesicherten Haufenmitglieder.

Name	Konvergenzpunkt l	b	V [km s^{-1}]	r [pc]	D [pc]	N
Taurus-Strom (Hyaden)	205°	−1°	47	48	20	150
Ursa-Major-Strom	9	−28	15	100	150	150
Scorpio-Centaurus-Strom	210	−25	23	170	80 × 200	60

Bei einer Entfernung $r = 100$ pc und der Tangentialgeschwindigkeit $t_\mu = 10$ km s^{-1} ergibt sich eine Eigenbewegung vom Betrag $\mu'' = t_\mu/4.74 \cdot r \approx 0''.02$ pro Jahr. Die Reichweite der Konvergenzpunkt-Methode beträgt daher einige hundert pc. Ergebnisse für die Konvergenzpunkte, die Raumgeschwindigkeit und die mittleren Entfernungen der drei genannten Bewegungshaufen sind in Tabelle I.1 zusammengestellt. Die Angabe mittlerer Entfernungen beim U Ma- und beim Sco-Cen-Strom dient nur zur groben Orientierung; der für den Tau-Strom angegebene Wert bezieht sich auf das Zentrum des Hyaden-Haufens.

Die *Entfernung der Hyaden* besitzt die Bedeutung eines „Grundmaßes" kosmischer Entfernungsmessung, denn diese Größe bildet das wichtigste Bindeglied zwischen den geometrischen und den nachfolgend unter 2.2 beschriebenen, wesentlich weiter reichenden photometrischen Verfahren der Entfernungsbestimmung. Neben der Methode der Sternstromparallaxen hat man deshalb noch andere Wege zur Ermittlung der Hyadenentfernung beschritten: Bestimmungen trigonometrischer Parallaxen von einzelnen Haufenmitgliedern, Ableitung dynamischer Parallaxen von Doppelsternen des Haufens (s. unten) und die Anpassung der Hyaden-Hauptreihe an die aus Modellrechnungen des Sternenaufbaues gewonnene theoretische Alter-Null-Hauptreihe (PSS. VI.3.2). Die Resultate liegen zwischen 44 und 49 pc. Eine Anwendung der Konvergenzpunkt-Methode auf neue FK5-Eigenbewegungen ergab für das Haufenzentrum den Mittelwert (H. Schwan 1990)

$$r = 48 \pm 1 \text{ pc}$$

Statistische Parallaxen: Die Sternstrom-Methode ist nur in sehr beschränktem Umfang anwendbar, insbesondere können natürlich nur solche Sterntypen erfaßt werden, die in Bewegungshaufen vorkommen. Allgemeiner ist ein Verfahren der Entfernungsbestimmung, bei dem von der parallaktischen Verschiebung der Sterne infolge der Raumbewegung der Sonne ausgegangen wird. Wie bei den trigonometrischen Parallaxen die große Halbachse der Erdbahn, so dient hier die von der Sonne während eines bestimmten Zeitraumes zurückgelegte Strecke als Basis. Wegen der Überlagerung der Pekuliargeschwindigkeiten der Einzelsterne kann man jedoch auf diese Weise nur *mittlere* Parallaxen einer Gruppe von Sternen ableiten, wobei noch gewisse Annahmen über die Geschwindigkeitsverteilung dieser Sterne notwendig sind. Dennoch ist die Methode von großem Nutzen, beispielweise für die Bestimmung der absoluten Helligkeiten bestimmter Sterntypen (RR Lyrae-Sterne, Cepheiden, Unterzwerge u. a.).

Ausgangspunkt ist die Zerlegung der Eigenbewegungen der ausgewählten Sterne in zwei Komponenten (Abb. I.19): Eine Komponente υ (griech. Ypsilon), die auf dem Großkreis durch den Stern, den Apex und den Antapex der Sonnenbewegung liegt, und eine dazu senkrechte Komponente τ.

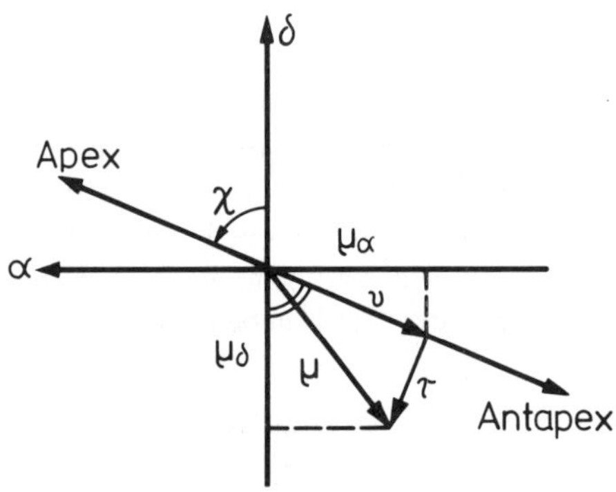

Abb. I.19: Die Komponeten υ und τ der Eigenbewegung eines Sternes.

Die Komponente υ besteht aus der ganzen parallaktischen Bewegung des Sternes und der Komponente seiner Pekuliarbewegung entlang jenes Großkreises; τ ist allein die Komponente der Pekuliarbewegung des Sternes senkrecht zur parallaktischen Bewegung. Bezeichnet χ den Positionswinkel der Richtung zum Apex, dann gilt (μ_α, μ_δ stehen hier für $\mu''_\alpha = 15\ \mu^s_\alpha \cos\delta$, μ''_δ, so daß υ und τ in Bogensekunden pro Jahr ausgedrückt sind):

$$\left.\begin{aligned} \upsilon &= \mu_\alpha \sin\chi + \mu_\delta \cos\chi \\ \tau &= -\mu_\alpha \cos\chi + \mu_\delta \sin\chi \end{aligned}\right\} \qquad \text{(I.33)}$$

Abb. I.19 zeigt ein Beispiel, in welchem die resultierende Bewegung dasselbe Vorzeichen besitzt wie die zum Antapex gerichtete parallaktische Bewegung: Es ist $\mu_\alpha < 0$, $\mu_\delta < 0$ und somit $\upsilon < 0$. Für die Berechnung von χ und des Winkels zwischen Stern und Apex η (s. Abb. I.20) erhält man das Formelsystem

$$\left.\begin{aligned} \sin\eta\cos\chi &= \cos D_\odot \sin\delta\cos(\alpha - A_\odot) - \sin D_\odot \cos\delta \\ \sin\eta\sin\chi &= \cos D_\odot \sin(\alpha - A_\odot) \\ \cos\eta &= \cos D_\odot \cos\delta\cos(\alpha - A_\odot) + \sin D_\odot \sin\delta \end{aligned}\right\} \tag{I.34}$$

Dabei bedeuten (α, δ) und ($A_\odot$, $D_\odot$) die äquatorialen Koordinaten des Sternes und des Sonnenapex. Den Eigenbewegungskomponenten υ und τ entsprechen die Tangentialgeschwindigkeitskomponenten [km s^{-1}]

$$\left.\begin{aligned} t_\upsilon &= K \cdot r \cdot \upsilon \\ t_\tau &= K \cdot r \cdot \tau \end{aligned} \quad (K = 4.738)\right\} \tag{I.35}$$

Wir betrachten zunächst den Fall einer Gruppe von Sternen, die über ein *kleines Feld an der Sphäre* verteilt ist. Auflösung der Gln. (I.35) nach υ bzw. τ und Bildung der Mittelwerte $\bar{\upsilon}$ sowie $\overline{|\tau|}$ (weil $\bar{\tau} = 0$!) liefert unter der Voraussetzung, daß Parallaxe $p = 1/r$ und Tangentialgeschwindigkeit t_υ bzw. t_τ statistisch unabhängig sind:

$$\bar{\upsilon} = \frac{1}{K} \cdot \bar{p} \cdot \bar{t}_\upsilon \tag{I.36}$$

$$\overline{|\tau|} = \frac{1}{K} \cdot \bar{p} \cdot \overline{|t_\tau|}. \tag{I.37}$$

Beide Gleichungen ermöglichen die Ableitung mittlerer Parallaxen $\bar{p}$ der Sterngruppe. Bei Anwendung von (I.36) müssen dazu die Sonnengeschwindigkeit $S_\odot$ und die Apexkoordinaten bekannt sein. Dann folgt unter der Voraussetzung, daß sich die pekuliaren Anteile in $\bar{t}_\upsilon$ herausmitteln

$$\bar{t}_\upsilon = \pm S_\odot \cdot \sin\eta \quad (\text{Vorzeichen wie } \bar{\upsilon}), \tag{I.38}$$

wobei η der nach den Gln. (I.34) zu berechnende Winkel zwischen der Mitte des betrachteten Feldes und dem Apex ist (Abb. I.20). Der auf diese Weise aus (I.36) gewonnene Mittelwert $\bar{p}$ wird *„säkulare Parallaxe"* genannt; dieselbe Bezeichnung verwendet man allerdings auch für die jährliche parallaktische Verschiebung eines Sternes bei $\eta = 90°$ durch die Sonnenbewegung: $p_s = (1/K) \cdot p \cdot S_\odot$.

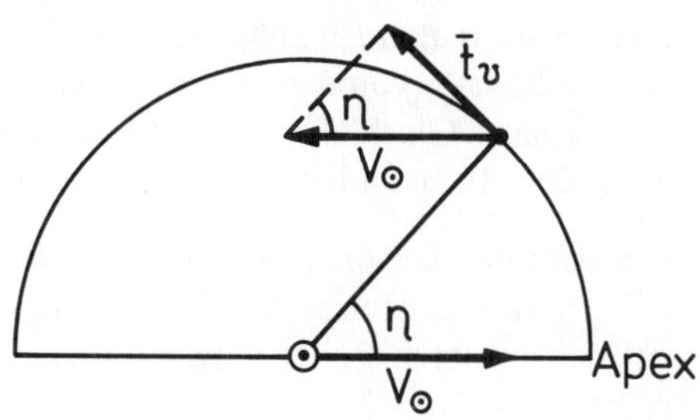

Abb. I.20: Zum Begriff der säkularen Parallaxe.

Gl. (I.37) gestattet die Abteilung von $\bar{p}$, wenn $\overline{|t_\tau|}$ ermittelt werden kann. Dies ist mit Hilfe von Radialgeschwindigkeitsdaten möglich unter der Voraussetzung, daß die Geschwindigkeitsverteilung rauminvariant ist. Dann darf $\overline{|t_\tau|}$ gleichgesetzt werden dem mittleren Betrag der Radialgeschwindigkeiten $\overline{|v_r|}$ von Sternen in einem kleinen Feld in 90° Winkelabstand von dem betrachteten Bereich, also an den Polen des in Abb. I.20 dargestellten halben Großkreises. Bei isotroper Geschwindigkeitsverteilung kann natürlich $\overline{|t_\tau|}$ gleich dem Mittelwert $\overline{|v_r|}$ für Sterne des untersuchten Feldes selbst gesetzt werden.

Die Gleichungen (I.35) mit (I.38) und (I.37) können auf den Fall eines großen Gebietes der Sphäre ausgedehnt werden, wenn die mittlere Parallaxe der betrachteten Sterne in allen Teilgebieten dieselbe ist. Für Sterntypen, die der galaktischen Scheibe angehören und deren räumliche Dichteverteilung in Ebenen parallel zur galaktischen Symmetrieebene angenähert konstant ist, darf man dies in einer hinreichend schmalen galaktischen Breitenzone ($b \ldots b + \Delta b$) annehmen. Für jeden darin ausgewählten Einzelstern kann dann angesetzt werden

$$v = \pm\left(\frac{1}{K}\cdot S_\odot \sin\eta\right)\cdot p + \Delta v\,. \qquad \text{(I.39)}$$

Hier stellt Δv den Anteil der Pekuliarbewegung dar. Der Koeffizient von p variiert mit der Sternposition, er werde als bekannt betrachtet. Wenn die Δv den Charakter zufälliger Fehler haben, kann eine Ausgleichung nach der Methode der kleinsten Quadrate durchgeführt werden mit dem Ergebnis

$$\bar{p} = \frac{K}{S_\odot}\,\frac{\Sigma v \sin\eta}{\Sigma \sin^2\eta}\,. \qquad \text{(I.40)}$$

Bei der Anwendung von Gl. (I.37) muß wieder ein geeigneter Mittelwert $\overline{|t_\tau|}$ bekannt sein.

Die beschriebenen Verfahren setzen voraus, daß die Geschwindigkeitsverteilung der untersuchten Sterne von der Entfernung r unabhängig ist. Etwa für $r > 200$ pc kann diese Annahme schon deshalb nicht mehr aufrecht erhalten werden, weil dann die differentielle galaktische Rotation (II.4.2) merkliche Unterschiede zwischen den mittleren Bewegungen entfernter und naher Sterne bewirkt, die von den galaktischen Koordinaten l, b abhängen. Bei Sterngruppen in diesen größeren Entfernungen sind deshalb von den beobachteten μ_α und μ_δ zunächst – vor der Bildung von v und τ nach Gl. (I.33) – die Anteile der systematischen differentiellen Rotation (II.5.1, Gln. II.71 und II.77, dann Umkehrung des Systems I.30) abzuziehen.

Man beachte, daß die gewonnene mittlere Parallaxe $\bar{p}$ einer Gruppe von Sternen als Mittelwert der reziproken Entfernung im allgemeinen verschieden ist vom Kehrwert der mittleren Entfernung $\bar{r}$: Bezeichnet $F(r)$ die Verteilung der Entfernungen der Sterne, dann gilt

$$\bar{p} = \overline{\left(\frac{1}{r}\right)} = \int \frac{1}{r} F(r)\,\mathrm{d}r \neq \frac{1}{\bar{r}} = \frac{1}{\int r F(r)\,\mathrm{d}r}.$$

Die Umrechnung von $\bar{p}$ in $\bar{r}$ setzt die Kenntnis der Verteilungen $F(r)$ oder $f(p) = F(1/p)$ voraus.

Für Gruppen von Sternen der rotierenden galaktischen Scheibe, die sich in so großen Entfernungen befinden, daß der Effekt der differentiellen Rotation in den Radialgeschwindigkeiten v_r mit hinreichender Genauigkeit durch Mittelbildung über die gemessenen, noch mit den pekuliaren Anteilen behafteten v_r gewonnen werden kann, gilt bei Berücksichtigung der Breitenabhängigkeit angenähert für kleine Felder an der Sphäre (II.5.1, Gl. II.70 und S. 171)

$$\bar{v}_r = A \cdot \bar{r} \cdot \sin 2\bar{l} \cos^2 \bar{b}\,.$$

Man hat damit ein geometrisch-kinematisches Verfahren, das auf eine mittlere Entfernung führt – es hat sich allerdings die Bezeichnung „Rotationsparallaxe" eingebürgert. Etwa für $r > 2$ kpc muß auf die allgemeine Beziehung (II.65) zurückgegriffen werden. Die Kenntnis der Rotationskonstante A, und für $r > 2$ kpc der Abweichungen vom Ansatz (II.70), bildet die Grundlage der Methode. Die Vorzüge bestehen in der großen Reichweite und der Freiheit von Einflüssen der interstellaren Extinktion. In Verbindung mit photometrischen Daten können auf diesem Wege die absoluten Helligkeiten bestimmter Typen von Veränderlichen abgeleitet werden.

Entfernungsbestimmung von visuellen Doppelsternen: Der günstigste, jedoch seltene Fall liegt hier vor, wenn bei einem System die große Bahnhalbachse a nicht nur im Winkelmaß, sondern durch spektroskopische Messungen von Radialgeschwindigkeiten auch in linearem Maß ermittelt werden kann – bei einer Kreisbahn gilt einfach: $2\pi a = v \cdot P$ mit $v =$ Bahngeschwindigkeit, $P =$ Umlaufszeit. Dann ergibt sich die Entfernung bzw. die Parallaxe des Systems aus der anschaulichen Beziehung

$$\frac{1}{r[\mathrm{pc}]} = p'' = \frac{a''}{a[\mathrm{AE}]}. \tag{I.41}$$

Ist nur a'' bekannt, so berechnet man $a[\mathrm{AE}]$ über das dritte Keplersche Gesetz und erhält

$$p'' = \frac{a''}{[P^2(\mathfrak{M}_1 + \mathfrak{M}_2)]^{1/3}}, \tag{I.42}$$

wobei die Umlaufzeit P in Jahren und die Summe der Massen beider Komponenten $\mathfrak{M}_1 + \mathfrak{M}_2$ in Sonnenmassen auszudrücken ist. Da $\mathfrak{M}_1 + \mathfrak{M}_2$ unter der dritten Wurzel auftritt, kann man bereits mit einem groben Nährungswert für diese Größe verhältnismäßig gute Resultate erzielen. Der nach (I.42) ermittelte Wert von p'' wird als **„dynamische Parallaxe"** bezeichnet. Die relativ geringe Streubreite der Sternmassen um den Wert der Sonnenmasse (= 1) legt die Annahme $\mathfrak{M}_1 + \mathfrak{M}_2 = 2$ nahe

(„hypothetische Parallaxen"). Oft sind jedoch gewisse Aussagen über Spektraltyp und Leuchtkraftklasse der Komponenten möglich, so daß mit Hilfe der Masse-Leuchtkraft-Beziehung (PSS I.2.13) auf $\mathfrak{M}_1$ und $\mathfrak{M}_2$ geschlossen werden kann. Das Verfahren trägt dann insofern sekundären Charakter, als die Festlegung der Relation zwischen Sterntyp und Leuchtkraft bereits Entfernungsbestimmungen voraussetzt.

2.2 Sekundäre Methoden

Photometrische Entfernungsbestimmungen: Zwischen der scheinbaren Helligkeit m, der absoluten Helligkeit M, der interstellaren Extinktion A („Absorption") der Strahlung auf dem Weg zum Beobachter – alle drei Größen auf denselben Spektralbereich bezogen – und der Entfernung r eines Sternes besteht die Beziehung (PSS I.2.7)

$$m - M = -5 + 5 \log r + A . \qquad \text{(I.43)}$$

m und A (s. unten) können durch photometrische Messungen ermittelt werden. Kennt man M, so läßt sich r leicht berechnen. Für normale Sterne hat dieser Weg deshalb eine große praktische Bedeutung erlangt, weil zwischen M und verschiedenen spektralen Kriterien enge Beziehungen bestehen (PSS I.2.10). Sind diese erst einmal bekannt, so kann aus verhältnismäßig leicht bestimmbaren Eigenschaften des Sternspektrums auf M geschlossen werden. Die erhaltenen Werte für r werden als **spektrophotometrische Entfernungen** bezeichnet, in der älteren Literatur ist (für $1/r$) oft der Ausdruck „spektroskopische Parallaxe" zu finden.

Die Gewinnung der Zusammenhänge zwischen den Leuchtkraftkriterien und der absoluten Helligkeit M, die „Eichung" oder „Kalibrierung" der Leuchtkraftkriterien, erfolgt mit jenen Sternen, deren Entfernungen direkt oder indirekt mit den primären Methoden abgeleitet werden können. Neben trigonometrischen Parallaxen waren dabei vor allem die weiter unten besprochenen Entfernungsbestimmungen offener Sternhaufen wichtig. Da alle Haufenmitglieder praktisch die gleiche Entfernung r besitzen, gilt: Kennt man den Entfernungsmodul $m - M$ eines Sternhaufens, dann liefert sein Farben-Helligkeits-Diagramm (m gegen Farbindex) sogleich die absoluten Helligkeiten aller darin erfaßten Sterntypen. Die vorliegenden Werte für die M_V der verschiedenen MK-Spektralklassen (PSS I.2.10, Tabelle I.13) sind in erheblichem Umfange auf diesem Wege gewonnen worden. Um eine möglichst genaue Festlegung der absoluten Helligkeit zum Sterntyp zu erzielen, geht man heute oft zu einer kontinuierlichen, quantitativen Spektralklassifikation der Sterne über, auf der Basis von Mehrfarbenphotometrien und photometrischen Messungen bestimmter spektraler Charakteristika, wie beispielsweise des Hβ-Index (PSS I.2.11, insbes. Tabelle I.17).

Tabelle I.2: Reichweiten der photometrischen Methode der Entfernungsbestimmung r_* für Sterne bei kleinen galaktischen Breiten mit verschiedenen visuellen absoluten Helligkeiten M_V. m_V^* ist die visuelle scheinbare Helligkeit der schwächsten jeweils noch erfaßten Sterne (Voraussetzung über die interstellare Extinktion siehe Text)

	r_* [pc]		
m_V^* / M_V	10	15	20
− 5	2200	4500	7150
0	650	2200	4500
+ 5	95	650	2200
+10	10	95	650
+15	1	10	95

Für Sterne mit periodisch veränderlicher Helligkeit (Cepheiden, RR Lyrae-Sterne u. a.) wurden quantitative Beziehungen zwischen der mittleren absoluten Helligkeit und der Periode des Lichtwechsels abgeleitet (II.4.2); für weitere Sterntypen sind Näherungswerte der meist stärker streuenden Extrem- oder Mittelwerte der absoluten Helligkeit bekannt, beispielsweise für Novae (im Maximum). Nach der Identifikation eines Sternes mit einem dieser Typen läßt sich daher seine absolute Helligkeit mit mehr oder weniger großer Genauigkeit angeben.

Die *interstellare Extinktion* wird mit Hilfe der empirischen Beziehung $A_V = R \cdot E_{B-V}$ ermittelt, wobei $E_{B-V} = (B-V) - (B-V)_0$ den Farbexzeß bezeichnet und in der Regel $R = 3$ gesetzt wird (III.1.1, insbes. Gl. III.12ff.). $(B-V)$ ist der beobachtete Farbindex, $(B-V)_0$ ist der Farbindex des betrachteten Sternes bei Abwesenheit interstellarer Extinktion, die sogenannte Eigenfarbe. $(B-V)_0$ kann unmittelbar angegeben werden, wenn der MK-Spektraltyp des Sternes bekannt ist (PSS I.2.10, Tabelle I.14); andere Wege zur Gewinnung von $(B-V)_0$ bietet die quantitative Klassifikation durch eine Mehrfarbenphotometrie (PSS I.2.11).

Die *Reichweite photometrischer Entfernungsbestimmungen* für Einzelsterne hängt bei fester Grenzgröße m^* stark von der absoluten Helligkeit der betrachteten Sterne, und mit zunehmender Entfernung auch mehr und mehr von der interstellaren Extinktion ab. Nahe der galaktischen Ebene kann man im visuellen Spektralbereich im Mittel etwa ansetzen $A_V(r) = 1.5 \cdot 10^{-3}\, r$ [mag], wobei r in pc einzusetzen ist. Zur Orientierung mögen die in Tabelle I.2 gegebenen, mit diesem Ansatz aus Gl. (I.43) berechneten Reichweiten r_* dienen.

Die *Genauigkeit* photometrischer Entfernungsbestimmungen wird von den Fehlern der absoluten Helligkeit und der interstellaren Extinktion bestimmt. Aus Gl. (I.43) erhält man leicht (für $\Delta m = 0$)

$$\frac{|\Delta r|}{r} \approx \frac{1}{2}(\Delta M + \Delta A). \tag{I.44}$$

Ein Fehler allein in der absoluten Helligkeit $\Delta M = \pm 0^{m}.5$ bewirkt also bereits eine Unsicherheit der Entfernung von 25%!

Entfernungsbestimmung von Sternhaufen: Kennt man die Entfernung *eines* Sternhaufens, so lassen sich die Entfernungen weiterer Haufen vom gleichen Typ (offen oder kugelförmig, s. PSS I.2.9) mit Hilfe ihrer Farben-Helligkeits-Diagramme (FHD) ermitteln. Wir beschränken uns in diesem Abschnitt auf die offenen Haufen; die Ausdehnung des Verfahrens auf Kugelhaufen wird in II.4.2 besprochen.

Zunächst sei der Einfachheit halber angenommen, daß keine interstellare Extinktion auftritt. Für den Haufen mit bekannter Entfernung können wir dann das M_V-$(B-V)$-Diagramm – gewonnen auf der Basis von Messungen der scheinbaren Helligkeit $m_V = V$ und $m_B = B$ – als gegeben ansehen. Von einem weiteren Haufen mit unbekannter Entfernung liege nur das m_V-$(B-V)$-Diagramm (FHD) vor. Die Entfernung dieses zweiten Haufens erhält man durch vertikales „Aufschieben" seines FHD auf die Hauptreihe des ersten Haufens gemäß Abb. I.21. Der Entfernungsmodul des zweiten Haufens $m_V - M_V$ folgt einfach als Differenz der beiden Ordinatenskalen.

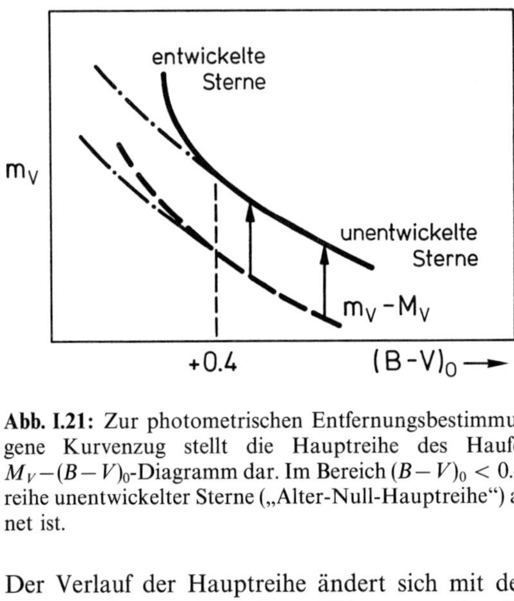

Abb. I.21: Zur photometrischen Entfernungsbestimmung offener Sternhaufen. Der ausgezogene Kurvenzug stellt die Hauptreihe des Haufens mit bekannter Entfernung im $M_V-(B-V)_0$-Diagramm dar. Im Bereich $(B-V)_0 < 0.4$ weicht dieser Verlauf von der Hauptreihe unentwickelter Sterne („Alter-Null-Hauptreihe") ab, die hier strich-punktiert eingezeichnet ist.

Der Verlauf der Hauptreihe ändert sich mit dem Alter eines Sternhaufens. Der untere Teil, etwa $(B-V)_0 > 0^{m}.4$, entsprechend Spektraltypen ab F5, bleibt aber in der Regel unverändert, weil diese Sterne mindestens einige 10^9 Jahre auf der Hauptreihe verweilen.

Zieht man für beide Sternhaufen das FHD heran, dann liefert die Vertikalverschiebung bis zur Deckung beider *unterer* Hauptreihen die Differenz der Entfernungsmodul der Haufen

$$\Delta(m_V - M_V) = (m_V - M_V)_2 - (m_V - M_V)_1 = \\ = 5\log r_2 - 5\log r_1. \tag{I.45}$$

Beispiel: Zwischen der Praesepe und den Hyaden erhält man $\Delta(m_V - M_V) = +3.0$. Da für die Hyaden gilt $(m_V - M_V)_1 = +3.4$, entsprechend $r_1 = 48$ pc, so folgt für die Praesepe $(m_V - M_V)_2 = +6.4$ oder $r_2 = 190$ pc. In beiden Fällen darf $A_V \approx 0$ angesetzt werden.

Eine Schwierigkeit ergibt sich, wenn man die Entfernung junger offener Sternhaufen bestimmen möchte, in denen noch sehr frühe Spektraltypen vertreten sind, etwa um die Leuchtkraftkriterien der O- und B-Sterne zu kalibrieren: Diese Haufen sind relativ selten, und die nächsten Exemplare besitzen bereits so große Entfernungen, daß ihre Hauptreihen unterhalb von $(B-V)_0 \approx +0.4$ nicht mehr mit wünschenswerter Genauigkeit definiert werden können ($r = 1$ kpc entspricht für $M_V = +5^{\mathrm{m}}$ und $A_V = 1\overset{\mathrm{m}}{.}5$ bereits $m_V = 16\overset{\mathrm{m}}{.}5$!). Ein unmittelbarer Anschluß an die Hyaden – in denen keine O- und B-Sterne vorkommen – ist nicht möglich. Man ging deshalb schrittweise vor, indem zunächst als Zwischenglied die bis zu $(B-V)_0 \approx -0.1$ reichenden Plejaden angeschlossen wurden. Der Verlauf der Plejaden-Hauptreihe im Bereich $(B-V)_0 \approx +0\overset{\mathrm{m}}{.}1 \ldots +0\overset{\mathrm{m}}{.}4$, unterhalb des deutlich ausgeprägten Abknickpunktes von der Hauptreihe neu entstandener Sterne (PSS VI.3.3, Abb. VI.5), konnte nun als Ausgangsbasis für die Entfernungsbestimmung wesentlich jüngerer Sternhaufen mit O-Sternen, wie etwa dem Doppelhaufen h und χ Persei, herangezogen werden. Das beschriebene Verfahren (main sequence fitting) liefert zugleich auf empirischem Wege den Verlauf der Hauptreihe für Sterne vom Alter Null („Zero-Age Main Sequence", oft abgekürzt: ZAMS, s. PSS VI.3.2, Tabelle VI.4). Das Ergebnis konnte mit den im Scorpio-Centaurus-Bewegungshaufen enthaltenen frühen Typen getestet und bestätigt werden.

Die interstellare Extinktion verändert das FHD eines Sternhaufens in der Weise, daß für jeden Einzelstern die Ordinate m_V eine Verschiebung um den Betrag A_V und die Abszisse $B-V$ eine Verschiebung um den Farbexzeß E_{B-V} erfährt. Da in vielen Fällen mit einheitlicher interstellarer Lichtschwächung für alle Haufenmitglieder gerechnet werden darf, handelt es sich um feste Verschiebungen des „ganzen Diagramms" in *beiden* Koordinatenrichtungen, die bei bekanntem Wert E_{B-V} und damit auch bekanntem $A_V = 3 \cdot E_{B-V}$ (s. oben) leicht korrigiert werden können. Erst danach darf das beschriebene Verfahren der Entfernungsbestimmung angewandt werden. Sind insbesondere bei den FHD zweier zu vergleichender Sternhaufen nur die Abszissen auf $(B-V)_0$ korrigiert worden, dann tritt in Gl. (I.45) auf der rechten Seite noch die Differenz $(A_V)_2 - (A_V)_1$ hinzu.

Die Gewinnung von E_{B-V} ist einfach, wenn für eine Anzahl von Haufensternen MK-Spektraltypen bekannt sind (s. oben). In den meisten Fällen muß man sich jedoch anders helfen. Ein wichtiger Weg basiert auf einer Dreifarbenphotometrie des Sternhaufens. Den Ausgangspunkt bildet das Zweifarben-Diagramm (ZFD). Im Fall einer UBV-Photometrie ist dort $U-B$ (als Ordinate) gegen $B-V$ aufgetragen

(PSS I.2.11). Wenn keine interstellare Extinktion vorliegt, ordnen sich die Hauptreihensterne entlang einer bestimmten S-förmigen Kurve an. Tabelle I.3 gibt diese Beziehung zahlenmäßig für das UBV- und das RGU-System ($U-G$ statt $U-B$, $G-R$ statt $B-V$) wieder. Interstellare Extinktion bewirkt für den Bildpunkt jedes Sternes in der Ordinate eine Verschiebung nach unten um den Betrag $E_{U-B} = A_U - A_B$ und in der Abszisse eine Verschiebung nach rechts um $E_{B-V} = A_B - A_V$. Die beobachteten Farbindizes weichen also von den Eigenfarben ab:

$$U-B = (U-B)_0 + E_{U-B}, \quad B-V = (B-V)_0 + E_{B-V}. \tag{I.46}$$

Tabelle I.3: Standard-Hauptreihe (ZAMS) in den Zweifarben-Diagrammen des UBV- und des RGU-Systems. (Nach W. Becker und R. Fenkart)

M_V	$B-V$	$U-B$	M_G	$G-R$	$U-G$
−3	−0.30	−1.12	−3	+0.02	+0.08
−2	−0.25	−0.91	−2	+0.08	+0.28
−1	−0.20	−0.69	−1	+0.13	+0.51
0	−0.14	−0.47	0	+0.19	+0.75
+1	−0.06	−0.21	+1	+0.25	+1.04
+2	−0.10	+0.08	+2	+0.41	+1.33
+3	+0.31	+0.02	+3	+0.62	+1.33
+4	+0.47	−0.02	+4	+0.81	+1.27
+5	+0.63	+0.12	+5	+0.98	+1.39

Das Verhältnis der beiden Farbexzesse ist jedoch praktisch konstant (Begründung s. III.1.1, Gl. III.9f.):

$$E_{U-B}/E_{B-V} = 0.72 + 0.05\, E_{B-V}. \tag{I.47}$$

Die interstellare Extinktion erzeugt daher eine Parallelverschiebung aller Bildpunkte in der festen „Verfärbungsrichtung“ (Abb. I.22). Dann können E_{U-B} und E_{B-V} durch Zurückschieben der beobachteten Hauptreihe entgegen der Verfärbungsrichtung bis zur Koinzidenz mit der „Standard-Hauptreihe“ für unverfärbte Sterne gewonnen werden.

Zwei weitere sekundäre Methoden zur Entfernungsbestimmung von geringerer Genauigkeit seien abschließend noch kurz erwähnt: (1) Die Winkeldurchmesser von Sternhaufen eines bestimmten Typs, etwa einer nach Konzentrationsgrad beurteilten Unterklasse der offenen Haufen, können zu Entfernungsbestimmungen dienen, wenn der wahre Durchmesser des Haufentyps bereits für einige Exemplare bekannt ist. Als geometrisches Verfahren besitzt es den Vorzug, von der interstellaren Extinktion frei zu sein. (2) Die Stärken der interstellaren Absorptionslinien in Sternspektren (III.1.4) können bei niedrigen galaktischen Breiten als grobes Maß für die Entfernung des Sternes betrachtet werden. Beispielsweise fand man im Mittel, bei erheblichen statistischen Schwankungen, für die CaII-K-Linie: $r\,[\mathrm{kpc}] \approx 3.0 \cdot A_\lambda(K)$

und für die NaI-D-Linien: $r[\text{kpc}] \approx 1.2\ [A_\lambda(D_1) + A_\lambda(D_2)]$. Dabei bezeichnet A_λ die Äquivalentbreite der Linie, gemessen in Å (PSS I.1.6).

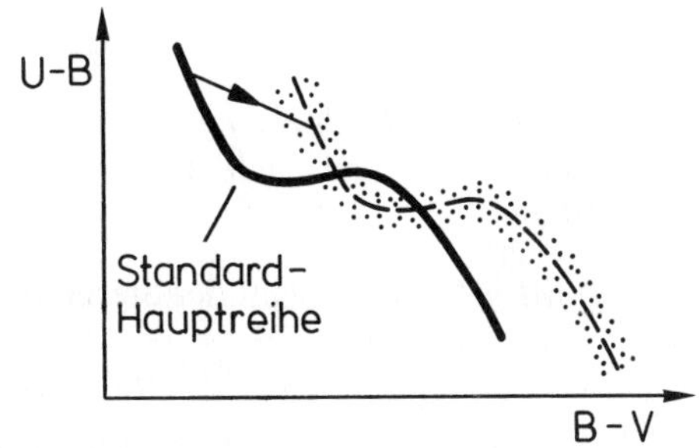

Abb. I.22: Die Wirkung einheitlicher interstellarer Extinktion auf die Verteilung der Hauptreihensterne eines offenen Haufens im Zweifarben-Diagramm (schematisch). Der als Standard-Hauptreihe bezeichnete, ausgezogene Verlauf entspricht dem Fall verschwindender interstellarer Extinktion.

II Aufbau und Kinematik des Sternsystems

1 Scheinbare Verteilung der Sterne

1.1 Allgemeine Sternzählungen, integriertes Sternlicht

Zur *quantitativen Beschreibung* der Verteilung der Sterne an der Sphäre (galaktische Koordinaten l, b) und nach scheinbarer Helligkeit betrachtet man entweder die Sternzahlen

$A(m|l, b)\Delta m$ = Anzahl der Sterne im Intervall der scheinbaren Helligkeit $m - \frac{1}{2}\Delta m \ldots m + \frac{1}{2}\Delta m$, die sich in einem Quadratgrad mit dem Mittelpunkt (l, b) befinden

oder die entsprechenden kumulativen Sternzahlen pro Quadratgrad bis zur scheinbaren Helligkeit m:

$$N(m|l, b) = \int_{-\infty}^{m} A(m|l, b)\,\mathrm{d}m\,. \tag{II.1}$$

Das *Beobachtungsmaterial*, aus dem Sternzahlen in großem Stil gewonnen werden, liefern sogenannte **Durchmusterungen**, deren Ergebnisse: Positionen und scheinbare Helligkeiten aller Sterne für den ganzen Himmel oder für ausgewählte Felder bis zu einer bestimmten Grenzgröße in umfangreichen Katalogen niedergelegt sind. Die Sternkoordinaten werden dabei nicht mit höchstmöglicher Präzision, aber genügend genau bestimmt, um jeden Stern sicher identifizieren zu können (in α etwa $\pm 1^{\mathrm{s}}$, in δ etwa $\pm 0'.1$).

Vorbild solcher Unternehmungen ist die an der Universitäts-Sternwarte Bonn durchgeführte „Bonner Durchmusterung“ (BD) für den nördlichen Himmel zwischen $\delta = +90°$ und $\delta = -2°$ (publiziert 1859/62), die später ergänzt wurde durch die „Südliche Bonner Durchmusterung“ (SD) bis $\delta = -23°$ und die in Argentinien durchgeführte „Cordoba-Durchmusterung“ (CD oder CoD) für $\delta = -22°$ bis $\delta = -90°$. Die Grenzhelligkeit lag bei $m_V \approx 10$. BD und SD umfassen rund 458000, die CD enthält rund 580000 Sterne. Die Helligkeitsangaben beruhen auf visuellen Schätzungen.

Die in diesen Katalogen eingeführte Bezeichnung der Sterne wird auch heute noch oft verwendet: Die Sterne jeder 1° breiten Deklinationszone wurden – in Richtung wachsender Rektaszension – einfach durchnumeriert. Beispiel: α Lyrae = Wega liegt zwischen $\delta = +38°$ und $\delta = +39°$ und erhielt die Bezeichnung BD +38° 3238. In den neueren englischsprachigen Publikationen wird an die Stelle von BD, SD oder CD meist DM (= Durchmusterung) gesetzt. Eine andere gebräuchliche Bezeichnung ist die Angabe der Nummer des Sternes im Henry Draper Catalogue, dem Ergebnis einer den ganzen Himmel überdeckenden Spektral-Durchmusterung

(PSS I.2.1), die jedoch nur alle Sterne bis $m_V \approx 8$ erfaßt. Für Wega lautet diese Bezeichnung HD 172167 (die Zahlen wachsen mit der Rektaszension).

Weitere große Beobachtungsprogramme haben Positionen und photographische Helligkeiten teilweise für Sterne bis zur 11. Größe geliefert oder sind noch in Bearbeitung (s. auch die Angaben am Schluß von I.1.4). Das Vordringen zu immer geringeren Helligkeiten läßt jedoch die Sternzahlen so stark anwachsen, daß eine Beschränkung auf Stichproben nötig wird. Beispielsweise beträgt die geschätzte Gesamtzahl aller Sterne bis zur photographischen Helligkeit $m_{pg} = 13$ bereits $5 \cdot 10^6$ und bis $m_{pg} = 20$ etwa 10^9. Durchmusterungen bis zu sehr schwachen Sternen wurden deshalb in 206 gleichmäßig über den ganzen Himmel verteilten „Selected Areas" – nach ihrem Urheber auch „Kapteynsche Eichfelder" genannt – durchgeführt. Die benutzten Feldgrößen lagen etwa zwischen $15' \times 15'$ (bei kleinen galaktischen Breiten) und $80' \times 80'$ (bei hohen galaktischen Breiten). Große Unternehmen waren die „Harvard-Groningen-Durchmusterung" (1918/24) aller 206 Felder (251000 Sterne, Grenzgrößen $m_{pg} = 11$ bis 16) und der „Mount Wilson Catalogue of Photographic Magnitudes" (1930) von 139 Selected Areas zwischen $\delta = +90°$ und $\delta = -15°$ (68000 Sterne, Grenzgröße $m_{pg} = 13$ bis 18.5). Die Helligkeitsangaben dieser älteren Kataloge sind fast durchweg mit erheblichen systematischen Fehlern behaftet, die einige Zehntel Größenklassen betragen können.

Der in der Einleitung geschilderte begrenzte Erfolg der klassischen Stellarstatistik hat dazu geführt, daß derartige Programme nicht wiederholt durchgeführt oder erweitert wurden. Es liegt indessen eine Vielzahl von Einzeluntersuchungen ausgewählter Felder vor, in denen neben Helligkeiten, oft in zwei oder mehr Farben, auch Spektraltypen oder äquivalente Parameter bestimmt worden sind. Die Verfügbarkeit schneller, automatischer Mikrodensitometer zur Auswertung photographischer Platten und linear arbeitender, hocheffizienter, zweidimensionaler Detektoren (CDD's u. a.) für direkte Beobachtungen hat in neuerer Zeit Helligkeitsmessungen großer Mengen von Sternen in B, V und anderen Farbbereichen mit relativ hoher Genauigkeit ermöglicht. Für zahlreiche kleine Felder bei mittleren und hohen galaktischen Breiten wurden Sterne bis zu $B = 22^m - 23^m$ gezählt.

Um von den vorliegenden *allgemeinen Sternzahlen* einen Eindruck zu geben, sind in Tabelle II.1 über alle galaktischen Längen gemittelte kumulative Sternzahlen pro Quadratgrad $\bar{N}(m|b)$ in Abhängigkeit von der galaktischen Breite aufgeführt.

Die in diesen Zahlen ausgedrückte Zunahme der Konzentration zum galaktischen Äquator mit abnehmender scheinbarer Helligkeit, insbesondere die am Fuß der Tabelle gegebenen Verhältnisse zwischen den Sternzahlen für den galaktischen Pol und dem galaktischen Äquator lassen sich qualitativ in einfacher Weise durch die Annahme einer planparallelen Schichtung der Sterne um die galaktische Ebene erklären (Abb. II.1): Befindet sich die Sonne in der Symmetrieebene, dann kommen bei $b = 90°$ mit wachsender Reichweite der Beobachtungen, charakterisiert durch die jeweilige Grenzgröße m, weit weniger Sterne hinzu als bei $b = 0°$. Die Folge ist eine mit m rasch zunehmende Konzentration der Sterne zum galaktischen Äquator.

Tabelle II.1: Auszug der Ergebnisse über allgemeine kumulative Sternzahlen pro Quadratgrad, gemittelt über alle galaktischen Längen ($m = m_{pg}$)

b	$\bar{N}(m\|b)$		
	$m = 6$	$m = 12$	$m = 18$
±90	0.039	10.2	617
70	0.042	11.5	692
50	0.048	14.8	1000
30	0.059	23.5	2512
20	0.071	31.6	4678
10	0.089	43.6	9332
0	0.166	89.1	20900
$\bar{N}(m\|90°)/\bar{N}(m\|0°)$	1:4	1:9	1:34

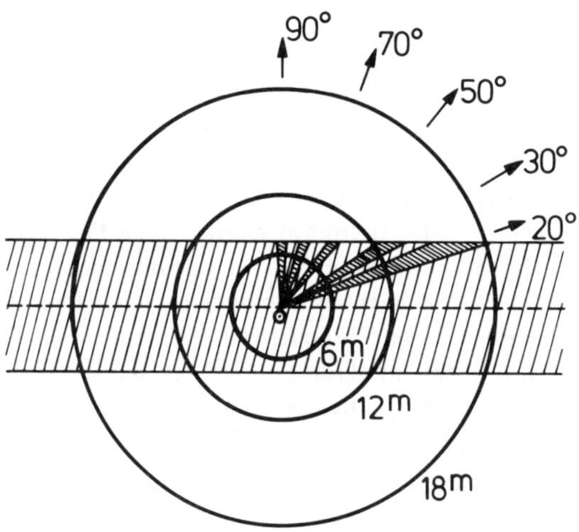

Abb. II.1: Zur Deutung der beobachteten Abhängigkeit der Sternzahlen von der galaktischen Breite durch die Annahme einer planparallelen Sternschichtung (schematisch, Sterndichte nimmt innerhalb der Schicht nach oben und unten ab).

Integriertes Sternlicht: Aus den Sternzahlen $A(m|l, b)$ kann durch Summation der von den Sternen gelieferte Anteil an der Flächenhelligkeit der Milchstraße gewonnen werden. Als Einheit dient dabei oft der Strahlungsfluß von einem Stern 10. Größe bezogen auf ein Quadratgrad ($\Box°$) an der Sphäre, so daß sich die Dimension der Intensität ergibt. Man schreibt kurz 1 $S_{10}/\Box°$. Der Wert dieser Einheit in absolutem Intensitätsmaß hängt natürlich vom Farbsystem der zugrunde liegenden scheinbaren Helligkeiten ab. So gilt beispielsweise für visuelle Helligkeiten etwa

1 $S_{10}(V)/\square^\circ = 1.2 \cdot 10^{-9}$ erg cm^{-2} s^{-1} sterad^{-1} Å^{-1} bei $\lambda = 5500$ Å und für *B*-Helligkeiten 1 $S_{10}(B)/\square^\circ = 2 \cdot 10^{-9}$ erg cm^{-2} s^{-1} sterad^{-1} Å^{-1} bei $\lambda = 4400$ Å.[1]

Ein Stern *m*-ter Größe pro 1 $\square^\circ$ ergibt in der Einheit $S_{10}/\square^\circ$ die Flächenhelligkeit (Intensität)

$$I_m = \frac{S_m}{S_{10}} = 10^{-0.4(m-10)}.$$

Alle Sterne innerhalb von einem Quadratgrad mit dem Mittelpunkt (l, b) liefern daher die Flächenhelligkeit

$$I^*(l, b) = \sum_{m=-\infty}^{+\infty} 10^{-0.4(m-10)} A(m \mid l, b) \, [S_{10}/\square^\circ]. \tag{II.2}$$

Die ganze Sphäre überdeckende Ergebnisse für das integrierte Sternlicht $I^*(l, b)$ basieren noch weitgehend auf den älteren, großen photometrischen Durchmusterungskatalogen und beziehen sich damit auf den visuellen oder den klassischen photographischen bzw. den B-Spektralbereich. Vor der Gewinnung dieser Zahlen ist versucht worden, die systematischen Fehler der alten Helligkeitssysteme zu korrigieren. Der Vergleich mit direkten Messungen der Flächenhelligkeit (II.1.3) zeigt jedoch, daß der Beitrag der schwachen Sterne nicht mit befriedigender Genauigkeit zu berücksichtigen ist. Für den Bereich des galaktischen Äquators ergeben sich deshalb oft erheblich zu niedrige Werte. In Tabelle II.2 sind aus diesem Grund nur die für höhere galaktische Breiten gewonnenen Werte $I_B^*(l, b)$ für einige galaktische Längen wiedergegeben.

Tabelle II.2: Flächenhelligkeiten des integrierten Sternlichtes $I_B^*(l, b)$ im *B*-Spektralbereich. Einheit: 1 $S_{10}(B)/\square^\circ$. (Nach A. S. Sharov und N. A. Lipaeva)

l \ *b*	−80°	−40°	−20°	20°	40°	80°
0°	11	29	100	40	20	10
100	14	19	40	32	22	10
200	15	15	25	40	20	10
300	11	24	33	49	20	10

Summationen des Sternlichtes für Spektralbereiche im Ultraviolett ergeben Verteilungen mit sehr starker Konzentration zum galaktischen Äquator. Typische Einzelwerte sind in Kapitel III, Tabelle III.3 aufgeführt. Unterhalb von 2000 Å liefern praktisch allein O- und frühe B-Sterne merkliche Beiträge.

[1] Der Verlauf des absoluten Wertes der Einheit 1 S_{10} mit variabler Wellenlänge λ ist mit der Verteilung des extraterrestrischen Energieflusses S_λ im Spektrum eines A0V-Sternes mit $m_\lambda = 10$ identisch, weil die Magnitudines ein (logarithmisches) Maß für den Strahlungsfluß S_λ des betrachteten Sternes in Einheiten des Flusses S_λ eines A0V-Sternes mit $m_\lambda = 0$ sind.

1.2 Scheinbare Verteilung der einzelnen Sterntypen

Die Konzentration zum galaktischen Äquator ist für Sterne verschiedenen physikalischen Typs recht unterschiedlich. O- und B-Sterne sowie offene Sternhaufen bevorzugen in starkem Maße die unmittelbare Nähe des galaktischen Großkreises (Abb. II.2). Spätere Spektraltypen sind in der Regel weniger zur Milchstraße hin konzentriert als frühe Typen. Tabelle II.3 belegt dies anhand von Sternzahlen $\bar{N}(m|b)$ pro Quadratgrad bis zur Grenzhelligkeit $m_{pg} \approx 8.5$ für die einzelnen Spektralklassen. Die Abnahme der galaktischen Konzentration von B nach G muß allerdings teilweise darauf zurückgeführt werden, daß die Leuchtkraft, und damit die Reichweite der Beobachtungen beim Übergang zu späteren Typen zunächst kleiner wird (vgl. Abb. II.1). Bei K und M werden zwar die Hauptreihensterne für $m_{pg} < 8.5$ nur noch in geringen Entfernungen erfaßt, aber die Reichweite ist für die hier enthaltenen leuchtkraftstarken Riesen dieser beiden Typen wesentlich größer. Daher kann zumindest für diese Objekte qualitativ auf eine geringe Konzentration zur galaktischen Ebene geschlossen werden. Noch schwächer zum galaktischen Äquator hin konzentriert sind die kugelförmigen Sternhaufen.

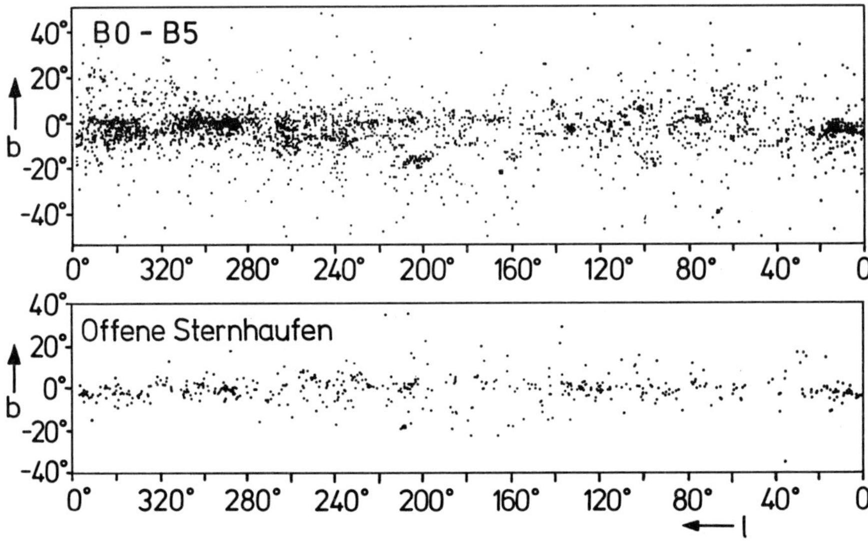

Abb. II.2: Scheinbare Verteilung der B0- bis B5-Sterne und der offenen Sternhaufen.

Auch bei den Veränderlichen und den übrigen Sondertypen (PSS II.1) gibt es hinsichtlich der Verteilung in galaktischer Breite erhebliche Unterschiede. Die Konzentration zum galaktischen Äquator ist beispielsweise für die Cepheiden vom Typ I sehr stark, für Typ II-Cepheiden (W Virginis-Sterne), langperiodische Veränderliche späten Typs (Mira usw.) oder etwa Zentralsterne Planetarischer Nebel deutlich weniger stark und für RR Lyrae-Sterne nur noch so gering wie bei den kugelförmigen Sternhaufen, in denen dieser Veränderlichentyp auch vorkommt.

Tabelle II.3: Über alle galaktischen Längen gemittelte Sternzahlen $\bar{N}(8^{m}.5|b)$ für die verschiedenen Spektraltypen in Abhängigkeit von der galaktischen Breite b. (Auszug, nach H. Nort)

b	$\bar{N}(8^{m}.5\|b)$					
	B	A	F	G	K	M
85°	0.00	0.18	0.30	0.20	0.38	0.03
45°	0.02	0.19	0.27	0.18	0.44	0.04
25°	0.07	0.37	0.33	0.25	0.62	0.05
5°	0.54	0.72	0.37	0.28	0.70	0.06
− 5°	0.71	0.75	0.35	0.26	0.74	0.06
−25°	0.13	0.40	0.36	0.27	0.56	0.04
−45°	0.04	0.21	0.32	0.26	0.42	0.04
−85°	0.02	0.12	0.25	0.26	0.40	0.03

Die scheinbare *Verteilung nach galaktischer Länge* zeigt ebenfalls bemerkenswerte Unterschiede für die verschiedenen Objekte. Charakteristikum der Kugelhaufen, der isoliert auftretenden RR Lyrae-Sterne und auch der übrigen nur mäßig zum galaktischen Äquator konzentrierten Sterntypen ist eine kräftige Zunahme ihrer Häufigkeit mit der Annäherung an die Richtung zum galaktischen Zentrum $l \approx 0°$. Ein interessantes Ergebnis lieferten die mit dem Infrarot-Satelliten IRAS (s. PSS I.2.4) bei Wellenlängenbändern um 12 µm und 25 µm beobachteten sehr kühlen Sterne: ihre Verteilung zeigt eine kräftige zentrale Aufbauchung (bulge). Bei den O- und B-Sternen ist andererseits eine Konzentration zur Zentrumsrichtung kaum ausgeprägt, es fällt jedoch die sehr ungleichförmige Verteilung auf, mit einer Tendenz zur Bildung von größeren Sterngruppen, sogenannter Sternassoziationen (Weiteres II.4.1).

Beschränkt man sich auf scheinbar helle, und daher relativ nahe B-Sterne, beispielsweise $m_B \approx 8$, dann stellt sich heraus, daß der Großkreis stärkster Konzentration merklich gegen den galaktischen Äquator geneigt ist. Auch die allgemeinen Sternzahlen $N(m|l, b)$ ergeben als Ort größter scheinbarer Sterndichte zur jeweiligen Grenzgröße m angenähert einen Großkreis, der beim Übergang zu immer größerer Grenzhelligkeit zunehmend von dem heute angenommenen galaktischen Äquator abweicht: Für $m_B \approx 8$ ergibt sich eine Neigung von rund 10°, für $m_B \approx 4$ eine solche von nahezu 20°. Dieses Phänomen ist für den Südhimmel schon 1847 von John Herschel beschrieben und 1874 von B. A. Gould allgemein untersucht worden. Man spricht seither vom Gouldschen Gürtel der hellen Sterne, in dem sich lokale Besonderheiten der räumlichen Verteilung der nahen Sterne vom Spektraltypus O, B und A widerspiegeln.

1.3 Verteilung der Flächenhelligkeit der Milchstraße im Sichtbaren und im Infrarot

Sichtbare Strahlung: Die unmittelbar gemessene Strahlungsenergie in einem bestimmten Spektralbereich pro Flächeneinheit an der Sphäre – befreit vom Einfluß der atmosphärischen Extinktion – setzt sich aus mehreren Komponenten zusammen:

(1) direktes Sternlicht
(2) an interstellaren Staubpartikeln gestreutes Sternlicht („Galaktisches Streulicht")
(3) an interplanetaren Staubteilchen gestreutes Sonnenlicht (Zodiakallicht)
(4) Leuchten der Hochatmosphäre (Airglow)
(5) In der Erdatmosphäre (an Molekülen und Dunstteilchen) gestreutes Licht der Quellen (1) bis (4).

Die Anteile der galaktischen Emissionsnebel (III.2.1) und der außergalaktischen Sternsysteme sind in den üblichen, relativ breitbandigen optischen Spektralbereichen (etwa U, B, V) gegenüber dem direkten Sternlicht vernachlässigbar. Von einzelnen nahen, sehr hellen Sternen erzeugte isolierte Spitzen in der Flächenhelligkeitsverteilung werden zweckmäßig abgezogen. Zur Gewinnung der reinen Milchstraßenhelligkeit (1) + (2) müssen die Anteile (3) bis (5) ermittelt und von den Meßergebnissen abgezogen werden. Für (3) und (4) ist das im wesentlichen deshalb möglich, weil diese Komponenten zur Ekliptik und zur Sonne bzw. zum Horizont orientierte Verteilungen aufweisen. Die Komponente (1) sollte im Idealfall mit dem in II.1.1 besprochenen integrierten Sternlicht übereinstimmen.

Das Ergebnis einer photoelektrischen Flächenphotometrie (Komponenten 1 + 2) der ganzen Milchstraße für den V-Spektralbereich ist in Abb. II.3 wiedergegeben – auf die Messungen selbst und ihre Reduktion kann nicht eingegangen werden. Die Winkelauflösung beträgt hier etwa 3°. Eine entsprechende Karte ist von denselben Autoren für den blauen Spektralbereich gewonnen worden.

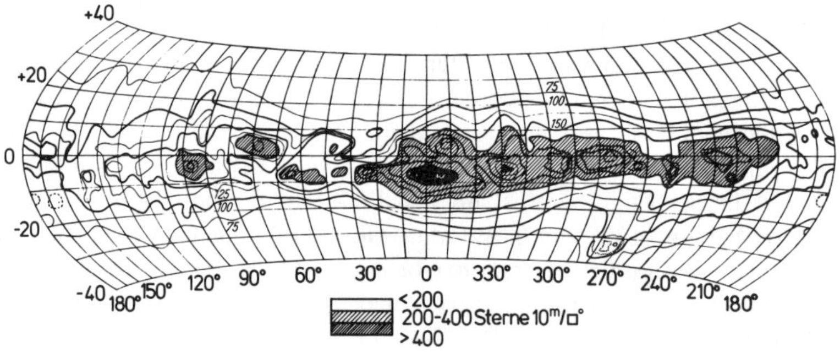

Abb. II.3: Isophotenkarte der Helligkeitsverteilung in der Milchstraße für den visuellen Spektralbereich. Einheit der Flächenhelligkeit: 1 Stern 10. Größe pro Quadratgrad. (Nach H. Elsässer und U. Haug).

Die Isophotenkarten zeigen klar einen systematischen Anstieg der Flächenhelligkeit zur Richtung des galaktischen Zentrums hin: dort selbst wird die größte Helligkeit erreicht, wobei das Maximum einige Grad südlich des galaktischen Äquators liegt. Außerdem sieht man, daß die Helligkeiten der nördlichen Milchstraße ($l \approx 30° \ldots 210°$) im Durchschnitt erheblich niedriger sind als in der südlichen Milchstraße. Bemerkenswert ist sodann das Auftreten einer Anzahl ausgeprägter Helligkeitsmaxima, beispielsweise in den Richtungen $l \approx 73°$ (Cygnus) und $l \approx 287°$ (Carina), auf deren Interpretation wir in II.4.5 eingehen.

Eine bemerkenswerte Flächenphotometrie der Milchstraße mit ähnlicher Auflösung, die jedoch von vornherein vom Einfluß des Zodiakallichtes frei ist, wurde von der amerikanischen Raumsonde Pioneer 10 ausgeführt, als sie sich bereits jenseits des Asteroidengürtels befand. Die Messungen beziehen sich auf zwei Wellenlängenbänder, die etwa dem B-Bereich und dem etwas nach Rot verschobenen V-Bereich entsprechen. Die erhaltenen Konturenkarten bestätigen den in Abb. II.3 gezeigten allgemeinen Verlauf.

Isophotenkarten mit erheblich höherer Auflösung (0.5° bis 0.25°) sind mit erdgebundenen Teleskopen durch photographische Photometrie gewonnen worden. Neuere Ergebnisse für die Standardbereiche U, B, V basieren auf Aufnahmen mit einer extremen Weitwinkelkamera (s. dazu Abb. E.6). Hier sind auch kleinräumige Fluktuationen der Helligkeitsverteilung wiedergegeben.

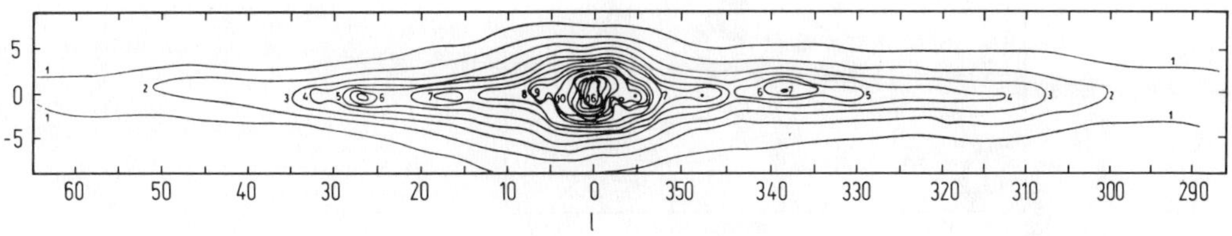

Abb. II.4: Verteilung der Flächenhelligkeit in der Milchstraße bei $\lambda = 2.4\ \mu m$. Die äußerste Isophote entspricht einer Flächenhelligkeit von $1 \times 10^{-10}\ W\ cm^{-2}\ sterad^{-1}\ \mu m^{-1}$; der Intensitätsabstand zweier aufeinanderfolgender Isophoten entspricht ebenfalls einer solchen Einheit. (Nach S. Hayakawa und Mitarbeitern).

Infrarotstrahlung: Nahe dem galaktischen Äquator wird die Flächenhelligkeit der Milchstraße im sichtbaren Bereich in erheblichem Ausmaß durch die Wirkung von wolkig verteiltem interstellarem Staub modifiziert (III.1.1). Vor allem das Licht aus dem inneren Gebiet der Galaxis wird durch interstellare Extinktion stark geschwächt. Diese nimmt jedoch mit wachsender Wellenlänge ab und beträgt beispielsweise schon bei 2.2 μm (K-Bereich) nur noch rund 20% des Wertes für den V-Bereich. Durch Flächenphotometrien im nahen Infrarot kann daher die galaktische Verteilung von Sternen, die in diesem Spektralbereich noch wesentlich beitragen, auch in der Nähe der galaktischen Ebene bis in große Entfernungen erfaßt werden. Insbesondere wird es möglich, die im Sichtbaren kaum zugängliche Emission der stellaren Konzentration im galaktischen Zentralgebiet zu messen. Als Beispiel zeigt Abb.II.4 eine Isophotenkarte der Milchstraße für $\lambda = 2{,}4\,\mu m$. Das galaktische Zentralgebiet hebt sich hier wieder klar heraus. Die dem halben Maximumswert entsprechende Isophote ist ungefähr eine Ellipse mit Halbachsen von 5° in galaktischer Länge und 3° in galaktischer Breite.

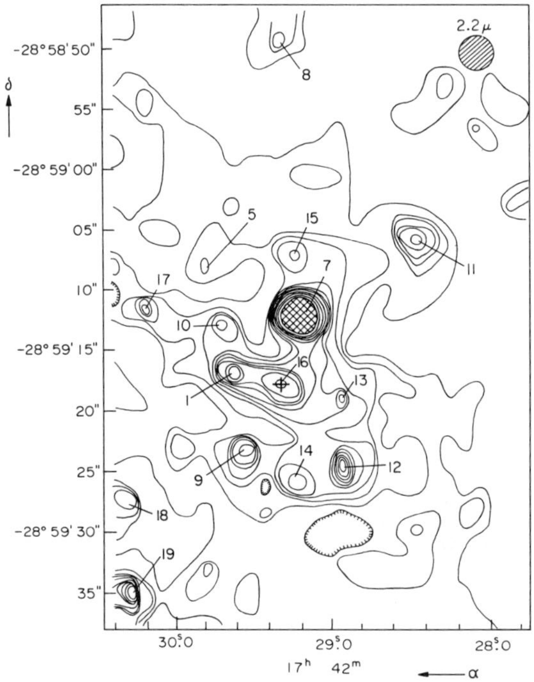

Abb. II.5: Isophotenkarte des galaktischen Kerngebietes für $\lambda = 2.2\,\mu m$, die mit dem 5 m-Hale-Teleskop auf Mt. Palomar gewonnen wurde. Die Winkelauflösung beträgt 2.″5 (schraffierte Kreisfläche rechts oben). Das Kreuz (+) markiert das galaktische Zentrum (Erläuterung im Text). Die Änderung des Strahlungsflusses von einer Konturlinie zur nächsten beträgt $2{,}5 \cdot 10^{-18}\,W\,m^{-2}\,Hz^{-1}\,sterad^{-1}$. (Nach E. E. Becklin und G. Neugebauer).

Aus der gesamten Milchstraße kommt auch flächenhafte Strahlung des mittleren und fernen Infrarot und des sogenannten Submillimetergebietes (etwa 300 ... 900 μm). Dies haben seit den siebziger Jahren Messungen von den Gondeln hochfliegender Ballone und von Raketen aus sowie mit dem Infrarot-Satelliten IRAS gezeigt. Diese Strahlungen werden jedoch nicht von Sternen, sondern vom interstellaren Staub emittiert. Kleine feste Teilchen mit einem Durchmesserspektrum bis hinab zu den Dimensionen großer Moleküle absorbieren insgesamt etwa ein Viertel bis zu einem Drittel der Leuchtkraft aller Sterne im Ultraviolett und im Sichtbaren, werden hierdurch erwärmt und reemittieren die aufgenommene Energie im Wellenlängenbereich zwischen 5 μm und 1 000 μm. Die gesamte direkte Sternstrahlung ist bei diesen Wellenlängen um Größenordnungen niedriger. Wir kommen hierauf in III.1.3 zurück.

Beobachtungen des Kerngebietes mit hoher Winkelauflösung in verschiedenen Spektralbändern im nahen Infrarot zeigten eine Konzentration zahlreicher Einzelquellen um das durch die Radioquelle „Sagittarius A West" festgelegte Zentrum (s. III.2.2). Hier befindet sich offenbar ein großer, zentraler Sternhaufen. In seinen äußeren Teilen wird er teilweise durch sehr dichte interstellare Wolken im Vordergrund verdeckt. Abb. II.5 zeigt die Quellen des Innenbereiches des Haufens. Diese Strahlung wird vermutlich von K- und M-Riesen und -Überriesen erzeugt. Der Mittelpunkt des Haufens fällt bis auf wenige Bogensekunden mit der Quelle Nr. 16 zusammen, die sich bei höherer Auflösung als komplex erweist. Hier wird das tatsächliche Zentrum unserer Galaxis angenommen (Weiteres hierzu s. III.2.2 sowie IV.4.5).

2 Methoden der Stellarstatistik

2.1 Verteilungsfunktionen, Dichteanalyse

Das Ziel der Erforschung des Sternsystems kann nicht darin bestehen, die Orts- und Geschwindigkeitskoordinaten jedes einzelnen Sternes festzulegen. Man versucht daher, statistische Aussagen zu gewinnen, nämlich die Verteilungen von Attributen der Sterne wie Ort, Geschwindigkeit, Leuchtkraft usw. Bereits sehr weitreichende Information enthält die absolute Häufigkeitsverteilung $N(\boldsymbol{r}, \boldsymbol{v}, \boldsymbol{S})$ des Ortsvektors $\boldsymbol{r}(x, y, z)$, des Geschwindigkeitsvektors $\boldsymbol{v}(U, V, W)$ und des Sterntyps $\boldsymbol{S}$ (charakterisiert durch Spektraltyp Sp und absolute Helligkeit M, eventuell auch chemische Zusammensetzung usw.) mit der Eigenschaft

$N(\boldsymbol{r}, \boldsymbol{v}, \boldsymbol{S})\, \Delta\boldsymbol{r}\, \Delta\boldsymbol{v}\, \Delta\boldsymbol{S}$ (II.3)
= Anzahl der Sterne im Volumenelement $x \dots x + \Delta x$,
$y \dots y + \Delta y$, $z \dots z + \Delta z$ mit Geschwindigkeitskomponenten
in den Intervallen $U \dots U + \Delta U$, $V \dots V + \Delta V$, $W \dots W + \Delta W$,
mit Spektraltypen und absoluten Helligkeiten in den Intervallen
$Sp \dots Sp + \Delta Sp$ bzw. $M \dots M + \Delta M$ usw.

Die Fragestellung der Stellarstatistik richtet sich vor allem auf die Dichteverteilung und auf die Geschwindigkeitsverteilung, die aus $N(\boldsymbol{r}, \boldsymbol{v}, \boldsymbol{S})$ durch Integration über die Geschwindigkeit $\boldsymbol{v}$ bzw. über den Ortsvektor $\boldsymbol{r}$ hervorgehen. Man definiert:

$$\int N(\boldsymbol{r}, \boldsymbol{v}, \boldsymbol{S})\,\mathrm{d}\boldsymbol{v} = D(\boldsymbol{r}, \boldsymbol{S}) = D(\boldsymbol{r}) \cdot \varphi(\boldsymbol{S}|\boldsymbol{r}) \quad \text{(II.4)}$$

mit

$$D(\boldsymbol{r}) = \int D(\boldsymbol{r}, \boldsymbol{S})\,\mathrm{d}\boldsymbol{S} = \text{räumliche Anzahldichte der Sterne} \quad (\textit{„Sterndichte“}) \tag{II.5}$$

und

$$\varphi(\boldsymbol{S}|\boldsymbol{r}) = \text{Bruchteil der Sterne in einem endlichen Volumen um den Ort } \boldsymbol{r}\text{, welche die Eigenschaft } \boldsymbol{S} \text{ besitzen.} \tag{II.6}$$

In der Sprache der Wahrscheinlichkeitsrechnung handelt es sich hier um die bedingte Verteilung von $\boldsymbol{S}$ (Bedingung ist das Auftreten des Attributes $\boldsymbol{r}$). Durch Summation über die Spektraltypen ergibt sich aus $\varphi(\boldsymbol{S}|\boldsymbol{r})$ die Verteilung der absoluten Helligkeiten $\varphi(M|\boldsymbol{r})$, die auch als normierte **Leuchtkraftfunktion** (englisch: luminosity function) bezeichnet wird: definitionsgemäß gilt

$$\int_{-\infty}^{+\infty} \varphi(M|\boldsymbol{r})\,\mathrm{d}M = 1\,. \tag{II.7}$$

Die Integration über den Raum zur Gewinnung der reinen Geschwindigkeitsverteilung ist nur über kleine Bereiche des Sternsystems sinnvoll, weil das Geschwindigkeitsfeld der Sterne seinen Charakter sowohl mit der Entfernung vom galaktischen Zentrum, wie auch mit wachsendem Abstand von der galaktischen Ebene systematisch ändert. Man betrachtet deshalb die relative Geschwindigkeitsverteilung der Sterne, die sich in einem endlichen Volumen um den Ort $\boldsymbol{r}$ befinden und einem bestimmten Typ $\boldsymbol{S}$ angehören:

$$\psi(\boldsymbol{v}|\boldsymbol{r}, \boldsymbol{S}) = \frac{N(\boldsymbol{r}, \boldsymbol{v}, \boldsymbol{S})}{D(\boldsymbol{r}, \boldsymbol{S})}\,. \tag{II.8}$$

Grundgleichung für die Dichteverteilung: Die erste Fragestellung der klassischen Stellarstatistik lautet, aus den durch Sternzählungen gewonnenen Funktionen $A(m|l, b)$ oder $N(m|l, b)$ (s. II.1.1) auf die Dichteverteilung $D(r) = D(r, l, b)$ entlang des Sehstrahls in der Richtung (l, b) zu schließen. Die jeweils festen Variablen l und b werden im folgenden weggelassen. Im einfachen Idealfall homogener Dichteverteilung $D(r) = D_0$ sowie gleicher absoluter Helligkeit aller Sterne $M = M_0$ und völlig fehlender interstellarer Extinktion läßt sich $N(m)$ leicht gewinnen: Dann ist $N(m) \sim r_m^3$, mit r_m = Entfernung der Sterne mit der scheinbaren Helligkeit m, und für den Strahlungsfluß eines Sternes in dem betrachteten Spektralbereich gilt am Ort des Beobachters $S_m \sim r_m^{-2}$. Elimination von r_m liefert $N(m) \sim S_m^{-3/2}$, wobei nach der Definition von m gilt $S_m \sim 10^{-0.4\mathrm{m}}$. Man erhält also

$$N(m) \sim 10^{0.6 \cdot m} \tag{II.9}$$

oder

$$\log N(m) = 0.6 \cdot m + \text{const.} \tag{II.10}$$

Die kumulativen Sternzahlen würden beim Fortschreiten um eine Größenklasse um den Faktor $N(m+1)/N(m) = 10^{0.6} \approx 4$ anwachsen. Die Zahlen der Tabelle II.1 entsprechen hingegen Faktoren zwischen 2.5 und 3. Die Voraussetzungen können also nicht erfüllt sein. In Übereinstimmung mit der in II.1.1 gegebenen qualitativen Deutung der Abhängigkeit der Sternzahlen von der galaktischen Breite schließen wir, daß die Sterndichte $D(r)$ in Richtungen höherer Breiten mit wachsender Entfernung abnimmt; bei niedrigen Breiten täuscht die interstellare Extinktion – in allen Richtungen des galaktischen Gürtels – eine Dichteabnahme vor!

Wir wenden uns nun dem allgemeinen Fall beliebiger Dichteverteilung $D(r)$ und beliebiger Leuchtkraftfunktion $\varphi(M|r)$ zu. In der Entfernung r beträgt die Anzahldichte der Sterne mit absoluten Helligkeiten im Intervall $M \dots M + \mathrm{d}M$

$$D(r, M)\,\mathrm{d}M = D(r) \cdot \varphi(M|r)\,\mathrm{d}M.$$

Drücken wir hierin M aus durch m und r (Gl. I.43):

$$M = m + 5 - 5\log r - \Delta m(r),$$

wobei $\Delta m(r)$ die interstellare Extinktion im betrachteten Spektralbereich bis zur Entfernung r bezeichnet, dann haben wir die Anzahldichte der Sterne mit scheinbaren Helligkeiten im Intervall $m \dots m + \mathrm{d}m$ für die Entfernung r. In dem Raumwinkel ω (Abb. II.6) beträgt daher die Anzahl der Sterne des Entfernungsbereiches $r \dots r + \mathrm{d}r$ mit scheinbaren Helligkeiten m bis $m + \mathrm{d}m$:

$$D(r)\,\varphi(m + 5 - 5\log r - \Delta m(r)|r)\omega r^2\,\mathrm{d}r\,\mathrm{d}m.$$

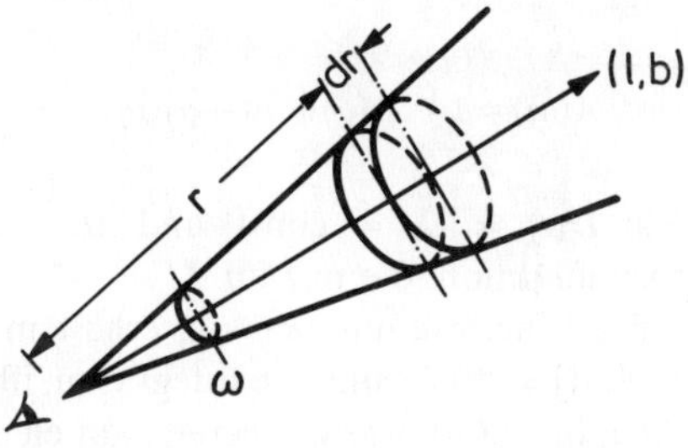

Abb. II.6: Zur Ableitung der Grundgleichung der Stellarstatistik (II.11).

Durch Integration über die Entfernung folgt hieraus für die Anzahl aller Sterne mit scheinbaren Helligkeiten zwischen $m - \frac{1}{2}$ und $m + \frac{1}{2}$ in dem betrachteten Raumwinkel:

$$A(m) = \omega \int_0^\infty D(r)\varphi(m + 5 - 5\log r - \Delta m(r)|r) r^2\,\mathrm{d}r. \tag{II.11}$$

Die Formulierung für Sternzahlen in beliebigen anderen m-Intervallen bedarf hiernach keiner weiteren Erläuterung.

Diese Beziehung wird oft **Grundgleichung der Stellarstatistik** genannt. (Die Verwendung der üblichen Bezeichnung der interstellaren Extinktion mit A würde hier leider dazu führen, daß dieser Buchstabe mit zwei verschiedenen Bedeutungen auftritt). Der einem Quadratgrad = 1 □° entsprechende Raumwinkel beträgt

$$\omega = \left(\frac{2\pi}{360}\right)^2 = 3.046 \cdot 10^{-4}.$$

Wenn $\varphi(M|r)$ als bekannt angenommen werden darf, stellt (II.11) eine Integralgleichung erster Art für $D(r)$ dar (Gewinnung von $\Delta m(r)$ s. III.1.1, Gl. III.12ff., sowie IV.4.1).

Der mathematische Charakter des Integrals (II.11) wird besonders deutlich, wenn man es durch Einführung des Entfernungsmoduls als neuer Integrationsvariabler: $\varrho = -5 + 5 \log r$ in die Form eines Faltungsintegrals bringt. Wenn wir der Einfachheit halber zunächst die interstellare Extinktion $\Delta m(r)$ vernachlässigen und $\varphi(M|r)$ als unabhängig von r annehmen, gilt dann

$$r = 10^{\frac{\varrho+5}{5}} = \mathrm{e}^{\frac{\varrho+5}{5\,\mathrm{Mod}}} \qquad (\mathrm{Mod} = \log \mathrm{e}) \tag{II.12}$$

und mit

$$\Delta(\varrho) = \omega \mathrm{e}^{\frac{3(\varrho+5)}{5\,\mathrm{Mod}}} \frac{1}{5\,\mathrm{Mod}} D\left(\mathrm{e}^{\frac{\varrho+5}{5\,\mathrm{Mod}}}\right) \tag{II.13}$$

folgt

$$A(m) = \int_{-\infty}^{+\infty} \Delta(\varrho)\,\varphi(m-\varrho)\,\mathrm{d}\varrho. \tag{II.14}$$

Für $D(r) = D_0 = \text{const.}$ und $M = M_0 = \text{const.}$, also $\varphi(M) = \delta(M - M_0) =$ Deltafunktion, die nur für $M = M_0$ nicht verschwindet (Grenzfall der Gauß-Verteilung für Streuung $\sigma \to 0$), erhält man hieraus $A(m) = \Delta(m - M_0) \sim \exp[3m/5\,\mathrm{Mod}] = 10^{0.6m}$ und die Integration über m nach (II.1) liefert dieselbe Abhängigkeit auch für $N(m)$, wie wir bereits auf elementarem Wege fanden (Gl. II.9).

Gl. (II.14) bedeutet anschaulich, daß $A(m)$ durch „Ausbügeln" des Verlaufes von $\Delta(\varrho)$ entsteht. Die allgemeine Leuchtkraftfunktion $\varphi(M)$ besitzt ungefähr über ein Intervall von 20 Größenklassen in M verbürgbare endliche Werte gegenüber ihrem Maximalwert (Tab. II.6), so daß $A(m)$ einen gewichteten Mittelwert der modifizierten Sterndichte $\Delta(\varrho)$ über das Intervall $\varrho = m - 10$ bis $m + 10$, entsprechend dem Entfernungsverhältnis $r_2/r_1 = 10^4$, darstellt. Die Struktur des Dichteverlaufs $\Delta(\varrho)$ bzw. $D(r)$, etwa ein vom Sehstrahl angeschnittener Spiralarm, wird daher in den Sternzahlen $A(m)$ praktisch nicht mehr nachweisbar sein.

Die klassische Periode der Stellarstatistik ist vor allem durch große Anstrengungen charakterisiert, die Integralgleichung (II.11) mit der allgemeinen Leuchtkraftfunktion analytisch (H. v. Seeliger, K. Schwarzschild u. a.) oder numerisch („Kapteynsches Schema") umzukehren. Erst relativ spät wurde klar, daß dieses Problem *praktisch* unlösbar ist, und daher umfangreiche Untersuchungen auf Dichteverteilungen führten, die mit der Wirklichkeit nur wenig zu tun haben. Wir demonstrieren die Situation anhand von zwei Beispielen (Abb. II.7). Für die Sterndichte wurde einmal der konstante Verlauf $D(r) = 1$ und sodann, hiervon abweichend, $D(r) = 2$ zwischen $r = 720$ und 1000 pc sowie $D(r) = 0.3$ zwischen $r = 1000$ und 1350 pc angenommen. In beiden Fällen wurde eine homogene interstellare Extinktion $\Delta m(r) = 0.001\ r$ (r in pc) einbezogen. Mit der sehr breiten allgemeinen Leuchtkraftfunktion $\varphi(M)$ – sie wird in II.3.1 besprochen – ergeben sich für $A(m)$ die mit dem Buchstaben *a* gekennzeichneten Verläufe des unteren Teils der Abb. II.7.

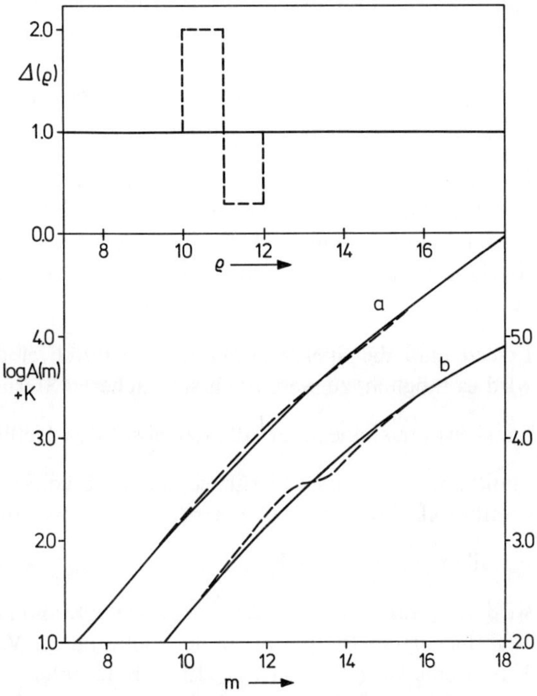

Abb. II.7: Beispiele zur Auswirkung von Änderungen des Sterndichteverlaufs auf die Sternzahlen $A(m)$ für zwei verschiedene Annahmen über die Leuchtkraftfunktion $\varphi(M)$. Erläuterung im Text. Im unteren Teil bezieht sich die linke Ordinatenskala auf den Fall a und die rechte auf den Fall b. (Nach Angaben von R. J. Trumpler und H. F. Weaver).

Die Auswirkungen der starken Variation der Sterndichte $D(r)$ bzw. $\Delta(\varrho)$ würden in $A(m)$ praktisch kaum nachweisbar sein. Setzt man demgegenüber für $\varphi(M)$ eine Gauß-Verteilung

$$\varphi(M) = \frac{1}{\sigma_M \sqrt{2\pi}} e^{-\frac{(M-M_0)^2}{2\sigma_M^2}} \tag{II.15}$$

mit dem Mittelwert der absoluten Helligkeiten $M_0 = +2.0$ und der Streuung $\sigma_M = \pm 1.0$ – Werte, wie sie etwa für die Gruppe der Hauptreihensterne mit Spektraltypen A5 bis F0 gelten –, dann erhält man die mit b bezeichneten Kurven. Hier schlägt die Dichteschwankung zwar besser durch, der Rückschluß auf den Dichteverlauf würde jedoch schon wegen der stets überlagerten statistischen Schwankungen von $A(m)$ noch relativ ungenau ausfallen.

In Übereinstimmung mit den Ergebnissen detaillierter Modellrechnungen gelangen wir zu dem Schluß, daß die Umkehrung der Integralgleichungen (II.11) bzw. (II.14) zur Gewinnung der Sterndichteverteilung $D(r)$ bestenfalls dann in befriedigender Weise möglich ist, wenn die Steuung der absoluten Helligkeit der betrachteten Sterntypen σ_M kleiner als etwa eine Größenklasse ist.

In den moderneren Untersuchungen hat man deshalb die Sternzählungen jeweils für Sterntypen mit möglichst geringer Streubreite der Leuchtkräfte, meist enge Spektralgruppen (Index s) mit bekannter Verteilung der absoluten Helligkeiten $\varphi_s(M)$ – approximiert durch eine Gauß-Verteilung – vorgenommen. Gleichung (II.11) wird dann auf die entsprechenden Funktionen $A_s(m)$, $\varphi_s(M)$ und $D_s(r)$ angewandt.

Ersetzt man die Spektralklassifikation durch eine Mehrfarbenphotometrie, dann wird es möglich, zu wesentlich schwächeren Sternen vorzudringen und man kann die $A(m)$ für kleine Intervalle der absoluten Helligkeit $M - \frac{1}{2}\Delta M \ldots M + \frac{1}{2}\Delta M$ ermitteln. Als Beispiel hierfür sei ein 1962 von W. Becker entwickeltes Verfahren erwähnt, das von einer Dreifarbenphotometrie ausgeht: Für jedes betrachtete Intervall der scheinbaren Helligkeit $m - \frac{1}{2}\Delta m \ldots m + \frac{1}{2}\Delta m$ (beispielsweise $m = m_V$) wird ein „fraktioniertes“ Zweifarben-Diagramm (vgl. Abb. I.22) hergestellt; durch Verschieben der Bildpunkte in der Richtung der Verfärbungslinie bis zur Standard-Hauptreihe kann zunächst der Einfluß der interstellaren Extinktion eliminiert werden. Sofern die beiden Eigenfarben eine eindeutige Festlegung der absoluten Helligkeit ermöglichen, können nun Anzahlen $A(m, M)$ durch direkte Abzählung der Sterne gewonnen werden, die sich im Intervall $M - \frac{1}{2}\Delta M \ldots M + \frac{1}{2}\Delta M$ befinden. Für festes M ergibt sich die Dichte nun einfach zu

$$D_M(r) = \frac{\sum_m A(m, M)}{V(m, M)}, \tag{II.16}$$

wobei $V(m, M)$ das durch die Grenzen des betrachteten Helligkeitsintervalles $m - \frac{1}{2}\Delta m$ und $m + \frac{1}{2}\Delta m$ definierte Volumen bezeichnet.

Man kann generell sagen, daß verbürgbare Dichteverteilungen nur dann gewonnen werden können, wenn die dazu nötige *Lösung der Grundgleichung* (II.11) bzw. (II.14) nur den Charakter einer *Korrektur* der Verteilungen $A(m, M)$ oder $A_s(m)$ wegen der verbleibenden Streuung der absoluten Helligkeiten um M bzw. den Mittelwert der Spektralgruppe $\bar{M}_s$ besitzt. Dazu können verschiedene Verfahren herangezogen werden. Nächstliegend ist heute die Approximation der Integralgleichung durch ein lineares Gleichungssystem mit den Dichtewerten als Unbekannten und dessen Lösung mit den üblichen Methoden. Bezüglich der genaueren Formulierung für die numerische Rechnung sowie weiterer Verfahren sei auf die im Anhang aufgeführte Literatur verwiesen.

Das Problem der Analyse von Sternzahlen verliert einen Teil seiner Schwierigkeiten, wenn die mathematische Form der Dichteverteilung als bekannt angenommen werden darf. Dies ist gerade dann möglich, wenn man Aussagen über die großräumige Grundstruktur der ganzen Galaxis ableiten möchte, denn deren Geometrie ist mit großer Wahrscheinlichkeit dieselbe wie bei den typischen Spiralgalaxien: die Helligkeitsverteilungen zeigen hier eine flache Scheibe und ein konzentrisches Sphäroid. Voraussetzung sind jedoch Sternzählungen bis zu hinreichend schwachen Grenzhelligkeiten und die Beschränkung auf Richtungen, in denen die interstellare Extinktion gering ist. Das Ziel ist dann die Bestimmung weniger Parameter die in den angesetzten Funktionen für die räumliche Dichteverteilung auftreten. Wir kommen hierauf in Abschnitt II.4.4 zurück.

2.2 Darstellung der Geschwindigkeitsverteilung

Die Beobachtungen führen zunächst auf die Pekuliargeschwindigkeiten der Sterne (I.1.3). Die durch (II.8) definierte Verteilung kann daher unmittelbar nur für Geschwindigkeiten bezüglich des lokalen Bezugssystems abgeleitet werden. Für die Sterne in der Sonnenumgebung erfaßt man damit die „Streuung" der individuellen Geschwindigkeiten um die mittlere Strömung infolge der galaktischen Rotation. Im Fall „regelloser" Verteilung der Pekuliargeschwindigkeiten der Sterne ergäbe sich dann für jede Komponente der Raumgeschwindigkeit ξ, η und ζ im galaktisch orientierten Koordinatensystem (s. I.1.3) ein- und dieselbe Gauß-Verteilung um den jeweiligen Mittelwert $\bar{\xi}$, $\bar{\eta}$ bzw. $\bar{\zeta}$ mit dem Streuungsquadrat $\Sigma^2 = \overline{(\xi - \bar{\xi})^2} = \overline{(\eta - \bar{\eta})^2} = \overline{(\zeta - \bar{\zeta})^2}$.

Abb. II.8 zeigt für diesen Fall die Projektion der Verteilung auf die $\xi - \eta$-Ebene des Geschwindigkeitsraumes, angedeutet durch einige Linien gleicher projizierter Häufigkeit. Mit dem Mittelpunkt (Zentroid) der Punktwolke im Geschwindigkeitsraum als neuem Ursprung: $U = \xi - \bar{\xi}$, $V = \eta - \bar{\eta}$, $W = \zeta - \bar{\zeta}$ folgt die spezielle dreidimensionale Gauß-Verteilung

$$\psi_o(U, V, W|\boldsymbol{S}) = \frac{1}{(2\pi)^{3/2}\,\Sigma^3} \exp\left[-\frac{1}{2}\left(\frac{U^2+V^2+W^2}{\Sigma^2}\right)\right], \tag{II.17}$$

wobei der Index o den Bezug auf die Sonnenumgebung andeutet.

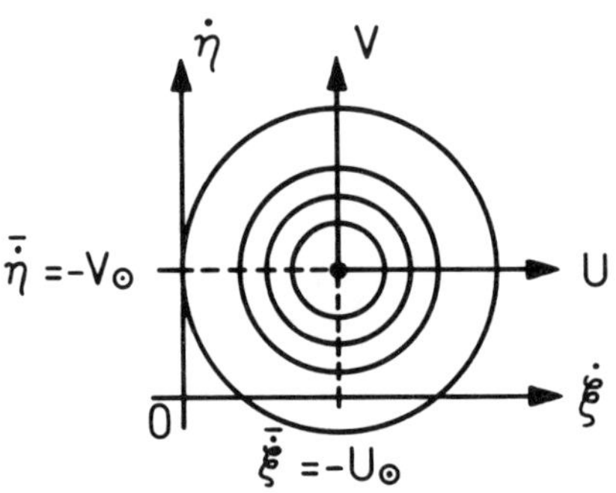

Abb. II.8: Zur Darstellung der Geschwindigkeitsverteilung.

Die Beobachtungsergebnisse haben gezeigt, daß die Pekuliargeschwindigkeiten der Sterne nicht „regellos" verteilt sind. Für nicht zu hohe Geschwindigkeiten (etwa <60 km s^{-1}) können die Flächen gleicher Punktdichte im Geschwindigkeitsraum jedoch näherungsweise durch dreiachsige Ellipsoide dargestellt werden, und die Punktdichteverläufe in den Richtungen der Hauptachsen lassen sich durch Gauß-Verteilungen mit verschiedenen Streuungen approximieren. Man wählt deshalb häufig den Ansatz der allgemeinen dreidimensionalen Normalverteilung (Karl Schwarzschild 1907):

$$\psi_o(u_1, u_2, u_3|\boldsymbol{S}) = f(u_1, u_2, u_3) = C\exp\left[-\frac{1}{2}\,Q(u_1, u_2, u_3)\right] \tag{II.18}$$

mit der quadratischen Form

$$Q(u_1, u_2, u_3) = \sum_{i,k=1}^{3} a_{ik}\,u_i\,u_k\,. \tag{II.19}$$

Wir haben dabei die Pekuliargeschwindigkeitskomponenten U, V, W aus Gründen der bequemen Formulierung mit u_1, u_2, u_3 bezeichnet. Die Konstante C ergibt sich durch Ausführung der Integrationen der Normierungsforderung

$$\iiint\limits_{-\infty}^{+\infty} f(u_1, u_2, u_3)\,\mathrm{d}u_1\,\mathrm{d}u_2\,\mathrm{d}u_3 = 1$$

zu

$$C = \frac{\sqrt{A}}{(2\pi)^{3/2}}, \tag{II.20}$$

wobei A den Wert der Determinate der a_{ik} bezeichnet. Weil die Glieder $a_{ik}\,u_i\,u_k$ und $a_{ki}\,u_k\,u_i$ stets zu $(a_{ik} + a_{ki})\,u_i\,u_k$ zusammengefaßt werden können, darf ohne Einschränkung $a_{ki} = a_{ik}$ angenommen werden.

Ziel der Analyse ist die Bestimmung der Richtungen (l_i, b_i) der drei Hauptachsen des **Geschwindigkeitsellipsoids** und der drei Geschwindigkeitsstreuungen in diesen Richtungen Σ_1, Σ_2, Σ_3. In dem durch die Hauptachsen gegebenen Bezugssystem geht $f(u_1, u_2, u_3)$ über in

$$F(u'_1, u'_2, u'_3) = \frac{1}{(2\pi)^{3/2}\,\Sigma_1\,\Sigma_2\,\Sigma_3} \exp\left\{-\frac{1}{2}\left(\frac{u_1^2}{\Sigma_1^2} + \frac{u_2^2}{\Sigma_2^2} + \frac{u_3^2}{\Sigma_3^2}\right)\right\}. \qquad \text{(II.21)}$$

Man bezeichnet die durch

$$Q(u'_1, u'_2, u'_3) \equiv \frac{u_1'^2}{\Sigma_1^2} + \frac{u_2'^2}{\Sigma_2^2} + \frac{u_3'^2}{\Sigma_3^2} = 1 \qquad \text{(II.22)}$$

definierte Fläche als Streuungsellipsoid. Der Übergang zum Hauptachsensystem erfordert eine geeignete Drehung des Koordinatensystems, also eine lineare Transformation

$$u'_j = \sum_{l=1}^{3} \beta_{jl}\,u_l \qquad (j = 1, 2, 3),$$

wobei $\beta_{jl} = \cos(u'_j, u_l)$ den Richtungskosinus zwischen u'_j-Achse und u_l-Achse bezeichnet. Bei dieser, in den mathematischen Lehrbüchern formal behandelten Hauptachsentransformation – der Bestimmung von Σ_i und β_{jl} – wird gewöhnlich die Matrix der a_{ik} als vorgegeben betrachtet. Im vorliegenden Anwendungsfall ist es jedoch zweckmäßig, stattdessen die Elemente der Streuungsmatrix

$$s_{ik} = \iiint\limits_{-\infty}^{+\infty} u_i\,u_k\,f(u_1, u_2, u_3)\,du_1\,du_2\,du_3 = \overline{u_i \cdot u_k} \qquad \text{(II.23)}$$

heranzuziehen, also die direkt berechenbaren Mittelwerte $\overline{u^2}$, $\overline{uv}$, ... bzw. $\overline{U^2}$, $\overline{UV}$, ... über alle ausgewählten Sterne zum Ausgangspunkt zu nehmen. Man kann zeigen, daß die Matrizen der a_{ik} und der s_{ik} zueinander invers sind und Σ_1, Σ_2, Σ_3 als Wurzeln der Gleichung dritten Grades für Σ (Säkulargleichung)

$$\Delta = \begin{vmatrix} s_{11} - \Sigma^2 & s_{12} & s_{13} \\ s_{21} & s_{22} - \Sigma^2 & s_{23} \\ s_{31} & s_{32} & s_{33} - \Sigma^2 \end{vmatrix} = 0 \qquad \text{(II.24)}$$

bestimmt werden können. Für die β_{jl}, mit denen die Richtungen der Hauptachsen festgelegt sind, ergeben sich lineare Gleichungssysteme, deren Lösung liefert:

$$\beta_{jl} = \pm \frac{\Delta_{jl,j}}{\sqrt{\Delta_{j1,j}^2 + \Delta_{j2,j}^2 + \Delta_{j3,j}^2}}. \qquad \text{(II.25)}$$

Dabei bedeutet $\Delta_{jl,j}$ die zum Indexpaar j, l konjugierte Unterdeterminante von Δ, gebildet mit $\Sigma = \Sigma_j$. Beziehen sich die Komponenten u_1, u_2, u_3 beispielsweise auf das äquatoriale System, dann ergeben sich die Koordinaten der Hauptachsenrichtungen (α_j, δ_j) aus

$$\mathrm{tg}\,\alpha_j = \frac{\beta_{j2}}{\beta_{j1}}, \quad \sin\delta_j = \beta_{j3} \quad (j = 1, 2, 3). \tag{II.26}$$

2.3 Methoden zur Ableitung der Leuchtkraftfunktion

Die Abzählung der Sterne mit bekannten absoluten Helligkeiten innerhalb eines bestimmten Volumens, der unmittelbare Weg zur Leuchtkraftfunktion, führt nur für die nächste Sonnenumgebung, etwa $r < 20$ pc, zu angenäherter Vollständigkeit bei den absolut schwächeren Objekten. Mit relativ geringen Sternzahlen sind auf diese Weise die bisher zuverlässigsten Ergebnisse gewonnen worden.

Eine Möglichkeit, die Leuchtkraftfunktion für größere und auch für weiter entfernte Volumina zu ermitteln, bieten die oben beschriebenen Verfahren zur *Dichtebestimmung für enge Spektral- bzw. Leuchtkraftgruppen.* Liegen für hinreichend viele einzelne Spektralgruppen (Index s) die mittleren absoluten Helligkeiten M_{os}, die Streuungen σ_{Ms} und die Sterndichten $D_s(r)$ vor, dann folgt $\varphi(M|r)$ mit der Beziehung

$$D(r)\,\varphi(M|r) = \sum_s D_s(r)\frac{1}{\sigma_{Ms}\sqrt{2\pi}}\exp\left[-\frac{(M-M_{os})^2}{2\sigma_{Ms}^2}\right], \tag{II.27}$$

wobei $D(r) = \Sigma D_s(r)$. In ähnlicher Weise lassen sich die auf der Basis photometrischer Klassifikation nach Gl. (II.16) erhaltenen Dichten $D_M(r)$ heranziehen. Weil die zugrunde gelegten Sternzahlen $A_s(m)$ bzw. $A(m, M)$ bisher nur bis zu Grenzhelligkeiten reichen, die meist erheblich unter $m_V \approx 20$ liegen, konnten auf diesem Weg nur Aussagen über $\varphi(M|r)$ bis zu mittelgroßen Leuchtkräften gewonnen werden (s. I.2.2, Tabelle I.2!).

Den Verlauf der Leuchtkraftfunktion bei schwachen absoluten Helligkeiten, etwa $M_V > +10$, kann man bisher nur unter Beschränkung auf einen relativ kleinen Entfernungsbereich ermitteln. Um dieses Volumen möglichst weit auszudehnen und möglichst viele Sterne zu erfassen, werden seit langem Verfahren angewandt, die von dem umfangreichen Material gemessener Eigenbewegungen und Parallaxen ausgehen; die Eigenbewegung kann auch allein als Entfernungskriterium herangezogen werden. In diesen Beobachtungsdaten sind jedoch die Sterne mit den leichter erkennbaren großen Eigenbewegungen systematisch bevorzugt. Wegen der Unvollständigkeit bei den Sternen mit kleinen Eigenbewegungen muß daher eine – in der Regel erhebliche – statistische Korrektur angebracht werden.

Die Methode von P. J. van Rhijn benutzt die Kataloge trigonometrischer Parallaxen. Darin sind Sterne mit kleinen Eigenbewegungen systematisch unterrepräsentiert.

Man erhält deshalb durch Abzählen zunächst die Häufigkeitsverteilung $G'(m, p' | \mu > \mu_0)$ der m und der mit Beobachtungsfehlern Δp behafteten Parallaxen $p' = p + \Delta p$ für Sterne mit Eigenbewegungen $\mu > \mu_0$. Die Grenze μ_0 hängt von m ab: für $m = 5 \dots 9$ gilt etwa $\mu_0 = 0\overset{''}{.}2$/Jahr, für $m = 9 \dots 15$ jedoch angenähert $\mu_0 = 0\overset{''}{.}5$/Jahr. Die von Beobachtungsfehlern der Parallaxen freie Verteilung $G(m, p | \mu > \mu_0)$ ergibt sich durch Umkehrung der Faltung

$$G'(p') = \int_{-\infty}^{+\infty} G(p)\, W(p' - p)\, \mathrm{d}p$$

mit $W(\Delta p)$ = Gauß-Verteilung mit dem Mittelwert $\overline{\Delta p} = 0$ und der Streuung σ_p (= durchschnittlicher mittlerer Fehler der Parallaxen aus der inneren Genauigkeit). Dazu wird beispielsweise $G(p)$ in eine Taylor-Reihe entwickelt.

Der Unvollständigkeitsfaktor $k(p; \mu_0)$, welcher $G(m, p | \mu > \mu_0)$ überführt in $G(m, p)$ kann offenbar definiert werden durch

$$\frac{1}{k} = \frac{G(m, p | \mu > \mu_0)}{G(m, p)} = \iint_{\mu > \mu_0} \Psi(t_\alpha, t_\delta)\, \mathrm{d}t_\alpha\, \mathrm{d}t_\delta\,, \tag{II.28}$$

wobei $\Psi(t_\alpha, t_\delta)$ die Verteilung der Komponenten der Tangentialgeschwindigkeit ist.

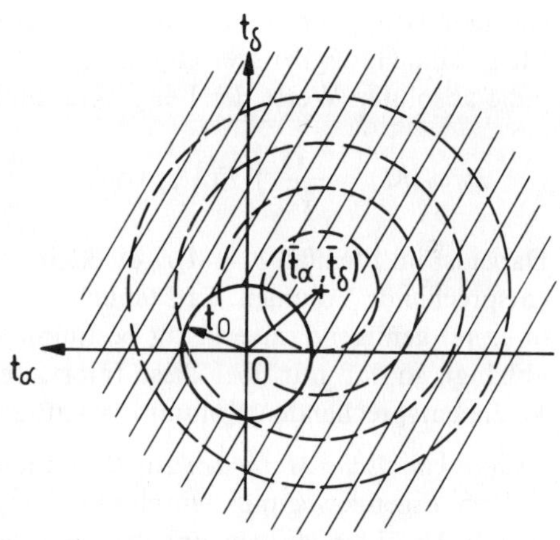

Abb. II.9: Zur Berechnung des Integrals auf der rechten Seite von Gl. (II.28). Die Integration ist über das Gebiet außerhalb des Kreises um den Ursprung mit dem Radius $t_0(p) = K \cdot \frac{1}{p} \cdot \mu_0$ zu erstrecken (schraffiert).

Der Integrationsbereich ist gegeben durch $t = \sqrt{t_\alpha^2 + t_\delta^2} = K \cdot \frac{1}{p} \cdot \mu > K \cdot \frac{1}{p} \cdot \mu_0 = t_0(p)$ (Abb. II.9). Da Sterne der ganzen Sphäre herangezogen werden, betrachtet man $\Psi(t_\alpha, t_\delta)$ als kreissymetrisch und setzt an

$$\Psi(t_\alpha, t_\delta) = \int \Psi(t_\alpha, t_\delta, v_r)\, \mathrm{d}v_r = \frac{1}{2\pi\Sigma^2} \exp\left\{ -\frac{(t_\alpha - \bar{t}_\alpha)^2 + (t_\delta - \bar{t}_\delta)^2}{2\Sigma^2} \right\} \tag{II.29}$$

wobei Σ als Mittelwert der in Gl. (II.21) auftretenden Geschwindigkeitsstreuungen angesetzt wird; die wegen der Sonnenbewegung endlichen Mittelwerte $\bar{t}_\alpha, \bar{t}_\delta$ sind durch den Betrag der Sonnengeschwindigkeit $S_\odot$ und die in den Gln. (I.33) und (I.38) eingeführten, vom Sternort (α, δ) abhängigen Winkeln η, χ bestimmt: $\bar{t}_\alpha = S_\odot \sin\eta \sin\chi$, $\bar{t}_\delta = S_\odot \sin\eta \cos\chi$. Beispielsweise für $\Sigma = 30$ km s^{-1} und $S_\odot = 25$ km s^{-1} erhält man im Mittel über die ganze Sphäre die in Tabelle II.4 gegebenen Werte $k(p; \mu_0)$. In der Entfernung $r = 50$ pc, und für die $m \geqq 9$ entsprechende Grenz-Eigenbewegung $\mu_0 = 0''.5$/Jahr, werden danach nur noch etwa 1.2 Promille der Sterne erfaßt!

Tabelle II.4: Typisches Beispiel für die Werte des durch Gl. (II.28) definierten Unvollständigkeitsfaktors $k(p; \mu_0)$. Erläuterung im Text. (Nach R. J. Trümpler und H. F. Weaver)

p	r[pc]	$k(p; \mu_0)$	
		$\mu_0 = 0''.5$	$\mu_0 = 0''.2$
0''.02	50	830	2.7
0.05	20	2.7	1.18
0.10	10	1.28	1.04
0.20	5	1.06	1.01

Hat man $G(m, p)$ ermittelt, dann folgt daraus durch die Substitution $m = M - 5 - 5 \log p$ eine Häufigkeitsverteilung $F(M, p)$, deren Integration bzw. Summation über p die absoluten Werte der Leuchtkraftfunktion liefert:

$$D_0 \varphi_0(M) = \frac{1}{V_0} \int_{p_0}^{\infty} F(M, p) \, \mathrm{d}p \,. \tag{II.30}$$

Dabei ist im Idealfall $p_0 = 1/r_0$ die kleinste noch einbezogene Parallaxe und V_0 das entsprechende Volumen. Tatsächlich ist $F(M, p)$ nur innerhalb begrenzter Bereiche $(p_1 \dots p_2)$ genügend zuverlässig bestimmbar, deren Lage und Ausdehnung von M abhängt, so daß nur über diese Intervalle integriert werden darf und anstelle von V_0 die entsprechenden Volumina einzusetzen sind.

Andere klassische Methoden zur Bestimmung der allgemeinen Leuchtkraftfunktion wählen Eigenbewegungs-Durchmusterungen und -Kataloge als Ausgangspunkt. Durch Abzählungen gewinnt man daraus die Häufigkeiten $A(m, \mu)$. Nach einem von W. J. Luyten speziell für große $\mu(>0''.5/\text{Jahr})$, also nahe Sterne, entwickelten Verfahren („Methode der mittleren absoluten Helligkeiten") kann man die bedingte Verteilung $\Psi(M|m, \mu)$ ableiten und übergehen zu

$$F(m, u, M) = A(m, \mu) \cdot \Psi(M|m, \mu) \,. \tag{II.31}$$

Hieraus folgt dann weiter durch Integration über μ eine Verteilung $G(m, M)$ – im allgemeinen nach Korrektur wegen Beschränkung auf $\mu > \mu_0$ mit einem Faktor

$k(m, M; \mu_0)$ – und durch Integration über m sowie Division mit V_0 schließlich $D_0 \cdot \varphi_0(M)$. $\Psi(M|m, \mu)$ kann (für große μ) auf folgende Weise gewonnen werden. Setzt man analog zur Beziehung zwischen M, m und p an:

$$H = m + 5 + 5 \log \mu, \tag{II.32}$$

dann zeigt sich für Sterne mit bekannten absoluten Helligkeiten, daß der Mittelwert $\bar{M}$ über die Sterne mit einem bestimmten Wert H linear von H abhängt (lineare Regression):

$$\bar{M}(H) = \alpha + \beta H \tag{II.33}$$

und weiter angenähert gilt

$$\Psi(M|m, \mu) = \Psi(M|H) = \frac{1}{\sigma\sqrt{2\pi}} \exp\left\{-\frac{[M - \bar{M}(H)]^2}{2\sigma^2}\right\} \tag{II.34}$$

wobei σ von H unabhängig ist. Sind α, β und σ für die Sterne mit bekannten M ermittelt, so kann die damit nach (II.32) bis (II.34) berechnete Verteilung $\Psi(M|m, \mu)$ nun auf die $A(m, \mu)$ aus den Eigenbewegungs-Katalogen angewandt werden.

3 Das Sternfeld der Sonnenumgebung

In diesem Abschnitt behandeln wir die Ableitung der räumlichen Verteilung und der Bewegung der Sterne für den durch die Verfahren der Stellarstatistik bisher erfaßten Bereich der *galaktischen Scheibe* um die Sonne, dessen Ausdehnung stark von den Leuchtkräften der jeweils untersuchten Sterntypen abhängt und nahe der galaktischen Ebene selbst in günstigen Fällen kaum über 3 kpc hinaus reicht.

3.1 Leuchtkraftfunktion und räumliche Verteilung der Sterne

Sonnennahe Sterne: Wir betrachten den Raumbereich $r \lesssim 20$ pc, für den allein trigonometrische Parallaxen mit Fehlern kleiner als etwa 20% abgeleitet werden können (I.2.1), und dessen Sterne mit dem relativ größten Vollständigkeitsgrad erfaßbar sind. Für diesen „Nahbereich" sollten sich daher die Sterndichte D_0 und die absolute Leuchtkraftverteilung $D_0\varphi_0(M)$ durch direkte Abzählung und Division durch das betrachtete Volumen V_0 gewinnen lassen.

Die vorliegenden Beobachtungsdaten für Sterne dieser „nächsten Nachbarschaft der Sonne" sind in einem von W. Gliese am Astronomischen Recheninstitut in Heidelberg erstellten Katalog zusammengefaßt, dessen zweite Ausgabe das bis 1968 bekannt gewordene Material enthält. Für 1529 Einzelsterne, Doppel- und Mehrfachsysteme, insgesamt 1890 Sterne, mit Parallaxen $p \geqq 0\overset{\prime\prime}{.}045$ sind dort gegeben: α, δ, μ_α, μ_δ, p und für die meisten auch v_r, $\dot{\xi}$, $\dot{\eta}$, $\dot{\zeta}$, (dort mit U, V, W bezeichnet), Spektraltyp, visuelle Helligkeit V, $B-V$, $U-B$ (teilweise hier auch $R-I$) und M_V.

Die interstellare Extinktion spielt hier noch keine Rolle. Von diesen Sternen besitzen 1 277 Entfernungen $r \leqq 20$ pc. Eine Erweiterung des Kataloges auf den Raum $r \leqq 25$ pc ist am Royal Greenwich Observatory bearbeitet und 1970 publiziert worden. Eine neue, stark erweiterte Ausgabe des Heidelberger Katalogs ist im Erscheinen. In Tabelle II.5 sind wichtige Daten für die 25 nächsten Sterne zusammengestellt.

Die neueren Beobachtungsprogramme zur Auffindung naher Sterne und zur Bestimmung ihrer trigonometrischen Parallaxen konzentrieren sich vor allem auf die selbst in diesem Nahbereich bei weitem noch nicht vollständig erfaßten weißen und roten Zwergsterne, deren Häufigkeiten den Verlauf der Leuchtkraftfunktion für $M_V > +10$ bestimmen. Um diese Objekte zu erkennen, sucht man nach möglichst schwachen Sternen – in Extremfällen bis $m_V \approx 21$ – mit großen Eigenbewegungen (etwa $>0\rlap{.}''2$/Jahr). Dabei werden allerdings auch absolut hellere Sterne mit hohen Raumgeschwindigkeiten und Entfernungen $r > 20$ pc erfaßt, die später auszusondern sind.

Das Sterngemisch der nächsten Sonnenumgebung zeigt etwa folgende Zusammensetzung nach Spektral- und Leuchtkraftklasse: Mindestens 77% der Sterne sind späte Hauptreihentypen K und vor allem M, also rote Zwerge. Demgegenüber gibt es hier nicht einen einzigen O- oder B-Stern – ein so naher Stern dieser seltenen Typen würde zu den hellsten Sternen des Himmels gehören! Die Riesen (III, IV) machen weniger als 1% aus, der Anteil der Unterzwerge dürfte um 1% liegen. Die mittleren Hauptreihensterne der Typen A, F, G stellen etwa 8%, auf die Weißen Zwerge entfallen etwa 10%. Diese Zahlen sollen nur zur Orientierung dienen. Die genaue Berücksichtigung von Auswahleffekten könnte die Anteile der absolut schwachen weißen und roten Zwergsterne noch erhöhen.

Bemerkenswert ist auch der Anteil der Doppel- und Mehrfachsterne: Zählt man im Bereich angenäherter Vollständigkeit, $r \leqq 5$ pc, die Komponenten ab, so zeigt sich, daß 59% aller sonnennahen Sterne Mitglieder von Doppel- oder Mehrfachsternsystemen sind! Das Verhältnis der Anzahl dieser Systeme zur Summe der echten Einzelsterne plus der Systeme beträgt 0.39.

Die Sterndichte D_0 für das Material des Kataloges von Gliese zeigt eine systematische Abnahme, wenn man den Bereich der Abzählung von zunächst $r \leqq 4$ pc schrittweise auf $r \leqq 20$ pc steigert. Die folgenden Zahlen geben das Verhältnis der Dichte innerhalb von aufeinanderfolgenden Kugelschalen zur Dichte für $r \leqq 4$ pc:

Entfernungsintervall [pc]	0 … 4	4 … 5	5 … 10	10 … 15	15 … 20
$D_0/D_0(r \leqq 4\ \text{pc})$	1.00	0.76	0.48	0.36	0.28

Ursache ist die mit wachsender Entfernung zunehmende Unvollständigkeit des Katalogs. Man nimmt Vollständigkeit bis $m_V \approx 8.5$ an. Dann sind innerhalb von 20 pc alle Sterne heller als $M_V \approx 7$ einbezogen. Bis zu 4 pc dürften indessen die

Tabelle II.5: Die 25 sonnennächsten Sterne. Die erste Spalte gibt die Nummer des Sternes im Katalog von Gliese, μ bezeichnet den Betrag der EB, m_V die scheinbare, und M_V die absolute visuelle Helligkeit, p die Parallaxe und ξ, η, ζ, sind die in I.1.3 definierten Komponenten der Raumgeschwindigkeit in Bezug auf die Sonne: ξ-Achse $l = 0°$, $b = 0°$, η-Achse $l = 90°$, ζ-Achse $b = +90°$. (Aus dem „Catalogue of Nearby Stars", Edition 1969, von W. Gliese)

Nr.	Bezeichnung*		α_{1950} [h	m	s]	δ_{1950} [° ′]	μ [″/Jahr]	m_V [mag]	Spek-traltyp	p** [″]	M_V [mag]	ξ [km s^{-1}]	η	ζ
15	BD + 43°44	A	0	15	31	+43 44.4	2.90	8.07	M1Ve	0.282	10.32	− 49	−11	− 4
		B						11.04	M6Ve		13.29	− 52	− 5	− 6
65	L 726−8	A	1	36	25	−18 12.7	3.36	12.45	dM5.5e	.367	15.27	− 44	−20	−19
	= UV Cet	B						12.95	dM5.5e		15.8	− 45	−20	−22
71	τ Cet		1	41	45	−16 12.0	1.92	3.50	G8Vp	.277	5.72	+ 18	+29	+12
244	α CMa	A	6	42	57	−16 38.8	1.33	−1.46	A1V	.377	1.42	+ 15	0	−11
		B						8.68	A		11.56			
280	α CMi	A	7	36	41	+ 5 21.3	1.25	0.37	F5VI−V	.285	2.64	+ 5	− 9	−18
		B						10.7	F		13.0			
406	Wolf 359		10	54	6	+ 7 19.2	4.70	13.53	dM8e	.426	16.68	− 26	−44	−18
411	BD + 36°2147		11	0	37	+36 18.3	4.78	7.50	M2Ve	.397	10.49	+ 46	−53	−74
447	Ross 128		11	45	9	+ 1 6.0	1.38	11.10	dM5	.301	13.50	+ 18	− 4	−17
551	Proxima Cen		14	26	19	−62 28.1	3.85	11.05	dM5e	.761	15.45	− 25	− 3	+14
559	α Cen	A	14	36	11	−60 37.8	3.68	−0.01	G2V	.743	4.35	− 29	+ 1	+14
		B						1.33	K0V		5.69			
699	Barnards Stern		17	55	23	+ 4 33.3	10.34	9.54	M5V	.552	13.25	− 91	−55	−19
725	BD + 59°1915	A	18	42	12	+59 33.3	2.29	8.90	dM4	.282	11.15	− 26	−12	+26
		B		42	13	+59 33.0	2.27	9.69	dM5		11.94	− 24	− 3	+31
729	AC-24°2833-183		18	46	45	−23 53.5	0.72	10.6	dM4.5e	.345	13.3	− 6	+ 1	− 9
820	61 Cyg	A	21	4	40	+38 30.0	5.22	5.22	K5Ve	.296	7.58	− 90	−53	− 8
		B						6.03	K7Ve		8.39			
845	ε Ind		21	59	33	−56 59.6	4.70	4.68	K5Ve	.291	7.00	− 77	−38	+ 4
866	L 789-6		22	35	45	−15 35.6	3.26	12.18	dM7e	.305	14.60	− 67	− 2	+41
887	CoD−36°15693		23	2	39	−36 8.5	6.90	7.36	M2Ve	.279	9.59	−102	−15	−57
905	Ross 248		23	39	26	+43 55.2	1.60	12.29	dM6e	.318	14.80	+ 34	−77	+ 1

* BD = Bonner Durchmusterung, CoD = Cordoba Durchmusterung, L = Luyten's Katalog, AC = Astrographischer Katalog.
** Die Fehler der Parallaxen liegen durchschnittlich bei ±0″010.

– tatsächlich besonders häufigen – absolut schwachen Sterne noch bis $M_V \approx 10.5$ vollständig enthalten sein. Auch für $r \leqq 4$ pc sind also die Sterne mit $M_V \gtrsim 11$ nur zum Teil erfaßt worden. Die Extrapolation der absoluten Sterndichten auf einen vollständigen Grenzwert ($r \rightarrow 0$) ist noch verhältnismäßig unsicher und läßt gegenwärtig nur den Schluß zu:

$$D_0 \approx 0.10 \text{ bis } 0.15 \text{ Sterne pc}^{-3},$$

entsprechend 3000 bis 4000 Sternen innerhalb von 20 pc. Wir kennen also nur den kleineren Teil aller Sterne dieses Volumens! Als Richtwert kann man etwa die Zahl 100 Sterne pro 1000 pc³ betrachten. Die 25 Sterne der Tabelle II.5 befinden sich innerhalb einer Kugel mit $r = 3.7$ pc, entsprechend $p = 0\overset{''}{.}27$, und führen damit auf rund 120 Sterne pro 1000 pc³.

Leuchtkraftfunktion (LKF): Die absoluten Häufigkeiten $D_0\,\varphi_0(M_V)\,V_0$ für das Kugelvolumen mit $r = 20$ pc zeigt Abb. II.10. Die Unvollständigkeit des Materials wurde dabei durch sukzessive Verkleinerung des zugrunde gelegten Volumens beim Übergang zu immer schwächeren absoluten Helligkeiten bis zu einem gewissen Grade ausgeglichen. Bemerkenswert an dem Kurvenverlauf ist vor allem, daß das Maximum erst bei $M_V \approx +14$ auftritt.

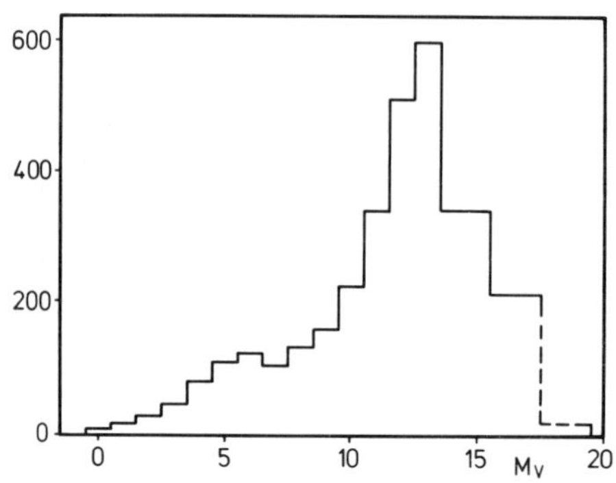

Abb. II.10: Absolutwerte der Leuchtkraftfunktion der sonnennahen Sterne $D_0\varphi_0(M_V) \cdot V_0$. (Nach H. Jahreiß und R. Wielen).

Die Summation ergibt $D_0 V_0 \approx 3600$ Sterne. Die drei absolut hellsten dieser Sterne sind die Riesen (III) Aldebaran (α Tau A), Arktur (α Boo) und Capella (α Aur A) mit $M_V = -0.6$, -0.24 und $+0.09$. Von den (nur unvollständig bekannten) absolut schwachen Sternen ist BD $+4°$ 4084 B, die Komponente eines helleren Sternes, mit $M_V = +18.57$ der schwächste; unter den gegenwärtig bekannten Einzelsternen liegt die schwächste Helligkeit bei $M_V = +17.0$.

Mit Hilfe der empirischen Masse-Leuchtkraft-Beziehung $\mathfrak{M} = \mathfrak{M}(M_V)$ (PSS I.2.13) kann aus $D_0\varphi_0(M_V)$ die mittlere Massendichte der Sternmaterie im sonnennahen

Bereich $\bar{\varrho}_0 = D_0 \sum \varphi_0(M_V)\, \mathfrak{M}(M_V)$, ausgedrückt in Sonnenmassen $\mathfrak{M}_\odot$ pro Kubikparsec, berechnet werden. Mit dem Verlauf der Abb. II.10 wurde abgeleitet:

$$\bar{\varrho}_0 = 0.046\, \mathfrak{M}_\odot\, \mathrm{pc}^{-3} \mathrel{\hat{=}} 3 \cdot 10^{-24}\, \mathrm{g\,cm}^{-3}.$$

Dies entspricht rund 2 Wasserstoffatommassen pro Kubikzentimeter. Da $\varphi_0(M_V)$ für $M_V \gtrsim +13$ möglicherweise noch unvollständig ist, könnte dieser Wert noch etwas zu niedrig sein.

Wir wenden uns nun den Anwendungen der in II.2 beschriebenen stellarstatistischen Methoden zu, zunächst für die LKF und anschließend für die Dichteverteilung in einer möglichst weit gesteckten Umgebung der Sonne. Von den älteren Resultaten für die LKF wird nur noch der 1936 von van Rhijn nach der Methode der trigonometrischen Parallaxen abgeleitete Verlauf herangezogen (s. Abb. II.11): Da trigonometrische Parallaxen nur dann als verbürgt angesehen werden können, wenn sie größer als 0\".01 sind, ist das erfaßte Volumen hier etwa durch $r \lesssim 100$ pc gegeben. Die umfangreichsten neueren Ergebnisse für den Bereich schwacher absoluter Helligkeiten sind von Luyten mit der Methode der mittleren absoluten Helligkeiten gewonnen worden. Das Ausgangsmaterial einer Untersuchung von 1968 waren Eigenbewegungen von rund 4000 Sternen mit $\mu > 0\overset{\prime\prime}{.}5$/Jahr – etwa die Hälfte mit $m_{pg} = 15 \ldots 21$ –, die Luyten auf über hundert, mit dem Palomar-Schmidt-Teleskop aufgenommenen Platten gefunden hatte. Rund 15% dieser Sterne sind näher als 10 pc, ein erheblicher Anteil befindet sich jedoch bereits außerhalb von $r = 20$ pc.

Die von den Gln. (II.27) oder (II.16) ausgehenden, auf der Ableitung von Sterndichten $D_S(r)$ für enge Spektralgruppen oder von Sternzahlen für enge Leuchtkraftgruppen $A(m, M)$ basierenden Verfahren haben Aussagen über die LKF in größeren Entfernungen und in verschiedenen Richtungen ermöglicht. Der erste Weg ist vor allem von S. W. McCuskey (seit 1956) beschritten worden: Auf Objektivprismen-Aufnahmen für 11 Felder der nördlichen Milchstraße bei $b \approx 0°$, die mit dem 60 cm Schmidt-Teleskop des Warner und Swasey Observatoriums in Cleveland (Ohio) gewonnen wurden, sind zunächst insgesamt rund 18000 Sterne bis zur Grenzhelligkeit $m_{pg} = 12$ klassifiziert worden. Für Spektralgruppen mit $\sigma_{MS} \leqq 0\overset{\mathrm{m}}{.}9$ wurden sodann M_{os} und σ_{MS}, und damit weiter aus den Sternzahlen $A_S(m)$ die Sterndichten $D_S(r)$ abgeleitet (auf diese selbst gehen wir weiter unten ein). Danach lieferte Gl. (II.27) die LKF für jedes der Felder. Die angegebene Grenzhelligkeit bewirkt, daß sich die Aussagen höchstens bis zu $M_{pg} \approx +7$ erstrecken und dabei Entfernungsbereiche mit $r \approx 100 \ldots 400$ pc betreffen. Diese Untersuchungen sind in neuerer Zeit auf weitere Felder ausgedehnt worden.

In Abb. II.11 werden die Resultate von van Rhijn, Luyten, McCuskey (mittlerer Verlauf für 9 Felder) und der Verlauf für die sonnennahen Sterne ($r \leqq 20$ pc) miteinander verglichen. Sieht man von Abweichungen ab, die jeweils etwa auf den letzten zwei Größenklassen vor dem Ende eines Kurvenzuges auftreten, so kann die Übereinstimmung als recht befriedigend betrachtet werden. Das wahre Maximum scheint bei den Verläufen von Luyten und Jahreiß-Wielen ($r \leqq 20$ pc) überschritten zu sein: es liegt hiernach etwa bei $M_V = +13$ bis $+14$. In Tabelle II.6 ist die LKF der sonnennahen Sterne zusammen mit einem häufig benutzten „Standardverlauf", der auf Ergebnissen von van Rhijn, McCuskey und Luyten basiert, numerisch gegeben.

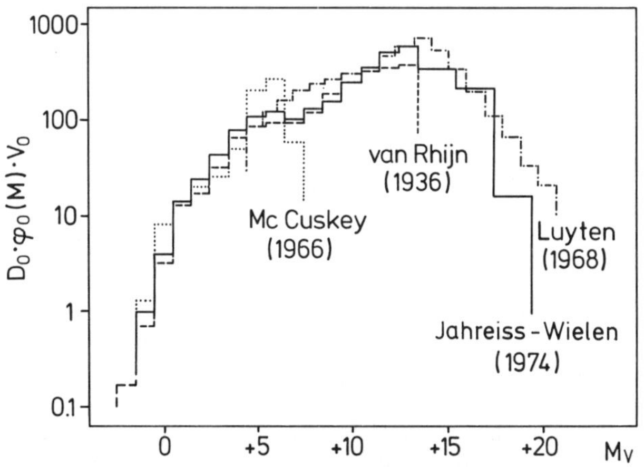

Abb. II.11: Leuchtkraftfunktion der Sterne der Sonnenumgebung nach verschiedenen Untersuchungen. Die ausgezogene Kurve entspricht dem in Abb. II.10 dargestellten Verlauf für die sonnennahen Sterne ($r \leqq 20$ pc). Ordinate: Anzahl der Sterne im Intervall $M_V - \frac{1}{2} \dots M_V + \frac{1}{2}$ im Volumen einer Kugel mit dem Radius 20 pc. (Nach H. Jahreiß).

Zwischen den Ergebnissen für verschiedene Milchstraßenfelder bei größeren Entfernungen findet man in manchen Fällen Differenzen bis zu etwa einem Faktor vier, die nur teilweise reell sein dürften. In Entfernungsbereichen um 1 kpc und darüber erfaßt man bereits bei galaktischen Breiten $|b| \approx 6°$ Sterne mit Abständen von der galaktischen Ebene $|z| > 100$ pc, so daß die Abhängigkeit der LKF von z (s. unten) eingeht und das Ergebnis modifiziert.

Die vierte und fünfte Spalte der Tabelle II.6 enthalten die *Volumenemission* oder „Leuchtkraftdichte" im V-Spektralbreich $\varepsilon_V(M_V)$ sowie die *Massendichte* $\bar{\varrho}(M_V)$ des Sternfeldes der Sonnenumgebung jeweils für Intervalle $M_V - \frac{1}{2} \dots M_V + \frac{1}{2}$. $\varepsilon_V(M_V)$ ergibt sich durch Multiplikation von $D_0 \varphi_0(M_V)$ mit dem Leuchtkraftverhältnis $L_V/L_V^{\odot} = 10^{-0.4(M_V - M_V^{\odot})}$, wobei der Wert $M_V^{\odot} = +4.77$ verwendet wurde. Die Emission ist damit in Sonnenleuchtkräften $L_V^{\odot}$ ausgedrückt. $\bar{\varrho}(M_V)$ folgt durch Multiplikation von $D_0 \cdot \varphi_0(M_V)$ mit $\mathfrak{M}(M_V)/\mathfrak{M}_{\odot}$ nach der Masse-Leuchtkraft-Beziehung. Wie man sieht, tragen zur gesamten Volumenemission im V-Bereich – und damit zur Flächenhelligkeit der Milchstraße I_V – vorwiegend die zahlenmäßig

Tabelle II.6: Leuchtkraftfunktion $D_0\varphi_0(M_V)$ für $r \leqq 20$ pc nach Jahreiß und Wielen sowie ein mittlerer Verlauf nach den Ergebnissen von van Rhijn, McCuskey und Luyten, der sich ungefähr auf den Bereich $r \lesssim 100$ pc bezieht. Für diesen Verlauf sind auch die Emission des Sternfeldes pro Volumeneinheit im V-Bereich $\varepsilon_V(M_V)$, ausgedrückt in Sonnenleuchtkräften $L_V^{\odot}$ und die Massendichte $\bar{\varrho}_0$ in Sonnenmassen $\mathfrak{M}_{\odot}$ jeweils für Intervalle der absoluten Helligkeit $M_V - \frac{1}{2} \ldots M_V + \frac{1}{2}$ gegeben. Das Bezugsvolumen der Zahlen ist stets 10^4 pc^3

M_V	$D_0\varphi_0(M_V)$ $[10^{-4}$ pc^{-3} mag$^{-1}]$		$\varepsilon_V(M_V)$ $[10^{-4}\ L_V^{\odot}$ mag^{-1} pc$^{-3}]$	$\bar{\varrho}_0(M_V)$ $[10^{-4}\ \mathfrak{M}_{\odot}$ mag^{-1} pc$^{-3}]$
	$r \leqq 20$ pc	$r \lesssim 100$ pc		
− 6		$1 \cdot 10^{-4}$	2	$5 \cdot 10^{-3}$
− 5		$6 \cdot 10^{-4}$	5	$2 \cdot 10^{-2}$
− 4		$2.9 \cdot 10^{-3}$	9	$6 \cdot 10^{-2}$
− 3		$1.3 \cdot 10^{-2}$	17	$1.7 \cdot 10^{-1}$
− 2		$5 \cdot 10^{-2}$	26	0.5
− 1		0.25	51	1.6
0	1	1	81	4
1	4	3	97	10
2	7	6	77	12
3	13	12	61	18
4	23	19	39	23
5	32	34	28	37
6	36	42	14	38
7	30	35	4	26
8	39	42	2	26
9	47	54	1	29
10	73	78	1	34
11	102	98		35
12	153	107		34
13	178	117		28
14	102	129		23
15	102	125		20
16	64	120		15
17	64	107		9
18	>5	83		6
19	>5	50		4
20		30		2
21		13		1
22		5		1
Summe	>1080	1310	515	437
Summe über $\varepsilon_{pg}(M_{pg})$:			777	

schwach vertretenen absolut hellen Sterne bei, während die gesamte stellare Massendichte hauptsächlich von den vielen absolut schwachen Sternen geliefert wird. Ursache hierfür ist die relativ geringe Abnahme der Sternmasse beim Übergang von absolut hellen zu absolut schwachen Sternen, angenähert $\mathfrak{M} \sim L^{1/3}$. Die gesamte pro Kubikparsec emittierte Lichtmenge $\mathfrak{L}_V = \Sigma\, \varepsilon_V(M_V)$ beträgt in der Sonnenumgebung nur rund 0.5 $L_V^{\odot}$.

Eine charakteristische Größe für ein Sterngemisch ist das gesamte *Masse-Leuchtkraft-Verhältnis* des betrachteten Volumens. Für das Sternfeld der Sonnenumgebung erhalten wir mit den Zahlen am Fuß der Tabelle II.6

$$\frac{\mathfrak{M}/\mathfrak{M}_{\odot}}{\mathfrak{L}_V/L_V^{\odot}} = 0.85, \quad \frac{\mathfrak{M}/\mathfrak{M}_{\odot}}{\mathfrak{L}_{pg}/L_{pg}^{\odot}} = 0.56,$$

also im Visuellen angenähert eine Sonnenmasse pro Sonnenleuchtkraft. Mit den Daten für die sonnennahen Sterne ($r \leqq 20$ pc) ergeben sich geringfügig andere Werte, zum Beispiel 0.7 für den photographischen Bereich. Zum Vergleich seien die Verhältnisse $(\mathfrak{M}/\mathfrak{M}_{\odot})/(L_V/L_V^{\odot})$ für Einzelsterne der Typen A0V, G0V und M0V angeführt: Man erhält die (abgerundeten) Werte 0.1, 1 und 20.

Für den Vergleich mit anderen Galaxien interessieren die LKF und insbesondere das Masse-Leuchtkraft-Verhältnis in einem Zylinder senkrecht zur galaktischen Ebene – letztere Größe kann bei außergalaktischen Sternsystemen direkt bestimmt werden. Nach den weiter unten besprochenen Ergebnissen über die räumliche Verteilung der Sterne nimmt die Sterndichte mit dem Abstand z von der galaktischen Ebene für die absolut schwächeren Hauptreihensterne wesentlich weniger steil ab als für die hellen frühen Typen (Tabelle II.7). Daher ändert sich die LKF mit wachsendem z in dem Sinne, daß der Anteil absolut schwächerer Sterne gegenüber dem der absolut hellen Sterne zunimmt: $\varphi(M|z)$ besitzt für $|z| > 100$ pc einen merklich steileren Anstieg mit M als $\varphi_0(M)$. Für den Zylinder senkrecht zur galaktischen Ebene erhält man deshalb ein etwa um den Faktor zwei höheres Masse-Leuchtkraft-Verhältnis als für $|z| \lesssim 100$ pc.

Aus $D_0 \cdot \varphi_0(M_V)$ kann mit Hilfe der Masse-Leuchtkraft-Beziehung $\mathfrak{M} = \mathfrak{M}(M_V)$ die Häufigkeitsverteilung der Sternmassen, die sogenannte *Massenfunktion*, gewonnen werden:

$$F(\mathfrak{M}) = D_0 \cdot \varphi_0(M_V) \frac{\mathrm{d}M_V}{\mathrm{d}\mathfrak{M}}. \tag{II.35}$$

$F(\mathfrak{M})$ fällt mit wachsender Masse etwa ab $\mathfrak{M} = 0.5\, \mathfrak{M}_{\odot}$ sehr steil ab, durchschnittlich ungefähr proportional $\mathfrak{M}^{-4}$; für $\mathfrak{M} < 0.5\, \mathfrak{M}_{\odot}$ erfolgt der Abfall wesentlich flacher. Wir kommen hierauf weiter unten zurück.

Ursprüngliche Leuchtkraftfunktion: Die LKF ist auch für die Theorie der Sternentstehung von Bedeutung. Die Sterne der Sonnenumgebung bilden ein Gemisch von Objekten verschiedenen Alters. Entsprechend ihren relativ kurzen Verweilzeiten auf der Hauptreihe $\tau_{HR}(M_V)$ müssen beispielsweise die absolut hellen B0V-Sterne jünger als etwa $2 \cdot 10^7$ Jahre sein. Für Hauptreihensterne mit $M_V > +5^m$ gilt demgegenüber $\tau_{HR} \gtrapprox T$ = Alter der Galaxis $\approx 10^{10}$ Jahre ($\approx$ Alter der ältesten Kugelhaufen, s. PSS VI.3.3): Alle bisher entstandenen massearmen und absolut lichtschwachen Sterne mit $M_V > +5^m$ sind noch vorhanden, während es massereichere und absolut hellere Hauptreihensterne nur bis zu einem Alter $\tau_{HR}(M_V)$ gibt – die übrigen dieser Objekte sind zu Riesen oder bereits zu Weißen Zwergen geworden.

Man definiert die „ursprüngliche Leuchtkraftfunktion" (englisch: initial luminosity function) der neu entstandenen Sterne auf der Alter-Null-Hauptreihe $\psi(M_V)$, sowie die Sternentstehungsrate $s(t)$ = Anzahl aller Sterne, die zur Zeit t pro Zeit- und Volumeneinheit entstehen. Die Anzahl der Sterne mit absoluten Helligkeiten im Intervall $M_V \ldots M_V + \mathrm{d}M_V$, die im Zeitintervall $t \ldots t + \mathrm{d}t$ entstanden sind („Geburtenrate"), ist damit gegeben durch $\psi(M_V)\,\mathrm{d}M_V \cdot s(t)\,\mathrm{d}t$. Integration von $t = 0$ bis zur Gegenwart $t = T$ ergibt alle überhaupt entstandenen Sterne im Intervall $M_V \ldots M_V + \mathrm{d}M_V$. Hiervon sind jedoch nur noch die nach der Zeit $t = T - \tau_{HR}(M_V)$ entstandenen Sterne vorhanden, so daß folgt

$$D_0 \varphi_{HR}(M_V) = \psi(M_V) \int_{T-\tau_{HR}(M_V)}^{T} s(t)\,\mathrm{d}t\,. \qquad \text{(II.36)}$$

Wir wollen hier nur den Fall konstanter Sternentstehungsrate $s(t) = s_0$ betrachten. Dann ergibt sich für $M_V < +5$ unmittelbar $D_0 \varphi_{HR}(M_V) = \psi(M_V) \cdot s_0 \cdot \tau_{HR}(M_V)$ und für $M_V > +5$, wegen $\tau_{HR} = T$, einfach $D_0 \varphi_{HR}(M_V) = \psi(M_V) \cdot s_0 \cdot T$. Da noch alle Sterne mit $M_V > +5$ vorhanden sind, muß für diesen Bereich gelten $\varphi_{HR}(M_V) = \psi(M_V)$, und somit $s_0 = D_0/T$. Wir erhalten also

$$\varphi_{HR}(M_V) = \psi(M_V) \cdot \frac{\tau_{HR}(M_V)}{T} \qquad \text{(II.37)}$$

mit $\tau_{HR}(M_V)/T \leqq 1$, d. h. $\varphi_{HR}(M_V) \leqq \psi(M_V)$: Es fehlen die vor der Zeit $t = T - \tau_{HR}(M_V)$ entstandenen kurzlebigen, absolut hellen Sterntypen.

Mit der beobachteten LKF unter Beschränkung auf Hauptreihensterne $\varphi_{HR}(M_V)$ und den Werten $\tau_{HR}(M_V)$ bzw. $\tau_{HR}(Sp)$ nach der Theorie der Sternentwicklung (PSS VI.3.2, Tabelle VI.3) kann aus Gl. (II.37) die ursprüngliche LKF $\psi(M_V)$ berechnet werden. Bei der benutzten Verteilung $\varphi_{HR}(M_V)$ ist zu berücksichtigen, daß ein Teil der stets nahe der galaktischen Ebene entstandenen Sterne durch gravitative Wechselwirkung mit anderen Sternen und interstellaren Wolken im Laufe der Zeit in größere Abstände z gelangt. Deshalb bezieht man $\varphi_{HR}(M_V)$ auf einen Zylinder senkrecht zur galaktischen Ebene. Das Ergebnis für $\psi(M_V)$ zeigt Abb. II.12 zusammen mit $\varphi_{HR}(M_V)$.

In jungen offenen Sternhaufen (PSS I.2.9; VI.3.3) sollte eine Verteilung der absoluten Helligkeiten vorliegen, die angenähert mit $\psi(M_V)$ übereinstimmt. Dies ist tatsächlich der Fall und bestätigt die Brauchbarkeit der Beziehung (II.37). Als Beispiel ist in Abb. II.12 die durch einfache Abzählung gewonnene LKF der Pejaden eingetragen, deren Alter höchstens etwa 10^8 Jahre beträgt. Die Voraussetzung einer durchweg konstanten Sternentstehungsrate kann damit allerdings nicht als erwiesen gelten. Es ist dies lediglich die einfachste Annahme, mit welcher die beobachteten Fakten im Rahmen ihrer Fehlergrenzen deutbar sind. Vermutlich ist die Dichte der nichtstellaren Materie am Anfang der galaktischen Entwicklung höher gewesen als heute, so daß damals auch eine größere Sternentstehungsrate vorgelegen haben wird. Schon nach wenigen 10^9 Jahren scheint sich jedoch eine etwa konstante Sternentstehungsrate eingestellt zu haben.

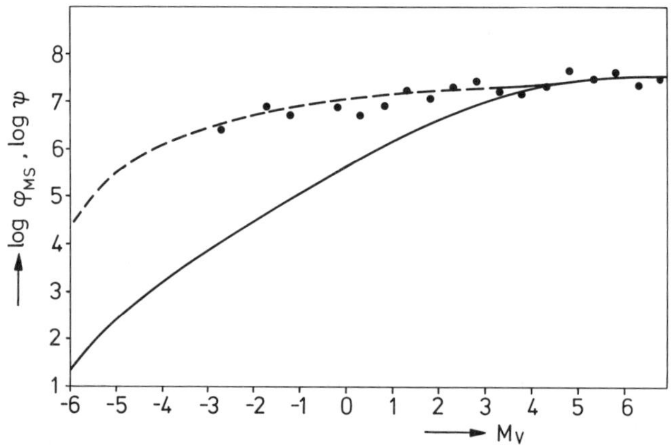

Abb. II.12: Ursprüngliche Leuchtkraftfunktion $\psi(M_V)$ (gestrichelt) und Leuchtkraftfunktion der Hauptreihensterne $\varphi_{HR}(M_V)$ (ausgezogen). Die Punkte geben den Verlauf für die Plejaden wieder. Der Normierungsfaktor ist so gewählt worden, daß die beiden Verläufe für $M_V > 5$ zusammenfallen.

Da sich die oben beschriebene Massenfunktion $F(\mathfrak{M})$ auf ein Gemisch verschieden alter Sterne bezieht, definiert man analog zu $\psi(M_V)$ eine ursprüngliche Massenfunktion $F_0(\mathfrak{M})$. Weil unter den jungen Sternen noch ein höherer Anteil massereicher Objekte vorhanden ist, fällt $F_0(\mathfrak{M})$ im Bereich $\mathfrak{M} > 1\,\mathfrak{M}_\odot$ weniger steil ab als $F(\mathfrak{M})$ – entsprechend dem Verhalten von $\psi(M_V)$ zu $\varphi(M_V)$ (Abb. II.12). Meist wählt man $\log\mathfrak{M}$ als unabhängige Variable und führt durch

$$D_0\psi(M_V)\mathrm{d}M_V = \xi_0(\mathfrak{M})\mathrm{d}\ln\mathfrak{M} = F_0(\mathfrak{M})\mathrm{d}\mathfrak{M} \qquad \text{(II.38)}$$

die Funktion $\xi_0(\mathfrak{M}) = F_0(\mathfrak{M}) \cdot \mathfrak{M}$ ein. $\xi_0(\mathfrak{M})\mathrm{d}\mathfrak{M}$ ist die Masse aller in der Volumeneinheit enthaltenen jungen Sterne mit Einzelmassen im Bereich $\mathfrak{M} \ldots \mathfrak{M} + \mathrm{d}\mathfrak{M}$. Für $\mathfrak{M} \gtrsim 2\mathfrak{M}_\odot$ fand E. E. Salpeter 1955 $\xi_0(\mathfrak{M}) \sim \mathfrak{M}^{-1.35}$. Neuere Untersuchungen lieferten für $\mathfrak{M} \gtrapprox 10\,\mathfrak{M}_\odot$ einen etwas steileren Abfall. Abb. II.13 zeigt einen Vergleich mit der beobachteten gegenwärtigen Massenfunktion $\xi(\mathfrak{M}) = F(\mathfrak{M}) \cdot \mathfrak{M}$.

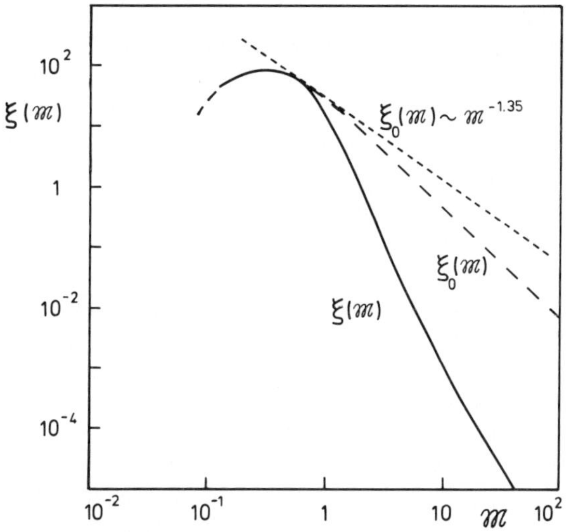

Abb. II.13: Gegenwärtige und ursprüngliche Massenfunktion nach Untersuchungen von G. E. Miller und J. M. Scalo. Zum Vergleich wurde der frühere Ansatz von E. E. Salpeter eingezeichnet. Abszisse: Sternmasse in Einheiten der Sonnenmasse in logarithmischer Skala. Die Ordinatenwerte geben den Massenanteil der Sterne mit Einzelmassen im Intervall der Breite $\Delta\mathfrak{M} = 1\,\mathfrak{M}_\odot$ pro 1000 pc^3.

Für Fragen der Sternbildung aus interstellarer Materie (V.3.4) interessiert der *Betrag der Sternentstehungsrate*, ausgedrückt in Masseneinheiten pro Zeiteinheit und Volumeneinheit. Beschränkt man sich allein auf die Sterne mit $M_V \gtrsim +5$, also $\mathfrak{M} \lesssim 1\,\mathfrak{M}_\odot$, dann gilt für diese Größe analog zu $s_0 = D_0/T$ einfach

$$\frac{\mathrm{d}\bar{\varrho}_0}{\mathrm{d}t} = \frac{\bar{\varrho}_0(M_V \gtrsim 5)}{T} = \frac{1}{T}\int_5^\infty D_0\varphi(M_V)\,\mathfrak{M}(M_V)\mathrm{d}M_V\,.$$

Die letzte Spalte von Tabelle II.6 liefert in Verbindung mit $T = 10^{10}$ Jahre für die rechte Seite rund $4 \cdot 10^{-12}\,\mathfrak{M}_\odot\,\mathrm{pc}^{-3}$ pro Jahr. Durch Berücksichtigung der massereicheren, jedoch weniger häufigen Sterne mit $M_V < 5$ erhöht sich die Massendichte nur etwa um 10 bis 30 Prozent. Als Mindestwert der gesamten Sternentstehungsrate in der Sonnenumgebung setzen wir deshalb an

$$\frac{\mathrm{d}\bar{\varrho}_0}{\mathrm{d}t} \approx 5 \cdot 10^{-12}\,\mathfrak{M}_\odot\,\mathrm{pc}^{-3}\,\mathrm{Jahr}^{-1}\,.$$

Sterndichteverteilung in der galaktischen Ebene: Wir schließen hier O- und frühe B-Sterne zunächst aus, weil die Anzahldichte dieser seltenen Objekte für die Anwendung der in II.2.1 beschriebenen statistischen Methoden zu klein ist; sie werden in II.4.1 behandelt. Aus den bereits erläuterten Gründen (II.2.1) sind für die Ableitung von Dichteverteilungen für das Gros der normalen Sterne nur solche Untersuchungen erfolgversprechend, in denen eine Aufteilung in enge Spektral- bzw. Leuchtkraftgruppen vorgenommen und der individuelle Verlauf der interstellaren Extinktion $\Delta m(r)$ berücksichtigt wird. Der große Arbeitsaufwand bringt es mit sich, daß meist nur einzelne kleine Felder – und dort oft jeweils nur die Verteilung einer engen Typgruppe von Sternen – untersucht wurden. Über Jahre hinweg verfolgte Programme, mit denen ein größerer Teil der Milchstraße systematisch durch zahlreiche Stichproben-Felder überdeckt wird, sind dementsprechend selten. Es kommt hinzu, daß die Reichweite der Dichtebestimmungen stark von der Leuchtkraft des betrachteten Sterntyps abhängt (I.2.2, Tab. I.2). Daher besitzen wir, trotz einer Vielzahl von Einzeluntersuchungen, bis heute noch keine völlig gesicherte und allgemein akzeptierte detaillierte Karte der Sterndichteverteilung in der galaktischen Ebene bis zu Entfernungen von mehreren Kiloparsec, weder für die einzelnen mittleren und späten Spektralgruppen noch für die Gesamtheit aller dieser häufigen Typen. Wir beschränken uns deshalb auf die Besprechung von Beispielen, nämlich von Teilergebnissen aus zwei großen Programmen: (1) ältere Arbeiten auf der Basis von Spektralklassifikationen, die bereits bei der Erörterung der LKF genannt wurden, und (2) eine Untersuchung auf der Grundlage einer Dreifarbenphotometrie (II.2.1, Gl.II.16):

Zum ersten Fall greifen wir die Bestimmung der Dichtefunktion $D_s(r)$ aus Sternzahlverläufen $A_s(m_{pg})$ für frühe A-Sterne in den Richtungen von 11 Milchstraßenfeldern zwischen $l \approx 40^\circ$ und $l \approx 210^\circ$ heraus. Die Feldgröße lag jeweils zwischen 10 und 20 Quadratgrad, die Grenzhelligkeit betrug $m_{pg} \approx 12$, später $m_V \approx 13$. Auf der Grundlage von Leuchtkraftbestimmungen nach primären Methoden ergaben sich für die Spektralgruppen B8 ... A0 und A2 ... A5 die Werte (s. Gl.II.15) $M_0 = +0.5$ bzw. $+2.0$ und $\sigma_M = \pm 0.8$ (beide Gruppen). Der Verlauf der wichtigen interstellaren Extinktion $\Delta m_{pg}(r)$ wurde für jedes Feld individuell abgeleitet: Aus Farbindizes FI einer hinreichenden Anzahl von Sternen, für die neben m_{pg} noch Helligkeiten in einem weiteren Spektralbereich vorlagen, folgt $\Delta m_{pg} = K \cdot E$ mit dem Farbexzeß $E = FI - (FI)_0$, wobei $(FI)_0$ die Eigenfarbe (zum Spektraltyp) bezeichnet; die Konstante K ist mit dem Gesetz der interstellaren Verfärbung bekannt (III.1.1). Zur Auflösung der Grundgleichung (II.11) wurde ein numerisches Verfahren herangezogen. Die resultierenden Dichteverteilungen in der galaktischen Ebene für beide Spektralgruppen zeigt Abb. II.14.

Ein häufig festzustellendes Merkmal solcher Ergebnisse, das auch in Abb. II.14 erkennbar ist, besteht in einer vorzugsweise radialen, zur Sonne hin orientierten Erstreckung der auftretenden Sternkonzentrationen. Diese Formen sind meist nicht reell, sondern werden durch Fehler (Streuung!) der benutzten Werte der absoluten Helligkeiten und der interstellaren Extinktion erzeugt. So verkleinerte sich beispielsweise die radiale Erstreckung der Konzentration der A-Sterne bei $l \approx 130^\circ$ (Cassiopeia – Perseus) – die sich auch für F0 ... F5 und für die G-Riesen ergab – ganz erheblich, als man in neueren Untersuchungen genauere *UBV*- bzw. *uvby*-

Helligkeiten und absolute Helligkeiten auf der Basis von MK-Klassifikationen und Messungen des Hβ-Index zugrunde legte (PSS I.2.11). Für das Maximum der Sterndichte ergab sich die Entfernung $r \approx 250$ pc (bei $l \approx 133°$). Der in der Verteilung der O- und B-Sterne auftretende „Perseus-Arm“ (II.4.1) bei $r \approx 2$ kpc ist allenfalls in neueren Ergebnissen für B8 ... A0 angedeutet. Die in Abb. II.14 sichtbare Sternkonzentration um $l \approx 70°$ (Cygnus) kann als Teil des „lokalen Arms“ angesehen werden. (s. II.4.1).

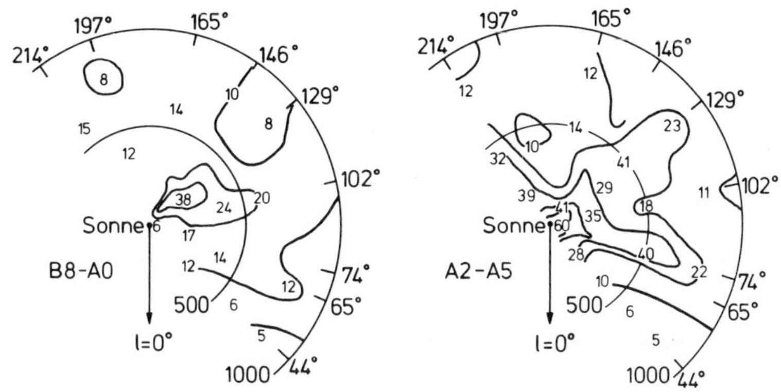

Abb. II.14: Ergenisse einer Untersuchung der Sternverteilung in der galaktischen Ebene $l = 40° \ldots 210°$, $r \leqq 1$ kpc für die beiden Spektralgruppen B8 ... A0 und A2 ... A5. Die Dichtewerte sind in der Einheit 10^5 Sterne pc^{-3} angegeben. Außen sind jeweils die galaktischen Längen der 9 verwendeten Felder angetragen. (Nach S. W. McCuskey).

Als Beispiel für die Anwendung der Methode der quantitativen photometrischen Klassifikation der Sterne durch eine Mehrfarbenphotometrie betrachten wir Ergebnisse aus der Basler Schule W. Becker's für ein kleines Feld von 0.14 Quadratgrad nahe dem galaktischen Zentrum im Sagittarius (Mittelpunkt des Feldes: $l = 1.1°$, $b = -1.1°$). Das Basismaterial bildeten Helligkeiten in den drei Spektralbereichen R, G, U (Rot, Gelb, Ultraviolett analog zu V, B und U, s. PSS I.2.11) – statt mit m_R, m_G, m_U üblicherweise einfach mit R, G, U bezeichnet. Die Helligkeiten wurden für alle Sterne des Feldes bis zur Grenzgröße $G = 16.5$, insgesamt 2220 Sterne, durch photographische Photometrie auf Platten vom 122 cm-Schmidt-Teleskop des Mt. Palomar-Observatoriums bestimmt. Wichtigster Vorteil der ausschließlichen Verwendung von Integralhelligkeiten ist die relativ große Reichweite.

Die für verschiedene Bereiche der scheinbaren Helligkeit G gewonnenen „fraktionierten“ Zweifarben-Diagramme, in denen in diesem Fall $U-G$ gegen $G-R$ jeweils für ein bestimmtes Intervall in G aufgetragen ist, wurden zunächst zur Ableitung der interstellaren Extinktion im G-Bereich, Δm_G, herangezogen: Aus der Verlagerung der Bildpunkte gegenüber der Hauptreihe bzw. dem Riesenast für unverfärbte Sterne kann der Farbexzeß E_{G-R} für verschiedene Intervalle der absoluten Helligkeiten M_G bestimmt werden (Verschiebung entlang der Verfärbungslinie). Für die interstellare Extinktion selbst gilt in diesem Farbsystem $\Delta m_G = 2.7\ E_{G-R}$. Mit G, M_G und Δm_G ist die Entfernung r festgelegt, so daß nun $\Delta m_G(r)$ folgt. Das Ergebnis für E_{G-R} als Funktion des Entfernungsmoduls ist in Abb. II.15 wiedergegeben: Nach einer schwachen, wohl kaum verbürgten „Vordergrundextinktion" findet man drei Wolken in den Entfernungen $r = 0.83$, 2.0 und 3.0 kpc mit Extinktionswerten $\Delta m_G = 0.65$, 0.65, 0.5 mag. Daß nahe bei den Entfernungen der Wolken zur gleichen Abszisse jeweils Punkte mit verschiedenen E_{G-R} auftreten, ist durch Fehler der $m-M$ bedingt.

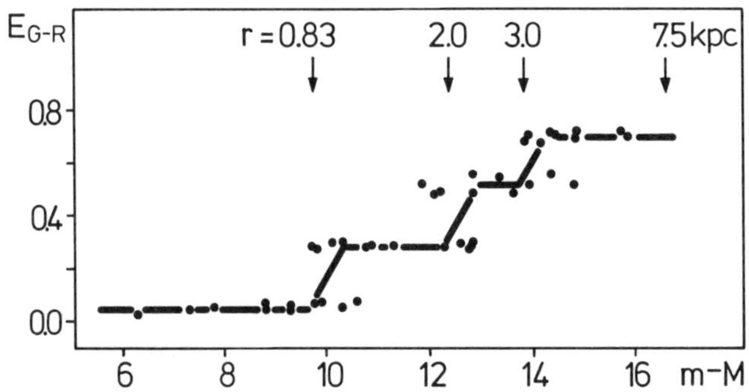

Abb. II.15: Farbexzeß E_{G-R} in Abhängigkeit vom Entfernungsmodul $m-M = G-M_G$ für ein kleines Feld nahe der Richtung zum galaktischen Zentrum. (Nach P. Gschwind).

Die Gewinnung der Sterndichteverläufe $D(r)$ für Hauptreihensterne oder Riesen, jeweils in einem bestimmten Intervall der absoluten Helligkeit M_G, erfolgte nach Gl. (II.16) in der dort beschriebenen Weise. Einen Auszug der Ergebnisse zeigt Abb. II.16. Sieht man hier von Details ab, denen schon wegen des Stichprobencharakters dieser Verläufe keine allzugroße Bedeutung beizumessen ist, dann läßt sich folgende Feststellung treffen: Jeweils ausgehend von den Werten D_0 für den sonnennahen Bereich nehmen die Dichten generell bis zu einem Maximalwert zu, der etwa zwischen 1 und 2 kpc erreicht wird; danach folgt eine Dichteabnahme. Dieser Befund steht im Einklang mit der Vorstellung, daß etwa in 1,5 kpc Entfernung der dem „lokalen Arm" benachbarte, nächstinnere Spiralarm des Milchstraßensystems verläuft (II.4.1). Die Kurvenzüge der Abb. II.16 geben danach Schnitte durch diesen „Sagittarius-Arm" wieder.

Ein generelles Problem bei den Dichtebestimmungen besteht darin, daß die Vollständigkeit des Materials, vor allem bei den schwächeren Sternen, mit der Entfernung rasch abnimmt. Damit wird häufig ein Dichteabfall vorgetäuscht, der schon weit vor der Grenze des erfaßten Entfernungsbereiches einsetzt.

Verteilung senkrecht zur galaktischen Ebene: Wegen der starken Konzentration des interstellaren Staubes zur galaktischen Ebene, vorwiegend auf Abstände $|z|$

< 100 pc (IV.4.1), sind Sternzahlen $A(m|l,b)$ für mittlere und hohe galaktische Breiten b weit weniger vom Einfluß der interstellaren Extinktion betroffen als für $b \approx 0°$. Daher ist die Abnahme der Sterndichte mit wachsendem z für die einzelnen Sterntypen relativ gut bekannt.

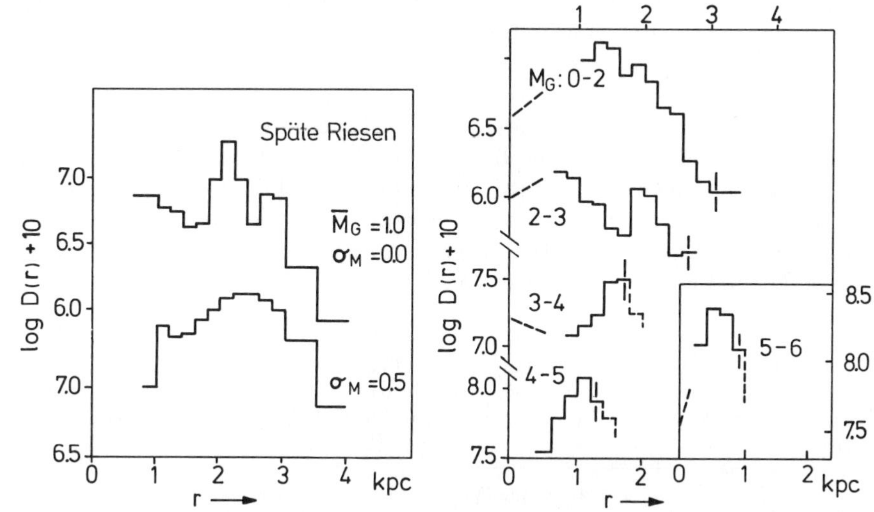

Abb. II.16: Ergebnisse von Bestimmungen der Dichteverläufe $D(r)$ für Hauptreihensterne in verschiedenen Intervallen der absoluten Helligkeit M_G und für späte Riesen nach der Methode der Dreifarbenphotometrie für ein kleines Feld nahe der Richtung zum galaktischen Zentrum. Die Vollständigkeitsgrenze ist durch senkrechte Striche gekennzeichnet. Bei der unteren Kurve im linken Diagramm ist der Einfluß einer Streuung der absoluten Helligkeiten $\sigma_M = 0.5$ berücksichtigt worden. Einheit von $D(r)$: Anzahl der Sterne pc^{-3}. (Nach P. Gschwind).

Schon die scheinbare Verteilung der verschiedenen Spektralgruppen an der Sphäre (Tabelle II.3) erlaubt den Schluß auf eine sehr unterschiedliche Konzentration zur galaktischen Ebene. Die Anwendung der beschriebenen Methoden der Dichteanalyse bestätigte dies und lieferte die in Tabelle II.7 auszugsweise wiedergegebenen relativen Dichteverläufe.

Bemerkenswert ist vor allem, daß der Dichteabfall beim Übergang von frühen zu mittleren Hauptreihensternen wesentlich flacher wird; diese Tendenz scheint sich zu den späten Zwergen fortzusetzen, jedoch ist hier die Reichweite nur gering. Die Riesen zeigen im Durchschnitt einen wesentlich geringeren Dichtegradienten als A- und F-Sterne. (Abhängigkeit von der chemischen Zusammensetzung s. II.4.3).

3.2 Bewegungen der Sterne der Sonnenumgebung

Die Bestimmung der individuellen Raumgeschwindigkeit eines Sternes erfordert die Kenntnis von Eigenbewegung (EB), Radialgeschwindigkeit (RG) und Entfernung

(I.1.3). Die EB ist für verhältnismäßig viele Sterne bekannt, nur für einen Teil dieser Sterne kennt man auch die RG, und wieder nur für eine Untergruppe hiervon konnten Entfernungen bestimmt werden. Raumgeschwindigkeiten lassen sich allein für diese letzte, relativ kleine Anzahl von Sternen ableiten, die noch dazu keine repräsentative Teilmenge darstellt (Auswahl nach großen EB, Bevorzugung von absolut hellen Sternen usw.). Selbst unter den 1131 „sonnennahen" Sternen im Katalog von Gliese mit bekannten μ_α, μ_δ, v_r und r sind die absolut schwachen Objekte mit großen Raumgeschwindigkeiten überrepräsentiert, der Anteil der nahen M-Zwerge mit kleinen Raumgeschwindigkeiten also unterschätzt. Glücklicherweise kann man wesentliche Information über die Kinematik einer Gruppe von Sternen auch allein aus den RG, und mit gewissen Einschränkungen auch aus den EB gewinnen, nämlich Aussagen über die Sonnenbewegung relativ zu der Sterngruppe und über deren Geschwindigkeitsellipsoid. Zunächst wenden wir uns jedoch dem Material des Kataloges von Gliese zu.

Tabelle II.7: Relative Dichteverteilung senkrecht zur galaktischen Ebene in Richtung des galaktischen Nordpols $D(z)$ für verschiedene normale Sterntypen, ausgedrückt in Prozent des jeweiligen Wertes von $D(z)$ für $z = 50$ pc (nach A. R. Upgren; C. R. Sturch und H. L. Helfer)

z [pc]	Hauptreihe (V)				Riesen (III)		
	A0 … A5	A7 … F2	F5 … F8	G0 … G2	G8 … G9	K0 … K2	M
50	100	100	100	100	100	100	100
100	51	23	53	97	100	59	100
200	8	6	23	80	100	32	93
400	1	1	8	50	80	11	30
600	0.3	0.4	–	–	55	5	13
800	0.2	0.2	–	–	40	4	10
1000	0.1	0.1	–	–	30	2	7

Kinematik der sonnennahen Sterne mit $r \leqq 20$ pc: Wir besprechen Resultate für das kinematische Verhalten der Hauptreihen-Spektralgruppen A2 … A6, A7 … F1, F2 … F6, F7 … G3 und K … M. Die letzte Gruppe besteht aus den Sternen einer am McCormick Observatorium ausgeführten Spektraldurchmusterung nach roten Zwergen, bei denen somit keine Auswahl nach großen EB vorliegt. Die Sterngruppen besitzen verschiedene mittlere Alter, denn diese Feldsterne können zwar zu allen möglichen Zeiten entstanden sein, je nach Spektraltyp müssen aber die Alter unterhalb bestimmter Maximalwerte (Verweilzeiten auf der Hauptreihe, PSS VI.3.2) liegen. Man erhält mittlere Alter, die von $4 \cdot 10^8$ Jahren bei der Gruppe A2 … A6 bis auf $5 \cdot 10^9$ Jahren bei K … M ansteigen.

Für jede Sterngruppe ist zunächst der Mittelwert der Geschwindigkeitskomponente im galaktisch orientierten Bezugssystem $\bar{\dot{\xi}}$, $\bar{\dot{\eta}}$, $\bar{\dot{\zeta}}$ (s. I.1.3) berechnet worden, dessen

Bildpunkt im Geschwindigkeitsraum als Zentroid der Bewegungen dieser Sterne bezeichnet wird. Beispielsweise für die letzte Gruppe, die roten Zwerge, ergibt sich das in Abb. II.17 veranschaulichte Ergebnis $\bar{\dot{\xi}} = -5 \pm 3$ km s^{-1}, $\bar{\dot{\eta}} = -19 \pm 2$ km s^{-1}, $\bar{\dot{\zeta}} = -7 \pm 2$ km s^{-1}. Vorzeichenumkehr liefert die Komponente der Sonnengeschwindigkeit relativ zu diesen Sternen $U_\odot$, $V_\odot$, $W_\odot$ in den Richtungen $l = 0°$ und $b = 0°$, $l = 90°$ und $b = 0°$ sowie $b = +90°$. Der Betrag des Geschwindigkeitsvektors liegt in diesem Fall bei 21 km s^{-1} und seine Richtung folgt zu $L_\odot = 76° \pm 7°$, $B_\odot = +18° \pm 4°$. In Tabelle II.8 sind die erhaltenen Komponenten der Sonnengeschwindigkeit in Bezug auf jede der fünf Spektralgruppen aufgeführt. Bemerkenswert ist hier die systematische Zunahme von $V_\odot$ beim Übergang von früheren zu späten Spektraltypen.

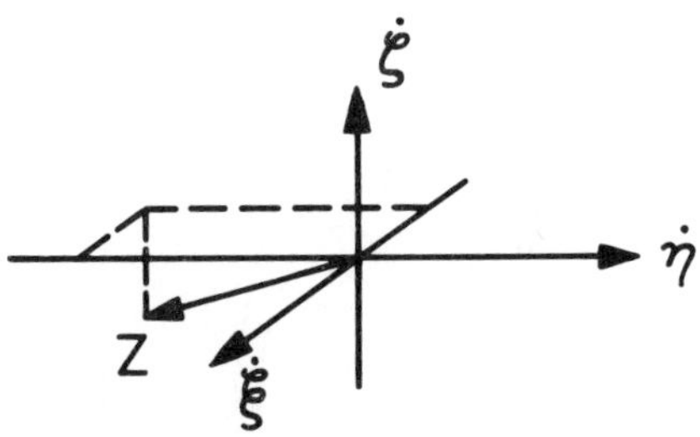

Abb. II.17: Lage des Zentroids (Z) der sonnennahen roten Zwergsterne im Geschwindigkeitsraum.

Die Verteilung der Pekuliargeschwindigkeiten

$$U = \dot{\xi} - \bar{\dot{\xi}}, \quad V = \dot{\eta} - \bar{\dot{\eta}}, \quad W = \dot{\zeta} - \bar{\dot{\zeta}}$$

sonnennaher Sterne erläutert Abb. II.18 am Beispiel der Ergebnisse für die Gruppe K … M. Die Projektionen des Geschwindigkeitskörpers auf die Koordinatenebenen sind jeweils grob schematisiert durch drei Linien gleicher Häufigkeit. Qualitativ ähnliche Resultate erhält man auch für die anderen Spektralgruppen. Wir fassen die Aussagen der Abb. II.18 in folgenden Feststellungen zusammen:

Tabelle II.8: Komponenten der Sonnengeschwindigkeit $U_\odot$, $V_\odot$, $W_\odot$ und Betrag der gesamten Geschwindigkeitsstreuung Σ (alle Größen in km s^{-1}) für verschiedene Spektralgruppen der sonnennahen Sterne (nach H. Jahreiß)

Komponente	A2 … A6	A7 … F1	F2 … F6	F7 … G3	K … M
$U_\odot$	2	11	12	16	5
$V_\odot$	6	6	10	21	19
$W_\odot$	8	6	11	6	7
Σ	20	19	32	47	50

(1) die Flächen gleicher Häufigkeit können angenähert durch dreiachsige Ellipsoide dargestellt werden;
(2) die größte Achse liegt nahe der Verbindungslinie galaktisches Zentrum-Antizentrum ($l = 0°$ bzw. $180°$, $b = 0°$), scheint jedoch nicht genau mit dieser zusammenzufallen, man spricht von einer „Vertexabweichung";
(3) die beiden kleineren Achsen sind angenähert gleich;
(4) die V-Komponente zeigt eine Asymmetrie, die in einer erhöhten Anzahl von Sternen mit großen negativen Werten V besteht („Asymmetrie der großen Pekuliargeschwindigkeiten").

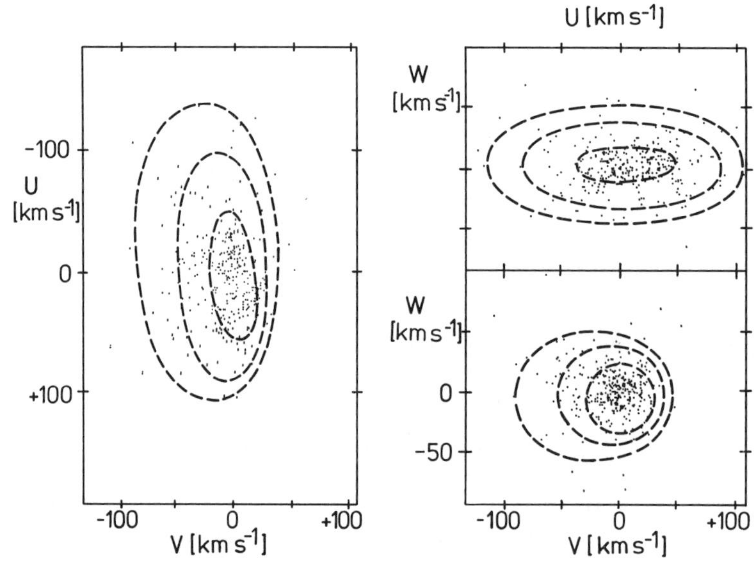

Abb. II.18: Die projizierten Geschwindigkeitsverteilungen sonnennaher roter Zwergsterne. Erläuerung im Text.

Darüber hinaus zeigen die am Fuß der Tabelle II.8 aufgeführten Werte der gesamten Geschwindigkeitsstreuung $\Sigma = [\Sigma_U^2 + \Sigma_V^2 + \Sigma_W^2]^{1/2}$ (II.2.2), wie $V_\odot$, eine systematische Zunahme nach späten Spektraltypen hin, also mit wachsendem Alter der Sterne, auf die wir weiter unten zurückkommen.

Sonnenbewegung auf der Basis von EB und RG: Die rechten Gln. (I.26) liefern mit $\dot{x} = u - u_\odot$, $\dot{y} = v - v_\odot$, $\dot{z} = w - w_\odot$, gemäß den Gln. (I.28), und mit (I.24)

$$\left.\begin{aligned}\frac{K}{p}\mu''_\alpha &= t_\alpha = -\gamma_{11}u_\odot-\gamma_{21}v_\odot-\gamma_{31}w_\odot+t_{\alpha p}\\ \frac{K}{p}\mu''_\delta &= t_\delta = -\gamma_{12}u_\odot-\gamma_{22}v_\odot-\gamma_{32}w_\odot+t_{\delta p}\\ v_r &= -\gamma_{13}u_\odot-\gamma_{23}v_\odot-\gamma_{33}w_\odot+v_{rp}\,.\end{aligned}\right\}\qquad\text{(II.39)}$$

Für jeden Stern gelten diese drei Gleichungen mit bestimmten bekannten Koeffizienten γ_{ik}. Dabei haben wir die von der Pekuliarbewegung (u, v, w) mit der Eigenschaft $\bar{u} = \bar{v} = \bar{w} = 0$ herrührenden Terme jeweils zusammengefaßt und mit $t_{\alpha p}$, $t_{\delta p}$ und v_{rp} bezeichnet. Diese Größen werden wie zufällige Fehler behandelt mit den Mittelwerten $\bar{t}_{\alpha p} = \bar{t}_{\delta p} = \bar{v}_{rp} = 0$.

Das große Material der *Eigenbewegungen* erlaubt verhältnismäßig gute Bestimmungen der Richtung der Sonnenbewegung, des Sonnenapex, in Bezug auf bestimmte Teilmengen der Sterne. Dabei stehen nur die beiden ersten Gleichungen (II.39) zur Verfügung. Unter der Annahme räumlicher Invarianz der Geschwindigkeitsverteilung kann man durch Ausgleichsrechnung die drei Unbekannten

$$\frac{\bar{p}}{K}u_\odot,\ \frac{\bar{p}}{K}v_\odot,\ \frac{\bar{p}}{K}w_\odot$$

bestimmen, wobei $\bar{p}$ einen geeignet gewählten Mittelwert der Parallaxen der verwendeten Sterne bezeichnet. Aus Gl. (I.29) ergeben sich weiter die äquatorialen Koordinaten des Apex $A_\odot$, $D_\odot$; der Betrag der Sonnengeschwindigkeit $S_\odot$ bleibt jedoch offen, solange $\bar{p}$ nicht bekannt ist. Da $\bar{p}$ von der galaktischen Breite abhängen muß, sollten jeweils Zonen galaktischer Breite getrennt behandelt werden.

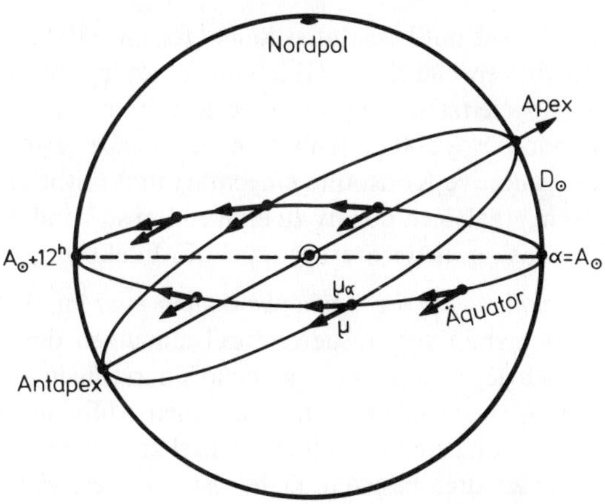

Abb. II.19: Auswirkung der Sonnenbewegung auf die Eigenbewegungskomponenten μ_α von Sternen am Himmelsäquator.

Wegen seiner Anschaulichkeit und Einfachheit sei hier noch ein grobes Näherungsverfahren zur Bestimmung von $A_\odot$ und $D_\odot$ skizziert: Wären alle Sterne raumfest, so daß allein die Sonnenbewegung Anlaß zu Eigenbewegungen gäbe, dann müßten

Sterne am Himmelsäquator das in Abb. II.19 skizzierte Verhalten der EB-Komponenten μ_α zeigen: Bei den Rektaszensionen des Apex und des Antapex wird jeweils $\mu_\alpha = 0$ und es tritt ein Vorzeichenwechsel auf. Daher läßt sich $A_\odot$ einfach ermitteln durch Abzählen der Vorzeichen der μ_α in einem Sternkatalog für Sterne um den Äquator, beispielsweise mit $|\delta| < 40°$, und Auftragen der Differenz $N_+ - N_-$ zwischen den Anzahlen der Sterne mit $\mu_\alpha > 0$ und mit $\mu_\alpha < 0$ jeweils für ganze Stunden in α. Ein Beispiel zeigt Abb. II.20. Infolge der tatsächlich vorhandenen Pekuliarbewegungen ergibt sich keine Rechteckform der Verteilung, man kann aber gut ablesen $A_\odot \approx 18^h$. Durch eine analoge Diskussion der Vorzeichen der EB-Komponenten μ_δ von Sternen nahe bei einem Kreis durch die Himmelspole und die Äquatorpunkte $\alpha = A_\odot$ bzw. $\alpha = A_\odot + 12^h$ kann hiernach auch $D_\odot(\mu_\delta = 0$, Vorzeichenumkehr) gefunden werden. Man erhält $D_\odot \approx +30°$.

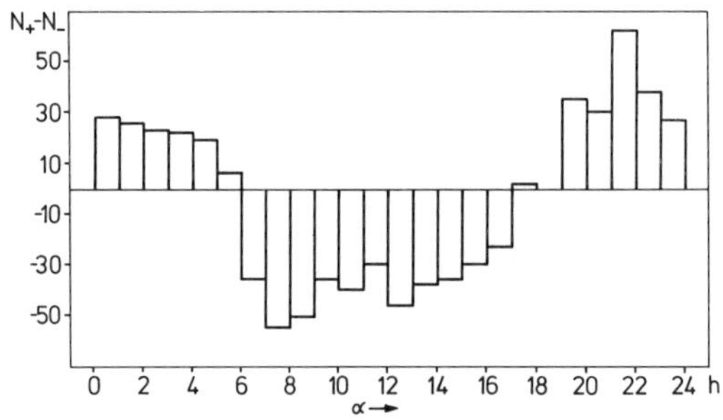

Abb. II.20: Vorzeichenhäufigkeit $N_+ - N_-$ der EB-Komponente μ_α für die Sterne des vierten Fundamentalkataloges (FK4) mit $|\delta| < 40°$. Erläuterung im Text.

Für Sterne mit bekannten *Radialgeschwindigkeiten* können durch Ausgleichung mit der dritten Gleichung (II.39) direkt $u_\odot$, $v_\odot$, $w_\odot$ und damit neben $A_\odot$ und $D_\odot$ auch $S_\odot$ abgeleitet werden – ohne Kenntnis von Entfernungen. Für die B-Sterne des Bereichs $r \lessapprox 500$ pc fand man eine Verbesserung der Darstellung, wenn zusätzlich eine additive Konstante eingeführt und mitbestimmt wurde. Dieser sogenannte **K-Term** ergab sich positiv zu einigen km s^{-1} und er entspricht damit einer schwachen Expansion dieser Sterngruppe („K-Effekt").

Ergebnisse für die Sonnenbewegung sind in Bezug auf viele, nach verschiedenen Gesichtspunkten ausgewählte Teilmengen der Sterne abgeleitet worden, und sie weisen gegeneinander erhebliche Unerschiede auf. Der Grund dafür liegt darin, daß Sterne verschiedenen physikalischen Aufbaues, verschiedener chemischer Zusammensetzung und verschiedenen Alters im allgemeinen verschiedene kinematische Eigenschaften besitzen. Daher ist der Wert vieler älterer Untersuchungen von Mischungen kinematisch homogener Gruppen, wie etwa aller hellen Sterne mit $m < 6$, nur noch sehr begrenzt. So dient die Sonnenbewegung bezüglich der Hauptmasse der helleren, in den EB- und RG-Katalogen enthaltenen Sterne (Hauptreihe A ... G, Riesen, Überriesen) lediglich noch als konventioneller Näherungswert, der allgemein als „Standard-Apex“ bezeichnet wird, mit den äquatorialen Koordinaten $A_{\odot} = 18^h \triangleq 270°$, $D_{\odot} = +30°$, einer Position im Sternbild Herkules, und $S_{\odot} = 20$ km s^{-1}.

Tabelle II.9: Sonnenbewegung in galaktischen Koordinaten ($L_{\odot}$, $B_{\odot}$, $S_{\odot}$), Geschwindigkeitsstreuungen (Σ_U, Σ_V, Σ_W) und galaktische Länge der Vertexrichtung l_1 (= Richtung der großen Achse des Geschwindigkeitsellipsoids) für verschiedene Spektral- und Leuchtkraftgruppen

Sterntypen	$L_{\odot}$	$B_{\odot}$	$S_{\odot}$ [km s^{-1}]	Σ_U	Σ_V [km s^{-1}]	Σ_W	l_1
Hauptreihe							
A0 ... F3	43°	+33°	14	20	9	9	19°
F4 ... F8	51	+23	17	27	17	17	13
F9 ... G1	56	+15	26	26	18	20	2
G2 ... G7	70	+11	24	32	17	15	14
G8 ... K2	55	+23	20	28	16	11	3
K3 ... K6	68	+14	25	35	20	16	11
K8 ... M2	68	+25	17	32	21	19	8
M3 ... M6	64	+23	23	31	23	16	353
Riesen							
A	41	+30	21	22	13	9	27
F	43	+19	29	28	15	9	14
G0 ... G8	57	+28	15	26	18	15	12
G9 ... K5	62	+18	21	31	21	17	18
M	76	+18	20	31	23	16	7
Überriesen							
F ... M	56	+25	16	13	9	7	18

In bezug auf verschiedene Sterngruppen jeweils gleicher Spektral- und Leuchtkraftklasse, ergeben sich – in Übereinstimmung mit den Resultaten für den Bereich $r \lesssim 20$ pc – oft signifikant verschiedene Werte der Apexkoordinaten und der Sonnengeschwindigkeit. Eine Zusammenstellung von Ergebnissen enthält Tabelle II.9. Diese Zahlen geben nur einen groben Überblick zur Kinematik der Sterne, denn es hat sich gezeigt, daß die Sterne einer bestimmten Spektral- und Leuchtkraftgruppe häufig noch keine homogene kinematische Gruppe bilden.

Beim Übergang von frühen zu späten Hauptreihensternen ist eine systematische Zunahme von $L_{\odot}$ und $S_{\odot}$ angedeutet, die einem Anwachsen der Komponente $V_{\odot}$ entspricht, wie bereits für die sonnennahen Sterne diskutiert (Tabelle II.8). Die späteren, im Mittel älteren Typen zeigen also gegenüber den durchschnittlich jüngeren A-Sternen eine nach der negativen V-Achse (entgegen der galaktischen Rotation) gerichtete **„asymmetrische Drift“.** In V.1.4 wird gezeigt, daß sich diese Drift zwanglos interpretieren läßt als Folge von Abweichungen der Sternbahnen um das galaktische Zentrum von konzentrischen Kreisbahnen. Deshalb zeigen auch die ebenfalls in Tabelle II.9 gegebenen (weiter unten erläuterten) Geschwindigkeitsstreuungen Σ_U, Σ_V, Σ_W eine systematische Zunahme von frühen nach späten Typen hin. Es läge somit nahe, ein ausgezeichnetes lokales Bezugssystem zu definieren, indem man etwa die empirische Relation zwischen Σ_U und $V_\odot$ auf $\Sigma_U = 0$ extrapoliert. Diesem Grenzfall würde dann die Bewegung aller betrachteten Sterne mit gleicher Geschwindigkeit auf einer Kreisbahn entsprechen. Man darf jedoch erwarten, daß bereits das Zentroid der A-Sterne eine gute Annäherung an ein solches *dynamisch* definiertes lokales Bezugssystem liefert. Bezüglich der A-Sterne, K-Riesen und M-Zwerge mit Entfernungen bis zu etwa 100 pc ergab sich für die Sonnenbewegung im galaktisch orientierten UVW-System (J. Delhaye 1965)

$$U_\odot = +9 \text{ km s}^{-1},\ V_\odot = +11 \text{ km s}^{-1},\ W_\odot = +6 \text{ km s}^{-1}, \qquad \text{(II.40)}$$

entsprechend $L_\odot = 51°$, $B_\odot = +23°$, $S_\odot = 15.4 \text{ km s}^{-1}$ (Abb. II.21). Dieses Resultat wird heute allgemein als **Basic solar motion** bezeichnet. Es gilt als gute Annäherung an die *Pekuliarbewegung der Sonne relativ zur Kreisbahnbewegung der galaktischen Rotation* am Ort der Sonne (Weiteres V.1.4, S. 462) und definiert das gegenwärtig als repräsentativ angesehene lokale Bezugssystem (Local Standard of Rest, abgekürzt LSR). Bezüglich der OB-Sterne und der klassischen Cepheiden mit $r \lessapprox 1$ kpc ergeben sich angenähert dieselben Werte.

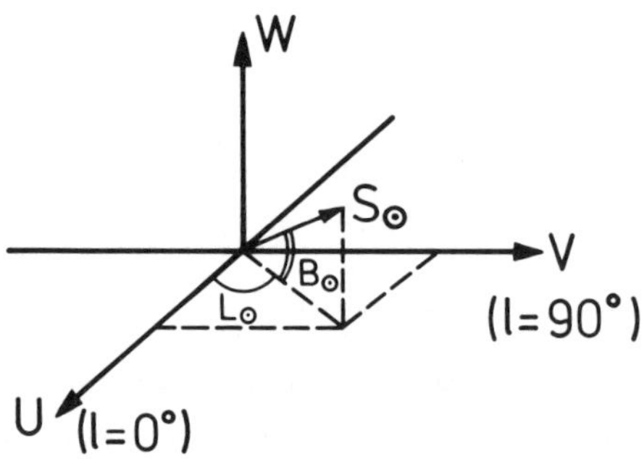

Abb. II.21: Lage des Vektors der Sonnenbewegung im galaktisch orientierten Koordinatensystem.

Geschwindigkeitsellipsoid: Wir besprechen zunächst die Gewinnung von Aussagen auf der Basis von *Radialgeschwindigkeiten*, weil dieser Weg direkt und ohne Kenntnis der Entfernungen der Sterne zum Ziel führt. Die Annahme einer ellipsoidischen Geschwindigkeitsverteilung der Pekuliargeschwindigkeiten in Form einer dreidimensionalen Normalverteilung bedeutet, daß für eine feste Richtung (α, δ) auch die Verteilungen $\Psi(t_\alpha, t_\delta, v_r | \alpha, \delta)$ und weiter insbesondere

$$\Psi_r(v_r | \alpha, \delta) = \iint\limits_{-\infty}^{+\infty} \Psi(t_\alpha, t_\delta, v_r | \alpha, \delta)\, \mathrm{d}t_\alpha\, \mathrm{d}t_\delta$$

Normalverteilungen sind. Wir können also ansetzen

$$\Psi_r(v_r | \alpha, \delta) = \frac{1}{\sigma_r \sqrt{2\pi}} \exp\left\{ -\frac{(v_r - \bar{v}_r)^2}{2\sigma_r^2} \right\},$$

wobei $\bar{v}_r$ und $\sigma_r^2 = \overline{(v_r - \bar{v}_r)^2}$ von α und δ abhängen. Für ein kleines Areal an der Sphäre mit dem Mittelpunkt (α, δ) gilt nach (I.26)

$$\begin{aligned} v_r - \bar{v}_r &= \gamma_{13}\dot{x} + \gamma_{23}\dot{y} + \gamma_{33}\dot{z} - (\gamma_{13}\bar{\dot{x}} + \gamma_{23}\bar{\dot{y}} + \gamma_{33}\bar{\dot{z}}) \\ &= \gamma_{13}u + \gamma_{23}v + \gamma_{33}w \end{aligned}$$

und somit (Mittelung über alle erfaßten Sterne des Areals!)

$$\left.\begin{aligned} \sigma_r^2 = \overline{(v_r - \bar{v}_r)^2} = \gamma_{13}^2 s_{11} + \gamma_{23}^2 s_{22} + \gamma_{33}^2 s_{33} \\ + 2\gamma_{13}\gamma_{23}s_{12} + 2\gamma_{23}\gamma_{33}s_{23} + 2\gamma_{13}\gamma_{33}s_{13}\,. \end{aligned}\right\} \qquad \text{(II.41)}$$

Die s_{ik} sind identisch mit den in II.2.2, Gl. (II.23) eingeführten Elementen der Streuungsmatrix der Pekuliargeschwindigkeiten ($u = u_1$, $v = u_2$, $w = u_3$). Hat man $\sigma_r^2(\alpha, \delta)$ für viele kleine Felder in verschiedenen Richtungen bestimmt, so lassen sich die sechs Elemente $s_{ik} = s_{ki}$ unter der Voraussetzung räumlicher Invarianz der Geschwindigkeitsverteilung $\psi(u, v, w)$ aus einem System von Gleichungen des Typs (II.41) mit bekannten Koeffizienten γ_{ik} durch Ausgleichung gewinnen. Aus den s_{ik} folgen weiter die Streuungen Σ_j in den drei Hauptachsen und deren Richtungen (α_j, δ_j) bzw. (l_j, b_j) (II.2.2, Gln. II.24 bis II.26).

Geht man von *Eigenbewegungen* aus, dann erweist es sich als zweckmäßig nicht die (II.41) entsprechenden, auf den jeweiligen Mittelwert bezogenen Streuungen, sondern direkt $\overline{t_\alpha^2}$, $\overline{t_\delta^2}$ und $\overline{t_\alpha t_\delta}$ zu bilden, weil dann der stets problematische Mittelwert des Quadrats der Parallaxe $\overline{p^2}$ einfach als Faktor auftritt. Man erhält beispielsweise

$$\overline{t_\alpha^2} = \gamma_{11}^2 s_{11}' + \gamma_{21}^2 s_{22}' + \gamma_{31}^2 s_{33}' + 2\gamma_{11}s_{12}' + 2\gamma_{21}\gamma_{31}s_{23}' + 2\gamma_{11}\gamma_{31}s_{13}' \qquad \text{(II.42)}$$

mit

$$\begin{aligned} s_{11}' &= \overline{\dot{x}^2} = \overline{(u - u_\odot)^2} = \overline{u^2} - u_\odot^2 = s_{11} - u_\odot^2 \\ s_{12}' &= \overline{\dot{x}\dot{y}} = \overline{(u - u_\odot)(v - v_\odot)} = s_{12} + u_\odot\, v_\odot \end{aligned}$$

usw.

Für die Momente der EB-Komponenten $\overline{(\mu_\alpha'')^2}$, $\overline{(\mu_\delta'')^2}$ und $\overline{(\mu_\alpha''\mu_\delta'')}$ folgen mit (I.26) Ausdrücke der Art (II.42), jedoch mit dem Faktor $\overline{p^2}(b)/K$ auf den rechten Seiten. Ohne Kenntnis dieses Faktors lassen sich nur die Richtungen der Achsen des Geschwindigkeitsellipsoides und die Verhältnisse der Streuungen $\Sigma_1 : \Sigma_2 : \Sigma_3$, also die Form des Ellipsoids ermitteln. Man kann jedoch die „absolute Skala" der Σ_j durch Hinzunahme von RG-Daten ermitteln. Dieser Weg ist erstmals 1924 von C. V. L. Charlier bei der Bearbeitung der EB von 4182 Sternen mit $m < 6$ aus dem Preliminary General Catalogue von Boss beschritten worden.

Die Ableitung der Geschwindigkeitsverteilung von absolut helleren Sternen, die in relativ großen Raumgebieten erfaßt werden können, erfordert die Elimination des Effektes der in II.5.2 behandelten differentiellen galaktischen Rotation – bei hohen Genauigkeitsansprüchen bereits für Entfernungen $r > 100$ pc. Das heißt, von den erhaltenen Pekuliargeschwindigkeiten (U, V, W) muß die vektorielle Differenz zwischen der lokalen Kreisbahngeschwindigkeit am Ort der Sonne und der Kreisbahngeschwindigkeit am Ort des Sternes subtrahiert werden. Die so erhaltenen Pekuliargeschwindigkeiten (U^*, V^*, W^*) gelten dann stets *relativ zum lokalen Bezugssystem für den Ort des Sternes.* Man erhält (vgl. Abb. II.45, S. 168)

$$\left.\begin{aligned} U^* &= U - \Theta(R)\cdot\eta\cdot R^{-1} \\ V^* &= V - \Theta(R)\cdot(R_0-\xi)\cdot R^{-1} + \Theta_0 \\ W^* &= W\,. \end{aligned}\right\} \qquad \text{(II.43)}$$

Dabei bezeichnen $R = \sqrt{(R_0-\xi)^2+\eta^2}$ und R_0 die Abstände des Sternes bzw. der Sonne vom galaktischen Zentrum, $\Theta(R)$ und Θ_0 die entsprechenden Kreisbahngeschwindigkeiten und $\xi = r\,\cos l\,\cos b$, $\eta = r\,\sin l\,\cos b$ die rechtwinkligen galaktischen Koordinaten des Sternes (ξ-Richtung: $l = 0°$, $b = 0°$).

Die vorliegenden *Ergebnisse* für das Geschwindigkeitsellipsoid der normalen Sterne mit Spektraltypen A ... M für größere Bereiche um die Sonne bestätigen den für $r \lessapprox 20$ pc erhaltenen Befund (Abb. II.18), wonach die Hauptachsen nahe mit den Richtungen des galaktisch orientierten UVW-Systems zusammenfallen. In Tabelle II.9 sind deshalb die Streuungen Σ_U, Σ_V und Σ_W *in den Koordinatenachsen* gegeben. Σ_U ist stets wesentlich größer als $\Sigma_V \approx \Sigma_W$. Die galaktische Länge l_1 der großen Ellipsoidachse (letzte Spalte) charakterisiert die sogenannte Vertexabweichung (von der Richtung zum galaktischen Zentrum). Die Unsicherheiten der Streuungswerte liegen etwa zwischen ± 1 km s^{-1} (bei A-Sternen) und ± 4 km s^{-1} (bei den späten Zwergen). Übereinstimmend mit Tabelle II.8 für die sonnennahen Sterne ist eine systematische Zunahme der Σ-Werte beim Übergang von frühen nach späten Spektraltypen klar ausgeprägt, wobei sich aber die Verhältnisse Σ_U/Σ_V und Σ_U/Σ_W nur relativ wenig ändern.

Bei den *OB-Sternen* ist zu beachten, daß diese Objekte häufig zu Assoziationen gruppiert auftreten mit einer geringen inneren Bewegung (< 3 km s^{-1} in den Komponenten). Als Ganzes haben die OB-Assoziationen mittlere Geschwindigkeiten gegenüber dem lokalen Bezugssystem von der Größenordnung $\Sigma \approx \pm 10$ km s^{-1}. Ähnlich geringe Geschwindigkeitsstreuungen ergaben sich für die *klassischen Cepheiden,* die im Mittel etwas älter sind als die OB-Sterne: Eine Untersuchung auf der Basis von Radialgeschwindigkeiten, Eigenbewegungen und photometrischen Entfernungen für den Raumbereich $r \lessapprox 1$ kpc lieferte (nach R. Wielen 1973):

$$\Sigma_U = \pm 8 \text{ km s}^{-1},\ \Sigma_V = \pm 7 \text{ km s}^{-1},\ \Sigma_W = \pm 5 \text{ km s}^{-1}.$$

Alle diese relativ jungen Objekte zeigen damit im wesentlichen noch die kinematischen Eigenschaften des interstellaren Mediums, aus dem sie entstanden sind, von etwa ± 6 km s^{-1} (III.1.5).

Lokale Bewegungsgruppen: Die Ableitung von Raumgeschwindigkeiten für zahlreiche Sterne der Sonnenumgebung hat zu der Erkenntnis geführt, daß neben den typischen Sternhaufen auch an der Sphäre weit verstreute Sterne eine Bewegungsgruppe mit nahezu gleichen Geschwindigkeitsvektoren aller Mitglieder bilden können. So besitzen zahlreiche Sterne im Taurus praktisch dieselben Geschwindigkeitskomponenten wie die Hyaden, nämlich $(U, V, W) = (-30, -5, +5)$, jeweils in km s^{-1} und bezogen auf das lokale Zentroid, definiert durch (II.40). Einen anderen Sternstrom bilden Sterne im Bereich Ursa Major, darunter fünf der Sterne des „großen Wagens", und eine Gruppe von Sternen um den Sirius, diesen selbst eingeschlossen. Die Geschwindigkeitskomponenten des Ursa-Major-Sirius-Stroms liegen bei $(U, V, W) = (+23, +13, -3)$. In der UV-Ebene des Geschwindigkeitsraumes erzeugen diese beiden Sternströme Maxima der Besetzungsdichte, die entweder in den ersten Quadranten $(U > 0,\ V > 0)$ oder in den dritten Quadranten $(U < 0,\ V < 0)$ fallen und damit eine Vertexabweichung vortäuschen können. Da sich auch für Sterntypen, deren Raumgeschwindigkeiten keine Ströme erkennen lassen – ein Beispiel sind die M-Zwerge mit Emissionslinien – signifikante Vertexabweichungen ergeben, dürften aber die in der Tabelle II.9 aufgeführten Werte l_1 im wesentlichen eine andere Ursache haben (s. V.1.4).

Ein weiteres lokales Bewegungsphänomen drückt sich in dem bereits erwähnten K-Effekt der helleren B-Sterne aus. Es sind dies jene Objekte, deren scheinbare Verteilung dem Gouldschen Gürtel (II.1.2) folgt.

Kinematische Gruppen und Alter der Sterne: Nach den üblichen spektralen Kriterien der gleichen Spektral- und Leuchtkraftklasse zugeordnete Sterne mittleren oder späten Typs können sich im Alter erheblich unterscheiden (lange Verweilzeit auf der Hauptreihe!). Darüber hinaus hat man in ihren Atmosphären von Stern zu Stern erhebliche Unterschiede in den relativen Häufigkeiten der höhren Elemente ab Kohlenstoff („Metalle") gefunden. Ältere Sterne dürften infolge wiederholter Gravitationswechselwirkungen mit anderen Sternen und mit massereichen interstellaren Wolken andere kinematische Eigenschaften besitzen als junge Objekte; theoretische Betrachtungen lassen eine höhere Geschwindigkeitsstreuung erwarten. Für sehr alte Sterne, die in einem frühen Stadium der Galaxis entstanden sind, hat man erst recht eine eigene Kinematik zu erwarten.

Diese qualitativen Überlegungen werden durch die Beobachtungen bestätigt: Die in Tabelle II.9 gezeigte Zunahme der Geschwindigkeitsstreuungen Σ_i nach späten Spektraltypen hin bedeutet, daß im Durchschnitt ältere Sterngruppen größere Σ_i aufweisen; die verhältnismäßig kurzlebigen A-Sterne dürften danach eine kinematisch angenähert homogene Gruppe bilden. Weiter zeigt sich, daß spektrale Kriterien, die den **Metallgehalt** charakterisieren, nämlich die Stärke der Metallinien, generell mit dem kinematischen Verhalten korreliert sind. Beispielsweise ergaben sich für Gruppen von F-Sternen mit jeweils einem bestimmten mittleren Metalldefizit gegenüber der Sonnenatmosphäre, gemessen durch die Größe (metallicity)

$$[M/H] = \log(M/H) - \log(M/H)_\odot,$$

Werte der Geschwindigkeitsstreuung Σ_W, die bei abnehmender relativer Metallhäufigkeit von $[M/H] \approx 0$ auf $[M/H] = -1.5$ von etwa $\Sigma_W = 20$ km s^{-1} auf $\Sigma_W \approx 60$ km s^{-1} anwachsen. Einen Extremfall bilden die besonders metallarmen Unterzwerge, mit $[M/H] \approx -2$, auf deren Kinematik wir weiter unten eingehen. Auf der Grundlage von Integralhelligkeiten des *UBV*- oder *uvby*-Systems (PSS I.2.11) wird das Metalldefizit häufig durch den Ultraviolettexzeß $\delta(U-B) = |(U-B)-(U-B)_0|$ bzw. den Metallinien-Index $m_1 = (v-b)-(b-y)$ charakterisiert.

Tabelle II.10: Kinematische Eigenschaften ($V_\odot$ = V-Komponente der Sonnenbewegung, Σ_U = Streuung der Komponente U, Σ = gesamte Geschwindigkeitsstreuung) und Alter τ von rund 180 sonnennahen K- und M-Zwergsternen in Abhängigkeit von der Stärke (HK) der Emission in den CaII-Linien H und K (in einer willkürlichen Skala). (Nach H. Jahreiß und R. Wielen)

HK	$V_\odot$ [km s^{-1}]	Σ_U [km s^{-1}]	Σ [km s^{-1}]	τ [Jahre]
+8 ... +3	12	19	26	$3 \cdot 10^8$
+2	15	24	34	$1 \cdot 10^9$
+1	21	32	46	$3 \cdot 10^9$
0	19	40	53	$5 \cdot 10^9$
−1	41	56	82	$7 \cdot 10^9$
−2 ... −5	27	66	92	$9 \cdot 10^9$

Als reines Alterskriterium hat sich bei den K- und M-Zwergen das Auftreten und die Stärke einer Emission in den CaII-Linien H und K erwiesen. Tabelle II.10 zeigt den Zusammenhang zwischen der Linienstärke (HK) einerseits und $V_\odot$, Σ_U und $\Sigma = [\Sigma_U^2 + \Sigma_V^2 + \Sigma_W^2]^{1/2}$ andererseits. Dabei ist die Linienstärke in einer willkürlichen Skala gegeben, die von HK = +8 (sehr stark) bis HK = −5 (sehr schwach oder keine Emission) reicht. Wie man sieht, wachsen sowohl die Geschwindigkeitsstreuungen als auch die durch $V_\odot$ bestimmte „asymmetrische Drift" (s. oben) monoton mit abnehmender CaII-Emission. Die letzte Spalte enthält mittlere „kinematische" Alter, die aus dem Zusammenhang zwischen den Σ-Werten der Tabelle II.8 und den auf S. 118 angegebenen mittleren Altern gewonnen wurden. Eine unabhängige Testmöglichkeit dafür bieten die Hyaden. Für die späten Zwergsterne dieses Sternhaufens wurde HK = +3 beobachtet. Das theoretisch bestimmte Entwicklungsalter des Haufens (PSS VI.3.3) folgt zu etwa $8 \cdot 10^8$ Jahren und liegt damit nahe bei dem nach Tabelle II.10 zu erwartenden Wert.

Asymmetrie der großen Pekuliargeschwindigkeiten: Die Darstellung der Flächen gleicher Punktdichte im Geschwindigkeitsraum durch Ellipsoide ist nur für Sterne mit Geschwindigkeitsbeträgen kleiner als etwa 60 km s^{-1} befriedigend möglich. Dies ist bereits in Abb. II.18 zu erkennen. Nimmt man auch die Sterne mit Geschwindigkeiten größer als 60 km s^{-1} hinzu, diese Objekte werden als **Schnelläufer** bezeichnet (im Englischen: high velocity stars), dann zeigt sich eine starke Asymmetrie der Verteilung bezüglich der zum galaktischen Zentrum weisenden U-Achse. Dies wird durch Abb. II.22 veranschaulicht. Hier sind U und V auf das lokale Zentroid bezogen. In Richtung der positiven V-Achse ($l = 90°$) nimmt die Besetzungsdichte wesentlich rascher ab als in der entgegengesetzten Richtung, der negativen V-Achse. Der einhüllende Kreis charakterisiert schematisch den von Schnelläufern besetzten Bereich. In der W-V-Ebene sieht die Verteilung bezüglich der Sterne mit hohen Geschwindigkeiten ähnlich aus.

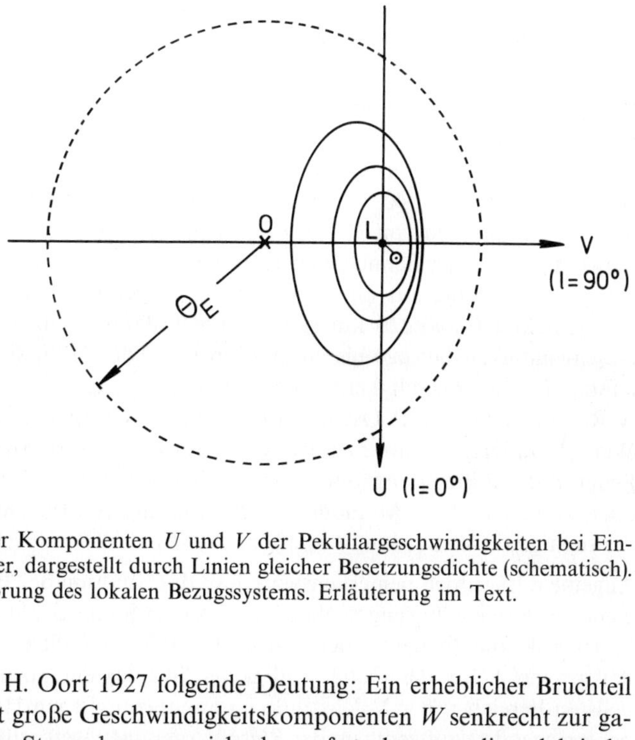

Abb. II.22: Verteilung der Komponenten U und V der Pekuliargeschwindigkeiten bei Einbeziehung der Schnelläufer, dargestellt durch Linien gleicher Besetzungsdichte (schematisch). L kennzeichnet den Ursprung des lokalen Bezugssystems. Erläuterung im Text.

Diesem Befund gab J. H. Oort 1927 folgende Deutung: Ein erheblicher Bruchteil der Schnelläufer besitzt große Geschwindigkeitskomponenten W senkrecht zur galaktischen Ebene. Diese Sterne bewegen sich also auf stark gegen die galaktische Ebene geneigten Bahnen um das galaktische Massenzentrum. Die Gesamtheit der Schnelläufer erfüllt offenbar ein kugelförmiges oder nur leicht abgeplattetes Volumen, dessen Mittelpunkt das galaktische Zentrum ist. Es liegt deshalb nahe anzunehmen, daß dieses Untersystem von Sternen keine oder nur eine schwache Rotationsbewegung ausführt. Dann darf der Mittelpunkt O des in Abb. II.22 eingezeichneten Grenzkreises relativ zum galaktischen Zentrum als ruhend betrachtet werden. Das lokale Bezugssystem, und damit die normalen Sterne kleiner Pekuliargeschwindigkeit, bewegen sich demgegenüber mit der durch den Abstand $\overline{OL}$ gegebenen Geschwindigkeit senkrecht zur Zentrumsrichtung, die damals von H. Shapley mit dem Mittelpunkt des Systems der Kugelhaufen identifiziert worden war. $\overline{OL}$ stellt also die lokale Kreisbahngeschwindigkeit Θ_0 der galaktischen Rotation dar. Im U-V-W-Geschwindigkeitsraum müssen sich die Bildpunkte der Schnelläufer innerhalb einer Kugel mit dem Mittelpunkt O befinden, die durch

$$U^2 + (\Theta_0 + V)^2 + W^2 = \Theta_E{}^2$$

gegeben ist, wobei Θ_E die Entweichgeschwindigkeit aus dem galaktischen System vom Ort der Sonne aus bezeichnet. Oort interpretierte deshalb den auf der V-Achse gemessenen Abstand zwischen dem Punkt O und der aus dem steilen Abfall der Besetzungsdichte abgeleiteten oberen Grenze der positiven V-Werte als Entweichgeschwindigkeit Θ_E. Hiervon ausgehend ist dann versucht worden, den Grenzkreis in der $U-V$-Ebene (Abb. II.22) und damit den Punkt O festzulegen, dessen Abstand vom lokalen Zentroid L gerade Θ_0 beträgt.

Bestimmungen von Θ_0 auf diesem Wege ergaben Werte um 275 km s^{-1}. Dabei wurde von einer oberen Grenze der positiven V-Werte von 65 bis 100 km s^{-1}, entsprechend $\Theta_E = 340 \ldots 375$ km s^{-1} ausgegangen. Diese Ergebnisse sind durch neue Bestimmungen von Θ_E in Zweifel gezogen worden. Berechnet man die Geschwindigkeiten der Schnelläufer *relativ zum galaktischen Zentrum* unter Zugrundelegung der heute aus anderen Gründen angenommenen lokalen Kreisbahngeschwindigkeit $\Theta_0 = 220$ km s^{-1} (s. II.5.2), dann ergeben sich für einige Sterne Geschwindigkeitsbeträge bis zu 500 km s^{-1}. Die Diskussion der Häufigkeitsverteilung der Geschwindigkeiten führte zu der Aussage $\Theta_E = 550 \ldots 650$ km s^{-1} (J. A. R. Caldwell und J. P. Ostriker 1979). Die vorher genannten, wesentlich kleineren Werte resultierten wahrscheinlich wegen der zu geringen Anzahl bekannter Schnelläufer in der Sonnenumgebung mit V-Komponenten $\gtrapprox 60$ km s^{-1}. Damit versagt aber die beschriebene Methode zur Bestimmung von Θ_0, wenngleich die Resultate die richtige Größenordnung besitzen.

Allgemein ist jedoch bemerkenswert, daß das Studium der Bewegungen der Sterne einer verhältnismäßig engen Nachbarschaft der Sonne Schlüsse auf die großräumige Kinematik und Dynamik der ganzen Galaxis ermöglicht. Auch die Ausrichtung der großen Achse des Geschwindigkeitsellipsoids der normalen Sterne nach den hellsten Bereichen der Milchstraße im Sagittarius ist ein Hinweis darauf, daß das beherrschende Kraftzentrum der Sternbewegungen weit außerhalb der Sonnenumgebung in dieser Richtung zu suchen ist (V.1.4).

Zu den Objekten mit einer starken Asymmetrie der Verteilung ihrer Pekuliargeschwindigkeiten gehören auch die kugelförmigen Sternhaufen. Wie aus Tabelle II.11 hervorgeht, liegt der Mittelwert der V-Komponenten hier bei $\bar{V} \approx -200$ km s^{-1}. Wenn das System der Kugelhaufen als Ganzes nicht an der galaktischen Rotation teilnimmt, ist damit der Ursprungspunkt O in Abb. II.22 bestimmt und wir erhalten

$\Theta_0 \approx 200$ km s^{-1}. Die größten beobachteten Geschwindigkeiten von Kugelhaufen relativ zum galaktischen Zentrum lassen einen Wert von Θ_E etwas oberhalb von 500 km s^{-1} erwarten.

Tabelle II.11: Mittelwert der V-Komponente (Richtung $l = 90°$, $b = 0°$) relativ zum lokalen Bezugssystem sowie Geschwindigkeitsstreuungen Σ_W und Σ für verschiedene Untergruppen der Sterne mit großen Pekuliargeschwindigkeiten. ΔS ist der Preston'sche Spektralindex (PSS II.2.1). Sein Betrag ist mit dem Defizit an Metallen korreliert: $[M/H] = -0.16\ \Delta S - 0.23$ (nach D. Butler 1975)

Untergruppe	Anzahl der benutzten Objekte	$\bar{V}$ [km s^{-1}]	Σ_W [km s^{-1}]	Σ [km s^{-1}]
Normale Schnelläufer	598	− 53	40	120
Unterzwerge $\delta(U-B) > 0.15$	128	−230	90	260
Mira-Sterne mit Perioden				
P = 140 ... 200 Tagen	68	−100	60	140
200 ... 250	94	− 60	50	80
250 ... 300	112	− 30	30	80
300 ... 350	127	− 20	35	60
350 ... 400	59	− 10	20	60
RR Lyrae-Sterne mit				
$P = 0.1^d \ldots 0.4^d$ } $\Delta S < 5$	19	− 20	30	90
0.4 ... 0.6 } $\Delta S < 5$	26	− 90	80	170
$P = 0.2 \ldots 0.4$ } $\Delta S > 5$	9	−130	80	120
0.4 ... 0.6 } $\Delta S > 5$	35	−140	85	200
0.6 ... 0.8 } $\Delta S > 5$	20	−250	80	220
Kugelförmige Sternhaufen	70	−170	~100	~200

Eine direkte Bestätigung der Bewegung des lokalen Bezugssystems in Richtung $l \approx 90°$, $b \approx 0°$ ist aus den Radialgeschwindigkeiten von extragalaktischen Sternsystemen abgeleitet worden. Das Ergebnis: $\Theta_0 = 200 \ldots 300$ km s^{-1} ist jedoch relativ ungenau.

Die Sterne mit großen Pekuliarbewegungen sind keine einheitliche Gruppe. Sie haben jedoch das spektrale Kennzeichen abnormal schwacher Metallinien gemeinsam: Quantitative Analysen ergeben Metalldefizite [M/H] $\approx -1 \ldots -2$. Eine Untergruppe bilden die sogenannten **normalen Schnelläufer**, die im Hertzsprung-Russel-Diagramm (HRD) im Bereich der Hauptreihe oder – in geringerem Umfang – auf dem Riesenast liegen. Der Anteil dieser Objekte an der Gesamtheit der Hauptreihensterne ist bei den B- und A-Sternen sehr gering, wächst aber nach späten Typen hin an und wird dort erheblich. Man schließt daraus wieder, daß es sich um ältere Sterne handelt.

Eine andere Sterngruppe hoher Geschwindigkeit sind die **Unterzwerge**, die im HRD etwa 1^m unterhalb der Hauptreihe anzutreffen sind. Unterzwerge zeigen normale Wasserstofflinien, entsprechend Spektraltypen F ... K, jedoch sind die bei mittleren Hauptreihensternen kleiner Pekuliargeschwindigkeit kräftigen Metallinien und beispielsweise die bei späten Typen starke Linie CaI $\lambda 4227$ Å ungewöhnlich schwach oder gar nicht erkennbar, so daß die Spektren dem Typ A ähnlich erscheinen. In dem statistischen Zusammenhang zwischen den kinematischen Eigenschaften und dem Metalldefizit, charakterisiert durch den Ultraviolettexzeß $\delta(U-B)$, heben sich die Unterzwerge klar von den normalen Sternen ab. Abb. II.23 zeigt dies auf der Basis der Geschwindigkeitsbeträge senkrecht zur galaktischen Ebene $|W|$ und der Werte $\delta(U-B)$ für eine repräsentative Gruppe der normalen F- und G-Sterne mit $m_V < 5.5$ und für 128 Unterzwerge (vgl. auch Tabelle II.11).

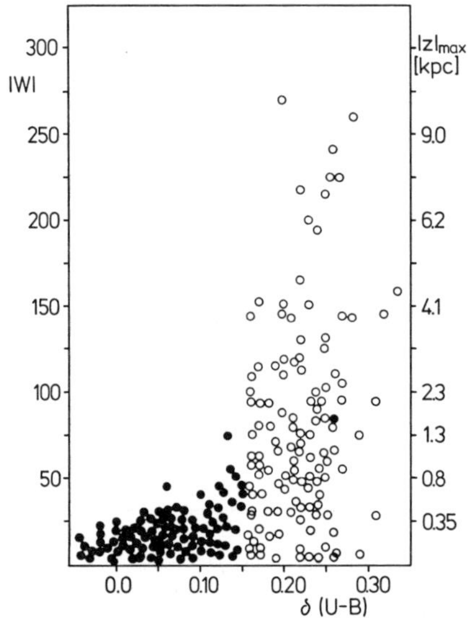

Abb. II.23: Korrelation zwischen dem Betrag der Geschwindigkeitskomponente senkrecht zur galaktischen Ebene $|W|$ in km s^{-1} und dem Ultraviolettexzeß $\delta(U-B)$ für Unterzwerge (offene Kreise) und normale Hauptreihensterne gleichen Spektraltyps ($F \dots G$). Die rechte Ordinatenskala bezieht sich auf den maximalen Abstand $|z|$ in kpc, den ein Stern mit der Geschwindigkeitskomponente $|W|$ erreichen kann. (Nach O. J. Eggen).

Auch die langperiodischen Veränderlichen vom Mira-Typ und die kurzperiodischen RR Lyrae-Sterne gehören zu den Objekten großer Pekuliargeschwindigkeit gegenüber dem lokalen Bezugssystem. Die Kinematik der beiden letzten Untergruppen wird in II.5.3 behandelt.

Ergebnisse für den Mittelwert der Komponente V relativ zum lokalen Bezugssystem („asymmetrische Drift") und die Geschwindigkeitsstreuungen Σ_W und $\Sigma = [\Sigma_U^2 + \Sigma_V^2 + \Sigma_W^2]^{1/2}$ sind für die genannten Untergruppen in Tabelle II.11 zusammengestellt. Außer den Kugelhaufen befinden sich die herangezogenen Objekte überwiegend in der Sonnenumgebung – die Mira- und RR Lyrae-Sterne meist innerhalb von Entfernungen von etwa 2 kpc. Bei den betrachteten Veränderlichen läßt die Aufteilung in Gruppen mit jeweils angenähert gleicher Periode eine signifikante Abhängigkeit der kinematischen Daten von der Periode hervortreten: Erst die Sterne in bestimmten Periodenintervallen bilden kinematisch homogene Untergruppen.

4 Großräumige Verteilung der Sterne

Die für Felder der Milchstraße bei kleinen galaktischen Breiten abgeleiteten Dichteverläufe $D(r)$ für bestimmte Spektraltypen oder Farbklassen reichen nicht weit genug, um Aussagen über die Sternverteilung in der ganzen galaktischen Scheibe vermitteln zu können. Ursache ist die nahe der galaktischen Ebene auftretende starke interstellare Extinktion des Sternlichtes (s. III.1.1.). Hier war es nur unter Beschränkung auf sehr helle stellare Objekte möglich, bis zu Entfernungen von mehreren kpc vorzudringen. (vgl. I.2.2, Tabelle I.2). Es sind dies vor allem die gemäß ihrer Verteilung an der Sphäre durchweg stark zur galaktischen Ebene konzentrierten Sterntypen: O, B, Überriesen vom Typ A und später und Cepheiden vom Typ I (PSS II.2.2).

Die in der Sonnenumgebung gefundenen Unterschiede hinsichtlich der Konzentration zur galaktischen Ebene und der kinematischen Eigenschaften zwischen verschiedenen Sterntypen zeigen, daß man eine ganze Folge von Untersystemen mit verschiedenen Ausdehnungen senkrecht zur galaktischen Ebene unterscheiden kann. Einen Fall relativ geringer galaktischer Konzentration bildet das bereits im Einleitenden Überblick anhand seines Erscheinungsbildes an der Sphäre erläuterte System der kugelförmigen Sternhaufen. Die meisten Mitgleider eines solchen wenig abgeplatteten Untersystems bieten den Vorteil, daß nur ein relativ kurzes Stück des Sehstrahls innerhalb der lichtschwächenden galaktischen Staubschicht verläuft. Sofern es sich um genügend helle Objekte handelt, ist es daher möglich, die großräumige Struktur des „galaktischen Halos" zu erfassen.

Nachdem in neuerer Zeit für ausgewählte Felder die Helligkeiten aller Sterne bis zu $m_B = 22^m \dots 23^m$ mit genügender Genauigkeit bestimmt werden konnten, ist das Problem der Analyse von Sternzählungen zur Gewinnung des großräumigen Aufbaues der Galaxis wieder aufgegriffen worden. Statt den klassichen Weg der Umkehrung der stellarstatistischen Grundgleichung einzuschlagen, wurde nun jedoch von vornherein ein „geometrisches" Modell angenommen, nämlich die aus der Helligkeitsverteilung in externen Spiralgalaxien abgeleitete Grundstruktur. Das gesetzte Ziel besteht darin, die Brauchbarkeit des Modells zu prüfen und die beschreibenden Parameter zu bestimmen (II.4.4).

4.1 OB-Sterne, junge offene Sternhaufen und OB-Assoziationen

OB-Sterne: Die Lokalisierung bestimmter Sterntypen großer Absoluthelligkeit geht grundsätzlich in zwei Schritten vor sich. Der erste Schritt besteht in der Identifizierung von Objekten der gefragten Art mit Hilfe geeignet angelegter Durchmusterungen des Himmels. Der zweite Schritt gilt den zur Entfernungsbestimmung benötigten Daten. Man verwendet die photometrische Methode an, und muß dazu für jeden Stern die absolute Helligkeit M_V und die interstellare Extinktion $\Delta m_V = A_V$ ableiten.

Die *Identifizierung* von Sternen der Harvard-Spektraltypen O ... B9 erfolgt anhand von Objektivprismen-Aufnahmen, wie sie bereits zur Bestimmung der im Henry-Draper-Katalog der Harvard-Sternwarte gegebenen Spektraltypen aller Sterne mit $\delta > -25°$ bis $m_B \approx 8.5$ herangezogen wurden (PSS I.2.1). Der Anteil der O- und B-Sterne beträgt in diesem Katalog ungefähr 1%. Weitere Sterne dieser Typen bis zu etwa $m_B = 12$ enthalten die „Henry Draper Extensions" für spezielle Areale. Das Verfahren ist jedoch auf $m_B \lessapprox 13$ beschränkt, weil sich in den sternreichen Milchstraßenfeldern für schwächere Sterne zu viele Überdeckungen der Spektren ergeben. Bis in die Nähe dieser Grenze reichen zum Beispiel die sogenannten Luminous Stars-Kataloge der nördlichen und der südlichen Milchstraße und ähnliche Ergebnisse großer Spektraldurchmusterungen nach absolut sehr hellen Sternen (O, B, AI ... GI) mit Schmidt-Spiegeln an der Hamburger Sternwarte, am Warner und Swasey Observatory in Cleveland (Ohio) und für den Südteil durch die University of Michigan und die Heidelberger Sternwarte in Chile bzw. in Südafrika. Diese Kataloge enthalten insgesamt weit über 11 000 O- und frühe B-Sterne, die zunächst nur grob in drei Unterklassen eingeschätzt wurden: OB, OB^- und OB^+. Die Kriterien dieser auf W. W. Morgan (1951) zurückgehenden „OB"-Klassifikation sind die Stärken der Balmerlinien, des Balmersprungs und der CaII-K-Linie; die Dispersion betrug etwa 600Å/mm bei der Hγ-Linie (4340 Å). Die Helligkeiten der OB-Serne wurden vorerst nur auf den Objektivprismen-Platten geschätzt.

Für den zweiten Schritt müssen umfangreiche *photometrische Beobachtungen* durchgeführt werden, die für alle Sterne der Durchmusterungskataloge genaue scheinbare Helligkeiten, beispielsweise U, B, V, und quantitative Leuchtkraftkriterien, wie etwa den Hβ-Index, liefern. Die Gewinnung der Zusammenhänge zwischen geschätzten oder photometrischen Leuchtkraftkriterien und der absoluten Helligkeit M_V selbst, stellt im Fall der OB-Sterne ein besonderes Problem dar, weil bereits die nächsten dieser relativ seltenen Objekte für die Bestimmung trigonometrischer Parallaxen zu weit entfernt sind. Die Methode der Sternstromparallaxen erfaßt auf direktem Wege nur wenige frühe Typen (im Scorpio-Centaurus-Strom), und im Bewegungshaufen mit der weitaus am besten bestimmten Entfernung, den Hyaden, kommen keine O- und B-Sterne vor. Zum Ziel geführt hat das bereits in I.2.2 beschriebene indirekte photometrische Verfahren zur Entfernungsbestimmung junger offener Sternhaufen mit OB-Sternen auf der Grundlage der Farben-Helligkeits-Diagramme. Damit sind zunächst die M_V der frühen MK-Spektralklassen ermittelt worden. In entsprechender Weise kann auch die Beziehung zwischen M_V und, beispielsweise, dem Hβ-Index (β) gewonnen werden, oder man zieht dazu jene Sterne heran, für die sowohl β als auch der MK-Typ bekannt ist, legt also die bereits abgeleitete Relation zwischen MK-Typ und M_V zugrunde (Abb. II.24). Die Unsicherheit der hiernach aus β gewinnbaren M_V liegt gegenwärtig durchschnittlich bei $\pm 0^m\!.5$.

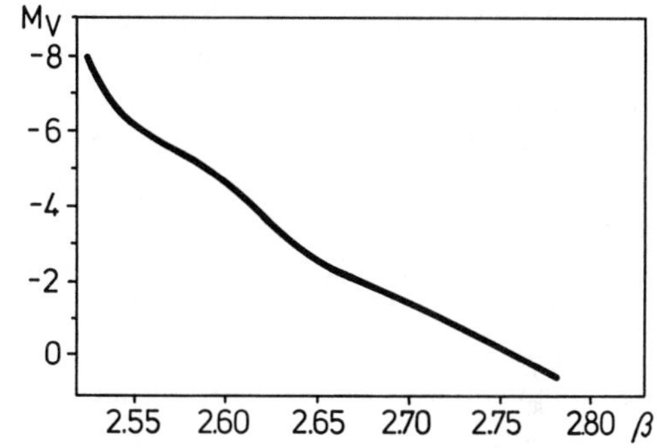

Abb. II.24: Die Beziehung zwischen der absoluten Helligkeit M_V und dem Hβ-Index (Definition s. PSS I.2.11). (Nach T. Neckel und G. Klare).

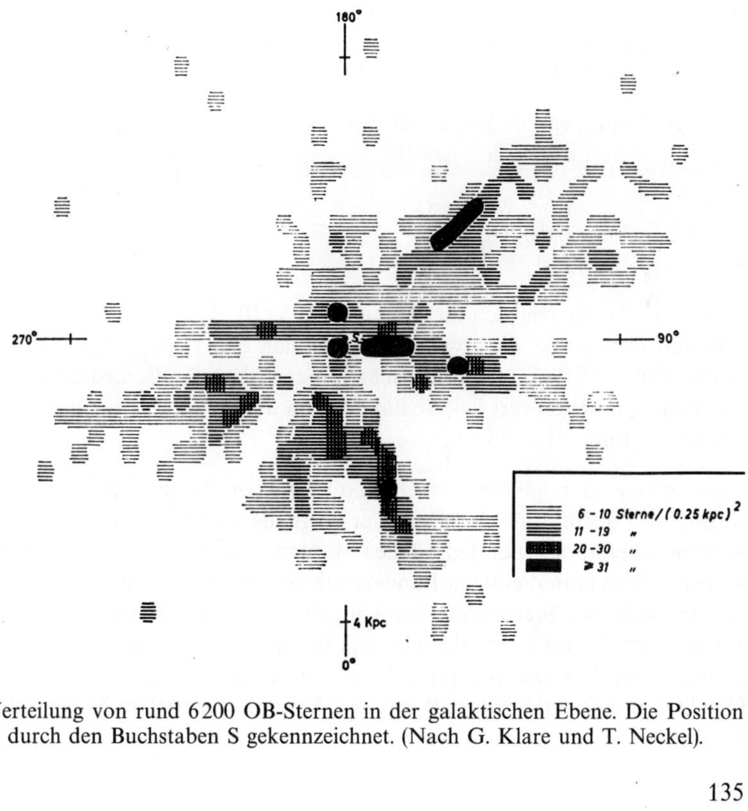

Abb. II.25: Verteilung von rund 6200 OB-Sternen in der galaktischen Ebene. Die Position der Sonne ist durch den Buchstaben S gekennzeichnet. (Nach G. Klare und T. Neckel).

MK-Spektraltypen (oder eine quantitative photometrische Klassifikation) werden auch zur Ableitung der individuellen interstellaren Extinktion A_V über den Farbexzeß $E_{B-V} = (B-V)-(B-V)_0$ benötigt (III.1.1, Gl. III.12ff.), weil ihre Beziehung zur Eigenfarbe $(B-V)_0$ bekannt ist. Anderenfalls muß A_V aus vorliegenden Ergebnissen für benachbarte Objekte interpoliert werden.

Aus V, M_V und A_V kann schließlich die Entfernung des Sternes berechnet werden. Das Ergebnis einer in der beschriebenen Weise durchgeführten Untersuchung für die Verteilung der OB-Sterne, projiziert auf die galaktische Ebene, ist in Abb. II.25 wiedergegeben. Die Reichweite beträgt etwa 4 kpc, so daß bereits großräumige Strukturen erfaßt sein sollten. Obgleich nach Gl. (I.44) allein wegen der Unsicherheit von M_V von etwa $\pm 0\overset{m}{.}5$ mit durchschnittlichen Entfernungsfehlern von 25% gerechnet werden muß, die zu einer entsprechenden Verschmierung und Verbreiterung tatsächlich vorhandener feiner Strukturen führt, erscheint der folgende Schluß gerechtfertigt: Die OB-Sterne konzentrieren sich in dem erfaßten Gebiet vorwiegend auf drei ungefähr parallele „Arme“, deren mittlerer, der sogenannte „lokale Arm“, die Sonne enthält. Schaut man sich zum Vergleich Aufnahmen typischer Spiralgalaxien an, dann erscheint es naheliegend anzunehmen, daß diese Strukturelemente Spiralarmen unseres Milchstraßensystems angehören, teilweise vielleicht auch Brükken zwischen Spiralarmen bilden. Man muß sich dabei vor Augen halten, daß auch die Spiralarme der extragalaktischen Systeme keineswegs durchweg glatte Verläufe besitzen, sondern vielmehr oft erhebliche Unregelmäßigkeiten zeigen.

Die Verteilung der OB-Sterne senkrecht zur galaktischen Ebene (Abstand z) läßt sich angenähert durch den Ansatz

$$D(z) = D_0 \cdot \left[1 + \left(\frac{z}{H}\right)^2\right]^{-1}$$

darstellen. Es ergeben sich die Werte $D_0 \approx 5 \cdot 10^{-5}$ Sterne $\cdot$ pc^{-3} (vgl. dazu Tabelle II.6) und $H \approx 50$ pc, die etwa für den Bereich $r \lessapprox 2$ kpc gültig sind. Die Konzentration der OB-Sterne zur galaktischen Ebene ist also außerordentlich stark. Häufig gibt man den Mittelwert des Abstandes von der galaktischen Ebene $\overline{|z|}$ an. Für die OB-Sterne folgt $\overline{|z|} \approx 65$ pc.

Junge offene Sternhaufen und OB-Assoziationen: Diese Objekte (PSS I.2.9) sind wegen ihrer absolut hellen Mitglieder ebenfalls bis zu Entfernungen von mehreren Kiloparsec erfaßbar. Bei den offenen Haufen handelt es sich um lockere Ansammlungen von maximal einigen hundert Sternen, wobei die Sterndichte etwa das 10- bis 100-fache der Sterndichte der Umgebung beträgt. Beispielsweise bestehen die Sternhaufen h und χ im Perseus aus je rund 300 Sternen (bis $m_V = 15^m$) und besitzen Durchmesser von etwa 15 pc. In vielen jungen offenen Haufen, d. h., in Objekten mit O- und frühen B-Sternen, konnte interstellare Materie nachgewiesen werden.

Die Benennung eines Sternhaufens erfolgt – abgesehen von den schon seit dem Altertum bekannten Objekten – in der Regel durch die (abgekürzte) Bezeichnung des Kataloges in dem er aufgeführt ist, oder den (eventuell abgekürzten) Namen des Katalog-Herausgebers, und durch seine Katalog-Nummer. Beispiele: M11 = NGC 6705, IC 4665, Haf 16, King 22. Dabei steht M für den Namen Messier, NGC für „New General Catalogue“ und IC für die als „Index Catalogue“ bezeichnete Erweiterung des NGC; Haf ist die Abkürzung für den Namen Haffner. Die Gesamtzahl der bekannten offenen Haufen beträgt rund 10^3.

Assoziationen sind lockere Ansammlungen von Sternen einer engeren Spektral- bzw. Typgruppe, in denen nur die Partialdichte dieser Objekte größer ist als in der Umgebung – und kleiner als die gesamte Sterndichte der Umgebung. Die Durchmesser der Assoziationen sind im Mittel etwa um einen Faktor 10 größer als die der offenen Haufen; die Anzahl der Mitglieder liegt bei etwa 100 bis 1000 Sternen. Neben den OB-Sternen bilden auch die noch in der Vor-Hauptreihen-Entwicklung befindlichen T Tauri-Sterne derartige Ansammlungen, sogenannte T-Assoziationen, deren Mitglieder jedoch nicht die großen Absoluthelligkeiten von OB-Sternen erreichen. Sternassoziationen sind stets mit Wolken interstellaren Gases und Staubes verbunden oder in diese eingebettet. Assoziationen von späten B- und A-Sternen, in denen Reflexionsnebel (III.1.3) auftreten, werden als R-Assoziationen bezeichnet.

Die Benennung der Sternassoziationen erfolgte zunächst durch den (abgekürzten) Namen des Sternbildes und eine vorgestellte römische Ziffer, zum Beispiel I Per, II Per usw. Inzwischen hat sich eine andere Namensgebung eingebürgert, die auch den Typ der Assoziation erkennen läßt. Zur Erläuterung mögen folgende Beispiele dienen: Per OB1 (= I Per), Per OB2 (= II Per); Cyg T1, CMa R1. Häufig sind im Bereich einer OB-Assoziation offene Sternhaufen anzutreffen, zum Beispiel *h* und χ Per in Per OB1. Die Anzahl der bekannten Assoziationen beträgt rund 10^2.

Der Begriff der Sternasssoziationen wurde von W. A. Ambarzumjan (1947) geprägt, der auch die kosmogonische Bedeutung dieser Objekte erkannte: Während bei Sternhaufen die Eigengravitation eine längerfristige Stabilität bewirken kann, sollten die ausgedehnten Assoziationen durch differentielle Bewegungen innerhalb von etwa 10^7 Jahren aufgelöst werden. Die angenähert sphärische Form wurde deshalb mit der Annahme gedeutet, daß es sich um eine expandierende Gruppe neu entstandener Sterne handelt. Die vorausgesagte Expansion konnte bei einigen OB-Assoziationen auf der Grundlage beobachteter Eigenbewegungen und Radialgeschwindigkeiten bestätigt werden (≈ 10 km s^{-1}). Danach ist das („Expansions“-) Alter dieser Objekte von der Größenordnung 10^6 Jahre. Die beobachtete allgemeine Häufigkeit der B-Sterne läßt sich mit der Annahme erklären, daß alle diese Sterne aus OB-Assoziationen hervorgegangen sind.

Grundlage für die Ableitung der räumlichen Verteilung der offenen Sternhaufen und der OB-Assoziationen ist die in I.2.2 beschriebene Methode des FHD. Neuere Ergebnisse für die Verteilung der jungen offenen Sternhaufen, in denen Spektraltypen früher als etwa B3 auftreten, über die galaktische Ebene zeigt Abb. II.26 (oben); das entsprechende Resultat für Assoziationen, in denen Überriesen enthalten sind, ist in Abb. II.26 (unten) wiedergegeben.

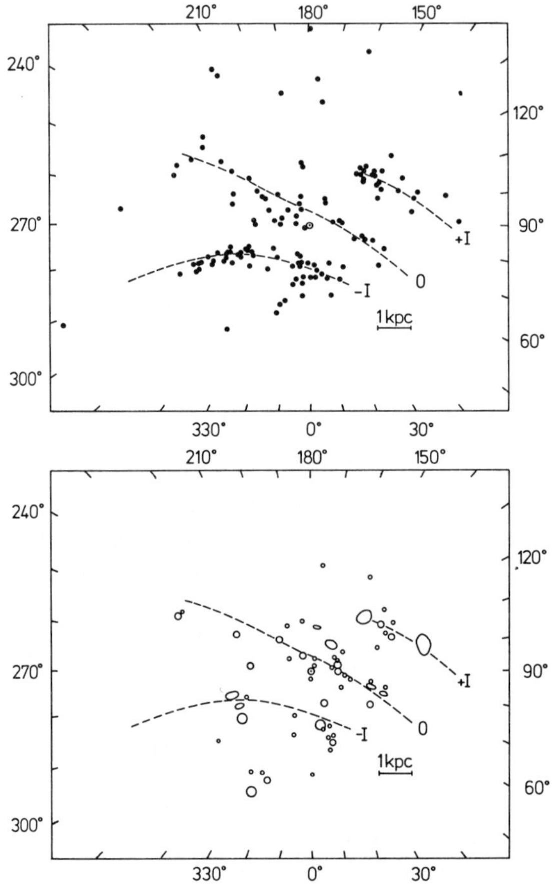

Abb. II.26: Oben: Verteilung der jungen offenen Sternhaufen. (Nach N. Vogt und A. F. J. Moffat). Unten: Verteilung von Assoziationen. (Nach R. M. Humphreys).

Berücksichtigt man auch hier wieder, daß Entfernungsfehler von etwa $\pm 25\%$ durchaus vorkommen können, dann erscheint die Realität der bereits in Abb. II.25 erkennbaren drei Armstrukturen kaum noch bezweifelbar. Gebräuchliche Bezeichnungen sind: **„Perseus-Arm“** für die „äußere“, nur bei $l < 150°$ ausgeprägte Gruppierung, **„lokaler Arm“** für den mittleren und **„Sagittarius-Arm“** oder auch „Sagittarius-Carina-Arm“ für den „inneren“, auf der Seite des galaktischen Zentrums liegenden Arm. Für den lokalen Arm findet man auch gelegentlich noch die ältere Bezeichnung „Orion-Arm“, wodurch dessen Verzweigung in die Richtung $l \approx 210°$ betont wurde. Heute werden oft die eindeutigeren Kurzbezeichnungen $+$I (Perseus-

Arm), 0 und −I verwendet. Ein noch weiter innen liegender Arm −II („Norma-Centaurus-Arm") ist angedeutet, aber allein mit diesem Material nicht verbürgbar. Die drei gesicherten Strukturelemente sind erstmals 1953 in der Verteilung der OB-Assoziationen entdeckt worden (W. W. Morgan, A. E. Whitford und A. D. Code).

Trägt man in entsprechender Weise die Bildpunkte *aller* offenen Sternhaufen auf, für die brauchbare Entfernungsbestimmungen vorliegen (rund 200 Objekte), bezieht also auch die älteren Haufen mit frühesten Spektraltypen später als B3 ein, dann verwischen sich die Armstrukturen. Dasselbe gilt erst recht, wenn man allein die Verteilung der älteren offenen Haufen betrachtet. Die gefundenen Arme sind somit ein Chrakteristikum der Verteilung *junger* Sterne! Nach der Theorie der Sternentwicklung handelt es sich bei OB-Sternen und jungen offenen Haufen um Objekte, die jünger sein müssen als etwa 10^7 Jahre (PSS VI.3.2). Andererseits sind ihre Geschwindigkeiten gegenüber einem lokalen Bezugssystem von der Größenordnung 10 km s^{-1}, so daß sie seit ihrer Entstehung nur Strecken von etwa 10 km $s^{-1} \cdot 10^7$ Jahre $\cdot 3 \cdot 10^7$ s/Jahr $= 3 \cdot 10^{15}$ km $= 100$ pc zurückgelegt haben können. Die jungen Sterne müssen also in den Armen gebildet worden sein, in denen wir sie noch heute vorfinden.

Die Verteilung der offenen Sternhaufen senkrecht zur galaktischen Ebene ist derjenigen der OB-Sterne sehr ähnlich. Es ergab sich $\overline{|z|} \approx 60$ pc mit einem nur verhältnismäßig geringen Unterschied zwischen jungen und älteren Haufen.

4.2 Kugelförmige Sternhaufen, RR Lyrae-Sterne und Cepheiden

Eine kurze Beschreibung der *Kugelhaufen* ist in PSS I.2.9 gegeben. Dort findet man auch eine Aufnahme und das FHD eines typischen Beispiels; eine schematische Darstellung des FHD zeigt die nachfolgende Abb. II.27. Seine Interpretation (PSS VI.3.3) führt zu dem Schluß, daß es sich hier um die ältesten Objekte (ca. $15 \cdot 10^9$ a) des Milchstraßensystems handelt. Die augenfälligen äußeren Unterschiede gegenüber offenen Haufen sind die starke kugelsymmetrische Konzentration der Sterne und die große Mitgliederzahl von 10^4 bis 10^7 Sternen. Nach H. Shapley und H. B. Sawyer werden die Kugelhaufen in 12 Klassen abnehmender Sternkonzentration I ... XII, eingeteilt. Die Anzahl der bekannten Kugelhaufen des Milchstraßensystems beträgt 129 (1975: General-Katalog von B. W. Kukarkin).

Wie für Einzelsterne kann man auch für ganze Kugelhaufen „integrale" Spektraltypen bestimmen. Man findet Typen zwischen A5 und G8. W. W. Morgan hat darüber hinaus die integralen Spektren der Haufen nach wachsender Stärke der Metallinien in acht Klassen, I ... VIII, eingeteilt (nicht zu verwechseln mit den Konzentrationsklassen!). Dabei ist die Metallgehaltsklasse (metallicity class) I durch die schwächsten und Klasse VIII durch die stärksten vorkommenden Metallinien definiert. Klasse I entspricht etwa Metallhäufigkeiten (relativ zu Wasserstoff) von 1/100 der für normale Sterne, beispielsweise die Sonne, gefundenen Werte, während bei Klasse VIII nahezu diese normalen Werte erreicht werden. Für den Kugelhaufen M3 ergibt sich, zum Beispiel, der Typ F7 II. Der integrale Spektraltyp und der Metallgehalt der Kugelhaufen sind jedoch nicht voneinander unabhängig (Abb. II.28).

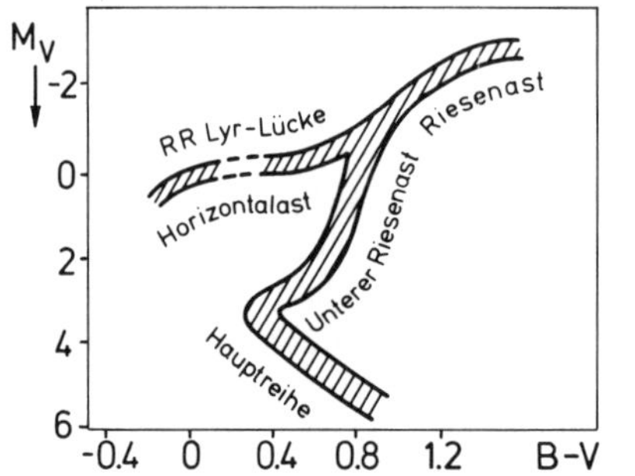

Abb. II.27: Schematisiertes Farben-Helligkeits-Diagramm von Kugelhaufen.

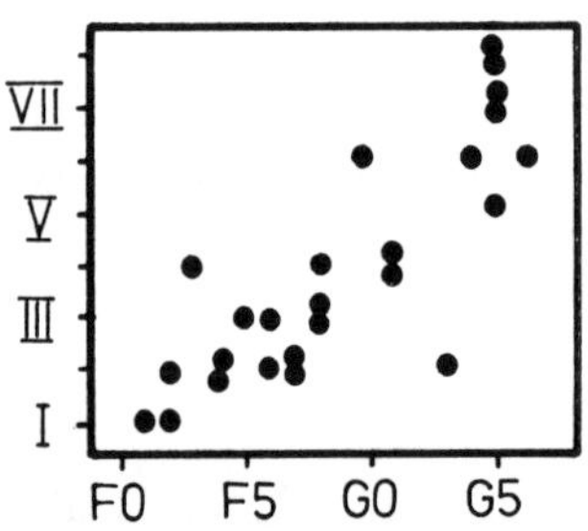

Abb. II.28: Korrelation zwischen der Morganschen Metallgehaltsklasse und dem integralen Spektraltyp von Kugelhaufen.

Mit abnehmendem Metallgehalt verschiebt sich der Riesenast im FHD nach „oben“, also nach größeren Helligkeiten, etwa über einen Bereich von drei Größenklassen. Eine bemerkenswerte Beziehung ergibt sich zwischen der Eigenfarbe für die Stelle im FHD, wo sich Riesenast und Horizontalast schneiden, $(B-V)_0^*$, und dem in II.3.2 eingeführten Metalldefizit gegenüber der Sonnenatmosphäre $[M/H] = \log(M/H) - \log(M/H)_\odot$ (nach D. Butler 1975):

$$[M/H] = 7.2\,(B-V)_0^* - 7.0\,.$$

Bezüglich der Eigenschaften von *RR Lyrae-Sternen und Cepheiden* sei auf PSS II.2 verwiesen. Die RR Lyrae-Sterne sind hier in zweifacher Weise gefragt: (1) in Kugelhaufen auftretende Exemplare („Haufenveränderliche“) sind grundlegend wichtig für die photometrische Entfernungsbestimmung dieser Objekte, (2) isoliert vorkommende „Feldsterne“ dieses Veränderlichentyps bilden ein eigenes galaktischen Untersystem von ähnlichem Charakter wie das System der Kugelhaufen. Die Verteilung der Cepheiden wird in diesem Abschnitt behandelt, weil die absoluten Helligkeiten dieser Veränderlichen weitgehend mit den gleichen Methoden abgeleitet werden müssen, die man für die ebenfalls pulsierenden RR Lyrae-Sterne anwendet.

Absolute Helligkeiten von RR Lyrae-Sternen und Cepheiden: Diese für die großräumige Entfernungsbestimmung grundlegenden Größen können auf drei Wegen gewonnen werden: (1) Anwendung der Methode der statistischen Parallaxen (I.2.1), (2) Aufsuchen von Objekten dieses Typs in Sternhaufen bzw. Sternströmen mit bekannten Entfernungen und (3) Bestimmung des Sternradius $\bar{R}$ zur mittleren Helligkeit aus Lichtkurve und Radialgeschwindigkeitskurve (PSS II.2.2), und Berechnung der visuellen Leuchtkraft $\bar{L}_V = 4\pi\bar{R}^2 \cdot \bar{\Phi}_V$ mit dem mittleren visuellen Strahlungsfluß an der Sternoberfläche $\bar{\Phi}_V$ (Baade-Wesselink-Methode).

Der erste Weg ist besonders für *RR Lyrae-Sterne* außerhalb von Kugelhaufen geeignet, weil das Zentroid dieser Veränderlichen eine hohe Geschwindigkeit relativ zu Sonne besitzt ($\bar{V}$ in Tabelle II.11). Diese Sterne bilden jedoch keine kinematisch homogene Gruppe und müssen deshalb zunächst nach ihren realen kinematischen Eigenschaften unterteilt werden. Damit sinken die Objektzahlen der einzelnen Untergruppen und, wegen der großen Geschwindigkeitsstreuungen (Σ_U, Σ_V, Σ_W), auch die Genauigkeit der Parallaxenbestimmungen. Bei der Ableitung von M_V selbst, ist natürlich noch die interstellare Extinktion zu berücksichtigen, deren Unsicherheit jedoch bei höheren galaktischen Breiten im allgemeinen relativ gering bleibt.

Die Resultate neuerer Untersuchungen liegen zwischen $M_V = +0.4$ und $M_V = +0.9$, wobei die mittleren Felder jeweils mindestens ± 0.2 betragen. Offene Fragen sind noch, in welchem Umfang M_V von der chemischen Zusammensetzung der RR Lyrae-Sterne abhängt, und ob Feldsterne und Haufensterne gleiche M_V besitzen.

Der zweite Weg konnte sowohl für RR Lyrae-Sterne in genügend nahen Kugelhaufen wie auch für Veränderliche dieses Typs in lockeren Sterngruppen einheitlicher Bewegung beschritten werden. Im ersten Fall hat man die Entfernung des Kugelhaufens nach dem in I.2.2 erläuterten Verfahren durch Anpassung der Hauptreihe seines FHD an deren Verlauf nach der Theorie metallarmer Sterne gewonnen. Für RR Lyrae-Sterne in sechs Kugelkaufen ergaben sich auf diese Weise Werte M_V zwischen $+0.3$ und $+0.6$. Im zweiten Fall konnte die rein empirische Methode der Sternstromparallaxen (I.2.1) zur Bestimmung der Entfernung jedes einzelnen gesicherten Gruppenmitgliedes herangezogen werden – auch der Prototyp RR Lyrae gehört solch einer Gruppe an. Eine Untersuchung dieser Art ergab unter Berücksichtigung der interstellaren Extinktion Werte M_V zwischen $+0.3$ und $+0.9$. Die Unterschiede zwischen den $\bar{M}_V$ der RR Lyrae-Sterne, die sich im gleichen Kugelhaufen befinden, lassen auf eine wahre Streuung der $\bar{M}_V$ von höchstens etwa ± 0.2 mag schließen.

Für die Bestimmung der absoluten Helligkeiten der *klassischen Cepheiden* (Typ I), nämlich die absolute Festlegung der Beziehung zwischen M_V und der Periode P, hat der Weg über die photometrische Entfernungsbestimmung von offenen Sternhaufen fundamentale Bedeutung erlangt. Die *Form* der Perioden-Helligkeits-Beziehung konnte zunächst sehr genau durch Beobachtungen von Cepheiden in der Großen Magellanschen Wolke ermittelt werden, weil diese Objekte alle praktisch die gleiche Entfernung besitzen. Die Festlegung des Nullpunktes, der Übergang von scheinbaren zu absoluten Helligkeiten, erfolgte sodann durch die Beobachtungsergebnisse für 28 dieser Veränderlichen, die offenen Sternhaufen oder Assoziationen in unserer Galaxis angehören – vier davon im Doppelhaufen h und χ Persei. Eine neue Untersuchung lieferte die Relation (M. W. Feast und A. R. Walker 1987):

$$\bar{M}_V = -2.13 - 3.53 \log P + 2.13\,(\bar{B}-\bar{V})_0, \tag{II.44}$$

wobei P in Tagen einzusetzen ist und $\bar{B}$ und $\bar{V}$ mittlere Helligkeiten des Sternes bezeichnen.

Die Ableitung von M_V für RR Lyrae-Sterne wie für Cepheiden auf dem dritten genannten Weg, aus dem Sternradius $\bar{R}$ und dem Strahlungsfluß $\bar{\Phi}_V$ an der Sternoberfläche, erfordert eine relativ genaue Bestimmung dieser beiden Größen. Man benutzt dabei die Beziehung zwischen Φ_V und der Eigenfarbe $(B-V)_0$ oder dem Spektraltyp, die selbst wesentlich auf der direkten Bestimmung von Sterndurchmessern mit dem Intensitäts-Interferometer beruht (PSS I.2.8, s. insb. Bestimmung von Φ_λ). Die Resultate für RR Lyrae-Sterne liegen zwischen $+0.3$ und $+0.9$. Eine Anwendung auf RR Lyrae-Sterne ergab zum Beispiel $M_V = +0.5$; für δ Cephei folgt der Wert $M_V = -3.6$, während Gl. (II.44) für die Periode dieses Sternes $P = 5\overset{d}{.}37$ in Verbindung mit seinem mittleren Farbindex $(\bar{B}-\bar{V})_0 = +0.6$ liefert: $M_V = -3.4$. In manchen Fällen ist die Übereinstimmung der Ergebnisse beider Methoden nicht so gut.

Entfernungsbestimmung der Kugelhaufen: Schon die nächsten dieser Objekte sind für die Anwendung der Sternstrom-Methode zu weit entfernt. Es bietet sich jedoch das Verfahren der Anpassung der unteren Hauptreihe des FHD an die Alter-Null-Hauptreihe an (I.2.2). Weil die hellsten, noch auf der Hauptreihe anzutreffenden Sterne selbst bei den nächsten Kugelhaufen nur scheinbare Helligkeiten $m_V \approx 19$ besitzen, ist dies nur in wenigen Fällen möglich. Dabei muß wegen des geringen Metallgehaltes der Kugelhaufensterne die entsprechend modifizierte Standard-Hauptreihe zugrunde gelegt werden (PSS S. 487).

Wesentlich weiter reicht die photometrische Entfernungsbestimmung mit Hilfe des Horizontalastes im FHD des Haufens, dessen Lage im $M_V-(B-V)$-Diagramm auf der Basis der absoluten Helligkeiten der RR Lyrae-Sterne festgelegt werden kann. Diese Methode ist heute bei mehr als der Hälfte der bekannten Kugelhaufen anwendbar. In etwa zwanzig Haufen lassen sich die RR Lyrae-Sterne individuell erfassen und zur Ableitung des Entfernungsmoduls heranziehen.

Sind die Haufen so weit entfernt, daß nur der obere Teil des Riesenastes über der Grenzhelligkeit liegt, dann kann die mittlere scheinbare Helligkeit der 25 hellsten Haufensterne als Entfernungsindikator benutzt werden, indem man die entsprechende mittlere absolute Helligkeit so ansetzt, wie sie sich für die näheren Haufen mit gut bekannten Entfernungen ergibt: $\bar{M}_B(25) \approx -0.4$ (Basis: $M_V = +0.6$ für RR

Lyrae-Sterne). Genauer zeigt sich eine Abhängigkeit von der absoluten Gesamthelligkeit des Haufens M_B^* (nach L. Woltjer 1975):

$$\bar{M}_B(25) = 3.0 + 0.46\, M_B^* .$$

Nachdem die Entfernung zunächst mit der Annahme $\bar{M}_B(25) = -0.4$ bestimmt wurde, kann ein Näherungswert für M_B^* und hiernach mit dieser Relation ein besserer Wert für $\bar{M}_B(25)$ gewonnen werden.

Bei den verbleibenden Kugelhaufen versucht man die Entfernung aus dem Winkeldurchmesser abzuschätzen. Bezeichnet α den Winkeldurchmesser in Bogenminuten, innerhalb dessen 90% des Lichtes fallen, und mißt man die Entfernung r in kpc, dann ergibt sich für die Kugelhaufen mit bekannten Entfernungen nach Woltjer (1975) im Mittel $\overline{r \cdot \alpha} \approx 80$ mit einer Streuung von etwa $\pm 30\%$; der ensprechende mittlere lineare Haufendurchmesser beträgt rund 25 pc. Die Beziehung liefert zu α einen Näherungswert für r.

Außer dem letzten, rein geometrischen Verfahren ergeben die erläuterten Methoden zunächst den scheinbaren Entfernungsmodul des Haufens, der noch vom Einfluß der interstellaren Extinktion befreit werden muß: $m - M = (m - M)_0 + A$ mit $(m - M)_0 = -5 + 5 \log r$. Man geht dazu ähnlich vor wie bei Einzelsternen: Es besteht eine Beziehung zwischen der integrierten Eigenfarbe der Haufen $(B - V)_0$ und dem integrierten Spektraltyp Sp. Damit läßt sich aus Sp die Eigenfarbe und weiter der Farbexzeß des ganzen Haufens $E_{B-V} = (B - V) - (B - V)_0$, und schließlich die visuelle interstellare Extinktion $A_V \approx 3 \cdot E_{B-V}$ ermitteln.

Zur Ableitung der Beziehung zwischen den integrierten Größen $(B - V)_0$ und Sp kann das Zweifarben-Diagramm (PSS I.2.11) für die integrierten Werte U, B, V herangezogen werden. Trägt man hier die Haufen einer engen Spektralgruppe ein, so zeigt sich, daß deren Bildpunkte auf einer geraden Verfärbungslinie, $E_{U-B}/E_{B-V} = \text{const.}$, liegen. Zwei Beispiele gibt Abb. II.29. Die Haufen mit den kleinsten $B - V$ werden als unverfärbt betrachtet – in der Regel Objekte in höheren galaktischen Breiten –, womit die Eigenfarbe $(B - V)_0$ der Spektralgruppe gefunden ist. Die erhaltene mittlere Relation zwischen $(B - V)_0$ und Sp ist in dem überdeckten Bereich F2 ... G5 linear und wird etwa festgelegt durch die beiden Punkte F2: $(B - V)_0 = 0.60$, G5: $(B - V)_0 = 0.82$.

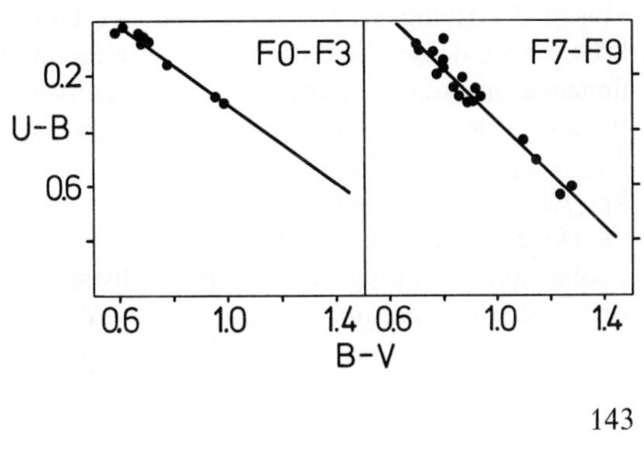

Abb. II.29: Verfärbungslinien im Zweifarben-Diagramm für Kugelhaufen mit integrierten Spektraltypen F0 ... F3 und F7 ... F9. (Nach R. Racine).

Die E_{B-V} der Kugelhaufen zeigen eine charakteristische Abhängigkeit von der galaktischen Breite b, die im Mittel etwa durch die Beziehung $E_{B-V} = 0.06 \cdot \operatorname{cosec} b - 0.06$ dargestellt werden kann. Zur Bestimmung der interstellaren Extinktion einer Anzahl von sehr schwachen Haufen, für die keine integrierte Spektraltypen vorliegen, muß auf diesen Zusammenhang zurückgegriffen werden (s. auch III.1.1).

Verteilung der Kugelhaufen: Abb. II.30 zeigt das Ergebnis einer eingehenden Untersuchung. Ursprung des Koordinatensystems ist hier die Sonne; die x-Achse weist in die Richtung zum galaktischen Zentrum $l = 0°$. Grundlage der Entfernungsbestimmung war hier der Wert $M_V(\text{RR Lyr}) = +0.6$.

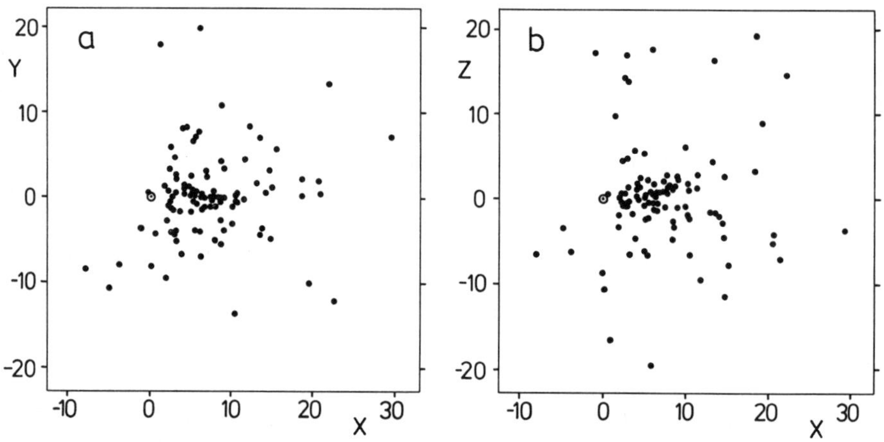

Abb. II.30: Verteilung von 110 Kugelhaufen (a) projiziert auf die galaktische Ebene und (b) projiziert auf die dazu senkrechte Ebene, welche die Orte der Sonne und des galaktischen Zentrums enthält. Ursprung des Koordinatensystems ist die Sonne (☉). Längeneinheit: 1 kpc. (Nach W. E. Harris).

Ein typischer Kugelhaufen besitzt eine absolute Gesamthelligkeit $M_V \approx -8$ und würde bei $A_V = 0$ in der Entfernung $r = 20$ kpc noch als leicht beobachtbares Objekt der Helligkeit $V = 8.5$ erscheinen. Die Kugelhaufen unseres Sternsystems können sich daher allein durch die vorwiegend nahe der galaktischen Ebene stattfindende interstellare Extinktion dem Nachweis entziehen. Wie man an der Verteilung in der xz-Ebene (Abb. II.30b) sieht, ist dies offenbar auch der Fall: Für $|z| < 2$ kpc nimmt die Zahl der gefundenen Kugelhaufen mit wachsendem $x > 5$ kpc rasch ab, während für $|z| > 2$ kpc ein starker Abfall der über z summierten Objektzahlen erst bei $x \approx 20$ kpc einsetzt. Zumindest im Bereich $|z| < 2$ kpc ist das Beobachtungsmaterial daher noch unvollständig. Hochrechnungen auf den Umfang der Gesamtpopulation der Kugelhaufen des Milchstraßensystems auf der Basis dieser Ergebnisse lassen mindestens 200 Objekte erwarten.

Zur Bestimmung der *Entfernung R_0 des Zentrums* des Kugelhaufensystems, das wir mit dem Zentrum der Galaxis identifizieren, muß man sich nach dem Gesagten auf die Objekte mit $|z| > 2$ kpc beschränken. Für das der Abb. II.30 zugrundeliegende Material ergab sich auf diese Weise $\bar{x} = R_0 = 8.5 \pm 1.5$ kpc. Der relativ große Fehler enthält auch die Unsicherheit der absoluten Helligkeit der RR Lyrae-Sterne von fast $\pm 1\overset{m}{.}0$. Eine neuere Analyse (C. S. Frenk und S. D. M. White 1982) führte auf

$$R_0 = 6.9 \pm 0.8 \text{ kpc}.$$

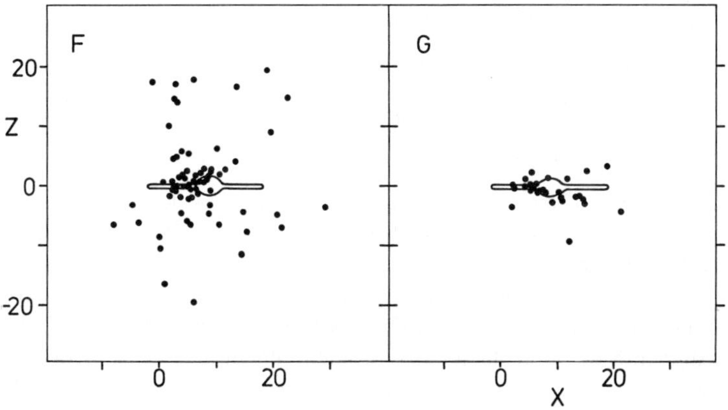

Abb. II.31: Verteilung der Kugelhaufen mit Spektraltypen F („metallarm") und G („metallreich") in der z-x-Ebene. Ursprung ist der Ort der Sonne. Einheit: 1 kpc. Das galaktische Zentrum ist bei $x \approx 8.5$ kpc angenommen. (Nach W. E. Harris).

Es stellt sich die Frage, ob Kugelhaufen mit erheblich verschiedenen Metallhäufigkeiten auch eine unterschiedliche räumliche Verteilung aufweisen. Weil Metallhäufigkeit und integraler Spektraltyp miteinander korreliert sind (Abb. II.28), kann die Antwort durch Betrachtung von Untergruppen der Kugelhaufen mit bestimmten integrierten Spektraltypen gefunden werden. Ergebnisse zeigt Abb. II.31: Haufen der Spektralgruppe F, mit hohem Metalldefizit, zeigen nur eine sehr schwache Konzentration zur galaktischen Ebene und bilden einen großen, angenähert sphärischen Halo. Ganz anders sieht die Verteilung der G-Typen aus. Diese Objekte, mit geringerem Metalldefizit, $[M/H] > -1$, sind fast durchweg nahe der galaktischen Ebene zu finden. Nach Abb. II.31 scheinen sie eine dicke Scheibe mit kleinerem Radius als das Untersystem der „Halo-Haufen" vom Spektraltyp F zu bilden. Zieht man die Verteilung an der Sphäre hinzu, so zeigt sich jedoch, daß etwa 75% der Kugelhaufen vom Typ G innerhalb eines Kreises von 10° Radius um die Richtung zum galaktischen Zentrum liegen. Diese Objekte müßten also ein zigartigförmiges Volumen erfüllen, dessen große Achse zur Sonne zeigt! Das ist sehr unwahrscheinlich. Es liegt deshalb nahe anzunehmen, daß die Kugelhaufen vom

Typ G stärker zum galaktischen Zentrum konzentriert sind als die F-Typen und dabei ein kleineres, abgeplattetes Volumen erfüllen. Die Zigarrenform der Verteilung dürfte deshalb entstehen, weil die Beobachtung fast aller dieser Objekte in erheblichem Umfang der interstellaren Extinktion nahe der galaktischen Ebene unterliegt, so daß große Entfernungsfehler (x-Koordinate!) resultieren. Zusammenfassend kann man sagen: Nahe dem galaktischen Zentrum sind Kugelhaufen mit geringem, mittlerem und „hohem" Metallgehalt in ungefähr vergleichbaren Anzahlen vorhanden. In größeren Abständen findet man zunächst nicht mehr die Kugelhaufen mit mittlerem Metallgehalt und bei großen Abständen schließlich nur noch metallarme Objekte (Weiteres s. II.4.3).

Kugelhaufen als Sternsysteme: Auf der Basis der ermittelten Entfernungen können die Durchmesser, die Verteilung der absoluten Helligkeiten der Haufensterne und, in Verbindung mit weiteren Daten, die Massen sowie das Masse-Leuchtkraft-Verhältnis von Kugelhaufen abgeleitet werden.

Der mittlere *Durchmesser* (innerhalb dessen 90% des Lichtes fallen) wurde bereits zu rund 25 pc angegeben. Die Streuung um diesen Wert ist mit etwa $\pm 30\%$ relativ gering; große Abweichungen zeigen nur wenige Exemplare, darunter ω Centauri, für dessen Durchmesser sich rund 150 pc ergeben. Die zentrale Sterndichte in Kugelhaufen erweist sich im Durchschnitt um einen Faktor 10^3 höher als die Anzahldichte des Sternfeldes der Sonnenumgebung, sie liegt also bei 10^2 Sternen $\cdot$ pc^{-3}.

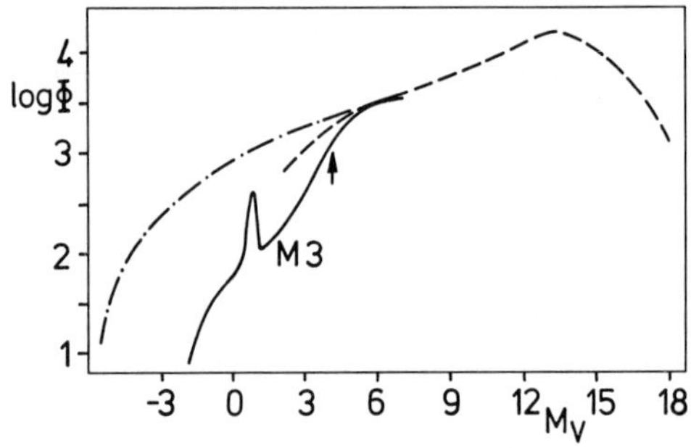

Abb. II.32: Leuchtkraftfunktion $\Phi(M)$ des Kugelhaufens M3 = NGC 5272 (ausgezogene Kurve). Zum Vergleich sind eingetragen die LKF der sonnennahen Sterne (gestrichelt; bei $M_V = +6$ willkürlich angepaßt) und die ursprüngliche LKF (strich-punktiert). Der Pfeil deutet die Lage des „Knies" im FHD an.

Die *Leuchtkraftfunktion (LKF) der Kugelhaufensterne* $\Phi(M_V)$, gewöhnlich definiert als Anzahl der Sterne des Haufens in Intervallen $M_V - \frac{1}{2} \ldots M_V + \frac{1}{2}$, ergibt sich bei bekanntem Entfernungsmodul im Prinzip durch Abzählen nach scheinbaren Helligkeiten. Bei den nächsten Kugelhaufen, wie etwa M3 oder M92, hat man einen

Entfernungsmodul $m_V - M_V \approx 15$, so daß bei der heute erreichbaren Grenzgröße $m_V \approx 23$ der Bereich $M_V \lessapprox +8$ erfaßt werden kann. Abb. II.32 zeigt die wesentlichen Züge der für diese relativ nahen Objekte erhaltenen Resultate am Beispiel M3 im Vergleich zur LKF der Sterne in der Sonnenumgebung. Dem steilen Anstieg von $\Phi(M_V)$ für $M_V < +6$ überlagert sich wenig oberhalb von $M_V = 0$ eine Spitze, die von den Sternen des Horizontalastes erzeugt wird. Oberhalb von $M_V \approx +6$, und bisher nur bis zu etwa $M_V = +8$ verfolgbar, scheint sich der Anstieg nach neuen Untersuchungen nicht fortzusetzen, möglicherweise folgt dann bereits ein Abfall der Kurve. Dafür wurden theoretische Argumente angeführt: Wenn ein Kugelhaufen auf seiner stark geneigten Bahn die galaktische Ebene passiert hat, können durch den damit verbundenen „gravitativen Stoß" die masseärmeren Hauptreihensterne mit $M_V \gtrapprox +10$ und $\mathfrak{M} \lessapprox 0.4\ \mathfrak{M}_\odot$ den Haufen verlassen haben.

Wir fragen noch nach dem Beitrag der Sterne verschiedener absoluter Helligkeit zur visuellen Gesamtleuchtkraft eines Kugelhaufens $\mathfrak{L}$. Dazu betrachten wir das Verhältnis

$$\frac{\mathfrak{L}\,(M < M_0)}{\mathfrak{L}} = \frac{\sum\limits_{M=-\infty}^{M_0} L(M)\,\Phi(M)}{\sum\limits_{M=-\infty}^{+\infty} L(M)\,\Phi(M)}\,. \tag{II.45}$$

wobei der Index V der Kürze halber weggelassen wurde und $L(M)$ die Leuchtkraft eines Sternes mit der absoluten Helligkeit M bezeichnet. Da $\Phi(M)$ nur für $M \lessapprox +8$ bekannt ist, ist eine Normierung dieser Funktion nicht möglich und man ermittelt deshalb den Nenner $\mathfrak{L}$ aus der direkt beobachteten integralen absoluten visuellen Gesamthelligkeit.

Tabelle II.12: Die relativen Beiträge der Sterne mit visuellen absoluten Helligkeiten $M < M_0$ zur Gesamtleuchtkraft und zur Gesamtmasse ($\mathfrak{M} = 2.5 \cdot 10^5\ \mathfrak{M}_\odot$) des Kugelhaufens M3. (Nach A. Sandage)

M_0	$\mathfrak{L}(M < M_0)/\mathfrak{L}$	$\mathfrak{M}(M < M_0)/\mathfrak{M}$
−1	0.35	0.00
+1	0.68	0.01
3	0.83	0.03
5	0.96	0.14

Für M3 ergaben sich die in Tabelle II.12 zusammengestellten Zahlenwerte des Verhältnisses $\mathfrak{L}(M < M_0)/\mathfrak{L}$. Danach wird die visuelle Gesamtleuchtkraft des Kugelhaufens überwiegend von der relativ kleinen Zahl absolut hellerer Sterne mit $M_V < +1$ geliefert – wie bei den Sternen der galaktischen Scheibe in der Sonnenumgebung (vgl. Tabelle II.6). Anders verhält es sich mit den entsprechenden Anteilen der Sterne mit $M < M_0$ an der Gesamtmasse des Kugelhaufens $\mathfrak{M}$:

$$\frac{\mathfrak{M}(M < M_0)}{\mathfrak{M}} = \frac{\sum\limits_{M=-\infty}^{M_0} \mathfrak{M}(M)\,\Phi(M)}{\sum\limits_{M=-\infty}^{+\infty} \mathfrak{M}(M)\,\Phi(M)}, \tag{II.46}$$

wobei $\mathfrak{M}(M)$ die Masse eines Sternes mit der visuellen absoluten Helligkeit M nach der Masse-Leuchtkraft-Relation bezeichnet. Die dritte Spalte der Tabelle II.12 zeigt, daß der Hauptbeitrag zur Gesamtmasse $\mathfrak{M}$ von den absolut schwächeren und massearmen Haufenmitgliedern kommt. (Man vergleiche mit Tabelle II.6).

Die im Nenner von (II.46) stehende *Gesamtmasse* selbst kann nach einer dynamischen Methode aus der Streuung der Sterngeschwindigkeiten und dem Radius des Kugelhaufens ermittelt werden. Unter der Annahme statistischen Gleichgewichtes der gravitierenden Sternmassen des ganzen Haufens gilt der Virialsatz

$$2E_{\text{kin}} + E_{\text{pot}} = 0. \tag{II.47}$$

Wir setzen für die gesamte kinetische Energie der Sternbewegungen relativ zum Schwerpunkt des Haufens näherungsweise an

$$E_{\text{kin}} \approx \frac{1}{2}\mathfrak{M}\,\overline{v^2} \tag{II.48}$$

mit $\overline{v^2}$ = Quadrat der Geschwindigkeitsstreuung der Haufenmitglieder, und weiter für die gesamte potentielle Energie der Haufensterne

$$E_{\text{pot}} = -\sum_{i,k} G\,\frac{\mathfrak{M}_i\mathfrak{M}_k}{r_{ik}} \approx -G\,\frac{\mathfrak{M}^2}{R} \tag{II.49}$$

($\mathfrak{M}_i\mathfrak{M}_k$ = Einzelsternmassen, r_{ik} gegenseitiger Abstand der Sterne mit den Indizies i und k, G Gravitationskonstante, R = effektiver Radius des Haufens). Dann folgt

$$\mathfrak{M} \approx \frac{R\,\overline{v^2}}{G}. \tag{II.50}$$

Das Verfahren kann noch verfeinert werden, indem man ein Modell für den Aufbau des Kugelhaufens annimmt, das mit der beobachteten Verteilung der Sternzahlen bzw. Flächenhelligkeiten über den Haufen hinweg konsistent ist. Die Geschwindigkeitsstreuung $\sqrt{\overline{v^2}}$ wird durch eine Analyse der Linienprofile des integrierten Spektrums gewonnen, beispielsweise durch Vergleich mit künstlich verbreiterten Linien geeignet ausgewählter Einzelsterne. Eine Untersuchung von zehn Kugelhaufen ergab Werte $\sqrt{\overline{v^2}}$ zwischen 7.5 km s^{-1} und 19 km s^{-1}. Die damit erhaltenen Massenwerte überdecken den Bereich

$$\mathfrak{M} \approx 2 \cdot 10^5 \ldots 1 \cdot 10^6\,\mathfrak{M}_\odot.$$

Für den oben angegebenen mittleren Haufendurchmesser $2R = 25$ pc und den runden Wert $\sqrt{\overline{v^2}} = 10$ km s^{-1} liefert Gl. (II.50) $\mathfrak{M} \approx 3 \cdot 10^5\,\mathfrak{M}_\odot$.

Das *Masse-Leuchtkraft-Verhältnis der Kugelhaufen* folgt zu

$$\frac{\mathfrak{M}/\mathfrak{M}_\odot}{\mathfrak{L}_V/\mathfrak{L}_V^\odot} \approx 1 \ldots 3$$

und liegt damit etwas höher als in dem Volumen der galaktischen Scheibe nahe der Sonne (II.3.1). Ursache ist das Fehlen der absolut hellen Sterne der oberen Hauptreihe in den Kugelhaufen.

In jungen offenen Sternhaufen mit massereichen O- und B-Sternen findet man umgekehrt – durch den hohen Beitrag ($L \sim \mathfrak{M}^3$) zu $\mathfrak{L}_V$ – Masse-Leuchtkraft-Verhältnisse, die erheblich unter eins liegen.

Feld-RR Lyrae-Sterne und Entfernung des galaktischen Zentrums: Außerhalb von kugelförmigen Sternhaufen isoliert auftretende RR Lyrae-Veränderliche besitzen bei vernachlässigbarer interstellarer Extinktion im Abstand des galaktischen Zentrums noch eine mittlere scheinbare Helligkeit $m_B \approx 16$. Damit ist *eine* Voraussetzung für die Gewinnung der großräumigen Verteilung dieser Sterne in der Galaxis gegeben. Beobachtungen an außergalaktischen Spiralsystemen haben gezeigt, daß die isoliert auftretenden RR Lyrae-Sterne stark zum Systemzentrum konzentriert sind. Wenn dies auch in unserer Galaxis der Fall ist, sind diese Objekte für die Bestimmung des Zentrumsabstandes der Sonne R_0 besonders gut geeignet. Hierbei tritt jedoch die schon bei den Kugelhaufen vom Spektraltyp G diskutierte Schwierigkeit auf, daß stark zum Zentrum konzentrierte Objekte vor allem bei niedrigen galaktischen Breiten, und damit im Bereich hoher interstellarer Extinktion erscheinen.

Wegen der Wolkenstruktur des interstellaren Mediums gibt es auch bei kleinen galaktischen Breiten einige wenige „Durchsichtslöcher“, in denen A_V bis zu Entfernungen von mehr als 10 kpc kleiner als etwa 2 Größenklassen ist. Das zentrumsnächste **„galaktische Fenster“** liegt bei $l = 0\overset{\circ}{.}9$, $b = -3\overset{\circ}{.}9$; der Sehstrahl passiert das Zentrum in 700 pc Abstand. Es ist ein Viertel Quadratgrad groß und enthält den Kugelhaufen NGC 6522, dessen Entfernung etwa 6.5 kpc beträgt und dessen Farbexzeß E_{B-V} zu 0.50 gefunden wurde. W. Baade fand 1951 in diesem Feld auf Platten, aufgenommen mit dem 2.5 m-Spiegel der Mt. Wilson-Sternwarte, bis zur Grenzgröße $m_{pg} \approx 20^m$ insgesamt 76 RR Lyrae-Sterne. Aus dem Verlauf der Anzahlen $n(m_{pg})$ mit wachsenden m_{pg} konnte Baade einerseits die starke Konzentration der RR Lyrae-Sterne zum galaktischen Zentrum nachweisen und andererseits den Zentrumsabstand R_0 bestimmen. Abb. II.33 zeigt die Verteilung $n(m_{pg})$ für dieses Feld für eine Gesamtzahl von 110 RR Lyrae-Sternen nach einer Untersuchung von J. H. Oort und L. Plaut (1975), in welcher ähnliche Verläufe noch für fünf weitere Felder mit $|b| < 30°$, $1 < 4°$ und hoher interstellarer Transparenz abgeleitet wurden.

Für die Ableitung der wahren Dichteverteilung der RR Lyrae-Sterne entlang des Sehstrahles benötigt man die mittlere absolute Helligkeit dieser Veränderlichen und die interstellare Extinktion. Letztere kann jeweils für eine größere Anzahl von RR Lyrae-Sternen aus den beobachteten $B-V$ und den bekannten Eigenfarben $(B-V)_0$ dieser Veränderlichen gewonnen werden. Für Baades Feld erhält man auf diese Weise $A_{pg} = 1.9$, ein Wert der angenähert dem oben angegebenen Farbexzeß von NGC 6522 entspricht (Ermittlung des Verhältnisses A_{pg}/A_V s. III.1.1). Ordnet man der am häufigsten vorkommenden scheinbaren Helligkeit in Baades Feld (Abb. II.33) $m_{pg}(\text{Max}) = 17.3$ die Entfernung des galaktischen Zentrums $r = R_0$ zu, dann folgt mit der Annahme $M_{pg}(\text{RR Lyr}) = +0.8$ – entsprechend $M_V(\text{RR Lyr}) = +0.6$ – und $A_{pg} = 1.9$ der Wert $R_0 = 8.2$ kpc. Als Mittelwert aller untersuchten Felder ergibt sich bei kritischer Einschätzung der Unsicherheiten (M. W. Feast 1987)

$$R_0 = 7.8 \pm 0.8 \text{ kpc}$$

in guter Übereinstimmung mit dem entsprechenden Ergebnis für das Zentrum des Kugelhaufensystems.

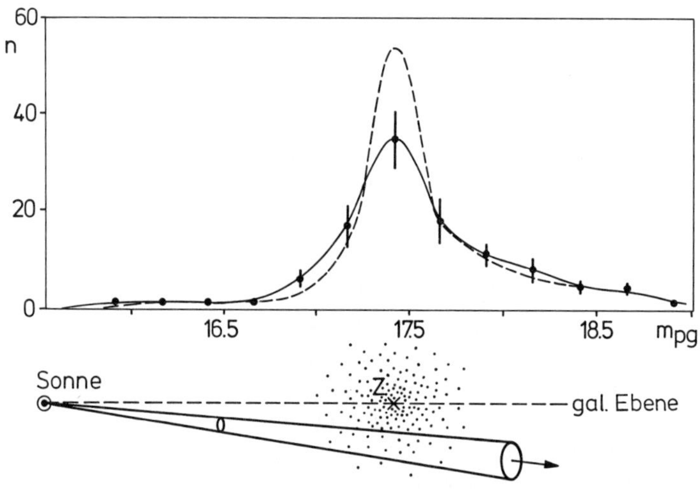

Abb. II.33: Anzahl der RR Lyrae-Sterne in Abhängigkeit von der scheinbaren Helligkeit $n(m_{pg})$ in Intervallen von $0^m.25$ Breite für ein kleines Feld hoher Transparenz bei $l = 0°.9$, $b = -3°.9$. Vertikale Striche geben die Größe der mittleren Fehler an. Die gestrichelte Kurve ergibt sich durch Korrektur des beobachteten Verlaufes wegen der zufälligen Fehler von m_{pg} mit der Annahme einer Streuung $\sigma(m_{pg}) = \pm 0^m.26$. (Nach J. H. Oort und L. Plaut). Der untere Teil der Abbildung erläutert die Lage des erfaßten kegelförmigen Raumgebietes.

Eine Analyse neuerer Durchmusterungen nach metallarmen RR Lyrae-Sternen mit $[M/H] < -1.0$, entsprechend $\Delta S > 5$, zeigte, daß sich die Flächen gleicher Anzahldichte durch Rotationsellipsoide mit dem Achsenverhältnis $c/a \approx 0.6$ darstellen lassen, während im Außenbereich $R > 15$ kpc ein Übergang zu $c/a \approx 1$

erfolgt (F.D.A. Hartwick 1987). Für die radiale Dichteabnahme gilt etwa $D(R) \sim R^{-3}$; bei $R > 15$ kpc schließt sich ein wesentlich steilerer Abfall ($\sim R^{-6}$) an.

Verteilung der klassichen Cepheiden: Große Leuchtkräfte und eine gute Methode zur Bestimmung von M_V – mit der Gl. (II.44) aus der Periode P des Lichtwechsels auf $\Delta M_V \approx \pm 0^m.2$ – lassen die Cepheiden vom Typ I für Untersuchungen der großräumigen galaktischen Struktur besonders geeignet erscheinen. Weil sie die Nähe der galaktischen Ebene bevorzugen, tritt jedoch, wie bei den OB-Sternen, ein erheblicher Einfluß der interstellaren Extinktion auf. Der Farbexzeß E_{B-V} – und damit weiter $A_V \approx 3\ E_{B-V}$ – kann auf der Grundlage einer Dreifarben-Photometrie in ähnlicher Weise aus einem Zweifarben-Diagramm abgeleitet werden, wie dies für normale Sterne in I.2.2 erläutert wurde. Dafür erweist sich jedoch das UBV-System nicht als zweckmäßig, weil hier die Linie der unverfärbten Cepheiden parallel zur Verfärbungslinie verläuft. Erfolg brachte beispielsweise die Verwendung von B, V und I. Die Linie der unverfärbten Cepheiden wurde mit Hilfe der in Sternhaufen mit bekanntem Farbexzeß vorkommenden Veränderlichen dieser Art festgelegt.

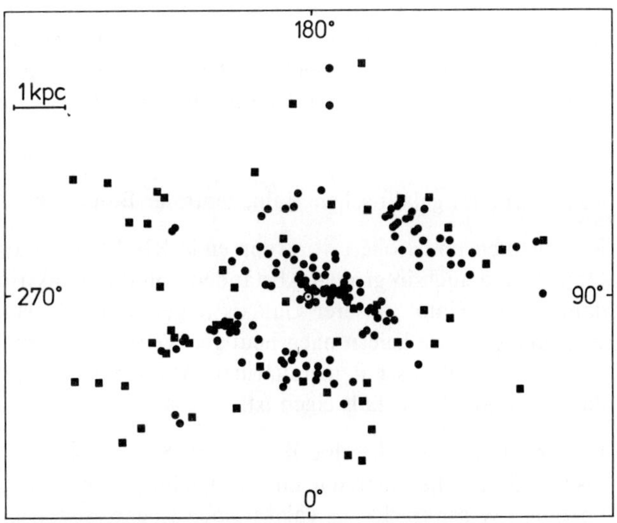

Abb. II.34: Verteilung junger Cepheiden mit $P > 11^d.25$ in der galaktischen Ebene (Quadrate). Zum Vergleich sind die jungen Sternhaufen und HII-Regionen ebenfalls eingezeichnet (Kreise). (Nach G. A. Tammann).

Für weit über 200 klassische Cepheiden konnten Entfernungen auf der Grundlage photoelektrisch gemessener Helligkeiten abgeleitet werden. Die räumliche Verteilung dieser Veränderlichen zeigt eine starke Konzentration zur galaktischen Ebene mit $\overline{|z|} \approx 70$ pc. Über die galaktische Ebene hinweg scheint in dem erfaßten Entfernungsbereich $r \lessapprox 5$ kpc eine unregelmäßig schwankende Anzahldichte ohne ausgeprägte Strukturmerkmale vorzuliegen. Für die absolut hellsten, langperiodischen Cepheiden ist jedoch eine Verteilung zu erwarten, wie man sie für die OB-Sterne und die jungen offenen Sternhaufen findet: Nach der Theorie der Sternentwicklung erreichen diese massereichen Objekte die Pulsationsphase relativ rasch; für $P > 10^d$, entsprechend $M_V < -4^m$, ergibt sich ein mittleres Alter $\tau < 3 \cdot 10^7$ Jahre. Die in offenen Sternhaufen bekannten Alters (PSS VI.3.3) vorkommenden Typ I-Cepheiden haben sogar die Ableitung einer entsprechenden empirischen Relation zwischen Alter und Periode ermöglicht: $\log \tau\ [10^7 \text{ Jahre}] \approx 1.16 - 0.651 \log P\ [\text{Tage}]$. Die absolut hellsten Cepheiden müssen aus kurzlebigen OB-Sternen hervorgegangen sein und sollten daher im wesentlichen noch deren räumliche Verteilung zeigen.

Abb. II.34 gibt die Verteilung von 52 klassischen Cepheiden mit $P > 11\overset{d}{.}25$ wieder, deren Entfernungen ($\lessapprox 5$ kpc) mit einem zufälligen Fehler von nur etwa $\pm 10\%$ bestimmt werden konnten. Eine Bevorzugung der drei Arme $-$I, 0 und $+$I (und möglicherweise eines Inneren Armes $-$II) ist zumindest angedeutet (vgl. Abb. II.26).

Bestimmungen des Metalldefizites gegenüber der Sonnenatmosphäre bei rund 100 Cepheiden ergaben zwischen $R = 4$ und 19 kpc einen radialen Gradienten $\Delta[M/H] \approx -0.07$ pro kpc, wie man ihn auch für andere Objekte fand: Die Metallhäufigkeit nimmt mit zunehmender Entfernung vom galaktischen Zentrum systematisch ab. Die Streuung der Einzelwerte $[M/H]$ ist allerdings groß.

4.3 Sterne im galaktischen Halo, zentraler Bulge

Kugelhaufen und isoliert vorkommende RR Lyrae-Sterne sind nicht die einzigen Objekte, die auch in großen Abständen von der galaktischen Ebene auftreten und damit dem „Halo“ unserer Galaxis angehören. Die Hauptmasse der sphäroidal verteilten Objekte liefern nach heutiger Kenntnis „normale“ Sterne mittleren und späten Spektraltyps mit metallarmen Atmosphären und die Unterzwerge, denen dieses Merkmal ebenfalls eigen ist.

Es handelt sich um dieselbe Klasse von Sternen, die im sonnennahen Bereich als „Schnelläufer“ hervortreten und sich häufig durch große Geschwindigkeitskomponenten W senkrecht zur galaktischen Ebene auszeichnen.

Weil die räumliche Verteilung dieser Objekte vorzugsweise aus Beobachtungen bei höheren galaktischen Breiten folgt, ist der Einfluß der interstellaren Extinktion meist klein. Während die lichtschwachen Unterzwerge dennoch nur bis zu geringen Entfernungen erfaßbar sind, können dann, beispielsweise bei einer Grenzgröße $m_V \approx 20$, Integralhelligkeiten von Hauptreihensternen mit $M_V \approx +5$ noch für Objekte bei $r \approx 10$ kpc gemessen werden. Die Ableitung des Dichteverlaufes bis in so große Entfernungen ist daher mit Methoden möglich, die auf einer Mehrfarbenphotometrie in hinreichend breiten Spektralbereichen basieren (II.2.1).

Der Vorteil dieses zuerst von W. Becker eingeschlagenen Weges besteht darin, daß die Sterne mit geringem Metallgehalt verhältnismäßig gut erkannt werden können, weil sich das Defizit an Metallen in einer Überhöhung im kurzwelligen Teil des Spektrums ausdrückt, und damit zu einem „Ultraviolettexzeß" führt. Abb. II.35 erläutert dies anhand des Zweifarben-Diagramms für das Becker'sche RGU-System. Dieses hat gegenüber dem UBV-System den Vorteil, daß die Unterschiede in den Metallhäufigkeiten fast ausschließlich die U-Helligkeit beeinflussen, so daß bei Unterhäufigkeit ein größerer und damit besser erkennbarer Ultraviolettexzeß $\delta(U-G) = (U-G)-(U-G)_0$ auftritt; er bewirkt im ZFD eine Vertikalverschiebung nach oben für alle Sterne, die ein Metalldefizit aufweisen.

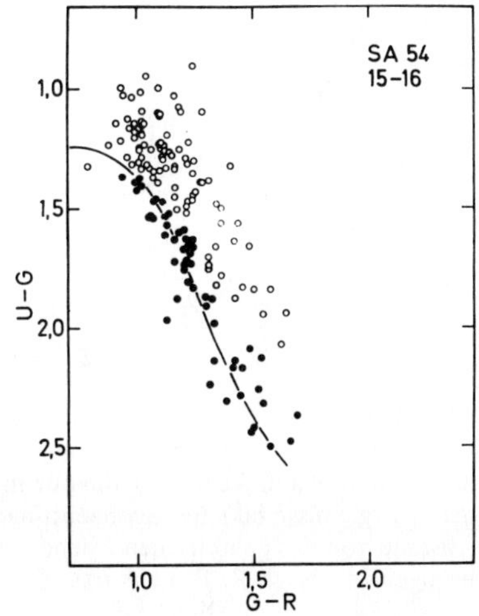

Abb. II.35: Fraktioniertes Zweifarben-Diagramm der Sterne mit scheinbaren Helligkeiten $G = 15 \ldots 16$ in einem Feld von 2.5 □° Größe bei $l = 199°$, $b = +59°$ (Selected Area 54). Der Kurvenzug gibt den Verlauf der normalen Hauptreihe an (vgl. Tabelle I.3). Die Sterne mit Ultraviolettexzeß $\delta(U-G)$ (offene Kreise) heben sich klar ab von den Hauptreihensternen mit normalen Metallhäufigkeiten. (Nach R. P. Fenkart).

Die Zuordnung absoluter Helligkeiten M_G zum Verlauf der Hauptreihe für metallarme Sterne kann mit Hilfe von Atmosphärenmodellrechnungen erfolgen: Ein Punkt der normalen Hauptreihe, dem eine bestimmte absolute Helligkeit M_G entspricht, erfährt beim Übergang zu niedriger Metallhäufigkeit eine Verschiebung in einer bestimmten Richtung. Auf die Abtrennung der Riesen kann hier nicht eingegangen werden.

W. Becker und seine Mitarbeiter haben das in II.2.1 (Gl. II.16), skizzierte Verfahren zur Bestimmung des Dichteverlaufes $D(r)$ auf eine bereits über zehn angewachsene Anzahl kleiner Testfelder angewandt, die ungefähr auf einem Großkreis liegen, der senkrecht auf dem galaktischen Äquator steht und durch die Richtung zum galaktischen Zentrum geht. Dieses „Halo-Programm“ ist gewissermaßen das Gegenstück zu den Untersuchungen der Dichteverteilung in der galaktischen Ebene in ausgewählten Milchstraßenfeldern (II.3.1). In jedem Halo-Testfeld wurde der Verlauf von $D(r)$ getrennt für die metallreichen „Scheiben-Sterne“ und für die metallarmen „Halo-Sterne“ mit Ultraviolettexzeß abgeleitet. Abb. II.36 zeigt ein typisches Ergebnis für Hauptreihensterne mit absoluten Helligkeiten $M_G = +3^m \dots +8^m$. Absolut hellere Sterne sind im Halo extrem selten.

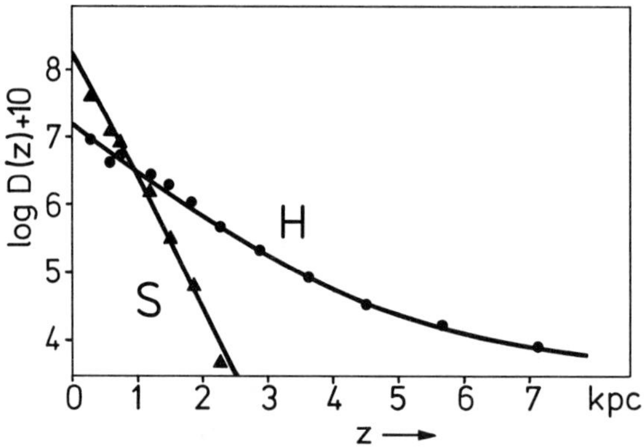

Abb. II.36: Dichteverläufe senkrecht zur galaktischen Ebene für metallarme Sterne mit Ultraviolettexzeß, die offenbar dem galaktischen Halo angehören (H), und für Sterne mit normalen Metallhäufigkeiten (S), die nur in der galaktische Scheibe anzutreffen sind. Grundlage dieser Ergebnisse bildeten Beobachtungen in einem Feld am galaktischen Nordpol. Abszisse: Abstand von der galaktischen Ebene z in kpc. Ordinate: $\log D(z) + 10$, wobei $D(z)$ auf 1 pc^3 bezogen ist. (Nach R. P. Fenkart).

Die alten Scheibensterne mit einem merklichen Metalldefizit zeigen gegenüber den Halo-Sternen eine wesentlich kleinere Geschwindigkeitsstreuung (vgl. dazu Tabelle II.10 und Tabelle II.11). Der Wert des Ultraviolettexzesses, bei welchem der Übergang zu den Halo-Sternen erfolgt, liegt danach etwa bei $[M/H] = -0.6$.

Die allgemeinen Ergebnisse lassen sich etwa foglendermaßen zusammenfassen. In der Nähe der Sonne, also in der galaktischen Ebene, machen die metallarmen Hauptreihen- und Riesensterne je nach der gewählten Grenze des Metalldefizits nur einen zahlenmäßigen Anteil von etwa 1 Promille bis etwa 1 Prozent der metallreichen Sterne dieser Typen aus. Es sind dies „normale“ Schnelläufer und Unterzwerge. Mit wachsendem Abstand von der galaktischen Ebene nimmt das durchschnittliche Metalldefizit zu. Etwa für Abstände $|z| > 1.5$ kpc sinken die Dichten der Scheiben-Sterne unter die Dichten der Halo-Sterne. Eine Approximation der in Abb. II.36 dargestellten Verläufe durch den im Logarithmus linearen Ansatz $D(|z|) = D_0 \exp(-|z|/z_0)$ liefert ungefähr $z_0 = \overline{|z|} \approx 300$ pc für die Scheiben-Sterne, jedoch $\overline{|z|} \approx 1$ kpc für die metallarmen Halo-Objekte.

Bildet man mit den jeweils für enge M_G-Intervalle vorliegender Dichtewerten die Leuchtkraftfunktion, dann ergibt sich mit wachsendem Abstand $|z|$ eine Abnahme des Anteils der absolut helleren Sterne mit $M_G < +5^m$, die bei den Halo-Sternen stärker ausgeprägt ist.

Für die *lokale Anzahldichte der Halo-Sterne* in der galaktischen Ebene am Ort der Sonne ergeben sich Werte um $3 \cdot 10^{-4}$ pc^{-3}, sie beträgt also nur etwa 0.2 Prozent der lokalen Anzahldichte der Scheiben-Sterne (II.3.1). Weitere Angaben hierzu s. Tabelle II.13. Das Dichteverhältnis von Halo- zu Scheiben-Sternen, die sich innerhalb einer senkrecht zur galaktischen Ebene stehenden Säule (von $z = -\infty$ bis $+\infty$) befinden, liegt demgegenüber etwa bei 0.1.

Bei einigen Galaxien hat man neben der dünnen Scheibe und dem sphäroidalen Halo noch eine „dicke Scheibe" mit einem geringen mittleren Metalldefizit $[M/H] \approx -0.6$ beobachtet. Es ist versucht worden, eine solche dicke Scheibe auch in unserer Galaxis nachzuweisen. Dazu wurden umfangreiche Sternzählungen bis zu 19. Größe an den galaktischen Polen herangezogen. Hiernach könnte die Skalenhöhe dieser Scheibe etwa 1 kpc und ihr Anteil an der lokalen Sterndichte etwa 2% der Sterndichte der dünnen Scheibe betragen (G. Gilmore und N. Reid 1983, Y. Yoshii et al. 1987).

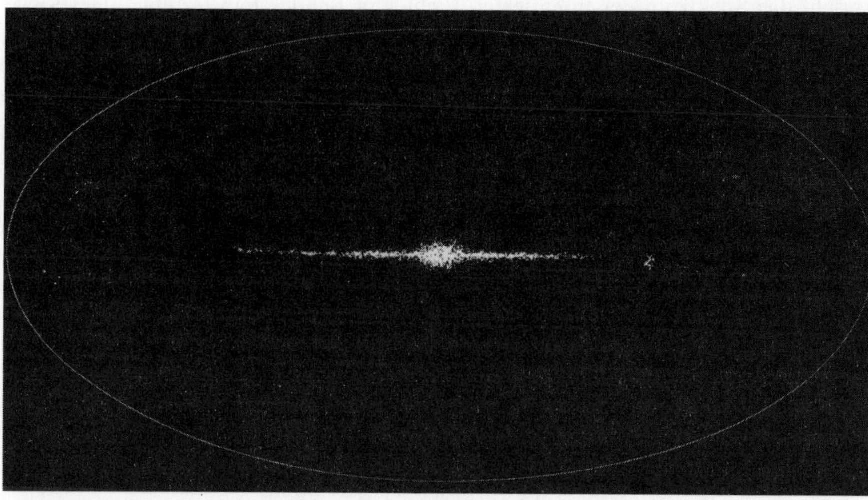

Abb. II.37: Verteilung der IRAS-Punktquellen mit einem Verhältnis der Strahlungsflußdichten S(25 µm)/S(12 µm) zwischen 0.8 und 3.8. (Nach H. J. Habing 1988).

Zentraler Bulge: Spiralgalaxien, die wir angenähert „von der Kante" sehen, zeigen eine mehr oder weniger kompakte zentrale Aufbauchung der Sternverteilung (s.

Abb. E.10), für die sich das englische Wort bulge eingebürgert hat. Der Bulge unserer Galaxis ist zu einem großen Teil hinter dem lichtschwachen Staub der galaktischen Scheibe verborgen. Ein steiler Anstieg der Flächenhelligkeiten im Sichtbaren und vor allem im nahen Infrarot zum Zentrum hin (s. II.4,5, Abb. II.40) läßt darauf schließen, daß auch unsere Galaxis eine ausgeprägte zentrale Sternansammlung besitzt. Einen klaren direkten Nachweis des galaktisches Bulges haben die von interstellarer Extinktion praktisch unverfälschten Beobachtungen mit dem Infrared Astronomical Satellite (IRAS) 1983 (s. auch PSS I.2.4) geliefert. Dies zeigt die in Abb. II.37 wiedergegebene Verteilung von Punktquellen an der Sphäre in galaktischen Koordinaten, wobei allerdings nur sehr kühle stellare Objekte erfaßt sind (s. unten).

Welche Sterntypen bilden den galaktischen Bulge? Auf diese Frage haben vor allem Beobachtungen in dem bereits in II.4.2 erwähnten, von W. Baade entdeckten galaktischen Fenster Antwort gegeben. Baade selbst fand hier nicht nur eine Anhäufung von RR Lyrae-Sternen, sondern auch zahlreiche Mira-Sterne und ähnliche langperiodische und unregelmäßige Veränderliche, bei denen es sich um späte Riesensterne handelt – späte Hauptreihensterne in der Entfernung des Zentralgebietes liegen unter der Nachweisgrenze. In Übereinstimmung hiermit zeigten Spektren des integrierten Lichtes der Zentralregionen anderer Galaxien im nahen Infrarot die für späte M-Riesen typischen TiO-Banden. Im blauen Spektralbereich entspricht das Spektrum des integrierten Lichtes in Baades Fenster etwa dem Spektraltyp K mit kräftigen Metallinien und insbesondere den CN-Banden, wie man es auch für die Zentralregion der Andomedagalaxie M31 findet. In neuerer Zeit konnten große Mengen normaler, später M-Riesen mit Hilfe von Objektivprismen-Spektralaufnahmen anhand ihrer Metallinien identifiziert werden. Dabei erstreckte sich der erfaßte Entfernungsbereich bis jenseits des galaktischen Zentrums. Diese Ergebnisse zeigen, daß im zentralen galaktischen Bulge ($R < 1$ kpc) neben den RR Lyrae-Sternen eine Population von entwickelten Sternen mit hohen Metallhäufigkeiten – Sonnenwerten oder gar höher – auftritt und zahlenmäßig dominiert. Auch die hier vorhandenen RR Lyrae-Sterne besitzen etwas höhere Metallgehalte als bei größeren galaktozentrischen Abständen.

Die in Abb. II.37 wiedergegebene Verteilung von IRAS-Punktquellen bezieht sich auf die kühlsten dieser Sterne mit einem Verhältnis der Strahlungsflüsse $S(25\mu m)/S(12\mu m) > 0.8$. Das Auswahlkriterium entspricht bei einem Schwarzen Körper der Beschränkung auf einen relativ engen Temperaturbereich um 300 K. Daher werden hier hauptsächlich die kühlen Hüllen von späten Mira-Sternen und von OH/IR-Sternen erfaßt – Sterne auf dem asymptotischen Riesenast in späten Entwicklungsphasen mit großen Massenverlustraten. Für den zentralen Bulge ergibt sich eine vertikale exponentielle Skalenhöhe von nur etwa 200 pc und ein Achsenverhältnis von 0.4.

Photometrische Beobachtungen im nahen Infrarot bei $\lambda \approx 2$ μm zeigten im galaktischen Zentralbereich einen ausgedehnten Sternhaufen mit etwa 150 pc Durchmesser. Der Haufen erscheint unregelmäßig abgeplattet und ist zur galaktischen Ebene orientiert. Ungleichmäßige Vordergrundextinktion durch Molekülwolken verhindert eine sichere Bestimmung des Achsenverhältnisses. Der innerste Teil des Sternhaufens (R $\lesssim$ 1.5 pc) ist bereits durch Abb. II.5 veranschaulicht worden.

4.4 Modell der Galaxis und Sternzählungen

Nach den bisher beschriebenen Resultaten über die großräumigen Verteilungen bestimmter Sterntypen lassen sich grob zwei Komponenten unterscheiden: eine flache Scheibe (Population I) und ein konzentrischer Halo (Population II), der im Zentralgebiet eine Verdichtung (Bulge) aufweist. Dieselbe Struktur zeigen die zahlreichen Spiralgalaxien, besonders jene Systeme, die wir „von der Kante" sehen (s. Abb. E.10). Beobachtungen mit lichtstarken Teleskopen haben ergeben, daß in diesen externen Galaxien OB-Sterne, HII-Regionen, absorbierendes Material, Kugelhaufen usw. in ganz ähnlicher Weise verteilt sind wie in unserer Galaxis. Unser System ist somit zweifellos eine typische Spiralgalaxie.

Die großräumige Sternverteilung in einer externen Spiralgalaxie läßt sich aus der relativ leicht meßbaren scheinbaren (an die Sphäre projizierten) Helligkeitsverteilung ableiten, wobei lediglich die unmittelbare Umgebung der Symmetrieebene, wegen des dort auftretenden dunklen „Staubstreifens", interpolatorisch überbrückt werden muß. Für den radialen Abfall der Sterndichte in der Scheibe (disk) D_d fanden G. de Vaucouleurs (1948) und andere nach ihm als brauchbare Näherung $D_d \sim \exp(-R/h)$, wobei R den galaktozentrischen Abstand in der Symmetrieebene bezeichnet. Die Abnahme von D_d mit wachsendem senkrechten Abstand z von der Symmetrieebene ist für unsere Galaxis (für die Sonnenumgebung) besser bekannt als für externe Spiralsysteme und kann danach ebenfalls näherungsweise durch eine Exponentialfunktion $D_d \sim \exp(-z/H)$ oder auch durch den Ansatz[1] $D_d \sim \mathrm{sech}^2(z/z_0)$ (die Lösung für eine selbstgravitierende, isotherme Schicht, s. V.1.5, Gl. V.77) dargestellt werden. Insgesamt erhält man damit für Sterne der Scheibe:

$$D_d(R,z) = D_d(R_0,0)\exp[-(R-R_0)/h]\exp(-z/H) \tag{II.51}$$

oder

$$D_d(R,z) = D_d(0,0)\exp(-R/h)\,\mathrm{sech}^2(z/z_0)\,. \tag{II.52}$$

Hierbei bezeichnet R_0 den Abstand der Sonne vom galaktischen Zentrum; H bzw. z_0 ist von der absoluten Helligkeit M_V abhängig.

Die Verteilung der Sterndichte im Halo läßt sich durch ein inhomogenes Rotationsellipsoid approximieren, dessen Flächen gleicher Dichte die Oberflächen von

[1] $\mathrm{sech}\,x = 1/\cosh x$ mit $\cosh x = (e^x + e^{-x})/2$.

konzentrischen Ellipsoiden sind. Ein solcher Körper wird auch als *Sphäroid* bezeichnet. Die projizierte Flächenhelligkeit des sphäroidalen Halos von Spiralgalaxien besitzt eine ähnliche Verteilung wie die Helligkeit in elliptischen Galaxien und kann nach de Vaucouleurs angenähert beschrieben werden durch

$$\log \frac{I(\theta)}{I(\theta_e)} = -3.33\left[\left(\frac{\theta}{\theta_e}\right)^{1/4} - 1\right]. \tag{II.53}$$

Dabei bezeichnet θ den Winkelabstand vom Zentrum (sphärische Symmetrie) und θ_e den Radius innerhalb dessen die Hälfte der gesamten Leuchtkraft des Sphäroids abgestrahlt wird. Die entsprechende räumliche Verteilung der Sterndichte D_s läßt sich nach P. J. Young (1976) angenähert darstellen durch

$$D_s(r) = C\left(\frac{r}{r_e}\right)^{-7/8} \exp\left[-7.67\left(\frac{r}{r_e}\right)^{1/4}\right] \text{ für } r \gtrapprox 0.2 r_e\,, \tag{II.54}$$

wobei $r = \sqrt{R^2 + z^2}$ den Abstand vom Zentrum und r_e den θ_e entsprechenden Wert bezeichnet. Setzt man $r = \sqrt{R^2 + (z/\varkappa)^2}$, so kann der Fall eines Sphäroids mit dem Achsenverhältnis $\varkappa \neq 1$ bzw. der Elliptizität $1 - \varkappa \neq 0$ einbezogen werden.

In einer richtungsweisenden Arbeit haben J. N. Bahcall und R. M. Soneira 1980 das alte Problem der Gewinnung eines Modells der Galaxis aus Sternzählungen erneut aufgegriffen, wobei sie nun für $D = D_d + D_s$ von vornherein die Ansätze (II.51) und (II.54), und damit die geometrische Struktur, zugrunde legten. Dabei konnten in größerem Umfang neuere, teilweise automatisch durchgeführte Sternzählungen bis zu $m_V \approx 22$ mit guter photometrischer Qualität herangezogen werden. Um den Einfluß der interstellaren Extinktion gering zu halten, wurden für die Analyse 17 geeignete Felder in mittleren und höheren galaktischen Breiten ausgewählt.

Im einzelnen gingen die Autoren folgendermaßen vor. Als Skalenhöhen H für verschiedene Sterntypen und lokale Dichten $D_d(R_0, 0)$ sowie $D_s(R_0, 0)$ wurden die aus den Beobachtungsdaten für die Sonnenumgebung gewonnenen Werte herangezogen. Nach geeignet erscheinenden Annahmen über die Parameter h und r_e lag dann die Dichteverteilung $D(R, z; M_V) = D_d(R, z; M_V) + D_s(R, z)$ vor. Unter Voraussetzung der lokalen Leuchtkraftfunktionen $\Phi_d(M_V)$ und $\Phi_s(M_V)$ für die ganze Galaxis konnten dann die zu erwartenden Sternzahlen $N(m)$ für jedes betrachtete Feld nach der Grundgleichung der Stellarstatistik berechnet und mit den beobachteten Zahlen verglichen werden. Mit Hilfe der Zusammenhänge zwischen M_V und dem Farbindex (Farben-Helligkeits-Diagramm) für Scheibe und Sphäroid wurden dann Sternzahlen $N(m, FI)$ für enge Intervalle des Farbindex FI berechnet, so daß die Vergleiche auch auf die wichtige Abhängigkeit der Sternzahlen vom Farbindex ausgedehnt werden konnten. Ein Beispiel zeigt Abb. II.38. In Iterationsschritten wurden die eingehenden Parameterwerte solange geändert, bis die Resultate der

Rechnung innerhalb der Fehlergrenzen mit den beobachteten Abhängigkeiten übereinstimmten.

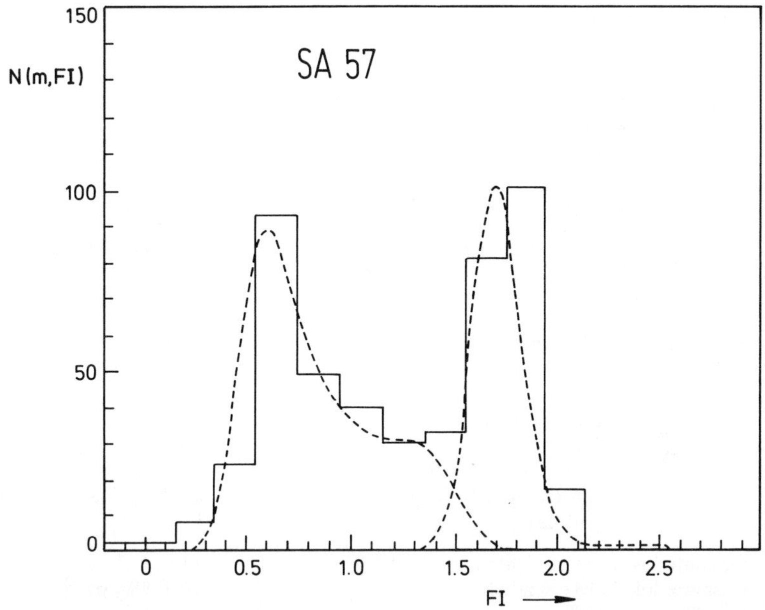

Abb. II.38: Abhängigkeit der Sternzahlen im Bereich der 20. Größe vom Farbindex *FI* für das Feld 57 der Selected Areas unweit vom galaktischen Nordpol nach den Beobachtungen (———) und nach der Berechnung für das Galaxismodell von Bahcall und Soneira (Scheibe – – –, Sphäroid —·—·—). Die Beiträge der Scheibe und des Sphäroids können hier gut voneinander getrennt werden. Der benutzte Farbindex ist aus den Helligkeiten für die mittleren Wellenlängen 465 nm und 610 nm gebildet worden (System von R. G. Kron). Als Ordinate ist die Sternzahl im Intervall 19.95 mag bis 21.75 mag pro $\Delta FI = 0.2$ mag pro 0.3 Quadratgrad an der Sphäre aufgetragen. (Nach J. N. Bahcall und R. M. Soneira 1984).

Feinheiten der galaktischen Struktur bleiben bei diesem Verfahren unentdeckt, weil sie sich auf die Sternzahlen zu schwach auswirken. Man erhält jedoch relativ zuverlässige Aussagen über die Charakteristiken des großräumigen Aufbaus des Sternsystems. Das einfache Zwei-Komponenten-Modell gibt die Sternzahl- und Farbindex-Verteilung in den betrachteten Feldern bereits relativ gut wieder. Tabelle II.13 enthält Parameterwerte und Aussagen über einige integrale Eigenschaften eines so ermittelten Modells. Dieses bedarf noch der Ergänzung durch den in II.4.3 erläuterten zentralen Bulge. In den bisher vorliegenden Sternzahlen sind seine Beiträge zu gering, um ihn daraus sicher nachweisen zu können. Die wahren Werte der lokalen Dichte in der Scheibe und im Halo könnten wegen der Unvollständigkeit der Beobachtungsdaten noch um Faktoren 1.5 bzw. 3 größer sein als die in Tabelle II.13 angegebenen Werte.

Tabelle II.13: Modell der Sternverteilung in der Galaxis nach J. N. Bahcall und R. M. Soneira (1980, 1984)

Scheibe:	Lokale Sterndichte D_{do} ($M_V \leqq 16.5$)	$0.13\ pc^{-3}$
	Lokale Massendichte ϱ_{do}	$0.050\ \mathfrak{M}_\odot\ pc^{-3}$
	Skalenlänge h	3.5 kpc
	Skalenhöhe H	
	ältere Hauptreihe ($M_V > +5$)	325 pc
	jüngere Hauptreihe ($M_V < 2$)	90 pc
	(dazwischen linearer Übergang)	
	Riesen	250 pc
	Leuchtkraftfunktion $\Phi_d(M_V)$	Jahreiß-Wielen ($M_V \leqq 16.5$)
	Farben-Helligkeits-Diagramm	wie M 67
	Gesamtmasse	$6 \cdot 10^{10}\ \mathfrak{M}_\odot$
Sphäroid:	Lokale Sterndichte D_{so}	$3 \cdot 10^{-4}\ pc^{-3}$
	lokale Massendichte ϱ_{so}	$3 \cdot 10^{-4}\ \mathfrak{M}_\odot\ pc^{-3}$
	D_{so}/D_{do}	$2 \cdot 10^{-3}$
	Effektiver Radius r_e	2.7 kpc
	Abplattung	0.8
	Leuchtkraftfunktion $\Phi_s(M_V)$	wie Kugelhaufen
	Farben-Helligkeits-Diagramm	wie Kugelhaufen
	Gesamtmasse	$3 \cdot 10^9\ \mathfrak{M}_\odot$
Gesamte lokale Sterndichte ($M_V \leqq +19$)		$0.15\ pc^{-3}$
Gesamte lokale Massendichte		$0.050\ \mathfrak{M}_\odot\ pc^{-3}$
Leuchtkraft (Scheibe + Sphäroid)		$1.4 \cdot 10^{10}\ L_\odot$

4.5 Flächenhelligkeit in der Milchstraße und galaktische Struktur

„Flächenhelligkeit" und Volumenemission: Die in II.1.3 beschriebenen Beobachtungsergebnisse beziehen sich auf die Verteilung der Intensität $I_\lambda(l,b)$, also auf die pro Flächen-, Zeit-, Raumwinkel- und Wellenlängeneinheit einfallende Strahlungsenergie bei der betrachteten Wellenlänge λ, in Abhängigkeit von den galaktischen Koordinaten l und b. Soweit es die interstellare Extinktion zuläßt, kommt in $I_\lambda(l,b)$ die räumliche Verteilung der bei der betrachteten Wellenlänge emittierenden Quellen zum Ausdruck. Weil man bei festem Raumwinkel von einem ausgedehnten emittierenden Gebiet eine proportional dem Entfernungsquadrat anwachsende Fläche erfaßt, wird die dem Enfernungsquadrat umgekehrt proportionale Verdünnung der Strahlung auf dem Wege zum Beobachter gerade kompensiert. Gegenüber den Untersuchungen auf der Grundlage von Helligkeitsmessungen an den einzelnen Sternen tritt daher ein erheblicher Gewinn an Reichweite ein, indem diese selbst allein durch die interstellare Extinktion begrenzt wird.

Der Zusammenhang zwischen der Intensität I_λ und der Volumenemission ε_λ = emittierte Energie pro Volumen-, Zeit-, Raumwinkel- und Wellenlängeneinheit ergibt sich bei Abwesenheit interstellarer Extinktion wie folgt (Abb. II.39): Der Beitrag des Volumenelementes $\mathrm{d}F\mathrm{d}r$ in der Entfernung r zu der durch das Flächenelement am Ort des Beobachters $\mathrm{d}F'$ fließenden Energie ist gegeben durch

$$\mathrm{d}I_\lambda \, \mathrm{d}F' \, \mathrm{d}\omega = \varepsilon_\lambda(r) \cdot \mathrm{d}F \cdot \mathrm{d}r \cdot \mathrm{d}\omega' .$$

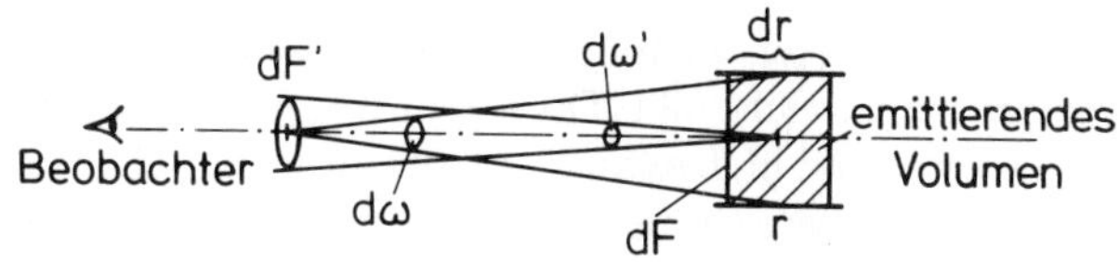

Abb. II.39: Zur Ableitung des Zusammenhanges zwischen Intensität und Volumenemission.

Dabei gilt für die Raumwinkelelemente $\mathrm{d}\omega = \mathrm{d}F/r^2$ und $\mathrm{d}\omega' = \mathrm{d}F'/r^2$, womit $\mathrm{d}F$ und $\mathrm{d}F'$ eliminiert werden können. Man erhält einen entfernungsunabhängigen Beitrag:

$$\mathrm{d}I_\lambda = \varepsilon_\lambda(r) \, \mathrm{d}r .$$

Wird die bei r emittierte Strahlung auf dem Wege zum Beobachter um den Faktor $\exp[-\tau_\lambda(r)]$, mit der optischen Dicke $\tau_\lambda(r)$, geschwächt, dann ergibt sich für die Intensität durch Integration über den Sehstrahl

$$I_\lambda = \int_0^\infty \varepsilon_\lambda(r) \, \mathrm{e}^{-\tau_\lambda(r)} \, \mathrm{d}r . \qquad \text{(II.55)}$$

Diese Beziehung gilt für alle Wellenlängen. Für die verschiedenen Bänder des optischen Bereiches (z. B. U, B, V, R, I, ...) ist τ allein durch die Wirkung des interstellaren Staubes bestimmt. Mit der Definition der Größenklassenskala (PSS I.2.4, Gl. I.11) können wir dann τ durch deren Betrag A in Größenklassen ausdrücken:

$$\mathrm{e}^{-\tau(r)} = 10^{-0.4A(r)} . \qquad \text{(II.56)}$$

Ist die beobachtete Intensität – wir betrachten als Beispiel den visuellen Bereich V – in Sternen mit $m_V = 10^\mathrm{m}$ pro Quadratgrad ausgedrückt, dann ist es zweckmäßig, für die Volumenemission ε_V eine entsprechende Einheit zu wählen, beispielsweise 1 Stern mit $M_V = +5$ (angenähert der Sonne entsprechend!) pro pc^3. In diesem Fall geht Gl. (II.55) für eine feste Richtung über in

$$I_V[\text{Sterne } 10^\mathrm{m}/\square^\circ] = 3.05 \cdot 10^3 \int_0^\infty \varepsilon_V(r) \cdot 10^{-0.4A_V(r)} \, \mathrm{d}r \qquad \text{(II.57)}$$
$$(r - \text{Skala in pc}) .$$

Der Einfluß der interstellaren Extinktion nimmt mit wachsender Wellenlänge ab (s. III.1.1). Oberhalb von etwa 10 μm ist der Transparenzfaktor (II.56) praktisch gleich eins, so daß Beobachtungen direkt die integrierte Volumenemission bei der betrachteten Wellenlänge liefern. Hier trägt allerdings neben den Sternen die thermische Emission des interstellaren Staubes zur beobachteten Helligkeit bei. Schon Beobachtungen im nahen Infrarot erlauben jedoch, den interstellaren Staub zu durchdringen und die Sternansammlungen im galaktischen Zentralgebiet auch bei $b = 0°$ nachzuweisen. Die daraus abzuleitende Volumenemision ε stellaren Ursprungs betrifft natürlich vorwiegend die zahlreichen roten kühlen Sterne späten Spektraltyps, deren Beitrag zur Flächenhelligkeit der Milchstraße im Sichtbaren weniger ins Gewicht fällt. Dort wird der Anteil der frühen Typen wesentlich. Da diese vorwiegend in den Spiralarmen auftreten, sollte trotz interstellarer Extinktion im sichtbaren Bereich die galaktische Spiralstruktur zum Vorschein kommen.

Interpretation der Beobachtungen im Sichtbaren: Wir diskutieren zunächst die Helligkeitsverteilung in galaktischer Länge auf der Grundlage der in II.1.3 vorgestellten Ergebnisse. Wegen der starken Konzentration des lichtschwächenden interstellaren Staubes zur galaktischen Ebene wäre es nicht sinnvill, $I(l, b)$ für $b = 0°$ zu betrachten. Wir untersuchen deshalb den Verlauf der im allgemeinen bei $b \neq 0$ verlaufenden „Kammlinie" des Helligkeitsgebirges, der in Abb. II.40 wiedergegeben ist. Qualitativ lassen sich drei Komponenten unterscheiden:

(1) ein systematischer Helligkeitsanstieg nach der Zentrumsrichtung hin mit einem starken Maximum bei $l \approx 0°$,
(2) ausgeprägte Helligkeitsspitzen, die teilweise angenähert symmetrisch zur Zentrumsrichtung liegen,
(3) „Mikrofluktuationen", die (nach Beobachtungen mit höherer Winkelauflösung) überall anzutreffen sind.

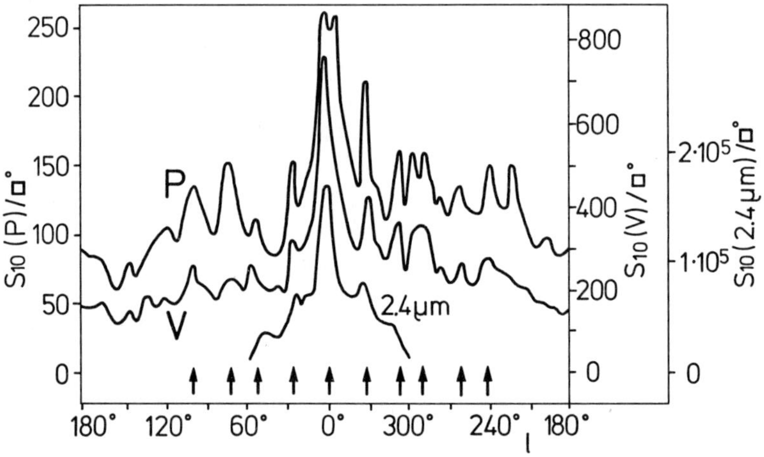

Abb. II.40: Verläufe der Flächenhelligkeit der Milchstraße entlang der „Kammlinie" im visuellen Bereich (V) und im sogenannten internationalen (photographischen) Blaubereich (P) nach H. Elsässer und U. Haug sowie für das zentrumsnahe Gebiet im Infrarot bei $\lambda = 2.4$ μm nach S. Hayakawa et al. Die in Tabelle II.13 zusammengestellten Maxima sind durch Pfeile gekennzeichnet. Abszisse: galaktische Länge, Ordinaten: Intensität in der Einheit 1 A0V-Stern 10. Größe bei der jeweils betrachteten Wellenlänge pro Quadratgrad.

Die erste Komponente läßt sich weitgehend mit dem Beitrag der galaktischen Scheibe identifizieren, der sich die stark zum Zentrum konzentrierte Emission des Bulges überlagert. Die meisten der Helligkeitsspitzen der zweiten Komponente können entweder als Beiträge von Spiralarmen gedeutet werden, bei denen der Sehstrahl gerade tangential zur Mittellinie des Armes verläuft (Abb. II.41), oder als Sternwolken in Spiralarmen. Einige der großen Maxima dürften „Durchsichtslöcher" zwischen den interstellaren Wolken sein.

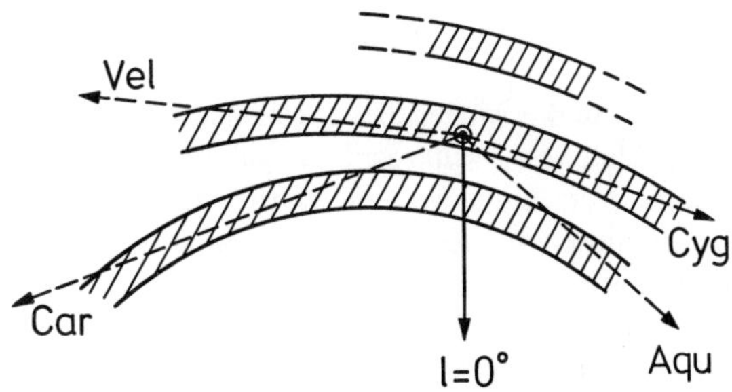

Abb. II.41: Zur Deutung der großen Helligkeitsmaxima in der Milchstraße (schematisch).

Eine Zusammenstellung der Helligkeitsmaxima und ihrer Deutungen gibt Tabelle II.14. – Auf die detaillierte Begründung durch Untersuchungen der interstellaren Extinktion in diesen Richtungen kann hier nicht eingegangen werden, in IV.4.4 werden jedoch noch weitere Argumente angeführt, die aus den Ergebnissen für die Verteilung des interstellaren Gases resultieren –. Die „Mikrofluktuationen" entstehen durch die wolkige Struktur des interstellaren Mediums, auf die wir in III.1.1 und IV.4.1 eingehen.

Tabelle II.14: Lage und Deutung großer Helligkeitsmaxima der Milchstraße, die im visuellen *und* blauen Spektralbereich beobachtet werden

Helligkeitsmaximum l	Sternbild	Deutung
26°	Scutum	Sternwolke
49	Aquila	Berührung des Sagittariusarms ($-I$)
73	Cygnus	Tangentialrichtung an den lokalen Arm (0)
101	Lacerta	Erzeugt durch geringe lokale interstellare Extinktion
242	Puppis	(wie oben)
266	Vela	Tangentialrichtung an den lokalen Arm
287	Carina	Tangentialrichtung an den Sagittariusarm ($-I$)
307	Centaurus	Sternwolken oder innere Spiralarm-Strukturen
332	Norma	(wie oben)

Die quantitative Darstellung der beobachteten Verteilung $I(l, b)$ im visuellen und im blauen Spektralbereich nach Gl. (II.57) sei hier zunächst am Beispiel einer bemerkenswerten älteren Untersuchung erläutert (T. Neckel 1968). Für die räumliche Verteilung der oft als Leuchtkraftdichte (luminosity density) bezeichneten Volumenemission ε wurde dabei der Ansatz gewählt:

$$\varepsilon(R, z) = \frac{\varepsilon_0(R)}{1 + \left(\frac{z}{H(R)}\right)^2}, \tag{II.58}$$

wobei R und z wieder dieselbe Bedeutung haben wie in II.4.4 $H(R)$ charakterisiert den Abfall von ε senkrecht zur galaktischen Ebene. Zur Darstellung der von Spiralarmen erzeugten Maxima wurde eine zusätzliche Komponente eingeführt. Wegen der zu unsicheren Kenntnis der gesamten Spiralstruktur unserer Galaxis mußte die quantitative Diskussion der Helligkeitsmaxima in $I(l, b)$ im wesentlichen auf die Bereiche Cygnus, Vela und Carina beschränkt bleiben. Die interstellare Extinktion $A(r; l, b)$ im visuellen und blauen Spektralbereich wurde aus Untersuchungen gewonnen, auf die in III.1.1 und IV.4.1 eingegangen wird.

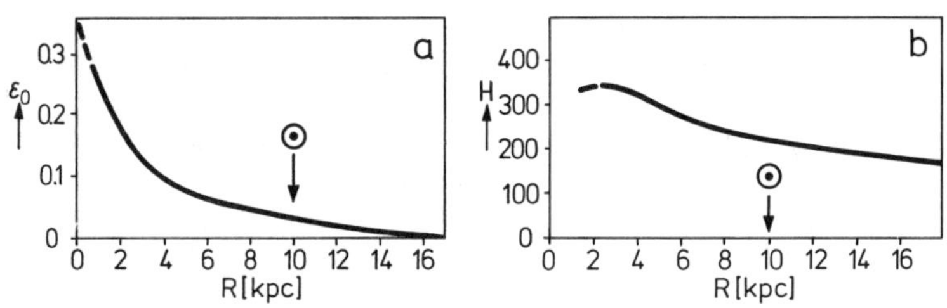

Abb. II.42: Modell der visuellen Sternemission der galaktischen Scheibe: (a) radialer Verlauf der Volumenemission [Sterne mit $M_V = 5^m$ pro pc^3] in der galaktischen Ebene, (b) „Halbdicke" H[pc] der Scheibe. (Nach T. Neckel).

Abb. II.42 zeigt Ergebnisse für die radialen Verläufe der Leuchtkraftdichte $\varepsilon_0(R)$ bei $z = o$ und der effektiven Halbdicke $H(R)$ der beitragenden Schicht – vor allem der älteren Sterne der galaktischen Scheibe. Hierbei ist der Abstand der Sonne vom galaktischen Zentrum $R_0 = 10$ kpc gesetzt (vgl. II.5.2). Für die gesamte Leuchtkraftdichte in der Sonnenumgebung ergab sich der Wert 0.064 Sterne mit $M = 5^m$ pro pc^3. Diese Zahl sollte angenähert übereinstimmen mit dem aus Tabelle II.6 durch Summation über $\varepsilon(M)$ gewonnenen Wert, weil die dort verwendete Einheit $L_\odot$ angenähert $M = 5^m$ entspricht. Wie man sieht, ist dies der Fall. Der lokale Anteil der eingeführten Spiralarmkomponente ließ sich im blauen Spektralbereich weitgehend durch die Emission der in II.4.1 besprochenen OB-Sterne erklären. Für die Gesamthelligkeit der Galaxis folgte im Visuellen $2 \cdot 10^{10}\ L_V^\odot$, entsprechend

$M_V = -21^m$. Nahezu denselben Wert findet man beispielsweise für die nächste große Spiralgalaxie, den Andromedanebel.

Der starke Anstieg von $\varepsilon_0(R)$ zum Zentrum hin bei $R \lessapprox 2$ kpc zeigt, daß die Flächenhelligkeit der Milchstraße im Sichtbaren trotz starker interstellarer Extinktion nicht nur durch den Nahbereich bestimmt ist, sondern Information über die großräumige galaktische Struktur enthält. Dies bestätigen die Beobachtungen im *nahen Infrarot*. Abb. II.40 zeigt neben dem Helligkeitsverlauf im Sichtbaren die Variation der Flächenhelligkeit bei 2.4 μm längs des galaktischen Äquators in der Umgebung der Zentrumsrichtung, wie sie aus der in Abb. II.4 enthaltenen Isophotenkarte folgt. Hier ist der Anstieg zum Maximum bei $l = 0°$ erwartungsgemäß noch weit ausgeprägter als im Sichtbaren, andererseits ist die Ähnlichkeit der Kurven, auch in den Nebenmaxima, nicht zu übersehen. Der Helligkeitsanstieg symmetisch zu $l = 0°$ ist so zu interpretieren, daß innerhalb von $R \approx 2$ kpc zur Sternverteilung in der galaktischen Scheibe eine zum Zentrum konzentrierte, sphäroidale Komponente hinzutritt, die wir mit dem in II.4.3 erläuterten zentralen *Bulge* identifizieren können. Durch Integration über das vom Einfluß der interstellaren Extinktion befreite Spektrum im nahen Infrarot ergab sich die Gesamtemission aus einem zentralen Volumen, das unter einem Winkel von 2° erscheint zu etwa 10^{10} Sonnenleuchtkräften.

Neuere Modellrechnungen zur Interpretation der beobachteten Flächenhelligkeitsverteilung $I(l, b)$ orientieren sich an den bereits in II.4.4 angeführten Ergebnissen photometrischer Messungen an extragalaktischen Systemen, die unserer Galaxis ähnlich sind. Danach sollte die *großräumige* Verteilung der Leuchtkraftdichte hauptsächlich aus zwei Komponenten bestehen: einer *Scheibe* (ältere Scheibenpopulation I), darstellbar durch (Index d = disk)

$$\varepsilon_d(R, z) \sim \exp(-R/h)\exp(-z/H) \tag{II.59}$$

oder (s. V.1.5, Gl. V.77)

$$\varepsilon_d(R, z) \sim \exp(-R/h)\,\mathrm{sech}^2(z/z_0) \tag{II.60}$$

für $R < R_{max}$ = äußerer Scheibenradius = 20 ... 25 kpc und einem *Sphäroid* (Halo-Population), nach Gl. (II.54),

$$\varepsilon_s(R, z) \sim r^{-7/8} \exp\left[-7.67\left(\frac{r}{r_0}\right)^{1/4}\right], \tag{II.61}$$

wobei $r = \sqrt{R^2 + z^2}$ den Abstand vom Zentrum bezeichnet.

Die Photometrie von Spiralgalaxien, die wir von der Kante sehen, ergab für die Skalenlängen der Scheiben folgende Wertebereiche: $h = 2 \ldots 6$ kpc, $H = 0.3 \ldots 0.5$ kpc entsprechend $z_0 \approx 2H = 0.6 \ldots 1.0$ kpc. Für unsere Galaxis kann das Verhältnis h/H bzw. h/z_0 unmittelbar aus dem Vergleich der Helligkeitsprofile parallel zum galaktischen Äquator und senkrecht dazu ermittelt werden, wenn man etwa den Bereich galaktischer Breiten $|b| < 20°$ ausschließt. Eine Analyse der in II.1.3 erwähnten Flächenphotometrie mit der amerikanischen Raumsonde Pioneer ergab $h/z_0 \approx 8$. Der in Tabelle II.13 angegebene Wert $H = 325$ pc, entsprechend $z_0 \approx 2H = 0.65$ kpc, führt damit auf $h \approx 5$ kpc (P. C. van der Kruit 1987). Die Spanne zwischen dieser und der in Tabelle II.13 für das Modell von Bahcall und Soneira gegebenen Zahl gibt einen Eindruck von der gegenwärtig noch bestehenden Unsicherheit dieser Resultate.
Der Beitrag des Sphäroides zur Flächenhelligkeit der Milchstraße ist außerhalb des zentralen Bulges gegenüber der Scheibe vernachlässigbar gering. Für die visuelle Gesamthelligkeit der galaktischen Scheibe und damit praktisch der gesamten Galaxis ergaben auch die neueren Untersuchungen $M_V = -21^{\mathrm{m}}$.

Auf die Interpretation der Emission der Milchstraße im mittleren und fernen Infrarot gehen wir in III.1.3 ein.

5 Großräumige Bewegung der Sterne

Bereits die Kinematik sonnennaher Objekte erlaubt Aussagen über die Rotation der galaktischen Scheibe gegenüber den auf stark geneigten galaktischen Bahnen laufenden Sternen mit geringem Metallgehalt (II.3.2: Asymmetrie der großen Pekuliargeschwindigkeiten). Einen hiervon unabhängigen Zugang zur galaktischen Rotation und ihrem Verhalten mit wachsendem Abstand vom Zentrum des Systems ermöglichen die kinematischen Daten von weit entfernten Sternen der galaktischen Scheibe. Im folgenden wird zunächst eine formale Ableitung der zu erwartenden Effekte in den RG und EB gegeben. Weitere Aufschlüsse über die großräumige Kinematik des Sternsystems geben die Beobachtungen von Halo-Objekten wie Kugelhaufen und RR Lyrae-Sternen.

5.1 Scherung, Drehung und Dilatation des Geschwindigkeitsfeldes

Innerhalb von größeren Raumgebieten, etwa $r > 100$ pc, darf das Feld der Pekuliargeschwindigkeiten nicht mehr als – im statistischen Sinne – räumlich homogen betrachtet werden: Nichtstarre Rotation des Sternsystems um das in Richtung $l = 0°$ liegende Zentrum ergäbe eine Scherung des Strömungsfeldes (Abb. II.43, links); mit jeder Rotation ist außerdem eine Drehung aller Geschwindigkeitsvektoren in Bezug auf ein Inertialsystem verbunden. Darüber hinaus könnte noch eine Dilatation (Expansion oder Kontraktion) des Sternsystems vorhanden sein, die zusätzliche Inhomogenität erzeugt. Wir behandeln deshalb zunächst die Auswirkungen derartiger Abweichungen des Strömungsfeldes von der statistischen Homogenität auf die Radialgeschwinigkeiten und Eigenbewegungen.

Qualitative Betrachtungen: Abb. II.43 erläutert den Fall der reinen Scherung eines nach $l = 90^\circ$ gerichteten gradlinigen Strömungsfeldes in der galaktischen Ebene mit linearem Gradienten. Links oben ist ein Ausschnitt aus dem absoluten Strömungsfeld dargestellt. Der Ursprung des lokalen Bezugssystems (Ort der Sonne) ist durch einen offenen Kreis gekennzeichnet. In den beiden rechten oberen Bildteilen ist die Zerlegung in radiale und tangentiale Komponenten v_r bzw. t_l durchgeführt. Im unteren Teil der Abbildung II.43 ist links die zu erwartende Abhängigkeit der Radialgeschwindigkeit von der galaktischen Länge l für Sterne gleicher Entfernung r aufgezeichnet, die Amplitude der resultierenden Doppelwelle um den Mittelwert über alle Längen $\bar{v}_r = 0$ ist offenbar proportional zur Entfernung r. Rechts ist schließlich die (entfernungsunabhängige) Eigenbewegungskomponente $\mu_l = t_l/K \cdot r (>0)$ gegen l aufgetragen.

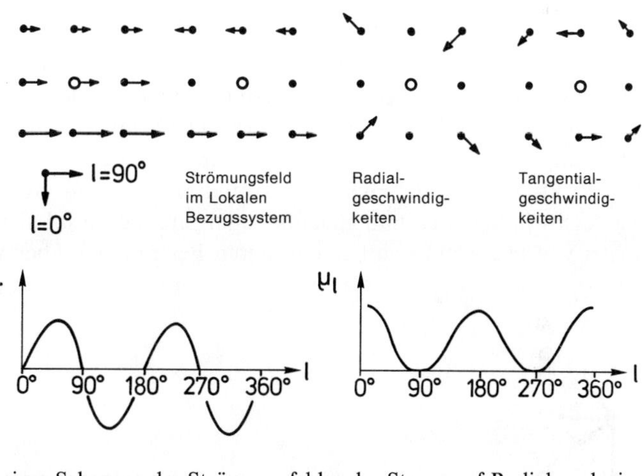

Abb. II.43: Auswirkung einer Scherung des Strömungsfeldes der Sterne auf Radialgeschwindigkeiten und Eigenbewegungen.

Ist die Scherung das Ergebnis nichtstarrer Rotation um ein verhältnismäßig weit entferntes Zentrum, das in Richtung $l = 0^\circ$ liegt, dann dreht sich das Strömungsfeld bezüglich des raumfesten Fundamentalen Koordinatensystems. Auf die Radialgeschwindigkeiten wirkt sich eine Drehung nicht aus, in den Eigenbewegungen erzeugt sie jedoch einen konstanten Zusatzterm. Dies veranschaulicht Abb. II.44. Bezeichnet ω die Winkelgeschwindigkeit der Umlaufsbewegung des Ursprungs des Lokalen Bezugssystem (Kreisbahn!), dann ist bei dem angegebenen Rotationssinn die Änderung der Eigenbewegung in der Zeiteinheit ($\Delta t = 1$) durch $\Delta\mu_l = -\omega$ gegeben, so daß sich die in Abb. II.43 skizzierte Doppelwelle der Eigenbewegungen μ_l teilweise in den Bereich negativer Ordinatenwerte verschiebt.

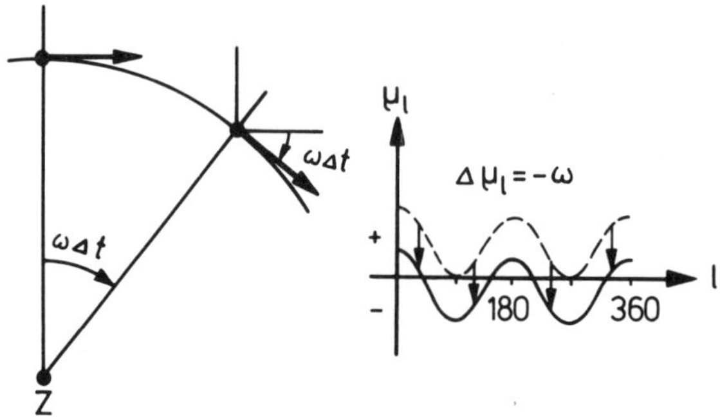

Abb. II.44: Auswirkung einer Drehung des Sternfeldes auf die Eigenbewegungen.

Eine isotrope Expansion oder Kontraktion des Sternsystems in dem erfaßten Raumgebiet muß offenbar in den Radialgeschwindigkeiten einen additiven Term ergeben, die Eigenbewegungen bleiben ungeändert.

Quantitative Beschreibung: Wir betrachten zunächst Sterne, die sich in der galaktischen Ebene mit der Geschwindigkeit $\Theta = \Theta(R)$ auf Kreisbahnen mit dem Radius R um das galaktische Zentrum bewegen. Die Winkelgeschwindigkeit der Umlaufsbewegung werde mit $\omega(R)$ bezeichnet. Für die Entfernung der Sonne vom Zentrum $R = R_0$ kürzen wir ab: $\Theta(R_0) = \Theta_0$ und $\omega(R_0) = \omega_0$. Wir fragen nach den Radialgeschwindigkeiten und Eigenbewegungen, die im lokalen Bezugssystem beobachtet würden, wenn sich keine weiteren Bewegungen überlagern.

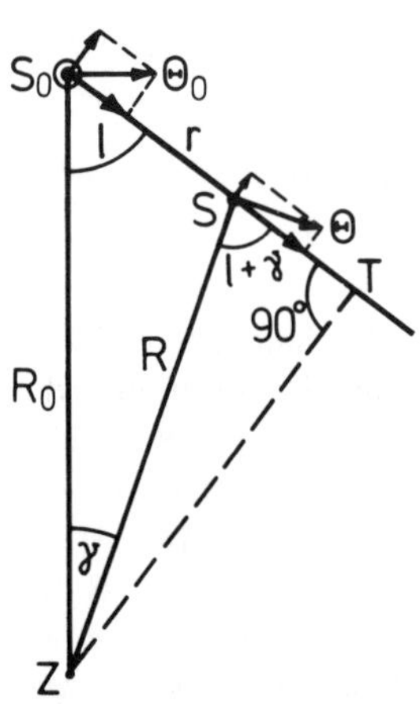

Abb. II.45: Zur Ableitung des Einflusses der differentiellen galaktischen Rotation auf Radialgeschwindigkeiten und Eigenbewegungen. S_0, S und Z bezeichnen die Positionen der Sonne, des betrachteten Sternes und des galaktischen Zentrums.

Aus Abb. II.45 liest man ab:

$$v_r = \Theta \sin(l+\gamma) - \Theta_0 \sin l \tag{II.62}$$
$$t_l = \Theta \cos(l+\gamma) - \Theta_0 \cos l . \tag{II.63}$$

Zur Elimination von $\sin(l+\gamma)$ liefert der Sinussatz für das Dreieck ZSS_0:

$$\frac{R}{R_0} = \frac{\sin l}{\sin[180^\circ - (l+\gamma)]} = \frac{\sin l}{\sin(l+\gamma)};$$

$\cos(l+\gamma)$ ergibt sich aus der Beziehung zwischen den Projektionen von $\overline{ZS_0}$ und $\overline{ZS}$ auf den Sehstrahl zum Stern:

$$\overline{S_0T} = R_0 \cos l = R \cos(l+\gamma) + r .$$

Damit folgt aus (II.62)

$$v_r = \Theta \frac{R_0}{R} \sin l - \Theta_0 \sin l = R_0 \left[\frac{\Theta}{R} - \frac{\Theta_0}{R_0} \right] \sin l \tag{II.64}$$

oder

$$v_r = R_0[\omega(R) - \omega_0] \sin l \tag{II.65}$$

und aus (II.63) (Definition von K siehe I.1.3, Gln. I.24 und I.25):

$$t_l = K \cdot r \cdot \mu_l = R_0[\omega(R) - \omega_0] \cos l - r\omega(R) . \tag{II.66}$$

Zur Berechnung von $v_r(r,l)$ und $t_l(r,l)$ zu vorgegebenem Rotationsgesetz $\omega = \omega(R)$ und bekanntem Wert R_0 hat man noch von R zu r überzugehen mit Hilfe des cos-Satzes

$$R^2 = R_0^2 + r^2 - 2R_0 r \cos l . \tag{II.67}$$

In der *näheren Sonnenumgebung*, $r \ll R_0$, und damit auch $r \ll R$, können wir in brauchbarer Näherung ansetzen

$$\omega(R) - \omega_0 \approx (R - R_0)\omega_0' \text{ mit } \omega_0' = \left(\frac{\mathrm{d}\omega}{\mathrm{d}R} \right)_{R_0}, \tag{II.68}$$

und aus (II.67) läßt sich ein einfacher Näherungsausdruck für $R - R_0$ gewinnen: es ist

$$R = R_0 \sqrt{1 - \left(\frac{r}{R_0} \right)^2 - 2\frac{r}{R_0} \cos l} \approx R_0 \left[1 - \frac{r}{R_0} \cos l \right] = R_0 - r \cos l,$$

also

$$R - R_0 \approx -r \cos l . \tag{II.69}$$

Führt man (II.68) mit (II.69) ein in (II.65) und (II.66), dann folgt unter Beachtung der trigonometrischen Formeln

$$\cos l \sin l = \frac{1}{2}\sin 2l, \quad \cos^2 l = \frac{1}{2}(1 + \cos 2l)$$

(und Vernachlässigung von r^2 gegenüber rR_0) das Resultat

$$v_r = A \cdot r \cdot \sin 2l \tag{II.70}$$

$$K\mu_l = A \cdot \cos 2l + B. \tag{II.71}$$

Dabei sind die sogenannten **Oort'schen Konstanten** eingeführt:

$$\left.\begin{aligned} A &= -\frac{1}{2}\omega_0' R_0 = -\frac{1}{2}R_0\frac{\mathrm{d}}{\mathrm{d}R}\left(\frac{\Theta}{R}\right)_{R_0} \\ B &= -\frac{1}{2}\omega_0' R_0 - \omega_0 = -\frac{1}{2}R_0\frac{\mathrm{d}}{\mathrm{d}R}\left(\frac{\Theta}{R}\right)_{R_0} - \frac{\Theta_0}{R_0} \end{aligned}\right\} \tag{II.72}$$

mit der Eigenschaft

$$A - B = \omega_0. \tag{II.73}$$

A und B werden meist in km s^{-1} kpc^{-1}, entsprechend r in kpc, angegeben. Bei der Darstellung von μ_l'' selbst verwendet man anstelle von A und B die Bezeichnungen $P = A/47.4$ und $Q = B/47.4$ mit der Dimension Bogensekunden pro Jahrhundert. Die linearisierten Ausdrücke für die Effekte der differentiellen galaktischen Rotation genügen etwa für $r \lessapprox \frac{1}{10} R_0$ den gestellten Genauigkeitsanforderungen.

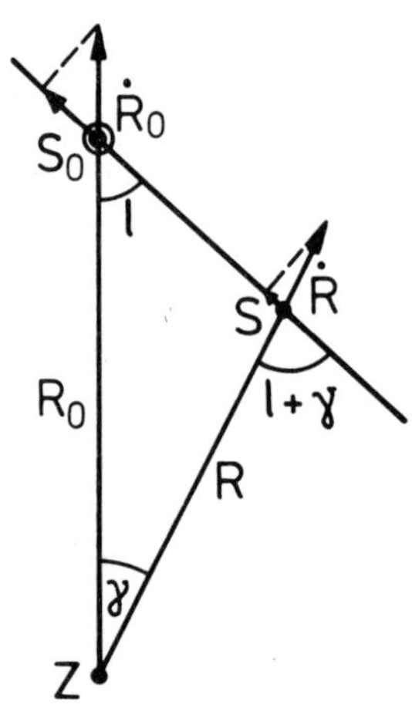

Abb. II.46: Zur Ableitung des Einflusses einer Dilatation.

Eine zusätzliche *Dilatation* des Sternsystems kann durch $\dot{R} = \varepsilon \cdot R$ beschrieben werden, wobei $\varepsilon = \varepsilon(R)$ sein darf; $\varepsilon > 0$ bedeutet Expansion. Es entsteht ein Zusatzterm in der Radialgeschwindigkeit (Abb. II.46)

$$\Delta v_r = [-\dot{R}\cos(l+\alpha)] - [-\dot{R}_0 \cos l].$$

Bis auf das Vorzeichen in völliger Analogie zum Übergang von (II.63) zu (II.66) erhält man

$$\Delta v_r = -R_0[\varepsilon(R) - \varepsilon_0]\cos l + r \cdot \varepsilon(R), \tag{II.74}$$

wobei $\varepsilon_0 = \varepsilon(R_0) = (\dot{R}/R)_{R_0}$. Linearisierung für $r \ll R_0$ mit dem Ansatz $\varepsilon(R) - \varepsilon_0 \approx (R - R_0) \cdot \varepsilon_0'$ liefert mit (II.69)

$$\Delta v_r = r\left[2C\left(\frac{r}{R_0} - \cos l\right)\cos l + \varepsilon_0\right] \tag{II.75}$$

wobei

$$C = -\frac{1}{2}\varepsilon_0' R_0. \tag{II.76}$$

Im Fall $\varepsilon = \varepsilon_0 = \text{const}$ folgt $\Delta v_r = \varepsilon_0 \cdot r(>0$ für Expansion).

Die Berücksichtigung endlicher galaktischer Breite der einbezogenen Sterne (Umlaufsbewegung parallel zur galaktischen Ebene!) ergibt in (II.65) den Faktor $\cos b$ und in (II.70) den Faktor $\cos^2 b$; die Eigenbewegung in Länge $\mu_l'' = \dot{l}\cos b$ bleibt ungeändert, es tritt jedoch eine Komponente μ_b'' auf, gegeben durch

$$K\mu_b'' = -\frac{1}{2}A\sin 2b \sin 2l \tag{II.77}$$

(s. z. B. R. J. Trümpler und H. F. Weaver, Statistical Astronomy p. 562).

5.2 Rotation der galaktischen Scheibe

Wir wenden uns nun den Beobachtungsdaten zu, aus denen die differentielle Rotation des Sternfeldes der galaktischen Scheibe hervorgeht. Zwei Beispiele zeigt Abb. II.47: die Variation der RG mit der galaktischen Länge für Cepheiden und für frühe B-Sterne in bestimmten Entfernungsintervallen um $\bar{r} = 2.3$ bzw. 2.0 kpc. Die eingezeichneten Kurven sind nach Gl. (II.70) mit passend gewählten Amplitudenfaktoren $A \cdot r$ berechnet worden (Glieder höherer Ordnung ergeben bei diesen Entfernungen nur kleine Abweichungen hiervon).

Während sich in den RG von nahen Sternen dieser Typen mit $r \lesssim 100$ pc, also $A \cdot r \approx 0$, praktisch allein die „regellos" verteilten Pekuliargeschwindigkeiten ausdrücken, dominiert bei den in Abb. II.47 herangezogenen, bereits relativ weit entfernten Objekten der Einfluß der großräumigen nichtstarren Rotation. Die Geschwindigkeiten gegenüber dem jeweiligen lokalen Bezugssystem am Ort dieser Sterne ergeben nur eine relativ kleine Streuung um den durch die Scherung des Geschwindigkeitsfeldes entstehenden Verlauf.

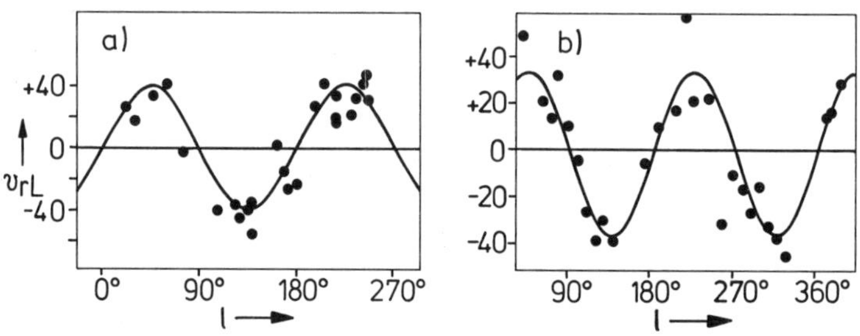

Abb. II.47: Radialgeschwindigkeit nach Abzug der Sonnenbewegung v_{rL} [km s^{-1}] in Abhängigkeit von der galaktischen Länge: (a) für klassische Cepheiden mit der mittleren Entfernung $\bar{r} = 2.3$ kpc und (b) für frühe B-Sterne mit $\bar{r} = 2.0$ kpc.

Ähnliche Ergebnisse liegen für die Komponenten der EB in galaktischer Länge μ_l vor, die sich durch Gl. (II.71) darstellen lassen: Darin kommt die Entfernung nicht vor, das heißt, die Oort'schen Konstanten A und B können grundsätzlich allein aus den μ_l bestimmt werden. Nur bei hinreichend weit entfernten Sternen tritt jedoch der Anteil der Pekuliarbewegung an der beobachteten EB so stark zurück, daß der reine Rotationseffekt befriedigend genau erfaßbar wird. Die Drehung des Geschwindigkeitsfeldes ist allein in den EB nachweisbar: $A - B = \omega_0$ = Winkelgeschwindigkeit der Drehung am Ort der Sonne.

Bestimmung der Oort'schen Konstanten A und B aus Beobachtungen: Dazu stellt man die einzelnen, auf die Sonne bezogenen beobachteten Werte v_r, μ_l, μ_b jedes ausgewählten Objektes allgemein dar durch die Gleichungen

$$\left.\begin{aligned} v_r &= (v_r)_\odot + (v_r)_{\text{Rot}} + (v_r)_{\text{pek}} + K \\ \mu_l &= (\mu_l)_\odot + (\mu_l)_{\text{Rot}} + (\mu_l)_{\text{pek}} + \Delta\mu_l \\ \mu_b &= (\mu_b)_\odot + (\mu_b)_{\text{Rot}} + (\mu_b)_{\text{pek}} + \Delta\mu_b\,. \end{aligned}\right\} \qquad \text{(II.78)}$$

Dabei sind die Anteile der Sonnenbewegung relativ zum lokalen Bezugssystem (am Ort der Sonne), der differentiellen galaktischen Rotation und der Pekuliarbewegung des Sternes (relativ zum lokalen Bezugssystem an seinem Ort) durch die Indices $\odot$, Rot und pek gekennzeichnet; K stellt den in II.5.1 mit Δv_r bezeichneten Dilatationsterm dar („K-Term“).

Die Korrekturterme $\Delta\mu_l$, $\Delta\mu_b$ ergeben sich daraus, daß die bisher vorliegenden EB unter der Annahme des alten Newcomb'schen Wertes der Präzessionskonstante abgeleitet worden sind, der noch auf den Beobachtungen absoluter Sternpositionen aus dem 19. Jahrhundert beruht. Wenn die Newcomb'schen Werte der Lunisolarpräzession ψ und der planetarischen Präzession χ um Beträge $\Delta\psi$ und $\Delta\chi$ falsch sind, dann werden nach den Gln. (I.5) und (I.6) in I.1.2 die erhaltenen EB um die Beträge

$$\left.\begin{array}{l}\Delta\mu_\alpha^s = \Delta m + \Delta n \sin\alpha \operatorname{tg}\delta \\ \Delta\mu_\delta'' = \Delta n \cos\alpha\end{array}\right\} \text{ mit } \left.\begin{array}{l}\Delta m = \Delta\psi\cos\varepsilon - \Delta\chi \\ \Delta n \;= \Delta\psi \sin\varepsilon\end{array}\right\} \qquad \text{(II.79)}$$

verfälscht sein. Die entsprechenden Größen in galaktischen Koordinaten $\Delta\mu_l$ und $\Delta\mu_b$ ergeben sich nach Gl. (I.30) in I.1.3. Bei der Untersuchung von EB setzt man jedoch meist die zweite und dritte Gl. (II.78) im äquatorialen System an.

Das für eine Anzahl von geeigneten Sternen aufgestellte System von Gleichungen der Form (II.78) enthält damit als Unbekannte die Oort'schen Konstanten A und B, die Dilatationskonstanten ε_0 und C, die Präzessionskorrekturen $\Delta\psi$ und $\Delta\chi$, die nur im EB-Teil auftreten, und man führt auch stets die Komponenten der Sonnenbewegung als Unbekannte ein. Wenn das Material hinreichend weit entfernte Sterne umfaßt, versucht man auch noch die zweite Ableitung ω_0'' in dem Ansatz für das Rotationsgesetz

$$\omega(R) = \omega_0 + \omega_0'(R - R_0) + \frac{1}{2}\omega_0''(R - R_0)^2 \qquad \text{(II.80)}$$

zu bestimmen. Bei der Auflösung des Systems durch Ausgleichung wird angenommen, daß die Anteile der Pekuliarbewegung im Mittel verschwinden.

Die *EB*-Daten von 512 Sternen des FK 4 (s. I.1.4) und einer Ergänzung desselben haben $\Delta\psi = +1''.10 \pm 0''.15$ (pro Jahrhundert), und damit die in I.1.2 angegebene neue Präzessionskonstante geliefert – $\Delta\chi$ wurde durch den Übergang zu neuen und genaueren Planetenmassen bei der Berechnung von χ ermittelt. Für die Oort'schen Konstanten ergaben die fundamentalen EB (nach W. Fricke 1977)

$$\left.\begin{array}{l}P = A/47.4 = 0''.33 \pm 0''.08/\text{Jahrh.} \\ Q = B/47.4 = -0''.23 \pm 0''.06/\text{Jahrh.}\end{array}\right\} \text{ oder } \left\{\begin{array}{l}A = 15.6 \pm 2.8\,\text{km}\,\text{s}^{-1}\,\text{kpc}^{-1} \\ B = -10.9 \pm 2.8\,\text{km}\,\text{s}^{-1}\,\text{kpc}^{-1}.\end{array}\right.$$

Die entsprechende Auswertung der EB-Daten von 166179 Sternen des AGK 3 (Spektraltypen B3 ... M) führte zu der gleichen Korrektur $\Delta\psi$ und lieferte:

$$A = +16.1 \pm 1.9 \text{ km s}^{-1} \text{ kpc}^{-1}, \; B = -9.0 \pm 1.9 \text{ km s}^{-1} \text{ kpc}^{-1}.$$

Bestimmungen von A aus *RG-Daten* in Verbindung mit sorgfältig ermittelten Entfernungen sind in neuerer Zeit u. a. für OB-Sterne, klassische Cepheiden und offene Sternhaufen mit Entfernungen bis zu einigen kpc ausgeführt worden. Die erhaltenen Werte liegen zwischen 15 und 19 km s^{-1} kpc^{-1}. Versuche zur Gewinnung auch der zweiten Ableitung des Rotationsgesetzes (II.80) führten auf $\omega_0'' \approx +0.3$ bis $+0.6$ km s^{-1} kpc^{-2}. Dies bedeutet praktisch, daß $\omega(R)$ etwa für $R > 10$ kpc etwas weniger stark abfällt als der lineare Verlauf $\omega(R) = \omega_0 + \omega_0'(R - R_0)$ mit $\omega_0' = -2A/R_0 < 0$.

Für den *K-Term* ergaben sich stets kleine (positive oder negative) Werte bis zu etwa 4 km s^{-1}. Sofern die gefundenen Beträge überhaupt oberhalb ihres mittleren Fehlers liegen, handelt es sich – zumindest hinsichtlich des Einflusses der Sterne mit $r \lessapprox 500$ pc – vermutlich überwiegend um Auswirkungen lokaler systematischer Abweichungen von der allgemeinen galaktischen Rotation (Bereich des Gould'-schen Gürtels, s. II.3.2: Lokale Bewegungsgruppen). Eine allgemeine Expansion der Galaxis, wie sie durch die Kinematik des interstellaren Gases im galaktischen Zentralbereich nahe gelegt wird (III.1.5), könnte jedoch mit einer lokalen Expansionsrate von $\varepsilon_0 < 4$ km s^{-1} kpc^{-1} im Sternfeld durchaus vorhanden sein.

Rotationskonstanten und Abstand der Sonne vom galaktischen Zentrum: Der Kenntnisstand am Beginn der sechziger Jahre führte 1963 zu einer Empfehlung der IAU zur allgemeinen Benutzung der abgerundeten Zahlen $A = +15$, $B = -10$ und des runden Wertes $R_0 = 10$ kpc. Für die lineare Geschwindigkeit des lokalen Bezugssystems liefern diese Zahlen $\Theta_0 = \omega_0 R_0 = 250$ km s^{-1}.

Heute dagegen werden die folgenden Werte als die besten angenommen: Die Ergebnisse für R_0 aus den siebziger Jahren führten auf der Generalversammlung der IAU 1985 zu der Empfehlung, den Wert

$$R_0 = 8.5 \text{ kpc} \tag{II.81}$$

und die Kreisbahngeschwindigkeit am Ort der Sonne

$$\Theta_0 = 220 \text{ km s}^{-1} \tag{II.82}$$

zu benutzen. Damit folgt für die Winkelgeschwindigkeit am Ort der Sonne

$$\omega_0 = \frac{\Theta_0}{R_0} = 26.9 \text{ km s}^{-1}\text{ kpc}^{-1}\,. \tag{II.83}$$

Die vorher angegebenen runden Werte für die Oortschen Konstanten führen nach Gl. (II.73) auf

$$\omega_0 = A - B = 25.0 \text{ km s}^{-1}\text{ kpc}^{-1} \tag{II.84}$$

oder

$$\omega_0/47.4 = 0\overset{\prime\prime}{.}53/\text{Jahrhundert}\,.$$

Beide Aussagen über ω_0 stimmen innerhalb der Fehlergrenzen überein. Als Umlaufszeit des lokalen Bezugssystems liefert (II.84)

$$T_0 = \frac{360^\circ}{\omega_0/47.4} = 2.5 \cdot 10^8 \text{ Jahre}\,. \tag{II.85}$$

Der lineare Geschwindigkeitsgradient bei $R = R_0$ ergibt sich zu

$$\left(\frac{d\Theta}{dR}\right)_{R_0} = \left(\frac{d}{dR}\,\omega R\right)_{R_0} = \omega_0' R_0 + \omega_0 = -(A+B)\,. \tag{II.86}$$

Tabelle II.15: Abstand der Sonne vom galaktischen Zentrum R_0 nach neueren Untersuchungen

Beobachtete Objekte	R_0 [kpc]
Kugelhaufen (s. II.4.2)	6.9 ± 0.8
RR Lyrae-Sterne im galaktischen Bulge (s. II.4.2)	7.8 ± 0.8
HII-Regionen (K. Rohlfs et al. 1986)	7.9 ± 0.7
Maser im galaktischen Zentralgebiet (M. J. Reid et al. 1986)[1]	7.1 ± 1.6

Für $R = R_0$ folgt somit

$$\left(\frac{d\Theta}{dR}\right)_{R_0} = 5 \text{ km s}^{-1} \text{ kpc}^{-1} .$$

Da A und B für jeden beliebigen Zentrumsabstand definiert werden können, folgt aus Gl. (II.86), daß für Zentrumsabstände R, bei denen die Rotationskurve $\Theta(R)$ flach verläuft mit verschwindendem Geschwindigkeitsgradienten gilt $A = -B$.

Neuere Bestimmungen von R_0 ergaben noch kleinere Werte als (II.81). Tabelle II.15 enthält wichtige Ergebnisse. Als unmittelbare Folgerung schätzen wir sogleich noch die im Zentrum vereinigt gedachte wirksame Gesamtmasse $\mathfrak{M}$ (Sterne + interstellare Materie) innerhalb von $R = R_0$ mit der Annahme ab, daß Gravitationsbeschleunigung $G\mathfrak{M}/R_0^2$ und Zentrifugalbeschleunigung Θ_0^2/R_0 einander gleich sind. Man erhält

$$\mathfrak{M} = \frac{\Theta_0^2 R_0}{G} \approx 2 \cdot 10^{44} \text{ g} \approx 6 \cdot 10^{10} \mathfrak{M}_\odot . \tag{II.87}$$

5.3 Kinematik der sphäroidal verteilten Objekte

Kugelhaufen: Diese Objekte führen auf einen neuen Aspekt der großräumigen Kinematik des galaktischen Systems. Hier stehen ausschließlich Radialgeschwindigkeiten zur Verfügung, deren Genauigkeit meist nur etwa ± 20 km s^{-1} beträgt; Eigenbewegungen liegen für Kugelhaufen noch nicht vor. Die RG werden zweckmäßig sogleich auf das durch (II.40) festgelegte lokale Bezugssystem übertragen: Ein Objekt mit den galaktischen Koordinaten (l, b), das im lokalen Bezugssystem ruht (Pekuliargeschwindigkeit = 0), besitzt infolge der Sonnenbewegung eine RG

$$(v_r)_\odot = -U_\odot \cos l \cos b - V_\odot \sin l \cos b - W_\odot \sin b . \tag{II.88}$$

Dieser Ausdruck folgt unmittelbar durch Übertragung der dritten Gleichung (II.39) mit γ_{ik} nach (I.27) auf galaktische Koordinaten und Mittelbildung ($\bar{v}_{rp} = 0$). Die RG eines Kugelhaufens gegenüber dem lokalen Bezugssystem ergibt sich zu

$$v_{rL} = v_r - (v_r)_\odot . \tag{II.89}$$

Setzt man nun an

$$v_{rL} = \bar{U}\cos l \cos b + \bar{V}\sin l \cos b + \bar{W}\sin b + v_{rLp}, \qquad \text{(II.90)}$$

so kann das Zentroid der Kugelhaufengeschwindigkeiten ($\bar{U}$, $\bar{V}$, $\bar{W}$) relativ zum lokalen Bezugssystem durch eine Ausgleichung ($\bar{v}_{rLp} = 0$) gewonnen werden. Hier bezeichnen U, V, W die Geschwindigkeitskomponenten im galaktisch orientierten System (U-Komponente in Richtung $l = 0°$, $b = 0°$, V-Komponente in Richtung $l = 90°$, $b = 0°$). Eine Untersuchung, die auf Radialgeschwindigkeiten für 70 Kugelhaufen beruht, lieferte

$$\bar{U} \approx 0,\ \bar{V} \approx -170 \text{ km s}^{-1},\ \bar{W} \approx 0. \qquad \text{(II.91)}$$

Die Unsicherheit dieses Ergbnisses beträgt etwa ± 30 km s^{-1}. Die Streuungen der Komponenten U, V, W um die Mittelwerte (II.91) sind jeweils von der Größenordnung ± 100 km s^{-1}. Die Lösung des Gleichungssystems (II.90) unter Einbeziehung einer additiven Konstante K („K-Term“) lieferte keinen verbürgbaren Hinweis auf eine Expansion ($K > 0$) oder Kontraktion ($K < 0$).

Dieses Resultat bedeutet nach der in II.3.2 dargelegten Interpretation, daß die hier überwiegend erfaßten metallarmen (Typ F-) Kugelhaufen nicht oder nur schwach an der Rotation der galaktischen Scheibe teilnehmen. Man kann dies noch auf andere Werte prüfen: Wenn ein Kugelhaufen parallel zur galaktischen Ebene mit der Winkelgeschwindigkeit $\omega(R)$ umläuft, dann entsteht eine Komponente der RG, die nach Gl. (II.65) und dem Hinweis am Schluß von II.5.1 gegeben ist durch

$$(v_r)_{\text{Rot}} = R_0[\omega(R) - \omega_0] \sin l \cos b. \qquad \text{(II.92)}$$

Dabei bezeichnet R_0 den Abstand der Sonne vom Zentrum und ω_0 die Winkelgeschwindigkeit des lokalen Bezugssystems am Ort der Sonne. Der Faktor $\cos b$ berücksichtigt die endliche galaktische Breite des Haufens.

Für eine große Anzahl von Haufen in einem Feld mit dem Mittelpunkt (l, b), deren azimutale Zentrumsabstände R in einem bestimmten Intervall liegen, sollte im Mittel nur der differentielle Effekt der Rotation gegenüber dem lokalen Bezugssystem übrig bleiben: $\bar{v}_{rL} \approx (v_r)_{\text{Rot}}$. Setzt man für die Umlaufgeschwindigkeit des lokalen Bezugssystems $R_0\,\omega_0 = \Theta_0$ einen Wert zwischen 200 und 250 km s^{-1} an (II.3.2, II.5.2), dann läßt sich damit $R_0\,\omega(R)$ für die Kugelhaufen des betrachteten R-Intervalls abschätzen. Man findet so eine Rotationsgeschwindigkeit des Kugelhaufensystems als Ganzes bei $R \approx R_0$ um 50 km s^{-1} mit einer Unsicherheit von ± 30 km s^{-1}.

Dieses Resultat entspricht der geringen Abplattung des Systems (II.4.2). Die metallarmen Kugelhaufen bewegen sich offenbar auf Bahnen um das Zentrum, deren Neigungen gegen die galaktische Ebene im wesentlichen zufällig verteilt sind. Die Streuung der auf dem Sehstrahl liegenden Geschwindigkeitskomponente $v_{rL} \approx$

$-\Theta_0 \sin l \cos b + v_{rLp}$ (wegen $R_0\omega(R) \approx 0$ und $\bar{U} \approx \bar{W} \approx 0$) wurde für die „Halo-Haufen" zu rund ± 120 km s^{-1} abgeschätzt.

Die stärker zur galaktischen Ebene und zum Zentrum konzentrierten „metallreichen" Kugelhaufen vom Typ G mit $[M/H] > -0.8$ zeigen nur eine Geschwindigkeitsstreuung von rund ± 70 km s^{-1}. Diese Haufen bilden eine rotierende Scheibe von etwa 1 kpc Dicke, deren Rotationsgeschwindigkeit bei $R = R_0$ zu 150 km s^{-1} gefunden wurde.

RR Lyrae-Sterne: Für weit über hundert dieser Veränderlichen liegen sowohl Radialgeschwindigkeiten (RG) als auch Eigenbewegungen (EB) vor. Dabei beträgt die Grenzhelligkeit etwa $m_{pg} = 14$, so daß (für $M_{pg} \approx +0.5 \ldots +1.0$) Entfernungen von der Sonne bis zu maximal 4 kpc erreicht werden. Wie bereits in II.4.2 beschrieben, können zunächst für kinematisch homogene Untergruppen dieses Materials statistische Parallaxen abgeleitet werden und damit die absolute Helligkeit der RR Lyrae-Sterne bestimmt werden. Mit dieser lassen sich dann individuelle photometrische Entfernungen gewinnen, die zusammen mit den RG und EB die Raumgeschwindigkeit der einzelnen Sterne liefern (I.1.3).

Wenn man nur an den Geschwindigkeitsmittelwerten (Zentroid) und -Streuungen interessiert ist, können unmittelbar die statistischen Parallaxen herangezogen werden. Ergebnisse dieser Art sind in Tabelle II.11 enthalten. Die einzelnen Gruppen unterscheiden sich durch den Bereich der Periode P und das Defizit im Metallgehalt, gemessen durch den Prestonschen Spektralindex ΔS (s. PSS II.2.1). RR Lyrae-Sterne mit $P < 0\overset{d}{.}4$ weisen ein geringeres Metalldefizit auf als die längerperiodischen Sterne dieses Typs. Obgleich die angegebenen Zahlen Unsicherheiten von etwa 20 bis 30% besitzen dürften, lassen sie keinen Zweifel daran, daß sowohl der Betrag der asymmetrischen Drift $-\bar{V}$ als auch die Geschwindigkeitsstreuungen mit der Periode und mit dem Metalldefizit erheblich zunehmen. Dabei zeichnen sich zwei deutlich getrennte Hauptgruppen ab, die charakterisiert sind durch $P < 0\overset{d}{.}4$, $\Delta S < 5$ und $P > 0\overset{d}{.}4$, $\Delta S \geqq 5$. Die erste Gruppe bleibt hinter der Rotation der galaktischen Scheibe nur wenig zurück, während die zweite Gruppe im Mittel sehr ähnliche kinematische Daten aufweist wie die Halo-Kugelhaufen.

6 Zusammenfassende Übersicht, Sternpopulationen

6.1 Untersysteme

Nach den bisher dargestellten Ergebnissen zeigen stellare Objekte verschiedenen Typs, also beispielsweise normale Hauptreihensterne der Spektralklasse F oder etwa RR Lyrae-Sterne mit Prestonschem Spektralindex $\Delta S > 5$, im allgemeinen verschiedene räumliche Verteilungen und verschiedene kinematische Eigenschaften. Sucht man nach einem eindimensionalen Ordnungsschema, so bietet sich als Parameter die asymmetrische Drift bzw. der Grad der Teilnahme an der galaktischen Rotation an, mit welchem auch die Geschwindigkeitsstreuung und die räumliche Verteilung direkt korreliert sind. Man gelangt so zu dem bereits in dem Einleitenden

Überblick erwähnten Konzept des Aufbaues der Galaxis aus Untersystemen von B. Lindblad. Die Möglichkeit fortschreitender Verfeinerung der Einteilung ist dabei praktisch begrenzt und man erhält ein – im Detail mehr oder weniger willkürliches – Schema, wie es in der Übersichtstabelle II.16 gegeben ist.

Tabelle II.16 enthält zur Charakterisierung der Kinematik der Untersysteme neben der asymmetrischen Drift $\bar{V}$ (= V-Komponente des Zentroids der Geschwindigkeiten relativ zum lokalen Bezugssystem) noch die Geschwindigkeitsstreuung senkrecht zur galaktischen Ebene Σ_W. Die räumliche Verteilung wird jeweils durch den Mittelwert des Abstandes von der galaktischen Ebene $\overline{|z|}$ und durch den logarithmischen radialen Gradienten der Anzahldichte D gekennzeichnet: $\partial \log D/\partial \log R$ ist im Fall eines Potenzgesetzes $D(R) \sim R^n$ einfach gleich dem Exponenten n, sein Betrag charakterisiert den Grad der Konzentration zum galaktischen Zentrum hin.

Σ_W, $\overline{|z|}$, der Dichtegradient wie auch die ebenfalls angegebenen Werte der Anzahldichte D_0 und der Massendichte ϱ_0 beziehen sich in der Regel auf die Sonnenumgebung ($R \approx R_0$); sind die Zahlen mit einem Stern (*) versehen, dann beziehen sie sich jedoch auf das ganze Untersystem, zum Beispiel bei den Kugelhaufen mit integrierten Spektraltypen früher als G1. Die letzte Spalte enthält unter der Bezeichnung ΣD die grob geschätzte Gesamtzahl der Mitglieder des Untersystems.

6.2 Sternpopulationen und Entwicklung der Galaxis

Das gegenwärtige Konzept der Sternpopulationen wird durch den Zusammenhang zwischen den chemischen und den kinematischen Eigenschaften der verschiedenen Klassen von stellaren Objekten beherrscht; die chemische Zusammensetzung ist weiter – in großen Zügen – mit dem mittleren Alter korreliert. Fragt man einmal nach den Objekten, die sämtlich angenähert dieselbe Kinematik (und Verteilung) aufweisen, so stellt sich nämlich heraus, daß dies durchaus verschiedene Typen sein können, beispielsweise Kugelhaufen und isoliert vorkommende RR Lyrae-Sterne mit Perioden $>0\overset{d}{.}4$, aber es ergibt sich oft die gleiche chemische Zusammensetzung und auch gleiches mittleres Alter. Hiervon ausgehend können Sternpopulationen definiert werden als Gruppe stellarer Objekte mit gleichen Merkmalen hinsichtlich Kinematik, Verteilung, chemischer Zusammensetzung und mittlerem Alter.

Schema der Populationen: Die gegenseitige Abgrenzung verschiedener Sternpopulationen enthält eine gewisse Willkür. Das in der Einleitung erwähnte 1957 entwickelte „Arbeitsschema" wird in Tabelle II.17 wiedergegeben. Zur Charakterisierung der dort eingeführten fünf Populationen dienen dabei der Mittelwert der Beträge des Abstandes von der galaktischen Ebene $\overline{|z|}$, die Geschwindigkeitsstreuung Σ_W in z-Richtung, die Konzentration zum galaktischen Zentrum (qualitativ), der Metallgehalt in den Sternatmosphären relativ zu dem der Sonnenatmosphäre (= 1) und das Alter der Objekte.

Tabelle II.16: Untersysteme mit verschiedener Kinematik und verschiedener räumlicher Verteilung, geordnet nach dem Betrag der asymmetrischen Drift $\bar{V}$. Erläuterung im Text

Objekte		$\bar{V}$ [km s^{-1}]	Σ_W [km s^{-1}]	$\overline{\lvert z \rvert}$ [pc]	$\left(\frac{\partial \log D}{\partial \log R}\right)_{R_0}$	D_0 [1/1000 pc^3]	ϱ_0 [$\mathfrak{M}_\odot$/1000 pc^3]	ΣD
O ... B2 (OB) ($M_V \lesssim -3$)		0	<10	65	0	$5 \cdot 10^{-4}$	10^{-2}	10^4
Cepheiden Typ I		0	5	70	0	$1 \cdot 10^{-4}$	$5 \cdot 10^{-4}$	$3 \cdot 10^4$
Offene Haufen	0 ... B6	0 (B6 und B7 ... F zusammen)	6	50	0 (B6 und B7 ... F zusammen)	$4 \cdot 10^{-4}$	0.1	$3 \cdot 10^4$
	B7 ... F			80				
Hauptreihe $[M/H] > -0.6$	A	0	5	90	0	0.5	38 (A ... M zusammen)	10^{11} (Hauptreihe und Riesen zusammen)
	F	0	15	130	–	2.5		
	G	−10 (G, K, M zusammen)	20 (G, K, M zusammen)	180	−1 ... −2 (G, K, M zusammen)	96 (G, K, M zusammen)		
	K			270				
	M			270				
Riesen $[M/H] > -0.6$	G	−10 (G, K, M zusammen)	15 (G, K, M zusammen)	400	−1.5 (G, K zusammen)	1 (G, K, M zusammen)	1 (G, K, M zusammen)	
	K			270				
	M			290	−2			
Weiße Zwerge		−10	20	(270)	−2	8	7	10^{10}
Planetarische Nebel		−10	30	140	−1.5	$5 \cdot 10^{-5}$	$5 \cdot 10^{-5}$	$5 \cdot 10^4$
Langperiod. Veränderliche (Mira-Sterne)	$P = 350 ... 400$	−10	20	250	−1	10^{-3} (alle drei P-Bereiche zusammen)	10^{-3} (alle drei P-Bereiche zusammen)	10^6 (alle drei P-Bereiche zusammen)
	$300 ... 350$	−20	35	300	−2 (300 ... 350 und 250 ... 300 zusammen)			
	$250 ... 300$	−30	30	400				
RR Lyrae-St.	$[M/H] > -1$, $P < 0^d\!.4$	−50	30	(400)	−2	10^{-5}	10^{-5}	$5 \cdot 10^4$
Langperiod. Veränderliche	$P = 200 ... 250$	−60	40	600	−3 (beide P-Bereiche zusammen)	10^{-3} (beide P-Bereiche zusammen)	10^{-3} (beide P-Bereiche zusammen)	10^6 (beide P-Bereiche zusammen)
	$140 ... 200$	−120	60	900				

Tabelle II.16: Untersysteme mit verschiedener Kinematik und verschiedener räumlicher Verteilung, geordnet nach dem Betrag der asymmetrischen Drift $\bar{V}$. Erläuterung im Text

Objekte	$\bar{V}$ [km s^{-1}]	Σ_W [km s^{-1}]	$\overline{\lvert z \rvert}$ [pc]	$\left(\frac{\partial \log D}{\partial \log R}\right)_{R_0}$	D_0 [1/1000 pc^3]	ϱ_0 [$\mathfrak{M}_\odot$/1000 pc^3]	ΣD
Metallarme Sterne mit $[M/H] < -1.2$	-170	80	2000*	-3.5*	0.3	0.3	10^9
RR Lyrae-St. $\left\{ \begin{array}{l} [M/H] < -1 \\ P > 0\overset{d}{.}4 \end{array} \right.$	-200	70 … 90	2000*	-3.5*	10^{-5}	10^{-5}	$5 \cdot 10^4$
Unterzwerge $\delta(U-B) > 0.15$	-200	100	2000*	-3.5*	1	1	10^{10}
Kugelhaufen $\left\{ \begin{array}{l} \text{Halo-Typ (F)} \\ [M/H] < -1 \end{array} \right.$	-170	120*	6000*	-3.5*	10^{-8}	$1 \cdot 10^{-3}$	10^2

Tabelle II.17: Schema der Sternpopulationen. Erläuterung im Text

	Halo-Population II	Intermediäre Population II	Scheiben-population	Ältere Population I	Extreme Population I
Typische Objekte	Kugelhaufen (Halo-Typ) RR Lyr-Sterne mit $P > 0\overset{d}{.}4$ Unterzwerge	Normale Schnelläufer ($\lvert W \rvert > 30$ km s^{-1}) Langperiod. Veränderliche mit $P < 250^d$	F- bis M-Sterne mit „schwachen Metallinien" Planetarische Nebel RR Lyr-Sterne mit $P < 0\overset{d}{.}4$ Novae	A-Sterne F- bis K-Sterne mit „starken Metallinien" K- bis M-Zwerge mit Emissions-linien	OB-Sterne I Cepheiden Überriesen Offene Haufen mit frühen B-Sternen T Tau-Sterne
$\overline{\lvert z \rvert}$ [pc]	2000	700	400	150	70
Σ_W [km s^{-1}]	80 … 120	40 … 60	20 … 40	10 … 20	5 … 10
Konzentration zum Zentrum	stark	stark	stark/mäßig	schwach	keine
Metallgehalt	0.01 … 0.1	0.01 … 0.1	0.03 … 0.3	0.3 … 1	1
Alter [Jahre]	$\sim 10^{10}$	$\sim 10^{10}$	$2 \cdot 10^9$ … 10^{10}	$5 \cdot 10^8$ … $5 \cdot 10^9$	$<5 \cdot 10^8$

Die extreme Population I umfaßt die jüngsten stellaren Objekte, die „normale“ Häufigkeiten der schwereren Elemente ab Kohlenstoff („Metalle“) relativ zum Wasserstoff zeigen, sehr stark zur galaktischen Ebene hin konzentriert sind und dort bei unregelmäßiger Verteilung in großen Zügen einer Spiralstruktur folgen. Dieselben Merkmale weist auch das interstellare Medium auf. Der extremen Population II oder Halo-Population II gehören demgegenüber die ältesten bekannten stellaren Objekte des Milchstraßensystems an. In den Atmosphären dieser Sterne sind die Metallhäufigkeiten um etwa zwei Größenordnungen niedriger als bei der extremen Population I und die räumliche Verteilung ist angenähert kugelsymmetrisch mit ausgeprägter Konzentration zum Zentrum bei gleichzeitiger Ausdehnung zu einem großen Halo.

Wählt man als primären Parameter das Metalldefizit $[M/H]$ und fragt nach den kinematischen Eigenschaften und der Verteilung der Objekte in einem bestimmten Wertebereich von $[M/H]$, so ergibt sich folgendes Bild: Die Sterne mit $[M/H] > -0.6$ bilden die galaktische Scheibe, deren Dicke aus der vertikalen Geschwindigkeitsstreuung $\Sigma_W \approx 20$ km s^{-1} (Sonnenumgebung) resultiert. Alle drei Komponenten der Geschwindigkeitsstreuung der Scheiben-Sterne sind klein gegen die Rotationsgeschwindigkeit. Nach den in II.3.2 (Kinematische Gruppen und Alter) besprochenen Ergebnissen sind hier junge und ältere Sterne vorhanden. Die ältesten Scheiben-Sterne besitzen Metalldefizite $[M/H] \approx -0.6$. Geht man zu $[M/H] < -0.6$ über, so tritt ein verhältnismäßig abrupter Übergang zu den Objekten der sphäroidalen Komponente auf. Die Sterne der Sonnenumgebung mit $[M/H] < -1.2$ zeigen große Geschwindigkeitsstreuungen $(\Sigma_U, \Sigma_V, \Sigma_W) \approx (140, 100, 80)$ km s^{-1}, deren leichte Anisotropie auf eine schwache Abplattung ihres Untersystems und auf eine Teilnahme an der galaktischen Rotation mit etwa 50 km s^{-1} (am Ort der Sonne) hindeutet.

Für die Sternkonzentration im zentralen Bulge nahm Baade ursprünglich an, daß es sich im wesentlichen um Objekte der Population II handelt, ähnlich den Sternen der Halo-Kugelhaufen. Später zeigte sich, daß dort zur Volumenemission weit mehr metallreiche als metallarme Sterne beitragen. So findet man beispielsweise in Baades „Fenster“ hoher Transparenz bei NGC 6522 (s. S. 149) etwa doppelt soviele zentrumsnahe M-Riesen als RR Lyrae-Sterne, also überwiegend Sterntypen, die nicht in Halo-Kugelhaufen vorkommen. Das Spektrum des integrierten Lichtes dieses Feldes für den blauen Spektralbereich, das überwiegend von Objekten des Zentralgebietes stammt, zeigt relativ starke Metallinien und kräftige CN-Banden. Ähnlich sieht auch das Spektrum des Kerngebietes der Andromeda-Galaxie aus. Die dominierende Sternpopulation des galaktischen Zentralgebietes besitzt nach diesen und anderen Beobachtungen etwa die spektralen Charakteristiken der Gesamtheit der Sterne des alten offenen Sternhaufens NGC 188.

Populationen und Entwicklung der Galaxis: Die Bedeutung des Populationsschemas liegt vor allem darin, daß es in Verbindung mit unseren Kenntnissen von der Entwicklung des Einzelsternes verhältnismäßig zwangsläufig zu einer Vorstellung von der Entwicklung des ganzen Milchstraßensystems führt, die zumindest eine gute Arbeitshypothese darstellt. Man geht davon aus, daß die chemischen Elemente, mit Ausnahme des Wasserstoffs, des größten Teils des Heliums – das wahrscheinlich schon beim „Urknall" erzeugt wurde – und der leichten Elemente Bor, Beryllium und Lithium, im Inneren der Sterne aufgebaut und in späteren instabilen Entwicklungsphasen teilweise wieder an das interstellare Medium abgegeben wurden (PSS VI.3). Damit fand eine fortschreitende Anreicherung der interstellaren Materie mit „Metallen" statt. Die aus diesem, ursprünglich nur aus Wasserstoff und Helium bestehenden Medium gebildeten Sterne wiesen von Generation zu Generation einen höheren Metallgehalt auf. Da man annehmen darf, daß die chemische Zusammensetzung der Atmosphäre eines Sternes in der Regel noch mit derjenigen des interstellaren Mediums zur Zeit seiner Entstehung übereinstimmt, sollten deshalb die Atmosphären der ältesten bekannten Objekte die niedrigsten Metallhäufigkeiten aufweisen. Nach der Interpretation ihrer Farben-Helligkeits-Diagramme ergeben sich für die Kugelhaufen der Halo-Population II die höchsten Alterswerte (PSS VI.3.3) und die Analyse ihrer Spektren führt für sie tatsächlich auf die niedrigsten Metallhäufigkeiten. Man wird also zu dem Schluß geführt, daß die metallarmen Sterne des galaktischen Halos zuerst entstanden sein müssen.

Zu demselben Resultat kamen O. J. Eggen, D. Lynden-Bell und A. R. Sandage 1962 aufgrund einer Diskussion der großen Geschwindigkeitskomponenten senkrecht zur galaktischen Ebene und der großen Exzentritäten der galaktischen Bahnen von Sternen der Sonnenumgebung mit Ultraviolettexzeß. Die beobachteten Zusammenhänge lassen sich erklären, wenn man annimmt, daß unsere Galaxis vor rund 10^{10} Jahren aus einer sehr großen, ungefähr kugelförmigen Gaswolke hervorgegangen ist. Diese protogalaktische Wolke kühlte sich durch Bremsstrahlung und Rekombinationsstrahlung ab bis der innere Druck der Eigengravitation nicht mehr das Gleichgewicht halten konnte und der Gravitationskollaps einsetzte. Die Sterne bzw. Sternhaufen der Halo-Population II bildeten sich nun im freien Fall in zufälligen Verdichtungen der turbulenten Struktur des Gases (Prozeß der Sternbildung s. V.3.4). Dies muß in relativ kurzer Zeit geschehen sein, so daß nur wenig Bewegungsenergie des Gases in thermische Energie umgewandelt wurde. Es resultierten zunächst weitgehend beliebig im Raum orientierte galaktische Sternbahnen mit hohen Exzentrizitäten. Da man annehmen darf, daß der gesamte ursprüngliche Drehimpuls der Wolke nicht zufällig exakt gleich Null war, mußte dessen Erhaltung im weiteren Verlauf des Kollapses unweigerlich zu einer Abflachung des Systems führen: Das noch nicht zu Sternen kondensierte Gas verteilte sich in einer rotierenden Scheibe, in der sich ein Gleichgewicht zwischen Gravitationskraft und Zentrifugalkraft einstellte (V.3.4). Die in diesen späteren Phasen entstandenen Sterne sollten daher von Generation zu Generation immer geringere Geschwindigkeitsstreuungen senkrecht zur Scheibe und immer größere Metallhäufigkeiten aufweisen (Scheibenpopulation). Außerhalb des Zentralbereiches konzentrierte sich das restliche Gas schließlich unter dem Einfluß seiner eigenen Gravitation extrem stark auf die Symmetrieebene. Die hier gebildeten Sterne besitzen die Eigenschaften der extremen Population I.

Ausblick: Versucht man die skizzierten Grundgedanken zu einem detaillierten Bild der galaktischen Entwicklung auszubauen, dann ergeben sich bei der Konfrontation mit den Beobachtungen einige Probleme, die bisher nur zum Teil geklärt werden konnten und deren Schwierigkeiten auch Modifikationen des Populationsschemas der Tabelle II.17 nahegelegt haben. Es zeigt sich, daß Alter und chemische Zusammensetzung nicht in so einfacher Weise miteinander korreliert sind. Es muß zum Beispiel verwundern, daß die Sonnenatmosphäre nahezu die gleichen Elementhäufigkeiten besitzt wie die jungen Sterne der extremen Population I. Auch findet man unter den G- und M-Zwergen, deren Lebensdauer größer ist als das aus Kollapsrechnungen folgende Alter der Scheibe, unerwartet wenige ($< 10\%$) metallarme Sterne („G-Zwerg-Problem").

In Anbetracht des relativ hohen Metallgehaltes der Sonne kann sich die chemische Zusammensetzung der interstellaren Materie seit der Entstehung des Sonnensystems, also etwa in den letzten $4 \cdot 10^9$ Jahren nicht mehr stark geändert haben. Es wurde deshalb vorgeschlagen, daß nach Bildung der galaktischen Scheibe metallarme Materie aus dem Halo eingefallen sei und dadurch der Metallgehalt der interstellaren Materie in der Scheibe trotz weiteren Zustroms von Metallen (Supernova-Ausbrüche usw.) verdünnt und auf einem nahezu konstanten Wert gehalten wurde. Das „G-Zwerg-Problem" läßt sich wahrscheinlich auf folgende Weise lösen: Nach der Theorie der Sternbildung liegt die untere Grenze der Massen von Protosternen umso höher, je niedriger der Metallgehalt ist. Vermutlich konnten deshalb in den frühen Phasen des galaktischen Kollapses, als der Metallgehalt noch sehr gering war, keine Sterne mit Massen $\leqq 1\,\mathfrak{M}_\odot$ entstehen, so daß metallarme G- und M-Zwerge fehlen (G. Hensler 1987).

Die Zunahme der Geschwindigkeitsstreuung der Sterne der galaktischen Scheibe mit ihrem Alter (Tabelle II.10) muß nicht notwendig und ausschließlich auf die spätere Entwicklung des galaktischen Kollapses zurückgeführt werden. Räumliche Fluktuationen des Gravitationsfeldes erzeugen eine „Diffusion der Sternbahnen", die mit einem Anwachsen der Geschwindigkeitsstreuung im Laufe der Zeit verbunden ist (V.1.4); auf diese Weise könnte eine „dicke Scheibe" entstehen.

Noch wenig geklärt ist die Frage nach stellaren Objekten der ersten Generation, die nur aus Wasserstoff und Helium bestanden (Population III) und in deren Innerem die Metalle der Halo-Population II gebildet wurden. Auch die Deutung des relativ gasarmen, rotierenden, zentralen Bulges, der den größten Teil der sichtbaren Masse der sphäroidalen Komponente darstellt und neben metallarmen auch metallreiche Sterne enthält – in Extremfällen mit Werten $[M/H] > 0$ bis zu 1 („supermetallreiche Sterne"), – ist noch strittig.

III Interstellare Phänomene

1 Das allgemein verbreitete Medium

Deutlich abgegrenzte starke Kondensationen interstellare Materie, wie die dichten Molekülwolken und die heißen HII-Regionen, sind als Einzelobjekte Gegenstand der Forschung. Demgegenüber tritt uns das übrige, in dem weiten Raum zwischen solchen markanten Gebilden keineswegs homogen verteilte Medium zunächst nur durch integrale Phänomene entgegen: Die beteiligte Materie erstreckt sich über einen weiten Bereich des Sehstrahls. Ein typisches Beispiel ist die interstellare Extinktion des Sternlichtes. Aussagen über die Materie an einem bestimmten Ort lassen sich hier nicht unmittelbar gewinnen; Gebiete höherer optischer Dicke, die als „Wolken" angesprochen werden können, sind erst durch die Bestimmung der Extinktion des Lichtes verschieden weit entfernter Sterne oder durch Sternzählungen in der betrachteten Richtung erfaßbar. Bei anderen integralen Erscheinungen, so etwa den interstellaren Absorptionslinien in Sternspektren und ebenso bei der 21 cm-Linienstrahlung des allgemein verbreiteten Wasserstoffs, ist eine Lokalisierung des wirksamen Materials nur möglich, wenn das räumliche Geschwindigkeitsfeld bekannt ist.

1.1 Interstellare Extinktion

Galaktischer Absorptionsstreifen, Nebelfreie Zone: Besonders augenfällig tritt das Phänomen der interstellaren Extinktion des Sternlichtes auf Weitwinkelaufnahmen der Milchstraße hervor (Abb. E.6, S. 24). In einem angenähert symmetrisch zum galaktischen Äquator liegenden dunklen Streifen von unregelmäßiger Breite, zwischen 10° und 40° schwankend, sind die Sternzahlen $N(m|l,b)$ stark herabgesetzt. Einen überzeugenden Beweis dafür, daß es sich hier nicht um ein echtes Defizit von Sternen handelt, sondern um eine Lichtschwächung, erbrachten die in der Einleitung bereits erwähnten Zählungen außergalaktischer Sternsysteme, die in der älteren Literatur als (außergalaktische) „Nebel", heute meist als Galaxien bezeichnet werden. Aus photographischen Beobachtungen mit dem 2.5m-Teleskop der Mt. Wilson-Sternwarte in 1283 ausgewählten Feldern fand E. Hubble 1934 folgende Beziehungen für die durchschnittliche (über alle l gemittelte) Abnahme der Anzahl von Galaxien pro Quadratgrad bis zur Grenzhelligkeit $m_{pg} = 20$ mit abnehmender galaktischer Breite b:

$$\log \bar{N}\,(20^{\mathrm{m}}|b) = 2.115 - 0.15 \operatorname{cosec} |b|. \tag{III.1}$$

Dies gilt etwa für $|b| > 15°$. Bei niedrigeren Breiten tritt eine fast gänzlich „nebelfreie Zone" (zone of avoidance) auf, die weitgehend mit dem oben beschriebenen „galaktischen Absorptionsstreifen" zusammenfällt (Abb. E.9).

Zur Deutung dieses später erneut untersuchten und im wesentlichen bestätigten Befundes liegt es nahe, im Bereich der galaktischen Ebene eine planparallele Schicht lichtschwächender Materie anzunehmen: Extragalaktisches Licht, das mit der Intensität I_0 bei der galaktischen Breite b einfällt, erfährt auf seinem Weg zum Beobachter (in der galaktischen Ebene) eine Schwächung gemäß (vgl. Abb. III.1)

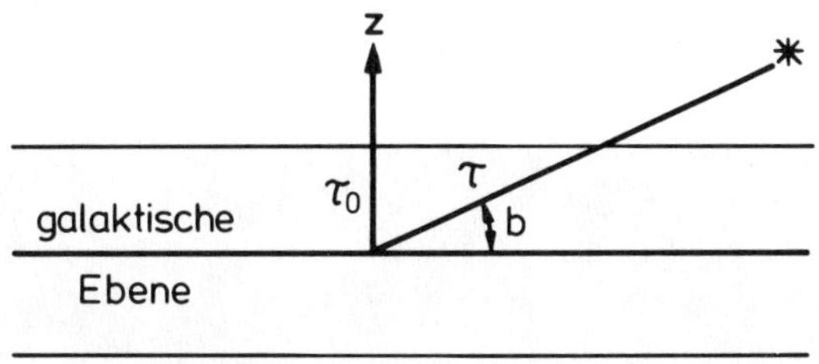

Abb. III.1: Zur Berechnung der Extinktion durch eine planparallele Schicht.

$$I = I_0 e^{-\tau} \quad \text{mit} \quad \tau = \frac{\tau_0}{\sin b} = \tau_0 \operatorname{cosec} b \,. \tag{III.2}$$

Hier bezeichnet τ_0 die halbe optische Dicke der Schicht senkrecht zur galaktischen Ebene ($b = \pm 90°$). In Größenklassen ausgedrückt beträgt die Extinktion somit

$$\Delta m = -2.5 \log \frac{I}{I_0} = 2.5 \log e \cdot \tau = 1.086\, \tau \tag{III.3}$$

oder

$$\Delta m(b) = 1.086\, \tau_0 \operatorname{cosec} b = \Delta m_0 \operatorname{cosec} b \,. \tag{III.4}$$

Nehmen wir zunächst an, daß die räumliche Anzahldichte der Galaxien konstant ist und keine Lichtschwächung stattfindet, dann gilt (s. II.2.1, Gl. II.10) $\log \bar{N}(m|b) = 0.6m + \text{Konst.}$ Die galaktische Extinktion bewirkt jedoch eine Verschiebung dieser Geraden im $\log \bar{N}(m|b)$-m-Diagramm nach größeren Zahlen m hin um den Betrag $\Delta m(b)$, so daß bei festem m die Galaxienzahl herabgesetzt wird:

$$\log N(m|b) = 0.6m - 0.6 \cdot \Delta m_0 \operatorname{cosec} b + \text{Konst.}$$

Der Vergleich mit dem empirischen Resultat (III.1) liefert $0.6 \cdot \Delta m_0 = 0.15$, also eine mittlere optische Halbdicke in Größenklassen $\Delta m_0(\text{pg}) = 0^m\!.25$. Neuere Galaxienzählungen, die an der Lick-Sternwarte durchgeführt wurden, ergaben in Gl. (III.1) den Faktor 0.24 anstelle von 0.15, womit folgt $\Delta m_0(\text{pg}) = 0^m\!.4$.

Die genaue Interpretation der photographischen Beobachtungen muß jedoch berücksichtigen, daß für ausgedehnte Quellen mit einem Helligkeitsabfall zum Rand hin die Intergralhelligkeiten stärker geschwächt werden als etwa die Intensität eines bestimmten Punktes innerhalb einer Galaxie: Die Randpartien sinken zunehmend unter die Nachweisgrenze, die Galaxie wird scheinbar kleiner. Da sich andererseits herausgestellt hat, daß die (visuelle) Extinktion in einem Umkreis von 30° um den galaktischen Nordpol nur etwa $0^m.06$, und am Südpol innerhalb von 30° etwa $0^m\!.09$

erreicht (I. Appenzeller 1975), die Sonne sich also zufällig in einem Gebiet besonders geringer Staubdichte befindet, kann ein Wert für die *durchschnittliche* optische Halbdicke der Schicht Δm_0 auf diesem Wege nur durch eine relativ ungenaue Extrapolation gefunden werden. Befriedigende Resultate liefert erst die Diskussion photoelektrisch gemessener Farbexzesse (IV. 4.1).

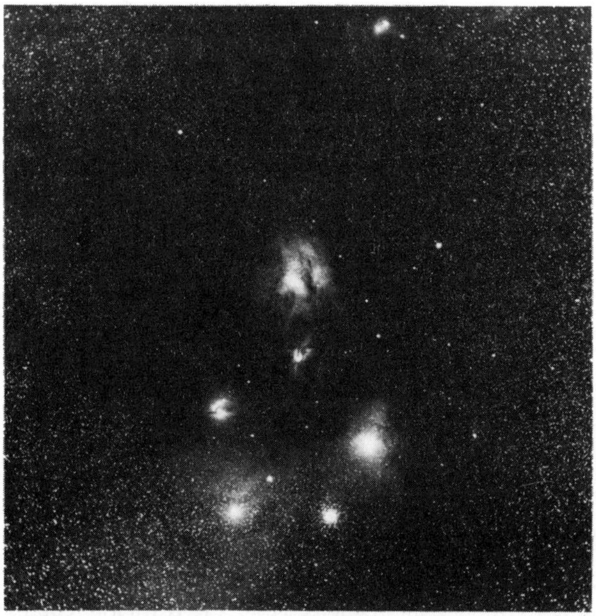

Abb. III.2: Dunkelwolke bei dem Stern ϱ Ophiuchi. Wäre die Wolke nicht vorhanden, würde sich das ungestörte dichte Sternfeld (links unten und rechts) über das ganze Bild erstrecken. ϱ Ophiuchi selbst befindet sich in dem oberen hellen Nebel, zu dessen Beleuchtung er wesentlich beiträgt. Die beiden hellen Objekte nahe dem unteren Bildrand sind: links Antares, rechts der große Kugelhaufen M4 = NGC 6121. (Aus Barnard's „Photographic Atlas of Selected Regions of the Milky Way").

Dunkelwolken und Helligkeitsfluktuationen der Milchstraße: Betrachtet man den galaktischen Absorptionsstreifen auf Himmelsphotographien im Detail, dann fallen zahlreiche mehr oder weniger klar abgegrenzte Gebiete mit deutlich verminderten Sternzahlen, bis zu fast völligem Fehlen von Sternen, auf. Es sind dies die Dunkelwolken, von denen die Abbn. E.5 und III.2 Beispiele geben. Meist sind die Formen der Dunkelwolken unregelmäßig, oft länglich und filamentartig. In manchen Regionen besteht eine Tendenz zu gleichgerichteter Orientierung mehrerer solcher „Filamente". Daß dieses Phänomen tatsächlich mit der Annahme lichtschwächender „Wolken" erklärt werden muß, läßt sich am einfachsten durch die gemeinsame Auftragung der kumulativen Sternzahlen $N(m)$ gegen m für das Dunkelgebiet und für die ungestörte Umgebung demonstrieren (Wolf-Diagramm, s. III.2.5). Weitere Beweise liefern der Befund besonderes hoher Verfärbung des Sternlichtes (s. unten) und der Nachweis eines schwachen Streulichtes aus der Dunkelwolke (s. III.1.3).

Die kräftigen Schwankungen der Flächenhelligkeit oder auch der Sternzahlen $N(m)$ von Ort zu Ort in der Milchstraße sind vorwiegend durch die unregelmäßige, wolkige Verteilung des lichtschwächenden Materials bedingt. Etwa zwei Drittel des mittleren Schwankungsquadrates der Helligkeit verursachen die typischen als Einzelobjekte erkennbaren Dunkelwolken; ein Drittel tragen kleinräumige Fluktuationen bei, die von „kleinen Wolken" mit Extinktionsbeträgen unterhalb der Erkennbarkeitsschwelle für individuelle Dunkelwolken $\Delta m \approx 0^{m}.3 \ldots 0^{m}.4$ erzeugt werden. Die quantitative statistische Interpretation der Helligkeitsfluktuationen mit einem stochastischen Modell der räumlichen Verteilung und der Extinktionsbeträge der Wolken (IV. 4.1) kann hier nicht näher erörtert werden.

Interstellare Verfärbung: Die interstellare Extinktion ist wellenlängenabhängig. Vergleicht man die gemessenen Energieverteilungen in den Spektren zweier Sterne gleichen MK-Spektraltyps, so ergibt sich in der Regel nur dann ein konstantes Verhältnis der beiden Strahlungsflüsse, wenn beide Sterne hinreichend nahe, sagen wir näher als etwa 50 pc sind. Ist wenigstens einer der beiden Sterne wesentlich weiter entfernt, so findet man stets – vor allem bei niedrigen galaktischen Breiten –, daß der Unterschied beider Spektralverläufe, ausgedrückt durch das Verhältnis der Strahlenflüsse, nicht konstant ist, sondern mit abnehmender Wellenlänge anwächst: Die Extinktion nimmt nach kürzeren Wellen hin zu, bewirkt also stets eine Rötung des Lichtes eines Sternes (vgl. auch Abb. III.46, S. 268).

Entsprechend liefern Messungen von Integralhelligkeiten für Sterne in größeren Entfernungen Farbindizes (gebildet im Sinne kurzwellig minus langwellig), die meist größer sind als die dem Spektraltypus dieser Sterne entsprechenden Eigenfarben, d.h. wir erhalten postitive **Farbexzesse,** zum Beispiel

$$E_{B-V} = (B-V)-(B-V)_0 > 0, \qquad \text{(III.5)}$$

wobei $(B-V)_0$ die Eigenfarbe für den betreffenden Spektraltyp bezeichnet (PSS I.2.10, Tab. I.14). Für Sterne mit angenähert gleicher Entfernung nimmt im Mittel die interstellare Verfärbung mit wachsender galaktischer Breite ab, wie man es für eine angenähert planparallele Absorptionsschicht erwartet; für Sterne in den auffälligen Dunkelwolken erreicht sie besonders hohe Werte. Im Durchschnitt findet man für Sterne nahe dem galaktischen Äquator in der Entfernung $r = 1$ kpc etwa $E_{B-V} \approx 0.3 \ldots 0.6$. Für Objekte außerhalb der Schicht bei der galaktischen Breite b gilt im Mittel etwa

$$E_{B-V} \approx 0.06 \operatorname{cosec} |b| - 0.06 . \qquad \text{(III.6)}$$

Wir können den Farbexzeß auch durch die meist mit $A_\lambda (= \Delta m_\lambda)$ bezeichneten Extinktionswerte („Absorptionswerte“) bei den jeweiligen wirksamen Wellenlängen ausdrücken und erhalten dann durch Umordnen der rechten Seite von (III.5)

$$E_{B-V} = (B-B_0)-(V-V_0) = A_B - A_V .$$

Zur Ableitung der Form des Verfärbungsgesetzes genügt es im Prinzip, zwei Sterne gleichen MK-Spektraltyps, also gleicher wahrer spektraler Energieverteilung (und gleicher Leuchtkraft) zu beobachten, die lediglich verschiedene Entfernungen (bei wenig verschiedenen Richtungen) besitzen müssen, um verschieden starker interstellarer Extinktion ausgesetzt zu sein. Für die Differenz der scheinbaren Helligkeiten beider Sterne bei fester Wellenlänge λ gilt dann

$$m_\lambda^{(1)} - m_\lambda^{(2)} = K_1 + A_\lambda^{(1)} - A_\lambda^{(2)} , \tag{III.7}$$

wobei K_1 eine allein durch den Entfernungsunterschied bedingte, wellenlängenunabhängige Konstante bedeutet. Die Extinktionsbeträge $A_\lambda^{(i)}$ lassen sich nach Gl. (III.3) durch entsprechende optische Dicken $(i = 1, 2)$

$$\tau_\lambda^{(i)} = \int_0^{r_i} \kappa_\lambda^{(i)}(r_i')\mathrm{d}r_i' = \int_0^{r_i} k_\lambda \varrho_i(r_i')\mathrm{d}r_i' \tag{III.8}$$

ausdrücken. Hierbei haben wir den Massenabsorptionskoeffizienten k_λ eingeführt; $\varrho(r_i')$ bezeichnet den Verlauf der Massendichte des lichtschwächenden Materials entlang des Sehstrahls zum Stern i. Wir wollen annehmen, daß die Extinktion in beiden Richtungen dieselbe Wellenlängenabhängigkeit, also dasselbe k_λ besitzt. Dann folgt durch Einsetzen von (III.8) in (III.7) unter Benutzung von (III.3):

$$\left.\begin{aligned} \Delta m_\lambda = m_\lambda^{(1)} - m_\lambda^{(2)} &= K_1 + 1.086\, k_\lambda \left[\int_0^{r_1} \varrho(r_1')\mathrm{d}r_1' - \int_0^{r_2} \varrho(r_2')\mathrm{d}r_2' \right] \\ &= K_1 + K_2 \cdot k_\lambda . \end{aligned}\right\} \tag{III.9}$$

Für jedes ausgewählte Sternpaar erhalten wir also k_λ nur bis auf einen konstanten Faktor und eine additive Konstante. Man bildet deshalb mit den beobachteten Helligkeitsdifferenzen (unter Verwendung der Symbole V und B auch für die entsprechenden effektiven Wellenlängen) die gewöhnlich als **„normierte Extinktion“** bezeichnete Größe

$$F(\lambda) = \frac{\Delta m_\lambda - \Delta m_V}{\Delta m_B - \Delta m_V} = \frac{k_\lambda - k_V}{k_B - k_V}, \tag{III.10}$$

die von den Entfernungen der Sterne und den beiden Dichteverläufen unabhängig ist: Besitzt k_λ überall dieselbe Wellenlängenabhängigkeit, dann sollte sich für Sternpaare in den verschiedensten Richtungen derselbe Verlauf $F(\lambda)$ ergeben. Dies gilt natürlich insbesondere auch dann, wenn einer der beiden Sterne, sagen wir $i = 2$, gänzlich unverfärbt ist $(A_\lambda^{(2)} = 0)$. Dann folgt

$$F(\lambda) = \frac{A_\lambda^{(1)} - A_V^{(1)}}{A_B^{(1)} - A_V^{(1)}} = \frac{E_{\lambda-V}^{(1)}}{E_{B-V}^{(1)}}. \qquad \text{(III.11)}$$

Die heute vorliegenden Messungen an Sternpaaren gleichen Spektraltyps reichen von etwa 1000 Å im Ultraviolett bis ins ferne Infarot. Ergebnisse für $F(\lambda)$ zeigt die Abb. III.3. Hierbei ist zu beachten, daß als Argument die reziproke Wellenlänge gewählt wurde. Für den sichtbaren Bereich erhält man dann einen fast linearen Verlauf, weil dort angenähert $F(\lambda) \sim \lambda^{-1}$, also auch $k_\lambda \sim \lambda^{-1}$. Die Definition der normierten Extinktion (III.11) bewirkt, daß alle $F(\lambda)$-Kurven durch die beiden Punkte $F(V) = 0$ und $F(B) = +1$ hindurch gehen müssen. Bei $\lambda^{-1} = 2.3\ \mu m^{-1}$, entsprechend $\lambda \approx 4400$ Å zeigt die Kurve einen leichten Knick, der oft als „Knie" bezeichnet wird. In dem erst durch extraterrestrische Beobachtungen von Raketen aus und vor allem von dem Orbiting Astronomical Observatory, OAO-2, erschlossenen UV-Bereich tritt ein stärkeres Strukturmerkmal hervor: ein „Höcker" bei $\lambda^{-1} = 4.6\ \mu m^{-1}$, entsprechend $\lambda \approx 2200$ Å, mit einem anschließenden Minimum, auf das für $\lambda^{-1} > 7\ \mu m^{-1}$, also etwa $\lambda < 1400$ Å, ein relativ steiler Anstieg folgt.

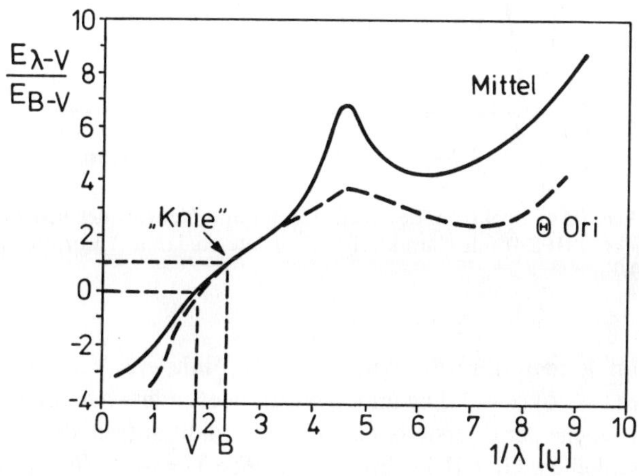

Abb. III.3: Interstellare Verfärbungskurve. Ausgezogen: mittlerer Verlauf, gestrichelt: Ergebnis für die beiden Sterne Θ^1 und Θ^2 Orionis.

Anders als die Absorptionsspektren der Sternatmosphären mit ihren zahlreichen Fraunhoferlinien bieten die beobachteten Verläufe des interstellaren Extinktionskoeffizienten im Sichtbaren und im UV keine stark ausgeprägten Linien oder Banden, die unmittelbare Rückschlüsse auf das absorbierende Material zulassen würden. Es ist lediglich eine Anzahl schwacher, sogenannter diffuser interstellarer Linien oder Bänder bekannt, auf die wir noch zurückkommen werden. Ein wichtiges Resultat war daher die Entdeckung starker **Absorptionsbänder im Infrarot** bei $\lambda \approx 10\ \mu m$, etwa zwischen 8 und 12 μm (Abb. III.4), sowie auch bei $\lambda \approx 20\ \mu m$. Da normale Sterne bei diesen Wellenlängen bereits zu schwach sind, stützen sich diese Beobachtungen auf Infrarotsterne, die sich in Gebieten hoher interstellarer Extinktion befinden. Es sind vor allem Objekte in Richtung zum galaktischen Zentralgebiet und Infrarotquellen wie das Becklin-Neugebauer-Objekt im Orionnebel. Bei diesen und einigen weiteren Infrarotsternen tritt auch ein Absorptionsband bei $\lambda = 3.1$ µm auf (s. Abb. III.4), das wahrscheinlich H_2O-Eis zugeschrieben werden kann und nach dem schon seit langem gesucht worden war. Das 10 µm-Band wird vielfach als Silikat-Extinktion interpretiert. Von einer eindeutigen Klärung kann bisher, wie auch bei den übrigen starken Absorptionen im Infrarot, nicht die Rede sein.

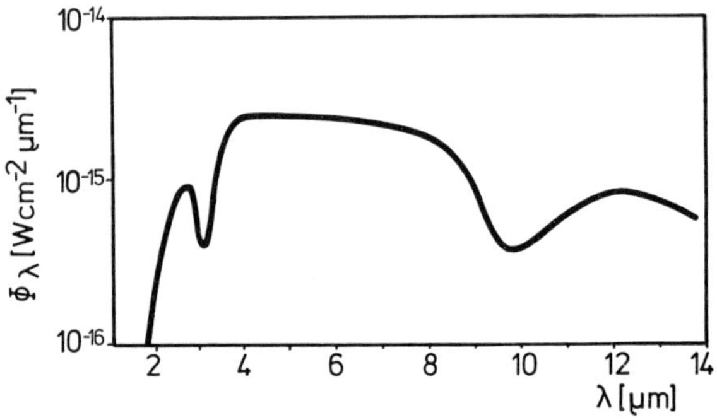

Abb. III.4: Spektrum des nach Becklin und Neugebauer benannten Infrarotsternes (BN-Objekt s. III.2.4) mit charakteristischen interstellaren Absorptionsbändern bei 3.1 µm und bei 9.7 µm.

Im fernen Infrarot nähert sich der mittlere Verlauf von $F(\lambda)$ dem Grenzwert $F(\lambda = \infty) \approx -3$. Die im folgenden begründete Annahme kleiner fester Teilchen als Ursache der interstellaren Extinktion läßt auf verschwindende Werte A_λ für $\lambda \to \infty$ schließen. Gl. (III.11) liefert dann $F(\infty) = -A_V/E_{B-V}$, also

$$\frac{A_V}{E_{B-V}} \approx 3\,. \tag{III.12}$$

Die Bedeutung dieses für die Stellarastronomie sehr wichtigen Ergebnisses liegt darin, daß es uns die Gewinnung der visuellen Extinktion A_V allein aus dem Farbexzeß $E_{B-V} = (B-V)-(B-V)_0$ ermöglicht. Die oben genannte Spanne der Durchschnittswerte von E_{B-V} für $r = 1$ kpc und $b \approx 0°$ entspricht hiernach $A_V = 1 \ldots 2$ mag kpc^{-1}. Das Verhältnis A_V/E_{B-V} wird in der Literatur gewöhnlich mit R bezeichnet. Als bester Wert gilt heute $R = 3.1 \pm 0.1$.

Hiernach kann natürlich auch auf A_λ für jede andere Wellenlänge λ geschlossen werden. Aus der Definition (III.11) folgt

$$\frac{A_\lambda}{A_V} = 1 + \frac{E_{B-V}}{A_V} \cdot F(\lambda) .$$

Der *mittlere* Verlauf dieses Verhältnisses mit wachsender Wellenlänge ist in Tabelle III.1 gegeben. Insbesondere findet man $A_B/A_V \approx 4/3$.

Tabelle III.1: Mittlere beobachtete Wellenlängenabhängigkeit der interstellaren Extinktion, ausgedrückt durch das Verhältnis A_λ/A_V

λ[μm]	A_λ/A_V	λ[μm]	A_λ/A_V
0.1000	4.60	0.5000	1.16
0.1250	3.10	0.5480	1.00
0.1375	2.73	0.5840	0.91
0.1590	2.57	0.6050	0.88
0.1830	2.53	0.6436	0.83
0.2000	2.80	0.7100	0.71
0.2080	2.98	0.7550	0.68
0.2140	3.09	0.8090	0.62
0.2190	3.10	0.8446	0.58
0.2230	3.07	0.871	0.54
0.2360	2.68	0.970	0.47
0.2500	2.39	1.061	0.40
0.2740	2.03	1.087	0.38
0.3200	1.74	1.25	0.30
0.3400	1.64	2.2	0.15
0.3636	1.56	3.4	0.10
0.4036	1.43	4.9	0.05
0.4255	1.35	8.7	0.01
0.4566	1.26	10.0	0.01

Für einige der untersuchten Sterne ergibt der Vergleich mit einem praktisch unverfärbten Stern gleichen Spektraltyps relativ große Abweichungen vom durchschnittlich gefundenen Verlauf $F(\lambda)$. Als typisches Beispiel ist in Abb. III.3 die Verfärbungskurve für Θ^1 Ori und Θ^2 Ori im Orionnebel eingezeichnet: Im Ultraviolett sind sowohl der Höcker als auch der Anstieg nach kürzeren Wellenlängen hin wesentlich schwächer ausgeprägt; gleichzeitig liegt der Betrag des Grenzwertes $|F(\infty)| = A_V/E_{B-V} = R$ höher, etwa bei 4 bis 6. Beide Abweichungen scheinen eine allgemeine Eigenschaft der Extinktion in unmittelbarer Umgebung von jungen heißen Sternen mit HII-Regionen zu sein. Die Erhöhung von $|F(\infty)|$ kann im Einzelfall auch durch zirkumstellare Emission vorgetäuscht werden.

Die Einsenkungen in den infraroten Absorptionsbändern, ausgedrückt durch die maximale optische Tiefe τ (IV.1.1), sind im allgemeinen umso stärker ausgeprägt, je größer A_V ist. Für das 10 μm-Band ergaben sich in dichten interstellaren Wolken überwiegend Werte

$$\frac{A_V}{\tau_{10}} \approx 10 \ldots 40 .$$

Diffuse interstellare Bänder: In Sternspektren treten häufig diffuse Absorptionslinien oder -Bänder auf, die weder als Gruppen von Linien noch etwa als Molekülbanden des stellaren Gases identifiziert werden können. Die stärkste und daher bekannteste dieser Strukturen ist das diffuse Band bei λ 4430 Å (Abb. III.5). Es erreicht bei manchen Sternen eine Breite von 20 Å und mehr bei einer zentralen Einsenkung von nur etwa 15% des benachbarten Kontinuums. Damit ergeben sich also Äquivalentbreiten (s. PSS I.1.6) von 3 Å und darüber. Die meisten der insgesamt rund 40 bekannten Bänder zwischen 4400 und 7000 Å, zu denen noch einige neu entdeckte Bänder im nahen Infrarot kommen, sind jedoch schwächer. Relativ stark sind die Strukturen bei 4765 Å, 4880 Å, 5780 Å, 5800 Å, 6180 Å und 6280 Å. Es wurden auch wesentlich breitere Bänder mit $\Delta\lambda \approx 20 \ldots 200$ Å gefunden, so daß man vielleicht von einem fließenden Übergang zu Strukturen wie etwa dem 2200 Å-Höcker in der Verfärbungskurve sprechen kann.

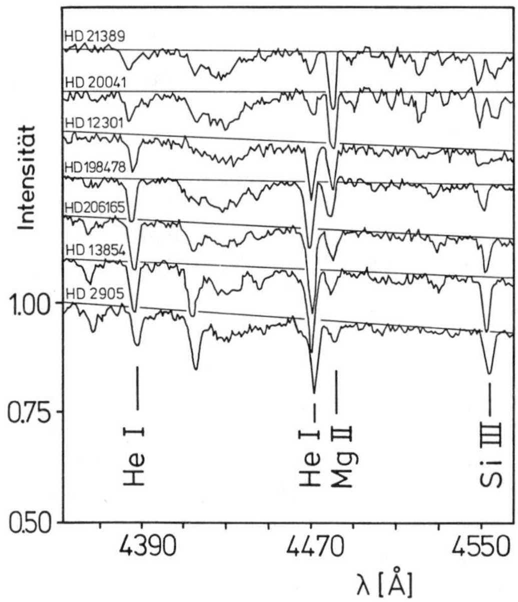

Abb. III.5: Relative spektrale Intensitätsverläufe im Bereich des diffusen interstellaren Bandes bei 4430 Å für sieben Sterne. (Nach A. C. Danks und D. L. Lambert).

Die Stärken (Äquivalentbreiten) der sorgfältig untersuchten diffusen Bänder des sichtbaren Bereichs – wie auch des 2200 Å-Höckers – haben sich in der Regel als gut korreliert mit der interstellaren Extinktion erwiesen. Beispielsweise ergab sich für die Äquivalentbreite des Bandes bei λ 4430 Å näherungsweise die Beziehung A_{4430}[Å] $\approx 3 \cdot E_{B-V}$ [mag]. Das gesamte Spektrum der diffusen Bänder wächst generell mit der interstellaren Extinktion.

Deutung der Extinktion durch feste Teilchen[1]: Die Vielfalt möglicher Ursachen der interstellaren Extinktion läßt sich in verhältnismäßig einfacher Weise einengen auf kleine feste Partikel mit Dimensionen von einigen Lichtwellenlängen bis zu großen Molekülen. Wir ziehen dazu, neben dem allgemeinen Verlauf der Verfärbungskurve zwischen dem nahen Infrarot und dem nahen Ultraviolett, die Aussage des Oort'schen Grenzwertes über die *maximale Massendichte* im interstellaren Raum heran (vgl. V.1.5). Diese kann für alle Komponenten der interstellaren Materie zusammen nahe der galaktischen Ebene in der weiteren Umgebung der Sonne höchstens etwa $3 \cdot 10^{-24}$ g cm^{-3}, entsprechend rund 2 H-Atomen in 1 cm^3, betragen. Die Erzeugung einer visuellen Extinktion $A_V = 1$ mag auf 1 kpc bei kontinuierlichen Absorptions- oder Streuprozessen durch Elektronen, Atome oder Moleküle würde auf Massendichten führen, die um einige Zehnerpotenzen über diesem Grenzwert liegen. So erfordert z. B. die Annahme von Streuung an freien Elektronen einige hundert Elektronen in 1 cm^3, denen eine noch weit größere Anzahl von Atomen und Ionen gegenübersteht; bei Rayleigh-Streuung an Atomen oder Molekülen würde man Anzahldichten von etwa 10^4 cm^{-3} benötigen. Darüber hinaus ergäbe sich weder mit Elektronenstreuung (unabhängig von λ), noch mit Rayleigh-Streuung ($\sim \lambda^{-4}$) die gewünschte Wellenlängenabhängigkeit. Spezielle Atome, Ionen oder Moleküle mit wenigstens teilweise der Verfärbungskurve ähnlicher kontinuierlicher Absorption (z. B. H^--Ionen) besitzen sehr geringe relative Häufigkeiten gegenüber den anderen Atomen und führen daher ebenfalls auf viel zu hohe Massendichten.

Betrachtet man als Alternative zu den Gaspartikeln kleine feste „Staubteilchen", dann läßt sich die Forderung des Oort'schen Massengrenzwertes leicht erfüllen. Wir wollen der Einfachheit halber annehmen, daß alle Teilchen Kugeln sind mit dem gleichen Radius a. Der „Extinktionskoeffizient" für 1 cm Weglänge bei einer Dichte von N_s Teilchen in 1 cm^3 ist dann gleich der wirksamen Abschirmung durch 1 cm^3 dieses Staubmediums (genauere Begründung folgt in IV.3.1):

$$\kappa_\lambda = \frac{|\Delta I_\lambda|}{I_\lambda} = \pi a^2 Q_{ext} \cdot N_s \,. \tag{III.13}$$

Hierbei haben wir den allgemeinen, von λ abhängigen Wirkungsfaktor Q_{ext} eingeführt. Q_{ext} ist für $a \gg \lambda$ nicht gleich eins sondern zwei: Zusätzlich zum geometrisch abgedeckten Licht geht ein Anteil gleicher Größe durch Beugung in ein Ringsystem, das bei Sternbeobachtungen nicht mit erfaßt wird (Babinetsches Prinzip). Für den Extinktionsbetrag ergibt sich

$$A_\lambda = 1.086 \cdot \tau_\lambda = 1.086 \cdot \pi a^2 Q_{ext}(\lambda) \cdot \bar{N}_s \cdot r \,. \tag{III.14}$$

[1] Wir weichen hier ein kurzes Stück von der konsequenten Darstellung der reinen Phänomene ab, um in den nachfolgenden Abschnitten dieses Kapitels mit Vorteil von der Kenntnis Gebrauch machen zu können, daß die interstellare Extinktion durch Staubteilchen erzeugt wird (IV.3).

Bei Teilchenradien $a \approx \lambda$ ist Q_{ext} im sichtbaren Bereich für alle Materialien von der Größenordnung eins. Eine mittlere visuelle Extinktion $A_V = 1$ mag für $r = 1\,\mathrm{kpc} = 3 \cdot 10^{21}$ cm läßt sich daher bei $a = \lambda_V = 5 \cdot 10^{-5}$ cm mit $\bar{N}_s = (\pi a^2 \cdot r)^{-1} = 4 \cdot 10^{-14}$ Teilchen $\cdot$ cm^{-3} erreichen. Bei einer Dichte in den Teilchen selbst von 1 g cm^{-3} entspricht dieses Ergebnis einer Massendichte des interstellaren Staubmediums von $(4\pi/3)a^3 \cdot \bar{N}_s = 2 \cdot 10^{-26}$ g cm^{-3}. Die durschnittliche Massendichte des benötigten Staubes beträgt also weniger als 1% des Oort'schen Grenzwertes und ist noch mit einem Gas-Staub-Massenverhältnis von etwa 100:1 verträglich.

Ein anderes starkes Argument, das für kleine feste Partikel spricht, liefert die beobachtete Wellenlängenabhängigkeit. Diese ist zwischen nahem Infrarot und nahem Ultraviolett zwanglos zu verstehen: Die Theorie der Lichtstreuung an kleinen Kugeln zeigt, daß für den Bereich $a \approx \lambda$ gilt $Q_{ext}(\lambda) \sim \lambda^{-1}$ (s. IV.3.1). Für $a \ll \lambda$ wird jedoch $Q_{ext} \ll 1$, weil dann die Wechselwirkung mit dem Strahlungsfeld klein wird – wie bei einer Dipol-Antenne, deren Länge $\ll \lambda$ ist!

Auf die einfachste Form gebracht, kann man sagen, daß bei vorgegebener Masse eines beliebigen festen Materials die maximale optische Extinktionswirkung dann erzielt wird, wenn man es in sehr kleine Teilchen von der Größenordnung der Lichtwellenlänge aufspaltet. Walzt man einen 1 cm^3-Würfel in eine Folie von 10^{-5} cm Dicke, so können 10^5 cm^2 = 10 m^2 abgedeckt werden; die Folie ergibt 10^{15} kleine Würfel von 10^{-5} cm Seitenlänge. Gegenüber dem ursprünglichen Würfel von 1 cm^3 ist die Extinktionswirkung 10^5-fach! Entsprechendes gilt für die Lichtstreuung (Rauchsignale!). Weitere Zerkleinerung in den Bereich $a \ll \lambda$ bringt jedoch keine weitere Zunahme der Effektivität, weil dann, wie bereits gesagt, $Q_{ext} \ll 1$ wird. Argumente für Staubteilchen als Verursacher der interstellaren Extinktion liefern auch die Beobachtungen der interstellaren Polarisation und der direkte Nachweis des an den Teilchen gestreuten Sternlichtes (s. III.1.2 und III.1.3).

1.2 Interstellare Polarisation

Beschreibung polarisierter Strahlung: Wir betrachten zunächst die einfache elektromagnetische Welle. In der senkrecht zur Ausbreitungsrichtung durch den Ort des Beobachters gelegten Ebene führen wir ein rechtwinkliges Koordinatensystem ein, dessen Ordinatenrichtung durch den Einheitsvektor $\boldsymbol{e}_2$ tangential zum Stundenkreis (in Richtung auf den Himmelsnordpol) festgelegt sei, die Abszissenrichtung liefert der dazu senkrechte Einheitsvektor $\boldsymbol{e}_1$. Am festen Ort (Beobachter) können wir dann für die Komponenten des in der betrachteten Ebene liegenden elektrischen Vektors $\boldsymbol{E}$ schreiben

$$E_1 = E_{10} \sin(2\pi\nu t - \varepsilon_1)$$
$$E_2 = E_{20} \sin(2\pi\nu t - \varepsilon_2).$$

Neben der Frequenz ν treten hier vier Konstante auf (ε_1, ε_2 geben die Phase an), von denen jedoch nur drei voneinander unabhängig sind: Bei variierender Zeit t beschreibt der Endpunkt des Vektors $\boldsymbol{E}$ eine Ellipse (Elimination von $2\pi\nu t$!), die durch die Längen ihrer beiden Halbachsen und den Positionswinkel θ der großen Halbachse charakterisiert ist (Abb. III.6). Man nennt die Welle daher allgemein elliptisch polarisiert. Das Achsenverhältnis der Ellipse wird oft durch den Winkel β charakterisiert, dessen Definition lautet

$$\frac{\text{kleine Achse}}{\text{große Achse}} = \operatorname{tg}\beta\,.$$

Für $\beta = 0°$ liegt vollständig lineare Polarisation vor: die Schwingung erfolgt nur in der durch θ festgelegten Richtung; für $\beta = 45°$ wird die Ellipse zum Kreis, die Polarisation ist vollständig zirkular.

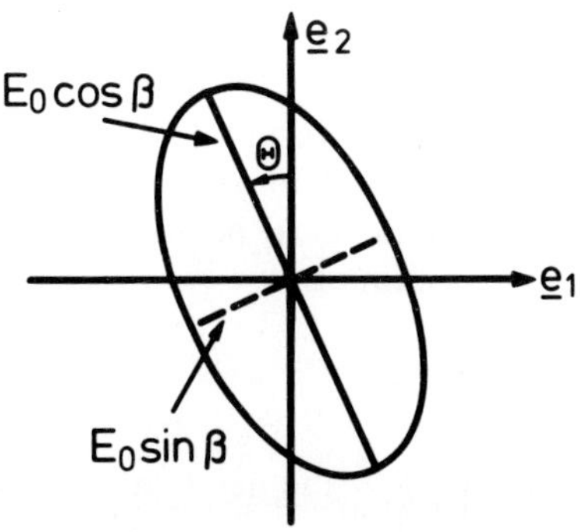

Abb. III.6: Zur Beschreibung polarisierter Strahlung. Es ist $E_0^2 = E_{10}^2 + E_{20}^2$.

Anstelle der vier Parameter E_{10}, E_{20}, ε_1, ε_2 werden heute oft die **Stokes'schen Parameter** I, Q, U, V eingeführt, die definiert sind durch die linken Teile der folgenden Gleichungen

$$I = E_{10}^2 + E_{20}^2 = \sqrt{Q^2 + U^2 + V^2} \tag{III.15}$$

$$Q = E_{20}^2 - E_{10}^2 = I\cos 2\beta\cos 2\theta \tag{III.16}$$

$$U = -2E_{10}E_{20}\cos(\varepsilon_2 - \varepsilon_1) = I\cos 2\beta\sin 2\theta \tag{III.17}$$

$$V = 2E_{10}E_{20}\sin(\varepsilon_2 - \varepsilon_1) = I\sin 2\beta\,. \tag{III.18}$$

Der Stokessche Parameter I ist einfach die Intensität. Die leicht zu verifizierende rechte Gl. (III.15) zeigt noch einmal, daß nur drei unabhängige Parameter auftreten. I, $Q^2 + U^2 = I^2\cos^2 2\beta$ und V sind offenbar invariant gegenüber Änderungen des Koordinatensystems, während sich Q und U bei einer Drehung mit θ ändern.

Die beobachtete Strahlung kosmischer Quellen stellt stets eine Überlagerung sehr vieler solcher einfacher Wellen dar. Der wesentliche Vorteil der Einführung der

Stokesschen Parameter besteht darin, daß sich bei schwacher Polarisation die Werte I, Q, U, V der einzelnen Wellen einfach addieren. Bei natürlichem Licht sind die Phasendifferenzen $\varepsilon_2 - \varepsilon_1$ und die Amplitudenverhältnisse E_{20}/E_{10} der Einzelwellen nicht miteinander korreliert und es resultieren daher Gesamtwerte $Q = U = V = 0$. Liegt eine Korrelation der Einzelwellen vor, dann ergibt sich im allgemeinen eine teilweise elliptische Polarisation. Die resultierenden Stokesschen Parameter I, Q, U, V können in zwei Anteile zerlegt werden: (1) einen unpolarisierten Anteil mit $I_1 \neq 0$, $Q_1 = U_1 = V_1 = 0$ und (2) einen vollständig polarisierten Anteil mit im allgemeinen von Null verschiedenen Werten I_2, Q_2, U_2, V_2. Man definiert den **Grad der linearen Polarisation** der resultierenden Strahlung durch

$$P = \frac{\sqrt{Q_2^2 + U_2^2}}{I_1 + I_2} = \frac{\sqrt{Q^2 + U^2}}{I}$$

und nennt die Größe $e = |V_2|/(I_1 + I_2) = |V|/I$ die **Elliptizität**. Ist der zweite Anteil vollständig linear polarisiert (Richtung θ), dann folgt $V_2 = V = 0$ und $I_2^2 = Q_2^2 + U_2^2 = Q^2 + U^2$. Die mit einem drehbaren Analysator für die Richtung $\theta + 90°$ festgestellte kleinste Intensität I_{min} ist in diesem Fall identisch mit I_1, während die in der Polarisationsrichtung θ auftretende größte Intensität I_{max} gleich $I_1 + I_2$ ist. Für teilweise linear polarisierte Strahlung erhält man daher die in der Praxis wichtigen Beziehungen

$$P = \frac{I_2}{I_1 + I_2} = \frac{I_{max} - I_{min}}{I_{max} + I_{min}} \tag{III.19}$$

und (mit $I = I_2$ in den Gln. III.16 und III.17)

$$Q = (I_{max} - I_{min}) \cos 2\theta = P \cdot I \cos 2\theta \tag{III.20}$$

$$U = (I_{max} - I_{min}) \sin 2\theta = P \cdot I \sin 2\theta \tag{III.21}$$

mit $I = I_{max} + I_{min}$.

Manchmal wird der *Grad der Polarisation* auch *in Größenklassen* ausgedrückt durch die Definition:

$$\Delta m_p = -2.5 \log(I_{min}/I_{max}). \tag{III.22}$$

Für die bei der interstellaren Polarisation auftretenden kleinen Polarisationsgrade $P \ll 1$ mit $I_{max} \approx I_{min}$ folgt aus (III.19) $P \approx [1 - (I_{min}/I_{max})]/2$, also $I_{min}/I_{max} \approx 1 - 2P$. Damit liefert (III.22) $\Delta m_p = -1.086 \times \ln(I_{min}/I_{max}) \approx +1.086 \times 2P$ oder

$$\Delta m_p \approx 2.172\, P. \tag{III.23}$$

Beobachtungsergebnisse: Systematische Polarisationsmessungen am Nord- und Südhimmel haben bisher für rund 10000 Sterne verschiedenen Spektraltyps Polarisationsgrade P und Polarisationsrichtungen θ geliefert. Die erhaltenen Beträge der linearen Polarisation liegen meistens unter 2%. Die Meßfehler betragen bei typischen Untersuchungen für Sterne heller als 7^m höchstens $\Delta P = 0.0005$ oder 0.05% und steigen für Sterne 9. Größe auf etwa 0.25% an; die Fehler der Polarisationsrichtung liegen für $P > 0.01$ noch unter $\Delta\theta = 5^\circ$. Die wichtigsten Aussagen der vorliegenden Beobachtungen, aus denen sich insbesondere auch der interstellare Ursprung der Polarisation ergibt, sind folgende:

1. Der Polarisationsgrad P bzw. Δm_p ist mit der interstellaren Extinktion, z. B. gemessen durch E_{B-V} oder A_V, korreliert. Polarisationsgrade über etwa 1% sind fast immer mit einer Verfärbung der Sterne verbunden – umgekehrt zeigen verfärbte Sterne nicht immer eine Polarisation. Das Verhältnis $\Delta m_p / A_V$ liegt im Mittel etwa bei 0.03 und erreicht im Einzelfall höchstens Werte bei 0.065. Man kann sagen, daß zwischen den Extinktionskoeffizienten des interstellaren Staubmediums für parallel und für senkrecht zur jeweiligen Polarisationsrichtung schwingendes Licht ein Unterschied von maximal etwa 6% besteht.

2. Die größten Polarisationsgrade treten überwiegend in der Nähe des galaktischen Äquators auf. Die Polarisationsrichtungen des Lichtes der einzelnen Sterne sind in vielen Bereichen der Sphäre stark miteinander korreliert (s. Einleitung, Abb. E.11). Beispiele sind die Milchstraßengebiete um $l \approx 140^\circ$ (Perseus-Cassiopeia) und $l \approx 320^\circ$ (Centaurus-Norma) mit angenähert einheitlicher Orientierung der Polarisationen parallel zum galaktischen Äquator. Eine nahezu regellose Verteilung der Polarisationsrichtungen liegt in der Gebieten um den galaktischen Äquator bei $l \approx 80^\circ$ (Cygnus-Cepheus) und $l \approx 260^\circ$ (Puppis-Vela) vor. An manchen Stellen ist die Richtungsstruktur stark verwirbelt. Bei Sternen in Bereichen von länglichen, filamentartigen Dunkelwolken wurde in einigen Fällen eine Korrelation der Polarisationsrichtungen mit der Orientierung des „Filamentes“ gefunden.

3. Messungen bei verschiedenen Wellenlängen zwischen 3 300 Å und 1 µm an über hundert Sternen ergeben eine nur relativ geringe Variation des Polarisationsgrades P, die von Stern zu Stern etwas unterschiedlich ausfällt. Im Mittel zeigt $P(\lambda)$ einen flachen Verlauf mit einem Maximum zwischen 5000 und 7000 Å. Eine bemerkenswerte Gesetzmäßigkeit besteht darin, daß $P(\lambda)/P_{max}$, wobei P_{max} der bei $\lambda = \lambda_{max}$ erreichte Maximalwert von P ist, in Abhängigkeit von λ_{max}/λ stets nahezu denselben Verlauf zeigt (Abb. III.7). Diese Beziehung kann durch folgenden Ausdruck dargestellt werden (K. Serkowski 1973):

$$\frac{P(\lambda)}{P_{max}} = \exp\left\{-1.15\,[\ln(\lambda_{max}/\lambda)]^2\right\}. \qquad \text{(III.24)}$$

λ_{max} variiert zwischen 0.45 und 0.8 µm und liegt im Mittel bei 0.55 µm.[1] Für den Zusammenhang mit dem Farbexzeß E_{B-V} ergibt sich $P_{max} \lesssim 0.09\, E_{B-V}$ (s. ferner IV.3.2, Gl. IV.167).

[1] Beobachtungen im nahen Infrarot sprechen dafür, den Faktor 1.15 durch 1.7 λ_{max} zu ersetzen (B. A. Wilking et al. 1980).

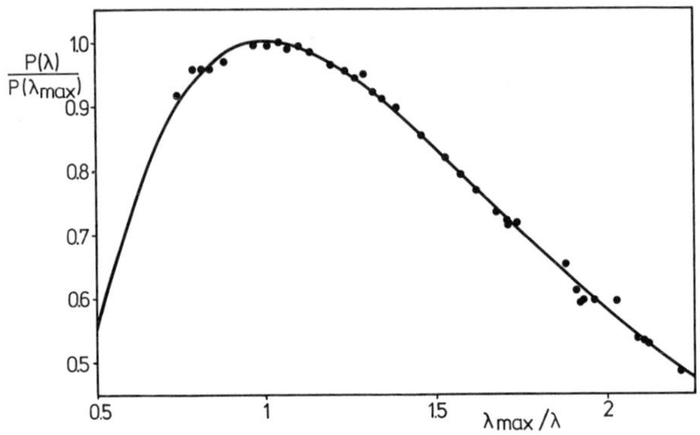

Abb. III.7: Darstellung der beobachteten Wellenlängenabhängigkeit der interstellaren linearen Polarisation des Sternlichtes durch den Ansatz Gl. (III.24). (Nach K. Serkowski, D. S. Mathewson und V. L. Ford).

Die unter 1. und 2. aufgeführten Fakten lassen sich qualitativ folgendermaßen erklären: Die interstellare Polarisation entsteht durch eine Anisotropie der interstellaren Extinktion des Sternlichtes. Diese könnte darauf zurückgehen, daß ein Teil der festen Partikel eine nichtsphärische, längliche Form besitzt, so daß die Extinktion für Licht verschiedener Schwingungsrichtung unterschiedlich ist. Die durch sehr viele längliche Partikel auf dem Sehstrahl erzeugte lineare Polarisation würde dann erfordern, daß die Hauptträgheitsachsen dieser Partikel großräumig in einem gewissen Umfang einheitlich ausgerichtet sind. Im Abschnitt IV.3.3 wird erläutert, daß eine teilweise Ausrichtung durch ein großräumiges interstellares Magnetfeld erfolgen kann, dessen Stärke mindestens einige 10^{-6} Gauß beträgt. Bei diesem von L. Davis und J. L. Greenstein 1951 vorgeschlagenen Mechanismus ist die – senkrecht zu den großen Achsen der Teilchen liegende – Polarisationsrichtung parallel zum Magnetfeld. Abb. E.11 kann dann als Darstellung der an die Sphäre projizierten Magnetfeldverteilung angesehen werden. In Verbindung mit den Entfernungen der beobachteten Sterne läßt sich daraus ein Modell des räumlichen Verlaufes des interstellaren Magnetfeldes selbst ableiten. Man erhält einen Feldlinienverlauf parallel zum lokalen Spiralarm (s. auch III. 1.8).

Bei einer Anzahl von Sternen wurde neben der linearen Polarisation auch eine schwache *zirkulare Polarisation* mit Beträgen $|V|/I \approx (1 \ldots 3) \cdot 10^{-4}$ nachgewiesen. Bemerkenswert ist hierzu vor allem, daß V/I mit der Wellenlänge variiert und dabei eine Vorzeichenumkehr etwa bei der Wellenlänge des Maximums der linearen Polarisation $\lambda \approx \lambda_{max}$ erfährt.

Abschließend sei noch erwähnt, daß neben dem interstellaren Anteil der Sternlichtpolarisation bei einigen besonderen Sterntypen auch eine meist veränderliche, und hierdurch überhaupt erst erfaßte, schwache „Eigenpolarisation" nachgewiesen werden konnte. So ergab sich insbesondere bei einer Anzahl von Bedeckungsveränderlichen, darunter β Lyrae, eine periodisch schwankende Polarisation, womit die ursprüngliche Voraussage von Chandrasekhar (s. Einleitung) doch noch – zumindest qualitativ – bestätigt werden konnte.

1.3 Reflexionsnebel und Galaktisches Streulicht, thermische Staubemission

Bei der Extinktion und teilweisen Polarisation des Lichtes der Sterne durch interstellaren Staub wird ein Teil der auf die festen Partikel treffenden Strahlung absorbiert und ein anderer Teil lediglich gestreut, also ohne Verlust in andere Richtungen umgelenkt. Das absorbierte Licht bewirkt eine geringfügige Erwärmung der Staubpartikel und erhöht damit deren thermische Emission im fernen Infrarot (in Abschnitt IV.3.3 wird erläutert, daß die Temperaturen der Teilchen im allgemeinen unter 20 K liegen). Das mit einer bestimmten Richtungsverteilung gestreute Sternlicht führt zu einem schwachen flächenhaften Leuchten, dessen Intensität vom Anteil der Streuung an der Extinktion abhängt und dessen Spektralverlauf einer Überlagerung der gestreuten Spektren aller jeweils wesentlich beitragenden Sterne entspricht.

In den *Reflexionsnebeln* (ein Beispiel gibt Abb. E.7, es sind rund 500 bekannt) tritt uns offenbar ein besonders günstiger Fall dieses Phänomens entgegen. Hier befinden sich ein oder auch mehrere genügend helle Sterne in unmittelbarer Nähe einer „Wolke" interstellaren Staubes (genauer: Sterne mit Spektraltypen später als B0, die nicht in der Lage sind, das Wasserstoffgas der Wolke zu ionisieren und so eine durch starke Linienemission über das Staubstreulicht dominierende „HII-Region" zu erzeugen). Für eine Auswahl typischer Reflexionsnebel sind in Tabelle III.2 einige Daten sowie Angaben über die beleuchtenden Sterne zusammengestellt.

Zwischen der Winkelausdehnung des Nebels und der scheinbaren Helligkeit m^* des beleuchtenden Sternes besteht eine lineare Beziehung der Form

$$m^* = -k \log a + K,$$

wobei a den Winkelabstand vom Stern bis zum „Rand" des Nebels in Bogenminuten bezeichnet. Für die Reflexionsnebel findet man innerhalb der Fehlergrenzen $k = 5.0$, die Konstante K hängt von der jeweils erreichbaren Nachweisgrenze für Flächenhelligkeiten ab (Abb. III.8). Dieses Resultat ist mit der Vorstellung verträglich, daß der lichtstreuende interstellare Staub statistisch homogen verteilt ist, so daß die Ausdehnung des Nebels im Mittel allein durch die Leuchtkraft des Sternes bestimmt ist: Ein Stern mit der Leuchtkraft L und der Entfernung r erzeugt am Rand des Nebels, im Winkelabstand a (in Bogenmaß), den Strahlungsfluß $\Phi_a = L/4\pi(ra)^2$ (Abb. III.9). Wenn bei allen Nebeln derselbe Bruchteil der ankommenden Strahlung isotrop reflektiert wird, dann ist die beobachtete, von der Ent-

Tabelle III.2: Daten ausgewählter heller Reflexionsnebel. Die Nebel um die Plejadensterne Electra (17 Tau), Maja (20 Tau) und Merope (23 Tau) sind in Abb. E.7 zu sehen. Die Einheit der angegebenen Flächenhelligkeiten im V-Bereich ist 1 Stern mit $V = 10^m$ pro Quadratgrad. $\Delta(B-V) = (B-V)_n - (B-V)_s$ bezeichnet die Differenz des Farbindex $B-V$ zwischen Nebel und beleuchtendem Stern. Bezüglich der Benennung heller Nebel s. III.2.1

Name	α_{1950}	δ_{1950}	Ausdehnung	Flächen-helligkeit $[S_{10}(V)/\square°]$	$\Delta(B-V)$	Beleuchtender Stern Sp	V	$B-V$
IC 348	3^h41^m	+31°59′	10′ × 10′	62	$-0^m.71$	B5V	$8^m.53$	$+0^m.69$
Electra-Nebel	3 42	+23 57	20 × 16	430	−0.19	B6III	3.71	−0.11
Maja-Nebel	3 42	+24 24	30 × 30	360	−0.45	B7III	3.88	−0.07
Merope-Nebel	3 43	+23 43	30 × 30	520	−0.11	B6IVn	4.18	−0.06
Cederblad 44	5 19	+ 8 20	3 × 3	47	−0.59	B1V	5.77	−0.13
NGC 2068 = M 78	5 44	0 00	8 × 6	750	−0.37	B5	10.49	+0.62
Antares-Nebel	16 26	−26 20	126 × 78	43	−1.19	M1Ib	0.92	+1.84
IC 1287	18 29	−10 50	20 × 10	68	−0.49	B2V	5.72	+0.24
NGC 7023	21 01	+68 00	10 × 8	62	−0.24	B3Ve	7.39	+0.38

fernung unabhängige Flächenhelligkeit I_a (Intensität) am Nebelrand bis auf einen festen Faktor gleich Φ_a. Andererseits ist I_a mit der für alle beobachteten Nebel gleichen Nachweisgrenze identisch. Somit ist $\Phi_a = L/4\pi(ra)^2$ eine Konstante und wir können für den Fluß der Sternstrahlung beim Beobachter schreiben $\Phi^* = L/4\pi r^2 = \text{Konst.} \cdot a^2$ oder

$$m^* = -2.5 \log \Phi^* = -5 \log a + K. \qquad \text{(III.25)}$$

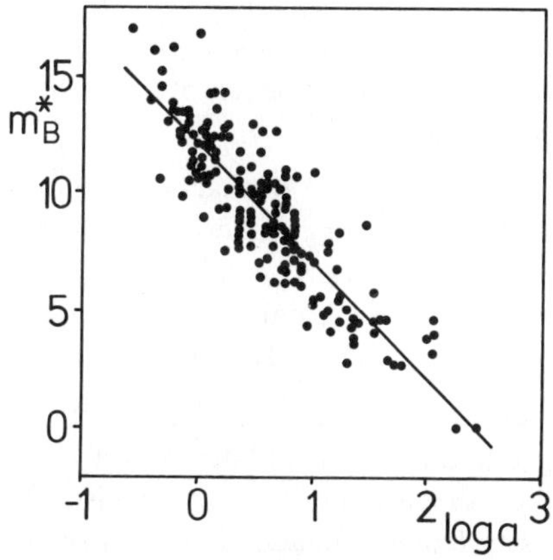

Abb. III.8: Beziehung zwischen der scheinbaren Helligkeit des beleuchtenden Sternes m_B^* und dem Logarithmus der größten Entfernung des Nebelrandes vom Stern a [Bogenminuten], gemessen auf den Kopien der Blauplatten des Palomar Sky Survey. Dieser Befund wird häufig nach seinem Entdecker als „Hubble-Relation" bezeichnet. Für die eingezeichnete Gerade gilt $m_B^* = -4.95 \log a + 12.01$. (Nach J. Dorschner und J. Gürtler).

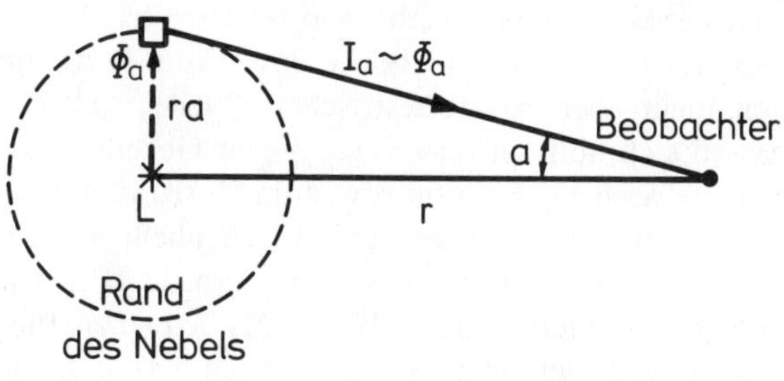

Abb. III.9: Zur Deutung der Reflexionsnebel: Beleuchtung des interstellaren Staubes durch einen Stern.

Die Reflexionsnebel sind in der Regel blauer als der beleuchtende Stern: $\Delta(B-V) < 0$. Das ist aufgrund des in III.1.1 diskutierten Anwachsens der interstellaren Extinktion zu kürzeren Wellenlängen hin zu erwarten. Der dem Sternlicht entzogene Anteil tritt hier als im Blauen intensiver werdendes Streulicht wieder in Erscheinung. Das Nebellicht weist darüber hinaus meist eine erhebliche lineare Polarisation auf. Farbdifferenz $\Delta(B-V)$ und Polarisation P variieren mit dem Abstand φ vom beleuchtenden Stern. Beim Merope-Nebel (Plejaden) ändert sich beispielsweise $\Delta(B-V)$ zwischen $\varphi = 0$ und $15'$ von -0.6 auf $+0.1$ und $P(V)$ nimmt von etwa 1% auf 10% zu.

Die Bezeichnung „Reflexionsnebel“ wird auf eine Vielfalt von Phänomenen angewandt. So beispielsweise auf Objekte mit kometenähnlichen Formen, die wahrscheinlich eine besondere Gruppe interstellarer Objekte bilden. Hierzu gehört der von dem veränderlichen Stern R Monocerotis beleuchtete („Hubble'sche“) Nebel NGC 2261.

Extraterrestrische Beobachtungen im *Ultraviolett* bis zu 1200 Å hinab zeigen auch in der Umgebung früher Spektraltypen Reflexionsnebel mit dem kontinuierlichen Spektrum dieser Sterne, beispielsweise über den größten Teil des Sternbildes Orion hinweg. Darin kommt zum Ausdruck, daß das Streuvermögen des interstellaren Staubes – wie die Extinktion – bei diesen kurzen Wellen sehr stark ist.

Galaktisches Streulicht: Der gesamte, den galaktischen Absorptionsstreifen erzeugende interstellare Staub bringt ein allgemeines Streulicht hervor, dessen Quelle die ganze galaktische Schreibe ist. Dieses sogenannte Galaktische Streulicht (englisch: Diffuse Galactic Light) ist sowohl im visuellen Bereich als auch bei kürzeren Wellen – durch Raketen- und Satellitenbeobachtungen bis ins ferne Ultraviolett – gemessen worden. Danach beträgt sein Anteil an den Flächenhelligkeiten der Milchstraße je nach Wellenlänge 20 bis 50% des integrierten Sternlichtes!

Die Bestimmung der absoluten Intensitäten des Galaktischen Streulichtes ist schwierig, weil auch in sehr kleinen, praktisch sternfreien Arealen der Milchstraße neben einem Anteil unerkannter schwächster Sterne noch beträchtliche Helligkeitsbeiträge vom Zodiakallicht, und bei terrestrischen Messungen auch vom Leuchten der Hochatmosphäre (Airglow) sowie vom in der unteren Erdatmosphäre gestreuten Licht aller extraterrestrischen Quellen auftreten. Zodiakallicht und Airglow lassen sich abtrennen, weil sie – im Gegensatz zum Galaktischen Streulicht – symmetrisch zur Ekliptik bzw. zum Horizont verteilt sind. Typische Ergebnisse für die einzelnen Komponenten der Flächenhelligkeit der Milchstraße für Wellenlängen von 4250 Å bis 1550 Å sind in Tabelle III.3 wiedergegeben (Bestimmung des integrierten Sternlichtes s. II.1.1). Als bequemes Intensitätsmaß gibt man meist die Anzahl von Sternen 10. Größe für den betrachteten Spektralbereich pro Quadratgrad an, die den gleichen Energiefluß pro Raumwinkeleinheit liefern würden. Man schreibt z. B. für die Intensität des Galaktischen Streulichtes $I_{GS}(B) = 47\ S_{10}/\square^{\circ}$ (vgl. II.1.1).

Nach dem Gesagten kann es nicht überraschen, daß auch die als *Dunkelwolken* in Erscheinung tretenden, relativ starken Konzentrationen interstellaren Staubes schwach flächenhaft leuchten, weil sie einen Teil der Strahlung der Sterne außerhalb der Wolke reflektieren. So zeigt sich beispielsweise, daß selbst die dunkelsten Stellen im „Kohlensack“ (s. Abb. E.5) noch eine Helligkeit des gestreuten Lichtes im B-Bereich von etwa 50 $S_{10}/\square^\circ$ aufweisen. Besonders deutlich tritt dieses Leuchten bei isolierten Wolken in höheren galaktischen Breiten hervor. Als eindrucksvolles Beispiel kann eine Dunkelwolke bei $b = +37^\circ$ im Sternbild Libra gelten, die mit einer Flächenhelligkeit von 25 $S_{10}/\square^\circ$ im Visuellen merklich über dem in diese Breiten bereits sehr schwachen allgemeinen Galaktischen Streulicht liegt (K. Mattila 1970).

Tabelle III.3: Beispiel von Ergebnissen für die verschiedenen Anteile der Flächenhelligkeit des Himmels nahe dem galaktischen Äquator bei $|b| \approx 1^\circ$ und $l = 65^\circ \ldots 145^\circ$, die auf der Basis extraterrestrischer Messungen an Bord des Orbiting Astronomical Observatory, OAO-2, gewonnen wurden. Einheit: 1 $S_{10}(\lambda)/\square^\circ$ = 1 Stern vom Typ A0V mit $m_\lambda = 10^m$ pro Quadratgrad. (Nach C. F. Lillie und A. N. Witt)

λ [Å]	4250	3320	2460	2040	1550
Integriertes Sternlicht I^*	113	108	88	80	140
Anteil der Sterne schwächer als 14^m	53	33	7	5	5
Zodiakallicht	41	31	3	13	2
Galaktisches Streulicht I_{GS}	47	55	22	19	51
(I_{GS}/I^*)	0.42	0.51	0.25	0.24	0.36

Thermische Staubemissionen: Wie bereits in II.1.3 erwähnt wurde, tritt diffuse galaktische Strahlung auch im fernen Infrarot und im Submillimetergebiet auf. Ergebnisse von IRAS für ein Wellenlängenband bei $\lambda = 100$ µm wurden schon in der Abb. E.14 des Einleitenden Überblicks veranschaulicht. Die ausgedehnte, flächenhafte Emission im fernen Infrarot hatte man vorher unterschätzt. Der Hauptgrund hierfür lag darin, daß bei den herkömmlichen Infrarotbeobachtungen, wegen der starken Umgebungsstrahlung, ein Vergleich zwischen Meßfeld mit dem Objekt und einem außerhalb desselben liegenden, benachbarten Feld in raschem Wechsel ausgeführt wird, während mit IRAS direkt die absolute Intensität gemessen wurde.

Abb. III.10 zeigt das Spektrum der beobachteten Strahlung. Als Quellen müssen vor allem die interstellaren Staubteilchen angesehen werden. Der von diesen *absorbierte* Teil der Sternstrahlung führt zu einer Erhöhung der inneren Energie, also zu einer Erwärmung der Teilchen mit entsprechender thermischer Strahlungsemission. Wie in IV.3.3 begründet wird, sind im Wärmegleichgewicht zwischen Einstrahlung und Abstrahlung vorwiegend Teilchentemperaturen zwischen 10 K und etwa 30 K zu erwarten. Das Maximum der Energieverteilung im Spektrum eines Schwarzen Körpers liegt nach dem Wien'schen Verschiebungsgesetz bei λ_{max}[µm] $\approx 300/T$[K]. Die thermische Emission absorbierender – wenngleich nicht schwarzer – interstellarer Staubteilchen dürfte somit hauptsächlich zwischen $\lambda = 10$ µm und $\lambda = 1000$ µm liegen. Der dominierende Teil des in Abb. III.10 wiedergegebenen Spektrums, zwischen etwa 20 µm und 400 µm mit einem Maximum bei 100 µm, findet so eine zwanglose Erklärung (Weiteres s. IV.4.1).

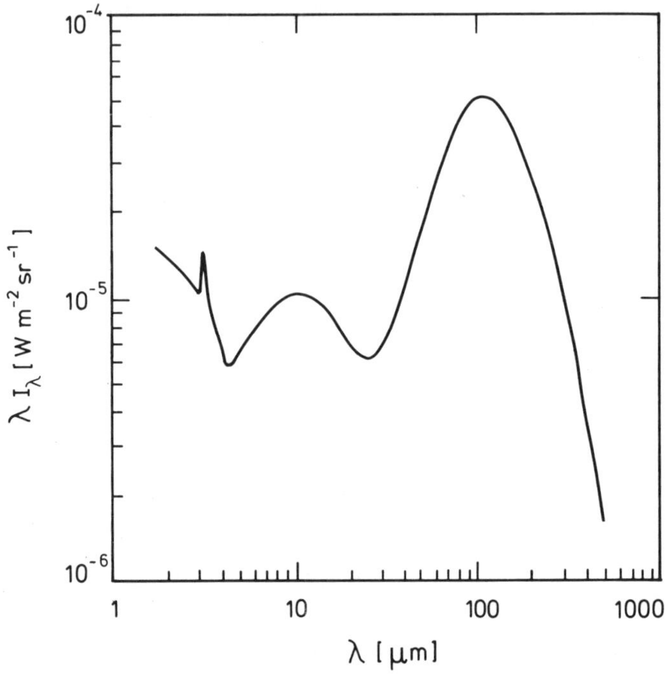

Abb. III.10: Energieverteilung im Spektrum der diffusen galaktischen Emission im Infrarot- und Submillimetergebiet aus der inneren Milchstraße ($l = 0°...35°$, $|b| < 1°$). Ordinate $\lambda \cdot I_\lambda$, Abszisse λ, jeweils in logarithmischer Skala. I_λ ergibt sich durch Division des Ordinatenwertes mit λ in Wm^{-2} μm^{-1} sr^{-1}. (Nach M. Giard et al. 1988).

Etwa 20% der gesamten diffusen Infrarotemission fallen ins nahe und mittlere Infrarot zwischen 3 und 20 μm. Hier hält sich der Spektralverlauf mit geringer Variation auf einer mittleren Höhe. Diese Strahlung läßt sich weder als Sternemission noch als thermische Emission von Staubteilchen der bisher erwähnten Größe in befriedigender Weise interpretieren. Eine bemerkenswerte Erklärung – auch der scharfen Spitze bei 3.3 μm – liefert die Annahme von Polyzyklischen Aromatischen Kohlenwasserstoffen (Hydrogencarbonaten), abgekürzt PAHs, in Form von freien großen Molekülen (mit etwa 50 C-Atomen). Diese Moleküle werden durch Absorption von interstellaren UV-Photonen zu inneren Schwingungen angeregt und reemittieren in Banden des Infrarotbereichs zwischen 3 μm und 20 μm (J. L. Puget, A. Leger, F. Boulanger 1985).

Ein überraschendes Phänomen zeigten die Messungen von IRAS bei hohen galaktischen Breiten; dünne, faserige Wolken infraroter Emission. Wegen der Ähnlichkeit dieser Strukturen mit den Zirruswolken der Erdatmosphäre werden sie als *infraroter Zirrus* bezeichnet. Einige dieser Wolken konnten auf tiefreichenden photographischen Aufnahmen mit schwachen Reflexionsnebeln identifiziert werden. Am stärksten ist der infrarote Zirrus bei 100 μm, sehr schwach hingegen bei 25 μm. Bei 12 μm erscheint er wieder mit größerer Stärke.

1.4 Interstellare Absorptionslinien in Sternspektren

In diesem und den folgenden Unterabschnitten wenden wir uns den integralen Phänomenen des interstellaren Gases zu. Für die optische Astronomie gründete sich der Nachweis eines allgemein zwischen den Sternen der galaktischen Scheibe verbreiteten Gases auf Beobachtungen von Absorptionslinien in den sichtbaren Sternspektren, die sich durch folgende Merkmale wesentlich von den stellaren Linien unterscheiden:

(1) relativ große Schärfe (Abb. III.11);
(2) systematische Zunahme der Linienstärke sowohl mit der Entfernung der Sterne – für festen Richtungsbereich nahe der galaktischen Ebene – als auch mit der interstellaren Extinktion;
(3) in der Regel andere Doppelverschiebungen als die normalen Fraunhoferlinien – im Fall von Doppelsternen keine Teilnahme an deren periodischen Verschiebungen („ruhende" oder „stationäre" Linien).

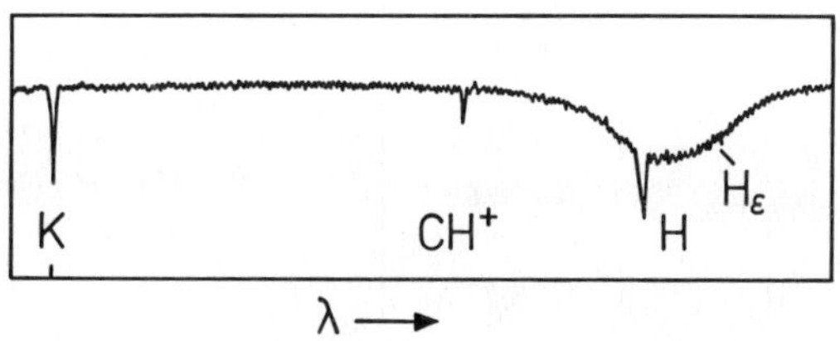

Abb. III.11: Interstellare Absorptionslinien CaII-K λ 3933.66 Å, CH^+ λ 3957.74 Å und CaII-H λ 3968.47 Å im Spektrum des Sternes ζ Ophiuchi. Die CaII-H-Linie liegt innerhalb der breiten stellaren Wasserstofflinie $H\varepsilon$.

Die geringen Linienbreiten sind eine Folge der extrem niedrigen Dichten und Drucke des interstellaren Gases (keine Stoßdämpfung). Die großen Breiten der in III.1.1 besprochenen diffusen Bänder dagegen finden eine natürliche Erklärung, wenn man annimmt, daß dieses Phänomen von sehr kleinen festen Körpern erzeugt wird (Weiteres IV.3.2).

Weil bei mittleren und späten Spektraltypen der Reichtum an Fraunhoferlinien die Erkennung und Messung interstellarer Absorptionslinien sehr erschwert oder ganz unmöglich macht, stützen sich die vorliegenden Identifikationen im wesentlichen nur auf Spektren früher Typen. Diese Einschränkung ist insofern nicht gravierend, als allein diese heißen Sterne starke Kontinua im Ultraviolett besitzen und die Absorptionslinien der meisten im interstellaren Raum häufigen Elemente, wie H,

C, N, O u. a. ausschließlich in diesen, heute durch Raketen- und Satellitenbeobachtungen erschlossenen Spektralbereich fallen: Im interstellaren Raum weitab von Sternen befinden sich praktisch alle Atome, Ionen oder Moleküle in ihren Grundzuständen. Daher sind fast alle im optischen und im UV-Bereich beobachteten interstellaren Absorptionslinien Resonanzlinien. Gerade bei den wichtigen häufigen Elementen liegt aber der erste angeregte Zustand bereits so hoch über dem Grundzustand, daß meist Linien mit $\lambda < 3000$ Å resultieren. Interstellares Gas mit Temperaturen über 10^4 K läßt sich in Absorption nur durch seine UV-Linien nachweisen. Im Fall des Wasserstoffs beträgt die Energiedifferenz zum Zustand $n = 2$ rund 10 eV und ergibt damit für die entsprechende Linie Lyman $\alpha (n = 1 \rightarrow 2)$ bereits die weit im Ultraviolett liegende Wellenlänge $\lambda = 1216$ Å.

Tabelle III.4: Interstellare Linien im Bereich $\lambda = 3000 \ldots 8000$ Å

Linien von Atomen oder Ionen		Molekünllinien		
Atom-Spektrum	λ[Å]	Molekül	λ[Å]	Übergang
NaI D_1	5895.92	CH	4300.31	$A^2\Delta - X^2\Pi$ (0,0)
D_2	5889.95		3890.23	$B^2\Sigma^- - X^2\Pi$ (0,0)
	3302.94		3886.39	
	3302.34		3878.77	
			3146.01	$C^2\Sigma^+ - X^2\Pi$ (0,0)
KI	7698.98		3143.15	
	7664.91		3137.53	
CaI g	4226.73			
CaII H	3968.47	CH^+	4232.58	$A^1\Pi - X^1\Sigma^+$ (0,0) R(0)
K	3933.66		3957.74	(1,0) R(0)
			3745.33	(2,0) R(0)
TiII	3383.76		3579.02	(3,0) R(0)
	3241.98			
	3229.19			
	3072.97	CN	3874.61	$B^2\Sigma^+ - X^2\Sigma^+$ (0,0)
			3875.77	
FeI	3859.91		3874.00	
	3719.94			

Spektralbereich 3000 … 8000 Å: In diesem vom Erdboden aus erfaßbaren Gebiet sind neben den bekannten Linien *H* und *K* des CaII-Spektrums, den *D*-Linien des NaI und der Linie *g* bei λ 4227 Å vom CaI nur noch etwa 10 interstellare Absorptionslinien von Atomen oder Ionen bekannt. Tabelle III.4 gibt eine Zusammenstellung der Wellenlängen. Das sehr eingehend untersuchte Spektrum des O 9.5-Sternes ζ Ophiuchi zeigt darüber hinaus noch weitere, allerdings sehr schwache, wahrscheinlich interstellare Linien von LiI (6708 Å), BeI, AlI, KI (4047/44), TiI, TiII, VI, CrI, MnI, NiI, CuI und CoI. Weitere, gut meßbare Linien interstellaren Ursprungs im sichtbaren Bereich konnten auf elektronische Übergänge – von den tiefsten Rotationsniveaus des Grundzustandes ausgehend – der Molekülradikale CH (7 Linien), CH^+ (4) und CN (3) zurückgeführt werden (Grundlagen siehe Anhang B). Tabelle III.4 gibt die Wellenlängen und Übergänge.

Ultraviolettbereich: Wichtigstes Ziel der Suche nach interstellaren Absorptionslinien im Gebiet $\lambda < 3000$ Å durch extraterrestrische Beobachtungen war zunächst der Nachweis von interstellarem Wasserstoff. Die ersten erfolgreichen Beobachtungen der Lyman α-Linie gelangen 1965 bei einem Raketenexperiment einer Forschergruppe des Princeton Observatory (USA). Dabei diente ein Objektiv-Gitter-Spektrograph zur Erzeugung der Spektren einer Anzahl von heißen Sternen des Orion-Gebietes. Die Ergebnisse wurden bald durch ähnliche Experimente anderer Arbeitsgruppen am Goddard Space Flight Center und am Naval Research Laboratory bestätigt. Weit umfangreichere Beobachtungsdaten lieferten seit 1969 die NASA-Satelliten der Reihe „Orbiting Astronomical Observatory" OAO-2 und OAO-3, der den Namen „Copernicus" erhielt. Der Satellit Copernicus war von der Princeton-Gruppe mit einem speziell zur Messung von interstellaren Absorptionslinien entwickelten 80 cm-Teleskop mit Rowland-Gitter-Spektrographen bestückt worden. Damit konnten in den Bereichen 950–1450 Å und 1650–3000 Å Auflösungen von 0.05 Å bzw. 0.1 Å erzielt werden bei einer Reichweite für frühe B-Sterne bis etwa $m_V = 5^m$. Unterhalb der Lyman-Grenze $\lambda = 912$ Å setzt die starke kontinuierliche Absorption des interstellaren Wasserstoffs (Lyman-Kontinuum) der Beobachtung eine Grenze (bis etwa 100 Å hinab ist die „Reichweite" < 100 pc). Neben den ersten Gliedern der Lyman-Serie des Wasserstoffs wurde eine große Anzahl von Linien weiterer interstellarer Atome und Ionen der Elemente C, N, O, Si, Mg, S, Ar, Mn, Fe, Ni, Cl, P u. a. identifiziert. Eine Auswahl enthält Tabelle III.5.

Wegen der überragenden Häufigkeit des Wasserstoffs ist die interstellare Lyman α-Linie sehr stark und erreicht Breiten von 10 Å und darüber, obgleich die Profile dieser Linie praktisch allein durch die natürliche Linienbreite (Strahlungsdämpfung) bestimmt sind. Die Unterscheidung von der noch breiteren stellaren Lyman α-Linie wird dadurch ermöglicht, daß bei den frühesten Spektraltypen O5 ... B1 die stellare Linie nur schwach ausgeprägt ist und daher die interstellare Komponente dominiert; etwa ab B3 überwiegt die stellare Lyman α-Linie. Abb. III.12 zeigt ein Beispiel des gemessenen Profils der interstellaren Linie.

Erhebliche Konsequenzen hatte die Entdeckung von breiten interstellaren OVI-Linien bei 1031.9 und 1037.6 Å in den meisten der untersuchten Spektren früher Sterntypen, die durch Übergänge vom Grundzustand aus enstehen. Ihre Stärke ist nicht mit dem Spektraltyp korreliert. Die Existenz von so hoch ionisierten interstellaren Atomen erfordert sehr hohe Temperaturen. Deutet man die Linienbreiten als thermischen Dopplereffekt (PSS IV.1.8), dann ergibt sich $T \approx 10^6$ K! Es wird daher angenommen, daß ein erheblicher Bruchteil des Volumens der galaktischen Scheibe von einem sehr dünnen Plasma dieser Temperatur erfüllt ist (vgl. auch III.1.9: Kosmische Röntgenstrahlung; ferner IV.2.3). Weitere im UV entdeckte interstellare Linien von höheren Ionen sind Si IV λ 1400 Å und CIV λ 1550 Å.

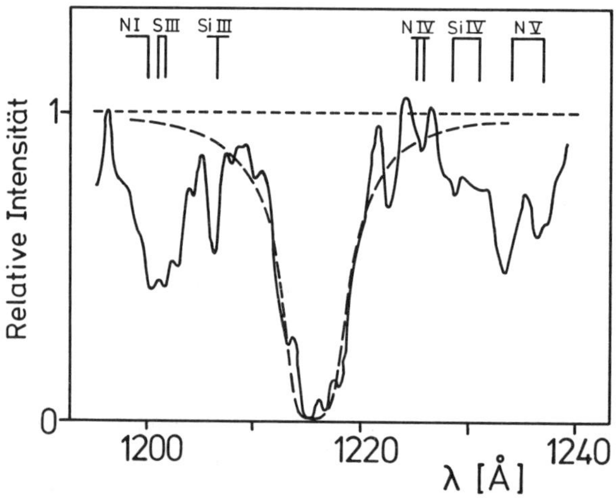

Abb. III.12: Interstellare Lyman α-Absorptionslinie im Spektrum des O 9.5 Sternes ζ Orionis. Die gestrichelten Verläufe stellen ein optimal angepaßtes theoretisches Profil und das angenommene Kontinuum dar (Nach A. M. Smith).

Besondere Bedeutung kommt den UV-Beobachtungen durch die Möglichkeit des *Nachweises molekularen Wasserstoffs zu.* Das homöopolare H_2-Molekül besitzt kein permanentes elektrisches Dipolmoment, weshalb (im Grundzustand) die im langwelligen Spektralbereich liegenden Rotations-Schwingungs-Banden verboten und daher sehr schwach sind (Quadrupolstrahlung; Nachweis im Orionnebel s. III.2.4). Ein Radiospektrum tritt nicht auf. Es verbleiben die erlaubten Übergänge zwischen elektronischen Zuständen. Hier ist die Situation ähnlich wie beim H-Atom: Alle H_2-Moleküle befinden sich im Grundzustand (${}^1\Sigma_g^+$) und der erste angeregte Zustand (${}^1\Sigma_u^+$) liegt bereits so hoch, daß die langwelligsten Resonanz-Absorptionslinien, die Lyman-Banden, in den Bereich $\lambda \lessapprox 1100$ Å fallen. (Zu den Grundlagen sei auf den Anhang B verwiesen). Es handelt sich dabei um Übergänge zwischen Schwingungsniveaus des unteren und oberen elektronischen Zustandes (Quantenzahlen v'' und v'). Jeder ($v'' \to v'$)-Übergang ergibt infolge der Aufspaltung jedes Schwingungsniveaus in einzelne Rotationszustände (Quantenzahlen unten und oben: J'' bzw. J') zahlreiche Linien, die mehrere Gruppen bilden: Den Werten der Differenz $\Delta J = -1$, 0, $+1$ entsprechen jeweils Liniengruppen („Zweige" der Rotationsstruktur), die mit den Symbolen P(J''), Q(J'') und R(J'') bezeichnet werden ($J'' = 0, 1, 2, \ldots$). Im

Spektrum des O7-Sternes ξ Persei konnten 1970 bei Raketenflügen die interstellaren H_2-Lyman-Banden $(v' \leftarrow v'') = (0-0)$, $(1-0)$ bis $(7-0)$ nachgewiesen werden. Abb. III.13 zeigt Ausschnitte der mit dem Satelliten Copernicus gewonnenen hochaufgelösten Spektren von ζ Oph und Φ^1 Ori mit einigen Linien der (1 – 0) Lyman Bande. Es sei noch erwähnt, daß auch die Lyman-Banden des Isotopen-Moleküls HD beobachtet wurden.

Tabelle III.5: Auswahl starker Linien interstellarer Atome und Ionen im Ultraviolett, die mit dem UV-Spektrometer des Satelliten „Copernicus" im Spektrum des O 9.5 V-Sternes ζ Ophiuchi gemessen wurden. λ bezeichnet die Laborwellenlänge, A_λ ist die Äquivalentbreite. Es wurden hier nur Linien aufgenommen, die vom tiefsten Feinstruktur-Zustand ausgehen. (Nach D. C. Morton)

Atomspektrum	λ [Å]	A_λ [mÅ]
HI	1215.67 (Ly α)	16700
CI	1328.83	52
	1277.25	74
	1193.03	54
	1139.79	42
CII	1334.53	189
NI	1200.71	133
NII	1134.17	119
	1083.99	125
OI	1302.17	201
	1039.23	108
MgI	2852.13	218
MgII	2795.53	312
SiII	1808.01	87
	1526.71	(190)
	1304.37	132
	1260.42	170
	1193.29	147
	1020.70	74
SiIII	1206.51	123
PII	1152.81	61
SII	1259.52	112
SIII	1190.21	67
ArI	1048.22	97
MnII	2605.70	111
	2576.11	138
FeII	2599.40	226
	2382.03	238
	1608.46	(85)
	1144.95	91

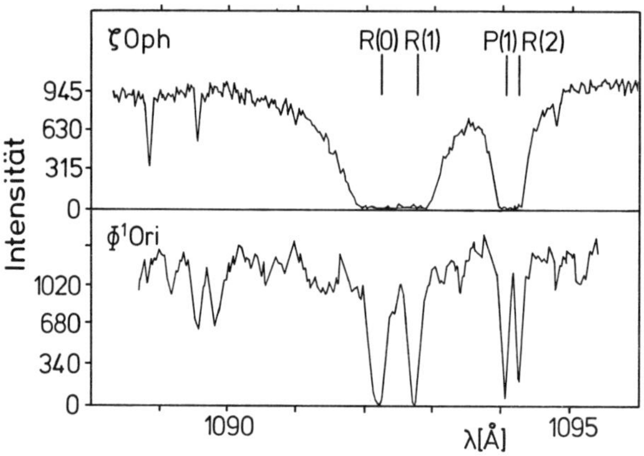

Abb. III.13: Spektren der Sterne ζ Ophiuchi (O 9.5 V, $E_{B-V} = 0.32$) und Φ^1 Orionis (B 0.5 IV-V, $E_{B-V} = 0.11$) im Bereich der (1, 0) Lyman-Bande des H_2-Moleküls nach Beobachtungen mit dem Ultraviolett-Teleskop des Copernicus-Satelliten. Der Stern mit der höheren interstellaren Extinktion zeigt wesentlich stärkere H_2-Linien. (Nach B. D. Savage, R. C. Bohlin, L. F. Drake und W. Budich).

Ein weiteres interstellares Molekül, das durch seine Bandensysteme im extremen UV nachgewiesen werden konnte, ist Kohlenmonoxid, CO. Auch bei diesem, wegen der relativ großen Häufigkeit seiner Bestandteile und seiner hohen Stabilität wichtigen Molekül, handelt es sich um Übergänge zwischen elektronischen Zuständen. In ζ Oph wurden z. B. 11 Einzellinien des CO-Moleküls mit Wellenlängen zwischen 1076 und 1447 Å beobachtet.

Feinstruktur und Dopplerverschiebungen: Die älteren Beobachtungen interstellarer Absorptionslinien des sichtbaren Bereiches mit relativ geringen Dispersionen (z. B. 30 Å/mm) und Auflösungen ($\lambda/\Delta\lambda < 3 \cdot 10^4$) ergaben über einen weiten Entfernungsbereich Proportionalität der Äquivalentbreiten A_λ der Linien mit den Entfernungen r der untersuchten Sterne. Andererseits läßt die Theorie der Linienabsorption einer homogenen Schicht bei kleiner Dämpfungsbreite für große Entfernungen (= Schichtdicken) eine Sättigungsneigung erwarten: Wenn in der Linienmitte das Sternkontinuum vollständig absorbiert ist (Restintensität ≈ 0, dann muß der Anstieg von A_λ langsamer erfolgen als proportional der „Schichtdicke“ r (Wachstumskurve, s. IV.2.5 oder PSS V.2.2).

Sofern das Gas aber an der nichtstarren galaktischen Rotation teilnimmt, werden verschieden weit entfernte interstellare Atome jeweils etwas dopplerverschobene Absorptionslinien erzeugen und damit die Sättigung verhindern; für die galaktischen Längen $l = 0°, 90°, 180°$ und $270°$, in denen ebenfalls $A_\lambda \sim r$ gefunden wurde, ist dieser Effekt allerdings unwirksam. Aus diesen Überlegungen heraus gelangten O. C. Wilson und P. W. Merril 1937 zu dem Schluß, daß das interstellare Gas eine diskrete Wolkenstruktur besitzen müsse: Jede interstellare Absorptionslinie besteht

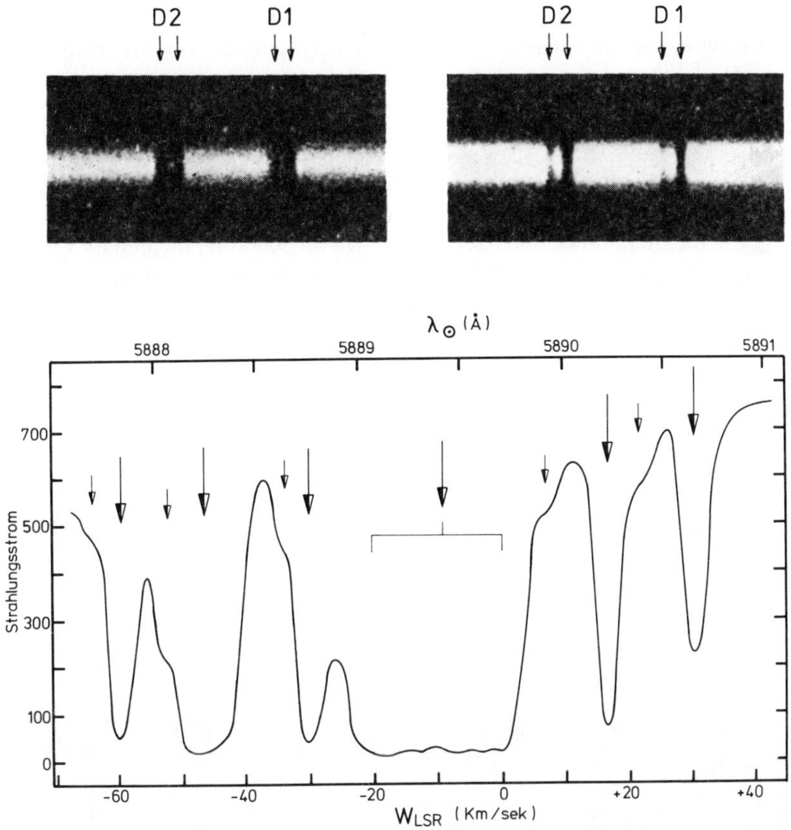

Abb. III.14: Struktur interstellarer Absorptionslinien in den Spektren weit entfernter Sterne. Oben: Photographische Spektrogramme der interstellaren NaI-Linien D_1 und D_2 mit einer Auflösung von 7 km s^{-1} für die Sterne HD 14134 (Per), links, und HD 12953 (Cas) bei Entfernungen von 3.0 bzw. 2.5 kpc. Jede Linie ist in zwei relativ breite Komponenten aufgespalten mit einem gegenseitigen Abstand in der Radialgeschwindigkeit von 30 km s^{-1}. Die stärkere Komponente ist nur wenig violettverschoben und ensteht im lokalen Spiralarm, die schwächere Komponente wird im Perseus-Arm erzeugt (vgl. Abb. III.15). Beobachtungen weit entfernter Sterne in diesen Richtungen mit sehr hoher spektraler Auflösung zeigen, daß jede der beiden Komponenten nochmals in mehrere Einzellinien aufspaltet. Als Beispiel ist unten das photoelektrisch gemessene Profil der D_2-Linie im Spektrums des Sternes 6 Cas mit einer Auflösung von 2 km s^{-1} wiedergegeben. Es wurde mit einem interferometrischen Spektrometer am Coudé-Fokus des 2.2 m-Teleskops der Calar Alto Sternwarte gewonnen. $\lambda_\odot$ = Wellenlänge bezogen auf die Sonne, W_{LSR} = Radialgeschwindigkeit im lokalen Bezugssystem (II.3.2). Die breite Einsenkung um $W_{LSR} = -10$ km s^{-1} entspricht der stärkeren Komponente in den photographischen Spektren. Die Liniengruppe von -30 bis -63 km s^{-1} entsteht in einem entfernten Spiralarm. Die Verschiebungen einiger schwächerer Linien, z.B. bei $+17$ und $+30$ km s^{-1}, lassen sich nicht durch den Effekt der differentiellen galaktischen Rotation erklären, sondern entsprechen hohen Pekuliargeschwindigkeiten gegenüber dem lokalen Bezugssystem am Ort dieser Wolken. (Nach G. Münch).

aus mehreren unaufgelösten scharfen Komponenten, die von den Einzelwolken mit individuell verschiedenen Geschwindigkeitskomponenten im Sehstrahl erzeugt werden. Dann ist die Gesamtstärke jeder Linie etwa proportional der *Anzahl* der vom Sehstrahl getroffenen Wolken, die wiederum (im Durchschnitt) mit der Entfernung linear anwächst.

Die Steigerung der spektralen Auflösung – mit Interferometeranordnungen inzwischen auf $\lambda/\Delta\lambda$ über $3 \cdot 10^5$, entsprechend 1 km s^{-1} bis zu 0.5 km s^{-1} hinab – zeigte später, daß tatsächlich bei etwa 95% von 300 untersuchten O- und B-Sternen die interstellaren CaII- und NaI-Linien in mehrere Komponenten, in manchen Fällen über fünf, aufgelöst werden können. Den Aufspaltungsbeträgen entsprechen Geschwindigkeiten bis zu etwa ± 50 km s^{-1}. Ein Beispiel zeigt Abb. III.14. Einfache Linien werden nur bei Sternen in höheren Breiten oder mit Entfernungen $r < 200$ pc beobachtet. Zusammen mit den photometrischen Entfernungen der Sterne – abgeleitet unter Berücksichtigung der interstellaren Extinktion – ergibt die Statistik des Beobachtungsmaterials, daß der Sehstrahl nahe der galaktischen Ebene auf einer Strecke von 1 kpc etwa 5 bis 10 Wolken trifft. Es handelt sich hier vorwiegend um jene als „kleine Wolken“ oder „diffuse Wolken“ bezeichneten schwächeren Verdichtungen, deren Staubanteil die in III.1.1 erwähnten kleinen Fluktuationen der Milchtraßenhelligkeit erzeugt.

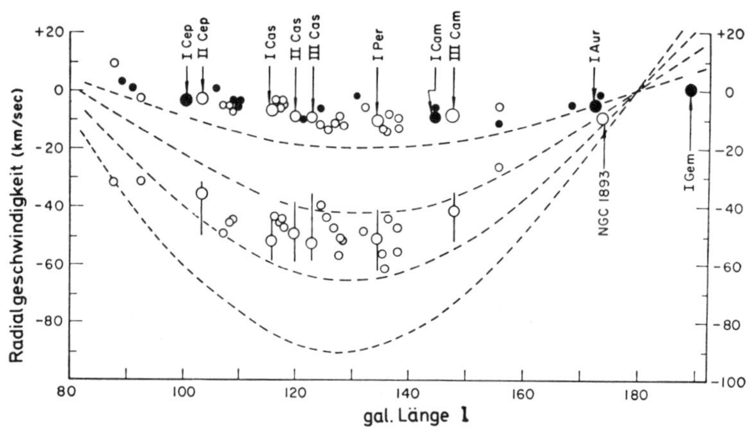

Abb. III.15: Abhängigkeit der bei starken Komponenten der interstellaren *K*- und *D*-Linien gemessenen Radialgeschwindigkeiten (bezogen auf die Sonne) von der galaktischen Länge nach einer Untersuchung von G. Münch. Größere Symbole gehören zu O-Assoziationen. Für Wolken in den konstanten Entfernungen von der Sonne r = 1, 2, 3 und 4 kpc, die an der galaktischen Rotation teilnehmen, müßten die Radialgeschwindigkeiten auf die gestrichelten Kurven fallen (von oben nach unten).

Die *Teilnahme des interstellaren Gases an der galaktischen Rotation* gibt sich als systematische Dopplerverschiebung der Komponenten jeder interstellaren Absorptionslinie zu erkennen, deren Abhängigkeit von der galaktischen Länge l im Mittel durch Gl. (II.70) dargestellt werden kann (nach Abzug der Sonnenbewegung!).

Die Amplitude dieser Doppelwelle ist der Entfernung des absorbierenden Gases proportional. In einer Darstellung der Radialgeschwindigkeiten der einzelnen Linienkomponenten in Abhängigkeit von der galaktischen Länge kommt deshalb auch die räumliche Verteilung des Gases zum Ausdruck. Ein schönes Beispiel dafür zeigt Abb. III.15. Hier ergibt sich für den Längenbereich von 90° bis 180° eine Aufspaltung in zwei Äste, die offenbar zwei verschieden weit entfernten Wolkenkomplexen entsprechen, nämlich den Wolken des lokalen Spiralarms mit sehr geringem Rotationseffekt und den etwas über 2 kpc entfernten Wolken des Perseus-Armes.

Die Geschwindigkeiten der Wolken gegenüber der galaktischen Rotationsbewegung sind in der Regel kleiner als 20 km s^{-1}, es werden jedoch auch – meist schwächere – Komponenten beobachtet, die Pekuliargeschwindigkeiten von 40 ... 100 km s^{-1} und mehr liefern. Zwei Beispiele zeigt Abb. III.13. Beobachtungen ferner galaktischer oder extragalaktischer Quellen ergaben, daß die Anzahl dieser Hochgeschwindigkeitswolken (high velocity clouds) auf dem Sehstrahl in höheren galaktischen Breiten mit der Entfernung der herangezogenen Sterne zunimmt. Diese Wolken müssen daher – im Gegensatz zu den diffusen Wolken kleiner Pekuliargeschwindigkeit – auch in großen Abständen von der galaktischen Ebene vorhanden sein. Im Ultraviolett treten Hochgeschwindigkeitswolken mit den Linien von einfachen Ionen CII, SiII, MgII, FeII u. a., wie auch von den höheren Ionen CIV, SiIV und OVI in Erscheinung. Die Temperaturen der Hochgeschwindigkeitswolken überdecken daher einen weiten Bereich, etwa zwischen 10^3 und 10^6 K. (Weiteres hierzu III.1.5, IV.2.3, IV.4.6).

1.5 Die 21 cm-Radiolinie des interstellaren Wasserstoffs

Übergang, Linienbreite: Im vorangegangenen Abschnitt wurde bereits darauf hingewiesen, daß sich im interstellaren Raum, weitab von sehr heißen Sternen, normalerweise alle Atome und Ionen in ihren Grundzuständen befinden. Der Grundzustand des neutralen Wasserstoffatoms $1^2S_{1/2}$ (Quantenzahlen: $n = 1, l = n-1 = 0$, $s = 1/2, j = l + s = 1/2$) besteht aus zwei Hyperfeinstrukturniveaus, die der parallelen und antiparallelen Einstellung von Elektronen- und Kernspin $\boldsymbol{s}$ bzw. $\boldsymbol{i}$ entsprechen: Für den gesamten Drehimpuls $\boldsymbol{f} = \boldsymbol{j} + \boldsymbol{i}$, mit $\boldsymbol{j} = \boldsymbol{l} + \boldsymbol{s}$ = gesamter Elektronendrehimpuls, gibt es zwei Werte, die durch Hyperfeinstrukturquantenzahlen $f = 1/2 + 1/2 = 1$ (parallel, oberer Zustand) und $f = 1/2 - 1/2 = 0$ (antiparallel, unterer Zustand) charakterisiert werden. Für die statistischen Gewichte der beiden Niveaus $g = 2f + 1$ (weitere Aufspaltung jedes Niveaus im äußeren Magnetfeld) ergeben sich die Werte $g_1 = 3$ und $g_0 = 1$.

Der Energiedifferenz $E_1 - E_0$ zwischen den beiden Niveaus entspricht eine Frequenz $\nu_0 = (E_1 - E_0)/h$ bzw. eine Wellenlänge $\lambda_0 = c/\nu_0$, für die Labormessungen in Übereinstimmung mit der Theorie liefern

$$\nu_0 = 1420.40575 \text{ MHz oder } \lambda = 21.1049 \text{ cm}.$$

Die Auswahlregeln der Quantentheorie erlauben nur Übergänge zwischen geraden und ungeraden Niveaus, d.h., geraden und ungeraden Werten der Bahndrehimpulsquantenzahl l. Da für beide Niveaus $l = 0$, so ist der spontane Übergang $f = 0 \rightarrow f = 1$ verboten, d. h., es gibt keine elektrische Dipolstrahlung. Es ist jedoch magnetische Dipolstrahlung möglich mit der sehr kleinen Übergangswahrscheinlichkeit $A_{10} = 2.87\ 10^{-15}\ \text{s}^{-1}$, entsprechend einer sehr großen Lebensdauer des oberen „metastabilen" Niveaus $T = 1/A_{10} = 11 \cdot 10^6$ Jahre.

Der großen Lebensdauer entspricht nach der Unschärferelation eine außerordenlich geringe Breite des oberen Niveaus, so daß eine extrem schmale Linie resultiert – das untere Niveau ist unendlich schmal, weil es keine spontanen Übergänge $0 \rightarrow 1$ gibt. Für die natürliche Linienbreite (PSS IV.1.7) folgt damit in Frequenzmaß $\Delta\nu_N = (2\pi T)^{-1} = 4.5 \cdot 10^{-16}$ Hz!

Durch Stöße zwischen den Atomen verkürzt sich die Lebensdauer des oberen Niveaus auf den Wert $T_{\text{Stoß}} = 1/Z$ mit Z = mittlere Stoßzahl pro Sekunde = Wirkungsquerschnitt × Anzahldichte × Geschwindigkeit der Atome. Für die in IV.4.2 dargestellten Ergebnisse für die Dichten ($\approx 1\ \text{cm}^{-3}$) und thermischen Bewegungen ($\approx 1\ \text{km s}^{-1}$) der interstellaren Atome folgt (mit Wirkungsquerschnitt $\approx \pi a_1^2$, wobei a_1 = innerster Bohrscher Radius) für die Stoßverbreiterung der Linien $\Delta\nu_{\text{Stoß}} = \gamma/2\pi = (\pi T_{\text{Stoß}})^{-1} \approx 10^{-11}$ Hz (PSS IV.1.8). Auch dieser Wert entspricht noch einer sehr geringen Linienbreite. Demgegenüber liefern thermische und makroskopische Bewegungen mit Geschwindigkeiten v von nur 1 km s^{-1} bereits Dopplerverschiebungen $\Delta\nu_D = \nu_0 \cdot v/c \approx 5 \cdot 10^3$ Hz = 5 kHz. Man kann somit sagen: Die Linienprofile der 21 cm-Linie des interstellaren Wasserstoffs sind vollständig bestimmt von den thermischen und vor allem den makroskopischen Bewegungen der emittierenden neutralen Wasserstoffatome.

Meßgrößen der Radioastronomie: Wir erläutern zunächst einige in der Radioastronomie verwendete Begriffe. Richtet man ein Radioteleskop auf eine kosmische Radioquelle mit der Intensitätsverteilung $I_\nu(\vartheta, \varphi)$ [W m^{-2} Hz^{-1} sterad^{-1}], wobei $\vartheta = 0$ (z = Achse) die Richtung maximaler Empfindlichkeit sei, dann ist die von der Antenne aufgenommene Leistung P_ν[W Hz^{-1}] gegeben durch

$$P_\nu = \frac{1}{2} A \int\int I_\nu(\vartheta, \varphi) f(\vartheta, \varphi)\, d\Omega \tag{III.26}$$

mit $d\Omega = \sin\vartheta d\vartheta d\varphi$. Der Faktor 1/2 tritt auf, weil die Speiseantenne (Feed) nur Strahlung einer Polarisationsrichtung aufnimmt. A bezeichnet die effektive Antennenfläche (in der x-y-Ebene zu denken) und $f(\vartheta, \varphi)$ ist die Richtcharakteristik der Antenne (Abb. III.16).

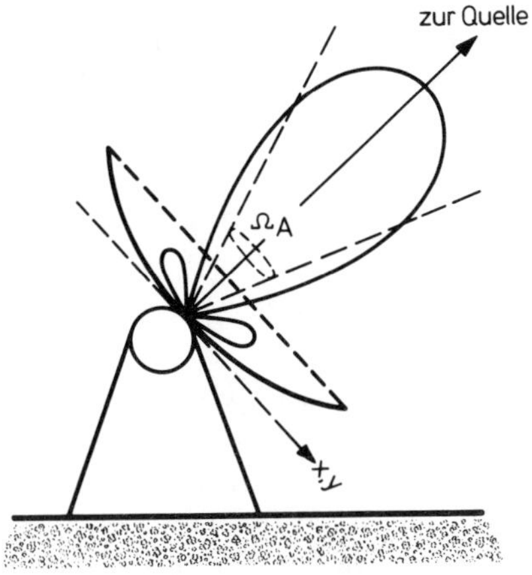

Abb. III.16: Zur Definition der Richtcharakteristik und des effektiven Raumwinkels einer Antenne.

Denken wir uns die ganze Anlage ins Innere eines geschlossenen Hohlraums versetzt, dessen Wände die Temperatur T besitzen, dann ist im thermodynamischen Gleichgewicht I_ν durch die Planck-Funktion gegeben, die im Radiobereich ($h\nu/kT \ll 1$) in das Rayleigh-Jeans'sche Gesetz übergeht: $I_\nu = 2(\nu^2/c^2)kT$. Wegen der Isotropie folgt dann für die aufgenommene Leistung $P_\nu = (1/2)\, A \cdot I_\nu \cdot \Omega_A$ mit dem **effektiven Raumwinkel** der Antenne

$$\Omega_A = \int\int f(\vartheta, \varphi)\,\mathrm{d}\Omega\,.$$

In völliger Analogie zu der bekannten optischen Formel für das theoretische Winkelauflösungsvermögen $\alpha \approx \lambda/D$ gilt für die Antenne des Radioteleskops $\Omega_A = \lambda^2/A$ – dies muß hier ohne Beweis angegeben werden. Damit erhalten wir $P_\nu = kT$. Diesem Ergebnis entsprechend, ordnet man allgemein der Strahlungsleistung P_ν für eine kosmische Radioquelle eine Temperatur zu durch die Definition

$$P_\nu = kT_A\,.$$

T_A wird **„Antennentemperatur"** genannt und ist somit definiert als die Temperatur eines Hohlraumstrahlers, in welchem das Radioteleskop eine Strahlungsleistung aufnehmen würde, die gleich der aus dem Strahlungsfeld der kosmischen Quelle entnommenen Leistung ist. T_A ist die von den Radioastronomen unmittelbar gewonnene Meßgröße. Praktisch ermittelt man T_A durch Vergleich mit einer thermischen „Rauschquelle" bekannter Leistung $P_\nu^{(V)} = kT$, die dazu anstelle des Antennenausgangs auf den Empfänger gegeben wird.

Die Intensität I_ν von kosmischen Quellen drücken die Radioastronomen in der Regel durch eine **Strahlungstemperatur** T_s (brightness temperature) aus mit Hilfe des Rayleigh-Jeans'schen Strahlungsgesetzes:[1]

[1] Im mm-Wellenbereich, z. B. für die in III.1.6 besprochene CO-Linie bei 2.6 mm, muß das allgemeine Plancksche Strahlungsgesetz für I_ν angesetzt werden!

$$I_\nu = \frac{2\nu^2}{c^2} kT_s(\nu) = 3.08 \cdot 10^{-28}\, \nu_{\mathrm{MHz}}^2\, T_s(\nu)[\mathrm{W\,m^{-2}\,Hz^{-1}\,sterad^{-1}}]\,. \qquad \text{(III.27)}$$

Da I_ν häufig in anderer Weise von der Frequenz ν abhängt als beim Rayleigh-Jeans-Gesetz *einer* Temperatur, hat T_s oft nichts mit der wirklichen kinetischen Temperatur des emittierenden Mediums zu tun und variiert mit ν. Setzt man (III.27) ein in (III.26) mit $P_\nu = kT_A$, dann folgt für feste Frequenz unter Anwendung der Beziehung $\Omega_A = \lambda^2/A$:

$$T_A = \frac{1}{\Omega_A} \iint T_s(\vartheta, \varphi)\, f(\vartheta, \varphi)\, \mathrm{d}\Omega\,. \qquad \text{(III.28)}$$

Für kleine Raumwinkel der Antenne Ω_A im Vergleich zur Ausdehnung der Quelle erhält man $T_A = T_s$. Ist der Raumwinkel der Quelle $\Omega_Q \ll \Omega_A$, dann gilt andererseits $T_A = T_s \cdot \Omega_Q/\Omega_A \ll T_s$. Im allgemeinem Fall muß die Verteilung von T_s über die Quelle aus Messungen der Verteilung von T_A durch Umkehrung der Intergralbeziehung (III.28) gewonnen werden.

Der **Strahlungsfluß** $S_\nu[\mathrm{W\,m^{-2}\,Hz^{-1}}]$ (flux density) durch eine Einheitsfläche, deren Normale in die Richtung $\vartheta = 0$ (z-Achse) weist, ist definiert durch

$$S_\nu = \iint I_\nu(\vartheta, \varphi) \cos\vartheta\, \mathrm{d}\Omega\,. \qquad \text{(III.29)}$$

Für eine nicht allzu ausgedehnte Quelle können wir $\cos\vartheta = 1$ setzen, wenn $\vartheta = 0$ einem Punkt innerhalb der Quelle entspricht. Ist die Winkelauflösung hoch, also Ω_A klein gegen die Quellenausdehnung, dann folgt aus (III.26) $P_\nu = (1/2) \cdot A \cdot I_\nu \cdot \Omega_A = (1/2)\lambda^2 I_\nu = kT_s(\nu)$, und wir erhalten für den Fluß der ganzen Quelle

$$S_\nu = \iint\limits_{\text{Quelle}} I_\nu \mathrm{d}\Omega = \frac{2k}{\lambda^2} \iint\limits_{\text{Quelle}} T_s \mathrm{d}\Omega\,. \qquad \text{(III.30)}$$

Als bequeme Einheit des Strahlungsflusses (flux unit) wird meist der jetzt als 1 Jansky, abgekürzt 1 Jy, bezeichnete Betrag verwendet:

$$1\ \text{f.u.} = 1\ \text{Jy} = 10^{-26}\ \mathrm{W\,m^{-2}\,Hz^{-1}}.$$

Man findet auch die Bezeichnungen 1 mJy = 10^{-3} Jy und 1 kJy = 10^3 Jy. Beispielsweise liefern Raumwinkelbereiche von 1 $\square^\circ \mathrel{\hat{=}} 3 \cdot 10^{-4}$ sterad im Gebiet der südlichen Milchstraße bei der Zentralwellenlänge der 21 cm-Linie des interstellaren Wasserstoffs Flüsse von der Größenordnung 10^3 Jy, die Strahlungstemperaturen T_s um 100 K entsprechen.

Ergebnisse der 21 cm-Durchmusterungen: Die ersten systematischen Messungen der 21 cm-Linienemission aus der Milchstraße wurden – in den Niederlanden für den nördlichen Teil, in Australien für den südlichen Teil – mit Parabolantennen ausgeführt, deren Durchmesser bei $D = 7.5$ m bzw. 11 m lagen. Nach der Faustformel $\alpha_{1/2} \approx 60^\circ \cdot (\lambda/D)$ ergeben sich (ganze) Halbwertsbreiten der Richtcharateristiken von 1.7° bzw. 1.2° – die tatsächlichen Werte waren noch etwas höher. Die Frequenzauflösung der verwendeten Radiospektrographen lag bei $\Delta\nu \approx 40$ kHz, entsprechend einer Geschwindigkeitsauflösung $\Delta v_r = (\Delta\nu/\nu) \cdot c \approx 8$ km s^{-1}. Die erhaltenen Linienprofile $T_s(\nu)$ bzw. I_ν sind durchweg wesentlich breiter als diese Beträge der spektralen Auflösung. Die Höchstwerte der Strahlungstemperatur T_s liegen etwa bei 100 K. Abb.III.17 zeigt eine Auswahl von Profilen für den Bereich $l = 0°$ bis 180°. Als erste Hauptergebnisse kann man festhalten:

(1) Die breiten Linienprofile sind im allgemeinen als Ganzes gegenüber der Laborwellenlänge verschoben (Erdbahnbewegung und Sonnenbewegung sind eliminiert!), wobei die Beträge der Verschiebung in Abhängigkeit von der galaktischen Länge einer Doppelwelle folgen (Abb. III.17 zeigt die erste Hälfte derselben).

(2) Die 21 cm-Strahlung ist stark auf den Bereich des galaktischen Äquators konzentriert (Abb. III.18). Schnitte senkrecht zum galaktischen Äquator ergeben vielfach Intensitätsprofile mit Halbwertsbreiten von nur 5° bis 10° und erlauben daher eine weit genauere Festlegung der Grundebene eines galaktischen Koordinatensystems (neues System, siehe I.1.1) als dies vorher anhand der scheinbaren Verteilung der Sterne möglich gewesen war.

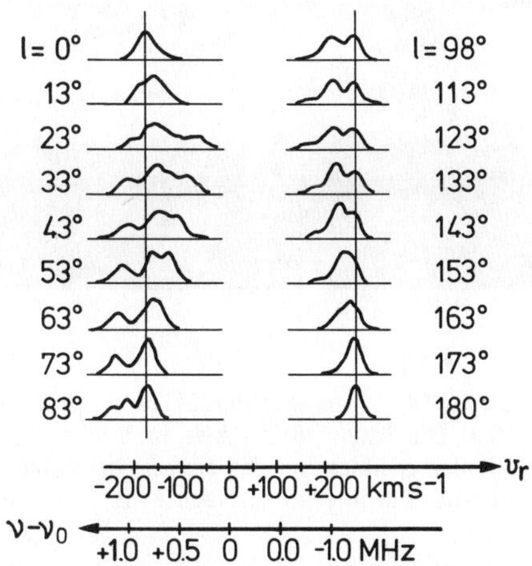

Abb. III.17: Für verschiedene galaktische Längen l auf dem galaktischen Äquator beobachtete Profile der 21 cm-Linie des interstellaren neutralen Wasserstoffs. Anstelle der Frequenz ν benutzt man als Abszisse meist die Radialgeschwindigkeit $v_r = (\nu_0 - \nu) \cdot c/\nu$ mit ν_0 = Ruhefrequenz der Linie: 1 km s^{-1} entsprechen 4.74 kHz. Die beiden durchgehenden vertikalen Geraden markieren den $\nu = \nu_0$ entsprechenden Nullpunkt $v_r = 0$ im lokalen Bezugssystem.

Eine *qualitative Deutung der Beobachtungsergebnisse* für kleine galaktische Breiten ergibt sich aus folgenden Überlegungen. Ähnlich wie es bei den interstellaren Absorptionslinien in Sternspektren beobachtet wurde, erwarten wir bei der oben angegebenen spektralen und räumlichen Auflösung zunächst eine als Verbreiterung in Erscheinung tretende Aufspaltung der Linienprofile als Folge der Wolkenstruktur des interstellaren Gases. Die durchschnittlichen Aufspaltungsbeträge liegen jedoch nicht wesentlich oberhalb von 10 km s^{-1}. Die großen Breiten der 21 cm-Linie müssen daher eine andere Ursache haben: die Teilnahme des Gases an der galaktischen Rotation mit einem Gradienten der Radialgeschwindigkeit bis zu $A \approx 15$ km s^{-1} kpc^{-1} (für die Sonnenumgebung). Denken wir uns den Sehstrahl in viele kleine Intervalle der gleichen Länge Δr zerlegt, so wird jedes derselben eine relativ schmale, praktisch nur durch thermische und kleinräumige turbulente Bewegungen der Atome verbreiterte Linie liefern, die infolge der differentiellen Rotation gegenüber der in einem Nachbarintervall erzeugten Linie spektral verschoben ist um einen Betrag $\Delta\lambda = \lambda \cdot \Delta v_r/c$. Dabei ist Δv_r die Änderung der Radialgeschwindigkeit des Gases (in bezug auf den Beobachter) beim Übergang zum Nachbarintervall (von der Wolkenstruktur des Gases sei hier abgesehen). Über den ganzen Sehstrahl integriert ergibt sich eine zusammengesetzte breite Linie.

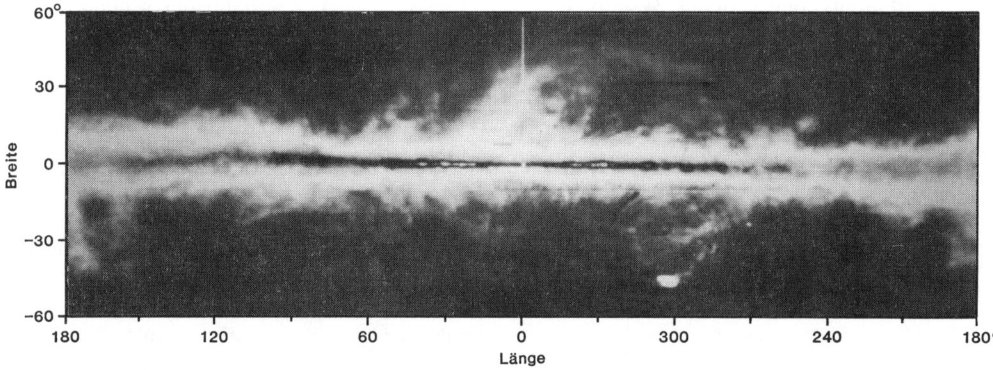

Abb. III.18: Verteilung der 21 cm-Linienstrahlung an der Sphäre in galaktischen Koordinaten. Die Intensität ist hier in Stufen abwechselnd hell und dunkel dargestellt. In dem schmalen dunklen Streifen entlang des galaktischen Äquators (galaktische Breite $\approx 0°$) ist die Intensität am höchsten. (Nach E. R. Deul und W. B. Burton).

Speziell für die Richtungen zum Zentrum und zum Antizentrum $l = 0°$ und $l = 180°$, ist allerdings bei reiner Kreisbahnbewegung für alle Entfernungen r die Radialgeschwindigkeit, und damit auch deren Änderung Δv_r gleich Null, so daß besonders schmale Profile resultieren sollten. Das ist qualitativ tatsächlich der Fall. Die Beiträge auf einem festen Entfernungsintervall $(r, \ldots, r + \Delta r)$ sollten bei variierender galaktischer Länge l Gesamtverschiebungen $\lambda - \lambda_0 = \lambda_0 \cdot v_r(r)/c$ zeigen, die der in II.5.1 erläuterten Doppelwelle folgen (mit einer der Entfernung r proportionalen Amplitude). Wenn das Gas nicht allzu inhomogen verteilt ist, hat man diese Gesetzmäßigkeit auch für die Linie als Ganzes zu erwarten.

Als Beispiel eines Details sei auf die Aufspaltung der Linie im Bereich $l \approx 100° \ldots 140°$ hingewiesen: Sie entspricht der in Abb. III.15 dargestellten Eigenschaft der interstellaren Absorptionslinien in den Spektren von O- und B-Sternen der Milchstraße und bestätigt damit die Konzentration des interstellaren Gases in diesen Richtungen auf zwei Arme. Bei diesem Vergleich ist natürlich zu beachten, daß die 21 cm-Linienbeiträge sich über den ganzen Sehstrahl erstrecken, wobei der Querschnitt des erfaßten, relativ breiten Kegels mit zunehmender Entfernung sehr groß wird.

Seit einigen Jahren liegt ein sehr umfangreiches Beobachtungsmaterial vor, das mit neueren, wesentlich größeren und besseren Radioteleskopen gewonnen wurde. Bei den Durchmessern dieser Radiospiegel von etwa 65 bis 100 m ergeben sich Winkelauflösungen bis zu $\alpha_{1/2} \approx 10'$. Gleichzeitig ist auch die spektrale Auflösung bis auf wenige kHz, entsprechend $\Delta v_r \approx 1 \text{ km s}^{-1}$ gesteigert worden. Bei der Darstellung der Ergebnisse ist es üblich, anstelle der Wellenlänge bzw. Frequenz den Abstand von der Laborwellenlänge λ_0 bzw. Frequenz ν_0, ausgedrückt als Radialgeschwindigkeit

$$v_r' = c\,\frac{\lambda - \lambda_0}{\lambda_0} = c\,\frac{\nu_0 - \nu}{\nu_0} \tag{III.31}$$

zu verwenden. Für Untersuchungen der galaktischen Struktur hat man die v_r' zunächst wegen des Einflusses der Erdbewegung zu korrigieren (I.1.3, Gl. I.21 ff.) und dann auf das lokale Bezugssystem (LBZ) umzurechnen. Hierzu dient die auf galaktische Koordinaten übertragene dritte Gl. (II.39) mit den Komponenten der Sonnengeschwindigkeit nach (II.40):

$$v_r(\text{LBZ}) \equiv v_{rp} = v_r + U_\odot \cos l \cos b + V_\odot \sin l \cos b + W_\odot \sin b\,.$$

Dabei bezeichnet v_r die Radialgeschwindigkeit in Bezug auf die Sonne.

Die Publikation der gewonnenen Daten erfolgt meist in einer der folgenden Formen.

(a) Linienprofile $T_s(v_r)$ für feste Positionen (l, b),
(b) Konturenkarten, in denen $T_s(v_r, l)$ bei festem b oder $T_s(v_r, b)$ bei festem l durch Linien gleicher Strahlungstemperatur dargestellt ist,
(c) Verteilung an der Sphäre: $T_s(l, b)$ wird für festes v_r (oder auch über die ganze Linie integriert) durch Linien gleicher Strahlungstemperatur (bzw. gleichen Integralwertes) veranschaulicht.

Als Beispiel ist in Abb. III.19 eine Konturenkarte von $T_s(v_r, l)$ für $b = 0°$ und $l = 0° \ldots 120°$ wiedergegeben, die im folgenden diskutiert werden soll. Die Geschwindigkeitsauflösung beträgt hier 1.7 km s^{-1}, die Winkelauflösung ist mit $\alpha_{1/2} = 0\overset{\circ}{.}6$ noch ausreichend für eine allgemeine Übersicht. Es kommen drei wesentliche Strukturmerkmale zum Ausdruck:

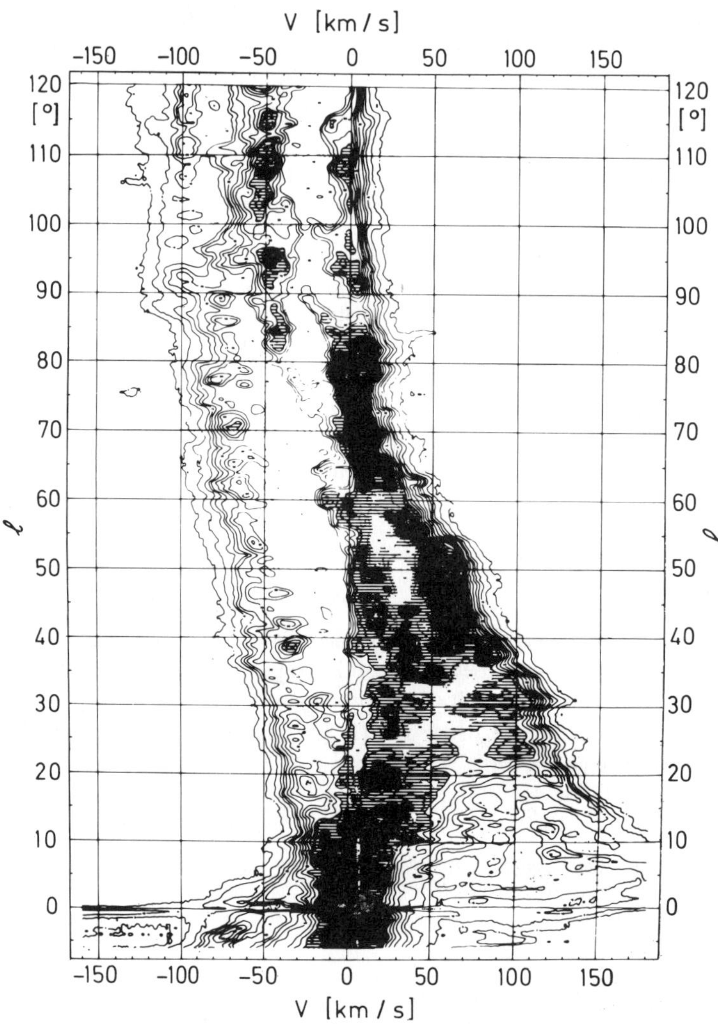

Abb. III.19: Konturenkarte der Strahlungstemperaturen $T_s(v_r, l)$ der 21 cm-Linie für $b = 0°$. Die Radialgeschwindigkeiten beziehen sich auf das lokale Bezugssystem. Bandbreite der Beobachtungen $\Delta v_r = 1.7$ km s^{-1}, Winkelauflösung 0°.6. (Nach W. B. Burton).

(1) Die Hauptkammlinie folgt der Doppelwelle der *differentiellen galaktischen Rotation.* Dabei sind charakteristische Aufspaltungen zu beobachten, so z. B. die oben bereits anhand von Abb. III.17 erläuterte Doppelstruktur (Perseus-Arm, lokaler Arm) oberhalb von $l = 90°$ Die um $l \approx 45°$ auch bei relativ hohen negativen Geschwindigkeiten noch anzutreffenden Beiträge kommen von dem Teil

des Sehstrahls, der außerhalb des Kreises um das galaktische Zentrum mit $R = R_0$ verläuft (Weiteres in IV.4.3).

(2) Die zahlreichen geschlossenen Konturen kleinen Durchmessers müssen lokal begrenzten Bereichen einheitlicher Geschwindigkeit zugeordnet werden, die man als *„Wolken"* oder unaufgelöste „Wolkenkomplexe" ansprechen kann. Den durchgehenden „Höhenzug" entsprechende „Arme" setzen sich offenbar aus einzelnen Wolken zusammen. Bei Auflösungen von etwa 10′ treten diese Feinstrukturen bis hinab zu den „cloudlets" noch deutlicher hervor (Weiteres in IV.4.2).

(3) In der Richtung zum *galaktischen Zentralgebiet* erstreckt sich die 21 cm-Linie sehr weit nach hohen postiven und negativen Geschwindigkeiten v_r. In Abb. III.20 haben wir die wesentlichen Züge einer bis zu diesen hohen Geschwindigkeiten reichenden Konturenkarte schematisiert herausgezeichnet. Ein langer „Balken" zwischen $v_s = -220$ und $+200$ km s^{-1}, $l = 358.5°$ und $1.5°$, liegt fast vollkommen symmetrisch zur Zentrumsrichtung und zu $v_r = 0$. Er wurde daher einer mit hoher Geschwindigkeit rotierenden zentralen Scheibe zugeschrieben. Für $R_0 = 10$ kpc ergibt sich ein Radius dieser Scheibe von rund 300 pc. Die Konturenverläufe bei $l \approx 356°$, $v_r \approx -240$ km s^{-1} und $l \approx 3°$, $v_r \approx +240$ km s^{-1} wurden zunächst auf einen noch rascher rotierenden Ring zwischen 600 und 900 pc Zentrumsabstand zurückgeführt. Neuere, höher auflösende Konturenkarten haben jedoch andere Deutungen nahegelegt. Wir kommen hierauf in IV.4.5 zurück.

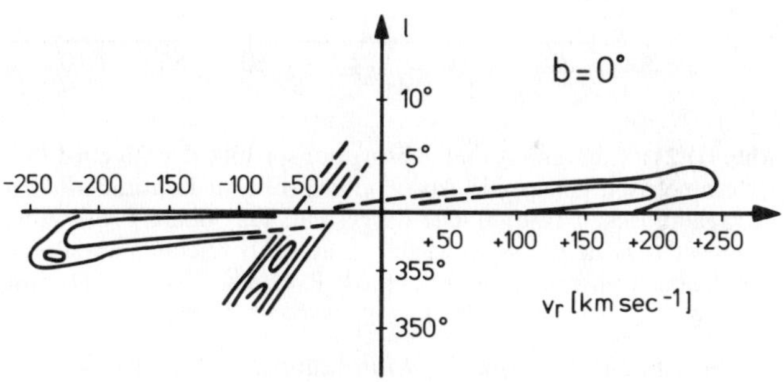

Abb. III.20: Schematisierte Konturenkarte der Strahlungstemperatur $T_s(v_r, l)$ der 21 cm-Linie bei $b = 0°$ für den galaktischen Zentralbereich. Erläuterung im Text.

Als weiteres Strukturmerkmal der Konturenkarte ist in Abb. III.20 ein etwa zwischen $l = 354°$ (bei $v_r \approx -80$ km s^{-1}) und $l = 3°$ verlaufender (auch in Abb. III.19 erkennbarer) „Höhenzug" herausgestellt. Er passiert die Zentrumsrichtung $l = 0°$ etwa bei $v_r = -53$ km s^{-1}. Die Quelle dieser Strahlung bewegt sich also mit 53 km s^{-1} radial auswärts und nimmt wegen der Neigung der Struktur (bei $l = 354°$ wird $v_r \approx -80$ km s^{-1}) auch an der galaktischen Rotation teil. Die in IV.4.3 dargestellten

Methoden lieferten für den Zentrumsabstand dieses Gasarmes (mit $R_0 = 8.2$ kpc) $R = 3$ kpc, weshalb er den inzwischen eingebürgerten Namen „3 kpc-Arm" erhielt. Die Fortsetzung des entsprechenden Höhenzuges der Konturenkarten bis zu etwa $l = 5°$ deutet auf ein Gegenstück dieses Armes jenseits des galaktischen Zentrums hin (siehe auch Abb. E.12, wo beide Arme durch Pfeile mit der Richtung ihrer Bewegung eingezeichnet sind).

Bei galaktischen Breiten $|b| > 10°$ verläuft der Sehstrahl nur ein kurzes Stück in der relativ dünnen, das galaktische Zentrum umlaufenden Gasschicht, weshalb nur geringe Strahlungsflüsse und kleine Geschwindigkeiten v_r relativ zum lokalen Bezugssystem erwartet wurden. Überraschenderweise ergaben 21 cm-Durchmusterungen für höhere Breiten in zahlreichen Gebieten auch Wasserstoff mit sehr hohen Geschwindigkeiten $|v_r| = 30 \ldots 200$ km s^{-1}. Es hat sich herausgestellt, daß wir es hier mit den kühleren der in III.1.4 besprochenen Hochgeschwindigkeitswolken zu tun haben. (Weiteres in IV.4.6).

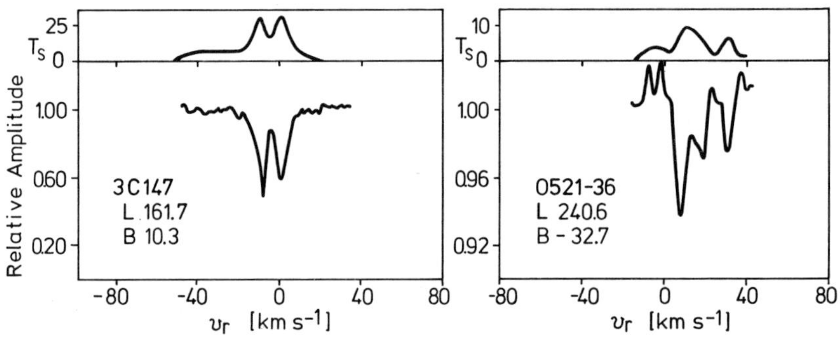

Abb. III.21: Emissions- und Absorptionsprofile der 21 cm-Linie. Unten ist jeweils das interferometrisch gemessene Absorptionsprofil im kontinuierlichen Spektrum einer diskreten extragalaktischen Radioquelle dargestellt. Das obere Profil gibt die unmittelbar neben der Quelle gemessene Emission wieder. *L* und *B* bezeichnen jeweils die galaktischen Koordinaten der Beobachtungsrichtung. (Nach M. P. Hughes, A. R. Thompson und R. S. Colvin).

21 cm-Linienabsorption in Kontinuumsquellen: In den kontinuierlichen Spektren diskreter Radioquellen, seien es galaktische diffuse Nebel (HII-Regionen), Überreste von galaktischen Supernovae oder ferne außergalaktische Objekte (Radiogalaxien, Quasare), erzeugt der interstellare Wasserstoff eine 21 cm-Absorptionslinie, die beim Übergang $f = 0 \rightarrow 1$ entsteht. Wie im Fall der interstellaren Absorptionslinien in Sternspektren erhält man bei hinreichend hoher spektraler Auflösung meist eine Aufspaltung der Linie in mehrere schmale Komponenten. Beispiele zeigt Abb. III.21. Die optimale Darstellung der beobachteten Profile durch eine Anzahl von Gaußverteilungen („Gauß-Analyse") ergab Linienbreiten, deren Interpretation als reiner thermischer Doppeleffekt: $\Delta\nu_D = (\nu/c)\sqrt{2\,\Re\,T/\mu}$ mit $\Re$ = Gaskonstante pro Mol und μ = Molekular- bzw. Atomgewicht (PSS IV.1.8) auf kinetische Temperaturen T zwischen 40 und 120 K, im Mittel etwa 80 K führt (Weiteres IV.4.2). Für die durchschnittliche Anzahl dieser kalten interstellaren Wolken pro Längeneinheit auf dem Sehstrahl ergaben sich Werte von 3 bis 4 kpc^{-1}. Die Streuung der Radialgeschwindigkeiten der Wolken (korrigiert wegen des Effektes der galaktischen Rotation) ergibt sich zu rund 6 $\mathrm{km\ s}^{-1}$, so daß die dreidimensionale Geschwindigkeitsstreuung (bei Isotropie) rund 10 $\mathrm{km\ s}^{-1}$ beträgt.

Zeeman-Aufspaltung der 21 cm-Linie: Befinden sich die emittierenden oder absorbierenden Wasserstoffatome in einem Magnetfeld, dann tritt bei Beobachtung in Feldrichtung eine Aufspaltung der 21 cm-Linie in eine rechts- und eine linkszirkular polarisierte Komponente auf (longitudinaler Zeeman-Effekt). Für eine Magnetfeldstärke von 1 μGauß $= 10^{-6}$ Gauß beträgt der Abstand der Komponenten nur 2.8 Hz. Dieser Betrag ist so klein im Vergleich zur Linienbreite ($\gtrsim 10^4$ Hz), daß er nicht direkt gemessen werden kann. Durch eine besondere, differentiell arbeitende Technik, die dem Verfahren zur Messung schwacher Magnetfelder auf der Sonne entspricht (PSS III.2.2, ist es dennoch möglich, Felder von wenigen μGauß nachzuweisen: Man verwendet bei der Beobachtung wechselweise zwei entgegengesetzt zirkular polarisierte Speiseantennen und kann so unmittelbar die Differenz der beiden, sich weitgehend überlappenden Linienprofile verschiedener Zirkularpolarisation bilden. Die Amplitude des erhaltenen Verlaufes ist ein Maß für den Betrag der Zeeman-Aufspaltung. Je größer die Intensität der Linie (bzw. des Kontinuums bei Absorptionsbeobachtungen) und je kleiner die Linienbreite ist, umso besser wird diese Amplitude meßbar sein. Signifikante Aussagen über interstellare Magnetfelder konnten auf diesem Wege durch die Beobachtung der relativ scharfen Komponenten von 21 cm- Absorptionslinien in den kontinuierlichen Spektren starker Radioquellen erhalten werden. Messungen bei den Quellen Taurus A (Krebsnebel) und Cassiopeia A, die beide Supernova-Überreste sind, sowie Orion A (Orionnebel) ergaben Feldstärken (longitudinale Komponenten) zwischen 1 und 50 μGauß. Diese Werte beziehen sich jeweils auf bestimmte Wolken, die durch ihre Radialgeschwindigkeit gekennzeichnet sind. Für zwei Wolken auf dem Sehstrahl zur Quelle Cas A wurden beispielsweise 18.0 ± 0.9 μGauß und 10.8 ± 1.7 μGauß gemessen. Da bei höherer Dichte auch eine größere Feldstärke zu erwarten ist (V.3.1), muß das Feld zwischen den Wolken wesentlich schwächer sein (s. III.1.8).

1.6 Linienemission interstellarer CO-Moleküle

Bei den extrem niedrigen Dichten im interstellaren Raum — die 21 cm-Linienbeobachtungen ergeben im Mittel 1 Atom cm^{-3} (s. IV.4.2) — ist außerhalb stärkerer Kondensationen die Bildungswahrscheinlichkeit von Molekülen sehr gering, und bereits vorhandene Moleküle werden auch in großen Entfernungen von O- und B-Sternen durch die nicht abgeschirmte Kosmische Strahlung oder durch kosmische Röntgenstrahlung rasch zerstört. In den weit verbreiteten „kleinen" oder „diffusen" Wolken mit durchschnittlichen visuellen Extinktionen von etwa $0^{\mathrm{m}}.25$, die auch

Quellen von 21 cm-Linienstrahlung sind, können jedoch einfache und besonders stabile Moleküle nachgewiesen werden: Neben den optischen interstellaren Absorptionslinien von CH, CH^+ und H_2 in den Sternspektren (III.1.4) beobachtet man Emissions- und/oder Absorptionslinien des Hydroxyl-Radikals OH bei $\lambda = 18$ cm, des CO-Moleküls bei $\lambda = 2.6$ mm und des Formaldehyd-Moleküls H_2CO bei $\lambda = 6$ cm.

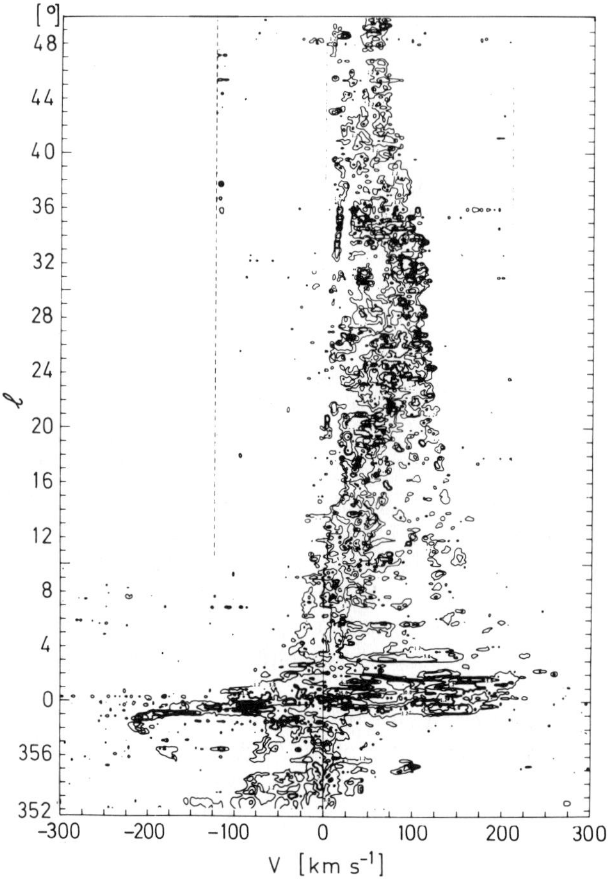

Abb. III.22: (v_r, l)-Karte der CO-Emission bei $\lambda = 2.6$ mm entlang des galaktischen Äquators ($b = 0°$) für $l = 352° \ldots 0° \ldots 50°$. (Nach W. B. Burton und M. A. Gordon).

Für eine systematische Untersuchung der galaktischen Verteilung des verdichteten kalten Gases ist die in Emission erscheinende 2.6 mm-Linie des CO (Rotationsübergang $J = 1 \rightarrow 0$, Weiteres über interstellare Moleküle in III.2.7) besonders gut geeignet. Denn C und O sind, nach H und He, relativ häufige Elemente, und das CO-

Molekül ist besonders stabil. Das in kalten dichten Wolken mit durchweg hoher Extinktion dominierende H_2-Molekül besitzt kein Radiospektrum und kann deshalb dort nicht nachgewiesen werden. Ein bemerkenswerter Vorzug des CO-Moleküls besteht ferner darin, daß neben der Linie des normalen $^{12}C^{16}O$ auch eine schwächere Emission mit wenig verschobener Wellenlänge von $^{13}C^{16}O$ beobachtet wird. Wenn die Schicht in der normalen Linie optisch dick wird, und damit keine Aussage mehr über die Dichte zuläßt (IV.1.1), liegt in der Linie des im Isotopenverhältnis $^{13}C/^{12}C \lesssim 1/40$ (terrestrischer Wert $= 1/89$) weniger häufigen $^{13}C^{16}O$ meist noch der optisch dünne Fall vor. (Zur Bestimmung von $^{13}C/^{12}C$ s. III.2.7).

Durchmusterungen der Milchstraße in der 2.6 mm-Linie des CO liegen seit 1975 vor. Die Ergebnisse lassen sich in derselben Weise, wie wir es für die 21 cm-Linie des Wasserstoffs erläutert haben, durch Konturenkarten der Strahlungs- bzw. Antennentemperatur über der Radialgeschwindigkeit v_r und der galaktischen Länge l bei fester galaktischer Breite b darstellen. Abb. III.22 gibt eine solche Konturenkarte für $l = 352° \ldots 0° \ldots 50°$ bei $b \approx 0°$. In großen Zügen ist eine Ähnlichkeit mit der entsprechenden Karte für den neutralen Wasserstoff (Abb. III.19) vorhanden. Die CO-Verteilung ist jedoch viel ungleichmäßiger, sie besteht aus einzelnen Verdichtungen mit kleiner innerer Geschwindigkeitsstreuung von oft nur etwa 2 km s^{-1}. Man erfaßt hier gerade jene dichten und kalten interstellaren Wolken, in denen der Wasserstoff überwiegend oder ganz in molekularer Form vorliegt, so daß die 21 cm- Linie meist nicht beobachtet werden kann. Messungen der CO-Linienemission in Abhängigkeit von der galaktischen Breite ergeben darüber hinaus auch eine geringere Dicke der Molekülwolkenschicht als man sie für den neutralen Wasserstoff findet. Die meisten größeren CO-Wolken findet man im Bereich $l \approx 300° \ldots 0° \ldots 60°$, sie müssen sich daher *innerhalb* der Kreisbahn für die Sonne mit dem Zentrumsabstand $R = R_0$ befinden.

In Richtung des galaktischen Zentralgebietes um $l \approx 0°$ weist die Konturenkarte eine ähnliche Struktur auf wie die entsprechende Darstellung der 21 cm-Beobachtungen (vgl. Abb.III.20): Etwa zwischen $v_r = -200$ und $+200$ km s^{-1} und $l = -2°$ und $+2°$ erstreckt sich ein langer „Balken“. Die CO-Emission ist also hier im wesentlichen auf die bereits in III.1.5 erwähnte zentrale Scheibe beschränkt, auf die wir in IV.4.5 zu sprechen kommen. Darüber hinaus ist auch das als „3 kpc-Arm“ gedeutete Strukturmerkmal vorhanden. Weitere Radiolinienemission interstellaren Ursprungs s. III.2.3.

1.7 Kontinuierliche Radioemission

Diskrete Quellen und galaktischer Hintergrund: Die Radiofrequenzstrahlung mit kontinuierlichem Spektrum erstreckt sich über die ganze Sphäre und ist, je nach der betrachteten Wellenlänge, mehr oder weniger stark zum galaktischen Äquator hin konzentriert mit ausgeprägten Maxima in der Zentrumsrichtung. Mit zunehmender Winkelauflösung der Beobachtungen heben sich immer mehr diskrete Quellen sowie auch größere Strukturen heraus. Viele Einzelquellen konnten mit optischen Objekten (galaktischen Nebeln, Galaxien) identifziert oder als Emission von Supernova-Überresten gedeutet werden. Schon früh (~ 1950) stellt sich die Frage nach dem Anteil dieser Einzelquellen an der gesamten kontinuierlichen Radiofrequenzstrahlung, und ob nicht vielleicht sämtliche Strahlung von diskreten Quellen herrühren könnte.

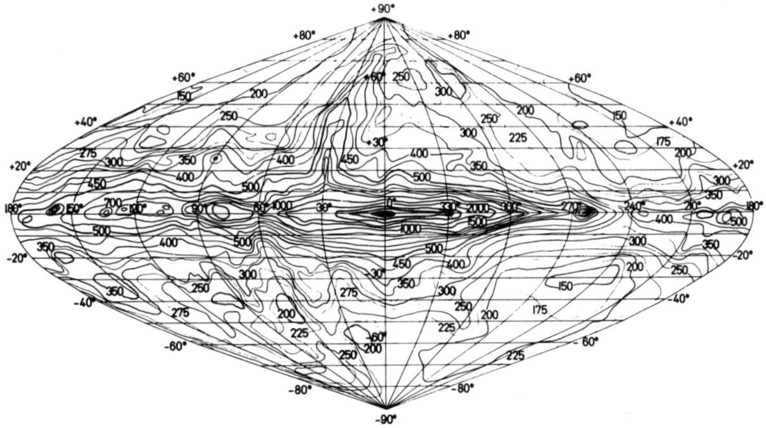

Abb. III.23: Verteilung der galaktischen kontinuierlichen Radiofrequenzstrahlung des Meterwellenbereiches für $\nu = 150$ MHz ($\lambda = 2$ m) über die ganze Sphäre in galaktischen Koordinaten. Die eingetragenen Zahlen ohne Vorzeichen sind Strahlungstemperaturen [K]. Die Karte ist aus drei Durchmusterungen gewonnen worden, wodurch die Winkelauflösung nicht ganz einheitlich ist und etwa zwischen 2° und 4° liegt. (Nach T. L. Landecker und R. Wielebinski).

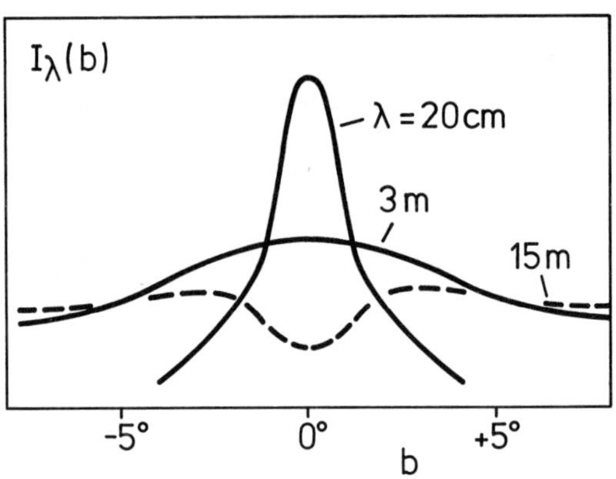

Abb. III.24: Abhängigkeit der Intensität der kontinuierlichen Radiofrequenzstrahlung von der galaktischen Breite b für verschiedene Wellenlängen (schematisch).

Abb. III.23 zeigt als Beispiel eine Radiokarte der beobachteten Meterwellenstrahlung mit mäßiger Winkelauflösung (etwa 3°). Den ganzen Himmel überdeckende Karten für 408 MHz (74 cm) mit 50′ Auflösung, die auf jahrelangen Messungen mit dem 74-m-Teleskop in Jodrell Bank, England, dem 100-m-Teleskop in Effelsberg und dem 64-m-Teleskop in Parkes, Australien, basieren, haben C. G. T. Haslam und Mitarbeiter 1982 publiziert. Sie zeigen weit mehr Details. Zieht man die klar identifizierbaren diskreten Quellen ab, so verbleibt eine Verteilung mit einer allgemeinen Konzentration zum galaktischen Äquator und zum galaktischen Zentrum hin, die darüber hinaus noch einige großräumige Besonderheiten aufweist. Die auffälligste derselben ist der nördliche galaktische „Sporn", ein bei $l \approx 30°$ zum galaktischen Nordpol hin verlaufender Strahlungsbogen. Eine ähnliche Struktur ist bei $l \approx 150°$ auf der Südseite zu erkennen; sie wird – wegen ihrer Lage im Sternbild Cetus – als „Cetusbogen" bezeichnet. Beide Sporne sind als Strahlung von Supernova-Überresten gedeutet worden. Entlang des galaktischen Äquators selbst treten charakteristische breite Maxima und „Stufen" auf, die zumindest teilweise auf die Spiralarm-Struktur der Galaxis zurückgeführt werden können (II.4.5).

Vergleicht man Beobachtungen dieser „Hintergrundstrahlung" für verschiedene Wellenlängen, dann zeigt sich folgende Eigenschaft (Abb. III.24). Für Wellenlängen $\lambda \lesssim 30$ cm ($\nu \gtrsim 1$ GHz) ist die Strahlung vorwiegend auf einen schmalen galaktischen Gürtel um $b = 0°$ mit einer Halbwertbreite von nur etwa 2° konzentriert, während die Verteilung für $\lambda \gtrsim 3$ m ($\nu \lesssim 100$ MHz) wesentlich breiter ist. Bei den längeren Meterwellen, z. B. für $\lambda = 15$ m, tritt in der Mitte dieses Gürtels eine unregelmäßige Einsenkung auf. Nachdem man festgestellt hatte, daß die stark zum galaktischen Äquator hin konzentrierten HII-Regionen als diskrete Radioquellen mit kontinuierlichem Spektrum vorwiegend bei Wellenlängen $\lambda \lesssim 1$ m strahlen (III.2.2) lag es nahe, eine Zerlegung der beobachteten Verteilung des Radiokontinuums in zwei Komponenten mit verschiedenen Spektralverläufen und unterschiedlicher Konzentration zum galaktischen Äquator vorzunehmen. Für $|b| > 5°$ ergibt sich ein spektraler Verlauf der beobachteten Intensität, der stückweise durch den Ansatz

$$I_\nu \sim \nu^{-\alpha} \tag{III.32}$$

mit positivem **„Spektralindex"** $\alpha \approx 0.4 \ldots 0.9$ für $\nu \approx 200$ MHz ... 3 GHz dargestellt werden kann. Mit den Annahmen, daß hier allein die Komponente mit der breiten Verteilung wirksam ist, und daß diese für $|b| < 5°$ denselben Spektralverlauf besitzt wie für $|b| > 5°$, läßt sich dann die Trennung durchführen. Eine schematische Darstellung der Spektralverläufe beider Komponenten gibt Abb. III.25. Das Spektrum der stark zum galaktischen Äquator konzentrierten Komponente ist typisch für HII-Regionen und folgt im Bereich $\lambda > 1$ m dem Rayleigh-Jeans-Gesetz für die langwellige Strahlung eines Schwarzen Körpers: $I_\nu \sim \nu^2$. Diese Komponente kann als **thermische Strahlung** gedeutet werden (IV.1.3). Die Komponente mit dem Spektrum der Form (III.32), wobei $\alpha > 0$, verlangt eine völlig andere Interpretation und wird daher allgemein als nichtthermische Strahlung bezeichnet. Spektren dieser Art sind von den Supernova-Überresten her bekannt.

Beobachtungen im Dezimeter- und Zentimeterwellenbereich mit hohen Winkelauflösungen von wenigen Bogenminuten erlauben einen direkten Nachweis der nichtthermischen Strahlungskomponente auch bei kleinen galaktischen Breiten. Sie zeigen nämlich, daß die relativ dünne „thermische Scheibe" hauptsächlich aus vielen diskreten Quellen und einer schwachen diffusen thermischen Komponente besteht, nach deren Abzug ein **nichtthermischer Untergrund** verbleibt, dessen Spektrum sich beispielsweise bei $\nu = 1$ GHz durch (III.32) mit $\alpha \approx 0.6$ darstellen läßt. Die thermische Strahlung kommt von einzelnen HII-Regionen und von einem ausgedehnten, dünnen ionisierten Gas. Die nichtthermische Hintergrundstrahlung hat ihren Ursprung wahrscheinlich in einer relativ dicken Scheibe.

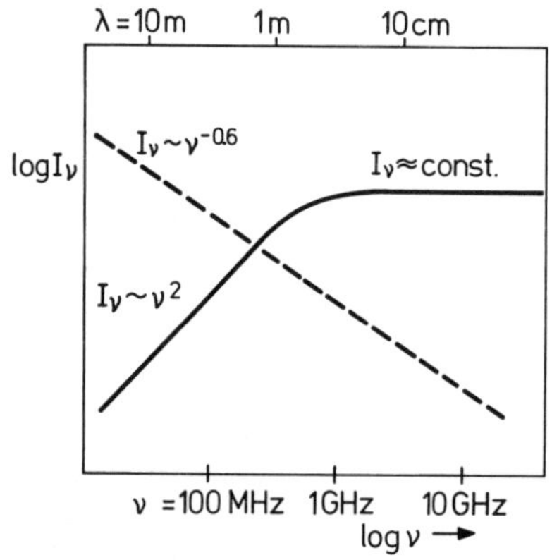

Abb. III.25: Spektralverläufe für thermische und nichtthermische kosmische Radiofrequenzstrahlung (schematisch).

Die Intensität des nichtthermischen Untergrundes nimmt in dem ganzen vom Erdboden aus meßbaren Bereich ($\nu \gtrsim 10$ MHz, $\lambda \lesssim 30$ m) mit zunehmender Frequenz ständig ab – wie bereits gesagt, etwa proportional $\nu^{-\alpha}$. Wie extraterrestrische Beobachtungen mit dem radioastronomischen Satelliten RAE-1 (Radio Astronomy Explorer) zwischen 6 und 0.4 MHz gezeigt haben, ist bei etwa 3 MHz ein Maximum zu beobachten, von dem aus diese Strahlung nach niedrigen Frequenzen wieder abfällt. Diese Erscheinung läßt sich möglicherweise ähnlich wie die erwähnte Einsenkung des nichtthermischen galaktischen Gürtels nahe $b = 0°$ für lange Meterwellen (Abb. III.24), als kontinuierliche Absorption im interstellaren Plasma deuten (Weiteres IV.1.3).

Polarisation des galaktischen Hintergrundkontinuums: Wir erläutern im Abschnitt IV.1.3, daß nichtthermische Strahlung mit einem Spektrum der Form (III.32), wie es Supernova-Überreste und der galaktische Hintergrund aufweisen, zwanglos als **Synchrotronstrahlung** relativistischer Elektronen in schwachen interstellaren Magnetfeldern gedeutet werden kann. Synchrotronstrahlung ist linear polarisiert, wobei die Polarisationsrichtung (elektrischer Vektor) senkrecht auf dem Magnetfeld steht. Bei den Supernova-Überresten werden tatsächlich hohe Polarisationsgrade beobachtet. Der Nachweis einer Polarisation des galaktischen Hintergrundkontinuums gelang 1962 nach vorausgegangenem vergeblichen Suchen. Ein Beispiel für die Verteilung der gemessenen Polarisationsrichtungen und -beträge zeigt Abb.

III.26. Die Polarisation der galaktischen Hintergrundstrahlung ist nur gering und zeigt zudem unregelmäßige Schwankungen von Ort zu Ort.

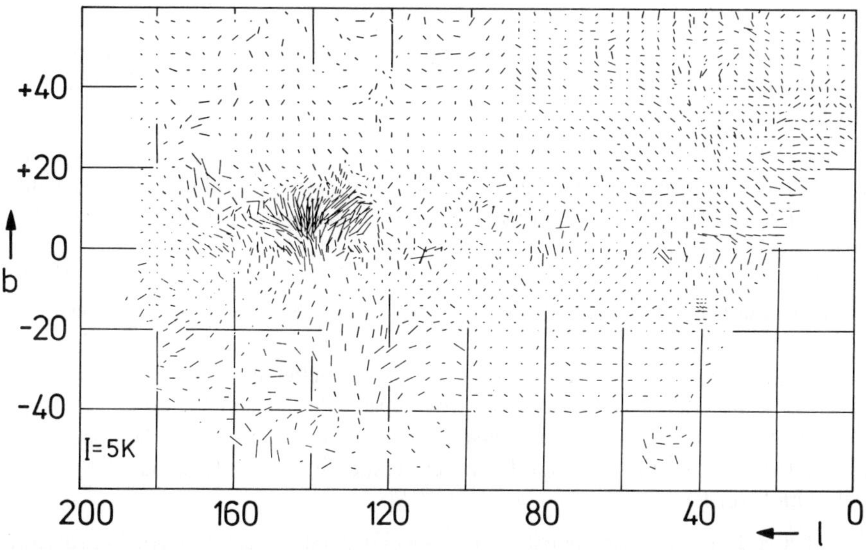

Abb. III.26: Verteilung der Polarisationsrichtungen und -beträge der kontinuierlichen galaktischen Hintergrundstrahlung bei $\lambda = 75$ cm im Bereich der nördlichen Milchstraße. (Nach E. M. Berkhuijsen und W. N. Brouw).

Durch Vergleich von Messungen bei verschiedenen Wellenlängen konnte nachgewiesen werden, daß die Ursache dafür in einer Depolarisation der Strahlung durch Faradayrotation auf dem Weg durch das interstellare Medium zu suchen ist. Dieser Effekt wird im folgenden Abschnitt besprochen. Ergebnisse der Messungen an diskreten Quellen polarisierter Strahlung zeigen, daß bei $\lambda = 1$ m bereits auf 100 pc Weglänge eine Drehung der Polarisationsebene um 1 radian erfolgt. Die unregelmäßige räumliche Struktur des interstellaren Mediums und die Breite der Richtkeule des Radioteleskops bewirken daher, daß gleichzeitig viele verschiedene Polarisationsrichtungen beitragen. Lediglich polarisierte Strahlung, die in einem Entfernungsbereich bis zu etwa 100 pc erzeugt wird, dürfte innerhalb der Richtkeule noch eine weitgehend einheitliche und nur wenig gedrehte Polarisationsrichtung aufweisen. Mit anderen Worten: Die in der beobachteten Polarisation der galaktischen Hintergrundstrahlung enthaltene Information über das interstellare Magnetfeld bezieht sich praktisch nur auf den lokalen Bereich. Da auch in der Ionosphäre eine Faradyrotation entsteht (für $\lambda = 20$ cm etwa 10°, bei längeren Wellen mehr, proportional zu λ^2), bedürfen die unmittelbaren Beobachtungsergebnisse im allgemeinen noch einer entsprechenden Korrektur.

1.8 Faradayrotation im interstellaren Magnetfeld und Dispersion der Strahlung diskreter Radioquellen

Faradayrotation, Rotations- und Dispersionsmaß: Die Radiofrequenzstrahlung von diskreten galaktischen wie extragalaktischen Quellen, die ein nichtthermisches Kontinuum emittieren, ist in der Regel linear polarisiert. Die Interpretation als Synchrotronstrahlung (IV.1.3) ermöglicht zunächst Aussagen über die Magnetfelder der Quellen selbst.

Breitet sich eine linear polarisierte elektromagnetische Welle in einem aus positiven Ionen und Elektronen bestehenden Plasma unter dem Einfluß eines Magnetfeldes aus, dann erfährt die Polarisationsebene eine Drehung um den Betrag (in radian)[1]

$$\chi = 8.1 \cdot 10^5 \lambda^2 \int N_e B_\parallel \, dr . \qquad \text{(III.33)}$$

Dabei ist die Wellenlänge λ in m und die Weglänge r in pc gemessen, N_e bezeichnet die Elektronendichte [cm^{-3}] und $B_\parallel$ ist die longitudinale (parallel zum Sehstrahl liegende) Komponente des (mikroskopischen) Magnetfeldes [Gauß][2]. Beim Durchlaufen des interstellaren Plasmas wird die Strahlung eine Drehung der Polarisationsebene durch diesen Faradayeffekt erfahren. Das von der Quelle ausgehende Signal kann daher auch als Sonde zur Untersuchung des interstellaren Mediums betrachtet werden.

Neben der Faradayrotation tritt noch eine Dispersion auf: Die Ausbreitungsgeschwindigkeit des Signals hängt von der Frequenz ab. Diese Auswirkung ist bei einer konstant strahlenden Quelle nicht feststellbar, sie läßt sich aber bei den Pulsaren (PSS II.4.2) direkt nachweisen, weil sie hier eine Frequenzabhängigkeit der Ankunftszeiten der Pulse bewirkt.

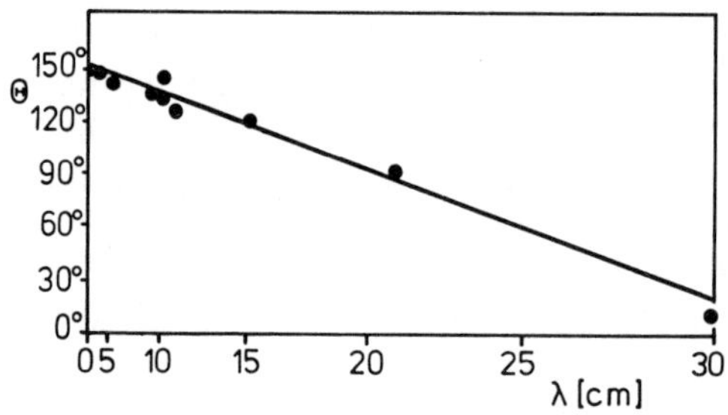

Abb. III.27: Polarisationsrichtung der diskreten nichtthermischen Radioquelle Taurus A (Krebsnebel) in Abhängigkeit vom Quadrat der Wellenlänge λ. Der als Ordinate aufgetragene Positionswinkel Θ der Polarisation ändert sich infolge der im interstellaren Medium entstehenden Faradayrotation proportional zu λ^2 (Abszissenmaßstab). Die wahre Polarisationsrichtung (150°) kann durch Extrapolation auf $\lambda = 0$ gefunden werden.

[1] S. z. B. R. Kippenhahn und C. Möllenhoff, Elementare Plasmaphysik, BI-Wissenschaftsverlag (1975), S. 262ff.

[2] Wir benutzen das cgs-System. Dann gilt im Vakuum: magnetische Feldstärke H = magnetische Induktion (Kraftflußdichte) B [Gauß].

Der Nachweis der Faradayrotation erfordert Beobachtungen des Polarisationszustandes der ankommenden Strahlung bei verschiedenen Wellenlängen λ. Abb. III.27 gibt ein Beispiel. Die Änderung der Polarisationsrichtung mit λ^2 muß konstant sein und wird deshalb als **„Rotationsmaß“** bezeichnet:

$$RM = \frac{\partial \chi}{\partial \lambda^2} = 8.1 \cdot 10^5 \int N_e B_\parallel \, \mathrm{d}r \, [\mathrm{rad} \cdot \mathrm{m}^{-2}] \, . \tag{III.34}$$

Weil χ in radian und λ in m gemessen wurde, hat RM hier die Dimension rad · m^{-2}. Das Vorzeichen von RM ist positiv, wenn das Magnetfeld auf den Beobachter gerichtet ist. Die Weglänge sei weiterhin in pc, das Magnetfeld in Gauß gemessen.

Die Dispersion im interstellaren Plasma bewirkt eine Differenz $t_1 - t_2$ zwischen den Ankunftszeiten eines bestimmten Strahlungspulses bei zwei verschiedenen Frequenzen ν_1 und ν_2 (in MHz), die gegeben ist durch (PSS II.4.2)

$$t_1 - t_2 = 4.1 \cdot 10^3 \, DM \left(\frac{1}{\nu_1^2} - \frac{1}{\nu_2^2} \right) \tag{III.35}$$

mit

$$DM = \int N_e \mathrm{d}r = \bar{N}_e \cdot r \, [\mathrm{cm}^{-3} \cdot \mathrm{pc}] \, . \tag{III.36}$$

Die Größe DM wird **„Dipersionsmaß“** genannt, und es ist auch hier üblich, die Weglänge bzw. Entfernung r in pc einzusetzen. DM kann nach Gl. (III.35) durch Pulsarbeobachtungen bei möglichst vielen verschiedenen Frequenzen bestimmt werden.

Tabelle III.6: Dispersionsmaß des interstellaren Mediums nach Beobachtungen von 60 Pulsaren für verschiedene Intervalle der galaktischen Breite b. (Nach S. R. Pottasch)

$\|b\|$	$< 2°$	$2° \ldots 5°$	$5° \ldots 10°$	$10° \ldots 30°$	$30° \ldots 90°$
DM	142	60	59	37	13

Tabelle III.7: Rotations- und Dispersionsmaß für zehn Pulsare und die daraus gewonnenen Mittelwerte der longitudinalen Komponente des interstellaren Magnetfeldes. Die Feldstärken sind in μGauß = 10^{-6} Gauß = 10^{-10} Tesla angegeben

PSR		l	b	DM [cm^{-3} pc]	RM [rad m^{-2}]	$\bar{B}_\parallel$ [μGauß]
1642	−03	14°	+26°	35.7	+16.5	+0.58
1818	−04	26	+ 5	84.4	+70.5	+1.00
1929	+10	47	− 4	3.1	− 8.6	−3.3
2016	+28	68	− 4	14.1	−34.6	−3.0
2111	+46	89	− 1	141.4	−223.7	−1.95
0329	+54	145	− 1	26.7	−63.7	−2.93
0525	+21	184	− 7	50.8	−39.6	−0.96
0834	+06	220	+26	12.9	+24.5	+2.3
1133	+16	242	+69	4.8	+ 3.9	+0.99
0833	−45	264	− 3	69.2	+33.6	+0.59

Beobachtungsergebnisse: Eine Vorstellung von den vorkommenden Zahlenwerten für *DM* vermittelt die in Tabelle III.7 zusammengestellte Auswahl. Die Frage, ob die Dispersion in der unmittelbaren Umgebung der Pulsare stattfindet oder sie im allgemeinen interstellaren Medium erzeugt wird, läßt sich durch einen Blick auf die in Tabelle III.6 wiedergegebene Abhängigkeit der beobachteten Dispersionsmaße *DM* von der galaktischen Breite entscheiden. Die starke Zunahme von *DM* mit der Annährung an den galaktischen Äquator weist darauf hin, daß der Dispersionseffekt ganz überwiegend im interstellaren Raum entsteht. Nehmen wir zur Veranschaulichung dieser Zahlen einmal an, daß die halbe Dicke der wirksamen Schicht 100 pc beträgt, dann ergeben sich für die durchschnittliche Elektronendichte $\bar{N}_e = DM/r$ Werte zwischen 0.03 und 0.08 cm^{-3}.

Das Rotationsmaß ist für zahlreiche extragalatische und galaktische Quellen einschließlich der Pulsare bestimmt worden. Die Abtrennung des rein interstellaren Anteils von dem im Bereich der Quelle entstehenden Effekt ist vor allem bei den extragalaktischen Quellen, z. B. den selbst weit ausgedehnten Radiogalaxien, im Einzelfall nicht mit der gewünschten Sicherheit möglich. Da man im Mittel ein Anwachsen der gemessenen Beträge mit abnehmender galaktischer Breite der jeweils untersuchten Quellen findet, darf auf einen erheblichen interstellaren Beitrag geschlossen werden. Eine Auswahl von Ergebnissen für Pulsare ist in Tabelle III.7 zusammengestellt.

Betrachtet man die Verteilung des gesamten vorliegenden Materials von RM-Werten unter Berücksichtigung der Vorzeichen, dann fällt ein starkes Überwiegen jeweils eines bestimmten Vorzeichens in großen Himmelsarealen auf, zum Beispiel negativer Werte zwischen $l \approx 30^\circ$ und 180° für Breiten etwa zwischen $b = +10^\circ$ und -60°. Dies zeigen insbesondere auch die bei Pulsaren gemessenen Rotationsmaße, die – nach Abzug des ionosphärischen Effektes – mit Sicherheit nur interstellaren Ursprungs sind. Darin drückt sich offenbar wieder das Vorhandensein einer lokalen homogenen Komponente des interstellaren Magnetfeldes aus.

Ergebnisse für das Magnetfeld: Besonderes Interesse verdienen die Pulsarbeobachtungen deshalb, weil sie mit der Bestimmung des Dispersionsmaßes auch noch den Übergang vom Rotationsmaß zum Magnetfeld ermöglichen. Aus *RM* und *DM* läßt sich der *Mittelwert der longitudinalen Komponente des interstellaren Magnetfeldes über den Sehstrahl* gewinnen:

$$\bar{B}_\parallel = \frac{\int N_e B_\parallel \mathrm{d}r}{\int N_e \mathrm{d}r} = \frac{1}{8.1 \cdot 10^5} \frac{RM}{DM} \qquad \text{(III.37)}$$

Typische Resultate für $\bar{B}_\parallel$ enthällt Tabelle III.7. Ein positives Vorzeichen bedeutet, daß das Feld auf den Beobachter gerichtet ist. Die Bezeichnung PSR 1642-03 bedeutet zum Beispiel, daß der Pulsar die Rektaszension $16^h 42^m$ und die Deklination -3° besitzt. Der Mittelwert $|\bar{B}_\parallel| \approx 2$ μGauß läßt sich beispielsweise mit der Annahme erklären, daß Wolken mit jeweils $B_\parallel = 40$ μGauß 5% des Sehstrahls ausfüllen. Feldstärken um 40 μGauß wurden durch Messungen der Zeeman-Aufspaltung der 21-cm-Linie und in neuerer Zeit auch von Moleküllinien (OH, H_2O) ermittelt, mit denen relativ dichte Wolken erfaßt werden.

In Abb. III.26 fallen die relativ großen und überwiegend senkrecht zur galaktischen Ebene gerichteten Polarisationen bei $l \approx 140°$, $b \approx 0° \ldots +10°$ auf. Derselbe Befund ergibt sich auch für kürzere Wellen. Die Faradayrotation auf dem Weg der Strahlung zum Beobachter muß daher hier praktisch vernachlässigbar sein: Wir erhalten die wahre Polarisationsrichtung der Emission, die jeweils senkrecht zum Magnetfeld am Ort ihrer Entstehung orientiert ist (IV.1.3). Man wird zu der Annahme geführt, daß das lokale interstellare Magnetfeld ungefähr senkrecht zum Sehstrahl für $l \approx 140°$ ($B_\parallel = 0$!) und parallel zum galaktischen Äquator verläuft, also dem lokalen Spiralarm folgt – in Übereinstimmung mit den bereits in III.1.2 erwähnten Aussagen optischer Beobachtungen. Damit läßt sich auch das Auftreten besonders großer Polarisationsbeiträge in der Richtung $l \approx 140°$ verstehen. Das Feld ist jedoch bei weitem nicht völlig homogen, sondern wird in Wolken verstärkt und durch alte Supernova-Überreste gestört (galaktische Sporne!). Neuere Messungen der Faradayrotation an vielen Pulsaren und Quasaren deuten darauf hin, daß die angenähert homogene Feldkomponente nicht genau parallel zu den Spiralarmen verläuft, sondern mit diesen kleine Winkel bis zu etwa 20° bildet. Diese Beobachtungen lieferten auch die Richtung des magnetischen Feldvektors. Im lokalen Arm weist er nahe der Sonne in die Richtung $l \approx 60° \ldots 70°$. Die mittlere Stärke des Magnetfeldes in der galaktischen Scheibe wurde zu 6 ± 1 μGauß abgeschätzt. Dies entspricht einer mittleren magnetischen Energiedichte von $1.4 \cdot 10^{-13}$ J m^{-3} = $1.4 \cdot 10^{-12}$ erg cm^{-3} $\approx$ 1 eV cm^{-3}.

Auch für externe Spiralgalaxien konnte in den letzten Jahren nachgewiesen werden, daß die magnetischen Feldlinien im Mittel angenähert den Spiralarmen folgen. Die Quelle dieser Information bildeten vor allem Messungen der Polarisation der nichtthermischen kontinuierlichen Radiofrequenzstrahlung – Synchrotronstrahlung relativistischer Elektronen in diesen Feldern – mit großen Radioteleskopen bzw. -Interferometern, die eine hinreichende Winkelauflösung ermöglichen.

1.9 Interstellares Strahlungsfeld, Röntgen- und Gammastrahlung, Kosmische Teilchenstrahlung

Der interstellare Raum ist von elektromagnetischer Strahlung erfüllt, die nur zu einem geringen Teil durch die interstellare Materie selbst erzeugt wird. Zwischen dem extremen Ultraviolett und dem fernen Infrarot dominiert das Strahlungsfeld der galaktischen Sterne. Im Röntgen- und Gammabereich kommt die Strahlung einerseits von meist bereits optisch bekannten galaktischen oder extragalaktischen Objekten (Supernova-Überreste, „Röntgensterne“, Kugelhaufen; aktive Galaxien), anderseits gibt es eine diffuse Komponente, deren Beitrag von gleicher Größenordnung ist wie derjenige aller diskreten Quellen zusammen. Einen erheblichen Beitrag zur Strahlungsdichte liefert schließlich eine erst 1965 entdeckte, vorwiegend auf den Mikrowellenbereich (mm- und cm-Wellen) beschränkte isotrope Hintergrundstrahlung mit dem kontinuierlichen Spektrum eines Schwarzen Körpers der Temperatur $T \approx 3$ K („3 K-Strahlung"). Im Gegensatz zur Ultraviolett- und Röntgenstrahlung sind allerdings die Wechselwirkungen dieser energiearmen Photonen mit der interstellaren Materie nur sehr schwach.

Neben diesen elektromagnetischen Strahlungen durchfluten die hochenergetischen Partikel der kosmischen Primärstrahlung den interstellaren Raum. Ihre Energiedichte ist von derselben Größenordnung wie diejenige der Ultraviolett- und Röntgenstrahlung, ihre Wechselwirkungen mit der interstellaren Materie und dem interstellaren Magnetfeld liefern einen erheblichen Teil der oben erwähnten diffusen elektromagnetischen Strahlung des Röntgen- und Gamma- bzw. des Radiobereiches; außerdem erzeugt sie eine schwache Ionisation des allgemein verbreiteten Gases.

Das Strahlungsfeld der galaktischen Sterne: Ein einzelner Stern mit dem Radius R_*, der in der Entfernung r unter dem Raumwinkel $\Omega_* = \pi R_*^2/r^2$ erscheint, erzeugt dort einen entfernungsabhängigen monochromatischen Strahlungsfluß $\Phi_\nu(r)$ [W m^{-2} Hz^{-1}]. Die mittlere Intensität der Sternscheibe $\Phi_\nu(r)/\Omega_* = \bar{I}_\nu^*$ [Wm^{-2} Hz^1 sterad^{-1}] ist hingegen unabhängig von der Entfernung – für $r = R_*$ folgt $\bar{I}_\nu^* = \Phi_\nu^*/\pi$, wobei Φ_ν^* den Fluß an der Sternoberfläche bezeichnet, und es gilt $\Phi_\nu(r) = \Phi_\nu^* \cdot (R_*^2/r^2)$! Die Strahlungsdichte wird andererseits in der Entfernung r stark herabgesetzt, denn sie ergibt sich durch Intergration der Intensität über den sehr kleinen Raumwinkelbereich Ω_* und Division durch die Lichtgeschwindigkeit (PSS IV.1.1):

$$U_\nu = \frac{1}{c} \int\int \bar{I}_\nu^* \, d\omega = \frac{1}{c} \bar{I}_\nu^* \cdot \Omega_* \qquad \text{(III.38)}$$

Häufig drückt man U_ν durch die Intensität eines äquivalenten isotropen Strahlungsfeldes I_ν mit der Eigenschaft $U_\nu = (4/\pi/c) I_\nu$ aus, für das somit gilt

$$I_\nu = W \cdot \bar{I}_\nu^* \qquad \text{(III.39)}$$

mit

$$W = \frac{\Omega_*}{4\pi} = \frac{R_*^2}{4r^2}. \qquad \text{(III.40)}$$

I_ν kann auch als Mittelwert der tatsächlichen Intensität über *alle* Richtungen bezeichnet werden. Die hiernach unmittelbar anschauliche Größe W wird geometrischer **Verdünnungsfaktor** genannt. Für einen B0 V-Stern ($R_* \approx 8\ R_\odot$) erhält man zum Beispiel in 1 pc Entfernung $W \approx 10^{-14}$.

Zur Ermittlung des gesamten interstellaren Strahlungsfeldes aller Sterne muß zunächst für jede Frequenz ν oder Wellenlänge λ über die Beiträge der Sterne (Index i) summiert werden:

$$I_\lambda = \sum_i W_i \bar{I}_\lambda^*(i)\, e^{-\tau_\lambda^{(i)}} + I_{GS}(\lambda).$$

Tabelle III.8: Energiedichte U_λ [10^{-14} $\mathrm{Jm^{-3}\,\mu m^{-1}}$ = 10^{-13} erg $\mathrm{cm^{-3}\,\mu m^{-1}}$] des interstellaren Strahlungsfeldes in der Sonnenumgebung für Wellenlängen von 910 Å = 0.091 µm bis 5.0 µm. (Nach J. S. Mathis, P. G. Mezger und N. Panagia (1983)

λ [µm]	U_λ	λ [µm]	U_λ
0.091	3.6	0.435	5.0
0.100	4.9	0.55	5.2
0.110	6.8	0.7	5.1
0.130	6.8	0.9	4.4
0.180	4.1	1.8	1.4
0.200	3.5	2.2	0.80
0.230	2.8	2.4	0.63
0.250	2.4	3.4	0.22
0.346	4.3	5.0	0.06

Hier haben wir bereits die interstellare Extinktion $A^{(i)} = 1.086\,\tau_\lambda^{(i)}$ und den Beitrag des damit verknüpften Galaktischen Streulichtes $I_{\mathrm{GS}}(\lambda)$ berücksichtigt. Praktisch wird natürlich nicht jeder Stern als Einzelobjekt in die Summation einbezogen, sondern man faßt die Sterne gleichen Spektraltyps, also gleicher spektraler Energieverteilung, zusammen. Man benötigt dann – neben den Energieverteilungen – die Häufigkeiten der einzelnen Spektraltypen. Diese kennen wir unmittelbar nur für die Sonnenumgebung, weshalb sich die nachfolgend beschriebenen Ergebnisse für das interstellare Strahlungsfeld der Sterne auch nur auf diesen Raumbereich beziehen.

In dem von der Erdatmosphäre nicht mehr durchgelassenen Bereich $\lambda < 3000$ Å tragen praktisch nur O- und B-Sterne wesentlich zur Gesamtintensität I_λ bei. Die Kenntnis der spektralen Energieverteilungen dieser Sterntypen im Ultraviolett beruht auf extraterrestrischen Messungen von Raketen und künstlichen Satelliten aus sowie auf Berechnungen von Modellatmosphären. Bei den kurzen Wellen ist die interstellare Extinktion besonders hoch (III.1.1) und das an den festen interstellaren Teilchen gestreute Licht erreicht teilweise etwa 50% des Betrages der direkten Sternstrahlung (III.1.3). An der Lyman-Grenze, bei $\lambda = 912$ Å, setzt die sehr starke Absorption durch den neutralen interstellaren Wasserstoff ein und begrenzt damit vorerst auch für extraterrestrische Beobachtungen den erfaßbaren Bereich der Sternspektren nach unten.

Wie bereits in II.1.1 und III.1.3 beschrieben, drückt man die Flächenhelligkeiten I_λ zunächst in der Einheit $S_{10}(\lambda)/\square^\circ$ aus, entsprechend dem (extraterrestrischen) Strahlungsfluß $\Phi_\lambda^{(10)}$ eines A0V-Sternes 10. Größe (pro Quadratgrad). Multipliziert man $I_\lambda[S_{10}(\lambda)/\square^\circ]$ mit den Absolutwerten von $\Phi_\lambda^{(10)}$, geht von 1 $\square^\circ$ zum vollen Raumwinkel 4π über und dividiert noch durch c, dann ergibt sich die interstellare Strahlungsdichte U_λ. Ergebnisse für $\lambda = 910$ Å bis 5 µm sind in der Tabelle III.8 zusammengestellt. Im Ultraviolett sind diese Zahlen teilweise noch mit Unsicherheiten von etwa einem Faktor zwei behaftet.

Im sichtbaren und infraroten Bereich kann das beobachtete interstellare Strahlungsfeld durch die Plancksche Funktion zur Temperatur $T = 10000$ K in Verbindung mit dem Verdünnungsfaktor $W = 10^{-14}$ approximiert werden.

Der Anstieg von U_λ für $\lambda < 2000$ Å bis zu einem Maximum bei $\lambda \approx 1300$ Å wird durch die Beiträge der heißen Sterne mit Spektraltypen O bis B5, aber auch durch eine Zunahme des Galaktischen Streulichtes, also des Streuvermögens der interstellaren Staubteilchen, erzeugt (vgl. I_* und I_{GS} in Tabelle III.3). Die relativ niedrigen Strahlungsdichten zwischen 2000 und 3000 Å lassen sich andererseits auf besonders hohe interstellare Extinktion in diesem Wellenlängenbereich zurückführen (vgl. Abb. III.3, S. 189). Da das Streulicht hier besonders niedrig ist, muß ein erheblicher Anteil echter Absorption vorliegen (Weiteres IV.3.2). Für $\lambda < 912$ Å weicht der beobachtete Verlauf von U_λ gegenüber der Strahlung eines Schwarzen Körpers mit $T \approx 10000$ K stark nach unten ab, wie man es erwartet (Absorption des interstellaren Wasserstoffs s. oben).

Die gesamte Energiedichte des Strahlungsfeldes der galaktischen Sterne zwischen $\lambda = 912$ Å und dem Infrarot ist zu $U \approx 5 \cdot 10^{-14}$ Jm^{-3} abgeschätzt worden. Der entsprechende Strahlungsfluß durch eine beliebig orientierte Fläche in den Halbraum beträgt $\Phi^+ = \pi I = \pi(c/4\pi)\, U \approx 4 \cdot 10^{-6}$ Wm^{-2}. Der Beitrag des Lichtes aller Galaxien liegt mindestens um einen Faktor 10 niedriger.

Kosmische Röntgenstrahlung: Unterhalb von 912 Å bis zu etwa 100 Å hinab ist die Energiedichte des interstellaren Strahlungsfeldes verschwindend klein. Diese extreme Ultraviolettstrahlung kann den Wasserstoff ionisieren (Ionisationsenergie = 13.6 eV $< h\nu$) und wird daher nahe der galaktischen Ebene schon auf verhältnismäßig kurze Weglängen vollständig absorbiert – dicht unterhalb von 912 Å bereits auf 0.1 pc bei 1 H-Atom · cm^{-3}. Wegen der Wolkenstruktur des Gases gibt es jedoch „Löcher", in denen die Reichweite bis zu etwa 100 pc beträgt. Weil der Absorptionskoeffizient des Wasserstoffs im Lyman-Kontinuum proportional zu λ^3 ist (s. IV.1.3), wird das interstellare Gas bei hinreichend kurzen Wellenlängen, nämlich im Gebiet der weichen Röntgenstrahlung, wieder mäßig durchlässig.

Die Energie der Röntgen-Photonen wird meist in Elektronenvolt eV bzw. keV ausgedrückt.

$$E = h\nu = \frac{hc}{\lambda} = \frac{12.4}{\lambda[\text{Å}]}\,\text{keV}\,. \qquad \text{(III.41)}$$

Photonen mit $\lambda = 60$ Å besitzen somit Energien von rund 0.2 keV. Der Röntgenbereich erstreckt sich etwa von 0.1 keV bis nahe 500 keV = 0.5 MeV, entsprechend $\lambda = 0.02$ Å.

Die Durchlässigkeit des interstellaren Gases nimmt im gesamten Röntgengebiet mit wachsender Photonenenergie allgemein zu. Die photoelektrische Absorption durch Helium und die schwereren Atome C, N, O, Ne, Mg, Si, S, Ar erfährt jedoch immer dann, wenn die Bindungsenergie der K-Schale eines dieser Elemente erreicht wird, eine abwärts führende Stufe, nach welcher sich der Anstieg der Durchlässigkeit fortsetzt (Abb. III.28). Der Nachweis dieser Stufen im Spektrum einer diskreten Röntgenquelle kann daher Informationen über die Häufigkeiten der absorbierenden Elemente im interstellaren Gas liefern. Für eine Dichte von 1 H-Atom · cm^{-3} und normale kosmische Häufigkeiten der übrigen Elemente (PSS V.6.2) erhält man für 0.3 keV-Photonen („weiche" Röntgenstrahlung) eine freie Weglänge von nur etwa 100 pc. Photonen mit 1 keV haben bereits Reichweiten von etwa 1 kpc. Oberhalb von $E \approx 3$ keV wächst die Reichweite proportional zu $E^{8/3}$.

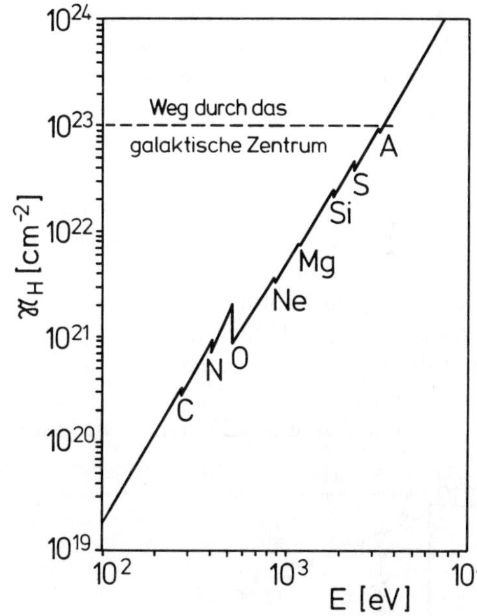

Abb. III.28: Reichweite von Röntgenstrahlung der Energie E [eV] im interstellaren Raum bei Annahme normaler kosmischer Elementhäufigkeiten, ausgedrückt durch die Anzahl der Wasserstoffatome pro cm^2 = Säulendichte $\mathfrak{N}_H$ bei welcher die Strahlung auf den Bruchteil $1/e$ geschwächt ist. Auf dem Weg zum galaktischen Zentrum befinden sich rund 10^{23} H-Atome · cm^{-2}, so daß die Durchdringung der ganzen Galaxis für $E > 3$ keV zu erwarten ist. (Nach H. Gursky).

In der Erdatmosphäre wird einfallende kosmische Röntgenstrahlung vollständig absorbiert. Für die Beobachtung der „harten" Komponente mit $E > 20$ keV genügen allerdings Ballonaufstiege bis in Höhen von etwa 40 km. Messungen der weichen Röntgenstrahlung erfordern indessen Höhen etwa ab 100 km, die nur mit Raketen oder künstlichen Satelliten erreicht werden können. Schon die ersten erfolgreichen Beobachtungen nichtsolarer kosmischer Röntgenstrahlung mit Hilfe von Geigerzählern an Bord einer 1962 in den USA gestarteten Rakete lieferten außer der Entdeckung einer diskreten Röntgenquelle den Nachweis eines überraschend starken diffusen Röntgenstrahlungs-Hintergrundes. Unser Bild vom „Röntgenhimmel" wurde danach vor allem durch die systematischen Messungen des 1970 vor der Küste von Kenia gestarteten „Röntgensatelliten" UHURU (= Kisuaheli-Wort für Freiheit) beträchtlich erweitert (PSS II.3.4). Der 1978 publizierte vierte Katalog der gemessenen diskreten Quellen („4 U-Katalog") enthält 339 diskrete Objekte.

Zur Energiedichte des interstellaren Röntgenstrahlungsfeldes trägt ein intensiver **diffuser Hintergrund** wesentlich bei, der für Energien etwa zwischen 2 und 100 keV bemerkenswert isotrop ist (Abweichungen wenige Prozent) und daher im Gegensatz zu den diskreten Quellen keinem Verdünnungseffekt unterliegt. Wegen der weitgehenden Durchlässigkeit der galaktischen Gasschicht für Photonen dieses Energiebereiches, läßt die Isotropie auf einen extragalaktischen Ursprung schließen. Diskrete extragalaktische Quellen scheinen nur einen Teil dieser Strahlung zu liefern (Quasare, Radiogalaxien?), der größere Teil wird wahrscheinlich im intergalaktischen Raum emittiert. Als Erklärungsmöglichkeiten sind erörtert worden: Thermische Emission (Bremsstrahlung) eines sehr dünnen intergalaktischen Gases mit Temperaturen um 10^7 K und inverser Compton-Effekt zwischen relativistischen Elektronen und Photonen der – weiter unten besprochenen – Mikrowellen-Hintergrundstrahlung (3 K-Strahlung). Im Bereich von 1 bis 10 keV beträgt die Intensität dieser diffusen Komponente etwa 10^{-11} W m^{-2} $sterad^{-1}$, womit sich eine Strahlungsdichte $U = (4\pi/c)\, I \approx 4 \cdot 10^{-19}\,\mathrm{J m^{-3}}$ ergibt. Ergebnisse für den spektralen Verlauf sind in Abb. III.29 wiedergegeben.

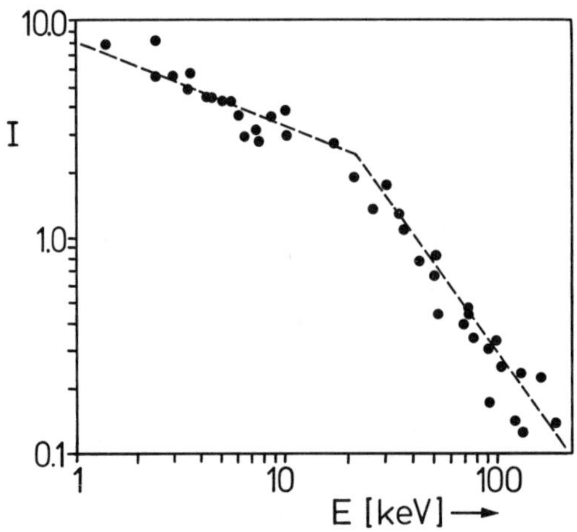

Abb. III.29: Beobachtetes Energiespektrum der diffusen Komponenten der kosmischen Röntgenstrahlung im Bereich 1...200 keV. Ordinate: Intensität I, gemessen in keV pro cm^2 s sterad und pro Energieintervall $\Delta E = 1$ keV. Abszisse: Energie der Photonen E in keV. (Nach D. Schwartz und H. Gursky).

Bei Energien unterhalb von 1 keV ist die Hintergrundstrahlung nicht mehr isotrop, sondern zeigt eine Abnahme der Intensität zum galaktischen Äquator hin. Für den bei $E \lessapprox 0.3$ keV beobachteten weichen Röntgenhintergrund sind die Reichweiten so kurz (s. oben), daß ein weitgehend galaktischer Ursprung dieser diffusen Strahlung angenommen werden muß. Dieser Schluß wird durch den Nachweis erhärtet, daß die Magellanschen Wolken und die Andromeda-Galaxie keinen „Röntgenschatten" erzeugen, den man bei extragalaktischer Herkunft der 0.3 keV-Strahlung erwarten sollte. Die Beobachtungen im Bereich $E \lessapprox 0.3$ keV lassen sich mit der Annahme einer sehr heißen dünnen Komponente des interstellaren Gases (Temperatur $\approx 10^6$ K, Elektronendichte $\approx 4 \cdot 10^{-3}$ cm^{-3}) deuten, die zwischen den interstellaren Wolken einen erheblichen Bruchteil der galaktischen Scheibe ausfüllt. Ein solches Medium wird auch zur Erklärung der in III.1.4 erwähnten O VI-Absorptionslinien benötigt. Die diffuse weiche Röntgenstrahlung könnte durch Stoßanregung mit nachfolgender Linienemission erzeugt werden.

Kosmische Gammastrahlung: Das interstellare Strahlungsfeld im Gammabereich $E \gtrsim 0.5$ MeV besteht, wie die kosmische Röntgenstrahlung, aus Beiträgen diskreter Quellen und einer unaufgelösten „diffusen" Komponente. Die in Abb. III.28 dargestellte Zunahme der Reichweite von Röntgenstrahlung im interstellaren Gas mit wachsender Photonenenergie setzt sich hier fort. Die Beobachtungen für Energien unter 100 GeV müssen dennoch extraterrestrisch, und zwar außerhalb der Strahlungsgürtel der Erde ausgeführt werden. Nachdem man sich seit langem über ihre Möglichkeiten im klaren war, hat sich die beobachtende „Gamma-Astronomie" erst in neuerer Zeit rasch entwickelt, vor allem durch die seit 1975 bekannt gewordenen erfolgreichen Messungen im Bereich $E < 30$ MeV mit dem „Small Astronomy Satellite" SAS-2 der NASA und dem Satelliten COS-B der ESA (European Space Agency).

Die diskreten Gammastrahlungsquellen sind teils galaktische (Supernova-Überreste, Pulsare, Röntgen-Doppelsterne), teils extragalaktische Objekte (Aktive Galaxien, Quasare). Für die Erforschung der galaktischen Struktur hat die **diffuse Gammastrahlung** besondere Bedeutung erlangt: Die gemessene Verteilung an der Sphäre im Energiebereich $\sim 0.1 \dots 5$ GeV zeigt eine starke Konzentration zur galaktischen Ebene und zum galaktischen Zentrum mit charakteristischen Maxima bei bestimmten galaktischen Längen, in denen sich teilweise die Struktur der galaktischen Gasscheibe widerspiegelt (Abb. III.30). Das Ergebnis ist der Verteilung der nichtthermischen Meterwellenstrahlung, die in Abb. III.23 gezeigt ist, bemerkenswert ähnlich (Weiteres IV.4.4). Für den Bereich des galaktischen Äquators sind Intensitätswerte von rund 10^{-4} Photonen mit $E < 100$ MeV pro cm^2 s sterad typisch. Die Energiedichte der kosmischen Gammastrahlung mit $E < 10$ MeV beträgt in der Sonnenumgebung größenordnungsmäßig $U \approx 10^{-19}$ J m^{-3}.

Die Form des Energiespektrums der diffusen Gammastrahlung (Abb. III.31) liefert Anhaltspunkte für die wirksamen Erzeugungsmechanismen. Die Diskussion der

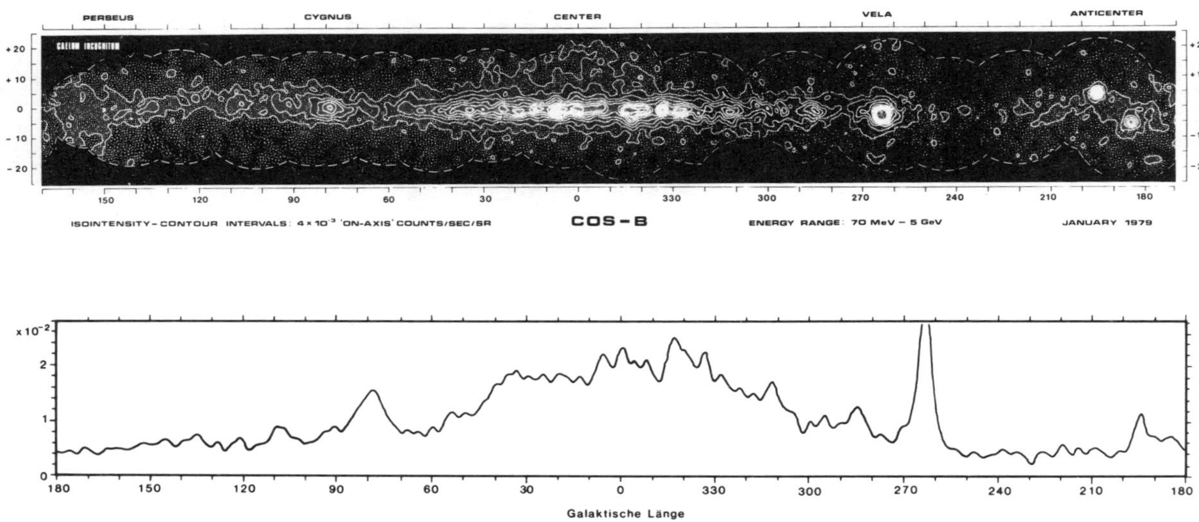

Abb. III.30: Gammastrahlen-Karte der Milchstraße für den Energiebereich $E = 70$ MeV ... 5 GeV nach Meßergebnissen des europäischen Forschungssatelliten COS-B. Stärkste Einzelquelle ist der Vela-Pulsar. (MPG-Pressebild/MPE). Unten: Intensitätsverlauf in Abhängigkeit von der galaktischen Länge gemittelt über den Bereich $-5°$ ... $+5°$ in galaktischer Breite. Einheit der Ordinate: Zählimpulse pro s und sterad. (H. A. Mayer-Hasselwander et al. 1982).

Ergebnisse für $b \approx 0^\circ$ ergibt, daß im Energiebereich $\gtrsim 100$ MeV der Hauptbeitrag durch Wechselwirkung der Nukleonenkomponente der Kosmischen Strahlung mit der interstellaren Materie über den Zerfall hierbei gebildeter π°-Mesonen entsteht. Ein weiterer Beitrag der vor allem bei Energien < 100 MeV erheblich wird, besteht aus der Bremsstrahlung von Elektronen der Kosmischen Strahlung bei der Wechselwirkung mit interstellarer Materie. Meßergebnisse für hohe galaktische Breiten deuten auf eine isotrope Komponente mit wesentlich steilerem Spektralverlauf hin, die vermutlich extragalaktischen Ursprungs ist.

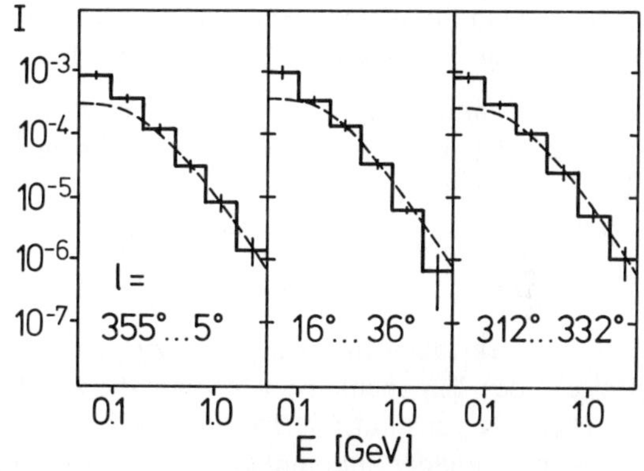

Abb. III.31: Energiespektren der diffusen kosmischen Gammastrahlung aus drei Bereichen des galaktischen Äquators nach Messungen mit dem Satelliten COS-B. Die gestrichelte Kurve ergibt sich aus der Theorie des π^0-2γ-Zerfalls. Einheit der Ordinate: Photonen cm^{-2} s^{-1} $sterad^{-1}$ GeV^{-1}. (Nach J. A. Paul et al. 1978).

3K-Hintergrundstrahlung: Auf der langwelligen Seite des optischen Bereiches nimmt das Strahlungsfeld der galaktischen Sterne bis ins ferne Infrarot ständig ab; dasselbe gilt auch für den Anteil aller außergalaktischen Objekte. Bei Millimeterwellen beginnt sodann die energiearme Strahlung galaktischer und außergalaktischer Radioquellen, die zwar in den Meterwellenbereich hinein ansteigt, aber insgesamt keinen nennenswerten Beitrag zur interstellaren Strahlungsdichte liefert. Zwischen einigen Zehntel Millimeter und einigen Zentimeter Wellenlänge überlagert sich jedoch eine weitgehend isotrope Hintergrundstrahlung, deren gesamte Energiedichte überraschenderweise von gleicher Größenordnung ist wie diejenige der Strahlung aller galaktischen Sterne. Diese erst 1965 durch A. A. Penzias und R. W. Wilson entdeckte Strahlung besitzt nach den neueren Messungen (für $\lambda < 1$ mm nur extraterrestrisch von Ballonen aus möglich) ein kontinuierliches Spektrum, das dem eines Schwarzen Körpers mit einer Temperatur $T = (2.7 \pm 0.1)$ K entspricht. Sie wird als Relikt der heißen Anfangsphase des Universums gedeutet. Für die interstellare Materie liegt die Bedeutung dieser „3 K-Strahlung" unter anderem darin, daß sie auch sehr dichte interstellare Wolken mit entsprechend hoher Staubextinktion zu durchdringen vermag und dort ein Absinken der Temperatur unter etwa 3 K verhindert. Die gesamte Strahlungsdichte ergibt sich aus $U = (4\pi/c)I$ mit $I = \Phi^+/\pi = \sigma T^4/\pi$ (Stefan-Boltzmannsches Gesetz) für $T = 2.7$ K zu $U_{3K} = 4 \cdot 10^{-14}$ Jm^{-3}.

Kosmische Teilchenstrahlung: Die relativen Häufigkeiten der verschiedenen in der extraterrestrischen Primärstrahlung enthaltenen Kernsorten sind in großen Zügen ähnlich wie in den Atmosphären normaler Sterne; überhäufig sind Li, Be und B – wahrscheinlich durch Bildung dieser Kerne bei Stößen von schweren Kernen mit den Atomen des interstellaren Gases. Protonen, Heliumkerne und Elektronen übertreffen in ihren Häufigkeiten alle anderen Partikel bei weitem. Die kinetischen Energien der beobachteten Nukleonen reichen bis zu rund 10^{20} eV.

Ergebnisse für die von Ballonen, Raketen und künstlichen Satelliten aus gemessenen extraterrestrischen Partikelflüsse in Abhängigkeit von der kinetischen Energie E der Teilchen für Protonen, Heliumkerne und Elektronen zeigt Abb. III.32. Im Bereich $E > 3 \cdot 10^9$ eV lassen sich die Energiespektren in der Form darstellen

$$N(E)\mathrm{d}E = K \cdot E^{-\gamma}\,\mathrm{d}E. \qquad \text{(III.42)}$$

Für die Elektronen findet man bis zu den höchsten gemessenen Energien ($\approx 3 \cdot 10^{11}$ eV) den Exponenten $\gamma \approx 2.5$; für die Nukleonen ergibt sich bis zu etwa 10^{15} eV ebenfalls konstant $\gamma \approx 2.5$, für $E \approx 3 \cdot 10^{15} \ldots 10^{18}$ jedoch $\gamma \approx 3.2$. Die Richtungsverteilung der ankommenden hochenergetischen Partikel ist bis zu den höchsten beobachteten Energien weitgehend isotrop.

Die Bewegungen dieser geladenen Partikel unterliegen dem Einfluß interstellarer Magnetfelder. Ein Teilchen der Ladung $Z \cdot e$ und Masse m, das sich im Vakuum mit der Geschwindigkeit v senkrecht zu einem homogenen Magnetfeld der Stärke B[Gauß] bewegt, beschreibt unter dem Einfluß der Lorentz-Kraft eine Kreisbahn, deren Ebene senkrecht zum Magnetfeld liegt. Der Radius der Bahn (Gyrationsradius oder Larmor-Radius) ist gegeben durch $r_B = mcv/Z \cdot e \cdot B$ (Gaußsches cgs-System). Für relativistische Geschwindigkeiten $v \approx c$ folgt hieraus

$$r_B \approx \frac{mc^2}{ZeB} \approx 2 \cdot 10^{14} \frac{E}{Z \cdot B}\,[\mathrm{m}]. \qquad \text{(III.43)}$$

Dabei bezeichnet $E = mc^2 = m_0c^2/\sqrt{1-(v^2/c^2)}$ die kinetische Energie des Teilchens in J. Für Protonen oder Elektronen mit $E \approx 10$ GeV $= 10^{10}$ eV $= 1.6 \cdot 10^{-9}$ J folgt bei einem interstellaren Magnetfeld $B = 6 \cdot 10^{-6}$ Gauß (s. III.1.8) der Gyrationsradius $r_B \approx 5 \cdot 10^{10}$ m ≈ 0.4 AE. Bis zu relativ hohen Energien hinauf sind daher die Partikel der Kosmischen Strahlung langfristig in der galaktischen Gasscheibe gefangen. Erst die äußerst energiereichen Teilchen mit $E > 10^{18}$ eV – sie erzeugen die großen Luftschauer – können nicht mehr vom galaktischen Magnetfeld gehalten werden und haben wahrscheinlich einen extragalaktischen Ursprung (Kerne von aktiven Galaxien, Quasare).

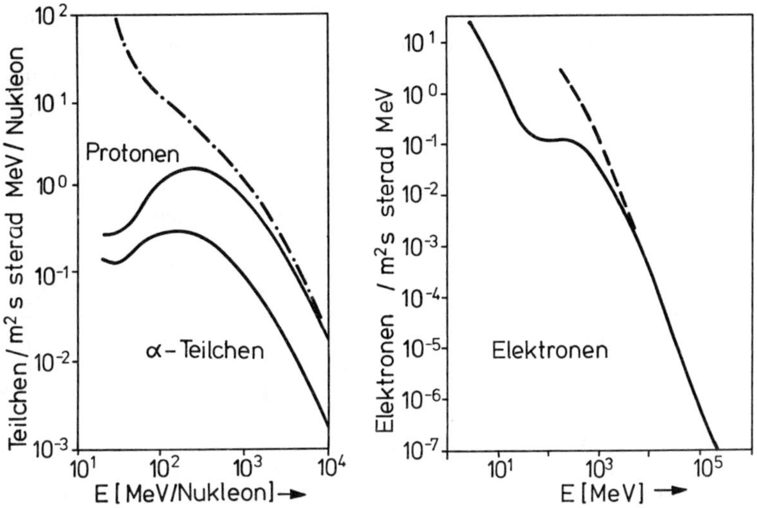

Abb. III.32: Energiespektren von Protonen, α-Teilchen und Elektronen der niederenergetischen Kosmischen Strahlung. Die ausgezogenen Kurven stellen die beobachteten Partikelflüsse dar. Die Korrektur des Einflusses des Sonnenwindes führt für Protonen auf den strichpunktierten Verlauf. Der für die Elektronenkomponente eingezeichnete gestrichelte Verlauf ergibt sich aus der Interpretation der diffusen galaktischen Radioemission als Synchrotronstrahlung (s. III.1.7).

Geladene Teilchen mit Energien unterhalb von etwa 10^9 eV = 1 GeV können andererseits durch die vom Sonnenwind in den interplanetaren Raum geführten turbulenten Magnetfelder wieder aus dem Sonnensystem hinausgefegt oder in ihren Partikelenergien erheblich verändert werden. Messungen mit Raumsonden zeigen daher eine Zunahme des Flusses dieser „niederenergetischen“ Partikel mit wachsendem Abstand von der Sonne. Bei den in Abb. III.32 gestrichelt eingetragenen Kurvenverläufen ist versucht worden, eine Reduktion auf interstellare Verhältnisse vorzunehmen. Für die Elektronenkomponente ist der gestrichelte niederenergetische Flußverlauf aus den Beobachtungen des als Synchrotonstrahlung von Elektronen der Kosmischen Strahlung interpretierten diffusen nichtthermischen Radiodiokontinuums der galaktischen Scheibe gewonnen worden (vgl. dazu IV.1.3). Die gesamte Energiedichte der Kosmischen Strahlung beträgt nach diesen Ergebnissen $U_{KS} = 1.3 \cdot 10^{-13}$ J m^{-3}. Die Elektronen stellen nur etwa ein Prozent dieses Betrages.

Weil sich die geladenen hochenergetischen Teilchen im interstellaren Raum auf relativ engen Kreisbahnen um die interstellaren magnetischen Feldlinien bewegen, liefert die Messung ihrer Ankunftsrichtung keine Information über ihre Quellen. Die Konzentration der von den relativistischen Elektronen erzeugten Radiokontinuumsstrahlung mit $\lambda > 1$ m zum galaktischen Äquator und zum galaktischen Zentrum zeigt jedoch klar, daß diese Elektronen die ganze galaktische Scheibe und das Zentralgebiet erfüllen. Aus Beobachtungsergebnissen für die diffuse kosmische Gammastrahlung (Abb. III.30) folgt, daß der entsprechende Schluß für die Nukleonen der Kosmischen Strahlung gezogen werden darf.

Tabelle III.9: Energiedichten der verschiedenen Strahlungen und des Magnetfeldes im interstellaren Raum nahe der Sonne

Komponente	U [J m^{-3}]	U [erg cm^{-3}]
Sternstrahlung	$5 \cdot 10^{-14}$	$5 \cdot 10^{-13}$
Diffuse Röntgenstrahlung	$4 \cdot 10^{-19}$	$4 \cdot 10^{-18}$
Diffuse Gammastrahlung	$\sim 10^{-19}$	$\sim 10^{-18}$
2.7 K-Hintergrundstrahlung	$4 \cdot 10^{-14}$	$4 \cdot 10^{-13}$
Kosmische Teilchenstrahlung	$1 \cdot 10^{-13}$	$1 \cdot 10^{-12}$
Mittleres Magnetfeld	$1 \cdot 10^{-13}$	$1 \cdot 10^{-12}$

Es besteht allgemeine Übereinstimmung darüber, daß der Ursprung der Kosmischen Strahlung in engem Zusammenhang steht mit den bei Supernovae und Pulsaren auftretenden hochenergetischen Prozessen. In neuerer Zeit ist die Beschleunigung geladener Gaspartikel auf relativistische Geschwindigkeiten in den Stoßfronten von Supernova-Hüllen erfolgreich diskutiert worden. Die Untersuchungen knüpfen an einen Vorschlag von E. Fermi von 1949 an, wonach ein geladenes Partikel beim Stoß mit einer bewegten interstellaren Wolke mit einem eingefrorenen Magnetfeld reflektiert wird und damit eine Beschleunigung erfährt. Werden Partikel an magnetischen Inhomogenitäten einer Supernova-Stoßfront gestreut und hierdurch gespeichert, so kann sich der Beschleunigungsprozeß oft wiederholen („diffuse Beschleunigung in Stoßfronten"). Die Theorie liefert ein Teilchenspektrum der Form $N(E) \sim E^{-\gamma}$ mit $\gamma \approx 2$ und Energiebeträge bis zu $E \approx 10^{14}$ eV.

Energiedichten: Abschließend seien die lokalen Werte für die Energiedichten der verschiedenen Komponenten des interstellaren Strahlungsfeldes, der Kosmischen Teilchenstrahlung und des interstellaren Magnetfeldes einander gegenübergestellt (Tabelle III.9). Bemerkenswert ist hier vor allem, daß die Energiedichten der Sternstrahlung, der 2.7 K-Hintergrundstrahlung, der Kosmischen Strahlung und des mittleren Magnetfeldes von gleicher Größenordnung sind.

2 Interstellare Wolken

Im Folgenden wenden wir uns den Beobachtungen abgrenzbarer individueller Objekte zu, die sich als Quellen von Linien- und Kontinuumsstrahlung zu erkennen geben, oder auch nur durch eine Schwächung der Hintergrundstrahlung abgehoben sind. Die Interpretation dieser Phänomene in den Kapiteln IV und V zeigt, daß es sich um zum Teil massereiche Kondensationen interstellarer Materie handelt. Sie sind zunächst kalt, werden aber nach der Entstehung eines oder mehrerer heißer Sterne von innen aufgeheizt. Die stellare Ultraviolettstrahlung kann zur Ionisation des neutralen Wasserstoffgases und anderer Atomarten innerhalb eines größeren Raumbereiches führen (HII-Region), wir sehen dann einen hellen Emissionsnebel. Auf diese Erscheinung heißer Wolken wird zunächst eingegangen. Danach werden die stauberfüllten Dunkelwolken und Molekülwolken als kalte Aggregate interstellarer Materie behandelt.

2.1 Diffuse Emissionsnebel: Optische Erscheinung

Morphologie und Einteilung der hellen galaktischen Nebel: Die Bezeichnung „helle Nebel" für eine nichtstellare, flächenhafte optische Leuchterscheinung – ursprünglich auch auf die später als ferne Sternsysteme erkannten außergalaktischen Objekte bezogen – wird heute in der Regel nur noch für die galaktischen Phänomene benutzt. Helle Nebel mit Emissionslinienspektrum werden als Emissionsnebel oder als Gasnebel bezeichnet. Ist das Spektrum hingegen kontinuierlich, ähnlich einem Sternspektrum, dann spricht man von Reflexionsnebeln (s. III.1.3). Der Begriff des Emissions- oder Gasnebels umfaßt jedoch drei grundsätzlich verschiedene Arten von Erscheinungen: Diffuse Emissionsnebel oder kurz diffuse Nebel, Planetarische Nebel und Überreste von Supernovae.

Die regelmäßigsten dieser Objekte sind die **Planetarischen Nebel** – so genannt wegen der Ähnlichkeit der hellsten Exemplare mit Planetenscheibchen bei visueller Betrachtung im Fernrohr. Es sind angenähert kugelsymmetrische expandierende Hüllen von Sternen. Diese Materie wird zwar in das interstellare Medium übergehen, kann aber in der beobachteten Entwicklungsphase noch eindeutig einem „Zentralstern" zugeordnet werden. Wir betrachten deshalb die Planetarischen Nebel als Gegenstand der Sternphysik (PSS II.5.3) und gehen hier nicht weiter darauf ein.

Das soll auch für die vergleichsweise seltenen **Überreste von Supernovae**, genauer: die von Supernovae ausgestoßenen massigen Hüllen, gelten. Ein charakteristisches Phänomen der optischen Erscheinung sind hier schmale zirrusartige Bögen (Beispiel: Zirrusnebel im Cygnus) und in früheren Stadien Filamentstrukturen über einem amorphen Nebel (Krebsnebel im Taurus, s. PSS II.4.2). Gewißheit darüber, daß es sich im Einzelfall wirklich um einen Supernova-Überrest handelt, liefern in der Regel erst Radio- und oft auch Röntgenbeobachtungen. Die rasch expandierende Supernova-Hülle erzeugt in dem umgebenden inhomogenen interstellaren Medium eine komplexe Stoßwellenstruktur. Ein besonders eindrucksvolles Beispiel ist der Supernova-Überrest im Bereich der Radioquelle Vela X (Abb. III.33). Er ist eingebettet in den nach seinem Entdecker benannten Gum-Nebel in den Sternbildern Vela und Puppis der südlichen Milchstraße, dessen Winkeldurchmesser rund 35° beträgt.

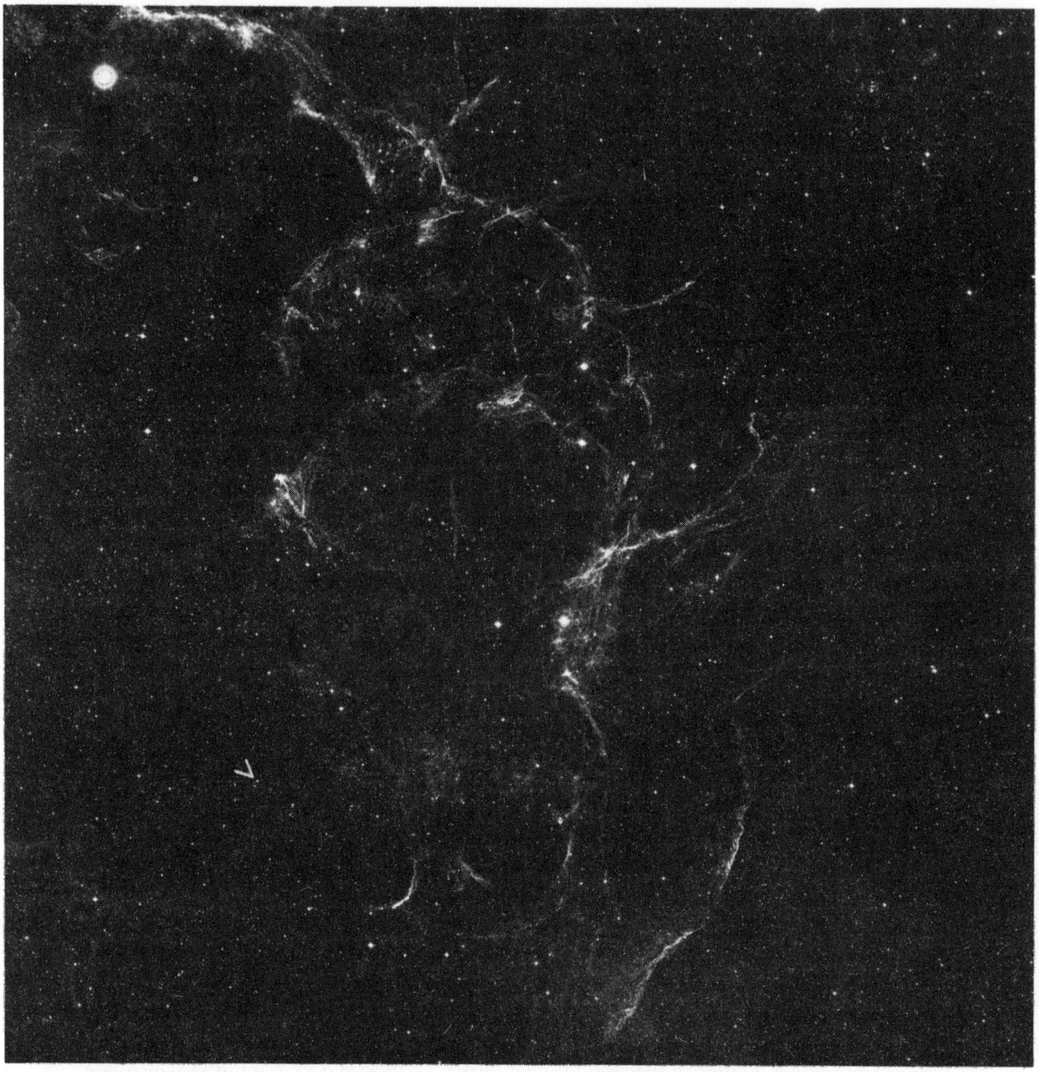

Abb. III.33: Der Vela-Supernova-Überrest. Der Pfeil zeigt die Position des Vela-Pulsars PSR 0833-45, also des verbliebenen stellaren Objektes.

Die eigentlichen **diffusen Nebel** sind mehr oder weniger kompakte helle Wolken mit einer meist regellosen Struktur. Beispiele geben die Abbildungen E.4, III.34 und III.35 – außerhalb des Vela-Supernova-Überrestes besitzt auch der Gum-Nebel im wesentlichen diesen Charakter. Die Helligkeitsverteilung innerhalb eines diffusen Nebels zeigt sehr starke Schwankungen. In den meisten Fällen ist auch ein

Reflexionsanteil vorhanden: an der Staubkomponente gestreutes Sternlicht mit kontinuierlichem Spektrum. Oft treten dunkle Kanäle, sogenannte Elefantenrüssel, oder auch größere dunkle Gebiete mit scharfen hellen Rändern auf (s. Abb. III.34); an manchen Stellen erscheinen kleine dunkle Bereiche mit fast kreisrunden Formen und werden deshalb Globulen genannt. An der Sphäre sind die diffusen Nebel stärker zum galaktischen Äquator hin konzentriert als die übrigen Typen galaktischer Nebel.

Abb. III.34: Ausschnitte aus dem Rosettenebel. Beschreibung der Strukturen im Text.

2Abb. III.35: Der Lagunen-Nebel, M 8 = NGC 6523 im Roten einschließlich Hα (Norden ist links).

Kataloge und Benennung: Die scheinbar hellsten galaktischen Nebel sind bereits in dem berühmten Katalog von Charles Messier aus dem Jahre 1784 verzeichnet – neben Sternhaufen und damals noch nicht als extragalaktische Objekte erkannten fernen Sternsystemen. Danach erhielt zum Beispiel der Orionnebel die Benennung M 42; der bekannteste Supernova-Überrest, der Krebsnebel, und der bekannteste Planetarische Nebel, der Ringnebel in der Leier, bekamen die Bezeichnungen M 1 bzw. M 57. Eine weit größere Anzahl galaktischer Nebel enthält der von J. Dreyer zwischen 1888 und 1908 herausgebrachte New General Catalogue (NGC) mit zwei als Index Catalogue (IC) bezeichneten Fortsetzungen. Die drei erwähnten Nebel tragen nach diesem Werk die Benennungen NGC 1976 (= M 42), NGC 1952 (= M 1) und NGC 6720 (= M 57). Ein umfassendes modernes Verzeichnis ist 1965 durch Beverly T. Lynds publiziert worden. Dieser „Catalogue of Bright Nebulae" enthält rund 1100 Objekte. Er basiert auf den Photographien des mit dem lichtstarken 48 Zoll-(122 cm-) Schmidt-Teleskop auf Mt. Palomar durchgeführten „Palomar Observatory Sky Survey" des Nordhimmels bis zur Deklination $-33°$ in zwei Spektralbereichen: Blau (3500 ... 5000 Å) und Rot (6200 ... 6700 Å). Ein anderes wichtiges Verzeichnis ist das von Sharpless (Benennung z. B. S 20). Für die hellen Nebel des Südhimmels findet man oft die Bezeichnung RCW in Verbindung mit einer Nummer, die sich auf ein Verzeichnis von Rodgers, Campbell und Whiteok von 1960 bezieht.

Anregende Sterne und Dimensionen: Innerhalb eines diffusen Emissionsnebels oder in seiner unmittelbaren Umgebung findet man in der Regel einen oder mehrere hellere Sterne mit Spektraltypen früher als B 1, obgleich es sich dabei um eine recht seltene Sternklasse handelt. Demgegenüber treten nahe bei Reflexionsnebeln – definiert als diffuse nebulose Objekte mit kontinuierlichen Spektren wie Sterne sie haben – gewöhnlich nur „spätere" Sterntypen ab B 1 auf. Die Anregung des Leuchtens von diffusen Emissionsnebeln kann daher offenbar nur durch einen sehr heißen Stern erfolgen (Spektraltypus ab B 0, entsprechend $T_{\text{eff}} \gtrsim 30000$ K). Häufig wird dieser Befund umgekehrt formuliert: Wenn der anregende bzw. beleuchtende Stern einen Spektraltypus früher als B 1 besitzt, handelt es sich um einen diffusen Emissionsnebel. Anderenfalls liegt ein reiner Reflexionsnebel vor **(„Hubblesche Regel")**.

Zwischen der scheinbaren photographischen Helligkeit m_{pg} des anregenden bzw. beleuchtenden Sternes und dem Winkelabstand a [Bogenminuten] zwischen diesem und dem am weitesten entfernten „Rand" des Nebels fand E. Hubble 1922 für 80 diffuse Emissions- und Reflexionsnebel die empirische Beziehung

$$m^*_{pg} = -4.9 \log a + 11.0, \qquad \text{(III.44)}$$

wobei die Konstante rechts durch die speziellen Beobachtungsbedingungen (Fernrohröffnung, Belichtungszeit, Photomaterial) festgelgt ist. Für die Reflexionsnebel läßt sich dieses Resultat leicht deuten (III.1.3). Daß diffuse Emissionsnebel im Rahmen der bescheidenen systematischen Genauigkeit des zugrundegelegten alten Beobachtungsmaterials etwa derselben Beziehung folgen, erscheint überraschend, denn dieser Befund erfordert eine ganz andere Erklärung (IV.2.1). Als empirisches Resultat kann der gefundene Zusammenhang in jedem Fall mit zur Identifizierung des anregenden Sternes herangezogen werden.

Tabelle III.10: Winkelausdehnung, Entfernung r, größte lineare Ausdehnung in Hα und anregende Sterne (HD = Henry Draper-Katalog) für einige diffuse Emissionsnebel

Name, Messier-Nr., NGC-Nr.	Scheinbare Dimensionen [Bogenminuten]	r [kpc]	Größte lineare Ausdehnung [pc]	Anregende Sterne: Name	Anregende Sterne: Spektraltyp
Orionnebel M42 = NGC 1976	90 × 60	0.5	13	θ^1 Ori C	O6p
Rosettenebel NGC 2237-46	80 × 60	1.6	37	6 Sterne des Haufens NGC 2244	O5-O9 V
Trifidnebel M20 = NGC 6514	20 × 20	2.1	12	HD 164492	O7
Lagunennebel M8 = NGC 6523	45 × 30	1.4	18	Sterne des Haufens NGC 6530	O5-B0
Omeganebel M17 = NGC 6618	20 × 15	2.1	12	Sterne eines Haufens	O4-O8 V
M16 = NGC 6611	120 × 25	2.2	77	Sterne des Haufens NGC 6611	O5-B0
Nordamerikanebel NGC 7000	120 × 30	0.5	17	Assoziation Cyg OB2	
				HD 199579	O6

Ist der anregende Stern gefunden, dann läßt sich seine Entfernung r in bekannter Weise aus der Beziehung (I.43) ermitteln, wenn neben der scheinbaren Helligkeit auch der MK-Spektraltyp (liefert Absoluthelligkeit und Eigenfarbe) und ein Farbindex (Ableitung der interstellaren Extinktion!) bestimmt werden können. Aus der Winkelausdehnung des Nebels folgt hiernach seine lineare Größe. Tabelle III.10 enthält eine Auswahl von Ergebnissen. Hier beziehen sich die Winkelausdehnungen, und damit auch die linearen Nebeldurchmesser, auf die Emission in der Hα-Linie des Wasserstoffs nach den Rotaufnahmen des Palomar Observatory Sky Survey.

An der Anregung des Orionnebels sind vier Sterne beteiligt, die ein Trapez bilden: das Mehrfachsystem Θ^1 Orionis (Komponenten A, B, C, D) im Zentrum des Nebels. Nur der hellste dieser Sterne, Θ^1 Ori C, ist in Tabelle III.10 aufgeführt, die anderen drei sind B-Sterne. Innerhalb von etwa 10 pc Radius um das Trapez findet man weitere Sterne frühen Spektraltyps, die eine Sternassoziation (Ic Ori) bilden; außerdem ist dieses Gebiet von zahlreichen schwachen Sternen mit Emissionslinien vom Charakter der T Tauri-Sterne erfüllt. Im Zentralgebiet des Rosettenebels ist ein ganzer Sternhaufen früher Typen enthalten.

Spektren diffuser Nebel: Wegen der geringen Flächenhelligkeit konnten hochaufgelöste Spaltspektren trotz Anwendung großer Teleskope nur von den hellsten

Nebeln gewonnen werden. Am besten ist daher das Spektrum des weitaus hellsten Objektes, des Orionnebels, bekannt (s. Abb. E.4b). In neuerer Zeit sind spezielle lichstarke Anordnungen auf der Basis des Fabry-Perot-Interferometers erfolgreich zur Untersuchung auch schwächerer Nebel eingesetzt worden. Ein Verzeichnis aller beobachteten Emissionslinien des Orionnebels zwischen 3200 und 11000 Å findet man im „Landolt-Börnstein", Band VI/2c (1982). Im optischen Bereich vom Ultraviolett bis zum Infrarot treten drei Arten von Emissionslinien auf:

1. Linien, die nach der *Rekombination* von H^+, He^+, C^+, N^+, O^+ u. a. mit freien Elektronen entstehen können: Balmerserie des Wasserstoffs (bis zu hohen Gliedern!), auch Linien der Brackett- und der Pfundserie im Infrarot; HeI-Spektrum, besonders λ 4471 Å und λ 5875 Å (= D_3-Linie); bei manchen Nebeln auch HeII-Linien. (Daß alle diese Linien tatsächlich im Gefolge von Rekombinationen entstehen müssen, und nicht nach direkten Anregungen ihrer Ausgangszustände, wird in IV.2.1 gezeigt). Radio-Rekombinationslinien s. III.2.3.

2. Linien, die durch *Fluorezenz* erzeugt werden: Eine bestimmte Emissionslinie des Nebels liefert Photonen der Energie $E = h\nu$, die (zufällig) gerade gleich der Anregungsenergie der fraglichen Linien ist. Beispiel: Die Rekombinationslinie des He^+ bei λ 303.780 Å kann den $3d^3P_2^0$-Term von O^{++} anregen, dessen Energiedifferenz gegen den Grundzustand einer Wellenlänge von 303.799 Å entspricht. Nachfolgend können mehrere Linien des O^{++}-Ions des nahen UV durch Übergänge in verschiedene tiefere Zustände emittiert werden. Dieser Mechanismus der Resonanz-Fluoreszenz ist vor allem bei den Planetarischen Nebeln ausgeprägt.

3. Stoßangeregte Linien, wobei es sich im sichtbaren Bereich durchweg um *verbotene Linien* der Ionen von O, N, Ne, S und Ar handelt. Berühmte Beispiele sind die beiden, ursprünglich einem hypothetischen Element „Nebulium" zugeschriebenen, „grünen Nebellinien" N_1 und N_2 bei den Wellenlängen 5007 und 4959 Å, die schließlich als Interkombinationslinien (Übergänge $2p^2\,{}^1D_2 \rightarrow 2p^2\,{}^3P_2$ bzw. $2p^2\,{}^1D_2 \rightarrow 2p^2\,{}^3P_1$) von O^{++} identifiziert werden konnten (I. S. Bowen 1927). Gerade diese und weitere nach den Auswahlregeln der Quantentheorie verbotene Linien stellen oft die stärksten Nebelemissionen dar. Wie dies unter den Bedingungen in einem Gasnebel möglich ist, wird in IV.1.2 erläutert. Die Theorie zeigt insbesondere, daß die Anregung der Ausgangszustände dieser Linien durch *Elektronenstöße* erfolgt. Unterhalb von etwa 3500 Å sind auch erlaubte Linien zu erwarten, die durch diesen Mechanismus angeregt werden. Andererseits fallen viele der in der Regel verbotenen Übergänge zwischen tiefliegenden Feinstruktur-Niveaus der verschiedenen Ionen (z. B. innerhalb der ^3P-Niveaus von O^{++} oder des neutralen O) in den Infrarotbereich. Die Beobachtung dieser infraroten Linien bietet den Vorteil weitgehender Freiheit von der interstellaren Extinktion. Es wurden beispielsweise Linien von O^{++}, S^{++}, S^{+++} und Ne^+ nachgewiesen (s. auch III.2.4).

Erste Beobachtungen eines Emissionsnebels im *„Raketen-Ultraviolett"* sind 1972 beim Aufenthalt der Apollo 16-Astronauten auf dem Mond gewonnen worden

(Nordamerikanebel im Bereich 1250 ... 1600 Å). Emissions*linienspektren* – bis hinab zu 912 Å – konnten erst in neuerer Zeit mit UV-Spektrometern erhalten werden, die in künstlichen Satelliten oder Raumsonden installiert waren. Interessant ist u.a. die Frage nach der Lyman α-Linie des Wasserstoffs bei 1216 Å. Eine Schwierigkeit der Beobachtung besteht hier darin, daß die bis zu etwa 100000 km hinaus reichende Geokorona einen dominierenden Lyman α-Hintergrund erzeugt.

Neben den Emissionslinien beobachtet man meist auch ein schwaches *Kontinuum.* Photometrische Messungen an einer Anzahl von diffusen Nebeln ergaben, trotz starker Schwankungen der Kontinuumsintensität I_λ^K als auch der Emissionslinienstärke von Ort zu Ort im Nebel, ein nahezu konstantes Verhältnis von I_λ^K im blauen Spektralbereich zur Stärke der Hβ-Linie: $I_\lambda^K \; \Delta\lambda/\mathrm{H}\beta \approx 1.5 \cdot 10^{-3}$, wobei $\Delta\lambda = 1$ Å. Dieser Quotient erwies sich als angenähert gleich für alle untersuchten Nebel. Beobachtungen im Ultraviolett zeigten außerdem, daß $I_\lambda^K \; \Delta\lambda/\mathrm{H}\beta$ mit abnehmender Wellenlänge zunimmt. I_λ^K kann also kein Rekombinations-Kontinuum sein, das zum UV hin mit λ^3 schwächer würde (PSS IV.1.10). Es liegt vielmehr nahe anzunehmen, daß das beobachtete Kontinuum vorwiegend durch Streuung von Sternlicht an Staubteilchen des Nebels ensteht (vgl. III.1.3): Einen direkten Hinweis darauf liefert das Auftreten einer Absorptionslinie im Nebelkontinuum bei λ 4686 Å. Im Spektrum des hellsten der Trapezsterne, dem O6-Stern Θ^1 Ori C ist nämlich die HeII-Linie λ 4686 Å in Absorption vorhanden! (Emissionslinien des HeII-Spektrums sind im Orionnebel nicht beobachtet worden): Dieser Befund ist insofern nicht überraschend, als schon die Struktur der meisten diffusen Nebel auf die Existenz großer Staubmengen innerhalb dieser Objekte hinweist.

Die *absolute Strahlungsemission* eines Nebels im Licht bestimmter Emissions*linien* ergibt sich aus Messungen des (extraterrestrischen) Strahlungsflusses am Ort der Erde S^L [W m^{-2}] in Verbindung mit der Entfernung des Nebels r. Approximieren wir die Form des Nebels durch eine Kugel gleichen Volumens mit dem Radius R_N, und bezeichnet Φ_N^L den Fluß an der Oberfläche dieser Kugel, dann gilt für die Gesamtemission des Nebels pro Zeiteinheit, seine Leuchtkraft (in den betrachteten Linien),

$$L_N^L = 4\pi R_N^2 \Phi_N^L = 4\pi r^2 \cdot S^L \,. \tag{III.45}$$

Für den Strahlungsfluß am Ort des Nebels Φ_N^L folgt hieraus, nach Einführung des Winkeldurchmessers des Nebels in Bogenminuten a, die Beziehung

$$\Phi_N^L = S^L \left(\frac{6.88 \cdot 10^3}{a} \right)^2 . \tag{III.46}$$

Für die Hα-Emission der in Tabelle III.10 aufgeführten Objekte erhält man größenordnungsmäßig $S^L(\mathrm{H}\alpha) \approx 10^{-10}$ W m^{-2}, woraus unter Berücksichtigung von Korrekturfaktoren für die interstellare Extinktion (zwischen 2 und 5) folgt $\Phi_N^L(\mathrm{H}\alpha) \approx 10^{-6}$ W m^{-2} und $L_N^L(\mathrm{H}\alpha) \approx 10^{30}$ W. Zur Veranschaulichung dieser Zahlen sei daran erinnert, daß die gesamte Leuchtkraft der Sonne $4 \cdot 10^{26}$ W und diejenige eines B0-Sternes $2 \cdot 10^{31}$ W beträgt. Ein erheblicher Teil der (Ultraviolett-) Strahlung des anregenden Sternes wird offenbar in Balmeremission des Nebels umgesetzt (Weiteres hierzu IV.2.1).

Struktur und innere Bewegungen aus Beobachtungen der optischen Nebellinien: Monochromatische Aufnahmen im Licht bestimmter Nebellinien zeigen, daß das emittierende Gas innerhalb eines Nebels äußerst ungleichmäßig verteilt ist. Beim Orionnebel findet man beispielsweise bereits auf Winkelabstände von wenigen Bogensekunden starke Intensitätsänderungen (Abb. III.36). Linienprofile, insbesondere Doppelverschiebungen, wurden sowohl mit konventionellen Spektrographen in Verbindung mit großen Teleskopen als auch mit Fabry-Perot-Interferometern ermittelt. Im zweiten Fall wird die Linie zunächst mit einem Vorzerleger (z. B. Interferenzfilter) ausgesondert. Das Interferometer erzeugt dann ein Bild des Nebels für die Linie mit einem Ringmuster (Abb. III.37). Liegt an einer bestimmten Stelle des Nebelbildes beispielsweise eine Rotverschiebung der Linie vor, dann tritt dort eine Schrumpfung des Ringes, also eine meßbare Verschiebung eines Ringstückes ein.

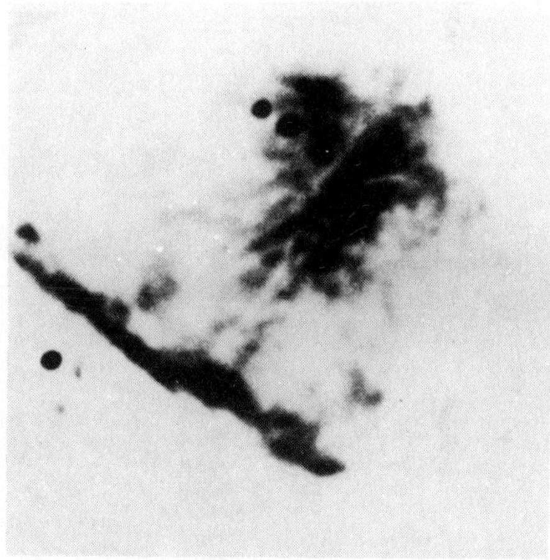

Abb. III.36: Monochromatische Aufnahme von M 42 im Licht der Linie [NII] λ 6584 Å. Nahe dem oberen Rand des Bildes sieht man die Trapezsterne. (Nach K. H. Elliot und J. Meaburn).

Die Erwartung, daß beim Orionnebel in den Doppelverschiebungen der Emissionslinien unmittelbar eine kugelsymmetrische Expansion des aufgeheizten Gases zum Ausdruck komme, hat sich nicht bestätigen lassen. Einen der Gründe dafür haben Beobachtungen von Molekküllinien im Mikrowellenbereich erkennbar gemacht: Nahe hinter dem Nebel befindet sich eine dichte, kalte Wolke (s. Abb. III.57, S. 285). Diesseits und jenseits der anregenden Trapezsterne liegen infolgedessen unterschiedliche Verhältnisse vor. Auf ein theoretisches Entwicklungsmodell einer solchen HII-Region gehen wir in V.3.3 ein.

Die beobachteten Strukturen weisen auf recht komplexe Bewegungsverhältnisse hin. Offenbar haben sich mehrere Bewegungsfronten gebildet, die sich teilweise überlagern. Aus den Breiten der Emissionslinien folgen unregelmäßige räumliche Schwankungen der Radialgeschwindigkeit von der Größenordnung 10 km s^{-1} (nach Abzug der thermischen Doppelbreite für eine Temperatur von 10^4 K). Bei den stärker ausgeprägten Verdichtungen wurden auch Aufspaltungen von Nebellinien beobachtet. Wahrscheinlich kreuzt hier der Sehstrahl zwei verschiedene Bewegungsfronten. Ein überraschendes Phänomen sind schwache, blauverschobene Komponenten mancher Emissionslinien des Orionnebels, die Bewegungen vom Nebel weg mit Geschwindigkeiten bis zu 100 km s^{-1} entsprechen. Möglicherweise wird ein Teil des Gases durch den Sternwind der anregenden Sterne so stark beschleunigt.

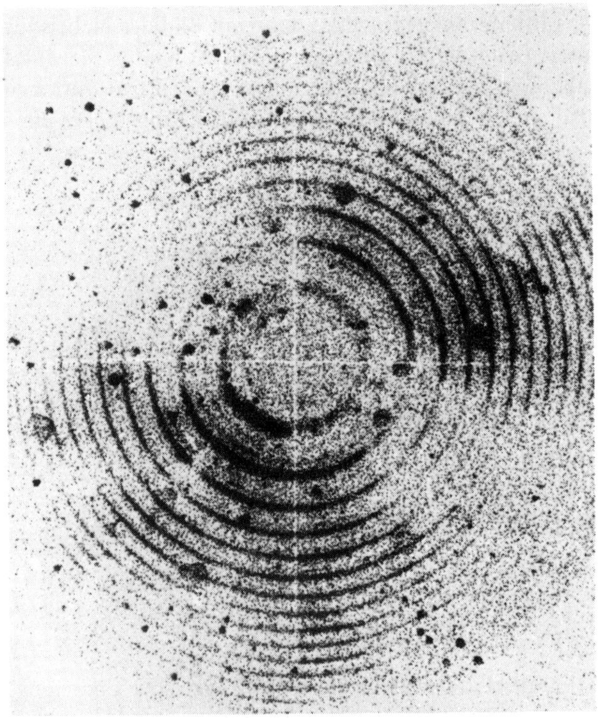

Abb. III.37: Fabry-Perot-Interferogramm des diffusen Emissionsnebels IC 1318 im Licht der Hα-Linie des Wasserstoffs (Negativ; Norden ist oben). Erläuterung im Text.

Die *Radialgeschwindigkeiten diffuser Nebel als Ganzes* (Mittelwerte über den Nebel) folgen, wenn man sie gegen die galaktische Länge aufträgt, der Doppelwelle der differentiellen galaktischen Rotation (Abb. III.38). In den Bereichen $l \approx 100° \ldots 160°$ und $l \approx 300 \ldots 340°$ sind Aufspaltungen als Folge der Spiralstruktur klar ausgeprägt (Perseus-Arm bzw. Sagittarius-Arm, vgl. auch Abbn. III.15, 17 und 19).

Nimmt man das Gesetz der galaktischen Rotation als gegeben an, so können aus den beobachteten Radialgeschwindigkeiten „kinematische" Entfernungen der diffusen Nebel abgeleitet werden. Diese Methode ist vor allem dann nützlich, wenn die anregenden Sterne durch Staubmassen abgeschirmt sind (Weiteres III.2.3 und IV.4.4).

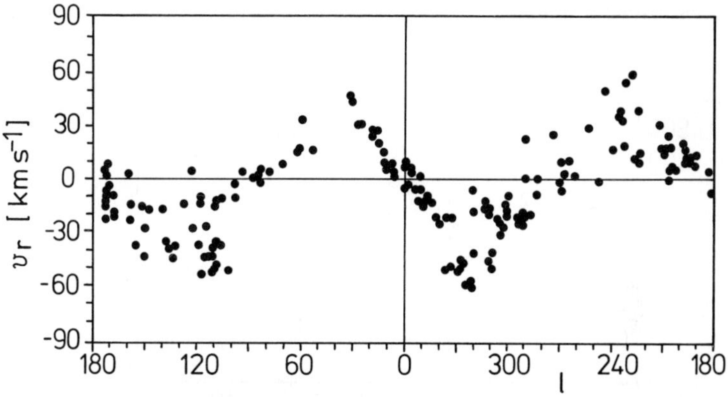

Abb. III.38: Radialgeschwindigkeiten der HII-Regionen, aufgetragen gegen die galaktische Länge l. Die Aufspaltungen der Doppelwelle um $l = 130°$ (Perseus) und $l = 320°$ (Norma-Centaurus) können jeweils durch die Annahme eines weiteren Spiralarmes außerhalb bzw. innerhalb des lokalen Armes gedeutet werden. (Nach Y. Georgelin).

2.2 Kontinuierliche Radioemission von HII-Regionen

Thermische Radioquellen: Die diffusen Emissionsnebel sind in der Regel auch Quellen kontinuierlicher Radiofrequenzstrahlung, vor allem des cm-Bereiches: Sie fallen mit diskreten Quellen jenes Typs zusammen, in welche sich die in III.1.7 beschriebene thermische Komponente der galaktischen Radiostrahlung in erheblichem Umfang auflösen läßt. Die entscheidende Gemeinsamkeit aller dieser Quellen ist ein spektraler Verlauf des Strahlungsflusses von der Art, wie er in Abb. III.39 für die mit dem Orionnebel koinzidierende Radioquelle „Orion A" dargestellt ist: Bei den niedrigeren Frequenzen (längeren Wellen) gilt für den beobachteten Radiokontinuumsfluß $S^K(\nu) \sim \nu^2$, wie für die Strahlung eines Schwarzen Körpers, und bei den höheren Frequenzen (kürzeren Wellen) wird $S^K(\nu)$ angenähert konstant – genauer gilt dort $S^K(\nu) \sim \nu^{-0.1}$. In IV.1.3 wird gezeigt, daß Radiostrahlung mit dieser spektralen Eigenschaft durch frei-frei-Übergänge von Elektronen in den elektrischen Feldern von Ionen erzeugt wird (thermische Bremsstrahlung), wie sie auch in der Sonnenkorona auftreten (PSS, S. 429ff.). Die Lage des Übergangsbereiches ist von

Objekt zu Objekt etwas verschieden. Setzt man für den Strahlungsfluß am Ort des Nebels $\Phi_N^K(\nu)$, der sich zu $(r/R_N)^2 \cdot S^K(\nu)$ ergibt, im Bereich der niedrigeren Radiofrequenzen an $\Phi_N^K(\nu) = \pi I_\nu$, mit der isotropen Intensität für den Schwarzen Körper (Rayleigh-Jeans'sches Gesetz) $I_\nu = 2(\nu/c)^2 kT$, dann erfordert die Darstellung der Beobachtungen im allgemeinen Temperaturen um $T = 10^4$ K. Für die tatsächliche kinetische Temperatur des emittierenden Gases findet man Werte derselben Größenordnung (IV.2.4). Wir benutzen deshalb für diese Objekte auch die Bezeichnung **„thermische Radioquellen"**.

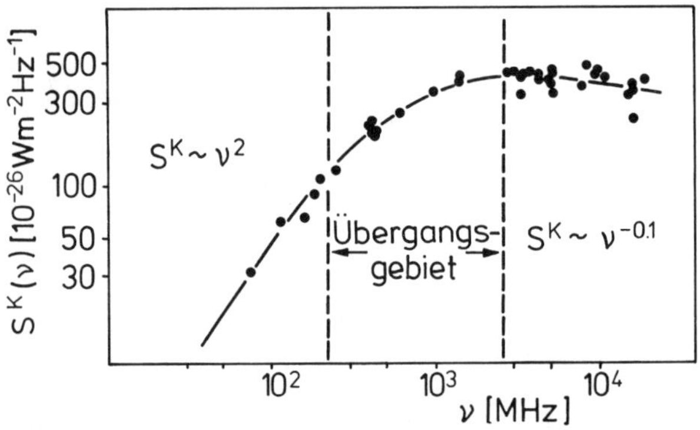

Abb. III.39: Spektralverlauf des beobachteten kontinuierlichen Radiostrahlungsflusses vom Orionnebel $S^K(\nu)$.

Nicht alle diese Radiokontinuumsquellen fallen mit einem sichtbaren Nebel zusammen, und manche lassen überhaupt kein optisches Gegenstück erkennen. Die optische Erscheinung der **HII-Region**[1] wird nämlich vielfach durch lokale oder – bei großen Entfernungen – interstellare Staubextinktion unterdrückt. Das Radiophänomen erhält deshalb auch meist eine besondere Benennung: Eine größere Anzahl von Quellen werden nach ihrer Nummer in einem Verzeichnis von G. Westerhout benannt. Die mit den in Tabelle III.10 zusammengestellten Nebeln assoziierten Radioquellen bekamen beispielsweise die Namen (in der Reihenfolge mit M 42 beginnend): W 10, W 16, W 28, W 29, W 38, W 37, und W 80. Neben Benennungen nach Verzeichnissen anderer Autoren gibt man auch häufig die Werte der galaktischen Koordinaten *l*, *b* (in Grad) des Mittelpunktes der Quelle hinter dem Buchstaben G (= Galaktische Quelle) an, z. B. G 209.0 – 19.4 für die Radioquelle des Orionnebels.

Die absoluten Werte der beobachteten Radiokontinuumsflüsse $S^K(\nu)$ der in Tabelle III.10 aufgeführten Objekte sind für die häufig benutzte Frequenz $\nu = 5$ GHz,

[1] Qualitative Erläuterung des Begriffs s. Einleitender Überblick, quantitative Behandlung folgt in IV.2.1.

entsprechend $\lambda = 6$ cm, von der Größenordnung 10^2 Jy. Für M 42 ergab sich beispielsweise $S^K(5 \text{ GHz}) \approx 4 \cdot 10^2$ Jy. Nach Gl. (III.45) ist das Produkt $r^2 S^K(\nu)$ ein Maß für die Gesamtemission der Quelle bei der betrachteten Frequenz. In IV.2.4 wird gezeigt, daß diese Größe den **Grad der Anregung** der HII-Region charakterisiert. Im Fall

$$r^2 S^K(5 \text{ GHz}) \geqq 400 \, [\text{kpc}^2 \cdot \text{Jy}],$$

also etwa ab dem 4-fachen des Wertes für den Orionebel, spricht man (nach P. G. Mezger) von einer **Riesen(Giant)-HII-Region.** Beispiele sind W 38 (M 17) und W 37 (M 16).

Struktur der Radioquellen, kompakte HII-Regionen: Die Verteilung der Radioemission über die Quellen ist meistens gleichmäßiger als die Struktur des sichtbaren Nebels. Es liegt nahe anzunehmen, daß die Letztere vorwiegend durch eingelagerten Staub mit starker räumlicher Dichtevariation erzeugt wird, weil kleine feste Teilchen nur die kurzwellige optische, nicht aber die radiofrequente Strahlung schwächen können. Radiobeobachtungen mit hoher Auflösung von etwa 10″ bis zu 20″ zeigen allerdings auch Strukturen, die in abgeschwächter Form denen des optischen Bildes entsprechen.

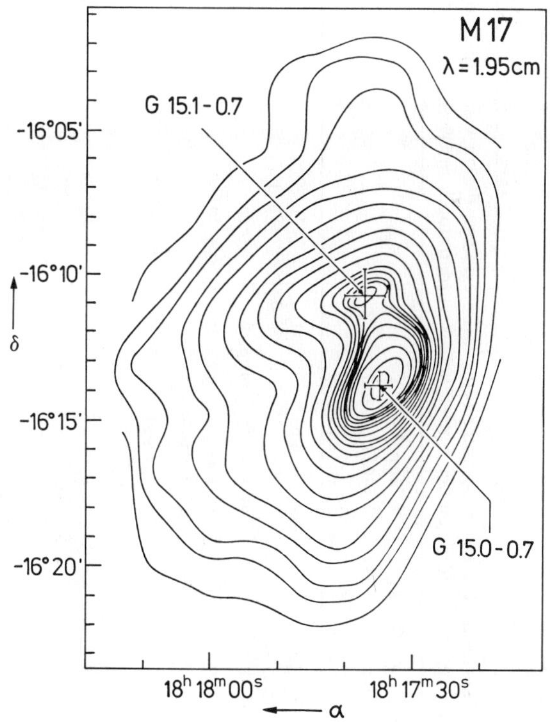

Abb. III.40: Radiokontinuumskarte des Omeganebels M 17 für $\lambda = 1.95$ cm. Es lassen sich zwei Radioquellen erkennen: M 17 N = G 15.1 − 0.7 und M 17 S = G 15.0 − 0.7. (Nach J. Schraml und P. G. Mezger).

Tabelle III.11: Beispiele kompakter HII-Regionen, die zu weiter ausgedehnten Objekten gehören. Die angegebenen Positionen und Winkelausdehnungen der Einzelquellen wurden durch interferometrische Beobachtungen im cm-Wellenbereich gewonnen

Ausgedehntes Objekt	Kompakte Komponenten	α_{1950}	δ_{1950}	Winkeldurchmesser [Bogensek.]	Entfernung [kpc]	Linearer Durchmesser [pc]
W3 (mit opt. Nebel IC 1795)	A1 – A5	$2^h21^m56\overset{s}{.}6$	$+61°52'43''$	28 … 35	3.1	0.4 … 0.5
	C	21 43.6	52 46	5		0.071
	W3 (OH), Komp. A	23 16.5	38 57	1.5		0.024
M42	Ori A, G 209.0 – 19.4	5 32 50	– 5 25 15	240	0.5	0.6
M8	A1 (Ring)	18 00 37.0	–24 22 50	15	1.4	0.10
	A4	36.3	52	46		0.32
M17	S	18 17 34	–16 13 24	220	2.1	2.3
	N	39	10 30	280		2.9
	E	51	11 30	190		2.0
W51	G 49.5 – 0.4d	19 21 22.3	+14 25 15	11	7.3	0.4
	e	24.4	24 43	19		0.7
W75	DR 21 A	20 37 13.7	+42 08 55	5.7	3.0	0.083
	B	14.0	09 03	4.0		0.058
	C	14.1	08 54	7.1		0.101
	D	14.2	09 15	4.2		0.062
NGC 7538 = S 158	A1	23 11 30.3	+61 12 56	110	2.5	1.4
	A2	20.8	13 45	10		0.12
	B	36.7	12 00	12		0.15
	C	36.7	11 50	1.0		0.013

In neuerer Zeit sind zahlreiche thermische Kontinuumsquellen mit Radiointerferometern hoher Winkelauflösung, von etwa 1′ bis zu 1″, untersucht worden (California Institut of Technology und National Radio Astronomy Observatory, USA; Cambridge, Engl.; Westerbork, Niederlande). Es zeigte sich dabei, daß nahezu jede Quelle eine oder mehrere kleine, aber intensive Komponenten enthält, die aus einer weit schwächeren, ausgedehnten Emissionsverteilung herausragen. Man spricht von kompakten Quellen oder von **kompakten HII-Regionen**. In manchen Fällen ist am Ort solcher Quellen keine sichtbare Nebelemission feststellbar. Die linearen Dimensionen kompakter HII-Regionen liegen etwa bei 0.1 pc und erreichen bei großen Objekten etwa 1 pc. Beispiele gibt Tabelle III.11.

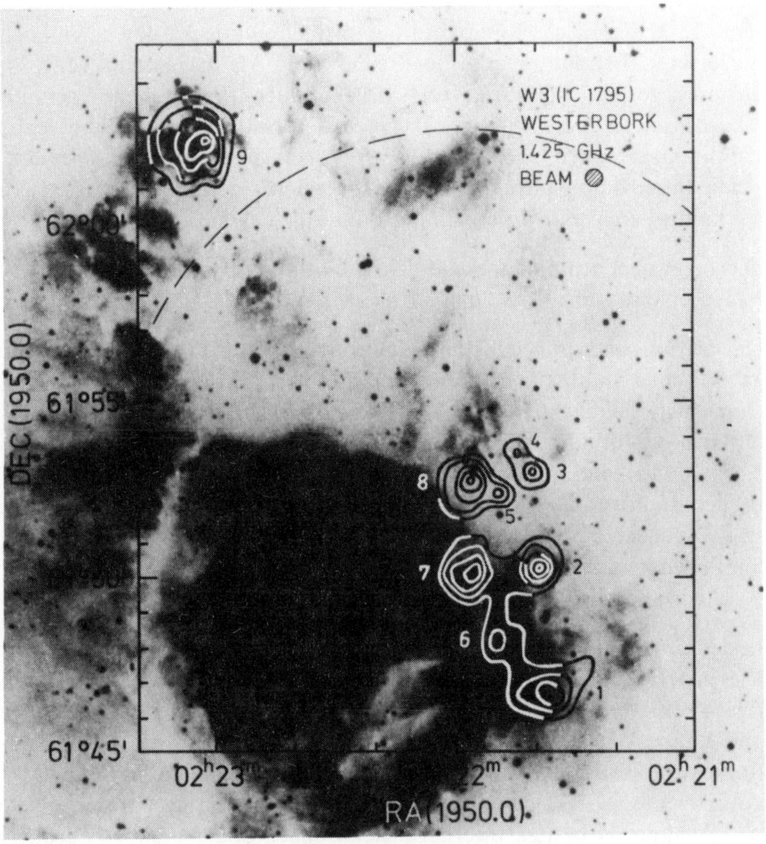

Abb. III.41: Konturen der Einzelkomponenten der Radiokontinuumsquelle W3 bei 1.425 GHz über dem entsprechenden Ausschnitt der Rotaufnahme des Palomar Observatory Sky Survey. Die Radiobeobachtungen wurden mit der niederländischen Radiointerferometeranlage (Synthesis Radio Telescope) in Westerbork gewonnen. Die Winkelauflösung beträgt etwa 25″. (Nach W. T. Sullivan und D. Downes).

Im Fall des Orionnebels besitzt das ganze Zentralgebiet um die Trapezsterne von $2' \times 4'$ Ausdehnung diesen Charakter (Abb. E.8). Ein anderes Beispiel ist der Omeganebel M17 = NGC 6618 mit zwei großen kompakten Quellen (Abb. III.40). Oft sind die kompakten Quellen von noch weit geringerer Winkelausdehnung und in größerer Anzahl vorhanden. So konnte die bei älteren Messungen am Ort des diffusen Nebels IC 1795 gefundene Radioquelle W3 in 9 kompakte Einzelquellen aufgelöst werden, von denen sich 8 innerhalb der Hauptquelle G 133.7 + 1.2 befinden (Abb. III.41). Bei den höchsten erreichten Auflösungen werden innerhalb mancher kompakter Komponenten noch feinere Strukturen erkennbar, zum Beispiel Hüllen- oder Ringfragmente in einer der Einzelquellen von W3.

Etwa 20′ von der Hauptquelle des W3-Komplexes entfernt wurde eine isolierte, sehr kleine thermische Radiokontinuumsquelle entdeckt, deren Winkelausdehnung nur etwa 1″ beträgt, entsprechend rund 2000 AE in linearem Maß. Am gleichen Ort war vorher eine starke OH-Molekülinien-„Punktquelle" gefunden worden (OH-Maser, Weiteres in III.2.8). Nach der Entdeckung weiterer extrem kleiner Kontinuumsquellen, nahe bei diffusen Nebeln oder auch ganz isoliert, wurde für sie die Bezeichnung **ultrakompakte HII-Regionen** geprägt. Die meisten dieser Quellen koinzidieren mit Molekülinien-Punktquellen, auf die wir in III.2.8 eingehen.

Die beschriebenen Phänomene gelten heute als charakteristisch für Sternentstehungsgebiete. Näheres dazu s. III.2.9; wir verweisen auch auf PSS II.6.2.

Quellen im galaktischen Zentralgebiet: Wegen der Lage der Sonne inmitten der galaktischen Staubschicht können diffuse Nebel im Bereich des galaktischen Zentrums nicht beobachtet werden. Die Radiofrequenzstrahlung der zugehörigen thermischen Kontinuumsquellen kann sich demgegenüber auch nahe der galaktischen Ebene weitgehend ungehindert ausbreiten. Schon die ersten Beobachtungen galaktischer Radiostrahlung ergaben, daß sich im Zentralgebiet unseres Sternsystems starke Quellen befinden. Die stärkste dieser Radioquellen, Sagittarius A oder kurz Sgr A genannt, ist als Nullpunkt der galaktischen Längenzählung gewählt worden – daher auch Bezeichnung G 0.0 + 0.0.

In der Umgebung von Sgr A findet man weitere Quellen, unter denen sich mehrere Riesen-HII-Regionen befinden, eingebettet in eine „ausgedehnte HII-Region niedriger Dichte" (≈ 10 Elektronen bzw. Ionen pro cm^3) von etwa 300 pc Durchmesser und 120 pc Dicke. Einen Überblick vermittelt die in Abb. III.42a wiedergegebene Radiokarte. Die prominenteste dieser thermischen Quellen ist Sgr B, deren Hauptkomponente Sgr B2 oder G 0.670 – 0.036 den „Anregungsparameter" $r^2 S^K$ (5 GHz) ≈ 1800 kpc^2 Jy besitzt. Interferometerbeobachtungen ergaben darüber hinaus innerhalb von Sgr B2 mehrere kompakte Quellen.

Bei höherer Auflösung zeigt sich, daß Sgr A aus vier Komponenten besteht: einer thermischen Quelle „Sgr A West", einer nichtthermischen Quelle „Sgr A Ost" (vermutlich ein Supernova-Überrest), einem „Halo" von etwa 6′ Durchmesser und einem extrem kompakten Kern in Sgr A West, der auch mit Sgr A* bezeichnet wird. Interferometerbeobachtungen mit großer, interkontinentaler Basislänge bei cm-Wellenlängen lassen für diese „Punktquelle“ einen Durchmesser $\lesssim 0\overset{''}{.}002$, entsprechend $\lesssim 20$ AE, erwarten. Sgr A* koinzidiert innerhalb von 1″ mit dem Mittelpunkt der komplexen Infrarotquelle Nr. 16 des zentralen Sternhaufens (s. Abb. II.5). Die Radioleuchtkraft von Sgr A* beträgt etwa $2 \cdot 10^{27}$ W, womit dieses Objekt in der Galaxis einzigartig ist. Es darf wahrscheinlich als *Kern unserer Galaxis* angesehen werden. Die äquatorialen Koordinaten dieser ultrakompakten Quelle wurden zu

$$\alpha = 17^h 42^m 29\overset{s}{.}29 + 0\overset{s}{.}01, \ \delta = -28^0 59' 18\overset{''}{.}2 + 0\overset{''}{.}1 \ (1950.0)$$

bestimmt und entsprechen den galaktischen Koordinaten

$$l = -3'34, b = -2'75.$$

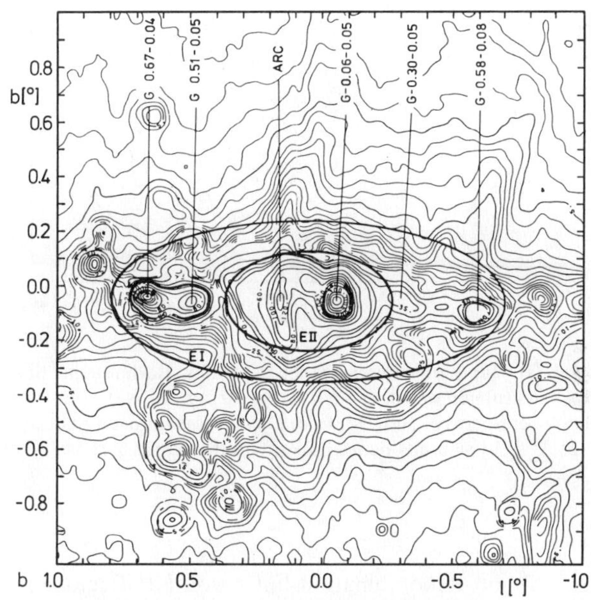

Abb. III.42a: Radiokontinuumskarte des Bereiches innerhalb von 1° Abstand von der Richtung zum galaktischen Zentrum für $\nu = 5$ GHz. Die zugrundeliegenden Beobachtungen wurden mit dem 100 m-Teleskop des Max-Planck-Instituts für Radioastronomie (Bonn) ausgeführt; die Winkelauflösung beträgt etwa 2′6. Das mit „Arc“ bezeichnete bogenförmige Emissionsgebiet besteht aus mehreren Einzelquellen. Die äußere der beiden eingezeichneten Ellipsen schematisiert einen ausgedehnten Bereich ionisierten Wasserstoffs (etwa 300 pc × 120 pc) mit niedriger Dichte ($N_e \approx 10$ cm^{-3}); innerhalb der kleineren Ellipse ist die Elektronendichte mit Mittel etwa um den Faktor 3 höher (Nach P. G. Mezger und T. Pauls).

Ein genaueres Bild von der Struktur der zentralen Radioquelle Sgr A West lieferten 1983 Kontinuumsbeobachtungen im cm-Gebiet mit dem „Very Large Array" (VLA), einem bei Socorro in New Mexico, USA, errichteten Radiointerferometer, das eine Auflösung von 1″ ermöglicht. Es besteht aus 27 phasengerecht zusammengeschalteten Radiospiegeln von je 25 m Durchmesser, die in der Form eines Y angeordnet sind mit variablen Armlängen bis zu 21 km. Abb. III.42b zeigt das Resultat für $\lambda = 6$ cm. Die thermische Radioemission von Sgr A West geht hiernach von spiralarmartigen Filamenten aus. Wir kommen hierauf in IV.4.5 zurück.

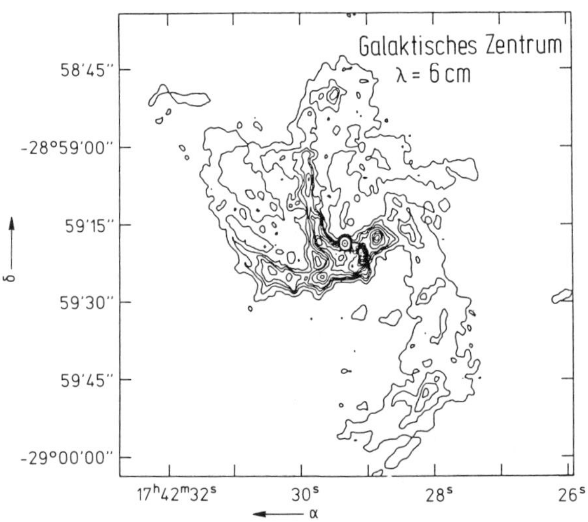

Abb. III.42b: Konturenkarte der zentralen Radioquelle Sgr A West für $\lambda = 6$ cm nach Beobachtungen mit dem Very Large Array des National Radio Astronomy Observatory der USA bei Socorro, New Mexico. Die Winkelauflösung beträgt 1". Die ultrakompakte Quelle Sgr A* hebt sich aus dem „Balken" in der Mitte heraus. (Nach K. Y. Lo und M. J. Claussen 1983).

2.3 Radio-Rekombinationslinien von HII-Regionen

Grundlagen: Nach der Rekombination von H^+, He^+ und anderen Ionen in heißen interstellaren Wolken können nicht nur Linien des optischen Bereiches emittiert werden, wie etwa die Balmerlinien durch Übergänge von Zuständen mit Hauptquantenzahlen $n > 2$ in den Zustand $n = 2$, sondern auch Radiolinien, dann nämlich, wenn es sich um Übergänge zwischen den sehr dicht beieinander liegenden *hohen* Quantenzuständen handelt. Beim Wasserstoff führen zum Beispiel Übergänge von $n + 1$ nach n mit $n \gtrsim 60$ zu Emissionslinien im Radiogebiet. Für solche

Linien hat sich der Name „Radio-Rekombinationslinien" eingebürgert. Analog zur Unterscheidung etwa der Balmerlinien durch die griechischen Buchstaben α, β, ... bezeichnet man mit $n\alpha$ die Linie von $n+1$ nach n, mit $n\beta$ die Linie von $n+2$ nach n, und spricht in diesem Zusammenhang auch vom α-Typ, β-Typ usw. Die Hα-Linie der Balmerserie wäre hiernach mit 2α oder genauer, unter Angabe des Elementes, mit H2α zu bezeichnen. Der Übergang von $n = 110$ nach $n = 109$ – er entspricht einer tatsächlich beobachteten Radio-Rekombinationslinie – erhält die Bezeichnung H109α.

Für die Frequenz einer Radio-Rekombinationslinie folgt nach der Rydberg-Formel wegen $\Delta n \ll n$

$$\nu = RcZ_{\text{eff}}^2 \left[\frac{1}{n^2} - \frac{1}{(n+\Delta n)^2}\right] \approx 2\, RcZ_{\text{eff}}^2 \frac{\Delta n}{n^3}.$$

Die Frequenz der Linien nimmt also mit wachsender Hauptquantenzahl n rasch ab. Das rekombinierte Elektron auf einer hohen Quantenbahn „sieht" praktisch nur eine Ladung $+e$, so daß gilt $Z_{\text{eff}} \approx 1$. Da auch die Rydbergkonstante $R = R_\infty \cdot [1-(m_e/M)]$ mit der Kernmasse $M \gg m_e$ = Elektronenmasse nur sehr wenig variiert, liegen die zu gleichem n gehörenden Linien eines bestimmten Typs, z. B. $n\alpha$-Linien, für verschiedene Elemente relativ dicht beieinander. Zum Beispiel erhält man für H 109α und He 109α die Frequenzen 5009 MHz und 5011 MHz[1].

Beobachtungen: Der erste Nachweis von Radio-Rekombinationslinien interstellaren Ursprungs gelang 1963. Als Hauptquellen erwiesen sich, wie zu erwarten, die als diffuse Nebel und (oder auch nur) als thermische Radiokontinuumsquellen hervortretenden HII-Regionen. So wurden z. B. im Orionnebel unter anderen die Wasserstofflinien H56α (bei $\nu = 35.5$ GHz), H94α, H109α, H158α, H137β, H225γ und die Heliumlinien He 85α, He 109α, He 134α beobachtet. Wie das Radiokontinuum, so wird auch diese Radiolinienstrahlung nicht durch Staubextinktion innerhalb der HII-Region oder in ihrer unmittelbaren Umgebung beeinflußt. „Schwache" Radio-Rekombinationslinienemission wird aus weiten Bereichen außerhalb dieser relativ dichten HII-Regionen beobachtet. Das dünne interstellare Gas wird hier ebenfalls durch heiße Sterne ionisiert (Beispiel: Zentralgebiet, s. III.2.2, S. 260).

In völliger Analogie zu den optischen Nebellinien lassen sich aus den Profilen und Dopplerverschiebungen der Radio-Rekombinationslinien Aussagen über innere Bewegungen und über die Radialgeschwindigkeit einer HII-Region als Ganzes gewinnen. Es wurde zunächst befürchtet, daß die hohen Quantenzustände durch Stöße mit geladenen Teilchen starke Verschiebungen erleiden und die erwarteten Übergänge entweder gar nicht zustande kommen oder nur schwer nachweisbare

[1] Eine ausführliche Tabelle der Frequenzen der Radio-Rekombinationslinien von H und He ist von A. E. Lilley und P. Palmer publiziert worden im Astrophys. J. Suppl. **16** (1968) p. 143.

Linien mit extremer Starkeffekt-Verbreiterung (PSS IV.1.8) ergeben. Es zeigte sich aber, daß die Linienprofile tatsächlich vorwiegend nur durch thermische und turbulente makroskopische Bewegungen der emittierenden Atome verbreitert werden. Für den Orionnebel ergab sich zum Beispiel nach Abzug des thermischen Anteils (unter Annahme einer Temperatur von 10^4 K) für innere Bewegungen eine Geschwindigkeitsstreuung zwischen 10 und 20 km s^{-1}, ähnlich dem Befund aus den optischen Nebellinien (s. III.2.1).

Eine Besonderheit stellen Rekombinationslinien mit wesentlich geringeren Breiten dar, wie sie z. B. im Bereich des W3-Komplexes und in der Quelle Orion B gefunden wurden, darunter die Linie des Kohlenstoffs C 157α. Diese Emission muß in kühleren Gebieten, **„CII-Regionen"**, entstehen.

Für die Ableitung der Verteilung und Bewegung der HII-Regionen im Milchstraßensystem ist die Bestimmung der Radialgeschwindigkeiten dieser Objekte als Ganzes wichtig. Die Heranziehung von Radio-Rekombinationslinien bietet dabei gegenüber optischen Linien den Vorteil, daß die interstellare Extinktion in der galaktischen Staubschicht keine Rolle spielt. Daher können auch sehr weit entfernte HII-Regionen erfaßt werden. Wir kommen auf diese Frage in IV.4.4 zurück.

2.4 Infrarotemission in den Bereichen von HII-Regionen

Im Spektralbereich zwischen 1 μm und etwa 25 μm ist die Erdatmosphäre nur in einer Anzahl schmaler „Fenster" durchlässig (Bereiche I, J, K, ..., Q, siehe PSS I.2.6). Sieht man ab von drei nur bedingt (von hohen Bergen aus) nutzbaren Bereichen verminderter atmosphärischer Absorption bei 34 μm, 350 μm und 450 μm, so sind Beobachtungen im fernen Infrarot von erdgebundenen Stationen aus erst jenseits $\lambda \approx 750$ μm, im Submillimetergebiet möglich. Weil die Absorption vorwiegend in der Troposphäre stattfindet, konnten jedoch Beobachtungen bei Wellenlängen zwischen 40 μm und 750 μm bereits von hochfliegenden Flugzeugen und von Stratosphärenballonen aus erfolgreich durchgeführt werden; es wurden auch Raketen eingesetzt. Als Empfänger verwendet man im nahen Infrarot Photowiderstände und Photodioden, im fernen Infrarot Germanium-Bolometer, die mit flüssigem Helium (−269°C) gekühlt werden müssen.

Infrarotemission und Radiokontinuum: Ende der sechziger Jahre wurde im Orionnebel, im Omeganebel (M 17) und im Lagunennebel (M 8) Infrarotstrahlung entdeckt. Seidem hat sich gezeigt, daß kontinuierliche flächenhafte IR-Emission ein allgemeines Charakteristikum von HII-Regionen ist: Die kontinuierlichen Spektren der meisten HII-Regionen weisen bei Wellenlängen oberhalb von etwa 5 μm bis über 100 μm hinaus einen starken „Infrarotexzeß" auf gegenüber der Extrapolation des in Abb. III.39 dargestellten, fast konstanten Verlaufes des Radiostrahlungsflusses. An den Orten maximaler Radiokontinuumsemission, in den kompakten HII-Regionen, findet man in der Regel auch Maxima von IR-Emission (s. Tabelle

III.12). Darüber hinaus gibt es jedoch auch starke IR-Quellen außerhalb der Gebiete hoher Radiokontinuumsemission, insbesondere Infrarot-Punktquellen, bei denen keine Radioemission zu beobachten ist.

Tabelle III.12: Beispiele von kompakten HII-Regionen, die auch als Infrarotquellen beobachtet werden. $S(20\ \mu m)$ und $S(6\ cm)$ bezeichnen die auf der Erde gemessenen Strahlungsflüsse bei $\lambda = 20\ \mu m$ und $\lambda = 6$ cm ($\nu = 5$ GHz); L_{IR} ist die gesamte Infrarot-Leuchtkraft der Quelle in Einheiten der Sonnenleuchtkraft $L_\odot = 4 \cdot 10^{33}$ erg s^{-1}

Ausgedehntes Objekt	Kompakte Komponenten Radio-	IR-Quelle	$S(20\ \mu m)$ [Jy]	$S(20\ \mu m)/S(6\ cm)$	L_{IR} $[L_\odot]$
W3	A1–A5	IRS 1	$2 \cdot 10^3$	70	$3 \cdot 10^5$
	C	IRS 4	$3 \cdot 10^3$	500	–
	W3 (OH)	IRS 8	$2 \cdot 10^2$	300	$2 \cdot 10^5$
M42	G 209.0–19.4	IRe 1	$1.4 \cdot 10^5$	500	$4 \cdot 10^5$
M8	A1–A4		$1.3 \cdot 10^3$	30	$5 \cdot 10^4$
M17	S	IRe 1	$5 \cdot 10^4$	220	$5 \cdot 10^6$ (S, N)
	N	IRe 2a	$3 \cdot 10^4$	140	
W51	G 49.5–0.4d	IRS 2	$1.5 \cdot 10^3$	140	$5 \cdot 10^6$ (d, e)
	e	IRS 1	–	–	
W75	DR 21 D	DR 21 N	$1 \cdot 10^2$	50	$6 \cdot 10^4$
NGC 7538	B	IRS 2	$7 \cdot 10^2$	500	$3 \cdot 10^4$ (B, C)
= S 158	C	IRS 1	$2 \cdot 10^2$	1700	

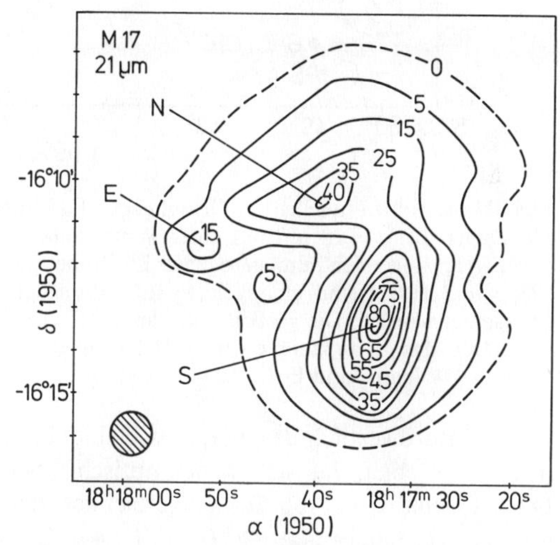

Abb. III.43: Konturenkarte der Infrarotemission des Omeganebels M17 bei $\lambda = 21\ \mu m$. Einheit der eingetragenen Intensitätswerte: 10^{-17} W m^{-2} Hz^{-1} $sterad^{-1}$. (Nach D. Lemke und F. J. Low).

Als Beispiel für die gute Korrelation von Infrarot- und Radiokontinuumsstrahlung in kompakten HII-Regionen sind in Abb. III.43 Beobachtungen von M 17 bei 21 µm zum Vergleich mit der Radiokarte Abb. III.40 wiedergegeben. Ähnliche Ergebnisse liegen für zahlreiche weitere HII-Regionen vor. Im W3-Komplex findet sich bei 3 von 4 Radiokontinuumsquellen eine IR-Quelle, es werden jedoch noch weitere IR-Quellen beobachtet (PSS II.6.2, Abb. II.32). Beim Orionnebel fällt das Maximum der Radioemission in das Gebiet der Trapezsterne und man findet hier auch ein ausgeprägtes Maximum der IR-Emission, nach seinen Entdeckern Ney und Allen manchmal als „NA-Objekt" oder auch als „Trapeznebel" bezeichnet.

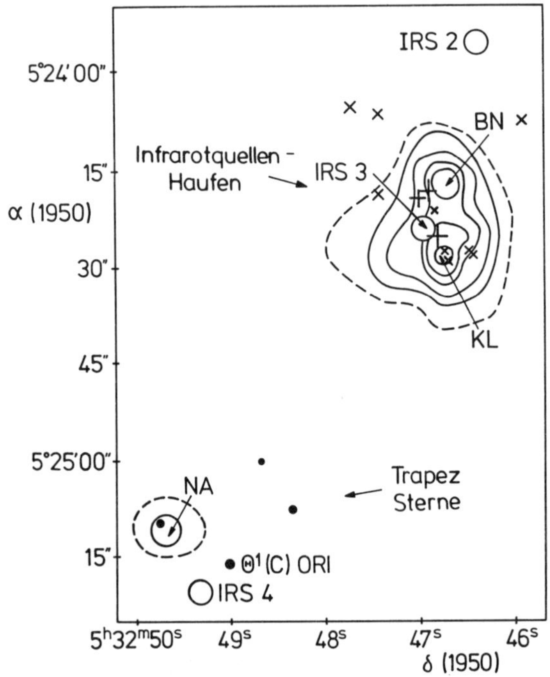

Abb. III.44: Infrarotquellen im Orionnebel. Die Linien gleicher Intensität beziehen sich auf Messungen bei $\lambda = 20$ µm mit einer Winkelauflösung von 5″. Der Unterschied zwischen aufeinander folgenden durchgezogenen Linien beträgt $3 \cdot 10^{-15}$ W m^{-2} Hz^{-1} $sterad^{-1}$. IRS 2, IRS 3 und IRS 4 sind unaufgelöste Infrarotquellen (infrared sources), die bei $\lambda < 20$ µm beobachtet wurden. Die großen und kleinen Kreuze geben die Positionen von OH-Masern bzw. H_2O-Masern an, auf die wir in III.2.8 eingehen. Weitere Erläuterung im Text. (Nach C. G. Wynn-Williams und E. E. Becklin).

Etwa 1′ nordwestlich des Trapezes befindet sich aber noch eine starke IR-Quelle in einem Gebiet, das sich weder optisch, noch im Radiokontinuum heraushebt. Diese Quelle ist in Abb. E.8 eingezeichnet. Bei höherer Auflösung zeigt sich, daß sie aus zwei Quellen besteht (Abb. III.44). Die nördliche, hellere im 3 bis 10 µm-Bereich, wird nach Becklin und Neugebauer als „BN-Objekt" bezeichnet und besitzt einen Durchmesser kleiner als 2″; die südliche, nach Kleinmann und Low „KL-Objekt" genannt, hat etwa 30″ Ausdehnung – deshalb zunächst meist als „Infrarotnebel" angesprochen. Bei höherer Auflösung heben sich hier mehrere Einzelquellen aus dem diffusen Untergrund heraus, deren hellste mit IRc2 bis IRc5 bezeichnet wurden. Die stärksten Quellen des BN-KL-Gebietes sind BN (= IRc1) und IRc2 mit Leuchtkräften zwischen $10^4\ L_\odot$ und $10^5\ L_\odot$.

Mehrere besonders starke IR-Quellen findet man im *galaktischen Zentralgebiet,* die intensivsten an den Orten der Radioquellen Sgr A und Sgr B2.

Spektren und Deutung der IR-Emission: Messungen der IR-Strahlungsflüsse von HII-Regionen bei verschiedenen Wellenlängen zwischen 1 µm und 1 mm in breiten Bändern liefern Spektralverläufe, von denen Abb. III.45 ein typisches Beispiel gibt. Man kann sie angenähert darstellen durch Überlagerung des extrapolierten, fast konstanten Radiokontinuums (Abb. III.39) mit einer Planck-Kurve für eine relativ niedrige Temperatur. Im Falle des Trapeznebels findet man beispielsweise eine „Farbtemperatur" $T \approx 100$ K, für den KL-Nebel $T \approx 130$ K (außen) bis zu 200 K (im Kern). Diese Ergebnisse legen eine einfache Deutung nahe: Daß wir es nämlich hier mit der Wärmestrahlung der kleinen festen, mit dem Gas vermischten Teilchen zu tun haben, die durch Sterne in der HII-Region aufgeheizt werden.

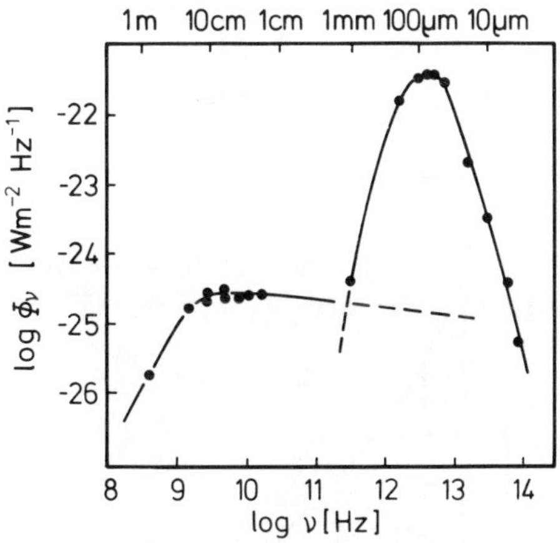

Abb. III.45: Energieverteilung im Spektrum der Infrarotquelle IRS 1 in der kompakten HII-Region W3 (A). Der Spektralverlauf besteht aus zwei Komponenten: der thermischen Bremsstrahlung des ionisierten Gases und der thermischen Emission der dem Gas beigemischten festen Teilchen.

Nehmen wir der Einfachheit halber an, daß die Staubteilchen kleine, völlig schwarze Kugeln vom Radius a sind, dann liefert die Gleichsetzung der von einem Teilchen der Temperatur T_t emittierten Energie $4\pi a^2 \cdot \sigma T_t^4$ mit der aus dem Strahlungsfeld eines Sternes (effektive Temperatur T_{eff}, Radius R) in der Entfernung r herausabsorbierten Energie $\pi a^2 S(r) = \pi a^2 (R/r)^2 \cdot \sigma T_{\text{eff}}^4$

$$T_t^4 = \frac{1}{4}\left(\frac{R}{r}\right)^2 T_{\text{eff}}^4 .$$

Im Abstand $r = 0.1$ pc von einem O5-Stern mit $T_{\mathrm{eff}} = 37500$ K und $R = 18\ R_\odot$ erhält man beispielsweise $T_t \approx 50$ K. Die absorbierte Strahlung stammt praktisch allein aus dem UV-Bereich, die emittierte Strahlung liegt hingegen im fernen IR. Da reale Teilchen mit $a \approx \lambda_V \approx 0.5$ µm in der Regel ein nach langen Wellen hin abnehmendes Absorptions- und Emissionsvermögen besitzen ($\lambda > a$, Vergleich mit einer Antenne!), können sie weniger effektiv abstrahlen als schwarze Teilchen und werden deshalb noch merklich höhere Temperaturen annehmen. Die genauere Interpretation der Beobachtungen muß natürlich auch einen Gradienten der Staubtemperatur mit r berücksichtigen.

Als Energiequellen für die Erwärmung des Staubes kommen vor allem die auch das Nebelleuchten anregenden Sterne in Frage. Ein oder mehrere O-Sterne emittieren pro Zeiteinheit Energiebeträge von etwa $10^5\ L_\odot$ bis zu einigen $10^6\ L_\odot$. Diese Energie wird bei den kompakten Regionen mit hoher Staubextinktion ganz oder zu einem großen Teil durch den Staub absorbiert und muß dann im IR-Bereich abgestrahlt werden. Durch Integration der beobachteten Strahlungsflüsse über den gesamten IR-Bereich findet man (in Verbindung mit den Entfernungen der Objekte) tatsächlich IR-Leuchtkräfte der kompakten HII-Regionen von dieser Größenordnung, z. B. für den „Trapeznebel" $L(\mathrm{IR}) \approx 4 \cdot 10^5\ L_\odot$ und für M 17 insgesamt rund $5 \cdot 10^6\ L_\odot$ (s. Tabelle III.12).

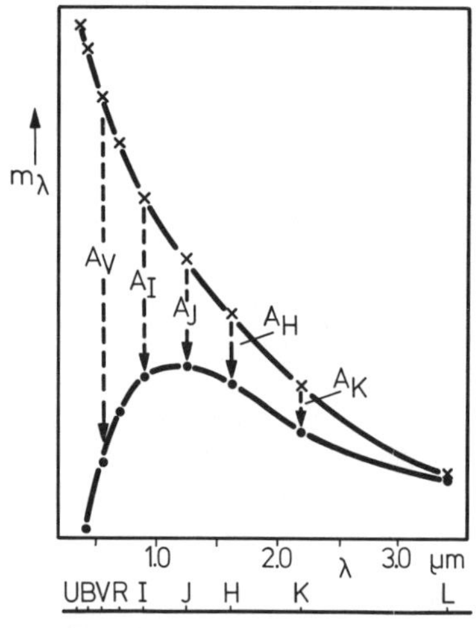

Abb. III.46: Veränderung der spektralen Energieverteilung eines Sternes (x x x) durch die wellenlängenabhängige interstellare Extinktion.

Bei manchen HII-Regionen sind die anregenden Sterne hinter dichten Staubmassen verborgen, z. B. beim Omeganebel M 17 und bei W3. Wie im Fall des allgemein verbreiteten interstellaren Staubes nimmt jedoch auch hier die Extinktion mit wachsender Wellenlänge ab. So konnte mit einer Bildwandler-Kamera für das nahe Infrarot beispielsweise in einer der kompakten HII-Regionen des W3-Komplexes (in PSS, Abb. II.32 die Quelle IRS 1 bzw. W3A) ein Stern nachgewiesen werden, dessen beobachtete spektrale Energieverteilung sich zwanglos mit der Annahme reproduzieren läßt, daß es sich um einen O5-Stern handelt, dessen Strahlung einer Extinktion von 14 Größenklassen im Visuellen ($\lambda \approx 5500$ Å) unterliegt (vgl. Abb. III.46). Damit läßt sich gleichzeitig der in Abb. III.45 wiedergegebene beobachtete Verlauf im Spektrum dieser kompakten HII-Region für das nahe Infrarot in erster Näherung erklären: Mit der (in IV.1.3 begründeten) Annahme, daß der wahre Fluß auch im Bereich zwischen 5 µm und 1 µm proportional $\nu^{-0.1}$ ist und eine Staubextinktion mit normaler Wellenlängenabhängigkeit (s. III.1.1) vorliegt, ergeben sich die beobachteten Werte, wenn man $A_V \approx 14^m$ ansetzt.

Bei anderen IR-Quellen, wie etwa dem BN-Objekt oder einer in M17 entdeckten, ähnlichen IR-Punktquelle (Kleinmann-Wright-Quelle) handelt es sich wahrscheinlich um Protosterne, die noch in eine dichte, staubreiche Hülle eingebettet sind. Man nennt Sterne in diesem embryonalen Stadium daher auch **„Kokon-Sterne"**. Die Farbtemperaturen solcher Objekte reichen bis zu einigen 100 K (PSS II.5.4). Die Staubhülle absorbiert oft die optische Strahlung des sternartigen Kernes fast vollständig; sie erzeugt u. a. auch die charakteristische 10 µm-Absorption (s. III.1.1, insbes. Abb. III.4) im IR-Spektrum dieser Quellen. Die IR-Leuchtkräfte der heute bekannten Objekte dieser Art liegen etwa zwischen $3 \cdot 10^2\ L_\odot$ und $3 \cdot 10^4\ L_\odot$. Im Fall des KL-Nebels ergeben die im Abschnitt III.2.7 besprochenen Beobachtungen starke Argumente dafür, daß es sich hier um das Zentrum einer hinter dem Orionnebel, aber außerhalb der HII-Region liegenden kühleren Wolke handelt (s. III.2.9).

Infrarot-Linienemission: Beobachtungen mit höherer spektraler Auflösung haben den Nachweis der in III.2.1 erwähnten infraroten verbotenen Emissionslinien verschiedener Ionen von kompakten HII-Regionen ermöglicht. Als Beispiele seien die Linien [Ar III] λ 8.99 µm, [S IV] λ 10.52 µm, [Ne II] λ 12.8 µm, [S III] λ 18.71 µm, [O III] λ 51.8 µm und [O III] λ 88.35 µm angeführt.

Überraschend war die Entdeckung von infraroten Emissionslinien des H_2-Moleküls im KL-Objekt und in ähnlichen Verdichtungen in der Nähe anderer HII-Regionen. Es handelt sich hier um Quadrupolstrahlung bei Rotations-Schwingungs-Übergängen im elektronischen Grundzustand, in dem elektrische oder magnetische Dipolstrahlung verboten ist (s. IV.2.2). Die stärkste dieser Linien entsteht beim Übergang $v = 1 \rightarrow 0$, $J = 1$ und ihre Wellenlänge beträgt $\lambda = 2$ µm. Die Bedeutung dieser Beobachtungen liegt darin, daß sie die einzige direkte Nachweismöglichkeit molekularen Wasserstoffs in dichten, für Ultraviolettstrahlung undurchdringlichen Kondensationen des interstellaren Mediums darstellen, dessen Häufigkeit hier alle anderen Molekül- und Atomarten weit übertrifft. Auf die Ergebnisse für das KL-Objekt kommen wir in III.2.9 zurück.

2.5 Dunkelwolken: Optische Daten

Die sichtbaren Phänomene kalter interstellarer Wolken sind wenig auffällig gegenüber dem glanzvollen optischen Erscheinungsbild einer entwickelten HII-Region. Man beobachtet eine lokale Erhöhung der interstellaren Extinktion des Sternlichtes, wie sie bereits in III.1.1 beschrieben und durch die Abbildungen E.5 und III.2 veranschaulicht wird, oder auch eine lokale Schwächung der Flächenhelligkeit eines diffusen Nebels, wie bei dem bekannten Pferdekopfnebel im Orion (Abb. III.47). Dunkelwolken kleinen scheinbaren Durchmessers mit klarer, oft kreisförmiger Begrenzung heißen **Globulen.** Am Ort einer Dunkelwolke läßt sich oft kontinuierliches Streulicht (s. III.1.3), manchmal auch ein ausgeprägter Reflexionsnebel, nachweisen.

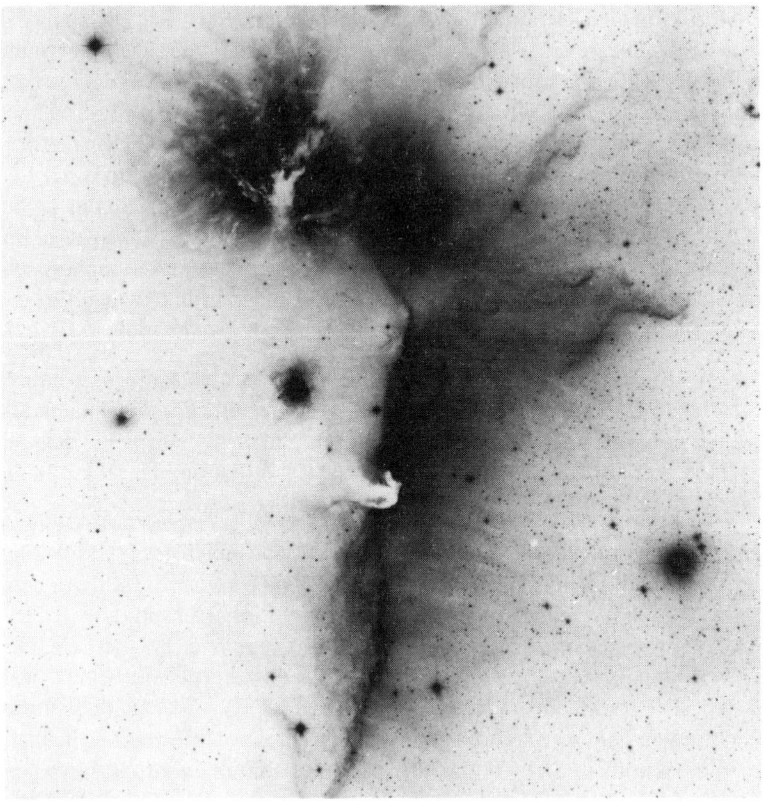

Abb. III.47: Der helle Nebel IC 434 südlich des Gürtelsternes Zeta des Orion, auf den sich der dunkle „Pferdekopfnebel" projiziert. Oben, links der Mitte, der Nebel NGC 2024.

Ein *Katalog* von Dunkelwolken wurde erstmals 1919 von E. E. Barnard auf der Grundlage seiner photographischen Durchmusterung der Milchstraße an der Lick-

Sternwarte erstellt. Die Anzahl der Objekte lag zunächst bei 182, eine spätere Ausgabe enthält 349 Dunkelwolken. Neuere Kataloge, teilweise mit Karten, von J. Khavtassi (1955, 1960; 797 Objekte), E. Schoenberg (1964, 1456 Objekte) und Beverly T. Lynds (1962; 1802 Objekte) sind im Literaturverzeichnis genauer zitiert. Die *Bezeichnung* der Dunkelwolken erfolgt oft mit dem Anfangsbuchstaben eines dieser Autoren und der jeweiligen Nummer im Katalog. Die in Abb. III.2 gezeigte Dunkelwolke südlich des Sternes ϱ Ophiuchi erhielt beispielsweise die Bezeichnung B42 nach Barnards Katalog, während Lynds' Katalog dafür mehrere Einzelstrukturen L 1686, L 1688, L 1690, L 1692 und L 1696 verzeichnet. Die Abgrenzungen der Dunkelwolken sind von Katalog zu Katalog oft recht unterschiedlich.

Die *Verteilung* der in den Katalogen erfaßten Dunkelwolken an der Sphäre zeigt eine starke Konzentration zum galaktischen Äquator. Nur relativ wenige Wolken besitzen Breiten $|b| > 10°$. Dies entspricht dem durch Weitwinkelaufnahmen der Milchstraße (Abb. E.6) vermittelten Gesamteindruck.

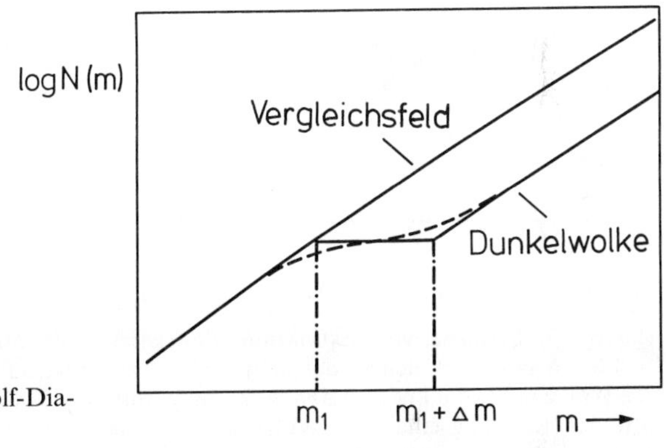

Abb. III.48: Schematisches Wolf-Diagramm. Erläuterung im Text.

Extinktion Δm und Entfernung einer Dunkelwolke können in manchen Fällen durch ein einfaches und anschauliches Verfahren abgeleitet werden, das auf Max Wolf (1923) zurückgeht. Man vergleicht dabei den Verlauf der kumulativen Sternzahlen $N(m)$ in Abhängigkeit von der scheinbaren Helligkeit m für die Dunkelwolke mit dem entsprechenden Verlauf für ein unmittelbar benachbartes, ungestörtes Vergleichsfeld. Es wird dabei grundsätzlich angenommen, daß die Sterndichteverläufe $D(r)$ in den Richtungen der Dunkelwolke und des Vergleichsgebietes völlig identisch sind. Der Einfachheit halber wollen wir zunächst für alle Sterne die gleiche absolute Helligkeit M_0 voraussetzen. Die scheinbare Helligkeit m stellt dann (im extinktionsfreien Fall) ein eindeutiges Entfernungsmaß dar. Wir approximieren die Dunkelwolke durch einen dünnen absorbierenden Schirm in der Entfernung r_1, in welcher ein Stern mit der Helligkeit $m_1 = M_0 - 5 + 5 \log r_1$ erscheint. Die Verläufe von $N(m)$ oder zweckmäßiger $\log N(m)$ für Dunkelwolke und Vergleichsfeld müssen dann bis zu $m = m_1$ zusammenfallen (Abb. III.48). Sterne schwächer als m_1 befinden sich jedoch bereits hinter dem Schirm und werden um den gleichen Betrag Δm geschwächt: Die Kurve für das Dunkelgebiet verschiebt sich um Δm nach rechts. Wegen der tatsächlich vorhandenen starken Streuung der absoluten Helligkeiten der Sterne ergibt die Auftragung beobachteter Sternzahlen in einem solchen **Wolf-Diagramm** keine scharf ausgeprägte Stufe, sondern einen verschmierten glatten Verlauf, wie er in Abb. III.48 gestrichelt eingetragen ist. Eine zuverlässige Entfernungsangabe ist also kaum möglich. Andererseits kann die Extinktion der Wolke Δm relativ gut bestimmt werden, wenn die beiden Kurven weit oberhalb von m_1 noch erfaßbar sind, wo sie parallel zueinander verlaufen mit dem Abstand Δm in der Abszissenrichtung.

Der Fall einheitlicher Leuchtkraft der Sterne kann angenähert werden, indem man für die Untersuchung nur Sterne einer bestimmten MK-Spektralgruppe wählt. Der Arbeitsaufwand wird dann jedoch sehr viel größer.

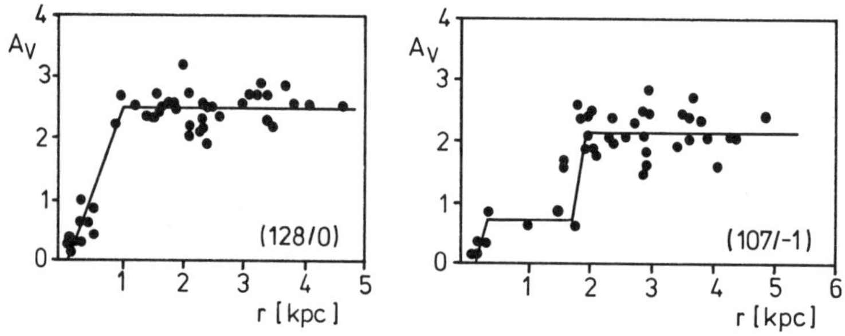

Abb. III.49: Beispiele von Extinktions-Entfernungs-Diagrammen. Links für ein Feld bei $l = 128°$, $b = 0°$, in welchem der Sehstrahl bis zu Entfernungen von mindestens 4 kpc nur eine Wolke mit $r_1 < 1$ kpc und $\Delta m_V \approx 2.5$ mag trifft. Rechts für ein Feld bei $l = 107°$, $b = -1°$, in dessen Richtung eine nahe Wolke bei $r \approx 200$ pc mit $\Delta m_V \approx 0.8$ mag und eine weitere Wolke bei $r \approx 1.8$ kpc mit $\Delta m_V \approx 2.2 - 0.8 = 1.4$ mag vorhanden ist. Die Streuung der A_V-Werte beruht in erheblichem Maße auf einer Variation der Extinktion von Ort zu Ort, also von Stern zu Stern, im Bereich der Dunkelwolke. (Nach T. Neckel und G. Klare).

Das heute am häufigsten angewandte Verfahren zur Ableitung der Extinktion im Sichtbaren und der Entfernung einer Dunkelwolke zielt auf die Bestimmung von Farbexzessen für möglichst viele Sterne innerhalb und in der nächsten Umgebung der Dunkelwolke ab. Am einfachsten ist der Weg, wenn MK-Spektraltypen der Sterne vorliegen oder ermittelt werden können. Damit sind Eigenfarben und absolute Helligkeiten bekannt, und nach der Messung von scheinbaren Helligkeiten in wenigstens zwei Farbbereichen, z. B. von B und V, ergeben sich die visuellen Extinktionswerte $\Delta m_V = A_V$ und die Entfernungen r der Sterne in bekannter Weise (s. I.2.2). Die Extinktion kann nun in Abhängigkeit von der Entfernung aufgetragen werden. Typische Ergebnisse einer umfassenden Untersuchung von Neckel und Klare (1980), der Daten von rund 12000 längs des ganzen Milchstraßenbandes verteilten Sternen zugrundeliegen, zeigt Abb. III.49. Hier lassen sich Δm_V und r_1

direkt entnehmen. Tabelle III.13 gibt eine Auswahl von Resultaten für einzelne Objekte, die auf diesem Weg und/oder durch Sternzählungen gewonnen wurden.

Tabelle III.13: Beispiele von Dunkelwolken und Globulen. l und b galaktische Koordinaten, r Entfernung, Δm_V Extinktion im V-Bereich, D Richtwert für den linearen Durchmesser des Objektes (aus Winkelgröße und Entfernung). Δm_V und r basieren meist auf Sternzählungen, teilweise auch auf Farbexzessen; die visuelle Extinktion der kleinen Globulen stellt einen unteren Grenzwert dar

Sternbild oder Bezeichnung	l	b	r [pc]	Δm_V [mag]	D [pc]
Aquila	42°	0°	100 ... 300	3	~10
Cygnus: E, S und W vom Nordamerikanebel	80	0	600	3	–
Große Globule B 361 = L 970 im Cygnus	89.3	− 0.6	600	2	1.8
Teil-Komplex im Taurus	170	−15	50, 175, 600	3, 0.8, 1	~10
Einzelwolke L 1534	174.1	−14.0	50	6.5	1
Große Globule B 227 = L 1570 im Orion	190.6	− 0.8	400	3	0.6
Kleine Globulen im Rosette-Nebel (Abb. III.34)	206.4	− 1.9	1000	~8	0.01 ... 0.04
„Kohlensack"	302	0	170	1 ... 3	~10
Wolke südl. von ϱ Oph	353	+17	200	2 ... 8	3

Die systematische Zunahme der interstellaren Extinktion mit wachsender Entfernung bewirkt, daß bei größeren Entfernungen zunehmend Sterne mit höheren Extinktionswerten unberücksichtigt bleiben, weil sie infolge dieser hohen Extinktionen bereits jenseits der Grenzgröße der Beobachtungsmethode liegen. Dieser Auswahleffekt bedeutet zum Beispiel, daß bei der Grenzgröße $m_V = 10^m$, oberhalb welcher meist keine Spektraltypen verfügbar sind, nur bis zu $r \approx 1500$ pc unverfälschte Resultate erwartet werden können. Zu schwächeren Grenzhelligkeiten kann man durch photometrische Spektralklassifikation auf der Basis einer Mehrfarbenphotometrie (s. PSS I.2.11) vordringen. So ermöglicht etwa die Messung der Helligkeiten U, B und V sowie des Hβ-Index – ein Maß für die Stärke der Hβ-Linie – die Bestimmung sowohl der Eigenfarbe, und damit des Farbexzeß, als auch der absoluten Helligkeit eines Sternes.

2.6 Dunkelwolken hoher Extinktion und IR-Quellen

Beobachtungen im sichtbaren Bereich mit Grenzhelligkeiten bei $m_V \approx 10$, wie sie den in Abb. III.49 dargestellten Diagrammen zugrunde liegen, liefern fast ausschließlich Extinktionswerte $A_V < 5$. Das ist nicht verwunderlich, weil selbst ein absolut heller Stern mit $M_V = -5$ in der Entfernung $r = 1$ kpc bei $A_V = 5$ nur die scheinbare Helligkeit $m_V = 10$ erreicht. Es kann also Wolken mit wesentlich höheren Extinktionswerten als $A_V = 5$ geben, die auf diesem Wege nicht erfaßt wurden. Daß dies tatsächlich der Fall ist, haben Beobachtungen im Infrarot gezeigt. Hier ist die Staubextinktion wesentlich geringer, bei $\lambda = 2.2$ µm beträgt sie zum Beispiel nur etwa 10% des visuellen Wertes, so daß auch Dunkelwolken mit $A_V \gtrsim 10$ noch durchdrungen und damit Aussagen über ihre Extinktion gewonnen werden können. Ein Beispiel dazu haben wir bereits in III.2.4 in Verbindung mit der Abb. III.46 erläutert. Aufnahmen mit der dort erwähnten Bildwandler-Kamera für $\lambda \approx 1$ µm zeigten bei einem anderen Beispiel, der dichten Dunkelwolke im Bereich des Omeganebels M 17, zahlreiche stark gerötete Sterne mit Extinktionswerten im Visuellen von etwa 10 bis 12 Größenklassen. Sie bilden wahrscheinlich einen Sternhaufen, dessen früheste Typen die anregenden Sterne der großen HII-Region sind.

Auch in den typischen Dunkelwolkenkomplexen, die nicht mit größeren HII-Regionen – allenfalls mit Reflexionsnebeln – verbunden sind, haben Infrarotbeobachtungen zur Entdeckung ganzer Sternhaufen geführt, deren sichtbare Strahlung eine Extinktion $A_V \gtrsim 10$ erfährt. Als Folge der hohen Extinktion sind diese extrem verfärbten Sterne im Sichtbaren oft gar nicht nachzuweisen. So führten Untersuchungen der Dunkelwolken um den Stern ϱ Ophiuchi (Abb. III.2) im nahen Infrarot zur Entdeckung von einigen Dutzend Punktquellen, an deren Positionen die Rotaufnahme des Palomar Sky Survey (Grenzgröße $m_R = 20$) in vielen Fällen keine sichtbaren Objekte zeigt. Mit den beobachteten Farben und der Annahme, daß die Wellenlängenabhängigkeit der Staubextinktion ähnlich ist wie in den Gebieten geringerer interstellaren Extinktion, ergeben sich für die einzelnen Sterne Werte A_V jenseits von 20^m. Legt man die nach den oben beschriebenen Methoden ermittelte Entfernung der Ophiuchus-Dunkelwolke $r_1 = 170$ pc zugrunde, so ergeben sich für einen merklichen Anteil der Objekte Absoluthelligkeiten von A- und B-Sternen. Frühe B-Sterne sollten, wenn sie sich innerhalb der Wolke befinden, kleine HII-Regionen erzeugen. Daraufhin angestellt Radiobeobachtungen haben tatsächlich zur Entdeckung kompakter HII-Regionen geführt.

Auch die „anomalen“ Rekombinationslinien C 167α (1 400 MHz) und C 110α (4 875 MHz) werden beobachtet. Sie kommen vermutlich aus Gebieten ionisierten Kohlenstoffs (CII-Regionen) in der Nähe dieser B-Sterne. Flächenhafte IR-Emission des Staubes der Dunkelwolke wird wieder mit dessen Erwärmung durch die eingebetteten Sterne erklärt.

Beobachtungen dieser Art an dichten Dunkelwolken sind von besonderem Interesse, da sie allem Anschein nach Einblick in Sternentstehungsgebiete in einer frühen Entwicklungsphase ermöglichen. Die stellaren Objekte in solchen Wolken müssen zum Teil sehr jung sein, auch Protosterne sind dort zu finden.

2.7 Molekülwolken

Wie bereits in der Einleitung erwähnt, sind die interstellaren Wolken in neuerer Zeit wegen der in ihnen anzutreffenden Moleküle zu vielfach untersuchten Objekten geworden. Weil die Wellenlängen der interstellaren Moleküllinien vorwiegend im Zentimeter- und Millimeterbereich liegen, hat sich damit für die Radioastronomie ein neues fruchtbares Arbeitsfeld entwickelt. Mit neuen Teleskopen auf der Nord- und der Südhalbkugel wird jetzt auch der Bereich knapp unter 1 mm („Submillimetergebiet") erschlossen.

Beobachtete Moleküle, Übergänge: Die Grundzüge der Beschreibung der Energiezustände und Spektren von Molekülen sind im Anhang B zusammengestellt. Die Linien des Mikrowellenbereiches entstehen meist durch *Übergänge zwischen den Rotationszuständen* der Moleküle. Für die Mehrzahl der zweiatomigen und der mehratomigen linearen Moleküle kann man in erster Näherung vom Modell des starren Rotators ausgehen und erhält Folgen äquidistanter Spektrallinien. Die genauere Voraussage der Linienfrequenzen muß jedoch unter anderem die Wirkung der Zentrifugalkräfte auf die gegenseitigen Abstände der einzelnen Atome berücksichtigen, wodurch sich kleine systematische Frequenzverschiebungen ergeben.

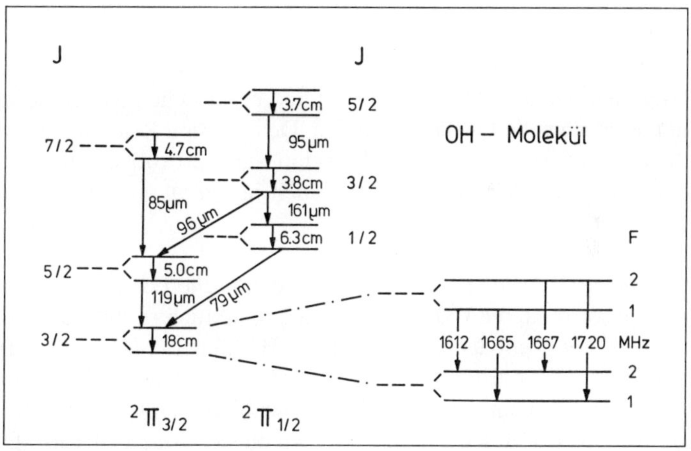

Abb. III.50: Termschema des OH-Moleküls. Links sind die tiefsten Λ-Dublett-Terme dargestellt, rechts die Hyperfeinstruktur-Aufspaltung des Grundzustandes, die zur Entstehung von vier Linien statt eines Dubletts führt.

Linien des Mikrowellenbereiches können auch durch Übergänge zwischen Unterniveaus entstehen, in welche die einzelnen Rotationszustände aufspalten, wenn besondere Kopplungsverhältnisse vorliegen. Wichtige Beispiele sind die Λ-*Verdop-*

pelung (s. Anhang B) und die *Hyperfeinstruktur-Aufspaltung*. Abb. III.50 erläutert dies für den Fall des OH-Moleküls. Die Linien bei $\lambda = 18$ cm entstehen durch den Übergang zwischen den beiden Niveaus, in welche der Grundzustand $^2\Pi_{3/2}$, $J = 3/2$ durch Λ-Verdoppelung aufspaltet. Die Hyperfeinstruktur bewirkt eine nochmalige Aufspaltung jedes dieser Einzelniveaus, so daß insgesamt vier Linien möglich sind. Hyperfeinstruktur-Quantenzahlen F und Frequenzen ν für diese Linien sind in Tabelle III.14 enthalten. Besonders bemerkenswert ist, daß diese Übergänge – im Gegensatz zu dem Hyperfeinstruktur-Übergang der 21 cm-Linie – nicht verboten sind. Die Übergangswahrscheinlichkeiten sind um vier Größenordnungen höher als bei der 21 cm-Linie.

Eine weitere Möglichkeit zur Entstehung von Moleküllinien im Mikrowellenbereich ist die *Inversionsverdoppelung* (s. Anhang B). Bekanntestes Beispiel ist das NH_3-Molekül, bei dem die Übergänge zwischen den Inversionsniveaus für $(J, K) =$ (1,1), (2,2), (3,3), ... sehr stark sind. Die Frequenzen der entstehenden Linien liegen bei 24 GHz, entsprechend $\lambda \approx 1.3$ cm.

Die durch Beobachtungen von Linien im Millimeter- und Zentimeterbereich im interstellaren Raum nachgewiesenen Moleküle sind zu einem großen Teil in Tabelle III.14 zusammengestellt, wobei für jedes Molekül wenigstens einer der beobachteten Übergänge angegeben wird. Einige dieser Moleküle, darunter CO, OH, CS, NH_3 und H_2CO, konnten in vielen verschiedenen Richtungen, vorwiegend im Bereich der Milchstraße nahe bei HII-Regionen und in Gebieten hoher visueller Extinktion, festgestellt werden. Die komplizierteren organischen Moleküle wurden jedoch nur in relativ wenigen Quellen gefunden. Den größten Reichtum an Molekülarten zeigt die im Bereich der großen HII-Region Sgr B2 beobachtete Molekülwolke; einige der komplexen Moleküle wurden auch in Sgr A und im Gebiet des Orionnebels gefunden.

Linienemission von Wolken: Über systematische Durchmusterungen der Emission des weitverbreiteten CO-Moleküls, die man auch in diffusen Wolken geringer Extinktion Δm_V beobachtet, ist bereits in III.1.6 berichtet worden. In dichten Wolken mit $\Delta m_V > 5^m$ werden auch andere Moleküle wie OH, CS, NH_3 und H_2CO in Emission gefunden. Die maximalen Anzahldichten in solchen Kondensationen liegen bei 10^4 H_2-Molekülen pro cm^3, wie in IV.2.4 gezeigt wird. Die folgenden Ausführungen beziehen sich vorwiegend auf das relativ häufige CO.

In dichten *Dunkelwolken* sind die beobachteten CO-Linienprofile in der Mitte häufig abgeflacht, manchmal treten sogar zentrale Einsenkungen auf (Abb. III.51). Das deutet an, daß das emittierende Gas für die Wellenlänge der Linie bereits optisch dick, also weitgehend undurchsichtig ist. Dies bestätigen die ebenfalls beobachteten Linien des $^{13}C^{16}O$: Diese sind meist etwa ein Drittel so stark wie die Linien des normalen $^{12}C^{16}O$, während das Isotopenverhältnis $^{12}C/^{13}C$ im interstellaren Gas bei

60 oder etwas höher liegt (terrestrischer Wert 89)[1]. Die $^{12}C^{16}O$-Linie müßte also im optisch dünnen Fall ≈ 60 mal so stark sein wie die des $^{13}C^{16}O$! In der Mitte der $^{12}C^{16}O$-Linie dürfte daher bereits die Intensität der Strahlung eines Schwarzen Körpers mit der Temperatur des Gases der dichten Wolke erreicht sein. Die dort gemessene Strahlungstemperatur T_s (abzüglich der 2.7 K für die kosmische Hintergrundstrahlung) ist dann angenähert gleich der kinetischen Temperatur des Gases T (s. IV.1.1, Gl. IV.9f.). Auf diesem Wege ergeben sich für T extrem niedrige Werte von 6 ... 20 K, die es rechtfertigen, von kalten Wolken zu sprechen.

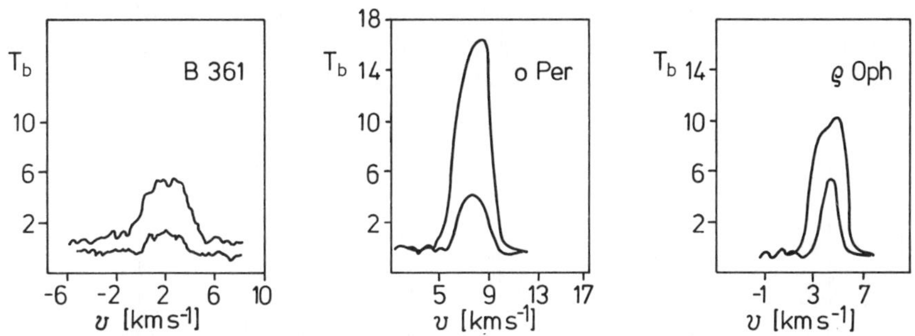

Abb. III.51: Beobachtete Profile der $^{12}C^{16}O$-Linie $J = 1 \rightarrow 0$ und der entsprechenden Linie von $^{13}C^{16}O$ (jeweils das untere Profil) für die Globule B 361, eine große Dunkelwolke nahe dem Stern o Persei und die Dunkelwolke südlich von ϱ Ophiuchi. Ordinate: Strahlungstemperatur in Kelvin, Abzisse: Geschwindigkeit relativ zum lokalen Bezugssystem in km s^{-1}. (Nach Messungen von A. S. Milman et al.).

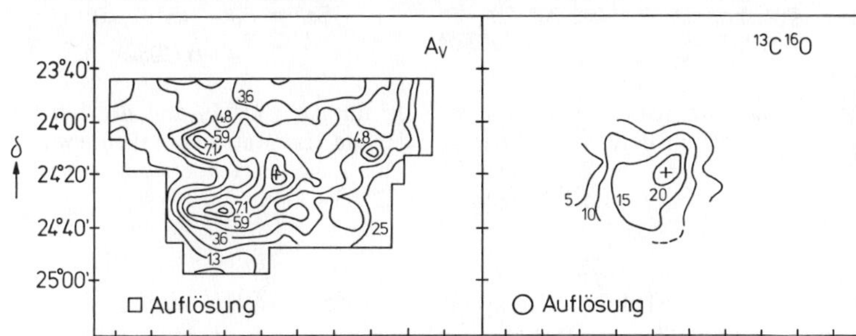

Abb. III.52: Konturen der visuellen Extinktion A_V von 1.3 bis 7.1 mag, abgeleitet aus Sternzählungen, und der über die ganze Linie intergrierten $^{13}C^{16}O$-Emission ($J = 1 \rightarrow 0$) für die ϱ Ophiuchi-Dunkelwolke. Koordinaten für 1950.0. (Nach P. C. Myers et al.).

[1] Zur Bestimmung des interstellaren Isotopenverhältnisses $^{12}C/^{13}C$ wurden Radiolinien von Molekülen herangezogen, die Kohlenstoffatome enthalten. Die Analyse der Linien von $H_2{}^{13}CO$ und $H_2{}^{12}CO$ ergab beispielsweise Werte zwischen 40 und 80. Neuere Messungen der Stärken interstellarer Absorptionslinien von $^{13}CH^+$ und $^{12}CH^+$ in Sternspektren lieferten $^{12}C/^{13}C \approx 60 \ldots 70$.

Die Halbwertsbreiten der CO-Linienprofile liegen meist zwischen 1 und 5 km s^{-1}. Einer Temperatur von 20 K entspricht andererseits eine thermische Dopplerbreite von nur etwa 0.1 km s^{-1} (s. Gl. IV.203). Es müssen daher innere makroskopische Bewegungen mit Beträgen von mehreren km s^{-1} vorhanden sein. Diese könnten, neben anderen Möglichkeiten, durch Kontraktion der ganzen Wolke als Folge des Überwiegens der Gravitation gegenüber dem Gasdruck bedingt sein. Wir kommen darauf in IV.2.4 zurück.

Die Intensitätsverteilung der CO-Emission über eine Dunkelwolke hinweg zeigt in der Regel eine Korrelation mit der Verteilung der visuellen Extinktion. Abb. III.52 demonstriert dies am Beispiel der ϱ Oph-Wolke. Darüber hinaus beobachtet man oft bei IR-Quellen verstärkte Moleküllinienstrahlung.

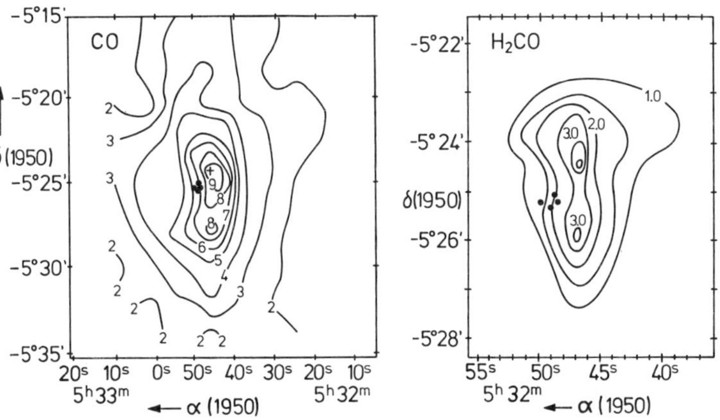

Abb. III.53: Konturenkarten für die $^{12}C^{16}O$-Linie ($J = 1 \rightarrow 0$) und die 140 GHz-Linie des H_2CO-Moleküls im Bereich des Orionnebels. Die Hauptmaxima fallen jeweils mit der KL-Infrarotquelle zusammen. Zum Vergleich ist die Lage der Trapezsterne eingezeichnet. (Nach H. S. Liszt et al. [CO] und P. Thaddeus et al. [H_2CO]).

Die intensivsten Moleküllinienquellen mit der größten Vielfalt von Molekülarten werden in der *Nähe von HII-Regionen* beobachtet (s. Tabelle III.14). Mit Beträgen über 10 km s^{-1} sind die Linienbreiten hier oft noch größer als in Dunkelwolken, im Extremfall Sgr B2 rund 50 km s^{-1}. Charakteristisch ist daneben, daß die kinetischen Temperaturen – abgeleitet aus den optisch dicken CO-Linien – merklich höher liegen, nämlich zwischen 20 und etwa 100 K. Ein besonders eingehend untersuchtes Beispiel ist der Orionnebel. Das Maximum der Emission ist hier auf das KL-Objekt zentriert (s. Abb. III.44). Die Ausdehnung der Emissionsgebiete ist jedoch nicht für alle Molekülarten gleich: Der größte Durchmesser mit etwa 1° findet sich für CO; für HCN beträgt die Ausdehnung etwa 6′, für CS und H_2CO (Emission bei $\lambda = 2.1$ mm) nur rund 3′. Das Intensitätsgebirge zeigt für alle diese Moleküle

Tabelle III.14: Im Mikrowellenbereich nachgewiesene interstellare Moleküle repräsentiert durch eine Auswahl der beobachteten Linien. Nicht aufgenommen wurden die beobachteten Übergänge von isotopischen Varianten dieser Moleküle, mit Ausnahme des $^{13}C^{16}O$. Sofern keine anderen Angaben gemacht sind, ist der elektronische Grundzustand $^1\Sigma$ und der Schwingungszustand $v = 0$; F bezeichnet die gesamte Drehimpulsquantenzahl unter Einbeziehung des Spins. Die angegebene Frequenz ν gilt für das relativ zum Beobachter ruhende Molekül

Molekül				Beobachtet in Quelle				
Symbol	Name	Übergang	ν [MHz]	Sgr B2	Ori A	W 51	W 3	andere
OH	Hydroxyl-Radikal	$^2\Pi_{3/2}$; $J = \frac{3}{2}$, $F = 1-2$	1612.231	·	·	·	·	·
		$1-1$	1665.402	·	·	·	·	·
		$2-2$	1667.359	·	·	·	·	·
		$2-1$	1720.530	·	·	·	·	·
SiO	Siliziummonoxid	$v = 0$; $J = 2-1$	86 846.891	·				·
		$v = 1$; $J = 1-0$	43 122.027	·				
		$2-1$	86 243.350	·				
SiS	Siliziummonosulfid	$J = 6-5$	108 924.267	·				·
NO	Stickstoffmonoxid	$^2\Pi^+_{1/2}$; $J = \frac{3}{2} - \frac{1}{2}$, $F = \frac{5}{2} - \frac{3}{2}$	150 176.54	·				
		$^2\Pi^-_{1/2}$; $J = \frac{3}{2} - \frac{1}{2}$, $F = \frac{5}{2} - \frac{3}{2}$	150 546.50	·				
NS	Stickstoffsulfid	$^2\Pi_{1/2}$; $J = \frac{5}{2} - \frac{3}{2}$, $F = \frac{7}{2} - \frac{5}{2}$	115 153.835	·				
		$\frac{5}{2} - \frac{3}{2}$	115 156.799	·				
SO	Schwefelmonoxid	$^3\Sigma^-$; $J, N = 2{,}2-1{,}1$	86 093.95	·	·			·
		$3{,}2-2{,}1$	99 299.87	·	·	·		·
		$2{,}3-1{,}2$	109 252.10		·			
		$4{,}3-3{,}2$	138 178.60	·	·	·		·
CO	Kohlenmonoxid	$J = 1-0$	115 271.204	·	·	·	·	·
		$2-1$	230 537.974		·	·		·
		$3-2$	345 795.900		·			
$^{13}C^{16}O$		$J = 1-0$	110 201.370	·	·	·	·	·
		$2-1$	220 398.714		·	·		·
CN	Cyan-Radikal	$^2\Sigma^+$; $N = 1-0$						
		$J = \frac{3}{2} - \frac{1}{2}$, $F = \frac{5}{2} - \frac{3}{2}$	113 490.982		·	·	·	·
CH	Methylidin-Radikal	$^2\Pi_{1/2}$; $J = \frac{1}{2}$, $F = 0-1$	3 263.794	·	·	·	·	·
CS	Kohlenmonosulfid	$J = 1-0$	48 991.000	·	·	·	·	·
		$2-1$	97 981.007	·	·	·	·	·
		$3-2$	146 969.039	·	·	·	·	·
H_2O	Wasser	$6_{16}-5_{23}$	22 235.080	·	·	·	·	·
		$3_{12}-2_{20}$	183 310.091	·				
H_2S	Schwefelwasserstoff	$1_{11}-1_{10}$	168 762.762	·	·	·	·	·
SO_2	Schwefeldioxid	$8_{17}-8_{08}$	83 688.074	·	·			
HNO	Nitrowasserstoff	$1_{01}-0_{00}$	81 477.49	·				·
NH_2^+	Diacenyl	$J = 1-0$, $F_1 = 2-1$	93 173.75	·	·	·	·	·
OCS	Kohlenoxidsulfid	$J = 6-5$	72 976.784	·				

Molekül				Beobachtet in Quelle				
Symbol	Name	Übergang	ν[MHz]	Sgr B2	Ori A	W 51	W 3	andere
C_2H	Ethinyl-Radikal	$^2\Sigma, N = 1-0, J = \frac{3}{2} - \frac{1}{2}$						
		$F = 2-1$	87 317.05	.	.	.	.	.
		$1-0$	87 328.70	.	.	.	.	.
NH_3	Ammoniak	$J, K = 1{,}1;\ F = 2-2$	23 694.506	.	.		.	.
		$J, K = 2{,}2;\ F = 3-3$	23 722.634	.	.		.	.
HCN	Blausäure	$F = 1-0, F = 2-1$	88 631.847	.	.	.	.	.
HNC	Iso-Blausäure	$J = 1-0$	90 663.592	.	.	.	.	.
HCO	Formyl-Radikal	$1_{01}-0_{00};\ J = \frac{3}{2} - \frac{1}{2}, F = 2-1$	86 670.65			.	.	.
HCO^+		$J = 1-0$	89 188.545	.	.	.	.	.
H_2CO	Formaldehyd	$1_{10}-1_{11}$	4 829.660	.	.	.	.	.
		$2_{11}-2_{12}$	14 488.474	.	.	.	.	.
		$2_{12}-1_{11}$	140 839.502		.	.	.	.
C_3N	Cyanethinyl-Radikal	$^2\Sigma;\ J = 9-8$	{ 89 045.7					.
			89 064.4					.
HNCO	Iso-Cyansäure	$1_{01}-0_{00}, F = 2-1$	21 981.471	.				
H_2CS	Thio-Formaldehyd	$3_{12}-2_{11}$	104 616.977	.	.	.		.
C_4H	Butadiinyl-Radikal	$N = 9-8$	} 85 633.9					.
			85 672.4					.
H_2CNH	Methylimin	$1_{10}-1_{11};\ F = 2-2$	5 283.786	.				
NH_2CN	Cyanamid	$5_{14}-4_{13}$	100 629.500	.				
HCOOH	Ameisensäure	$1_{10}-1_{11}$	1 638.805	.				
		$2_{11}-2_{12}$	4 916.312	.				
HCCCN	Cyanacetylen	$J = 1-0, F = 2-1$	9 098.332	.				.
		$J = 5-4$	45 490.307	.	.	.		.
H_2C_2O	Keten	$5_{14}-4_{13}$	101 981.387	.	.			
CH_3OH	Methylalkohol	2_0-1_0	{ 96 741.42	.	.	.	.	.
			96 744.58	.	.	.	.	.
			96 755.51	.	.	.		.
CH_3CN	Methylcyanid	$J, K = 6{,}0-5{,}0$	110 383.494	.				
		$6{,}1-5{,}1$	110 381.362	.				
NH_2CHO	Formamid	$1_{10}-1_{11};\ F = 2-2$	1 539.851	.				
CH_3NH_2	Methylamin	$2_{02}-1_{01};\ F = 3-2$	8 777.38	.	.			
CH_3CHO	Acetaldehyd	$1_{10}-1_{11}$	1 065.075	.				
CH_3CCH	Methylacetylen	$J, K = 5{,}0-4{,}0$	85 457.29	.	.			
CH_2CHCN	Vinylcyanid	$10_{0,10}-9_{0,9}$	94 276.638	.				
HC_5N	Cyandiacetylen	$J = 1-0$	2 662.662	.				.
HC_7N	Cyantriacetylen	$J = 8-7$	9 024.014					.
CH_3CH_2CN	Ethylcyanid	$10_{0,10}-9_{0,9}$	88 323.72		.			
$HCOOCH_3$	Methylformiat	$1_{10}-1_{11}$	{ 1 610.249		.			
			1 610.906		.			
CH_3OCH_3	Dimethylether	$2_{11}-2_{02}$	{ 31 105.26	.	.			
			31 106.20	.	.			
			31 107.12	.	.			
CH_3CH_2OH	Ethylalkohol	$6_{06}-5_{15}$	85 265.46	.	.			
		$4_{14}-3_{03}$	90 117.51	.	.			
HC_9N	Cyantetraacetylen	$J = 18-17$	10 458.634					.
		$25-24$	14 525.862					.

einen nord-südlich orientierten „Höhenrücken“ (Abb. III.53). Darüber hinaus treten „Spitzen“ und „Täler“ auf, besonders zahlreich in der Verteilung für $^{13}C^{16}O$. Die Linienbreiten entsprechen Geschwindigkeitsstreuungen von rund 4 km s^{-1}. Die kinetische Temperatur erreicht an den Orten starker Infrarotemission Werte bis zu etwa 80 K.

Die mit den starken Radiokontinuumsquellen Sgr A und Sgr B2 (III.2.2) des galaktischen Zentrums verbundenen großen Molekülwolken zeigen einen Reichtum an verschiedenen Molekülarten, wie er bisher bei keiner anderen Quelle gefunden wurde. Sgr B2 steht wahrscheinlich mit der massereichsten Wolke der ganzen Galaxis in Zusammenhang (s. Tabelle IV.9a, S. 355). Zwei Beispiele von Beobachtungsergebnissen für dieses Objekt zeigt Abb. III.54. Das Maximum der thermischen Kontinuumsstrahlung der HII-Region fällt nahe mit dem Zentrum der Moleküllinienemission bzw. -absorption zusammen. Mit einer Entfernung von 10 kpc ergibt sich ein linearer Durchmesser der Molekülwolke von rund 40 pc.

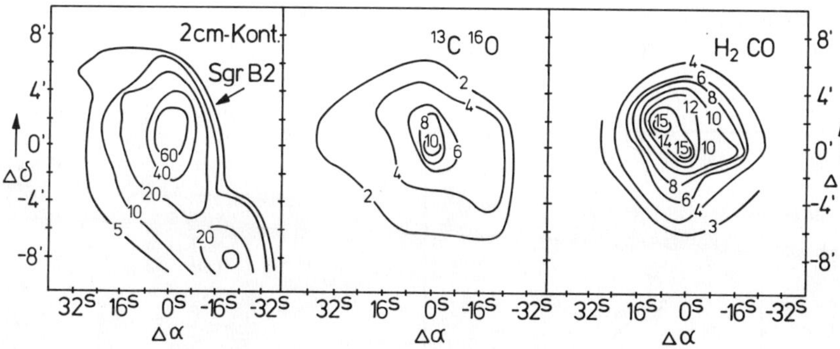

Abb. III.54: Konturenkarten der mit Sgr B2 verbundenen Molekülwolken. Links Antennentemperatur T_A der thermischen Kontinuumsstrahlung bei $\lambda = 2$ cm (Maximalwert = 100 entspricht $T_A = 3.6$ K). Mitte: Säulendichten der $^{13}C^{16}O$-Moleküle (Einheit $6 \cdot 10^{16}$ cm^{-2}). Rechts: Säulendichten der H_2CO-Moleküle (in willkürlichen Einheiten) abgeleitet aus Beobachtungen der 2 cm-H_2CO-Linie in Absorption gegen das thermische Kontinuum. Als Koordinaten-Nullpunkt wurde jeweils die Position einer OH-Punktquelle bei α (1950) = $17^h44^m11^s$, δ (1950) = $-28°22'30''$ gewählt. (Nach N. Z. Scoville, P. M. Solomon und A. A. Penzias).

Nahe Molekülwolkenkomplexe ($r < 1$ kpc) treten auch auf den Karten der diffusen galaktischen Gammastrahlung hervor. So zeigt Abb. III.30, S. 240 auffällige Konturen im Gebiet der Dunkelwolken im Scorpius und Ophiuchus bei $l = 330° \ldots 0° \ldots 30°$ und $b = +10° \ldots +20°$. Ursache ist hier allein die höhere Massendichte dieser Wolken: Es kommt entsprechend häufiger zu Wechselwirkungen zwischen hochenergetischen Teilchen der Kosmischen Strahlung und Kernen interstellarer Atome und Moleküle.

2.8 Maser-Punktquellen

In Molekülwolken, oft dicht bei kompakten HII-Regionen und/oder IR-Quellen, wird in zahlreichen Fällen starke Emission von OH bei $\lambda = 18$ cm und auch von H_2O bei $\lambda = 1.35$ cm aus Gebieten sehr kleiner Ausdehnung beobachtet. Interferometrische Messungen, zum Teil mit interkontinentalen Basislängen („very long baseline interferometry", abgekürzt VLBI), zeigten beispielsweise bei den KL- und BN-Infrarotquellen, daß oftmals eine ganze Gruppe von Einzelquellen mit Winkeldurchmessern von 0″.1 bis zu etwa 0″.0003 hinab ein „Aktivitätszentrum" von ein bis zwei Bogensekunden Ausdehnung erfüllt (Abb.III.55). Aus den beobachteten Strahlungsflüssen $S_\nu = I_\nu \cdot \Omega$, mit Ω = Raumwinkel der Einzelquelle, ergeben sich daher außerordenlich hohe Intensitäten I_ν. Gl. (III.27) liefert Strahlungstemperaturen $T_s \approx 10^{10} \ldots 10^{15}$ K ! Andererseits sind die Breiten der von den Einzelquellen herrührenden Linienkomponenten relativ klein, sie entsprechen einer Geschwindigkeitsstreuung von 1 km s^{-1} und weniger. Die Interpretation als reine thermische Doppelverbreiterung führt auf kinetische Temperaturen < 100 K. Die Einzelquellen haben verschiedene Radialgeschwindigkeiten; sie überdecken jeweils etwa einen 10 bis 20 km s^{-1} breiten Bereich. Darüber hinaus ist die Strahlung – besonders stark bei den OH-Quellen – zirkular polarisiert.

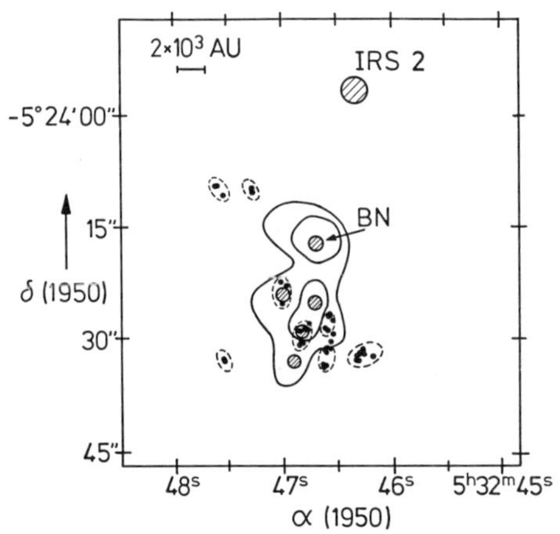

Abb. III.55: H_2O Maser-Quellen im Kleinmann-Low-Nebel (Punkte) nach VLB-Interferometerbeobachtungen bei 22 GHz (1.35 cm). „Aktivitätszentren" werden durch gestrichelte Linien eingegrenzt. Zum Vergleich sind Konturen der Infrarotemission bei 21 μm eingezeichnet; schraffierte Kreise markieren die Positionen kompakter Infrarotquellen (vgl. auch Abb. III.44). (Nach R. Genzel et al.).

Es kann sich bei diesen Objekten zweifellos nicht um thermische Strahlung handeln. Die geringen Linienbreiten in Verbindung mit den extrem hohen Intensitäten lassen als Verstärkungsmechanismus allein die stimulierte Emission zu. Wir haben also hier „natürliche“ Maser vor uns: Die Besetzung der beiden Energieniveaus, zwischen denen der beobachtete Übergang stattfindet, muß durch bestimmte Prozesse invertiert werden, das heißt, das obere Niveau wird stark übervölkert, wodurch auf jeden Absorptionsübergang (von unten nach oben) eine Vielzahl von Emissionsübergängen (von oben nach unten) folgt (IV.1.2, IV.2.4).

Tabelle III.15: Beobachtungsergebnisse für einige Bereiche interstellarer Maseremission, die mit sehr hoher Winkelauflösung untersucht wurden

Quelle (Molekül)	Entfernung [kpc]	Maximaler Fluß S_ν [Jy]	Gesamtdurchmesser [AE]	Größte Einzelquelle [AE]	Zahl der Einzelquellen
Orion A (H_2O)	0.5	$1.3 \cdot 10^4$	10^4	1	30
W3 (OH)	3.1	$3 \cdot 10^3$	10^4	10	7
W49 (H_2O)	14	$4 \cdot 10^4$	10^4	<25	9
M17 (H_2O)	2.1	$9 \cdot 10^2$	10^3	< 4	4

Eine spektrale Gemeinsamkeit der in Molekülwolken gefundenen OH-Maser-Quellen besteht darin, daß eine der beiden inneren der vier 18 cm-Linien ($\Delta F = 0$) bei 1665.40 und 1667.36 MHz als stärkste Emission auftritt – diese Linien besitzen auch die größeren Übergangswahrscheinlichkeiten. Die beiden äußeren Linien (1612 und 1720 MHz) sind wesentlich schwächer; sie werden meist als Satellitenlinien bezeichnet. Man nennt diese Quellen Typ I OH-Maser. Bei einer anderen Art von OH-Maser-Quellen (Typ II) wird entweder nur die Satellitenlinie bei 1720 MHz in Emission beobachtet (Typ IIa) oder die 1612 MHz-Linie ist am stärksten (Typ IIb). Diese Maserquellen werden bei langperiodischen Veränderlichen (Mirasterne) und späten Überriesen mit Infrarotexzeß, d. h. mit Staubhüllen, gefunden. Bekannte Beispiele sind NML Cyg und VY CMa (PSS II.5.4).

Bei der 1.35 cm-Linie des H_2O handelt es sich um einen reinen Rotationsübergang. Die Hyperfeinstruktur-Aufspaltung ist hier so klein, daß sich die Komponenten überlappen. Die H_2O-Maser-Emission ist nicht immer mit dem Auftreten von OH-Masern verbunden. Die H_2O-Maser sind kleiner als die OH-Quellen, auch die interferometrisch ermittelten räumlichen und Geschwindigkeitsstrukturen sind im allgemeinen verschieden. H_2O-Maser zeigen sehr große Schwankungen ihrer Intensitäten (Zeitskala meist Tage bis Monate); bei den OH-Masern sind sie weniger stark. Auch CS- und H_2CO-Maser-Quellen sind heute bekannt.

Für einige der mit besonders hoher Winkelauflösung beobachteten interstellaren Maser sind in Tabelle III.15 die gemessenen maximalen Strahlungsflüsse, die linearen Gesamtdurchmesser der jeweils mehrere Aktivitätszentren umfassenden Bereiche und die linearen Abmessungen der Einzelquellen (abgerundete Werte) zusammengestellt. Die Lage der Aktivitätszentren und Einzelquellen im Orionnebel geht aus den Abb. III.55 und III.44 hervor. Die in W3 gefundene OH-Maser-Quelle W3 (OH) fällt praktisch zusammen mit einer ultrakompakten HII-Region, deren Durchmesser von der Größenordnung 10^3 AE ist. Diese Kontinuumsquelle ist bei cm-Wellenlängen optisch dick und wurde bei $\lambda = 2$ cm entdeckt. Der H_2O-Maser in W3 liegt in der Nähe der im langwelligen Infrarot beobachteten Quelle IRS 5 (PSS II.6.2, Abb. II.32).

Wiederholte Messungen mit der VLBI-Technik haben neuerdings die Bestimmung relativer Eigenbewegungen von H_2O-Masern ermöglicht. Für die Einzelquellen der Orion-Molekülwolke wurden Werte von einigen tausendstel Bogensekunden pro Jahr gefunden. Die Interpretation führt zu der Vorstellung, daß sich das Gas mehrerer Einzelquellen mit Geschwindigkeiten um 20 km s^{-1} jeweils von einem gemeinsamen Zentrum auswärts bewegt (D. Downes, R. Genzel u. a. 1981).

Zusammenfassend kann man sagen: Die Lineardimensionen der Maser-Einzelquellen von 1 bis 10 AE sind vergleichbar mit den im Sonnensystem vorkommenden Abmessungen. Die gemessenen Strahlungsflüsse liefern in Verbindung mit den Entfernungen (unter Annahme isotroper Emission) Leuchtkräfte in den beobachteten Linien von etwa 10^{20} bis zu 10^{26} W, also bis zur Leuchtkraft der Sonne im gesamten Spektrum. Die Beobachtungen sprechen dafür, daß Maser-Quellen an den Entstehungsorten massereicher Sterne auftreten. Wahrscheinlich werden sie als klumpenartige Verdichtungen von den Hüllen solcher Sterne ausgeworfen.

2.9 Interstellare Wolken und Sternentstehung

Wie in den vorhergehenden Abschnitten schon mehrfach angedeutet und auch in PSS II.6 dargestellt, existieren die heißen HII-Regionen und die kalten Wolken des interstellaren Mediums nicht unabhängig voneinander. Einmal findet man sie in enger räumlicher Nachbarschaft, oftmals durchdringen sie sich sogar gegenseitig, zum anderen kann sich eine kalte Wolke unter der Einwirkung in ihr neu entstandener Sterne in einen hellen Emissionsnebel verwandeln. Mit den folgenden Ausführungen sollen diese Zusammenhänge weiter verdeutlicht werden.

So führen die verschiedenen im Bereich des Orionnebels beobachteten Fakten, die in Abb. III.56 zusammengefaßt sind, zu einem in Abb. III.57 skizzierten Modell, das eine große massereiche, mit Staub durchmischte Molekülwolke als Ausgangselement annimmt. Diese kalte Wolke gibt sich durch die Linienemission von CO und anderen Molekülen, sowie durch hohe Extinktion im Visuellen zu erkennen und wird als OMC 1 (Orion Molecular Cloud 1) bezeichnet. In ihren dem irdischen Beobachter zugewandten Randpartien, die sich für uns auf den dahinterliegenden Kern der Wolke projizieren, kam es zur Entstehung massiver Sterne hoher Ober-

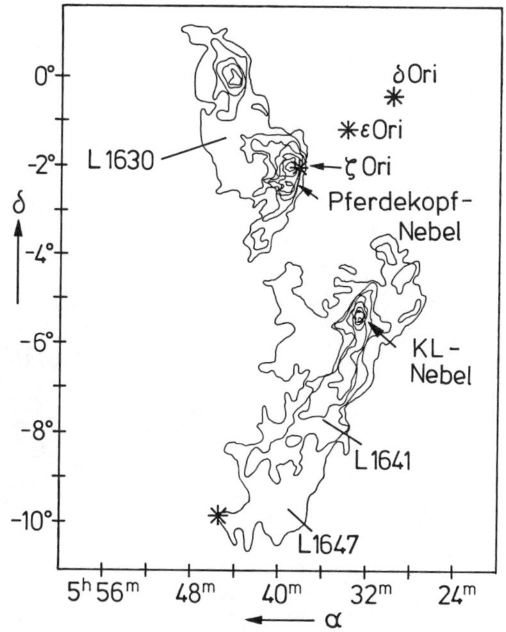

Abb. III.56: Konturenkarte der CO-Linienemission des Molekülwolkenkomplexes im Orion mit Angaben der Positionen von Dunkelwolken und des Kleinmann-Low-Infrarotnebels.

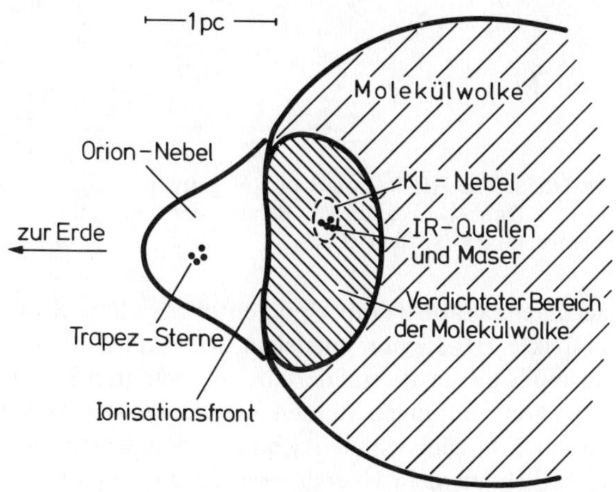

Abb. III.57: Modell des Orionnebels nach einem Vorschlag von B. Zuckerman. Erläuterung im Text.

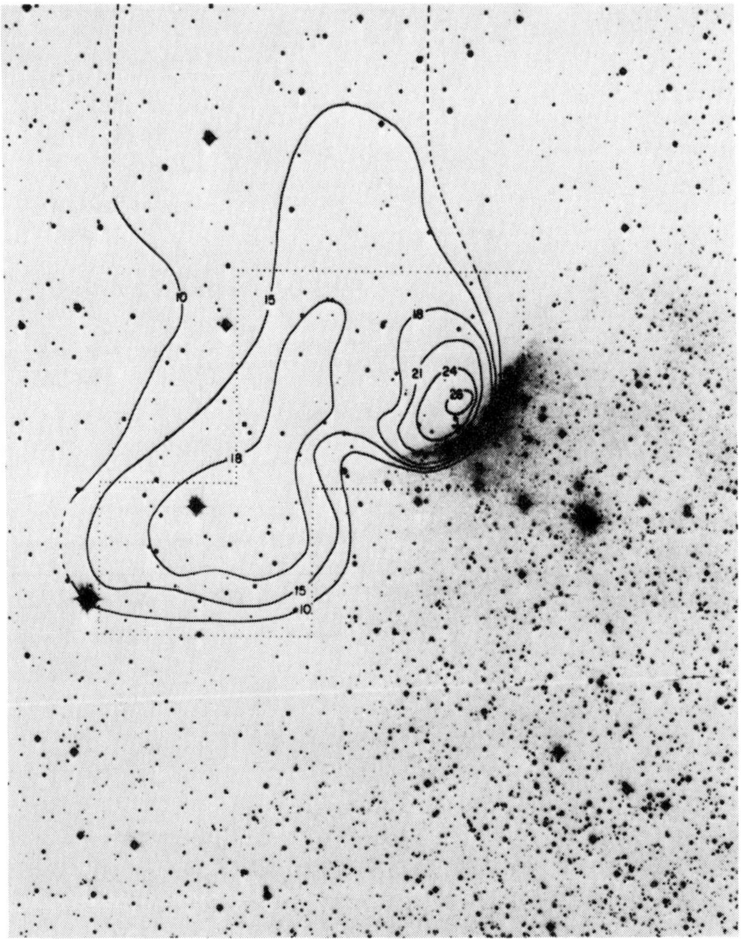

Abb. III.58: Die HII-Region S 140 (Negativ) mit angrenzender CO-Emission, Infrarotquelle (+) und Dunkelwolke, die im Bereich der Molekülwolke den Sternhintergrund merklich unterdrückt. (G. N. Blair et al.).

flächentemperatur (Trapez), deren ultraviolette Strahlung eine heute noch relativ kompakte HII-Region entstehen ließ. Ihre Aufheizung ist von einer lokalen Expansion begleitet, die auf der uns abgewandten Seite gegen die kalte Wolke anläuft. (Auch von den jungen Sternen ausgehende stellare Winde können dabei eine Rolle spielen). Die beobachteten schmalen Kohlenstoff-Rekombinationslinien stammen vermutlich aus dem Übergangsgebiet zwischen HII-Regionen und Molekülwolke. Die Intensitätsmaxima der Molekülemission kommen aus den verdichteten Bereichen der dahinterstehenden kalten Wolke, wo auch weitere Sterne in der Entstehung begriffen sind und in der Umgebung des KL-Objektes als IR-Quellen gefunden werden. Es kann sich dabei um noch in der Kontraktionsphase befindliche Protosterne oder um Sterne mit dichten Staubhüllen handeln, jedenfalls um merklich frühere Entwicklungszustände als etwa bei den Trapezsternen. Der sie umgebende Staub setzt ihre Strahlung ins Infrarote um und ist wahrscheinlich auch mitverantwortlich für das Auftreten der Maser-Quellen.

Heute ist eine ganze Reihe anderer Sternentstehungsgebiete bekannt, bei denen ein ähnliches Szenarium mit dem Nebeneinander der verschiedensten interstellaren Phänomene angetroffen wird. Besonders eingehend untersuchte Gebiete sind der W3/W4/W5-Komplex und M17, wo die HII-Region und eine Vielzahl junger Sterne am einen Ende einer riesigen, 100 pc ausgedehnten Molekülwolke sitzen. In Abb. III.58 sei noch ein weiteres Beispiel illustriert. Auch hier beobachten wir die HII-Region nicht vor, sondern seitlich der Molekülwolke, deren Umrisse durch die Konturen der CO-Emission klar erkennbar sind. Nahe dem Rand der Wolke, dicht bei den höchsten CO-Strahlungstemperaturen, steht eine dem BN-Objekt im Orionnebel ähnliche IR-Quelle. Der im Bereich der Molekülemission deutlich reduzierte Sternhintergrund (Dunkelwolke L 1204) demonstriert hier besonders eindrucksvoll die enge Kopplung von interstellarem Staub und Molekülen.

Die Tatsache, daß die jungen Sterne oft am Rande der Molekülwolken gefunden werden, legt die Vermutung nahe, die Sternentstehung werde durch einen Anstoß von außen eingeleitet, dringe dann vom Rand in das Innere der Wolke ein und brauche sie dabei auf. Auf dieses Bild der „brennenden Zigarre" mit jungen Sternen und HII-Regionen als Ascherest kommen wir in V.3.4 zurück.

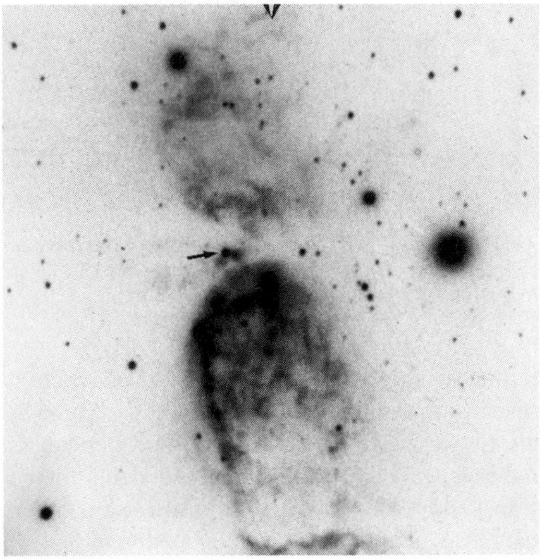

Abb. III.59: Der bipolare Nebel S 106 aufgenommen mit dem 3.5-m-Teleskop auf dem Calar Alto und einer Bildwandler-Kamera im nahen Infrarot bei etwa 1 μm Wellenlänge. Der zentrale anregende Stern (Pfeil) zwischen den beiden leuchtenden Gaswolken ist klar zu erkennen.

Das muß aber nicht immer so sein: So scheint bei S 106, einem Objekt, das am Max-Planck-Institut für Astronomie mit den Teleskopen auf dem Calar Alto eingehend untersucht wurde, die Sternbildung vom Zentrum einer Molekülwolke auszugehen. S 106 gilt heute als der Prototyp eines optisch sichtbaren jungen bipolaren Nebels. Er ist als intensive IR-Quelle aufgefallen, die innmitten einer kompakten HII-Region steht, umgeben von einer ausgedehnten Molekülwolke mit H_2O-Maser. Alles spricht also dafür, daß S 106 ein junges Objekt ist.

Mit Hilfe der Bildwandlertechnik konnte durch Aufnahmen im nahen Infrarot auf dem Calar Alto der die HII-Region anregende, im Optischen nicht nachgewiesene Stern identifiziert werden (Abb.III.59). Er ist vom Spektraltyp O9 oder B0. Eine ihn umhüllende Staubschicht führt zu einer Extinktion von 21 Größenklassen im Visuellen und wird deshalb erst bei Wellenlängen $\gtrsim 1$ μm durchsichtig. Die damit verknüpfte Aufheizung gibt Anlaß zu Staubemission im langwelligen Infrarot.

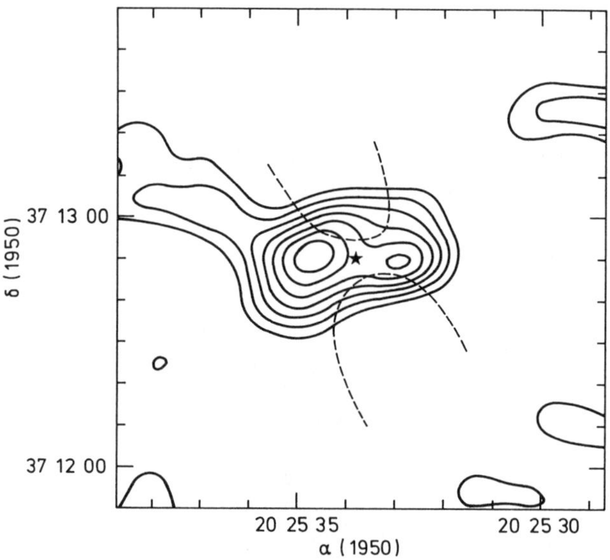

Abb. III.60: Die HCN-Emission der Molekülwolke um S 106 nach interferometrischen Messungen mit einer räumlichen Auflösung von 13″. Gestrichelt: Umrisse des sichtbaren Nebels, * zentraler Stern.

S 106 ist aber offensichtlich nicht sphärisch symmetrisch aufgebaut. Der Staub scheint im wesentlichen auf eine relativ dünne Scheibe konzentriert zu sein, die sich als Lücke zwischen den beiden leuchtenden Gaswolken abzeichnet und die wir nahezu von der Kante sehen. Zu den Polen ist sie jedoch offen bzw. merklich transparenter als in der Äquatorebene anzunehmen. Dann kann in dieser Richtung die ultraviolette Sternstrahlung austreten und das Nebelleuchten anregen. Spektroskopische Beobachtungen haben gezeigt, daß sich das Gas dieser Wolken mit Geschwindigkeiten bis zu 70 km s^{-1} in entgegengesetzten Richtungen, offensichtlich angetrieben von dem zentralen Stern, von diesem entfernt.

Dieses Bild wird bestätigt durch interferometrische Beobachtungen der HCN-Moleküllinie bei 88.6 GHz (J. Bieging 1984). Abb. III.60 zeigt entsprechend diesen Messungen den dichtesten Teil der Wolke (> 10^5 Moleküle/cm^3), die den anregenden Stern von S 106 umhüllt und nahezu identisch ist mit der in Abb. III.59 angedeuteten Staubschicht. Die beiden Emissionsmaxima links und rechts des Sterns sprechen für eine ringartige Struktur des Inneren der Molekülwolke. Daß diese wesentlich ausgedehnter ist als in Abb. III.60 angedeutet, zeigen Messungen der CO- und NH_3-Emission.

Der anisotrope Aufbau von S 106 ist allem Anschein nach die Folge von Rotation. Nach den HCN-Messungen variiert die Radialgeschwindigkeit über das Objekt hinweg und unterscheidet sich für die beiden Emissionsmaxima um 2 km s^{-1}. Die Rotationsachse dürfte etwa der beide Gaswolken und den Stern verbindenden Symmetrielinie entsprechen und die Staubscheibe senkrecht durchstoßen.

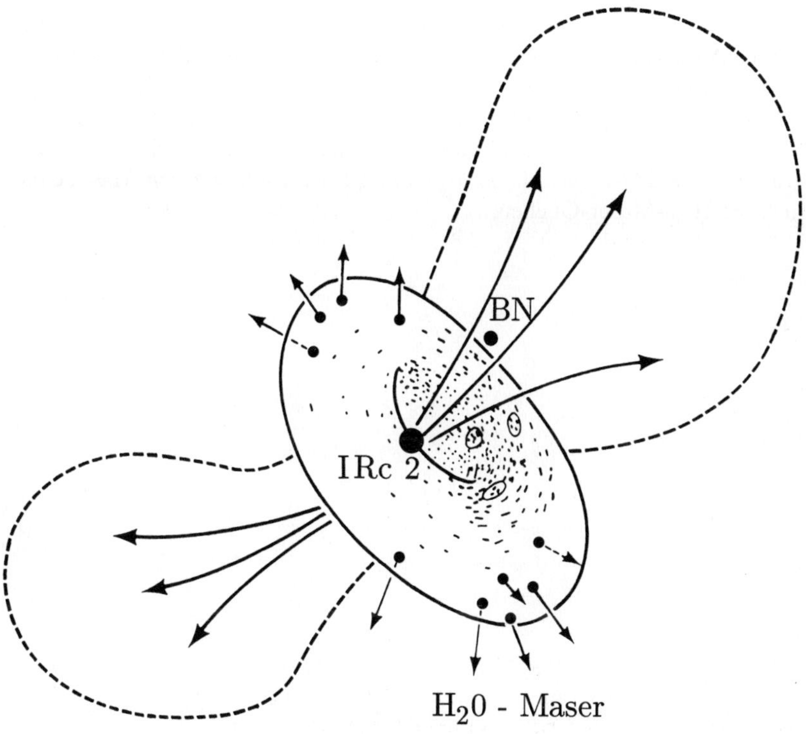

Abb. III.61: Modell des KL-Objektes in der Molekülwolke OMC 1. Erläuterung im Text. (Nach R. L. Plambeck et al.).

Junge bipolare Nebel, bei denen sich die am Beispiel von S 106 demonstierten charakterischen Merkmale im Optischen und nahen IR beobachten lassen, sind nicht allzu häufig. Dagegen sind einige hundert Quellen bekannt, die den bipolaren Ausfluß von kaltem Molekülgas in der Mutterwolke eines jungen oder gerade entstehenden Sternes zeigen. Es kann heute keinen Zweifel mehr daran geben, daß es sich bei dem Massenausfluß in zwei entgegengesetzte Richtungen um eine typische Erscheinung der stellaren Geburtsphase und Frühentwicklung handelt. Eine ausführliche Darstellung der damit verknüpften Phänomene ist in PSS II.6.3 zu finden.

Eine bipolare Strömung ist auch beim KL-Objekt im Orion entdeckt worden. Die in III.2.4 erwähnte H_2-Linienemission bei $\lambda = 2$ μm kommt vorwiegend aus zwei symmetrisch zum Kern des Gebietes bei der Infrarot-Kontinuumsquelle IRc2 liegenden Keulen. Die Profile der Linien lassen auf Strömungsgeschwindigkeiten des molekularen Gases um 100 km s^{-1} schließen. Im heißen Kern ionisiertes, aufgeheiztes und daher expandierendes atomares Gas treibt offenbar in diesen beiden Richtungen das umgebende kalte molekulare Gas hinaus. Aus den Intensitätsverhältnissen der verschiedenen H_2-Rotationslinien folgt eine Temperatur des emittierenden molekularen Gases von der Größenordnung 1 000 K. Es wird angenommen, daß die Aufheizung auf diese Temperaturen durch Stoßwellen beim Auftreffen des ionisierten atomaren Gases auf das kalte molekulare Gas erfolgt. Abb. III.61 zeigt ein Modell des Objektes mit den typischen Merkmalen einer bipolaren Struktur. Der angedeutete zentrale, expandierende Ring ist aus Beobachtungen von Linienstrahlung des SiO-Moleküls bei $\lambda = 3$ mm erschlossen worden. Hier befinden sich auch die H_2O-Maser-Quellen.

IV Physik der interstellaren Materie

1 Strahlung im interstellaren Gas*

1.1 Strahlungstransport

Strahlungstransportgleichung: Wir verfolgen die Ausbreitung von Strahlung der Frequenz ν entlang des Sehstrahles auf dem Wege zum Beobachter im Bereich einer interstellaren Wolke (Abb. IV.1). Es bezeichne ε_ν den **Emissionskoeffizienten** des Gases, der so definiert sei, daß $\varepsilon_\nu \mathrm{d}\omega$ die pro Volumen-, Zeit- und Frequenzeinheit in das (zum Beobachter hin orientierte) Raumwinkelelement $\mathrm{d}\omega$ emittierte Strahlungsenergie darstellt. Weiter sei I_ν die **Intensität** der Strahlung, so daß $I_\nu \mathrm{d}\omega$ die Energie angibt, die pro Zeit- und Frequenzeinheit durch die senkrecht zum Sehstrahl liegende Einheitsfläche in das Raumwinkelelement $\mathrm{d}\omega$ einfließt. Auf dem Wegelement zwischen s und $s + \mathrm{d}s$ erfährt die Intensität eine Zunahme um $\varepsilon_\nu \mathrm{d}\omega \mathrm{d}s$. Andererseits tritt im allgemeinen eine Schwächung auf, die I_ν selbst und der Länge des Wegelementes $\mathrm{d}s$ proportional ist, und für die man deshalb schreibt $\kappa_\nu I_\nu \mathrm{d}\omega \mathrm{d}s$. Der im allgemeinen frequenzabhängige Proportionalitätsfaktor κ_ν ist der **Absorptionskoeffizient** bezogen auf die Längeneinheit [cm^{-1}].

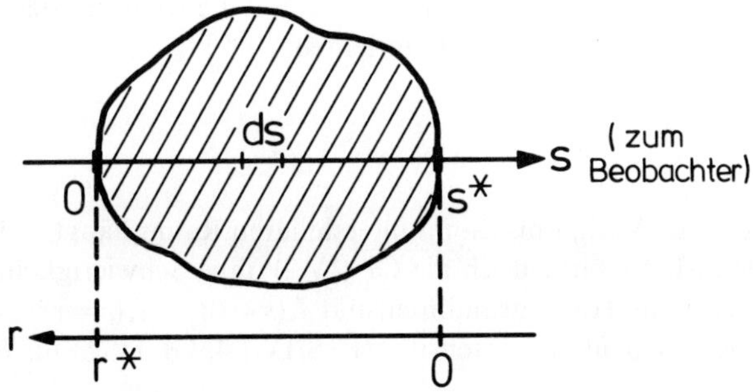

Abb. IV.1 Zur Ableitung der Strahlungstransportgleichung.

Die Bilanz vom Emissionen und Absorption $\mathrm{d}I_\nu \mathrm{d}\omega = \varepsilon_\nu \mathrm{d}\omega \mathrm{d}s - \kappa_\nu I_\nu \mathrm{d}\omega \mathrm{d}s$ führt unmittelbar auf die Strahlungstransportgleichung oder Strömungsgleichung der Strahlung

$$\frac{\mathrm{d}I_\nu}{\mathrm{d}s} = -\kappa_\nu I_\nu + \varepsilon_\nu \,. \tag{IV.1}$$

Im reinen Absorptionsfall $\varepsilon_\nu \equiv 0$ und einer bei $s = 0$ einfallenden Intensität $I_{\nu,0}$ liefert die Integration einfach das Absorptionsgesetz

* Im folgenden sind an einigen Stellen Vorkenntnisse aus der Theorie der Strahlungsausbreitung und der Theorie der thermischen Anregung und Ionisation nützlich. Für Leser, die hier Lücken empfinden, werden jeweils Hinweise auf einschlägige Abschnitte in „Physik der Sterne und der Sonne“, abgekürzt durch „PSS“, gegeben.

$$I_\nu(s^*) = I_{\nu,0} \exp\left\{-\int_0^{s^*} \kappa_\nu(s)\,\mathrm{d}s\right\}.$$

Der Betrag des im Exponenten auftretenden Integrals über den Absorptionskoeffizienten wird als optische Dicke oder optische Tiefe der Wolke bezeichnet.

Wir gehen nun über zu der vom Beobachter weg, in den Raum hinein gezählten Koordinate r, mit der Eigenschaft $\mathrm{d}r = -\mathrm{d}s$, und führen als neue Variable die entsprechende **optische Tiefe** τ_ν ein durch $\mathrm{d}\tau_\nu = \kappa_\nu \mathrm{d}r = -\kappa_\nu \mathrm{d}s$ bzw. (vgl. Abb. IV.1)

$$\tau_\nu = \int_0^r \kappa_\nu \mathrm{d}r = -\int_{s^*}^{s} \kappa_\nu \mathrm{d}s$$

($\tau_\nu = 0$ für $r = 0$ bzw. $s = s^*$). Dann folgt

$$\frac{\mathrm{d}I_\nu}{\mathrm{d}\tau_\nu} = I_\nu - \frac{\varepsilon_\nu}{\kappa_\nu}. \tag{IV.2}$$

Die Gewinnung von I_ν erfordert somit die Kenntnis des als **Ergiebigkeit** oder Quellfunktion bezeichneten Quotienten

$$\frac{\varepsilon_\nu}{\kappa_\nu} = S_\nu. \tag{IV.3}$$

Bei den Verhältnissen im interstellaren Raum hängt S_ν häufig von der Intensität I_ν ab. Man kann jedoch die Gl. (IV.2) ohne Schwierigkeiten formal integrieren. Tritt noch eine Hintergrundintensität $I_\nu(s = 0) = I_\nu(r = r^*) = I_{\nu,0}$ auf, so ergibt sich für die beobachtbare Intensität (PSS IV.1.4, Gl. IV.23 für $\vartheta = 0$ und $\tau = 0$)

$$I_\nu = I_\nu(\tau_\nu = 0) = \int_0^{\tau_\nu^*} S_\nu(\tau_\nu)\,\mathrm{e}^{-\tau_\nu}\,\mathrm{d}\tau_\nu + I_{\nu,0}\,\mathrm{e}^{-\tau_\nu^*} \tag{IV.4}$$

mit der optischen Dicke der ganzen Wolke $\tau_\nu^* = \tau_\nu(r^*)$. Dieses Ergebnis läßt sich auch unmittelbar anschaulich herleiten als Integral über die Beiträge der verschiedenen Wegelemente $\varepsilon_\nu(r) \exp[-\tau_\nu(r)]\,\mathrm{d}r$, unter Beachtung von $\mathrm{d}r = \mathrm{d}r_\nu/\kappa_\nu$ und $\varepsilon_\nu/\kappa_\nu = S_\nu$. Hängt S_ν noch von I_ν ab, dann stellt (IV.4) eine Integralgleichung für die Intensität dar.

Für eine erste Interpretation beobachteter Intensitäten genügt oft die Annahme räumlich konstanter Ergiebigkeit S_ν im ganzen emittierenden Gebiet. Dann liefert Gl. (IV.4)

$$I_\nu = S_\nu[1 - \mathrm{e}^{-\tau_\nu^*}] + I_{\nu,0}\,\mathrm{e}^{-\tau_\nu^*} \tag{IV.5}$$

mit den Grenzfällen

$$I_\nu = \begin{cases} \tau_\nu^* (S_\nu - I_{\nu,0}) + I_{\nu,0} & \text{für optisch dünne Schicht: } \tau_\nu^* \ll 1 \\ S_\nu & \text{für optisch dicke Schicht: } \tau_\nu^* \gg 1 \end{cases} \tag{IV.6}$$

(im ersten Fall benutze $e^{-x} \approx 1 - x$ für $x \ll 1$).

„Lokales Thermodynamisches Gleichgewicht“: Wenn die Ergiebigkeit durch die Kirchhoff-Planck-Funktion zur lokalen Temperatur $T = T(\tau_\nu)$ gegeben ist,

$$S_\nu = B_\nu(T) = \frac{2h\nu^3}{c^2} \frac{1}{e^{\frac{h\nu}{kT}} - 1}, \tag{IV.7}$$

erhält man einen wichtigen Grenzfall, der im folgenden, wie üblich, mit der Abkürzung **LTE** (Local Thermodynamical Equilibrium) bezeichnet wird. Er setzt insofern nicht vollständiges thermodynamisches Gleichgewicht voraus, als die Temperatur nicht konstant zu sein braucht und I_ν von $B_\nu(T)$ beliebig stark abweichen kann.

Im Radiofrequenzbereich gilt für $\lambda > 1$ cm und $T > 10\,\mathrm{K}$ $h\nu/kT = 1.44/\lambda\,[\mathrm{cm}] \cdot T[\mathrm{K}] \ll 1$, so daß man dann die Rayleigh-Jeanssche Näherung

$$B_\nu(T) = \frac{2\nu^2}{c^2} kT \tag{IV.8}$$

benutzen darf. Die Radioastronomen drücken formal auch die beobachteten Intensitäten I_ν über diese Beziehung durch eine **Strahlungstemperatur** $T_s(\nu)$ aus (s. III.1.5, Gl. III.27) und schreiben damit für räumlich konstante Temperatur

$$T_s = T(1 - e^{-\tau_\nu^*}) + T_{s,0}\, e^{-\tau_\nu^*}, \tag{IV.9}$$

wobei $T_{s,0}$ der Hintergrundintensität $I_{\nu,0}$ entspricht. Für optisch dickes Medium ($\tau_\nu^* \gg 1$) erhält man damit $T_s = T$, während im optisch dünnen Fall ($\tau_\nu \ll 1$) folgt $T_s = \tau_\nu^*\, T + T_{s,0}$.

Die optischen Dicken sind durch den Absorptionskoeffizienten bestimmt, der vor allem davon abhängt, wieviele Atome oder Moleküle im Einheitsvolumen enthalten sind, die sich gerade in jenen Energiezuständen befinden, von denen aus sie Strahlung der betrachteten Frequenz absorbieren können. Will man etwa aus der beobachteten Intensität I_ν bzw. der Strahlungstemperatur T_s auf die Dichte der wirksamen Atom- oder Molekülarten schließen, so ist also die Kenntnis der Anregungs- und Ionisationsverhältnisse, d. h. der relativen Besetzungszahlen der verschiedenen Energiezustände dieser Gaspartikel nötig. Bei striktem thermodynamischen Gleichgewicht können diese Besetzungsverhältnisse mit den Formeln von Boltzmann und Saha (PSS IV.1.9) in Abhängigkeit von Temperatur und Elektronendichte ermittelt werden. Sind diese beiden Parameter bekannt, so kann zum Beispiel im Fall $T =$ const. über die Gleichungen (IV.5) bzw. (IV.9) auf τ_ν^* und daraus auf die mit der geometrischen Schichtdicke multiplizierte Dichte geschlossen werden – falls nicht $\tau_\nu^* \gg 1$, weil dann I_ν durch T allein bestimmt ist.

Unter *interstellaren Bedingungen* muß von vornherein an der Brauchbarkeit der Annahme thermodynamischen Gleichgewichts gezweifelt werden: Dieses stellt sich ein, wenn die Verteilung der Gaspartikel auf die verschiedenen möglichen Energiezustände durch Stoßprozesse erfolgt. Dann charakterisiert *eine* Temperatur die kinetischen Energien der Teilchen, die Besetzungsverhältnisse *und* das Strahlungsfeld. Bei den extrem niedrigen Dichten im interstellaren Gas sind jedoch Stöße zwischen den Partikeln relativ selten und das Strahlungsfeld entspricht häufig nicht der kinetischen Temperatur des Gases. Beispielsweise würde die beobachtete interstellare Energiedichte des Sternlichtes (s. III.1.9, Tabelle III.9) im Fall von LTE eine Temperatur von nur etwa 3 K erfordern, während die Photonenenergien den hohen Temperaturen der Sternatmosphären entsprechen! Daher müssen sowohl die Theorie der Anregung und Ionisation als auch die Berechnung der Ergiebigkeit $S_\nu = \varepsilon_\nu/\kappa_\nu$ auf den allgemeinen Fall interstellarer Verhältnisse ausgedehnt werden. Dazu ist die detallierte Berücksichtigung aller wesentlichen Anregungs-, Abregungs-, Ionisations- und Rekombinationsprozesse erforderlich. Die Brauchbarkeit des erheblich einfacheren LTE-Ansatzes kann danach für den Einzelfall geprüft werden. Sie ist beispielsweise dann gegeben, wenn nur bestimmte, für die betrachtete Strahlung jedoch relevante Energieniveaus praktisch gemäß der Boltzmann-Formel besetzt sind. Starke Abweichungen vom LTE treten vorwiegend bei der Linienstrahlung auf, die wir deshalb im folgenden frei von der Voraussetzung von LTE behandeln.

1.2 Linienemission und -absorption unter interstellaren Bedingungen

Emission- und Absorptionskoeffizienten: Für die folgenden Betrachtungen zerlegen wir ε_ν und κ_ν in die beiden Anteile Linienstrahlung (oberer Index L) und kontinuierliche Strahlung (oberer Index K): $\varepsilon_\nu = \varepsilon_\nu^L + \varepsilon_\nu^K$, $\kappa_\nu = \kappa_\nu^L + \kappa_\nu^K$. Die gesamte spontane Linienemission der Atome oder Moleküle eines bestimmten Elementes durch Übergänge von dem oberen Zustand n in den unteren Zustand m pro cm^3, s und sterad ist gegeben durch

$$\int_{\text{Linie}} \varepsilon_\nu^L \, \mathrm{d}\nu = \frac{1}{4\pi} h\nu_{nm} A_{nm} N_n \,. \tag{IV.10}$$

Dabei ist ν_{nm} die Frequenz der Linie und es bezeichnen A_{nm} die Einsteinsche **Übergangswahrscheinlichkeit** und N_n die Anzahldichte der Atome bzw. Moleküle, die sich im Ausgangszustand n befinden. Die stimulierte Emission ist proportional I_ν und wird deshalb in üblicher Weise bei der Absorption als negativer Term angebracht.

Die umgekehrt bei den Übergängen von m nach n durch 1 cm^3 Materie in 1 s absorbierte Energie beträgt andererseits pro sterad

$$\int\limits_{\text{Linie}} \kappa_\nu I_\nu \mathrm{d}\nu = \frac{1}{4\pi} h\nu_{nm} N_m B_{mn} U(\nu_{nm}) - \frac{1}{4\pi} h\nu_{nm} N_n B_{nm} U(\nu_{nm}) .$$

Hierbei bedeutet $B_{mn} \cdot U(\nu_{nm})$ die Wahrscheinlichkeit eines Überganges $m \to n$ durch Absorption bei der Strahlungsdichte $U(\nu_{nm})$; der zweite Term stellt den als negative Absorption behandelten Beitrag der erzwungenen (oder stimulierten) Emission dar (PSS IV.1.7). Wenn die Intensität I_ν innerhalb der Linie als konstant angesehen werden darf, folgt weiter mit $U(\nu) = (4\pi/c)\, I_\nu$ (PSS IV.1.1)

$$\int\limits_{\text{Linie}} \kappa_\nu^L \,\mathrm{d}\nu = \frac{1}{c} h\nu_{nm} (N_m B_{mn} - N_n B_{nm}) . \tag{IV.11}$$

Die Koeffizienten ε_ν^L und κ_ν^L selbst ergeben sich jeweils durch Multiplikation ihrer Integrale (IV.10) und (IV.11) mit den gewöhnlich für Emission und Absorption als gleich angenommenen normierten „Linienprofilen" $\psi(\nu)$:

$$\varepsilon_\nu^L = \frac{h\nu_{nm}}{4\pi} \psi(\nu) \cdot A_{nm} N_n \tag{IV.12}$$

und mit der allgemeingültigen Beziehung $g_m B_{mn} = g_n B_{nm}$, wobei g_m, g_n die statistischen Gewichte des unteren und oberen Zustandes sind (PSS IV.1.7),

$$\kappa_\nu^L = \frac{h\nu_{nm}}{c} \psi(\nu) B_{mn} N_m \left(1 - \frac{g_m}{g_n} \frac{N_n}{N_m}\right) \tag{IV.13a}$$

oder

$$\kappa_\nu^L = \frac{h\nu_{nm}}{c} \psi(\nu) B_{nm}\, \Delta N \text{ mit } \Delta N = \frac{g_n}{g_m} N_m - N_n . \tag{IV.13b}$$

Die Darstellung (IV.13b) wird häufig dann angewandt, wenn die stimulierte Emission einen starken Einfluß hat.

Für die Ergiebigkeit der Linienstrahlung erhält man unter Beachtung der Beziehung (PSS IV.1.7)

$$A_{nm} = \frac{8\pi h\nu^3}{c^3} B_{nm} = \frac{8\pi h\nu^3}{c^3} \frac{g_m}{g_n} B_{mn} \tag{IV.14}$$

aus (IV.12) und (IV.13a) den Ausdruck

$$S_\nu^L = \frac{\varepsilon_\nu^L}{\kappa_\nu^L} = \frac{2h\nu^3}{c^2} \left[\frac{g_n}{g_m} \frac{N_m}{N_n} - 1\right]^{-1} . \tag{IV.15}$$

Sind die Verhältnisse N_n/N_m durch die **Boltzmann-Formel**

$$N_n/N_m = (g_n/g_m) \exp\{-(h\nu_{nm}/kT)\} \tag{IV.16}$$

gegeben (LTE, vgl. PSS IV.1.9), dann geht (IV.15) über in $S_\nu^L = B_\nu(T)$ nach Gl. (IV.7).

Aus Gl. (IV.16) folgt insbesondere die Einschränkung $(N_n/N_m) \cdot (g_m/g_n) \leqq 1$. Wir zeigen weiter unten, daß $(N_n/N_m)(g_m/g_n)$ im interstellaren Gas meist noch erheblich kleiner ist als im thermischen Gleichgewicht nach Gl. (IV.16), die höheren Zustände also unterbesetzt sind. Die in III.2.8 besprochenen Beobachtungsergebnisse lassen andererseits keinen Zweifel daran, daß in interstellaren Kondensationen auch der umgekehrte Fall, die Überbesetzung von höheren Zuständen oder **„Besetzungsinversion“** mit $(N_n/N_m)(g_m/g_n) > 1$ oder $\Delta N < 0$ vorkommt: Die stimulierte Emission überwiegt dann gegenüber der Absorption, κ_ν^L und S_ν^L werden negativ, und es resultiert eine Verstärkung einfallender Strahlung, wir haben eine Maser- bzw. Laser-Wirkung.

Die B_{nm} und B_{mn} können über die Relationen (IV.14) aus den A_{nm} und diese Koeffizienten selbst durch quantenmechanische Berechnung der entsprechenden Dipol-Matrixelemente ermittelt werden:

$$A_{nm} = \frac{64\pi^4 \nu^3}{3hc^3} P_{nm}^2$$

mit P_{nm} = Betrag des Dipol-Matrixelementes für den Übergang $n \rightarrow m$. In dem einfachen Fall der wichtigen Radio-Moleküllinien, die durch reine Rotationsübergänge im Grundschwingungszustand $v = 0$ zweiatomiger oder linearer Moleküle entstehen, gilt

$$P_{J,\,J+1}^2 = \mu^2 \frac{J+1}{2J+1} \quad \text{und} \quad \nu = 2B(J+1)\,,$$

wobei J die Rotationsquantenzahl des unteren Niveaus, μ das permanente **Dipolmoment** und B die Rotationskonstante des Moleküls bezeichnen. Für das CO-Molekül gilt beipielsweise $\mu = 0.112$ Debye (1 Debye $= 10^{-18}$ elektrostat. Einh.), womit sich für die 2.6 mm Linie ($J = 1 \rightarrow 0$) mit $B = 57.6$ GHz ergibt $A_{21} = 6 \cdot 10^{-8}\ \mathrm{s}^{-1}$.

Statistisches Gleichgewicht: Die zur Berechnung der Ergiebigkeit S_ν^L und des Linienabsorptionskoeffizienten κ_ν^L bzw. der optischen Tiefe τ_ν^L benötigten Verhältnisse der Besetzungszahlen N_m/N_n sollen nun frei von der Voraussetzung thermodynamischen Gleichgewichtes ermittelt werden. Man nimmt in diesem Fall des Non-LTE, oder kurz **NLTE**, lediglich an, daß keine zeitlichen Änderungen der Besetzungszahlen auftreten, also ein stationärer Zustand vorliegt. Betrachten wir einen bestimmten Quantenzustand der – der Einfachheit halber – durch *eine* Quantenzahl n charakterisiert sei, dann muß die Anzahl aller Übergänge pro Zeiteinheit, die in diesen Zustand n führen gleich sein der Anzahl aller Abgänge von n nach anderen – tieferen oder höheren – Zuständen m. Bezeichnen R_{nm} und R_{mn} die Anzahlen der Übergänge pro Zeit- und Volumeneinheit von n nach m bzw. von m nach n durch Strahlungsprozesse, und C_{nm} bzw. C_{mn} die entsprechenden Übergangsraten für Stoßprozesse, dann gilt offenbar für jeden beliebigen Zustand n eine Bilanzgleichung

$$-\frac{dN_n}{dt} = N_n \sum_m (R_{nm} + C_{nm}) - \sum_m N_m (R_{mn} + C_{mn}) = 0\,, \qquad \text{(IV.17)}$$

wobei die erste Summe die Abgänge und die zweite Summe der Zugänge umfaßt. Zur Gewinnung der Besetzungszahlen N_n bzw. der Verhältnisse N_n/N_1 ist dieses System der sogenannten **statistischen Gleichungen** aufzulösen. Das Symbol m kann auch auf kontinuierlich verteilte Zustände ausgedehnt werden, womit dann direkte Ionisationen von n aus und direkte Rekombinationen nach n eingeschlossen sind. Ein ähnliches Gleichungssystem besteht für die verschiedenen Ionisationsstufen, deren Besetzung in einem stationären Zustand durch die Gleichheit der Anzahlen von Ionisations- und Rekombinationsprozessen festgelegt ist (IV.2.1).

Wir erläutern die ausführliche Formulierung der statistischen Gleichungen für den Fall, daß nur gebundene Zustände zu berücksichtigen sind und neben den Strahlungsprozessen nur unelastische Stöße mit einer bestimmten Partikelart vorkommen, deren Anzahldichte N' sei.

Die **Übergangsraten** in den statistischen Gleichungen ergeben sich wie folgt:

Abgänge von n nach höheren Zuständen m:

$$\left.\begin{array}{ll}\text{Photoanregungen (Absorptionen)} & R_{nm} = B_{nm} \cdot U_\nu \\ \text{Stoßanregungen} & C_{nm} = N' \cdot Q_{nm}\end{array}\right\} m > n$$

Hierbei bezeichnet Q_{nm} den **Koeffizienten der Stoßrate** = Anzahl der Übergänge $n \rightarrow m$ pro Volumen- und Zeiteinheit durch Stöße bei einer Anzahldichte der stoßenden Partikel $N' = 1$; U_ν ist die Strahlungsdichte.

Abgänge von n nach tieferen Zuständen m:

$$\left.\begin{array}{ll}\text{Photoabregungen (spontane} & \\ \text{und erzwungene Emissionen)} & R_{nm} = A_{nm} + B_{nm} \cdot U_\nu \\ \text{Stoßabregungen (Stöße zweiter Art)} & C_{nm} = N' Q_{nm}\end{array}\right\} m < n$$

Zugänge nach n aus höheren Zuständen m:

$$\left.\begin{array}{ll}\text{Photoabregungen (spontane} & \\ \text{und erzwungene Emissionen)} & R_{mn} = A_{mn} + B_{mn} \cdot U_\nu \\ \text{Stoßabregungen (Stöße zweiter Art)} & C_{mn} = N' Q_{mn}\end{array}\right\} m > n$$

Zugänge nach n aus tieferen Zuständen m:

$$\left.\begin{array}{ll}\text{Photoanregungen (Absorptionen)} & R_{mn} = B_{mn} \cdot U_\nu \\ \text{Stoßanregungen} & C_{mn} = N' Q_{mn}\end{array}\right\} m < n$$

Indem wir die Summen der Abgänge und der Zugänge gleichsetzen und für die Strahlungsdichte jeweils $(4\pi/c)I_\nu$ einführen, erhalten wir die statistischen Gleichungen (IV.17) nun in der Form

$$\left.\begin{aligned} & N_n \left\{\sum_m B_{nm} \frac{4\pi}{c} I_\nu + \sum_{m<n} A_{nm} + N' \sum_m Q_{nm}\right\} \\ & = \sum_m N_m B_{mn} \frac{4\pi}{c} I_\nu + \sum_{m>n} N_m A_{mn} + N' \sum_m N_m Q_{mn} \,. \end{aligned}\right\} \tag{IV.18}$$

Für jedes n besteht seine solche Gleichung. Wegen des Auftretens der Intensität des Strahlungsfeldes I_ν muß das ganze System im allgemeinen simultan mit der Strahlungstransportgleichung gelöst werden, die im betrachteten Fall nach (IV.1) mit (IV.12) und (IV.13a) lautet

$$\begin{aligned} \frac{dI_\nu}{ds} = & - \frac{h\nu_{nm}}{c} B_{mn} N_m \left(1 - \frac{g_m}{g_n} \frac{N_n}{N_m}\right) \psi(\nu)\, I_\nu \,+ \\ & + \frac{h\nu_{nm}}{4\pi} A_{nm} N_n \psi(\nu)\,, \end{aligned} \tag{IV.19}$$

wobei $\psi(v)$ wieder das Linienprofil des Emissions- und des Absorptionskoeffizienten bezeichnet.

Stoßprozesse und kinetische Temperatur: Auf den Weg zur Berechnung der Einstein-Koeffizienten B_{nm}, B_{mn} und A_{nm} haben wir schon hingewiesen. Die Ableitung der Koeffizienten der Stoßraten Q_{nm} und Q_{mn} bedarf jedoch noch der Erläuterung. Die Stoßwechselwirkung zweier Gaspartikel hängt von den individuellen Verläufen des elektrischen Potentials und von der Relativgeschwindigkeit ab. Die wirksamen Teilchenquerschnitte entsprechen ungefähr den Teilchenradien, für die potentielle und kinetische Energie gleich groß sind. Die betrachteten Atome oder Moleküle und die als Stoßpartner auftretenden Partikel mögen die Geschwindigkeiten $\boldsymbol{v}_A$ und $\boldsymbol{v}_S$ besitzen, so daß sich die Relativgeschwindigkeiten $\boldsymbol{v} = \boldsymbol{v}_A - \boldsymbol{v}_S$ ergeben. Man führt als „Stoßquerschnitt" $\sigma(v)$ der Atome (Moleküle) in Bezug auf ihre Stoßpartner eine senkrecht zu $\boldsymbol{v}$ liegend gedachte Fläche ein, die mit der Bewegung der Teilchen in 1 s das Volumen $v \cdot \sigma(v)$ überstreicht (Abb. IV.2), so daß

$$N' v \cdot \sigma(v) = C(v) \tag{IV.20}$$

gerade die Anzahl der getroffenen Stoßpartner, also die Anzahl der Stöße angibt, die ein beliebig herausgegriffenes Atom im Mittel in 1 s erfährt. Dabei bezeichnet N' wieder die Anzahldichte der Stoßpartner. Wenn es sich um *unelastische Stöße* handelt, die zu einer Anregung $(m \rightarrow n)$ des Atoms (Moleküls) führen, schreiben wir für den Stoßquerschnitt genauer $\sigma_{mn}(v)$ bzw. $\sigma_{nm}(v)$. Die oben eingeführten Koeffizienten Q_{mn}, Q_{nm} ergeben sich durch Mittelung über alle vorkommenden Relativgeschwindigkeiten: $Q_{mn} = \overline{v \cdot \sigma_{mn}(v)}$ bzw. $Q_{nm} = \overline{v \cdot \sigma_{nm}(v)}$. Man muß somit auch noch die *Geschwindigkeitsverteilungen* der beiden Gaspartikelarten kennen.

Würden nur elastische Stöße auftreten, dann wären diese auch im interstellaren Raum notwendig Gaußsche Zufallsverteilungen der Geschwindigkeitskomponenten, also Maxwell-Verteilungen des Geschwindigkeitsbetrages. Werden jedoch Atome bzw. Ionen oder Moleküle bei unelastischen Stößen, beispielsweise mit Elektronen relativ hoher Energie, angeregt mit nachfolgender Abstrahlung, dann wird die Anregungsenergie dem Geschwindigkeitsfeld entzogen und der höherenergetische „Schwanz" der Geschwindigkeitsverteilung gegenüber der Maxwellverteilung herabgesetzt. Die genauere Untersuchung führt zu folgenden Ergebnissen[1]. Stöße zwischen H- oder He-Atomen untereinander oder zwischen deren Ionen und freien Elektronen mit Energien bis zu etwa 10 eV verlaufen weit überwiegend elastisch. Die meist unelastischen Stöße mit schwereren Atomen oder mit Molekülen sind wegen der geringen Häufigkeit dieser Gaspartikel gegenüber H- oder He-Atomen sehr selten und daher für den Energieaustausch von untergeordneter Bedeutung. Sowohl in den Bereichen mit überwiegend neutralem Wasserstoff (HI-Gebiete), wie auch in Regionen hoher kinetischer Temperatur, in denen der Wasserstoff nahezu vollständig ionisiert ist (HII-Gebiete), sind die relativen Abweichungen der Geschwindigkeitsverteilung der Elektronen von der Maxwell-Verteilung kleiner als 10^{-5} zu erwarten. Für neutrale H-Atome ergeben sich die entsprechenden Abweichungen kleiner als 1%. Damit dürften im allgemeinen auch zwischen den kinetischen Temperaturen der verschiedenen Arten von Gaspartikeln innerhalb eines Volumens von einigen freien Weglängen Durchmesser keine nennenswerten Unterschiede bestehen.

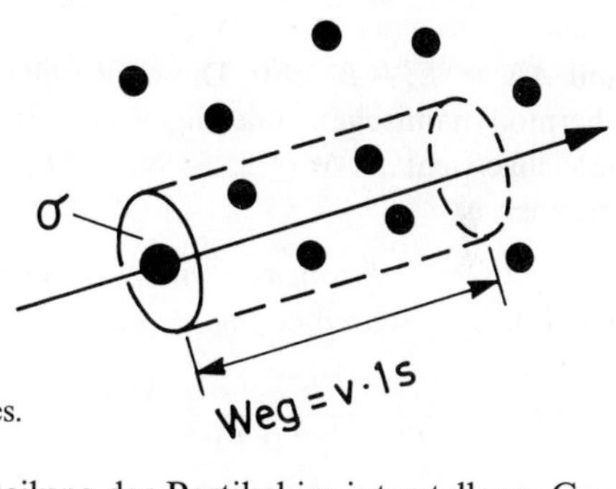

Abb. IV.2 Zur Definition des Stoßquerschnittes.

Der Befund, daß die Geschwindigkeitsverteilung der Partikel im interstellaren Gas durch die Maxwell-Verteilung angenähert werden darf, ist für die Untersuchungen des physikalischen Zustandes des interstellaren Mediums von großer Bedeutung.

Wenn die beiden in Stoßwechselwirkung tretenden Partikelarten Maxwellsche Geschwindigkeitsverteilungen zur Temepratur T aufweisen, so gilt dies auch für die *Verteilung der Relativgeschwindigkeiten* v*:*

---

[1] S. z. B. L. Spitzer: Physical Processes in the Interstellar Medium. Wiley, New York 1978, Chapter 2.

$$\begin{aligned}\varphi(v;T) &= \frac{1}{\sigma^3(2\pi)^{3/2}}\exp\left[-\frac{v^2}{2\sigma^2}\right]\mathrm{d}v_x\,\mathrm{d}v_y\,\mathrm{d}v_z = \\ &= \frac{4\pi}{\sigma^3(2\pi)^{3/2}}\,v^2\exp\left[-\frac{v^2}{2\sigma^2}\right]\mathrm{d}v\end{aligned} \tag{IV.21}$$

mit $v^2 = v_x^2 + v_y^2 + v_z^2$ und

$$\sigma^2 = \overline{v_x^2} = \overline{v_y^2} = \overline{v_z^2} = \left(\frac{1}{m_A} + \frac{1}{m_S}\right)kT = \left(\frac{1}{A} + \frac{1}{A_s}\right)\mathfrak{R}T \tag{IV.22}$$

(Einführung von Polarkoordinaten: $\mathrm{d}v_x\mathrm{d}v_y\mathrm{d}v_z = v^2\sin\vartheta\,\mathrm{d}v\,\mathrm{d}\vartheta\,\mathrm{d}\varphi$ und Integration über ϑ und φ). Hierbei bedeuten m_A und m_S die Massen, $A = m_A/m_H$ und $A_S = m_S/m_H$ die Atomgewichte der Stoßpartner (Index S für die „Stoßteilchen"); k ist die Boltzmann-Konstante, $\mathfrak{R} = 8.314 \cdot 10^7$ erg K^{-1} mol^{-1} die Gaskonstante. Die Mittelbildung für $v \cdot \sigma_{nm}(v)$ über alle v ergibt die Stoßrate für Abregungen $n \to m$ mit $m < n$

$$Q_{nm} = \overline{v \cdot \sigma_{nm}(v)} = \int_0^\infty v \cdot \sigma_{nm}(v)\,\varphi(v;T)\,\mathrm{d}v\,. \tag{IV.23}$$

Zwischen den Koeffizienten der Stoßraten für Anregung bzw. Abregung Q_{mn} und Q_{nm} besteht die allgemeine Relation

$$g_m Q_{mn} = g_n Q_{nm}\,\mathrm{e}^{-\frac{\Delta E}{kT}} = g_n Q_{nm}\,10^{-\frac{5040\,\Delta E\,[\mathrm{eV}]}{T}} \tag{IV.24}$$

mit $\Delta E = E_n - E_m > 0$. Dieses Resultat folgt durch den Übergang zu strengem thermodynamischen Gleichgewicht, in welchem insbesondere das detaillierte Gleichgewicht $N_n N' Q_{nm} = N_m N' Q_{mn}$ besteht, wobei N_m/N_n durch Gl. (IV.16) gegeben ist.

Im *Fall von Elektronenstößen* ist es üblich, das Ergebnis der Integration (IV.23) in der Form zu schreiben ($m_S = m_e$ = Elektronenmasse):

$$\begin{aligned}Q_{nm} &= \frac{h^2}{(2\pi m_e)^{3/2}(kT)^{1/2}}\,\frac{\Omega_{nm}}{g_n} \\ &= 8.63 \cdot 10^{-6}\,\frac{\Omega_{nm}}{T^{1/2}g_n}\,[\mathrm{cm^3\,s^{-1}}]\,.\end{aligned} \tag{IV.25}$$

Der hier eingeführte Koeffizient Ω_{nm} (englisch: collision efficiency oder collision strength) hat nämlich für die im interstellaren Gas wichtigen Übergänge zwischen den unteren angeregten Zuständen und dem Grundzustand der Ionen von C, N, O, Si, Ne u. a. meist Werte von der Größenordnung eins.

Von den schweren Teilchen kommen als Stoßpartner vor allem *Wasserstoffatome* – wegen ihrer großen kosmischen Häufigkeit – in Betracht. Ist der Wasserstoff überwiegend neutral (HI-Gebiete), dann treten die H-Atome beispielsweise bei folgenden Prozessen als Stoßpartner auf: (1) Anregung von Hyperfeinstrukturniveaus im Grundzustand der neutralen H-Atome (Änderung des Elektronenspins), (2) Anregung tiefliegender Feinstrukturniveaus von Ionen wie C^+, O^+, O^{++} usw. und (3) Anregung von Rotationszuständen der Wasserstoffmoleküle.

Tabelle IV.1: Koeffizienten der Stoßraten für abregende Stöße durch H-Atome und H_2-Moleküle. Zum Vergleich sind in der letzten Spalte die Werte $\bar{v} \cdot \bar{\sigma}$ für elastische Stöße zwischen H-Atomen gegeben, bei denen die kinetischen Gesamtenergien der Stoßpartner vor und nach dem Stoß gleich sind. (Nach L. Spitzer)

T [K]	Q_{nm} [cm^3 s^{-1}]				$\bar{v} \cdot \bar{\sigma}$ [cm^3 s^{-1}]
	H−H (Hyperfeinstrukturniveaus $n = 1$)	H−C^+ ($^2P_{3/2}$-Niveau)	H−H_2 ($J = 2$ von H_2)	H_2−CO ($J = 1$ von CO)	H−H
10	$2.3 \cdot 10^{-12}$	$7.7 \cdot 10^{-10}$	$9.6 \cdot 10^{-13}$	$1.8 \cdot 10^{-12}$	$9.5 \cdot 10^{-11}$
100	$9.5 \cdot 10^{-11}$	$8.0 \cdot 10^{-10}$	$3.0 \cdot 10^{-12}$	$3.7 \cdot 10^{-12}$	$3.2 \cdot 10^{-10}$
1000	$2.5 \cdot 10^{-10}$	$9.7 \cdot 10^{-10}$	$4.2 \cdot 10^{-11}$	–	$8.0 \cdot 10^{-10}$

Zur Abschätzung der *Größenordnung der Stoßraten* für die Wechselwirkung zwischen H-Atomen wollen wir ansetzen

$$Q_{nm} = \overline{v \cdot \sigma_{nm}(v)} \approx \bar{v} \cdot \bar{\sigma}_{nm}, \text{ wobei}$$

$$\bar{v} = \int_0^\infty v\varphi(v; T)\,dv = 2\sqrt{\left(\frac{1}{m_A} + \frac{1}{m_S}\right)\frac{2kT}{\pi}} = 1.46 \cdot 10^4 \sqrt{\left(\frac{1}{A} + \frac{1}{A_s}\right)T} \tag{IV.27}$$

mit $A = A_s = 1$. Für $T = 100$ K folgt beispielsweise $\bar{v} \approx 10^5$ cm s^{-1}. Mit dem Radius des H-Atoms von rund 10^{-8} cm ergibt sich dann $\bar{\sigma} \approx 10^{-16}$ cm^2 und $Q_{nm} \approx 10^{-11}$ cm^3 s^{-1}. Bei der durchschnittlichen lokalen Dichte des neutralen Wasserstoffs im interstellaren Raum $N_H \approx 1$ cm^{-3} (s. IV.4.2) erfolgt somit im Mittel nur etwa alle 10^{11} s $\approx$ 3000 Jahre ein Stoß. Auf die genauere Berechnung von $\sigma_{nm}(v)$ und damit weiter von Q_{nm}, kann hier nicht eingegangen werden. Typische Resultate sind in Tabelle IV.1 zusammengestellt.[1]

Anregung unter interstellaren Bedingungen: Wir diskutieren die unter dem Zusammenwirken von Strahlungs- und Stoßprozessen im interstellaren Gas entstehenden Besetzungsverhältnisse anhand von idealisierten Beispielen, die jedoch bereits wesentliche Einsichten ermöglichen. Dabei wird vorausgesetzt, daß Ionisations- und

[1] Wir verweisen auf die Literaturangaben im Anhang – Werte von Ω_{nm} sind auch in dem bereits zitierten Buch von L. Spitzer, S. 74, gegeben.

Rekombinationsprozesse sehr viel seltener stattfinden als Übergänge zwischen gebundenen Zuständen. Diese Annahme wird in IV.2.1 begründet. Die statistischen Gleichungen können dann unter Berücksichtigung allein der Übergänge zwischen gebundenen Zuständen aufgestellt werden.

1. Beispiel: Das Atom oder Molekül besitze nur zwei Energiezustände, den Grundzustand $m = 1$ und einen angeregten Zustand $n = 2$. Der Übergang $2 \rightarrow 1$ entspreche einer *Linie im optischen Bereich*, weshalb wir das Strahlungsfeld als verdünnte Schwarze-Körper-Strahlung zur Temperatur T_* annehmen und durch

$$I_\nu = W \cdot B_\nu(T_*) \tag{IV.28}$$

beschreiben. W bezeichnet den in III.1.9 eingeführten „Verdünnungsfaktor“. Die Stoßpartner der betrachteten Atome oder Moleküle seien Elektronen mit der Anzahldichte $N' = N_e$. Die statistischen Gleichungen (IV.18) reduzieren sich dann auf eine Gleichung:

$$N_1\left(B_{12}\frac{4\pi}{c}I_\nu + N_e Q_{12}\right) = N_2\left(B_{21}\frac{4\pi}{c}I_\nu + A_{21} + N_e Q_{21}\right),$$

aus der für das gesuchte Verhältnis der Besetzungszahlen folgt

$$\frac{N_2}{N_1} = \frac{B_{12}\dfrac{4\pi}{c}I_\nu + N_e Q_{12}}{B_{21}\dfrac{4\pi}{c}I_\nu + A_{21} + N_e Q_{21}}. \tag{IV.29}$$

Drückt man hier B_{12} und B_{21} durch A_{21}, und Q_{12} durch Q_{21} aus mit Hilfe der Beziehungen (IV.14) bzw. (IV.24), und setzt man weiter für I_ν (IV.28) mit der Kirchhoff-Planck-Funktion (IV.7) zur Temperatur T_* ein, dann folgt

$$\frac{N_2}{N_1} = \frac{g_2}{g_1}\,\frac{N_e(Q_{21}/A_{21})\,e^{-\frac{h\nu}{kT}} + W\left(e^{\frac{h\nu}{kT_*}} - 1\right)^{-1}}{1 + N_e(Q_{21}/A_{21}) + W\left(e^{\frac{h\nu}{kT_*}} - 1\right)^{-1}}. \tag{IV.30}$$

Im interstellaren Raum, weitab von Sternen, gilt $W \ll 1$. Das Strahlungsfeld im sichtbaren Bereich läßt sich etwa durch $W = 10^{-14}$ und $T_* = 10^4$ K beschreiben (vgl. III.1.9). Aber auch in diffusen Nebeln gilt im allgemeinen $W \approx 10^{-14}$. Die nachfolgend diskutierten Zahlenwerte von Q_{21}, A_{21} und N_e liefern dann meist $W \ll N_e\,(Q_{21}/A_{21})$. Daher können für Photonenenergien von nur einigen eV die mit dem Faktor W behafteten Terme in (IV.30) vernachlässigt werden, d. h. Anregungen durch Strahlung spielen für den hier angenommenen Fall keine Rolle. Man erhält einfach

$$\frac{N_2}{N_1} = \frac{g_2}{g_1}\,\frac{e^{-\frac{h\nu}{kT}}}{1 + (A_{21}/N_e Q_{21})}. \tag{IV.31}$$

Für LTE lägen speziell die Besetzungszahlen N_1^* und N_2^* vor mit dem Verhältnis (Boltzmann-Formel)

$$\frac{N_2^*}{N_1^*} = \frac{g_2}{g_1} e^{-\frac{h\nu}{kT}} .$$

Die Abweichungen hiervon werden häufig durch Koeffizienten $b_n = N_n/N_n^*$ (für beliebiges n) ausgedrückt, für die nach (IV.31) gilt

$$\frac{b_2}{b_1} = \frac{1}{1 + (A_{21}/N_e Q_{21})} .$$

Nur für $A_{21}/N_e \cdot Q_{21} \ll 1$, wenn also die Stoßprozesse vollständig dominieren, stellt sich der Fall thermodynamischen Gleichgewichtes $b_2/b_1 = 1$ ein. Für Q_{21} liefert Gl. (IV.25) mit Ω_{nm}/g_n von der Größenordnung eins und kinetischen Temperaturen der stoßenden Partikel $T \approx 10^2 \ldots 10^4$ K Werte zwischen etwa 10^{-7} und 10^{-6}. Bei oberen Zuständen, von denen aus *erlaubte Übergänge* in den unteren Zustand führen, kann man ansetzen, $A_{21} \approx 10^8 \text{ s}^{-1}$. Damit ergibt sich $A_{21}/N_e Q_{21} \approx 10^{14}/N_e$ bis $10^{15}/N_e$. Für die in großen Entfernungen von heißen Sternen (HI-Gebiete) vorliegenden Elektronendichten $N_e \lesssim 10^{-1} \text{ cm}^{-3}$ wie auch für die Verhältnisse in den diffusen Gasnebeln mit Werten bis zu $N_e \approx 10^4 \text{ cm}^{-3}$ folgt $b_2/b_1 \ll 1$. Im Gegensatz zum Fall von LTE befinden sich praktisch alle Atome bzw. Moleküle im Grundzustand: Auf die seltene Stoßanregung $1 \rightarrow 2$ folgt stets sofort ein Strahlungsübergang $2 \rightarrow 1$, so daß im zeitlichen Mittel kaum ein Atom (Molekül) im oberen Zustand anzutreffen ist.

Anders ist die Situation bei den *verbotenen Übergängen* von sogenannten metastabilen Energieniveaus in tiefere Zustände. Als Beispiel wählen wir die grünen Nebellinien des [OIII]-Spektrums N_1 λ 5007 Å und N_2 λ 4959 Å, die durch verbotene Übergänge zwischen tiefliegenden Feinstrukturniveaus entstehen. $2p^2\,{}^1D_2 - 2p^2\,{}^3P_2$ und $2p^2\,{}^1D_2 - 2p^2\,{}^3P_1$ mit den Übergangswahrscheinlichkeiten $A_{21} = 2.1 \cdot 10^{-2}$ s^{-1} und $7.1 \cdot 10^{-3} \text{ s}^{-1}$ (magnetische Dipolstrahlung). Mit diesen Zahlen folgt für typische Gasnebel, in denen als kinetische Temperatur $T \approx 10^4$ K und damit $Q_{21} \approx 10^{-7}$, und $N_e \approx 10^3$ bis 10^4 cm^{-3} angesetzt werden kann: $A_{21}/N_e Q_{21} \approx 10^5/N_e \approx 10$ bis 10^2, Die Besetzungszahl des oberen Zustandes erreicht hier also 1 bis 10% ihres Wertes für thermodynamisches Gleichgewicht. Bei den extrem niedrigen Dichten des interstellaren Gases werden also die tiefliegenden metastabilen Niveaus (relativ) großer Lebensdauer sehr stark begünstigt gegenüber Niveaus normaler Lebensdauer, in userem Beispiel etwa im Verhältnis $10^{10} : 1$. Für die Linienemission gilt $\varepsilon_\nu^L \sim N_2 A_{21}$. Das Produkt $N_2 A_{21}$ ist jetzt bei den verbotenen Linien etwa von derselben Größenordnung wie für die erlaubten Linien, die verbotenen Linien werden deshalb in diesem Falle so stark wie die erlaubten oder sogar stärker.

2. Beispiel: Wir betrachten wieder das Atom bzw. Molekül mit nur zwei Energiezuständen, der Übergang $2 \rightarrow 1$ entspreche jedoch einer *Radiolinie.* Für das Strahlungsfeld im Radiofrequenzbereich liegt der Verdünnungsfaktor in der Regel nahe bei eins, weshalb man I_ν hier durch eine Strahlungstemperatur T_s charakterisiert mit der Eigenschaft $I_\nu = 2(\nu^2/c^2)kT_s$ (Rayleigh-Jeans-Gesetz für $h\nu/kT_s \ll 1$). Anstelle von (IV.30) ergibt sich dann, wenn wir für N_e wieder allgemein als Dichte der Stoßpartner N' einsetzen,

$$\frac{N_2}{N_1} = \frac{g_2}{g_1} \frac{e^{-\frac{h\nu}{kT}} + \frac{A_{21}}{N'Q_{21}} \frac{kT_s}{h\nu}}{1 + \frac{A_{21}}{N'Q_{21}} + \frac{A_{21}}{N'Q_{21}} \frac{kT_s}{h\nu}}. \tag{IV.32}$$

Dieser Ausdruck geht für $(A_{21}/N'Q_{21}) \ll 1$ in die Boltzmann-Formel über. Man setzt jedoch oft formal an

$$\frac{N_2}{N_1} = \frac{g_2}{g_1} e^{-\frac{h\nu}{kT_{ex}}} \tag{IV.33}$$

mit der **Anregungstemperatur** (excitation temperature) T_{ex}, die im allgemeinen von der kinetischen Temperatur T abweicht. Da im Radiobereich sowohl kT als auch kT_{ex} groß gegen $h\nu$ sind und daher $\exp[-(h\nu/kT)] \approx 1 - (h\nu/kT)$ für beide Temperaturen gilt, folgt aus den rechten Seiten von (IV.32) und (IV.33)

$$T_{ex} = \frac{T + xT_s}{1 + x} \tag{IV.34}$$

mit

$$x = \frac{A_{21}}{N'Q_{21}} \cdot \frac{kT}{h\nu}.$$

x stellt gerade das Verhältnis dar zwischen den mittleren Lebensdauern des Ausgangszustandes der Emission für die Wirksamkeit allein von Stoßprozessen $t_{Stoß} = (N'Q_{21})^{-1}$ [s] und von Strahlungsprozessen $t_s = [B_{21}(4\pi/c)I_\nu + A_{21}]^{-1} = \{A_{21}/[1 - \exp(-h\nu/kT)]\}^{-1} = \{A_{21} \cdot kT/h\nu\}^{-1}$ [s], so daß wir auch schreiben können

$$T_{ex} = \frac{t_s T + t_{Stoß} T_s}{t_s + t_{Stoß}}. \tag{IV.35}$$

Wenn z.B. die Strahlungsprozesse allein eine wesentlich größere Lebensdauer zulassen als die Stoßprozesse: $t_s \gg t_{Stoß}$, dann dominieren die Stoßprozesse und es wird $T_{ex} = T$ = kinetische Temperatur.

Wir diskutieren noch die *Anwendungen* auf drei konkrete Fälle. Zunächst die Besetzung des Ausgangszustandes der *21 cm-Emissionslinie* des neutralen Wasserstoffs (vgl. III.1.5). In den Gebieten, aus denen diese Strahlung kommt, ist die Ionisation sehr gering (HI-Regionen), so daß freie Elektronen für die Anregung ausscheiden.

Als Stoßpartner können nur die relativ zahlreich vorhandenen neutralen H-Atome selbst eine Rolle spielen. Wir setzen deshalb nun $N' = N_H$ = Anzahldichte der (neutralen) Wasserstoffatome. Die Stoßrate Q_{21} entnehmen wir der Tabelle IV.1 zur kinetischen Temperatur. Für $T = 10^2$ K (s. IV.4.2) folgt $Q_{21} \approx 1 \cdot 10^{-10}$ cm^3 s^{-1}. Andererseits gilt für die Anregungsenergie der 21 cm-Linie $\Delta E = h\nu = 5.9 \cdot 10^{-6}$ eV und für die Übergangswahrscheinlichkeit $A_{21} = 2.87 \cdot 10^{-15}$ s^{-1}. Unter Verwendung von $kT/h\nu = T/11\,600\ \Delta E$ [eV] erhalten wir damit als Bedingung für die Gleichheit von Anregungstemperatur T_{ex} (im Fall der 21 cm-Linie gewöhnlich als „Spintemperatur" bezeichnet) und kinetischer Temperatur T:

$$x \approx 4 \cdot 10^{-4} \frac{T}{N_H} \ll 1 \quad \text{oder} \quad N_H \gg 4 \cdot 10^{-4}\, T\,, \tag{IV.36}$$

wenn für das Strahlungsfeld die vergleichsweise niedrige Temperatur der kosmischen Hintergrundstrahlung $T_s = 2.7$ K angesetzt werden darf.

In den kalten interstellaren Wolken, für die $T \lesssim 10^2$ K und $N_H > 0.1$ cm^{-3}, ist diese Bedingung erfüllt. Für das dünne Medium zwischen den Wolken (vgl. IV.4.2) ist jedoch mit einer Unterbesetzung des oberen Zustandes gegenüber einer Boltzmann-Verteilung für $T_{ex} = T$ zu rechnen, sofern die Anregung allein durch Stöße erfolgt.

Im Fall der *CO-Emissionslinien* bei $\lambda = 2.6$ mm ($J = 1 \rightarrow 0$) kann man davon ausgehen, daß Stoßanregungen vorwiegend durch H_2-Moleküle erfolgen, weil der Wasserstoff im Ursprungsbereich dieser Strahlung weitgehend in molekularer Form vorliegen dürfte. Die Temperaturen bewegen sich hier etwa zwischen 10 und 30 K, so daß wir nach Tabelle IV.1 Stoßabregungsraten $Q_{21} \approx 1 \cdot 10^{-11}$ cm^3 zu erwarten haben; die Wahrscheinlichkeit spontaner Strahlungsübergänge beträgt $A_{21} = 6 \cdot 10^{-8}$ s^{-1}. Mit $h\nu = \Delta E = 4.8 \cdot 10^{-4}$ eV folgt damit $x \approx 1 \cdot 10^3\ (T/N')$. Erst in dichten Wolken mit $N' = N(H_2) \gtrsim 1 \cdot 10^4$ cm^{-3} und $T \approx 10$ K kann man daher LTE mit $T_{ex} = T$ erwarten. Bei niedrigeren Dichten werden hingegen Strahlungsanregungen wesentlich – bei sehr tiefen Temperaturen durch Photonen der kosmischen Hintergrundstrahlung mit $T_s = 2.7$ K.

Als letztes Beispiel sei die Besetzung des Ausgangszustandes der dritten in III.1.4, Tabelle III.4 verzeichneten *optischen interstellaren Absorptionslinie des CN-Moleküls* angeführt. Diese Linie entsteht durch einen elektronischen Übergang vom ersten angeregten Rotationsniveau $J = 1$ des Grundzustandes aus. Hier ist die Wahrscheinlichkeit von Strahlungsübergängen $J = 1 \rightarrow 0$ relativ groß, mit der bisher benutzten Bezeichnung gilt $A_{21} \approx 10^{-5}$ s^{-1}, und der Anregungsenergie ΔE des Niveaus $J = 1$ entspricht – wie bei der CO-Linie – eine Frequenz, die in das Hauptgebiet der kosmischen Hintergrundstrahlung fällt ($\Delta E \approx kT_s$ mit $T_s = 2.7$ K). Daher erhält man $x \gg 1$ bzw. $t_s \ll t_{Stoß}$ und damit nach (IV.34) bzw. (IV.35) $T_{ex} = T_s = 2.7$ K. Die Bedeutung der Stöße tritt stark zurück zugunsten der Anregung durch das 3K-Strahlungsfeld. Die interstellaren CN-Moleküle sind also empfindliche Indikatoren der kosmischen Hintergrundstrahlung.

Rekombinationslinien: Hier erfolgt die Besetzung des Ausgangszustandes n entweder durch direkte Rekombination der Ionen in diesen Zustand oder im Gefolge von Rekombinationen in höhere Zustände durch Strahlungsübergänge nach n, also nur durch „abwärts" führende Prozesse. Für sehr große n, also für die Radio-Rekombinationslinien, können Anregungen von tieferen Zuständen aus (durch Stöße) wichtig werden. Wir formulieren die statistischen Gleichungen hier der Einfachheit halber nur für den Fall der optischen Linien des Wasserstoffs, in welchem die Terme der stimulierten Emission und der Stoßprozesse entfallen. In IV.2.1 wird gezeigt, daß in einer HII-Region die Ionisationen sehr viel seltener sind als diese Übergänge (Ionisationsrate $\approx 10^{-8}\ \mathrm{s}^{-1}$ gegenüber $A_{nm} \approx 10^4 \dots 10^8\ \mathrm{s}^{-1}$). Nach der Rekombination in einen bestimmten gebundenen Zustand folgen daher die weiteren abwärts führenden Prozesse sehr rasch, und das Atom nimmt danach noch eine relativ lange Zeit den Grundzustand ein, bevor schließlich eine erneute Ionisation stattfindet. Wir können daher die Ionisationsprozesse in den statistischen Gleichungen für die gebundenen Zustände weglassen und erhalten ($n = 1, 2, \dots$)

$$N_n \sum_{m=1}^{n-1} A_{nm} = \sum_{m=n+1}^{\infty} N_m A_{mn} + N_p N_e \alpha_{0,n}(T_e)\,. \qquad \text{(IV.37)}$$

Links stehen die Abgänge von n in tiefere Niveaus, rechts die Zugänge nach n aus höheren Niveaus und die Zugänge durch direkte Rekombination nach n. N_p und N_e bezeichnen die Anzahldichten der Protonen und Elektronen, $\alpha_{0,n}(T_e)$ ist der Rekombinationskoeffizient (= Wahrscheinlichkeit einer Rekombination pro s in den Zustand n bei $N_p = N_e = 1\ \mathrm{cm}^{-3}$; weiteres dazu in IV.2.1) mit T_e = kinetische Temperatur des Elektronengases (**„Elektronentemperatur"**). Es ist dabei weiter angenommen, daß der betrachtete Gasnebel in allen Rekombinationslinien optisch dünn ist, so daß keine Strahlungsanregungsprozesse (von $m = 1, 2, \dots, n-1$ nach n) zu berücksichtigen sind.

Im thermodynamischen Gleichgewicht gelten Saha-Gleichung und Boltzmann-Formel, die im Fall des Wasserstoffs lauten ($T = T_e$)

$$\frac{N_p N_e}{N_1} = \left(\frac{2\pi m_e k T_e}{h^2}\right)^{3/2} \mathrm{e}^{-\frac{\chi_0}{kT_e}} \qquad \text{(IV.38)}$$

(siehe PSS, Gl. IV.72 für $i = 0$ mit $N_0 \approx N_{0,1} \equiv N_1$ in der hier benutzten Bezeichnung, $P_e = N_e k T_e$ und $2u_1/u_0 = 1$) und

$$\frac{N_n}{N_1} = n^2\,\mathrm{e}^{-\frac{\chi_{0,n}}{kT_e}} \qquad \text{(IV.39)}$$

(siehe PSS, Gl. IV.68 mit $g_{0,n} = 2n^2$ nach PSS, Gl. IV.67). χ_0 und $\chi_{0,n}$ bezeichnen die Ionisationsenergie und die Anregungsenergie des Zustandes n des neutralen Atoms. Führt man wieder die Koeffizienten $b_n = N_n/N_n^*$ ein, wobei N_n^* die nach

(IV.39) für LTE berechneten Besetzungszahlen sind, dann geht (IV.38) nach Elimination von N_1 mit Hilfe von (IV.39) über in die bemerkenswerte Formel

$$N_n = b_n n^2 \left(\frac{h^2}{2\pi m_e k T_e} \right)^{3/2} e^{-\frac{\chi_0 - \chi_{0,n}}{kT_e}} N_p N_e \,. \qquad \text{(IV.40)}$$

Setzt man diesen Ausdruck in (IV.37) für N_n bzw. N_m ein, dann ergibt sich ein Gleichungssystem für die b_n-Koeffizienten:

$$\frac{\alpha_{0,n}}{n^2} \left(\frac{2\pi m_e k T_e}{h^2} \right)^{3/2} e^{-\frac{\chi_0 - \chi_{0,n}}{kT_e}} + \sum_{m=n+1}^{\infty} b_m A_{mn} = b_n \sum_{m=1}^{n-1} A_{nm} \,.$$

Wie man sieht, sind in dem betrachteten Fall die b_n nicht von der Dichte, sondern allein von T_e abhängig. Auf die Methoden zur Lösung dieses Gleichungssystems kann hier nicht eingegangen werden. Numerische Ergebnisse für $n = 2$ bis 7 zu $T_e = 10^4$ K sind in Tabelle IV.2 gegeben (Fall A).

Tabelle IV.2: Werte der b_n-Koeffizienten für die Besetzung der Energiezustände des Wasserstoffs im Fall (A) eines in den Linien optisch dünnen Gasnebels mit T_e = 10000 K. Für den Fall eines in den Lyman-Linien ($1 \longrightarrow n$) optisch dicken Nebels (B) ergeben sich die Zahlenwerte der letzten Zeile

n	2	3	4	5	6	7
b_n (A)	0.0038	0.036	0.087	0.136	0.176	0.207
b_n (B)	–	0.108	0.183	0.245	0.290	0.321

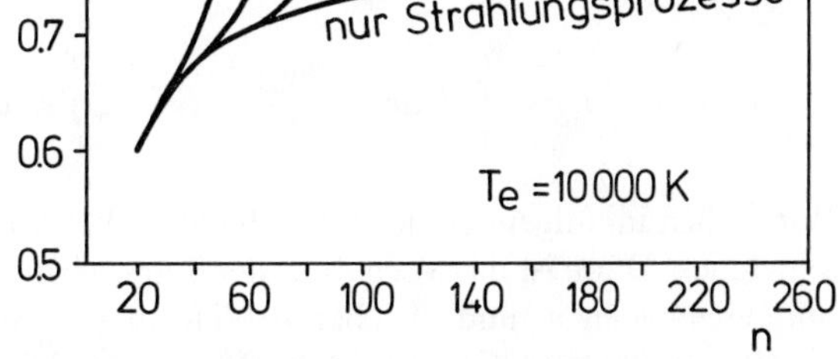

Abb. IV.3: Abhängigkeit der b_n-Koeffizienten von der Hauptquantenzahl n für die Elektronentemperatur T_e = 10000 K. Parameter der Kurvenschar ist die Elektronendichte N_e [cm^{-3}]. (Nach T. J. Sejnowski und R. M. Hjellming).

Für große n, wie sie bei den Radio-Rekombinationslinien auftreten, spielen Stoßprozesse eine wesentliche Rolle, weil Atome in sehr hohen Quantenzuständen um viele Zehnerpotenzen höhere Stoßquerschnitte besitzen als in den tiefsten Zuständen mit kleinen Bahnradien der Elektronen. Damit wird dann b_n zunächst auch von N_e abhängig, nähert sich aber dem Wert $b_n = 1$. Darüber hinaus kann auch die stimulierte Emission durch das kontinuierliche Strahlungsfeld des Gases nicht mehr vernachlässigt werden. Abb. IV.3 zeigt Resultate für $n > 20$ zu $T_e = 10000$ K.

Linienintensitäten in Abhängigkeit von Dichte und Temperatur: Allein aus einer Diskussion der Besetzungsverhältnisse kann nicht ohne weiteres auf die Stärken der zu erwartenden Linien geschlossen werden. Im allgemeinen muß die Strahlungstransportgleichung (IV.2) mit der durch (IV.15) gegebenen Ergiebigkeit simultan mit den statistischen Gleichungen (IV.17) bzw. (IV.18) gelöst werden. Wir betrachten zunächst zwei Fälle, in denen Strahlungsanregungen und stimulierte Emission keine wesentliche Rolle spielen, so daß die statistischen Gleichungen von der Strahlungstransportgleichung entkoppelt sind: Stoßangeregte Linien schwerer Ionen und optische Rekombinationslinien in einem optisch dünnen Gasnebel. Danach diskutieren wir noch den allgemeineren Fall der Radiolinienemissionen durch Moleküle, wobei auch die Strahlungsprozesse, und insbesondere die durch das Strahlungsfeld stimulierte Emission einbezogen werden müssen.

Die Intensität einer Emissionslinie I_ν^L ergibt sich generell als Differenz zwischen der in der Linie *beobachteten* Intensität I_ν und der (kontinuierlichen) Hintergrundintensität $I_{\nu,0}$, die man durch Beobachtungen in einer unmittelbar neben der Linie liegenden Frequenz findet. Wir legen im folgenden das bereits in IV.1.1 betrachtete Modell einer emittierenden Wolke zugrunde. Dann ist I_ν durch (IV.4) gegeben, wobei die Ergiebigkeit in der Linie S_ν^L von $I_{\nu,0}$ abhängen kann (Strahlungsanregungen, stimulierte Emission!).

Für die stoßangeregten optischen Emissionslinien und für die optischen Rekombinationslinien von Gasnebeln darf $I_{\nu,0} \ll I_\nu$ angenommen werden (s. Diskussion nach Gl. IV.30). Im optisch dünnen Fall $\tau_\nu^L \ll 1$ erhält man dann aus (IV.4), wegen $S_\nu^L \, \mathrm{d}\tau_\nu^L = \kappa_\nu^L \, S_\nu^L \, dr = \varepsilon_\nu^L \, \mathrm{d}r$ und mit (IV.12) sowie l = Länge des Sehstrahls innerhalb der Wolke

$$I_\nu^L = I_\nu - I_{\nu,0} = \int_0^l \varepsilon_\nu^L \, \mathrm{d}r = \frac{h\nu_{nm}}{4\pi} \psi(\nu) A_{nm} \int_0^l N_n \mathrm{d}r \,. \qquad \text{(IV.41)}$$

Wir wollen im folgenden der Einfachheit halber konstante Dichte und Temperatur annehmen. Dann ist das Verhältnis der Stärken zweier Emissionslinien mit gleichem unteren Niveau m und gleicher Profilform $\psi(\nu)$ nach Gl. (IV.12) gegeben durch $I_{nm}^L / I_{n'm}^L = (\nu_{nm}/\nu_{n'm})(A_{nm}/A_{n'm})(N_n/N_{n'})$. In der Näherung des Zwei-Niveau-Atoms für *verbotene Emissionslinien*, die durch Elektronenstöße (Dichte und Temperatur der Elektronen N_e und T_e) angeregt werden, folgt daraus mit Gl. (IV.31)

$$\frac{I_{nm}^L}{I_{n'm}^L} = \frac{\nu_{nm} A_{nm} g_n}{\nu_{n'm} A_{n'm} g_{n'}} \left[\frac{1 + (A_{n'm}/N_e Q_{n'm})}{1 + (A_{nm}/N_e Q_{nm})} \right] \times \tag{IV.42}$$
$$\times \exp\left\{ - \frac{h\nu_{nm} - h\nu_{n'm}}{kT_e} \right\}.$$

Wenn die beiden oberen Niveaus n und n' dicht beieinander liegen, darf der Exponentialfaktor gleich eins gesetzt werden, und man kann aus dem beobachteten Verhältnis $I_{nm}/I_{n'm}$ die *Elektronendichte* N_e bestimmen. Bekanntestes Anwendungsbeispiel sind die beiden Linien [OII] λ 3728.9 Å und λ 3726.2 Å mit den oberen Niveaus $^2D_{5/2}$ bzw. $^2D_{3/2}$ und dem unteren Niveau $^4S_{3/2}$ (Grundzustand). Völlig analog ist die Situation bei dem Linienpaar [SII] λ 6716.4 Å und λ 6730.8 Å. Die berechneten Abhängigkeiten dieser beiden Linienverhältnisse von dem Produkt $N_e\sqrt{10^4/T_e}$ sind in Abb. IV.4 wiedergegeben. Die Abhängigkeit von $\sqrt{T_e}$ kommt über die Koeffizienten der Stoßraten herein (s. Gl. IV.25). Für den Näherungswert $T_e = 10000$ K liefert die Abszisse unmittelbar die Elektronendichte. Mit dem Resultat für N_e kann ein genauerer Wert der *Elektronentemperatur* T_e aus dem Intensitätsverhältnis $I_{nm}^L/I_{n'm'}^L$ zweier Linien mit erheblich verschiedenen Frequenzen ν_{nm} und $\nu_{n'm'}$ ermittelt werden. Beispiel hierfür ist das Verhältnis der [OIII]-Linien $I(\lambda\ 4959 + \lambda\ 5007)/I(\lambda\ 4363)$ (s. PSS, Abb. II.26), das für $T_e = 7000$ K bis 14000 K von 10^3 auf 10^2 abnimmt.

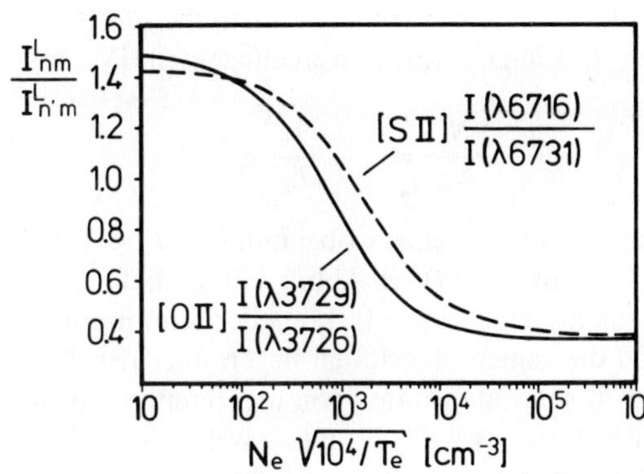

Abb. IV.4: Berechnete Abhängigkeit der Linienverhältnisse $I(\lambda\ 3729)/I(\lambda\ 3726)$ und $I(\lambda\ 6716)/I(\lambda\ 6731)$ in HII-Regionen von dem Produkt $N_e\sqrt{10^4/T_e}$, wobei T_e in K einzusetzen ist. (Nach D. E. Osterbrock, 1974).

Für die Gesamtintensität einer *optischen Rekombinationslinie* folgt aus (IV.41) mit (IV.40) durch Integration über die ganze Linie

$$I_{nm}^L = \frac{h\nu_{nm}}{4\pi} A_{nm} \int_0^l N_n \,dr = F_{n,m}(T_e) \int_0^l N_p N_e \,dr\,. \tag{IV.43}$$

A_{nm}, und damit die Funktion $F_{n,m}(T_e)$, läßt sich für Wasserstoff und wasserstoffähnliche Atome durch einen geschlossenen Ausdruck mit einem nahe bei eins liegenden quantenmechanischen Korrekturfaktor, dem sogenannten Gaunt-Faktor $g_{n,m}$, darstellen. Es gilt (PSS, Gl. IV.47f.) $A_{nm} \sim \nu_{nm}^3 (g_m/g_n) B_{mn} \sim \nu_{nm}^2 (g_m/g_n) f_{mn}$, wobei $f_{mn} \sim g_m^{-1}(m^{-2} - n^{-2})^{-3} m^{-3} n^{-3} = g_m^{-1} R^3 Z^6 \nu_{nm}^{-3} m^{-3} n^{-3}$ sowie $g_n = 2n^2$, $g_m = 2m^2$. Für die ganze Linie folgt dann mit $\chi_0 - \chi_{0,n} = -E_n = RhZ^2/n^2$, wobei R = Rydbergkonstante in Hz, und $N_p = N_e - N(\mathrm{He}^+)$ der Ausdruck

$$I_{nm}^L = 34.24 \frac{g_{n,m}}{n^3 m^3} \frac{b_n}{T_e^{3/2}} \exp\left\{\frac{158000}{n^2 \cdot T_e}\right\} \frac{E}{1 + [N(\mathrm{He}^+)/N_p]} \quad [\mathrm{erg\,cm^{-2}\,s^{-1}\,sterad^{-1}}]\,. \tag{IV.44}$$

Dabei bezeichnet E das sogenannte **Emissionsmaß**

$$E = \int_0^l N_e^2 \,\mathrm{d}r\,, \tag{IV.45}$$

das hier in $\mathrm{pc} \cdot \mathrm{cm}^{-6}$ einzusetzen ist.

Bei den *Radio-Rekombinationslinien* mit $n \gtrsim 100$ wird schon für mäßige Dichten (vgl. Abb. IV.3) $b_n \approx 1$ und man nähert sich dem für LTE gültigen Ansatz $S_\nu^L = B_\nu(T_e)$, also $\varepsilon_\nu^L = \kappa_\nu^L B_\nu(T_e)$. Im Gegensatz zum optischen Fall ist die überlagerte kontinuierliche Strahlung des Gases im Verhältnis zur Linienstrahlung hinreichend stark, um eine merkliche stimulierte Emission zu erzeugen. Diese liefert nicht nur zusätzliche Terme in den statistischen Gleichungen (IV.37), sondern macht auch den im Linienabsorptionskoeffizienten (IV.13a) auftretenden Faktor

$$1 - \frac{g_m}{g_n} \frac{N_n}{N_m} = 1 - \frac{b_n}{b_m} \mathrm{e}^{-\frac{h\nu}{kT_e}}\,, \tag{IV.46}$$

verschieden von eins, wobei nun $h\nu/kT_e \ll 1$. Bei Abweichungen vom LTE wird $b_n/b_m > 1$ für $n > m$ (vgl. Abb. IV.3), so daß dieser Faktor sogar negativ werden kann. Dann findet eine Verstärkung der Kontinuumsintensität im Bereich der Linie statt und die Linienintensitäten liegen über den LTE-Werten (Maser). Aus Messungen der Absolutintensitäten von mehreren geeignet gewählten Radio-Rekombinationslinien lassen sich T_e, E und – wegen $b_n = b_n(T_e, N_e)$ für nicht zu große n – auch N_e ableiten.

Im Fall der *Radiolinien von Molekülen* ist die Intensität der Hintergrundstrahlung $I_{\nu,0}$ oft vergleichbar mit I_ν selbst. Wir beschränken uns auf den optisch dünnen Fall $\tau_\nu^L \ll 1$ und nehmen wieder räumlich konstante Dichte, Temperatur und Ergiebigkeit an. Dann gilt nach der oberen Gl. (IV.6)

$$I_\nu^L = I_\nu - I_{\nu,0} = (S_\nu^L - I_{\nu,0})\,\tau_\nu^L = (S_\nu^L - I_{\nu,0})\,\kappa_\nu^L \cdot l \tag{IV.47}$$

mit l = Länge des Sehstrahls innerhalb der Wolke. Wir begnügen uns mit der Diskussion des Falles schwacher Linien: $I_\nu - I_{\nu,0} \ll I_{\nu,0}$. Dann darf die in den statistischen Gleichungen auftretende Intensität durch $I_{\nu,0}$ ersetzt werden und an die Stelle der Beziehung (IV.30) tritt – in der Näherung des Zwei-Niveau-Systems –

$$\frac{N_2}{N_1} = \frac{g_2}{g_1} \frac{N'(Q_{21}/A_{21})\,\mathrm{e}^{-\frac{h\nu}{kT}} + I_{\nu,0} \cdot (c^2/2h\nu^3)}{1 + N'(Q_{21}/A_{21}) + I_{\nu,0} \cdot (c^2/2h\nu^3)}\,, \tag{IV.48}$$

wobei wir die Anzahldichte der Stoßpartner wieder allgemein mit N' bezeichnet haben. Die Ergiebigkeit folgt durch Einsetzen von (IV.48) in (IV.15). Man kann das Resultat in der Form schreiben[1]

$$S_\nu^L = \frac{\beta B_\nu(T)}{1+\beta} + \frac{I_{\nu,0}}{1+\beta} \tag{IV.49}$$

mit

$$\beta = \frac{N' Q_{21}}{A_{21}} \left(1 - \mathrm{e}^{-\frac{h\nu}{kT}}\right). \tag{IV.50}$$

Dabei ist für die Umformung des Zählers im ersten Term von (IV.49) die Identität $e^{-u} = (1-\mathrm{e}^{-u})/(\mathrm{e}^u - 1)$ benutzt worden ($u = h\nu/kT$). Der erste Term in (IV.49) stellt den Teil der Ergiebigkeit dar, der allein durch die Stoßprozesse bestimmt wird, und daher unabhängig vom Strahlungsfeld ist; er geht für $\beta \gg 1$ gegen $B_\nu(T)$. Für den Linienabsorptionskoeffizienten folgt mit (IV.48) aus (IV.13a) in analoger Weise

$$\kappa_\nu^L = \frac{h\nu}{c} B_{12} \psi(\nu) N_1 \frac{1+\beta}{1 + N'(Q_{21}/A_{21}) + I_{\nu,0} \cdot (c^2/2h\nu^3)}\,. \tag{IV.51}$$

Einsetzen von (IV.49) und (IV.51) in (IV.47) liefert schließlich, nach Integration über die Linie:

$$I_{21}^L = \frac{h\nu}{c} N_1 \cdot l \frac{B_{12}\beta[B_\nu(T) - I_{\nu,0}]}{1 + N'(Q_{21}/A_{21}) + I_{\nu,0}(c^2/2h\nu^3)}\,. \tag{IV.52}$$

Damit eine endliche Linienstärke resultiert, muß offenbar die kinetische Temperatur T größer sein als die durch $I_{\nu,0} = 2(\nu/c)^2\, kT_s$ definierte Strahlungstemperatur des Hintergrundes. Das ist auch anschaulich verständlich, denn $T \to T_s = 2.7$ K bedeutet den Übergang in den Fall thermodynamischen Gleichgewichtes zu dieser Temperatur, in dem es keine Linie gibt. Daß nach Gl. (IV.34) der Übergang $T_{ex} \to T_s$ für $A_{21}/N'Q_{21} \gg 1$ oder $\gg h\nu/kT$ erfolgt, hat zunächst zu dem paradoxen Schluß verleitet, mit wachsendem Einstein-Koeffizienten A_{21} müßten die Radio-Moleküllinien schwächer werden, und aus der Existenz der Linien wurde gefolgert, daß

[1] Wir folgen hier einer Darstellung, die auf W. H. Kegel zurückgeht (Astron. Astrophys. **50**, 1976, 293).

$T_{ex} > T_s$ und $A_{21}/N'Q_{21} \ll 1$, also Stoßprozesse in jedem Fall dominieren sollten. Damit wurden untere Grenzen für die Dichte N', im Fall der CO-Linie also für die Dichte des molekularen Wasserstoffs abgeschätzt.

Anhand von Gl. (IV.52) kann man aber (für den optisch dünnen Fall) zeigen, daß die Linienstärke mit wachsendem A_{21} nicht abnimmt: Wenn die Strahlungsprozesse dominieren, also $N'Q_{21}/A_{21} \ll 1$ und damit auch $\beta \ll 1$, dann folgt $I_{21}^L \sim N_1 \cdot N' \cdot l$, die beobachtete Intensität wird also proportional dem Dichtequadrat. Dabei ist sie unabhängig von A_{21}, weil $B_{12} \sim B_{21} \sim A_{21}$ und daher A_{21} in dem Produkt βB_{12} herausfällt. Werden andererseits die Besetzungsverhältnisse durch Stoßprozesse bestimmt, ist also $N'Q_{21}/A_{21} \gg 1$, und somit $\beta \gg 1$, dann ergibt sich $I_{21}^L \sim A_{21} \cdot N_1 \cdot l$. Dieser Fall liegt, wie wir bereits sahen, bei der 21 cm-Linie und für genügend hohe Dichten auch bei der CO-Linie $\lambda = 2.6$ mm vor. (Der Übergang zur Gesamtdichte $N = N_1 + N_2$ anstelle der Dichte der Moleküle im Grundzustand N_1 bringt keine Änderung dieser Resultate). Wegen des Auftretens der Temperatur als zweitem unbekanntem Parameter sind direkte Aussagen über die Dichte bzw. die Säulendichte im allgemeinen nur möglich, wenn die Intensitäten von mehreren Linien desselben Atoms bzw. Moleküls beobachtet worden sind. Dazu muß natürlich die betrachtete NLTE-Theorie auf Atome bzw. Moleküle mit mehr als zwei Energiezuständen erweitert werden.

Geht man zu beliebiger optischer Dicke τ_ν^L über, so läßt sich die Strahlungstransportgleichung nur für $N'Q_{21}/A_{21} \gg 1$, und damit $T_{ex} = T$, von den statistischen Gleichungen entkoppeln. Dann gilt Gl. (IV.5) (LTE) und man hat für $T = \text{const.}$

$$I_\nu^L = I_\nu - I_{\nu,0} = [B_\nu(T) - I_{\nu,0}]\,(1 - e^{-\tau_\nu^L}). \tag{IV.52a}$$

Ist T bekannt, so läßt sich durch Messung von I_ν^L die optische Dicke der Molekülwolke $\tau_\nu^L \approx \kappa_\nu^L \cdot l$, und mit $\kappa_\nu^L \sim N_1\beta \sim N_1 N'$, nach (IV.51), eine Aussage über die Dichte gewinnen. Auf Näherungslösungen für $N'Q_{21}/A_{21} \lesssim 1$ kann hier nicht eingegangen werden, wir besprechen jedoch in IV.2.4 ausgewählte numerische Ergebnisse, die diesen Fall einbeziehen.

1.3 Kontinuierliche Emission und Absorption

Im interstellaren Gas spielen folgende Strahlungsprozesse mit kontinuierlichem Spektrum eine wichtige Rolle: (1) Frei-frei-Übergänge von thermischen Elektronen in den Feldern der Ionen ergeben bei den HII-Regionen die Emission oder Absorption von Radiofrequenzstrahlung, in Bereichen sehr hoher Temperatur (s. III.1.4 OVI-Linien; III.1.9 Röntgenstrahlung) auch optische und Röntgenstrahlung (thermische Bremsstrahlung). (2) Gebunden-frei-Übergänge durch Absorption von ultravioletter Sternstrahlung führen zu vollständiger oder teilweiser Ionisation der Gaspartikel; frei-gebunden-Übergänge tragen zu den optischen Kontinua der HII-Regionen bei, sind jedoch bei Radiofrequenzen meist unwichtig. (3) Nichtthermische

Elektronen der Kosmischen Strahlung, die sich mit relativistischen Geschwindigkeiten in interstellaren Magnetfeldern bewegen, erzeugen Synchronstrahlung (Magnetobremsstrahlung), die in nahezu allen Frequenzbereichen auftreten kann.

Frei-frei-Übergänge thermischer Elektronen: Beim Vorübergang an einem positiven Ion emittiert ein Elektron nach der klassischen Theorie eine Strahlungsspitze, so daß als Fourierspektrum für niedrige Frequenzen ein konstanter Verlauf resultiert. Bei der Mittelung über alle vorkommenden Elektronengeschwindigkeiten unter der Annahme einer Maxwellverteilung bewirkt diese jedoch bei hohen Frequenzen – entsprechend den hohen Geschwindigkeiten – einen exponentiellen Abfall. Für wasserstoffähnliche Ionen der Ladung $Z \cdot e$ lautet das genaue Resultat für den Emissionskoeffizienten

$$\begin{aligned}\varepsilon_\nu^K(\text{f-f}) &= \frac{8}{3}\left(\frac{2\pi}{3}\right)^{1/2} \frac{Z^2 e^2}{m_e^{3/2} c^3 (kT)^{1/2}} g_{ff} N_e N_i \, \mathrm{e}^{-\frac{h\nu}{kT}} \\ &\approx 5.44 \cdot 10^{-39} \frac{Z^2 g_{ff}}{T^{1/2}} N_e N_i \, \mathrm{e}^{-\frac{h\nu}{kT}} \, [\text{erg cm}^{-3}\,\text{s}^{-1}\,\text{sterad}^{-1}\,\text{Hz}^{-1}] \,.\end{aligned} \qquad \text{(IV.53)}$$

Dabei bezeichnen m_e die Masse des Elektrons, c die Lichtgeschwindigkeit, N_e und N_i die Anzahldichten der Elektronen und Ionen [cm^{-3}] und g_{ff} den „Gaunt-Faktor“, einen quantenmechanischen Korrekturfaktor.

Der Exponentialfaktor bewirkt, daß bei den Temperaturen typischer HII-Regionen $T \approx 10^4$ K im wesentlichen nur im Radiofrequenzbereich ($h\nu/kT \ll 1$) und allenfalls im Infrarot emittiert wird. Für den Gaunt-Faktor ist folgender, für $\nu \gg \nu_p = (e^2 N_e / \pi m_e)^{1/2}$ (= Plasmafrequenz) gültiger Ausdruck berechnet worden:

$$g_{ff} = \frac{\sqrt{3}}{\pi}\left\{\ln \frac{(2kT)^{3/2}}{\pi Z e^2 m_e^{1/2} \nu} - \frac{5\gamma}{2}\right\} = \frac{\sqrt{3}}{\pi}\left\{\ln \frac{T^{3/2}}{Z\nu} + 17.7\right\} \qquad \text{(IV.54)}$$

wobei γ = Euler'sche Konstante = 0.577. Es besteht danach nur eine schwache Abhängigkeit von T und ν, die in dem relevanten Radiobereich angenähert werden kann durch

$$g_{ff} \sim T^{0.15} \cdot \nu^{-0.1} \,. \qquad \text{(IV.55)}$$

Für die gesamte frei-frei-Emission pro cm^3 ergibt sich durch Integration von (IV.53) über alle Frequenzen

$$\begin{aligned}4\pi\varepsilon_{ff} = 4\pi \int_0^\infty \varepsilon_\nu^K(\text{f-f}) d\nu &= 1.426 \cdot 10^{-27} Z^2 T^{1/2} N_e N_i \bar{g}_{ff} \\ &[\text{erg cm}^{-3}\,\text{s}^{-1}] \,.\end{aligned} \qquad \text{(IV.56)}$$

Der über alle Frequenzen gemittelte Gaunt-Faktor $\bar{g}_{ff}$ liegt für $T/Z^2 = 10^4 \dots 10^6$ zwischen 1.25 und 1.45.

Beim Vorübergang an einem positiven Ion kann ein Elektron auch Energie aus dem Strahlungsfeld aufnehmen und damit eine höhere kinetische Energie erreichen. Der frei-frei-Absorptionskoeffizient κ_ν^K(f-f) kann durch Betrachtung thermodynamischen Gleichgewichtes aus ε_ν^K(f-f) berechnet werden, denn in diesem Fall gilt der Kirchhoff'sche Satz $\varepsilon_\nu = \kappa_\nu B_\nu(T)$. Mit $B_\nu(T)$ in der Rayleigh-Jeans'schen Näherung für das Radiogebiet erhält man aus ε_ν^K(f-f) nach (IV.53)

$$\kappa_\nu^K(\text{f-f}) = \frac{\varepsilon_\nu^K(\text{f-f})}{2(\nu/c)^2 kT} = \frac{4}{3}\left(\frac{2\pi}{3}\right)^{1/2} \frac{Z^2 e^6}{m_e^{3/2} c} \frac{1}{(kT)^{3/2}} \frac{N_e N_i}{\nu^2} g_{ff} . \qquad \text{(IV.57)}$$

Für die damit gebildete optische Dicke kann oft der Näherungsausdruck verwendet werden

$$\tau_\nu^K(\text{f-f}) = 8.24 \cdot 10^{-2} \cdot Z^2 \cdot T^{-1.35} \cdot \nu^{-2.1} \int N_e N_i \mathrm{d}r . \qquad \text{(IV.58)}$$

Dabei ist ν in GHz einzusetzen und die Weglänge r ist in pc auszudrücken.

Intensität des thermischen Radiokontinuums: Wir beschränken uns auf die beiden Grenzfälle kleiner und großer optischer Dicke (IV.1.1, Gl. IV.6) und setzen dabei $I_{\nu,0} = 0$. Wenn eine Maxwell-Verteilung der Geschwindigkeiten der freien Elektronen zur Elektronentemperatur T_e vorliegt, können wir setzen $S_\nu = B_\nu(T_e) = 2(\nu^2/c^2)kT_e$. Für die optische Dicke sind im langwelligen Bereich nur die ff-Übergänge wesentlich, so daß wir unter Beachtung von $N_i \sim N_e$ (im Fall reinen Wasserstoffs $N_i = N_e$) mit (IV.58) erhalten

$$I_\nu = \begin{cases} \tau_\nu^K B_\nu(T_e) \sim \nu^{-0.1}\, T_e^{-0.35}\, E & \text{für } \tau_\nu^K \ll 1 \\ B_\nu(T_e) \sim \nu^2 T_e & \text{für } \tau_\nu^K \gg 1 . \end{cases} \qquad \text{(IV.59)}$$

Dabei ist E das durch (IV.45) definierte Emissionsmaß. Der in III.2.2 beschriebene beobachtete Verlauf des Radiokontinuums von HII-Regionen (s. Abb. III.39) läßt sich somit interpretieren als Folge des Überganges vom optisch dicken in den optisch dünnen Fall mit wachsender Frequenz: $\tau_\nu^K \sim \nu^{-2.1}$. Bestimmt man T_e aus Absolutwerten von $I_\nu \sim \nu^2 T_e$ bei kleinem ν, dann liefert die beobachtete Intensität im Bereich $I_\nu \sim \nu^{-0.1} \approx$ const. das Emissionsmaß, aus welchem bei (angenähert) bekannter radialer Ausdehnung l der HII-Region ein Mittelwert der Elektronendichte, genauer: die Wurzel aus dem mittleren Quadrat $(\overline{N_e^2})^{1/2}$, gewonnen werden kann. Eine zusammenfassende Übersicht und Diskussion der Resultate bringen wir in IV.2.4.

Gebunden-frei und frei-gebunden-Übergänge: Wir beschränken uns auf Wasserstoff und wasserstoffähnliche Atome. Der freie Zustand wird durch eine kontinuierlich variable Quantenzahl $\varkappa$ charakterisiert, definiert durch die kinetische Energie des freien Elektrons $E_\varkappa = (m_e/2)v^2 = RhZ^2/\varkappa^2 > 0$ analog zur Energie der gebundenen Zustände. Der gebundene Zustand n besitzt die negative Energie $E_n = -RhZ^2/n^2$. ($R = 2\pi^2 e^4 m_e/h^3$ = Rydberg-Konstante im Frequenzmaß, Z = Kernladungszahl).

Für den Absorptionskoeffizienten für die gebunden-frei-Übergänge $n \longrightarrow \varkappa$ gilt (PSS IV.1.10, Gl. IV.77):

$$\kappa_\nu^K(\text{g-f}) = \frac{64\pi^4 m_e \cdot e^{10} Z^4}{3\sqrt{3}\, c\, h^6 n^5 \nu^3} g_{nf} N_{0,n} \approx 3 \cdot 10^{29} \frac{Z^4}{n^5 \nu^3} g_{nf} \cdot N_{0,n} \,. \tag{IV.60}$$

Der Gaunt-Faktor g_{nf} liegt im optischen Bereich nahe bei eins und hängt nur schwach von ν ab: Für $\lambda = 912$ Å bis 50 Å bewegt sich g_{1f} beim Wasserstoff zwischen 0.8 und 1.0.

Für die Emission bei der Rekombination freier Elektronen mit Geschwindigkeiten $v \dots v + dv$ in den gebundenen Zustand n kann man, entsprechend Gl. (IV.12), schreiben $\varepsilon_v^K(\varkappa \longrightarrow n)dv = (h\nu/4\pi)N_e(v)dv \cdot Q_{\varkappa n}(v) \cdot N_1$ mit $N_e(v)dv = N_e \cdot \varphi(v;T)dv$ und $Q_{\varkappa n}(v) = v \cdot \sigma_{\varkappa n}(v)$. Dabei bezeichnet N_1 die Anzahldichte der Ionen, $\varphi(v;T)$ die Maxwellverteilung (wegen $m_e \ll$ Ionenmasse ist die Relativgeschwindigkeit praktisch gleich der absoluten Geschwindigkeit) und $\sigma_{\varkappa n}(v)$ ist der *Wirkungsquerschnitt für die Rekombination* $\varkappa \longrightarrow n$. Wir setzen nun $\varphi(v;T)$ nach Gl. (IV.21) mit (IV.22) an und drücken im Exponentialfaktor v durch ν und weiter dv durch $d\nu$ aus mit Hilfe der Beziehungen

$$h\nu = \frac{1}{2} m_e v^2 + \bar{\chi}_n, \; h d\nu = m_e \cdot v \cdot dv \,,$$

wobei $\bar{\chi}_n = \chi_0 - \chi_{0,n} = -E_n$ = Differenz zwischen Ionisationsenergie und Anregungsenergie (vom Grundzustand $n = 1$ aus) des neutralen Atoms. Dann folgt

$$\varepsilon_\nu^K(\text{f-g}) = \frac{m_e^{1/2} h^2 \nu}{(2\pi k T)^{3/2}} v^2 \sigma_{\varkappa n}(v) N_e N_1 \exp\left\{-\frac{h\nu - \bar{\chi}_n}{kT}\right\}. \tag{IV.61}$$

Durch Betrachtung des Falles detaillierten thermodynamischen Gleichgewichtes mit Hilfe des Kirchhoffschen Satzes $\varepsilon_\nu^K = \kappa_\nu^K B_\nu(T)$ kann hiermit zunächst eine bemerkenswerte Relation zwischen $v^2\sigma_{\varkappa n}(v)$ und κ_ν^K gewonnen werden. Wir nehmen dabei an, daß alle Ionen im Grundzustand sind: $N_1 = N_{1,1}$ und drücken $N_{1,1}$ mit Hilfe von Saha- und Boltzmannformel (PSS IV.1.9, Gln. IV.71 und IV.68) durch $N_{0,n}$ sowie N_e und T aus. Mit $B_\nu(T)$ nach Gl. (IV.7) folgt dann („Milne'sche Relation"):

$$v^2 \sigma_{\varkappa n}(v) = \left(\frac{h\nu}{m_e \cdot c}\right)^2 \frac{g_{0,n}}{g_{1,1}} \frac{\kappa_\nu^K(\text{g-f})}{N_{0,n}} \,. \tag{IV.62}$$

Der Ausdruck (IV.60) liefert

$$v^2 \sigma_{\varkappa n}(v) = \frac{128\pi^4 e^{10} Z^4}{3\sqrt{3}\, m_e c^3 h^4} \frac{1}{\nu} \frac{g_{nf}}{n^3} \,. \tag{IV.63}$$

Damit kann der Emissionskoeffizient für frei-gebundene Übergänge (Rekombinationen) über Gl. (IV.61) berechnet werden, die für das optische Kontinuum der

Gasnebel von Bedeutung sein können (Balmer- und Paschen-Kontinuum: $n = 2$ bzw. $n = 3$ mit langwelligen Grenzen bei $\lambda = 3647$ Å bzw. 8206 Å).

Hierzu sei noch eine völlig andere Möglichkeit kontinuierlicher Emission von HII-Regionen erwähnt: Der Zustand $n = 2$ des H-Atoms zerfällt in die Feinstrukturniveaus $2\ S_{1/2}$ und $2\ ^2P_{1/2,3/2}$, von denen das erste metastabil ist. Beim Übergang von diesem in den Grundzustand kann die emittierte Strahlungsenergie aus zwei Photonen bestehen: $h\nu' + h\nu'' = h\nu_{12}(\mathrm{Ly}\alpha) = 10.2$ eV, wobei die Verteilung auf die verschiedenen Frequenzen bzw. Wellenlängen kontinuierlich und symmetrisch um $\lambda = 2431$ Å erfolgt. Dieses *Zwei-Quanten-Kontinuum* wird bei niedrigen Elektronendichten ($N_e \ll 10^4\ \mathrm{cm}^{-3}$) merklich gegenüber den HI-Kontinua.[1]

Synchrotronstrahlung: Die in III.1.7 beschriebene nichtthermische galaktische Hintergrundstrahlung im Radiofrequenzbereich läßt sich auf folgende Weise zwanglos interpretieren. Bewegt sich ein einzelnes Teilchen mit der Ladung $Z \cdot e$ und der Masse m im Vakuum mit der Geschwindigkeit v bzw. Energie $E = m_0 c^2/\sqrt{1-(v^2/c^2)}$ senkrecht zu einem homogenen Magnetfeld der Stärke B [Gauß], dann muß es eine Kreisbahn beschreiben, deren Radius durch Gl. (III.43), S. 242, gegeben ist. Eine derart beschleunigte Ladung strahlt elektromagnetische Wellen aus (Magnetobremsstrahlung). Für die Astrophysik ist von besonderem Interesse die als Synchrotronstrahlung bezeichnete Magnetobremsstrahlung relativistischer Elektronen, wie sie in der Kosmischen Strahlung enthalten sind (vgl. III.1.9).

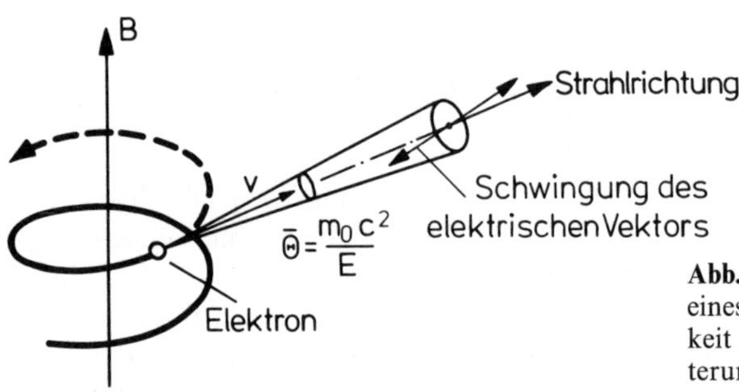

Abb. IV.5: Synchrotronstrahlung eines Elektrons der Geschwindigkeit $v \approx c$ im Magnetfeld B. Erläuterung im Text.

Bei Geschwindigkeiten $v \ll c$ erfolgt die Abstrahlung einer Ladung im Magnetfeld in einen weiten Bereich des Winkels θ zwischen der Strahlungsrichtung und dem Geschwindigkeitsvektor (Zyklotronstrahlung). Für Elektronen mit relativistischen Geschwindigkeiten gilt dies lediglich noch in Bezug auf ein mitbewegtes Koordinatensystem. Im System des ruhenden Beobachters ergibt sich, daß die Abstrahlung nur in einen sehr engen Kegel der Öffnung $\bar{\theta} = m_0 c^2/E = \sqrt{1-(v^2/c^2)}$ gerichtet ist (Abb. IV.5). In jedem Fall ist die Strahlung jedoch linear polarisiert (elektrischer

[1] S. z.B. D. Osterbrock: Astrophysics of Gaseous Nebulae. Freeman, San Francisco 1974, Seite 73.

Vektor senkrecht zum Magnetfeld), wenn sich der Beobachter in der Ebene der Elektronenbahn befindet.

Der Strahlungskegel eines einzelnen kreisenden Elektrons überstreicht den Beobachter nur sehr kurzzeitig, ihn treffen also nur sehr kurze Strahlungspulse, so daß sich ein relativ hochfrequentes Spektrum ergibt. Die genaue Analyse liefert für die nach allen Richtungen abgestrahlte Energie pro Sekunde und Frequenzintervall $\Delta\nu = 1$ Hz den Ausdruck

$$P(\nu; E) = \frac{\sqrt{3}\, e^2 B}{m_e c^2} F\left(\frac{\nu}{\nu_c}\right) \qquad \text{(IV.64)}$$

mit der „kritischen Frequenz“

$$\nu_c = \frac{3eB}{4\pi m_e c}\left(\frac{E}{m_e c^2}\right)^2 \approx 16.0 \cdot B \cdot E^2\,[\text{MHz}]\,. \qquad \text{(IV.65)}$$

Hier ist im rechten Ausdruck (IV.65) die Energie in MeV einzusetzen. Die Funktion $F(x)$ steigt für kleine x von $F(0) = 0$ zu einem Maximalwert bei $x = 0.29$ an und fällt dann etwa wie $\sqrt{x}\, e^{-x}$ ab[1]. Das Maximum von $P(\nu; E)$ liegt also bei $\nu_m = 0.29\, \nu_c$. Eine Auswahl von (abgerundeten) Richtwerten für ν_m und die entsprechende Wellenlänge λ_m für ein interstellares Magnetfeld von $6 \cdot 10^{-6}$ Gauß gibt die Tabelle IV.3.

Tabelle IV.3: Lage des Maximums der Synchrotronstrahlung eines einzelnen Elektrons in Abhängigkeit von der Elektronenenergie E für ein Magnetfeld $B = 6 \cdot 10^{-6}$ Gauß

E [MeV]	10^3	10^4	10^5	10^6	10^7
ν_m [MHz] λ_m	28 10 m	$2.8 \cdot 10^3$ 10 cm	$2.8 \cdot 10^5$ 1 mm	$2.8 \cdot 10^7$ 10 µm	$2.8 \cdot 10^9$ 1000 Å

Befinden sich im Volumen 1 cm³ durchschnittlich $N_e(E)\mathrm{d}E$ Elektronen mit Energien im Intervall $E \ldots E + \mathrm{d}E$, dann ergibt sich der kontinuierliche Emissionskoeffizient durch die Integration

$$\varepsilon_\nu^K(\text{Syn}) = \frac{1}{4\pi}\int_0^\infty P(\nu; E) N_e(E)\,\mathrm{d}E\,. \qquad \text{(IV.66)}$$

Bei den Anwendungen in der Astrophysik wählt man für $N_e(E)$ meist den Potenzansatz

$$N_e(E) = K \cdot E^{-\gamma}\,[\text{cm}^{-3} \cdot \text{erg}^{-1}] \qquad \text{(IV.67)}$$

[1] Eine Tabelle für $F(x)$ geben V. L. Ginzburg und S. I. Syrovatski in: Annual Review of Astronomy and Astrophysics, Vol. 3 (1965), Seite 312.

Tabelle IV.4: Zahlenwerte des Faktors $a(\gamma)$ in Gl. (IV.68). (Nach V. L. Ginzburg und S. I. Syrovatski)

γ	1	2	3	4	5
$a(\gamma)$	0.283	0.103	0.0742	0.0725	0.0922

(für einen bestimmten Energiebereich $E_1 \leqq E \leqq E_2$), der durch die Beobachtungsergebnisse für die Partikel der Kosmischen Strahlung nahegelegt wird, und mit dem die Integration geschlossen ausführbar ist. Wenn wir sogleich die numerischen Werte der auftretenden physikalischen Konstanten einsetzen, lautet das Resultat:

$$\varepsilon_\nu^K(\text{Syn}) = 1.35 \cdot 10^{-22}\, a(\gamma)\, K B^{\frac{\gamma+1}{2}} \left(\frac{6.26 \cdot 10^{18}}{\nu\,[\text{Hz}]}\right)^{\frac{\gamma-1}{2}} \quad [\text{erg cm}^{-3}\,\text{s}^{-1}\,\text{sterad}^{-1}\,\text{Hz}^{-1}]\,. \tag{IV.68}$$

Die Dimension von K ist $\text{erg}^{\gamma-1} \cdot \text{cm}^{-3}$, wenn E in erg angegeben wird. Der Faktor $a(\gamma) \approx 0.1$ variiert nur schwach mit γ.

Wir hatten zunächst angenommen, daß sich alle Elektronen senkrecht zum Magnetfeld bewegen. Realistischer ist die Annahme einer isotropen Verteilung der Elektronenbewegungen, und wenn es sich um die Strahlung sehr weit ausgedehnter Bereiche des interstellaren Raumes handelt, eventuell auch einer zufälligen Verteilung der Magnetfeldrichtungen. Für den letzten Fall ist in Tabelle IV.4 der Faktor $a(\gamma)$ zu einer kleinen Auswahl von Werten gegeben.

An dem Ergebnis (IV.68) ist vor allem bemerkenswert, daß im optisch dünnen Fall die spektrale Intensitätsverteilung der Synchrotonstrahlung einem ähnlichen Potenzgesetz folgt wie das Energiespektrum der Elektronen:

$$I_\nu = \int_0^l \varepsilon_\nu^K(\text{Syn})\,\mathrm{d}r \sim \nu^{-\alpha} \tag{IV.69a}$$

oder

$$T_s = \frac{c^2}{2\nu^2 k} I_\nu \sim \nu^{-\beta} \tag{IV.69b}$$

mit den Spektralindizes

$$\alpha = \frac{\gamma - 1}{2} \text{ bzw. } \beta = \frac{\gamma + 3}{2}. \tag{IV.70}$$

Die in III.1.7 angegebenen beobachteten Werte des Spektralindex α für die Strahlung der „nichtthermischen galaktischen Scheibe“ entsprechen nach (IV.70) Exponenten des Elektronenenergiespektrums $\gamma \approx 1.8 \ldots 2.8$, wobei sich die kleineren, bei niedrigeren Frequenzen gefundenen Werte auf Energien $E < 5$ GeV beziehen. Ein unmittelbarer Vergleich mit direkten extraterrestrischen Beobachtungen von $N_e(E)$ muß wegen des Einflusses des Sonnenwindes auf die Ausbreitung „niederenergetischer" geladener Teilchen im interplanetaren Raum auf den Bereich $E \gtrsim 5$ GeV beschränkt werden (vgl. III.1.9). Die direkten Messungen ergeben hier $\gamma \approx 2.5$, in recht befriedigender Übereinstimmung mit dem radioastronomischen Ergebnis (vgl. auch III.1.9, Abb. III.32). Aus den beobachteten Absolutwerten der Radiokontinuumsintensität $I_\nu = \varepsilon_\nu^K l$ kann nach einer Annahme über die wirksame geometrische Schichtdicke l auch auf die in (IV.68) auftretende Konstante K des Ansatzes (IV.67) geschlossen und damit nach Vorgabe der Magnetfeldstärke weiter die gesamte Energiedichte der Elektronen der Kosmischen Strahlung berechnet werden. Nimmt man umgekehrt den relativ unsicheren Wert der gesamten Energiedichte der Elektronen nach den direkten Messungen an, dann läßt sich die Stärke des Magnetfeldes abschätzen. Es ergab sich auf diesem Weg $B \approx 10^{-5}$ Gauß.

Für den durch (III.19) definierten Polarisationsgrad P erhält man bei homogenem Magnetfeld und isotroper Verteilung der Elektronenbewegungen

$$P = (\gamma + 1)/\left(\gamma + \frac{7}{3}\right). \tag{IV.71}$$

Mit den oben angegebenen Werten für γ resultiert $P \approx 0.7$. Bei völlig regellos orientierten Magnetfeldern folgt natürlich über lange Wege $P = 0$.

Die Beziehungen (IV.68) bis (IV.71) gelten streng genommen nur für Synchrotronstrahlung im Vakkum. In manchen Fällen muß berücksichtigt werden, daß Emission und Ausbreitung der Strahlung in einem Plasma erfolgen. Da der Brechungsindex hier kleiner als eins ist, wird die Phasengeschwindigkeit größer als c, so daß ein relativistisches Elektron nicht mit den von ihm selbst erzeugten Wellen in Phase bleiben kann. Die Folge hiervon ist eine starke *Dämpfung* der Synchrotronstrahlung für Frequenzen

$$\nu < \nu_T = 2\nu_P^2/3\nu_B \approx 20\; N_e/B\;[\mathrm{Hz}]$$

(Razin-Tsytowitsch-Effekt). Dabei ist $\nu_p = \sqrt{e^2 N_e/\pi m_e}$ die Plasmafrequenz und $\nu_B = v/2\pi r_B = eB/2\pi m_e c$ die Gyrationsfrequenz der relativistischen Elektronen ($v \approx c$). Unter den Verhältnissen im interstellaren Raum außerhalb von HII-Regionen ist $N_e < 1\ \mathrm{cm}^{-3}$ und man erhält mit $B = 6 \cdot 10^{-6}$ Gauß für die „Abschneidefrequenz" nach niedrigen Frequenzen hin $\nu_T \lesssim 3$ MHz. Darüber hinaus kann die Ausbreitung von Magnetobremsstrahlung natürlich durch thermische frei-frei-Absorption gedämpft werden. Enthält das emittierende Gebiet genügend viele relativistische Elektronen, so kann auch eine Selbstabsorption durch eben diese Elektronen im Magnetfeld wichtig werden (Magnetische Dämpfung der Strahlung). Man kann den Absorptionskoeffizienten für *Synchrotron-Selbstabsorption* im Prinzip über eine der Gl. (IV.11) in IV.1.2 entsprechende Beziehung ermitteln, in welcher die Einstein-Koeffizienten B_{nm} und B_{mn} nach den bekannten Relationen (IV.14) durch $A_{nm} = P(\nu; E)/h\nu$ mit $P(\nu; E)$ nach Gl. (IV.64) ausgedrückt werden. Für isotrop verteilte Elektronenbewegungen, wobei jedoch alle Elektronen dasselbe Magnetfeld $B_\perp$ sehen sollen, lautet das Ergebnis

$$\kappa_\nu^K(\mathrm{Syn}) = 0.019\, b(\gamma)\,(3.5 \cdot 10^9)^\gamma \cdot K B_\perp^{\frac{\gamma+2}{2}}\, \nu^{-\frac{\gamma+4}{2}}\, [\mathrm{cm}^{-1}]\,. \tag{IV.72}$$

$b(\gamma)$ liegt für $\gamma = 1 \ldots 5$ zwischen 0.65 und 0.36. Mit dem in der oben beschriebenen Weise ermittelten Näherungswert $K \approx 3 \cdot 10^{-17}\,\mathrm{erg}^{\gamma-1}\,\mathrm{cm}^{-3}$ für $\gamma \approx 2.5$ sowie $B_\perp = 3 \cdot 10^{-6}$ Gauß erhält man mit der Beziehung (IV.72) selbst für die niedrige Frequenz $\nu = 1$ MHz und die Weglänge $l = 10$ kpc noch $\tau_\nu^K(\mathrm{Syn}) = \kappa_\nu^K(\mathrm{Syn}) \cdot l \ll 1$.

2 Zustand des interstellaren Gases

2.1 Ionisation

Ionisationsgleichgewicht: Es bezeichne $N_{i,n}$ die Anzahldichte der i-fach ionisierten Atome eines bestimmten Elementes, die sich im Anregungszustand n befinden, wobei $i = 0, 1, 2, \ldots$ dem neutralen Atom, einfachen Ion, zweifachen Ion usw. entsprechen sollen. Die Anzahldichte aller i-fach ionisierten Atome ist dann gegeben durch $N_i = \Sigma N_{i,n}$. Wenn bei einem Ionisations- bzw. Rekombinationsprozeß stets nur ein Elektron abgelöst bzw. eingefangen wird, also keine Übergänge $i \to i-2$ bzw. $i+2 \to i$ usw. stattfinden, dann besteht in einem stationären Zustand analog zu Gl. (IV.17) in IV.1.2 die Bedingung der Gleichheit der Anzahlen von Ionisationen und Rekombinationen in der Form

$$N_i(R_{i,i+1} + C_{i,i+1}) = N_{i+1}(R_{i+1,i} + C_{i+1,i})\,. \tag{IV.73}$$

Hier bezeichnen $R_{i,i+1}$ die Photoionisationsrate, $C_{i,i+1}$ die Stoßionisationsrate sowie $R_{i+1,i}$ und $C_{i+1,i}$ die Rekombinationsraten der $(i+1)$-fachen Ionen mit freien Elektronen unter Abstrahlung eines Photons (Photorekombination) bzw. unter Abgabe der frei werdenden Energie an einen weiteren Stoßpartner (Dreierstoß). Bei den niedrigen Dichten des interstellaren Gases kann $C_{i+1,i}$ (proportional $N_e \cdot N'$, also dem Dichtequadrat) gegenüber $R_{i+1,i} \sim N_e$ meist vernachlässigt werden.

Ionisation des Wasserstoffs: Gl. (IV.73) können wir dann schreiben

$$N_0(R_{0,1} + C_{0,1}) = N_1 R_{1,0}\,. \tag{IV.74}$$

In IV.1.2 wurde gezeigt, daß sich unter interstellaren Bedingungen praktisch sämtliche Atome bzw. Ionen eines Elementes im Grundzustand $n = 1$ befinden: $N_i \approx N_{i,1}$. Zur Berechnung der *Photoionisationsrate* hat man daher die Anzahl der in 1 cm^3 und 1 s aus allen Richtungen pro Frequenzintervall dν absorbierten Quanten $4\pi\kappa_\nu^K\,(1 \to f) \cdot I_\nu \mathrm{d}\nu/h\nu$ über $\nu \geqq \nu_0$ zu integrieren:

$$N_0 R_{0,1} = N_{0,1} \cdot R_{0,1} = 4\pi \int_{\nu_0}^{\infty} \frac{\kappa_\nu^K(1 \to \mathrm{f}) I_\nu}{h\nu} \mathrm{d}\nu \tag{IV.75}$$

$\kappa_\nu^K(1 \to \mathrm{f})$ ist durch (IV.60) gegeben, so daß $N_{0,1}$ herausfällt; ν_0 ist durch die Ionisationsenergie $\chi_0 = h\nu_0$ festgelegt und entspricht der Wellenlänge der Lyman-Grenze $\lambda_0 = 912$ Å.

Die relativ größten Werte für $R_{0,1}$ sind in der *Umgebung von heißen Sternen*, in HII-Regionen, zu erwarten. Setzt man für eine Abschätzung $I_\nu = W \cdot \bar{I}_\nu^*$ mit $W \approx 10^{-14}$ (s. III.1.9, Gl. III.40) und $\bar{I}_\nu^* \approx B_\nu(T_s)$ mit $T_s \approx T_{eff} \approx 40000$ K (etwa O5-Stern), dann liefert Gl. (IV.75) eine Photoionisationsrate von der Größenordnung $R_{0,1} \approx 10^{-8}\,\mathrm{s}^{-1}$. Diese Zahl ist bemerkenswert klein, auch gegenüber den A_{nm} für verbotene Übergänge. Anders ausgedrückt: Die Verweilzeit eines H-Atoms im neutralen Zustand bis zur nächsten Ionisation beträgt etwa 10^8 s und ist damit wesentlich größer als die Lebensdauer metastabiler gebundener Zustände.

In großer Entfernung von heißen Sternen ist das interstellare Strahlungsfeld so gering, daß daneben auch andere Quellen einer schwachen Ionisation erörtert werden müssen. Der Wasserstoff kann hier beispielsweise durch die *diffuse Komponente der kosmischen Röntgenstrahlung* (III.1.9) in geringem Umfang ionisiert werden. Weil der kontinuierliche Absorptionskoeffizient (Gl. IV.60) mit wachsender Frequenz ν bzw. Energie $E = h\nu$ der ionisierenden Strahlung rasch abnimmt, ist Röntgenstrahlung mit $E > 1$ keV praktisch unwirksam. Für den wichtigen Bereich der weichen Röntgenstrahlung: $E = 0.1 \ldots 1$ keV wurden Ionisationsraten $R_{0,1}$ von der Größenordnung $10^{-17}\,\mathrm{s}^{-1}$ abgeschätzt.

Neben diesen Photoionisationen müssen weiter auch *Stoßionisationen durch Partikel der Kosmischen Strahlung* in die Diskussion einbezogen werden. Analog zu (IV.20), S. 298, schreibt man

$$C_{0,1} = N' Q_{0,1} = N' \overline{v \sigma_{KS}(v)} \,. \tag{IV.76}$$

Dabei bezeichnet N' die Anzahldichte der hochenergetischen Partikel. Für die Stoßionisation von Wasserstoff (Ionisationsenergie χ_0) durch Teilchen der Ladung $Z \cdot e$ und der Geschwindigkeit v ist der Wirkungsquerschnitt bei Energien über 0.3 MeV gegeben durch (H. Bethe 1933)

$$\sigma_{KS}(v) = \frac{2\pi e^4 Z^2}{m_e \chi_0 v^2} \cdot 0.285 \left[\ln \frac{2 m_e v^2}{\left(1 - \frac{v^2}{c^2}\right) \chi_0} + 3.04 - \frac{v^2}{c^2} \right]. \tag{IV.77}$$

Wie man sieht, ist $\sigma_{KS}(v) \sim v^{-2}$. Es ergibt sich deshalb, daß nur relativ niederenergetische Partikel (etwa $E < 100$ MeV), deren interstellarer Fluß durch Extrapolation ermittelt werden muß (III.1.9), zur Ionisation beitragen können. Aus den beobachteten Flüssen wurden Werte für $C_{0,1}(\mathrm{H})$ von der Größenordnung $10^{-17}\,\mathrm{s}^{-1}$ abgeschätzt.

Im Bereich der heißen Komponente des interstellaren Gases (III.1.4: O VI-Linien, III.9: weiche Röntgenstrahlung) mit Temperaturen erheblich oberhalb von 10000 K werden *Stroßanregungen durch thermische Elektronen* wichtig. Für Elektronenenergien von etwa $10^2 \ldots 10^3$ eV betragen die Stoßquerschnitte des Wasserstoffs σ einige 10^{-17} cm², so daß sich mit Gl. (IV.27) für $Q_{0,1} \approx \bar{v} \cdot \sigma$ Werte der Größenordnung $10^{-11} \sqrt{T}$ ergeben.

Die Rate der *Rekombinationen* unter Emission von Photonen setzt man allgemein in der Form an

$$R_{i+1,i} = N_e \sum_n \alpha_{i,n} = N_e \cdot \alpha_i \qquad \text{(IV.78)}$$

$\alpha_{i,n}$ heißt Rekombinationskoeffizient für den Übergang des $(i+1)$-fachen Ions in ein i-faches Ion im n-ten Anregungszustand durch Elektroneneinfang; α_i ist der gesamte Rekombinationskoeffizient. Es gilt

$$\alpha_{i,n} = \overline{v\sigma_{\varkappa n}(v)} = \int_0^\infty v\sigma_{\varkappa n}(v)\varphi(v;T)\,\mathrm{d}v\,, \qquad \text{(IV.79)}$$

wobei $\sigma_{\varkappa n}(v)$ den bereits in IV.1.3 abgeleiteten Wirkungsquerschnitt für die Rekombination eines freien Elektrons der Relativgeschwindigkeit v – entspricht der kontinuierlichen Quantenzahl $\varkappa$ – in den Zustand n bedeutet.

Wir betrachten nun wieder den Fall $i = 0$. Für Wasserstoff und wasserstoffähnliche Atome ist $\sigma_{\varkappa n}(v)$ durch (IV.63) gegeben. Ersetzt man dort im Nenner den Faktor $h\nu$ durch $(m_e/2)\, v^2 + (\chi_0 - \chi_{0,n})$ und wählt für $\varphi(v;T)$ in (IV.79) die Maxwell-Verteilung zur kinetischen Temperatur der Elektronen, dann ergibt sich

$$\alpha_{0,n} = \frac{2^9 \pi^5 e^{10} Z^4}{m_e^2 c^3 h^3} \left(\frac{m_e}{6\pi kT}\right)^{3/2} \mathrm{e}^{\frac{\bar{\chi}_n}{kT}} F\left(\frac{\bar{\chi}_n}{kT}\right) \cdot \frac{g_{nf}}{n^3} \qquad \text{(IV.80)}$$

mit

$$F(x) = -\mathrm{Ei}(-x) = \int_x^\infty \frac{\mathrm{e}^{-t}\,\mathrm{d}t}{t}$$

(Exponentialintegral) und $\bar{\chi}_n = \chi_0 - \chi_{0,n}$ = Ionisationsenergie vom Zustand n aus.

Für die wichtigen „partiellen" Rekombinationskoeffizienten

$$\alpha_0^{(j)} = \sum_{n=j}^\infty \alpha_{0,n} \quad \text{mit} \quad \alpha_0^{(1)} = \alpha_0, \quad \alpha_0^{(2)} = \alpha_0 - \alpha_{0,1} \qquad \text{(IV.81)}$$

ist der Ausdruck abgeleitet worden

$$\alpha_0^{(j)} = \frac{2.06 \cdot 10^{-11} Z^2}{T^{1/2}} \Phi_j\left(\frac{\bar{\chi}_1}{kT}\right) [\mathrm{cm}^3\,\mathrm{s}^{-1}]\,. \qquad \text{(IV.82)}$$

Tabelle IV.5: Zahlenwerte der beiden Funktionen Φ_1 und Φ_2 im Ausdruck (IV.82) für den Rekombinationskoeffizienten $\alpha_0^{(j)}$ in Abhängigkeit von T/Z^2. Die Funktion Ψ_j wird im Abschnitt IV.2.3 erläutert. (Nach L. Spitzer)

T [K]/Z^2	30	125	$1 \cdot 10^3$	$4 \cdot 10^3$	$8 \cdot 10^3$	$3 \cdot 10^4$	$1 \cdot 10^6$
Φ_1	4.7	4.0	3.0	2.4	2.1	1.5	0.36
Φ_2	3.9	3.3	2.3	1.6	1.3	0.8	–
Ψ_1	4.2	3.6	2.6	2.0	1.7	1.1	–
Ψ_2	3.5	2.8	1.8	1.2	0.92	0.50	–

Für höhere, hierbei als wasserstoffähnlich betrachtete Atome ist dies nur eine grobe Näherung, insbesondere für die tieferen Zustände. Z ist gleich 1, 2, ... zu setzen, je nachdem ob es sich um die Rekombination einfacher Ionen, zweifacher Ionen usw. handelt. Näherungswerte der nur langsam variablen Funktionen Φ_1 und Φ_2 sind in Tabelle IV.5 gegeben. Für Wasserstoff erhält man zu $T = 10^4$ K die im folgenden benutzten Werte $\alpha_0^{(1)} = \alpha_0 \approx 4 \cdot 10^{-13}$ cm^3 s^{-1} und $\alpha_0^{(2)} = \alpha_0 - \alpha_{0,1} \approx 2.6 \cdot 10^{-13}$ cm^3 s^{-1}.

Im Bereich der heißen Komponente des interstellaren Gases liefert die Bedingung des Ionisationsgleichgewichtes (IV.74) für den Wasserstoff

$$\frac{N_1}{N_0} = \frac{C_{0,1}}{R_{1,0}} = \frac{Q_{0,1}}{\alpha_0^{(1)}}. \tag{IV.83}$$

Für $T = 10^6$ K erhält man mit $Q_{0,1} \approx 10^{-11} \sqrt{T} = 10^{-8}$ (s. oben) und $\alpha_0^{(1)} \approx 10^{-14}$ praktisch vollständige Ionisation mit $N_1/N_0 \approx 10^6$!

HII-Regionen: Wir wenden uns jetzt dem Ionisationsgleichgewicht des Wasserstoffs in der Umgebung eines heißen Sternes zu. Die Summe der Anzahldichten der neutralen H-Atome N_0 und der Ionen (Protonen) N_1 sei konstant: $N_0 + N_1 = N_\mathrm{H}$. Die relative Häufigkeit des Wasserstoffs sei so groß, daß praktisch alle freien Elektronen durch dessen Ionisation geliefert werden. Die Elektronendichte N_e soll also gleich der Dichte der Protonen N_1 sein. Nach den angegebenen Abschätzungswerten für $R_{0,1}$ und $C_{0,1}$ können Stoßionisationen gegenüber Photoionisationen vernachlässigt werden. Dann lautet die statistische Gleichung (IV.74)

$$N_0 R_{0,1} = N_1 R_{1,0} = N_1 \cdot N_e \cdot \alpha_0. \tag{IV.84}$$

Mit $R_{0,1} \approx 10^{-8}$ für einen sehr frühen Spektraltypus und dem für $T \approx 10^4$ K gültigen Wert $\alpha_0 \approx 4 \cdot 10^{-13}$ erhält man hieraus $N_1/N_0 \approx 2.5 \cdot 10^4/N_e$. Bei Elektronendichten $N_e \approx 10^2 \ldots 10^3$ cm^{-3}, wie sie in typischen diffusen Nebeln vorliegen, ergibt sich also eine hohe Ionisation: $N_1 \gg N_0$ weil $R_{1,0} \ll R_{0,1}$. Oder in Worten: Wenige neutrale Atome, aber eine hohe Ionisierungswahrscheinlichkeit entsprechen im Gleichgewicht vielen Ionen mit geringer Rekombinationswahrscheinlichkeit.

Setzt man $N_1 = N_e$ (reiner Wasserstoffnebel), dann liefert die obige Abschätzung von N_1/N_0 für die Anzahl der Atome im Grundzustand $N_{0,1} \approx N_0 \approx N_e^2/2.5 \cdot 10^4$, also beispielsweise für $N_e = 10^2$ bis 10^3 die Werte $N_{0,1} \approx 0.4 \ldots 4 \cdot 10^{-3}$. Damit erhält man für den Absorptionskoeffizienten $\kappa_{\nu_0}^K$ an der Lymangrenze nach (IV.60) (mit $N_n \equiv N_{0,n}$ zu $n = 1$) Werte zwischen $0.4 \cdot 10^{-17}$ und $0.4 \cdot 10^{-19}$. Die optische Dicke $\tau_{\nu 0} = 1$ wird somit bereits auf Weglängen von $2.5 \cdot 10^{17}$ bis $2.5 \cdot 10^{19}$ cm, entsprechend rund 0.1 bis 10 pc, erreicht. Wir beschränken uns deshalb im folgenden auf homogene und statische Gaswolken, die im Lymankontinuum optisch dick sind. Damit stellt sich jedoch auch das Problem des Strahlungstransports durch die Wolke.

Insbesondere ist zu beachten, daß bei Rekombinationen, die direkt in den Grundzustand $n = 1$ führen, ein diffuses Strahlungsfeld $I_\nu^{(d)}$ mit $\nu \leqq \nu_0$ entsteht, das auch zur Ionisation beiträgt. Im Ausdruck für $R_{0,1}$ (IV.75) hat man daher einzusetzen $I_\nu = I_\nu^{(s)} + I_\nu^{(d)}$, wobei $I_\nu^{(s)}$ die direkt vom Stern kommende Intensität ist. Wir können aber offenbar $I_\nu^{(d)}$ dort weglassen, wenn wir auf der rechten Seite von (IV.84) nur die Rekombinationen in Zustände $n > 1$ berücksichtigen, also α_0 durch $\alpha_0^{(2)} = \alpha_0 - \alpha_{0,1}$ ersetzen. Führt man den Ionisationsgrad x ein durch $x = N_1/(N_0 + N_1) = N_1/N_\mathrm{H}$, so folgt $N_e = N_1 = x \cdot N_\mathrm{H}$ sowie $N_0 = (1 - x) N_\mathrm{H}$ und man erhält aus (IV.84) zunächst die Beziehung

$$(1 - x) N_\mathrm{H} \cdot R_{0,1} = x^2 \cdot N_\mathrm{H}^2 \, \alpha_0 \tag{IV.85}$$

und daraus weiter

$$(1 - x) N_\mathrm{H} \cdot 4\pi \int_{\nu_0}^{\infty} \frac{\kappa_\nu^K I_\nu^{(s)}}{h\nu} \, \mathrm{d}\nu = x^2 N_\mathrm{H}^2 \alpha_0^{(2)} . \tag{IV.86}$$

Die Strahlungstransportgleichung lautet in dem hier zu betrachtenden sphärisch symmetrischen Fall (s. PSS, IV.1.2, Gl. IV.8)

$$\frac{\partial I_\nu}{\partial r} \cos\vartheta - \frac{\partial I_\nu}{\partial \vartheta} \frac{\sin\vartheta}{r} = -\kappa_\nu I_\nu + \varepsilon_\nu . \tag{IV.87}$$

Dabei bedeutet r den Abstand vom Sternmittelpunkt und ϑ den Winkel gegen die radiale Richtung. Durch Integration über alle Richtungen (Raumwinkelelement $\mathrm{d}\omega = \sin\vartheta \, \mathrm{d}\vartheta \, \mathrm{d}\varphi$) erhält man hieraus

$$\frac{\mathrm{d}\Phi_\nu}{\mathrm{d}r} + \frac{2}{r} \Phi_\nu \equiv \frac{1}{r^2} \frac{\mathrm{d}}{\mathrm{d}r} (r^2 \Phi_\nu) = -4\pi \kappa_\nu I_\nu + 4\pi \varepsilon_\nu . \tag{IV.88}$$

Hier bedeutet Φ_ν den Strahlungsstrom (Strahlungsfluß), definiert durch

$$\Phi_\nu = \int\int I_\nu(\vartheta) \cos\vartheta \, \mathrm{d}\omega \; [\mathrm{erg\,cm^{-2}\,s^{-1}\,Hz^{-1}}] . \tag{IV.89}$$

Der Faktor 4π vor $\kappa_\nu I_\nu$ auf der rechten Seite ergibt sich daraus, daß die Intensität eines isotropen Strahlungsfeldes I_ν definiert wird durch (vgl. III.1.9)

$$\iint \bar{I}_\nu^* \, d\omega = \bar{I}_\nu^* \cdot \Omega_* = 4\pi I_\nu \,,$$

wobei $\bar{I}_\nu^*$ die vom Stern hervorgerufene Intensität bedeutet, die nur den durch $\Omega_* = \pi R_*^2/r^2$ gegebenen kleinen Raumwinkelbereich ausfüllt. Wegen der kontinuierlichen Absorption der Sternstrahlung auf dem Weg von der Sternoberfläche zum Aufpunkt bei r hat man jedoch $\bar{I}_\nu^*$ zu ersetzen durch $\bar{I}_\nu^* \cdot \exp(-\tau_\nu)$, wobei die optische Dicke festgelegt ist durch

$$d\tau_\nu = \kappa_\nu^K \, dr = \kappa_{\nu,\mathrm{Atom}}^K \cdot N_0 \cdot dr = \kappa_{\nu,\mathrm{Atom}}^K (1 - x) N_{\mathrm{H}} dr \,. \tag{IV.90}$$

Wegen $\kappa_\nu^K \sim \nu^{-3}$ für $\nu < \nu_0$ wird die kurzwelligste Strahlung am wenigsten geschwächt, so daß eine Verschiebung der Intensitätsverteilung I_ν über ν nach kürzeren Wellenlängen hin stattfinden muß.

Zur direkten Sternstrahlung tritt noch das diffuse UV-Strahlungsfeld mit der Intensität $I_\nu^{(d)}$ und dem Strahlungsstrom $\Phi_\nu^{(d)}$ hinzu, das von jenen Elektronen emittiert wird, die direkt in den Grundzustand $n = 1$ rekombinieren. Denn diese Strahlung mit $\lambda < 912$ Å trägt ebenfalls zur Ionisation bei. Schließlich ist noch zu sagen, daß $\varepsilon_\nu = \varepsilon_\nu^{(d)}$ gerade das Emissionsvermögen dieser diffusen UV-Strahlung darstellt. Dividieren wir die ganze Gleichung durch $h\nu$ und integrieren über ν von der Lyman-Grenze ν_0 bis ∞ und multiplizieren noch mit $4\pi r^2$ durch, dann folgt

$$\begin{aligned} \frac{d}{dr}\left[4\pi r^2 \int_{\nu_0}^{\infty} (\Phi_\nu^{(s)} + \Phi_\nu^{(d)}) \frac{d\nu}{h\nu}\right] &= \\ -4\pi r^2 \left[4\pi \int_{\nu_0}^{\infty} \frac{\kappa_\nu (I_\nu^{(s)} + I_\nu^{(d)})}{h\nu} d\nu - 4\pi \int_{\nu_0}^{\infty} \frac{\varepsilon_\nu^{(d)}}{h\nu} d\nu\right] & \end{aligned} \tag{IV.91}$$

mit

$$\Phi_\nu^{(s)} = \bar{I}_\nu^* \, e^{-\tau_\nu} \, \Omega_* \quad \text{und} \quad I_\nu^{(s)} = \bar{I}_\nu^* \, e^{-\tau_\nu} \, \Omega_*/4\pi = \bar{I}_\nu^* \cdot e^{-\tau_\nu} \cdot W \,. \tag{IV.92}$$

Das erste Glied in der Klammer auf der rechten Seite stellt nach (IV.75) $N_0 R_{0,1}$ dar und kann nach (IV.85) durch $x^2 N_{\mathrm{H}}^2 \alpha_0$ ersetzt werden; das zweite Glied gibt die Anzahl der Elektroneneinfänge in den Grundzustand $n = 1$ wieder, ist also durch $x^2 N_{\mathrm{H}}^2 \alpha_{0,1}$ gegeben. Der Ausdruck in der großen Klammer auf der linken Seite von (IV.91) umfaßt gerade die Gesamtzahl der Photonen im Lyman-Kontinuum mit $h\nu > h\nu_0$, die pro Sekunde durch die Kugeloberfläche mit dem Radius r fließen. Wir nennen diese Größe im folgenden $L_c(r)$ und können Gl. (IV.91) kürzer schreiben

$$\frac{dL_c(r)}{dr} = -4\pi r^2 x^2 N_{\mathrm{H}}^2 \alpha_0^{(2)} \,. \tag{IV.93}$$

Diese Gleichung besagt anschaulich, daß in jeder Entfernung vom Sternmittelpunkt r die Abnahme der Gesamtzahl aller auswärts fließenden Photonen pro Weglängeneinheit gleich ist der Gesamtzahl aller dort stattfindenden Rekombinationen in angeregte Zustände $n > 1$. Denn diese Rekombinationen erzeugen Photonen, die keine Ionisation des Wasserstoffs bewirken können und daher ungehindert entweichen – im Gegensatz zu den Photonen, die bei Rekombinationen in den Grundzustand entstehen.

Der Verlauf des Ionisationsgrades $x = x(r)$ kann nach Vorgabe der Intensitätsverteilung im Sternspektrum $\bar{I}_\nu^*$ und der Gesamtdichte N_H mit $I_\nu^{(s)} = \bar{I}_\nu^* \cdot \exp(-\tau_\nu) \cdot R_*^2/4r^2$ aus den Gleichungen (IV.86) und (IV.90) gewonnen werden. Diese Aufgabe hat zuerst B. Strömgren (1939) behandelt. Es ergab sich, daß $x(r)$ mit wachsendem r zunächst praktisch konstant gleich eins ist und dann innerhalb einer verhältnismäßig kurzen Strecke auf Null absinkt (s. Abb. IV.6). Man kann also einen Radius r_s, den sogenannten **Strömgrenradius** definieren, innerhalb dessen der Wasserstoff praktisch vollständig ionisiert ist und so eine HII-Region bildet, während der Wasserstoff außerhalb r_s neutral bleibt. Dabei hängt r_s natürlich von $\bar{I}_\nu^*$ und N_{H} ab.

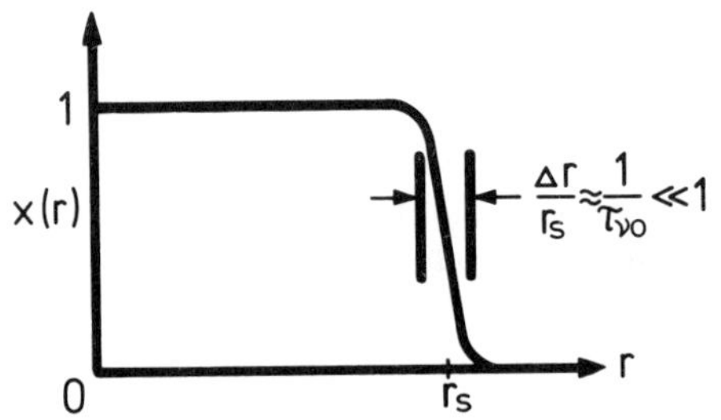

Abb. IV.6: Zur Definition des Strömgrenradius r_s durch den radialen Verlauf des Ionisationsgrades $x(r)$ in einer HII-Region.

Dieses Ergebnis läßt sich bis zu einem gewissen Grade auch anschaulich verstehen: Wir verfolgen dazu in der HII-Region einen vom Stern ausgehenden Radiusvektor von innen nach außen. Zunächst ist $N_1 \gg N_0$ und für die optische Dicke an der Lymangrenze gilt $\tau_{\nu 0} \ll 1$. Wenn etwa $\tau_{\nu 0} \approx 0.1$ erreicht ist, wird das Strahlungsfeld merklich durch Absorption herabgesetzt. Dies hat zur Folge, daß von hier ab weniger Ionisationen stattfinden können und somit N_0 auf Kosten von N_1 anwächst. Wegen $\tau_{\nu 0} \sim \kappa_{\nu 0} \sim N_0$ nimmt damit auch $\tau_{\nu 0}$ zu, wodurch wieder eine Herabsetzung des Strahlungsfeldes erzeugt wird usw. Auf eine relativ kurze Weglänge muß daher eine hohe optische Dicke und ein hoher Anteil neutraler Atome entstehen. Der Strömgrenradius r_s gibt praktisch jenen Abstand an, bei dem der UV-Photonenfluß $L_c(r_s) = 0$ geworden ist. Setzen wir in (IV.93) für $r \leqq r_s$ den Ionisationsgrad $x = 1$, so folgt durch Integration von $r = R_*$ bis $r = r_s$

$$L_c(r_s) - L_c(R_*) = -L_c(R_*) = -4\pi N_{\mathrm{H}}^2 \alpha_0^{(2)} \frac{1}{3} r_s^3$$

(wegen $R_* \ll r_s$!). Da $\Phi_\nu^{(d)}(R_*) \ll \Phi_\nu^{(s)}(R_*) = \pi \bar{I}_\nu^*$, so folgt

$$r_s^3 = 3R_*^2 \int_{\nu_0}^{\infty} \frac{\pi \bar{I}_\nu^*}{h\nu} \, d\nu / N_{\mathrm{H}}^2 \alpha_0^{(2)} . \qquad \text{(IV.94)}$$

Tabelle IV.6: Strömgrenradien r_s von HII-Regionen um Hauptreihensterne verschiedenen Spektraltyps (Sp). M_V visuelle absolute Helligkeit der Sterne, $L_c(R_*) = 4\pi R_*^2 \cdot N_L$ Gesamtzahl der vom Stern pro Sekunde emittierten Photonen mit $\lambda \leqq 912$ Å. T_L siehe Text. Die Werte r_s gelten für die Wasserstoffdichte $N_H = 1\ cm^{-3}$ und sind zum Übergang auf andere Dichten durch $N_H^{2/3}$ zu dividieren. (Nach D. E. Osterbrock)

Sp	M_V	T_L [K]	$L_c(R_*)$ [Photonen $\cdot s^{-1}$]	r_s [pc]
O5	−5.6	48000	$4.7 \cdot 10^{49}$	108
O6	−5.5	40000	$1.7 \cdot 10^{49}$	74
O7	−5.4	35000	$6.9 \cdot 10^{48}$	56
O8	−5.2	33000	$4.0 \cdot 10^{48}$	51
O9	−4.8	32000	$1.7 \cdot 10^{48}$	34
O9.5	−4.6	31000	$6.9 \cdot 10^{47}$	29
B0	−4.4	30000	$4.7 \cdot 10^{47}$	23
B0.5	−4.2	26200	$6.8 \cdot 10^{46}$	12

Das Integral stellt die Anzahl der Lymankontinuumsquanten N_L dar, die pro 1 cm^2 in 1 s durch die Sternoberfläche treten. Mit dem oben bereits angeführten, für $T = 10^4$ gültigen Wert $\alpha_0^{(2)} = \alpha_0 - \alpha_{0,1} = 2.6 \cdot 10^{-13}\ cm^3\ s^{-1}$ erhält man

$$r_s = 1.23 \cdot 10^{-7} \left(\frac{R_*}{R_\odot}\right)^{2/3} N_L^{1/3} N_H^{-2/3}\ [\mathrm{pc}]\,. \tag{IV.95}$$

Das Produkt $u = r_s N_H^{2/3} \approx r_s N_e^{2/3}$ [pc cm^{-2}], dessen dritte Potenz im wesentlichen gleich dem *gesamten* Fluß der Lymankontinuumsquanten $L_c(R_*)$ ist, wird in der Literatur oft als **Anregungsparameter** (excitation parameter) bezeichnet. Zur Berechnung von N_L benutzt man Modell-Sternatmosphären, die bestimmten MK-Spektraltypen und Sternradien zugeordnet werden können. Ergebnisse für $L_c(R_*) = 4\pi R_*^2 \cdot N_L$ und r_s enthält Tabelle IV.6. T_L ist die Temperatur eines Schwarzen Strahlers, der im Bereich $\lambda < \lambda_0 = 912$ Å gerade N_L Quanten pro cm^2 und s (an seiner Oberfläche) emittiert.

Bei hinreichend niedriger Dichte können hiernach sehr weit ausgedehnte HII-Regionen entstehen. Beobachtungen „diffuser“ oder „schwacher“ Emission von optischen (Hα) und Radio-Rekombinationslinien (III.2.3) haben gezeigt, daß solche „low-density-HII regions“ tatsächlich existieren (s. Abb. III.42a).

Ionisation des Heliums, des nach dem Wasserstoff häufigsten Elementes – N(He)/N(H) ≈ 0.1 (IV.2.5) –, erfordert Photonenenergien $h\nu > 24.6$ eV, entsprechend Wellenlängen $\lambda < 504$ Å (einfache Ionisation), und ist daher nur für anregende Sterne mit Spektraltypen früher als etwa O8 in nennenswertem Umfang zu erwarten. Bei späteren Typen ist die Zahl der Photonen mit $h\nu > 24.6$ eV sehr viel kleiner als die Zahl der zur Ionisation des Wasserstoffs führenden Photonen, so daß Helium nur bis zu einer Entfernung $r \ll r_s$ (HII-Region) ionisiert wird. Andererseits kann bei den frühesten Typen die He^+-Region nicht wesentlich weiter ausgedehnt sein als die H^+-(HII-)Region. Denn stellare Photonen, die Helium ionisieren können, vermögen auch den Wasserstoff zu ionisieren. Ionisation von He^+, wozu $h\nu > 54.4$ eV erforderlich wäre, tritt bei normalen HII-Regionen praktisch nicht auf.

Tabelle IV.7: Reduktionsfaktoren der Strömgrenradien r_s'/r_s durch Staubteilchen innerhalb der HII-Regionen in Abhängigkeit von der internen visuellen Extinktion A_V. (Nach L. Spitzer)

A_V[mag]	0.1	0.5	1.0	2.0	5.0	10
r_s'/r_s	0.91	0.70	0.56	0.42	0.25	0.15

Für einen reinen Wasserstoffnebel berechnete Werte des Radius r_s der HII-Region werden durch Berücksichtigung des Heliums nur relativ wenig geändert, solange die Elektronendichte $N_e < 10^3$ cm^{-3} bleibt.[1]

Extinktion durch Staubteilchen, die nach den Infrarotbeobachtungen in erheblichen Mengen in den dichteren HII-Regionen vorhanden sind, kann dort die bisher besprochenen Resultate merklich modifizieren: Der Strömgrenradius r_s wird verkleinert, und da man angenähert mit einem konstanten Staub/Gas-Verhältnis rechnen darf, nimmt die Reduktion von r_s mit der Dichte zu. Der wichtigste Parameter für die Berechnung des Reduktionsfaktors r_s'/r_s ist die optische Dicke τ_{vs} des Staubes für die Weglänge r_s unmittelbar unterhalb der Lyman-Grenze $\lambda = 912$ Å. Für den Zusammenhang mit der entsprechenden visuellen Extinktion A_V der Sternstrahlung innerhalb der HII-Region gilt angenähert $\tau_{vs} = 4\,A_V$. Wir beschränken uns hier auf die Wiedergabe einiger numerischer Resultate für r_s'/r_s in Abhängigkeit von A_V (Tabelle IV.7).

Abschließend muß darauf hingewiesen werden, daß das betrachtete einfache homogene und statische Modell einer HII-Region eine starke Idealisierung der wirklichen Verhältnisse darstellt. So sind dynamische Vorgänge, wie die mit der Aufheizung eines Gases verbundene Expansion, die Ausbreitung von Ionisationsfronten und die Entstehung von Stoßwellen bei der Bewegung des Gases ignoriert worden. Wir kommen darauf in V.3.3 zurück.

HI-Gebiet: Wir dürfen annehmen, daß praktisch alle O- und B-Sterne von mehr oder weniger weit ausgedehnten HII-Regionen umgeben sind, aus denen keine Strahlung mit $\lambda < 912$ Å entkommen kann. In den übrigen Gebieten des interstellaren Raumes steht nur noch Sternstrahlung mit $\lambda > 912$ Å, entsprechend $E = h\nu < 13.6$ eV, zur Verfügung. Die Energie dieser längerwelligen Photonen reicht nur für die Ionisation von höheren Elementen wie C, Si, Fe usw. aus. Eine schwache Ionisation des Wasserstoffs wird jedoch durch die Kosmische Strahlung und durch

[1] Eingehende Diskussion s. Osterbrock, Astrophysics of Gaseous Nebulae, S. 21.

diffuse kosmische Röntgenstrahlung erzeugt. Der resultierende *Ionisationsgrad* läßt sich aus der statistischen Gleichung (IV.74) ermitteln. Wir können dabei annehmen $N_1 \ll N_0 = N(\mathrm{HI})$. Für die Elektronendichte im Ausdruck (IV.78) für $R_{1,0}$ setzen wir

$$N_e = N_1 + x_0 N(\mathrm{HI}), \tag{IV.96a}$$

wobei x_0 den relativen Anteil der aus anderen Quellen stammenden Elektronen darstellt. Damit führt (IV.74) auf eine quadratische Gleichung für $N_1/N(\mathrm{HI})$, deren Lösung lautet

$$\frac{N_1}{N(\mathrm{HI})} = \frac{x_0}{2}\left\{\sqrt{1 + \frac{4(R_{0,1} + C_{0,1})}{x_0^2 N(\mathrm{HI})\alpha_0^{(2)}}} - 1\right\}. \tag{IV.96b}$$

Um zu berücksichtigen, daß alle emittierten Lyman-Quanten sofort wieder absorbiert werden, haben wir dabei α_0 durch $\alpha_0^{(2)}$ ersetzt. Als Minimalwert für x_0 kann bei normalen Elementhäufigkeiten das für vollständige einfache Ionisation von C, Si und Fe folgende Resultat $x_0 \approx 5 \cdot 10^{-4}$ betrachtet werden. Einen weiteren Beitrag zur Elektronendichte kann der in IV.2.3 beschriebene Photoeffekt an Staubteilchen liefern.

Setzt man nach den bereits genannten Abschätzungen $R_{0,1} + C_{0,1} = 1 \cdot 10^{-17}\ \mathrm{s}^{-1}$, dann folgen mit $x_0 = 5 \cdot 10^{-4}$ für eine diffuse kalte Wolke mit $T = 100\,\mathrm{K}$ und $N(\mathrm{HI}) = 20\ \mathrm{cm}^{-3}$ sowie für einen „warmen" HI-Bereich mit $T = 4000\,\mathrm{K}$ und $N(\mathrm{HI}) = 1\ \mathrm{cm}^{-3}$ – unter Benutzung der Tabelle IV.5, S. 323, zur Berechnung von $\alpha_0^{(2)}$ nach Gl. (IV.82) – die Zahlenwerte $N_1/N(\mathrm{HI}) \approx 1 \cdot 10^{-4}$ bzw. $5 \cdot 10^{-3}$.

Die *Elektronendichten* ergeben sich in diesen Beispielen zu $N_e \approx 1 \cdot 10^{-2}\ \mathrm{cm}^{-3}$. Die Ionisation durch niederenergetische Kosmische Strahlung und eventuell diffuse kosmische Röntgenstrahlung spielt im Fall der kalten Wolke nur eine untergeordnete Rolle, dominiert aber im Fall des warmen HI-Gases über den angenommenen Anteil $x_0 N(\mathrm{HI})$. Werte der Größenordnung $N_e = 10^{-2}\ \mathrm{cm}^{-3}$ wurden aus Beobachtungen interstellarer Adsorptionslinien in Sternspektren für Wolken niedriger Dichte $N(\mathrm{HI}) \approx 10 \ldots 100\ \mathrm{cm}^{-3}$ abgeleitet (s. unten). Für ein dünnes warmes HI-Medium mit $N(\mathrm{HI}) \approx 0.1 \ldots 0.01\ \mathrm{cm}^{-3}$ und $T = 4000\,\mathrm{K}$ geht (IV.96b) über in $N_1/N(\mathrm{HI}) \approx 5 \cdot 10^{-3}/\sqrt{N(\mathrm{HI})}$, so daß die relative Elektronendichte einige Prozent erreichen kann. Die von den Pulsarbeobachtungen (III.1.8) gelieferten Mittelwerte ($\bar{N}_e \approx 5 \cdot 10^{-2}\ \mathrm{cm}^{-3}$) dürfen hier nicht ohne weiteres zum Vergleich herangezogen werden, weil sie in erheblichem Umfang auf Beiträgen der ausgedehnten HII-Regionen niedriger Dichte beruhen, aus denen die beobachtete diffuse Emission von Rekombinationslinien zu kommen scheint (III.2.3).

Die niederenergetischen Partikel der Kosmischen Strahlung und die Photonen der diffusen kosmischen Röntgenstrahlung können in *dichte Wolken* nicht weit eindringen: Für Teilchen mit Energien bei 1 MeV ist das Produkt aus mittlerer freier Weglänge l und Anzahldichte der Wasserstoffkerne N_H von der Größenordnung

$l \cdot N_H \approx 10^2$ pc cm^{-3}. Ähnliche Werte erhält man für Röntgenphotonen des Energiebereiches von einigen 10^2 eV. Für $N_H \gtrsim 10^3$ cm^{-3} ergibt sich daher $l \lesssim 0.1$ pc. Eine weitere beträchtliche Abschirmung wird durch die eingelagerten Staubteilchen bewirkt. Niederenergetische kosmische Strahlung und Röntgenphotonen können also im Inneren kalter Wolken mit Anzahldichten der Gaspartikel oberhalb von etwa 10^3 cm^{-3} weder eine Ionisation von Atomen, noch eine Ionisation oder Dissoziation von bereits gebildeten Molekülen hervorrufen. Die Eindringtiefe nimmt jedoch mit wachsender Energie rasch zu. Bei Partikelenergien von 5 MeV ist $l \cdot N_H$ bereits von der Größenordnung 10^3 pc cm^{-3}. Die höherenergetischen Partikel der Kosmischen Strahlung werden daher in den dichten Wolken eine sehr schwache Ionisation von Atomen bzw. Molekülen erzeugen. Nach neueren Untersuchungen hat man relative Elektronendichten $N_e/N(H_2) \approx 10^{-8} \dots 10^{-7}$ zu erwarten.

Ionisation der höheren Elemente: Wir betrachten zunächst die Beispiele Na und Ca mit den Ionisationsenergien $\chi_0 = 5.1$ bzw. 6.1 eV in diffusen HI-Wolken und in typischen HII-Regionen. In beiden Bereichen ist das Ionisationsgleichgewicht in erster Linie durch Photoionisation und Photorekombinationen bestimmt. Wir schreiben deshalb die statistische Gleichung (IV.73) in der Form

$$\frac{N_{i+1}}{N_i} N_e = \frac{R_{i,\,i+1}}{\alpha_i}, \qquad \text{(IV.97)}$$

wobei α_i den gesamten Rekombinationskoeffizienten des $(i + 1)$-fachen Ions bezeichnet. Zur Berechnung von $R_{i,i+1}$ nach Gl. (IV.75) ist bei den HI-Wolken das interstellare Strahlungsfeld (III.1.9) und in den HII-Regionen das Strahlungsfeld des anregenden Sternes heranzuziehen.

Für *HI-Wolken niedriger Dichte* mit $T \approx 10^2$ K erhält man in grober Näherung $R_{0,1}/\alpha_0 \approx 1$ für Na und 10^2 für Ca, so daß mit $N_e \approx 10^{-2}$ folgt $N_1/N_0 = N(\mathrm{Na}^+)/N(\mathrm{Na}^\circ) \approx 10^2$ und $N(\mathrm{Ca}^+)/N(\mathrm{Ca}^\circ) \approx 10^4$. Natrium ist daher fast nur in der Form von Na^+ vorhanden ($\chi_1 = 47.3$ eV, $N(\mathrm{Na}^{++})/N(\mathrm{Na}^+) \ll 1$). Kalzium tritt praktisch nur als Ca^+ und Ca^{++} auf ($\chi_1 = 11.9$ eV, Ca^{++} und Ca^+ haben Häufigkeiten von gleicher Größenordnung). In *HII-Regionen* mit $T \approx 10^4$ erhält man etwa um ein bis zwei Zehnerpotenzen höhere Werte: $R_{0,1}/\alpha_0 \approx 10^1$ für Na bzw. 10^4 für Ca, hat aber wesentlich höhere Elektronendichten. Mit den für diffuse Nebel gefundenen typischen Werten $N_e \approx 10^2 \dots 10^3$ cm^{-3} erhält man beispielsweise $N(\mathrm{Na}^+)/N(\mathrm{Na}^\circ) \approx 10^{-2} \dots 10^{-1}$ und $N(\mathrm{Ca}^+)/N(\mathrm{Ca}^\circ) \approx 10^1 \dots 10^2$. Für beide Elemente ergibt sich ein niedrigeres Ionisationsniveau als im HI-Gebiet. Ursache ist die viel höhere Elektronendichte, die zu einer entsprechend größeren Rekombinationsrate führt.

Eine analoge Diskussion des Kohlenstoffs mit $\chi_0 = 11.3$ eV führt auf ähnliche Resultate: Auch der Kohlenstoff ist in *HI-Gebieten* vorwiegend ionisiert. Im Gegensatz dazu sind N und O, mit Ionisationsenergien knapp oberhalb derjenigen des Wasserstoffs, dort neutral. Eine schwache Ionisation des Sauerstoffs, die allerdings nur wenige Prozent derjenigen des Wasserstoffs erreicht, kann durch die Ladungsaustausch-Reaktion $O + H^+ \rightarrow O^+ + H$ erzeugt werden.

In genügend dichten Wolken sind Ionisationen von Atomen und Rekombinationen von Ionen auch durch Stöße mit Molekülen möglich. Ein bemerkenswertes Beispiel ist die chemische Austausch-Reaktion $O^+ + H_2 \rightarrow OH^+ + H$, nach deren Ablauf die Energie eines eingefangenen Elektrons zur Dissoziation des entstandenen OH^+-Moleküls verwendet werden kann: $OH^+ + e^- \rightarrow O + H$ („dissoziative Rekombination").

Mit Hilfe von Gl. (IV.97) kann aus beobachteten Intensitätsverhältnissen von interstellaren Absorptionslinien verschiedener Ionisationsstufen, beispielsweise für CaI und CaII, die Elektronendichte in HI-Wolken abgeleitet werden. Für diffuse Wolken mit HI-Dichten zwischen 10^2 und 10^3 cm^{-3} ergaben sich auf diesem Wege Werte $N_e \approx 10^{-2} \ldots 10^{-1}$ cm^{-3}, entsprechend $N_e/N(\mathrm{HI}) \approx 10^{-4}$.

In der *heißen Komponente* des interstellaren Gases mit Temperaturen zwischen etwa $4 \cdot 10^4$ K und 10^6 K (III.1.4, 1.9) werden die höheren Elemente – wie wir bereits für den Wasserstoff erläutert haben – vorwiegend durch Stöße der häufigen thermischen Elektronen mit hohen Geschwindigkeiten ionisiert. Die Verhältnisse der einzelnen Ionisationsstufen sind dabei, analog zu Gl. (IV.83), unabhängig von der Elektronendichte. Auf der Seite der Rekombinationen müssen auch „dielektronische Rekombinationen" einbezogen werden, bei denen die Energie des eingefangenen Elektrons zunächst zur Anregung des äußeren gebundenen Elektrons verwendet wird (PSS V.7.4). Numerische Ergebnisse für die Bruchteile $N_i/\Sigma N_i$ liegen für verschiedene Elemente vor, von denen interstellare Absorptionslinien höherer Ionen beobachtet wurden (III.1.4). Mit der Annahme normaler Elementhäufigkeiten (PSS V.6.2) konnten damit die Verhältnisse der Linienstärken in Abhängigkeit von der Temperatur berechnet werden. Eine hierauf gegründete Interpretation der Stärken der OVI-Linien im Verhältnis zu ebenfalls beobachteten Linien von NV führte auf $T \approx 6 \cdot 10^5$ K und Anzahldichten der Wasserstoffkerne $N_\mathrm{H} \approx 10^{-4}$ cm^{-3}.

2.2 Bildung und Dissoziation interstellarer Moleküle

In den kühlen Bereichen des interstellaren Gases mit kinetischen Temperaturen $T < 100$ K würden in einem langfristigen Zustand thermodynamischen Gleichgewichtes die meisten der häufigen Elemente in molekularer Form vorliegen oder in chemischen Verbindungen mit anderen Elementen enthalten sein. Die Beobachtungen zeigen indessen, daß dies nur in den dichtesten kalten Wolken der Fall ist, während das weit verbreitete kühle Gas niedriger Dichte, einschließlich der häufigen kleinen diffusen Wolken, überwiegend aus Atomen und Ionen besteht. Die interstellaren Bedingungen weichen hier offenbar weit ab von den Verhältnissen thermodynamischen Gleichgewichtes, und die Interpretation der Beobachtungen erfordert eine besondere Diskussion der statistischen Bilanz zwischen der ständigen Bildung und Zerstörung von Molekülen.

Wichtige Bildungsprozesse interstellarer Moleküle sind:

(1) Direkte Verbindung bzw. Anlagerung von Atomen in der Gasphase unter Abgabe der Bindungsenergie in Form eines Photons. Beispiel:

$$C^+ + H \rightarrow CH^+ + h\nu .$$

(2) Katalytische Molekülbildung an den Oberflächen interstellarer Staubteilchen: Nacheinander in der Teilchenoberfläche steckengebliebene Atome verbinden sich zu einem Molekül, dessen Bindungsenergie als Wärme an das feste Teilchen abgegeben wird; das entstandene Molekül verdampft in den Raum hinaus.

(3) Chemische Austausch-Reaktionen zwischen bereits gebildeten Molekülen untereinander oder mit Atomen bzw. Ionen. Beispiele zur Bildung von CH_2^+ und von H_2:

$$CH^+ + H_2 \rightarrow CH_2^+ + H; \quad CH^+ + H \rightarrow C^+ + H_2 .$$

Wichtige Prozesse, die zur *Zerstörung* interstellarer Moleküle führen können, sind:

(1) Photodissoziation durch das interstellare Strahlungsfeld.

(2) Dissoziative Rekombination. Beispiele:

$$OH^+ + e^- \rightarrow O + H; \quad CH^+ + e^- \rightarrow C + H .$$

(3) Chemische Austausch-Reaktionen. Beispiele zur Dissoziation von H_2 und von CH^+ s. oben.

(4) Reaktionen in dichten Stoßfronten. Beispiele:

$$O + H_2 \rightarrow OH + H; \quad OH + H_2 \rightarrow H_2O + H$$

Molekularer Wasserstoff: Wir können davon ausgehen, daß sich Wasserstoffatome in HI-Gebieten des interstellaren Raumes im Grundzustand $1\,^2S$ befinden. Bei Annäherung zweier H-Atome kann dann, je nachdem ob die beiden Elektronenspins parallel oder antiparallel sind, einer der beiden elektronischen Zustände $^3\Sigma_u^+$ oder $^1\Sigma_g^+$ entstehen (siehe Anhang B). Soll sich der stabile Zustand $^1\Sigma_g^+$ direkt ergeben, so ist ein Rotations-Schwingungsübergang unter Emission eines Strahlungsquants notwendig. Diese Übergänge sind jedoch beim homöopolar gebundenen H_2-Molekül für elektrische Dipolstrahlung verboten: Das aus gleichartigen Kernen gebildete Molekül besitzt kein elektrisches Dipolmoment – die Schwerpunkte von Masse und Ladung werden durch ein äußeres Feld nicht getrennt –, kann also keine Rotations-Schwingungsstrahlung emittieren oder absorbieren. Die mit elektrischer Quadrupol- und magnetischer Dipolstrahlung verbundenen Übergänge besitzen nur extrem kleine Übergangswahrscheinlichkeiten. Eine direkte Bildung von H_2-Molekülen im Grundzustand $^1\Sigma_g^+$ unter Emission der Bindungsenergie ist daher praktisch nicht möglich. Entsteht andererseits zunächst der mit Abstoßung verbundene $^3\Sigma_g^+$-Zustand, so ist ein Übergang in den stabilen Zustand $^1\Sigma_g^+$ unter Strahlungsemission nicht erlaubt, weil es sich um eine Interkombination handeln würde. Die Molekülbildung wäre nur dann leicht möglich, wenn sich eines der beiden Atome ursprünglich in einem Zustand mit der Hauptquantenzahl $n > 2$ befände, weil von den dann resultierenden höheren elektronischen Zuständen, z. B. $^1\Sigma_u^+$, erlaubte Übergänge in den Grundzustand $^1\Sigma_g^+$ führen. Die Besetzung höherer Zustände ist aber bei den niedrigen Dichten und Temperaturen des allgemein verbreiteten interstellaren Gases weitab von heißen Sternen extrem unwahrscheinlich.

Da auch Austausch-Reaktionen – wegen der großen Häufigkeit des Wasserstoffs gegenüber den anderen Gaspartikeln – für die Bildung von H_2 keine große Rolle spielen dürften, gelangt man zu dem Schluß, daß die meisten im interstellaren Raum beobachteten Wasserstoffmoleküle nicht in der reinen Gasphase entstanden sein können. Als einzig wesentlicher Prozeß zur Bildung von H_2 erweist sich die Verbindung zweier H-Atome nach ihrer Adsorption durch die Oberfläche eines interstellaren Staubteilchens. Im Potentialfeld des Kristallgitters eines solchen festen Teilchens ist dies leicht möglich. Die bei der Bildung des H_2-Moleküls an das Kristallgitter abgegebe Bindungsenergie (4.5 eV) genügt, um das entstandene Molekül in den Raum verdampfen zu lassen. Die Staubteilchen wirken somit als Katalysatoren der Molekülbildung.

Eine Zerstörung bereits gebildeter H_2-Moleküle kann bei nicht zu hohen Dichten durch das interstellare Strahlungsfeld erfolgen. Photoionisation oder direkte Photodissoziation ($h\nu > 15.42$ bzw. 14.67 eV, s. Anhang B, Abb. B1) ist im HI-Bereich nicht zu erwarten (die H-Atome wären sonst nicht neutral), so daß man dort zunächst eine relativ große Häufigkeit des H_2-Moleküls auch bei niedrigen Dichten $N_H \approx 1\ \mathrm{cm}^{-3}$ vermutete. Es muß jedoch berücksichtigt werden, daß auch durch Sternstrahlung mit $\lambda > 912$ Å eine indirekte Photodissoziation des H_2-Moleküls möglich ist: Nach Absorption in einer der Linien der Lyman-Banden ($X^1\Sigma_g^+ - B^1\Sigma_u^+$) bei $\lambda \leqq 1108$ Å (s. Anhang B, Abb. B1) wird das Molekül unter Strahlungsemission wieder in den elektronischen Grundzustand $^1\Sigma_g^+$ zurückkehren. Dabei kann dieser Übergang in den untersten Schwingungszustand $v = 0$, aber auch zunächst in ein höheres Niveau $v > 0$ führen – diese indirekte Anregung wird auch als „Photonenpumpen" bezeichnet. Ist für das Endniveau $v > 14$, dann tritt Dissoziation ein (Dissoziationsenergie = 4.476 eV).

Für die Abschätzung der relativen Anzahldichte der ständig vorhandenen Wasserstoffmoleküle anhand eines *Beispiels* gehen wir von der statistischen Gleichgewichtsbedingung aus:

$$N(\mathrm{HI})R_{0,1} = N(\mathrm{H_2})R_{1,0}, \tag{IV.98}$$

wobei wir die Bildungsrate mit $R_{0,1}$ und die Dissoziationsrate mit $R_{1,0}$ bezeichnet haben.

Wir berechnen zunächst $R_{0,1}$: Die Anzahl der Stöße [s^{-1}] zwischen einem H-Atom der Geschwindigkeit v und Staubteilchen mit dem Querschnitt σ_s[cm^2] und der Anzahldichte N_s[cm^{-3}] ist gegeben durch $v\sigma_s N_s$. Wenn der Bruchteil λ dieser Stöße zur Bildung von einem H_2-Molekül (nach Stößen mit zwei H-Atomen) führt, dann folgt

$$R_{0,1} = \frac{1}{2}\gamma v \sigma_s N_s \,. \tag{IV.99}$$

Gl. (III.14), S. 193, liefert mit $Q_{ext} \approx 1$ für eine typische kleine diffuse HI-Wolke mit $A_V = 0.3$ mag und einem Durchmesser von 5 pc den Wert $\sigma_s N_s \approx 2 \cdot 10^{-20}$ cm^{-1}. Mit $v = \bar{v}$ nach Gl. (IV.27) für $T = 100$ K und $A_s \gg A = 1$ sowie, versuchsweise, $\gamma = 0.3$ ergibt sich die Molekülbildungsrate $R_{0,1} \approx 4 \cdot 10^{-16}$.

Für die gesamte Dissoziationsrate schreiben wir

$$R_{1,0} = \beta \cdot k \,,$$

wobei β die Anzahl der Übergänge pro Sekunde vom elektronischen Grundzustand in den oberen elektronischen Zustand bezeichnet und k den Bruchteil der Übergänge vom oberen elektronischen Zustand in Schwingungsniveaus $v > 14$ des unteren Zustandes angibt. β wird für das Bandenspektrum des H_2-Moleküls mit $\lambda > 912$ Å aus dem Linienabsorptionskoeffizienten pro neutrales H-Atom $\kappa_\nu^L/N(\mathrm{HI})$ und der Intensität des interstellaren Strahlungsfeldes I_ν nach dem zu (IV.75) analogen Ausdruck

$$\beta = 4\pi \Sigma \int \frac{\kappa_\nu^L}{N(\mathrm{HI})} \frac{I_\nu}{h\nu} \, \mathrm{d}\nu \tag{IV.100}$$

berechnet (Summation über alle Linien). Im Inneren der Wolke ist I_ν durch $I_\nu e^{-\tau_\nu}$ zu ersetzen, wobei τ_ν die von außen nach innen gezählte optische Tiefe des jeweils betrachteten Aufpunktes bezeichnet. Für $\tau_\nu = 0$ ergibt sich mit dem interstellaren Strahlungsfeld in der Sonnenumgebung (III.1.9) $\beta \approx 5 \cdot 10^{-10}$ s^{-1}; für $\tau(V) \approx A_V = 0.3$, im Bereich der Lyman-Banden etwa $\tau_\nu = 1$ entsprechend (vgl. Tabelle III.1, S. 191), erniedrigt sich der Wert auf $\beta = 2 \cdot 10^{-10}$ s^{-1}. Der Faktor k wurde zu 0.1 berechnet[1]. Damit folgt $R_{1,0} \approx 2 \cdot 10^{-11}$ s^{-1}.

Für die relative Häufigkeit des H_2-Moleküls in unserem Beispiel einer diffusen Wolke niedriger Dichte erhalten wir damit nach Gl. (IV.98)

$$\frac{N(H_2)}{N(\mathrm{HI})} = \frac{R_{0,1}}{R_{1,0}} \approx 2 \cdot 10^{-5} \,.$$

[1] Eingehende Diskussion bei L. Spitzer: Physical Processes in the Interstellar Medium (1978), Seite 124f.

Dieses Resultat ist in qualitativer Übereinstimmung mit den Analysen der in nahen Sternen beobachteten schwachen interstellaren H_2-Linien (III.1.4), IV.2.5), die in Bereichen mit Dichten $N(\mathrm{HI}) < 10\ \mathrm{cm}^{-3}$ erzeugt werden.

Mit wachsender Staub- und Gasdichte wird die Bildungsrate $R_{0,1} \sim N_s \sim N_{\mathrm{H}}$ (= Anzahldichte aller Wasserstoffkerne) größer, vor allem aber wird bei hinreichender Ausdehnung der Wolke (Säulendichte!) das Stahlungsfeld geschwächt, womit sich eine um den Faktor $\exp(-\tau_v) = \exp(-3A_V)$ kleinere Dissoziationsrate $R_{1,0}$ ergeben muß. Wegen der hohen Extinktion des Staubes im Ultraviolett kann das interstellare Strahlungsfeld bereits bei Wolken mit wenigen Größenklassen visueller Extinktion A_V nur noch die äußeren Schichten durchdringen. Im Innenbereich muß dann – bei Dichten $\gtrsim 10^3\ \mathrm{cm}^{-3}$ – der Wasserstoff überwiegend in molekularer Form vorliegen. Tatsächlich zeigen die Beobachtungen der 21 cm-Linienemission aus den Richtungen der Dunkelwolkenkomplexe im Taurus und im Ophiuchus trotz wesentlich höherer Gasdichten keine erhöhte Strahlung, teilweise sogar ein Defizit.

Tabelle IV.8: Lebensdauern von Molekülen im ungeschwächten interstellaren Strahlungsfeld. (Nach G. F. Mitchell, J. L. Ginsburg und P. J. Kuntz)

Prozeß	Bindungsenergie [eV]	Lebensdauer [Jahre]
$CO + h\nu \rightarrow C + O$	11.1	$7 \cdot 10^3$
$CS + h\nu \rightarrow C + S$	8.0	$3 \cdot 10^3$
$CN + h\nu \rightarrow C + N$	7.7	$7 \cdot 10^2$
$HCN + h\nu \rightarrow CN + H$	5.8	$3 \cdot 10^2$
$H_2O + h\nu \rightarrow OH + H$	5.2	$1 \cdot 10^2$
$NH_3 + h\nu \rightarrow NH_2 + H$	4.3	$7 \cdot 10^1$
$H_2CO + h\nu \rightarrow H + HCO$	3.6	$5 \cdot 10^1$

CO, OH und H_2O in „diffusen Wolken“: Die im interstellaren Raum nachgewiesenen Moleküle können durch den UV-Anteil des interstellaren Strahlungsfeldes dissoziiert werden. Ein grobes Maß für die Stabilität gegenüber Photodissoziation, und damit für die *Lebensdauer* der Moleküle, ist die thermische Dissoziationsenergie oder Bindungsenergie. Genauer hängt die Lebensdauer von drei Faktoren ab: dem Absorptionsquerschnitt, der Wahrscheinlichkeit einer Dissoziation pro absorbiertes Photon und dem Strahlungsfeld. Einige Ergebnisse von Rechnungen sind in Tabelle IV.8 zusammengestellt. CO besitzt von allen interstellaren Molekülen die höchste Bindungsenergie und erreicht daher die größte Lebensdauer, während die anderen Moleküle bereits nach wesentlich kürzeren Zeiten dissoziiert sind. Dieser Befund erklärt qualitativ, warum das CO-Molekül am weitesten verbreitet ist. Darüber hinaus bedeuten diese Zahlen, daß die empirisch gefundene längerfristige Existenz von CO und einigen anderen Molekülen in den relativ transparenten diffusen Wolken nur durch entsprechend wirksame Bildungsprozesse erreicht werden kann.

Da eine Diskussion der verschiedenen Bildungs- und Dissoziationsprozesse für die zahlreichen im interstellaren Raum nachgewiesenen Molekülarten den Rahmen dieses Buches sprengen würde, beschränken wir uns auf wenige Beispiele. Die meisten dieser Moleküle können durch Reaktionen in der Gasphase erzeugt werden; für einige Moleküle dürfte jedoch auch die für H_2 so wichtige Bildung an den Oberflächen der Staubteilchen von Bedeutung sein. Bei der direkten Bildung spielen positive Ionen, die vor allem unter dem Einfluß der Kosmischen Strahlung (H^+, He^+ !) und nachfolgender Ladungsaustausch-Reaktionen entstehen, eine wichtige Rolle. Der Grund dafür ist, daß Reaktionen zwischen Molekülen und positiven Ionen bei den niedrigen Temperaturen des interstellaren Mediums noch genau so häufig ablaufen wie bei höheren Temperaturen – im Gegensatz zu den geringeren Raten bei Wechselwirkungen mit neutralen Partikeln.

So kann nach der Bildung von O^+ bei der Austausch-Reaktion $O + H^+ \leftrightarrows O^+ + H$ zunächst OH^+ erzeugt werden:

$$O^+ + H_2 \rightarrow OH^+ + H \qquad \text{(IV.101)}$$

und weiter auch H_2O^+ über

$$OH^+ + H_2 \rightarrow H_2O^+ + H\,. \qquad \text{(IV.102)}$$

Durch Rekombination ergeben sich schließlich OH und H_2O in relativ großer Häufigkeit.

CO kann durch Zerstörung von OH durch C^+ (erzeugt durch das interstellare Strahlungsfeld) entstehen:

$$C^+ + OH \rightarrow CO + H^+\,. \qquad \text{(IV.103)}$$

Eine weitere Möglichkeit bietet die Reaktion

$$CH^+ + O \rightarrow CO + H^+\,, \qquad \text{(IV.104)}$$

da CH^+ in erheblicher Häufigkeit beobachtet wird – die Analyse seiner interstellaren Absorptionslinien im Sichtbaren lieferte in typischen Fällen $N(CH^+)/N(HI) \approx 10^{-7}$.

Die Zerstörung von CO erfolgt hauptsächlich durch Photodissoziation. Die bisher vorliegenden Reaktionsraten der verschiedenen Prozesse sind teilweise noch mit Unsicherheiten behaftet. Ohne auf Einzelheiten der Berechnungen der Gleichgewichte einzugehen, geben wir in Abb. IV.7 als Beispiel einige Resultate für die relativen Häufigkeiten von OH, H_2O und CO gegenüber H_2 in Wolken mit Dichten bis zu $N_H = 10^4\ cm^{-3}$ wieder. Wie man sieht, folgen für Wolken mit $N_H \approx 10^2 \ldots 10^3\ cm^{-3}$ Werte $N(CO)/N(H_2)$ von knapp 10^{-6}, die mit $N(H_2)/N_H \approx 0.1 \ldots 1$ auf $N(CO)/N_H \approx 10^{-7} \ldots 10^{-6}$ führen. Werte dieser Größenordnung wurden in einigen Fällen aus den beobachteten Intensitäten der Absorptionslinien von CO im Ultraviolett bestätigt (ε Per, 139 Tau, 10 Lac, α Cam, ξ Per, ζ Oph; s. auch IV.2.5).

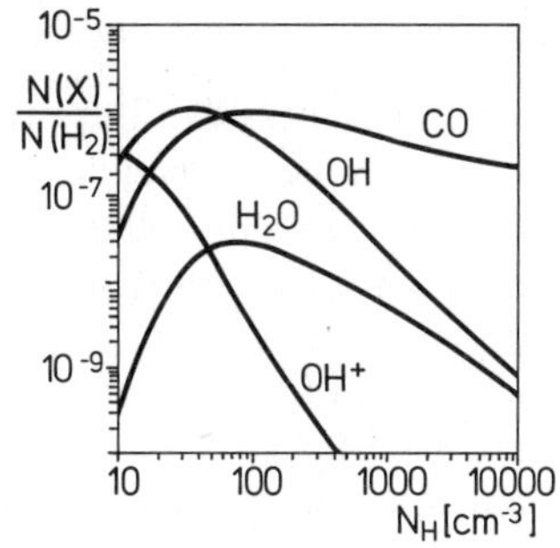

Abb. IV.7: Berechnete relative Häufigkeiten $N(X)/N(H_2)$ der Moleküle X = OH, OH^+, H_2O und CO im chemischen Gleichgewicht für interstellare Wolken niedriger Dichte mit der kinetischen Temperatur $T = 100$ K in der optischen Tiefe $\tau(V) = 0.2$. Hierbei wurden normale Elementhäufigkeiten und eine Ionisationsrate des Wasserstoffs durch die Kosmische Strahlung $R_{0,1} = 10^{-17}$ s^{-1} zugrunde gelegt. (Nach J. Barsuhn und C. M. Walmsley).

Moleküle in „dichten" Wolken: Der wichtigste Unterschied gegenüber den „diffusen" Wolken ist die Abschirmung der interstellaren Ultraviolettstrahlung zwischen 912 und etwa 2000 Å durch die Staubteilchen. Dissoziation findet entsprechend selten statt und das Gas ist daher fast vollständig molekular, soweit es nicht von den festen Teilchen aufgenommen wurde. Die zweite Möglichkeit läßt erwarten, daß die Elementhäufigkeiten im Gas der dichten Wolken teilweise erheblich unter den normalen kosmischen Werten liegen (IV.2.5). Es muß sogar die Frage gestellt werden, warum nicht alle Elemente oberhalb von Helium vollständig zu festen Teilchen ausgefroren sind. Eine Erklärung für das Auftreten großer Mengen von CO und N_2 würde die Annahme liefern, daß diese Moleküle in einem frühen Stadium der Wolke entstanden sind und dabei ein beträchtlicher Teil des vorhandenen C, O und N verbraucht wurde. Wegen ihres hohen Dampfdruckes würden CO und N_2, wenn sie erst einmal vorhanden sind, in der Gasphase verbleiben. Hiervon ausgehend lassen sich Ion-Molekül-Reaktionen zur Bildung von Molekülen wie HCN, NH_3 und H_2CO angeben. Die dabei benötigten Ionen (H_2^+, He^+) könnten durch die höherenergetische Kosmische Strahlung erzeugt werden (IV.2.1: HI-Gebiet).

Der Aufbau komplexer Kohlenwasserstoffe in dichten Wolken kann durch folgende Reaktionen eingeleitet werden: Ionisation von H_2 durch Kosmische Strahlung ergibt zunächst H_2^+. Nach der Reaktion $H_2^+ + H_2 \rightarrow H_3^+ + H$ ist dann die Bildung des Methanradikals CH_3^+ möglich: $C + H_3^+ \rightarrow CH_3^+ + h\nu$. Von CH_3^+ ausgehend, können größere Moleküle entstehen. Beispiel:

$$CH_3^+ + H_2O \rightarrow CH_3OH_2^+ + h\nu; \quad CH_3OH_2^+ + e^- \rightarrow CH_3OH + H.$$

2.3 Wärmehaushalt und kinetische Temperatur des Gases

Wärmegleichgewicht: Der wichtigste Parameter zur Charakterisierung des thermodynamischen Zustandes des interstellaren Gases ist die kinetische Temperatur T. Der jeweils vorliegende Wert von T hängt offenbar von der Wärmezufuhr und von den Wärmeverlusten des Gases ab. Jeweils bezogen auf 1 cm^3 und 1 s werden die gesamte Zufuhr und der gesamte Verlust an thermischer Energie meist mit Γ (gain) und Λ (loss) bezeichnet. Γ und Λ hängen im allgemeinen von T und von der Dichte der Gaspartikel N ab. So muß beispielsweise die Kühlung des Gases durch Emission von Linienstrahlung, die bei Übergängen von stoßangeregten Feinstrukturniveaus in den tiefsten Zustand erfolgt, mit abnehmender Temperatur, also geringerer Energie der stoßenden Teilchen, allgemein schwächer werden. Hat sich ein stationärer Zustand eingestellt, dann besteht das Wärmegleichgewicht

$$\Gamma = \Lambda .$$

Bei vorgegebenem Wert der Dichte N bzw. des Druckes $P = NkT$ legt diese Bedingung eine bestimmte Gleichgewichtstemperatur T_G fest, die damit bei Kenntnis der Funktionen $\Gamma(N, T)$ und $\Lambda(N, T)$ berechnet werden kann.

Für die Beurteilung der Wirksamkeit verschiedener Heizungs- und Kühlungsmechanismen ist es oft nützlich, die Zeiten abzuschätzen, die für die Einstellung des Gleichgewichtes oder allgemeiner für eine erhebliche Änderung der Temperatur erforderlich sind. Ein grobes Maß hierfür liefert das Verhältnis zwischen der gesamten inneren Energie des Gases pro cm^3 $U = (3/2)NkT$ und dem Betrag der Netto-Kühlrate pro cm^3 und s $\Gamma - \Lambda$ (< 0 für $T > T_G$), die *Kühlzeit*

$$t_K = \frac{(3/2)NkT}{|\Gamma - \Lambda|}\,[\mathrm{s}] . \tag{IV.105}$$

Dies entspricht der Definition $1/t_K = (-\mathrm{d}U/\mathrm{d}t)/U$, woraus unmittelbar folgt $U \sim \exp(-t/t_K)$. Bei konstanter Dichte gilt $U \sim T$ und es resultiert $T \sim \exp(-t/t_K)$.

Allgemein läßt sich der zeitliche Verlauf der Temperatur außerhalb des Gleichgewichtszustandes aus dem Energiesatz gewinnen: Die Netto-Wärmezufuhr pro Gramm Gas $\mathrm{d}q/\mathrm{d}t = (\Gamma - \Lambda)/\varrho$ wird zur Erhöhung der inneren Energie pro Gramm $u = U/\varrho$ und der vom Gas geleisteten Arbeit verwendet.

$$\frac{\mathrm{d}q}{\mathrm{d}t} = \frac{\mathrm{d}u}{\mathrm{d}t} + P\frac{\mathrm{d}V}{\mathrm{d}t} = \frac{\Gamma - \Lambda}{\varrho} .$$

Für einatomiges Gas mit der Partikeldichte N folgt mit $\varrho u = (3/2)NkT$ unter Benutzung der Beziehung $\varrho\,\mathrm{d}u = \mathrm{d}(\varrho u) - u\,\mathrm{d}\varrho$ und mit $\mathrm{d}V = -\mathrm{d}\varrho/\varrho^2$ (aus $V = 1/\varrho$ für 1 g Gas) sowie $P = NkT$ und $\mathrm{d}\varrho/\varrho = \mathrm{d}N/N$ die Gleichung

$$\frac{\mathrm{d}}{\mathrm{d}t}\left(\frac{3}{2}NkT\right) - \frac{5}{2}kT\frac{\mathrm{d}N}{\mathrm{d}t} = \frac{3}{2}kN\frac{\mathrm{d}T}{\mathrm{d}t} - kT\frac{\mathrm{d}N}{\mathrm{d}t} = \Gamma - \Lambda . \tag{IV.106}$$

Bei vorgegebener Dichte ist dies eine Differentialgleichung für $T(t)$. Für konstanten Druck P_0 folgt hieraus beispielsweise mit $N = P_0/kT$ und $\Gamma - \Lambda < 0$ ein exponentieller Temperaturabfall mit $t_K = (5/2)P_0/|\Gamma - \Lambda| = (5/2)NkT/|\Gamma - \Lambda|$. Der Unterschied gegenüber (IV.105) im Zähler resultiert aus der vom Gas gewonnenen Arbeit.

Heizung des Gases: Zur Wärmezufuhr Γ können folgende Prozesse beitragen:

(1) *Photoionisation* neutraler Atome liefert freie Elektronen, die bei Stößen mit den übrigen Gaspartikeln einen Teil ihrer kinetischen Energie auf diese verteilen. Die Heizung der HII-Region erfolgt allein durch diesen Prozeß, wobei die Elektronen vorwiegend durch die Ionisation des Wasserstoffs geliefert werden. Die Energie eines Elektrons, das durch ein Photon der Frequenz ν abgelöst wurde, ist gleich dem Überschuß der dem vorliegenden Strahlungsfeld I_ν entnommenen Energie $h\nu$ gegenüber der Ionisationsenergie des neutralen Atoms $\chi_0 = h\nu_0$. Befinden sich die Atome in ihren Grundzuständen, so ergibt sich die durchschnittliche Energie der abgelösten Elektronen durch Mittelbildung mit den Anzahlen der bei den verschiedenen Frequenzen des Lyman-Kontinuums pro Längeneinheit absorbierten Photonen $\kappa_\nu^K I_\nu/h\nu$ als Gewichten:

$$\bar{E}_e = \frac{\int\limits_{\nu_0}^{\infty} h(\nu - \nu_0)\kappa_\nu^K I_\nu \mathrm{d}\nu/h\nu}{\int\limits_{\nu_0}^{\infty} \kappa_\nu^K I_\nu \mathrm{d}\nu/h\nu}. \tag{IV.107}$$

Die durch $\bar{E}_e = (3/2)kT_0$ definierte „Anfangstemperatur“ T_0 der erzeugten Elektronen ergibt sich bei Annahme verdünnter Planckscher Strahlung $I_\nu = W \cdot B_\nu(T_*)$ vom anregenden Stern mit der Oberflächentemperatur T_* näherungssweise zu $T_0 \approx (2/3)T_*$ (für $h\nu_0 > kT_*$)[1]. Die bevorzugte Schwächung der Sternstrahlung bei niedrigen Frequenzen ($\kappa_\nu^K \sim \nu^{-3}$) bewirkt, daß $\bar{E}_e$ mit wachsender Entfernung vom Stern einer höheren Frequenz entspricht und demgemäß zunimmt.

Im Ionisationsgleichgewicht muß auf jede Photoionisation eine Rekombination folgen, bei welcher die kinetische Energie eines freien Elektrons $m_e v^2/2$ wieder entnommen wird. Es ist zweckmäßig, diesen Energieverlust sogleich zu berücksichtigen, weil er in jedem Fall auftritt: Die Anzahl der Photoionisationen ist gleich der Anzahl aller Rekombinationen in die verschiedenen gebundenen Zustände $N_e N_1 \alpha_0 = N_e N_1 \Sigma v \sigma_{\varkappa n}(v)$ (s. Gln. IV.78 und 79) und der Nettobetrag der Wärmezufuhr ergibt sich durch Multiplikation dieser Zahl mit der Differenz $\bar{E}_e - (m_e v^2/2)$ nach Mittelung über alle Relativgeschwindigkeiten v (Maxwell-Verteilung). Wir schreiben dies in der Form („Netto-Heizrate“):

[1] Man setze $\kappa_\nu^K \sim \nu^{-3}$ und benutze die für $h\nu/kT_* \gg 1$ gültige Wiensche Näherung $B_\nu(T_*) \sim \nu^3 \exp(-h\nu/kT_*)$ (PSS I.2.2, vor Gl. I.8). Nach Einführung der neuen Integrationsvariablen $x = h\nu/kT_*$ folgt dann für $x_0 = h\nu_0/kT_* \gg 1$ unter Verwendung der entsprechenden Reihenentwicklung des Exponentialintegrals $\bar{E}_e \approx kT_*/[1-(1/x_0)] \approx kT_*$ (A. S. Eddington 1926).

$$\Gamma_{Ph} = N_e N_1 \left\{ \alpha_0 \bar{E}_e - \frac{1}{2} m_e \sum_n \overline{v^3 \sigma_{\varkappa n}(v)} \right\}. \qquad \text{(IV.108)}$$

(2) *Stoßionisation* neutraler Wasserstoffatome in den HI-Gebieten *durch Partikel der Kosmischen Strahlung.* Bezeichnet $\overline{\Delta E}$ den durchschnittlichen Energiegewinn des Gases pro erzeugtes freies Elektron, dann kann die Wärmezufuhr dargestellt werden durch

$$\Gamma_{KS} = N(\mathrm{HI}) \cdot C_{0,1} \cdot \overline{\Delta E}. \qquad \text{(IV.109)}$$

Hierin bezeichnet $N(\mathrm{HI})$ die Anzahldichte der neutralen H-Atome und $C_{0,1}$ die Ionisationsrate der H-Atome. Ein Wert für $\overline{\Delta E}$ ergibt sich aus folgender Betrachtung. Bei einem ionisierenden Stoß verliert ein Photon des wichtigen unteren MeV-Bereiches nur einen sehr kleinen Teil seiner Energie. Das abgelöste Elektron erhält etwa 20 bis 40 eV. In reinem Wasserstoff erzeugen diese primären Elektronen weitere Ionisationen und Anregungen mit nachfolgender Strahlungsemission bis ihre Energie unter die Anregungsenergie des zweiten Quantenzustandes von 10.2 eV gefallen ist. Die verbleibende Energie geht bei elastischen Stößen verloren. Genauere Rechnungen lieferten für $N(\mathrm{HI}) > 1\ \mathrm{cm}^{-3}$ für den Nettowärmegewinn pro ionisiertes H-Atom $\overline{\Delta E} \approx 3$ eV.

(3) *Photoeffekt an den Oberflächen der interstellaren Staubteilchen.* Durch Photonen der Sternstrahlung können Elektronen abgelöst werden, die einen Teil ihrer kinetischen Energie auf das vorhandene Gas übertragen und damit dessen thermische Energie erhöhen. Dieser Mechanismus der photoelektrischen Heizung scheint für das Wärmegleichgewicht der HI-Gebiete von wesentlicher Bedeutung zu sein, obgleich hier nur Strahlung mit $\lambda > 912$ Å zur Verfügung steht.

Die Zahl der Photonen mit der Frequenz ν, die pro Flächeneinheit aus einer bestimmten Richtung pro Raumwinkeleinheit auf die Oberfläche eines Staubteilchen treffen, ist gegeben durch $I_\nu/h\nu$. Die gesamte wirksame Teilchenfläche im Volumen 1 cm^3 ist für Strahlung einer bestimmten Richtung gleich $N_s \sigma_s Q_{abs}(\nu)$, wobei N_s die Anzahldichte, σ_s den geometrischen Querschnitt und $Q_{abs}(\nu)$ den Wirkungsfaktor der Staubteilchen bezeichnen (IV.3.1). Nicht jedes auftreffende Photon löst ein Elektron ab. Bei einer Elektronenausbeute (yield) y_e (= Bruchteil der tatsächlich abgelösten Elektronen) ist daher die Anzahl der durch Strahlung der Frequenz ν aus allen Richtungen pro Sekunde erzeugten freien Elektronen gleich $4\pi(I_\nu/h\nu) N_s \sigma_s \cdot Q_{abs}(\nu) y_e(\nu)$.

Man kann näherungsweise ansetzen $y_e = 0$ für $\lambda > 1100$ Å, $y_e = \bar{y}_e =$ const. für $\lambda = 912 \ldots 1100$ Å. Bezeichnet $\bar{E}_e$ die mittlere kinetische Energie eines Photoelektrons, das durch Strahlung dieses Wellenlängenbereichs abgelöst wurde, dann folgt für die Heizrate durch Photoeffekt

$$\Gamma_{PE} = 4\pi \int \frac{I_\nu}{h\nu} d\nu \cdot e^{-\bar{\tau}} \cdot N_s \sigma_s \cdot \bar{Q}_{abs} \bar{y}_e \bar{E}_e, \qquad \text{(IV.110)}$$

wobei das Integral von $\lambda = 912\,Å$ bis $\lambda = 1100\,Å$ zu erstrecken ist. Der Faktor $e^{-\bar{\tau}}$ ist dann nötig, wenn das betrachtete Volumen im Inneren einer Wolke in der optischen Tiefe $\bar{\tau}$ (für $\lambda \approx 1000\,Å$) liegt. Die kinetischen Energien von Photoelektronen $E_e(\nu)$ können im Laboratorium gemessen werden. Da das Material der interstellaren Partikel nicht sicher bekannt ist, liefern die vorliegenden Ergebnisse nur eine grobe Abschätzung. Als plausibler Mittelwert wurde für kleine Teilchen vorgeschlagen $\bar{E}_e = 5$ eV.

$N_s \sigma_s$ können wir mit Hilfe der Beziehungen (III.14), S. 193, und (IV.195), S. 406 mit $E_{B-V} = A_V/3$ und $Q_{ext}(V) \approx 0.5$ sowie $\mathfrak{N}_{\mathrm{H}} = N_{\mathrm{H}} r$ durch N_{H} ausdrücken:

$$N_s \sigma_s \approx 1 \cdot 10^{-21}\, N_{\mathrm{H}}. \qquad \text{(IV.111)}$$

Wählt man für I_ν das interstellare Strahlungsfeld der Sonnenumgebung (III.1.9), dann folgt aus (IV.110) (nach L. Spitzer):

$$\Gamma_{PE} \approx 2 \cdot 10^{-25}\, N_{\mathrm{H}} \cdot e^{-\bar{\tau}}\, \bar{y}_e\ [\mathrm{erg\,cm^{-3}\,s^{-1}}]\,. \qquad \text{(IV.112)}$$

Für Ultraviolettstrahlung mit $\lambda > 1100\,Å$ liegt die Elektronenausbeute $\bar{y}_e$ etwa bei 0.1; für sehr kleine Staubteilchen – Radien $< 100\,Å$ – kann $\bar{y}_e$ Werte nahe bei eins erreichen. Ein erheblicher Bruchteil des Staubes dürfte daher zur photoelektrischen Heizung des HI-Gases beitragen (s. dazu die Ausführungen über Teilchenmodelle in IV.3.2).

(4) *Auf den Oberflächen von Staubteilchen gebildete und in den Raum hinaus verdampfte H_2-Moleküle* können in analoger Weise wie Photoelektronen zur Heizung in den HI-Gebieten beitragen. Denn diese Moleküle erhalten einen Teil ihrer frei gewordenen Bindungsenergie (4.48 eV) als kinetische Energie – der andere Teil wird zur Überwindung der Bindung des entstandenen Moleküls an das feste Teilchen und darüber hinaus eventuell auch zur Anregung des Moleküls verwendet. Bei der Dissoziation von H_2 entstehende H-Atome tragen einen Betrag an kinetischer Energie von vergleichbarer Größe, der ebenfalls die thermische Energie des Gases erhöht. Abschätzungen lassen für die gewinnbare thermische Energie pro entstandenes H_2-Molekül ungefähr ein Zehntel der Bindungsenergie erwarten, also etwa 0.5 eV. Mit der Bildungsrate (IV.99) erhält man dann mit $v = \bar{v}$ nach Gl. (IV.27) zu $T = 100$ K und $A_s \gg A = 1$, $\gamma = 0.3$ und $N_s \sigma_s$ nach (IV.111):

$$\Gamma_{\mathrm{H}_2} \approx 2 \cdot 10^{-29}\, N_{\mathrm{H}} N(\mathrm{HI})\ [\mathrm{erg\,cm^{-3}\,s^{-1}}]. \qquad \text{(IV.113)}$$

(5) *Thermalisierung makroskopischer Bewegungen:* Die beobachteten Schwankungen der Geschwindigkeit des interstellaren Gases um die systematische Bewegung der galaktischen Rotation liegen meist oberhalb der Schallgeschwindigkeit (V.3.1, Tab. V.5), so daß die Ausbildung von Stoßwellen zu erwarten ist, in denen Energie der Translation zu thermischer Energie dissipiert wird. Bei Umwandlung der kinetischen Energie der makroskopischen Bewegung eines H-Atoms $m_{\mathrm{H}} v^2/2$ in thermische Energie $(3/2)kT$ würde beispielsweise im Fall $v = 8$ km s^{-1} eine Temperatur

$T = 2500$ K resultieren! Wir diskutieren diese Möglichkeit am Schluß dieses Abschnittes.

Kühlung des Gases: Wärmeverluste können durch folgende Prozesse entstehen:

(1) *Stoßanregung mit nachfolgender Strahlungsemission.* Unelastische Stöße zwischen den Gaspartikeln führen zur Anregung bestimmter Atome und Ionen ($n \to m$). Kehrt das Atom bzw. Ion in den Ausgangszustand zurück, unter Abstrahlung der dem „Stoßteilchen" entzogenen Energiedifferenz $E_m - E_n = h\nu$, dann muß dieser Energiebetrag als Verlust gebucht werden, wenn das Medium für die Frequenz ν optisch dünn ist. Bei der Berechnung des gesamten Energieverlustes ist jedoch die bei abregenden Stößen wieder an die Gaspartikel zurückgegebene Energie abzuziehen. Da wir annehmen können, daß sich im interstellaren Raum alle Atome bzw. Ionen in ihren Grundzuständen befinden, ergibt sich unter Verwendung der in IV.1.2 eingeführten und erläuterten Stoßraten:

$$\Lambda_{Stoß} = N' \sum_m (E_m - E_1)(N_{i,1} Q_{1m} - N_{i,m} Q_{m1}) . \qquad \text{(IV.114)}$$

N' bezeichnet die Anzahldichte der Stoßteilchen. Unelastische Stöße zwischen Elektronen und Ionen sind sowohl in HI- wie in HII-Gebieten der wichtigste Kühlprozeß. Ist die Dichte genügend hoch, so daß viele Moleküle vorhanden sind, dann spielen Anregungen von Rotationszuständen dieser Moleküle bei Stößen mit H_2 eine entsprechende Rolle. In diesem Fall muß gegebenenfalls berücksichtigt werden, daß die emittierte Strahlung nicht mehr direkt entweichen kann.

(2) *frei-frei-Strahlung der Elektronen* im ionisierten Bereich. Für diese gilt

$$\Lambda_{ff} = 4\pi\, \varepsilon_{ff} \qquad \text{(IV.115)}$$

gegeben durch (IV.56).

(3) *Stöße von Gaspartikeln mit festen Teilchen.* In hinreichend dichten Wolken mit hohem Staubanteil können Atome und Moleküle einen Teil ihrer thermischen Energie auf die Staubteilchen übertragen und diese dabei erwärmen. Die festen Teilchen geben andererseits Energie durch Strahlung im fernen Infrarot ab.

(4) *Wärmeleitung* kann für Temperaturen oberhalb von einigen 10^4 K das thermische Gleichgewicht beinflussen. Für die heiße Komponente des interstellaren Gases ist diese Art der Energieübertragung in den Grenzbereichen zu den kühlen Wolken wichtig.

Wärmegleichgewicht in HII-Regionen: Als Energiequelle dominiert die Photoionisation des Wasserstoffs durch die Strahlung eines heißen Sternes. Mit den Annahmen verdünnter Hohlraumstrahlung $I_\nu = W \cdot B_\nu(T_*)$ zur Farbtemperatur T_* des Sternes im UV sowie kontinuierlicher Absorption im Lyman-Kontinuum κ_ν^K(g-f) $\sim \nu^{-3}$ kann man zunächst $\bar{E}_e$ als Funktion von T_* berechnen. Das Ergebnis läßt sich in der Form $\bar{E}_e = kT_* \cdot \psi_0$ schreiben, wobei $\psi_0 = 0.98 \dots 0.87$ für $T_* = 4000$

... 30000 K. In Gl. (IV.108) ist nun $N_1 = N_p$ = Anzahldichte der Protonen und $\alpha_0 = \alpha_0^{(1)}$ = gesamter Rekombinationskoeffizient des Wasserstoffs nach Gl. (IV.82) einzusetzen. Nach Ausführung der gewichteten Mittelbildung im negativen Term des Ausdruckes (IV.108) mit der Maxwell-Verteilung (IV.21) und Einsetzen der Zahlenwerte der Konstanten ergibt sich (nach L. Spitzer)

$$\Gamma_{Ph} = \frac{2.9 \cdot 10^{-27} N_e N_p}{T^{1/2}} \{T_* \psi_0 \Phi_1(T) - T\Psi_1(T)\} . \qquad \text{(IV.116)}$$

Numerische Werte der Funktionen $\Phi_1(T)$ und $\Psi_1(T)$ sind in IV.2.1, Tabelle IV.5 enthalten. Ψ_1 ist bis auf einen Vorfaktor gleich der von $n = 1$ bis ∞ erstreckten Summe $\Sigma\ \overline{(v^3 \sigma_{\varkappa n})}$.

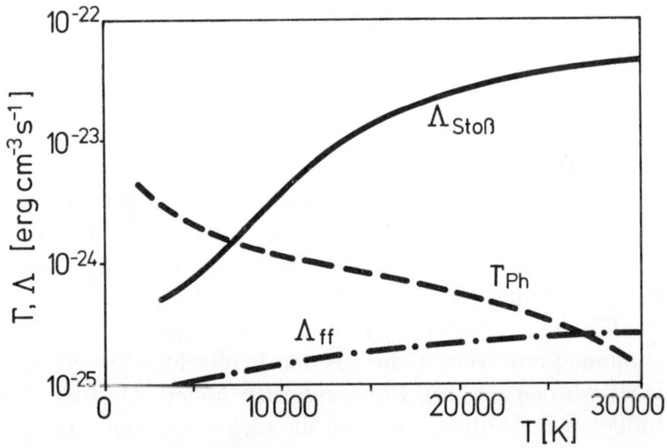

Abb. IV.8: Heiz- und Kühlraten für eine HII-Region mit $N_e = N_p = 1$, die durch einen Stern der Oberflächentemperatur $T_* = 32000$ K erzeugt wird, in Abhängigkeit von der Gastemperatur T. Für andere Werte von N_e und $N_p (\lesssim 10^2\ \mathrm{cm}^{-3})$ hat die Ordinatenskala die Bedeutung $\Gamma/N_e N_p$ bzw. $\Lambda/N_e N_p$ mit der Dimension erg cm^3 s^{-1}. Erläuterung im Text. (Nach L. Spitzer).

Das Resultat (IV.116) gilt streng genommen nur in der Nähe des Sternes. In der übrigen HII-Region liefern direkte Rekombinationen in den Grundzustand $n = 1$ ein zusätzliches diffuses Strahlungsfeld, das in (IV.107) zu berücksichtigen ist. Wünscht man nur Aussagen über die mittleren Verhältnisse der ganzen HII-Region, dann darf $\bar{E}_e$ als mittlerer Energiegewinn pro vom Stern emittiertes Photon ($h\nu > h\nu_0$) aufgefaßt werden – da jedes dieser Photonen irgendwo in der HII-Region absorbiert wird! Das heißt, in Gl. (IV.107) ist κ_ν^K wegzulassen. Setzt man nun $\bar{E}_e = kT_* \bar{\psi}$, dann ergeben sich für $T_* = 4000 \ldots 30000$ K die Werte $\bar{\psi} = 1.05 \ldots 1.34$. Wie bei der Ableitung von Gl. (IV.86) kann der Einfluß des diffusen Strahlungsfeldes nun einfach berücksichtigt werden, indem man Summationen in den Ausdrücken für Φ_1 und Ψ_1 mit $n = 2$ beginnt. Die erhaltenen Funktionen werden mit Φ_2 und Ψ_2 bezeichnet (Tabelle IV.5). Als *Beispiel* ist in Abb. IV.8 der für $T_* = 32000$ K resultierende Verlauf der Heizrate $\Gamma_{Ph}/N_e N_p$ in Abhängigkeit von T dargestellt. Im Fall reinen Wasserstoffs würde dieser Energiezufuhr allein der Energieverlust durch frei-frei-Strahlung $\Lambda_{ff}/N_e N_p$ gegenüberstehen, dessen Verlauf ebenfalls in Abb. IV.8 aufgetragen ist. Wie man sieht, ergäbe sich dann das Wärmegleichgewicht $\Gamma_{Ph} = \Lambda_{ff}$ für die relativ hohe Temperatur $T_G \approx 27000$ K.

In den wirklichen HII-Regionen ist der Verlust kinetischer Energie durch Elektronenstoßanregung von Ionen der Elemente N, O, Ne der entscheidende Effekt, er ist groß gegen Λ_{ff} und bewirkt eine Kühlung bis auf Temperaturen unter 10000 K (IV.2.4). Angeregt werden einerseits tiefliegende Feinstrukturniveaus innerhalb des Grundterms ($\Delta E \lesssim 0.1$ eV), andererseits – durch die Elektronen im „Schwanz" der Maxwell-Verteilung – Terme oberhalb des Grundterms mit Anregungsenergien bei 2 bis 5 eV, wofür der Ausgangszustand der grünen Nebellinien des O^{++}-Ions ($^1D_2$) ein Beispiel ist (s. IV.1.2, nach Gl. IV.31). Die dem Elektronengas so entzogene Energie wird in Form verbotener Linien im sichtbaren und im infraroten Spektralbereich abgestrahlt (III.2.1) und geht damit der HII-Region verloren.

Für niedrige Dichten $N_p \approx N_e \lesssim 10^2\ \mathrm{cm}^{-3}$ folgt praktisch auf jede Stoßanregung die Emission eines Photons und abregende Stöße können vernachlässigt werden. Wegen $N_{i,1} = N_p$ und $N' = N_e$ ist daher nach (IV.114) $\Lambda_{Sto\beta} \sim N_e N_p$. Die für diesen Fall unter der Annahme normaler Häufigkeiten der berücksichtigen Elemente O, N und Ne berechnete Verlustrate $\Lambda_{Sto\beta}/N_e N_p$ ist in Abb. IV.8 eingetragen. Als Gleichgewichtstemperatur erhält man damit $T_G \approx 7500$ K in guter Übereinstimmung mit Werten, die aus den Beobachtungen typischer HII-Regionen abgeleitet wurden (IV.2.4). Für wesentlich höhere Dichten gewinnen die abregenden Stöße an Bedeutung, wodurch die rechte Klammer im Ausdruck (IV.114) kleiner wird, demzufolge $\Lambda_{Sto\beta}$ schwächer als proportional zu N_p anwächst und somit T_G etwas größer ausfällt.

Für eine grobe Abschätzung der *Kühlzeit t_K einer HII-Region* fragen wir nach der Dauer der Abkühlung von $T = 10000$ K auf $T_G = 7500$ K. Für $T = 10000$ K entnimmt man aus Abb. IV.8 eine Energieverlustrate $|\Gamma_{Ph} - \Lambda_{Sto\beta}| \approx 3 \cdot 10^{-24}\ N_p^2$. Damit liefert (IV.105)

$$t_K \approx \frac{2 \cdot 10^4}{N_p}\,[\text{Jahre}]\,. \tag{IV.117}$$

In normalen HII-Regionen mit $N_p \approx 10^2 \ldots 10^3\ \mathrm{cm}^{-3}$ stellt sich also das Wärmegleichgewicht sehr rasch ein. Die Rekombination des ionisierten Wasserstoffs erfordert andererseits (für $T \approx 10^4$ K mit $\alpha_0 = \alpha_0^{(2)}$ nach Gl. IV.82) eine Zeit der Größenordnung

$$t_R = \frac{1}{R_{1,0}} = \frac{1}{N_e \cdot \alpha_0} \approx \frac{10^5}{N_e} \approx \frac{10^5}{N_p}\,[\text{Jahre}]\,, \tag{IV.118}$$

die wesentlich länger ist als t_K. Nach dem „Verlöschen" des ionisierenden Sternes kühlt die betrachtete statische Modell-HII-Region noch vor der Rekombination ab, es verbleibt eine „fossile" kühle HII-Region.

Wärmegleichgewicht im HI-Gebiet: Entscheidender Unterschied gegenüber den HII-Regionen ist ein sehr viel kleinerer Wert der Energiezufuhr Γ, während die Kühlfunktion $\Lambda(T)$ ungefähr denselben Verlauf besitzt. Deshalb resultiert eine relativ niedrige Gleichgewichtstemperatur. Beiträge zu Λ_{Ph} ergeben zunächst die Ionisationen von Elementen mit $\chi_0 < 13.6$ eV durch Strahlung mit $\lambda > 912$ Å. Man erhält etwa $\bar{E}_e = 2$ eV $\approx 3 \cdot 10^{-12}$ erg, und dieser Wert ist bei Temperaturen $T \approx 10^2$ K und $N_{\mathrm{H}} < 10^2$ cm^{-3} groß gegenüber $m_e\, \overline{v^2}/2 \approx kT$, so daß in (IV.108) der zweite Term wegfällt und somit gilt: $\Gamma_{Ph}(\lambda > 912\,\text{Å}) \approx 4 \cdot 10^{-4}\, N_e N_{\mathrm{H}} \cdot \bar{\alpha}_0\, \bar{E}_e$. Dabei berücksichtigt der Vorfaktor die geringe (normale) Häufigkeit der beitragenden Elemente (C, Si, Fe usw.) gegenüber dem Wasserstoff und $\bar{\alpha}_0$ bezeichnet einen mittleren Näherungswert von $\alpha_0 = \alpha_0^{(2)}$ nach Gl. (IV.82) zu $Z = 1$ für diese Elemente – für C^+, das wichtigste Ion, ist die Schale mit $n = 1$ besetzt, so daß nur Rekombinationslinien nach $n \geqq 2$ auftreten. Man erhält

$$\Gamma_{Ph}(\lambda > 912) \approx 2 \cdot 10^{-26} \cdot T^{-1/2}\Phi_2(T) \cdot x \cdot N_{\mathrm{H}}^2\ [\mathrm{erg\,cm^{-3}\,s^{-1}}]\,, \qquad \text{(IV.119)}$$

wobei die relative Elektronendichte $x = N_e/N_{\mathrm{H}}$ eingeführt ist.

Weitere Beiträge zu Γ_{Ph} liefern Ionisationen, vor allem des Wasserstoffs, durch die diffuse kosmische Röntgenstrahlung. Eine Wärmequelle derselben Größenordnung ist die Stoßionisation interstellarer Atome durch Kosmische Strahlung. Für die Abschätzung der Größenordnung genügt es, diesen Beitrag nach (IV.109) allein für Wasserstoff mit $\overline{\Delta E} \approx 3$ eV $\approx 5 \cdot 10^{-12}$ erg zu berechnen. Mit $C_{0,1} = 10^{-17}\,\mathrm{s^{-1}}$ folgt

$$\Gamma_{KS} \approx 5 \cdot 10^{-29}\, N_{\mathrm{H}}\ [\mathrm{erg\,cm^{-3}\,s^{-1}}]. \qquad \text{(IV.120)}$$

Die Heizrate durch Photoeffekt an Staubteilchen liegt um Größenordnungen höher. Mit der Wahl von $\bar{y}_e = 0.3$ und $\bar{\tau} = 0.3$, entsprechend $\tau(V) \approx 0.1$, liefert (IV.112)

$$\Gamma_{PE} \approx 4 \cdot 10^{-26}\, N_{\mathrm{H}}\,. \qquad \text{(IV.121)}$$

Erst für $N_{\mathrm{H}} \approx 10^3$ cm^{-3} erreicht auch die Rate der Heizung durch H_2-Molekülbildung Γ_{H_2} dieselbe Größenordnung wie Γ_{PE}.

Die Kühlrate besteht in HI-Wolken niedriger Dichte allein aus $\Lambda_{Stoß}$. Weil die Wirkungsquerschnitte für die Stoßanregung neutraler Atome kleiner sind als für die Ionen, ergeben sich für die überwiegend neutralen Elemente O, N und Ne niedrigere Beiträge zu $\Lambda_{Stoß}$. Andererseits ist die relative Dichte der einfachen Ionen des Kohlenstoffs – des häufigsten der Elemente mit Ionisierungsenergien > 13.6 eV – praktisch dieselbe wie in HII-Gebieten (IV.2.1), so daß Anregungen von C^+, neben Si^+, Fe^+ u. a., durch Stöße mit neutralen H-Atomen und Elektronen angenommen werden darf. Es ergibt sich, daß bei Temperaturen unterhalb von 100 K die Stoßanregung von C^+ dominiert, und für $T > 100$ K Si^+ und Fe^+

zusätzlich wirksam werden; bei hinreichend hohen Dichten (und niedrigen Temperaturen) wird die Anregung von H_2-Molekülen wichtig. Da $\Lambda_{Stoß}$ den Elementhäufigkeiten direkt proportional ist, bewirken Unterhäufigkeiten, wie sie für C in diffusen Wolken gefunden wurden (IV.2.5), eine entsprechende Verkleinerung der Kühlraten.

Beispiele von Resultaten für die Kühlfunktion $\Lambda_{Stoß}(T)/N_{\mathrm{H}}^2$ für verschiedene Werte der relativen Elektronendichte $x = N_e/N_{\mathrm{H}}$ in HI-Bereichen zeigt Abb. IV.9. Für $x < 10^{-3}$ spielen nur noch Stöße durch neutrale H-Atome eine Rolle. Außerdem sind eingezeichnet: die Heizfunktion $\Gamma_{Ph}/N_{\mathrm{H}}^2$ durch Sternstrahlung mit $\lambda > 912$ Å für $x = 10^{-2}$ und die konstanten Werte der Heizraten durch die Kosmische Strahlung $\Gamma_{KS}/N_{\mathrm{H}}^2 = 5 \cdot 10^{-29}/N_{\mathrm{H}}$ und durch Photoeffekt $\Gamma_{PE}/N_{\mathrm{H}}^2 = 4 \cdot 10^{-26}/N_{\mathrm{H}}$ für $N_{\mathrm{H}} = 1$ cm^{-3} bzw. $N_{\mathrm{H}} = 3$ und 30 cm^{-3}.

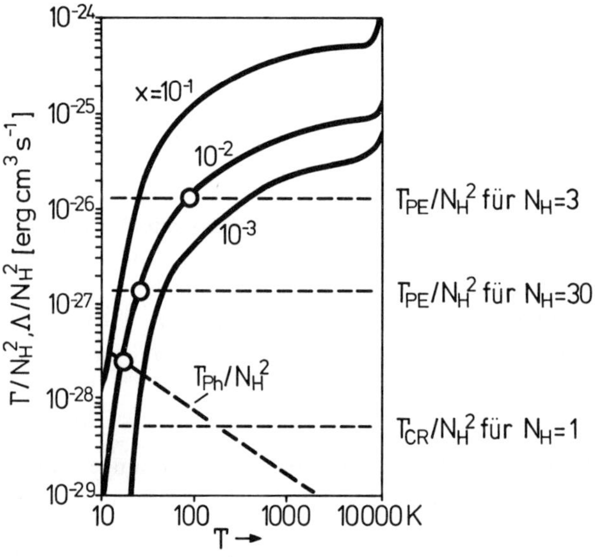

Abb. IV.9: Kühlraten Λ/N_{H}^2 für den HI-Bereich in Abhängigkeit von der Gastemperatur T für drei verschiedene Werte der relativen Elektronendichte $x = N_e/N_{\mathrm{H}}$ (ausgezogene Kurven). Zum Vergleich sind die im Text erläuterten Heizraten durch „langwellige" Sternstrahlung $\Gamma_{Ph}/N_{\mathrm{H}}^2$, durch Kosmische Strahlung $\Gamma_{KS}/N_{\mathrm{H}}^2$ und durch Photoeffekt an festen Teilchen $\Gamma_{PE}/N_{\mathrm{H}}^2$ eingezeichnet (gestrichelt).

Wie man sieht, würde die Heizung durch Sternstrahlung allein auf eine sehr niedrige Gleichgewichtstemperatur führen, nämlich $T_G \approx 16$ K. Wegen $\Gamma_{KS}/N_{\mathrm{H}}^2 \sim 1/N_{\mathrm{H}}$ kann auch die Heizung durch Kosmische Strahlung nur für sehr kleine Dichten höhere Temperaturen ergeben. Obgleich für $N_{\mathrm{H}} \lesssim 0.1$ cm^{-3} auch der Energiegewinn pro erzeugtes Elektron $\overline{\Delta E}$ höher zu erwarten ist, wäre jedoch eine Deutung der Temperatur des beobachteten warmen HI-Gases von einigen 10^3 K (s. IV.4.2) allein auf diesem Wege kaum möglich. Seit der Entdeckung der weit verbreiteten, heißen Gaskomponente liegt die Annahme nahe, daß das warme Gas in den äußeren Bereichen der kalten Wolken lokalisiert ist. Diese Übergangsschichten können durch Photonen der diffusen weichen Röntgenstrahlung geheizt werden, die ihren Ursprung im heißen Gas hat. Die Röntgenstrahlung ionisiert dabei nur einen kleinen Teil der Wasserstoffatome.

Die Heizrate durch Photoeffekt an Staubteilchen in typischen kleinen diffusen Wolken mit $N_{\mathrm{H}} \approx 30\ \mathrm{cm}^{-3}$ liegt um eine Größenordnung höher als $\Gamma_{Ph}/N_{\mathrm{H}}^2$. Wegen des steilen Anstiegs der Kühlungskurven erhält man zwar für $x = 10^{-2}$ noch immer eine niedrige Gleichgewichtstemperatur, $T_G \approx 24$ K; eine mit den Beobachtungen verträgliche Unterhäufigkeit von C um einen Faktor 0.1 würde jedoch alle Kühlkurven entsprechend nach unten verschieben. Die resultierende Temperatur entspricht dann dem Schnittpunkt der Kühlkurve mit $\Gamma_{PE}/N_{\mathrm{H}}^2$ für $N_{\mathrm{H}} = 3\ \mathrm{cm}^{-3}$ und liegt bei $T_G \approx 80$ K, in guter Übereinstimmung mit den aus Beobachtungen abgeleiteten Werten (IV.4.2). Bei niedrigen Dichten ist die Heizung durch Photoeffekt beträchtlich weniger wirksam – unter anderem wegen der höheren positiven Aufladung der Staubteilchen.

Für die *Kühlzeit der warmen Komponente des HI-Gases* liefert Gl. (IV.105) beispielsweise zu $T = 1\,000$ K als Ausgangstemperatur – wofür nach der mittleren Kühlkurve der Abb. IV.9 größenordnungsgemäß gilt $|\Gamma - \Lambda| \approx 5 \cdot 10^{-26}\ N_{\mathrm{H}}^2$ – das Resultat

$$t_K \approx \frac{10^5}{N_{\mathrm{H}}}\ \text{Jahre}\,. \qquad \text{(IV.122)}$$

Bei gleicher Dichte liegt dieser Wert höher als in HII-Regionen.

Zustandsänderungen und Zwei-Phasen-Modell des HI-Gases: Die dargelegte statische Theorie der Heizung des interstellaren Gases ermöglicht bei Annahme einer relativ hohen Heizrate der Größenordnung $\Gamma \approx 10^{-26}\ \mathrm{erg\ cm^{-3}\ s^{-1}}$ eine einfache Erklärung des Auftretens kalter HI-Wolken und eines „warmen" HI-Gases (s. IV.4.2) nebeneinander. Durch Elimination der Elektronendichte in der Bedingung des Wärmegleichgewichtes

$$\Gamma(N_{\mathrm{H}}, N_e, T_G) = \Lambda(N_{\mathrm{H}}, N_e, T_G)$$

mit Hilfe der Gln. (IV.96), S. 329, kann die Gleichgewichtstemperatur T_G in Abhängigkeit von N_{H} oder der gesamten Anzahldichte der Atome $N \approx N_{\mathrm{H}} + N_{\mathrm{He}} \approx 1.1\ N_{\mathrm{H}}$ ermittelt werden. Das Ergebnis ist qualitativ in Abb. IV.10a dargestellt. Hieran ist vor allem bemerkenswert, daß sich für Dichten $N \gtrsim 1\ \mathrm{cm}^{-3}$ kinetische Temperaturen $T_G \lesssim 10^2$ K ergeben, während bei Dichten unterhalb von etwa 0.3 cm^{-3} relativ hohe Gleichgewichtswerte $T_G \approx 10^4$ K resultieren. Der starke Abfall der kinetischen Temperatur mit wachsendem $N > 0.3\ \mathrm{cm}^{-3}$ ist eine Folge der dort etwa proportional zu N^2 zunehmenden Effektivität der Kühlmechanismen, während $\Gamma \sim N$.

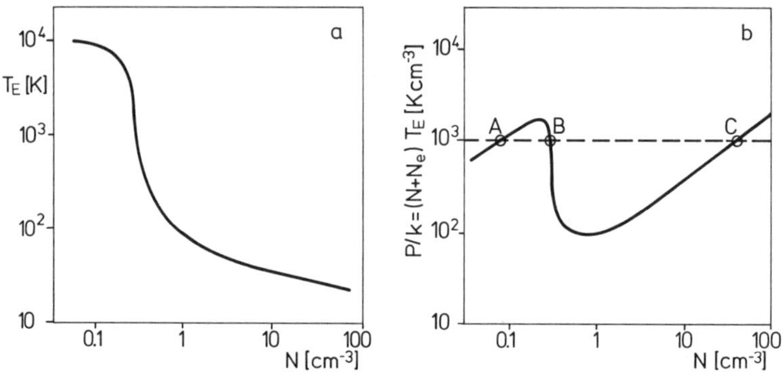

Abb. IV.10: (a) Gleichgewichtstemperatur T_G des HI-Gases in Abhängigkeit von der gesamten Anzahldichte der Atome N. (b) Gasdruck $P/k = (N + N_e)\,T_G$ in der Einheit K cm^{-3} für den Fall des Wärmegleichgewichtes in Abhängigkeit von N. Erläuterung im Text.

Betrachtet man auch noch in den Abb. IV.10b aufgetragenen Verlauf des entsprechenden gesamten Gasdruckes $P = (N + N_e)kT_G \approx NkT_G$ mit variablem N, dann liegt die folgende Überlegung nahe: Wir gehen von einem dünnen Gas aus mit $N \lesssim 0.1$ cm^{-3}, das sich nach Abb. IV.10a im Wärmegleichgewicht bei $T_G \approx 10^4$ K befindet. Eine hinreichend langsame Kompression des Gases auf höhere Dichten, bei der sich stets das Wärmegleichgewicht erneut einstellen kann, führt nach dem Überschreiten von $N \approx 0.3$ cm^{-3} trotz Dichtezunahme zu einem kräftigen Druckabfall, weil nun die Temperatur sehr steil abfällt. Erst für $N > 1$ cm^{-3} sinkt T_G mit wachsendem N so langsam, daß P wieder ansteigt. Bei Dichten in der Umgebung von 0.3 cm^{-3} und Temperaturen von einigen 10^2 bis zu einigen 10^3 K würde somit jede Kompression des Gases zur Abkühlung und Verdichtung führen.

Man kann hiernach zwei stabile Phasen des neutralen Gases erwarten mit $N < 0.3$ cm^{-3} und $T \approx 10^4$ K bzw. $N > 1$ cm^{-3} und $T \lesssim 10^2$ K, zwischen denen ein Übergangsbereich liegt mit abnehmendem Druck trotz Dichteanstieg, d.h. in dem das Gas thermisch instabil ist. Identifiziert man die warme Phase mit einem dünnen Zwischen-Wolken-Medium, das mit den Wolken im hydrostatischen Gleichgewicht steht (Punkt A und C in Abb.10b), dann läßt sich die Bildung typischer HI-Wolken in den Spiralarmgebieten einfach als Folge des Durchgangs einer Kompressionswelle durch das warme Zwischen-Wolken-Gas deuten, wie sie von der Dichtewellentheorie der Spiralstruktur (V.2) angenommen wird.

Gibt man einen kurzzeitig ansteigenden und wieder abfallenden Druckverlauf $P(t)$ vor, dann läßt sich der zugehörige Temperaturverlauf $T(t)$ für quasistatische Änderungen durch Integration der Gleichung (IV.106) mit $N = P/kT$ gewinnen. Numerische Rechnungen liefern zu Ausgangsdichten $N \approx 0.1$ cm^{-3} Abkühlungszeiten $t_K \approx 10^6$ Jahre, in qualitativer Übereinstimmung mit unserer Abschätzung (IV.122).

Die Bildung interstellarer Wolken durch thermische Instabilität würde also nur etwa 10^6 Jahre erfordern.

Nichtstatische Theorie der Heizung des interstellaren Gases, Heiße Komponente: Die quasi-statische Interpretation der in den Bereichen mit überwiegend neutralem Wasserstoff beobachteten Temperaturen ignoriert das Auftreten von relativ kurzfristigen, aber sehr ergiebigen Energiequellen: Beobachtungen von Komponenten der interstellaren Absorptionslinien in Sternspektren (III.1.4) und der 21cm-Linie (III.1.5) mit Geschwindigkeiten gegenüber der galaktischen Rotationsbewegung > 20 km s^{-1}, also weit oberhalb der normalen Pekuliargeschwindigkeiten, legen die Annahme nahe, daß das interstellare Gas gelegentlich von Verdichtungswellen mit Ausbreitungsgeschwindigkeiten dieser Größe durchpflügt wird. Während die thermische Expansion von HII-Regionen in größeren Abständen kaum noch so hohe Geschwindigkeiten erreichen kann, sollte dies bei Supernova-Explosionen (V.3.3) und eventuell auch bei starken Sternwinden von massereichen frühen Sterntypen möglich zu sein. In einigen Fällen kann tatsächlich ein weit verzweigtes System solcher Stoßfronten beobachtet werden, das wahrscheinlich durch mehrere Supernovae verursacht wird (s. Abb. III.33). In diesen Hochgeschwindigkeits-Stoßfronten ist die Umsetzung von mechanischer in thermische Energie außerordentlich groß, so daß Temperaturen der Größenordnung 10^6 K auftreten müssen (V.3.3), insbesondere auch in dem dünnen Gas des nahezu leergefegten Gebietes hinter der Stoßfront. Damit lassen sich die Beobachtungen lokal verstärkter diffuser weicher Röntgenstrahlung (III.1.9) sowie interstellarer Absorptionslinien hochionisierter Atome (O VI-Linien: III.1.4) zwanglos erklären, und es bietet sich ein – zeitlich variabler – Heizmechanismus an.

Wir werden damit zu einer alternativen nichtstatischen Modellvorstellung vom thermodynamischen Zustand des interstellaren Gases außerhalb der dichten Wolken geführt: In zeitlichen Abständen, die größer sind als die Rekombinationszeit (Gl. IV.118), findet eine lokale Aufheizung durch die Explosionswelle einer Supernova statt – bei einer Geschwindigkeit von 20 km s^{-1} legt die Stoßfront bereits in $5 \cdot 10^4$ Jahren die Strecke von 1 pc zurück! Danach kühlt sich das ionisierte heiße Gas langsam ab und rekombiniert schließlich. Hierbei erfolgt die Kühlung für sehr hohe Temperaturen $T \gtrsim 3 \cdot 10^7$ K vorwiegend durch Bremsstrahlung $\Lambda \approx \Lambda_{ff}$ nach Gl. (IV.56). Im Temperaturbereich $T \approx 10^5 \dots 3 \cdot 10^7$ K dominiert die Stoßanregung von Ionen mit nachfolgender Linienemission im UV- und Röntgenbereich und es gilt angenähert (nach Raymond, Cox und Smith 1976)

$$\frac{\Lambda_{Stoß}}{NN_e} \approx 1.6 \cdot 10^{-22} \left(\frac{T}{10^6}\right)^{-0.6} [\text{erg cm}^3 \text{ s}^{-1}] . \tag{IV.123}$$

Bei $T = 1 \cdot 10^4$ K fällt dann $\Lambda_{Stoß}$ nach niedrigeren Temperaturen hin sprunghaft auf die in Gl. (IV.117) zugrunde gelegten, um zwei bis drei Größenordnungen kleineren Werte ab (Wegfall der Stoßanregung von H). Die Abkühlung vollzieht sich daher in den verschiedenen durchlaufenen Temperaturbereichen mit unterschiedlicher Geschwindigkeit. Die Kühlzeit von einer beliebigen Ausgangstemperatur T_1 bis zu der wesentlich niedrigeren Temperatur T_2

$$t_K \approx \frac{(3/2)Nk(T_1 - T_2)}{\Lambda(T)} \approx \frac{(3/2)NkT_1}{\Lambda(T)} \tag{IV.124}$$

beträgt zwischen $T_1 \approx 10^7$ K und $T_2 \approx 10^6$ K rund $10^6/N_e$ Jahre, zwischen 10^6 K und 10^5 K nur etwa $4 \cdot 10^3/N_e$ Jahre und in der letzten Phase zwischen 10^4 K und 10^2 K größenordnungsmäßig einige $10^5/N_e$ Jahre.

In einem hinreichend großen Raumgebiet ist hiernach nebeneinander interstellares Gas aller möglichen Temperaturen, mit Häufigkeiten etwa proportional zu den jeweils relevanten Kühlzeiten, zu erwarten. Heißes ionisiertes Gas mit $T \approx 10^6$ K und ebenso teilweise rekombiniertes „warmes" oder bereits kaltes Gas mit $T \approx 10^2 \ldots 10^4$ K sollte relativ weit verbreitet sein, was in großen Zügen den Beobachtungsergebnissen entspricht. Daß auch Gas im Temperaturbereich $2 \cdot 10^4 \ldots 10^5$ K vorhanden ist, geht aus dem Nachweis von Absorptionslinien beispielsweise von Si III, Si IV, C II, C III und N II im Ultraviolett hervor (unter anderem durch Beobachtungen mit dem amerikanisch-europäischen Satelliten „International Ultraviolett Explorer", IUE). Die quantitative Diskussion erfordert detaillierte räumliche und zeitliche Modelle der Struktur des interstellaren Mediums. Auf einen Versuch eines globalen Modells, dem unter anderem die Annahme der Heizung durch Explosionswellen von Supernovae zugrunde liegt, wird in V.3.2 kurz eingegangen.

2.4 Zustand von Molekülwolken und HII-Regionen

Die innere Struktur der dichten kalten Wolken, insbesondere der Verlauf der verschiedenen physikalischen Zustandsgrößen, ist bisher nur in großen Zügen bekannt. Ähnlich ist die Situation bezüglich der kompakten HII-Regionen, die stets bestimmten Molekülwolken zugeordnet werden können, und selbst der Aufbau normaler „entwickelter" HII-Regionen ist im Detail noch nicht völlig geklärt (s. auch V.3.3). Wir beschränken uns deshalb hier überwiegend auf die Charakterisierung dieser wichtigen interstellaren Objekte durch mittlere Zustandsparameter und befinden uns damit in einem der Grobanalyse von Sternatmosphären entsprechenden Stadium der Theorie.

Zustandsparameter von Molekülwolken: Bei der Ableitung von **Säulendichten** der CO-Moleküle

$$\mathfrak{N}(\mathrm{CO}) = \int N(\mathrm{CO})\mathrm{d}r = \bar{N}(\mathrm{CO}) \cdot l$$

aus den Intensitäten der 2.6 mm-Linie wird für die Dichte des molekularen Wasserstoffs häufig angenommen $N(H_2) \gtrsim 1 \cdot 10^4\ \mathrm{cm}^{-3}$, weil sich dann nach den Diskussionen in IV.1.2, im Anschluß an die Gln. (IV.35) und (IV.52), besonders einfache

Zusammenhänge ergeben (LTE). Ob die H_2-Dichte in den Molekülwolken diese Bedingung erfüllt und wie groß sie tatsächlich ist, läßt sich erst durch eine Interpretation von Moleküllinienbeobachtungen beantworten, die nicht von vornherein LTE voraussetzt, sondern von einer simultanen Lösung der statistischen Gleichungen und der Strahlungstransportgleichung ausgeht (IV.1.2). Man erhält damit Aussagen über die Säulendichten der im Mikrowellenbereich beobachteten Moleküle *und* über die Dichten der als Stoßpartner auftretenden H_2-Moleküle.

Die hierbei benötigten kinetischen Temperaturen T können näherungsweise gleich den Maximalwerten der Strahlungstemperaturen T_s^* in den Profilen der 2.6 mm-Linie des CO (= $^{12}C^{16}O$), $J = 1 \rightarrow 0$, gesetzt werden: In III.2.8 wurden bereits zwei Argumente dafür angeführt, daß die typischen Molekülwolken in dieser Linie optisch dick sind. Dies wird beispielweise auch durch die Beobachtung bestätigt, daß die CO-Linien $J = 2 \rightarrow 1$ und $J = 1 \rightarrow 0$ in der Regel bis nahe an den Rand einer Wolke etwa gleiche Intensitäten besitzen, während im optisch dünnen Fall die Intensität der $2 \rightarrow 1$-Linie ein mehrfaches der Intensität der $1 \rightarrow 0$-Linie betragen sollte – das Verhältnis hängt dabei etwas von der Temperatur ab.

Das Strahlungstransportproblem erhält eine neue Dimension durch die Beobachtungstatsache, daß die Breiten der Moleküllinien kompakter Wolken stets ein mehrfaches – teilweise mehr als das Zehnfache – der thermischen Dopplerbreite betragen (III.2.8): Damit kommt die Kinematik der Molekülwolken ins Spiel. Zur *Deutung der Linienverbreiterung* sind folgende Möglichkeiten diskutiert worden:

(1) systematische Kontraktionsbewegung der ganzen Wolke mit einem radialen Geschwindigkeitsverlauf der Form

$$V(r) = ar^{\alpha},$$

wobei r den Abstand vom Zentrum der kugelförmig angenommenen Wolke bezeichnet.

(2) Rotation der ganzen Wolke.

(3) Unregelmäßige Bewegungen in der Wolke, die formal als Mikroturbulenz (PSS IV.1.8) behandelt werden können: Gauß-Profil des Absorptions- bzw. Emissionskoeffizienten mit der Geschwindigkeitsstreuung

$$\sigma_v = \sqrt{\frac{\Re T}{\mu} + \xi_t^2}$$

($\Re$ = Gaskonstante, μ = Molekulargewicht und ξ_t = „Turbulenzgeschwindigkeit").

(4) Zusammensetzung der Wolke aus kleinen Kondensationen mit individuellen Bewegungen, also eine komplexe „klumpige" Struktur.

In einer gravitationsinstabilen Molekülwolke sind auch bei ursprünglich homogener Struktur die beiden Bewegungstypen (1) und (3) zu erwarten: große, einwärts gerichtete Geschwindigkeiten infolge des Kollapses und Strömungen turbulenten Charakters, weil die auftretenden Geschwindigkeiten, vor allem im inneren Bereich, die Schallgeschwindigkeit übertreffen (Ausbildung und Dissipation von Stoßwellen usw.). In den Fällen (1) und (2) hat man im Prinzip die gleiche Situation wie bei der 21 cm-Linienstrahlung der differentiell rotierenden galaktischen Scheibe (III.1.5): Ein bestimmter schmaler Teil des Linienprofils wird durch einen eng begrenzten Bereich der Wolke erzeugt. In allen Fällen bewirkt die Linienverbreiterung, daß die optischen Tiefen beträchtlich herabgesetzt werden. Daher können mit den meisten beobachteten Linien auch die Kerne der Molekülwolken erfaßt werden, und es wird verständlich, warum in den optisch dicken CO-Linien oft keine Selbstabsorption beobachtet wird. Auch in den CO-Linien „sieht" man also verhältnismäßig tief in die Wolken hinein, so daß die Konturenkarten der Strahlungstemperatur T_s(CO) in erster Näherung die radiale Variation der kinetischen Temperatur in der Wolke widerspiegeln. Kleinräumige Strukturen (Fall 4) sind durch neuere Beobachtungen mit sehr hoher Auflösung nachgewiesen worden.

Als Beispiel für die Ableitung der Dichten in Molekülwolken wählen wir eine Untersuchung der Linien des Kohlenmonosulfid CS. Dieses Molekül besitzt ein wesentlich größeres Dipolmoment als CO ($\mu = 2.0$ gegenüber $\mu = 0.1$) und damit entsprechend große spontane Emissionswahrscheinlichkeiten A_{nm} für die drei beobachteten Übergänge $J = 3 \rightarrow 2$, $J = 2 \rightarrow 1$ und $J = 1 \rightarrow 0$. Die absolute Linienstärke ist dann besonders empfindlich von Dichteänderungen abhängig, wie aus der Diskussion im Anschluß an Gl. (IV.52) für das einfache Zwei-Niveau-System hervorgeht: Wenn die Stoßabregungen dominieren, ist $I_{nm}^L \sim A_{nm} \cdot N_m \cdot l$, während bei Überwiegen der Strahlungsabregungen I_{nm}^L dem Dichtequadrat proportional ist.

Für die Anregung der Ausgangsniveaus kommen im wesentlichen Stöße mit H_2-Molekülen und – anteilmäßig – mit Helium in Betracht. Geladene Teilchen besitzen zwar sehr viel größere Wirkungsquerschnitte als diese neutralen Gasteilchen, die hier wegen ihrer hohen Geschwindigkeiten in erster Linie zu diskutierenden Elektronen sind jedoch in den Molekülwolken nicht häufig genug (s. IV.2.1), um einen merklichen Beitrag zu liefern. Für den Übergang CS, $J = 1 \rightarrow 0$ gilt $A_{10} \approx 2 \cdot 10^{-6}\ \mathrm{s}^{-1}$ und (für $T \approx 30$ K) $Q_{10}(\mathrm{CS-H_2}) \approx 4 \cdot 10^{-11}\ \mathrm{cm}^3\ \mathrm{s}^{-1}$, so daß die Bedingung $N'Q_{10}/A_{10} \gg 1$ hohe Dichten $N' = N(H_2) \gg 2 \cdot 10^5\ \mathrm{cm}^{-3}$ erfordert. Um auch Bereiche mit Dichten der Größenordnung $10^4\ \mathrm{cm}^{-3}$ einbeziehen zu können, darf daher bei der Berechnung der Besetzungsverhältnisse die Anregungstemperatur nicht von vornherein gleich der kinetischen Temperatur gesetzt werden (s. IV.1.2, Gl. IV.32ff). Die im folgenden besprochenen Ergebnisse basieren auf Lösungen der statistischen Gleichungen für die unteren zehn Energieniveaus des CS-Moleküls.

Abb. IV.11 zeigt als Beispiel Ergebnisse von Modellrechnungen für den Fall reiner Kontraktionsbewegung mit $V(r) \sim r$, also $\alpha = 1$, für konstante kinetische Temperatur $T = 40$ K: Zu vorgegebenen Werten der H_2-Dichte und der kombinierten

Größe $[N(\mathrm{CS})/N(\mathrm{H_2})] \cdot (\mathrm{d}V/\mathrm{d}r)^{-1}$ wurden die maximale Antennentemperatur T_A^* in der Linie CS, $J = 2 \rightarrow 1$ (für eine Halbwertsbreite von 2′, s. III.1.5) und das Linienverhältnis T_A^* $(J = 2 \rightarrow 1)/T_A^*$ $(J = 1 \rightarrow 0)$ berechnet. Diagramme der gezeigten Art sind natürlich auch für andere Werte der kinetischen Temperatur T konstruiert worden. Nach der Bestimmung von T aus CO-Beobachtungen konnten damit nun umgekehrt aus den beiden beobachteten Größen T_A^* $(J = 2 \rightarrow 1)$ und T_A^* $(J = 2 \rightarrow 1)/T_A^*$ $(J = 1 \rightarrow 0)$ die Wasserstoffdichte $N(\mathrm{H_2})$ und der Parameter $[N(\mathrm{CS})/N(\mathrm{H_2})] \cdot (\mathrm{d}V/\mathrm{d}r)^{-1}$ als Koordinaten des Schnittpunktes der entsprechenden Kurven entnommen werden. Der in Abb. IV.11 angesetzte Wert $T = 40$ K wurde beispielsweise für die mit der HII-Region W51 verbundene Molekülwolke gefunden, und die gemessenen Werte für T_A^* $(J = 2 \rightarrow 1)$ und das Linienverhältnis sind in diesem Fall 3.5 K bzw. 1.60. Man erhält damit $N(\mathrm{H_2}) = 1 \cdot 10^5\ \mathrm{cm^{-3}}$ und $[N(\mathrm{CS})/N(\mathrm{H_2})] \cdot (\mathrm{d}V/\mathrm{d}r)^{-1} = 1 \cdot 10^{-10}\ (\mathrm{km\ s^{-1}\ pc^{-1}})^{-1}$. Aus den Linienbreiten wurden allgemein Werte $\mathrm{d}V/\mathrm{d}r \approx 2 \ldots 6\ \mathrm{km\ s^{-1}\ pc^{-1}}$ abgeschätzt, so daß für die relative CS-Häufigkeit folgt $N(\mathrm{CS})/N(\mathrm{H_2}) \approx (2 \ldots 6) \cdot 10^{-10}$.

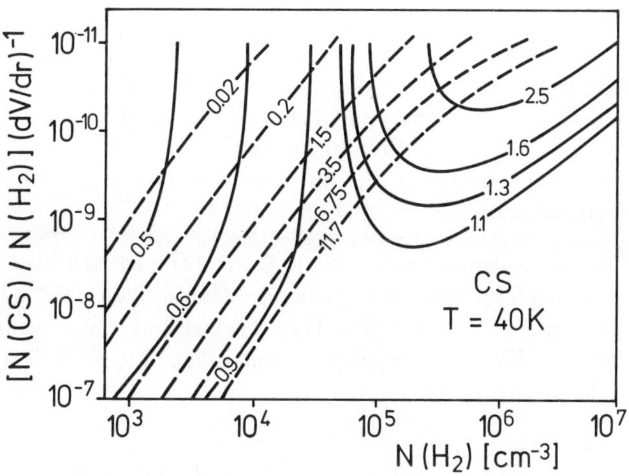

Abb. IV.11: Konturen gleicher Antennentemperatur T_A^* der CS-Linie $J = 2 \rightarrow 1$ (gestrichelt) und gleichen Linienverhältnisses T_A^* $(J = 2 \rightarrow 1)/T_A^*$ $(J = 1 \rightarrow 0)$ (ausgezogen) in einem Diagramm mit der Abszisse $N(\mathrm{H_2})$ $[\mathrm{cm^{-3}}]$ und der Ordinate $[N(\mathrm{CS})/N(\mathrm{H_2})] \cdot (\mathrm{d}V/\mathrm{d}r)^{-1}$ $[(\mathrm{km\ s^{-1}\ pc^{-1}})^{-1}]$ für eine kontrahierende Modellwolke mit der kinetischen Temperatur $T = 40$ K. Weitere Erläuterung im Text. (Nach R. A. Linke und P. F. Goldsmith).

Das beobachtete Verhältnis $T_A^*(J = 2 \rightarrow 1)/T_A^*(J = 1 \rightarrow 0)$ bleibt über das Linienprofil hinweg praktisch konstant. Im Rahmen des Kontraktionsmodells bedeutet dies – weil $[N(\mathrm{CS})/N(\mathrm{H_2})](\mathrm{d}V/\mathrm{d}r)^{-1}$ stets kleiner als $1 \cdot 10^{-9}\ (\mathrm{km\ s^{-1}\ pc^{-1}})^{-1}$ gefunden wird –, daß die Dichte $N(\mathrm{H_2})$ in dem ganzen erfaßten Bereich der Wolke etwa konstant bleibt. In einer kollabierenden Wolke erwartet man indessen eine erhebliche Zunahme der Dichte zum Zentrum hin. Dies wurde insbesondere für den thermisch strahlenden Staub in großen Molekülwolken aus Infrarotbeobachtungen nachgewiesen; auch verschiedene Beobachtungen anderer Moleküle deuten auf Dichtegradienten hin. Andererseits ergeben Rechnungen für reine Mikroturbulenz bei Annahme von Dichtegradienten eine Selbstumkehr der CO-Linien, die im allgemeinen nicht beobachtet wird. Als Ausweg sind deshalb kombinierte Modelle vorgeschlagen worden, in denen sowohl großräumige radiale Bewegungen der oben angenommenen Art, als auch, vor allem im Zentralbereich, kleinräumige turbulente Bewegungen mit $\xi_t \lesssim 10 \text{ km s}^{-1}$ in Verbindung mit radialen Gradienten der Dichte und der kinetischen Temperatur auftreten. Die bisher vorliegenden Beobachtungen reichen allerdings noch nicht zur Ableitung *eindeutiger* Modelle aus.

Über Mittelwerte der Zustandsparameter für klar abgrenzbare Wolken und Wolkenkerne sind jedoch verhältnismäßig zuverlässige Aussagen möglich. Beispiele von Einzelergebnissen sind in Tabelle IV.9a zusammengestellt. Allgemein zeigt sich, daß man in großen Zügen zwei Arten von molekularen Regionen unterscheiden kann: (1) kalte Wolken mit kinetischen Temperaturen $T \approx 10$ K und (2) zentral erwärmte Wolken mit $T \approx 20 \ldots 200$ K. Wolken der ersten Art bilden die Dunkelwolkenkomplexe; sie besitzen visuelle Extinktionswerte $\Delta m_V \approx 2^m \ldots 10^m$. Die Wolken der zweiten Art treten in den durchschnittlich dichteren, mit starken Infrarotquellen und HII-Regionen verbundenen „Riesen-Molekülwolken" mit Durchmessern um 40 pc auf; für die Extinktionswerte gilt hier meist $\Delta m_V \gtrapprox 30^m$. Tabelle IV.9b gibt eine Übersicht der für die mittleren Zustandsparameter der Wolken gefundenen Wertebereiche.

Für die als deutlich abgegrenzte Dunkelwolken oder als Globulen in Erscheinung tretenden sehr kalten, kompakten Molekülwolken wurden bemerkenswerte Zusammenhänge zwischen Dichte, Durchmesser und Masse gefunden. So ergab sich aus CO- und NH_3-Messungen über einen Bereich von Wolkendurchmessern $D \approx 0.1 \ldots 10$ pc angenähert die Relation

$$\bar{N}(H_2) \sim D^{-1}.$$

Für die Wolkenmassen $\mathfrak{M} \sim \bar{N}(H_2) \cdot D^3$ folgt damit

$$\mathfrak{M} \sim D^2.$$

Die erste Relation bedeutet, daß die Säulendichte $\mathfrak{N}(H_2) = \bar{N}(H_2) \cdot D$ für diese Objekte nicht vom Wolkendurchmesser abhängt. $\mathfrak{N}(H_2)$ beträgt einige 10^{21} H_2-Moleküle pro cm^2. Für Objekte mit $D \approx 1$ pc folgt daraus beispielsweise die mittlere Dichte $\bar{N}(H_2) \approx 10^3 \text{ cm}^{-3}$. Im Abschnitt V.3.4 wird gezeigt, daß bei solchen Wolken die Wirkung der Eigengravitation über den nach außen gerichteten Gasdruck dominieren kann. Falls ein quasi-stationärer Zustand vorliegt, bei welchem die Eigengravitation mit den inneren makroskopischen Bewegungen (Turbulenz!) im Gleich-

Tabelle IV.9a: Zustandsparameter einiger Molekülwolken. Die Dichten fallen in der Regel nach außen steil ab, weshalb die angegebenen Durchmesser nur grobe Richtwerte darstellen. Die visuelle Extinktion Δm_V wurde für Ori A bis Sgr B2 aus den CO-Säulendichten abgeschätzt: $\Delta m_V \approx 5 \cdot 10^{-17}\,\mathfrak{N}(CO)$. Die Anzahldichte der Wasserstoffmoleküle $N(H_2)$ und die kinetische Temperatur T beziehen sich auf den inneren Bereich, aus dem die Linienemission des CS-Moleküls kommt. T_t ist die aus der beobachteten thermischen Emission abgeschätzte Temperatur der Staubteilchen und $\mathfrak{M}$ bezeichnet die Gesamtmasse des molekularen Wasserstoffs

Objekt	Durchmesser [pc]	Δm_V [mag]	$N(H_2)$ [cm^{-3}]	T [K]	T_t [K]	$\mathfrak{M}$ [$\mathfrak{M}_\odot$]
Dunkelwolken:						
ϱ Oph	3	6	$2 \cdot 10^4$	30	20	$2 \cdot 10^3$
L 134	1.2	6	$1 \cdot 10^4$	10	10	$3 \cdot 10^2$
Globulen:						
B 227	0.6	3	$6 \cdot 10^4$	10	(20)	10
B 335	0.5	10	$2 \cdot 10^4$	10	(20)	20
Molekülwolken, die mit HII-Regionen verbunden sind:						
Ori A (OMC 1)	„Kern“: 0.5	280	$2 \cdot 10^5$	80	>100	$5 \cdot 10^2$
	„Hülle“: 5		10^3	20	80	10^4
M 17 S	5	50	$5 \cdot 10^4$	50	75	10^5
W 3 („Kern“)	1	250	$1 \cdot 10^5$	30	80	10^4
Sgr B2	„Kern“: 5	1000	$5 \cdot 10^4$	100	>100	$5 \cdot 10^5$
	„Hülle“: 40		$1 \cdot 10^4$	20	40	$3 \cdot 10^6$

gewicht steht, sollte der Virialsatz gelten: $E_G = 2\,E_{kin}$ mit der Gravitationsenergie $E_G \approx G\,\mathfrak{M}^2\,/\,D$ und der kinetischen Energie $E_{kin} \approx (1/2)\,\mathfrak{M}\,\overline{v^2}$, wobei $\overline{v^2}$ das Quadrat der Geschwindigkeitsstreuung bezeichnet

$$\overline{v^2} \sim \mathfrak{M}/D \sim \bar{N}(H_2)\cdot D^2.$$

Tabelle IV.9b: Bereiche der Mittelwerte der Zustandsparameter von Molekülwolken

Parameter	Dunkelwolkenkomplex Einzelwolke	Dunkelwolkenkomplex Wolkenkern	Riesen-Molekülwolke Einzelwolke	Riesen-Molekülwolke Kern
Durchmesser [pc]	0.5 … 5	0.1 … 0.5	2 … 20	0.5 … 5
Temperatur T [K]	≈ 10	≈ 10	15 … 40	30 … 200
Dichte $N(H_2)$ [cm^{-3}]	$10^2 \ldots 10^4$	$10^4 \ldots 10^5$	$10^3 \ldots 10^4$	$10^4 \ldots 10^6$
Linienbreite [$km\,s^{-1}$]	0.5 … 2	0.2 … 0.5	5 … 10	1 … 3
Masse [$\mathfrak{M}_\odot$]	$10 \ldots 10^3$	1 … 10	$10^3 \ldots 10^5$	$10 \ldots 10^4$

Die aus den beobachteten Breiten der Moleküllinien abgeleiteten inneren Geschwindigkeitsstreuungen folgen tatsächlich angenähert dieser Beziehung. Der „Turbulenzdruck" des kleinräumigen Geschwindigkeitsfeldes in der Wolke kann die Eigengravitation weitgehend kompensieren. Die meisten dieser kalten Wolken scheinen sich also noch nicht in einem Zustand raschen allgemeinen gravitativen Kollapses zu befinden. Innerhalb der Wolken als Intensivitätsspitzen der Molekülemission beobachtete *dichte Kerne* mit $N(H_2) = 10^4 \ldots 10^5\,cm^{-3}$, Durchmessern von einigen 0.1 pc und inneren Geschwindigkeitsstreuungen von nur einigen 0.1 $km\,s^{-1}$ dürften hingegen instabil sein: $E_G > 2\,E_{kin}$.

Deutung der Maser-Punktquellen: Die geringen Linienbreiten wie auch die kleinen scheinbaren Durchmesser der beobachteten Quellen (III.2.9) lassen sich folgendermaßen erklären. Wir gehen davon aus, daß der Absorptionskoeffizient für die betrachtete Linie in dem als kugelförmig und homogen betrachteten emittierenden Bereich negativ ist (s. IV.1.2), nach Gl. IV.16). In diesem Fall gilt $-\tau_\nu^* \gg 1$, $S_\nu < 0$ und der Ausdruck (IV.5) in IV.1.1 für die Intensität auf einem bestimmten Sehstrahl geht über in

$$I_\nu = (-S_\nu + I_{\nu,0})\exp(-\tau_\nu^*) = (|S_\nu| + I_{\nu,0})\exp(|\tau_\nu^*|)\,. \qquad \text{(IV.125)}$$

Der Exponentialfaktor beschreibt die Verstärkung der spontanen Emission und der Hintergrundstrahlung. Nimmt man für das Linienprofil des Absorptionskoeffizienten allein thermischen Dopplereffekt an, mit der Dopplerbreite $\Delta\nu_D$, dann entspricht einem Verhältnis der Linienintensitäten bei $\nu = \nu_1$ und in der Linienmitte $I_{\nu 1}/I_{\nu 0} = e^{-1}$ gerade die Differenz der optischen Tiefen

$$|\tau_{\nu 0}^*| - |\tau_{\nu 1}^*| = |\tau_{\nu 0}^*| - |\tau_{\nu 0}^*|\cdot\exp\left\{-\left(\frac{\nu_1-\nu_0}{\Delta\nu_D}\right)^2\right\} = 1\,.$$

Für hinreichend große Beträge $|\tau^*_{\nu 0}|$ wird hiernach die Linienbreite $\nu_1 - \nu_0$ klein gegenüber der thermischen Dopplerbreite und es folgt

$$\frac{\nu_1 - \nu_0}{\Delta \nu_D} = \frac{1}{\sqrt{|\tau^*_{\nu 0}|}}. \qquad \text{(IV.126)}$$

Das ist auch anschaulich verständlich: Der exponentielle Zusammenhang zwischen I_ν und $|\tau^*_\nu|$ bewirkt, daß die Verstärkung zur Linienmitte hin erheblich anwächst und eine schmalere Linie resultiert. Die Deutung der Beobachtungen mit Gl. (IV.126) würde optische Dicken $|\tau^*_\nu| \approx 30$ erfordern.

In analoger Weise führt bei fester Wellenlänge, beispielsweise $\nu = \nu_0$, die Abnahme der optischen Dicke des Emissionsbereiches von der Mitte zum Rand zu einer Verkleinerung des scheinbaren Quellendurchmessers: Während das Objekt im Fall $\tau^*_\nu \gg 1$ als gleichmäßig leuchtende Scheibe erscheinen würde, tritt nun, für $\tau^*_\nu \ll -1$, ein scharfes Maximum um den zentralen Sehstrahl auf. – Aus Gl. (IV.125) folgt schließlich auch, daß zeitliche Schwankungen der optischen Dicken zu überproportional starken Intensitätsfluktuationen führen müssen.

Die Entstehung der hier angenommenen *Besetzungsinversion* in den interstellaren Maser-Quellen kann bisher nur in großen Zügen verständlich gemacht werden. Danach gelangen die Moleküle zunächst durch einen „Pumpprozeß" in höhere Zustände (in Abb. IV.12 durch das Niveau 3 repräsentiert), von denen aus bevorzugt spontane Übergänge – meist im Infrarot liegend – in den oberen Zustand der Maserlinie (Niveau 2), nicht aber in den unteren (Niveau 1) stattfinden können: $A_{32} \gg A_{31}$. Wenn dann auch $A_{32} \gg A_{21}$ und C_{21} ist und die Entvölkerung des unteren Zustandes (1) hinreichend stark ist, kommt es zu einer ständigen Überbesetzung des oberen Zustandes (2). Es gibt drei Arten von Pumpprozessen:

(1) Optisches Pumpen: Höhere Zustände werden durch Absorption von Photonen angeregt ($1 \to 3$ in Abb. IV.12).
(2) Stoßpumpen: Höhere Zustände werden durch Stöße angeregt ($1 \to 3$ in Abb. IV.12).

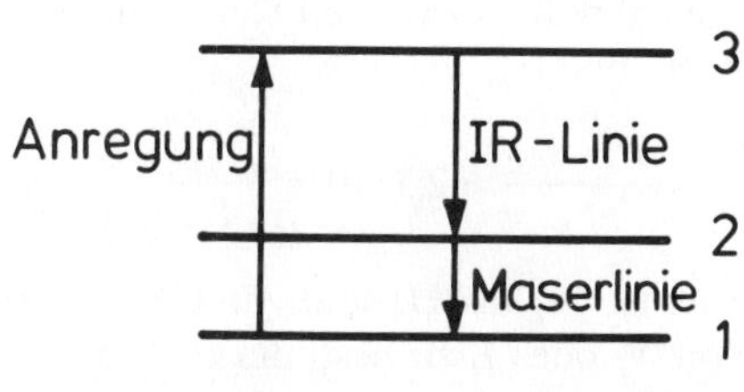

Abb. IV.12: Vereinfachtes Termschema für einen Maser.

(3) Chemisches Pumpen: Moleküle entstehen bevorzugt in bestimmten angeregten Zuständen, von denen dann Übergänge in den tiefer gelegenen Ausgangszustand einer Maserlinie stattfinden können.

Eine Schwierigkeit bei der Annahme optischen Pumpens besteht darin, daß die hierfür geeignete, von außen kommende Strahlung im Bereich der Maserquelle stets noch stärker absorbiert wird als die Frequenz der Maserlinie. Für Deutungsversuche der OH-Maser sind (beispielsweise) alle drei Pumpmechanismen herangezogen worden. Die beobachteten Intensitätsverhältnisse der vier OH-Maserlinien konnten durch Rechnungen für den Fall der Stoßanregung (durch H_2) unter Berücksichtigung des Strahlungstransportes in den Infrarotlinien verständlich gemacht werden[1].

Zustandsparameter von HII-Regionen: Wir beschränken uns überwiegend auf die Aussagen von „Grobanalysen" auf der Basis der durch Staubextinktion unbeeinflußten Radiobeobachtungen. Damit können auch die dichten kompakten HII-Regionen einbezogen werden.

Die *Elektronentemperatur* T_e läßt sich auf drei verschiedenen, bereits erwähnten Wegen gewinnen: (1) aus dem absolut gemessenen thermischen Radiokontinuum bei niedrigen Frequenzen nach IV.1.3, Gl. (IV.59) für $\tau_\nu^K \gg 1$, (2) dem beobachteten Intensitätsverhältnis zweier stoßangeregter optischer Emissionslinien mit genügend weit auseinanderliegenden Ausgangsniveaus über Gl. (IV.42) und (3) den beobachteten Intensitäten von Radio-Rekombinationslinien (s. IV.1.2, Gl. IV.44ff). Das letztgenannte Verfahren kann bei geeigneter Wahl der Linien in einfacher Weise gute Näherungswerte für T_e liefern. Man bildet dazu das Verhältnis der Radio-Rekombinationslinie relativ zum benachbarten Kontinuum für den Fall kleiner optischer Dicken $\tau_\nu^L \ll 1$ und $\tau_\nu^K \ll 1$ (hohe Frequenzen) mit den gemessenen Strahlungstemperaturen in Linie und Kontinuum $T_L = \tau_\nu^L\, T_e$ bzw. $T_K = \tau_\nu^K\, T_e$. Aus IV.1.2, (IV.13a) und (IV.40) folgt mit $N_e = N_p + N(\mathrm{He}^+)$ und der Definition (IV.45) bei Berücksichtigung der stimulierten Emission ($h\nu_{nm}/kT_e \ll 1$)

$$\tau_\nu^L = \mathrm{Konst.}\, b_m T_e^{-5/2} \exp\left\{-\frac{\chi_0 - \chi_{0,m}}{kT_e}\right\} \frac{E}{1 + [N(\mathrm{He}^+)/N_p]}\, \psi(\nu), \qquad \text{(IV.127)}$$

während τ_ν^K durch (IV.58) gegeben ist. Der Exponentialfaktor ist angenähert gleich eins. Drückt man das Integral der Strahlungstemperatur $T_L(\nu)$ über die Linie durch das Produkt $T_L^* \cdot \Delta\nu_L$ aus, wobei T_L^* den Maximalwert von $T_L(\nu)$ und $\Delta\nu_L$ die Linienbreite bezeichnen soll, dann ergibt sich für Wasserstofflinien in der LTE-Näherung ($b_m \approx 1$)

$$\frac{T_L^* \cdot \Delta\nu_L}{T_K} \approx 2.3 \cdot 10^4 \nu^{2.1} \frac{T_e^{-1.15}}{1 + [N(\mathrm{He}^+)/N_p]}. \qquad \text{(IV.128)}$$

Hier ist $\Delta\nu_L$ in kHz und ν in GHz einzusetzen. Gl. (IV.128) erlaubt T_e unabhängig von N_e oder E zu bestimmen. Modellrechnungen für Linien bei 5 GHz (H 109α, H 137β), bei denen Abweichungen vom LTE, stimulierte Emission und der Einfluß der Stoßverbreiterung berücksichtigt wurden, zeigen, daß das über Gl. (IV.128)

[1] Wir verweisen auf den im Literaturverzeichnis aufgeführten Artikel von W. H. Kegel.

erhaltene Resultat für HII-Regionen mit Emissionsmaßen $E < 10^6$ pc cm^{-6} eine gute Approximation der mittleren Elektronentemperatur darstellt. Typische Ergebnisse für T_e enthält Tabelle IV.10.

Ein Weg zur Gewinnung der lokalen *Elektronendichte* N_e geht von Gl. (IV.42) aus und ist dort bereits erläutert worden: Man berechnet das Verhältnis zweier stoßangeregter optischer Emissionslinien mit nahe benachbarten oberen Niveaus in Abhängigkeit von N_e und kann aus der erhaltenen Beziehung zu jedem beobachteten Linienverhältnis einen Wert N_e entnehmen. Andere Wege führen auf das durch Gl. (IV.45) definierte *Emissionsmaß* E und liefern damit das mittlere Quadrat der Elektronendichte $\overline{N_e^2} = E/l$. Es sind dies die Anwendungen (1) der oberen Gl. (IV.59) mit τ_ν^K nach (IV.58) auf Messungen des Radiokontinuums bei hohen Frequenzen und (2) der Gl. (IV.44) auf Beobachtungen von Rekombinationslinien – wegen der interstellaren Extinktion im Sichtbaren vor allem von Radiolinien dieser Art. Dabei wird vorausgesetzt, daß für T_e zumindest Näherungswerte bekannt sind.

Wegen der Verschiedenartigkeit der Mittelbildung ist eine völlige Übereinstimmung zwischen dem über Gl. (IV.42) erhaltenen N_e und dem nach den beiden anderen Verfahren gewonnenen Wert von $\sqrt{\overline{N_e^2}} = \sqrt{E/l}$ nur im Idealfall einer homogenen HII-Region zu erwarten. Hiervon ist die Wirklichkeit offenbar weit entfernt, denn der erste Weg liefert tatsächlich Werte N_e, die meist ein Mehrfaches des Resultates für $\sqrt{\overline{N_e^2}}$ betragen. Es liegt nahe anzunehmen, daß sich die aus Linienverhältnissen bestimmten Elektronendichten N_e vorwiegend auf *Inhomogenitäten* mit höheren Dichten beziehen. Dann nämlich würde $\sqrt{\overline{N_e^2}}$ stets wesentlich kleiner als dieses N_e sein: Befinden sich auf dem Sehstrahl mit der Gesamtlänge l innerhalb der HII-Region n isolierte Kondensationen der gleichen Dicke a und der gleichen Elektronendichte N_e (Rechteckprofile!), dann folgt

$$\overline{N_e^2} = \frac{1}{l}\int_0^l N_e^2(r)\,\mathrm{d}r = \frac{n}{l} N_e^2 \cdot a < N_e^2 \qquad \text{(IV.129)}$$

für $na < l$. Werte na/l von der Größenordnung 10^{-1} erscheinen nicht unplausibel.

Für den Zusammenhang zwischen dem beobachteten *Strahlungsfluß im Radiokontinuum* $S^K(\nu)$ und dem Emissionsmaß E liefert Gl. (IV.59) mit (IV.58) in dem für hinreichend hohe Temperaturen gültigen Fall $\tau_\nu^K \ll 1$

$$S^K(\nu) = \int I_\nu \mathrm{d}\Omega = \bar{I}_\nu \cdot \Omega = \text{Konst.}\, T_e^{-0.35} \nu^{-0.1} \cdot E \cdot \Omega. \qquad \text{(IV.130)}$$

Ist der Raumwinkel Ω, unter dem die Quelle erscheint, bekannt, dann läßt sich E berechnen. Kennt man den Strömgrenradius r_s aus dem Winkeldurchmesser und der Entfernung der HII-Region, so folgt aus $E = \overline{N_e^2} \cdot l$ mit $l = 2r_s$ der quadratische Mittelwert der Elektronendichte $\overline{N_e^2}$ und weiter der *Anregungsparameter* $u = r_s(\overline{N_e^2})^{1/3}$. Nach Gl. (IV.94) legt diese Größe den Gesamtfluß der den Wasserstoff ionisierenden *Lymankontinuumsquanten* fest:

$$L_c = \frac{4\pi}{3} u^3 \alpha_0^{(2)} \approx 5.05 \cdot 10^{46} T_e^{-0.8} u^3 [\text{Photonen s}^{-1}]. \qquad \text{(IV.131)}$$

Hier wurde der Ausdruck (IV.82) für $\alpha_0^{(2)}$ durch $4.1 \cdot 10^{-10} T_e^{-0.8}$ angenähert; u ist in pc cm^{-2} einzusetzen. Der Anregungsparameter kann unmittelbar durch den beobachteten Strahlungsfluß $S^K(\nu)$ ausgedrückt werden: Bezeichnet r die Entfernung der als kugelförmig angenommenen HII-Region vom Beobachter, dann gilt $\Omega = \pi r_s^2/r^2$ und man hat nach Gl. (IV.130)

$$S^K(\nu) \sim E \cdot \Omega = \overline{N_e^2} \cdot 2r_s \cdot \pi r_s^2/r^2 \sim r_s^3 \overline{N_e^2}/r^2 = u^3/r^2.$$

Aus (IV.131) ergibt sich damit die bemerkenswerte Beziehung (nach P. G. Mezger)

$$L_c \approx 4.8 \cdot 10^{48} T_e^{-0.45} \nu^{0.1} S^K(\nu) \cdot r^2 [\text{Photonen s}^{-1}], \qquad \text{(IV.132)}$$

wobei ν in GHz, $S^K(\nu)$ in Jy und r in kpc einzusetzen ist. Erfolgt die Ionisation durch einen einzelnen Stern, dann kann dessen Spektraltyp mit Hilfe der Tabelle IV.6 aus dem erhaltenen Wert für L_c abgeschätzt werden. Häufig läßt sich das Ergebnis für L_c nur mit der Annahme mehrerer anregender Sterne deuten.

Die *Gesamtmasse des ionisierten Wasserstoffs* in einer kugelförmigen HII-Region mit konstanter Anzahldichte der Protonen N_p beträgt

$$\mathfrak{M}(\text{HII}) = \frac{4\pi}{3} r_s^3 N_p m_p. \qquad \text{(IV.133)}$$

Wenn das Helium nur einfach ionisiert ist, gilt $N_p \approx N_e - N(He^+)$ mit $N(He^+) \approx 0.1\ N_p$. Der Unterschied zwischen N_p und N_e ist jedoch belanglos gegenüber der Ungenauigkeit des Volumens, für das wir bei bekanntem $\Omega = \pi r_s^2/r^2$ auch schreiben können $(4/3) r_s \cdot r^2 \Omega$. Wenn r_s über die Winkelausdehnung der HII-Region bestimmt wurde, geht die Entfernung mit der dritten Potenz ein. Bei nicht konstanter Dichte sollte der Mittelwert $\bar{N}_e$ eingesetzt werden. Verwendet man stattdessen $\sqrt{\overline{N_e^2}}$, dann ergibt sich, wegen $\overline{N_e^2} \geqq (\bar{N}_e)^2$, im allgemeinen eine zu große Masse[1].

Auf dem beschriebenen Weg abgeleitete Werte der Zustandsparamter sind für ausgewählte normale oder kompakte HII-Regionen in Tabelle IV.10 zusammengestellt (Beobachtungsdaten dieser Objekte s. Tabellen III.10, III.11 und III.12).

Zwischen der mittleren Dichte und dem linearen Durchmesser der bisher bekannten HII-Regionen besteht ein statistischer Zusammenhang: Je kleiner der Durchmesser, umso größer ist die mittlere Dichte. Hiervon ausgehend kann man ein grobes *Klassifikationsschema der HII-Regionen* aufstellen, das mit den kompaktesten Ob-

[1] $\overline{N_e^2} = \overline{(\bar{N}_e + \Delta N_e)^2} = (\bar{N}_e)^2 + 2\bar{N}_e\,\overline{(\Delta N_e)} + \overline{(\Delta N_e)^2} = (\bar{N}_e)^2 + \overline{(\Delta N_e)^2} \geqq (\bar{N}_e)^2$ wegen $\overline{(\Delta N_e)} = 0$ und $\overline{(\Delta N_e)^2} \geqq 0$. Speziell für den Fall von unregelmäßig verteilten Kondensationen folgt dies aus Gl. (IV.129) in Verbindung mit dem analog gebildeten linearen Mittelwert $\bar{N}_e = (n/l) N_e \cdot a$: Man erhält $\overline{N_e^2}/(\bar{N}_e)^2 = l/na \geqq 1$.

Tabelle IV.10: Mittlere Elektronentemperatur T_e, Emissionsmaß E, quadratisch gemittelte Elektronendichte $(\overline{N_e^2})^{1/2}$, Anregungsparameter u, Gesamtzahl der Lyman-Kontinuumsphotonen pro s L_c und Gesamtmasse des ionisierten Wasserstoffs für eine Auswahl von HII-Regionen

Objekt	T_e [K]	E [pc cm^{-6}]	$(\overline{N_e^2})^{1/2}$ [cm^{-3}]	u [pc cm^{-2}]	L_c [s^{-1}]	$\mathfrak{M}$ (HII) [$\mathfrak{M}_\odot$]
W3, A1-A5	8400	$2 \cdot 10^7$	$6 \cdot 10^3$	83	$4 \cdot 10^{49}$	10
W3(OH)	10000	$1 \cdot 10^9$	$2 \cdot 10^5$	54	$3 \cdot 10^{48}$	0.1
M42	8200	$6 \cdot 10^6$	$5 \cdot 10^3$	55	$7 \cdot 10^{48}$	10
NGC 2237-46	8000	$3 \cdot 10^4$	20	80	$2 \cdot 10^{49}$	$1 \cdot 10^4$
M20	8000	$5 \cdot 10^4$	$1 \cdot 10^2$	50	$5 \cdot 10^{48}$	$2 \cdot 10^2$
M8	8000	$4 \cdot 10^5$	$6 \cdot 10^2$	64	$1 \cdot 10^{49}$	$2 \cdot 10^2$
M17, Hauptquelle (S)	7700	$5 \cdot 10^6$	$2 \cdot 10^3$	170	$2 \cdot 10^{50}$	10^2
M16	8000	$4 \cdot 10^5$	$2 \cdot 10^2$	120	$7 \cdot 10^{49}$	$7 \cdot 10^2$
W51, Hauptquelle	7300	$5 \cdot 10^7$	$8 \cdot 10^2$	190	$3 \cdot 10^{50}$	10^2
W75, DR21 A	8400 (A–D)	$5 \cdot 10^7$	$2 \cdot 10^4$	36	$2 \cdot 10^{48}$	0.2
B		$5 \cdot 10^7$	$3 \cdot 10^4$	27	$7 \cdot 10^{47}$	0.1
C		$9 \cdot 10^7$	$3 \cdot 10^4$	49	$4 \cdot 10^{48}$	0.4
D		$4 \cdot 10^7$	$3 \cdot 10^4$	27	$7 \cdot 10^{47}$	0.1
NGC 7538 A1	7900 (A1–C)	$8 \cdot 10^5$	$1 \cdot 10^3$	60	$8 \cdot 10^{48}$	33
A2		$2 \cdot 10^6$	$4 \cdot 10^3$	14	$1 \cdot 10^{47}$	0.1
B		$7 \cdot 10^6$	$6 \cdot 10^3$	26	$7 \cdot 10^{47}$	0.3
C		$1 \cdot 10^7$	$1 \cdot 10^5$	12	$7 \cdot 10^{46}$	0.002
NGC 7000	7000	$4 \cdot 10^3$	10	100	$4 \cdot 10^{49}$	$2 \cdot 10^4$

jekten beginnt und mit den ausgedehntesten Objekten endet. Ein Vorschlag ist in Tabelle IV.11 wiedergegeben. Man darf wahrscheinlich annehmen, daß dieses Schema gleichzeitig eine Folge von Entwicklungsstadien darstellt. An den Anfang wurde deshalb die vermutliche Vorstufe einer kompakten HII-Region gesetzt: Ein neu entstandener massereicher Stern, der noch von einer durch hohen Staubanteil für Lyman-Photonen undurchlässige Hülle umgeben ist. Infrarotbeobachtungen zeigen, daß derartige Objekte in einer Molekülwolke meist in Gruppen entstehen. Die großen, komplex strukturierten „entwickelten" HII-Regionen sind daher in der Regel nicht das Ergebnis der Bildung eines einzelnen massereichen Sternes, sondern gehen aus einer solchen *Gruppe* hervor.

2.5 Elementhäufigkeiten im interstellaren Gas

Es ist sehr wahrscheinlich, daß die relativen Häufigkeiten der chemischen Elemente in der interstellaren Materie insgesamt gesehen dieselben sind wie in den Sternen frühen Spektraltyps, die sich erst vor weniger als 10^7 Jahren aus diesem Medium gebildet haben. Die Wechselwirkungen der verschiedenen Komponenten: Atome, Moleküle, feste Teilchen untereinander können jedoch zu Abweichungen der Elementhäufigkeiten im Gas gegenüber den für die junge Sternpopulation I gefundenen Werten führen. Will man die hauptsächlich wirksamen Prozesse erkennen und ihre Kosequenzen für die Entwicklung des interstellaren Mediums beurteilen, so benötigt man zunächst quantitative Aussagen über die tatsächliche chemische Zusammensetzung des Gases in den verschiedenen Bereichen. Die empirische Grundlage dafür liefern Beobachtungen von Absorptions- oder Emissionslinien. Aus den Linienstärken erhält man jedoch unmittelbar bestenfalls die Säulendichten der Atome bzw. Ionen in den Ausgangszuständen der einzelnen Linien. Der Übergang zu dem Gesamtwert für alle Atome und Ionen eines Elementes erfordert die Kenntnis der Anregungs- und Ionisationsverhältnisse. Die gestellte Aufgabe ist daher untrennbar verknüpft mit der Bestimmung der Temperatur und des Ionisationsgrades bzw. der Elektronendichte für den jeweils erfaßten Bereich: Wie in der Theorie der Sternatmosphären (PSS V.1), erstreckt sich die quantitative Analyse auch hier auf die Ableitung der relativen Elementhäufigkeiten *und* der physikalischen Zustandsparameter.

Für die *diffusen Wolken* bilden vor allem Beobachtungen interstellarer Absorptionslinien in Sternspektren die Grundlage der Analyse. Wir besprechen deshalb zunächst das allgemeine Verfahren zur Gewinnung von Säulendichten der Atome bzw. Ionen oder Moleküle, die sich im unteren Niveau des zu der Linie führenden Überganges befinden. Für die Ableitung relativer Elementhäufigkeiten können hier teilweise die bereits in IV.1.2 und IV.2.1 erhaltenen Resultate über die Anregungs- und Ionisationsverhältnisse herangezogen werden. Nach einer Diskussion der Ergebnisse, einschließlich der Häufigkeit des molekularen Wasserstoffs, wenden wir uns dann der Analyse von HII-Regionen zu.

Tabelle IV.11: Grobes Klassifikationsschema der HII-Regionen nach einem Vorschlag von E. Churchwell. Erläuterung im Text

Bezeichnung des beobachteten Objekts	Beobachtete Charakteristika	Durchmesser [pc]	N_e [cm^{-3}]	Entwicklungsstadium	Beispiele
Kompakte Infrarotquelle bei ≈ 20 µm	Kontinuierliche Emission bei ≈ 20 µm, jedoch nicht bei 2 µm; kein Radiokontinuum; optisch nicht nachweisbar	$\lesssim 0.05$	$> 5 \cdot 10^3$	Vor-Hauptreihen O-Stern in einer Hülle, die für optische Strahlung, einschließlich des UV undurchlässig ist („Kokon-Stern")	IRS 5 in W 3
Kompakte HII-Region	Thermisches Radiokontinuum; Infrarotkontinuum; im Sichtbaren meist nicht nachweisbar	0.05 … 1	$\gtrsim 10^3$	Früheste Entwicklungsphase einer HII-Region	Komponenten in W 75, DR 21 und in NGC 7538 (s. Tabelle IV.10)
Komplexe HII-Region von mittlerer Dichte	Kontinuierliche und Linienstrahlung des optischen, infraroten und radiofrequenten Bereiches	1 … 100	10 … 10^3	Expandierte HII-Region	M 42, M 17
Große diffuse HII-Region		> 100	$\lesssim 10$	Sehr weit expandierte HII-Region	NGC 7000 (Nordamerikanebel)

Methode der Analyse interstellarer Absorptionslinien: In dem hier zutreffenden reinen Absorptionsfall ist die **Äquivalentbreite** als Maß der Linienstärke gegeben durch

$$A_\lambda = \int_{\text{Linie}} \frac{I_K - I_\lambda}{I_K} \mathrm{d}\lambda = \int_{\text{Linie}} (1-\mathrm{e}^{-\tau_\lambda^L})\mathrm{d}\lambda\,. \qquad \text{(IV.134)}$$

Dabei bezeichnen I_λ und I_K die Intensitäten in der Linie bei der Wellenlänge λ bzw. im benachbarten Kontinuum des Sternspektrums. Man schreibt A_λ, weil von einem Spektrum über λ (und nicht über ν) ausgegangen wurde; A_λ hat die Dimension einer Wellenlänge. Die zweite Form des Integranden folgt wegen $I_\lambda = I_K \cdot \exp(-\tau_\lambda^L)$, wobei τ_λ^L die mit dem Linienabsorptionskoeffizienten κ_λ^L gebildete, vom Beobachter bis zum Stern gerechnete optische Tiefe ist. Für den hier betrachteten visuellen und UV-Bereich darf im Ausdruck (IV.13a) von Abschnitt IV.1.2 die stimulierte Emission vernachlässigt werden (Faktor $1 - \exp(-h\nu/kT_{ex}) \approx 1$ wegen $h\nu/kT_{ex} \gg 1$) und man erhält nach dem Übergang von ν zu λ

$$\tau_\lambda^L = \frac{h\nu_{nm}}{c^2} \lambda_0^2 \psi(\lambda) B_{mn} \mathfrak{N}_m = \frac{\pi e^2}{m_e c^2} \lambda_0^2 \psi(\lambda) f_{mn} \mathfrak{N}_m \qquad \text{(IV.135)}$$

mit der **Säulendichte**

$$\mathfrak{N}_m = \int N_m \mathrm{d}r \qquad \text{(IV.136)}$$

und der **Oszillatorenstärke** für Absorption

$$f_{mn} = \frac{m_e h\nu_{nm}}{\pi e^2} B_{mn} = \frac{m_e c}{8\pi^2 \nu_{nm}^2} A_{nm} \frac{g_n}{g_m}\,. \qquad \text{(IV.137)}$$

λ_0 ist die Wellenlänge der Linienmitte, $\psi(\lambda)$ bezeichnet das auf eins normierte Linienprofil. Bei der Zurückführung von B_{mn} auf A_{nm} ist die Beziehung (IV.14) verwendet worden. Hierzu und zum Begriff der Oszillatorenstärke sind in PSS IV.1.7 Erläuterungen gegeben; zu den folgenden Betrachtungen verweisen wir außerdem auf PSS IV.1.8 und PSS V.2.2.

Der Zusammenhang zwischen der beobachtbaren Äquivalentenbreite A_λ und der gesuchten Säulendichte $\mathfrak{N}_m$ der Atome, Ionen oder Moleküle im Ausgangszustand der interstellaren Linie – in der Regel handelt es sich um den Grundzustand (Resonanzlinien) – wird wesentlich mitbestimmt durch das normierte Linienprofil $\psi(\lambda)$. Bei den niedrigen Dichten im interstellaren Gas ergibt sich $\psi(\lambda)$ für eine einzelne Wolke durch Faltung der reinen Profile für Strahlungsdämpfung $\psi_N(\lambda) = (\Delta\lambda_N/\pi)[(\Delta\lambda)^2 + (\Delta\lambda_N/2)^2]^{-1}$ und für Dopplerverbreiterung (entsprechend einer Maxwellschen Geschwindigkeitsverteilung) $\psi_D(\lambda) = (\Delta\lambda_D\sqrt{\pi})^{-1} \exp[-(\Delta\lambda/\Delta\lambda_D)^2]$ mit $\Delta\lambda = \lambda - \lambda_0$. Die relevanten Parameter sind die natürliche Linienbreite $\Delta\lambda_N = (\lambda_0^2/2\pi c) \cdot \gamma_{Str}$ mit γ_{Str} = Dämpfungskonstante für Strahlungsdämpfung und die Dopplerbreite

$$\Delta\lambda_D = \frac{\lambda_0}{c}\sqrt{2\overline{(\Delta v_r)^2}} = \frac{\lambda_0}{c}\,b\,. \qquad \text{(IV.138)}$$

Dabei ist $b/\sqrt{2} = \sqrt{\overline{(\Delta v_r)^2}} = \sqrt{\overline{(v_r - \bar{v}_r)^2}}$ die Streuung der im Sehstrahl liegenden Geschwindigkeitskomponenten der absorbierenden Gaspartikel, die sich aus thermischen und turbulenten (makroskopischen) Bewegungen innerhalb der Wolke zusammensetzt – für letztere ist der Ansatz einer Gaußverteilung eine formale Näherung. Die Beziehung zwischen A_λ und $\mathfrak{N}_m$ läßt sich in die Form einer Kurvenschar mit dem Parameter $\Delta\lambda_N/\Delta\lambda_D$ bringen. Es sind dies die sogenannten **Wachstumskurven**, wobei im vorliegenden Fall das Dämpfungsprofil allein durch die für jede Linie leicht zu berechnende Konstante der Strahlungsdämpfung γ_{Str} festgelegt ist, so daß nur $\Delta\lambda_D$ bzw. b als unbekannter Parameter eingeht. Man trägt dazu meist $\log(A_\lambda/\lambda_0)$ gegen $\log(\mathfrak{N}_m \cdot f_{mn} \cdot \lambda_0)$ auf. Abb. IV.14 enthält solche theoretische Wachstumskurven für einige Linien (mit verschiedenen γ_{Str}) zu dem Parameterwert $b = 6.5$ km s^{-1}.

Man kann drei Bereiche der Wachstumskurven unterscheiden:

(1) *Schwache Linien* mit $\tau_\lambda^L \ll 1$ auch in der Linienmitte. Dann folgt $1 - \exp(-\tau_\lambda^L) \approx \tau_\lambda^L$ und man erhält aus (IV.134) mit (IV.135) sofort

$$\frac{A_\lambda}{\lambda_0} = \frac{\pi e^2}{m_e c^2}\mathfrak{N}_m f_{mn}\lambda_0\,. \qquad \text{(IV.139)}$$

Die Kurven beginnen mit einem linearen Anstieg, der für alle Werte von b gleich, also unabhängig von b ist.

(2) *Mittelstarke Linien* mit $\tau_\lambda^L \gtrapprox 1$ in der Linienmitte, aber $\tau_\lambda^L \ll 1$ bei $\Delta\lambda \gtrapprox 3\Delta\lambda_D$, d. h. keine Dämpfungsflügel merkbar. Hier können wir $\psi(\lambda) = \psi_D(\lambda)$ setzen und erhalten

$$\frac{A_\lambda}{\lambda_0} = \frac{\Delta\lambda_D}{\lambda_0}2F(\tau_0^L) = \frac{2b}{c}F(\tau_0^L) \qquad \text{(IV.140)}$$

mit

$$F(\tau_0^L) = \int_0^\infty [1 - \exp(-\tau_0^L\,e^{-x^2})]\,dx \qquad \text{(IV.141)}$$

und der optischen Tiefe für die Linienmitte

$$\tau_0^L = \frac{\pi e^2}{m_e c^2}\lambda_0^2\psi(\lambda_0)\mathfrak{N}_m f_{mn} = \frac{\sqrt{\pi}\,e^2}{m_e c}\,\frac{1}{b}\,\mathfrak{N}_m f_{mn}\lambda_0\,. \qquad \text{(IV.142)}$$

Der Faktor 2 in (IV.140) folgt, weil das Integral über $x = \Delta\lambda/\Delta\lambda_D$ von $-\infty$ bis $+\infty$ zu erstrecken ist. Für große τ_0^L wird $F(\tau_0^L) \approx \sqrt{\ln\tau_0^L}$, es resultiert also ein sehr flacher Verlauf der Wachstumskurven. Der Grund für diese Neigung zur „Sättigung“ liegt einfach darin, daß sich I_λ im Bereich der Liniemitte dem Wert Null nähert, so daß bei wachsendem $\mathfrak{N}_m$ von dort keine weiteren Beiträge zu A_λ kommen können (PSS V.2, Abb. V.2). Numerische Werte der Funktion $F(\tau_0^L)$ enthält Tabelle IV.12.

Tabelle IV.12: Zahlenwerte für die theoretische Wachstumskurve bei reiner Dopplerverbreiterung

τ_0^L	0.10	0.40	1.0	3.0	10	100	1000	10000
$\log \tau_0^L$	−1.00	−0.40	0.00	0.48	1.00	2.00	3.00	4.00
$\log F(\tau_0^L)$	−1.07	−0.510	−0.192	0.075	0.220	0.354	0.436	0.494

(3) *Sehr starke Linien.* Wenn $\mathfrak{N}_m f_{mn} \lambda_0$ sehr groß wird, liefern die „Flügel" der Dämpfungsverteilung ein erneutes Wachstum der Äquivalentbreite. In diesem Fall ist $I_\lambda = 0$ für $|\lambda - \lambda_0| = |\Delta\lambda| \lessapprox \Delta\lambda_N$ und es kommt nur auf den Verlauf von $\psi(\lambda)$ im Bereich $|\Delta\lambda| \gg \Delta\lambda_N$ an, in welchem $\psi(\lambda) \approx \psi_N(\lambda) \approx (\Delta\lambda_N/\pi)/(\lambda - \lambda_0)^2$. Die Integration über λ kann dann geschlossen ausgeführt werden mit dem Resultat

$$\frac{A_\lambda}{\lambda_0} = \frac{\lambda_0}{c} \sqrt{\frac{e^2}{m_e c}} \sqrt{\mathfrak{N}_m f_{mn} \gamma_{Str}} \tag{IV.143}$$

(„Wurzel-Bereich" oder „Dämpfungsbereich"). λ_{Str} ist für jede Linie eine individuelle Konstante. Ist m das tiefste Niveau, dann gilt

$$\gamma_{Str} = \gamma_n + \gamma_m = \gamma_n = \sum_m A_{nm} \,.$$

γ_{Str} kann mit Hilfe von (IV.137) durch die Oszillatorenstärken f_{mn} ausgedrückt werden.

Sehr starke interstellare Linien treten im UV auf. Das bekannteste Beispiel ist die Lyman α-Linie des Wasserstoffs λ 1216 Å. Viele Linien, darunter auch diejenigen des visuellen Bereiches, fallen jedoch in den mittleren, „flachen" Bereich der Wachstumskurve. Die Gewinnung von $\mathfrak{N}_m$ aus A_λ stößt dann auf folgende Schwierigkeiten: (1) der Parameter b kann nicht als bekannt angenommen werden, vor allem weil er neben der kinetischen Temperatur des Gases nicht die stets unbekannte Streuung turbulenter Geschwindigkeiten enthält; (2) wenn die Linie aus *unaufgelösten* Komponenten verschiedener Radialgeschwindigkeit besteht (Wolken!), ergibt sich im allgemeinen ein anderer Verlauf der Wachstumskurve als für die oben angenommene Einzelwolke. Sind beispielsweise zwei unaufgelöste Komponenten gleich stark und überlappen sich nicht, dann reicht der lineare Teil der Wachstumskurve etwa bis zum doppelten Abszissenwert und der flache Teil liegt dementsprechend wesentlich höher (Abb. IV.13). Erst im Dämpfungsteil nähert sich die Kurve wegen der nun in jedem Fall einsetzenden Überlappung der Komponenten wieder dem Verlauf für die Einzelwolke.

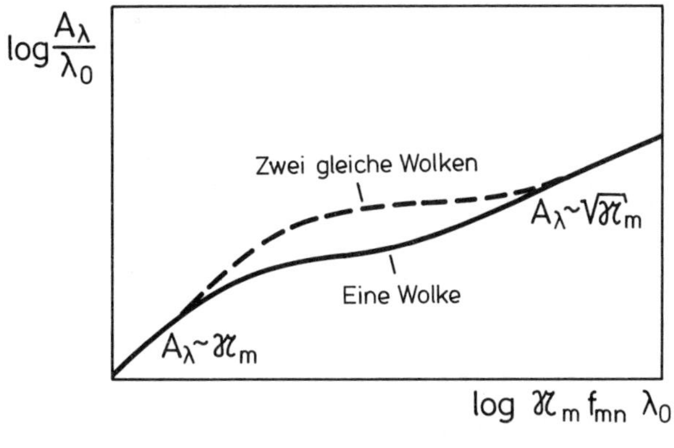

Abb. IV.13: Wachstumskurven für eine einzelne Wolke mit der Säulendichte $\mathfrak{N}_m$ (ausgezogen) und für zwei einander gleiche Wolken, die zusammen auch die Säulendichte $\mathfrak{N}_m$ besitzen, deren Linienprofile sich jedoch infolge verschiedener Radialgeschwindigkeit nicht überlappen, vom Spektrographen aber nicht aufgelöst sind und somit als eine Linie erscheinen (gestrichelt). Erläuterung im Text.

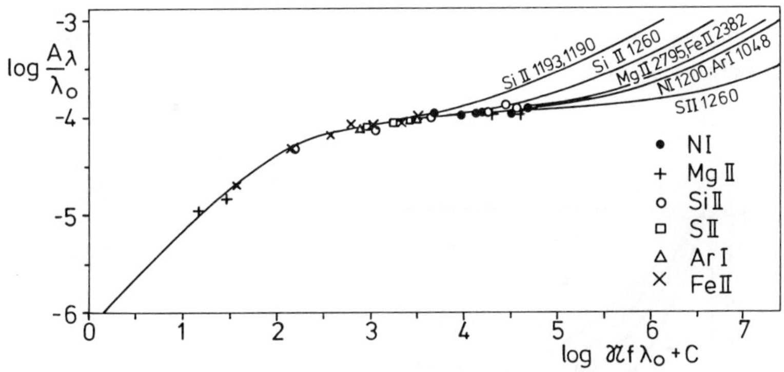

Abb. IV.14: Empirische Wachstumskurve für interstellare Absorptionslinien der dominierenden Ionisationsstufen einiger Elemente im Spektrum des Sternes ζ Ophiuchi. Die Kurvenschar wurde für $b = 6.5$ km s^{-1} mit den Dämpfungskonstanten γ_{Str} der jeweils angeschriebenen Linien berechnet. (Nach D. C. Morton).

Als Ausweg bietet sich die *Konstruktion einer „empirischen Wachstumskurve"* an. Solange die Dämpfung keine Rolle spielt, sollten die verschiedenen Linien aller Elemente für einen bestimmten Sehstrahl oder auch für mehrere verschiedene Richtungen mit ähnlichen Verhältnissen auf derselben Wachstumskurve liegen. Hat man mehrere Linien mit dem gleichen Ausgangsniveau m (Multiplett), so kann der Kurvenverlauf bis auf eine Verschiebung in der Abszisse durch Auftragen von $\log(A_\lambda/\lambda_0)$ gegen $\log(f_{mn}\,\lambda_0)$ aus den Beobachtungen selbst gewonnen werden. Der Übergang zur $\log(\mathfrak{N}_m f_{mn}\,\lambda_0)$-Skala erfolgt durch Verschiebung in der Abszissenrichtung bis zur Anpassung an den theoretisch bekannten, von b unabhängigen linearen Teil (IV.139). Der Vergleich mit theoretischen Wachstumskurven im mittleren Bereich liefert einen effektiven Wert von b bzw. $\Delta\lambda_D$. Ein Beispiel hierzu zeigt Abb. IV.14.

Auf die Komponenten der Dubletts D_1/D_2 bei λ 5890/96 Å von NaI und H/K bei λ 3934/69 von CaII ist häufig die folgende, sogenannte *Dublett-Verhältnis-Methode* angewandt worden: In beiden Fällen ist das Verhältnis der f-Werte der Komponenten $f^{(1)}:f^{(2)} = 1:2$, so daß für das „Dublettverhältnis“ nach (IV.140) gilt $(\lambda_0^{(1)} \approx \lambda_0^{(2)})$

$$\frac{A_\lambda^{(2)}}{A_\lambda^{(1)}} = \frac{F(2\tau_0^{(1)})}{F(\tau_0^{(1)})} \qquad \text{(IV.144)}$$

wobei $\tau_0^{(1)}$ die optische Tiefe in der Linienmitte (IV.142) für die Komponente mit dem kleineren f-Wert bezeichnet. Trägt man das Dublett-Verhältnis (IV.144) gegen $\tau_0^{(1)}$ auf, dann ergibt sich eine Schar von Kurven zum Parameter b, die für $\tau_0^{(1)} \to 0$ dem Wert 2 und im Sättigungsbereich ($\tau_0^{(1)} \gg 1$, $\gamma_{Str} = 0$) dem Wert 1 zustreben.

Für die Anwendung wählt man nicht $\tau_0^{(1)}$, sondern das dazu berechnete $A_\lambda^{(1)}$ als Abszisse. Abb. IV.15 zeigt als Beispiel die resultierende Kurvenschar für die D-Linien. Die eingetragenen Punkte sind beobachtete Werte für einige Sterne der nördlichen Milchstraße. Wie man sieht, lassen sie auf Werte des Parameters b etwa zwischen 6 und 8 km s^{-1} schließen. Die reine thermische Bewegung der Na-Atome würde für $T = 100$ K nur $b = \sqrt{2\Re T/\mu} \approx 0.3$ km s^{-1} betragen!

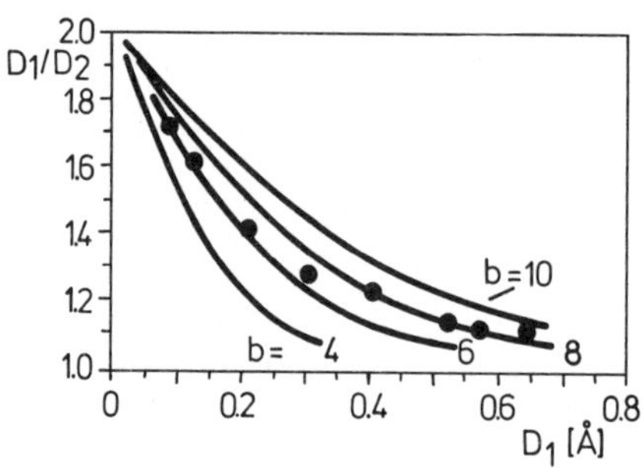

Abb. IV.15: Berechnete Dublett-Verhältnis-Kurven für die Äquivalentbreiten der interstellaren Na D-Linien zu den Parameterwerten $b = 4$, 6, 8 und 10 km s^{-1} und bei Sternen des lokalen Armes beobachtete Werte. (Nach G. Münch).

Häufigkeiten der Elemente in HI-Wolken, Anteil von H_2: Die meisten durch interstellare Absorptionslinien erfaßten neutralen Atome oder Ionen befinden sich in ihren Grundzuständen (s. Diskussion in IV.1.2 nach Gl. IV.31). Die erhaltenen

Säulendichten $\mathfrak{N}_m$ repräsentieren somit praktisch bereits alle Atome der jeweils betrachteten Ionisationsstufe. Der Übergang zur gesamten, über alle Ionisationsstufen summierten Säulendichte des Elementes erfordert eine Diskussion, wie sie in IV.2.1 im Anschluß an Gl. (IV.97) durchgeführt ist. Häufig dominiert eine Ionisationsstufe. Im Fall des Natriums sind es die einfachen Ionen Na^+, weitere Beispiele sind Mg^+, Si^+, S^+, Fe^+, während N und O praktisch neutral sind. Stützt man die Analyse auf die Linien einer solchen dominanten Ionisationsstufe, dann kann der Einfluß der Unsicherheiten von Temperatur und Elektronendichte auf das Resultat für die Summe aller Ionisationsstufen klein gehalten werden. Es sind dies vorwiegend mittelstarke Linien im Ultraviolett (vgl. die Tabellen III.4 und III.5), bei denen allerdings mit einer Modifikation der Wachstumskurve durch die Wolkenstruktur gerechnet werden muß.

Einfach liegen die Verhältnisse beim atomaren Wasserstoff: Die sehr starke Lyα-Linie fällt bereits in den Wurzelbereich der Wachstumskurve, wo diese allein durch die hinreichend genau bekannte Dämpfungskonstante γ_{Str} festgelegt ist. Wegen der großen Linienbreite überlappen sich die von Einzelwolken herrührenden Komponenten weitgehend. Praktisch alle H-Atome sind neutral und befinden sich im Grundzustand $m = 1$, dem Ausgangszustand der Linie.

Die Säulendichte des Wasserstoffs in molekularer Form ergibt sich durch Analyse der unterhalb von 1110 Å liegenden Lyman-Banden. Man kann dabei annehmen, daß sich praktisch alle H_2-Moleküle im tiefsten Schwingungszustand $v = 0$ des elektronischen Grundzustandes ${}^1\Sigma_u^+$ befinden. Die gesamte Säulendichte $\mathfrak{N}(H_2)$ folgt daher durch Summation über die aus den Stärken der einzelnen Rotationslinien abgeleiteten Säulendichten $\mathfrak{N}(J)$ der H_2-Moleküle in den Rotationsniveaus $J = 0, 1, \ldots$

Die vorliegenden Ergebnisse für die Elementhäufigkeiten relativ zum Wasserstoff $\mathfrak{N}(X)/\mathfrak{N}(H)$ zeigen für einen erheblichen Teil der etwa 25 erfaßten Elemente mehr oder weniger starke Unterhäufigkeiten gegenüber den für die Atmosphären der Sterne der Population I gefundenen Werten. Wenn bestimmte Atomarten in Molekülen oder in festen Teilchen gebunden sind, sollten diese Abweichungen vor allem in Gebieten mit höheren Dichten auftreten. Benutzt man den Farbexzeß als stets verfügbares Orientierungsmaß für die Dichte des interstellaren Mediums auf dem Weg der Strahlung vom Stern zum Beobachter (III.1.1), dann zeigt sich tatsächlich, daß die Unterhäufigkeiten vorwiegend in Gebieten mit höherer interstellarer Extinktion $E_{B-V} > 0.3$, also in den Wolken auftreten. Als Beispiel sind in Abb. IV.16 Resultate für den besonders eingehend untersuchten Stern ζ Ophiuchi (O9V, $r = 200$ pc, $E_{B-V} = 0.32$) wiedergegeben.

Die *Unterhäufigkeiten* sind mit $\sim 10^{-3}$ für Ca besonders ausgeprägt, für Si, Fe, Ti findet man etwa 10^{-2} und für C, N, O etwa 1/5. Für Sehstrahlen mit $E_{B-V} < 0.05$ ergeben sich demgegenüber nahezu normale Elementhäufigkeiten. Dies scheint auch für interstellares Gas hoher Pekuliargeschwindigkeit (> 20 km s^{-1}) zu gelten, das Absorptionslinien in Spektren von Sternen mit $E_{B-V} > 0.05$ erzeugt.

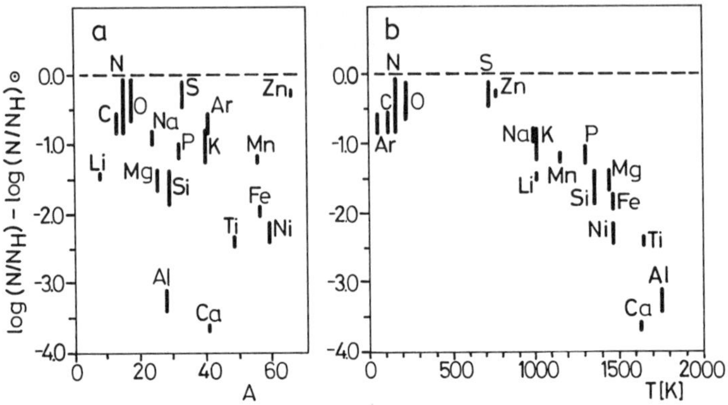

Abb. IV.16: Elementhäufigkeiten im interstellaren HI-Gas auf dem Weg zu dem Stern ζ Ophiuchi relativ zu den Werten für die Sonnenatmosphäre, jeweils aufgetragen (a) gegen das Atomgewicht A und (b) gegen die Kondensationstemperatur T der erfaßten Elemente. (Nach L. Spitzer und E. B. Jenkins).

Abb. IV.16 (b) legt zunächst die Vermutung nahe, daß die fehlenden Gasatome während eines Abkühlungsprozesses bei relativ hoher Dichte zu festen Teilchen kondensiert sind. Da die Bildung mehratomiger Moleküle oder Auskondensieren zu festen Teilchen unter den Bedingungen in den hier erfaßten interstellaren Wolken kaum möglich ist, liegt die Annahme nahe, daß freie Atome bzw. Ionen von den bereits vorhandenen Staubteilchen aufgesammelt werden. Dabei sollten in der Regel Atome mit kleinerer Ionisationsenergie χ_0 leichter gebunden werden können. Tatsächlich zeigen die Elemente mit kleinerem χ_0 stärkere Unterhäufigkeiten – von N, O und C nimmt χ_0 über Si, Fe, Ti bis zu Ca systematisch ab. Li, Na und K mit χ_0-Werten ähnlich dem von Ca passen mit relativ geringen Unterhäufigkeiten nicht in diese Relation. Diese sind jedoch die einzigen der im interstellaren Raum nachgewiesenen Elemente, die mit einem H-Atom ein chemisch gesättigtes Molekül bilden können. Wenn dies an der Oberfläche eines Staubteilchens geschieht, dann wird ein solches Molekül sofort ausgestoßen und im interstellaren Raum bald durch Strahlung dissoziiert. Zusammenfassend kann man sagen, daß in den Wolken etwa die Hälfte der Elemente schwerer als Helium in Staubteilchen gebunden ist, von den temperaturbeständigen Elementen, wie Ca, Al und Fe, sind es über 99%.

Daß in Wolken hoher Geschwindigkeit nur geringe Unterhäufigkeiten gefunden werden, könnte auf eine teilweise Zerstörung der Staubteilchen in heißen Stoßfronten zurückzuführen sein.

Die Ergebnisse für die *Häufigkeit des Wasserstoffmoleküls* werden oft durch das Verhältnis der in H_2 gebundenen H-Atome zu den freien H-Atomen ausgedrückt:

$$f = \frac{2\mathfrak{N}(H_2)}{\mathfrak{N}(H)} = \frac{2\bar{N}(H_2)}{\bar{N}(H)}. \tag{IV.145}$$

Für Sterne mit $E_{B-V} < 0.1$ findet man allgemein nur sehr kleine Werte $f < 10^{-4}$, meist zwischen 10^{-5} und 10^{-6}. Demgegenüber werden für $E_{B-V} \approx 0.1 \ldots 0.6$ (Sterne mit höheren E_{B-V} sind wegen ihrer geringen scheinbaren Helligkeit noch nicht untersucht worden) Werte von 5% bis 70% molekularen Wasserstoffs gefunden. Der Übergang zu praktisch vollständig molekularen Wasserstoff findet etwa bei einer Gesamtdichte $N(\mathrm{HI}) + 2N(H_2) = 100$ H-Atome cm^{-3} statt. Bereits in den typischen Dunkelwolken mit visuellen Extinktionswerten $A_V = 3\,E_{B-V}$ von einigen Größenklassen dürfte daher der Wasserstoff in Form von H_2 vorliegen, in Übereinstimmung mit den Betrachtungen in IV.2.2.

Häufigkeiten der Elemente in HII-Regionen: Den Ausgangspunkt bilden Beobachtungen von Emissionslinien: Für Wasserstoff und Helium optische und Radio-Rekombinationslinien, für die höheren Elemente die stoßangeregten optischen Linien. Im Fall kleiner optischer Dicke, der bei den optischen Emissionslinien stets vorliegt, lassen sich die Linienstärken durch Ausdrücke der Form

$$I^L = \int N_i N_e F(T_e)\,\mathrm{d}r \tag{IV.146}$$

darstellen, wobei N_i die Anzahldichte der für die Emission verantwortlichen Ionen (oder Atome) bezeichnet. Der Übergang zu N_i bzw. $\mathfrak{N}_i$, der entsprechenden Säulendichte, erfordert daher die Annahme eines Modells der HII-Region. Das heißt, wir benötigen die Form der Verläufe von T_e, N_e und N_i, und benutzen die beobachteten Intensitätsverhältnisse nur zur Bestimmung der über die ganze HII-Region hinweg konstanten relativen Elementhäufigkeiten. Ein solches Modell kann zu vorgegebenen Strahlungseigenschaften des ionisierenden Sternes aus den bereits angegebenen Gleichungen für das Ionisationsgleichgewicht (IV.2.1, Gl. IV.84ff.), den Strahlungstransport (IV.2.1, Gl. IV.87) und das Wärmegleichgewicht (IV.2.3) gewonnen werden. Unvollständigkeit und Ungenauigkeiten der Beobachtungsdaten und die Schwierigkeit, in dem Modell auch unregelmäßige Inhomogenitäten angemessen zu berücksichtigen, lassen diesen Aufwand nur bei wenigen Objekten, wie etwa dem Orionnebel, sinnvoll erscheinen.

Wasserstoff und Helium werden durch ihre optischen Rekombinationslinien, insbesondere Hβ, HeI $\lambda\,5876$ und HeII $\lambda\,4686$, erfaßt; das Verhältnis $N(\mathrm{He}^+)/N(\mathrm{H})$ kann auch aus Radio-Rekombinationslinien bestimmt werden. Für die übrigen Elemente stehen nur die stoßangeregten Linien zur Verfügung.

Bei der einfachsten Annahme: konstanter Temperatur und konstanter Dichte liefert Gl. (IV.52), S. 311, mit N_i statt N_1 und $N' = N_e$ für die stoßangeregten optischen Linien in der Näherung des Zwei-Niveau-Atoms ($I_{\nu,0} = 0$; $h\nu/kT \gg 1$, $\beta = N_e Q_{21}/A_{21} \ll 1$, Wien'sche Näherung für $B_\nu(T)$; B_{12} ausgedrückt durch A_{21} nach Gl. IV.14):

$$I^L = \frac{h\nu}{4\pi} N_i N_e \cdot l \cdot Q_{21}(T_e) \frac{g_2}{g_1} \exp\left\{-\frac{h\nu}{kT_e}\right\}. \tag{IV.147}$$

Und für die optischen Rekombinationslinien folgt aus (IV.43), S. 309,

$$I^L = N_i N_e \cdot l \cdot F(T_e) \tag{IV.148}$$

mit $N_i = N_p = N(\mathrm{H})$ für Wasserstofflinien sowie $N_i = N(\mathrm{He}^+)$ und $N_i = N(\mathrm{He}^{++})$ für Linien des neutralen bzw. einfach ionisierten Heliums. Bei der Bildung von Linienverhältnissen fällt jetzt N_e heraus und es verbleibt nur noch die Abhängigkeit von T_e.

Tabelle IV.13: Logarithmen der relativen Elementhäufigkeiten nach Atomzahlen bezogen auf $\log N(\mathrm{H}) = 12.0$ für vier HII-Regionen. Zum Vergleich sind die entsprechenden Werte für die Sonnenatmosphäre hinzugefügt. (Nach S. A. Hawley)

Element	M42	M8	M16	M20	Sonne
H	12.0	12.0	12.0	12.0	12.0
He	11.0	11.0	11.1	11.1	11.0
N	7.4	7.8	7.7	7.5	8.0
O	8.6	8.5	8.7	8.4	8.9
Ne	8.0	7.6	8.2	8.1	8.0
S	7.2	7.2	7.2	6.9	7.2

Die vorliegenden *Ergebnisse* für die Elementhäufigkeiten in HII-Regionen erstrekken sich im wesentlichen auf H, He, N, O, Ne, S und Fe. Dabei konnte das Verhältnis $N(\mathrm{He})/N(\mathrm{H})$ für eine größere Anzahl von Objekten ermittelt werden, Häufigkeiten höherer Elemente jedoch nur für relativ wenige diffuse Nebel, darunter an erster Stelle der Orionnebel M42. Resultate einer Untersuchung für vier HII-Regionen enthält Tabelle IV.13. Die Genauigkeit dieser Werte dürfte bei $\Delta \log N \approx \pm 0.3$ liegen. Gegenüber den Atmosphären der Sonne und anderer Sterne der Population I scheinen für die hier betrachteten Elemente keine signifikanten Unterschiede zu bestehen.

Indirekte Argumente lassen eine leichte systematische Zunahme der Häufigkeiten der höheren Elemente mit abnehmender Entfernung der HII-Regionen vom galaktischen Zentrum erwarten: Die Anwendung der Gl. (IV.128) auf zahlreiche HII-Regionen ergab, daß T_e mit abnehmendem galaktozentrischen Abstand kleiner wird, im Mittel von etwa 8000 K in der Sonnenumgebung $R \approx R_0$ auf etwa 6000 K bei $R \approx 5$ kpc. Weil die Kühlung der HII-Regionen durch Anregung von Ionen der schwereren Elemente, insbesondere des Sauerstoffs, erfolgt, wird hieraus auf eine entsprechende Zunahme der Häufigkeiten mit abnehmenden R, zwischen $R = R_0$ und $R = 4$ kpc etwa um einen Faktor 2, geschlossen. Analysen der optischen Emissionslinien von HII-Regionen mit verschiedenen galaktozentrischen Distanzen haben dies für die Häufigkeitsverhältnisse O/H und N/H direkt bestätigt.

3 Die interstellaren Staubteilchen

3.1 Optik kleiner fester Partikel

Mie'sche Theorie: Wichtigste Grundlage für die quantitative Deutung der beobachteten Phänomene des interstellaren Staubes, und damit für die Gewinnung von Aussagen über Größe, Form, Zusammensetzung, Masse und Anzahldichte der Staubpartikel, ist die Theorie der Lichtstreuung an kleinen festen Teilchen. Sie behandelt die Beugung von elektromagnetischen Wellen an einem solchen kleinen Körper durch Lösung der Maxwellschen Gleichungen mit den an seiner Oberfläche geltenden Randbedingungen. Für homogene Kugeln ist dieses Problem 1908 durch Gustav Mie exakt gelöst worden. Nimmt man an, daß eine linear polarisierte ebene Welle einfällt (elektrische und magnetische Feldstärke E_0, H_0, Intensität I_0), dann liefert die Mie'sche Theorie die senkrecht und parallel zur Visionsebene (s. Abb. IV.17) schwingenden Komponenten der gestreuten Welle ($E_\perp$, $H_\perp$ und $E_\parallel$, $H_\parallel$, Intensitäten $I_\perp$, $I_\parallel$) in Abhängigkeit vom Streuwinkel Θ, vom *Brechungsindex des Teilchenmaterials* $\mathfrak{n} = n - ik$ und von der Größe

$$\alpha = \frac{2\pi a}{\lambda} \qquad \text{(IV.149)}$$

mit a = *Teilchenradius* – α ist also das Verhältnis des Teilchenumfangs zur Wellenlänge. Dabei werden alle Komponenten in der Form von Reihenentwicklungen dargestellt.

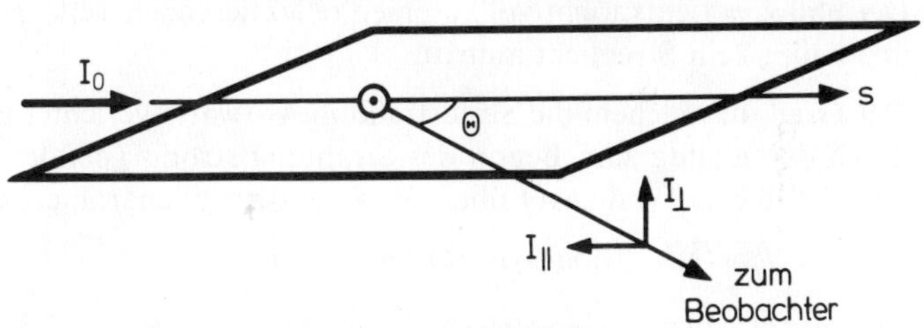

Abb. IV.17: Zur Lichtstreuung an kleinen kugelförmigen Teilchen.

Durch Mittelung über alle möglichen Polarisationsrichtungen der einfallenden Welle kann man mit dieser Lösung insbesondere die normierte Richtungsverteilung der Intensität gestreuten natürlichen Lichtes, die in diesem Fall axialsymmetrische **Streufunktion** oder Phasenfunktion $p(\Theta)$ ableiten (PSS IV.1.4). Die Streustrahlung ist im allgemeinen teilweise polarisiert. Andererseits liefert die Berechnung des Poynting-Vektors und Integration über alle Richtungen die Beiträge der gestreuten und der im Teilchen absorbierten Strahlungsenergie. Damit kann das astrophysikalisch besonders wichtige Verhältnis dieser Energiebeträge zu der pro Flächeneinheit einfallenden Energie, der **„Extinktionsquerschnitt"** des Teilchens C_{ext}, ermittelt werden. Es gilt $C_{ext} = C_{sca} + C_{abs}$, wobei sich C_{sca} – in allgemein eingebürgerter Bezeichnung – auf den Anteil des gestreuten (scattered) und C_{abs} auf den Anteil des absorbierenden Lichtes bezieht; verschwindet der Imaginärteil des Brechungsindex, dann gilt $C_{abs} = 0$. Man führt weiter den **Wirkungsfaktor** Q_{ext} ein durch

$$C_{ext} = \pi a^2 \cdot Q_{ext} \tag{IV.150}$$

und hat

$$Q_{ext} = Q_{sca} + Q_{abs}. \tag{IV.151}$$

Bei einer Anzahldichte gleichartiger Staubteilchen N_s [cm^{-3}] ist die relative Änderung der Strahlungsintensität auf dem Wegelement ds infolge der Anwesenheit von $N_s \mathrm{d}s$ Teilchen pro cm^2 gegeben durch $\mathrm{d}I/I = -\pi a^2 Q_{ext} \cdot N_s \mathrm{d}s$. Der üblicherweise definierte „Absorptions"koeffizient pro Längeneinheit (s. IV.1.1) ist daher gegeben durch

$$\kappa_\lambda = \pi a^2 Q_{ext} \cdot N_s. \tag{IV.152}$$

Das Verhältnis der von einem Volumenelement in alle Richtungen gestreuten Energie zu der dem Strahlungsfeld entnommenen Energie wird die **Albedo** der Teilchen genannt und ist gegeben durch

$$\gamma = \frac{Q_{sca}}{Q_{ext}} = \frac{Q_{sca}}{Q_{sca} + Q_{abs}}. \tag{IV.153}$$

Der Fall $\lambda = 1$ entspricht vollkommen reflektierenden Teilchen, während bei $\lambda = 0$ überhaupt kein Streulicht auftritt.

Der Grad, in welchem die Streustrahlung vorwärts gerichtet ist, läßt sich offenbar durch den analog zum Begriff des Strahlungsstroms gebildeten, mit $p(\Theta)$ gewichteten Mittelwert von $cos\Theta$ über alle Raumwinkel charakterisieren:

$$g = \overline{(\cos\Theta)} = \int\int p(\Theta) \cos\Theta \, \mathrm{d}\omega \tag{IV.154}$$

Man nennt g den **Asymmetrieparameter** oder auch Phasenfaktor. Bei vollständiger Vorwärtsstreuung ist $\cos\Theta$ stets gleich eins und man erhält daher auch $g = 1$; bei vollständig isotroper Streuung, $p(\Theta) = 1/4\pi$, folgt $g = 0$, weil die Integrale über die vordere und die hintere Halbkugel gleich, aber von verschiedenen Vorzeichen sind.

Der auf ein Teilchen übertragene Impulsstrom ist gleich Φ/c, wobei Φ den wirksamen Strahlungsenergiefluß bedeutet. Φ besteht aus der vom Teilchen pro Zeiteinheit absorbierten Energie $I_0 \pi a^2 Q_{abs}$ und der gestreuten Energie $I_0 \pi a^2 Q_{sca}$, diese ist aber zu vermindern um den in der ursprünglichen Richtung weiter laufenden Energiestromanteil $I_0 \pi a^2 Q_{sca} \overline{(\cos\Theta)}$. Für die Berechnung des Strahlungsdruckes auf das Teilchen führt man deshalb einen Wirkungsfaktor mit der Bezeichnung

$$Q_{pr} = Q_{abs} + Q_{sca} - Q_{sca}\overline{(\cos\Theta)} = Q_{ext} - Q_{sca}\overline{(\cos\Theta)} \tag{IV.155}$$

ein (*pr* steht für pressure). Die auf das Teilchen ausgeübte Kraft ist damit gegeben durch

$$K_{pr} = \frac{I_0}{c} \pi a^2 Q_{pr} . \tag{IV.156}$$

Bezüglich der analytischen Darstellungen für die Streufunktionen und Wirkungsfaktoren sei auf die im Anhang gegebene Literatur verwiesen. Wir beschränken uns hier auf die qualitative Erläuterung der Ergebnisse und führen dazu typische Beispiele der quantitativen numerischen Auswertung an. Bei festem Brechungsindex hängen Streufunktion und Wirkungsfaktoren in charakteristischer Weise vom Verhältnis α (IV.149) ab. Im Grenzfall sehr kleiner Teilchen $\alpha \ll 1$ ist die Streuung in gleicher Stärke vorwärts und rückwärts gerichtet (gleichgroße Maxima bei $\Theta = 0°$ und 180°, Minimum bei $\Theta = 90°$, wegen der Axialsymmetrie also $g = 0$). Für die Berechnung von Q_{ext} und Q_{sca} genügt dann jeweils das erste Glied der entsprechenden Reihenentwicklung (für $\mathfrak{n}$ komplex bzw. reell):

$$\begin{aligned} Q_{ext} &= -4\alpha \operatorname{Im}\left(\frac{\mathfrak{n}^2-1}{\mathfrak{n}^2+2}\right) \text{ bzw. } \frac{8}{3}\alpha^4\left(\frac{n^2-1}{n^2+2}\right)^2, \\ Q_{sca} &= \frac{8}{3}\alpha^4 \operatorname{Re}\left(\frac{\mathfrak{n}^2-1}{\mathfrak{n}^2+2}\right)^2, \end{aligned} \tag{IV.157}$$

wobei Im und Re bedeuten, daß der Imaginär- bzw. der Realteil zu nehmen ist. Es ist dies der Fall der Rayleigh-Streuung: $Q_{sca} \sim \lambda^{-4}$.

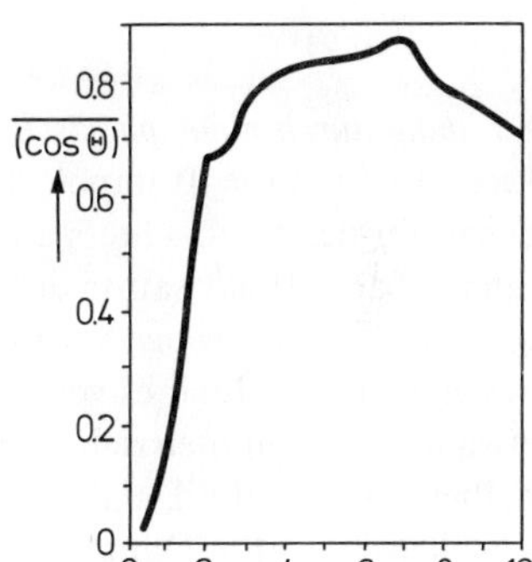

Abb. IV.18: Asymmetrieparameter $g = \overline{(\cos\Theta)}$, definiert durch Gl. (IV.154), in Abhängigkeit von $\alpha = 2\pi a/\lambda$ für kugelförmige feste Teilchen mit dem reellen Brechungsindex $n = 1.33$. (Nach N. C. Wickramasinghe).

Für größere α, etwa $\alpha > 0.1$, wird mit wachsendem Teilchenradius ein immer größerer Bruchteil der Strahlung vorwärts gestreut („Mie-Effekt"). Das Streulicht weist eine richtungsabhängige Polarisation auf, die für $\alpha < 1$ bei $\Theta = 90°$ nahezu vollständig ist – der elektrische Vektor schwingt vorwiegend senkrecht zur Visionsebene. Für $\alpha \gtrsim 1$ liegt das Maximum der dann im allgemeinen schwächeren Polarisation bei anderen Winkeln. Ein Beispiel für die Abhängigkeit des Grades der

Vorwärtsstreuung $g = \overline{(\cos\Theta)}$ von α zeigt Abb. IV.18. Der dabei zugrunde gelegte Brechungsindex $\mathfrak{n} = n = 1.33$ entspricht reinem Wasser-Eis. Für den Wirkungsfaktor Q_{ext} ergibt sich der in Abb. IV.19 dargestellte Verlauf. Für sehr große α geht Q_{ext} gegen den Grenzwert 2 (vgl. dazu die Bemerkung in III.1.1 im Anschluß an Gl. III.13); bei sehr kleinen α hat man in diesem Fall $Q_{ext} = Q_{sca} \sim \alpha^4$ und daher $Q_{abs} = 0$. Typisch ist vor allem der allgemein – auch für Brechungsindizes mit endlichem Imaginärteil – gefundene, angenähert lineare Anstieg von $Q_{ext}(\alpha)$ innerhalb eines bestimmten Bereiches bei $\alpha \approx 1$, der in diesem Beispiel bis $\alpha \approx 4$ reicht und für metallische Teilchen steiler ist. Er bedeutet, daß kleine Kugeln mit Radien von der Größenordnung der Wellenlänge des einfallenden Lichtes eine Verfärbung bewirken können, wie man sie für die interstellare Extinktion im Sichtbaren findet, nämlich angenähert

$$A_\lambda \sim Q_{ext} \sim \lambda^{-1}.$$

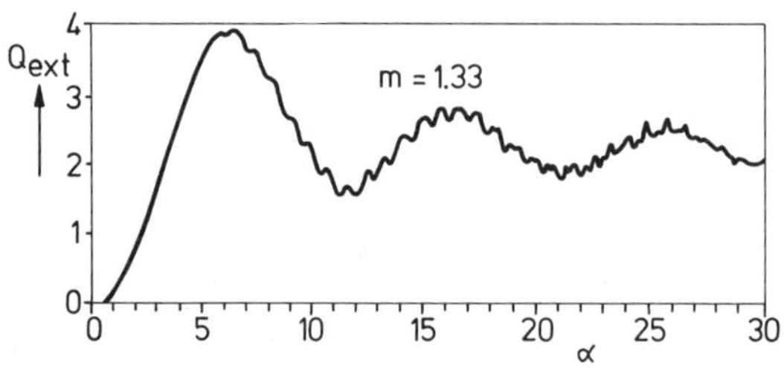

Abb. IV.19: Wirkungsfaktor Q_{ext} für homogene Kugeln mit dem reellen Brechungsindex $n = 1.33$ in Abhängigkeit von $\alpha = 2\pi a/\lambda$.

Streuung durch nichtsphärische Teilchen: An kleinen Kugeln gestreutes natürliches Licht ist für $\Theta = 0$ unpolarisiert, weil – im Gegensatz zu $\Theta \neq 0$ – keine den Sehstrahl des Beobachters enthaltende Ebene ausgezeichnet ist. Die Deutung der interstellaren Polarisation des Sternlichtes erfordert deshalb einen Anteil einheitlich orientierter *anisotroper* Streuteilchen, die für verschiedene Schwingungsrichtungen des einfallenden Lichtes verschieden große Extinktionsbeträge ergeben. Man denke etwa an axialsymmetrische längliche Teilchen. Wir betrachten hier der Einfachheit halber nur den Fall, daß Licht senkrecht zur Längsachse (Symmetrieachse) des Teilchens einfällt. Dann hat man zu unterscheiden zwischen Extinktionsquerschnitten $C_\parallel$ und $C_\perp$ für parallel bzw. senkrecht zu dieser Achse schwingenden elektrischen Vektor. Die entsprechenden Wirkungsfaktoren $Q_\parallel$ und $Q_\perp$ ergeben sich, wenn man jeweils noch durch den geometrischen Teilchenquerschnitt dividiert.

Analytische Ausdrücke zur Berechnung von $Q_\parallel$ und $Q_\perp$ sind nur für wenige spezielle Fälle bekannt. Von diesen fanden lange Zylinder (Länge $l \gg$ Radius a) und axialsymmetrische Ellipsoide mit Halbachsen $\ll \lambda/2\pi$ Anwendung. Ein Beispiel aus den vorliegenden Ergebnissen zeigt Abb. IV.20a. Zur Gewinnung von Wirkungsfaktoren für andere Teilchenformen, darunter auch längliche oder abgeplattete Rotationsellipsoide mit Halbachsen $\gtrless \lambda/2\pi$, hat man davon Gebrauch gemacht, daß alle Streueigenschaften stets vom Verhältnis Teilchengröße/Wellenlänge abhängen: Geht man zu wesentlich größeren Wellenlängen über, dann müssen entsprechend vergrößerte Körper aus dem gleichen Material und von gleicher Form dieselben Streueigenschaften zeigen. Durch Bestrahlung solcher Körper von handlicher Größe mit Mikrowellen, und Messung der Streustrahlung, ist es daher möglich, die gewünschten Streufunktionen und Wirkungsfaktoren empirisch zu bestimmen. Ein Beispiel für Ergebnisse, die von J. M. Greenberg und Mitarbeitern mit dieser Methode der Mikrowellen-Analogie gewonnen wurden, zeigt Abb. IV.20b. Man findet ganz allgemein, daß die Differenz zwischen $Q_\parallel$ und $Q_\perp$, und damit der Polarisationsgrad, zwischen $\varrho = 2\alpha(n-1) = 0$ und dem Wert von ϱ für das erste Maximum am größten ist. Dies gilt auch für abgeflachte Teilchen.

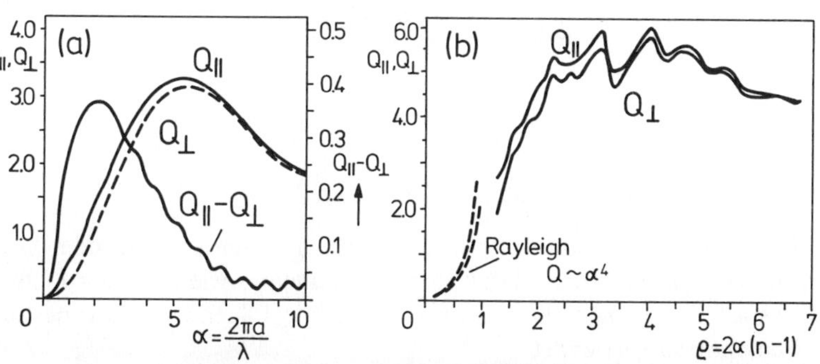

Abb. IV.20: (a) Wirkungsfaktoren für lange Zylinder vom Radius a mit dem Brechungsindex $n = 1.33 - 0.05i$. $Q_\parallel$ und $Q_\perp$ gelten für Zylinderachsen parallel bzw. senkrecht zum elektrischen Vektor der einfallenden Welle, die sich senkrecht zur Zylinderachse ausbreitet. $Q_\parallel - Q_\perp$ bestimmt den Grad der linearen Polarisation. (b) Mit der Mikrowellen-Analogmethode bestimmte Wirkungsfaktoren $Q_\parallel$ und $Q_\perp$ für Rotationsellipsoide mit dem Achsenverhältnis Rotationsachse: kleine Achse = 2 : 1 und dem Brechungsindex $n = 1.33 - 0.05i$. (Nach J. M. Greenberg).

Für die mit $Q_\parallel$ und $Q_\perp$ gebildeten optischen Dicken $\tau_\parallel$ und $\tau_\perp$ erhält man die entsprechenden Intensitäten

$$I_\parallel = \frac{1}{2} I_0 e^{-\tau_\parallel} \quad \text{und} \quad I_\perp = \frac{1}{2} I_0 e^{-\tau^\perp} \qquad \text{(IV.158)}$$

mit der Eigenschaft $I = I_\parallel + I_\perp$ = Intensität der geschwächten Strahlung. Wenn $Q_\parallel > Q_\perp$, wie man es in diesem wichtigen Bereich vor dem ersten Maximum der Q-Kurven findet, dann folgt hiernach $I_\parallel < I_\perp$. Das heißt, einfallendes natürliches Licht wird senkrecht zur großen Teilchenachse polarisiert.

Der in III.1.2, Gl. (III.22) definierte Polarisationsbetrag in Größenklassen ergibt sich mit (IV.158) zu

$$\Delta m_p = -2.5 \log \frac{I_\parallel}{I_\perp} = 1.086\,(\tau_\parallel - \tau_\perp)\,. \tag{IV.159}$$

Für die Extinktion der Strahlung aller Schwingungsrichtungen erhält man im Fall schwacher Polarisation ($|\tau_\parallel - \tau_\perp| \ll 1$)

$$A = -2.5 \log \frac{I}{I_0} = 1.086 \left(\frac{\tau_\parallel + \tau_\perp}{2} \right), \tag{IV.160}$$

weil dann gilt

$$\frac{1}{2}(e^{-\tau_\parallel} + e^{-\tau_\perp}) = \exp\left(-\frac{\tau_\parallel + \tau_\perp}{2} \right) \cosh\left(\frac{\tau_\parallel - \tau_\perp}{2} \right)$$

$$\approx \exp\left(-\frac{\tau_\parallel + \tau_\perp}{2} \right).$$

3.2 Natur der interstellaren Staubteilchen

Albedo und Streufunktion: Aussagen darüber lassen sich aus dem Betrag und der relativen Verteilung des Galaktischen Streulichtes wie auch des Lichtes der Reflexionsnebel gewinnen. Dabei wird häufig die folgende Näherungsformel für die Streufunktion verwendet

$$p(\Theta) = \frac{1 - g^2}{4\pi} (1 + g^2 - 2g \cos\Theta)^{-3/2}\,. \tag{IV.161}$$

Dieser Ansatz ermöglicht die Wiedergabe der wesentlichen Züge nach der Mie'schen Theorie berechneter Streufunktionen und er ist allein durch den Asymmetrieparameter $g = \overline{(\cos\Theta)}$ (Gl. IV.154f.) festgelegt.

Für eine Schicht interstellaren Staubes mit der geometrischen Dicke Δs und der sehr kleinen optischen Dicke $\Delta\tau = \pi a^2 Q_{ext} \cdot N_s \Delta s \ll 1$ ist die Intensität des unter dem Winkel Θ gegen die Einfallsrichtung gestreuten Lichtes gegeben durch $I' = \Delta\tau \cdot I_0 \cdot \gamma \cdot p(\Theta)$ mit γ = Albedo. Dies ist der Fall der Einfachstreuung: Die Extinktion ist so gering, die Anzahl der Teilchen so klein, daß es auf dem Weg der Strahlung durch die Schicht praktisch nie zu einer zweiten Streuung von bereits einmal gestreutem Licht kommt.

Kann eine interstellare Wolke nicht mehr als optisch dünn betrachtet werden, dann spielt die Mehrfachstreuung eine Rolle und man stößt damit auf ein kompliziertes Strahlungstransportproblem. Ein erfolgreich beschrittener Weg zu seiner Lösung ist die Ermittlung der Intensität des gestreuten Lichtes I' durch numerische Rechnungen nach der sogenannten Monte-Carlo-Methode. Dabei simuliert man den mit einem oder mehreren Streuprozessen verbundenen individuellen Weg durch die

Teilchenwolke für jedes einzelne einer sehr großen Anzahl aus gleicher Richtung einfallender Photonen. Für die beim Einzelprozeß auftretenden Streuwinkel Θ wählt man Zufallszahlen mit der Wahrscheinlichkeitsverteilung (IV.161). Zu jedem vorgegebenen Tripel von Parametern (γ, g, τ), wobei τ = optische Dicke der z.B. als kugelförmig angenommenen Wolke, erhält man eine Intensitätsverteilung des Streulichtes $I' = I_0 \cdot S(\Theta)$, die für $\tau \ll 1$ übergeht in $I_0 \cdot \gamma \cdot p(\Theta)$.

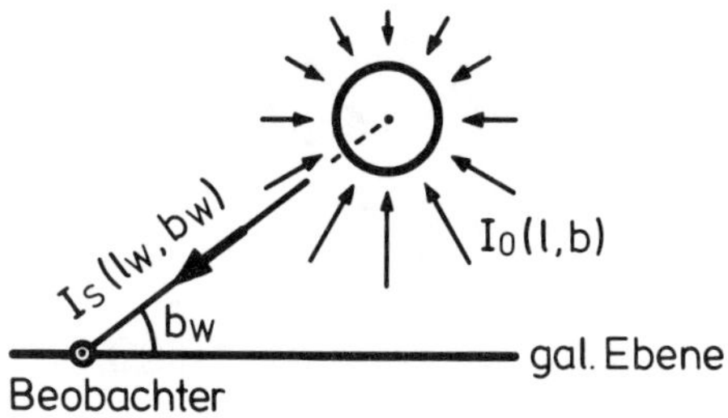

Abb. IV.21: Zur Berechnung des galaktischen Streulichtes.

Hiernach kann man nun etwa das von einer bestimmten Wolke in die feste Richtung zum Beobachter (gegeben durch die galaktischen Koordinaten des Mittelpunkts der Wolke l_w, b_w) fallende Streulicht $I_S(l_w, b_w)$ berechnen, dessen Quelle die am Ort der Wolke vorliegende Helligkeitsverteilung des Milchstraßenlichtes $I_0(l, b)$ ist (Abb. IV.21):

$$I_s(l_w, b_w) = \int\int I_0(l, b)\, S(\Theta) \cos b \; \mathrm{d}l \mathrm{d}b\,. \tag{IV.162}$$

Dabei ist Θ der Winkel zwischen den Richtungen (l_w, b_w) und (l, b). Ist die optische Dicke der Wolke τ bzw. die entsprechende Extinktion A_V bekannt (z.B. aus Sternzählungen), dann hängt $S(\Theta)$, und damit das Resultat für $I_S(l_w, b_w)$, nur von den beiden Parametern γ und g ab. Beobachtungsergebnisse für wenigstens zwei Wolken bei möglichst verschiedenen galaktischen Breiten erlauben daher die Bestimmung beider Parameter. Diese Betrachtungen können auch auf das Galaktische Streulicht der ganzen Wolkenschicht ausgedehnt werden.

Nach den vorliegenden Resultaten wird sichtbare und UV-Strahlung verhältnismäßig stark vorwärts gestreut: $g \approx 0.6 \ldots 0.8$. Damit werden sehr kleine Teilchen mit Radien $a < 0.01$ µm, wie etwa große komplexe Moleküle, als Ursache des Streulichtes ausgeschlossen. Interessant ist weiter, daß die im sichtbaren Bereich relativ hohe Albedo des Staubes (s. Abb. IV.22) an der Stelle des „Höckers" der Extinktionskurve bei $\lambda \approx 2200$ Å, entsprechend $\lambda^{-1} = 4.6\ \mu\mathrm{m}^{-1}$, in ein Minimum absinkt: Die hier auftretende Verstärkung der Extinktion muß also durch echte Absorption hervorgerufen werden. Unterhalb von 2000 Å steigt die Albedo wieder an.

Aussagen über die Streueigenschaften der interstellaren Staubteilchen können grundsätzlich auch aus den Messungen an typischen Reflexionsnebeln gewonnen werden. Ungenügende Kenntnis der Geometrie (Form des Nebels, Lage zum beleuchteten Stern) führt hier jedoch oft zu erheblichen Unsicherheiten.

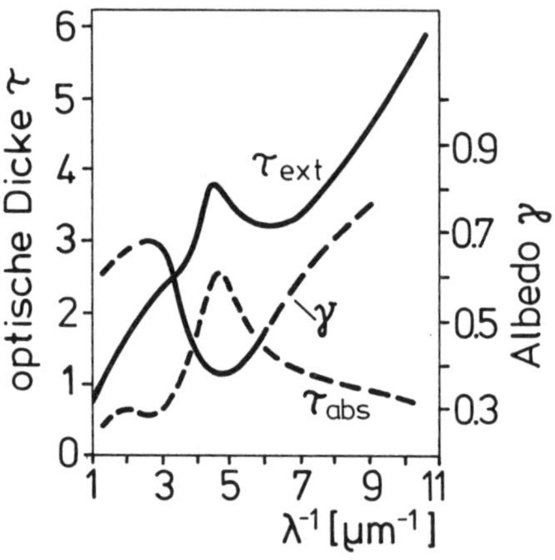

Abb. IV.22: Abhängigkeit der Albedo γ des interstellaren Staubes von der reziproken Wellenlänge. Im Bereich $\lambda^{-1} > 6\ \mu m^{-1}$, etwa entsprechend $\lambda < 1700$ Å, sind die vorliegenden Ergebnisse noch unsicher. Zum Vergleich sind die Verläufe der optischen Tiefen der Extinktion ($\tau_{ext} = A_\lambda/1.086$) und des Anteils der reinen Absorption (τ_{abs}) für eine Säulendichte $\mathfrak{N}$(HI) $= 3 \cdot 10^{21}$ H-Atome cm^{-2} eingezeichnet. (Nach S. Drapatz).

Deutung der Extinktionskurve: Wir haben bereits in IV.3.1 festgestellt, daß man die beobachtete Wellenlängenabhängigkeit der interstellaren Extinktion im sichtbaren Spektralbereich näherungsweise darstellen kann mit der Annahme homogener dielektrischer oder metallischer Kugeln gleichen Durchmessers von der Größenordnung der Wellenlänge. Wegen des früheren und steileren Anstieges der Q-Kurven für metallische Kugeln müßten für diese lediglich entsprechend kleinere Teilchenradien angesetzt werden. Die Annäherung an die Beobachtungen kann fast bis zur Perfektion gesteigert werden, wenn man eine geeignete Häufigkeitsverteilung der Teilchenradien $f(a)$ annimt und das normierte Verfärbungsgesetz aus (III.1.1, Gl. III.10)

$$F(\lambda) = \frac{C(\lambda) - C(\lambda_V)}{C(\lambda_B) - C(\lambda_V)} \tag{IV.163}$$

berechnet mit dem Extinktionsquerschnitt

$$C(\lambda) = \int_0^\infty Q_{ext}(a, \lambda)\pi a^2 f(a) \mathrm{d}a\,. \tag{IV.164}$$

Eine gute Darstellung des mittleren beobachteten Verlaufes von $F(\lambda)$ zwischen $\lambda \approx 4000$ Å und $\lambda \approx 1$ µm liefert *beispielsweise* die Annahme reiner H_2O-Eisteilchen mit der Radienverteilung $f(a) = \exp(-a/a_0)$ für $a_0 = 0.075$ µm (Abb. IV.23) oder etwa die Wahl von Silikat- und Graphitteilchen mit $f(a) \sim a^{-3.5}$. Die Anpassung gelingt aber auch mit Eisenkügelchen von 0.02 µm Durchmesser. Über die Natur der Teilchen ergeben sich auf diesem Wege also kaum Anhaltspunkte.

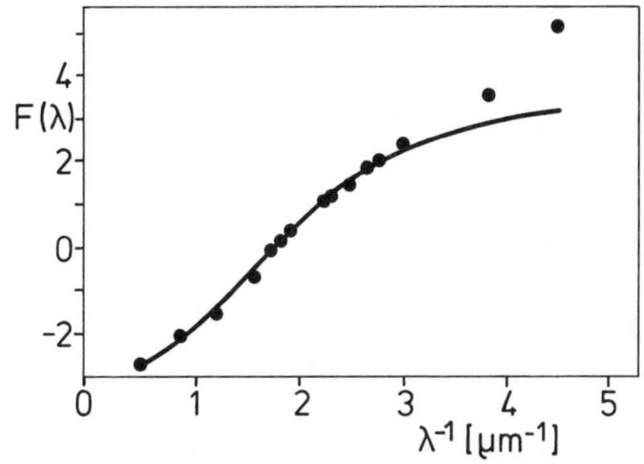

Abb. IV.23: Darstellung des beobachteten normierten Verfärbungsgesetzes (Punkte) im Bereich $\lambda^{-1} < 3$ µm^{-1} mit der Annahme kugelförmiger Wassereisteilchen (reeller Brechungsindex $n = 1.33$). (Nach N. C. Wickramasinghe).

Gewisse Einschränkungen des annehmbaren Teilchenmaterials brachten die Beobachtungsergebnisse für den Verlauf von $F(\lambda)$ im Ultraviolett. Nach den Resultaten für die Albedo im Bereich des „Höckers" der Extinktionskurve bei $\lambda \approx 2200$ Å benötigt man (auch) ein Material, das an dieser Stelle stark absorbiert, aber unterhalb von 2000 Å wieder gut reflektiert. Diese Eigenschaften lassen sich mit Eisteilchen auf keinen Fall reproduzieren. Demgegenüber besitzt das Absorptionsvermögen von Graphit gerade dort ein ausgesprochenes Maximum. Man benötigt jedoch sehr kleine Graphitteilchen mit $a \approx 0.02$ µm. Die Darstellung des Verlaufes im Sichtbaren würde andererseits merklich größere Graphitteilchen ($a \approx 0.05$ µm) erfordern, deren Anwesenheit wiederum im UV zu Abweichungen von der beobachteten Kurve führen müßte. Da man mit diesen kleinen Graphitteilchen weder die starke Vorwärtsstreuung noch die relativ hohe Albedo im Bereich $\lambda \gtrsim 3000$ Å befriedigend erklären kann, ist die Annahme von Graphit als einzigem Material nicht vertretbar. Auch Eismäntel um die Graphit-Teilchen scheinen keine wesentliche Änderung bringen zu können, weil sie sehr dünn sein müßten, wenn die 2200 Å-Absorption erklärt werden soll. Führt man also dieses Strukturmerkmal auf kleine Graphit-Teilchen zurück, dann muß noch eine weitere Komponente interstellaren Staubes angenommen werden. Beispielsweise würden relativ große Eisteilchen – eventuell mit geringen Beimengungen anderer Substanzen („Verunreinigungen") – nicht nur die Extinktionskurve, sondern auch die Albedo und den Asymmetriefaktor im Bereich $\lambda \gtrsim 3000$ Å ergeben.

Einen bemerkenswerten Hinweis hierzu liefert die Interpretation der in III.1.2 erwähnten Vorzeichenumkehr der beobachteten zirkularen Polarisation bei der Wellenlänge $\lambda_0 \approx \lambda_{max}$. Wir beschränken uns auf die Mitteilung des Ergebnisses: $\lambda_0 \approx \lambda_{max}$ ist nur für einen sehr kleinen Imaginärteil des Brechungsindex $k \approx 0$ zu erwarten, für zunehmende endliche Werte k erfolgt die Vorzeichenumkehr bei immer größeren Wellenlängen $\lambda_0 > \lambda_{max}$. Für die Teilchen, welche die interstellare Extinktion und Polarisation der sichtbaren Sternstrahlung verursachen, fordern die Beobachtungen somit einen kleinen Wert k, wie ihn verunreinigte Eisteilchen oder auch Silikatteilchen besitzen, während beispielsweise Graphit weitgehend ausgeschlossen werden muß.

Die Identifikation des Höckers der Extinktionskurve im UV als Absorptionsstruktur des Graphit ist keineswegs zwingend. Er kann auch mit der Annahme von Silikatteilchen befriedigend erklärt werden, wie am Beispiel von Enstatit (Fe, Mg)SiO_3 gezeigt worden ist. Die Lage der Absorption hängt jedoch empfindlich von der Größe und Form der Teilchen ab. Die in einigen stark verfärbten Sternen beobachtete kräftige Absorption im Infrarot bei $\lambda \approx 10$ µm (vgl. III.1.1, Abb. III.4) läßt sich ebenfalls nur mit einer Mischung verschiedener Silikate erklären. Will man auch den sichtbaren Bereich einbeziehen, dann ergibt sich diesselbe Situation wie beim Graphit: man braucht noch Teilchen einer anderen Größe und Komposition. Es wurden deshalb Berechnungen theoretischer Extinktionskurven für zahlreiche Mischungen verschiedener Teilchensorten aus Eis mit Verunreinigungen, Graphit, Siliziumkarbid, meteoritischen Silikaten, Metalloxiden usw. – teilweise auch mit Eismänteln – durchgeführt. Die Darstellung der Beobachtungen ist mit verschiedenen Teilchenkombinationen möglich und läßt daher keine zwingenden Schlüsse auf die wahre chemische Komposition zu. Es ist jedoch ziemlich sicher, daß man wenigstens zwei oder drei verschiedene Komponenten benötigt: relativ große dielektrische Teilchen für den sichtbaren und infraroten Bereich und kleinere, teilweise stark absorbierende Teilchen für das Ultraviolett; für den Anstieg der Extinktion unterhalb von $\lambda \approx 2000$ Å sind sehr kleine Teilchen mit Radien $\lesssim 0.03$ µm nötig, die im Visuellen praktisch unmerklich bleiben.

Ein bemerkenswertes Teilchenmodell, mit dem die beobachtete Extinktionskurve zwischen $\lambda = 0.1$ und 20 µm dargestellt werden kann, legt Graphit- und Silikatteilchen zugrunde mit einer Radienverteilung $f(a) \sim a^{-3.5}$ zwischen $a = 50$ Å und 0.25 µm (J. S. Mathis et al. 1977). Staubteilchenmodelle dieser Art versagen bei der Erklärung der in Abschnitt III.1.3 beschriebenen beobachteten Infrarotemission des Staubes. Andererseits sind die zur Deutung der Infrarotemission vorgeschlagenen sehr kleinen Teilchen und großen aromatischen Moleküle geeignet, den Anstieg der Extinktion im Ultraviolett wiederzugeben. Ein 3-Komponenten-Modell aus „klassischen" dielektrischen Teilchen mit Verunreinigungen ($a > 100$ Å), sehr kleinen Kohlenstoffteilchen (dünne Graphitblättchen mit $a \approx 15 \ldots 100$ Å) und polyzyklischen aromatischen Kohlenwasserstoffen (PAHs) mit $a \approx 3 \ldots 25$ Å vermag daher sowohl die Extinktion wie die Emission zu deuten (J. L. Puget und A. Léger 1989, s. Literaturverzeichnis). Von der insgesamt durch interstellaren „Staub“ absorbierten Sternstrahlung würde dann rund die Hälfte durch die sehr kleinen Teilchen und die PAHs absorbiert und vorwiegend bei 15 ... 60 µm bzw. 3 ... 12 µm reemittiert; die andere Hälfte würden die klassischen Teilchen absorbieren und im Bereich 60 ... 1000 µm reemittieren.

Deutung der interstellaren linearen Polarisation: Wir wollen voraussetzen, daß alle festen Partikel die gleiche Form mit nur einer ausgezeichneten Symmetrieachse besitzen. Bei Eisteilchen mit Verunreinigungen oder etwa bei Silikatteilchen nimmt man dabei die größte Ausdehnung in der Symmetrieachse an, und betrachtet sie beispielsweise als lange Zylinder oder längliche bis nadelförmige Rotationsellipsoide. Graphit kristallisiert bei niedrigen Drucken zu dünnen Plättchen, die aus ebenen Schichten von Atomen bestehen und hochgradig anisotrope elektrische Eigenschaften besitzen; sie können näherungsweise als stark abgeplattete Rotationsellipsoide betrachtet werden. Senkrecht zur Symmetrieachse, also parallel zur Plättchenebene, ist die elektrische Leitfähigkeit etwa um den Faktor 100 größer als quer zum Plättchen. Entsprechend gilt für die Extinktionsquerschnitte, in denen in diesem Fall der Absorptionsanteil dominert, $C_{\parallel}/C_{\perp} \gg 1$. Dabei soll $C_{\parallel}$ für Licht mit dem elektrischen Vektor parallel zur Plättchenebene gelten. Für die Berechnung der Extinktion A_{λ} durch beliebig orientierte Graphitplättchen kann man deshalb näherungsweise kugelförmige Teilchen ansetzen, deren Durchmesser gleich dem großen Durchmesser der Graphitplättchen ist.

Sind alle großen Teilchenachsen parallel zueinander und dabei senkrecht zum einfallenden Sternlicht (Sehstrahl) angeordnet, dann ist die Differenz der optischen Dicken für Licht mit parallel bzw. senkrecht zu den großen Teilchenachsen schwingendem elektrischem Vektor gegeben durch $\tau_{\parallel} - \tau_{\perp} = (C_{\parallel} - C_{\perp})\, \bar{N}_s \cdot r$. Vollständige Ausrichtung der Teilchen im interstellaren Raum ist allerdings sehr unwahrscheinlich. Man setzt deshalb allgemeiner für den Betrag der resultierenden Polarisation in Größenklassen an

$$\Delta m_p = 1.086 \cdot f \cdot (C_{\parallel} - C_{\perp}) \cdot \bar{N}_s \cdot r, \tag{IV.165}$$

wobei der Faktor f durch den **Grad der Ausrichtung** bestimmt ist: $f = 1$ entspricht vollständiger Ausrichtung, $f = 0$, und damit $\Delta m_p = 0$, ergibt sich bei zufälliger Orientierung der Teilchen. In Verbindung mit Gl. IV.160) folgt weiter

$$\frac{\Delta m_p}{A} = 2f \frac{C_{\parallel} - C_{\perp}}{C_{\parallel} + C_{\perp}}. \tag{IV.166}$$

Diese Beziehung verknüpft den Grad der Ausrichtung und die optische Anisotropie der Teilchen unmittelbar mit einer beobachteten Größe. Die Gewinnnung des Faktors f über eine Theorie der Ausrichtung der Teilchen im interstellaren Magnetfeld wird in IV.3.3 erörtert.

Die beobachtete Abhängigkeit der linearen Polarisation $P(\lambda) = \Delta m_p(\lambda)/2.172$ von der reziproken Wellenlänge (III.1.2, Abb. III.7) besitzt eine ähnliche Form wie der Verlauf von $Q_\parallel - Q_\perp$ mit $\alpha = 2\pi a/\lambda$ für lange Zylinder (Abb. IV.20a) oder andere nichtsphärische Teilchen. Bei geeigneter Wahl der Teilchengröße, oder besser – zur Glättung der Kurve – eines Teilchenspektrums endlicher Breite, läßt sich daher der beobachtete Verlauf von $P(\lambda)/P_{max}$ mit λ_{max}/λ gut darstellen. Der zum Maximum von $Q_\parallel - Q_\perp$ gehörige Wert $\alpha_{max} = 2\pi a/\lambda_{max}$ liefert dann eine Aussage über den mittleren Teilchenradius. Für Zylinder folgt beispielsweise nach Abb. IV.20a $\alpha_{max} \approx 2.5$, so daß sich mit $\lambda_{max} \approx 5\,500$ Å ein mittlerer Wert $a \approx 2 \cdot 10^{-5}$ cm ergibt. Der Schluß ist jedoch nicht eindeutig, da eine befriedigende Darstellung auch für andere Annahmen über den Brechungsindex mit entsprechend geändertem Teilchenradius möglich ist. Diese Interpretation geht davon aus, daß der Brechungsindex nicht mit λ variiert, womit sich ein Argument für Dielektrika und beispielweise gegen Graphit ergibt.

Für eine Abschätzung des Ausrichtungsgrades f entnehmen wir aus Abb. IV.20a bei $\alpha = \alpha_{max} \approx 2.5$, entsprechend $\lambda \approx \lambda_V$, das Verhältnis $2(Q_\parallel - Q_\perp)/(Q_\parallel + Q_\perp) = 2(C_\parallel - C_\perp)/(C_\parallel + C_\perp) \approx 0.3$. Ähnliche Resultate ergeben sich für längliche Ellipsoide. Mit dem durchschnittlichen beobachteten Wert $\Delta m_p(V)/A_V \approx 0.03$ (s. III.1.2) liefert dann Gl. (IV.166) $f \approx 0.1$.

Die in III.1.2 erwähnte Variation von λ_{max} zwischen 0.45 und 0.8 µm von Bereich zu Bereich an der Sphäre legt den Schluß nahe, daß die Eigenschaften der in dem betrachteten Wellenlängenbereich zur Polarisation beitragenden Teilchen von Wolke zu Wolke etwas variieren. Insbesondere bedeutet ein größerer Wert λ_{max}, daß a größer ist, wodurch der Anstieg von $Q_\parallel$ und $Q_\perp$ mit $1/\lambda$ steiler wird: Die Differenz zwischen der Extinktion im Infrarot und im Visuellen wird größer, es resultiert ein tieferer Grenzwert von $E_{\lambda-V}/E_{B-V}$ für $\lambda \to \infty$ (s. III.1.1, Abb. III.3) und damit ein größerer Betrag von $A_V/E_{B-V} = R$ (≈ 4 bis 5 statt 3). Die genauere Untersuchung führte auf die Relation (D. C. B. Whittet und I. G. van Breda 1978)

$$R \approx 5.6\, \lambda_{max}\ [\mu\mathrm{m}]. \qquad \text{(IV.167)}$$

Die diffusen interstellaren Bänder: Es wurden zwei Möglichkeiten der Deutung diskutiert: (a) Erzeugung durch freie Moleküle und (b) Erzeugung durch feste Teilchen. Im Fall (a) sollte die Absorption nicht mit einer Polarisation verbunden sein, denn es ist kein Mechanismus bekannt, der eine einheitliche Ausrichtung von freien Molekülen im interstellaren Magnetfeld bewirken könnte. Die Hypothese (a) könnte also ausgeschlossen werden, wenn sich die Polarisation in den Bändern von der des benachbarten Kontinuums unterscheiden würde. Nach neueren Beobachtungen hoher Genauigkeit ist das jedoch nicht der Fall. Breite Absorptionsstrukturen freier Moleküle in diffusen interstellaren Wolken könnten auf elektronische Übergänge in besonders stabilen vielatomigen Molekülen zurückgehen. Bei hinreichend großer Molekülmasse rücken die einzelnen Rotationslinien einer Bande so nahe zusammen, daß sie sich teilweise überdecken und praktisch ein gleichmäßiges, breites Band ergeben.

Für die Hypothese (b) lassen sich verschiedene Argumente anführen. Wir erwähnen Untersuchungen, nach denen die breiten Absorptionsbänder durch elektronische Übergänge von Metallionen wie etwa Fe^{2+}, Ni^{2+}, Cr^{3+} usw. erzeugt werden können, die sich im Kristallgitter der festen interstellaren Teilchen befinden. Dabei kann die Verbreiterung durch Wechselwirkung mit dem Gitter erfolgen. Insbesondere wurde hierzu gezeigt, daß die Oszillatorenstärke der Übergänge für Ionen an defekten Gitterstellen um Faktoren 10^2 bis 10^3 größer sind als in vollkommenen Kristallen. Erst hierdurch erscheint es möglich, daß die relativ geringen Häufigkeiten derartiger Metallionen für eine quantitative Deutung der diffusen Bänder ausreichen – sofern die interstellaren Teilchen mehr Gitterfehler aufweisen als die im Labor studierten festen Körper.

Der Befund gleicher Polarisation in den diffusen Bändern und im benachbarten Kontinuum ergibt hier jedoch eine Einschränkung: Diese Bänder müssen von einer Teilchenkomponente erzeugt werden, die nicht zur interstellaren Polarisation beiträgt, sie können also nicht in denselben Teilchen entstehen, welche die Extinktion der sichtbaren Sternstrahlung verursachen. Es wurde deshalb vorgeschlagen, sehr kleine Teilchen („Cluster" von Molekülen) mit Dimensionen $< 0.03\ \mu m = 300$ Å als Träger der „Verunreinigungen" zu betrachten, denen die Bänder zugeschrieben werden: Nur für sehr kleine Teilchen besitzt die Kontur des Bandes die gleiche Form wie das Absorptionsprofil des eingelagerten Materials selbst. Da man für die Erklärung des Anstieges der Extinktion im UV ($\lambda < 2000$ Å) ohnehin zu der Annahme einer Komponente sehr kleiner Teilchen geführt wird, läge es nahe, in diesen auch die Erzeuger der interstellaren Bänder zu vermuten.

Herkunft des Staubes: Schon nachdem die ersten Bestimmungen des Gesetzes der interstellaren Verfärbung für den sichtbaren Bereich vorlagen, hatte man versucht, Information über die Natur des interstellaren Staubes aus vernünftig erscheinenden Annahmen über dessen Herkunft zu gewinnen. Auf diesem Wege in die Diskussion gekommene Teilchen-Modelle spielen auch heute noch eine wesentliche Rolle bei den Versuchen einer quantitativen Interpretation der gesamten beobachteten Extinktionskurve. Wir fassen deshalb die wichtigsten der vorgeschlagenen Hypothesen und einige Folgerungen hier kurz zusammen:

(1) *Kondensation aus dem allgemeinen interstellaren Gas*[1]: Da C, O und in geringerem Umfang N von allen höheren Elementen die größten Häufigkeiten besitzen, wird zunächst die Bildung zweiatomiger Moleküle wie CH, CO und CN angenommen – gemäß den Beobachtungen der diffusen HI-Wolken. In einer zweiten Phase

[1] Vorgeschlagen durch B. Lindblad 1935 wegen der beobachteten starken Korrelation von Gas- und Staubdichte; quantitativ untersucht durch J. H. Oort und H. C. van de Hulst 1946. Ausführliche Darstellung bei N. C. Wickramasinghe: „Interstellar Grains" (s. Literaturverzeichnis).

sollen daraus große Moleküle wachsen, die aus etwa 10 bis 20 Atomen bestehen und als Kondensationskerne angesehen werden. Nach den Beobachtungen ist dies allerdings nur in den dichten kalten Wolken möglich. Die letzte Phase ist ein langsames Wachstum dieser Kondensationskerne durch „Aufsammeln" (Akkretion) von interstellaren Gasatomen bei Stößen mit diesen. Quantitative Abschätzungen lassen bei den niedrigen Dichten der diffusen Wolken erst nach einigen 10^8 Jahren Durchmesser von der Größenordnung der Lichtwellenlänge erwarten. Für die so entstandenen Teilchen hat H. C. van de Hulst folgende Komposition vorgeschlagen: H_2O, H_2, CH_4, NH_3, MgH, ... stehen im Verhältnis (Molekülzahlen) 100 : 30 : 20 : 10 : 5, ... Man erwartet hiernach Eisteilchen mit geringen „Verunreinigungen" („dirty" ice), wobei der metallische Beitrag zu einem kleinen endlichen Imaginärteil des Brechungsindex führt; man kann etwa ansetzen $n = 1.33 - 0.05\,i$.

(2) *Kondensation in den Atmosphären kühler Riesensterne*[1]: Die Schwierigkeit, daß bei den extrem niedrigen Dichten des allgemeinen interstellaren Gases überhaupt genügend viele Kondensationskerne entstehen, werden vermieden, wenn man die Bildung fester Teilchen in besonders kühle und relativ dichte Sternatmosphären verlegt. Bei Temperaturen unter 2000 K und Gasdrucken bis zu etwa 10^2 dyn $cm^{-2} = 10$ Pa, wie sie in den äußeren Atmosphären bzw. zirkumstellaren Hüllen später Riesen vorliegen, können solche Teilchen in übersättigtem Dampf auskondensieren. Mit dem für diese Sterne typischen Wind (PSS II.2.3, V.8.2) werden die Teilchen dann in den interstellaren Raum hinausgetragen.

Die extrem starke Bindungsfähigkeit des Kohlenstoffatoms führt zu folgender Alternative: In den äußeren Atmosphären der M-Riesen ist O häufiger als C, wodurch C fast vollständig in CO-Molekülen gebunden wird. Hier werden daher vorwiegend Silikatteilchen entstehen. In den äußeren Atmosphären der Kohlenstoffsterne vom Typus C5 ... C9 ist hingegen O weniger häufig als C, so daß O vollständig in CO-Molekülen gebunden wird. Hier gibt es einen C-Überschuß. In den abströmenden Hüllen der C-Sterne mit Temperaturen um 1 000 K kann dieser Kohlenstoff frei als C, C_2, C_3 usw. existieren und kleine, anisotrope, feste Teilchen bilden: „Ruß", Graphitplättchen. Andererseits ist auch die Bindung von H-Atomen und damit weiter die Entstehung von polyzyklischen aromatischen Kohlenwasserstoffen (PAHs) möglich (s. III.1.3).

Infrarotbeobachtungen haben die Anwesenheit warmer fester Teilchen in der Umgebung später Riesen bestätigt. Bei M-Sternen wurde das als Silikat-Absorption gedeutete 10 µm-Band (s. III.1.1) nachgewiesen. Nahe bei C-Sternen sind andererseits infrarote Emissionslinien beobachtet worden, die vermutlich durch PAHs er-

[1] Vorgeschlagen und quantitativ diskutiert durch F. Hoyle und N. C. Wickramasinghe 1962. Neue eingehende Untersuchungen dieses Problems wurden seit 1984 von H.-P. Gail und E. Sedlmayr ausgeführt. Die diskutierten Graphit-Teilchen wurden bereits 1954 durch E. L. Schatzman und R. Cayrel wegen ihrer starken Anisotropie zur Deutung der interstellaren Polarisation herangezogen.

zeugt werden. Ein wesentlicher Teil des interstellaren Staubes könnte somit von solchen kühlen Sternen erzeugt worden sein.

(3) *Kondensation in Hüllen von Protosternen*[1]: Relativ hohe Dichten und Temperaturen unter 2000 K können in den äußeren Bereichen einer gravitationsinstabilen interstellaren Wolke vorliegen, wenn das Ende der dynamischen Kontraktionsphase der Sternentstehung (PSS VI.4.1, 4.2) erreicht ist. So wird heute im Anschluß an Modellrechnungen angenommen, daß nach Bildung der Sonne eine zunächst noch kontrahierende Wolke („Sonnennebel") verblieb, die infolge der Drehimpulserhaltung zu einer flachen Scheibe wurde, und in welcher später mit fortschreitender Abkühlung die festen Körper des Planetensystems entstanden. In einer solchen zirkumstellaren Scheibe liegen Bedingungen vor, unter denen sich Moleküle im chemischen Gleichgewicht bilden können. Nach eingehenden Untersuchungen kondensieren bei normalen Elementhäufigkeiten unterhalb von 1600 K zuerst hitzebeständige Silikate, z. B. Ca_2SiO_4, Al_2SiO_4, Mg_2SiO_4 usw.; Eisen und Nickel werden etwa bei 1300 K als freie Metalle ausgeschieden; bei niedrigen Temperaturen kondensieren Sulfide, Kalium- und Natriumsilikate, und schließlich unter 400 K wasserhaltige Silikate. Die bei Vor-Hauptreihensternen vom Typ T Tauri und anderen jungen Sternen beobachteten Gasabströmungen lassen vermuten, daß ein Sternwind nach und nach alle gasförmige Materie sowie kleine Teilchen – bis zu Durchmessern von vielleicht einem Zehntel Millimeter – aus der Scheibe in den interstellaren Raum hinaus fegt. Interstellarer Staub wäre hiernach ein Nebenprodukt der Sternentstehung und sollte in erheblichem Umfang aus Silikaten und ähnlichen Verbindungen bestehen.

3.3 Wechselwirkungen mit dem Strahlungsfeld, dem Gas und dem Magnetfeld

Temperatur der Staubteilchen: Vorgänge, wie die Anlagerung und das Abdampfen von Atomen und Molekülen, oder die Bildung von Molekülen an den Oberflächen fester Teilchen, hängen wesentlich von der Temperatur des Teilchenmaterials ab. Sie bestimmt insbesondere den spektralen Verlauf der thermischen Emission von festen Partikeln, die im Infrarot direkt beobachtet werden kann.

Die Temperatur eines interstellaren Teilchens T_t hängt praktisch allein von der ihm durch Strahlung zugeführten Energie (Absorption) und dem Verlust durch Abstrahlung (Emission) ab. Der Austausch von kinetischer Energie mit den Gaspartikeln erweist sich im Normalfall als vernachlässigbar; auch die bei chemischen Reaktionen zwischen aufgesammelten Atomen oder Ionen gewinnbare Energie dürfte nur von untergeordneter Bedeutung sein.

[1] Eine ausführliche Darstellung und Literaturhinweise findet man bei G. H. Herbig, Sterne und Weltraum **10** (1971), Seite 4.

Wir berechnen T_t aus dem Gleichgewicht von absorbierter und emittierter Strahlung. Für das Raumwinkelelement dω in einer bestimmten Richtung gilt für ein einzelnes Teilchen pro Zeiteinheit:

$$\text{absorbierte Energie} = \pi a^2 Q_{abs} I_\lambda \mathrm{d}\omega$$

$$\text{emittierte Energie} = \pi a^2 E_\lambda \mathrm{d}\omega\,.$$

Dabei bezeichnet I_λ die Intensität des interstellaren Strahlungsfeldes und E_λ das Emissionsvermögen pro Flächen- und Raumwinkeleinheit (λ Wellenlänge). Im thermodynamischen Gleichgewicht ist E_λ nach dem Kirchhoffschen Satz gleich $Q_{abs} \cdot B_\lambda(T_t)$. Wir wollen jedoch nur verlangen, daß die über alle Wellenlängen und Raumwinkelelemente erstreckten Integrale von E_λ und von $Q_{abs} \cdot B_\lambda(T_t)$ einander gleich sind. Ist I_λ isotrop, dann liefert die Gleichsetzung der gesamten vom Teilchen absorbierten und emittierten Energien pro Zeiteinheit die Bedingung

$$4\pi \int_0^\infty Q_{abs}(\lambda, a) I_\lambda \mathrm{d}\lambda = 4\pi \int_0^\infty Q_{abs}(\lambda, a) B_\lambda(T_t) \mathrm{d}\lambda\,. \tag{IV.168}$$

Erfolgt die Bestrahlung des Teilchens nur durch einen einzelnen Stern (Radius R, Entfernung r), dessen Scheibe die mittlere Intensität $\bar{I}_\lambda^*$ liefert, dann wird nur Strahlung aus dem kleinen Raumwinkel $\Omega_* = \pi R^2/r^2$ absorbiert und nur bei der Emission tritt der Faktor 4π auf. Die Energiebilanz läßt sich dann schreiben

$$W \int_0^\infty Q_{abs}(\lambda, a) \bar{I}_\lambda^* \mathrm{d}\lambda = \int_0^\infty Q_{abs}(\lambda, a) B_\lambda(T_t) \mathrm{d}\lambda\,, \tag{IV.169}$$

wobei W den durch Gl. (III.40) definierten Verdünnungsfaktor bezeichnet.

Für größere, vollkommen schwarze Teilchen, also $Q_{abs}(\lambda, a) \equiv 1$, folgt aus (IV.168) oder (IV.169) nach Übergang zum integralen Strahlungsfluß am Ort des Teilchens $\Phi^+ = \pi I$ (PSS IV.1.1) bzw. $\Phi^*(r) = \bar{I}^* \cdot \Omega_*$ (vgl. III.1.9) mit dem Stefan Boltzmann'schen Gesetz

$$\Phi^+ = \sigma T_t^4 \quad \text{bzw.} \quad \frac{1}{4}\Phi^*(r) = \sigma T_t^4\,. \tag{IV.170}$$

Für den in III.1.9 angegebenen Wert des lokalen interstellaren Strahlungsflusses $\Phi^+ \approx 4 \cdot 10^{-3}$ erg cm^{-2} s^{-1} liefert die linke Gleichung (IV.170) $T_t \approx 3$ K. Derselbe Temperaturwert ergibt sich beispielsweise auch bei Bestrahlung des Teilchens durch einen einzelnen A0V-Stern mit $T_{eff} \approx 10000$ K und $R \approx 2.6\ R_\odot$, der sich in der Entfernung $r = 1$ pc befindet: Man erhält dann den Verdünnungsfaktor $W = \Omega_*/4\pi = R^2/4r^2 \approx 10^{-14}$ und hat für die rechte Gl. (IV.170)

$$\frac{1}{4}\Phi^*(r) = \frac{1}{4}\bar{I}^*\Omega_* = \pi\bar{I}^*\frac{\Omega_*}{4\pi} = \sigma T_{eff}^4 \cdot W = \sigma T_t^4\,.$$

Die von dem Teilchen aufgenommene Strahlungsenergie stammt aus dem sichtbaren und dem UV-Bereich, während seine Emission – wegen der niedrigen Temperatur – im fernen Infrarot liegt. Das rechte und das linke Integral in den Gln. (IV.168) und (IV.169) erstrecken sich also jeweils über ganz verschiedene Wellenlängenbereiche. Für reale interstellare Staubteilchen nehmen nun das Emissionsvermögen und das Absorptionsvermögen bzw. Q_{abs} beim Übergang vom sichtbaren in den infraroten Bereich allgemein ab, weil die Wellenlänge immer größer wird gegenüber den Abmessungen der Teilchen. Formal handelt es sich um den Übergang in den Bereich $\alpha = 2\pi a/\lambda \ll 1$. Dort gilt (s. IV.3.1) $Q_{abs} = Q_{ext} - Q_{sca} \approx Q_{ext} \sim \lambda^{-1}$. Daher treten im rechten Integral von (IV.168) bzw. (IV.169) wesentlich kleinere Werte Q_{abs} auf als im linken, und es müssen gegenüber völlig schwarzen Teilchen höhere Werte $B_\lambda(T_t)$, also eine höhere Teilchentemperatur T_t resultieren. Die Berücksichtigung des detaillierten Verlaufes von Q_{abs} mit der Wellenlänge lieferte beispielsweise für zylindrische wie auch für kugelförmige Eisteilchen mit „Verunreinigungen" bei Radien der Größenordnung 0.1 µm Temperaturen $T_t \approx 10 \ldots 20$ K. Für kugelförmige Teilchen aus Graphit oder Silikaten mit $a = 0.1$ µm im lokalen interstellaren Strahlungsfeld wurden Temperaturen um 20 K bzw. 15 K berechnet.

In HII-Regionen vorhandene feste Teilchen nehmen im allgemeinen höhere Temperaturen an, weil dort die Energiezufuhr größer ist. „Farbtemperaturen" von 100 bis 200 K, wie sie beispielsweise für den Kleinmann-Low-Nebel gefunden wurden (s. III.2.4) lassen sich zwanglos erklären. Andererseits erwartet man innerhalb von dichten Dunkelwolken wesentlich niedrigere Temperaturen als im normalen interstellaren Medium. Eingehende Rechnungen ergaben indessen, daß trotz weitgehender Abschirmung des interstellaren Strahlungsfeldes in Dunkelwolken hoher optischer Dicke nur eine relativ geringe Reduktion der Teilchentemperatur auftritt. Der Grund dafür ist, daß die Staubteilchen am äußeren Rand mit Temperaturen von 10 ... 20 K Infrarotstrahlung emittieren, die tief in die Wolke eindringen kann, so daß beispielsweise bei der optischen Dicke im Visuellen $\tau_V = 10$ noch eine Teilchentemperatur $T_t \approx 10$ K vorliegen kann.

Elektrische Ladung fester Teilchen: Freie Elektronen und positive Ionen können bei Stößen mit Staubteilchen in diesen stecken bleiben und damit ihre elektrischen Ladungen übertragen. Weil die Geschwindigkeiten der Elektronen viel höher sind als die der Ionen – bei Gleichverteilung der kinetischen Energien im Verhältnis $\sqrt{m_i/m_e}$ – resultiert eine negative Aufladung, die anwächst bis nur noch ebensoviele Elektronen wie Ionen die Teilchenoberfläche erreichen können. Dieser Gleichgewichtszustand wird sich aber nur einstellen, wenn das UV-Strahlungsfeld weitgehend abgeschirmt ist. Andernfalls muß der Photoeffekt berücksichtigt werden: Durch Absorption kurzwelliger Strahlungsquanten werden aus der Teilchenoberfläche Elektronen abgelöst und es kann nun auch eine positive Gesamtladung resultieren. (Ein in gleicher Richtung wirkender Effekt der Kosmischen Strahlung erweist sich im Vergleich hierzu als vernachlässigbar).

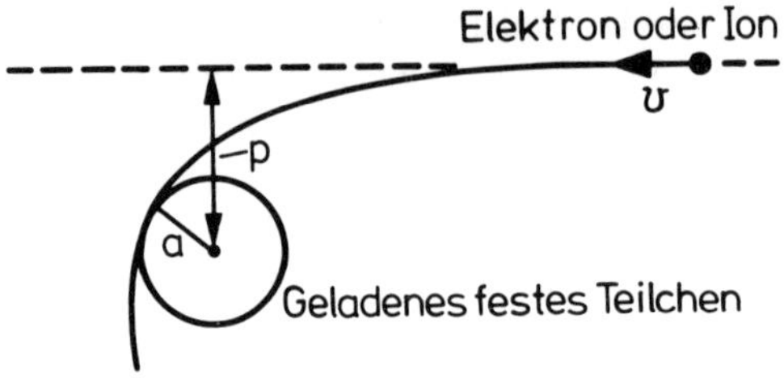

Abb. IV.24: Zur Berechnung des Wirkungsquerschnittes eines geladenen sphärischen festen Teilchens mit dem Radius a.

Wir berechnen zunächst den Wirkungsquerschnitt sphärischer fester Staubteilchen mit dem Radius a und der Aufladung $\pm Z_s \cdot e$, deren Masse groß ist gegenüber der Masse der Ionen m_i des umgebenden Gases. An der Teilchenoberfläche beträgt das elektrische Potential $U(a) = \pm Z_s e/a$ (in elektrostatischen Einheiten). Ein Elektron oder einfaches Ion, das in großer Entfernung von dem als ruhend betrachteten Teilchen die Geschwindigkeit v besitzt, möge gerade bis zur Oberfläche des positiv bzw. negativ aufgeladenen Teilchens abgelenkt werden (s. Abb. IV.24). Dann ist der Wirkungsquerschnitt des Teilchens gegeben durch $\sigma = \pi p^2$, wobei p den kleinsten Abstand des geladenen Gaspartikels vom Mittelpunkt des festen Teilchens ohne Aufladung bezeichnet. Die Erhaltung des Drehimpulses (Flächensatz) bedeutet

$$v \cdot p = v_a \cdot a \tag{IV.171}$$

worin v_a die Geschwindigkeit des Gaspartikels beim Eintreffen an der Teilchenoberfläche ist. Außerdem besagt der Energiesatz für ein Gaspartikel der Ladung $\pm e$ und Masse m bei negativem bzw. positivem Teilchenpotential ($U \lesseqgtr 0$)

$$\frac{1}{2} m v^2 = \frac{1}{2} m v_a^2 \pm e U(a) \,. \tag{IV.172}$$

Elimination von v_a mit Hilfe von (IV.171) ergibt hieraus

$$\sigma = \pi p^2 = \pi a^2 \left[1 \mp \frac{2e\, U(a)}{m v^2} \right]. \tag{IV.173}$$

Nehmen wir nun an, daß jedes die Oberfläche des Staubteilchens treffende Gaspartikel dort auch stecken bleibt, dann ergibt sich die Gesamtzahl der negativen bzw. positiven Elektronenladungen, die das Teilchen pro Sekunde aufnimmt, zu $\Gamma = N \cdot \overline{v \sigma(v)}$, wobei die Mittelbildung mit der Maxwellverteilung zur kinetischen Temperatur des Gases T (Gl. IV.21 in IV.1.2) als Gewichtsfunktion vorzunehmen ist (Integration über v von 0 bis ∞ bzw. von der Mindestgeschwindigkeit zur Überwindung des Teilchenpotentials bis ∞). Das Ergebnis lautet für Elektronen und einfache Ionen (Index e bzw. i)

$$\Gamma_i = \Gamma_i^{(0)} \cdot \begin{cases} 1+y \\ e^{-y} \end{cases} \quad \text{bzw.} \quad \Gamma_e = \Gamma_e^{(0)} \cdot \begin{cases} e^{-y} \\ 1+y \end{cases} \quad \text{mit} \tag{IV.174}$$

$$y = \mp \frac{e\,U(a)}{kT}, \tag{IV.175}$$

wobei in (IV.174) der obere (untere) Faktor jeweils für negative (positive) Aufladung des Staubteilchens zu nehmen ist. $\Gamma_i^{(0)}$ und $\Gamma_e^{(0)}$ entsprechen dem Fall verschwindender Teilchenladung. Man erhält

$$\Gamma_i^{(0)} = N_i\, 2\sqrt{2/\pi}\, \pi a^2 \sqrt{kT/m_i} \text{ und } \Gamma_e^{(0)} = N_e\, 2\sqrt{2/\pi} \cdot \pi a^2 \sqrt{kT/m_e}\,.$$

Der Verlust des Teilchens an Photoelektronen pro Sekunde Λ_e ergibt sich durch Multiplikation seiner Oberfläche $4\pi a^2$ mit der Zahl der pro Flächeneinheit und Sekunde abgelösten Elektronen Φ_e. Für das interstellare Strahlungsfeld in der Sonnenumgebung, geschwächt um den Faktor $e^{-\tau_v}$, wurde hierfür der Ausdruck abgeschätzt (vgl. die Ableitung von Gl. IV.112 in IV.2.3):

$$\Phi_e \approx 2 \cdot 10^7\, y_e Q_{abs}\, e^{-\tau_v}\, \mathrm{cm}^2\, \mathrm{s}^{-1}\,. \tag{IV.176}$$

Im Gleichgewichtszustand muß gelten

$$\Gamma_i + \Lambda_e = \Gamma_e\,. \tag{IV.177}$$

Wenn das Staubteilchen durch hinreichend starke photoelektrische Emission eine positive Ladung erhält, dann wächst die Zahl der aufgenommenen Elektronen und man kann die Ionenaufnahme Γ_i vernachlässigen. Die Bedingung (IV.177) geht dann über in $\Lambda_e = \Gamma_e = \Gamma_e^{(0)}\,(1+y)$ oder

$$\Phi_e = N_e \sqrt{\frac{8kT}{\pi m_e}} \cdot \left(1 + \frac{eU}{kT}\right). \tag{IV.178}$$

Wählen wir als Beispiel eine diffuse Wolke mit $T = 10^2$ K, $N_e = 10^{-2}$ cm^{-3} und setzen $Q_{abs} = 1$, $y_e = 0.1$, $\tau_v = 1$, dann folgt aus (IV.178) mit (IV.176) $U = 3 \cdot 10^{-4}$ elektrostatische Einheiten ≈ 0.1 Volt und weiter mit $a = 3 \cdot 10^{-5}$ cm für die Ladung des Staubteilchens $Z_s \cdot e = aU \approx 20$ positive Elementarladungen. Für die warme HI-Komponente erhält man noch wesentlich höhere positive Aufladungen $Z_s \approx 10^3$ … 10^4. In den HII-Regionen kann kräftige Emission von Photoelektronen durch die starke Lyα-Strahlung bewirkt werden. Wegen der relativ hohen Elektronendichte ist andererseits eine Überkompensation dieser Verluste möglich. Nahe dem anregenden Stern sind allerdings stets große positive Aufladungen zu erwarten; im übrigen Bereich können aber negative Potentiale bis zu etwa -1 Volt auftreten. Die genauere Untersuchung liefert generell eine Häufigkeitsverteilung der Teilchenladung $f(Z_t)$ von erheblicher Breite.

Dynamische Wechselwirkung von Staub und Gas: Die elektrische Ladung der Staubpartikel vergrößert deren Wirkungsquerschnitt für Stöße mit Elektronen und Ionen sehr stark. Für die Dämpfungszeit t_s der Bewegung eines geladenen Staubteilchens (Masse m_s, Ladung $Z_s e$, Geschwindigkeit v_s) zwischen Gaspartikeln (Masse m, Ladung Ze, Anzahldichte N, kinetische Temperatur T), die definiert ist durch $|dv_s/dt| \cdot t_s = v_s$ gilt allgemein (nach L. Spitzer)

$$t_s = \frac{3}{4\sqrt{2\pi}} \frac{m_s (kT)^{3/2}}{\sqrt{m}\, N Z^2 Z_s^2 e^4 \cdot q} \qquad \text{(IV.179)}$$

$$\text{mit} \quad q = \ln\left\{\frac{3}{2 Z Z_s e^3}\left(\frac{k^3 T^3}{\pi N}\right)^{1/2}\right\}$$

Ionen als „Feldpartikel" liefern wegen $t_s \sim 1/\sqrt{m}$ eine wesentlich kürzere Dämpfungszeit als Elektronen, nur sie müssen daher berücksichtigt werden. Für Staubteilchen vom Radius $a = 3 \cdot 10^{-5}$ cm und der Massendichte 1 gcm^{-3} gilt $m_s \approx 10^{-13}$ g.

Im kalten HI-Bereich mit $T \approx 10^2$ K kann für die Ionen etwa die Masse von C^+ oder Si^+ angesetzt werden. Mit $N \approx N_e = 10^{-2}$ cm^{-3}, $Z = 1$ und $Z_s = 10$ erhält man dann beispielsweise $t_s \approx 10^5$ Jahre. Die Staubteilchen sind hier also nur schwach an das Gas gebunden; in der Nähe eines späten Überriesen können sie durch den Strahlungsdruck auf erhebliche Geschwindigkeiten relativ zum Gas beschleunigt werden. Für normale HII-Regionen ($N \gtrsim 10^2$ cm^{-3}, $T \approx 10^4$ K, $m \approx m_{\mathrm{H}}$, $Z_s \approx 10^2 \ldots 10^4$) läßt die Beziehung (IV.179) erheblich kleinere Werte t_s, und somit eine verhältnismäßig enge Kopplung zwischen Staub und Gas erwarten.

Die elektrische Ladung der festen Teilchen kann auch zu einer Kopplung an das interstellare Magnetfeld führen.

Ausrichtung von festen Teilchen im interstellaren Magnetfeld: Die Deutung der interstellaren Polarisation des Sternlichtes als Folge einer Anisotropie der interstellaren Extinktion erfordert nichtsphärische Staubteilchen, deren Form eine ausgeprägte Vorzugsrichtung aufweist, und eine vom Beobachter aus gesehen großräumig einheitliche Orientierung eines gewissen Bruchteils dieser Teilchen (IV.3.2). Wir wollen im folgenden die Vorstellung rotationssymmetrischer Teilchen von länglicher Form, etwa Rotationsellipsoide mit langer Rotationsachse, zugrundelegen.

Unter der Wirkung von elastischen Stößen durch Gaspartikel wird ein kleines festes Teilchen ständig zu Drehbewegungen genötigt. Im kinetischen Gleichgewicht sind die Energien der *Teilchenrotation* um eine kurze und um die lange Hauptachse (Indizes $i = 1, 2$) einander gleich: $(1/2) I_i \omega_i^2 = E_{Rot}^{(i)} = (1/2) kT$, wobei I_i das Trägheitsmoment und ω_i den Betrag der Winkelgeschwindigkeit jeweils um die Achse i bezeichnen; T ist die Temperatur des Gases. Es gilt somit $\omega_i = \sqrt{kT}/\sqrt{I_i}$ und für die Beträge der Drehimpulse $J_i = I_i \cdot \omega_i = \sqrt{kT}\sqrt{I_i}$. Da das Trägheitsmoment um die kurze Achse wesentlich größer ist als um die Symmetrieachse, wird der Vektor des Gesamtdrehimpulses $\mathbf{J} = \mathbf{J}_1 + \mathbf{J}_2$ entsprechend nahe bei der Richtung der kurzen Achse liegen: Die Rotation länglicher Teilchen muß vorwiegend um eine Achse senkrecht zur Symmetrieachse erfolgen.

Für eine grobe Abschätzung der Größenordnung von ω_i betrachten wir ein kugelförmiges Teilchen mit dem Radius a, der Massendichte ϱ_t und der Masse $m_t = (4\pi/3)a^3\varrho_t$. In diesem Fall ist $I = (2/5)m_t a^2 = (2/5)(4\pi/3)a^5 \cdot \varrho_t$ und man erhält aus der Bedingung $(1/2)I\omega^2 = (1/2)kT$ beispielweise für $a = 5 \cdot 10^5$ cm, $\varrho_t = 1$ gcm^{-3} und $T = 100$ K die beträchtliche Winkelgeschwindigkeit $\omega = 2 \cdot 10^4$ rad s^{-1}.

Stoßende Gaspartikel sind vorwiegend H-Atome, die wahrscheinlich häufig in der Teilchenoberfläche stecken bleiben und diese später als Bestandteil eines H_2-Moleküls verlassen. Hierbei erhält das H_2-Molekül einen Bruchteil seiner Bindungsenergie als kinetische Energie der Translation mit; der damit verbundene Rückstoß kann den Drehimpuls des Teilchens merklich ändern. Weil die Oberfläche des Teilchens vermutlich nicht völlig gleichmäßig ist, resultiert im Mittel eine Zunahme des Drehimpulses. Abschätzungen lassen eine Erhöhung von ω gegenüber dem oben berechneten „thermischen" Gleichgewichtswert um Faktoren $\sim 10^4$ auf $\omega \approx 10^8 \ldots 10^9$ s^{-1} erwarten!

Sollen die länglichen Staubteilchen durch das interstellare Magnetfeld wie Kompaß-Nadeln im Erdmagnetfeld ausgerichtet werden, dann muß das am Teilchen erzeugte Drehmoment die beschriebene Rotation unterdrücken können. Dazu muß das Verhältnis der magnetischen Energie des Teilchens $M \cdot V \cdot B$ zu seiner Rotationsenergie ($\approx kT$) größer als eins sein. Hierbei bezeichnet M den Betrag der Magnetisierung, V das Teilchenvolumen und B den Betrag der interstellaren Magnetfeldstärke [Gauß]. Für reines Eisen beträgt die Sättigungsmagnetisierung $M \approx 2000$ Gauß und man erhält mit $V = 10^{-14}$ cm^3 und $T = 100$ K nur dann $MVB/kT > 1$, wenn $B > 10^{-3}$ Gauß. Da das direkt beobachtete Feld im allgemeinen um wenigstens zwei Größenordnungen niedriger liegt (III.1.8; III.1.5), kann dieser Mechanismus der Ausrichtung ferromagnetischer Teilchen in Richtung des Magnetfeldes keine Rolle spielen. Er würde darüber hinaus für jene Bereiche, in denen die interstellare Polarisation eine weitgehend einheitliche Richtung aufweist, einen Magnetfeldverlauf senkrecht zur galaktischen Ebene erfordern – im Widerspruch zu den Aussagen radioastronomischer Beobachtungen (III.1.8).

Weit geringere Magnetfeldstärken wären nötig, um lediglich die Rotationsachsen der länglichen Teilchen nach und nach in die Feldrichtung zu bringen. Die bereits in III.1.2 erwähnte, auf Davis und Greenstein (1951) zurückgehende Theorie zieht hierzu den **Mechanismus der paramagnetischen Relaxation** heran: Fällt die Rotationsachse eines Teilchens nicht mit der Richtung des Magnetfeldes zusammen, dann ist jedes seiner Volumenelemente einem periodisch variierenden Magnetfeld ausgesetzt und erfährt dementsprechend eine wechselnde Magnetisierung pro Volumeneinheit **M**. Die Richtung von **M** weicht in diesem nichtstatischen Fall stets etwas von der momentanen Richtung des Magnetfeldes **B** ab, sie entspricht der Feldrichtung eines etwas früheren Zeitpunktes, folgt also der Teilchenrotation mit einer Verzögerung. Dieses Verhalten wird durch eine komplexe magnetische Suszeptibilität $\chi = \chi' + i\chi''$ beschrieben, deren Imaginärteil den Teil der Rotationsenergie bestimmt, der durch ständige Ummagnetisierung in Wärme verwandelt wird (magnetische Absorption). Man kann dies auch so ausdrücken: Der Imaginärteil von χ ist mit einer zusätzlichen Komponente $\mathbf{M}''$ der Magnetisierung verbunden, die auf $\mathbf{B}$ und der Rotationsachse senkrecht steht. Man findet dafür den Ausdruck $\mathbf{M}'' = (\chi''/\omega)(\boldsymbol{\omega} \times \mathbf{B})$, wobei $\boldsymbol{\omega}$ den Vektor der Winkelgeschwindigkeit der Teilchenrotation bezeichnet. Es entsteht ein Drehmoment $\mathbf{D} = (V\mathbf{M}'' \times \mathbf{B})$ vom Betrage

$$D = V|\mathbf{M}''| \cdot |\mathbf{B}| \cdot \sin\Theta = V\chi'' B^2 \sin\Theta . \qquad \text{(IV.180)}$$

Hier bezeichnen V das Teilchenvolumen und Θ den Winkel zwischen $\mathbf{B}$ und $\boldsymbol{\omega}$. $\mathbf{D}$ liegt senkrecht zu $\mathbf{B}$ und ist der Drehkomponente $\omega_\perp$ (senkrecht zu $\mathbf{B}$) entgegen gerichtet (Abb. IV.25). Der Drehimpuls des Teilchens $I \cdot \omega_\perp$ um eine Achse senkrecht zu $\mathbf{B}$ wird hierdurch verkleinert und nach einer Retardierungszeit t_r, bestimmt durch $D \cdot t_r = I \cdot \omega_\perp$, schließlich zum Verschwinden gebracht. Übrig bleibt die Teilchenrotation um eine Achse parallel zum Magnetfeld, bei welcher die Magnetisierung sich nicht ändert.

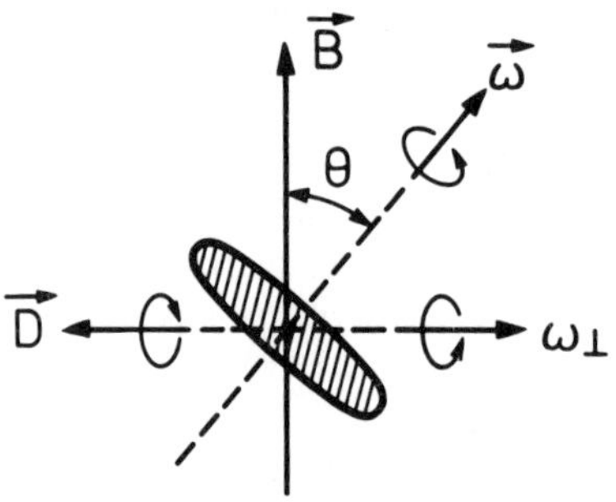

Abb. IV.25: Zur Ausrichtung fester Teilchen im interstellaren Magnetfeld durch paramagnetische Relaxation. Erläuterung im Text.

Für viele paramagnetische Stoffe gilt

$$\chi'' \approx 2.5 \cdot 10^{-12} \frac{\omega_\perp}{T_t} \qquad \text{(IV.181)}$$

wobei T_t die Temperatur des festen Materials bezeichnet. Im Ausdruck für die Retardierungszeit $t_r = I\omega_\perp/D$ fällt daher $\omega_\perp$ heraus. Für das eingangs betrachtete kugelförmige Teilchen mit $a = 5 \cdot 10^{-5}$ cm $\varrho_t = 1$ gcm^{-3} erhält man beispielsweise mit $T_t = 15$ K, $B = 3 \cdot 10^{-6}$ Gauß und $\sin\Theta = 0.5$ die Zeit $t_r \approx 4 \cdot 10^7$ Jahre; bei der Wahl von $a = 2 \cdot 10^{-5}$ cm würde sich $t_r \approx 7 \cdot 10^6$ Jahre ergeben. Ähnliche Resultate sind auch für längliche Teilchen zu erwarten. Berechnet man andererseits den Zeitraum, innerhalb dessen sich der Rotationszustand eines Staubteilchens durch Stöße mit Gaspartikeln wesentlich ändert, indem man etwa die Zeit t_s ermittelt, nach der die Massensumme aller stoßenden Gaspartikel die Teilchenmasse erreicht, dann ergeben sich nur einige 10^5 Jahre: Die Ausrichtung wird meist vorzeitig unterbrochen und nur bei wenigen Prozent der Staubteilchen werden die Rotationsachsen gerade angenähert mit der Richtung des Magnetfeldes zusammenfallen.

Die genauere Durchführung der Theorie liefert insbesondere den in (IV.165) und (IV.166) eingeführten **Ausrichtungsgrad** f. Das Ergebnis lautet etwa

$$f \approx 0.3\,(t_s/t_r) \sim B^2 \cdot (\chi''/\omega)/N_{\mathrm{H}} \cdot a \cdot \sqrt{T}\,, \tag{IV.182}$$

wobei N_{H} die Anzahldichte der neutralen H-Atome und T die Gastemperatur bezeichnen. Der in IV.3.2 im Anschluß an Gl. (IV.166) abgeschätzte Wert $f \approx 0.1$ würde hiernach $t_s/t_r \approx 0.3$ erfordern. Dies ist bei einem Magnetfeld von wenigen 10^{-6} Gauß nur durch eine Verlängerung der oben angegebenen Zeit t_s oder mit einer entsprechend kürzeren Zeit t_r zu erreichen. t_s ist nur verhältnismäßig unsicher bekannt, weil die Wirkung unelastischer Stöße (mit anschließender H_2-Bildung) von unbekannten Eigenschaften der Teilchenoberfläche abhängt, t_r könnte durch Anteile ferromagnetischen Materials in den Teilchen oder auch schon durch eine klumpige Anordnung von Eisenatomen wesentlich verkleinert werden. Die quantitative Interpretation der Beobachtungen durch den Mechanismus der magnetischen Relaxation erfordert also beim gegenwärtigen Stand Annahmen, die noch der Klärung bedürfen.

4 Verteilung und Bewegung der interstellaren Materie

Hauptproblem beim Studium der räumlichen Verteilung des interstellaren Mediums ist die Entfernungsbestimmung. Diese basiert, je nachdem ob optische oder Radiophänomene herangezogen werden, in direkter oder indirekter Weise auf Entfernungsbestimmungen für stellare Objekte; im zweiten Fall sind bisher gewisse Annahmen über das großräumige Geschwindigkeitsfeld des Gases nötig. Die erzielte Reichweite, und damit der erfaßte Teil der Galaxis, ist je nach der Art der zugrunde gelegten Beobachtungen verschieden groß.

Aussagen über die Staubverteilung können durch Bestimmung der visuellen Extinktion A_V und der Entfernung für hinreichend viele, absolut genügend helle Sterne gewonnen werden. Weil sich der Staub vorwiegend nahe der galaktischen Ebene befindet und hier die Reichweite im Sichtbaren drastischen herabsetzt, ist dieser Weg jedoch praktisch auf einen Entfernungsbereich von der Sonne $r \lessapprox 3$ kpc beschränkt. Detaillierte Information über die Wolkenstruktur des Staubes konnte sogar nur für $r \lessapprox 1$ kpc gewonnen werden. Mit den Messungen der thermischen Emission des Staubes im fernen Infrarot und im Submillimetergebiet eröffnete sich ein Zugang zur Erforschung der Staubverteilung bis zu beliebigen Entfernungen. Obgleich hier die individuelle Entfernungsinformation fehlt, läßt sich – wegen der angenäherten Rotationssymmetrie – die großräumige radiale Verteilung ermitteln.

Für das durch seine interstellaren Absorptionslinien in den Sternspektren nachgewiesene Gas erstreckt sich der erfaßte Bereich nahe der galaktischen Ebene aus dem genannten Grund ebenfalls nicht wesentlich über $r \approx 3$ kpc hinaus, entsprechend der Grenze, bis zu welcher die Verteilung der OB-Sterne ermittelt werden konnte (II.4.1).

Beobachtungen von Radioemissionslinien liefern allgemein Information über das interstellare Gas bis in die entlegensten Bereiche des Milchstraßensystems. Die Ableitung von Entfernungen gründen sich hier jedoch wesentlich auf die teilweise noch nicht mit genügender Sicherheit bekannte großräumige Kinematik des Gases. Ein kinematisches Modell der Galaxis läßt sich anderseits nicht ohne die Kenntnis bestimmter Entfernungsdaten gewinnen. Die großräumige Verteilung und die großräumige Bewegung der interstellaren Materie können nicht unabhängig voneinander ermittelt werden. Eine befriedigende Gesamtlösung wird durch geeignete Kombination von optischen und Radiobeobachtungen angestrebt.

4.1 Verteilung und Wolkenstruktur des Staubes

Analyse der interstellaren Extinktion: Das Verfahren geht von den beobachteten Farbexzessen der Sterne aus. Wir haben es bereits in III.2.5 im Zusammenhang mit der Bestimmung von Extinktion und Entfernung einer Dunkelwolke erwähnt: Für möglichst viele Sterne mit gut bekannten Werten der absoluten Helligkeit M_V (aus MK-Spektraltyp, Hβ-Index usw.) und des Farbexzesses E_{B-V} wird mit $A_V = 3 \cdot E_{B-V}$ und der scheinbaren Helligkeit V die Entfernung r aus der Beziehung (I.43), S. 76, berechnet.

Für kleinere Felder an der Sphäre mit den Mittelpunkten (l, b) werden nun die mittleren Verläufe von $A_V(r; l, b)$ mit r gewonnen (s. III.2.5, Abb. III.47). Hierbei darf allerdings der ebenfalls schon in III.2.5 erläuterte Auswahleffekt nicht vergessen werden, der oberhalb einer bestimmten Entfernung eine scheinbare Verkleinerung des Anstieges und schließlich eine Abnahme von A_V bewirkt.

Bezeichnet $\varrho_s(r)$ den Verlauf der Massendichte des Staubes entlang des Sehstrahls (in g cm^{-3}) und k_V den **„Massenabsorptionskoeffizienten"** pro Gramm Staub (Dimension cm^2 g^{-1}) bei der effektiven Wellenlänge λ_V des visuellen Bereiches, dann gilt für jede feste Richtung (III.1.1, Gln. III.3 und III.8)

$$A_V(r) = 1.086\, k_V \int_0^r \varrho_s(r)\mathrm{d}r = k_V^* \int_0^r \varrho_s(r)\mathrm{d}r\,. \tag{IV.183}$$

Dabei haben wir angenommen, daß k_V unabhängig vom Ort ist (s. III.1.1). Der Verlauf der Staubdichte bzw. der Extinktion pro Längeneinheit $a_V(r) = k_V^* \cdot \varrho_s(r)$ entlang des jeweiligen Sehstrahles für die Feldmitte (l, b) ergibt sich Differentiation: $a_V(r) = \mathrm{d}A_V(r)/\mathrm{d}r$.

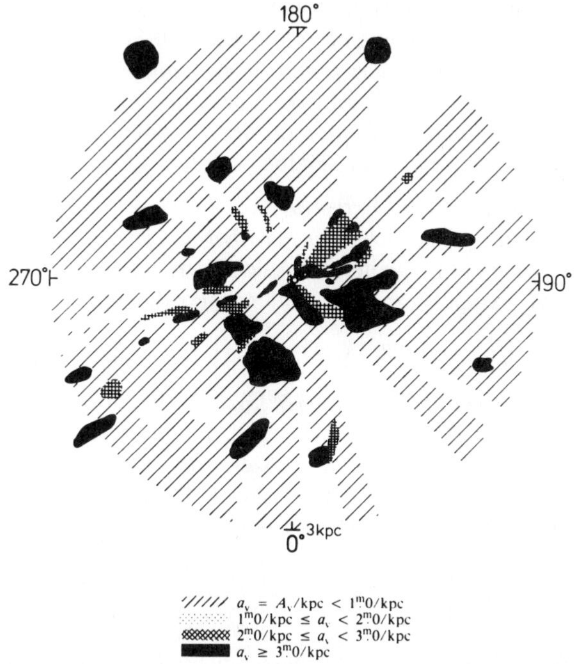

Abb. IV.26: Verteilung des interstellaren Staubes in der galaktischen Ebene bis $r = 3$ kpc, abgeleitet aus den visuellen Extinktionswerten für rund 11 000 Sterne. Für die freigelassenen Sektoren können keine Aussagen gemacht werden. (Nach T. Neckel und G. Klare).

Zur Auswertung standen Farbexzesse und absolute Helligkeiten für rund 11 000 Sterne, mit einem hohen Anteil früher Spektraltypen, zur Verfügung. Die bisher gewonnenen Resultate für die Verteilung der Größe a_V in der galaktischen Ebene (etwa für $|z| < 50$ pc) zeigen keine klare Korrelation oder Antikorrelation zwischen der Staubdichte und den für die jungen Sterne gefundenen Spiralarmfilamenten. Dies gilt auch für das in Abb. IV.26 reproduzierte Ergebnis einer umfassenden neueren Untersuchung. Da andererseits Aufnahmen von Spiralgalaxien, wie etwa M 51 (Abb. E.2), eine deutliche, wenngleich oft unregelmäßige, Anordnung des Staubes an den Innenseiten der Spiralarme erkennen lassen, könnte der vorliegende Befund darauf zurückgehen, daß (1) nur der Bereich bis zu Enfernungen von etwa 1.5 kpc einigermaßen vollständig erfaßt werden konnte, (2) die Unsicherheit der M_V und damit der Entfernungen ($\Delta r/r \approx 0.5\ \Delta M_V$!) eine Verzerrung und Verschmierung der wahren Verteilung ergibt und (3) die dichten kalten Wolken der Sternentstehungsgebiete, wegen ihrer extrem hohen visuellen Extinktion, hier nur in Ausnahmenfällen enthalten sind.

Klarer sind die Aussagen über die *Konzentration des Staubes zur galaktischen Ebene.* Mit der Annahme einer planparallelen Schicht kann aus der Abbhängigkeit der Mittelwerte über alle galaktischen Längen $\bar{A}_V(r;\, b)$ von der galaktischen Breite b die Verteilung senkrecht zur Ebene $a_V(z)$ gewonnen werden. Für $r < 1$ kpc ergibt sich ein Abfall von $a_V(z)$ auf den Bruchteil e^{-1} des Maximalwertes $a_V(0)$ bei der überraschend kleinen „Halbdicke“ $h \approx 40$ pc.

Massendichte und Extinktionskoeffizient pro Masseneinheit: Der Einfachheit halber nehmen wir zunächst an, daß bei der jeweils betrachteten Wellenlänge nur eine Teilchenkomponente berücksichtigt zu werden braucht. Dann ist die durchschnittliche Extinktion bis zur Entfernung r darstellbar durch

$$\bar{A}_\lambda(r) = 1.086 \cdot C(\lambda) \cdot \bar{N}_s \cdot r \tag{IV.184}$$

wobei $C(\lambda)$ der nach IV.3.2, Gl. (IV.164) zu berechnenden Extinktionsquerschnitt ist – für nichtsphärische Teilchen ist dort πa^2 durch den entsprechenden geometrischen Querschnitt zu ersetzen. Mit dem hieraus gewonnenen Ausdruck für die mittlere Anzahldichte der Teilchen $\bar{N}_s$ (Abschätzung der Größenordnung s. III.1.1, Gl. III.14f.) folgt für die durchschnittliche Massendichte des Staubes

$$\bar{\varrho}_s = \frac{4\pi}{3}\,\overline{a^3}\,\varrho_t \bar{N}_s = \frac{4\pi}{3.258}\,\frac{\overline{a^3}}{C(\lambda)}\,\varrho_t\,\frac{\bar{A}_\lambda(r)}{r}\,. \tag{IV.185}$$

Dabei bezeichnet ϱ_t die Massendichte in den Teilchen selbst. Der Mittelwert $\overline{a^3}$ ist mit der Verteilung der Teilchenradien $f(a)$ zu bilden. Bei nichtsphärischen Teilchen hat man anstelle von $(4\pi/3)\overline{a^3}$ das Teilchenvolumen zu benutzen. Sind mehrere Teilchenkomponenten wesentlich wirksam, dann ergeben sich anstelle von (IV.184) und (IV.185) Summen dieser Ausdrücke.

Für die verschiedenen zur Deutung der beobachteten Extinktionskurve geeigneten Staubmodelle findet man durchweg mittlere Massendichten, die um zwei Größenordnungen unter der mittleren Massendichte des Gases liegen. Aus einer allgemeinen Relation zwischen Extinktion und Dielektrizitätskonstante kann man ableiten, daß für ein sphärisches Teilchen $a^3/C(\lambda)$ bei fester Wellenlänge praktisch unabhängig vom Material ist und im wesentlichen durch den Wert der Dielektrizitätskonstante für $\lambda \to \infty$ festgelegt wird. Anders ausgedrückt: Für verschiedene Arten von sphärischen Staubteilchen, mit denen sich die gleiche Extinktion ergibt, muß der Bruchteil des gesamten von den Teilchen ausgefüllten Raumes $(4\pi/3)\overline{a^3}\ \bar{N}_s = (4\pi/3.258)[\overline{a^3}/C(\lambda_V)] \cdot (\bar{A}_V/r)$ angenähert gleich sein (s. Literaturverzeichnis zu IV.3: Aannestad und Purcell). Man erhält auf diesem Wege das Resultat

$$\bar{\varrho}_s \approx 3 \cdot 10^{-27}\,\varrho_t\,\frac{\bar{A}_V(r)}{r}\,[\mathrm{g\,cm^{-3}}]\,, \tag{IV.186}$$

worin $\bar{A}_V(r)$ in mag kpc^{-1} auszudrücken ist. Mit $\varrho_t = 3$ g cm^{-3} folgt damit für den Bereich der galaktischen Ebene

$$\bar{\varrho}_s \approx 2 \cdot 10^{-26}\,\mathrm{g\,cm^{-3}}\,. \tag{IV.187}$$

Für den visuellen Extinktionskoeffizienten pro Masseneinheit des Staubes k_V^* liefert der Ansatz

$$\bar{A}_V(r) = 1.086\,k_V\,\bar{\varrho}_s \cdot r = k_V^*\,\bar{\varrho}_s \cdot r\,, \tag{IV.188}$$

wobei r in cm gemessen werden soll, mit $\bar{\varrho}_s$ nach (IV.186) und $\varrho_t = 3\,\mathrm{g\,cm^{-3}}$ den Wert

$$k_V^* \approx \frac{1}{3 \cdot 10^{-27}\,\varrho_t \cdot 3 \cdot 10^{21}} \approx 4 \cdot 10^4\,\mathrm{mag\,cm^2\,g^{-1}}\,. \tag{IV.189}$$

Der Vorfaktor ist noch unsicher, er wurde bei den verschiedenen vorliegenden Bestimmungen etwa zwischen 2 und 4 gefunden. Für andere Wellenlängen ergibt sich der Extinktionskoeffizient hieraus mit Hilfe der Verfärbungskurve $F(\lambda)$ nach III.1.1, Gl. (III.10) wegen $k_B^* - k_V^* = k_V^*/3$ zu

$$k_\lambda^* = k_V^*\left[1 + \frac{1}{3}F(\lambda)\right] \tag{IV.190}$$

oder über Tabelle III.1.

Das *Massenverhältnis Staub: Gas* kann aus dem Vergleich der Extinktion $A_V(r) = 3 \cdot E_{B-V}(r)$ mit den aus Beobachtungen der interstellaren Lymanα-Absorptionslinie gewonnenen Säulendichten des neutralen Wasserstoffs (IV.4.2) – jeweils für dieselben Sterne – in Verbindung mit Gl. (IV.186) abgeleitet werden. Wir greifen dazu auf Gl. (IV.195) in IV.4.2 vor, wonach gilt $\bar{N}_H \cdot r / \bar{A}_V(r) \approx 2 \cdot 10^{21}$. Für das Verhältnis von $\bar{\varrho}_s$ zur Massendichte des Gases (mit Atomzahl-Verhältnis H:He = 10:1) $\bar{\varrho}_g = 1.4\,\bar{\varrho}_H = 1.4\,m_H \bar{N}_H$ folgt damit (unter Berücksichtigung des Faktors $3 \cdot 10^{21}$ zur Umrechnung des r in Gl. IV.186 von kpc in cm)

$$\bar{\varrho}_s/\bar{\varrho}_g \approx 2 \cdot 10^{-3}\,\varrho_t \approx 0.6 \cdot 10^{-2}\,. \tag{IV.191}$$

Wolkenstruktur: Die Fragestellung richtet sich hier auf die statistischen Charakteristika der kleinräumigen Struktur der Staubverteilung. Zur mathematischen Beschreibung werden dabei entweder diskrete Wolken oder ein stark fluktuierendes Kontinuum angenommen. Da nur *eine* Realisierung der Struktur vorliegt, ist außerdem die Annahme statistischer Homogenität zumindest in Teilbereichen des erfaßten Raumes praktisch notwenig. Von der Beobachtungsseite werden im wesentlichen zwei statistische Funktionen geliefert: (1) Häufigkeitsverteilungen $H(A;r)$ der Extinktionswerte A für Sterne in festen Entfernungen r bzw. engen Entfernungsintervallen $r - \frac{1}{2}\Delta r \ldots r + \frac{1}{2}\Delta r$, die noch innerhalb der galaktischen Schicht liegen (Abb. IV.27, linker Teil) und (2) eine zur statistischen Beschreibung der Verteilung $A(l,b;r)$ an der Sphäre im Bereich der Milchstraße für feste Entfernung r geeignete Funktion.

Für (2) kann man etwa die **„Strukturfunktion"** bilden. Diese ist für den eindimensionalen Verlauf von $A(l,b;r)$ bei festem b, im folgenden hier mit $A(l)$ bezeichnet, definiert durch

$$D_A(\Delta l) = \overline{[A(l+\Delta l) - A(l)]^2} = \frac{1}{360°}\int_0^{360°} [A(l+\Delta l) - A(l)]^2 \mathrm{d}l\,. \tag{IV.192}$$

Die Mittelbildung über sehr viele Realisierungen von Verläufen $A(l)$ mit denselben statistischen Eigenschaften für festes Δl und l, wie sie der mathematische Begriff der Strukturfunktion erfordert, ist auf der rechten Seite durch eine Mittelbildung über die einzige vorliegende Realisierung, nämlich den beobachteten Verlauf $A(l)$, ersetzt worden. $D_A(\Delta l)$ verschwindet bei $\Delta l = 0$ und steigt für große Δl, weil dann $A(l+\Delta l)$ und $A(l)$ statistisch unabhängig werden, auf den Sättigungswert $2\sigma_A^2 = 2\overline{(A-\bar{A})^2}$, denn es gilt dann

$$\overline{[A(l+\Delta l) - A(l)]^2} = \overline{A^2(l+\Delta l)} + \overline{A^2(l)} - 2\overline{A(l+\Delta l)\cdot A(l)} = 2\overline{A^2} - 2(\bar{A})^2 = \overline{2(A-\bar{A})^2}\,.$$

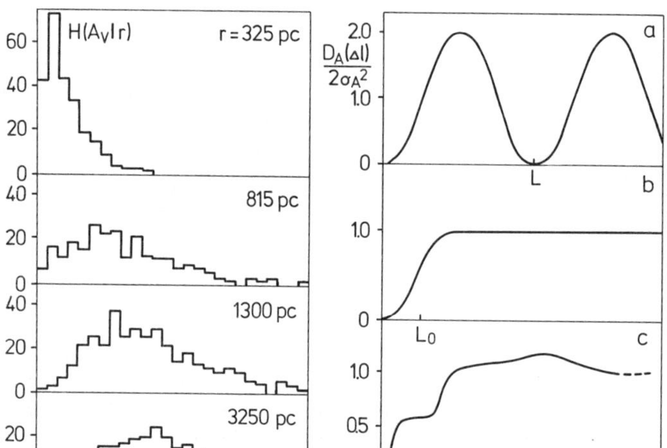

Abb. IV.27: Linker Teil: Häufigkeiten $H(A_V|r)$ beobachteter Extinktionswerte A_V in Intervallen der Breite $0^m.2$ für Sterne in engen Entfernungsintervallen um $r = 325$, 815, 1300 und 3250 pc, die sich in Abständen von der galaktischen Ebene kleiner als 75 pc befinden. Der Abszissenwert 1.0 kennzeichnet beispielweise das A_V-Intervall $0^m.9 \ldots 1^m.1$.
Rechter Teil: Normierte Strukturfunktionen $D_A(\Delta l)/2\sigma_A^2$ (a) für den streng periodischen Verlauf $A(l) = A_0 \sin(2\pi/L)l + \bar{A}$, (b) für einen völlig unregelmäßig schwankenden Verlauf $A(l)$, bei welchem jedoch keine Wellen mit Ausdehnungen $\Delta l < L_0$ vorkommen, und (c) für die beobachtete Verteilung $A_V(l) = A_V(l, b \approx 0°|r \approx 1\text{ kpc})$.

Mit der sogenannten Korrelationsfunktion $K_{\Delta A}(\Delta l) = \overline{\Delta A(l+\Delta l) \cdot \Delta A(l)} \,/\, \overline{(\Delta A)^2}$, wobei $\Delta A = A - \bar{A}$, ist $D_A(\Delta l)$ verknüpft durch $D_A(\Delta l) = 2\sigma_A^2\,[1 - K_{\Delta A}(\Delta l)]$. Ein Anstieg der Kurve $D_A(\Delta l)$ mit wachsendem Δl tritt jeweils dann ein, wenn Δl die Ausdehnung charakteristischer Strukturelemente von $A(l)$ erreicht. Extremfälle sind einmal der streng periodische Verlauf $A(l) = A_0 \sin(2\pi/L)l + \bar{A}$ mit $D_A(\Delta l)/2\sigma_A^2 = 1 - \cos(2\pi\Delta l/L)$ und zum anderen die völlig unregelmäßige Struktur von $A(l)$, bei welcher jedoch eine kleinste Elementgröße, die sogenannte „Mikroskala“ L_0, vorkommen soll. In diesem Fall setzt man oft an $D_A(\Delta l)/2\sigma_A^2 = 1 - \exp[-(\Delta l/L_0)^2]$. Beide Fälle werden durch Abb. IV.27, rechter Teil, zusammen mit einem Ergebnis für die tatsächlich beobachteten Extinktionswerte A_V zu $r \approx 1$ kpc veranschaulicht. Diese empirische Strukturfunktion von $A_V(l, b \approx 0°; r \approx 1$ kpc) zeigt zunächst, daß sehr kleine unregelmäßige Strukturen, nämlich kleine Wolken mit scheinbaren Ausdehnungen bis hinab zu $\Delta l \approx 0.25°$ vorhanden sind, die etwa die Hälfte des gesamten Schwankungsquadrates σ_A^2 liefern. Der oberhalb von $\Delta l = 2°$ einsetzende weitere Anstieg muß indessen von wesentlich größeren Wolken oder Wolkenkomplexen mit scheinbaren Ausdehnungen über 2° erzeugt werden.

Wir wenden uns zunächst der Interpretation der Häufigkeitsverteilungen $H(A;r)$ zu (Abb. IV.27, linker Teil): Sie zeigen die typischen Formen der Wahrscheinlichkeitsverteilung von Zufallszahlen n mit dem Mittelwert $\bar{n}$, nämlich der Poisson-Verteilung

$$P(n) = \frac{\bar{n}^n}{n!} e^{-\bar{n}}, \qquad \text{(IV.193)}$$

für verschieden große $\bar{n}$, wenn man den größeren Entfernungen jeweils größere $\bar{n}$ zuordnet: Für kleine r bzw. $\bar{n}$ ergeben sich stark asymmetrische Verteilungen; für größere r bzw. $\bar{n}$ nähern sie sich mehr und mehr der symmetrischen Form einer Gauß-Verteilung. Es liegt deshalb nahe, eine zufällige Verteilung von Wolken im Raum anzunehmen, wobei der Sehstrtahl bis zur Entfernung r gerade n Wolken trifft. Setzen wir der Einfachheit halber für alle Wolken dieselbe Extinktion a_1 an und damit $A(r) = n(r) \cdot a_1$, dann ergibt sich für die Wahrscheinlichkeitsverteilung der A bei festem r

$$W(A|r) = P\left(\frac{A}{a_1}\right)$$

mit $\bar{n} = \bar{n}(r) = \bar{A}(r)/a_1 = \nu_1 \cdot r$. Dabei ist ν_1 die mittlere Zahl dieser Wolken pro Längeneinheit [kpc^{-1}]. Mit diesem einfachen Modell lassen sich die normierten Verteilungen $H(A;r)/\Sigma H(A;r)$ angenähert darstellen, wenn man $\nu_1 = 5\ \text{kpc}^{-1}$ und $a_1 = 0^m\!.25$ wählt. Man hat natürlich ein Spektrum von Wolkenabsorptionen $f(a)$ mit einer gewissen Breite zu erwarten. Die genauere Diskussion ergibt insbesondere noch einen Anteil von Wolken mit wesentlich höheren Extinktionswerten, die durch einen Mittelwert $a_2 \approx 1^m\!.5$ repräsentiert werden können und von denen durchschnittlich $\nu_2 \approx 0.5\ \mathrm{kpc}^{-1}$ auf dem Sehstrahl liegen. Die Häufigkeit der Wolkenextinktionswerte a fällt etwa gemäß $f(a) \sim a^{-3}$ ab.

Die Strukturfunktionen liefern noch einmal Informationen über den Anteil der großen Wolken, denn diese machen sich in den Streuungen σ_A besonders stark bemerkbar: Es gilt $\sigma_n^2 = \overline{(n-\bar{n})^2} = \Sigma(n-\bar{n})^2 \cdot P(n) = \bar{n} = \nu \cdot r$, und daher $\sigma_A^2 = \nu_1 \cdot r \cdot a_1^2 + \nu_2 \cdot r \cdot a_2^2$. Vor allem aber können aus den Verläufen von $D_A(\Delta l; r)/2\sigma_A^2(r)$ statistische Aussagen über die *Leardimensionen der Wolken* gewonnen werden. Interpretiert man etwa die Lagen des ersten und zweiten Anstieges des Ergebnisses für $r = 1$ kpc in Abb. IV.27 rechts unten bei $\Delta l \approx 0^\circ\!.25$ und $\approx 3^\circ$ als angenäherte Winkeldimensionen der beiden Wolkentypen bei durchschnittlichen Entfernungen $r/2 = 500$ pc, dann folgen lineare Durchmesser $D \approx 2$ pc bzw. ≈ 25 pc. Die Darstellung der Verläufe $D_A(\Delta l; r)/2\sigma_A^2(r)$ unter Zugrundelegung eines kontinuierlichen stochastischen Modells der Wolkenstruktur, auf das wir hier nicht näher eingehen können, lieferte Mittelwerte $D_1 \approx 2 \ldots 3$ pc und $D_2 \approx 70$ pc. Wegen $a \sim \varrho_s \cdot D$, mit ϱ_s = mittlere Massendichte des Staubes in der Wolke, folgt für das Verhältnis der Staubdichten in den beiden Wolkentypen $\varrho_{s1}/\varrho_{s2} = (a_1/a_2)(D_2/D_1) \approx 5$. Die „großen Wolken" scheinen also eine niedrigere mittlere Dichte zu besitzen als die „kleinen Wolken". Der Grund dafür ist, daß wir hier die bekannten ausgedehnten, lockeren Anhäufungen von Molekülwolken vor uns haben, die optisch als Dunkelwolkenkomplexe erscheinen: Das molekulare Gas nimmt tatsächlich nur einen kleinen Bruchteil des Raumes ein und es tritt in Form von einzelnen Wolken mit Durchmessern von einigen pc auf. Der Sehstrahl zu einem hinter dem Komplex liegenden Stern trifft daher meist nur eine Wolke. Es kommt hinzu, daß Wolken mit Extinktionswerten $a > 2$ mag infolge des in III.2.5 erwähnten Auswahleffektes zunehmend nicht mehr erfaßt wurden. Das Resultat $a_2 \approx 1.5$ mag kann daher allenfalls als Näherungswert für die Einzelobjekte der Dunkelwolkenkomplexe betrachtet werden. Setzt man deren mittleren Durchmesser zu $D = 5$ pc an, so legt der Vergleich mit den „kleinen Wolken" die Annahme nahe $a \sim D$. Damit folgt für die Staubmassen der Wolken $\mathfrak{M}_s \sim \varrho_s D^3 \sim (a/D) \cdot D^3 \sim aD^2 \sim a^3$ und weiter für das „Massenspektrum" $F(\mathfrak{M}_s) \sim f(a)(\mathrm{d}a/\mathrm{d}\mathfrak{M}_s)$ mit $f(a) \sim a^{-3}$ schließlich

$$F(\mathfrak{M}_s) \sim \mathfrak{M}_s^{-5/3}. \qquad \text{(IV.194)}$$

Wenn Staub und Gas in einem festen Massenverhältnis stehen, gilt dieser Zusammenhang auch für die Gesamtmassen der Wolken. Für die diffusen HI-Wolken wird dies durch Untersuchungen der 21 cm-Strahlung zumindest qualitativ bestätigt. Nach Berechnung der Massendichte ϱ_s aus $a = k_V^* \varrho_s D$ mit $k_V^* = (2 \ldots 4) \cdot 10^4$ mag cm^2 g^{-1} (Gl. IV.189), ergibt sich mit der Annahme eines Gas : Staub-Verhältnisses $\varrho_g/\varrho_s = 100$ für die mittlere Masse einer kleinen Wolke $\mathfrak{M}_1 = 10 \ldots 20\ \mathfrak{M}_\odot$. Auch diese Werte passen zu den Resultaten für die diffusen HI-Wolken (s. IV.4.2).

Für die kleinen, diffusen Wolken erscheint die Annahme $a \sim D$, also angenähert gleiche Dichte, plausibel, weil hier die Eigengravitation vernachlässigbar ist (s. V.3.4, Tabelle V.6). Für $a > 1$ mag, im Bereich der typischen Dunkelwolken, wird sie jedoch zunehmend unbrauchbar: Für diese Objekte ergaben die Beobachtungen der Moleküllinienemission, daß die Säulendichte $N(H_2) \cdot D$ um $3 \cdot 10^{21}$ cm^{-2} streut, etwa entsprechend $a = 2$ mag, und im Mittel nahezu unabhängig von D ist (s. IV.2.4). Daher sollte bei diesen Wolken $a \sim \varrho_s \cdot D$ ebenfalls nicht wesentlich von D abhängen. Das Massenspektrum ergibt sich in diesem Fall für $f(a) \sim a^{-\beta}$ bei beliebigem β zu $f(\mathfrak{M}) \sim \mathfrak{M}^{-1}$ (Ansatz $a \sim D^{\alpha}$ und Übergang $\alpha \rightarrow 0$).

Interpretation der Infrarot- und Submillimeterstrahlung des Staubes (II.1.3, III.1.3): In einer Reihe von Arbeiten wurde die Fragen diskutiert: (1) welche interstellaren Wolken tragen mit ihrer Staubkomponente zu dieser Emission bei und (2) welche Sterne sind die Energiequellen. Es zeigte sich, daß im Bereich zwischen etwa 30 µm und 1 000 µm die thermische Emission der durch ihre Extinktion bekannten Staubteilchen in diffusen HI-Wolken mit Temperaturen $T_t \approx 20$ K dominiert. Einen erheblicheen Beitrag ergeben auch die etwas kühleren Staubteilchen ($T_t \approx 15$ K) in den äußern Hüllen der Molekülwolken. Energiequelle ist in beiden Fällen das allgemeine Strahlungsfeld der Sterne (s. III.1.9, Tabelle III.8), wobei 60% bis 70% von O-, B- und A-Sternen geliefert werden. Die Staubpartikel in ausgedehnten HII-Regionen niedriger Dichte, deren Temperaturen durch die anregenden OB-Sterne auf durchschnittlich 30 K gebracht werden, tragen höchstens etwa 20% bei.

Wie bereits in III.1.3 erwähnt, könnte die Infrarotemission zwischen 3 µm und etwa 20 µm vorwiegend durch Polyzyklische Aromatische Kohlenwasserstoffe (PAHs) erzeugt werden. Diese großen Moleküle in diffusen HI-Wolken werden im interstellaren Strahlungsfeld kurzfristig auf Temperaturen um 1 000 K aufgeheizt und reemittieren fast sämtliche absorbierte Strahlung in charakteristischen Infrarotbanden zwischen 3 µm und 20 µm.

Galaktische Staubverteilung aus den Messungen von IRAS: Die unmittelbar aus den in II.1.3 und III.1.3 besprochenen Meßergebnissen erhaltenen Verteilungen der Strahlung im 60 µm- und 100 µm-Band an der Sphäre mußten zunächst vom Beitrag der thermischen Emission der festen Teilchen der „Zodiakallichtwolke" innerhalb des Sonnensystems befreit werden. Dies war möglich, weil diese Strahlung symmetrisch zur Ekliptik verteilt ist, auch besitzen die interplanetaren Teilchen höhere Temperaturen als die interstellaren und strahlen nahezu wie Schwarze Körper. Hiernach wurden alle Punktquellen subtrahiert – einschließlich einiger naher interstellarer Wolken, deren Beitrag das Resultat für die gesuchte großräumige Staubverteilung zu stark beeinflussen würde. Die erhaltenen Intensitätsverteilungen zeigen, daß bei 60 µm im Innenbereich der galaktischen Scheibe der Einfluß des Staubes der Hüllen von Molekülwolken stark wird: Die Staubstrahlung ist vorwiegend auf den ersten und den vierten Quadranten der galaktischen Länge konzentriert – wie die CO-Linienemission und im Gegensatz zur 21-cm-Strahlung (Abb. IV.28).

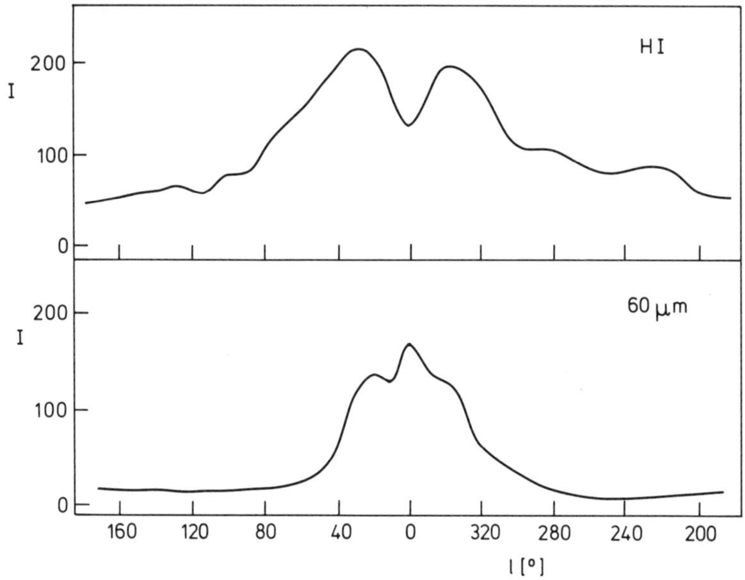

Abb. IV.28: Variation der 21-cm-Linienemission (in K · km s^{-1}) und der Infrarotemission im 60 µm-Band von IRAS (in 10^{-7} W m^{-2} sr^{-1}) entlang dem galaktischen Äquator. (Nach W. B. Burton, E. R. Deul, H. J. Walker und A. A. W. Jongeneelen 1986).

Wegen des Fehlens von Absorption ergibt sich die Intensität der Strahlung einfach durch Integration der Beiträge entlang des Sehstrahls durch die ganze Galaxis. Auf dem galaktischen Äquator gilt

$$I(l) = \int_0^\infty \varepsilon(r;l)\,\mathrm{d}r\,,$$

wobei $\varepsilon(r;l)$ die Volumenemission in der Entfernung r auf dem Sehstrahl zur galaktischen Länge l und Breite $b = 0°$ bezeichnet. Bei Annahme von Rotationssymmetrie bezüglich des galaktischen Zentrums kann aus $I(l)$ die radiale Verteilung der Volumenemission $\varepsilon(R)$ abgeleitet werden. Der galaktozentrische Abstand ist unter dieser Voraussetzung nach Gl. (II.67) gegeben durch

$$R = \sqrt{R_0^2 + r^2 - 2R_0 r \cos l}$$

(vgl. dazu Abb. II.45). Praktisch erfolgt die Gewinnung von $\varepsilon(R)$ aus $I(l)$ durch ein numerisches Verfahren, auf das hier nicht eingegangen werden kann. Abb. IV.29 zeigt das Resultat für $\lambda = 60$ µm. Bemerkenswert ist die Bevorzugung eines Ringes, der sich zwischen $R = 3$ und 6 kpc erstreckt (für $R_0 = 10$ kpc). Darüber hinaus überrascht der starke Anstieg der Volumenemission zum Zentrum hin, wie ihn weder die Beobachtungen von Moleküllinien noch die 21-cm-Linienemission zeigen. Die Dichte der emittierenden Staubschicht ergibt sich andererseits nahezu gleich der Dicke der HI-Schicht.

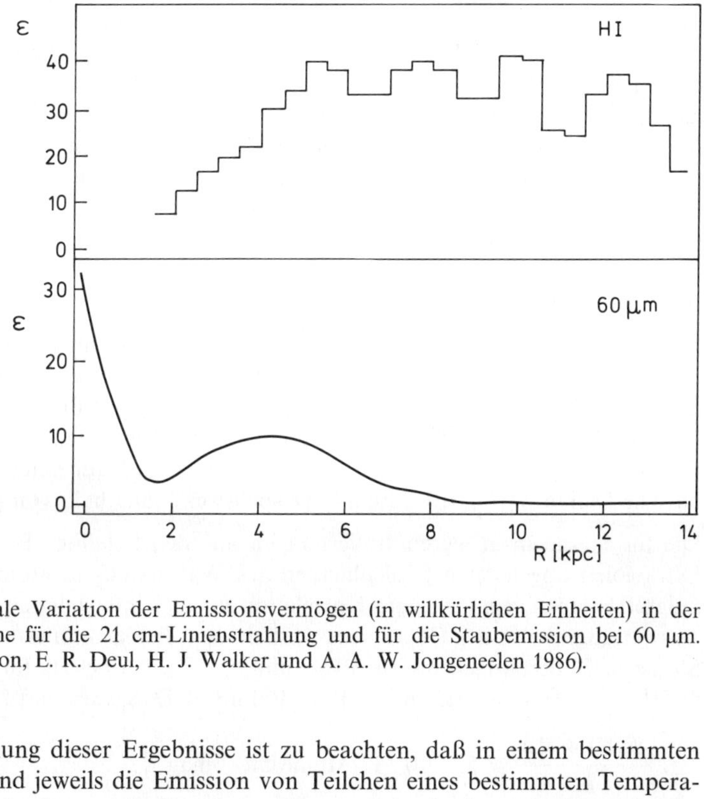

Abb. IV.29: Radiale Variation der Emissionsvermögen (in willkürlichen Einheiten) in der galaktischen Ebene für die 21 cm-Linienstrahlung und für die Staubemission bei 60 µm. (Nach W. B. Burton, E. R. Deul, H. J. Walker und A. A. W. Jongeneelen 1986).

Bei der Beurteilung dieser Ergebnisse ist zu beachten, daß in einem bestimmten Wellenlängenband jeweils die Emission von Teilchen eines bestimmten Temperaturbereiches beobachtet wird. So zeigten Messungen mit einem Ballon-Teleskop bei $\lambda = 250$ µm, daß diese Emission vorwiegend aus „ruhigen " Molekülwolken kommt, in denen die Teilchentemperaturen nur Werte um $T = 12$ K ereichen. Sind in den Molekülwolken junge Sterne vorhanden, die den hier besonders dichten Staub ihrer unmittelbaren Umgebung auf Temperaturen bis zu etwa 100 K aufheizen, so wird die thermische Strahlung dieses Staubes in erheblichem Umfang wieder absorbiert. Die beobachtete Emission kommt schließlich nur vom Staub in den äußeren Bereichen der Wolken mit $T \approx 15$ K. Die bei 25 µm gemessene Emission geht hauptsächlich von den diffusen Wolken aus. Der Anstieg der Volumenemission ε zum galaktischen Zentrum hin im Bereich $R < 1.5$ kpc läßt sich als Folge zunehmender Stärke des Strahlungsfeldes deuten.

4.2 Dichte und Wolkenstruktur des neutralen Wasserstoffs in der Sonnenumgebung

Analyse optischer Beobachtungen: Aussagen über die lokale Dichte des neutralen Wasserstoffes sind aus den extraterrestrischen Beobachtungen der interstellaren Lyman α-Absorptionslinie (III.1.4) gewonnen worden. Die Wachstumskurven-Analyse (IV.2.5) liefert die Säulendichte der neutralen Wasserstoffatome $\mathfrak{N}$(HI). Infolge der Wolkenstruktur ergeben sich auch für Sterne mit nahezu gleichen Entfernungen recht unterschiedliche Werte; auffallend ist sodann ein generelles Defizit im Bereich der galaktischen Längen $l \approx 180°$ bis $l \approx 270°$. Hier fand man bis zu $r \approx 1$ kpc eine durchschnittliche Dichte von nur 0.13 H Atomen cm^{-3} gegenüber dem Mittelwert $\bar{N}$(HI) ≈ 0.7 Atome cm^{-3} für die anderen erfaßten Richtungen. Im Bereich Scorpius-Ophiuchus befindet sich eine größere Gasmasse in Entfernungen $r < 200$ pc. Für die unmittelbare Sonnennähe ($r < 20$ pc) wurde aus Lyα-Absorptionsstrukturen, die innerhalb von Emissionslinien naher Sterne späten Spektraltyps auftreten, z. B. bei α Bootis, eine besonders geringe Dichte zwischen 0.02 und 0.1 Atomen cm^{-3} gefunden.

Ein großer Bruchteil des lokalen interstellaren Raumes muß von einem dünnen, heißen Plasma mit einer Temperatur von etwa 10^6 K erfüllt sein. Dies folgt aus dem Auftreten der diffusen weichen Röntgenstrahlung mit Photonenenergien $h\nu \lessapprox 0.3$ keV (s. III.1.9). Denn diese Strahlung kann Säulendichten größer als $\mathfrak{N}(\mathrm{HI}) \approx 5 \cdot 10^{19}$ cm^{-2} nicht durchdringen und muß daher im Nahbereich erzeugt werden: für eine Dichte N(HI) ≈ 0.15 cm^{-3} beispielsweise innerhalb von $r \approx 100$ pc.

Die für Sterne in größeren Entfernungen aus den Satelliten-Beobachtungen im Ultraviolett abgeleiteten Säulendichten des Wasserstoffs in atomarer und molekularer Form zeigen eine gute Korrelation mit der interstellaren Extinktion. Die Auswertung des mit „Copernicus" erhaltenen Beobachtungsmaterials für 100 Sterne in Entfernungen bis zu 3 kpc mit $E_{B-V} \lessapprox 0.6$ lieferte für $\mathfrak{N}(\mathrm{HI}+\mathrm{H}_2) = \mathfrak{N}(\mathrm{HI}) + 2\mathfrak{N}(\mathrm{H}_2)$ die Beziehung (R. C. Bohlin, B. D. Savage und J. F. Drake 1978)

$$\frac{\bar{\mathfrak{N}}(\mathrm{HI}+\mathrm{H}_2)}{\bar{E}_{B-V}} = 5.8 \cdot 10^{21}\ \text{H-Atome cm}^{-2}\,\text{mag}^{-1}\,. \qquad \text{(IV.195)}$$

Mit $\bar{E}_{B-V} = 0.6$ mag kpc^{-1} (s. III.1.1) folgt hieraus die mittlere Dichte innerhalb von $r \approx 1$ kpc zu $N_{\mathrm{H}} = 1.1$ H-Atome cm^{-3}. Für ein Atomzahl-Verhältnis H : He = 10 : 1 erhält man damit für die *mittlere lokale Massendichte des Gases*.

$$\varrho_0(\mathrm{Gas}) \approx 3 \cdot 10^{-24}\ \mathrm{g\ cm}^{-3}.$$

Praktisch derselbe Wert ergab sich für die mittlere stellare Massendichte innerhalb von $r = 20$ pc (II.2.2)!

Bezüglich der *Wolkenstruktur* konnte bereits unmittelbar aus den Aufspaltungen der interstellaren Absorptionslinien geschlossen werden, daß ein nahe der galaktischen Ebene verlaufender Sehstrahl pro kpc durchschnittlich etwa 5 bis 10 Wolken durchsetzt, wobei diese vorwiegend auf Spiralarme konzentriert zu sein scheinen (III.1.4). Mit $E_{B-V} = 0.6$ mag kpc^{-1} ergibt sich aus (IV.195) bei Annahme von 7 Wolken pro kpc ein Durchschnittswert der Säulendichte pro Wolke $\mathfrak{N}_{\mathrm{H}} \approx 5 \cdot 10^{20}$ cm^{-2}. Aussagen über die Dichte in diesen Wolken lassen sich aus den Äquivalentbreiten der Linien von zwei oder mehreren Ionisationsstufen desselben Elementes, nach Übergang zu den entsprechenden Säulendichten gewinnen. Für die Ionisationsgleichgewichte gilt jeweils eine statistische Gleichung der Art (IV.73) in IV.2.1, und wenn man Linien auswählt, deren Ausgangsniveaus wesentlich durch Stöße mit neutralen H-Atome angeregt werden, dann tritt neben der Elektronendichte N_e und der Temperatur T noch deren Dichte $N(\mathrm{HI})$ auf. Aus Beobachtungen im Ultraviolett sind auf diese Weise für typische „kleine" Wolken Werte $N(\mathrm{HI}) \approx N_{\mathrm{H}} \approx 30$ cm^{-3} sowie $T \approx 100$ K und $N_e \approx 10^{-2}$ cm^{-3} abgeleitet worden. Für die am Schluß von III.1.4 und in IV.2.5 erwähnten „Hochgeschwindigkeitskomponenten" – vermutlich durch starke Sternwinde oder Stoßfronten von Supernovae verdichtetes Gas – ergaben sich etwas höhere Dichten und Temperaturen $\gtrsim 1000$ K.

In ähnlicher Weise kann man die Äquivalentbreiten der verschiedenen im Ultraviolett beobachteten Rotationslinien des H_2-Moleküls für eine Dichtebestimmung heranziehen: Aus den Säulendichten $\mathfrak{N}(J)$ für die einzelnen Rotationsniveaus $J = 0, 1, 2, \ldots$ folgen die Besetzungsverhältnisse $N(J)/N(0)$, die vom Strahlungsfeld und von der Dichte der neutralen H-Atome $N(\mathrm{HI})$ abhängen. Die quantitative Diskussion ergab für normale diffuse Wolken im Mittel Gesamtdichten (einschließlich des Wasserstoffs in molekularer Form) ebenfalls etwa $N_{\mathrm{H}} = 30$ cm^{-3}. Mit der oben gefundenen Mittleren Säulendichte einer Wolke $\mathfrak{N}_{\mathrm{H}} \approx 5 \cdot 10^{20}$ cm^{-2} folgt damit ein mittlerer Wolkendurchmesser von rund 2 pc.

Analyse der 21 cm-Linie: Für die Darstellung der Linienintensität kann bei optisch dünner, homogener Schicht Gl. (IV.52), S. 311, herangezogen werden, wobei $I_{\nu,0} = 0$, $h\nu/kT \ll 1$, also $\beta = (N'Q_{21}/A_{21})(h\nu/kT)$, und $N'Q_{21}/A_{21} \gg 1$ angenommen werden darf. Man erhält dann einfach $I_{21}^L = \tau_\nu^L \cdot B_\nu(T)$. Den dabei auftretenden Ausdruck für die optische Dicke τ_ν^L wollen wir hier zunächst frei von der Voraussetzung der Homogenität berechnen.

Aus Gl. (IV.13a) in IV.1.2 folgt unter Beachtung von $h\nu_{nm}/kT \ll 1$ und mit den Bezeichnungen $m = 0$ für den unteren und $n = 1$ für den oberen Zustand

$$\begin{aligned} \kappa_\nu^L &= \frac{h\nu_{10}}{c}\,\psi(\nu)B_{01}N_0\left(1 - \mathrm{e}^{-\frac{h\nu_{10}}{kT}}\right) \\ &\approx \frac{h\nu_{10}}{c}\,\psi(\nu)B_{01}N_0\,\frac{h\nu_{10}}{kT}\,. \end{aligned} \qquad \text{(IV.196)}$$

Die stimulierte Emission ist wesentlich und kommt in einer starken Herabsetzung des Absorptionskoeffizienten zum Ausdruck.

In IV.1.2 wurde bereits gezeigt, daß die hier auftretende Anregungstemperatur („Spintemperatur“) für die 21 cm-Linie in hinreichender Nährung gleich der kinetischen Temperatur ist, wie im Fall von LTE. Für die Besetzungszahlen erhält man daher

$$\frac{N_1}{N_0} = \frac{g_1}{g_0} \exp\left[-\frac{h\nu_{10}}{kT}\right] \approx \frac{g_1}{g_0} = 3\,, \tag{IV.197}$$

so daß für die Dichte aller neutralen H-Atome gilt

$$N = N_0 + N_1 = 4N_0\,. \tag{IV.198}$$

Drückt man B_{01} mit Hilfe von (IV.14) durch A_{10} aus, dann ergibt sich mit $\lambda_0 = c/\nu_{10}$ für die optische Tiefe bis zur Entfernung r

$$\tau_\nu^L(r) = \frac{3}{8\pi} A_{10}\lambda_0 \frac{hc}{k} \frac{1}{4} \int_0^r \frac{N(r)\psi(\nu|r)}{T}\,\mathrm{d}r\,. \tag{IV.199}$$

Dabei haben wir zum Ausdruck gebracht, daß das Profil des Linienabsorptionskoeffizienten $\psi(\nu)$ infolge systematischer Dopplerverschiebungen durch die differentielle galaktische Rotation vom Ort auf dem Sehstrahl abhängen wird.

Es ist üblich, anstelle der Frequenz ν die Radialgeschwindigkeit v einzuführen (wir lassen der Kürze halber den Index r weg). Es gilt $v/c = (\nu_{10} - \nu)/\nu_{10}$, also $|\mathrm{d}v/\mathrm{d}\nu| = c/\nu_{10} = \lambda_0$, so daß insbesondere

$$\psi(\nu|r) = \varphi(v|r)\left|\frac{\mathrm{d}v}{\mathrm{d}\nu}\right| = \varphi(v|r)\lambda_0\,.$$

Damit geht (IV.199) über in

$$\tau_v^L(r) = \frac{3}{32\pi} A_{10}\lambda_0^2 \frac{hc}{k} \int_0^r \frac{N(r,v)}{T}\,\mathrm{d}r\,, \tag{IV.200}$$

wobei $N(r,v)\mathrm{d}r = N(r)\mathrm{d}r\varphi(v|r)$ die Anzahl der neutralen H-Atome im Entfernungsbereich $r \ldots r + \mathrm{d}r$ mit Radialgeschwindigkeiten im Intervall $v - {}^1\!/_2 \ldots v + {}^1\!/_2$ bezeichnet.

Für den Schluß von der beobachteten Linienintensität I_ν^L bzw. I_v^L auf die Dichte ist vor allem der *Fall optisch dünner Schicht*, $\tau_v^L \ll 1$, von Bedeutung, weil sich dann ein direkter linearer Zusammenhang ergibt, wenn wir darüber hinaus noch konstante Temperatur annehmen. Dann folgt aus (IV.9) für die Strahlungstemperatur bei der Geschwindigkeit v im Linienprofil

$$T_s(v) = \tau_v^L(r^*)T\,. \tag{IV.201}$$

Wegen $\tau_v^L(r^*) \sim T^{-1}$ ist also die Strahlungstemperatur T_s – und ebenfalls die Intensität selbst – unabhängig von der Gastemperatur. Nach Einsetzen von (IV.200) liefert (IV.201) für $r^* = \infty$

$$\mathfrak{N}(v) = \int_0^\infty N(r,v)\mathrm{d}r = 1.835 \cdot 10^{18}\, T_s(v)\,. \tag{IV.202}$$

Die Säulendichte $\mathfrak{N}(v)$ gibt dabei die Anzahl der neutralen H-Atome pro cm^2 an, deren Radialgeschwindigkeit sich in einem Intervall der Breite $\Delta v = 1$ km s^{-1} um den Wert v [km s^{-1}] befinden. Integration über die Linie liefert $\mathfrak{N}$(HI), die Säulendichte aller neutralen H-Atome.

Eine erste empirische Ausage über die *Temperatur* des HI-Gases ist dagegen im Fall großer optischer Dicke möglich. Bei konstanter Gastemperatur folgt dann aus Gl. (IV.9) $T_s(v) = T$, das heißt, die beobachtete Strahlungstemperatur nimmt über einen gewissen Frequenz- bzw. Geschwindigkeitsbereich innerhalb der Linie einen konstanten Höchstwert an. Man beobachtet dies in der Richtung zum galaktischen Zentralgebiet. Hier erreicht die geometrische Weglänge den größten Wert und es verschwindet gleichzeitig der Verbreiterungseffekt durch die differentielle galaktische Rotation, weshalb das Profil der optischen Tiefe τ_v^L über v schmaler und entsprechend höher wird. Die Beobachtungen ergeben $T \approx 130$ K.

Der Fall optisch dünner Schicht liegt in der Regel in galaktischen Breiten $|b| > 20°$ vor. Hier ist die Weglänge innerhalb der Gasscheibe relativ kurz, so daß sich stets nur wenige Wolken auf dem Sehstrahl befinden. Daher zeigen die Linieprofile in Emission wie in Absorption häufig eine deutliche Aufspaltung in mehrere Komponenten. Bei rein thermischer Dopplerverbreiterung kann man für das Profil der Einzelkomponente eine Gaußverteilung ansetzen mit dem Streuungsquadrat

$$\sigma_v^2 = \overline{(v-\bar{v})^2} = \frac{\mathfrak{R}T}{\mu} = \frac{kT}{m} \tag{IV.203}$$

($\mathfrak{R}$ = Gaskonstante, μ = Molekulargewicht, m = Masse eines Teilchens, s. PSS IV.1.8). Mißt man die Radialgeschwindigkeit v bzw. deren Streuung σ_v in km s^{-1}, dann folgt hieraus für die kinetische Temperatur

$$T = 121\,\sigma_v^2\,. \tag{IV.204}$$

Die Einzelkomponenten der Emissionsprofile sind oft auf eine flache und breite Komponente aufgesetzt (Abb. IV.30). Die Darstellung einer großen Anzahl solcher Profile aus Beobachtungen bei galaktischen Breiten um $|b| \approx 30°$ und galaktischen Längen 0° bis 360° durch formale Überlagerungen von jeweils mehreren Gaußprofilen („Gaußanalyse“) lieferte für die schmalen Komponenten im Durchschnitt etwa $\sigma_v^{(1)} = 2 \ldots 3$ km s^{-1} und für die breiten und flachen Komponenten etwa $\sigma_v^{(2)} \approx 10$ km s^{-1}. Für die schmalen Komponenten folgt mit Gl. (IV.204) – da noch mit einem Anteil innerer turbulenter Bewegungen gerechnet werden muß – eine Temperatur der Größenordnung 10^2 K, während sich für die unterlegte breite Komponente einige 10^2 K bis zu etwa $8 \cdot 10^3$ K ergeben. Diese Emission wurde deshalb einem „warmen“ und dünnen *„Zwischen-Wolken-Gas“* zugeschrieben, das mit den kalten Wolken im Druckgleichgewicht stehen könnte. Nach der Entdeckung einer weit verbreiteten heißen Gaskomponente (IV.2.3) erscheint es jedoch plausibler, das „warme" Gas jeweils in die Übergangsgebiete zwischen kalten Wolken und heißem Gas, also vorwiegend in die Umgebung der kalten Wolken zu verlegen.

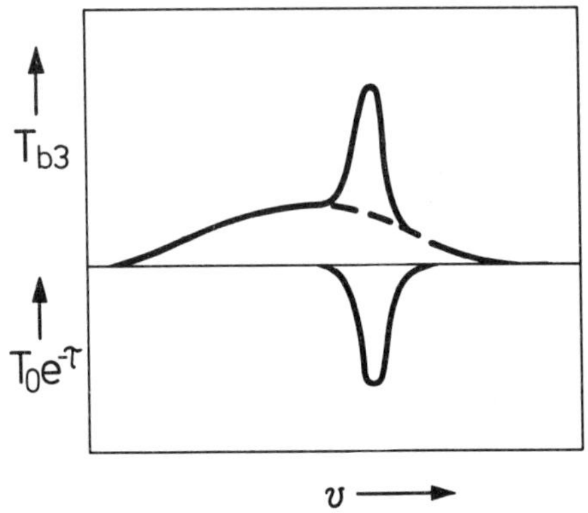

Abb. IV.30: Schematische Darstellung beobachteter Emissions- und Absorptionsprofile der 21 cm-Linie. Erläuterung im Text.

Absorptionsbeobachtungen liefern weitere Information. Wählt man als Kontinuumsquelle ein extragalaktisches Objekt ($|b| \gtrsim 20°$), dann muß bei Beobachtung mit hinreichend schmaler Richtkeule (Interferometer) im Absorptionsprofil praktisch dasselbe Gas wirksam sein, das man unmittelbar neben der Quelle allein in Emission beobachten kann (vgl. III.1.5, Abb. III.21). Wegen $\tau_v^L \sim T^{-1}$ nach Gl. (IV.200) wird jedoch in Absorption das „warme" Gas nur sehr schwach in Erscheinung treten. Der Vergleich von Emissions- und Absorptionsbeobachtungen kann deshalb grundsätzlich die Temperaturen beider Gaskomponenten liefern. Bezeichnen wir die Strahlungstemperatur der Kontinuumsquelle mit T_0 und befindet sich allein eine homogene Wolke der optischen Dicke τ und der kinetischen Temperatur T auf dem Sehstrahl, dann gilt für die beobachteten Strahlungstemperaturen bei einer bestimmten Frequenz bzw. Geschwindigkeit:

Auf der Quelle in der Linie: $T_{s1} = T(1-e^{-\tau}) + T_0 e^{-\tau}$
Auf der Quelle neben der Linie: $T_{s2} = T_0$
Neben der Quelle in der Linie: $T_{s3} = T(1-e^{-\tau})$
(Interpolation auf Ort der Quelle!).

Hieraus folgt

$$T_{s1} - T_{s2} - T_{s3} = -T_0(1-e^{-\tau}) = -T_{s2}(1-e^{-\tau}).$$

Diese Gleichung liefert zunächst τ für jede Stelle des Linienprofils, womit dann aus der dritten der oberen Gleichungen die Temperatur T berechnet werden kann. Ist neben einer kalten Wolke die warme Gaskomponente durch eine breite flache Emission repräsentiert, dann tritt im einfachsten Fall im Ausdruck für T_{s1} noch ein Term $T'\tau'$ hinzu, wobei T' die Temperatur und $\tau'(\ll 1)$ die optische Dicke des warmen Mediums bezeichnen.

Beobachtungen neben der schmalen Linie, aber noch in der breiten Komponente (Abb. IV.30) liefern mit $T_{s3} = T'\tau'$ unmittelbar die Säulendichte des warmen Gases.

Tabelle IV.14: Charakterisitische Daten der diffusen HI-Wolken des allgemein verbreiteten neutralen Gases

Mittlere Säulendichte $\bar{\mathfrak{N}}$(HI)	$3 \cdot 10^{20}$ cm^{-2}
Mittlerer Wolkendurchmesser $\bar{D}$	5 pc
Mittlere HI-Dichte der Wolken $\bar{N}$(HI)	20 cm^{-3}
Mittlere Wolkenmasse $\mathfrak{M}$(HI)	30 $\mathfrak{M}_\odot$
Mittlere Temperatur der Wolken $\bar{T}$	80 K
Effektive Halbdicke der Wolkenschicht H^*	130 pc
Mittlerer Betrag der Wolkengeschwindigkeit v_w	10 km s^{-1}

Wir fassen wichtige, in der beschriebenen Weise erhaltene *Ergebnisse* über die Verteilung des neutralen Wasserstoffgases in der Sonnenumgebung zusammen. Da bereits Wolken mit Farbexzessen $E_{B-V} \approx 0.3$ einen erheblichen Anteil molekularen Wasserstoffs aufweisen (IV.2.5), erstrecken sich die Aussagen der 21 cm-Linienbeobachtungen vorwiegend auf das allgemein verbreitete wolkige neutrale Gas niedriger Dichte. Beobachtungen kleiner Bereiche der Sphäre mit hoher Winkelauflösung ($\lesssim 10'$) ergeben als dominierende Strukturen kalte „diffuse Wolken“ mit unterschiedlichen, teilweise filamentartigen und flachen Formen, deren Säulendichten von $\mathfrak{N}$(HI) $\approx 1 \cdot 10^{21}$ cm^{-2} bis hinab zu etwa $2 \cdot 10^{19}$ cm^{-2} reichen; die kleinsten dieser Kondensationen werden manchmal als „Cloudlets“ bezeichnet. Die Wolkendurchmesser sind nur ungenau bekannt und liegen etwa zwischen 1 pc und 10 pc. Die Temperaturen der auch in Absorption beobachteten Wolken mit optischen Dicken in der Linienmitte $\tau_0 > 0.2$ ergaben sich zu 20 K bis 120 K. Mittelwerte der Wolkenparameter sind in Tabelle IV.14 zusammengestellt. Aus der beobachteten Abhängigkeit der gesamten Säulendichte – über alle Wolken auf dem Sehstrahl summiert – von der galaktischen Breite b wurde die effektive Halbdicke H^* der galaktischen HI-Wolkenschicht abgeleitet, definiert durch

$$\int_{-\infty}^{+\infty} \bar{N}(z)\mathrm{d}z = 2H^* \cdot \bar{N}(0) \qquad \text{(IV.205)}$$

(z = senkrechter Abstand von der galaktischen Ebene, $\bar{N}$ = über die Wolken und über Zwischenräume gemittelte Dichte). Die hierfür benötigten Entfernungen wurden aus den Radialgeschwindigkeiten der Linienkomponenten mit Hilfe eines Modells der galaktischen Rotation gewonnen (s. IV.4.3). Das Resultat für H^* ist in Tabelle IV.14 enthalten. Die mittlere HI-Dichte der erfaßten Wolkenkomponente ergibt sich mit der Annahme von durchschnittlich vier mittleren Wolken auf 1 kpc

Weglänge in der galaktischen Ebene (III.1.5) zu $\bar{N}(0) \approx 4 \cdot 3 \cdot 10^{20}$ cm^{-2}/$3 \cdot 10^{21}$ cm ≈ 0.4 cm^{-3}.

Für das warme Gas ($\bar{T} \approx 6000$ K) fand man $\mathfrak{N}(b) \approx 1.4 \cdot 10^{20}$ cosec$\,b$ und eine effektive Halbdicke $H^* \approx 200$ pc, womit als maximale mittlere Dichte $\bar{N}(0) \approx 1.4 \cdot 10^{20}/H^* \approx 0.2$ cm^{-3} folgt. Zusammen mit dem entsprechenden Wert für die kalten Wolken ergibt sich damit eine *mittlere lokale HI-Dichte* ($r < 1$ kpc) in der galaktischen Ebene $\bar{N}$(HI) ≈ 0.6 Atome cm^{-3}, in befriedigender Übereinstimmung mit dem am Anfang dieses Abschnittes angegebenen Resultat aus Lyα-Beobachtungen. In der unmittelbaren Sonnenumgebung, etwa $r < 20$ pc, scheint neben der heißen nur die dünne „warme" Komponente vorhanden zu sein mit N(HI) ≈ 0.1 cm^{-3} (s. oben: Lyα-Absorption). Dies wird durch Beobachtungen von diffuser Lyα-Emission bestätigt, die durch Resonanzstreuung der solaren Lyα-Strahlung an nahen interstellaren H-Atomen ($r \approx 100$ AE) entsteht und deren Linienbreiten auf Temperaturen dieses HI-Gases um $T \approx 10000$ K schließen lassen.

Für die Einzelwolke erhält man die Dichte N(HI) nur bei bekanntem Wolkendurchmesser D, für dessen Bestimmung bestenfalls grobe Entfernungsschätzungen herangezogen werden können. Ordnet man den oben angegebenen individuellen Säulendichten $\mathfrak{N}$(HI) die durch Beobachtungen der interstellaren Extinktion nahegelegten Werte $D \approx 3 \ldots 10$ pc zu (s. IV.4.1), dann ergeben sich Dichtewerte $N \approx 2 \ldots 30$ Atome cm^{-3}. Bei ganz grober Annährung der Wolkenform durch eine Kugel liefern diese Zahlen *Wolkenmassen* $\mathfrak{M} = (\pi/6) \cdot D^3 N \cdot m_{\mathrm{H}}$ im Bereich $\mathfrak{M}$(HI) $\approx 1\,\mathfrak{M}_\odot \ldots 3 \cdot 10^2\,\mathfrak{M}_\odot$. Für das *Massenspektrum* der HI-Wolken in der Form $F(\mathfrak{M}) \sim \mathfrak{M}^{-\beta}$ wurden im Bereich $\mathfrak{M} < 10^5\,\mathfrak{M}_\odot$ Werte des Exponenten β zwischen 1.3 und 1.7 gefunden (E. Braunsfurth 1975).

4.3 Der neutrale Wasserstoff großräumig

Beobachtungen von Radiolinienemission können für eine feste Richtung (l, b) die Säulendichten $\mathfrak{N}(v)$ liefern, und wenn jeder Radialgeschwindigkeit v eindeutig eine Entfernung r zugeordnet werden kann, dann läßt sich aus $\mathfrak{N}(v)$ der Dichteverlauf $N(r)$ entlang dem Sehstrahl ableiten: Es gilt $\mathfrak{N}(v)\mathrm{d}v = N(r)\mathrm{d}r$, so daß für die Anzahldichte bei r folgt

$$N(r) = \mathfrak{N}(v)\frac{\mathrm{d}v}{\mathrm{d}r}. \tag{IV.206}$$

Man benötigt hiernach für jede betrachtete Richtung (l, b) die Ableitung der Radialgeschwindigkeit $\mathrm{d}v/\mathrm{d}r = v'(r; l, b)$ in Abhängigkeit von r, und muß dazu das Geschwindigkeitsfeld bzw. $v(r; l, b)$ selbst kennen. Wir wenden uns deshalb zuerst diesem Thema zu.

Großräumige Kinematik: Nimmt man als erste Näherung an, daß sich das Gas auf *Kreisbahnen* in der galaktischen Ebene um das Zentrum des Systems bewegt, dann ist es auf folgende Weise möglich, die „Rotationskurve" $\Theta = \Theta(R)$ für den „Innenbereich" $R < R_0$ aus den 21 cm-Profilen abzuleiten, wenn die Umlaufgeschwindigkeit am Ort der Sonne Θ_0 und der Abstand der Sonne vom Zentrum R_0 vorgegeben sind (Abb. IV.31).

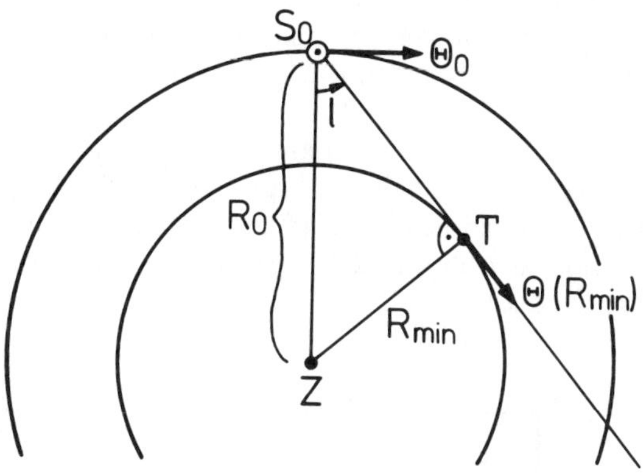

Abb. IV.31: Zur Ableitung der Rotationskurve $\Theta(R)$ aus 21 cm-Linienbeobachtungen.

Auf jedem Sehstrahl, der innerhalb der galaktischen Ebene verläuft und in eine Länge l zwischen 0° und 90° oder 270° und 360° weist, gibt es einen ausgezeichneten Punkt T, in welchem der kleinste Abstand vom Zentrum

$$R_{min} = R_0 \sin l \tag{IV.207}$$

erreicht wird. Wie wir bereits aus den optischen Beobachtungen der differentiellen galaktischen Rotation der Sterne und des interstellaren Gases wissen (II.4.1f., III.1.5), nimmt die Radialgeschwindigkeit in bezug auf die Sonne entlang der betrachteten Sehstrahlen zunächst generell mit wachsender Entfernung r zu. Bei dem Tangentenpunkt T der galaktischen Kreisbahn mit dem Radius R_{min} muß sie jedoch einen Höchstwert v_{max} (Terminal-Geschwindigkeit) erreichen und danach wieder kleiner werden. Abb. IV.31 entnimmt man:

$$v_{max} = \Theta(R_{min}) - \Theta_0 \sin l\,. \tag{IV.208}$$

Oft wird $\Theta(R)$ durch die Winkelgeschwindigkeit $\omega(R) = \Theta(R)/R$ ausgedrückt, und man erhält dann unter Benutzung von (IV.207)

$$v_{max} = R_0[\omega(R_{min}) - \omega_0] \sin l\,, \tag{IV.209}$$

eine Beziehung, die auch unmittelbar aus Gl. (II.65), II.4.1 folgt. Für $0° < l < 90°$ ist v_{max} positiv und entspricht gerade der langwelligen „Kante" des Linienprofils, so daß sein Betrag direkt aus den Beobachtungen entnommen werden kann; für $270° < l < 369°$ ist das Vorzeichen von v_{max} umgekehrt, und man hat die kurzwellige Begrenzung des Profils zu ermitteln. Mit den aus optischen Beobachtungen gewonnen Werten R_0 und Θ_0 bzw. ω_0 liefern (IV.208) oder (IV.209) die Beträge

$\Theta(R_{min})$ bzw. $\omega(R_{min})$ für die nach (IV.207) berechneten Zentrumsabstände $R_{min} < R_0$.

Genau genommen erhält man offenbar nur die Umlaufgeschwindigkeiten auf den beiden über der Strecke S_0Z als Durchmesser errichteten Thales-Halbkreisen. Dazu ist es notwendig, daß großräumig eine angenähert homogene Verteilung des Gases vorliegt. Wenn nämlich in einem größeren Gebiet um den Punkt T kein oder nur wenig Gas vorhanden ist, wird man v_{max} falsch festlegen. Darüber hinaus ist natürlich für Längen um 0°, 90° und 270°, in denen $v_{max} \approx 0$, überhaupt keine Aussage möglich. Daher erstreckten sich die gewonnenen Rotationskurven $\Theta(R)$ nur über den Bereich $0 < R < R_0$. Ergebnisse für beide Quadranten – $l = 0° \ldots 90°$ liegt auf der nördlichen, $l = 270° \ldots 360°$ liegt auf der südlichen Seite der Milchstraße – sind in Abb. IV.32 wiedergegeben und durch einen glatten mittleren Verlauf approximiert.

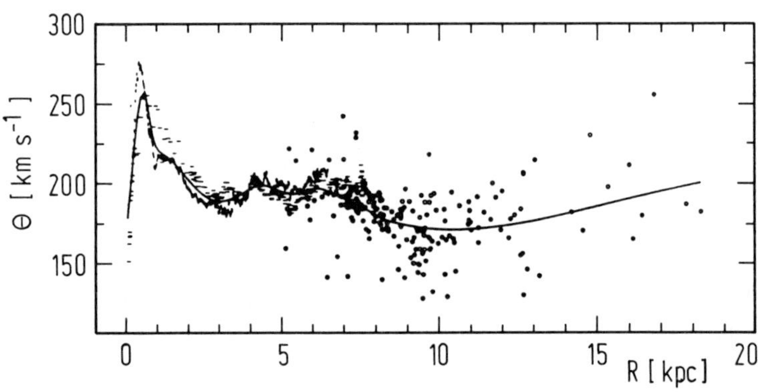

Abb. IV.32: Galaktische Rotationskurve nach neueren Beobachtungen, abgeleitet mit den Annahmen $R_0 = 7.9$ kpc, $\theta_0 = 185$ km s^{-1}. Innerer Teil ($R < R_0$) nach Messungen der 21 cm-Linie (|: erster galaktischer Quadrant, –: vierter galaktischer Quadrant), äußerer Teil nach den stark streuenden Daten für HII-Regionen (Punkte). (Nach K. Rohlfs, R. Chini, J. E. Wink und R. Böhme 1986; K. Rohlfs und J. Kreitschman 1987).

Die Auswertung umfangreicher neuerer 21-cm-Beobachtungsreihen mit dem 92-m-Teleskop des National Radio Astronomy Observatory in Greenbanck, USA, dem 64-cm-Teleskop in Parkes, Australien, und dem 100-m-Teleskop des Max-Planck-Instituts für Radioastronomie, Bonn, haben diese Ergebnisse im wesentlichen bestätigt. Die hohe Spitze bei $R \approx 0.5$ kpc und das Minimum bei $R \approx 2$ kpc dürften kaum der Realität entsprechen, weil die zugrundegelegte Annahme von Kreisbahnen im Innenbereich $R < 2$ kpc nach neueren Untersuchungen nicht zutrifft (s. IV.4.5). Hier ist vielmehr ein ständiger Anstieg der mittleren Rotationskurve zu erwarten.

Wenn die Voraussetzung reiner Kreisbahnbewegung des Gases streng erfüllt wäre und das lokale Bezugssystem sich ebenfalls auf einer Kreisbahn um das galaktische Zentrum bewegen würde, dann sollten die Ergebnisse für den ersten und den vierten Quadranten galaktischer Länge übereinstimmen. Tatsächlich treten Differenzen von durchschnittlich etwa 5 km s^{-1} auf. Die wellenförmigen Abweichungen von glatten mittleren Verläufen mit Amplituden von etwa ± 10 km s^{-1} wurden zunächst mit der Annahme gedeutet, daß bei diesen galaktischen Längen an den Tangentialpunkten zufällig fast kein Gas vorhanden ist, und man legte dementsprechend glatte Rotationkurven als obere Einhüllende durch die Maximalwerte der beobachteten Verläufe. Die spätere Diskussion der Linienprofile ergab, daß diese Interpretation nicht haltbar ist. Dann aber erfordert die Deutung der beobachteten Wellen – die abgeleiteten $\Theta(R)$ gehören zu verschiedenen galaktozentrischen Längen ϑ! – die Annahme von Abweichungen des Geschwindigkeitsfeldes von der reinen Kreissymmetrie, falls man nicht völlig unakzeptable Dichtemodelle zugrunde legen will.

Zur rein empirischen Ableitung des tatsächlichen, nicht kreissymmetrischen, sondern von R und ϑ abhängigen Geschwindigkeitsfeldes, das auch radiale und senkrecht zur galaktischen Ebene gerichtete Komponenten aufweist, reichen die beobachteten Linienprofile allein nicht aus. Ein versuchter Ausweg zieht die Theorie der Spiralstruktur von Galaxien (V.2.2) heran, um zu einer gegenüber der Kreissymmetrie verbesserten Modellstruktur zu gelangen (Abb. IV.33).

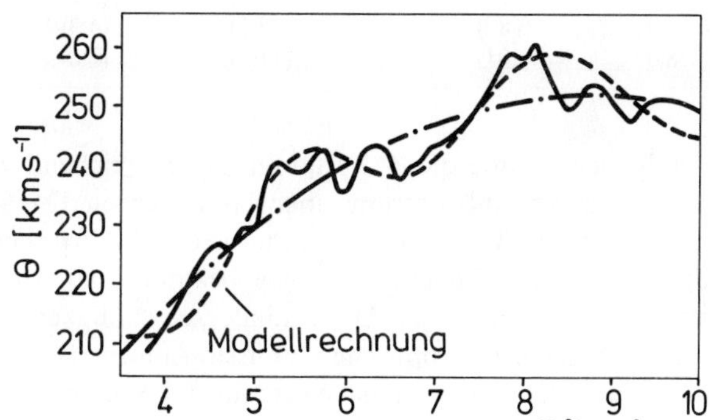

Abb. IV.33: Approximation der aus Beobachtungen im Bereich $l = 22° \dots 70°$ abgeleiteten Rotationskurve (ausgezogen) durch einen Verlauf (gestrichelt), der sich bei Abweichungen von der mittleren, glatten Kurve (strichpunktiert) ergibt, wie sie nach der Dichtewellen-Theorie der Spiralstruktur zu erwarten sind. (Nach W. B. Burton).

Rotationskurve für $R > R_0$: Hier können nur Radialgeschwindigkeitsmessungen von Objekten dieses Bereiches mit bekannten Entfernungen weiterhelfen. Die Kreisbahngeschwindigkeit Θ eines Objektes nahe der galaktischen Ebene bei der galaktischen Länge l, dessen Radialgeschwindigkeit v_r und Entfernung r bekannt sind, ergibt sich durch Auflösung von Gl. (II.64) nach Θ zu

$$\Theta(R) = \frac{R}{R_0}\left(\frac{v_r}{\sin l} + \Theta_0\right). \tag{IV.211}$$

Dabei ist R nach Gl. (II.67) durch R_0, r und l festgelegt. Da v_r auch die radiale Komponente der Pekuliargeschwindigkeit des Objektes enthält, ist eine Streuung der nach (IV.211) berechneten Werte $\Theta(R)$ um die wahre Rotationskurve zu erwarten.

Tabelle IV.15: Mittlere galaktische Rotationskurve. A und B wurden nach Gl. II.72 berechnet, $\varkappa$ wird in V.1.4 definiert (Gl. V.48). (Nach K. Rohlfs und J. Kreitschmann 1987)

R kpc	Θ km s^{-1}	ω	A	B km s^{-1} kpc^{-1}	$\varkappa$
0.2	224	1119	450	−669	1731
0.4	255	638	282	−356	954
0.6	252	420	255	−165	527
1.0	222	222	120	−102	301
2.0	203	101	61.7	−39.7	127
4.0	199	49.7	19.9	−29.8	77.0
6.0	199	33.1	15.3	−17.8	48.5
8.0	182	22.8	17.0	−5.8	23.0
10.0	(173)	(17.4)	(9.1)	(−8.1)	(23.6)
14.0	(183)	(13.1)	(4.3)	(−8.8)	(21.5)
18.0	(201)	(11.2)	(3.6)	(−7.6)	(18.4)

Erfolgreich konnte dieses Verfahren auf hinreichend weit entfernte HII-Regionen im Bereich des Antizentrums angewandt werden. Dazu wurden jene HII-Regionen ausgewählt, für deren anregende Sterne eine Mehrfarbenphotometrie vorliegt sowie Spektraltyp und Leuchtkraftklasse bekannt sind, so daß ihre Entfernungen bestimmt werden konnten. Die Radialgeschwindigkeiten wurden aus den Dopplerverschiebungen von optischen Emissionslinien (Hα) und Radiorekombinationslinien abgeleitet. Sehr genaue Werte für v_r konnten auch durch Messungen an CO-Linien der mit den HII-Regionen assoziierten Molekülwolken ermittelt werden. Abb. IV.32 enthält das Ergebnis, wobei auch HII-Regionen mit $R < R_0$ einbezogen sind. Für R_0 und Θ_0 wurden hier die Werte 7.9 kpc bzw. 185 km s^{-1} zugrunde gelegt. Tabelle IV.15 gibt numerische Werte des mittleren Verlaufes $\Theta(R)$.

Befände sich die Hauptmasse der Galaxis innerhalb von $R = R_0$, dann wäre für $R > R_0$ eine zunehmende Annährung von $\Theta(R)$ an den „Kepler-Abfall" $\Theta(R) = \sqrt{G\mathfrak{M}/R}$ zu erwarten, entsprechend der Gleichheit von Zentrifugalbeschleunigung Θ^2/R und Gravitationsbeschleunigung $G\mathfrak{M}/R^2$ im Abstand R von der im Zentrum gedachten Gesamtmasse. Trotz großer Streuung läßt das in Abb. IV.32 gezeigte

Ergebnis keinen Zweifel daran, daß $\Theta(R)$ jenseits von R_0 nicht abfällt, sondern bis zu $R \approx 18$ kpc sehr flach verläuft oder sogar noch leicht ansteigt. Einen flachen Verlauf der Rotationskurve bis zu großen galaktozentrischen Entfernungen findet man auch bei anderen, unserer Galaxis ähnlichen Spiralgalaxien. Hier kann $\Theta(R)$ auf wesentlich einfachere Weise fast unmittelbar aus Radialgeschwindigkeitsmessungen entlang der großen Achse des Erscheinungsbildes dieser Systeme an der Sphäre gewonnen werden. Einige Beispiele zeigt Abb. IV.34.

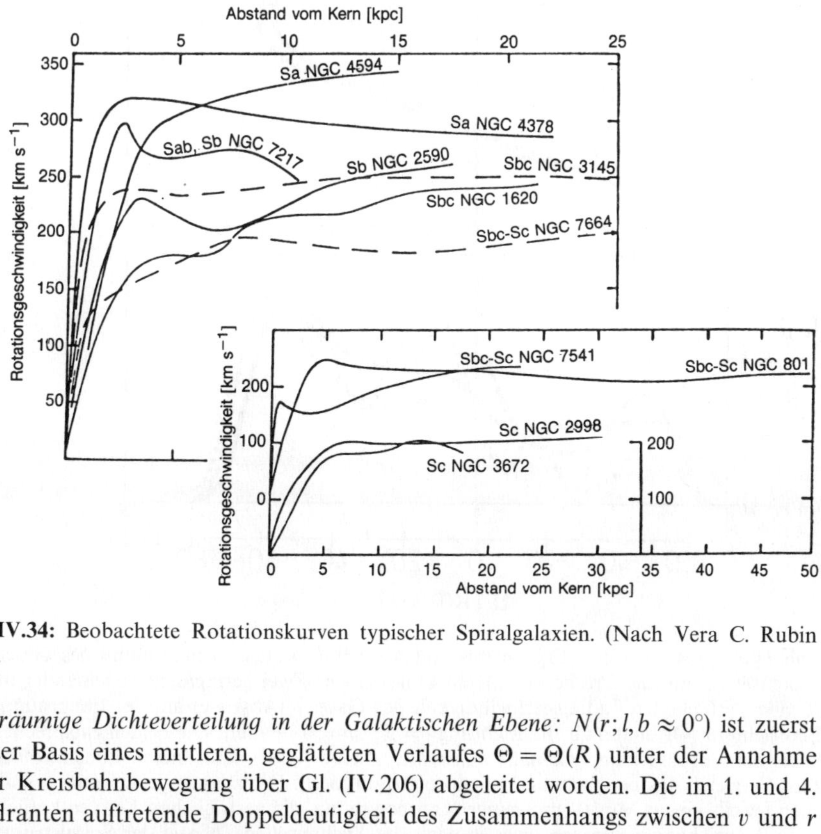

Abb. IV.34: Beobachtete Rotationskurven typischer Spiralgalaxien. (Nach Vera C. Rubin 1979).

Großräumige Dichteverteilung in der Galaktischen Ebene: $N(r; l, b \approx 0°)$ ist zuerst auf der Basis eines mittleren, geglätteten Verlaufes $\Theta = \Theta(R)$ unter der Annahme reiner Kreisbahnbewegung über Gl. (IV.206) abgeleitet worden. Die im 1. und 4. Quadranten auftretende Doppeldeutigkeit des Zusammenhangs zwischen v und r – symmetrisch zum Tangentialpunkt T gibt es stets zwei r-Werte zu einem bestimmten v-Wert – kann durch Heranziehung der Emissionsverteilung in galaktischer Breite b überwunden werden: Bei konstanter Dicke der galaktischen Gasschicht erscheint die Emission vom entfernteren Punkt nur bis zu einer wesentlich geringeren Breite b ausgedehnt als die Emission vom näheren Punkt. Das Resultat haben wir bereits in Abb. E.12 wiedergegeben. Es zeigt für die Sonnenumgebung $r < 4$ kpc, vor allem in seiner rechten (nördlichen) Hälfte, Ähnlichkeit mit den vorliegenden Ergebnissen optischer Beobachtungen (vgl. II.4.5, Abb. II.41), nämlich einen lokalen, sowie einen inneren und äußeren Arm. Viele der hier auftretenden radial zur Sonne orientierten Strukturen, beispielsweise bei $l \approx 160°$, dürften ihre Form den Unsicherheiten der Entfernungsfestlegung verdanken.

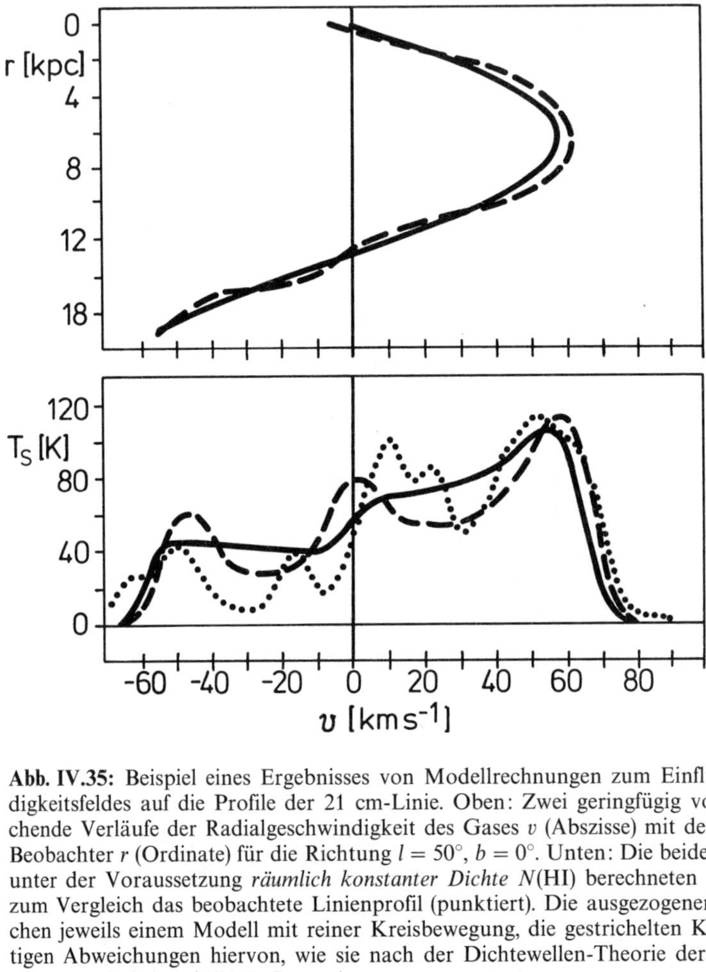

Abb. IV.35: Beispiel eines Ergebnisses von Modellrechnungen zum Einfluß des Geschwindigkeitsfeldes auf die Profile der 21 cm-Linie. Oben: Zwei geringfügig voneinander abweichende Verläufe der Radialgeschwindigkeit des Gases v (Abszisse) mit der Entfernung vom Beobachter r (Ordinate) für die Richtung $l = 50°$, $b = 0°$. Unten: Die beiden entsprechenden, unter der Voraussetzung *räumlich konstanter Dichte* N(HI) berechneten Linienprofile, und zum Vergleich das beobachtete Linienprofil (punktiert). Die ausgezogenen Kurven entsprechen jeweils einem Modell mit reiner Kreisbewegung, die gestrichelten Kurven berücksichtigen Abweichungen hiervon, wie sie nach der Dichtewellen-Theorie der Spiralstruktur zu erwarten sind. (Nach W. B. Burton).

Der bemerkenswerte Fortschritt dieser 1958 publizierten Karte lag darin, daß erstmals Aussagen über die Verteilung kosmischer Materie fast für den gesamten Bereich der galaktischen Ebene außerhalb des Zentrums gewonnen worden waren. Die oben besprochenen, etwas neueren Ergebnisse über die Kinematik des Gases zeigen andererseits, daß dieses Bild heute einer Revision bedarf. Zu diesem Zweck durchgeführte Modellrechnungen, mit denen zunächst einmal der Einfluß der Abweichungen von der reinen Kreisbahnbewegung auf die Linienprofile quantitativ untersucht werden sollte, haben jedoch die Hoffnung auf die Gewinnung besserer Ergebnisse gedämpft. Es zeigte sich, daß die Hauptzüge der beobachteten Linienprofile bereits mit der Annahme konstanter Dichte erklärbar sind, wenn man ein Geschwindigkeitsfeld nach der Dichtewellen-Theorie der Spiralstruktur zugrunde legt. Ein Beispiel gibt Abb. IV.35. Das Hauptmaximum dieses Profils bei $+60$ km s^{-1} entsteht einfach deshalb, weil für diese Geschwindigkeit gerade der Umkehrpunkt der r-v-Beziehung erreicht wird, bei welchem $dv/dr \approx 0$ und daher die Intensität $I_v \sim \mathfrak{N}(v) \sim (dv/dr)^{-1}$ sehr groß werden muß – englisch treffend als „velocity crowding" bezeichnet! Das Geschwindigkeitsfeld ist von so erheblichem Einfluß, daß sich Aussagen über die großräumige Struktur der Dichteverteilung nur auf die geringen, teilweise von der Wolkenstruktur des Gases herrührenden Differenzen zwischen der Beobachtung und der Theorie für N = const. stützen können. Wenngleich beispielsweise die aus Abb. III.19, S. 220, durch Glättung der kleinräumigen Unregelmäßigkeiten hervorgehende Konturenkarte in großen Zügen mit dem Spiralarmmodell der Dichtwellentheorie reproduziert werden kann, scheint es deshalb nicht möglich zu sein, die wahre großräumige Struktur, das sogenannte „Grand Design", *allein* aus den 21 cm-Beobachtungen zuverlässig abzuleiten. Für den Innenbereich ($R < R_0$) liefert allerdings die Deutung der Maxima des über die ganze 21 cm-Linie integrierten Strahlungsflusses als Tangentialrichtungen zu Spiralarmen gewisse Anhaltspunkte. Diese Richtungen sind $l = 33°$ (Scutum), $l = 50°$ (Aquila), $l = 283°$ (Carina), $l = 305°$ (Centauruss, Crux) und $l = 327°$ (Norma). Sie liegen durchweg relativ nahe bei den Maxima der optischen Flächenhelligkeit der Milchstraße (vgl. II.4.5, Tabelle II.14). Wir kommen darauf in IV.4.4 zurück.

Verhältnismäßig zuverlässige Aussagen lassen sich über die radiale Verteilung der HI-Dichte, bezogen auf das galaktische Zentrum, gemittelt über alle galaktozentrischen Längen, gewinnen. Ein neueres Resultat ist in IV.4.4, Abb. IV.38a dargestellt. Etwa zwischen $R = 4$ kpc und $R = 14$ kpc liegt die mittlere HI-Dichte mit nur relativ geringen Schwankungen etwa bei 0.35 cm^{-3} und fällt nach beiden Seiten hin rasch ab – im Gegensatz zur Anzahldichte der Sterne, die zum Zentrum hin durchweg ansteigt. Für $R > 12$ kpc nimmt die Flächendichte etwa exponentiell ab, die HI-Verteilung scheint nach außen keine scharfe Begrenzung aufzuweisen.

Die Gesamtmasse des HI-Gases in der galaktischen Scheibe wurde zu $2.5 \cdot 10^9\ \mathfrak{M}_\odot$ abgeschätzt.

Dicke und Verbiegung der galaktischen HI-Schicht: Für $R < R_0$ lassen sich eindeutige Aussagen über die Schichtdicke im Bereich der Tangentialpunkte T (s. Abb. IV.31) gewinnen, indem man die Abhängigkeit der Emission bei der Geschwindigkeit $v_{max}(l)$ von der galaktischen Breite mißt. Außerhalb von $R = R_0$ ist der Zusammenhang zwischen v und r in großen Zügen eindeutig, so daß hier bei festem l für verschiedene Entfernungen r Information über die mittlere Dicke und Lage der Schicht abgeleitet werden kann. Untersuchungen dieser Art ergaben für galaktozentrische Abstände $R > 12$ kpc eine Verbiegung („Warping“) der Fläche maximaler Dichte: In einander gegenüber liegenden Richtungen – vom Zentrum aus gesehen – weicht die Gasschicht nach postiven bzw. negativen Abständen von der galaktischen Ebene ab. Abb. IV.36 erläutert dies für die beiden Richtungen maximaler Abweichung. Die Zählung der hier verwendeten galaktozentrischen Länge ϑ beginnt bei der Richtung vom Zentrum zur Sonne mit $\vartheta = 0$ und erfolgt im Sinne der galaktischen Rotationsbewegung. Auch die Schichtdicke nimmt für $R > 12$ kpc mit wachsendem R zu.

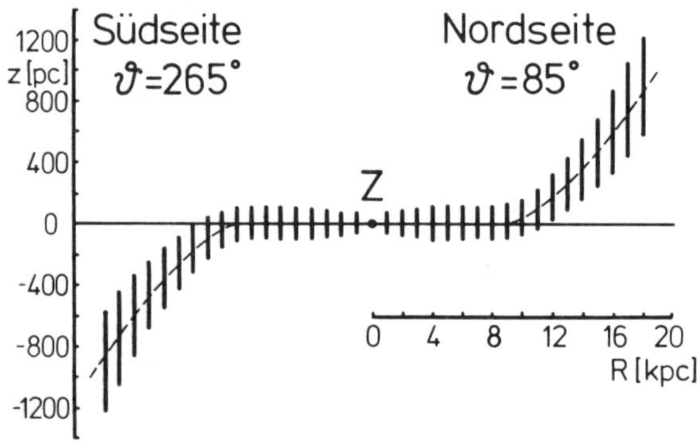

Abb. IV.36: Schnitt durch das Milchstraßensystem senkrecht zur galaktischen Ebene in den galaktozentrischen Längen maximaler Verbiegung der HII-Schicht $\vartheta = 85°$ und $265°$. Die Ordinatenskala (z) ist gegenüber der Abszissenskala (R) um den Faktor 10 gedehnt; die Längen der vertikalen Striche entsprechen der Dicke $2h$ der HI-Schicht. Die Darstellung schematisiert die wirklichen Verhältnisse: Tatsächlich verlaufen sowohl die Verbiegung wie auch die Schichtdicke auf Nord- und Südseite etwas verschieden.

Man kann die Dichteverteilung senkrecht zur galaktischen Ebene näherungsweise durch den Ansatz beschreiben

$$N(z) = N(z_0) \exp\left[-\frac{1}{2}\left(\frac{z - z_0}{h}\right)^2\right], \qquad \text{(IV.212)}$$

wobei z_0 den Abstand der Fläche maximaler Dichte von der galaktischen Ebene bezeichnet. Die durch Gl. (IV.205) definierte effektive Halbdicke ist mit der hier eingeführten „Skalenhöhe“ h verknüpft durch $H^* = (\pi/2)\, h = 1.253\, h$. Für $R < 12$ kpc darf durchschnittlich $h \approx 120$ pc und $z_0 \approx 0$ angenommen werden. Für $R > 12$ kpc bis zu $R \approx 25$ kpc ergibt sich eine angenähert lineare Zunahme von h und $|z_0|$. Die in den galaktozentrischen Längen $\vartheta \approx 85°$ und $265°$ bei $R \approx 25$ kpc erreichten Maximalwerte liegen bei $h \approx 1.7$ kpc und $z_0 \approx \pm 1.5$ kpc. Für festes R (> 12 kpc) folgt z_0 in Abhängigkeit von ϑ einer Welle $\sim (R - 12 \text{ kpc}) \cos(\vartheta - 85°)$.

Verbiegungen der HI-Schicht werden auch bei anderen Galaxien beobachtet. Im Fall der Andromeda-Galaxie besitzt sie eine ganz ähnliche Geometrie wie in unserem System. Hier wie dort ist angedeutet, daß die Abweichungen von der Ebene etwa am Rand der Sternscheibe beginnen. Ursache der Schichtverbiegungen dürften gravitative Wechselwirkungen mit Nachbargalaxien sein.

Die nächstliegende Erklärung für die Verwerfung unserer galaktischen Gasschicht geht von der Annahme einer Gezeitenwirkung durch die Magellanschen Wolken aus, denn die galaktozentrische Länge der Großen Magellanschen Wolke stimmt etwa mit der Richtung maxmialer Verbiegung nach der negativen (südlichen) Seite überein. Dazu liegen detaillierte Rechnungen vor, auf die hier nicht eingegangen werden kann. Hieran anknüpfend hat man die in höheren galaktischen Breiten beobachteten Wolken hoher Geschwindigkeit (High Velocity Clouds, s. III.1.5) als Gasmassen gedeutet, die bei der größten Annäherung der Magellanschen Wolken von der Galaxis „weggerissen" wurden und nun wieder in die galaktische Scheibe zurückfallen.

4.4 Großräumige Verteilung von HII-Regionen und Molekülwolken

Bereich $R > 3$ kpc: Von außergalaktischen Sternsystemen mit Spiralstruktur ist bekannt, daß die optisch durch ihre Hα-Emission nachgewiesenen *HII-Regionen* oft perlschnurartig über größere Armsegmente hinweg aufgereiht sind. Für das nächste große System, die Andromeda-Galaxie M 31, konnte dies anhand von fast 700 Emissionsnebeln demonstriert werden. Es ist deshalb zu erwarten, daß auch die Spiralstruktur unseres Systems besonders klar in der Verteilung der HII-Regionen ausgeprägt ist. Um dies zu zeigen, muß man in der ganzen Galaxis möglichst viele dieser Objekte relativ genau lokalisieren.

Für die Entfernungsbestimmung einer galaktischen HII-Region gibt es im wesentlichen zwei Wege: (1) Ist der anregende Stern bekannt, dann läßt sich meist seine Entfernung spektrophotometrisch ableiten, womit man praktisch die Entfernung des ganzen Objektes hat; (2) Kann die Radialgeschwindigkeit der HII-Region aus Messungen der Doppelverschiebungen von Emissionslinien (III.2.1, III.2.3) ermittelt werden, dann läßt sich bei Vorgabe des großräumigen Geschwindigkeitsfeldes die „kinematische Entfernung" ableiten. Die Unabhängigkeit von der Kenntnis des Geschwindigkeitsfeldes weist dem ersten Weg grundlegende Bedeutung zu. Andererseits bietet nur der zweite Weg – durch Beobachtung von Radiolinien – die Möglichkeit, generell wesentlich über Entfernungen von etwa 4 kpc hinaus vorzudringen.

Resultate des ersten Weges liefern eine ähnliche Verteilung, wie sie Abb. II.26 in II.4.1 für die Assoziationen und die jungen offenen Sternhaufen zeigt. Für diese HII-Regionen mit bekannten Entfernungen und eine vergleichbare Anzahl weiterer, jenseits von $r \approx 4$ kpc liegender, deren Entfernungen noch unbekannt waren, konnten Radialgeschwindigkeiten gemessen werden. Mit einer Rotationskurve, die nicht unabhängig ist von 21 cm-Beobachtungen, ergeben sich dazu Entfernungen r. Ein so gewonnenes Resultat zeigt Abb. IV.37. Da in extragalaktischen Systemen die Spiralstruktur am besten durch die hellsten und ausgedehntesten HII-Regionen repräsentiert wird, ist hier den Objekten mit Anregungsparametern $u > 200$ pc cm^{-2} (s. Gl. IV.95ff.) das höchste Gewicht erteilt worden – bereits bei $u > 100$ pc cm^{-2} spricht man von „Riesen-HII-Regionen". Die fünf Tangentialrichtungen an die eingezeichneten inneren Spiralarme entsprechen ziemlich genau den Maxima der gesamten 21 cm-Emission (s. IV.4.3) und – wie zu erwarten – auch den Maxima der thermischen Radiokontinuumsstrahlung im Dezimetergebiet. Nahe bei diesen Richtungen liegen aber auch die Maxima des Helligkeitsverlaufes der optischen Milchstraße in den Sternbildern Scutum, Aquila, Carina, Centaurus und Norma (vgl. II.4.5, Tabelle II.14). Die Neigungswinkel der Armrichtungen gegen die Kreisbahntangente am gleichen Ort betragen nur 10° bis 12°!

Der „lokale Arm" ist fast nur durch schwächere HII-Regionen repräsentiert und wird deshalb hier nicht als selbständiger Spiralarm angesehen. Er könnte nur eine „Brücke" zwischen zwei Spiralarmen sein oder ein „Sporn", der ein Stück angenähert parallel zu den Spiralarmen verläuft und damit die Maxima der optischen Milchstraße in Cygnus ($l \approx 73°$) und Vela ($l \approx 266°$) erzeugt. Solche „Unregelmäßigkeiten" der großräumigen Struktur sind von vielen extragalaktischen Spiralsystemen her bekannt. Wir verweisen auf die in Abb. E.3 wiedergegebene Aufnahme des Spiralsystems M 101 = NGC 5457.

Ergebnisse für die über alle galaktozentrischen Längen gemittelte Verteilung der HII-Regionen, wie auch der zwischen diesen vorhandenen, ausgedehnten Gebiete ionisierten Wasserstoffs niedriger Dichte – nach Beobachtungen der „diffusen" oder „schwachen" Rekombinationslinienemission (III.2.3) – sind in Abb. IV.38b dargestellt. Mittlere Werte der Elektronendichten $N_e \approx N(\mathrm{HII})$ und Massenwerte des ionisierten Gases können aus Tabelle IV.16 entnommen werden. Die effektiven Halbdicken H^* ergeben sich (bei $R \approx R_0$) zu etwa 120 pc.

Die großräumige Verteilung des *molekularen Gases,* das überwiegend aus Wasserstoffmolekülen besteht und in großen Wolken konzentriert ist, kann aus systematischen Messungen der Linienemission des CO-Moleküls beim Übergang $J = 1 \rightarrow 0$ (III.1.6) erschlossen werden. Denn empirische wie theoretische Argumente sprechen dafür, daß CO als „Leitmolekül" für den molekularen Wasserstoff H_2 betrachtet werden darf. Das wichtigste Argument ist, daß sowohl die Säulendichte $\mathfrak{N}(H_2)$ als auch die Intensität der Linienemission des isotopischen Moleküls ^{13}CO, für die meist der Fall kleiner optischer Dicke vorliegt, gut korreliert sind mit der visuellen Extinktion A_V.

Da schon für $A_V > 1$ mag die molekulare Form des Wasserstoffs dominiert (s. IV.2.5, Gl. IV.145f.), darf für den Zusammenhang zwischen $\mathfrak{N}(H_2)$ und A_V die Beziehung (IV.195) herangezogen werden. Mit $E_{B-V} = A_V/3$ folgt daraus

$$\mathfrak{N}(H_2) = 0.95 \cdot 10^{21} A_V \; [H_2\text{-Moleküle cm}^{-2}].$$

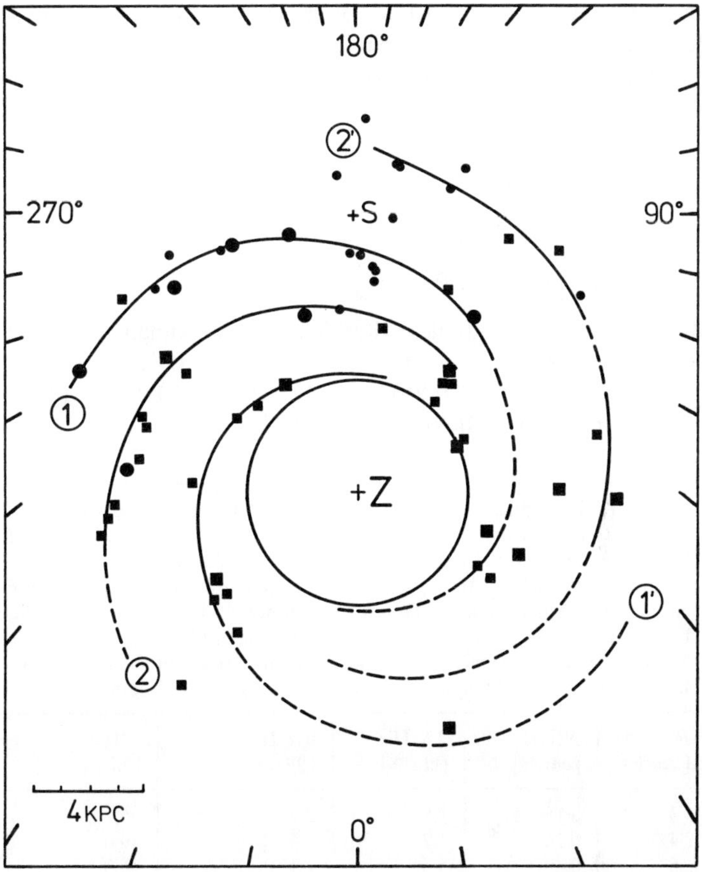

Abb. IV.37: Verteilung von 60 „Riesen-HII-Regionen" in der galaktischen Ebene. Kreisförmige Symbole: Optisch erfaßte HII-Regionen, Quadrate: HII-Regionen mit Entfernungen nach Radiobeobachtungen. Große Symbole: Anregungsparameter $u > 200$ pc cm^{-2}, kleine Symbole: $u = 100 \ldots 200$ pc cm^{-2}. Die versuchweise eingepaßten vier Spiralarme sind logarithmische Spiralen in galaktozentrischen Polarkoordinaten: $R = R^* \exp(a\vartheta)$ mit ϑ = galaktozentrischen Länge. Der für a gewählte Wert entspricht einem Neigungswinkel der Spiralen gegen einen konzentrischen Kreis von 13°.5 (Winkel ψ in Abb. V.5). Die üblichen Bezeichnungen der Spiralarme sind: 1 Sagittarius-Carina-Arm, 2 Scutum-Crux-Arm, 1′ Norma-Arm, 2′ Perseus-Arm. Die Position der Sonne ist durch S bezeichnet. (Nach Y. M. Georgelin, Y. P. Georgelin und J.-P. Sivan).

Gl. (IV.195) ist zwar nur bis zu $A_V \approx 1.7$ mag empirisch gesichert, die Vorstellungen über die Bildung von H_2 (s. IV.2.2) lassen jedoch erwarten, daß sie auch für wesentlich größere A_V brauchbar ist. Kennt man nun noch das Verhältnis von A_V zur Intensität der ^{13}CO-Linie, so ist der gewünschte Zusammenhang hergestellt.

Die Intensität in der ^{13}CO-Linie wird, wie bei der 21-cm-Linie von HI, durch die gemessene Strahlungstemperatur $T_s(v)$ ausgedrückt. Als Maß für die gesamte Linienstärke dient das Integral von $T_s(v)$ über v. Messungen an zahlreichen Dunkelwolken zeigten, daß für die großen Molekülwolken in der galaktischen Scheibe im Mittel etwa anzusetzen ist:

$$A_V/\int T_s(^{13}\mathrm{CO})\,dv \approx 2.1\ \mathrm{mag}\ (\mathrm{K\ km\ s^{-1}})^{-1}.$$

Damit folgt (D. B. Sanders, P. M. Solomon und N. Z. Scoville 1984)

$$\mathfrak{N}(\mathrm{H_2})\ [\mathrm{cm^{-2}}] \approx 2.0 \cdot 10^{21} \int T_s(^{13}\mathrm{CO})\,dv. \qquad \text{(IV.213)}$$

Bemerkenswert ist, daß dieses Resultat von der Annahme von LTE frei ist. Unter der Voraussetzung von LTE wurde mit der zu (IV.202) analogen Gleichung für ^{13}CO abgeleitet: $\mathfrak{N}(^{13}\mathrm{CO})/\mathfrak{N}(\mathrm{H_2}) = N(^{13}\mathrm{CO})/N(\mathrm{H_2}) \approx 1 \cdot 10^{-6}$, woraus mit $^{13}\mathrm{C}/^{12}\mathrm{C} = 1/70$ folgt $N(\mathrm{CO})/N(\mathrm{H_2}) \approx 7 \cdot 10^{-5}$.

Tabelle IV.16: Radiale Verteilung des interstellaren Wasserstoffs in der galaktischen Ebene zwischen $R = 3$ und 12 kpc (Mittelwerte über Ringbereiche mit $\Delta R \approx 0.5$ kpc). σ bezeichnet die durch Integration senkrecht zur galaktischen Ebene (z) erhaltene „Flächenbelegungsdichte". In der letzten Spalte sind zum Vergleich Gesamtdichten $\sigma_{\mathrm{Scheibe}}$ für ein in V.1.5 besprochenes einfaches Massenmodell der galaktischen Scheibe gegeben. Dabei wurde für $\sigma(R)$ ein exponentieller Abfall nach Gl. V.85 mit $h = 5.0$ kpc und $\sigma(R = R_0 = 8.5\ \mathrm{kpc}) = 80\ \mathfrak{M}_\odot\ \mathrm{pc^{-2}}$ angenommen. (HI-Dichten nach M. A. Gordon und W. B. Burton 1976, H_2-Dichten nach D. B. Sanders, P. M. Solomon und N. Z. Scoville 1984)

R [kpc]	$N(\mathrm{HI})$ [$\mathrm{cm^{-3}}$]	$2N(\mathrm{H_2})$ [$\mathrm{cm^{-3}}$]	$\sigma(\mathrm{HI})$ [$\mathfrak{M}_\odot\ \mathrm{pc^{-2}}$]	$\sigma(\mathrm{H_2})$ [$\mathfrak{M}_\odot\ \mathrm{pc^{-2}}$]	$\sigma_{\mathrm{Scheibe}}$ [$\mathfrak{M}_\odot\ \mathrm{pc^{-2}}$]
3	0.18	1.8	2.7	5.7	240
4	0.26	1.7	4.4	9.0	200
5	0.40	5.5	4.4	16.0	160
6	0.36	5.3	4.4	24.0	130
7	0.36	3.5	4.4	17.0	110
8	0.40	2.1	4.4	12.0	90
9	0.32	1.4	4.9	6.9	70
10	0.40	1.3	5.4	5.2	60
11	0.26	0.7	5.4	3	50
12	0.35	0.4	5.4	1	40

Wie schon in III.1.6 erwähnt, ist die CO-Emission vorwiegend auf den Längenbereich $l \approx 300° \ldots 0° \ldots 60°$ beschränkt, entsprechend galaktozentrischen Entfernungen $R \lesssim R_0$. Dies kommt auch darin zum Ausdruck, daß die in Abb. III.22 wiedergegebene CO-Konturenkarte etwa für $l \approx 10° \ldots 40°$ praktisch keine Emission bei negativen Geschwindigkeiten v zeigt, die man dort für Gas jenseits von $R = R_0$ zu erwarten hätte (vgl. Abb. IV.31) und beim neutralen Wasserstoff auch beobachtet (Abb. III.19). In Abb. IV.38c ist sogleich das Resultat für die mittlere radiale Verteilung des Emissionsvermögens von CO dargestellt. Die rechte Ordinatenskala für die Anzahldichte der H_2-Moleküle basiert auf Gl. (IV.213). Mittlere Werte der Anzahldichte des Wasserstoffs in molekularer Form sind in Tabelle IV.16 gegeben.

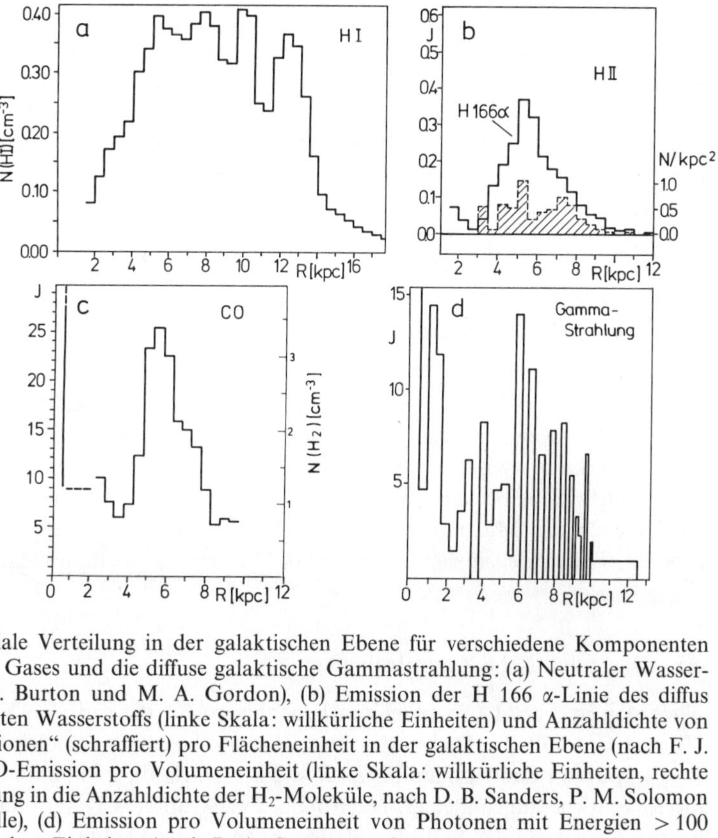

Abb. IV.38: Radiale Verteilung in der galaktischen Ebene für verschiedene Komponenten des interstellaren Gases und die diffuse galaktische Gammastrahlung: (a) Neutraler Wasserstoff (nach W. B. Burton und M. A. Gordon), (b) Emission der H 166 α-Linie des diffus verteilten ionisierten Wasserstoffs (linke Skala: willkürliche Einheiten) und Anzahldichte von „Riesen-HII-Regionen" (schraffiert) pro Flächeneinheit in der galaktischen Ebene (nach F. J. Lockman), (c) CO-Emission pro Volumeneinheit (linke Skala: willkürliche Einheiten, rechte Skala: Umrechnung in die Anzahldichte der H_2-Moleküle, nach D. B. Sanders, P. M. Solomon und N. Z. Scoville), (d) Emission pro Volumeneinheit von Photonen mit Energien > 100 MeV in willkürlichen Einheiten (nach P. A. Caraveo und J. A. Paul). Abszissenskalen für $R_0 = 10$ kpc.

Die allgemeine Korrelation zwischen CO-Linienemission und Extinktion A_V läßt vermuten, daß die großräumigen Verteilungen des Staubes und der CO-Moleküle einander ähnlich sind. Das in Abb. IV.29 gezeigte Resultat für die radiale Verteilung der thermischen Emission des Staubes bestätigt dies.

Das molekulare Gas ist praktisch vollständig in Wolken konzentriert, die im Bereich der galaktischen Ebene nur etwa ein Prozent des Raumes ausfüllen – für das HI-Gas, einschließlich der warmen Komponente, wird man ungefähr 20%

ansetzen müssen. Für die *effektive Halbdicke der Molekülwolkenschicht* ergibt sich der überraschend niedrige Wert $H^* \approx 50$ pc! Die *Gesamtmasse des molekularen Wasserstoffs* in der galaktischen Scheibe ist mit $\approx 2 \cdot 10^9\,\mathfrak{M}_\odot$ vergleichbar mit der oben angegebenen Masse des neutralen Wasserstoffs. Der größte Teil dieses Betrages wird von etwa 4000 Riesen-Molekülwolken mit Einzelmassen um $3 \cdot 10^5\,\mathfrak{M}_\odot$ geliefert.

Ein herausragendes Charakteristikum der radialen Verteilung des molekularen wie des ionisierten Gases ist die starke *Konzentration auf den Ringbereich* $R \approx 3 \dots 7$ kpc mit einem ausgeprägten Maximum etwa bei $R \approx 4$ kpc (für $R_0 = 8$ kpc!), die sich beim neutralen Wasserstoff nicht findet. Innerhalb des Sonnenkreises befindet sich etwa 90% des H_2, aber nur etwa ein Drittel des HI-Gases. Im Ringbereich ist das Massenverhältnis H_2/HI im Durchschnitt etwa drei. Daß das ionisierte Gas radial sehr ähnlich verteilt ist wie die Molekülwolken läßt sich unschwer erklären: Die Ionisation wird durch massereiche Sterne erzeugt. Diese Sterne bilden sich aber nur in den dichtesten Molekülwolken und können sich während ihrer relativ kurzen Lebenszeit nicht weit von ihren Geburtsorten entfernen.

Auch die in III.1.9 beschriebenen Beobachtungen interstellarer Gammastrahlung führen auf eine radiale Emissionsverteilung mit einem Maximum bei $R \approx 4$ kpc (Abb. IV.38d, wenn man zu $R_0 = 8$ kpc übergeht). Diese Emission ensteht bei der Wechselwirkung zwischen den hochenergetischen Nukleonen der in der ganzen galaktischen Scheibe verbreiteten Kosmischen Strahlung und dem interstellaren Gas. Wegen des Massenverhältnisses H_2-Gas/HI-Gas von etwa 3:1 im Bereich $R \approx 3 \dots 7$ kpc spiegelt sie vorwiegend die Verteilung des molekularen Gases wider.

4.5 Das galaktische Zentralgebiet

Nach den in Abb. IV.38 gezeigten Ergebnissen für die radialen Verteilungen von HI und CO fällt die Dichte des neutralen atomaren und molekularen Gases für $R < 4$ kpc zum Zentrum hin bis zu $R \approx 2$ kpc stark ab, wenn man die radiale Skala für $R_0 \approx 8$ kpc zugrundelegt. Nach Abb. IV.29, unteres Diagramm, gilt dies auch für die Verteilung des Staubes. Weiter innen ist die Dichte dann wieder erheblich höher.

Erste Schlüsse aus den Beobachtungen für das Gebiet $R \leqq 1$ kpc sind bereits in III.1.5 anhand der schematisierten Konturenkarte für $T_s(v_r, l)$ der Abb. III.18 erwähnt worden. Vollständige, auswahleffektfreie Diagramme dieser Art für die 21 cm-Linie und für die CO-Linie $J = 1 \rightarrow 0$ des Zentralbereiches mit guter Auflösung liegen erst seit neuerer Zeit vor. Abb. IV.39 zeigt ein Beispiel. Hier ist als Abszisse die galaktische Länge und als Ordinate die Radialgeschwindigkeit gewählt worden. Die Diskussion dieser Konturenkarte ergab, daß sich deren allgemeine Züge nicht mit der Annahme von Kreisbahnen des Gases in einem axialsymmetrischen Gravitationspotential vereinbaren lassen. Die gegenwärtig überzeugendste

Interpretation (J. J. Binney, O. E. Gerhard, A. A. Stark, J. Bally und K. I. Uchida 1991) geht davon aus, daß das innere Gebiet des galaktischen Bulges $R \lessapprox 1$ kpc eine in der galaktischen Ebene liegende Balkenstruktur besitzt, wie man sie bei manchen Spiralgalaxien beobachtet. Die numerische Simulation von Sternsystemen (s. V.1.3 und V.1.4) vermag dafür eine Erklärung zu liefern. Die Ergebnisse einer neuen Photometrie im nahen Infrarot, die an Bord des Satelliten COBE (Cosmic Background Explorer) der NASA ausgeführt wurde, deuten auf die Existenz eines solchen Balkens im Inneren des galaktischen Bulges hin. Setzt man die nichtaxiale Komponente des Potentials in der Form eines länglichen (prolaten) Ellipsoides an, dann liefern die Berechnungen der Bewegung von isolierten Gaswolken langgestreckte, geschlossene Bahnen. Im $(l,\ v_r)$-Diagramm ergeben sich Verläufe, deren Verteilung die allgemeine Form der beobachteten HI-Konturenkarte für das Zentralgebiet zwanglos erklären kann, wenn angenommen wird, daß sich der zentrale Balken mit der Winkelgeschwindigkeit $\omega = 63$ km s^{-1} kpc^{-1} in Richtung der galaktischen Rotation dreht und seine große Achse gegenwärtig mit dem Sehstrahl zum Zentrum einen Winkel von etwa 16° bildet (Abb. IV.40).

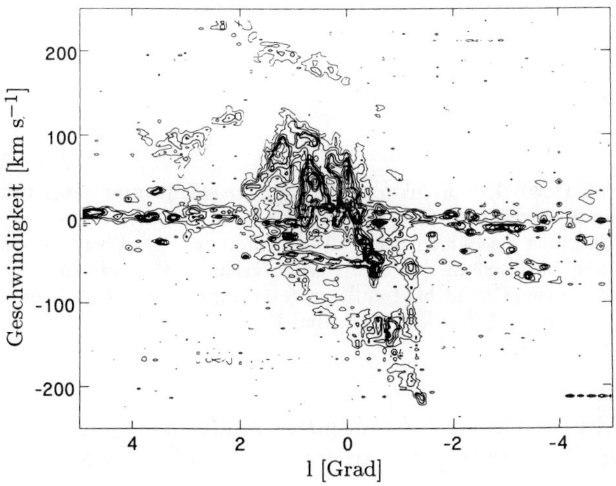

Abb. IV.39: Konturenkarte der Strahlungstemperatur $T_s(l, v_r)$ für die ^{13}CO-Linie $J = 1-0$ des Zentralgebietes bei $b = -0.1°$. (Nach J. Bally, A. A. Stark, R. W. Wilson und C. Henkel 1987).

Im CO-Diagramm der Abb. IV.39 werden die Extremwerte der Radialgeschwindigkeit des HI-Diagramms nicht erreicht. Dies wird damit erklärt, daß zwischen Gaswolken, die sich auf verschiedenen Bahnen bewegen, Stöße stattfinden können. Hierdurch wird ein Teil des Gases zu Molekülwolken verdichtet, und dieses Material verliert insgesamt kinetische Energie, wird also langsamer.

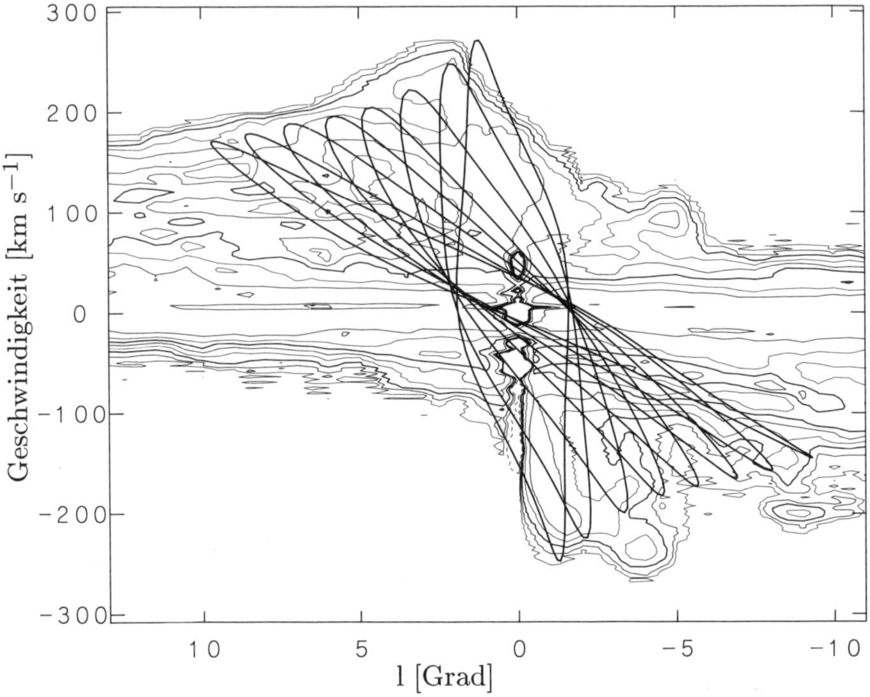

Abb. IV.40: Konturenkarte der Strahlungstemperatur $T_s(l, v_r)$ für die 21 cm-Linienemission des Zentralgebietes bei $|b| < 0.5°$ (nach W. B. Burton und H. S. Liszt). Außerdem sind eingezeichnet die Bahnen von Gasteilchen in der (l, v_r)-Ebene für eine rotierende, balkenförmige Potentialverteilung mit dem Achsenverhältnis 0.75, einem „effektiven Radius" von 1.2 kpc und einem Dichteabfall entlang der Hauptachse des Balkens $\sim R^{-1.75}$ (J. J. Binney, O. E. Gerhard, A. A. Stark, J. Bally und K. I. Uchida 1991).

Aus den Details der Messungen zahlreicher Moleküllinien, darunter auch Linien von OH und H_2CO in Absorption gegen Sgr A, konnten folgende Schlüsse gezogen werden:

(1) im Bereich $R < 500$ pc ist eine Schicht von Molekülwolkenkomplexen vorhanden;

(2) gegenüber den Molekülwolken des Bereiches $R > 1$ kpc zeigen diese Wolken höhere mittlere Dichten ($\gtrsim 10^4$ cm^{-3}), stärkere innere Bewegungen (20 ... 50 km s^{-1}) und erhebliche Abweichungen von einer Kreisbahnbewegung um das galaktische Zentrum;

(3) insbesondere zeichnet sich ein rotierender und *expandierender* Ring von Molekülwolken ab mit den Daten: Radius ≈ 200 pc, effektive Halbdicke $H^* \approx 30$ pc, Rotationsgeschwindigkeit $\approx 50 \ldots 60$ km s^{-1}, Expansionsgeschwindigkeit

$\approx 130 \ldots 160$ km s^{-1}. Die mit Sgr B2 verbundene Riesen-Molekülwolke gehört diesem Ring an.

In dem ausgedehnten Raumgebiet zwischen den Molekülwolken besteht das Gas vorwiegend aus atomarem Wasserstoff, der in erheblichem Umfang durch Sternstrahlung ionisiert worden ist (HII-Regionen niedriger Dichte, s. Abb.III.42a). Der größte Teil der Strahlung aller hier vorhandenen Sterne wird jedoch von interstellaren Staubteilchen absorbiert und im fernen Infrarot wieder emittiert (s. IV.4.1, insbes. Abb. IV.29). Die gesamte Infrarotemission aus dem Bereich $R < 500$ pc beträgt $10^9\ L_\odot$ und erreicht damit 10% der Leuchtkraft der ganzen galaktischen Scheibe!

Tabelle IV.17: Charakteristische mittlere Daten des galaktischen Zentralgebietes im Vergleich mit der galaktischen Scheibe für $R > 500$ pc. (Nach R. Güsten 1989)

	$R < 500$ pc	Scheibe
Gesamtmasse der Sterne	$6 \cdot 10^9\ \mathfrak{M}_\odot$	$7 \cdot 10^{10}\ \mathfrak{M}_\odot$
Gesamtmasse des Gases, atomar	$2 \cdot 10^6\ \mathfrak{M}_\odot$	$10^9\ \mathfrak{M}_\odot$
molekular	$8 \cdot 10^7\ \mathfrak{M}_\odot$	$10^9\ \mathfrak{M}_\odot$
$N(H_2)/N(HI)$	20	0.5
Mittlere Gasdichte N	100 cm^{-3}	1 ... 2 cm^{-3}
Flächenbelegungsdichte σ	100 $\mathfrak{M}_\odot\ pc^{-2}$	5 $\mathfrak{M}_\odot\ pc^{-2}$

Zahlenwerte für die Gesamtmassen molekularen und atomaren interstellaren Gases sowie der Sterne innerhalb und außerhalb von $R = 500$ pc sind in Tabelle IV.17 zusammengestellt. Die angegebenen Werte für die Sternmassen folgen aus der Rotationskurve für das HI-Gas (s. V.1.5) und den Messungen der Strahlung des zentralen Sternhaufens im nahen Infrarot. Wie man sieht, ist das Verhältnis von Gas- zur Sternmasse im Zentralgebiet von der Größenordnung 1% und liegt damit wesentlich niedriger als in der Sonnenumgebung (etwa 30%, s. V.1.5).

Das innerste Zentralgebiet: Neue Beobachtungen mit hoher räumlicher Auflösung haben interssante Aufschlüsse über die Struktur der innersten 10 pc unserer Galaxis gebracht. Unmittelbar bei der Radiokontinuumsquelle Sgr A West (III.2.2, Abb. III.42b) wird Molekülinienstrahlung beobachtet, deren Anregung Temperaturen über 30 K bis zu einigen hundert K und Dichten $> 10^4\ cm^{-3}$ erfordert. Ein Beispiel ist die Linie des HCN bei $\lambda = 3$ mm ($\nu = 88$ GHz), die bei dem Rotationsübergang $J = 1-0$ entsteht. Abb. IV.41 zeigt eine Konturenkarte des Gebietes $R < 5$ pc für die Emission in dieser Linie. Dabei ist die Struktur von Sgr A West nach den Beobachtungen bei $\lambda = 6$ cm (Abb. III.42b) schematisiert eingezeichnet. Die Molekülwolken bilden nach diesem und anderen Ergebnissen einen gegen die galaktische Ebene geneigten Ring um den galaktischen Kern. Der innere Radius dieses Ringes beträgt etwa 2 pc. Beobachtungen der CO-Linienstrahlung bei 2.6 mm aus einem etwas größeren Gebiet lassen erkennen, daß der Ring den inneren Rand einer relativ ausgedehnten wolkigen Scheibe bildet. Diese Scheibe war zunächst durch die thermische Emission ihrer Staubkomponente im fernen Infrarot aufgefallen. Innerhalb von $R = 2$ pc scheint die Dichte des neutralen oder ionisierten Gases mindestens um einen Faktor 10 niedriger zu sein als etwa zwischen $R = 2$ und 4 pc.

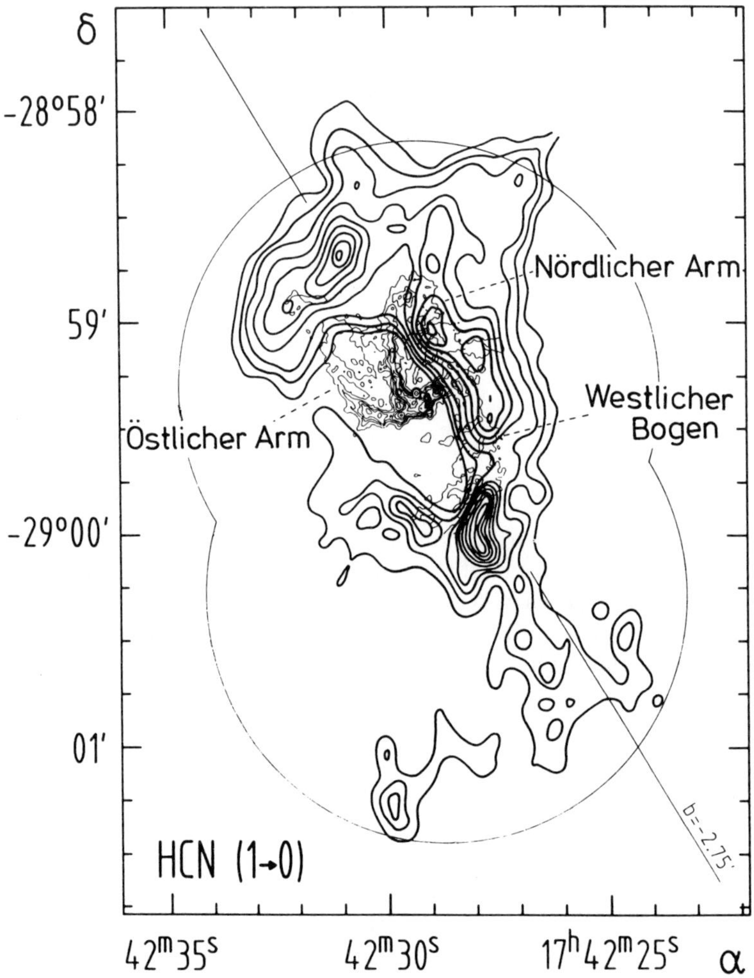

Abb. IV.41: Konturenkarte der Linienemission des HCN-Moleküls bei $\lambda = 3$ mm aus dem galaktischen Zentrum und die Lage der Mini-Spirale von Sgr A West (schraffiert). Die Messungen der HCN-Linie – bei $\lambda \approx 3$ mm befindet sich ein atmosphärisches Fenster – wurden mit dem Millimeterwellen-Interferometer des Hat Creek Observatory der University of California, Berkeley, USA, ausgeführt. Die diagonale Linie stellt die Parallele zum galaktischen Äquator durch Sgr A* dar ($b = -2\overset{\prime}{.}75$). (Nach R. Güsten et al. 1987).

Messungen der Doppelverschiebungen der beobachteten Moleküllinien zeigten, daß die dominierende Bewegung der Wolken der zirkum-nuklearen Scheibe eine Rotation um den Kern Sgr A* ist. Zwischen $R = 2$ pc und 4 pc beträgt die Umlaufgeschwindigkeit etwa 110 km s^{-1}. Lokal treten jedoch erhebliche Störungen der Rotationsbewegung auf. Abb. IV.42 gibt ein schematisiertes Modell der Scheibe wieder. Die Erwärmung des inneren Wolkenringes auf abgeschätzte Temperaturen von 200 bis 600 K könnte durch Ultraviolettstrahlung aus dem Kern (photoelektrischer Effekt) und durch Stoßwellen erfolgen, die bei Stößen zwischen den einzelnen Wolken entstehen.

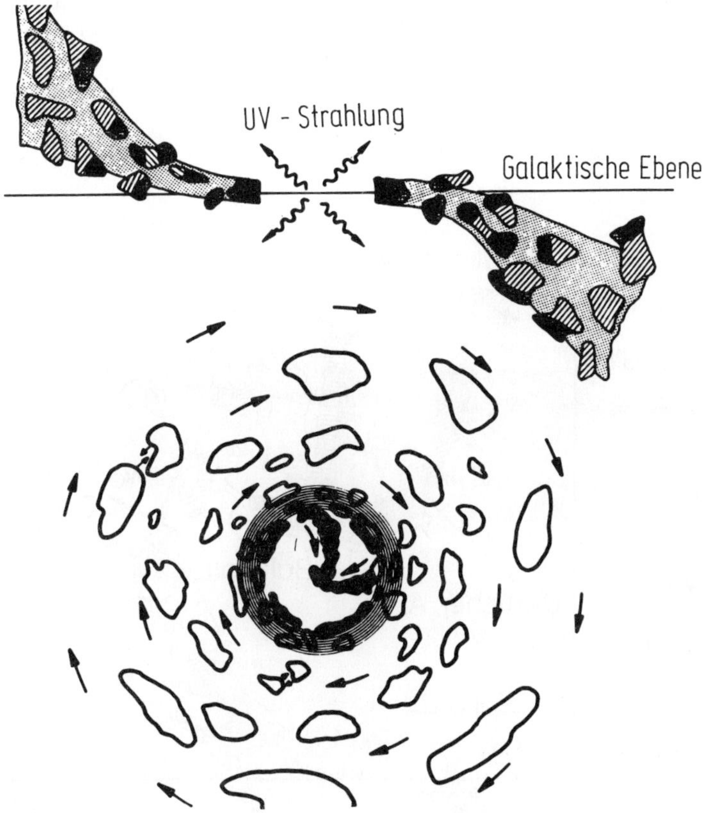

Abb. IV.42: Schematisiertes Modell des zentralen Wolkenringes der inneren 6 pc unserer Galaxis. Unten in Aufsicht, oben von der galaktischen Ebene aus gesehen. Hier ist auch die Verbiegung der Wolkenscheibe dargestellt. Die Stärke der Schraffur deutet den Grad der Aufheizung durch UV-Strahlung aus dem Kern und durch Stoßwellen an. In den schwarzen Bereichen ist das Gas praktisch vollständig ionisiert. (Nach R. Genzel 1987).

Aussagen über die Bewegungsverhältnisse innerhalb des Ringes wurden durch den Nachweis und die detaillierte Spektroskopie der infraroten Emissionslinie [NeII] λ 12,8 µm in Sgr A West ermöglicht. Sie werden durch Abb. IV.43 veranschaulicht. Entlang der Arme der „Mini-Spirale" variiert die gemessene Geschwindigkeit gleichmäßig. Dies spricht dafür, daß diese Filamente den Verlauf der Strömung zeigen. Das Gas scheint bestimmten Bahnen zu folgen, die durch das Gravitationsfeld der Zentralquelle bestimmt sind. K. Y. Lo und M. J. Claussen haben daher folgendes Szenario vorgeschlagen: Zwischen den Molekülwolken des rotierenden Ringes finden infolge ihrer „turbulenten" Bewegungskomponente Stöße statt. Dabei verliert ein Teil des Gases Drehimpuls und fällt infolgedessen zum Zentrum hin. Mit der Annäherung an das Zentrum wird das Gas ionisiert und Volumenelemente mit verschiedener Anfangsgeschwindigkeit ordnen sich zu langen Filamenten an. Betrachtet man die Arme als Bahnverläufe, so kann aus den gemessenen Geschwindigkeitswerten auf die Zentralmasse geschlossen werden. Abschätzungen ergaben, daß sich innerhalb eines Abstandes $R \approx 0.3$ pc von der Kernquelle Sgr A* einige 10^6 $\mathfrak{M}_\odot$ befinden.

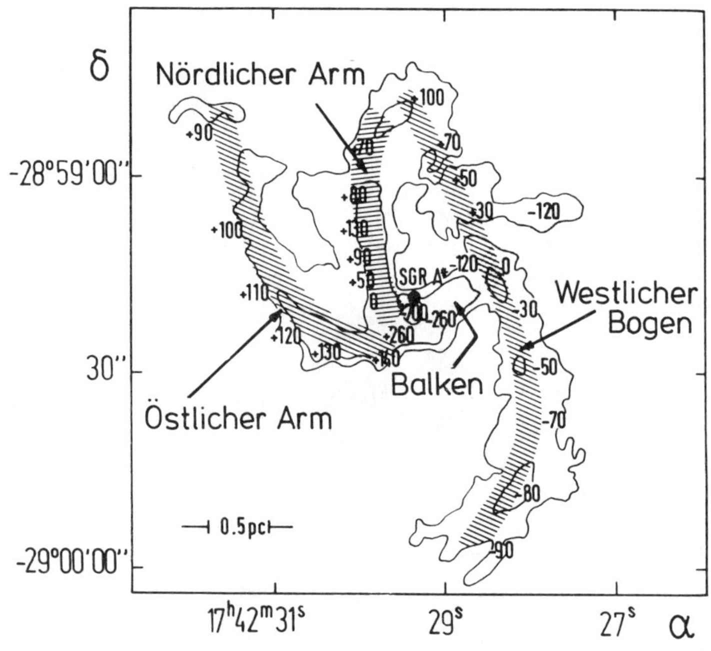

Abb. IV.43: Übersicht der Ergebnisse von Geschwindigkeitsmessungen des ionisierten Gases der „Mini-Spirale" im galaktischen Zentrum. Die zugrundeliegenden spektroskopischen Messungen der 12.8 µm-Emissionslinie wurden von J. H. Lacy, C. H. Townes, T. R. Geballe und D. J. Hollenbach (1980) sowie von E. Serabyn und J. H. Lacy (1985) ausgeführt. (Nach R. Genzel 1987).

Besonders bemerkenswert sind in diesem Zusammenhang die Ergebnisse der Messungen von Linienemission im nahen Infrarot, die aus dem zentralen Quellenkomlex Nr. 16 (vgl. Abb. II.5) um Sgr A* kommt ($R \lesssim 0.1$ pc). Es handelt sich um die Linie des HeI-Spektrums $2\,^1P - 2\,^1S$ bei $\lambda = 2.06$ µm und um die Brackett α-Linie des Wasserstoffs bei $\lambda = 4$ µm. Die Profile beider Linien besitzen breite Flügel, die auf Geschwindigkeiten bis zu ± 700 km s^{-1} schließen lassen. Eine konventionelle Deutung wäre, daß wir hier die Ausströmungen (Sternwinde) von einem ungewöhnlich kompakten und massereichen, jungen Sternhaufen beobachten. Der systematische Anstieg der Geschwindigkeiten des ionisierten Gases der Mini-Spirale zur Kernquelle hin läßt sich mit der Massenverteilung in einem Sternhaufen allerdings nur schwer erklären. Dies hat zu der Vermutung geführt, daß sich innerhalb des zentralen Sternhaufens ein *Schwarzes Loch* befinde, in dessen unmittelbarer Umgebung das einfallende ionisierte Gas „angesaugt“ werde.

4.6 Galaktischer Gas-Halo

Die Hauptmasse des interstellaren Gases ist zwar auf die galaktische Scheibe konzentriert, doch auch zwischen den Sternen des galaktischen Halos befinden sich erhebliche Gasmengen mit von Ort zu Ort sehr unterschiedlichen Temperaturen und Dichten. Die Bedeutung dieses „Gas-Halos“ für die Dynamik und die Energiebilanz der Gasscheibe ist erst in neuer Zeit erkannt worden. Die im Halo vorhandenen diffusen Wolken treten in der Regel als Hochgeschwindigkeitswolken in Erscheinung mit Radialgeschwindigkeiten gegenüber dem lokalen Bezugssystem über 20 km s^{-1} bis zu etwa 300 km s^{-1}.

Die Existenz diffuser Wolken in großen Abständen von der galaktischen Ebene wurde zuerst aus dem Auftreten entsprechender Komponenten der interstellaren Ca II *K*-Linie in den Spektren weit entfernter Sterne in höheren galaktischen Breiten erschlossen (G. Münch 1956). Hiernach wies L. Spitzer darauf hin, daß sich diese Wolken wegen ihrer geringen Eigengravitation im leeren Raum rasch auflösen, „verdampfen“ müßten. Er schlug deshalb die Annahme eines extrem dünnen, ionisierten Zwischen-Wolken-Gases sehr hoher Temperatur ($\approx 10^6$ K) vor, das in dem damals allein zugänglichen sichtbaren Bereich keine interstellaren Absorptionslinien erzeuge – wie beobachtet –, dessen Druck aber den Gasdruck der Wolken kompensieren könnte. Wegen seiner hohen Temperatur müßte ein solches Gas im hydrostatischen Gleichgewicht eine Äquivalenthöhe von einigen kpc besitzen und so eine „galaktische Korona“ bilden. Die später im Ultraviolett entdeckten interstellaren OVI-Linien haben die Vermutung einer solchen heißen Gaskomponente zumindest für die nähere Umgebung der galaktischen Scheibe bestätigt. Das statische Bild mußte jedoch durch ein dynamisches ersetzt werden.

In größerem Umfang wurden Hochgeschwindigkeitswolken in höheren galaktischen Breiten durch die von ihnen emittierten Komponenten der 21-cm-Linie entdeckt. Eine Durchmusterung des Nordhimmels lieferte fast 800 Wolken. Danach trifft der Sehstrahl im Durchschnitt auf etwa 10% der Sphäre HI-Hochgeschwindigkeitswolken. Weil der Sehstrahl schon bei $|b| > 15°$ für $r > 1$ kpc außerhalb der galaktischen Scheibe verläuft, muß es sich hierbei überwiegend um Halo-Objekte handeln. Ein Schluß auf die tatsächliche Entfernung einer Hochgeschwindigkeitswolke ist jedoch aus den 21 cm-Daten nicht möglich: die kinematische Methode ist hier nicht anwendbar, weil die Wolken schon ihrer Definition nach vom galaktischen Rotationsgesetz abweichen. Korrigiert man die beobachteten Radialgeschwindigkeiten v_r wegen der Bewegung der Sonne um das galaktische Zentrum, bezieht sie also auf unser lokales Bezugssystem, dann zeigt sich, daß auf der Nordseite wie auf der Südseite der galaktischen Scheibe vorwiegend negative Geschwindigkeiten übrig bleiben. Dieses Ergebnis bedeutet, daß die meisten der erfaßten kühlen Hochgeschwindigkeitswolken in die galaktische Scheibe einfallen. Eine Deutung der beobachteten Verteilung der Radialgeschwindigkeiten an der Sphäre scheint mit folgenden Annahmen zwanglos möglich zu sein: Teilnahme an der galaktischen Rotation nur mit 100 km s^{-1}, Abstände von der galaktischen Ebene vorzugsweise zwischen 2 und 5 kpc, Komponenten der Einfallgeschwindigkeit senkrecht zur galaktischen Ebene sowie in Richtung zum galaktischen Zentrum je 100 km s^{-1} (A. Kaelble, K. S. de Boer, M. Grewing 1984).

Bei Hochgeschwindigkeitswolken in höheren Breiten, die durch ihre Absorptionslinien in den sichtbaren und ultravioletten Spektren von Halo-Sternen nachgewiesen wurden, können wenigstens obere Grenzen der Entfernungen angegeben werden. Da absolut helle Sterne, wie man sie für die Gewinnung hochaufgelöster Spektren braucht, auf die galaktische Scheibe konzentriert sind, ist die Zahl der bisher untersuchten Fälle leider noch klein. Beispiele sind die in den UV-Spektren von hellen Sternen der Kugelhaufen M 3 ($b = +73°$, $r = 10$ kpc) und M 13 ($b = +41°$, $r = 6$ kpc) gefundenen Wolken mit Geschwindigkeiten von -80 km s^{-1} bzw. -100 km s^{-1}. Typisch ist das Auftreten der Absorptionslinien sowohl von C II, Si II, Mg II, Fe II, die auf niedrige Ionsation und weitgehend neutralen Wasserstoff schließen lassen, wie auch von C IV und Si IV, die Temperaturen um 10^5 K erfordern. Für die effektive Höhe der durch C IV-Linien erfaßten Wolken wurden 3 bis 4 kpc abgeschätzt. In einigen wenigen Fällen sind Hochgeschwindigkeitswolken sowohl durch 21 cm-Linienemission als auch durch Absorptionslinien in Sternspektren nachgewiesen worden, so in den Richtungen der beiden Magellanschen Wolken. Aussagen über die mittlere Dichte im Gas-Halo sind unsicher. Es wurden Werte zwischen 10^{-4} und 10^{-2} H-Atomen cm^{-3} abgeschätzt.

Eine einfache Modellvorstellung für den galaktischen Gas-Halo, die das Nebeneinander von Gas sehr unterschiedlicher Temperatur und den Einfall kühler Wolken in die galaktische Scheibe plausibel zu machen vermag, nimmt die Entstehung des heißen Koronagases zum Ausgangspunkt. Dieses Gas ist wahrscheinlich eine Folge der von Supernovae ausgehenden Stoßfronten, hinter denen relativ große „Blasen" hochionisierten dünnen Gases mit Temperaturen der Größenordnung 10^7 K entstehen müssen (s. V.3.3). In der galaktischen Scheibe gibt es vorwiegend dieses

Koronagas und „dichte“ kalte Wolken. Es ist nun zu erwarten, daß das dünne heiße Gas gegenüber dem Gas der kalten Wolken einen Auftrieb erhält, expandiert und auf diese Weise in den Halo hinaufsteigt (P. R. Shapiro und G. B. Field 1976). Leichte lokale Verdichtungen können hier zu verstärkter Kühlung und damit durch thermische Instabilität in ähnlicher Weise zur Wolkenbildung führen wie in IV.2.3 und Abb. IV.10 für das warme HI-Gas beschrieben. Die sich weiter abkühlenden Wolken fallen dann in die Scheibe zurück. Für diesen Auf- und Abstiegsvorgang wurde der Ausdruck „galaktische Fontäne“ geprägt.

V Dynamik der Galaxis

1 Stellardynamik

1.1 Problemstellung, Grundgleichungen

Die Stellardynamik beschäftigt sich mit der theoretischen Untersuchung von idealisierten Sternsytemen: Ansammlungen von Punktmassen, die gemäß den Gesetzen der klassischen Mechanik und der Newton'schen Gravitation miteinander wechselwirken. Der Einfluß des Gravitationsfeldes der interstellaren Materie oder eines äußeren Feldes wird dabei berücksichtigt, wenn dies nötig erscheint.

Ein herausragendes Problem der Stellardynamik ist die Konstruktion eines dynamischen Modells der Galaxis: Die in Kapitel II besprochenen Zusammenhänge zwischen der räumlichen Verteilung und den Bewegungsverhältnissen der Sterne verlangen nach einer dynamischen Deutung. Denn die galaktischen Sterne erzeugen in ihrer Gesamtheit selbst das Gravitationsfeld, das seinerseits wieder die Sternbewegungen beeinflußt, – die interstellare Materie ist daran in wesentlich geringerem Umfang beteiligt. Falls sich bereits ein im statistischen Sinne zeitlich unveränderlicher, stationärer Zustand des Systems eingestellt hat, werden die Bewegungen der Sterne vollständig durch die Verteilung des Gravitationsfeldes beherrscht und zwischen den Verteilungen der Materie, des Gravitationsfeldes und der Sterngeschwindigkeiten sollten bestimmte Relationen bestehen.

Weitere Fragen der Stellardynamik betreffen die Struktur und den Zusammenhalt der offenen Sternhaufen und der Kugelhaufen. Ein interessantes Teilproblem der galaktischen Dynamik ist die Erklärung der Spiralstruktur: Die Spiralarme lassen sich als durch gravitative Wechselwirkungen bedingte Dichtewellen in der galaktischen Sternscheibe deuten.

Bei den Sternhaufen erweist sich die Voraussetzung dynamischer Stationarität als nicht brauchbar. Aber auch für die ganze Galaxis dürfte diese Annahme nur näherungsweise erfüllt sein, da in der gegenwärtigen Struktur des Systems noch klare Anzeichen für die Entwicklung aus einer protogalaktischen Gaswolke vorhanden sind (II.6.2). Volles Verständnis des komplizierten Aufbaues der Galaxis wird erst durch die Behandlung des allgemeinen, zeitabhängigen dynamischen Problems gewonnen werden können, wobei auch die gasdynamische Entwicklung der protogalaktischen Wolke und die nachfolgenden Sternbildungsprozesse einzubeziehen sind.

Die Basis der Stellardynamik bildet die Mechanik eines Systems von vielen Massenpunkten. Zu einer bestimmten Zeit t ist jeder Stern eines betrachteten beliebigen Sternsystems durch seinen Ortsvektor $r(x,y,z)$, seinen Geschwindigkeitsvektor $v(u,v,w)$ und seine (zunächst als konstant betrachtete) Masse $\mathfrak{M}$ charakterisiert. Ein System von N Sternen wird im siebendimensionalen Phasenraum $(x,y,z,u,v,w,\mathfrak{M})$ durch N Punkte repräsentiert. Die Anzahldichte dieser Punkte, bezogen auf eine ganz bestimmte endliche Größe des Volumenelementes im Phasenraum, wird als **Verteilungsfunktion** $f(r, v, \mathfrak{M}, t)$ bezeichnet.

Die entsprechende stellare Massendichte im dreidimensionalen Raum ergibt sich aus f durch Summation bzw. Integration über die Geschwindigkeitskomponenten und über die Sternmasse nach Multiplikation mit $\mathfrak{M}$:

$$\varrho_S(\boldsymbol{r}, t) = \int\int\int\int f(\boldsymbol{r}, \boldsymbol{v}, \mathfrak{M}, t)\, \mathfrak{M}, t)\, \mathfrak{M}\, du\, dv\, dw\, d\mathfrak{M}. \tag{V.1}$$

Das entsprechende stellare Gravitationspotential ist gegeben durch

$$V_S(\boldsymbol{r}, t) = -G \int\int\int \frac{\varrho_S(\boldsymbol{r}', t)}{|\boldsymbol{r} - \boldsymbol{r}'|}\, dx'\, dy'\, dz'. \tag{V.2}$$

Diese Relation ist äquivalent der Poisson-Gleichung

$$\Delta V_S = -4\pi G \varrho_S \tag{V.3}$$

für die Randbedingung $V \to 0$ für $|\boldsymbol{r}| \to \infty$.

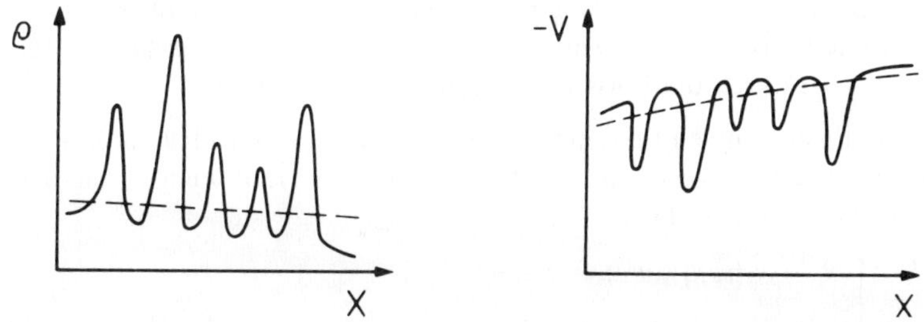

Abb. V.1: Tatsächlicher und geglätteter Verlauf (ausgezogen bzw. gestrichelt) der Massendichte ϱ und des Potentials V in einem Sternsystem.

Wählt man das bei der Definition von f zugrunde gelegte Volumenelement hinreichend groß gegenüber den durchschnittlichen gegenseitigen Sternabständen, dann ergeben sich für ϱ_s und V_s „glatte" mittlere Verläufe, analog den makroskopischen Größen eines Gases. Wegen der Zusammensetzung des Systems aus endlich vielen diskreten Einzelsternen zeigen aber die tatsächlichen Verläufe von f, ϱ_s und V_s im Kleinen von Ort zu Ort starke „mikroskopische" Schwankungen (Abb. V.1). Dem entspricht, daß die tatsächliche Bahn eines jeden Sternes durch eine nahe Begegnung mit einem anderen Stern stark geändert werden kann gegenüber ihrem Verlauf im Fall glatter Potentialverteilung. Die Berücksichtigung dieser im allgemeinen Sprachgebrauch als „Stöße" bezeichneten nahen Begegnungen (im Englischen jedoch encounters statt collisions) kompliziert das Problem erheblich[1].

[1] Echte Stöße zwischen Sternen, bei denen es zu einer Berührung kommt, sind in den meisten Sternsystemen extrem selten, weil die Radien der Sterne stets sehr klein sind im Vergleich zu ihren gegenseitigen Abständen.

Im *stoßfreien Fall* genügt die Verteilungsfunktion f einer wichtigen partiellen Differentialgleichung. Wir nehmen an, daß alle Sterne dieselbe Masse $\mathfrak{M}$ besitzen. Weiter sollen an den Sternen des Systems nur konservative Kräfte angreifen, daß heißt, daß sich die Kräfte als Gradienten einer Potentialfunktion V darstellen lassen. Bezeichnet man die Komponenten des Ortsvektors $\boldsymbol{r}$ und des Geschwindigkeitsvektors $\boldsymbol{v}$ der Kürze halber mit x_i bzw. $u_i (i = 1,2,3)$, dann können wir die kanonischen Bewegungsgleichungen für einen beliebig herausgegriffenen Stern in der Form schreiben

$$\dot{x}_i = \frac{\partial H}{\partial u_i}, \quad \dot{u}_i = -\frac{\partial H}{\partial x_i} \tag{V.4}$$

mit der Hamilton-Funktion

$$H = \frac{1}{2} \sum_{i=1}^{3} u_i^2 + V(x_i, t). \tag{V.5}$$

Dabei kennzeichnet ein Punkt über dem Komponentensymbol die Ableitung nach der Zeit. Das von allen Massen des Systems, stellarer und interstellarer Materie, erzeugte Gravitationspotential $V = V_s + V_i$, ist mit der gesamten Massendichte $\varrho = \varrho_s + \varrho_i$, durch die Poisson-Gleichung (V.3) verknüpft.

Im 6-dimensionalen Phasenraum beschreibt jeder Stern bei vorgegebenen Anfangsbedingungen $x_i = x_i^{(0)}$, $u_i = u_i^{(0)}$ *für* $t = 0$ eine „Bahnkurve", die der Lösung des Gleichungssystems (V.4)

$$\left\{ \begin{aligned} x_i &= x_i(t; x_i^{(0)}, u_i^{(0)}) \\ u_i &= u_i(t; x_i^{(0)}, u_i^{(0)}) \end{aligned} \right. \tag{V.6}$$

entspricht.

Wir verfolgen die Bewegung der zur Zeit $t = t_1$ in einem bestimmten Volumenelement des Phasenraumes enthaltenen Sterne. Bei einem „glatten" Potentialverlauf $V(x_i, t)$ wird sich das betrachtete Phasenraumvolumen mit der Zeit zwar verlagern und deformieren, die Anzahl der darin enthaltenen Sterne muß jedoch konstant bleiben, wenn keine „Stöße" stattfinden, durch die einzelne Sterne „herausspringen" würden!

Mit dem verallgemeinerten „Geschwindigkeitsvektor" $\boldsymbol{v} = (x_i, u_i)$ gilt dann für die Dichte im Phasenraum, also die Verteilungsfunktion $f(x_i, u_i, t)$, die Kontinuitätsgleichung:

$$\operatorname{div}(f \cdot \boldsymbol{v}) = -\frac{\partial f}{\partial t} \tag{V.7}$$

(Liouvillescher Satz). Ausführlich geschrieben folgt nach Ausführung der Differentiationen der Produkte $(f \cdot x_i)$ bzw. $(f \cdot u_i)$,

$$\sum_{i=1}^{3}\left[\frac{\partial f}{\partial x_i}\dot{x}_i + f\frac{\partial \dot{x}_i}{\partial x_i}\right] + \sum_{i=1}^{3}\left[\frac{\partial f}{\partial u_i}\dot{u}_i + f\frac{\partial \dot{u}_i}{\partial u_i}\right] + \frac{\partial f}{\partial t} = 0. \tag{V.8}$$

Aus den kanonischen Bewegungsgleichungen (V.4) ergibt sich

$$\frac{\partial \dot{x}_i}{\partial x_i} = \frac{\partial^2 H}{\partial u_i \partial x_i} = -\frac{\partial \dot{u}_i}{\partial u_i},$$

womit (V.8) übergeht in

$$\sum_{i=1}^{3}\left[\frac{\partial f}{\partial x_i}\dot{x}_i + \frac{\partial f}{\partial u_i}\dot{u}_i\right] + \frac{\partial f}{\partial t} = 0. \tag{V.9}$$

Die linke Seite stellt die Änderung von f dar, wenn man der Bewegung der Sterne im Phasenraum folgt, die sogenannte substantielle Ableitung Df/Dt. Die Annahme konservativer Kräfte bedeutet.

$$\dot{u}_i = -\frac{\partial V}{\partial x_i}. \tag{V.10}$$

Damit können wir für (V.9) schreiben

$$\frac{\partial f}{\partial t} + \sum_{i=1}^{3} u_i \frac{\partial f}{\partial x_i} - \sum_{i=1}^{3} \frac{\partial V}{\partial x_i}\frac{\partial f}{\partial u_i} = 0. \tag{V.11}$$

Diese Relation wird oft als **Grundgleichung der Stellardynamik** bezeichnet; sie entspricht der stoßfreien Boltzmanngleichung der kinetischen Theorie der Gase bzw. der Vlasov-Gleichung der Plasmaphysik.

Die drei Gleichungen (V.1), (V.3) und (V.11) erlauben im Prinzip die Berechnung der Verteilungsfunktion $f(x_i, u_i, t)$ stoßfreier Systeme, insbesondere die Entwicklung von einem vorgegebenen Anfangszustand $f(x_i, u_i, 0)$ aus.

Hat sich ein *stätionärer Zustand* eingestellt, dann verschwindet die Ableitung von f nach der Zeit

$$\frac{\partial f}{\partial t} = 0. \tag{V.12}$$

Allgemeine Überlegungen und numerische Rechnungen lassen erwarten, daß dies im stoßfreien Fall schon dann angenähert gilt, wenn die einzelnen Sterne das System einige Male durchquert bzw. einige Umläufe auf ihren Bahnen um das gemeinsame Massenzentrum ausgeführt haben. Bezeichnet L die lineare Ausdehnung des Systems und v einen geeigneten Mittelwert der Sterngeschwindigkeit, dann ist die **Durchquerungszeit** (crossing time) angenähert gegeben durch

$$t_\mathrm{d} = \frac{L}{v}. \tag{V.13}$$

Im folgenden wird t_d als charakteristische Zeitkonstante für das Erreichen eines stationären Zustandes verwendet. Mit Hilfe des Virialsatzes der klassischen Mechanik $E_{pot} + 2E_{kin} = 0$ können wir v durch die Gesamtmasse des Systems $\mathfrak{M}_{ges} = N \cdot \mathfrak{M}$ und L ausdrücken: Mit der potentiellen Energie $E_{pot} \approx -G\mathfrak{M}_{ges}^2/L$ und der kinetischen Energie $E_{kin} = (1/2)\mathfrak{M}_{ges} \cdot v^2$ folgt

$$v^2 \approx G \frac{\mathfrak{M}_{ges}}{L} = G \frac{N \cdot \mathfrak{M}}{L}. \tag{V.14}$$

Damit geht (V.13) über in

$$t_\mathrm{d} \approx \left(\frac{L^3}{GN\mathfrak{M}} \right)^{1/2}. \tag{V.15}$$

Werte von t_d für typische offene Haufen und Kugelhaufen sowie für eine große Galaxie sind in V.1.2, Tabelle V.1, gegeben. In allen drei Fällen ist t_d klein gegenüber den Altern dieser Systeme, wenn man von den jüngsten offenen Haufen absieht (PSS VI.3.3). Dies bedeutet, daß ein stationärer Zustand, wenn er überhaupt möglich ist, relativ rasch erreicht wird.

Wenn *Stöße* in dem oben erläuterten Sinne eine Rolle spielen, dann folgen die davon betroffenen Sterne im Phasenraum nicht dem Strom, sondern „diffundieren" heraus. Auf der rechten Seite von (V.7) und damit auch von (V.11) tritt dann ein Zusatzterm $(\partial f/\partial t)_{Stoß}$ auf, der die pro Zeiteinheit „herausgesprungenen" Sterne berücksichtigt, und es ist nun im allgemeinen $(\partial f/\partial t) \neq 0$. Man kann dies auch so ausdrücken: Der stark fluktuierende Anteil des Gravitationsfeldes bewirkt, daß ein beliebig herausgegriffener Stern im Geschwindigkeitsraum eine unregelmäßige Zick-Zack-Bewegung beschreibt. Die quantitative Theorie dieses stochastischen Prozesses liefert einen Ausdruck für $(\partial f/\partial t)_{Stoß}$, in welchem die Mittelwerte der zeitlichen Geschwindigkeitsänderungen durch nahe Vorübergänge:

$$a_i = \lim_{\Delta t \to 0} \frac{\overline{[u_i(t) - u_i(t + \Delta t)]}}{\Delta t}, \quad b_i = \lim_{\Delta t \to 0} \frac{\overline{[u_i(t) - u_i(t + \Delta t)]^2}}{\Delta t} \tag{V.16}$$

auftreten. Die a_i werden meist als **Koeffizienten der dynamischen Reibung**, die b_i als **Diffusionskoeffizienten** bezeichnet. Das Resultat sei hier ohne Beweis angegeben[1]:

$$\left(\frac{\partial f}{\partial t} \right)_{Stoß} = - \sum_{i=1}^{3} \frac{\partial (a_i f)}{\partial u_i} + \frac{1}{2} \sum_{i=1}^{3} \frac{\partial^2 (b_i f)}{\partial u_i^2}. \tag{V.17}$$

Wir untersuchen im folgenden Abschnitt zunächst die Frage, unter welchen Bedingungen „Stöße" zwischen den Sternen wesentliche Auswirkungen auf die Verteilungsfunktion haben können.

[1] Diese Beziehung ist identisch mit der Fokker-Planck-Gleichung der klassischen Diffusionstheorie. Zur Behandlung stellardynamischer Probleme ist sie zuerst von S. Chandrasekhar herangezogen worden (Principles of Stellar Dynamics, Univ. of Chicago Press 1942, erweiterter Nachdruck als Dover Publ. 1960).

1.2 Nahe Sternbegegnungen, Relaxation

Der Abstand r_s von einem Stern der Masse $\mathfrak{M}$, in welchem dieser einen Beitrag zum Gravitationsfeld von gleicher Größe wie das dort erzeugte, glatt verlaufende Feld aller übrigen Sterne des Systems liefert, läßt sich grob abschätzen aus der Gleichung $\mathfrak{M}/r_s^2 = \mathfrak{M}_G/R_0^2$. Dabei bezeichnet $\mathfrak{M}_G$ die Gesamtmasse der Galaxis und R_0 den hier als charakteristischen Radius des Systems angenommenen Abstand der Sonne vom galaktischen Zentrum. Mit $\mathfrak{M} = 1\ \mathfrak{M}_\odot$, $\mathfrak{M}_G = 10^{11}\ \mathfrak{M}_\odot$ und $R_0 =$ 10 kpc folgt damit $r_s \approx 0.03$ pc. In der Sonnenumgebung ist der durchschnittliche Abstand zweier Sterne ($\approx D_0^{-1/3}$) rund 50 mal so groß. Annäherungen auf Abstände kleiner oder gleich r_s müssen deshalb relativ selten stattfinden. Betrachten wir $r_s = 0.03$ pc als „Stoßradius" und $\sigma_s = \pi r_s^2$ als entsprechenden „Stoßquerschnitt", dann folgt für die **„mittlere Stoßzeit"** τ_s, beispielsweise für die Relativgeschwindigkeit $v = 20$ km s^{-1} und die Anzahldichte der Sterne in der Sonnenumgebung $D_0 = 0.1$ pc^{-3} (vgl. Abb.IV.2):

$$\tau_S = \frac{1}{\sigma_S \cdot v \cdot D_0} \approx 2 \cdot 10^8 \text{ Jahre}, \tag{V.18}$$

also eine galaktische Umlaufzeit der Sonne.

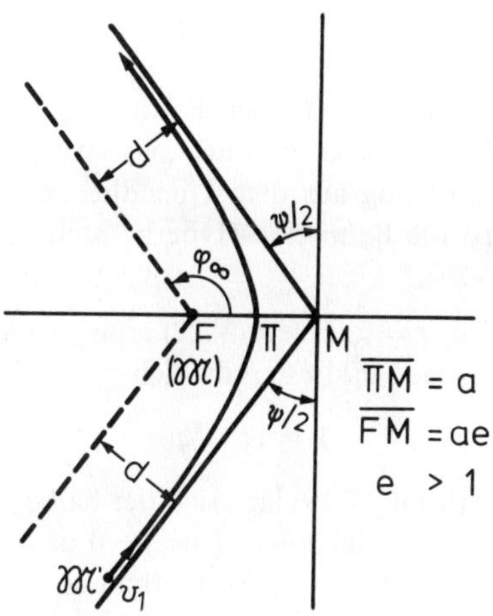

Abb. V.2: Zur Geometrie der Hyperbelbahn.

Änderung der Bewegungsrichtung: Die Auswirkung des Vorüberganges eines Sternes der Masse $\mathfrak{M}'$ an dem betrachteten Stern der Masse $\mathfrak{M}$, gemessen durch die erzeugte Ablenkung (oder die Änderung der kinetischen Energie) nimmt mit der Dauer der Wechselwirkung zu, also mit wachsender Relativgeschwindigkeit v ab. Wir berechnen deshalb zunächst den Ablenkungswinkel ψ, um den sich die Bewegungsrichtung des Sternes $\mathfrak{M}'$ nach der Passage geändert hat, wenn dieser vorher in großem Abstand ($r = \infty$) die Geschwindigkeit v_1 besaß, und wenn $\mathfrak{M}'$ bei Abwesenheit aller Gravitationskräfte den Ort von $\mathfrak{M}$ im Abstand d („Stoßparameter") passiert hätte (vgl. Abb.V.2). Wir benutzen dazu die folgenden, bei der Behandlung des Zweikörperproblems auftretenden Beziehungen[1]:

Die Gleichung der Bahn von $\mathfrak{M}'$ relativ zu $\mathfrak{M}$ (= Ursprung = Brennpunkt F) ist in Polarkoordinaten (r,φ) allgemein gegeben durch

$$r = \frac{a(1-e^2)}{1+e\cos\varphi} \tag{V.19}$$

(e = numerische Exzentrizität, a = große Bahnhalbachse im Fall der Ellipse, bei der Hyperbel ist $a = \overline{\Pi\mathrm{M}}$ in Abb.V.2). Die Erhaltung des Drehimpulses pro Masseneinheit $\boldsymbol{h}$ (Flächensatz) bedeutet

$$r^2\varphi = |\boldsymbol{h}| = \sqrt{\mu a(1-e^2)} \quad \text{mit} \quad \mu = G(\mathfrak{M}+\mathfrak{M}') \tag{V.20}$$

G = Gravitationskonstante). Für sehr große r ist der (konstante) Drehimpuls $|\boldsymbol{h}|$ gegeben durch $v_1 \cdot d$, so daß aus (V.20) folgt

$$v_1 \mathrm{d} = \sqrt{\mu a(1-e^2)}\,. \tag{V.21}$$

Der Energiesatz kann in der Form geschrieben werden

$$v^2 = \mu\left(\frac{2}{r} - \frac{1}{a}\right), \tag{V.22}$$

wobei $v = v(r)$ den Betrag der Bahngeschwindigkeit bezeichnet („Integral der lebendigen Kraft" oder „vis-viva-Integral"). In dem hier betrachteten Fall der Annäherung aus dem Unendlichen mit einer endlichen Geschwindigkeit $v(\infty) = v_1$ ist die Bahn eine Hyperbel und man hat $e > 1$, so daß a negativ sein muß (s. Gl. V.20).

Für $r = \infty$ liefert (V.22) $v_1^2 = -\mu/a$. Damit kann a in (V.21) durch v_1 ausgedrückt werden und es ergibt sich

$$\sqrt{e^2-1} = v_1^2 \cdot d/\mu\,. \tag{V.23}$$

Mit Gl. (V.19) läßt sich der halbe Ablenkungswinkel $\psi/2$ durch e ausdrücken: Für $r = \infty$ folgt $1 + e\cos\varphi_\infty = 0$ oder $\cos\varphi_\infty = -1/e$ und nach Abb.V.2 ist offenbar $\psi/2 = \varphi_\infty - 90°$. Man erhält so

$$\mathrm{tg}\,\frac{\psi}{2} = -\mathrm{ctg}\,\varphi_\infty = -\frac{\cos\varphi_\infty}{\sqrt{1-\cos^2\varphi_\infty}} = \frac{1}{\sqrt{e^2-1}}, \tag{V.24}$$

woraus mit (V.23) und (V.20) folgt

$$\mathrm{tg}\,\frac{\psi}{2} = \frac{\mu}{v_1^2 \cdot d} = \frac{G(\mathfrak{M}+\mathfrak{M}')}{v_1^2 \cdot d}\,. \tag{V.25}$$

---

[1] S. z.B. R. H. Giese, Weltraumforschung I, Hochschultaschenbuch Nr. 107/107a, Bibl. Institut Mannheim 1966, Kap.III.

Für den Fall $\mathfrak{M} = \mathfrak{M}' = 1\ \mathfrak{M}_{\odot} = 2 \cdot 10^{33} g,\ d = r_s = 0.03$ pc $= 10^{17}$ cm und $v_1 = 20$ km s^{-1} $= 2 \cdot 10^6$ cm s^{-1} liefert diese Beziehung tg $\psi/2 = 6.7 \cdot 10^{-4}$, entsprechend $\psi \approx 5$ Bogenminuten.

In Verbindung mit dem Resultat für die mittlere „Stoßzeit" τ_s (V.18) ergibt sich damit, daß in der Sonnenumgebung erhebliche Ablenkungen erst nach wiederholten Begegnungen bei vielen galaktischen Umläufen zu erwarten sind. Die Ablenkung $\psi = 90°$ bei einer einzigen Begegnung würde unter denselben Voraussetzungen $d = 4.5$ AE erfordern. Im Fall der Annäherung an die Sonne müßte der Stern also bis zur Jupiterbahn vordringen. Für diesen geringen Abstand liefert Gl. (V.18) $\tau_s \approx 3 \cdot 10^{14}$ Jahre!

Relaxation: Ein bestimmter Stern erfährt auf seinem Weg durch das Feld der übrigen Sterne nach n Begegnungen gegenüber seiner ursprünglichen Bewegungsrichtung die Gesamtablenkung

$$\psi = \sum_{i=1}^{n} \psi_i\,. \tag{V.26}$$

Auch wenn die Einzelablenkungen ψ_i vorwiegend klein sind, wird ψ nach einem hinreichend langen Weg eines ins Auge gefaßten „Teststernes" nicht mehr vernachlässigbar sein. Die damit verbundene Auswirkung der „Stöße" zwischen individuellen Sternen auf deren Bahnen und damit auf den Zustand des ganzen Systems wird als Relaxation bezeichnet. Wir wollen die ψ_i als zufällige Veränderliche mit Beträgen $\ll 1$ und dem Mittelwert $\overline{\psi_i} = 0$ betrachten. Dann ist auch $\bar{\psi} = 0$, aber für die mittlere quadratische Abweichung $\overline{(\psi - \bar{\psi})^2} = \overline{\psi^2} = \Sigma\overline{\psi_1^2}$ ergibt sich ein endlicher Wert. Die Zeit t_r, nach welcher $(\Sigma\overline{\psi_i^2})^{1/2} = 1$ radian erreicht ist, wird **Relaxationszeit** genannt[1].

Wenn alle Sterne des Systems dieselbe Masse $\mathfrak{M}' = \mathfrak{M}$ besitzen, dann liefert Gl. (V.25) $\psi_i = \psi(d) \approx 4\ G\mathfrak{M}/v^2 d$. Die Anzahl der Passagen in der Zeit t beträgt für den Stoßquerschnitt πd^2 bei der Anzahldichte der Stoßpartner D (vgl. Abb.IV.2) $n(d) = \pi d^2 \cdot D \cdot v \cdot t$. Die Relaxationszeit $t = t_r$ kann damit aus der Bedingung

$$\Sigma\overline{\psi_i^2} = \psi^2(d) = 1$$

abgeschätzt werden mit dem Resultat

$$t_r \approx \frac{v^3}{16\pi G^2 \mathfrak{M}^2 D}\,. \tag{V.27}$$

Der Stoßparameter d fällt in dieser Näherung unmittelbar heraus. Die genauere Ableitung liefert im Nenner dieses Ausdruckes zusätzlich noch den Faktor $\approx (1/4)\ln N \approx 0.6 \log N$, der jedoch erst für $N =$ Gesamtzahl der Sterne des Systems $\approx 10^5$ den Wert 3 erreicht.

[1] Eine analoge Definition geht von den Änderungen der kinetischen Energie ΔE_i aus und verlangt, daß $[\Sigma(\Delta E_i)^2]^{1/2} = E_0 =$ ursprüngliche kinetische Energie.

Durch Elimination von v mit Hilfe von Gl. (V.14) in V.1.1 und mit $D \approx N/(\pi/6)L^3$, wobei L = lineare Ausdehnung (Durchmesser) des Systems, folgt aus (V.27)

$$t_r \approx \frac{1}{24}\left(\frac{NL^3}{G\mathfrak{M}}\right)^{1/2} \frac{1}{\ln N}. \tag{V.28}$$

Dabei haben wir den erwähnten Korrekturfaktor $(1/4)\ln N$ im Nenner berücksichtigt. Zahlenbeispiele für t_r enthält Tabelle V.1. Danach sind für offene Haufen wie auch für Kugelhaufen die Relaxationszeiten wesentlich kürzer als die Entwicklungsalter. Jedes Haufenmitglied erfährt also während der Entwicklungszeit zahlreiche Stöße. Die Bahnen der „Feldsterne" in der Galaxis dürften demgegenüber seit der Entstehung des Systems kaum beeinflußt worden sein.

Tabelle V.1: Durchquerungszeit t_d und Relaxationszeit t_r für drei verschiedene Sternsysteme, die aus Sternen gleicher Masse $\mathfrak{M} = 1\,\mathfrak{M}_\odot$ bestehen. N = Gesamtzahl der Sterne, $\mathfrak{M}_{ges} = N \cdot \mathfrak{M}$ Gesamtmasse, L = lineare Ausdehnung (Durchmesser).

Größe	Offener Haufen	Kugelhaufen	Galaxie
N	10^3	$2 \cdot 10^5$	10^{11}
$\mathfrak{M}_{ges}\,[\mathfrak{M}_\odot]$	10^3	$2 \cdot 10^5$	10^{11}
L [pc]	2	10	10^4
t_d [Jahre]	$2 \cdot 10^6$	$1.5 \cdot 10^6$	$7 \cdot 10^7$
t_r [Jahre]	$8 \cdot 10^6$	$7 \cdot 10^8$	$7 \cdot 10^{15}$

Eine bemerkenswerte Größe ist das aus (V.28) und (V.15) gebildete Verhältnis

$$\frac{t_r}{t_d} \approx \frac{N}{24\ln N}. \tag{V.29}$$

Die Relaxationszeit t_r wird also gegenüber der Durchquerungszeit t_d umso größer, je mehr N anwächst.

Man darf hieraus und aus den Zahlen für t_r selbst nicht einfach schließen, daß sich in den Sternhaufen ein stationärer Zustand mit einer Maxwellschen Geschwindigkeitsverteilung eingestellt haben müßte. Vor allem bei den offenen Haufen mit geringen Mitgliederzahlen und entsprechend geringen Gesamtmassen können nahe Begegnungen relativ häufig zur Überschreitung der Entweichgeschwindigkeit und damit zu erheblichen Abweichungen vom Verhalten eines eingeschlossenen Gases führen. Die Stöße bewirken in den kleineren Systemen eine langsame zeitliche Änderung der Verteilungsfunktion, die also eine Folge von quasi-stationären Zuständen durchläuft. In großen Sternsystemen ist andererseits die Zeitskala der Auswirkungen von Stößen so groß, daß deren Einfluß vernachlässigt werden darf.

Vom Standpunkt der Stellardynamik aus teilt man deshalb die Sternsysteme in zwei Klassen ein: stoßfreie Systeme und Systeme, bei denen Stöße eine wesentliche

Rolle spielen[1]. Die erste Klasse umfaßt hauptsächlich die Galaxien, bei denen kollektive Effekte dominieren. Zur zweiten Klasse gehören die Sternassoziationen, die offenen Haufen und die Kugelhaufen.

1.3 Stellardynamik unter Berücksichtigung von „Stößen"

Die Gewinnung der Verteilungsfunktion $f(\boldsymbol{r}, \boldsymbol{v}, \mathfrak{M}, t)$ für ein selbstgravitierendes System vieler Sterne mit Hilfe analytischer Methoden trifft auf erhebliche, teilweise noch ungeklärte mathematische Schwierigkeiten. Dies gilt bis zu einem gewissen Grad auch für den grundsätzlich einfacheren stoßfreien Fall. Um überhaupt theoretische Aussagen zum Vergleich mit den Beobachtungsresultaten zu erhalten, sind daher verschiedene Vereinfachungen nötig, wodurch die Aussagekraft der Ergebnisse beträchtlich geschmälert werden kann. Seit der Verfügbarkeit schneller Rechenanlagen mit großer Speicherkapazität ist es jedoch möglich geworden, die Bewegungsgleichungen für die Sterne eines ganzen Systems numerisch zu integrieren, also das System zu simulieren. Man spricht auch von **„numerischen Experimenten"** als Gegensatz zur analytischen Theorie. Weil dieser Weg prinzipiell einfacher ist als die analytische Behandlung und heute zunehmend in den Vordergrund tritt, stellen wir seine Besprechung an den Anfang. Wir beschränken uns dabei auf die offenen Sternhaufen.

Numerische Simulation von Sternhaufen: Die Behandlung der Dynamik von Sternhaufen durch direkte numerische Integration der Bewegungsgleichungen des N-Körper-Problems:

$$\ddot{\boldsymbol{r}}_k = -\frac{\partial V}{\partial \boldsymbol{r}_k} = \sum_{\substack{j=1 \\ j \neq k}}^{N} \frac{\mathfrak{M}_j(\boldsymbol{r}_k - \boldsymbol{r}_j)}{|\boldsymbol{r}_k - \boldsymbol{r}_j|^3} \qquad k = 1, \ldots, N \tag{V.30}$$

ohne Glättung des Potentialverlaufes gelang erstmals 1960 (S. von Hoerner) und ist in den letzten Jahren für Mitgliederzahlen bis zu $N \approx 10^3$, also für typische offene Haufen, möglich geworden. Dazu schreibt man diese Differentialgleichungen zweiter Ordnung meist in der äquivalenten Form

$$\dot{\boldsymbol{r}}_k = \boldsymbol{v}_k, \quad \dot{\boldsymbol{v}}_k = -\frac{\partial V}{\partial \boldsymbol{r}_k}, \qquad k = 1, \ldots, N. \tag{V.31}$$

Diese $6N$ Gleichungen erster Ordnung können numerisch durch Integration in hinreichend kleinen Schritten gelöst werden. Für die Anfangswerte wählt man eine möglichst realistische Konfiguration.

Für große N nimmt vor allem die Berechnung des Ausdruckes für die Beschleunigung auf der rechten Seite von (V.30) viel Rechenzeit in Anspruch. Gleiches gilt

[1] Im Englischen wird zwar von encounters statt collisions gesprochen, man verwendet aber wie im deutschen Sprachgebrauch die nicht ganz zutreffenden Bezeichnungen collisionless stellar dynamics und collisional stellar dynamics.

für die Berechnung des Ablaufes naher Vorübergänge, die besonders dann häufig werden, wenn sich ein relativ dichter Kern des Systems ausbildet. Zur Bewältigung dieser numerischen Probleme sind zahlreiche Verfahren entwickelt worden, auf die hier nicht eingegangen werden kann[1]. Realistische Modellrechnungen berücksichtigen schließlich noch den Einfluß eines äußeren Gravitationsfeldes (Gezeitenwirkung durch das galaktische Feld; Vorübergang interstellarer Wolken) und den Effekt der Sternentwicklung (Massenverlust entwickelter Sterne!).

Die vorliegenden *Ergebnisse* numerischer Integrationen für Systeme mit $N \lesssim 10^3$ lassen sich qualitativ wie folgt zusammenfassen:

(1) Die Entwicklung der simulierten offenen Sternhaufen wird durch die Stöße dominiert. Dabei überschreiten ständig Sterne die Entweichgeschwindigkeit und verlassen das System: $\dot{N} \cdot t_d$ = Anzahl dieser „Ausreißer" pro Durchquerungszeit ≈ 1 bis 10, wobei die größeren Werte bei Berücksichtigung des äußeren galaktischen Feldes auftreten (Herabsetzung der Entweichgeschwindigkeit!). Hierdurch wird die Ausbildung eines langfristigen stationären Zustandes verhindert.

(2) Es entsteht ein Haufen mit Kern-Halo-Struktur. Die ungefähr radialen Bewegungen der „Halo-Sterne" (auf stark exentrischen Bahnen) verlaufen angenähert „stoßfrei", während zwischen den Sternen des Kernbereiches relativ häufig Stöße auftreten.

(3) Wählt man anstelle gleicher Massen für alle Sterne ein Massenspektrum der Form $F(\mathfrak{M}) \sim \mathfrak{M}^{-\beta}$, etwa mit $\beta = 2.35$ (II.3.1, Gl. II.38f.), dann wird die dynamische Entwicklung des Haufens beschleunigt und seine „Auflösungszeit" verkürzt. Durch die Stöße zwischen ungleichen Massen wird keine Gleichverteilung der kinetischen Energie erzeugt, die größeren Massen bevorzugen den Kern, während außen mehr kleine Massen anzutreffen sind. Die mittlere Geschwindigkeit der Sterne nimmt von innen nach außen ab, die Sternhaufen sind also nicht „isotherm".

(4) Die Ausreißer nehmen kinetische Energie mit, so daß das verbleibende System stärker gebunden ist. Im Kern entstehen einige Doppelsterne, die den größten Teil der Bindungsenergie des Systems aufnehmen. Da kein langfristig stabiles System mit mehr als zwei Komponenten von vergleichbarer Masse bekannt ist, scheint der Endzustand der Entwicklung ein einziges enges Doppelsternsystem zu sein. Denn mehrere Doppelsterne halten sich im Kernbereich nicht lange, weil dort Dreierstöße relativ wahrscheinlich sind. Dabei können auch massereiche Sterne mit ungewöhnlich hoher Raumgeschwindigkeit, sogenannte runaway stars, entstehen.

(5) Eine langsame Rotation des ganzen Systems ändert diese Ergebnisse nicht wesentlich.

---

[1] P. Hut, S. McMillan (Herausg.), The Use of Supercomputers in Stellar Dynamics. Lecture Notes in Physics 267. Springer, Berlin 1986.

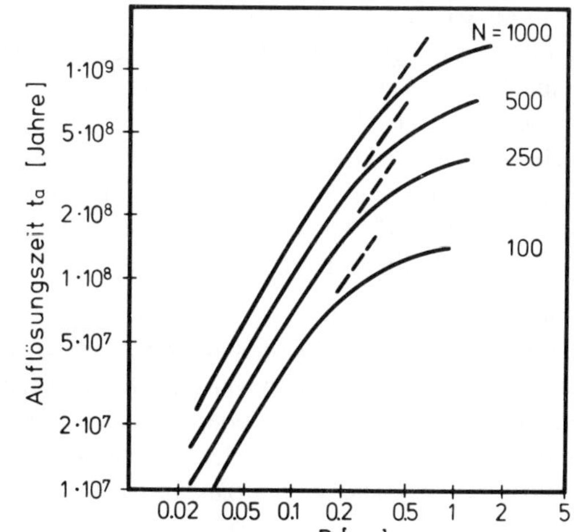

Abb. V.3: Auflösungzeit t_a offener Sternhaufen als Funktion des Haufenradius R für verschiedene Mitgliederzahlen N, wobei als Masse des Einzelsternes $\mathfrak{M} = 0.5\mathfrak{M}_\odot$ gewählt wurde (schematisiert, nach R. Wielen).

Die berechneten **Auflösungszeiten** t_a für vorgegebene Werte der Gesamtmasse $\mathfrak{M}_{ges}$ und feste Sternmasse $\mathfrak{M} = 0.5\ \mathfrak{M}_\odot$ (entspricht der mittleren Masse der Hyadensterne) sind in Abb. V.3 als Funktion des Haufenradius R graphisch dargestellt. Je kleiner R, umso größer ist bei vorgegebenem $\mathfrak{M}_{ges}$ die Dichte im Haufen und umso rascher bewirken „Stöße“ zwischen den Sternen seine Auflösung. Oberhalb eines bestimmten (von $\mathfrak{M}_{ges}$ abhängigen) Radius, der für $\mathfrak{M}_{ges} = 500\ \mathfrak{M}_\odot$ etwa bei $R = 0.3$ pc liegt, verursacht das äußere Gravitationsfeld (für den Bereich der Sonnenumgebung) eine merkliche Absenkung von t_a gegenüber dem (gestrichelt angedeuteten) Verlauf für verschwindendes äußeres Feld. Bei den Systemen mit $R > 1$ pc ist schließlich auch eine Herabsetzung der Lebensdauer durch Begegnungen mit interstellaren Wolken sowie durch die differentielle galaktische Rotation zu erwarten.

Wir beschränken den *Vergleich mit den Beobachtungen* offener Sternhaufen auf eine Diskussion der Lebensdauern. Aus der Häufigkeitsverteilung der Alter von galaktischen offenen Sternhaufen (Altersbestimmung s. PSS VI.3.3) läßt sich in Verbindung mit der Annahme einer zeitlich konstanten Bildungsrate der Haufen die Verteilung der tatsächlichen Lebensdauern erschließen. Man findet auf diese Weise, daß sich durchschnittlich etwa 50% aller offenen Haufen schon innerhalb von $2 \cdot 10^8$ Jahren auflösen müssen; nur 2% leben länger als $1 \cdot 10^9$ Jahre (R. Wielen 1971).

Dieses mittelbare Beobachtungsresultat läßt sich mit den in Abb. V.3 dargestellten Ergebnissen numerischer Rechnungen zumindest qualitativ erklären: Wenn man für den durchschnittlichen offenen Haufen die plausiblen Werte ansetzt $L = 2R \approx 0.6$ pc, $N = 250$, $\mathfrak{M} = 0.5\ \mathfrak{M}_\odot$, dann folgt $t_a \approx 2 \cdot 10^8$ Jahre.

Analytische Theorie: Die in V.1.1 formulierte Grundgleichung (V.11), auf der rechten Seite ergänzt durch einen Stoßterm der Form (V.17), erweist sich als so kompliziert, daß eine Auflösung nach der zeitabhängigen Verteilungsfunktion $f(x_i, u_i, \mathfrak{M}, t)$ selbst im Fall sphärischer Symmetrie auch mit modernen numerischen Methoden auf große Schwierigkeiten stößt (Rechenzeit!). Es ist deshalb üblich, verschiedene Vereinfachungen vorzunehmen. Geeignete Annahmen sind zum Beispiel: (1) alle Sternmassen sind gleich, (2) die Dichte im Haufen ist homogen, (3) die Geschwindigkeitsverteilung ist isotrop. Nach den oben beschriebenen Ergebnissen der numerischen Simulation sind alle drei Annahmen äußerst unrealistisch. Wenn man von speziellen Fällen absieht, dürften deshalb auf diesem Wege erzielte Resultate kaum für einen detaillierten Vergleich mit den Beobachtungen geeignet sein.

Aufschlüsse über den generellen Ablauf der dynamischen Entwicklung eines Sternhaufens, wie wir sie bereits in V.1.2 im Anschluß an Gl.(V.29) skizziert haben, konnten jedoch gewonnen werden. Die Aussagen stimmen mit den Ergebnissen der numerischen Experimente überein und lassen sich folgendermaßen zusammenfassen: Jeder gravitativ gebundene Sternhaufen, der sich anfänglich nicht in einem dynamischen Gleichgewichtzustand befindet, geht nach einigen Durchquerungszeiten t_d in einem quasistationären Zustand über. Durch den Relaxationseffekt der „Stöße" mit einer Zeitskala $t_r > t_d$ kann sich ein zeitlich unveränderliches statistisches Gleichgewicht nicht einstellen. Der Haufen entwickelt sich in Richtung eines Endzustandes, in welchem nahezu alle Sterne entwichen sind, bis auf wenigstens einen physischen Doppelstern.

1.4 Stoßfreie Dynamik des galaktischen Sternsystems

Numerische Simulation: Den Ausgangspunkt bildet wieder das System der $6N$ gewöhnlichen Differentialgleichungen erster Ordnung (V.31), wobei aber nun ein geglätteter Verlauf der nach V.1.1, Gl. (V.2) zu berechnenden Potentialfunktion $V(x_i, t)$ verwendet wird. Für das Gravitationsfeld kann deshalb eine relativ grobmaschige Darstellung gewählt werden, mit weniger Gitterpunkten als Sterne vorhanden sind. Hierdurch wird der Rechenaufwand so beträchtlich verringert, daß heute Systeme mit Sternzahlen N bis zu einigen 10^5 numerisch simuliert werden können.

Das Problem war zunächst für eine zweidimensionale Scheibe behandelt worden ($\sim$1970: R. H. Miller, K. H. Prendergast, W. J. Quirk, F. Hohl u.a.). Inzwischen gibt es auch Resultate für den dreidimensionalen Fall und man hat auch eine sphärische bzw. ellipsoidische Komponente berücksichtigt. Wir beschreiben nachfolgend einige wichtige Ergebnisse, ohne jedoch auf die zu ihrer Gewinnung verwendeten numerischen Verfahren einzugehen.

(1) Wählt man als Anfangszustand des Systems eine gleichmäßig mit Sternen erfüllte rotierende Scheibe im Gleichgewicht zwischen Gravitation und Zentrifugalkraft, wobei alle Sterne auf Kreisbahnen umlaufen, dann wird das System sehr rasch instabil. Zuerst entsteht eine unregelmäßige kleinräumige Struktur mit starken Dichteschwankungen. Das System zerfällt nahezu in Einzelelemen-

ten. Innerhalb von etwa einer Rotation bildet sich sodann eine verwirbelte Gesamtstruktur mit einem langlebigen großen zentralen „Balken“ (Abb. V.4).

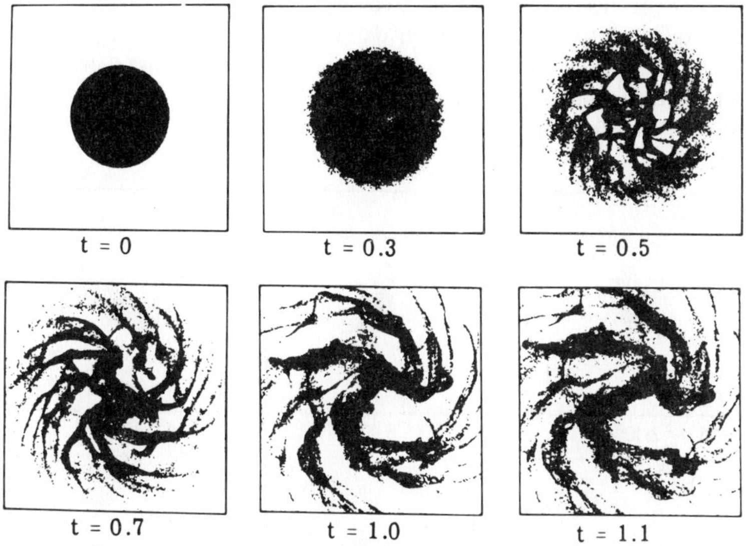

Abb. V.4: Numerische Simulation der Entwicklung eines scheibenförmigen rotierenden Sternsystems. Zeiten t in Einheiten der Rotationsdauer. (Nach F. Hohl).

(2) Nimmt man von vornherein eine genügend große (radiale) Geschwindigkeitsstreuung der Sterne gegenüber der Kreisbahnbewegung an, dann treten die kleinräumigen starken Dichteschwankungen nicht auf, es erfolgt eine gewisse Stabilisierung des Systems. Später erscheint jedoch wieder die Balkenstruktur. Nach mehreren Rotationen nimmt diese die Form einer balkenförmigen zentralen Verdichtung an, die sich einer stationären Scheibe mit angenähert exponentiellem Dichteabfall überlagert. Mit der Bildung eines zentralen Balkens wird auch eine Spiralstruktur angeregt.

(3) Die Ausbildung eines großen zentralen Balkens in der Scheibe kann verhindert werden, wenn man zusätzlich eine sphärische bzw. sphäroidische stellare Massenverteilung annimmt mit einer zum Zentrum hin anwachsenden Dichte (zentraler Bulge oder Halo). Die stabilisierende Wirkung kann anschaulich darauf zurückgeführt werden, daß jeder Stern nun durch stärkere Kräfte an seinen Gleichgewicht-Bahnradius gebunden ist – ein Schritt in Richtung auf den Fall der Planetenbewegung unter dem beherrschenden Einfluß der Sonnenmasse gegenüber der Situation in einer reinen Scheiben-Galaxie, deren Gravitationsfeld nicht durch einen einzigen zentralen Superstern dominiert wird! Die mindestens notwendige Masse der ganzen angenähert sphäroidischen Komponente hängt von den Massenverteilungen in dieser, wie auch in der Scheibe ab.

Beispiele von Ergebnissen hierzu zeigt Abb.V.5. Das System umfaßt 25000 Sterne in der Scheibe und 25000 Sterne im Halo. Bei der Berechnung des Gravitationsfeldes wurden $30 \times 30 \times 14$ Gitterpunkte gewählt, deren gegenseitige Abstände 2 kpc entsprechen bei einer galaktischen Gesamtmasse von $1.84 \cdot 10^{11}\ \mathfrak{M}_{\odot}$. Die Form des Halos entsprach bei Beginn der Rechnung einem Sphäroid mit Abplattung 1:1.4, während die Scheibe im Verhältnis 1:30 abgeplattet war. Der Halo hatte in der galaktischen Ebene einen Durchmesser von 30 kpc; der Durchmesser der Scheibe war von ähnlicher Größe (s. Abb. V.5).

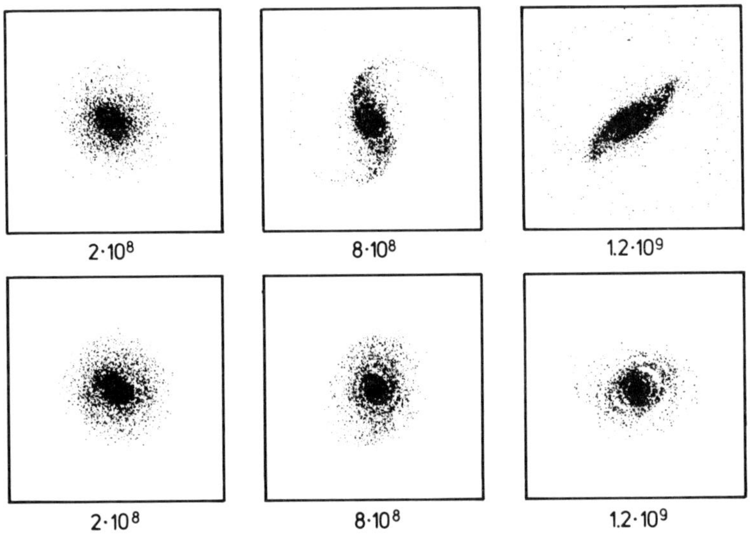

Abb. V.5: Numerische Simulation eines Sternsystems, das aus einer rotierenden Scheibe und einem stark zum Zentrum hin konzentrierten stellaren Halo besteht. Massenverhältnis Scheibe: Halo oben 0.5:0.5, unten 0.3:0.7. Es sind nur die Scheibensterne wiedergegeben. Seitenlänge jeweils 60 kpc. Rotation entgegen dem Uhrzeigersinn. (Nach J. A. Sellwood).

In diesen Beispielen wurde eine relativ schwache Konzentration der Halomasse zum Zentrum angenommen. Rechnungen für realistische Massenverteilungen mit einer zwar kleinen, aber dichten zentralen Komponente, wie sie in V.1.5 besprochen werden, ergaben auch bei relativ geringen Bulge-Halo-Massen eine Unterdrückung der „Balken-Instabilität" des Systems (J. A. Sellwood 1985).

Ansätze der analytischen Theorie: Betrachtet man die Potentialfunktion $V(x_i, t)$ als vorgegeben, dann ist die Grundgleichung (V.11) eine lineare homogene partielle Differentialgleichung erster Ordnung für die Verteilungsfunktion $f(x_i, u_i, t)$. Die Charakteristiken sind gerade die sechs Bewegungsgleichungen (V.31) für einen herausgegriffenen Stern:

$$\dot{x}_i = u_i, \quad \dot{u}_i = -\frac{\partial V}{\partial x_i}. \tag{V.32}$$

Dieses System gewöhnlicher Differentialgleichungen besitzt im allgemeinen sechs unabhängige erste Integrale, die entlang einer individuellen Sternbahn im Phasenraum konstant sind: $\varphi_1(x_i, u_i, t) = c_1, \ldots, \varphi_6(x_i, u_i, t) = c_6$. Man bezeichnet Funktionen mit dieser Eigenschaft als Integrale der Bewegung. Die sechs Konstanten („Bahnelemente") können jeweils durch Einsetzen der Anfangswerte von x_i und u_i in diese Funktionen ermittelt werden; damit sind die x_i und u_i des betrachteten Sternes als Funktionen von t und den Konstanten $c_1, \ldots, c_6$ festgelegt. Nach der Theorie partieller Differentialgleichungen erster Ordnung lautet dann die allgemeine Lösung von (V.11)

$$f = F(\varphi_1, \ldots, \varphi_6), \tag{V.33}$$

wobei F eine beliebige positive Funktion der sechs Argumente ist. Auch f ist somit ein Integral der Bewegung (Jeanssches Theorem)[1].

Bei dynamischer *Stationarität*: $\partial f/\partial t = 0$, $V = V(x_i)$ fällt die Variable t weg und es treten nur noch fünf erste Integrale auf. Ein Integral ist der Energiesatz

$$\varphi_1(x_i, u_i) = \frac{1}{2} \sum_{i=1}^{3} u_i^2 + V(x_i) = E = c_1. \tag{V.34}$$

Im *Fall rotationssymmetrischer Massenverteilung* entsprechen drei weitere Integrale $\varphi_2, \varphi_3, \varphi_4$ dem Erhaltungssatz für den Drehimpuls um die Symmetrieachse. Durch Transformation in Zylinderkoordinaten gehen sie über in *eine* Funktion I_2 mit *einem* Parameter C_2. Das dann noch verbleibende Integral wird deshalb als **„Drittes Integral"** I_3 bezeichnet. Erst durch numerische Berechnungen dreidimensionaler Sternbahnen konnte gezeigt werden, daß ein solches Drittes Integral existiert, also die Verteilungsfunktion nicht allgemein die Form $f = F(I_1, I_2)$ mit $I_1 \equiv \varphi_1$ besitzt[2]. Nach den numerischen Untersuchungen sind mit I_3 vorwiegend Einschränkungen für die Geschwindigkeitskomponente senkrecht zur Symmetrieebene verbunden. Zur Charakterisierung der galaktischen Bahn eines Sternes ist daher neben der Gesamtenergie $E = c_1$ und dem Drehimpuls C_2 noch ein dritter unabhängiger Parameter C_3 notwendig; die vollständige Lösung des rotationssymmetrischen Problems muß die Form $f = F(I_1, I_2, I_3)$ besitzen. Das die Bewegungen bestimmende Kraftfeld ergibt sich aus dem Potential $V(x_i)$ mit den in V.1.1 gegebenen Gln. (V.1) und (V.2) bzw. (V.3).

[1] Eine Einschränkung der einbezogenen Integrale ergibt sich aus der Forderung, daß bei einer physikalisch sinnvollen Lösung beliebig nahe benachbarte Bahnen im Phasenraum nicht mit beliebig verschiedenen Konstanten bzw. Werten von f verbunden sein dürfen (G. G. Kuzmin 1953, D. Lynden-Bell 1962).

[2] Diese Annahme vertrat Jeans bereits 1916, nachdem man auf analytischem Wege keine weiteren Integrale gefunden hatte.

In dieser allgemeinen Form konnte das Problem jedoch nicht gelöst werden. Nur für spezielle Fälle lassen sich Lösungen angeben. Beispielsweise darf für extrem stark abgeplattete rotationssymmetrische Systeme $f = F(I_1, I_2)$ angesetzt werden. Man ist deshalb umgekehrt mit plausiblen Ansätzen für $f(x_i, u_i)$ in die Grundgleichung (V.11) für $\partial f/\partial t = 0$ eingegangen, um herauszufinden, welche speziellen Formen dynamisch erlaubt sind. Nach den in II.3.2 dargestellten empirischen Ergebnissen bot sich der Ansatz einer allgemeinen Gaußschen Verteilung der Pekuliargeschwindigkeiten $u_i - \bar{u}_i$ an:

$$f = D(x_i) \exp\left\{-\frac{1}{2} \sum_{i,k=1}^{3} a_{ik}(u_i - \bar{u}_i)(u_k - \bar{u}_k)\right\}. \tag{V.35}$$

Für stationäre rotationssymmetrische Systeme, in denen das Potential $V(x_i)$ allein von den Sternen selbst herrührt (Selbstkonsistenz), haben G. L. Camm (1941) und eingehender W. Fricke (1951) gezeigt, daß sich mit ellipsoidischen Verteilungsfunktionen des Typs (V.35) die Forderung $V \sim 1/R$ für beliebig wachsenden Zentrumsabstand $R \to \infty$ nicht erfüllen läßt. Nur für unendliche Systeme mit unendlicher Masse ist ein solcher Ansatz überall als Lösung möglich. Dies ist verständlich, weil eine Gauß-Verteilung beliebig hohe Geschwindigkeiten zuläßt.

Eine ellipsoidische Verteilungsfunktion vom Typ (V.35) ist jedoch als lokale Approximation der Lösung der Grundgleichung geeignet. Wir erläutern dies am Beispiel der *Interpretation der beobachteten Geschwindigkeitsverteilung in der Sonnenumgebung*. Es ist dabei zweckmäßig, sogleich zu *Zylinderkoordinaten* (R, ϑ, z) überzugehen durch die Transformation[1] $x_1 = x = R\cos\vartheta$, $x_2 = y = R\sin\vartheta$, $x_3 = z$ unter Einführung der Geschwindigkeitskomponenten in radialer, tangentialer und z-Richtung (Einheitsvektoren $\boldsymbol{e}_R, \boldsymbol{e}_\vartheta, \boldsymbol{e}_z$):

$$\Pi = \dot{R}, \quad \Theta = R\dot{\vartheta}, \quad Z = \dot{z}. \tag{V.36}$$

Die Grundgleichung (V.11) nimmt dann unter Voraussetzung von Stationarität die Form an

$$\Pi \frac{\partial f}{\partial R} + \frac{\Theta}{R}\frac{\partial f}{\partial \vartheta} + Z\frac{\partial f}{\partial z} + \dot{\Pi}\frac{\partial f}{\partial \Pi} + \dot{\Theta}\frac{\partial f}{\partial \Theta} + \dot{Z}\frac{\partial f}{\partial Z} = 0. \tag{V.37}$$

$\dot{\Pi}$, $\dot{\Theta}$ und $\dot{Z}$ sind dabei durch die Bewegungsgleichungen

$$\dot{\Pi} = \frac{\Theta^2}{R} - \frac{\partial V}{\partial R}, \quad \dot{\Theta} = -\frac{\Pi \cdot \Theta}{R} - \frac{1}{R}\frac{\partial V}{\partial \vartheta}, \quad \dot{Z} = -\frac{\partial V}{\partial z} \tag{V.38}$$

gegeben. Denn für die Beschleunigungskomponenten b_R und b_ϑ in den Richtungen der Einheitsvektoren $\boldsymbol{e}_R$ und $\boldsymbol{e}_\vartheta$ gilt allgemein (s. Lehrbücher der Theoretischen Physik)

[1] In der Literatur wird anstelle von R häufig das auf Jeans zurückgehende Symbol ϖ, ein „verschnörkeltes“ π, benutzt.

$$\begin{aligned} b_R &= \ddot{R} - R\dot{\vartheta}^2 &&= -\frac{\partial V}{\partial R} \\ b_\vartheta &= R\ddot{\vartheta} + 2\dot{R}\dot{\vartheta} &&= -\frac{1}{R}\frac{\partial V}{\partial \vartheta}, \end{aligned} \tag{V.39}$$

worin einzuführen sind $\dot{\Pi} = \ddot{R}$ und $\dot{\Theta} = (R\dot{\vartheta})^{\cdot} = \dot{R}\dot{\vartheta} + R\ddot{\vartheta} = b_\vartheta - \dot{R}\dot{\vartheta} = b_\vartheta - \Pi \cdot (\Theta/R)$.

Den Ansatz (V.35) benutzen wir nun in der Form einer ellipsoidischen Verteilung mit beliebig orientierten Hauptsachsen in Zylinderkoordinaten:

$$\begin{aligned} f(R, z, \Pi, \Theta, Z) = D_s(R, z)\frac{hkl}{\pi^{3/2}}\exp[-h^2\Pi^2 - \\ -k^2(\Theta - \bar{\Theta})^2 - l^2 Z^2 - m\Pi(\Theta - \bar{\Theta}) - n\Pi Z - p(\Theta - \bar{\Theta})Z]. \end{aligned} \tag{V.40}$$

Dabei bezeichnet $\bar{\Theta}$ den lokalen Mittelwert der tangentialen Geschwindigkeitkomponente ($\bar{\Pi} = 0$, $\bar{Z} = 0$). Die Koeffizienten $h^2 = [2\overline{\Pi^2}]^{-1}$, $k^2 = [2\overline{(\Theta - \bar{\Theta})^2}]^{-1}$, $l^2 = [2\overline{Z^2}]^{-1}$, m, n, p können Funktionen von R und z sein. Geht man mit (V.40) ein in die Grundgleichung (V.37) mit (V.38) und nimmt *Rotationssymmetrie* an, setzt also alle Ableitungen nach Θ gleich Null, dann ergibt sich nach längerer elementarer Rechnung und Division durch den gemeinsamen Faktor f ein Ausdruck, der sich in die Form bringen läßt

$$A + B \cdot \Pi + C \cdot \Theta + D \cdot Z + E \cdot \Pi^2 + F \cdot \Pi\Theta + \ldots + T \cdot \Pi\Theta Z = 0.$$

Da diese Gleichung für beliebige Werte von Π, Θ und Z erfüllt sein muß, folgt $A = 0$, $B = 0$, $C = 0$ usw. Damit erhält man Bedingungsgleichungen für die Koeffizienten h, k, l, m, n und p, von denen wir hier nur die im folgenden benutzten angeben wollen.

$$m = 0, \quad p = 0, \quad \frac{\partial k^2}{\partial z} + \frac{n}{R} = 0 \tag{V.41}$$

$$\frac{\partial h^2}{\partial R} = \frac{\partial l^2}{\partial z} = 0, \quad \frac{\partial h^2}{\partial z} + \frac{\partial n}{\partial R} = 0, \quad \frac{\partial l^2}{\partial R} + \frac{\partial n}{\partial z} = 0 \tag{V.42}$$

$$\frac{\partial k^2}{\partial R} - \frac{2(k^2 - l^2)}{R} = 0, \quad \frac{\partial (k^2\bar{\Theta})}{\partial R} - \frac{k^2\bar{\Theta}}{R} = 0. \tag{V.43}$$

Da $z = 0$ die Symmetrieebene sein soll, muß für $k(R, z)$ allgemein gelten $\partial k^2/\partial z = 0$ bei $z = 0$. Wir stellen also fest, daß in der galaktischen Ebene $m = n = p = 0$, d.h. die Hauptachsen des Geschwindigkeitsellipsoides müssen in die Richtungen der Einheitsvektoren $\boldsymbol{e}_R, \boldsymbol{e}_\vartheta, \boldsymbol{e}_z$ fallen – in qualitativer Übereinstimmung mit der Beobachtung.

Die erste Gleichung (V.42) besagt, daß $\overline{\Pi^2} = [2h^2]^{-1}$ unabhängig von R und $\overline{Z^2} = [2l^2]^{-1}$ unabhängig von z sein müssen.

Die Gleichungen (V.43) erlauben eine bemerkenswerte Aussage über das Verhältnis der Geschwindigkeitsstreuungen in radialer und tangentialer Richtung Σ_Π und Σ_Θ: Differentiation des Produktes $k^2\bar{\Theta}$ in der rechten Gleichung und Einsetzen des hiernach für $\partial k^2/\partial R$ erhaltenen Ausdruckes in die linke Gleichung liefert

$$\frac{h^2}{k^2} = \frac{1}{2}\left[1 + \frac{R}{\bar{\Theta}}\frac{\partial\bar{\Theta}}{\partial R}\right]. \tag{V.44}$$

Für den Ort der Sonne $R = R_0$, $z = 0$ können wir die rechte Seite mit Hilfe der Beziehungen (II.72) durch die Oort'schen Konstanten A und B ausdrücken. Wegen $\omega(R) = \bar{\Theta}(R)/R$ gilt dort

$$\omega_0 = \frac{\bar{\Theta}_0}{R_0}, \quad \omega_0' = \left(\frac{\partial\omega}{\partial R}\right)_{R_0} = \frac{1}{R_0}\left(\frac{\partial\bar{\Theta}}{\partial R}\right)_{R_0} - \frac{\bar{\Theta}_0}{R_0^2} \tag{V.45}$$

und man verifiziert leicht, daß die rechte Seite von (V.44) gleich $-B/(A-B)$ ist. Wir schreiben für das Resultat

$$\frac{\Sigma_\Theta^2}{\Sigma_\Pi^2} = \frac{\overline{(\Theta-\bar{\Theta})^2}}{\overline{\Pi^2}} = \frac{-B}{A-B}. \tag{V.46}$$

Für starre Rotation $\bar{\Theta} \sim R$ folgt mit (V.44) $\Sigma_\Theta^2/\Sigma_\Pi^2 = 1$, also $A = 0$, während $\bar{\Theta} =$ const. auf $\Sigma_\Theta^2/\Sigma_\Pi^2 = 1/2$ führt. Aus den Beobachtungen ergeben sich Werte, die zwischen diesen beiden Extrema liegen: Mit $A = +15$ und $B = -10$ erhält man $\Sigma_\Theta^2/\Sigma_\Pi^2 = 0.4$ womit beispielsweise das Mittel der empirisch bestimmten Werte Σ_V^2/Σ_U^2 für Hauptreihensterne nach Tabelle II.9 von 0.42 ± 0.06 im wesentlichen reproduziert wird[1].

Epizyklische Sternbahnen und Geschwindigkeitsellipsoid: Die Tatsache, daß die große Achse des Geschwindigkeitsellipsoids der Sterne mit Pekuliargeschwindigkeiten <60 km s^{-1} angenähert in radialer Richtung liegt, $\Sigma_\Theta/\Sigma_\Pi < 1$, läßt sich nach B. Lindblad (1927) auch auf einem weniger formalen Weg, nämlich direkt als Folge kleiner Abweichungen von der reinen Kreisbahnbewegung deuten.

Wir untersuchen dazu die Bewegung eines Sternes in der galaktischen Ebene in Bezug auf ein rechtwinkliges Koordinatensystem (ξ, η) mit dem Ursprung bei $R = R_0$, das an der Kreisbahnbewegung mit der Winkelgeschwindigkeit ω_0 teilnimmt, wobei die ξ-Achse ständig zum Antizentrum, die η-Achse hingegen in Richtung der Rotation weist (Abb. V.6a). Es bezeichne $\Theta_K(R)$ die Geschwindigkeit der Kreisbahnbewegung in Abhängigkeit vom Zentrumsabstand R, so daß gilt $\Theta_K^2(R)/R = -K_R$. Insbesondere schreiben wir $\Theta_K(R_0) = \Theta_{K0}$.

---

[1] Auf das interstellare Gas darf Gl. (V.46) nicht ohne weiteres angewandt werden. Deshalb bedeutet das für die OB-Sterne gefundene Resultat $\Sigma_V^2/\Sigma_U^2 \approx 1$ (II.3.2) nicht sogleich $A \approx 0$, denn diese jungen Objekte spiegeln noch weitgehend die Bewegungsverhältnisse des interstellaren Gases wider, für das dennoch $A \neq 0$ sein kann.

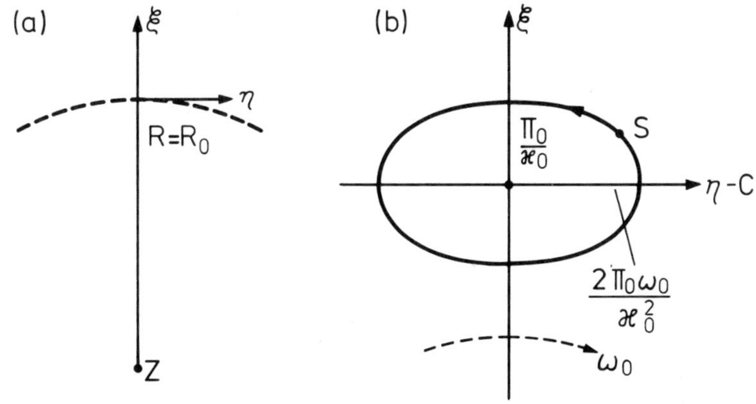

Abb. V.6: Zur Darstellung der epizyklischen Sternbewegung.

Der Stern befinde sich zur Zeit $t = 0$ bei $\xi = 0$, $\eta = 0$, besitze jedoch eine endliche *radiale Geschwindigkeitskomponente* $\dot{\xi} = \Pi_0 \ll \Theta_{K0}$, während anfangs $\dot{\eta} = \Theta_0 - \Theta_{K0} = 0$ sei. Dann resultiert nach endlicher Zeit $\xi = R - R_0 \neq 0$ sowie $\dot{\xi} = \Pi \neq \Pi_0$ und $\dot{\eta} = \Theta - \Theta_{K0} \neq 0$. Die radiale Beschleunigung zur Zeit t ist gegeben durch

$$\ddot{\xi} = \ddot{R} = \frac{\Theta^2}{R} - K_R = \frac{\Theta^2}{R} - \frac{\Theta_K^2(R)}{R}. \tag{V.47}$$

Für den ersten Term folgt unter Benutzung der Drehimpulserhaltung $R \cdot \Theta = R_0 \cdot \Theta_0$ mit $R^{-3} = (R_0 + \xi)^{-3} = R_0^{-3}[1 + (\xi/R_0)]^{-3} \approx R_0^{-3}[1 - (3\,\xi/R_0)]$:

$$\frac{\Theta^2}{R} = \frac{\Theta_0^2 R_0^2}{R^3} \approx \frac{\Theta^2}{R_0}\left(1 - \frac{3\xi}{R_0}\right).$$

Der zweite Term in (V.47) geht mit $\Theta_K(R) \approx \Theta_K(R_0) + \xi \cdot \Theta_K'(R_0) = \Theta_0 - \xi(A + B)$ (s. Gl. II.72) und $R^{-1} \approx R_0^{-1}[1 - (\xi/R_0)]$ bei Beschränkung auf lineare Glieder in ξ/R_0 über in

$$\frac{\Theta_K^2(R)}{R} \approx \frac{\Theta_0^2}{R_0} - \frac{\Theta_0^2}{R_0^2}\xi - \frac{2\Theta_0}{R_0}(A + B)\,\xi\,.$$

Damit ergibt sich für (V.47)

$$\ddot{\xi} = \frac{2\Theta_0}{R_0}\left[(A + B) - \frac{\Theta_0}{R_0}\right].$$

Wegen $\Theta_0/R_0 = \omega_0 = A - B$ können wir schreiben

$$\ddot{\xi} = -\kappa_0^2 \cdot \xi \quad \text{mit} \quad \kappa_0^2 = -4B(A-B)\,. \tag{V.48}$$

Die Lösung dieser Gleichung lautet für die Anfangswerte $\xi(0) = 0$, $\dot{\xi}(0) = \Pi_0$:

$$\xi(t) = \frac{\Pi_0}{\kappa_0} \sin \kappa_0 t\,. \tag{V.49}$$

Insbesondere folgt

$$\dot{\xi}(t) = \Pi(t) = \Pi_0 \cos \kappa_0 t\,. \tag{V.50}$$

Dieses Ergebnis bedeutet, daß der Stern eine radiale harmonische Schwingung um $R = R_0$ ausführt. Für die Periode erhält man mit den Standardwerten für A und B (nach Umrechnung in die Einheit km s^{-1}/km)

$$P_0 = \frac{2\pi}{\kappa_0} = \frac{\pi}{\sqrt{-B(A-B)}} \approx 2 \cdot 10^8 \text{ Jahre}\,. \tag{V.51}$$

P_0 ist also von gleicher Größenordnung wie die Rotationsdauer T_0 (II.5.2, Gl. II.85). Die Amplitude der Oszillation beträgt beispielsweise für $\Pi_0 = 30$ km s^{-1} gerade $\Pi_0/\kappa_0 = 1$ kpc.

Wir betrachten nun die *tangentiale Komponente* der Bewegung. Aus dem Flächensatz $R^2\dot{\vartheta} = R \cdot \Theta = R_0 \cdot \Theta_0$ folgt zunächst mit $R = R_0[1 + (\xi/R_0)]$ für $\xi/R_0 \ll 1$

$$\dot{\vartheta} = \frac{R_0}{R^2}\Theta_0 \approx \frac{\Theta_0}{R_0}\left(1 - \frac{2\xi}{R_0}\right) = \omega_0 - \frac{2\omega_0}{R_0}\xi\,.$$

Für $t > 0$ ergibt sich damit ein endlicher Wert

$$\dot{\eta} = \Theta - \Theta_{K0} = R\dot{\vartheta} - \omega_0 R_0 \approx R_0(\dot{\vartheta} - \omega_0) = -2\omega_0\xi \tag{V.52}$$

oder

$$\dot{\eta} = -\frac{2\Pi_0\omega_0}{\kappa_0} \sin \kappa_0 t\,. \tag{V.53}$$

Integration ergibt – der zweite Ausdruck folgt unter Beachtung von Gl. (II.73) für $\eta(0) = 0$ –

$$\eta(t) = \frac{2\Pi_0\omega_0}{\kappa_0^2} \cos \kappa_0 t + C = \frac{\Pi_0}{2(-B)} \cos \kappa_0 t - \frac{\Pi_0}{2(-B)}\,. \tag{V.54}$$

Die Gleichungen (V.49) und (V.54) besagen, daß der Stern im mitrotierenden ξ, η-System, also praktisch im lokalen Bezugssystem, eine Ellipse beschreibt mit den Halbachsen Π_0/κ_0 und $2\Pi_0\omega_0/\kappa_0^2$ in radialer bzw. tangentialer Richtung (Abb. V.6b). Man bezeichnet diese Ellipse – in Analogie zu den von Ptolemäus zur Beschreibung der Planetenbewegung eingeführten Kreisen – als „Epizykel" und nennt κ_0 die **„Epizykelfrequenz“**. Mit Hilfe der Definitionen von A und B kann man allgemein schreiben (beliebige Wahl von R_0)

$$\kappa^2 = 4\omega^2 \left(1 + \frac{1}{2} \frac{R}{\omega} \frac{\mathrm{d}\omega}{\mathrm{d}R}\right), \tag{V.55}$$

wobei $\omega = \omega(R)$ die Winkelgeschwindigkeit der Rotation („Rotationsfrequenz“) bedeutet.

Das *Achsenverhältnis des Epizykels* ist durch das Verhältnis $\kappa/2\omega$ gegeben. Im betrachteten Fall der Sonnenumgebung folgt $\kappa_0/2\omega_0 = \sqrt{(A-B)/(-B)} \approx 1.6$, d.h., die tangentiale Komponente der Bewegung ist größer als die radiale. Der Epizykel wird stets entgegen dem Uhrzeigersinn (retrograd) durchlaufen. In Bezug auf ein raumfestes Koordinatensystem mit dem galaktischen Zentrum als Ursprung ergibt sich eine Rosettenbahn.

Zur Gewinnung einer Aussage über das *Geschwindigkeitsellipsoid* bilden wir geeignete Mittelwerte von Π und $\Delta\Theta = \Theta - \Theta_K$ über viele Sterne eines gegenüber den Halbachsen der Epizykel (≈ 1 kpc!) kleinen Volumens um $R = R_0$, die sich in allen möglichen, als gleich wahrscheinlich betrachteten Phasen der epizyklischen Bewegung befinden. D.h., wir integrieren jeweils über eine volle Epizykelperiode $P_0 = 2\pi/\kappa_0$ und es ist zu beachten, daß Θ_K jeweils für denselben Ort genommen wird wie die Pekuliargeschwindigkeit (Korrektur wegen differentieller Rotation, s. II.3.2). Für die tangentiale Komponente dürfen wir daher nicht die Definition (V.52) verwenden, sondern müssen ansetzen $\Delta\Theta = \Theta(R) - \Theta_K(R)$. Benutzt man wieder den Flächensatz $R \cdot \Theta = R_0 \cdot \Theta_0$ sowie $\Theta_K(R) \approx \Theta_0 + \xi \cdot \Theta_0' = \Theta_0 - \xi(A+B)$ und $R = R_0[1 + (\xi/R_0)]$, dann folgt für $\xi/R_0 \ll 1$ mit (V.49)

$$\Delta\Theta(t) = \frac{2B\Pi_0}{\kappa_0} \sin\kappa_0 t\,. \tag{V.56}$$

Wegen $\overline{\cos^2\kappa_0 t} = \overline{\sin^2\kappa_0 t}$ über eine volle Periode liefern (V.50) und (V.56)

$$\frac{\Sigma_\Theta^2}{\Sigma_\Pi^2} = \frac{\overline{(\Delta\Theta)^2}}{\overline{\Pi^2}} = \frac{4B^2}{\kappa_0^2} = -\frac{B}{A-B}, \tag{V.57}$$

in Übereinstimmung mit dem Ergebnis (V.46), das über die Grundgleichung der Stellardynamik gewonnen wurde. Die statistische Korrektur der epizyklischen Bewegung um den Effekt der differentiellen Rotation verkleinert die tangentiale Komponente der Pekuliargeschwindigkeit, und zwar so stark, daß Σ_Θ kleiner als Σ_Π wird (vgl. auch II.5.1, Abb. II.43 oben: Strömungsfeld im lokalen Bezugssystem). Daß die große Achse des beobachteten Geschwindigkeitsellipsoides der Sterne mit kleinen Pekuliargeschwindigkeiten angenähert zum galaktischen Zentrum weist, ist nach dieser Ableitung offenbar eine Folge der (differentiellen) galaktischen Rotation.

Fluktuationen des Gravitationsfeldes und Altersabhängigkeit der Geschwindigkeitsstreuung: In II.6.2 wird das unterschiedliche kinematische Verhalten von Objekten verschiedenen Alters (und verschiedener chemischer Zusammensetzung) anhand des Populationenschemas erläutert. Die hohen Geschwindigkeitsstreuungen der Halo-Objekte und die starken Neigungen ihrer galaktischen Bahnen bringen zum Ausdruck, daß sie praktische nicht an der galaktischen Rotation teilnehmen. Nach der dort gegebenen qualitativen Interpretation gehen diese Eigenschaften auf die Bedingungen während des Kollapses der Protogalaxis zurück. Die in Tabelle II.10, S. 128, zum Ausdruck kommende Zunahme der Geschwindigkeitsstreuung von Sternen, deren Bahnen innerhalb der galaktischen Scheibe verlaufen, mit ihrem Alter dürfte jedoch eine andere Ursache haben.

Der Einfluß naher Sternbegegnungen scheidet wegen der in V.1.2 gefundenen großen Relaxationszeit für die galaktische Scheibe als Erklärungsmöglichkeit aus. Es kann jedoch gezeigt werden, daß lokale Schwankungen des Gravitationsfeldes mit größeren Ausdehnungen, wie sie durch massereiche interstellare Wolken erzeugt werden, wegen der Stärke und der langen Dauer der Störung zu erheblichen Änderungen der kinetischen Energie der Sterne führen (L. Spitzer, M. Schwarzschild 1951). In der Sonnenumgebung gibt es allerdings nicht genügend viele Riesen-Molekülwolken, um die hier beobachtete „Heizung" des Sternfeldes befriedigend erklären zu können. Die benötigten Fluktuationen des Gravitationsfeldes könnten in wellenförmigen oder unregelmäßigen lokalen Instabilitäten der galaktischen Scheibe bestehen. Auch die Wirkung sehr massereicher Schwarzer Löcher, mögliche Objekte einer galaktischen „Korona" (s. V.1.5), ist in die Diskussion gebracht worden.

Wenn die Feldschwankungen statistischen Charakter tragen, dann ergibt die Verfolgung einer herausgegriffenen Gruppe von Sternen im Phasenraum eine „Diffusion der Sternbahnen" gegenüber den ungestörten mittleren Bahnen. Dieser Effekt kann durch das zweite Glied des Stoßterms V.1.1, Gl. (V.17) beschrieben werden. Setzt man für die Verteilungsfunktion an $f = f_0 + f_1$, wobei f_1 *allein* die Diffusion im Geschwindigkeitsraum beschreiben soll, dann gilt, weil f_0 die Gleichung (V.11) erfüllt, näherungsweise

$$\frac{\partial f_1}{\partial t} = \frac{D}{2} \sum_{i=1}^{3} \frac{\partial^2 f_1}{\partial u_i^2} . \tag{V.58}$$

Dabei bezeichnet $D = b_1 + b_2 + b_3$ den gesamten Diffusionskoeffizienten, und wir haben der Einfachheit halber angenommen, daß die b_i untereinander gleich und unabhängig von den u_i sind. (V.58) ist vom Typ der Wärmeleitungsgleichung. Für die Anfangsbedingungen $u_i = 0$ für $t = 0$, genauer $f_1(u_i, 0) = \delta(u_1)\delta(u_2)\delta(u_3)$, ist die Lösung eine Gauß-Verteilung:

$$f_1(u_i, t) = \frac{1}{(2\pi D t)^{3/2}} \exp\left\{ - \frac{u_1^2 + u_2^2 + u_3^2}{2Dt} \right\} . \tag{V.59}$$

Das Quadrat der gesamten Geschwindigkeitsstreuung Σ wächst also proportional mit der Zeit an: $\Sigma^2 = Dt$. Bei endlicher Anfangsstreuung Σ_0 ergibt sich

$$\Sigma^2 = \Sigma_0^2 + Dt. \tag{V.60}$$

Die beobachtete Altersabhängigkeit der Geschwindigkeitsstreuung (II.3.2, Tabelle II.10) läßt sich in der Tat durch eine Beziehung dieser Form darstellen. Die Interpretation der beobachteten Werte erfordert $\Sigma_0 \approx 10$ km s^{-1} und $D \approx 6 \cdot 10^{-7}$ (km s^{-1})^2 Jahr^{-1} (R. Wielen 1977). Der Diffusionskoeffizient bedeutet in diesem Fall anschaulich den Gewinn an kinetischer Energie, der bei der Begegnung mit massereichen Kondensationen auf die Sterne übertragen wird. Pro galaktischen Umlauf ergibt sich eine Änderung von Σ um etwa 10 km s^{-1}. Der Abstand des Sternortes von der ungestörten Bahn beträgt dann im Durchschnitt etwa 1.5 kpc! Die Auflösung von Sterngruppen wird also beschleunigt. Eine andere bemerkenswerte Konequenz ist, daß die rechnerische Rückverfolgung von einzelnen Sternen bis zum Ort ihrer Entstehung, etwa für den Nachweis des Ursprungs in Spiralarmen, über längere Zeiträume hinweg praktisch nicht möglich sein dürfte.

Vertexabweichung: Entgegen dem für stationäre rotationssymmetrische Systeme gewonnenen Befund zeigt die Hauptachse des Geschwindigkeitsellipsoides nach den Beobachtungen nicht genau in die Zentrumsrichtung, sondern weicht in galaktischer Länge um Winkelbeträge bis zu rund 30° ab (II.3.2, insbes. Tabelle II.9, S. 123). Weil diese Abweichung von frühen nach späten Spektraltypen, also mit dem durchschnittlichen Alter der Sterne, kleiner wird, hat man zunächst folgende Deutungsmöglichkeit diskutiert: Wenn die Sterne in Spiralarmen entstehen und diese sich relativ zu den Sternen und der interstellaren Materie bewegen (Dichtewellen, s. V.2.1), dann müssen sich neu gebildete Sterne nach und nach aus dem Spiralarm entfernen. Erfolgt nun die kinematische Anpassung dieser Sterne nur langsam, dann werden die jüngeren Objekte noch die Verhältnisse ihres Entstehungsgebietes widerspiegeln. Für das in V.2.2 besprochene Spiralarm-Modell konnte auf diese Weise die Vertexabweichung der Sterne der Sonnenumgebung mit Spektraltypen früher als A0 erklärt werden (C. Yuan 1971).

Der oben erläuterte Einfluß von Fluktuationen des Gravitationsfeldes auf die kinematischen Eigenschaften der Sterne läßt jedoch eine viel stärkere Abnahme des Effektes mit dem mittleren Alter (bzw. Spektraltyp) erwarten als man es beobachtet. Die Hauptursache der Vertexabweichung könnte deshalb in Störungen des rotationssymmetrischen Gravitationsfeldes bestehen, wie sie bei Vorhandensein einer Spiralstruktur, aber auch bei lokalen Dichteschwankungen auftreten (M. Mayor 1972).

Hydrodynamische Näherung: Wesentliche Vereinfachungen ergeben sich, wenn man statt nach der Verteilungsfunktion $f(R, z, \Pi, \Theta, Z)$ nur nach den ersten und zweiten Momenten $\bar{\Pi}$, $\bar{\Theta}$, $\bar{Z}$, $\overline{(\Pi - \bar{\Pi})^2}$, $\overline{(\Pi - \bar{\Pi})(\Theta - \bar{\Theta})}$, ... fragt. Die Mittelwerte $\bar{\Pi}, \bar{\Theta}, \bar{Z}$ entsprechen den Komponenten der Strömungsgeschwindigkeit des „Sterngases", die Matrix der Momente zweiter Ordnung charakterisiert die Form der Geschwindigkeitsverteilung und reduziert sich im isotropen Fall auf den skalaren Druck.

Aus der Grundgleichung (V.37), S. 452, können durch geeignete Mittelbildung (Integration über die Geschwindigkeitskomponenten) Beziehungen von der Form der Eulerschen Gleichungen der Hydrodynamik (in Zylinderkoordinaten) abgeleitet werden. Multipliziert man Gl. (V.37) mit $\Pi \mathrm{d}\Pi \mathrm{d}\Theta \mathrm{d}Z$ und integriert über den gesamten Geschwindigkeitsraum, so folgt beispielsweise für das erste Glied unter Verwendung von Gl. (V.1) (Normierung!):

$$\iiint_{-\infty}^{+\infty} \Pi^2 \frac{\partial f}{\partial R} \mathrm{d}\Pi \mathrm{d}\Theta \mathrm{d}Z = \frac{\partial}{\partial R} \iiint_{-\infty}^{+\infty} \Pi^2 f \mathrm{d}\Pi \mathrm{d}\Theta \mathrm{d}Z = \frac{\partial}{\partial R}(\varrho_s \overline{\Pi^2}) . \tag{V.61}$$

Bei den Gliedern mit $\dot{\Pi}, \dot{\Theta}, \dot{Z}$ führen geeignete partielle Integrationen weiter, wobei diese Größen durch (V.38) ausgedrückt werden können. Man erhält dann eine Gleichung, in welcher anstelle von f die verschiedenen Mittelwerte $\overline{\Pi^2}$, $\overline{\Pi\Theta}$ usw. auftreten. Zwei weitere Gleichungen ergeben sich durch Multiplikation von (V.37) mit $\Theta \mathrm{d}\Pi \mathrm{d}\Theta \mathrm{d}Z$ bzw. $Z \mathrm{d}\Pi \mathrm{d}\Theta \mathrm{d}Z$ und nachfolgende Integrationen. Wir geben sogleich die Resultate an:

$$\begin{aligned}
&\frac{\partial(\varrho_s \overline{\Pi^2})}{\partial R} + \frac{1}{R}\frac{\partial(\varrho_s \overline{\Pi\Theta})}{\partial \vartheta} + \frac{\partial(\varrho_s \overline{\Pi Z})}{\partial z} - \frac{\varrho_s \overline{\Theta^2}}{R} + \frac{\varrho_s \overline{\Pi^2}}{R} + \varrho_s \frac{\partial V}{\partial R} = 0 \\
&\frac{\partial(\varrho_s \overline{\Pi\Theta})}{\partial R} + \frac{1}{R}\frac{\partial(\varrho_s \overline{\Theta^2})}{\partial \vartheta} + \frac{\partial(\varrho_s \overline{\Theta Z})}{\partial z} + \frac{2\varrho_s \overline{\Pi\Theta}}{R} + \varrho_s \frac{1}{R}\frac{\partial V}{\partial \vartheta} = 0 \\
&\frac{\partial(\varrho_s \overline{\Pi Z})}{\partial R} + \frac{1}{R}\frac{\partial(\varrho_s \overline{\Theta Z})}{\partial \vartheta} + \frac{\partial(\varrho_s \overline{Z^2})}{\partial z} + \frac{\varrho_s \overline{\Pi Z}}{R} + \varrho_s \frac{\partial V}{\partial z} = 0 .
\end{aligned} \tag{V.62}$$

Diese Gleichungen sind für die Stellardynamik von grundlegender Bedeutung. Wir fügen noch die entsprechende Kontinuitätsgleichung hinzu, die sich durch Integration von (V.37) über den Geschwindigkeitsraum ergibt:

$$\frac{\partial(\varrho_s \overline{\Pi})}{\partial R} + \frac{1}{R}\frac{\partial(\varrho_s \overline{\Theta})}{\partial \vartheta} + \frac{\partial(\varrho_s \overline{Z})}{\partial z} + \frac{\varrho_s \overline{\Pi}}{R} = 0 . \tag{V.63}$$

Die Poisson-Gleichung (V.3) nimmt in Zylinderkoordinaten die Form an

$$\frac{1}{R}\frac{\partial}{\partial R}\left(R \frac{\partial V}{\partial R}\right) + \frac{1}{R^2}\frac{\partial^2 V}{\partial \vartheta^2} + \frac{\partial^2 V}{\partial z^2} = -4\pi G \varrho . \tag{V.64}$$

Falls die bei der Ableitung von (V.62) und (V.63) zugrunde gelegte Verteilungsfunktion die Bedeutung der Anzahldichte eines bestimmten Sterntyps S haben soll, gelten diese vier Gleichungen offenbar ebenfalls, wenn darin an die Stelle der Massendichte ϱ_s dessen räumliche Anzahldichte dieses Sterntyps $D_s = D_s(R, \vartheta, z)$ gesetzt wird. Wir wollen den Fall der Rotationssymmetrie: $V = V(R, z)$, $f = f(R, z, \Pi, \Theta, Z)$, in welchem alle Ableitungen nach ϑ verschwinden, unter dieser Voraussetzung betrachten. Dann geht das System (V.62) über in

$$\begin{aligned}
&\frac{1}{D_s}\frac{\partial(D_s\overline{\Pi^2})}{\partial R}+\frac{1}{D_s}\frac{\partial(D_s\overline{\Pi Z})}{\partial z}+\frac{\overline{\Pi^2}-\overline{\Theta^2}}{R}=K_R\\
&\frac{1}{D_s}\frac{\partial(D_s\overline{\Pi\Theta})}{\partial R}+\frac{1}{D_s}\frac{\partial(D_s\overline{\Theta Z})}{\partial z}+\frac{2\overline{\Pi\Theta}}{R}=0\\
&\frac{1}{D_s}\frac{\partial(D_s\overline{\Pi Z})}{\partial R}+\frac{1}{D_s}\frac{(D_s\overline{Z^2})}{\partial z}+\frac{\overline{\Pi Z}}{R}=K_Z\,.
\end{aligned}\tag{V.65}$$

Dabei haben wir die „Kraftkomponenten" K_R und K_Z eingeführt:

$$K_R=-\frac{\partial V}{\partial R},\quad K_Z=-\frac{\partial V}{\partial z}\,.\tag{V.66}$$

Asymmetrie der Sternbewegungen: Als Beispiel einer Anwendung der „Momentengleichungen" (V.65) diskutieren wir die Geschwindigkeitskomponente in Richtung der galaktischen Rotation Θ. Nach den Beobachtungsergebnissen (II.3.2 und II.6.1) bestehen zwischen den lokalen Mittelwerten $\bar{\Theta}$ für verschiedene Untersysteme gleichartiger Objekte systematische Differenzen, in denen eine mit zunehmender Geschwindigkeitsstreuung wachsende Asymmetrie der Verteilung von Θ zum Ausdruck kommt. Damit bestehen insbesondere von Fall zu Fall auch verschiedene Differenzen zwischen $\bar{\Theta}$ und der Kreisbahngeschwindigkeit Θ_K. Der theoretische Zusammenhang zwischen $\bar{\Theta}$ und Θ_K läßt sich mit Hilfe der ersten Gleichung (V.65) gewinnen.

Für jeden Stern eines bestimmten Untersystems setzen wir an $\Theta=\bar{\Theta}+\Theta_1$, wobei Θ_1 seine Geschwindigkeitskomponente relativ zum Zentroid der betrachteten Objekte bezeichnet. Mit der Eigenschaft $\bar{\Theta}_1=0$ folgt $\overline{\Theta^2}=\bar{\Theta}^2+\overline{\Theta_1^2}$. Geht man mit diesem Ausdruck ein in die erste Gl. (V.65), dann ergibt sich unter Verwendung der Umformung

$$\begin{aligned}
\frac{1}{D_s}\frac{\partial(D_s\overline{\Pi^2})}{\partial R}&=\frac{1}{D_s}\left(\frac{\partial D_s}{\partial R}\overline{\Pi^2}+D_s\frac{\partial\overline{\Pi^2}}{\partial R}\right)\cdot\\
&=\overline{\Pi^2}\left(\frac{\partial\ln D_s}{\partial R}+\frac{\partial\ln\overline{\Pi^2}}{\partial R}\right)
\end{aligned}$$

die Beziehung

$$\begin{aligned}
&\overline{\Pi^2}\left[\frac{\partial\ln D_s}{\partial R}+\frac{\partial\ln\overline{\Pi^2}}{\partial R}+\frac{1}{R}\left(1-\frac{\overline{\Theta_1^2}}{\overline{\Pi^2}}\right)+\frac{1}{D_s\overline{\Pi^2}}\frac{\partial(D_s\overline{\Pi Z})}{\partial z}\right]\\
&\quad=\frac{\bar{\Theta}^2}{R}+K_R=\frac{\bar{\Theta}^2-\Theta_K^2}{R}\,.
\end{aligned}\tag{V.67}$$

Für die Objektgruppen mit geringer Asymmetrie der Geschwindigkeitsverteilung können wir ansetzen $\bar{\Theta}^2=\Theta_K^2=(\bar{\Theta}+\Theta_K)(\bar{\Theta}-\Theta_K)\approx 2\Theta_K(\bar{\Theta}-\Theta_K)$ und erhalten für die Sonnenumgebung $R \approx R_0$ mit $\Theta_{K0}/R_0 = \omega_0 = A-B$ (Gl. II.73) direkt die **„asymmetrische Drift"**

$$(\bar{\Theta} - \Theta_K)_{R_0} = \frac{\overline{\Pi^2}}{2(A-B)} \left[\frac{\partial \ln D_s}{\partial R} + \frac{1}{R}\left(1 - \frac{\overline{\Theta_1^2}}{\overline{\Pi^2}}\right)\right]_{R_0}. \qquad \text{(V.68)}$$

In der großen Klammer haben wir dabei den radialen Gradienten von $\overline{\Pi^2}$ und das Glied mit der Ableitung von $D_s \cdot \overline{\Pi Z}$ nach z vernachlässigt, entsprechend der Annahme eines sehr flachen Systems. Nimmt man an, daß die Geschwindigkeitsverteilung ellipsoidisch ist, und daß die große Achse auch für $|z| > 0$ stets zum Zentrum zeigt – also in diesem Fall gegen die galaktische Ebene geneigt ist –, dann läßt sich für das weggelassene letzte Glied der großen Klammer in (V.67) der folgende Ausdruck ableiten:

$$\frac{1}{D_s \overline{\Pi^2}} \frac{\partial (D_s \overline{\Pi Z})}{\partial z} = \frac{1}{R}\left(1 - \frac{\overline{Z^2}}{\overline{\Pi^2}}\right). \qquad \text{(V.69)}$$

Das zweite Glied der Klammer in (V.68) kann mit Hilfe des Ergebnisses (V.46) unmitttelbar durch die Rotationskonstanten A und B ausgedrückt werden.

Gl. (V.68) liefert die dynamische Begründung für das (in II.3.2 erläuterte) Verfahren zur *Festlegung eines ausgezeichneten lokalen Bezugssystems.* Die asymmetrische Drift wächst danach, wie beobachtet, mit zunehmender Geschwindigkeitsstreuung $(\overline{\Pi^2})^{1/2}$ (in II.3.2 mit Σ_U bezeichnet) und für $\overline{\Pi^2} \to 0$ geht $\bar{\Theta} \to \Theta_K$. Trägt man die relativ zu den verschiedenen Objektgruppen beobachtete Sonnenbewegung $V_\odot = \Theta_\odot - \bar{\Theta}$ gegen $\overline{\Pi^2} \equiv \Sigma_U$ auf, dann liefert die Extrapolation bis zu $\overline{\Pi^2} = 0$ nach (V.68) $V_\odot = \Theta_\odot - \Theta_K$. Das heißt, wir erhalten die Sonnengeschwindigkeit gegenüber einem lokalen Bezugssystem, das sich mit der Kreisbahngeschwindigkeit um das galaktische Zentrum bewegt. Diese dynamisch definierte Sonnenbewegung ist anhand neueren Beobachtungsmaterials von H. Jahreiß (1974) abgeleitet worden mit dem Ergebnis:

$$U_\odot = +\,9 \text{ km s}^{-1}, \; V_\odot = +\,10 \text{ km s}^{-1}, \; W_\odot = +\,6 \text{ km s}^{-1}.$$

Die Abweichung von der Basic solar motion (II.40) liegt innerhalb der Fehlergrenzen ($\approx \pm 1$ km s^{-1}).

Gl. V.68 zeigt, daß die Asymmetrie der Sternbewegungen eng verknüpft ist mit dem radialen Dichtegradienten der jeweils betrachteten Objekte $\partial \ln D_s / \partial R$: *Je stärker die Dichtezunahme zum Zentrum hin, umso größer die asymmetrische Drift.* Der quantitative Zusammenhang geht aus Tabelle II.16 in II.6.1 hervor. Die dort angegebenen Dichtegradienten sind teilweise – soweit noch keine beobachteten Werte vorlagen – mit den Beziehungen (V.67) oder (V.68) berechnet worden.

1.5 Die Massenverteilung in der Galaxis

Kennt man für das bisher betrachtete stationäre rotationssymmetrische System die räumliche Verteilung des Potentialfeldes $V(R,z)$, dann läßt sich die Massenverteilung $\varrho(R,z)$ aus der Poisson-Gleichung (V.64) gewinnen. Ist das Sternsystem selbstkonsistent, das heißt, wird das Gravitationsfeld allein von den Sternen selbst erzeugt – Vernachlässigung der interstellaren Materie! –, dann sollte $V(R,z)$ durch bestmögliche Anpassung einer geeigneten Lösung $f(R,z,\Pi,\Theta,Z)$ der stellardynamischen Grundgleichung (V.37) mit (V. 38) an die vorliegenden Beobachtungsergebnisse für die Anzahldichte D_s und das Geschwindigkeitsfeld ableitbar sein. Die Schwierigkeiten bei der Lösung der Grundgleichung haben die allgemeine Durchführung dieses Konzeptes bisher nur in Ansätzen erlaubt.

Die heute vorliegenden Aussagen über die Massenverteilung in der Galaxis basieren überwiegend auf empirischen Bestimmungen der Kraftkomponenten $K_z(R_0,z)$ und $K_R(R,0)$ aus den Bewegungen der Sterne senkrecht zur galaktischen Ebene bzw. der Rotationskurve $\Theta = \Theta(R,0)$. Wir besprechen zunächst die Analyse des Kraftgesetzes senkrecht zur galaktischen Ebene in der Sonnenumgebung, die eine Bestimmung der gesamten Massendichte bei $z = 0$ ermöglicht. Danach wenden wir uns der Ableitung eines Modells für die Massenverteilung in der ganzen Galaxis zu.

Die lokale Massendichte in der galaktischen Ebene: Wegen der Annahme axialer Symmetrie fällt in der Poisson-Gleichung (V.64) der Term mit $\partial^2 V/\partial\vartheta$ weg:

$$\frac{1}{R}\frac{\partial}{\partial R}(RK_R) + \frac{\partial K_z}{\partial z} = -4\pi G\varrho\,, \tag{V.70}$$

wobei $\varrho = \varrho_s + \varrho_i$ die gesamte Massendichte stellarer und interstellarer Materie bedeutet. Für die Sonnenumgebung $R \approx R_0$ und $|z| < 1$ kpc können wir den ersten Term durch die Konstanten der galaktischen Rotation ausdrücken. Mit $K_R = -\Theta^2/R$ folgt (II.5.1., Gln. II.72 und II.73 sowie II.5.2:

$$\begin{aligned}\frac{1}{R}\frac{\partial}{\partial R}(RK_R) &= -\frac{2\Theta_0}{R_0}\left(\frac{\mathrm{d}\Theta}{\mathrm{d}R}\right)_{R_0} = 2(A-B)\cdot(A+B)\\ &\approx 250\,\mathrm{km}^2\,\mathrm{s}^{-2}\,\mathrm{kpc}^{-2} = 2.6\cdot 10^{-31}\,\mathrm{s}^{-2}.\end{aligned} \tag{V.71}$$

Bildet man zum Vergleich die rechte Seite von (V.70) allein mit der in II.3.1 erhaltenen Massendichte der beobachteten Sterne in der unmittelbaren Sonnenumgebung $\varrho_{s0} = 3\cdot 10^{-24}$ g cm^{-3}, dann ergibt sich $4\pi G\varrho_{s0} \approx 25\cdot 10^{-31}\,\mathrm{s}^{-2}$. Da ϱ sicher noch erheblich größer als ϱ_{s0} ist, dominiert daher auf der linken Seite von (V.70) der Gradient $\partial K_z/\partial z$ vollständig über das erste Glied, wie man es für eine weit ausgedehnte planparallele Schicht erwartet. Der Term (V.71) spielt also in (V.70) nur die Rolle eines kleinen Korrekturgliedes, dessen Betrag wir genügend genau kennen. Eine unabhängige Bestimmung von $(\partial K_z/\partial z)_{z=0}$ ermöglicht daher unmittelbar die Ableitung der gesamten Massendichte ϱ für $z = 0$.

Über den Verlauf von K_z mit wachsendem z lassen sich zunächst folgende qualitativen Aussagen machen. Da jede realistische symmetrische Dichteverteilung $\varrho = \varrho(z)$ nahe bei $z = 0$ einen praktisch konstanten Verlauf besitzen muß, folgt aus (V.70) – unter Vernachlässigung des ersten Gliedes –, daß $|K_z(z)|$ zunächst linear mit $|z|$ ansteigt (s. Abb. V.7). Andererseits sollte für z-Werte von der Größenordnung des Abstandes der Sonne vom galaktischen Zentrum ein Übergang zu $|K_z| \sim z^{-2}$ stattfinden. Im Zwischengebiet muß daher, im Abstand von einigen kpc, ein Maximum oder ein angenähert konstanter Verlauf vorliegen, der durch die Massenverteilung in der Scheibe *und* im Halo bestimmt ist.

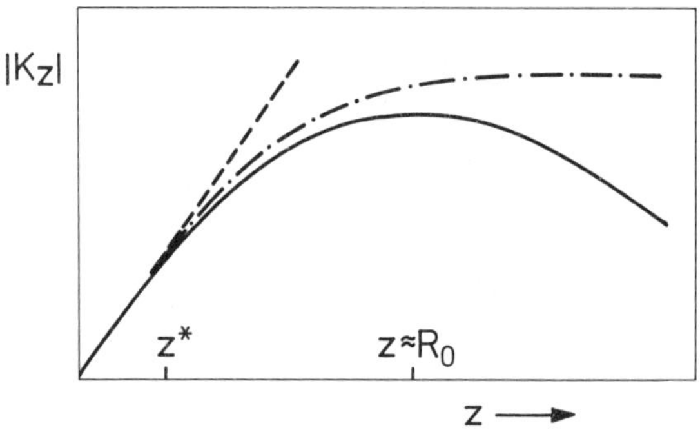

Abb. V.7: Verlauf der Kraftkomponente senkrecht zur galaktischen Ebene $K_z(z)$ mit wachsendem Abstand z. Für $z < z^*$ ist die Dichte praktisch konstant gleich $\varrho_0 = \varrho(0)$.

Eine Möglichkeit zur Bestimmung von $K_z(R_0, z)$, und damit weiter von $\partial K_z/\partial z$, liefert die dritte Gleichung (V.65). In den äußeren Bereichen der galaktischen Scheibe sollten im dynamischen Gleichgewicht die Bewegungen senkrecht zur Symmetrieebene von den Bewegungen parallel zu dieser Ebene entkoppelt sein, so daß gilt $\overline{\Pi Z} = 0$. Dann folgt

$$\frac{1}{D_s} \frac{\partial(D_s \overline{Z^2})}{\partial z} = K_z . \tag{V.72}$$

Während $K_z(z)$ die gesamte Gravitationsbeschleunigung senkrecht zur galaktischen Ebene darstellt, können sich $D_s(z)$ und $\overline{Z^2}(z)$ hier auch auf homogene Untergruppen von Sternen beziehen. Im Milchstraßensystem dürfte die Ausnahme $\overline{\Pi Z} = 0$ als Näherung nur für Abstände $|z| < z_1$ erlaubt sein, wobei z_1 von der Größenordnung 1 kpc ist.

Sind Z und Π entkoppelt und ist demzufolge die Gesamtenergie der Sternbewegung in z-Richtung konstant:

$$\frac{1}{2}Z^2 = \frac{1}{2}Z_0^2 + \int_0^z K_z(z)\,dz\,,$$

dann läßt sich zeigen, daß bei Vorliegen einer Gaußverteilung für Z_0 (= Geschwindigkeit bei $z = 0$) auch $Z = Z(z)$ für $|z| > 0$ eine Gaußverteilung besitzt und weiter $\overline{Z^2}$ unabhängig von z, also gleich $\overline{Z_0^2}$ ist – Analogon: isotherme planparallele Atmosphäre. In diesem Fall lautet (V.72)

$$\overline{Z_0^2}\,\frac{\partial \ln D_s}{\partial z} = K_z\,. \tag{V.73}$$

Da $K_z(z)$ für verschiedene Untergruppen von Sternen stets derselbe Verlauf ist, muß eine größere Geschwindigkeitsstreuung $\overline{Z_0^2}$ mit einem entsprechend kleineren Dichtegradienten verbunden sein: Die größeren Beträge von Z_0 führen im Durchschnitt zu größeren Entfernungen der Sterne von der galaktischen Ebene.

Die Bestimmung eines zuverlässigen Wertes für $(\partial K_z/\partial z)_{z=0}$ durch Differenzieren des nach Gl. (V.73) ermittelten Verlaufes von $K_z(z)$ erfordert eine relativ genaue Kenntnis des Dichteverlaufes $D_s(z)$ bei kleinen $|z|$ und eines repräsentativen Wertes $\overline{Z_0^2}$. Das vorliegende Datenmaterial (siehe Tabellen II.7, S. 118, und II.9, S. 123, worin $\Sigma_w^2 \equiv \overline{Z_0^2}$) führt auf

$$\left(\frac{\partial K_z}{\partial z}\right)_{z=0} \approx 10^4\,\mathrm{km^2\,s^{-2}\,kpc^{-2}} \approx 10^{-29}\,\mathrm{s^{-2}}\,. \tag{V.74}$$

Der maximale Abstand von der galaktischen Ebene $|z|_{\max}$, den Sterne mit der Geschwindigkeitskomponente $Z(0) = Z_0$ erreichen können, und die Periode ihrer Schwingung um die Ebene $z = 0$ lassen sich hiernach mit der Annahme eines linearen „Kraftgesetzes" abschätzen. Die Bewegungsgleichung

$$\ddot{z} = K_z = -\alpha^2 z \quad \text{mit} \quad \alpha^2 = \left(\frac{\partial K_z}{\partial z}\right)_{z=0} \tag{V.75}$$

liefert $z = a \sin\alpha t$ und $\dot{z} = Z = a \cdot \alpha \cdot \cos\alpha t$. Die letzte Gleichung ergibt für $t = 0$:

$$|z|_{max} = a = \frac{Z_0}{\alpha}\,. \tag{V.76}$$

Mit dem Nährungswert (V.74) folgt $\alpha \approx 3 \cdot 10^{-15}\,\mathrm{s^{-1}}$ und die Periode $P = 2\pi/\alpha \approx 6 \cdot 10^{14}\,\mathrm{s} \approx 2 \cdot 10^7$ Jahre und man erhält die in Tabelle V.2 gegebenen Werte für $|z|_{max}$. Die Erhaltung der Skalenhöhe der dünnen galaktischen Scheibe erfordert hiernach eine Geschwindigkeitsstreuung $\Sigma_w \approx \bar{Z}_0$ von etwa 20 km s^{-1}, wie sie beobachtet wird (Tabelle II.9), während für eine „dicke Scheibe" (s. II.4.3) $\Sigma_w \approx$ 60 km s^{-1} nötig ist.

Bestimmungen von $(\partial K_z/\partial z)_0$ zur Ableitung der gesamten lokalen Massendichte in der galaktischen Ebene ϱ_0 mit Hilfe von Gl. (V.70) sind von Oort 1932 und 1960 durchgeführt worden. Den hierzu benötigten Verlauf von $K_z(z)$ bei kleinen z-Werten gewann er aus der empirisch ermittelten Dichteverteilung $D_s(z)$ und der Geschwindigkeitsstreuung $\overline{Z^2}$ für K-Riesen nach Gl. (V.72). Der erhaltene Verlauf von $K_z(z)$ flacht sich zwar oberhalb von $|z| \approx 500$ pc ab, steigt aber auch bei $|z| \approx 1$ kpc noch leicht an. Das Resultat für die lokale Massendichte lautete $\varrho_0 = 10 \cdot 10^{-24}$ gcm^{-3} $= 0.15\,\mathfrak{M}_\odot$ pc^{-3}. Auf der Basis neuen Beobachtungsmaterials ausgeführte Bestimmungen führten auf Werte von 0.09 bis zu 0.185 $\mathfrak{M}_\odot$ pc^{-3}.

Tabelle V.2: Maximale Abstände von der galaktischen Ebene $|z|_{max}$ für Sterne mit der Geschwindigkeitskomponente in z-Richtung Z_0 bei $z = 0$ berechnet nach Gl. (V.76) mit $\alpha = 0.1$ km s^{-1} pc^{-1}.

Z_0 [km s^{-1}]	10	20	40	60
$\|z\|_{max}$ [pc]	100	200	400	600

Die Massendichte der bekannten Sterne beträgt (nach II.3.1, insbes. Tabelle II.6) rund $0.05\,\mathfrak{M}_\odot$ pc^{-3}. Für die interstellare Materie in atomarer Form folgt mit 0.5 bis 1.0 H-Atomen cm^{-3} (s. IV.4.2) bei Annahme eines Massenanteils des Heliums und der höheren Elemente von 40% der gesamten atomaren Gasdichte ein Wert zwischen 1.4 und 2.8, 10^{-24}g cm^{-3}. Der durchschnittliche Beitrag molekularen Wasserstoffs (und anderer Moleküle) liegt in der Sonnenumgebung um etwa eine Größenordnung niedriger als diese Zahlen (IV.2.5), der Anteil des interstellaren Staubes ist noch geringer. Die mittlere Dichte der interstellaren Materie wird daher mit $0.05\,\mathfrak{M}_\odot$ pc^{-3} kaum überschätzt sein, womit für die gesamte bisher bekannte stellare und interstellare Materie folgt $\varrho_0 = 0.10\,\mathfrak{M}_\odot$ pc^{-3}.

Der dynamisch bestimmte Dichtewert scheint etwas größer zu sein als die Dichte der bekannten Materie. Ursache dieser Diskrepanz („missing mass problem") könnten unentdeckte „braune Zwerge" sein: kühle Objekte mit Massen unterhalb von etwa $0.08\,\mathfrak{M}_\odot$, in deren Inneren es nicht zum Wasserstoffbrennen kommen kann (PSS VI.4.2). Die an späterer Stelle dieses Abschnittes diskutierte, weit ausgedehnte „dunkle Korona" der Galaxis würde in der Sonnenumgebung nur eine Erhöhung von ϱ_0 in der Größenordnung 1% liefern.

Für den *Verlauf der gesamten Massedichte* $\varrho(z)$ ergibt sich im „isothermen" Fall ($\overline{Z^2}$ unabhängig von z) ein bemerkenswerter, einfacher Ausdruck. Wir gehen von der dritten Gl. (V.62) aus, die wegen des Verschwindens der Ableitungen nach R und ϑ (planparallele Schichtung) mit $\partial V/\partial z = -K_z$ übergeht in

$$\frac{\mathrm{d}\varrho}{\mathrm{d}z} = \frac{\varrho K_z}{\overline{Z^2}}.$$

Division dieser Gleichung durch ϱ und Ableitung nach z liefert unter Beachtung von Gl. (V.70)

$$\frac{\mathrm{d}}{\mathrm{d}z}\left(\frac{1}{\varrho}\frac{\mathrm{d}\varrho}{\mathrm{d}z}\right) = \frac{1}{\overline{Z^2}}\frac{\mathrm{d}K_z}{\mathrm{d}z} = -\frac{4\pi G\varrho}{\overline{Z^2}}.$$

Diese Differentialgleichung besitzt die Lösung

$$\varrho(z) = \varrho_0 \operatorname{sech}^2\left(\frac{z}{z_0}\right) \tag{V.77}$$

mit

$$z_0 = \sqrt{\frac{\overline{Z^2}}{2\pi G\varrho_0}}.$$

Anwendungsbeispiele von Gl. (V.77) haben wir bereits in II.4.4 und II.4.5 gegeben: Darstellung der Verteilung der Sterndichte bzw. der Volumenemission senkrecht zur galaktischen Ebene.

Massenmodell und Rotationskurve: In der rotierenden galaktischen Scheibe herrscht radiales Kräftegleichgewicht. Die radiale Kraftkomponente hängt daher unmittelbar zusammen mit dem Mittelwert der Rotationsgeschwindigkeit $\bar{\Theta} = \Theta_K$ (nach Gl. V.62 für verschwindende Geschwindigkeitsstreuung und insbesondere $\overline{\Theta^2} = \bar{\Theta}^2$):

$$-\left(\frac{\partial V}{\partial R}\right)_{z=0} = K_R(R,0) = -\frac{\Theta_K^2}{R}. \tag{V.78}$$

Die räumliche Verteilung der Massendichte $\varrho = \varrho_s + \varrho_i$ in der Scheibe und den anderen Komponenten der Galaxis bestimmt den Verlauf des Potentials und damit auch die Rotationskurve $\Theta(R)$ (wir lassen den Index K im folgenden weg). Umgekehrt können aus der beobachteten Rotationskurve Schlüsse auf die galaktische Massenverteilung gezogen werden.

Praktisch geht man – unter Vernachlässigung der Spiralstruktur – von geeignet erscheinenden mathematischen Ansätzen für die Dichteverteilungen der einzelnen Komponenten aus. Die Lösung der Poisson-Gleichung liefert zunächst die Verteilung des Potentials V, dessen Ableitung nach R dann gemäß Gl. (V.78) zu $\Theta(R)$ führt. Weil V und ϱ in der Poisson-Gleichung linear auftreten, addieren sich die von den einzelnen Komponenten: Scheibe (Index S), Halo (H), Bulge (B) usw. gelieferten Poteniale $V = V_s + V_H + V_B + \ldots$ und nach Gl. (V.78) folgt dies auch für die Anteile an Θ^2:

$$\Theta^2 = \Theta_s^2 + \Theta_H^2 + \Theta_B^2 + \ldots.$$

Die Parameter der Modellansätze wählt man nun so, daß sowohl die beobachteten Werte $\Theta(R)$ als auch möglichst viele weitere, empirisch bekannte Größen (lokale Massendichte ϱ_{0s}, ϱ_{0H}, z-Abhängigkeit von ϱ usw.) optimal approximiert werden.

In einer heute schon klassischen Arbeit wählte der niederländische Astronom M. Schmidt 1956 Dichteverteilungen, bei denen die Flächen gleicher Dichte „ähnlich liegende", abgeplattete Rotationsellipsoide sind. Man kann hier aus der schon Newton bekannten Eigenschaft Nutzen ziehen, daß die Gravitationskraft im Inneren einer ellipsoidischen Schale stets Null und das Potential dort konstant ist.

Die Ableitung des Potentials und der *Kraftkomponenten für eine ellipsoidische Massenverteilung* ist ein klassisches Problem der Potentialtheorie, das hier nicht im einzelnen behandelt werden kann. Wir gehen aus von den Resultaten für ein homogen mit Masse erfülltes Rotationsellipsoid. Bezeichnen a die große (äquatoriale) Halbachse, c die kleine (polare) Halbachse und ϱ die konstante Massendichte, dann gilt mit $e = \sqrt{1-(c/a)^2}$ = numerische Exzentrizität in der Äquatorebene $z=0$:

$$K_R(R,0;a,e) = -\frac{2\pi G}{e^2}\sqrt{1-e^2}\,\varrho R\left[\arcsin\left(\frac{ae}{R}\right) - \frac{ae}{R}\sqrt{1-\left(\frac{ae}{R}\right)^2}\,\right]. \qquad \text{(V.79)}$$

Eine dünne Schale, die durch zwei Rotationsellipsoide gleicher Exzentrizität e mit den großen Halbachsen a und $a + \mathrm{d}a$ begrenzt wird (Abb. V.8), und innerhalb welcher die Massendichte $\varrho = \varrho(a)$ vorliegt, erzeugt an einem äußeren Punkt ($R > a,\ z = 0$) die radiale Beschleunigung

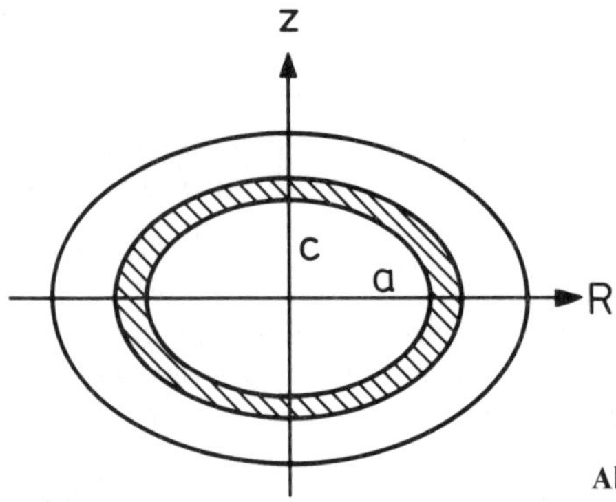

Abb. V.8: Zur Ableitung von Gleichung (V.80).

$K_R(R,0;\, a + \mathrm{d}a, e) - K_R(R,0;\, a,e) = (\partial K_R/\partial a)\cdot \mathrm{d}a$. Für die Gesamtheit einer dichten Folge ähnlich liegender Schalen mit jeweils konstanten Dichten $\varrho(a)$ ergibt sich daher $K_R(R,0)$ durch Integration über $(\partial K_R/\partial a)$, wobei diese Ableitung aus (V.79) für festes ϱ zu bilden ist. Man erhält

$$K_R(R,0) = -4\pi G\sqrt{1-e^2}\,\frac{1}{R}\int_0^R \frac{\varrho(a)\,a^2\,\mathrm{d}a}{\sqrt{R^2-a^2e^2}}. \qquad \text{(V.80)}$$

Das Integral braucht nur bis $a = R$ erstreckt zu werden, weil die Ellipsoidschalen mit $a > R$ keinen Beitrag liefern.

$$\varrho(a) = \frac{p_{-2}}{a^2} + \frac{p_{-1}}{a} + p_0 + p_1 a + \ldots . \qquad \text{(V.81)}$$

Gliedweise Integration in Gl, (V.80) liefert dann

$$\frac{\Theta_K^2(R)}{R} = -K_R(R,0) = R\left\{\frac{c_{-2}}{R^2} + \frac{c_{-1}}{R} + c_0 + c_1 R + \ldots\right\} \qquad \text{(V.82)}$$

wobei die c_n in elementarer Weise mit den p_n und e verknüpft sind.

Wegen der starken Abplattung der galaktischen Scheibe ist der Grenzfall $e \to 1$ als Näherung von Interesse. Man führt dann zweckmäßig die kreissymmetrische „Massenbelegungsdichte" in der Ebene $z = 0$ ein durch

$$\lim_{e \to 1} \sqrt{1-e^2} \cdot a \cdot \varrho(a) = \lim_{e \to 1} c\varrho(a) = \sigma(a)\,[\mathfrak{M}_\odot\,\mathrm{pc}^{-2}]\,. \qquad \text{(V.83)}$$

Damit geht (V.80) über in

$$R K_R(R,0) = -4\pi G \int_0^R \frac{\sigma(a)\,a\,\mathrm{d}a}{\sqrt{R^2-a^2}}\,. \qquad \text{(V.84)}$$

Für den durch Beobachtungen extragalaktischer Systeme nahe gelegten exponentiellen Ansatz für die galaktische *Scheibe*

$$\sigma(R) = \sigma_0 \exp(-R/h) \qquad \text{(V.85)}$$

kann hier nur das Resultat mitgeteilt werden (K. C. Freeman 1970):

$$\Theta^2(R) = \frac{\pi G \sigma_0}{h} R^2 (I_0 K_0 - I_1 K_1)\,, \qquad \text{(V.86)}$$

wobei I_0, I_1, K_0, K_1 die modifizierten Besselfunktionen für das Argument $R/2h$ bezeichnen. Der Einfluß der endlichen Dicke der Scheibe auf $\Theta(R)$ erweist sich als vernachlässigbar gering.

Stärker ins Detail gehende Modellrechnungen ergaben, daß eine Darstellung des Minimums der Rotationskurve bei $R \approx 2$ kpc eine zentrale Depression der Scheibendichte erfordert. Ein entsprechend modifizierter, exponentieller Ansatz ist beispielsweise

$$\sigma(R) \sim [1-\exp(-paR)]\exp(-aR)\,. \qquad \text{(V.87)}$$

Da ein solches „zentrales Loch" unwahrscheinlich ist, dürfte jenes Minimum nicht der Realität entsprechen. Es ist vermutlich eine Folge der Annahme von Kreisbahnen (s. auch IV.4.5).

Für den *Halo* (Population II) bietet sich der Gl. (II.53) entsprechende Ansatz an (r = Abstand vom Zentrum)

$$\varrho_H(r) \sim \left(\frac{r}{r_e}\right)^{-7/8} \exp\left[-7.67\left(\frac{r}{r_e}\right)^{1/4}\right]. \tag{V.88}$$

Demgegenüber sind die für den zentralen *Bulge* gefundenen Verteilungen der Emission im nahen Infrarot mit

$$\varrho_B(r) \sim \left[1+2\left(\frac{r}{r_b}\right)^{n_b}\right]^{-(1+3/n_b)} \tag{V.89}$$

darstellbar. Er liefert für $\Theta_B^2(R)$ einen ähnlich gebauten, geschlossenen Ausdruck. M. Schmidt benutzt in Rechnungen von 1985 für Bulge plus Halo die Darstellung

$$\varrho_{B+H}(r) \sim R^{-1.5}(b^n + R^n)^{-1} \tag{V.90}$$

mit $n = 1.5$ oder 2. Hierdurch lassen sich insbesondere die beobachteten Verteilungen der Infrarotquellen im zentralen Bulge, wie auch der *RR* Lyrae-Sterne und Kugelhaufen im Halo approximieren.

Die zahlreich vorliegenden Modellrechnungen zeigen, daß $\Theta(R)$ für $R = 0 \ldots 2$ kpc hauptsächlich durch den zentralen Bulge und die Halo-Komponente bestimmt ist, während für $R = 2 \ldots 8$ kpc der Einfluß der Scheibe dominiert (s. Abb. V.9). Mit Scheibe, Bulge und Halo läßt sich daher der beobachtete Verlauf von $\Theta(R)$ im Bereich $R \lesseqgtr R_0$ befriedigend darstellen. Bei den erhaltenen Modellen befindet sich etwa die Hälfte der Gesamtmasse innerhalb der galaktischen Bahn der Sonne, so daß für $R > R_0$ eine zunehmende Annäherung an den Fall großer Entfernung von der Masse: $\Theta(R) \sim R^{-1/2}$ („Kepler-Abfall") eintritt. Der tatsächlich beobachtete, angenäherte konstante Verlauf von $\Theta(R)$ im Außenbereich, wie man ihn auch bei anderen Spiralgalaxien gefunden hat, zwingt daher zur Annahme einer weiteren, bis zu sehr großen galaktozentrischen Distanzen reichenden Komponente. Von den Objekten dieser Komponente sind bisher keine Strahlungen bekannt (alte massereiche Weiße Zwerge, Neutronensterne, Schwarze Löcher? Braune Zwerge?). Sie wird deshalb als *„dunkle" Korona* bezeichnet.

Für diese Korona liegt die Wahl einer kugelsymmetrischen Verteilung nahe. Es bezeichne $\mathfrak{M}_c(r)$ deren Masse innerhalb des Abstandes vom Zentrum r, wobei der Index c für Korona steht. In der galaktischen Ebene, wo r und R identisch sind, gilt $\mathfrak{M}_c(R) = R\Theta^2(R)/G$. Differenziert man diese Gleichung nach R unter Beachtung von $\mathrm{d}\mathfrak{M}_c(R) = 4\pi R^2 \varrho_c(R)\mathrm{d}R$, dann ergibt sich für die Massendichte

$$\varrho_c(R) = \frac{1}{4\pi G}\,\frac{\Theta_c^2}{R^2}\left[1+2\,\frac{\mathrm{d}\ln\Theta_c}{\mathrm{d}\ln R}\right]. \tag{V.91}$$

Hieraus folgt, daß eine Rotationskurve mit dem Anstieg Null für große R dort $\varrho_c(r) \sim r^{-2}$ erfordert. Ein einfacher Ansatz, der diese Bedingung erfüllt, ist

$$\varrho_c(r) \sim (a^2 + r^2)^{-1}. \tag{V.92}$$

Weil die hiermit berechnete Gesamtmasse der Korona divergiert, ist die Annahme eines oberen Grenzradius notwendig. Dies kann vermieden werden, wenn man beispielsweise einen Ansatz der Form

$$\varrho_c(r) \sim \frac{1 + nx^{-n}}{x^2} \exp\left[-\frac{1}{x^n}\right] \tag{V.93}$$

mit $x = r/r_c$ wählt. Für $r \gg r_c$ folgt auch hier $\varrho_c(r) \sim r^{-2}$. (V.93) entspricht der Rotationskurve

$$\Theta_c^2(R) = \Theta_{c\infty}^2 \exp\left(-\frac{1}{x^n}\right) \tag{V.94}$$

mit $x = R/r_c$.

Als Beispiel sei ein einfaches Massenmodell mit drei Komponenten erläutert, mit dem sich die beobachtete flache Rotationskurve $\Theta(R)$ zwischen $R = 0.5$ und $R \approx 20$ kpc angenähert darstellen läßt (M. Schmidt 1985, P. C. van der Kruit 1987):

Scheibe nach Gl. (V.81) mit vier Gliedern, angenähert entsprechend einer Darstellung der Flächendichte σ durch Gl. (V.86) mit

$h = 5.0$ kpc, $\sigma(R_0) = 80\ \mathfrak{M}_\odot\ \mathrm{pc}^{-2}$, Scheibenradius $= 25$ kpc.

Bulge + Halo nach Gl. (V.90) mit $b = 0.3$ kpc, $n = 2$, $\varrho_{B+H}(R_0) = 0.0002$ $\mathfrak{M}_\odot\ \mathrm{pc}^{-3}$

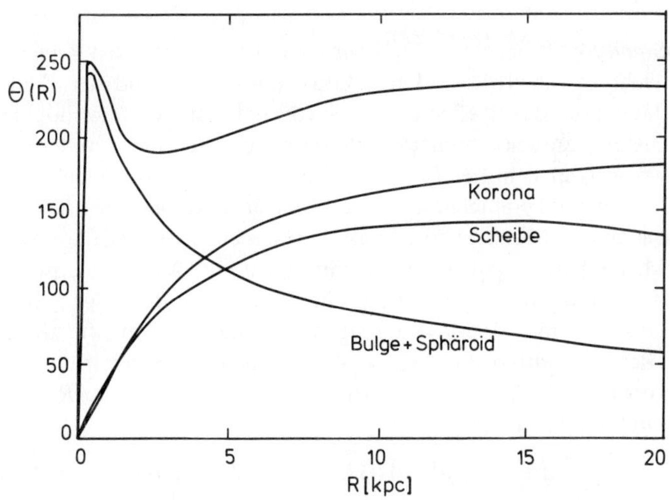

Abb. V.9: Rotationskurven für die einzelnen Komponenten und resultierende Rotationskurve für ein einfaches Massenmodell der Galaxis. Der Verlauf von $\Theta(R)$ stellt die aus Beobachtungen abgeleitete mittlere Kurve bei $R = 0.5$, 2.5, 8.5 kpc ($= R_0$) genau dar und liefert für sehr große R den asymptotischen Wert 220 km s^{-1}. (Nach P. C. van der Kruit 1987).

Dunkle Korona nach Gl. (V.92) mit $a = 2.8$ kpc, $\varrho_c(R_0) = 0.009\ \mathfrak{M}_\odot \mathrm{pc}^{-3}$, $R_0 = 8.5$ kpc, $\Theta_0 = 220\ \mathrm{km\ s}^{-1}$.

Abb. V.9 zeigt die entsprechenden Rotationskurven und das Resultat für $\Theta(R)$. Wie man sieht, wird der innere Teile der Rotationskurve vorwiegend durch Bulge und Halo dominiert, wobei die hohe Spitze dem nach Gl. IV.87 gemachten Einwand unterliegt. Bei diesem Modell tragen dann zunächst Scheibe und Halo etwa gleichermaßen bei. Für $R > R_0$ gewinnt die Korona zunehmend an Bedeutung.

Der für $\sigma(R_0)$ angesetzte Wert entspricht etwa dem von Oort durch Analyse der Kraftkomponente K_z erhaltenen Resultat für die lokale Dichte und ist erheblich größer als die vertikale Säulendichte der bekannten Materie. Die lokale Dichte des Halos ist im Rahmen der Fehlergrenzen mit den direkt ermittelten Werten vereinbar (vgl. II.4.3). Die Gesamtmasse der Galaxis innerhalb des angenommenen Scheibenradius ergibt sich $3 \cdot 10^{11}\,\mathfrak{M}_\odot$. Die Masse der Scheibe allein beträgt $7 \cdot 10^{10}\,\mathfrak{M}_\odot$; Bulge und Halo liefern nur rund $1 \cdot 10^{10}\,\mathfrak{M}_\odot$.

Allgemein zeigen die Modellrechnungen, daß es im Detail, trotz Vorgabe der Rotationskurve *und* der Dichtegesetze für die Komponenten, verschiedene akzeptable Lösungen gibt. Die Gründe dafür liegen einerseits darin, daß die benötigten Skalenlängen und lokalen Massendichten noch nicht genügend genau bekannt sind, andererseits können sich fehlerhafte Annahmen für die Dichteverteilungen der einzelnen Komponenten in ihrer Wirkung auf die Rotationskurve gegenseitig aufheben. In diesem Stadium sind daher einfache Modelle komplizerten Ansätzen vorzuziehen.

Stabilität des gravitativen Gleichgewichtes des Sternsystems: Wird das Gleichgewicht zwischen der radialen Gravitationskraft und der Zentrifugalkraft gestört, dann kann das System entweder von selbst in den ursprünglichen Gleichgewichtszustand zurückkehren (Stabilität) oder aber einem anderen Zustand zustreben, wobei vor allem der Fall fortwährender Kontraktion zu diskutieren ist. Zur Ableitung eines einfachen Kriteriums dafür, unter welchen Bedingungen die eine oder die andere Möglichkeit eintritt, betrachten wir eine dünne Scheibe mit konstanter Massenbelegungsdichte σ, die mit konstanter Winkelgeschwindigkeit ω rotiere und den Radius R besitze. Eine Einheitsmasse *am Rand* der Scheibe erfährt daher die Gravitationskraft $K_R = G(\pi R^2 \cdot \sigma)/R^2$ und die Zentrifugalkraft $Z_R = \omega^2 R$. Vom Gleichgewichtszustand $K_R = Z_R$ ausgehend, fragen wir nun nach den Änderungen von K_R und Z_R mit R *bei festgehaltener Gesamtmasse* $\pi R^2 \cdot \sigma$ unter Beachtung der Drehimpulserhaltung:

$\omega R^2 = \text{const.}$, also $(\mathrm{d}\omega/\mathrm{d}R) R^2 + \omega \cdot 2R = 0$ oder $\mathrm{d}\omega/\mathrm{d}R = -2\omega/R$.

Man erhält dann

$$\frac{\mathrm{d}K_R}{\mathrm{d}R} = -\frac{2\pi G\sigma}{R} \quad \text{und} \quad \frac{\mathrm{d}Z_R}{\mathrm{d}R} = 2\omega\frac{\mathrm{d}\omega}{\mathrm{d}R}R + \omega^2 = -3\omega^2\,.$$

Wenn bei einer Verkleinerung von $R\,(\mathrm{d}R < 0)$ die Gravitationskraft stärker zunimmt als die Zentrifugalkraft, also $2\pi G\sigma/R > 3\omega^2$ oder

$$R < \frac{2\pi G\sigma}{3\omega^2}, \qquad \text{(V.95)}$$

dann wird sich die Kontraktion fortsetzen und man spricht von Gravitationsinstabilität. Andernfalls kehrt das System in den Ausgangszustand zurück. Eine Stabilisierung durch Rotation tritt also nur dann ein, wenn der Radius der Scheibe den angegebenen Grenzwert erreicht oder überschreitet. Für die galaktische Scheibe erhält man mit $\sigma(R_0) = 80\ \mathfrak{M}_\odot\ \mathrm{pc}^{-2} \mathrel{\hat=} 2\cdot 10^{-2}\ \mathrm{g\ cm}^{-2}$ und $\omega(R_0) = 25\ \mathrm{km\ s}^{-1}\ \mathrm{kpc}^{-1} \mathrel{\hat=} 8\cdot 10^{-16}\ \mathrm{s}^{-1}$ als minimalen Radius für Stabilität 1.5 kpc. Mit den Werten für $R = R_0/2$: $\omega \approx 50\ \mathrm{km\ s}^{-1}\ \mathrm{kpc}^{-1}$ (vgl. Tabelle IV.15) und $\sigma \approx 200\ \mathfrak{M}_\odot\ \mathrm{pc}^{-2}$ (exponentielle Scheibe) ergibt sich 1 kpc. Diese Werte sind mit der Skalenlänge $h \approx 5$ kpc zu vergleichen.

Nach den Ergebnissen der numerischen Simulation von Sternsystemen (V.1.4) wird die Stabilität jedoch auch noch durch Abweichungen von der Kreisbahnbewegung erhöht, die als statistisch verteilte radiale Bewegungen der einzelnen Sterne in Erscheinung treten. Nach Untersuchungen im Rahmen der analytischen Theorie (A. Toomre 1964) führen radiale Störungen mit der Ausdehnung L, die wir durch die radiale Wellenzahl $k = 2\pi/L$ charakterisieren wollen, zu einem *lokalen* Gravitationskollaps, wenn

$$\frac{k^2\Sigma_\Pi^2}{\kappa^2} < 0.2857\,. \qquad \text{(V.96)}$$

Hier bezeichnen Σ_Π die radiale Geschwindigkeitsstreuung und κ die Epizykelfrequenz, die nach Gl. (V.55) durch ω ausgedrückt werden kann. Der aus (V.95) folgenden Stabilitätsgrenze für die ganze Scheibe $R = 2\pi G\sigma/3\omega^2$ entspricht ein kritischer Wert der Wellenzahl $k = \kappa^2/2\pi G\sigma$, womit sich als Bedingung der Stabilität des Systems für Störungen aller Wellenlängen $L < 2R$ ergibt

$$\Sigma_\Pi \geqslant \sqrt{0.2857}\,\frac{2\pi G\sigma}{\kappa} = 3.36\,\frac{G\sigma}{\kappa}\,. \qquad \text{(V.97)}$$

Mit $\sigma(R_0) = 80\ \mathfrak{M}_\odot\ \mathrm{pc}^{-2}$ und der für die abgerundeten Werte der Oort'schen Konstanten $A = 15\ \mathrm{km\ s}^{-1}\ \mathrm{kpc}^{-1}$ und $B = -10\ \mathrm{km\ s}^{-1}\ \mathrm{kpc}^{-1}$ resultierenden Epizykelfrequenz $\kappa(R_0) = 2\sqrt{-B(A-B)} = 31.6\ \mathrm{km\ s}^{-1}\ \mathrm{kpc}^{-1}$ erhält man für den kritischen Wert auf der rechten Seite von (V.97) 47 km s^{-1}. Für die Hauptmasse der Scheibensterne in der Sonnenumgebung (G- bis M-Zwerge) liegen die beobachteten Werte etwas niedriger (Σ_U in Tabelle II.9); der Mittelwert der in Tabelle II.10 wiedergegebenen Resultate für sonnennahe K- und M-Zwerge beträgt $\Sigma_U = \Sigma_\Pi = 39.5\ \mathrm{km\ s}^{-1}$. Die galaktische Scheibe scheint also auch diese Bedingung für axialsymmetrische Stabilität zu erfüllen.

2 Gravitative Theorie der Spiralstruktur

2.1 Problemstellung und Überblick

Beobachtungen an extragalaktischen Systemen: Die Frage nach der Ursache der Spiralstruktur des Milchstraßensystems wird durch die Beobachtungen anderer Galaxien nahegelegt: Rund 60% der extragalaktischen Sternsysteme mit scheinbaren Gesamthelligkeiten $m_{pg} < 13^{m}$ zeigen Spiralarme. Es sind dies durchweg Galaxien mit einer flachen rotierenden Scheibe aus Sternen und interstellarer Materie, wie wir sie auch für das Milchstraßensystem finden; die Spiralarme werden vor allem durch absolut helle junge Objekte (OB-Sterne, Überriesen, HII-Regionen) markiert. Im Detail ist die beobachtete Spiralstruktur oft unregelmäßig oder nur bruchstückhaft ausgebildet, die Arme sind teilweise deformiert, und zwischen ihnen existieren des öfteren „Brücken" (Abbn. E.2, E.3). Man kann daher generell nur von einer „spiraligen Grundstruktur", einem sogenannten *Grand Design*, sprechen, um dessen Deutung sich die Theorie bemühen muß.

Während sich die angeführten Resultate über die großräumige Spiralstruktur extragalaktischer Systeme bereits aus einer bloßen Inspektion photographischer Himmelsaufnahmen ergeben, lassen sich zuverlässige empirische Aussagen über Spiralarme in unserer Galaxis weitgehend nur durch eine genaue Lokalisierung geeignet gewählter Objekte gewinnen (II.4, IV.4.3, 4.4). Gegenwärtig scheint es zwar, daß Teile von Spiralarmen anhand typischer „Spiralarmindikatoren" nachgewiesen werden können, von einer unumstrittenen empirischen Erfassung des Grand Design der Spiralstruktur unseres Systems kann man aber noch nicht sprechen. Theoretischen Aussagen über die spiralige Grundstruktur von flachen, rotierenden Galaxien wird gerade deshalb besonderes Interesse entgegen gebracht.

Aufwickelproblem: Wie unser Milchstraßensystem, so rotieren auch die anderen flachen Galaxien in der Regel differentiell mit einer nach außen abnehmenden Winkelgeschwindigkeit $\omega = \omega(R)$. In der Hauptebene nicht kreisförmige Strukturen, etwa ein quer durch das Rotationszentrum gelegter rechteckiger Streifen, werden daher mit der Zeit zu einer spiralförmigen Verteilung auseinander gezogen. Das Auftreten von Spiralstruktur scheint also zunächst leicht erklärbar zu sein. Ein Spiralarm, der stets aus denselben Sternen und interstellaren Wolken besteht, also eine materiefeste Struktur darstellt, würde jedoch schon nach wenigen Rotationsperioden vollständig aufgewickelt und damit „verrührt" sein. Bei einer Galaxie von der Größe des Milchstraßensystems sind dafür nur einige 10^8 Jahre erforderlich. Um die beobachtete große Häufigkeit von Galaxien mit Spiralarmen zu erklären, wurde deshalb die Annahme herangezogen, daß entweder schon nach etwa 10^8 Jahren eine neue Spiralstruktur entsteht oder die beobachteten Spiralarme keine materiefesten Strukturen, sondern eine relativ langlebige, wellenartige Störung der ursprünglich rotationssymmetrischen Galaxie darstellen.

Dichtewellen-Konzept: Die zweite Annahme ist schon in den Zwanzigerjahren durch B. Lindblad anhand von Berechnungen der Bahnen individueller Teststerne diskutiert worden. Eine quantitative Behandlung der kollektiven Effekte gelang jedoch erst durch Arbeiten von C. C. Lin und Mitarbeitern seit 1963 und hat zu der bisher am weitesten entwickelten Theorie der Spiralstruktur von Galaxien geführt, auf die wir deshalb im nächsten Abschnitt näher eingehen. Hierbei werden die Spiralarme als räumliche Maxima einer relativ zur Materie bewegten Dichtewelle in der Scheibe einer Galaxie betrachtet: Sowohl das Sternfeld als auch das interstellare Medium sind in einem spiralförmig gekrümmten Wellenkamm verdichtet und in den benachbarten Wellentälern entsprechend verdünnt. Da sich eine Dichtewelle relativ zur Materie bewegen kann, braucht sie nicht an der differentiellen Rotation teilzunehmen und wird daher auch nicht aufgewickelt. Hier muß allerdings die Möglichkeit einer Dämpfung der Dichtewelle diskutiert werden, die den Vorzug dieses Konzeptes in Frage stellen könnte.

Die Fortpflanzung einer Dichtewelle in dem stoßfreien Sternfeld beruht allein darauf, daß die Erhöhung der Massendichte in der Welle eine entsprechende wellenförmige Störung im Verlauf des Gravitationspotentials erzeugt, die nun wieder auf die Bewegungen der Sterne und damit auf die Sternverteilung wirkt. Es handelt sich also um einen rein gravitativen Vorgang, bei dem Druckeffekte – wie bei akustischen Wellen – keine Rolle spielen. Dies wird zunächst auch für das interstellare Gas angenommen (lineare Theorie).

Sterne wie interstellare Materie müssen sich in den Dichtemaxima, also in den Spiralarmen, länger aufhalten als in den Minima. Es treten systematische Abweichungen von der mittleren Strömung (Kreisbahnbewegung!) auf, die in periodischem Hinströmen zu den Orten maximaler Dichte und Abströmen in die Zwischenarmgebiete bestehen.

Die Beobachtungstatsache, daß junge stellare Objekte und interstellare Materie besonders stark auf die Spiralarme konzentriert sind, läßt sich auf der Basis des Dichtewellen-Konzeptes in großen Zügen folgendermaßen erklären. Wenn sich eine weitgehend starre spiralförmige Potentialwelle relativ zum interstellaren Gas mit Überschallgeschwindigkeit bewegt, dann hat dies dort die Entwicklung einer Stoßfront zur Folge (s. V.3.1). Die quantitative Behandlung dieses nichtlinearen Prozesses ergab beispielsweise, daß bei einer Amplitude der Potentialwelle von nur 5% eine Verdichtung des Gases in der Stoßfront auf das 5- bis 8-fache der mittleren Dichte erfolgen sollte. Hinreichend dichte interstellare Wolken könnten daher bis über die Grenze der Gravitationsinstabilität hinaus komprimiert werden mit nachfolgender Sternbildung.

Nach der Entdeckung interstellarer Magnetfelder schien auch eine magnetohydrodynamische Interpretation der Spiralstruktur denkbar. Die heute vorliegenden Beobachtungsergebnisse liefern für die Stärke des mittleren Magnetfeldes jedoch nur einige Mikrogauß (III.1.5, III.1.8). Damit wird die magnetische Energiedichte $B^2/8\pi$ etwas kleiner als die Energiedichte der unregelmäßigen Bewegungen der interstellaren Wolken $(1/2)\varrho\overline{v^2}$ (ϱ = Massendichte in der Wolke, v = Pekuliargeschwindigkeit der Wolke). Insbesondere aber ist $B^2/8\pi$ vernachlässigbar gegenüber der Energiedichte der galaktischen Rotationsbewegung. Es ist deshalb anzunehmen, daß das Magnetfeld weder ein Aufwickeln materieller Spiralarme verhindern, noch merkliche systematische Abweichungen von der Kreisbahnbewegung des Gases erzeugen kann.

Entstehung von Spiralstruktur: Eine mögliche Ursache ist die Begegnung mit einer anderen Galaxie. Dazu liegen numerische Modellrechnungen vor. Für den Fall des Milchstraßensystems könnte die Erzeugung von Spiralarmen infolge der „Gezeitenwirkungen" durch die beiden Magellanschen Wolken eine Rolle spielen. In der Nähe von Galaxien mit gut ausgebildeter Spiralstruktur findet man jedoch oft kein anderes System, das als Stoßpartner in Betracht käme. Die große Häufigkeit der Spiralsysteme läßt daher diese Deutung allenfalls für bestimmte pekuliare Galaxien zu, bei denen oft sogar Materiebrücken zu Nachbarsystemen feststellbar sind.

Für interne Anregungs- bzw. Entstehungsmechanismen, die unmittelbar zur Neubildung von Spiralarmen führen können, sind verschiedene Vorschläge gemacht worden, beispielsweise explosionsartige Gasauswürfe des rotierenden galaktischen Kerngebietes. Man kommt jedoch auch ohne dramatische Annahmen dieser Art aus: Die numerische Simulation der Entwicklung von scheibenförmigen, differentiell rotierenden Systemen vieler gravitierender Massenprunkte (V.1.4) zeigt, daß bei Annahme der Dimensionen des Milchstraßensystems schon nach wenigen 10^8 Jahren eine Spiralstruktur entsteht, die beispielsweise nach einem halben Umlauf wieder verschwindet und später durch eine neue abgelöst wird. Der tiefere Grund hierfür liegt darin, daß sich die als Ausgangpunkt gewählte, rotationssymmetrische stellare Scheibe in einem labilen Gleichgewicht befindet, das schon durch geringfügige zufällige Anhäufungen von Sternen gestört werden kann. Die interne *Anregung* von spiralförmigen Dichtewellen könnte hiernach ein völlig natürlicher Vorgang sein. Eine ganz andere Möglichkeit zur Erzeugung von Spiralarmen wird in V.3.4 erläutert.

2.2 Spiralförmige Dichtewellen

„Hydrodynamische Gleichungen" für eine Scheibe mit verschwindender Dicke: Wir beschränken uns auf die Behandlung der hydrodynamischen Näherung für eine ebene rotierende Scheibe, weil sich für diesen Fall relativ einfache Verhältnisse ergeben und dennoch alle wesentlichen Aussagen der allgemeinen Theorie gewonnen werden können. Wie gehen aus von den Gln. (V.62) und (V.63), müssen aber jetzt den nichtstationären Fall betrachten. Dann treten in den Gln. (V.62) jeweils links noch zusätzlich die Terme $\partial\bar{\Pi}/\partial t$, $\partial\bar{\Theta}/\partial t$ und $\partial\bar{Z}/\partial t$ auf; in (V.63) kommt $\partial\varrho_s/\partial t$ hinzu. Integriert man diese Gleichungen über z von $-\infty$ bis $+\infty$ und läßt die Scheibendicke gegen Null gehen, dann dürfen $\bar{\Pi}, \bar{\Theta}, \bar{Z}, \overline{\Pi\Theta}$ usw. zwischen $z=0-\varepsilon$ und $0+\varepsilon$ als unabhängig von z angesehen werden und es resultieren dieselben Ausdrücke wie in (V.62) und (V.63), jedoch ohne die (verschwindenden) Ableitungen nach z und mit

$$\sigma_s = \sigma_s(R, \vartheta; t) = \int_{-\infty}^{+\infty} \varrho_s(R, \vartheta, z; t)\,\mathrm{d}z \tag{V.98}$$

anstelle von ϱ_s. Beispielsweise lautet die Kontinuitätsgleichung

$$\frac{\partial \sigma_s}{\partial t} + \frac{\partial(\sigma_s \bar{\Pi})}{\partial R} + \frac{\sigma_s \bar{\Pi}}{R} + \frac{1}{R}\,\frac{\partial(\sigma_s \bar{\Theta})}{\partial \vartheta} = 0\,. \tag{V.99}$$

Der Einfachheit halber wollen wir weiter eine isotrope Geschwindigkeitsstreuung annehmen, so daß in der Ebene $z = 0$ ein skalarer „Flächendruck" eingeführt werden kann durch $p_s = \sigma_s\overline{(\Pi - \bar{\Pi})^2} = \sigma_s\overline{(\Theta - \bar{\Theta})^2}$ oder $\sigma_s\overline{\Pi^2} = \sigma_s(\bar{\Pi})^2 + p_s$ und $\sigma_s\overline{\Theta^2} = \sigma_s(\bar{\Theta})^2 + p_s$; ferner seien Π, Θ und Z nicht miteinander korreliert: $\overline{(\Pi - \bar{\Pi})(\Theta - \bar{\Theta})} = \overline{\Pi\Theta} - \bar{\Pi}\bar{\Theta} = 0$ also $\overline{\Pi\Theta} = \bar{\Pi}\bar{\Theta}$ usw. Damit erhält man für die beiden ersten Terme in der ersten Gl. (V.62)

$$\frac{\partial(\sigma_s \overline{\Pi^2})}{\partial R} = \frac{\partial p_s}{\partial R} + 2\bar{\Pi}\,\frac{\partial \bar{\Pi}}{\partial R}\,\sigma_s + \frac{\partial \sigma_s}{\partial R}\,(\bar{\Pi})^2$$

und

$$\frac{1}{R}\,\frac{\partial(\sigma_s \overline{\Pi\Theta})}{\partial \vartheta} = \frac{1}{R}\,\frac{\partial \bar{\Pi}}{\partial \vartheta}\,\sigma_s \bar{\Theta} + \frac{\bar{\Pi}}{R}\,\frac{\partial(\sigma_s \bar{\Theta})}{\partial \vartheta}\,.$$

Das letzte Glied läßt sich mit Hilfe von (V.91) durch Ableitungen nach R und t ausdrücken und man erhält schließlich – Hinzunahme der zeitlichen Ableitung $\partial(\sigma_s \Pi)/\partial t$ –

$$\frac{\partial \bar{\Pi}}{\partial t} + \bar{\Pi}\,\frac{\partial \bar{\Pi}}{\partial R} + \frac{\bar{\Theta}}{R}\,\frac{\partial \bar{\Pi}}{\partial \vartheta} - \frac{(\bar{\Theta})^2}{R} + \frac{1}{\sigma_s}\,\frac{\partial p_s}{\partial R} + \frac{\partial V}{\partial R} = 0\,. \tag{V.100}$$

In analoger Weise folgt für die zweite Gl. (V.62):

$$\frac{\partial \bar{\Theta}}{\partial t} + \bar{\Pi}\frac{\partial \bar{\Theta}}{\partial R} + \frac{\bar{\Theta}}{R}\,\frac{\partial \bar{\Theta}}{\partial \vartheta} + \frac{\bar{\Pi}\bar{\Theta}}{R} + \frac{1}{\sigma_s}\,\frac{1}{R}\,\frac{\partial p_s}{\partial \vartheta} + \frac{1}{R}\,\frac{\partial V}{\partial \vartheta} = 0. \tag{V.101}$$

Eine dritte Gleichung tritt nicht mehr auf. Die Gln. (V.100) und (V.101) sind mit den Eulerschen Gleichungen der Hydrodynamik für eine dünne rotierende Scheibe identisch und können deshalb auch auf das interstellare Gas angewandt werden. Wir schreiben daher im folgenden allgemein σ und p statt σ_s und p_s.

Gleichungen für kleine Störungen: Wir betrachten die Spiralstruktur als eine kleine Störung der rotationssymmetrischen Lösung (Index 0) mit reiner Kreisbahnbewegung ($\bar{\Pi} = 0$, $\bar{\Theta} = \Theta_K = R\omega(R)$) und setzen daher an

$$\begin{aligned} V(R,\vartheta,z,t) &= V_0(R,z)+V_1(R,\vartheta,z,t) \text{ mit } |V_1| \ll |V_0| \\ \sigma(R,\vartheta,t) &= \sigma_0(R)+\sigma_1(R,\vartheta,t) \quad \text{mit } |\sigma_1| \ll |\sigma_0| \\ p(R,\vartheta,t) &= p_0(R)+p_1(R,\vartheta,t) \quad \text{mit } |p_1| \ll |p_0| \\ \bar{\Pi}(R,\vartheta,t) &= u(R,\vartheta,t) \\ \bar{\Theta}(R,\vartheta,t) &= R\omega(R)+v(R,\vartheta,t)\,. \end{aligned} \tag{V.102}$$

Wir gehen damit ein in (V.99) sowie in die mit σ_s durchmultiplizierten Gln. (V.100) und (V.101) unter Berücksichtigung, daß v_0, σ_0, p_0, $\bar{\Pi}=0$ und $\bar{\Theta} = R\omega(R)$ die entsprechenden Gleichungen für den stationären Fall erfüllen.

Vernachlässigt man alle Glieder von höherer als der ersten Ordnung in V_1, σ_1, p_1, u, v, also auch Glieder mit Produkten dieser Größen wie beispielsweise $u \cdot v$ oder auch $(\partial V_1/\partial R)\cdot\sigma_1$ usw., dann verbleiben die linearisierten **Störungsgleichungen**

$$\frac{\partial\sigma_1}{\partial t} + \omega\frac{\partial\sigma_1}{\partial\vartheta} + \frac{\partial(\sigma_0 u)}{\partial R} + \frac{\sigma_0 u}{R} + \frac{1}{R}\frac{\partial(\sigma_0 v)}{\partial\vartheta} = 0 \tag{V.103}$$

$$\frac{\partial u}{\partial t} + \omega\frac{\partial u}{\partial\vartheta} - 2\omega v + \frac{1}{\sigma_0}\frac{\partial p_1}{\partial R} + \frac{\partial V_1}{\partial R} = 0 \tag{V.104}$$

$$\frac{\partial v}{\partial t} + \omega\frac{\partial v}{\partial\vartheta} + \frac{\kappa^2}{2\omega}u + \frac{1}{\sigma_0}\frac{1}{R}\frac{\partial p_1}{\partial\vartheta} + \frac{1}{R}\frac{\partial V}{\partial\vartheta} = 0\,. \tag{V.105}$$

Hierbei ist κ die Epizykelfrequenz nach (V.55). V_1 genügt außerdem der Poisson-Gleichung

$$\frac{1}{R}\frac{\partial}{\partial R}\left(R\frac{\partial V_1}{\partial R}\right) + \frac{1}{R^2}\frac{\partial^2 V_1}{\partial\vartheta^2} + \frac{\partial^2 V_1}{\partial z^2} = -4\pi G\sigma_1\cdot\delta(z), \tag{V.106}$$

wobei $\delta(z)$ die Deltafunktion bezeichnet.

Ansatz und Vorgehen der Lin'schen Theorie: Es wird eine als Ganzes mit der Winkelgeschwindigkeit ω_p(p steht für das englische Wort *pattern*) starr rotierende spiralförmige Welle mit m Armen betrachtet, die sich, beispielsweise für die Dichte, in der Form darstellen läßt

$$\sigma_1(R,\vartheta,t) = \mathrm{Re}\{\sigma_1^* \, e^{i\chi}\} \tag{V.107}$$

mit

$$\chi = m\omega_p t - m\vartheta + \Phi(R)\,, \tag{V.108}$$

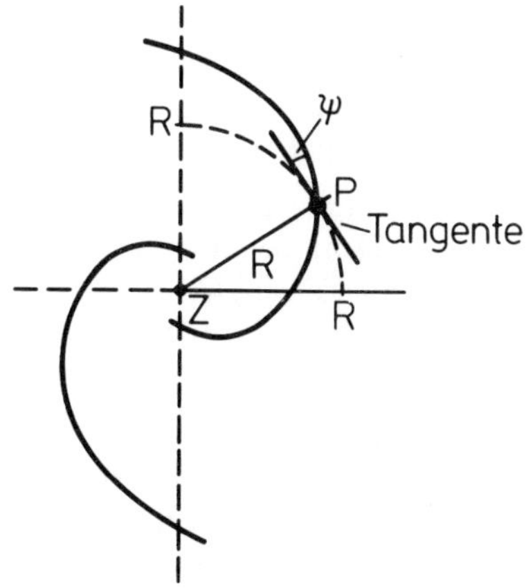

Abb. V.10: Zur Geometrie der Spiralarme.

Zur Erläuterung dieses Ansatzes nehmen wir zunächst eine feste Zeit t, also ein ruhendes Spiralmuster an und setzen $m = 2$. Der Verlauf der maximalen Dichte σ_1 mit R und ϑ ist gegeben durch $\chi = 0$, das heißt, $-2\vartheta + \Phi(R) = \text{const.}$ Diese Relation soll eine Spirale $R = f(\vartheta)$ beschreiben (Abb. V.10). Der *Neigungswinkel* ψ *der Spirale* gegen einen Kreis $R = \text{const.}$ durch den Punkt (R, ϑ) ist gegeben durch

$$\mathrm{tg}\psi = \frac{\mathrm{d}f(\vartheta)}{R\mathrm{d}\vartheta} = \frac{1}{R}\,\frac{1}{(\mathrm{d}\vartheta/\mathrm{d}R)} = \frac{2}{R \cdot \Phi'(R)}\,. \qquad \text{(V.109)}$$

Im Fall einer logarithmischen Spirale

$$R = R^*\,\mathrm{e}^{a\vartheta}$$

erhält man beispielsweise $\Phi(R) = (2/a)\ln(R/R^*)$ und somit

$$\mathrm{tg}\psi = a\,.$$

Wenn wir (bei fester Zeit) auf einem Kreis mit dem Radius R mit wachsendem ϑ fortschreiten, ergibt sich eine Doppelwelle $\sigma_1 \sim \exp(-\mathrm{i}2\vartheta)$, weil wir zwei Arme postuliert haben.

Betrachten wir nun die Zeitabhängigkeit von σ_1! An einem festen Punkt (R, ϑ) stellt (V.107) eine Schwingung mit der Kreisfrequenz $2\omega_p$ dar: Bei jedem Umlauf passieren zwei Spiralarme den Punkt. Bei festem ϑ läuft eine Störung mit der Amplitude σ_1^* radial nach außen: $2\omega_p t + \Phi(R) = \text{const.}$ Hieraus folgt $R = R(t)$. Der Betrag der Phasengeschwindigkeit dieser radialen Wellenbewegung ist somit gegeben durch

$$v = \left|\frac{\mathrm{d}R}{\mathrm{d}t}\right| = \left|\frac{\mathrm{d}t}{\mathrm{d}R}\right|^{-1} = \frac{2\omega_p}{\Phi'(R)}\,. \qquad \text{(V.110)}$$

Mit der Bezeichnung

$$\Phi'(R) = \frac{\mathrm{d}\Phi(R)}{\mathrm{d}R} = k \qquad \text{(V.111)}$$

folgt damit die **radiale Wellenlänge** zu

$$\lambda(R) = \frac{v}{(\omega_p/2\pi)} = \frac{2\pi}{k}. \tag{V.112}$$

$\lambda(R)$ ist näherungsweise gleich dem radialen Abstand zwischen benachbarten Armen ΔR. Denn bei zweiarmiger Spiralstruktur muß für aufeinanderfolgende Arme bei festem ϑ gelten $\chi(R + \Delta R, \vartheta + \pi) = \chi(R, \vartheta)$, woraus nach (V.108) folgt $\Phi(R + \Delta R) - \Phi(R) = 2\pi$ oder angenähert $\Delta R \cdot \Phi(R) = \Delta R \cdot k = 2\pi$. Hier bedeutet k die radiale Wellenzahl der Störung.

Wir fragen jetzt, ob und unter welchen Bedingungen eine stationäre Spiralstruktur in Form starr rotierender Wellen vom Typ (V.107) für V_1, σ_1, u, v den Gleichungen (V.103) bis (V.105) und der Poisson-Gleichung (V.106) genügt.

Die Lösung soll also selbstkonsistent sein: Die Dichteverteilung σ_1 erzeugt gerade das Potential V_1 und dieses bewirkt die Wellen u, v und σ_1. Die simultane Erfüllung der „hydrodynamischen Gleichungen" *und* der Poisson-Gleichung wird durch schrittweises Vorgehen erreicht. Dies erläutert das folgende Schema nach Lin.

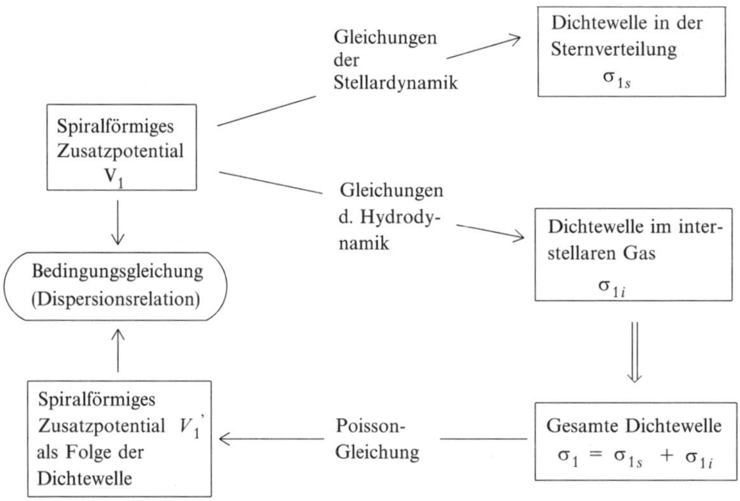

Man gibt zunächst vor

$$V_1 = V_1(R, \vartheta, t) = V_1^*(R) \exp[i\chi(R, \vartheta, t)] \tag{V.113}$$

und fragt nach der resultierenden Dichtewelle $\sigma_1(R, \vartheta, t)$ im Sternfeld und im interstellaren Gas. Mit der Lösung geht man nun in die Poisson-Gleichung ein und ermittelt umgekehrt eine Potentialstörung V_1', die diese Welle in der Massendichte $\sigma_1(R, \vartheta, t)$ erzeugen kann. Selbstkonsistenz bedeutet, daß die gefundene Potentialstörung V_1' gleich dem ursprünglich vorgesehenen Ausdruck (V.113) sein muß. Diese Identität stellt eine Bedingungsgleichung für die auftretenden Parameter: radiale

Wellenlänge $\lambda = 2\pi/k$ und die Kreisfrequenzen der Umlaufsbewegungen ω bzw. ω_p dar („Dispersionsrelation", s. u.).

Wir verfolgen diesen Weg nun im einzelnen. Wegen der formalen Analogie der „hydrodynamischen Gleichungen" der Stellardynamik mit den Eulerschen Gleichungen der Hydrodynamik behandeln wir einfach Sterne und Gas pauschal zusammen und weisen nur dann, wenn es nötig erscheint, auf Unterschiede hin. Zuerst richtet sich die Fragestellung auf die Lösungen σ_1, u, v von (V.103 bis V.105), die in der Form angesetzt werden

$$\begin{aligned} \sigma_1 &= \sigma_1^*(R)\,\mathrm{e}^{\mathrm{i}\chi} \\ u &= u^*(R)\,\mathrm{e}^{\mathrm{i}\chi} \\ v &= v^*(R)\,\mathrm{e}^{\mathrm{i}\chi}\,. \end{aligned} \tag{V.114}$$

Hierin und in der *vorgegebenen* Potentialstörung (V.113) wollen wir jetzt allgemein eine Spiralwelle mit m Armen annehmen. Zur Vereinfachung soll schließlich noch vorausgesetzt werden, daß die *Spiralen eng gewunden* sind, also einen kleinen Neigungswinkel ψ aufweisen. Dies bedeutet $\mathrm{tg}\,\psi \ll 1$ oder nach (V.109) und (V.111) (praktisch ist $m \leqq 4$)[1]

$$k = \Phi'(R) \gg 1/R\,. \tag{V.115}$$

Jede der Gln. (V.103) bis (V.105) ergibt dann eine einfache Beziehung zwischen zwei der größen σ_1^*, u^* und v^*. Wir erläutern dies an Gl. (V.103): Man erhält zunächst

$$\sigma_1^*\,\mathrm{e}^{\mathrm{i}\chi}\,\mathrm{i}m\omega_p + \omega\sigma_1^*\,\mathrm{e}^{\mathrm{i}\chi}\,\mathrm{i}(-m) + \frac{\partial\sigma_0}{\partial R}u^*\,\mathrm{e}^{\mathrm{i}\chi} + \sigma_0 u^*\,\mathrm{e}^{\mathrm{i}\chi}\,\mathrm{i}k + $$

$$+ \frac{\sigma_0 u^*}{R}\mathrm{e}^{\mathrm{i}\chi} + \frac{\sigma_0 v^*}{R}\mathrm{e}^{\mathrm{i}\chi}\,\mathrm{i}(-m) = 0\,.$$

Wegen $\partial\sigma_0/\partial R \approx 0$ und $1/R \ll |\mathrm{i}k|$ nach (V.115) folgt

$$m(\omega_p - \omega)\sigma_1^* + k\sigma_0 u^* = 0\,. \tag{V.116}$$

Man führt hier die **„lokale relative Frequenz"** der Welle ein:

$$\nu = \frac{m(\omega_p - \omega)}{\kappa}\,, \tag{V.117}$$

wobei κ die Epizykelfrequenz nach (V.55) bedeutet. $|\nu|$ ist die Häufigkeit des Durchganges von Spiralarmen am Ort eines mit der Materie rotierenden Beobachters, gemessen in Einheiten der Epizykelfrequenz κ. (Die Bedeutung von κ für das vorliegende Problem wird weiter unten erläutert.) Damit nimmt (V.116) die Form an

[1] Diese Näherung bedeutet die Anwendung der sogenannten WKB-Methode (nach Wenzel, Kramers und Brillouin): Man nimmt an, daß die Amplituen σ_1^*, u^* und v^* nur langsam mit R variieren: In $\partial\sigma_1/\partial R = (\partial\sigma_1^*/\partial R)\mathrm{e}^{\mathrm{i}\chi} + \sigma_1^*\,\mathrm{e}^{\mathrm{i}\chi}\mathrm{i}\Phi'$ ist dann der erste Term klein gegen den zweiten, und mit $\partial\sigma_1/\partial R \approx \sigma_1/R$ folgt $1/R \ll |\Phi'| = |k|$.

$$\nu\sigma_1 + \frac{k\sigma_0}{\kappa} u^* = 0\,. \qquad \text{(V.118)}$$

In analoger Weise liefern (V.104) und (V.105) mit (V.113) und (V.109) die Relationen

$$\mathrm{i}\nu u^* - \frac{2\omega}{\kappa} v^* = \frac{\mathrm{i}k}{\kappa} V_1^* \qquad \text{(V.119)}$$

$$\frac{\kappa}{2\omega} u^* + \mathrm{i}\nu v^* = 0\,. \qquad \text{(V.120)}$$

Dabei haben wir der Einfachheit halber zunächst $p_1 = 0$ und damit $\partial p_1/\partial R = 0$ und $\partial p_1/\partial \vartheta = 0$ gesetzt. Diese Annahme bedeutet, daß die Geschwindigkeitsstreuung vernachlässigt wird.

Obgleich die Beobachtungen zeigen, daß die flachsten Untersysteme die kleinsten Geschwindigkeitsstreuungen aufweisen, geht diese Näherung zu weit: Nach der Bedingung (V.96) würde die Gravitationswirkung zwischen den Sternen der Scheibe bei verschwindender radialer Geschwindigkeitsstreuung einen lokalen Kollaps ermöglichen. Die im Anschluß an Gl. (V.97) festgestellte Übereinstimmung zwischen der beobachteten und der kritischen Geschwindigkeitsstreuung bedeutet hingegen, daß die Galaxis stabil gegen einen Gravitationskollaps ist, läßt aber die Möglichkeit von Instabilitäten mit dem Charakter periodischer Schwingungen offen. Eine wesentlich höhere radiale Geschwindigkeitsstreuung wäre jedoch mit einer höheren Stabilität des Systems gegen periodische spiralförmige Störungen verbunden. Nur in den flachen Systemen mit relativ kleiner radialer Geschwindigkeitsstreuung kann sich eine Spiralstruktur ausbilden. Dies läßt sich auch anders ausdrücken: Wenn die Sterne mit hoher Geschwindigkeit durch eine Potentialstörung laufen, haben sie zu wenig Zeit, um eine merkliche Änderung ihrer kinetischen Energie erfahren zu können. Eine zu niedrige Geschwindigkeitsstreuung würde andererseits zu Kontraktion und damit zu einem Anstieg von $\overline{(\Pi - \bar{\Pi})^2}$ bis auf einen kritischen Wert führen[1], bei dem dann optimale „Ansprechbarkeit" für wellenförmige periodische Störungen vorliegt. Lin und seine Mitarbeiter nahmen deshalb an, daß $\overline{(\Pi - \bar{\Pi})^2}$ in den Spiralgalaxien gerade seinen kritischen Wert erreicht hat, und setzten

$$p_1 = \sigma_1 \overline{(\Pi - \bar{\Pi})^2_{\text{krit}}}$$

mit

$$\overline{(\Pi - \bar{\Pi})^2_{\text{krit}}} = 0.2857 \frac{\kappa^2}{k^2_{\text{krit}}}\,.$$

[1] Gewinn von kinetischer Energie der Sterne durch die dann zahlreicher werdenden „Stöße" aus der Gravitationsenergie analog zur Aufheizung einer gravitativ kontrahierenden Gaskugel.

Gegenüber dem Fall $p_1 = 0$ tritt dann auf der linken Seite von Gl. (V.119) noch der Term $-\mathrm{i}k^2\overline{(\Pi-\bar{\Pi})^2}u^*/\kappa^2 v$ hinzu. Die Auflösung der Gln. (V.118) bis (V.120) nach den Amplituden der Wellen in der Dichte und in den Geschwindigkeitskomponenten liefert dann[1]

$$\begin{aligned} \sigma_1^* &= -\frac{k^2 V_1^* \sigma_0}{\kappa^2} \frac{1}{1-\nu^2+x} \\ u^* &= \frac{k V_1^*}{\kappa} \frac{\nu}{1-\nu^2+x} \\ v^* &= \frac{\mathrm{i}k V_1^*}{2\omega} \frac{1}{1-\nu^2+x} \end{aligned} \tag{V.121}$$

mit

$$x = \frac{k^2\overline{(\Pi-\bar{\Pi})^2}}{\kappa^2}\,. \tag{V.122}$$

Diese Größe charakterisiert die Ansprechbarkeit des Systems für Dichtewellen und wird als **„Stabilitätszahl“** bezeichnet. Nach dem oben Gesagten gilt für gravitationsinstabile Systeme etwa $x < 1/4$, für sehr stabile Systeme, in denen sich keine Dichtewellen ausbilden können, $x \gg 1/4$ und in Spiralsystemen darf wahrscheinlich $x \approx 1/4$ gesetzt werden.

Wir haben bisher gezeigt, daß eine spiralförmige Störung des Potentialverlaufes der Form (V.113) eine Dichtewelle erzeugt, die mit der Potentialstörung in Phase ist. Nun fragen wir umgekehrt danach, ob diese Dichtewelle gerade die Potentialwelle (V.113) zur Folge hat, suchen also V_1 als Lösung der Poisson-Gleichung (V.106). Wir wollen uns dabei mit einer von Lin und Shu gefundenen asymptotischen Lösung für eng gewundene Arme begnügen. Da eine lesbare Ableitung hier unverhältnismäßig viel Raum in Anspruch nehmen würde, verweisen wir auf die Literatur[2] und geben sogleich das Resultat an: Man findet, daß (V.113) eine Lösung ist mit

$$V_1^* = -2\pi G \frac{\sigma_1^*(R)}{|\Phi'(R)|} = -2\pi G \frac{\sigma_1^*}{|k|}\,. \tag{V.123}$$

Selbstkonsistenz bedeutet, daß dieser Ausdruck in (V.121) eingesetzt werden darf. Die erste Gl. (V.121) liefert daher mit (V.123) die gewünschte Bedingungsgleichung für die Existenz einer stationären, starr rotierenden, spiralförmigen Dichtewelle, die sogenannte **Dispersionsrelation**

[1] Die hydrodynamische Näherung auch für das stoßfreie „Sterngas“ erfordert nach Untersuchungen mit Hilfe der Grundgleichung der Stellardynamik gewisse „Reduktionsfaktoren“ bei den Ausdrücken (V.121), auf die hier nicht eingegangen werden kann.

[2] Z.B. K. Rohlfs, Lectures on Density Wave Theory, Springer-Verlag, Berlin – Heidelberg – New York 1977, S. 95f.

$$1 - \nu^2 + x = \frac{2\pi G\sigma_0|k|}{\kappa^2} \qquad \text{(V.124)}$$

oder, mit (V.117) und (V.122),

$$m^2(\omega_p - \omega)^2 = \kappa^2 + k^2\overline{(\Pi - \bar{\Pi})^2} - 2\pi G\sigma_0|k|\,. \qquad \text{(V.125)}$$

Diese Gleichung verbindet die lokale Wellenlänge $\lambda = 2\pi/k$ mit der lokalen Frequenz der Dichtewelle für einen mit der Materie rotierenden Beobachter $\omega_p - \omega$ und liefert damit die Form der Spiralstruktur. Für λ ist dies eine quadratische Gleichung, deren Lösung im allgemeinen für jede Frequenz $\omega_p - \omega$ bzw. ν zwei verschiedene Wellenlängenwerte liefert: Die Dispersionsrelation besteht aus zwei Kurvenzweigen, einem für kürzere und einem für längere Wellen.

Modelle der Spiralstruktur: Während $\omega = \omega(R)$ und damit $\kappa = \kappa(R)$ vorgegeben sind, ist ω_p ein freier Parameter der Theorie, der jedoch bemerkenswerten Einschränkungen unterliegt. Die Gln. (V.121) zeigen, daß die Amplitude der Dichtewelle für $\nu^2 = 1 + x$, also

$$m(\omega_p - \omega) = \pm\kappa\sqrt{1 + x} \approx \pm\kappa \qquad \text{(V.126)}$$

beliebig anwächst. Hier versagt die lineare Theorie. Es sind dies die sogenannten **Lindblad-Resonanzen**, die in jenen Zentrumsabständen R auftreten, bei denen ein mit $\omega(R)$ rotierender Beobachter die einzelnen Spiralarme mit einer Frequenz passieren sieht, die gleich der lokalen Epizykelfrequenz κ ist.

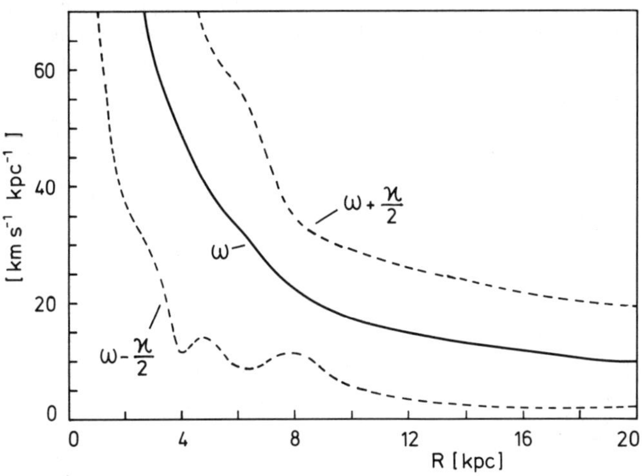

Abb. V.11: Verläufe der Winkelgeschwindigkeit der galaktischen Rotation und der Epizykelfrequenz κ mit dem Abstand vom galaktischen Zentrum R für das Rotationsmodell der Tabelle IV.15. Zweiarmige Spiralstruktur ist nur zwischen $\omega - (\kappa/2)$ und $\omega + (\kappa/2)$ zu erwarten.

Zu jedem gewählten Wert von ω_p gibt es eine *innere* und eine *äußere* Lindblad-Resonanz, die festgelegt sind durch $\omega_p = \omega - (\kappa/m)$ bzw. $\omega_p = \omega + (\kappa/m)$. Für das Rotationsmodell der Tabelle IV.15 und $m = 2$ können die entsprechenden R-Werte aus Abb. V.11 entnommen werden, indem man hier die Abzissen der Schnittpunkte der beiden Kurven für $\omega - (\kappa/2)$ und $\omega + (\kappa/2)$ mit der horizontalen Geraden $\omega_p = \text{const.}$ aufsucht. Nur in dem Zwischengebiet, das auch den Abstand der „Korotation" mit $\omega = \omega_p$ enthält, ist Spiralstruktur zu erwarten. Für $m = 3$ oder 4 wird dieser Kreisring wesentlich schmaler als für $m = 2$. Deshalb sind zweiarmige Spiralen am wahrscheinlichsten.

Im Rahmen der in V.1.4 behandelten „Epizykeltheorie" lassen sich die Lindblad-Resonanzen folgendermaßen veranschaulichen. Wir beschränken uns auf den Fall $m = 2$. Ein Stern mit schwach von der Kreisbahn abweichender Bewegung durchläuft bezüglich eines mit der Winkelgeschwindigkeit der Kreisbahnbewegung $\omega(R)$ rotierenden Koordinatensystems eine kleine Ellipse (Epizykel) mit der Epizykelfrequenz $\kappa(R)$ (vgl. Abb. V.6, S. 455.) Ist $\kappa/2 = \omega$, dann wird der Stern nach einem halben galaktischen Umlauf gerade zu seinem Ausgangspunkt auf dem Epizykel zurückgekehrt sein. Dasselbe gilt für $\kappa/2 = \omega - \omega_p$, wenn wir uns auf ein Koordinatensystem beziehen, das mit der Winkelgeschwindigkeit ω_p rotiert, in dem also die Spiralstruktur ruht. Die Störung der Bewegung des Sternes durch die Dichtewelle ist in diesem Fall an jeder Stelle des Epizykels nach einem Umlauf wieder genau dieselbe. Die Störungen müssen sich deshalb beliebig aufsummieren („Resonanz").

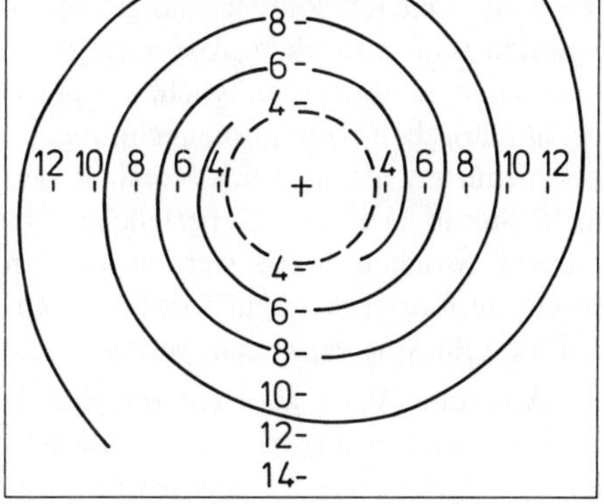

Abb. V.12: Beispiel eines Modells für die Spiralstruktur des Milchstraßensystems mit $\omega_p = 11\ \mathrm{km\ s^{-1}\ kpc^{-1}}$. Entfernungen vom Zentrum in kpc. (Nach C. C. Lin, C. Yuan und F. H. Shu).

Lin und Shu wählten für einen ersten Versuch zur Gewinnung eines Dichtewellen-Modells der galaktischen Spiralstruktur $\omega_p = 11\ \mathrm{km\ s^{-1}\ kpc^{-1}}$ in Verbindung mit $m = 2$. Dann fällt die innere Lindblad-Resonanz ungefähr auf den „3-kpc-Arm", innerhalb desselben keine Spiralarme vorhanden zu sein scheinen. Die äußere Lindblad-Resonanz liegt in diesem Fall bei $R \approx 25$ kpc. Für $\omega(R)$, $\kappa(R)$ (Tabelle IV.15) sowie σ_0 (= mittlere Flächendichte der galaktischen Scheibe) und $x = 1/4$ bzw. einem geeigneten Wert für $\overline{(\Pi - \bar{\Pi})^2}$ liefert die Dispersionsrelation $k(R)$ bzw. $\lambda(R)$ (≈ 4 kpc). Damit kann $\Phi(R)$ durch numerische Integration von (V.111) und weiter über (V.108) der Verlauf der Spiralen gewonnen werden. Lin und Shu legten ein damals aktuelles Massen- und Rotationsmodell zugrunde. Sie benutzten den auf „kurze Wellen" führenden Zweig der Dispersionsrelation („short wave mode") und erhielten das in Abb. V.12 wiedergegebene Resultat. Die Amplituden der Wellen im Gravitationsfeld und in der Flächendichte der Materie (Sterne + Gas) betragen bei diesem Modell 5% bzw. 10% der jeweiligen Mittelwerte; die radiale Geschwindigkeitsstreuung der Sterne wurde mit ± 40 km s^{-1} angesetzt, die Streuung der Geschwindigkeit des Gases zu 10 km s^{-1} angenommen. Die Abweichungen des Geschwindigkeitsfeldes von der reinen Kreisbahnbewegung sind < 15 km s^{-1}.

Die einzelne kurze Spiralwelle dieses Beispiels besitzt eine endliche Gruppengeschwindigkeit von etwa 8 km s^{-1}, mit der sie aus dem System herausläuft (A. Toomre 1969). Damit tritt ein Energieverlust, also eine Dämpfung ein, wodurch die Lebensdauer der Welle auf nur etwa 10^9 Jahre begrenzt wird. Um länger zu existieren, benötigt eine solche einzelne Welle einen Rückkoppelungsprozeß, der sie ständig wieder aufbaut. Dieses Ziel ist zwanglos erreichbar, wenn man annimmt, daß die beobachtete Spiralstruktur von Galaxien in großen Zügen aus der Überlagerung von *mehreren* „Spiral-Moden" (= Lösungen der Dispersionsgleichung) resultiert. So kann sich eine quasi-stationäre Struktur ergeben, wenn gleichzeitig kurze und lange Spiralwellen in entgegengesetzten Richtungen fortschreiten.

Die neuere Entwicklung der Theorie hat unter anderem gezeigt, daß die Berücksichtigung verschiedener Spiral-Moden zu einem Prozeß der Selbstregulierung führen kann. Danach sollte ein langlebiges Grand Design mit bevorzugt zweiarmiger Spiralstruktur entstehen. Andererseits sind gleichzeitig auch weniger regelmäßige, kurzlebige Strukturen möglich, beispielsweise Brücken zwischen Spiralarmen. Die bei numerischen Simulationsrechnungen erhaltenen relativ kurzlebigen Spiralstrukturen müssen insofern mit Vorsicht betrachtet werden, als hier jeweils 10^6 oder mehr Sterne zu einem „Superteilchen" mit großer Masse zusammengefaßt werden müssen. Möglicherweise werden hierdurch nicht alle Prozesse erfaßt, die zu Resonanzen führen. Bezüglich der neueren Ergebnisse der Dichtewellentheorie muß auf die Literatur verwiesen werden.

Im Abschnitt V.3.4 wird ein mit den Dichtewellen konkurrierender Prozeß der Bildung einer Spiralstruktur erläutert: die sich selbst fortpflanzende Sternentstehung, ausgelöst durch Supernova-Stoßfronten.

Vergleich zwischen Theorie und Beobachtung: Die Formeln der linearen Dichtewellentheorie setzen ein stationäres dynamisches Gleichgewicht voraus, das sich erst nach einigen Umläufen einstellen kann. Die bisher beschriebene Dichtewelle ist daher im Feld derjenigen Sterne zu erwarten, die älter als einige 10^8 Jahre sind, also in der älteren Scheibenpopulation. Die *Amplitude* dieser Welle beträgt wahrscheinlich *etwa 5 bis 10% des Mittelwertes der Sterndichte* und ist deshalb *in unserer* Galaxis kaum mit Sicherheit nachweisbar. In einigen anderen Galaxien scheint eine solche, gegenüber den von jungen Objekten gebildeten Armen relativ gleichmäßige Spiralstruktur nach Flächenphotometrien im Sichtbaren und im nahen Infrarot angedeutet zu sein.

Eine klare Spiralstruktur zeigt die Verteilung des neutralen Wasserstoffs beispielsweise in den besonders regelmäßigen Galaxien M51 (s. Abb. E.2) und M83 nach Messungen der 21-cm-Linienstrahlung mit hoher Winkelauflösung. Weiteres hierzu V.3.4, S. 519.

Auf junge Objekte sind die gewonnenen Formeln nicht direkt anwendbar. Die Verteilung und Bewegung der jungen Sterne ist wesentlich bestimmt durch die nichtlineare Wirkung der Potentialwelle auf das interstellare Medium, in deren Nachfolge diese Sterne entstanden sind und dann mit der Geschwindigkeit des Gases zu diesem Zeitpunkt aus der ursprünglichen Spiralwelle heraus wandern. Die theoretische Darstellung des von seiten der Beobachtung (an außergalaktischen Systemen) am besten gesicherten Spiralphänomens, der oft perlschnurartigen Anordnung der jungen Sterne und der HII-Regionen auf Spiralen, erfordert also auch Annahmen über den Prozeß der Sternbildung und erweist sich damit als eine recht verwickelte Aufgabe. Da hierfür die Kenntnis einiger Ergebnisse der Gasdynamik erforderlich ist, können wir darauf erst im Abschnitt V.3.3 eingehen.

Einen Hinweis auf die Existenz einer Dichtewelle in unserer Galaxis liefern die wellenförmigen Abweichungen der für das HI-Gas abgeleiteten *Rotationskurven* von glatten Verläufen (IV.4.3). Durch geeignete Wahl der Parameter des Dichtewellenmodells lassen sich die Hauptzüge der Kurven approximieren. Ein Beispiel hierfür ist in IV.4.3., Abb. IV.31, wiedergegeben. Eine zwingende Bestätigung der Dichtewellentheorie ist damit allerdings noch nicht gewonnen. Dies gilt besonders im Hinblick darauf, daß hier nur die lineare Theorie angewandt wurde.

3 Dynamik des interstellaren Gases

3.1 Problemstellung und Grundlagen

In den beiden vorangehenden Abschnitten dieses Kapitels haben wir uns im wesentlichen mit der dynamischen Deutung der Bewegungen und der Verteilung der Sterne befaßt; das interstellare Gas ist zwar in der linearen Dichtewellentheorie der Spiralstruktur – formal – einbezogen worden, die entscheidenden Unterschiede gegenüber dem „stoßfreien“ Sternfeld blieben aber unberücksichtigt. Wir wenden uns jetzt der Dynamik des Gases zu, deren Ziel es ist, ein tieferes physikalisches Verständnis der Bewegungsvorgänge und der Strukturen im interstellaren Gas zu gewinnen. Nach Bereitstellung der Grundlagen wird dazu eine Auswahl als wichtig erkannter Einzelprobleme anhand relativ einfacher theoretischer Modelle diskutiert. Wo der notwendige Aufwand den hier gesetzten Rahmen sprengt, beschränken wir uns auf qualitative Betrachtungen.

Grundgleichungen: Da auch im HI-Bereich eine schwache Ionisation und eine entsprechend hohe Leitfähigkeit vorhanden ist, haben wir es im allgemeinen mit Problemen der Plasmaphysik zu tun. Deren Grundgleichungen können im vorliegenden Fall meist in der Näherung der makroskopischen **Magnetohydrodynamik** angesetzt werden: Man verknüpft die Gleichungen der Hydrodynamik zur Berücksichtigung der Wechselwirkungen von Bewegung und Magnetfeld mit den Gleichungen der Elektrodynamik für langsame Vorgänge (Geschwindigkeit der Materie und Phasengeschwindigkeit der Änderung von Feldgrößen $\ll$ Lichtgeschwindigkeit)[1]. Die modifizierte Eulersche Gleichung für die makroskopische Geschwindigkeit des Gases $\boldsymbol{v}$ lautet dann unter Vernachlässigung des Viskositätsterms

$$\varrho \frac{D\boldsymbol{v}}{Dt} \equiv \varrho \frac{\partial \boldsymbol{v}}{\partial t} + \varrho(\boldsymbol{v}\cdot\nabla)\boldsymbol{v} = -\nabla P - \varrho\nabla V - \frac{1}{8\pi}\nabla \boldsymbol{B}^2 + \frac{1}{4\pi}(\boldsymbol{B}\cdot\nabla)\boldsymbol{B}. \qquad \text{(V.127)}$$

Dabei bedeutet D/Dt die Lagrange'sche oder substantielle Ableitung, d.h., die zeitliche Änderung für einen mit der Materie bewegten Punkt; ϱ und P bezeichnen Dichte und Druck, V ist das Potential der gesamten wirksamen Gravitationskraft. Die beiden letzten Glieder auf der rechten Seite beinhalten die Kraftwirkung des Magnetfeldes, wobei wir dessen Größe im Vakuum $\boldsymbol{H} = \boldsymbol{B}$ = magnetische Induktion (magnetische Kraftflußdichte) mit der Einheit 1 Gauß = 1 $g^{1/2}\,cm^{-1/2}\,s^{-1}$ benutzen: Für die Kraftdichte gilt im Vakuum $\boldsymbol{k} = (1/c)\cdot(\boldsymbol{j}\times\boldsymbol{B})$, worin die elektrische Stromdichte $\boldsymbol{j}$ mit der ersten Maxwellschen Gleichung ausgedrückt werden kann durch $\boldsymbol{j} = (c/4\pi)\cdot(\nabla\times\boldsymbol{B})$ für $\dot{\boldsymbol{E}} = 0$. Mit der Identität $(\nabla\times\boldsymbol{B})\times\boldsymbol{B} = -(1/2)\,\nabla\boldsymbol{B}^2 + (\boldsymbol{B}\cdot\nabla)\boldsymbol{B}$ ergeben sich die angegebenen Terme. Für ein homogenes Magnetfeld (z.B. $B_x = 0$, $B_y = 0$, $B_z = B_z(x,y)$) folgt $(\boldsymbol{B}\cdot\nabla)\boldsymbol{B} = 0$ und es bleibt nur der Gradient des senkrecht zur Feldrichtung wirkenden magnetischen Druckes $(1/8\pi)\boldsymbol{B}^2$ übrig.

Zwischen ϱ und $\boldsymbol{v}$ besteht weiter die Kontinuitätsgleichung

$$\frac{\partial\varrho}{\partial t} + \nabla\cdot(\varrho\boldsymbol{v}) = 0 \qquad \text{(V.128)}$$

und das Gravitationspotential V ist mit der gesamten Massendichte (Sterne und interstellare Materie) durch die in V.1.1 allein für die Sterne formulierte Poisson-Gleichung (V.3) verknüpft.

Die zweite Maxwell'sche Gleichung (Induktionsgesetz) $\nabla\times\boldsymbol{E} = -(1/c)\dot{\boldsymbol{B}}$ liefert mit $\boldsymbol{E}$ aus dem Ohm'schen Gesetz für ruhende Materie $\boldsymbol{j} = \sigma\boldsymbol{E}$ (σ = Leitfähigkeit) und $\boldsymbol{j}$ nach der oben bereits benutzten ersten Maxwell'schen Gleichung

[1] S. z. B. Kippenhahn, R., Möllenhoff, C., Elementare Plasmaphysik, BI-Wissenschaftsverlag (1975), § 16.

$$\dot{\boldsymbol{B}} = -\frac{c^2}{4\pi\sigma}(\nabla \times (\nabla \times \boldsymbol{B})) = \frac{c^2}{4\pi\sigma}\Delta \boldsymbol{B}\,. \qquad \text{(V.129)}$$

Die rechte Seite folgt wegen $(\nabla \times (\nabla \times \boldsymbol{B})) = \nabla(\nabla \cdot \boldsymbol{B}) - \Delta\boldsymbol{B}$ und der Quellenfreiheit des Magnetfeldes $\nabla \cdot \boldsymbol{B} = 0$. Gl. (V.129) ist vom Typ der Wärmeleitungsgleichung und beschreibt somit das Auseinanderfließen des Magnetfeldes, wobei die magnetische Energie durch die erzeugten Ströme nach und nach in Joule'sche Wärme übergeht. Setzen wir für eine grobe Abschätzung $\dot{B} \approx B/\tau$, $\Delta B \approx B/L^2$, wobei L ein Maß für die ursprüngliche Ausdehnung des Feldes ist, dann folgt als „Abklingzeit"

$$\tau \approx \frac{4\pi\sigma}{c^2} L^2\,.$$

Für das interstellare Gas im HI-Bereich gilt größenordnungsmäßig $\sigma \approx 10^{10}\,\mathrm{s}^{-1}$. Mit $L > 1$ AE folgt daher $\tau > 3\cdot 10^{16}$ s $\approx 10^9$ Jahre, und für $L = 1$ pc bereits $\tau \approx 2\cdot 10^{14}$ Jahre!

Ist $\boldsymbol{v} \neq 0$, dann gilt in der obigen Ableitung $\boldsymbol{j} = \sigma[\boldsymbol{E} + (1/c)(\boldsymbol{v} \times \boldsymbol{B})]$ und auf der rechten Seite von (V.129) tritt der Term $\nabla \times (\boldsymbol{v} \times \boldsymbol{B})$ hinzu. Wegen der Kleinheit des Diffusionskoeffizienten $c^2/4\pi\sigma \approx 0$ können wir dann schreiben

$$\dot{\boldsymbol{B}} - \nabla \times (\boldsymbol{v} \times \boldsymbol{B}) = 0\,. \qquad \text{(V.130)}$$

Verfolgt man eine materiefeste, mitfließende endliche Fläche F (Element $\mathrm{d}f$) mit der Randkurve C (Linienelement $\mathrm{d}\boldsymbol{l}$) auf einem kleinen Stück des Weges der Strömung $\mathrm{d}\boldsymbol{s} = \boldsymbol{v}\mathrm{d}t$ (Abb.V.13), dann gilt für die Änderung des magnetischen Flusses Φ durch diese Fläche

$$\mathrm{d}\Phi = \iint_F (\dot{\boldsymbol{B}}\mathrm{d}t)\mathrm{d}f + \oint_C \boldsymbol{B}(\mathrm{d}\boldsymbol{s} \times \mathrm{d}\boldsymbol{l})\,.$$

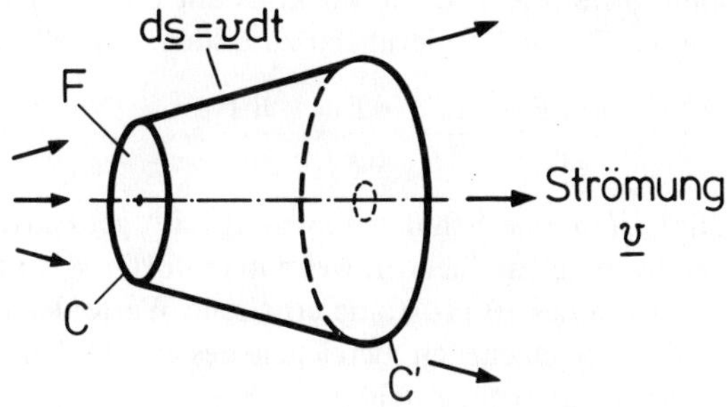

Abb. V.13: Zur Ableitung von Gleichung (V.131)

Das erste Integral ist die Änderung von Φ infolge der rein zeitlichen Variation von $\boldsymbol{B}$ bei festem Ort, das zweite Integral resultiert infolge der Bewegung der Randkurve von C nach C' mit der Strömung und stellt den hinzukommenden Fluß durch den Streifen zwischen den Randkurven C und C' dar. Unter Beachtung von $\boldsymbol{B}\cdot(\mathrm{d}\boldsymbol{s} \times \mathrm{d}\boldsymbol{l})$

$= -(\mathrm{d}\boldsymbol{s} \times \boldsymbol{B}) \cdot \mathrm{d}\boldsymbol{l}$ und $\mathrm{d}\boldsymbol{s} = \boldsymbol{v}\mathrm{d}t$ liefert die Anwendung des Stokes'schen Satzes auf das Linienintegral wegen Gl. (V.130)

$$\frac{\mathrm{d}\Phi}{\mathrm{d}t} = \iint_F [\dot{\boldsymbol{B}} - \nabla \times (\boldsymbol{v} \times \boldsymbol{B})]\,\mathrm{d}f = 0\,. \tag{V.131}$$

Das heißt, daß unter interstellaren Bedingungen ($\sigma \approx \infty$) die Feldlinien von der Materie mitgenommen werden, sie sind „eingefroren".

Stoßfronten: Druckstörungen mit kleiner relativer Amplitude $|\Delta P|/P \ll 1$ breiten sich in einem homogenen Gas (Dichte ϱ) mit der Schallgeschwindigkeit c_s aus, die gegeben ist durch

$$c_s^2 = \frac{dP}{\mathrm{d}\varrho}\,. \tag{V.132}$$

Ist die Dauer der Störung kurz gegenüber der Abkühlungszeit des komprimierten Volumens, dann darf Adiabasie angenommen werden: $P = K\varrho^\gamma$ mit $\gamma = c_p/c_v =$ Verhältnis der spezifischen Wärmen bei konstantem Druck bzw. Volumen, K ist eine Konstante, und man erhält

$$c_s^2 = \gamma K \varrho^{\gamma-1} = \gamma \frac{P}{\varrho} = \gamma \frac{\Re T}{\bar{\mu}}\,. \tag{V.133}$$

Der rechte Ausdruck folgt für ideales Gas mit der Zustandsgleichung $P = \varrho \Re T/\bar{\mu}$, wobei $\Re$ = Gaskonstante pro Mol, T = Temperatur, $\bar{\mu}$ = mittleres Molekulargewicht = mittlere Masse pro Teilchen in Einheiten der Masse des H-Atoms. Außerhalb der dichten Molekülwolken darf im interstellaren Gas $\gamma = 5/3$ gesetzt werden (einatomiges Gas).

Kann die bei der Kompression aufgenommene Energie sofort abgestrahlt werden, dann bleibt die Temperatur konstant und die rechte Seite von (V.132) ist für isotherme Zustandsänderungen zu bilden: Anstelle von (V.133) folgt mit $\mathrm{d}T/\mathrm{d}\varrho = 0$

$$c_s^2 = \frac{\partial P}{\mathrm{d}p} + \frac{\partial P}{\partial T}\frac{\mathrm{d}T}{\mathrm{d}\varrho} = \frac{\Re T}{\bar{\mu}}\,. \tag{V.134}$$

Die „isotherme Schallgeschwindigkeit" geht also aus der „adiabatischen Schallgeschwindigkeit" hervor, wenn man dort $\gamma = 1$ setzt. Mit der Annahme von einem He-Atom auf 10 H-Atome erhaltene Werte der isothermen Schallgeschwindigkeit in den verschiedenen Bereichen des interstellaren Mediums sind in Tabelle V.5, S. 495, zusammengestellt.

Bei Druckstörungen im interstellaren Gas, wie sie beispielsweise mit der Ausbreitung der abgestoßenen Hülle einer Supernova oder der Expansion einer HII-Region in das umgebende Medium verbunden sind, treten häufig Geschwindigkeiten auf, die weit oberhalb der Schallgeschwindigkeit dieses Mediums liegen, und es kann nicht mehr $|\Delta P|/P \ll 1$ angenommen werden. Die Behandlung dieses allgemeinen

Falles starker Druckstörungen auf der Grundlage der hydrodynamischen Gleichungen zeigt, daß man nicht mehr von einer Ausbreitungsgeschwindigkeit für die ganze Störung sprechen kann[1]: c_s nimmt mit wachsender Dichte ϱ zu, wie es für $|\Delta P|/P \ll 1$ bereits aus Gl. (V.133) hervor geht. Somit kommen Punkte des Profils der Störung, in denen ϱ niedriger ist als der Maximalwert, langsamer voran als dieser (Abb. V.14). Das Profil steilt sich deshalb nach und nach dreieckförmig auf. In der mathematischen Formulierung ergibt sich schließlich eine – physikalisch unmögliche – Mehrdeutigkeit der Profilfunktion, während sich tatsächlich ein Sprung ausbildet, der als Stoßwelle oder **Stoßfront** bezeichnet wird – statt „Stoß" wird häufig die englische Bezeichnung „shock" (Schock) übernommen.

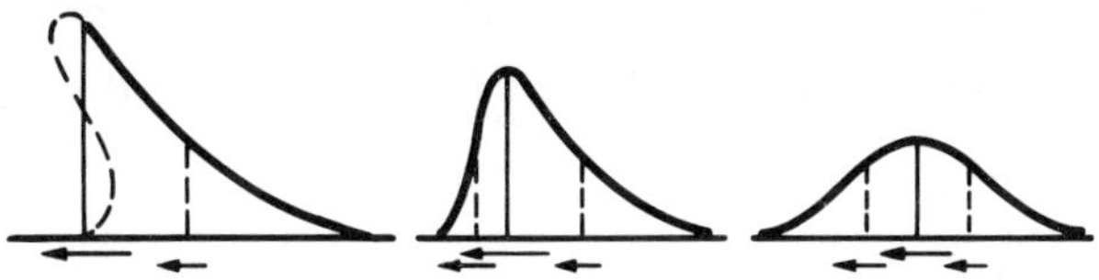

Abb. V.14 Zur Entstehung von Stoßwellen. (Erläuterung im Text).

Je größer die anfängliche Energiezufuhr war (Beispiel: starke Explosion), umso höher wird der entstandene Sprung im Verlauf des Druckes und der Dichte, und umso mehr übertrifft die Geschwindigkeit v der Front die Schallgeschwindigkeit in dem davor liegenden, noch ungestörten Bereich: Machzahl $m = v/c_s > 1$. Zur einfachen Behandlung der Entwicklung und Ausbreitung von Stoßwellen, wie sie in den oben genannten astrophysikalischen Beispielen auftreten, geht man oft von folgendem Bild aus: Ein ebener Kolben bewege sich von einem bestimmten Zeitpunkt ab mit konstanter Geschwindigkeit in das ruhende homogene Gas hinein. Es entsteht eine Stoßfront, die sich im allgemeinen mit einer anderen Geschwindigkeit bewegt als der Kolben.

Quantitative Aussagen über die Verhältnisse von P, ϱ und T vor und hinter der Stoßfront lassen sich, ohne Eingehen auf die komplizierten Prozesse im unmittelbaren Frontbereich selbst, mit Hilfe der Erhaltungssätze für Masse, Impuls und Energie gewinnen. Man wählt dabei ein Koordinatensystem, in dem die Stoßfront ruht (Abb. V.15). In diesem System haben wir im ungestörten Medium vor der Front eine eindimensionale Strömung mit der konstanten Geschwindigkeit v_1, deren Betrag gleich ist der Geschwindigkeit der Front bezüglich des vor dieser liegenden, noch ruhenden Gases; die Werte von Druck, Dichte und Temperatur sind dort ebenfalls konstant: P_1, ϱ_1, T_1. Hinter der Front, nach einem „Übergangsgebiet", werden andere Werte dieser Parameter vorliegen: v_2, P_2, ϱ_2, T_2.

[1] S. z. B. Landau/Lifschitz, Lehrbuch der Theoretischen Physik, Band VI, Hydrodynamik, Kap. IX.

Abb. V.15: Zur Ableitung der „Sprungbedingungen" für die physikalischen Parameter an einer Stoßfront

Beim Übergang in das Gebiet hinter der Stoßfront müssen konstant bleiben: der Massenstrom ϱv, der Impulsstrom[2] $P + \varrho v^2$ und, wenn keine Verluste durch Abstrahlung eintreten, der Energiestrom[2] $\varrho v[(v^2/2) + U] + Pv$, die von der Masse pro Zeit- und Flächeneinheit transportierte kinetische Energie $v^2/2$ plus innere Energie U pro Gramm Materie plus die vom Druck pro Zeiteinheit geleistete Arbeit.

Die *„Sprungbedingungen" für adiabatische Stoßwellen* lauten somit:

$$\varrho_1 v_1 = \varrho_2 v_2 = j \tag{V.135}$$

$$P_1 + \varrho_1 v_1^2 = P_2 + \varrho_2 v_2^2 \tag{V.136}$$

$$\varrho_1 v_1 \left[\frac{v_1^2}{2} + U_1\right] + P_1 v_1 = \varrho_2 v_2 \left[\frac{v_2^2}{2} + U_2\right] + P_2 v_2 \,. \tag{V.137}$$

Unter Verwendung von (V.135) kann man für (V.137) auch schreiben

$$\frac{v_1^2}{2} + h_1 = \frac{v_2^2}{2} + h_2 \tag{V.138}$$

mit der Enthalpie $h = U + (P/\varrho)$. Wir nehmen ideales Gas an, dann gilt

$$U = \frac{1}{\gamma - 1} \frac{P}{\varrho}, \quad h = \frac{\gamma}{\gamma - 1} \frac{P}{\varrho} \tag{V.139}$$

(aus $U = c_v T$ mit $T = P\bar{\mu}/\varrho \mathfrak{R}$ und $\mathfrak{R}/\bar{\mu} = c_p - c_v$). Zur Ableitung des Verhältnisses ϱ_2/ϱ_1 führt man in (V.136) zweckmäßig den Strom j nach (V.135) ein. Unter Benutzung des spezifischen Volumens $V = 1/\varrho$ erhält man dann aus (V.136)

$$j^2 = \frac{P_2 - P_1}{V_1 - V_2} \,. \tag{V.140}$$

Setzt man (V.135) ein in (V.138) und benutzt für j den Ausdruck (V.140), dann folgt

$$h_2 - h_1 = \frac{1}{2}(P_2 - P_1)(V_1 + V_2) \,. \tag{V.141}$$

Mit h nach (V.139) ergibt sich hieraus (mit $\varrho = 1/V$) durch Auflösung nach V_1/V_2:

[2] S. z. B. Landau/Lifschitz, Lehrbuch der Theoretischen Physik, Band VI, Hydrodynamik, Kap. I, § 6 bzw. § 7, oder Lüst, Hydrodynamik, Kap. 6.

$$\frac{\varrho_2}{\varrho_1} = \frac{V_1}{V_2} = \frac{(\gamma - 1) P_1 + (\gamma + 1) P_2}{(\gamma + 1) P_1 + (\gamma - 1) P_2}. \qquad \text{(V.142)}$$

Die hierin zum Ausdruck kommende Beziehung zwischen P und V bzw. ϱ wird als Stoßadiabate oder Hugoniot'sche Adiabate bezeichnet. Für den *Dichtesprung an einer starken Stoßfront* ($P_2 \gg P_1$) folgt aus (V.142) für einatomiges Gas mit $\gamma = 5/3$

$$\frac{\varrho_2}{\varrho_1} \approx \frac{\gamma + 1}{\gamma - 1} \approx 4. \qquad \text{(V.143)}$$

Für die Geschwindigkeiten v_1 und v_2 erhält man über die Gln. (V.140) und (V.135) mit (V.142) Ausdrücke, die nach Division durch das Quadrat der Schallgeschwindigkeit $c_s^2 = \gamma P/\varrho = \gamma PV$ lauten

$$\left(\frac{v_1}{c_{s1}}\right)^2 = \frac{(\gamma - 1) + (\gamma + 1)(P_2/P_1)}{2\gamma}$$

$$\left(\frac{v_2}{c_{s2}}\right)^2 = \frac{(\gamma - 1) + (\gamma + 1)(P_1/P_2)}{2\gamma}. \qquad \text{(V.144)}$$

Wegen $P_2 > P_1$ breitet sich die Front relativ zum ungestörten Gas mit Überschallgeschwindigkeit $v_1 > c_{s1}$ aus, während hinter der Diskontinuität, bezüglich des dort komprimierten Gases Unterschallgeschwindigkeiten $v_2 < c_{s2}$ vorliegen: im Grenzfall des „starken Schocks" der konstante Wert $v_2 = c_{s2}\sqrt{(\gamma - 1)/2\gamma}$. Für eine sehr schwache Stoßwelle mit $P_2/P_1 \approx 1$ folgt $v_1 \approx c_{s1} \approx c_{s2} \approx v_2$, entsprechend dem Fall normaler Schallwellen.

Wir wollen nun noch den Fall betrachten, daß das komprimierte Gas die aufgenommene und thermalisierte kinetische Energie abstrahlen kann. An die Stelle der Bedingung der Konstanz des Energiestromes (V.137) treten dann die Bedingungen für die thermischen Gleichgewichte zwischen Energiezufuhr und Abstrahlung auf beiden Seiten der Stoßfront, mit denen die Temperaturen T_1 und T_2 festgelegt werden. Ist die Abkühlungszeit des Gases kürzer als die Dauer des Durchganges der Stoßfront und ändert sich der Ionisationszustand des Gases nicht, dann können wir hinter einem Übergangsgebiet $T_2 = T_1$ annehmen. Man spricht von einer *isothermen Stoßwelle.* Die Verhältnisse ϱ_2/ϱ_1, v_1/c_{s1} und v_2/c_{s2} lassen sich dann näherungsweise aus (V.142) und (V.144) für $\gamma = 1$ gewinnen. Man erhält $\varrho_2/\varrho_1 = P_2/P_1$ und $(v_1/c_{s1})^2 = P_2/P_1$, so daß folgt

$$\frac{\varrho_2}{\varrho_1} = \frac{v_1^2}{c_{s1}^2} = m^2. \qquad \text{(V.145)}$$

Diese Beziehung besagt physikalisch, daß das Gas hinter der Stroßfront infolge des raschen Energieverlustes durch Abstrahlung beliebig stark komprimiert werden kann, wenn nur die Geschwindigkeit der Front v_1 genügend groß ist gegenüber der

Schallgeschwindigkeit c_{s1}. Beispielsweise ergäbe ein isothermer Stoß zweier normaler HI-Wolken ($c_s \approx 1$ km s^{-1}) mit der Relativgeschwindigkeit $v_1 = 10$ km s^{-1} bereits $\varrho_2 = 10^2\,\varrho_1$. Diese Möglichkeit der Erzeugung hoher Verdichtungen legt es nahe, die Entstehung von diffusen interstellaren Wolken in der Ausbildung von Stoßfronten im interstellaren Gas zu suchen.

Während die *Dicke* adiabatischer Stoßfronten in neutralem Gas nur von der Größenordnung der mittleren freien Weglänge der Atome ist ($\approx 10^{-5}$ pc für Dichte von 10 cm^{-3}), findet man für die Ausdehnung der im isothermen Fall zusätzlich auftretenden emittierenden Übergangsschicht sehr viel größere Werte, ungefähr entsprechend der freien Weglänge der Photonen. Bezüglich der genaueren Struktur von Stoßfronten muß auf die Literatur verwiesen werden.

Ein parallel zur Stoßfront verlaufendes *Magnetfeld* ergibt in Gl. (V.136) zusätzlich die magnetischen Drucke $B_1^2/8\pi$ bzw. $B_2^2/8\pi$; weil das Feld als in die Materie „eingefroren" betrachtet werden darf, gilt ferner $B_1/B_2 = \varrho_1/\varrho_2$. Im adiabiatischen Fall wird daher B höchstens um den Faktor 4 verstärkt, so daß ein Magnetfeld von einigen 10^{-6} Gauß in erster Näherung vernachlässigbar ist. Für eine isotherme Stoßwelle mit $P_1 = \varrho_1 c_{s1}^2$, $P_2 = \varrho_2 c_{s2}^2$ tritt anstelle von (V.136) die Gleichung

$$\varrho_1 c_{s1}^2 + \varrho_1 v_1^2 + \frac{B_1^2}{8\pi} = \varrho_2 c_{s2}^2 + \varrho_2 v_2^2 + \left(\frac{\varrho_2}{\varrho_1}\right)^2 \frac{B_1^2}{8\pi}\,.$$

Wir führen nun die **Alfvén-Geschwindigkeit** V_{A1} vor der Stoßfront ein, definiert durch $V_{A1}^2 = B_1^2/4\pi\varrho_1$. Dies ist die Geschwindigkeit einer transversalen Welle entlang der Feldlinien (analog zu den Seilwellen). Damit liefert die letzte Gleichung für den Grenzfall $V_{A1} \gg c_{s1}, c_{s2}$ und $\varrho_2 \gg \varrho_1$

$$\frac{\varrho_2}{\varrho_1} = \sqrt{2}\,\frac{v_1}{V_{A1}}\,. \qquad \text{(V.146)}$$

Für eine interstellare Wolke mit $B = 10^{-5}$ Gauß und 30 H-Atomen cm^{-3} erhält man beispielsweise $V_A \approx 4$ km s^{-1} und Gl. (V.146) liefert mit $v_1 = 10$ km s^{-1} nur $\varrho_2 \approx 3.5\,\varrho_1$.

Ausgangsdaten für die Theorie: In Tabelle V.5 sind repräsentative Werte für wichtige physikalische Parameter der einzelnen Komponenten des interstellaren Gases zusammengestellt, die in den folgenden Abschnitten meist zugrunde gelegt werden.

3.2 Dynamisches Gleichgewicht des Gases

Magneto-hydrostatisches Modell: In der relativ dünnen rotierenden galaktischen Gasscheibe können wir annehmen, daß die radiale Komponente der Gravitationskraft praktisch allein durch die Zentrifugalkraft kompensiert wird, während die radiale Geschwindigkeitsstreuung durch thermische und makroskopische Bewegungen von untergeordneter Bedeutung ist. Senkrecht zur galaktischen Ebene, in

z-Richtung, wird der vorliegende stationäre Zustand mit einer angenähert planparallelen Schichtung jedoch wesentlich durch Druckkräfte und makroskopische Bewegungen erhalten. Der Komponente $K_z(z)$ der durch die Sterne dominierten Gravitationsbeschleunigung stehen hier im einzelnen folgende Druckanteile gegenüber:

(1) Gasdruck der thermischen Bewegung $P_{th} = (1/3)\bar{\varrho}\overline{v_{th}^2} = \bar{N}kT$,

(2) mit den Bewegungen der Wolken verbundener „turbulenter" Druck $P_W = (1/3)\bar{\varrho}\overline{v_W^2}$,

(3) magnetischer Druck $P_M = B^2/8\pi$,

(4) von den Partikeln der Kosmischen Strahlung erzeugter Druck $P_{KS} = U_{KS}/3$.

Tabelle V.5: Mittlere physikalische Parameter der Komponenten des interstellaren Gases. T Temperatur, N Partikeldichte, P/k statischer Druck in der Einheit K cm^{-3}, f Bruchteil des Raumes, den die Komponente im Bereich von Spiralarmen ausfüllt, $\bar{\mu}$ mittleres Molekulargewicht für $N(He)/N(H) = 0.1$ (höhere Elemente unberücksichtigt, He in den normalen HII-Regionen einfach ionisiert), c_s isotherme Schallgeschwindigkeit.

Parameter	Heiße Komponente	Diffuses HII-Gas niedriger Dichte	Normale HII-Regionen	Warmes HI-Gas	Diffuse HI-Wolken	Molekülwolken
T [K]	$6 \cdot 10^5$	$8 \cdot 10^3$	$8 \cdot 10^3$	$6 \cdot 10^3$	80	20
N [cm^{-3}]	$3 \cdot 10^{-3}$	$3 \cdot 10^{-2}$	$5 \cdot 10^2$	0.3	20	10^4
$P/k = NT$ [K cm^{-3}]	$2 \cdot 10^3$	$2.4 \cdot 10^2$	$4 \cdot 10^6$	$2 \cdot 10^3$	$2 \cdot 10^3$	$2 \cdot 10^5$
f	0.7	0.1	10^{-4}	0.2	0.02	$5 \cdot 10^{-4}$
$\bar{\mu}$	0.6	0.6	0.64	1.3	1.3	2.3
c_s [km s^{-1}]	100	10	10	6	0.7	0.3

Dabei bezeichnen: v_{th} den Betrag der thermischen Geschwindigkeit, $\bar{N}$ die mittlere Anzahldichte der Gaspartikel, $\bar{\varrho}$ die mittlere Gasdichte, v_W den Betrag der Wolkengeschwindigkeit, deren Richtungen isotrop verteilt seien, und U_{KS} die Energiedichte der Kosmischen Strahlung. Wir nehmen ein homogenes Magnetfeld an, dessen Feldlinien parallel zur galaktischen Ebene verlaufen, so daß der Term $(\boldsymbol{B}\cdot\nabla)\boldsymbol{B}$ in Gl. (V.127) verschwindet.

Wir wollen den Einfluß makroskopischer Bewegungen allein durch den Druckanteil P_W beschreiben. Dann tritt auf der linken Seite von Gl. (V.127) keine endliche Größe auf und es ergibt sich die hydrostatische Grundgleichung

$$\frac{\mathrm{d}}{\mathrm{d}z}(P_{th} + P_W + P_M + P_{KS}) = \bar{\varrho}(z)\,K_z(z)\,. \qquad \text{(V.147)}$$

Für eine einfache Modellbetrachtung wählen wir den linearen Ansatz $K_z(z) = -az$, nehmen an, daß $\overline{v_{th}^2}$ und $\overline{v_W^2}$ unabhängig von z sind und setzen $P_M = \alpha(P_{th} + P_W)$,

$P_{KS} = \beta(P_{th} + P_W)$ mit ebenfalls z-unabhängigen Faktoren α und β (E. N. Parker 1966). Dann folgt aus (V.147) mit der Abkürzung

$$\frac{(1 + \alpha + \beta)(\overline{v_{th}^2} + \overline{v_W^2})}{3a} = \frac{1}{2} H^2 \tag{V.148}$$

die Differentialgleichung für die Dichte

$$\frac{1}{\varrho} \frac{d\bar{\varrho}}{dz} = -\frac{2}{H^2} z, \tag{V.149}$$

deren Lösung lautet

$$\bar{\varrho}(z) = \bar{\varrho}(0) \exp\left[-\left(\frac{z}{H}\right)^2\right]. \tag{V.150}$$

Die Größe H hat die Bedeutung einer halben Schichtdicke. Für die in IV.4.2 durch Gl. (IV.205) definierte effektive Schichtdicke $2H^*$ folgt

$$2H^* = \sqrt{\pi} H. \tag{V.151}$$

Wir wenden Gl. (V.148) zunächst auf die *galaktische HI-Wolkenschicht* in der Sonnenumgebung an. In diesem Fall sind die thermischen Geschwindigkeiten der Gaspartikel (in den Wolken) wesentlich kleiner als die Geschwindigkeiten der Wolken selbst und wir dürfen $\overline{v_{th}^2}$ gegenüber $\overline{v_W^2}$ vernachlässigen. Die Beobachtungen der Synchrotronstrahlung lassen darüber hinaus erwarten, daß der Gradient des Drukkes der Kosmischen Strahlung dP_{KS}/dz in der dünnen HI-Wolkenschicht sehr klein ist, weshalb wir $\beta = 0$ setzen. Für die mittlere Gasdichte $\bar{\varrho} = 3 \cdot 10^{-24}\,\mathrm{g\,cm^{-3}}$ (IV.4.2) sowie $\sqrt{\overline{v_W^2}} = 10\,\mathrm{km\,s^{-1}}$ (IV.4.2, Tabelle IV.14 oder III.1.5) und $B = 6 \cdot 10^{-6}$ Gauß (III.1.8) erhält man $\alpha = P_M/P_W = 1.43$. Mit dem für kleine Abstände z brauchbaren Näherungswert $a = |\partial K_z/\partial z|_{z=0} \approx 10^4\,\mathrm{km^2\,s^{-2}\,kpc^{-2}} \approx 10^{-29}\,\mathrm{s^{-2}}$ (s. V.1.5) ergibt sich dann $H \approx 135$ pc und $H^* \approx 120$ pc. Die Abweichung von dem in Tabelle IV.14 angegebenen empirischen Wert für H^* liegt im Rahmen der Unsicherheit unserer Annahmen.

Für homogen geschichtetes *warmes neutrales Zwischen-Wolkengas* wäre $\overline{v_W^2} = 0$ zu setzen, während die mittlere thermische Geschwindigkeit mit den Werten N und T nach Tabelle V.5 zu $\sqrt{\overline{v_{th}^2}} \approx 11\,\mathrm{km\,s^{-1}}$ folgt. Unter Beibehaltung der Annahmen $B = 6 \cdot 10^{-6}$ Gauß und $dP_{KS}/dz = 0$ resultiert damit für H^* praktisch der für die kalten HI-Wolken erhaltene Wert. Legt man jedoch die aus Linienbreiten für die warme Gaskomponente abgeleitete eindimensionale Geschwindigkeitsstreuung $\sqrt{\overline{v_r^2}} \approx 10\,\mathrm{km\,s^{-1}}$ zugrunde (IV.4.2, Gl. IV.204f.), ersetzt also $\sqrt{\overline{v_{th}^2}}$ durch $\sqrt{3\overline{v_r^2}} \approx 17\,\mathrm{km\,s^{-1}}$, dann ergibt sich (mit $\alpha = 1.43$, $\beta = 0$) $H^* \approx 200$ pc, dem aus Beobachtungen des warmen Gases abgeleiteten Resultat gleich (IV.4.2). Die höhere Geschwindigkeitsstreuung kann aus einer wolkigen Struktur der warmen Komponente mit entsprechenden makroskopischen Bewegungen resultieren, läßt sich aber qualitativ auch mit der Annahme erklären, daß sich das warme Gas vorwiegend in der

Umgebung der kalten Wolken befindet und bis zu einem gewissen Grad an deren Bewegungen teilnimmt (s. unten: Globale Modelle).

In der *heißen Gaskomponente* tragen die Elektronen zu P_{th} etwa gleichviel bei wie die Protonen. Wir berücksichtigen dies, indem wir $\overline{v_{th}^2} = 3\bar{N}kT/\bar{\varrho} = 3\Re T/\mu$ mit $\mu = 0.5$ berechnen. Für $T = 10^6$ K folgt dann $\sqrt{\overline{v_{th}^2}} = 224$ km s^{-1}. Das Magnetfeld dürfte hier höchstens mit $B \approx 1 \cdot 10^{-6}$ Gauß anzusetzen sein, weshalb wir $\alpha = 0$ annehmen. Da sich das heiße Gas nach den Beobachtungen bis zu großen Abständen erstreckt, erhält man, falls dies auch für die Kosmische Strahlung gilt, mit $P_{th} \approx P_{KS} \approx 4 \cdot 10^{-13}$ dyn cm^{-2} und $P_W \approx 0$ angenähert $\beta = 1$. Verwendet man versuchsweise auch hier den oben angegebenen Wert des Gradienten $\partial K_z/\partial z$, dann folgt $H^* \approx 2.4$ kpc. Da sich der Anstieg von $|K_z|$ bei $|z| > 500$ pc abflacht (V.1.4, Abb.V.7), verspricht hier ein Modell mit $K_z = \text{const.}$ eine bessere Annäherung an die Wirklichkeit. Als Richtwert für die halbe Schichtdecke der heißen Komponente ergibt sich in diesem Fall – bei Vernachlässigung des Druckes der Kosmischen Strahlung – die Äquivalenthöhe (PSS V.3.1)

$$H^* = \frac{\Re T}{\mu g_z}. \qquad \text{(V.152)}$$

Verwendet man für die hier auftretende Schwerebeschleunigung den bei $z = z_0 = 300$ pc gültigen Wert $g_z = -K_z = a \cdot z_0 \approx 10^{-8}$ cm s^{-2}, der einer Massenbelegung der galaktischen Ebene von $\varrho(0) \cdot 2z_0 \approx 100\ \mathfrak{M}_\odot$ pc^{-2} entspricht (Integral über z), dann folgt $H^* \approx 5 \cdot 10^{-3} T$ [pc], also $H^* \approx 5$ kpc für $T = 10^6$ K. Die heiße Gaskomponente sollte somit einen ausgedehnten galaktischen Halo bilden, wie er auf empirischem Wege gefunden wurde, für den heute jedoch eine dynamische Deutung gegeben wird (IV.4.6).

Parker-Instabilität: Die vorangegangenen Abschätzungen zeigen, daß das interstellare Magnetfeld in der galaktischen Scheibe einen merklichen Beitrag zum Druck des Gases liefert. Wenn die Feldlinien parallel zur galaktischen Ebene, also senkrecht zur Schwerkraft, verlaufen, tritt in der horizontalen homogenen Gasschichtung eine zuerst von E. N. Parker (1966) erkannte Instabilität auf, die der Rayleigh-Taylor-Instabilität bei Lagerung einer schweren Flüssigkeit auf einer leichten analog ist.

Das Magnetfeld ist praktisch fest an das Gas gebunden; umgekehrt reicht seine Stärke aus, um jede Bewegung des Gases senkrecht zu den Feldlinien erheblich zu behindern. Jedes herausgegriffene kleine Gasvolumen ist also, wie auf eine Schnur gezogene Perlen, auf Bewegungen entlang der Feldlinien beschränkt. Einer Störung der planparallelen Schichtung, die in geringfügigen lokalen Verschiebungen von Plasma und Magnetfeld nach oben bzw. unten besteht (Abb. V.16), wirkt zunächst die Tendenz der Feldlinien entgegen, sich zu verkürzen. Das Gas wird jedoch überall dort, wo jetzt die Feldlinien nicht mehr horizontal verlaufen, diesen folgend nach unten strömen. Damit wird die Störung verstärkt: In einem nach oben verschobenen Gasvolumen entsteht eine niedrigere Dichte, das Feld hat weniger zu tragen und dehnt sich nach oben aus; in einem nach unten verschobenen Gasvolumen wird das Feld stärker belastet, es sinkt also weiter ab. Durch den Druckbeitrag der Kosmischen Strahlung wird dieser Vorgang noch unterstützt: Weil P_{KS} entlang der gestörten Feldlinien konstant bleibt, liegt diese Größe im angehobenen Gasvolumen oberhalb und im abgesenkten Gas unterhalb der dort geltenden Gleichgewichtswerte, führt also zu weiterer Anhebung bzw. Absenkung.

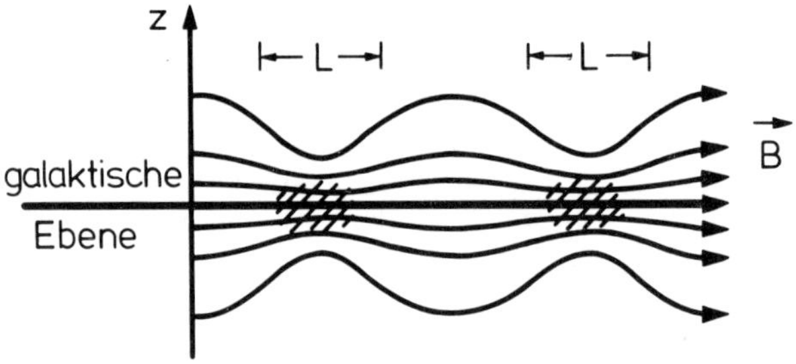

Abb. V.16: Instabilität einer planparallelen Schichtung interstellaren Gases mit homogenem Magnetfeld ***B*** im homogenen Schwerefeld K_z.

Die beschriebene Instabilität kann nur auftreten, wenn die Änderung der potentiellen Energie des vertikal verschobenen Gasvolumens größer ist als die Änderung der Energie des Magnetfeldes, da anderernfalls dessen Zugkraft an den Feldlinien die planparallele Schichtung wiederherstellt. Weil die Masse des verlagerten Gases für feste Auslenkung mit der räumlichen Ausdehnung (halbe Wellenlänge) der Störung L zunimmt, hat man daher zu erwarten, daß L oberhalb eines bestimmten kritischen Wertes L^* liegen muß. Die quantitative Theorie führt nach Parker (bei Vernachlässigung von P_{KS}) auf

$$L^* \approx \frac{4\sqrt{\pi}\, H^*}{\sqrt{1+2\alpha}}. \tag{V.153}$$

Mit $H^* = 130$ pc und $\alpha \approx 1$ folgt $L^* \approx 500$ pc. Die Zeitskala der Entwicklung der Instabilität ist von der Größenordnung 10^7 Jahre. Die Bildung von Materieansammlungen auf diesem Wege, etwa ausgelöst durch die galaktische Dichtewelle, könnte für die Struktur der Spiralarme und die Entstehung interstellarer Wolken von Bedeutung sein. Durch detaillierte Rechnungen wurde gezeigt, daß ein neuer stabiler Zustand mit gekrümmten Feldlinien über eine Länge $L \approx L^*$ möglich ist, bei dem der Zug an den Feldlinien und der nach außen gerichtete magnetische Druck im Gleichgewicht sind. Vielleicht lassen sich auf diese Weise die in der Verteilung von Staub und Gas beobachteten gekrümmten Filamente erklären.

Globale dynamische Modelle des interstellaren Mediums: In der galaktischen Scheibe ist der weitaus größte Teil der Masse des interstellaren Gases in Wolken konzentriert; mindestens die Hälfte der gesamten Wolkenmasse entfällt dabei auf die diffusen HI-Wolken. Ursprung und Entwicklung der Wolken sind noch nicht befriedigend geklärt. Zur Beschreibung der globalen Dynamik des Wolkensystems bedient man sich daher bisher stark vereinfachender Modellvorstellungen.

Wir skizzieren zunächst ein *extrem idealisiertes Modell*, bei dem die diffusen Wolken wie Moleküle eines Gases behandelt werden, zwischen denen unelastische Stöße stattfinden. Dabei sollen die Wolken – zumindest teilweise – miteinander verschmelzen. Nach und nach entstehen immer massereichere Wolken, in denen schließlich Sterne gebildet werden. Hierbei wird das verbleibende Gas durch die von den massereichsten dieser Sterne ausgehenden Stoßfronten (Supernovae, HII-Regionen, Sternwinde) hinausgefegt und es entstehen neue kleine diffuse Wolken. Der Kreislauf kann von neuem beginnen.

Für eine Abschätzung der Dauer dieses Prozesses berechnen wir zunächst die mittlere Stoßzeit τ der diffusen Wolken. Diese seien kugelförmig mit dem Radius R[pc] und ihre Anzahl pro Volumeneinheit sei $N[\mathrm{pc}^{-3}]$. Dann gilt für die mittlere Wolkenzahl auf dem Sehstrahl $\nu[\mathrm{kpc}^{-1}] = \pi R^2 \cdot 10^3 \cdot N$ (= Zahl der Wolken in einer Säule vom Querschnitt πR^2 und der Länge 10^3 pc). Mit $\nu = 5\ \mathrm{kpc}^{-1}$ und $2R =$ 3 pc folgt hiernach $N = 7 \cdot 10^{-4}\ \mathrm{pc}^{-3}$. Eine Wolke erleidet im Mittel nach der Zeit $\tau = (\pi R^2 \cdot N \cdot \bar{v}'_W)^{-1}$ einen Stoß mit einer anderen Wolke. Dabei bezeichnet $\overline{v'_W}$ die Relativgeschwindigkeit zweier Wolken. Für die dreidimensionale Streuung $\sqrt{\overline{v_W^2}} \approx$ 10 km s^{-1} folgt $\bar{v}'_W \approx 14$ km s^{-1} und man erhält mit $\pi R^2 \cdot N = \nu \cdot 10^{-3} = 5 \cdot 10^{-3}$ pc^{-1} die mittlere Stoßzeit $\tau \approx 10^7$ Jahre. Die Verschmelzung zu massereichen Wolken, in denen Sterne entstehen können, erfordert daher etwa 10^8 Jahre. Weil die Bildung massiver Sterne höchstens dieselbe Zeit in Anspruch nimmt, dauert der ganze Zyklus nur wenige 10^8 Jahre, er müßte also seit der Bildung der galaktischen Scheibe, vor etwa 10^{10} Jahren, schon oft durchlaufen worden sein. Es sollte sich daher auch bereits ein bestimmtes „Gleichgewichts"-Massenspektrum der Wolken eingestellt haben. Modellrechnungen lassen $F(\mathfrak{M}) \sim \mathfrak{M}^{-\gamma}$ mit $\gamma = 1.5\ldots2$ erwarten und befinden sich damit in befriedrigender Übereinstimmung mit vorliegenden empirischen Aussagen (IV.4.1, IV.4.2).

Die Verluste an kinetischer Energie bei unelastischen Stößen zwischen den diffusen Wolken scheinen der Energiezufuhr durch die explosionsartig expandierenden HII-Regionen und Supernova-Hüllen in etwa gleich zu kommen:

Nimmt man versuchsweise an, daß innerhalb einer Wolkenstoßzeit $\tau \approx 10^7$ Jahre ein Viertel der kinetischen Energie aller diffusen Wolken in der Volumeneinheit $\varepsilon = N \cdot (1/2)\, \mathfrak{M}\, \overline{v_W^2}$ verloren geht, dann folgt mit $\mathfrak{M} = 30\, \mathfrak{M}_\odot$ eine *Energieverlustrate* $\varepsilon/4\tau \approx 2 \cdot 10^{-27}$ erg cm^{-3} s^{-1}. Die *Energiezufuhr* läßt sich folgendermaßen abschätzen:

(1) In einer HII-Region um einen O-Stern ist die Energiezufuhr durch Photoionisation pro Elektron und pro Proton von der Größenordnung $\Gamma_{Ph}/N_e N_p \approx 2 \cdot 10^{-24}$ erg cm^3 s^{-1} (IV.2.3, Abb.IV.8). Mit dem Durchschnittswert von $N_e \cdot N_p$ für das

gesamte interstellare Medium nahe der galaktischen Ebene nach den Radiokontinuumsbeobachtungen $\overline{N_e N_p} \approx \overline{N_e^2} \approx 0.1\ \mathrm{cm}^{-6}$ ergibt sich hiermit $\Gamma_{Ph} \approx 2 \cdot 10^{-25}$ erg $\mathrm{cm}^{-3}\ \mathrm{s}^{-1}$. Die auf das Gas übertragene kinetische Energie wird nach genaueren Untersuchungen infolge hoher Strahlungsverluste wahrscheinlich nur wenige Prozent hiervon betragen, dürfte aber mindestens $2 \cdot 10^{-27}$ erg $\mathrm{cm}^{-3}\ \mathrm{s}^{-1}$ erreichen.

(2) Die abgestoßene Hülle einer Supernova besitzt eine kinetische Energie von rund 10^{51} erg (PSS II.4.1). Bei einer Häufigkeit des Auftretens von einer Supernova in 30 Jahren in der gesamten galaktischen Gasscheibe (Radius $\approx$ 10 kpc, Dicke $\approx$ 250 pc) erhält man rund 10^{-24} erg $\mathrm{cm}^{-3}\ \mathrm{s}^{-1}$. Auch hier zeigt die genauere Behandlung, daß die Effektivität etwa ein Prozent beträgt (V.3.3), wodurch die Größenordnung 10^{-26} erg $\mathrm{cm}^{-3}\ \mathrm{s}^{-1}$ resultiert.

Eine befriedigende Theorie des interstellaren Mediums muß berücksichtigen, daß es nicht nur Wolken, sondern tatsächlich wenigstens drei Komponenten des Gases mit Temperaturen in den Bereichen $T \lesssim 100$ K, $T \approx 10^4$ K und $T \approx 10^6$ K gibt und sie muß dafür eine Erklärung anbieten (vgl. IV.2.3). Erschwerend ist hierbei, daß von seiten der Beobachtung noch kein gesichertes Bild der gegenseitigen Abgrenzung dieser Komponenten geliefert werden kann. Ein konsistentes *Drei-Komponenten-Modell,* das die wichtigsten beobachteten Fakten in großen Zügen zu erklären vermag, wurde 1977 von C. F. McKee und J. P. Ostriker konstruiert. Darin spielen die Explosionswellen der Supernovae eine beherrschende Rolle. Wir geben hier wichtige Resultate dieser Untersuchung wieder.

Es wird zunächst einmal davon ausgegangen, daß der interstellare Raum nur von dem warmen Zwischen-Wolken-Medium erfüllt sei. Die Stoßfront einer Supernova tritt hier mit dem umgebenden Gas ins Druckgleichgewicht, wenn sie etwa einen Radius $r_s \approx 50$ pc erreicht hat (s. V.3.3). Das Volumen hinter der Stoßfront $V_0 = (4\pi/3) r_s^3 \approx 5 \cdot 10^5\ \mathrm{pc}^3$ ist dann im wesentlichen mit einem sehr dünnen Gas der Temperatur $T \approx 10^6 \ldots 10^7$ K ausgefüllt. Die Lebensdauer dieser heißen „Gasblase“ entspricht ungefähr der Zeit $t = r_s/c_{s0}$ innerhalb der das umgebende warme Zwischen-Wolken-Gas mit der Schallgeschwindigkeit c_{s0} bis in die Mitte des Kugelvolumens eingeströmt ist. Mit $c_{s0} = 6\ \mathrm{km\ s}^{-1}$ (Tabelle V.5, S. 495) folgt $t \approx 10^7$ Jahre. Da in der galaktischen Scheibe etwa alle 30 Jahre eine Supernova auftritt (PSS II.4.1), sind ständig etwa $10^7/30 = 3 \cdot 10^5$ derartige heiße Gasblasen vorhanden mit einem Gesamtvolumen von $3 \cdot 10^5 \cdot V_0 \approx 10^{11}\mathrm{pc}^3$. Dies entspricht dem Volumen einer Scheibe mit dem Radius $R_0 = 10$ kpc und der Dicke $2H^* = 250$ pc. Der Raumerfüllungsfaktor f der heißen Komponente ist daher nahe bei eins zu erwarten.

Die kalten Wolken sind in dieses dünne heiße „Koronagas“ eingebettet. Die quantitative Diskussion zeigt, daß an den „Wolkenoberflächen“ eine ausgedehnte warme Übergangsschicht mit $T \approx 10^4$ K entstehen muß (Abb. V.17): Die Kühlung durch Abstrahlung bewirkt dies hier in analoger Weise wie wir es für das Zwei-Phasen-Modell in IV.2.3 erläutert haben. Die äußere Schicht der warmen Wolkenhüllen ist durch die thermische weiche Röntgenstrahlung der heißen Komponente ionisiert.

Bei sehr kleinen kalten Kernen dominiert das Erscheinungsbild der warmen Wolke. Konsistente Werte für die Raumerfüllungsfaktoren f der kalten Wolkenkerne, des warmen neutralen und des warmen ionisierten Gases sind etwa 0.02, 0.1 und 0.2. Die warmen Hüllen stellen den größen Teil des Wolkenvolumens, während die kalten Kerne für die Wolkenmasse bestimmend sind. Wolken ohne kalte Kerne würden beim Durchgang der Stoßfront einer Supernova vollständig „verdampfen“.

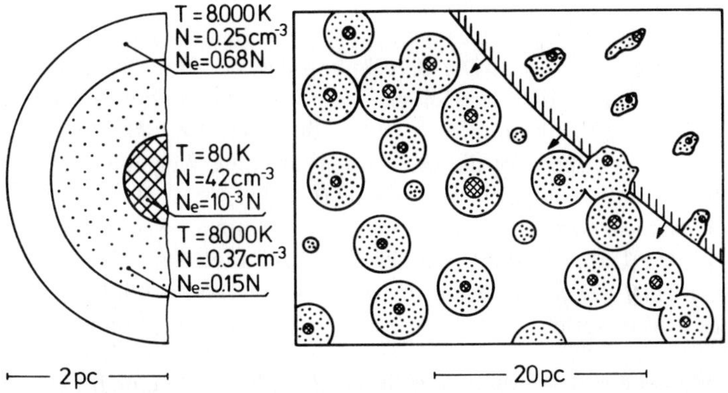

Abb. V.17: Zum Drei-Komponenten-Modell des interstellaren Mediums von McKee und Ostriker. Links: Querschnitt einer „kleinen Wolke“, rechts: Wirkung des Durchgangs der Supernova-Explosionswelle auf die „kleinen Wolken“.

McKee und Ostriker nahmen einen stationären Zyklus an, bei dem Gleichgewicht besteht: (1) in der Massenbilanz zwischen der „Verdampfung“ von Wolken beim Durchgang der Supernova-Explosionswellen und der Vergrößerung der Wolkenmassen durch Aufnahme des von den Stoßfronten zusammengefegten Koronagases sowie (2) in der Energiebilanz, indem die kinetische Energie der Supernova-Hüllen (s. V.3.3) gerade ausreichen soll zur Heizung und Deckung der Abstrahlung der galaktischen Korona, zur Deckung der Energiedissipation beim Eindringen der Stoßfronten in Wolken und der Strahlungsverluste im Übergangsgebiet zwischen Wolken und Koronagas. Das Spektrum der Wolkendurchmesser D wird in der Form $f(D) \sim D^{-4}$ angesetzt. Wolken mit $D < 1$ pc verdampfen rasch in dem heißen Koronagas, weshalb das Spektrum hier abgebrochen wird. Die OVI-Absorptionslinien (III.1.4) entstehen wahrscheinlich in den äußersten Hüllen der Wolken. Die diffuse weiche Röntgenstrahlung (III.1.9) kommt aus dem dünnen heißen Gas im Inneren der Supernova-Hüllen; die zur Deutung der bei 0.3 keV beobachteten Strahlung erforderlichen Emissionsmaße von der Größenordnung 10^{-2} cm^{-6} pc bei $T = 10^6$ K lassen sich mit der Annahme weniger solcher „Blasen“ heißen Koronagases ($N_e \approx 3 \cdot 10^{-3}$ cm^{-3}) auf dem Sehstrahl erreichen.

3.3 Stoßfronten im interstellaren Gas

Dynamik von HII-Regionen: In IV.2.1 wurde die Ionisation der HII-Regionen statisch behandelt. Tatsächlich expandiert das aufgeheizte Gas explosionsartig mit Geschwindigkeiten um 10 km s^{-1}, und erst wenn der ionisierende O-Stern nach höchstens 10^7 Jahren bereits schwächer wird, sind die bei typischen entwickelten HII-Regionen beobachteten Dimensionen erreicht. Es handelt sich also um relativ kurzlebige Gebilde. Wir besprechen im folgenden Ansätze zu einer Theorie der zeitlichen Entwicklung dieser Objekte.

Für die Anfangsphase können wir annehmen, daß der ionisierende Stern plötzlich „eingeschaltet" wird: Die Berechnung der Vor-Hauptreihen-Entwicklung von O-Sternen ergibt, daß der Helligkeitsanstieg auf den Hauptreihenwert innerhalb von nur etwa 10^4 Jahren erfolgt. Ist der den Stern umgebende Wasserstoff bereits ionisiert, dann bewirkt die geringe mittlere freie Weglänge der Lymankontinuums-Photonen in neutralem Wasserstoff ($l \approx 1/\kappa_{\nu 0} \approx 0.04$ pc$/N$(HI), s. IV.2.1), daß die innen nicht behinderten Photonen in einer dünnen Schicht der HI-Hülle absorbiert werden. Dabei entsteht dort ebenfalls Ionisation, und die nächsten Photonen können um die Dicke dieser hinzugewonnenen HII-Schicht ungestört weiter vordringen usw. Man spricht deshalb von der Ausbreitung einer Ionisationsfront.

Wie bei der Behandlung der Stoßfronten führt man auch hier ein mit der Ionisationsfront bewegtes Bezugssystem ein, in welchem dann die Gleichung (V.135) erfüllt sein muß. Der Massenfluß j wird dabei festgelegt durch den Fluß der ionisierenden Photonen $L_c(R_*)/4\pi r^2$ [Photonen $\text{cm}^{-2}\,\text{s}^{-1}$] beim Erreichen der Ionisationsfront (im Abstand r vom Stern):

$$\varrho_1 v_1 = \varrho_2 v_2 = j = \mu_i m_\text{H} \frac{L_c(R_*)}{4\pi r^2} \qquad \text{(V.154)}$$

$\mu_i m_H$ ist die mittlere Masse pro erzeugtes Ion. Wenn H : He = 10 : 1, dann folgt $\mu_i = (10 + 4)/10 = 1.4$, falls He nicht ionisiert wird. Mit dem in Tabelle IV.6 angegebenen Wert von $L_c(R_*)$ für einen O7-Stern sowie $r = 3$ pc und $\varrho_1 = 100\, m_H$ g cm^{-3} liefert Gl. (V.154) für die Geschwindigkeit der Ionisationsfront $v_1 \approx 1000$ km s^{-1}! Der Strömgrenradius r_s (IV.2.1) wird also schon nach einer Zeit $< 10^4$ Jahre erreicht. Als Beginn der Expansion des aufgeheizten Gases nimmt man den Zeitpunkt, zu dem der Radius der Ionisationsfront r_i bereits gleich dem Strömgrenradius r_s ist.

Die anschließende *Expansionsphase* wird als Folge von Gleichgewichtszuständen betrachtet. Wegen der abnehmenden Dichte und $r_s \sim N_\text{H}^{-2/3}$ wächst r_s ständig an. Damit wächst auch die Gesamtmasse des ionisierten Gases $\mathfrak{M}_\text{HII} \sim N_\text{H} \cdot r_s^3 \sim N_\text{H}^{-1}$: Mit der gleichen Anzahl von Photonen können bei niedrigerer Dichte mehr H-Atome im ionisierten Zustand gehalten werden, weil die Anzahl der Rekombinationen/$\text{cm}^3 \sim N_\text{H}^2$, die Anzahl der Ionisationen/cm^3 aber nur $\sim N_\text{H}$ ist.

Die Ionisationsfront bewegt sich weiter, aber mit einer durch den Expansionsvorgang bestimmten geringeren Geschwindigkeit $v_1 = \mathrm{d}r_s/\mathrm{d}t$. Während beim Fortschreiten der Ionisationsfront für $r_i < r_s$ praktisch keine Bewegungen auftreten, handelt es sich nun um die Ausbreitung des „warmen" HII-Gases in das noch vorhandene ruhende Gas der Wolke, in welcher der ionisierende Stern entstanden ist. Daher wird sich eine Stoßfront entwickeln, deren Lage wir bei $r = r_s$ annehmen können.

Der Einfachheit halber sei die Dichte in der expandierenden HII-Region ständig *räumlich* konstant angenommen. Für einen inneren Punkt unmittelbar hinter der Ionisationsfront im Abstand $r = r_2$ vom Stern gilt dann bei fortschreitender Expansion $r_2^3 \varrho_2 = \text{const.}$, während wir für die Ionisationsgrenze r_s nach Gl. (IV.95) annehmen können $r_s^3 \varrho_2^2 = \text{const.}$ Differenzieren dieser beiden Bedingungen nach der Zeit liefert einfache Beziehungen für $\mathrm{d}r_2/\mathrm{d}t = v_2$ und $\mathrm{d}r_s/\mathrm{d}t = v_1$, deren Vergleich, unter Beachtung von $r_2 \approx r_s$, auf $v_2 = v_1/2$ führt. Die Bedingungsgleichung (V.136) liefert damit den *isothermen* Fall mit $P_2 = \varrho_2 c_{s2}^2 \gg P_1 \approx 0$ durch Auflösung nach der Geschwindigkeit der Stoßfront

$$v_1^2 = c_{s2}^2 \frac{(\varrho_2/\varrho_1)}{1-(\varrho_2/4\varrho_1)} . \tag{V.155}$$

Ist das Verhältnis ϱ_2/ϱ_1 durch die Expansion auf 0.1 abgefallen, dann folgt hiernach noch immer $v_1 \approx 0.3\ c_{s2} \approx 3\ \mathrm{km\ s^{-1}}$: Die Front bewegt sich mit Überschallgeschwindigkeit in das dichte neutrale Gas der umgebenden Wolke hinein und staut dieses zu einer Hülle auf; die HII-Region ist in dieser Phase noch ionisationsbegrenzt und wird daher häufig nur durch Radiobeobachtungen oder Infrarotbeobachtungen nachweisbar sein.

Die Ausbreitung des dünnen HII-Mediums in das dichtere molekulare Gas ist in ähnlicher Weise gegen Störungen instabil, wie man es von der Lagerung einer schweren auf einer leichten Flüssigkeit im homogenen Schwerefeld kennt (Rayleigh-Taylor-Instabilität). Im Bereich der Grenzfläche können geringfügige Inhomogenitäten zu starken Deformationen führen. Die sogenannten „Elefantenrüssel" (III.2.1, Abb. III.34), in denen das kalte Gas tief in die HII-Region hineinragt und unter Umständen ganz von dieser umschlossen wird (Globulen), finden damit eine Erklärung.

In neueren Untersuchungen wurde die Entwicklung von HII-Regionen auf der Grundlage der allgemeinen hydrodynamischen Gleichungen numerisch verfolgt. Dabei ging man von der durch die Beobachtungen nahegelegten Annahme aus, daß der anregende O-Stern in einer dichten Molekülwolke mit etwa 10^3 Gaspartikeln $\cdot\, \mathrm{cm}^{-3}$ entstanden ist. Über die vorangegangenen Betrachtungen hinausführende interessante Resultate ergaben sich insbesondere für den Fall, daß die Ionisationsfront der expandierenden HII-Region den Rand der Wolke passiert und in das Zwischen-Wolken-Medium (ZWM) übergeht (Abb. V.18). In der Regel wird die HII-Region erst dann durch Beobachtungen im sichtbaren Bereich erfaßbar.

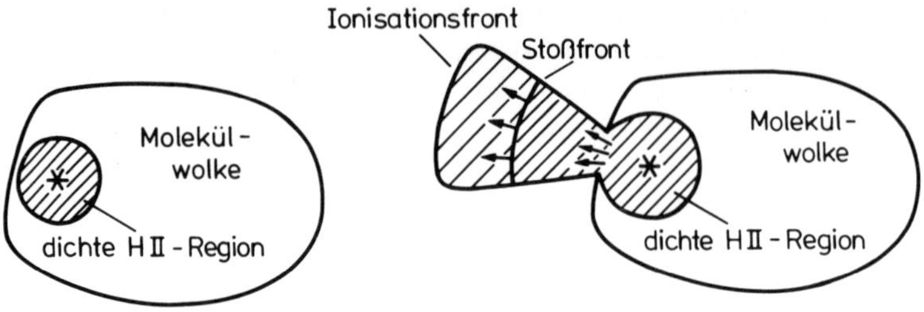

Abb. V.18: Zur Entwicklung von HII-Regionen. Links: Optisch noch unsichtbare kompakte HII-Region in einer Molekülwolke. Rechts: nach Durchbruch der HII-Region in das Zwischen-Wolken-Medium: „Champagner-Effekt". (Nach G. Tenorio-Tagle).

Nach den Rechnungen steigt zu diesem Zeitpunkt die Geschwindigkeit der Ionisationsfront stark an und erzeugt hinter sich, zwischen dem ionisierten Teil der Wolke und dem angrenzenden, nun ionisierten ZWM, einen großen Druckgradienten. Dieser Sprung im Druckverlauf hat den sogenannten „Champagner-Effekt" zur Folge: Es entsteht eine starke isotherme Stoßfront, die sich mit Geschwindigkeiten $\gtrsim 30$ km s^{-1} (Machzahl $\gtrsim 3$) in das ionisierte ZWM bewegt und damit nun zum Rand des Nebels wird. Gleichzeitig läuft in Richtung zum Stern eine „Verdünnungswelle" bis zum anderen, noch ionisationsbegrenzten Rand der HII-Region (dem Boden der Champagnerflasche!). Dies bedeutet, einfach ausgedrückt, daß das Gas der HII-Region unter ständiger Verdünnung in seinem Inneren rasch in das ZWM ausströmt; währenddessen vergrößert sich jedoch die HII-Region auch in Richtung zur Molekülwolke hin, wodurch weiteres Material für die Ausströmung verfügbar wird (G. Tenorio-Tagle u. a. 1979).

Die Bedeutung dieser Rechnungen liegt vor allem darin, daß sie gegenüber früheren Versuchen von einem Modell ausgehen, das eher der Realität entspricht. Die ältere Theorie hatte zunächst eine kugelsymmetrisch expandierende HII-Region betrachtet, die allseitig von einem optisch dünnen Medium umgeben ist. Die in diesem Fall zu erwartenden systematischen Dopplerverschiebungen bzw. Verbreiterungen der optischen Emissionslinien stehen weitgehend im Widerspruch zu den Beobachtungsergebnissen (vgl. III.2.1). Das neue Modell scheint nach den bisher vorliegenden Resultaten eine Deutung der bei entwickelten HII-Regionen beobachteten Geschwindigkeiten liefern zu können. Die häufig beobachteten hellen Ränder des Nebels dürften mit der Stoßfront selbst zusammenfallen.

Ausbreitung von Supernova-Hüllen (SNH): Die Wechselwirkung erfolgt hier auf eine grundsätzlich andere Weise als beim Vordringen einer expandierenden HII-Region in das umgebende neutrale Gas. Wegen der hohen Anfangsgeschwindigkeit der SNH, typisch etwa $v = 10000$ km s^{-1} für Typ II-Supernovae (PSS II.4.1), entsprechend einer Energie (pro H-Atom) von 1 MeV, ergeben sich für die dominierenden Protonen mittlere freie Weglängen im interstellaren Gas von der Größenordnung $l \approx 10^3$ pc. Dies folgt aus der freien Weglänge bis zur nächsten Ionisation $l_i = 1/N_{\rm H}\sigma_{KS}$ mit $\sigma_{KS}(v)$ nach IV.2.1, Gl. (IV.77), wenn man berücksichtigt, daß das Proton bei einer Ionisation nur etwa den Bruchteil 10^{-4} seiner Energie verliert, und daher $l \approx 10^4\, l_i$ anzusetzen ist. Stoßfronten der bisher beschriebenen hydrodynamischen Art sind daher nicht zu erwarten. Das interstellare Magnetfeld kann jedoch eine Impulsübertragung auf sehr kurze Distanzen vermitteln: Gl. (III.43) in III.1.9 liefert für $E = 1$ MeV $= 1.6 \cdot 10^{-6}$ erg selbst für ein schwaches Magnetfeld mit $B = 1 \cdot 10^{-6}$ Gauß den kleinen Gyrationsradius $r_B \approx 1 \cdot 10^{-9}$pc. Die Bewegung der Protonen und anderer geladener Teilchen senkrecht zum Magnetfeld wird damit verhindert, und weil das Feld eingefroren ist, überträgt es den Impuls des Partikelstromes auf das interstellare Gas. Die entstehende Diskontinuität wird in diesem Fall als *hydromagnetische Stoßfront* bezeichnet.

Man unterscheidet drei Phasen der dynamischen Entwicklung einer SNH (L. Spitzer):

In der *ersten Phase* ist die Dichte der SNH groß gegenüber der Dichte der interstellaren Materie und die Masse des von der Stoßfront zusammenfegten Gases $(4\pi/3)r^3\bar{\varrho}$ ist kleiner als die Masse $\Delta\mathfrak{M}$ der SNH. Die Expansion erfolgt daher mit angenähert konstanter Geschwindigkeit bis zum Radius r_1, der etwa gegeben ist durch $(4\pi/3)r_1^3\,\bar{\varrho} = \Delta\mathfrak{M}$. Für $\Delta\mathfrak{M} = 0.5\,\mathfrak{M}_\odot$ und $\bar{\varrho} = 2 \cdot 10^{-24}$ g cm^{-3} folgt hieraus beispielsweise $r_1 = 1.6$ pc.

Während der *zweiten Phase* dominiert der Einfluß des aufgestauten interstellaren Gases. Die Stoßfront verlangsamt sich. Die Temperatur erreicht einige 10^7 K. Die Kühlung erfolgt dann allein durch thermische Bremsstrahlung und ist deshalb sehr gering (s. IV.2.3, Gl. IV.124). Man kann also näherungsweise Adiabasie annehmen. Zur Abschätzung der Geschwindigkeit der Stoßfront v_1 und der Temperatur T_2 unmittelbar hinter dem Dichtesprung benötigt man einen Näherungswert für den Druck P_2. Der mittlere Druck $\bar{P}$ im Bereich $r < r_1$ (= Radius der Stoßfront) ist gleich 2/3 der mittleren thermischen Energie pro Volumeneinheit $E_{th}/(4\pi/3)r_1^3$. Da P_2 wesentlich größer als $\bar{P}$, aber E_{th} nur ein Bruchteil der gesamten Energie E der SNH sein wird, setzen wir einfach

$$P_2 \approx \frac{E}{(4\pi/3)r_1^3}. \qquad \text{(V.156)}$$

Hier wurde auch der Faktor 2/3 fortgelassen. Löst man die erste Gl. (V.144) nach P_2/P_1 auf und setzt $P_1 = (1/\gamma)\varrho_1 c_{s1}^2$, dann folgt für $v_1^2/c_{s1}^2 \gg 1$

$$P_2 = \frac{2\varrho_1 v_1^2}{\gamma + 1}. \qquad \text{(V.157)}$$

Mit (V.156) folgt hieraus für $\gamma = 5/3$

$$v_1^2 = \frac{E}{\pi \varrho_1 r_1^3}. \tag{V.158}$$

Für die Temperatur hinter der Stoßfront liefert die Zustandsgleichung idealen Gases mit (V.157) und (V.156) sowie $\varrho_2/\varrho_1 \approx 4$ nach (V.143)

$$T_2 = \frac{\bar{\mu} P_2}{\mathfrak{R} \varrho_2} \approx \frac{3\bar{\mu}}{16\mathfrak{R}} v_1^2 \approx \frac{3\bar{\mu}}{16\pi\mathfrak{R}} \frac{E}{\varrho_1 r_1^3}. \tag{V.159}$$

Beispiel: Mit $\varrho_1 = 2 \cdot 10^{-24}$ g cm^{-3} und $E = 10^{51}$ erg (PSS II.4.1) liefern diese Beziehungen für $r_1 = 10$ pc die Zahlenwerte $v_1 \approx 8 \cdot 10^2$ km s^{-1} und $T_2 \approx 2 \cdot 10^7$ K.

Nach genaueren Rechnungen fällt die Dichte hinter der Stoßfront zur SN hin steil ab. Etwa die Hälfte der Masse innerhalb von r_1 ist auf den Bereich zwischen $r = 0.94\, r_1$ und $r = r_1$ konzentriert. Die Temperatur nimmt zwar zur SN hin zu, jedoch nicht so stark wie die Dichte abnimmt. Die bei Supernova-Überresten beobachtete thermische Röntgenstrahlung zwischen 0.2 und 10 keV dürfte aus dieser relativ dünnen Schicht kommen (Ausnahme: Krebsnebel, bei dem es sich auch im Röntgengebiet um Synchrotronstrahlung handelt).

Die *dritte Entwicklungsphase* ist durch die Dominanz der Abstrahlung gekennzeichnet: Die Temperatur hinter der Stoßfront ist soweit abgefallen, daß Elektronen von den häufigen Atomsorten gebunden und damit auch angeregt werden können. Die Kühlung durch nachfolgende Abstrahlung der aus der thermischen Energie des Gases entnommenen Anregungsenergie, vor allem im Ultraviolett, führt schließlich zu angenähert isothermer Expansion bei einer Temperatur von $10^7 \ldots 10^6$ K im Inneren und $T \lesssim 100$ K in der nun sehr dichten Schicht unmittelbar bei der Stoßfront (Gl. V.145). Die Geschwindigkeit v_i der von der Front auswärts geschobenen Masse interstellaren Gases $\mathfrak{M}_i \approx (4\pi/3) r_1^3 \bar{\varrho}$ wird jetzt nicht mehr durch die thermische Expansion, sondern durch den auswärts gerichteten Impuls des innerhalb von $r = r_1$ vorhandenen Gases bestimmt (Analogie: Schneepflug!). Die meisten der bekannten Supernova-Überreste befinden sich allerdings noch nicht in diesem Stadium. Wenn $r_1 \approx 50$ pc erreicht wird, ist die Geschwindigkeit v_i auf etwa 10 km s^{-1} abgesunken. Die Größenordnung der auf das interstellare Medium übertragenen kinetischen Energie $(1/2)\, \mathfrak{M}_i v_1^2$ ergibt sich mit diesen Zahlen zu rund 10^{49} erg, macht also etwa ein Prozent der ursprünglichen Energie $E \approx 10^{51}$ erg aus.

Die tatsächliche Entwicklung verläuft im Detail komplizierter als hier beschrieben. Wenn sich vor der Stoßfront die kalte Schicht hoher Dichte entwickelt hat und von dem sehr heißen Gas des Innenbereiches niedriger Dichte beschleunigt wird, dann hat man beispielsweise die bereits bei den HII-Regionen erwähnte Rayleigh-Taylor-Instabilität zu erwarten. Wahrscheinlich bilden sich Deformationen und Einschnürungen, die durch das Magnetfeld die Form von Filamenten erhalten, wie man es teilweise beobachtet.

Theorie der Spiralstruktur im interstellaren Gas: Die lineare Dichtewellentheorie der Spiralstruktur (V.2.2) ergibt für Sterne und interstellares Gas gleichartige Wellen kleiner Amplituden im Dichteverlauf. Bereits dort zeigt sich jedoch, daß die Reaktion des Gases auf den Durchgang der Welle im Gravitationspotential stärker sein kann als die des Sternfeldes: Nach den Gln. (V.121) mit (V.122) wird die Dichteamplitude σ_1^* umso größer, je kleiner die Geschwindigkeitsstreuung $\sqrt{(\Pi - \bar{\Pi})^2}$ ist. Im homogenen Gas ist diese Größe durch die Streuung der eindimensionalen thermischen Geschwindigkeit $\sqrt{\overline{v_x^2}} = \sqrt{\Re T/\bar{\mu}}$ zu ersetzen, die gleich der isothermen Schallgeschwindigkeit c_s ist. Im HI-Bereich ist c_s (Tabelle V.5, S. 495) ebenso wie die mittlere Wolkengeschwindigkeit (IV.4.2, Tabelle IV.14) wesentlich kleiner als die Streuung der Sterngeschwindigkeit von 40 bis 50 km s^{-1} (Sonnenumgebung).

Für die häufig angenommene Winkelgeschwindigkeit des Spiralmusters $\omega_p = 13.5$ km s^{-1} kpc^{-1} bewegt sich das interstellare Gas in der Sonnenumgebung relativ zur Potentialwelle in Rotationsrichtung mit der Geschwindigkeit $R(\omega_0 - \omega_p) \approx$ 115 km s^{-1}. Senkrecht zur Potentialwelle erhält man für einen Neigungswinkel der Spiralarme $\psi = 7°$ rund 14 km s^{-1}. Dieser Wert liegt erheblich über der Schallgeschwindigkeit für die warme Gaskomponente. Wäre der Raum zwischen den Wolken praktisch vollständig von diesem Medium ausgefüllt, dann müßten sich deshalb darin *spiralförmige Stoßfronten* ausbilden; die in V.3.1 abgeleiteten einfachen Beziehungen (V.143) bzw. (V.145) liefern Erhöhungen der Dichte um Faktoren 4 bzw. 5. Wird aber das Zwischen-Wolken-Gas im wesentlichen von der heißen Komponente (V.3.2) gebildet, deren Schallgeschwindigkeit bei 100 km s^{-1} liegt, dann kann auf diese Weise keine Stoßfront entstehen. Wir besprechen zunächst einige wichtige Resultate der Theorie für den ersten Fall und diskutieren danach ein zyklisches Modell, bei dem die Existenz einer weit verbreiteten heißen Komponente berücksichtigt wird.

Den Ausgangspunkt bilden die hydrodynamischen Gleichungen für eine dünne Gasscheibe (V.2.2), deren Potential nach der ersten Gl. (V.102) angesetzt wird. Dabei ist es zweckmäßig, zu einem Koordinatensystem überzugehen, das mit dem Spiralmuster rotiert und dessen eine Achse (ξ) parallel zum Spiralarm verläuft, während die andere Achse (η) senkrecht dazu orientiert ist. Es läßt sich dann unmittelbar zeigen, daß unter den vorliegenden Verhältnissen zusätzlich zur ungestörten Geschwindigkeit des Gases senkrecht zum Spiralarm $v_{\eta 0} = R(\omega_0 - \omega_p) \cdot \sin\psi$ im Fall $v_{\eta 0} > c_s$ eine Komponente $v_{\eta 1}$ auftritt, die auf das Minimum des Potentials (also auf das Maximum der Dichtewelle) gerichtet ist und somit eine Verstärkung der Dichtewelle bewirkt (W. W. Roberts 1969). Die Entwicklung der Strömung senkrecht zum Spiralarm ist durch numerische Integration der erhaltenen zeitabhängigen Gleichungen genauer untersucht worden. Typische Ergebnisse für $c_s =$ 8.6 km s^{-1} werden durch Abb. V.19 erläutert: Der Parameter F der Kurven für $v_\eta = v_{\eta 0} + v_{\eta 1}$ und für $\varrho/\bar{\varrho}$ ist das Verhältnis des spiralförmigen Anteils des Gravitationsfeldes zum rotationssymmetrischen Feld der galaktischen Scheibe, also die Amplitude des Gravitationsfeldes der Dichtewelle in Einheiten des mittleren Feldes. Während sich beispielsweise für $F = 0.4\%$ eine ähnlich wie das Potential bzw. wie

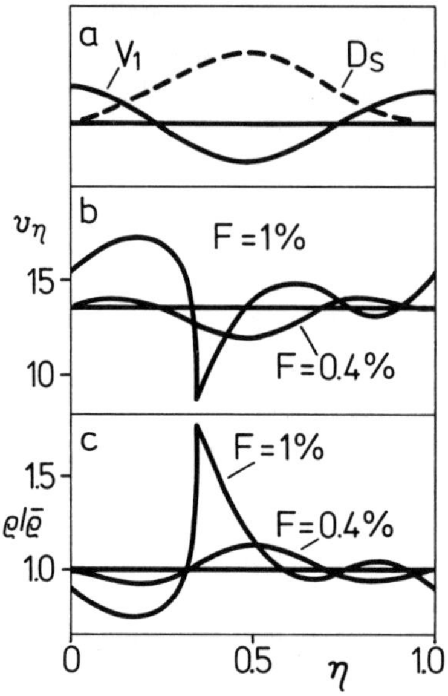

Abb. V.19: Übergang der spiralförmigen Dichtewelle in eine Stoßwelle. Abszisse: Koordinate η senkrecht zum Spiralarm in Einheiten der Wellenlänge der Dichtewelle. (a): Verläufe des Gravitationspotentials V_1 und der Sterndichte D_s qualitativ, (b): Geschwindigkeitskomponente senkrecht zum Spiralarm v_η in km s^{-1}, (c): Dichte ϱ relativ zur mittleren Dichte $\bar{\varrho}$. (Nach Rechnungen von P. R. Woodward).

die Sterndichte verlaufende glatte Welle ergibt, tritt bei $F \gtrsim 1\%$ eine Stoßwelle auf. Für das in V.2.2 erläuterte Spiralarm-Modell mit $F = 5\%$ ergibt sich ein Dichtesprung von $\varrho_2/\varrho_1 \approx 6$. Die spiralförmige Stoßfront liegt stets auf der inneren Seite der Dichtewelle. Die Kompression des interstellaren Gases innerhalb und hinter der spiralförmigen Stoßfront läßt die folgenden, der Beobachtung zugänglichen, interessanten Konsequenzen erwarten (Abb. V.20):

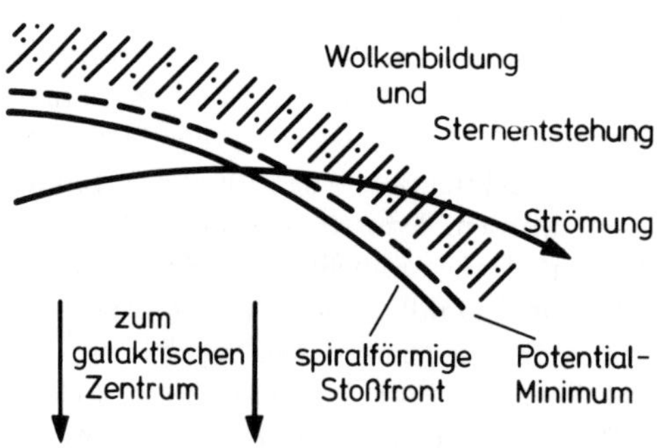

Abb. V.20: Zur Lage der galaktischen Stoßfront und der neu gebildeten Sterne im Spiralarm.

(1) Die Verdichtung des Zwischen-Wolken-Mediums stört das Wärmegleichgewicht (IV.2.3) und bringt dieses Gas teilweise in einen thermisch instabilen Zustand, von dem aus innerhalb von etwa 10^6 Jahren der Übergang in die stabile kalte und dichte Phase erfolgt. Unmittelbar hinter der Stoßfront bilden sich also neue interstellare Wolken.

(2) Bereits vorhandene, genügend große und massereiche Wolken, die nicht weit von der Grenze der Gravitationsinstabilität entfernt sind, könnten durch die Kompression bis zum Kollaps verdichtet werden (V.3.4). Die nachfolgende Sternbildung erfordert größenordnungsmäßig 10^7 Jahre (PSS VI.4). Während dieser Zeit bewegt sich das Gas relativ zur Stoßfront nur etwa um die Dicke der Übergangsschicht weiter. Die neu entstandenen OB-Sterne und die mit diesen verbundenen HII-Regionen sollten also in einem relativ schmalen Bereich auftreten, wie man es bei manchen extragalaktischen Spiralsystemen tatsächlich beobachtet und wie es auch in unserer Galaxis der Fall zu sein scheint.

(3) Die Verstärkung eines etwa parallel zu den Spiralarmen verlaufenden magnetischen Feldes unmittelbar hinter der Stoßfront sollte dort zu einer lokalen Erhöhung der Synchrotronstrahlung von Elektronen der Kosmischen Strahlung führen. Beobachtungen erhöhter nichtthermischer kontinuierlicher Radioemission aus den Spiralarmen der Galaxie M51 (Abb. E.2) haben diese Erwartung bestätigt. Eine lineare Polarisation dieser Strahlung, wie sie bei der Kompression eines großräumig einheitlichen Magnetfeldes zu erwarten wäre, wurde jedoch nicht gefunden. Die wolkige Struktur des Mediums scheint also zu einer ungleichmäßigen, verwirbelten Feldverteilung zu führen. Der bei M51 gefundene Abstand zwischen den durch frühe Sterntypen und HII-Regionen definierten „optischen" Spiralarmen einerseits und den mit der Stoßfront identifizierten Linien maximaler nichtthermischer Radioemission andererseits entspricht einer Zeitdifferenz von $6 \cdot 10^6$ Jahren, die für die Sternbildung ausreicht. Weiter zeigt sich, daß mit der Gasdichte offenbar auch die Staubdichte im Bereich der Stoßfront beträchtlich erhöht ist, wie man es zu erwarten hat. Untersuchungen der räumlichen Verteilung des Staubes können also Aussagen über die Lage der großräumigen spiralförmigen Stoßfronten liefern.

Wie läßt sich dieses Bild mit dem in V.3.2 besprochenen Drei-Komponenten-Modell des interstellaren Gases vereinbaren, in dessen heißem Zwischen-Wolken-Medium mit $c_s \approx 100$ km s^{-1} (Tabelle V.5) die galaktische Potentialwelle keine Stoßfront erzeugen würde? Wenn man davon ausgeht, daß die Heizung der heißen Gaskomponente in der galaktischen Scheibe durch Supernovae vom Typ II erfolgt, dann eröffnet sich folgende Möglichkeit eines beide Konzeptionen vereinigenden Modells (M. Reinhardt und Th. Schmidt-Kaler 1979): Nach dem Durchgang der Potentialwelle kann sich das heiße Gas zwischen den Spiralarmen abkühlen, weil hier praktisch keine Supernovae auftreten. Von $T \approx 10^6$ K bis auf $T \approx 10^4$ K beträgt die Kühlzeit etwa $t_K = (10^5/N_e)$ [Jahre] (vgl. IV.2.3, Gl. IV.124). Nach etwa 10^8 Jahren hat man daher im Zwischen-Arm-Gebiet vorwiegend nur noch ionisiertes

Gas mit $T \approx 10^4$ K und die warme Phase des neutralen Gases mit etwa derselben Temperatur. In beiden Medien liegt die Schallgeschwindigkeit bei $c_s \approx 10$ km s^{-1}. Die nächste Potentialwelle kommt bei dem in V.2.2 erläuterten zweiarmigen Modell erst nach einer halben Zykluszeit $\pi(\omega_0 - \omega_p) \approx 3 \cdot 10^8$ Jahre (für $\omega_0 = 25$ km s^{-1} kpc^{-1}, $\omega_p = 13.5$ km s^{-1} kpc^{-1}) und könnte dann ähnliche Verhältnisse vorfinden, wie sie bei den oben beschriebenen hydrodynamischen Rechnungen zugrunde gelegt wurden. Das entworfene Bild setzt also einen Zyklus ständiger Wiederholung der Prozeßfolge: Verdichtung, Sternbildung, Aufheizung und Abkühlung voraus.

Ein realistisches Modell muß weitere Prozesse berücksichtigen: Die Stoßfronten von Supernova-Explosionen massereicher Sterne werden zur Verdichtung interstellarer Wolken und damit weiter zur Sternbildung führen. Dieselbe Wirkung ist bei Stößen zwischen genügend massereichen Wolken zu erwarten. Beide Vorgänge können die einfache Dichtewellenstruktur von Fall zu Fall mehr oder weniger stark verändern oder eine andersartige Spiralstruktur erzeugen. Hierauf kommen wir im folgenden Abschnitt zurück.

3.4 Kondensation des Gases und galaktische Evolution

Da ein Stern durch Gravitation zusammengehalten wird, dürfte diese auch bei dem Prozeß der lokalen Kondensation von interstellarem Gas auf stellare Dichten eine überragende Rolle spielen. Das Bestehen eines angenäherten dynamischen Gleichgewichtes im Milchstraßensystem als Ganzes, in Verbindung mit der Existenz zahlloser Galaxien in einem ähnlichen Zustand, legt in analoger Weise die Vermutung nahe, daß sich diese großen Bausteine des Kosmos ebenfalls durch gravitative Verdichtung aus einem prägalaktischen Medium gebildet haben. Wir wenden uns deshalb zunächst der Frage nach den Bedingungen zu, unter denen mehr oder weniger homogen im Raum verteiltes Gas durch seine Eigengravitation zu kontrahieren beginnt.

Gravitationsinstabilität: Den Ausgangspunkt bilden die hydrodynamische Grundgleichung (Gl. V.127 für $\boldsymbol{B} \equiv 0$), die Kontinuitätsgleichung (V.128) und die Poisson-Gleichung (V.1.1, Gl. V.3). Wir geben hier eine auf J. H. Jeans (1902, 1928) zurückgehende Analyse für ein homogenes Gas wieder. Man geht von einem Gleichgewichtszustand aus, dem die statische Lösung $\varrho = \varrho_0 =$ const., $P = P_0 =$ const., $\boldsymbol{v} = \boldsymbol{v_0} =$ const., $V = V_0 =$ const. entspreche, und fragt nach der zeitlichen Entwicklung einer nahe benachbarten Lösung $\varrho = \varrho_0 + \varrho_1$, $P = P_0 + P_1$, $\boldsymbol{v} = \boldsymbol{v_0} + \boldsymbol{v_1}$, $V = V_0 + V_1$ mit $|\varrho_1| \ll |\varrho_0|, \ldots, |V_1| \ll |V_0|$, in völliger Analogie zu dem Vorgehen in V.2.2 bei der Ableitung der Gln. (V.103) bis (V.105). Die Gln. (V.127) für $\boldsymbol{B} \equiv 0$, (V.128) und (V.3) liefern mit diesem Ansatz bei Beschränkung auf die Glieder erster Ordnung unter der weiteren vereinfachenden Annahme $\boldsymbol{v_0} = 0$ die linearisierten Gleichungen

$$\frac{\partial \boldsymbol{v}_1}{\partial t} = -\frac{1}{\varrho_0}\nabla P_1 - \nabla V_1 , \tag{V.160}$$

$$\frac{\partial \varrho_1}{\partial t} = -\varrho_0 \nabla \boldsymbol{v}_1 , \tag{V.161}$$

$$\Delta V_1 = -4\pi G \varrho_1 . \tag{V.162}$$

Wir nehmen hierbei $\varrho_0 \neq 0$ an. Dies bedeutet, daß dieses Vorgehen insofern eine Näherung darstellt, als nach der Poisson-Gleichung (V.3) $V_0 = \text{const.}$ streng genommen auf $\varrho_0 = 0$ führt, also auf einen völlig leeren Raum – auch $\boldsymbol{v}_0 = 0$ führt nach Gl. (V.127) auf $\Delta V_0 = 0$, also $\varrho = 0$.

Für die Druckstörung setzen wir nach (V.132), unter der Annahme $c_s = \text{const.}$, also von Isothermie (s. Gl. V.134),

$$P_1 = c_s^2 \varrho_1 . \tag{V.163}$$

Wenn die Lösungsfunktionen dieses Gleichungssystems ϱ_1, P_1, $\boldsymbol{v}_1$, V_1 in Raum und Zeit konstant bleiben, wird das Medium als *stabil* bezeichnet, wenn sie mit der Zeit anwachsen, nennt man es *instabil.* Zur Gewinnung der Lösung bilden wir die Divergenz von (V.160) mit P_1 nach (V.163) und die zeitliche Ableitung von (V.161):

$$\nabla \frac{\partial \boldsymbol{v}_1}{\partial t} = -\Delta\left(c_s^2 \frac{\varrho_1}{\varrho_0} + V_1\right) \tag{V.164}$$

$$\frac{\partial^2 \varrho_1}{\partial t^2} = -\varrho_0 \nabla \frac{\partial \boldsymbol{v}_1}{\partial t} . \tag{V.165}$$

Elimination von $\nabla(\partial \boldsymbol{v}_1/\partial t)$ aus diesen Gleichungen liefert unter Benutzung von (V.162) die Wellengleichung

$$\frac{\partial^2 \varrho_1}{\partial t^2} = 4\pi G \varrho_0 \varrho_1 + c_s^2 \Delta \varrho_1 . \tag{V.166}$$

Von den bekannten Lösungen betrachten wir die in x-Richtung fortschreitende ebene Welle

$$\varrho_1 = \varrho_1^* \exp\{\mathrm{i}[\omega t - kx]\} . \tag{V.167}$$

Geht man damit ein in (V.166), dann folgt wegen $\ddot{\varrho}_1 = \omega^2 \varrho_1$ und $\Delta \varrho_1 = -k^2 \varrho_1$

$$\omega^2 = k^2 c_s^2 - 4\pi G \varrho_0 . \tag{V.168}$$

Für $\omega^2 < 0$ wird der Zeitteil des Exponenten in (V.167) reell, und wenn außerdem $\operatorname{Im} \omega < 0$, dann wächst ϱ_1 bei festem x exponentiell mit der Zeit an. Sieht man daher von dem Fall $\operatorname{Im} \omega > 0$ ab, dann tritt Instabilität ein für $k^2 < 4\pi G \varrho_0 / c_s^2 = k_g^2$ oder für Wellenlängen $l = 2\pi/k$ oberhalb einer Grenzwellenlänge $l_g = 2\pi/k_g$.

Weil die Ausdehnung des komprimierten Gebietes L etwa der halben Wellenlänge entspricht, setzt man $L = l/2$ und erhält das Jeans'sche Kriterium für Instabilität

$$L > L_J = \sqrt{\frac{\pi c_s^2}{4G\varrho_0}} = \sqrt{\frac{\pi k T}{4G\varrho_0 \bar{\mu} m_H}} = \frac{7.822}{\bar{\mu}} \sqrt{\frac{T}{N_H}} \,[\mathrm{pc}]\,. \qquad \text{(V.169)}$$

L_J wird oft als **„Jeanslänge"** bezeichnet. Die beiden rechten Ausdrücke gelten für isothermen Ablauf der Störung (c_s^2 nach Gl. V.134 mit $\mathfrak{R} = k/m_H$, wobei k = Boltzmannkonstante, N_H = Anzahldichte der H-Atome $= \varrho_0/\bar{\mu} m_H$).

Tabelle V.6: Jeanslänge L_J in pc und Jeansmasse $\mathfrak{M}_J$ in Sonnenmassen ($\mathfrak{M}_\odot$) für eine Auswahl von Werten der Anzahldichte der H-Atome N_H [cm^{-3}] und der kinetischen Temperatur T[K] berechnet nach (V.169) und (V.170) mit $\bar{\mu} = 1.3$ (entsprechend einem He-Atom auf 10 H-Atome).

	L_J [pc]			$\mathfrak{M}_J$ [$\mathfrak{M}_\odot$]		
N_H T	10	100	1000 K	10	100	1000 K
0.1	60	190	602	700	22000	$7.0 \cdot 10^5$
1	19	60	190	220	7000	$2.2 \cdot 10^5$
10	6.0	19	60	70	2200	$7.0 \cdot 10^4$
100	1.9	6.0	19	22	700	$2.2 \cdot 10^4$
1000	0.6	1.9	6	7	220	$7.0 \cdot 10^3$

Bei vorgegebener Dichte ϱ_0 entspricht der Länge L_J eine bestimmte **„Jeansmasse"** $\mathfrak{M}_J = L_J^3 \cdot \varrho_0$ und man kann für die Instabilitätsbedingung auch schreiben

$$\mathfrak{M} > \mathfrak{M}_J = \left(\frac{\pi k T}{4G\bar{\mu} m_H}\right)^{3/2} \varrho_0^{-\frac{1}{2}} = \frac{11.74}{\bar{\mu}^2} \sqrt{\frac{T^3}{N_H}} \,[\mathfrak{M}_\odot]\,. \qquad \text{(V.170)}$$

In diesem Fall kann der thermische Druck des durch T und N charakterisierten Gases die Gravitation nicht mehr kompensieren. Diese Ergebnisse werden durch eingehende Untersuchungen selbstgravitierender Kugeln bestätigt. Insbesondere liefert der Virialsatz für den Radius R_J und die Masse $\mathfrak{M}_J$ einer Kugel an der Grenze der Gravitationsinstabilität Ausdrücke, die sich von den rechten Seiten der Ungleichungen (V.169) und (V.170) nur durch nahe bei eins liegende Faktoren unterscheiden (PSS VI.4.1). Bemerkenswert ist ferner, daß auch die exakt durchführbare Analyse der Gravitationsinstabilität einer unendlich ausgedehnten planparallelen Gasschicht als Grenzwert der Schichtdicke bis auf den Faktor $2 \cdot \sqrt{2}/\pi = 0.9$ auf die rechte Seite von (V.169) führt.[1]

Tabelle V.6 gibt eine Übersicht der aus (V.169) und (V.170) folgenden Werte L_J bzw. $\mathfrak{M}_J$ für die im HI-Bereich des interstellaren Raumes vorkommenden Dichten

[1] S. z. B. Spitzer, Physical Processes in the Interstellar Medium (1978), S. 283ff.

und Temperaturen. Weitere Werte für $N_H = 10^4, 10^5, \ldots$ und $T = 10^4, 10^5, \ldots$ erhält man unmittelbar aus der Gesetzmäßigkeit der angegebenen Zahlenfolgen. Wir können nun prüfen, bei welchen der bekannten interstellaren Strukturen Gravitationsinstabilität zu erwarten ist. Kleine diffuse Wolken mit $T \approx 100$ K, $N_H \approx 10\ldots30$ cm^{-3} und Ausdehnungen $L \approx 3$ pc bzw. Massen $\mathfrak{M} \approx 5\ldots20\ \mathfrak{M}_\odot$ sind davon offenbar weit entfernt. Demgegenüber erhält man für die in IV.2.4, Tabellen IV.9a, b zusammengestellten typischen Molekülwolkenkerne mit $N_H \approx 2N(H_2) \approx 10^4\ldots10^5$ cm^{-3} und $T \approx 10\ldots50$ K durchweg Werte L_J und $\mathfrak{M}_J$, die erheblich unter den tatsächlichen Dimensionen und Massen liegen. Diese Objekte könnten also kollabieren (vgl. aber Diskussion S. 354f.).

Besitzt die Wolke ein *Magnetfeld*, so kann dieses ähnlich wie der thermische Druck eine stabilisierende Wirkung ausüben. Numerische Rechnungen haben gezeigt, daß dann der Kollaps erst bei einer Wolkenmasse

$$\mathfrak{M} > \mathfrak{M}_{Mag} \approx 2 \cdot 10^4\, B^3\, N_H^{-2}\, [\mathfrak{M}_\odot] \tag{V.171}$$

einsetzt (T. Mouschovias 1978). Hier ist die magnetische Feldstärke in μG einzusetzen. $\mathfrak{M}_{Mag}$ ist das Analogon zur Jeansmasse für den Fall magnetischer Gegenkräfte der Gravitation.

Hiernach stellt sich die weitere Frage, ob die massereichen dichten Wolken durch gravitative Kondensation aus dem allgemein verbreiteten interstellaren Medium entstehen können. In einem „warmen" Zwischen-Wolken-Gas mit $N_H \approx 0.1$ cm^{-3}, $T \approx 10^3$ K würden erst Bereiche mit $L \gtrsim 1$ kpc und $\mathfrak{M} \gtrsim 10^6\,\mathfrak{M}_\odot$ instabil sein; für die heiße Komponente ergeben sich noch wesentlich größere Werte. Für Kondensationen mit so großen Dimensionen spielt die differentielle galaktische Rotation eine erhebliche Rolle: Bei $L = 1$ kpc bewirkt eine Scherung des Geschwindigkeitsfeldes mit dem in II.5.2, Gl. (II.86) für die Sonnenumgebung erhaltenen Betrag von nur 5 km s^{-1} kpc^{-1} bereits nach $2 \cdot 10^8$ Jahren eine tangentiale Verschiebung zwischen dem zentrumsnäheren und dem zentrumsferneren Randbereich der Wolke von 1 kpc, während die dynamische Zeitskala des Kollapses (PSS VI.2.1, Gl. VI.6) für $N_H = 0.1$ cm^{-3} entsprechend $\varrho \approx 2 \cdot 10^{-25}$ g cm^{-3}, zu $\tau \approx 1/\sqrt{G\varrho} \approx 3 \cdot 10^8$ Jahren folgt. Wir gelangen damit zu dem Ergebnis, daß die Verdichtung des interstellaren Mediums zu kompakten Wolken nicht allein durch gravitative Instabilität bewirkt werden kann. Die Bildung der dichten Molekülwolken muß durch andere Prozesse ausgelöst worden sein, die im folgenden diskutiert werden.

Entstehung von gravitationsinstabilen Wolken und Sternbildung: Als möglicher Mechanismus wurde wiederholt die in V.3.2 beschriebene *Parker Instabilität* vorgeschlagen. Wegen der großen Dimensionen der dabei entstehenden „magnetischen Taschen", in denen sich interstellares Gas ansammelt, etwa $L = 0.5\ldots1$kpc, müssen zunächst die oben angeführten Einwendungen beachtet werden. Weil die magnetischen Feldlinien nahe der galaktischen Ebene etwa parallel zu dieser verlaufen, kann das Gas dort, also bei $z \approx 0$ aus den „Taschen" herausfließen. Die genauere

Untersuchung zeigt, daß deshalb maximal nur Verdichtungen etwa um einen Faktor 3 zu erwarten sind (T. Mouschovias 1974).

Zur Erzeugung von gravitativ kollabierenden Wolken reicht dies nicht aus. Es könnten sich jedoch bereits vorhandene diffuse HI-Wolken in den großen „magnetischen Einsenkungen" unter leichter Verdichtung ansammeln. Verschmelzung eines Teils dieser Wolken würde möglicherweise zu Dichten führen, bei denen der Wasserstoff in molekulare Form übergeht. Die damit verbundene Zunahme der Abschirmung von Ultraviolettstrahlung läßt die Temperatur absinken, wodurch bei Druckgleichgewicht die Dichte weiter ansteigt. In einzelnen Kondensationen könnte die Eigengravitation zu weiterer Erhöhung der Dichte auf einige 10^2 cm^{-3} beitragen, ohne unmittelbar zum Kollaps zu führen. Der entstandene Komplex von kleineren Molekülwolken wäre wahrscheinlich eingebettet in einen Komplex von HI-Wolken, wie man es in verschiedenen Fällen tatsächlich beobachtet (Bereiche des Orionnebels, der Tauruswolke usw.). Die beobachtete Geschwindigkeitsstreuung innerhalb der Wolkenkomplexe von einigen km s^{-1} läßt erwarten, daß die Einzelkondensationen nach wenigen 10^7 Jahren miteinander verschmelzen (L. Blitz und F. H. Shu 1980).

Einen weiteren Mechanismus zur Erzeugung von Kondensationen bietet die bereits in IV.2.3 erläuterte *thermische Instabilität* des Zwischen-Wolken-Mediums. In V.3.3 haben wir bereits erläutert, daß die mit der spiralförmigen galaktischen Dichtewelle verbundene Kompression des Gases zur Bildung kalter Wolken führen kann. Auf diese Weise könnten die diffusen HI-Wolken entstehen. Eine Verdichtung großer Mengen des dünnen Gases bis zum Stadium der gravitativ instabilen Molekülwolken ist jedoch äußerst unwahrscheinlich. Um eine Gesamtmasse von etwa 10^5 $\mathfrak{M}_\odot$ zu erhalten, müßte ein sehr großes Gebiet als Ganzes, trotz der Anwesenheit von interstellaren Wolken und Stoßfronten, weitgehend ungestört kontrahieren können. Ein anderer Einwand (J. Kwan 1979) ergibt sich daraus, daß in der Zeit zwischen zwei Durchgängen der Dichtewelle von etwa $3 \cdot 10^8$ Jahren selbst bei einer relativ hohen Ausgangsdichte von 0.3 H-Atomen cm^{-3} die in Molekülwolken überführbare Masse höchstens $0.3 \cdot m_H$ cm^{-3} betragen würde. Andererseits liegt zwischen $R = 4$ und 8 kpc die mittlere, von den großen Molekülwolken gelieferte Dichte etwa bei 3 H_2-Molekülen cm^{-3}. Die verfügbare Zeit reicht also zur Bildung der großen Molkülwolken nicht aus, wenn man für diese nicht ganz unwahrscheinlich große Lebensdauern von mindestens $6 \cdot 10^9$ Jahren annehmen will.

Die tatsächlichen *Lebensdauern der Molekülwolken-Komplexe* sind wiederholt abgeschätzt worden. Für Dichten von beispielsweise $5 \cdot 10^3$ H_2-Molekülen $\cdot$ cm^{-3}, wie sie in kompakten Wolken auftreten, erhält man rein gravitative Kollapszeiten $\tau \approx 1/\sqrt{G\varrho}$ von nur etwa 10^6 Jahren. Für einen großen Komplex (typisch: Gesamtmasse $\approx 2 \cdot 10^5 \mathfrak{M}_\odot$, Ausdehnung $\approx$ 50 pc, mittlere Dichte $\approx 10^2 \cdot m_H$ cm^{-3}) ergäben sich 10^7 Jahre. Die wirkliche Lebensdauer dürfte jedoch größer sein. Würde nämlich die Gesamtmasse dieser großen Wolken in der Galaxis von etwa $2 \cdot 10^9 \mathfrak{M}_\odot$ (IV.4.4) in 10^7 Jahren zu Sternen kollabieren, dann ergäbe sich für die ganze galaktische

Scheibe eine Sternentstehungsrate von $2 \cdot 10^2 \mathfrak{M}_\odot$ pro Jahr. Mit dem in II.3.1, S. 113, abgeleiteten Wert für die Sonnenumgebung von $5 \cdot 10^{-12} \mathfrak{M}_\odot$ pc^{-3} Jahr^{-1} folgt demgegenüber für einen Scheibenradius von 10 pc und eine effektive Gesamtdicke der Scheibe von 600 pc eine Gesamtrate von nur 1 $\mathfrak{M}_\odot$ pro Jahr. Andere Abschätzungen, die sich direkt auf den Bereich $R \approx 4 \ldots 8$ kpc beziehen, liefern Werte bis zu etwa 5 $\mathfrak{M}_\odot$ pro Jahr. Man hat aus diesem Widerspruch geschlossen, daß die tatsächliche Lebensdauer eines Molekülwolken-Komplexes etwa um einen Faktor 30 bis 50 höher ist als die oben berechnete Kollapszeit von 10^7 Jahren. Zur Erklärung einer Lebensdauer von etwa $(3 \ldots 5) \cdot 10^8$ Jahren lassen sich folgende Gründe anführen: (1) die zur Sternbildung im Kern einer einzelnen Molekülwolke erforderliche Zeit ist infolge von magnetischen Effekten (magnetischer Druck), Drehimpuls (Zentrifugalkraft), Turbulenz u.a. größer als die freiem Fall entsprechende Kollapszeit τ, (2) wegen der inneren Bewegungen würde der ganze Komplex im allgemeinen nicht in Richtung seines Massenzentrums kollabieren, (3) nur ein relativ kleiner Teil der Wolkenmasse wird in die stellare Form übergeführt.

Die Bildung der großen Molekülwolken-Komplexe wird meist mit dem bereits in V.3.2 skizzierten Prozeß des *Wolkenwachstums durch unelastische Stöße* erklärt (u. a. J. Kwan 1979, C. Norman und J. Silk 1980). Die entscheidende Voraussetzung ist hierbei, daß zwei kollidierende Wolken in der Regel miteinander verschmelzen. Numerische Rechnungen hierzu liefern im einzelnen recht komplizierte Abläufe. So ergibt sich beispielsweise für den zentralen Stoß zweier kleiner Wolken zunächst eine stark komprimierte dünne Scheibe, bei deren nachfolgender Expansion zu einer angenähert kugelsymmetrischen Form etwa 25% des Gases entweichen. Zusammenfassend kann man sagen, daß Stöße zwischen kleinen diffusen Wolken eher zur Zerstörung als zum Wachstum führen. Anders ist die Situation jedoch, wenn einer der beiden Stoßpartner größer und massereicher ist. In diesem Fall kann die kleinere Wolke von der größeren aufgenommen werden. Da sich die Wolkenmassen von vornherein über einen gewissen Bereich erstrecken werden, sollten die massereicheren Wolken ständig auf Kosten der masseärmeren wachsen. Die schließlich entstandenen großen Molekülwolken-Komplexe würden eine inhomogene, klumpige Struktur besitzen. Modellbetrachtungen liefern für die *Bildungszeit* derselben etwa 10^8 Jahre, wenn man noch die Effekte der galaktischen Dichtewellen und der Parker-Instabilität hinzunimmt. Da diese Zeit ungefähr mit der Lebensdauer der Komplexe vergleichbar ist, erscheint ein Gleichgewicht der Wolken zwischen Bildung und Zerstörung (nach der Entstehung massereicher Sterne, s. V.3.3.) plausibel. Bezüglich der Bildung und Entwicklung von Protosternen verweisen wir auf PSS VI.4.

Durch *Stoßfronten*, die von außen auf stabile Wolken treffen, kann die Entstehung hoher Dichten beschleunigt und – bei hinreichend großen Ausgangsdichten – der Wolkenkollaps mit anschließender Sternbildung ausgelöst werden. Die Entwicklung einer Wolke beim Durchgang der Spiralarm-Stoßfront ist numerisch simuliert worden (P. Woodward 1976). Für die Anfangswerte: Dichte 1.5 m_{H} cm^{-3}, Radius

15 pc (Kugelform), Masse 524 $\mathfrak{M}_\odot$ ergaben sich unter anderem folgende Resultate. Die Stoßfront (angenommene Geschwindigkeit 28 km s^{-1}) erzeugt auf der ihr zugewandten Seite der Wolke zunächst eine Kompression, die dort in relativ dünner Schicht Abkühlung und Verdichtung um einen Faktor 60 bewirkt. Damit wird die Wolke in Stoßrichtung stark abgeplattet. Eine weitere Verdichtung – etwa um den Faktor 3 – wird durch den Druckanstieg im ZWM hinter der Front bewirkt.

Im einzelnen treten hydrodynamische Instabilitäten auf, die zu stark unregelmäßigen Deformationen führen (Abb. V.21): Wo das ZWM ungefähr parallel zur „Wolkenoberfläche" strömt, kommt zunächst die Helmholtz-Instabilität (Analogie: Entstehung von Wasserwellen!) ins Spiel, und wo das dichtere Wolkengas durch das dünne ZWM beschleunigt wird, ist die Rayleigh-Taylor-Instabilität wirksam (vgl. V.3.3: Dynamik von HII-Regionen). Neben langen dichten Zungen entsteht vor der Wolke eine kompakte Kondensation, die im weiteren Verlauf gravitationsinstabil werden kann, obgleich ihr Massenanteil nur 5% beträgt. Die Abplattung macht jetzt zwar einen Kollaps der Wolke als Ganzes unwahrscheinlich, einige der durch hydrodynamische Instabilität entstandene Fragmente könnten jedoch kollabieren und Sterne bilden.

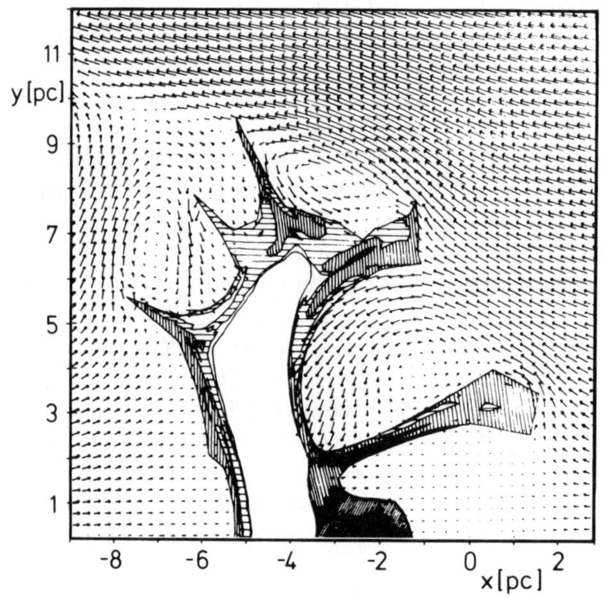

Abb. V.21: Querschnitt einer ursprünglich kugelförmigen interstellaren Wolke (Mittelpunkt bei $x = y = 0$) $6 \cdot 10^6$ Jahre nach dem Eintritt in eine Spiralarm-Stoßwelle (Rotationssymmetrie um die x-Achse!). Die verschieden starke Schraffur entspricht Dichtewerten $N_H = 20$, 40, 100 und 200 H-Atomen cm^{-3}. In dem weißen Innenbereich ist das Gas noch ungestört. Die Pfeile charakterisieren das momentane Geschwindigkeitsfeld. (Nach P. R. Woodward).

Die Fortführung der Rechnungen ergab, daß nach dem Durchgang der Front (Dauer $\approx 10^7$ Jahre) eine Expansion der abgeplatteten Wolke in den Bereich niedrigeren Druckes hinter der Stoßfront einsetzt. Damit entsteht nun umgekehrt eine in Stoßrichtung verlängerte konische Form: Die Wolke wird in Richtung der Gasströmung ausgedehnt. Vielleicht können die langgestreckten Formen einiger Molekülwolken, etwa die CO-Wolke im Bereich der HII-Region M17, auf diese Weise gedeutet werden.

Rechnungen über die Fragmentierung gravitationsinstabiler Wolken ergeben, daß die Fragmente, aus denen Protosterne entstehen, umso massereicher sind, je höher die Temperatur des Gases ist. Tatsächlich werden massereiche Protosterne nur in den wärmeren Molekülwolken beobachtet, massearme Protosterne hingegen vor allem in den kalten Dunkelwolken („bimodale" Natur der Sternentstehung).

Sind an dem stärker verdichteten Ende einer großen Molekülwolke massereiche O-Sterne entstanden, dann können die Stoßfronten der von diesen erzeugten expandierenden HII-Regionen die Bildung einer zweiten Sterngeneration auslösen (vgl. III.2.9). In einem langgestreckten Wolkenkomplex sollte sich dieser Prozeß in Richtung der großen Wolkenachse fortsetzen und man kann von einer *Kettenreaktion der Sternbildung* sprechen. Modellrechnungen ergeben, daß die Ansammlung von Gas in der schmalen Schicht zwischen Ionisations- und Stoßfront sukzessive zu einem Aufbrechen der Wolke in kleinere gravitationsinstabile Kondensationen führt.

Als Mechanismus zur Bildung von Sternen geringerer Masse ist eine ähnliche Rückwirkung bereits entstandener Sterne geringer Masse auf das übrige Gas der Wolke vorgeschlagen worden (J. Silk und C. Norman 1980): In die dichten Dunkelwolken sind stets zahlreiche T-Tauri-Sterne eingebettet ($\gtrsim 10$ pc^{-3}). Von diesen masseärmeren Vor-Hauptreihen-Sternen gehen intensive Sternwinde aus und fegen das zwischen den klumpigen Kondensationen vorhandene dünnere Gas zusammen. Durch Überlagerung sollten neue Verdichtungen entstehen, die später teilweise miteinander verschmelzen und schließlich die Jeansmasse überschreiten können. Auf diese Weise werden Sterne mit einem bestimmten Massenspektrum gebildet. Unter den masseärmeren müssen wieder T Tauri-Sterne sein, die den Prozeß in Gang halten könnten.

Spiralstruktur durch sich selbst fortpflanzende, stochastische Sternentstehung: Sehr massereiche Sterne können die Erzeugung einer zweiten Sterngeneration einleiten, wenn sie als Supernovae explodieren. Die Supernova-Stoßwelle hat eine stärkere Wirkung wie die Spiralarm-Stoßwelle. Eine Möglichkeit, im konkreten Einzelfall empirisch zu entscheiden ob die Sternentstehung durch eine Supernova ausgelöst wurde, bietet die nichtthermische Radiokontinuumsstrahlung der expandierenden Hülle (PSS II.4.2). Wenn bereits Sterne entstehen, ist diese Strahlung allerdings nur noch sehr schwach, überzeugende Beispiele sind deshalb rar.

Dieses Bild der Entwicklung immer neuer Sterngenerationen aus stabilen interstellaren Wolken durch die von den massereichsten der entstandenen Sterne ausgehenden Stoßfronten ist versuchsweise als Grundlage eines einfachen stochastischen Modells für die zeitliche Entwicklung der Sternverteilung in der ganzen galaktischen Scheibe gewählt worden (H. Gerola und P. E. Seiden 1978). Die galaktische Scheibe wurde in N Ringe eingeteilt, die mit den Winkelgeschwindigkeiten $\omega_i = \omega(R_i)$ differentiell rotieren (R_i = Radius der Ringmitte); weiter wurde jeder Ring in hinreichend viele gleichgroße Stücke (Zellen) geteilt. Von einer Anfangsbesetzung der Zellen mit massereichen Sternen ausgehend, gibt man nun die Wahrscheinlichkeit W_{St} dafür vor, daß ein solcher Stern in der nächsten Nachbarzelle nach der Zeit τ (= diskreter Zeitschritt) die Entstehung eines weiteren Sternes stimuliert. Wenn in einer Zelle bereits neue Sterne gebildet wurden, soll eine Wartezeit τ_W vergehen, bis erneut massereiche Sterne entstehen können. Schließlich soll auch spontane Sternentstehung mit einer kleinen Wahrscheinlichkeit W_{Sp} möglich sein. In einem Beispiel wurde $N = 49$, eine Gesamtzahl von 7350 Zellen sowie $W_{St} = 0.28$ und $W_{Sp} = 2 \cdot 10^{-4}$ angesetzt; ein Zeitschritt hatte die Länge $\tau = 1.5 \cdot 10^7$ Jahre und die Wartezeit τ_W betrug $11\,\tau$. Als Anfangszustand waren 1% der Zellen außerhalb von $R = 3$ kpc mit Sternen besetzt. Die schrittweise numerische Berechnung der Entwicklung führt zu den in Abb. V.22 wiedergegebenen Verteilungen junger massereicher Objekte. Wie man sieht, entsteht sehr bald eine leicht unregelmäßige Spiralstruktur, die dem optischen Erscheinungsbild vieler Spiralgalaxien ähnlich ist. Rechnungen mit $W_{Sp} = 0$ und einer auf den Bereich $R < 3$ kpc beschränkten Anfangsbesetzung lieferten qualitativ gleichartige Ergebnisse.

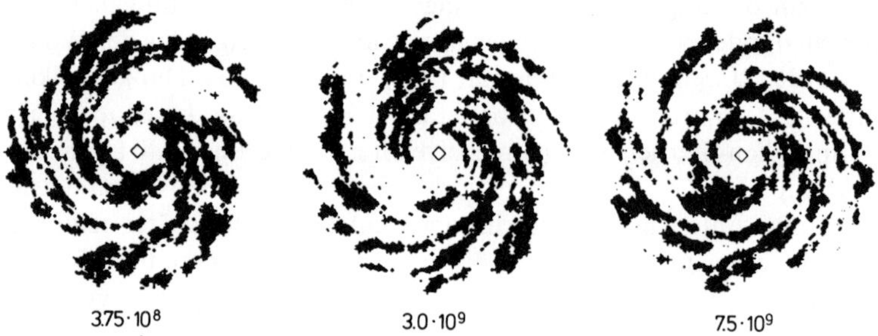

Abb. V.22: Entwicklung der Struktur einer Modell-Galaxie. Es wurde die Rotationskurve von M81 zugrunde gelegt. Die beigefügten Zahlen beziehen sich auf die seit dem Beginn der Rechnung verflossene Zeit in Jahren. (Nach H. Gerola und P. E. Seiden).

Im Gegensatz zur Dichtewellentheorie, nach der Spiralarme eine globale Eigenschaft der Systeme sind, wird hier eine großräumige Spiralstruktur durch rein lokale Prozesse induziert. Dieses Konzept hat den Vorzug, daß der Mechanismus zur Erzeugung neuer Spiralarme von vornherein gegeben ist. Die Details der stimulierten Sternentstehung sind allerdings noch wenig geklärt und die gewonnenen Aussagen betreffen zunächst allein die Spiralstruktur der Verteilung junger, massereicher Objekte. Beobachtungen der 21 cm-Emission der Spiralgalaxie M 81 mit hochauflösenden Radiointerferometern haben beispielsweise gezeigt, daß das neutrale Wasserstoffgas den Spiralarmen folgt und seine Bewegung in großen Zügen die von der Dichtwellentheorie vorausgesagten Abweichungen gegenüber der reinen Kreisbahnbewegung aufweist. Andererseits besitzt etwa die Hälfte aller Spiralgalaxien eine „flockige" und relativ komplizierte Spiralstruktur, die den Bildern für stochastische Modelle recht ähnlich ist.

Eingehende Vergleiche zwischen Beobachtung und Theorie lassen erwarten, daß der Einfluß von Dichtewellen auf die Sternbildung selbst in Galaxien mit einem ausgeprägten Grand Design höchstens 50% beträgt (B. und D. Elmegreen 1986). Nur bei Systemen wie M 51 (s. Abb. E.2), dessen Spiralstruktur wahrscheinlich durch den Begleiter angeregt wird, scheinen Dichtewellen die Sternentstehung zu dominieren. Wahrscheinlich besteht die Bedeutung der Dichtewellen vor allem darin, daß sie die Verteilung des Gases organisieren, indem sie die Bildung großer Molekülwolken in Spiralarmen stimulieren. Damit werden dort die Bedingungen für die sich stochastisch ausbreitende Sternbildung geschaffen.

Frühe Entwicklung der Galaxis: Das in II.6.2 skizzierte Bild von der Entstehung der heutigen Form des Milchstraßensystems aus einer sehr großen sphärischen Protogalaxis soll zunächst durch einige elementare dynamische Betrachtungen gestützt werden. Weil die stellardynamische Relaxationszeit für die Galaxis als Ganzes wesentlich größer ist als das Alter der ältesten Objekte des Systems (V.1.2, Tabelle V.1) können wir zunächst festellen, daß sich das Verhältnis von Halo und Scheibe seit der Bildung der Scheibe kaum geändert haben kann. Für den Zustand des Systems, der diesem Prozeß vorausging, wählen wir eine ausgedehnte kugelförmige Gaswolke mit dem Radius a und homogener Massendichte ϱ, die mit der Winkelgeschwindigkeit ω starr rotiere. Die Herkunft des Drehimpulses von Spiralgalaxien ist wahrscheinlich in mehr oder weniger starken gravitativen Wechselwirkungen zwischen den Wolken des protogalaktischen Mediums zu suchen.

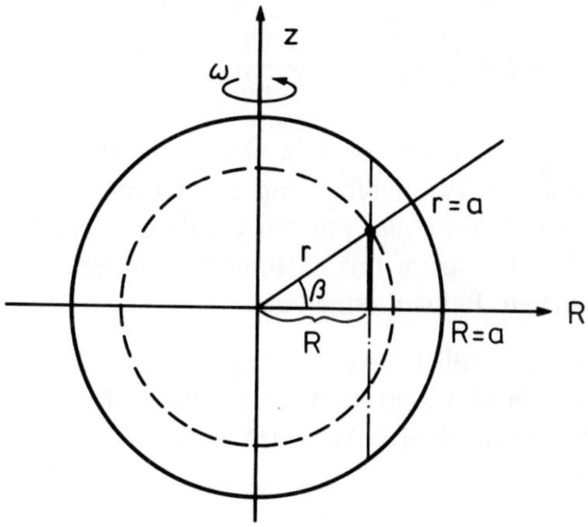

Abb. V.23: Modell der Protogalaxis.

Für das Verhältnis von Zentrifugal- und Gravitationsbeschleunigung senkrecht zur Rotationsachse in einem durch den Zentrumsabstand r und den Winkel β festgelegten Punkt mit dem Abstand von der Achse $R = r\cos\beta$ gilt (Abb. V.23).

$$\frac{Z_R}{K_R} = \frac{\omega^2 \cdot R}{(G\mathfrak{M}_r/r^2)\cos\beta} = \frac{j^2}{G\mathfrak{M}_r}\,\frac{1}{r\cos^4\beta} \tag{V.172}$$

mit $j = \omega R^2$ = Drehimpuls pro Masseneinheit, bezogen auf die Rotationsachse. Die Masse innerhalb einer konzentrischen Kugel mit dem Radius r bezeichnen wir mit $\mathfrak{M}_r$. Mit $\mathfrak{M}_r = (4\pi/3)r^3\varrho$ kann man dem ersten Ausdruck auch die Form geben

$$\frac{Z_R}{K_R} = \frac{3}{4\pi G}\,\frac{\omega^2}{\varrho}\,. \tag{V.173}$$

Wir wollen annehmen, daß bei der Kontraktion der Drehimpuls j und die Masse $\mathfrak{M}_r$ konstant bleiben. Nach Gl. (V.172) wird dann $Z_R/K_R \sim 1/r$ anwachsen. Im Anfangsstadium sei die Protogalaxie soweit ausgedehnt, daß die Zentrifugalbeschleunigung gegenüber der Graviatationsbeschleunigung vernachlässigbar ist. Ein Blick auf Tabelle V.6 zeigt, daß die Jeansmasse $\mathfrak{M}_J$ selbst bei einer relativ hohen Gastemperatur von 1000 K beispielsweise für die Anzahldichte der H-Atome $N_{\mathrm{H}} = 0.1\ \mathrm{cm}^{-3}$, entsprechend $\varrho \approx 2\cdot 10^{-25}\ \mathrm{g\ cm}^{-3}$, nur etwa $10^6\,\mathfrak{M}_\odot$ beträgt. Bei einer Gesamtmasse der protogalaktischen Wolke von der Größenordnung 10^{11} bis $10^{12}\,\mathfrak{M}_\odot$ hat man daher auch für erheblich niedrigere Dichten und noch etwas höhere Temperaturen einen Gravitationskollaps zu erwarten.

Die Kugel wird solange angenähert sphärisch kontrahieren (β = const.), bis die Zentrifugalkraft den Kollaps senkrecht zur Rotationsachse aufhält, also $Z_R/K_R = 1$ geworden ist. Die zu diesem Zeitpunkt $t = t_1$ vorliegenden, als ortsunabhängig betrachteten Werte von Dichte und Winkelgeschwindigkeit bezeichnen wir mit ϱ_1 bzw. ω_1, den Radius der Gaskugel mit a_1. Aus (V.173) folgt insbesondere

$$\omega_1^2 = \frac{4\pi}{3}G\varrho_1 = G\frac{\mathfrak{M}}{a_1^3}\,. \tag{V.174}$$

Da parallel zur Rotationsachse weiterhin allein die Gravitationskraft wirksam ist, muß nun eine Abflachung der Kugel zu einer Scheibe einsetzen. Die *Sterne des galaktischen Halos* müssen vor dem Zeitpunkt t_1 in der Phase des freien Falls zum Massenzentrum hin entstanden sein, so daß sie stark exzentrische und beliebig geneigte Bahnen erhielten.

Die schließlich resultierende Massenbelegungsdichte $\sigma_1(R)$ in der Scheibe ergibt sich durch Integration der Dichte ϱ_1 über z bei festem R in einer Kugel mit dem Radius a_1. Weil ϱ_1 konstant ist, folgt

$$\sigma_1(R) = \varrho_1 \cdot 2\sqrt{a_1^2 - R^2}\,. \tag{V.175}$$

In einer dünnen *Scheibe* mit dieser Dichteverteilung ist die Komponente der Gravitationskraft K_R größer als die Zentrifugalkraft Z_R: Gl. (V.84) liefert mit (V.175) beispielsweise für $R = a_1$ leicht $K_R\ (R = a_1) = 4\pi G \varrho_1 a_1$, während mit (V.174) folgt $Z_R(R = a_1) = \omega_1^2 a_1 = (4\pi/3) G \varrho_1 a_1$, also $Z_R(R = a_1) = (1/3) K_R(R = a_1)$. Die Scheibe muß deshalb radial kontrahieren. Nimmt man weiterhin an, daß dabei der Drehimpuls jedes Materieelementes erhalten bleibt, so können zwar, je nach dem gewählten Gesetz der Kontraktion, unterschiedliche Rotationskurven $\omega(R)$ resultieren, unverändert bleibt aber der Bruchteil der Gesamtmasse $\mathrm{d}\mathfrak{M}/\mathfrak{M}$, dessen Drehimpuls pro Masseneinheit in einem bestimmten Intervall $j \ldots j + \mathrm{d}j$ liegt. Damit eröffnet sich eine Möglichkeit, die Hypothese der Entstehung der galaktischen Scheibe durch einen protogalaktischen Kollaps durch Vergleich mit der heute vorliegenden **Masse-Drehimpuls-Verteilung** zu prüfen (K. C. Freeman 1970).

Für den Bruchteil der Gesamtmasse $\mathfrak{M} = (4\pi/3) a_1^3 \varrho_1$, der sich in unserem Scheibenmodell zwischen R und $R + \mathrm{d}R$ befindet, erhält man

$$\frac{\mathrm{d}\mathfrak{M}(R)}{\mathfrak{M}} = \frac{2\pi R\, \mathrm{d}R\, \sigma_1(R)}{\mathfrak{M}} = \frac{3R\,\mathrm{d}R}{a_1^2} \sqrt{1 - \frac{R^2}{a_1^2}}\,.$$

Drückt man hierin R und $\mathrm{d}R$ durch $j(R) = \omega_1 R^2$ und $\mathrm{d}j = \omega_1 \cdot 2R\,\mathrm{d}R$ aus, dann ergibt sich

$$\frac{\mathrm{d}\mathfrak{M}(j)}{\mathfrak{M}} = \frac{3}{2} \sqrt{1 - \frac{j}{\omega_1 a_1^2}} \cdot \frac{\mathrm{d}j}{\omega_1 a_1^2}\,. \qquad \text{(V.176)}$$

Für den Bruchteil der Masse, in dem der Drehimpuls pro Masseneinheit kleiner als j ist, ergibt sich hieraus durch Integration

$$\frac{\mathfrak{M}(j)}{\mathfrak{M}} = \int_0^j \frac{\mathrm{d}\mathfrak{M}(j)}{\mathfrak{M}} = 1 - \left(1 - \frac{j}{\omega_1 a_1^2}\right)^{3/2}. \qquad \text{(V.177)}$$

Zur Ableitung des entsprechenden Zusammenhangs für die heutige Galaxis kann man den in V.1.5 erläuterten, bewährten Exponentialansatz (V.85) für σ(R) zugrunde legen. Die Berechnung von $\mathfrak{M}(j)/\mathfrak{M}$ für diesen Verlauf von $\sigma(R)$ und für das entsprechende Rotationsgesetz $\omega(R)$ nach Gl. (V.86) ergibt die in Abb. V.24 ausgezogene Kurve. Demgegenüber führt Gl. (V.177) auf die dort eingetragenen Punkte. Als Einheitsdrehimpuls wurde dabei gewählt $j_0 = \sqrt{G\mathfrak{M}h} \approx (1/3)\omega_1 a_1^2$. Die gute Übereinstimmung ist ein Argument für die Kollaps-Hypothese.

Radius a_1, Dichte ϱ_1 und Winkelgeschwindigkeit ω_1 der sphärischen Protogalaxis am Beginn der Scheibenbildung lassen sich folgendermaßen abschätzen: Für den Gesamtdrehimpuls der exponentiellen Scheibe ergibt sich mit (V.85) und (V.86) nach Freeman

$$J = 1.109 \sqrt{G\mathfrak{M}^3 h}\,. \qquad \text{(V.178)}$$

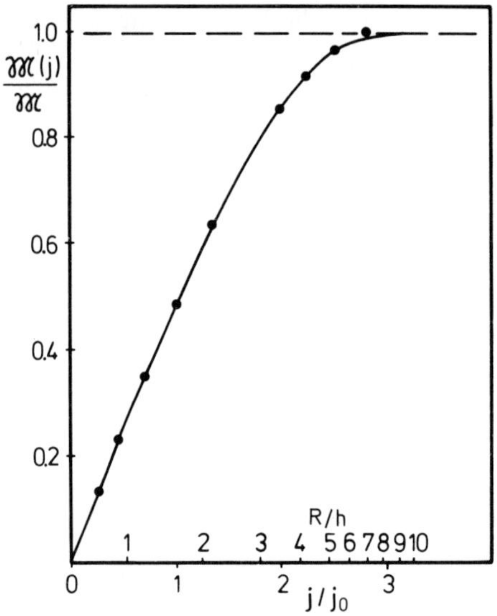

Abb. V.24: Massenanteil der galaktischen Scheibe mit einem Drehimpuls pro Masseneinheit $<j$, wobei j in Einheiten einer willkürlichen Größe j_0 ausgedrückt ist, für eine exponentielle Scheibe mit dem Skalenparameter h (ausgezogene Kurve) und für die aus einer starr rotierenden homogenen Kugel durch Kollaps hervorgegangene Scheibe (Punkte). (Nach K. C. Freeman).

Andererseits folgt für die homogene Kugel mit dem Radius a_1 und der Winkelgeschwindigkeit ω_1 unter Benutzung von (V.174)

$$J = \frac{2}{5}\,\mathfrak{M} a_1^2 \omega_1 = \frac{2}{5}\sqrt{G\mathfrak{M}^3 a_1}\,. \tag{V.179}$$

Gleichsetzung von (V.178) und (V.179) liefert

$$\frac{a_1}{h} = 7.7\,.$$

Mit den Daten des in V.1.5 vorgestellten Massenmodells: Skalenlänge der Scheibe $h = 5$ kpc und Scheibenmasse $\mathfrak{M} = 7 \cdot 10^{10}\,\mathfrak{M}_\odot$ ergeben sich für die Protogalaxis zur Zeit $t = t_1$ die folgenden Aussagen: $a_1 = 38.5$ kpc, $\varrho_1 = 2 \cdot 10^{-26}$ gcm^{-3} und aus (V.174) weiter $\omega_1 \approx 7.5 \cdot 10^{-17}\,\mathrm{s}^{-1}$, für $R = 8$ kpc entsprechend $\Theta_1 = \omega_1 R \approx 20$ km s^{-1} (bei starrer Rotation). Für die dynamische Zeitskala der Scheibenbildung (bei $t = t_1$ beginnend) liefert die erhaltene Dichte ϱ_1 (PSS VI.2, Gl. VI.6) $\tau \approx 1/\sqrt{G\varrho_1} = 9 \cdot 10^8$ Jahre – im Vergleich zum Alter der Population II eine kurze Zeit.

Befriedigende Modellrechnungen für den Ablauf des Kollapses einer ursprünglich gasförmigen, rotierenden, sphärischen Protogalaxie stellen ein verwickeltes Problem dar. Während die Dynamik des Gases mit den hydrodynamischen Gleichungen behandelt werden darf, ist für die entstehende stoßfreie stellare Komponente die Grundgleichung der Stellardynamik (stoßfreie Boltzmanngleichung) heranzuziehen. Insbesondere sind die Sternentstehungsprozesse und die Rückführung stellaren Gases in das verbliebene interstellare Medium zu berücksichtigen.

Da sich Galaxien gebildet haben, kann das protogalaktische Medium nicht völlig homogen gewesen sein. Daher ist auch in den Protogalaxien eine Wolkenstruktur anzunehmen. Denn für die dynamische Zeitskala für Gravitationsinstabilität gilt $\tau_{dyn} \sim N^{-1/2}$, für die Kühlzeit hingegen (s. IV.2.3, Gl. IV.105ff.) $t_K \sim NkT/\Lambda \sim N^{-1}$ und $t_K \ll \tau_{dyn}$. Etwas dichtere Bereiche, die deshalb rascher als ihre Umgebung kontrahieren, kühlen sich so stark ab, daß ihr Kollaps fortschreitet. Diese Instabilität führt zur Fragmentierung. Bei den niedrigen Massendichten um 10^{-26} gcm^{-3} sind jedoch nur relativ große Wolken mit Massen $\gtrsim 10^6\,\mathfrak{M}_\odot$ und einer langen Lebensdauer zu erwarten. Die individuellen Bewegungen dieser Wolken müssen während des protogalaktischen Kollapses unelastische Stöße zur Folge haben, bei denen kinetische Energie in thermische Energie umgesetzt und schließlich abgestrahlt wird. Die Protogalaxie erleidet einen Verlust an innerer Energie. Die Modellrechnungen haben ergeben, daß diese *Energiedissipation*, die sich formal als Viskosität des Gases beschreiben läßt, für die Bildung der dünnen Scheiben der Spiralgalaxien von erheblicher Bedeutung ist.

Wolkenstöße dürften auch weitgehend die *Sternbildungsrate* bestimmen. In diesem Fall ist zu erwarten, daß die zeitliche Zunahme der Massendichte in stellarer Form proportional ist zum Quadrat der Massendichte des Gases: $\partial\varrho_s/\partial t \sim \varrho_g^2$. Der Kollaps muß so ablaufen, daß nach der Bildung des stellaren Halos noch genügend Gas für die Scheibe übrig bleibt.

Mit der dynamischen ist auch eine *chemische Entwicklung* verbunden. Wie bereits in II.6.2 erläutert, nehmen wir an, daß die Elemente ab Kohlenstoff („Metalle") in den Sternen gebildet wurden. Wegen seiner Bedeutung für die Kühlung des protogalaktischen Gases kann der ursprüngliche Metallgehalt allerdings nicht beliebig gering gewesen sein. Man wird mindestens das empirische Ergebnis für die metallärmsten Halosterne ansetzen dürfen: $[M/H] = \log[M/H] - \log[M/H]_\odot \approx -4$. Abschätzungen der Produktionsraten für die einzelnen Elemente in Sternen verschiedener Masse liefern in Verbindung mit der ursprünglichen Massenfunktion die in jeder Sterngeneration neu gebildete Gesamtmasse jedes der schweren Elemente. Ein Teil wird an das verbleibende interstellare Medium abgegeben: die Zufuhr von Masse (und kinetischer Energie) liefern vorwiegend (in der Reihenfolge der Sternmasse) die Sternwinde von Roten Riesen ($\mathfrak{M} \approx 2 \ldots 8\,\mathfrak{M}_\odot$), die Winde von massereichen Sternen ($\mathfrak{M} > 8\,\mathfrak{M}_\odot$) und die Supernovae (besonders Typ II mit Ausgangsmassen $\mathfrak{M} \gtrsim 8\,\mathfrak{M}_\odot$). Sterne mit $\mathfrak{M} \lesssim 1\,\mathfrak{M}_\odot$, auch wenn sie zu den ersten Sterngenerationen gehören, haben bis heute praktisch noch keine Materie verloren, weil sie sich zu langsam entwickeln. Mit der fortwährenden Sternbildung ist eine ständige weitere Anreicherung des interstellaren Mediums und der späteren Sterngenerationen mit Metallen verbunden. Hiervon wird insbesondere die Effektivität der Heizungs- und Kühlungsprozesse und damit wieder die Dynamik beeinflußt.

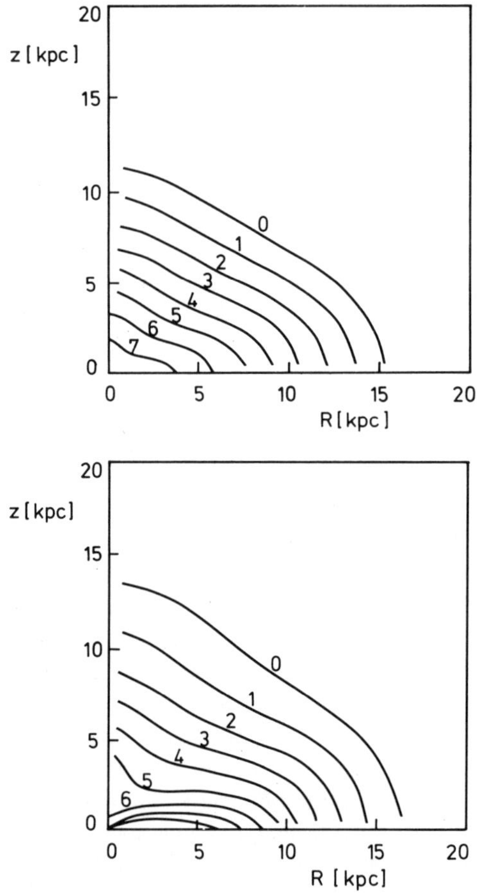

Abb. V.25: Zwei Entwicklungsphasen der Galaxis nach Modellrechnungen von A. Burkert und G. Hensler. Linien gleicher Massendichte der stellaren Komponente in radialen Schnitten senkrecht zur Hauptebene. Links $5.5 \cdot 10^8$ Jahre und rechts $9 \cdot 10^8$ Jahre nach Beginn des Kollapses. Die äußerste, mit 0 bezeichnete Linie entspricht $8.8 \cdot 10^{-4}\,\mathfrak{M}_\odot\,\mathrm{pc}^{-3}$, die innerste entspricht $4.5 \cdot 10^{-2}\,\mathfrak{M}_\odot\,\mathrm{pc}^{-3}$.

Numerische *Modellrechnungen* für den dissipativen protogalaktischen Kollaps sind von verschiedenen Autoren ausgeführt worden. Erst in den letzten Jahren wurde dabei nur das Gas mit den hydrodynamischen Gleichungen, die Sterne jedoch mit der stoßfreien Boltzmanngleichung behandelt. Wir besprechen hier eine Untersuchung von A. Burkert und G.Hensler von 1987. Ausgangsmodell war eine starr rotierende Gaskugel mit dem Radius $R = 30$ kpc, der Masse $\mathfrak{M} = 10^{11}\,\mathfrak{M}_\odot$ und der Winkelgeschwindigkeit $\omega = 7 \cdot 10^{-17}\,\mathrm{s}^{-1}$. Auf der Grundlage früherer Arbeiten wurden Ausdrücke für die pro Zeiteinheit entstehende stellare Massendichte (proportional zur Gasdichte), für die Energiedissipationsrate durch Wolkenstöße und für die Elementbildungsraten angesetzt. Für die lokale Geschwindigkeitsverteilung der Sterne wurde eine Form vorgegeben, die auch eine Anisotropie zuläßt, nämlich der ellipsoidische Ansatz Gl. (V.40).

Nach den Rechnungen entsteht schon innerhalb von $5.5 \cdot 10^8$ Jahren (zwei freien Fallzeiten) ein sphäroidaler stellarer Halo. Erst danach sammelt sich Gas in einer Scheibe. Dieses Gas ist bereits überwiegend durch eine erste Sternpopulation mit Metallen angereichert. Die Scheibe erreicht schon nach etwa $9 \cdot 10^8$ Jahren einen angenäherten Gleichgewichtszustand mit einer radialen Dichteverteilung, die sich durch das Exponentialgesetz (V.85) darstellen läßt. Das Material mit kleinem Drehimpuls bildet schon in der ersten Kollapsphase einen zentralen Bulge. Abb. V.25 zeigt die Linien gleicher Massendichte der stellaren Komponente in einem meridionalen Schnitt für die Zeiten nach Einsetzen des Kollaps $t = 5.5 \cdot 10^8$ Jahre (links) und $t = 9 \cdot 10^8$ Jahre (rechts). Die fortschreitende Anreicherung von schweren Elementen in der Scheibe führt zu einem sehr starken vertikalen Gradienten des Metallgehaltes, wie man ihn beobachtet. Auf diese Weise läßt sich die Entstehung von zwei verschiedenen Sternpopulationen verstehen, einer metallarmen Halopopulation und einer relativ metallreichen Scheibenpopulation.

Anhang A: Grundformeln für die Transformation astronomischer Koordinaten

Formeln der sphärischen Trigonometrie: Man erhält die wichtigsten in der Astronomie benötigten Beziehungen zwischen den in Abb. A.1 angegebenen Winkeln α, β, γ und Seiten a, b, c eines durch Bögen von Großkreisen gebildeten sphärischen Dreiecks durch Einführung der Darstellungen rechtwinkliger Koordinaten in den zwei Systemen mit gemeinsamer x-Achse

$$\begin{aligned} x &= r \sin a \sin\gamma & x' &= r \sin c \sin\alpha \\ y &= -r \sin a \cos\gamma & y' &= r \sin c \cos\alpha \\ z &= r \cos a & z' &= r \cos c \end{aligned} \tag{A.1}$$

in die Transformationsgleichungen

$$\begin{aligned} x &= x' & x' &= x \\ y &= y' \cos b - z' \sin b & y' &= y \cos b + z \sin b \\ z &= y' \sin b + z' \cos b & z' &= -y \sin b + z \cos b\,. \end{aligned} \tag{A.2}$$

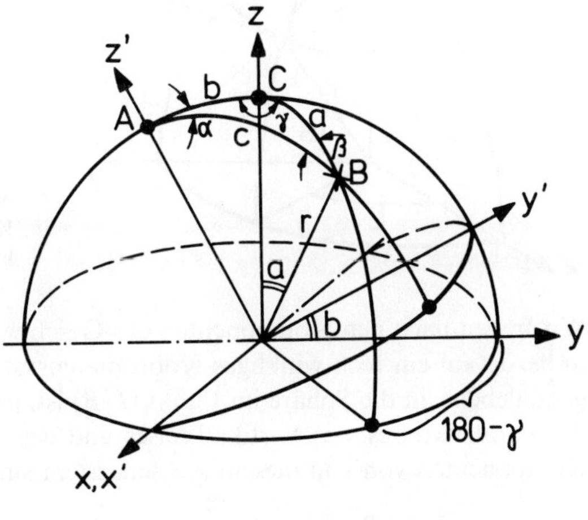

Abb. A.1: Zur Ableitung der Grundformeln der sphärischen Trigonometrie.

Die erste Gleichung des Systems (A.2) liefert

$$\sin a \sin\gamma = \sin c \sin\alpha \tag{A.3}$$

(Sinussatz). Zwei weitere entsprechende Formeln folgen durch zyklische Vertauschung. Die zweiten Gleichungen (A.2) führen auf

$$\sin a \cos\gamma = \sin b \cos c - \cos b \sin c \cos\alpha \tag{A.4}$$

und

$$\sin c \cos\alpha = \cos a \sin b - \sin a \cos b \cos\gamma\,. \tag{A.5}$$

Die beiden letzten Gleichungen (A.2) liefern

$$\cos a = \cos b \cos c + \sin b \sin c \cos \alpha \tag{A.6}$$

und

$$\cos c = \cos a \cos b + \sin a \sin b \cos \gamma \tag{A.7}$$

(Seiten-Kosinussatz).

Tangential- und Radialkomponenten der Bewegung eines Objektes: Wir gehen wieder von den rechtwinkligen Koordinaten des Objektes aus. Die Darstellung durch räumliche Polarkoordinaten (r, L, B) mit der x-Achse als Nullrichtung für L lautet (Abb. A.2):

$$x = r \cos B \cos L,\ y = r \cos B \sin L,\ z = r \sin B. \tag{A.8}$$

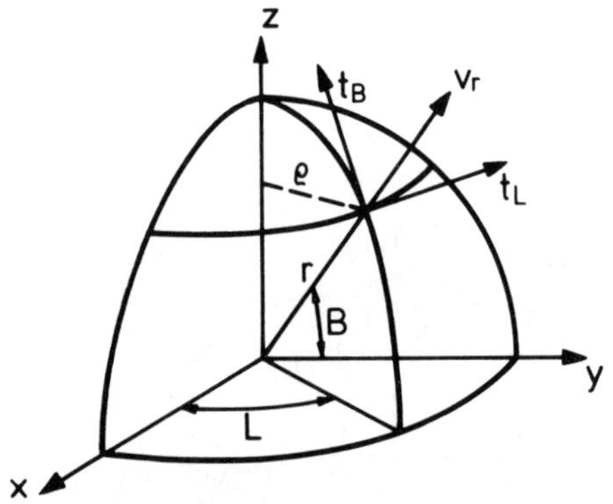

Abb. A.2: Tangentiale und radiale Komponenten der Bewegung eines kosmischen Objektes.

Wir fragen nach den Komponenten des Geschwindigkeitsvektors $\boldsymbol{v}$ eines Objektes in bezug auf ein rechtwinkliges Koordinatensystem, dessen Grundebene die Tangentialebene an die Sphäre im Punkt (L, B) ist, und dessen Achsen in die Richtung des Parallelkreises, des Vertikalkreises und des Sehstrahles fallen (Abb. A.2). Die Komponenten von $\boldsymbol{v}$ in diesem Achsensystem sind

$$t_L = r\dot{L} \cos B,\ t_B = r\dot{B},\ v_r = \dot{r}. \tag{A.9}$$

Die Punkte kennzeichnen die zeitliche Ableitung. Der Faktor $\cos B$ ergibt sich daraus, daß L auf dem Großkreis („Äquator") in der x-y-Ebene gezählt wird, und einer Änderung $\mathrm{d}L$ daher auf dem Parallelkreis des Objektes der kleinere Winkel $\mathrm{d}L \cdot \varrho = \mathrm{d}L \cdot \cos B$ entspricht.

Um t_L, t_B, v_r durch $\dot{x}$, $\dot{y}$, $\dot{z}$ auszudrücken, kann man die Koordinatendarstellung (A.8) differenzieren und das erhaltene Gleichungssystem für t_L, t_B, v_r auflösen. Das Resultat läßt sich auch direkt und anschaulich anhand von Abb. A.2 gewinnen, indem man davon Gebrauch macht, daß t_L, t_B und v_r die skalaren Produkte des Geschwindigkeitsvektors $\boldsymbol{v}(\dot{x}, \dot{y}, \dot{z})$ mit den Einheitsvektoren der Achsen des Tangentialsystems $\boldsymbol{e}_L, \boldsymbol{e}_B, \boldsymbol{e}_r$ sind. Mit der Bezeichnung $\boldsymbol{e}_x, \boldsymbol{e}_y, \boldsymbol{e}_z$ für die Einheitsvektoren in x-, y- und z-Richtung ergibt sich

$$\begin{aligned} v_r &= (v \cdot e_r) = \dot{x} \cos(\boldsymbol{e}_x, \boldsymbol{e}_r) + \dot{y} \cos(\boldsymbol{e}_y, \boldsymbol{e}_r) + \dot{z} \cos(\boldsymbol{e}_z, \boldsymbol{e}_r) \\ &= \dot{x} \cos L \cos B + \dot{y} \sin L \cos B + \dot{z} \sin B \end{aligned} \tag{A.10}$$

und man findet entsprechend

$$t_L = (\boldsymbol{v} \cdot \boldsymbol{e}_L) = -\dot{x} \sin L + \dot{y} \cos L \tag{A.11}$$

$$t_B = (\boldsymbol{v} \cdot \boldsymbol{e}_B) = -\dot{x} \cos L \sin B - \dot{y} \sin L \sin B + \dot{z} \cos B . \tag{A.12}$$

Wir schreiben für die Umkehrung dieses Gleichungssystems

$$\begin{aligned} \dot{x} &= \gamma_{11}\, t_L + \gamma_{12}\, t_B + \gamma_{13}\, v_r \\ \dot{y} &= \gamma_{21}\, t_L + \gamma_{22}\, t_B + \gamma_{23}\, v_r \\ \dot{z} &= \gamma_{31}\, t_L + \gamma_{32}\, t_B + \gamma_{33}\, v_r . \end{aligned} \tag{A.13}$$

Da es sich nur um eine Drehung des Koordinatensystems handelt, ist die Matrix (γ_{ik}) orthogonal. Daraus folgt, daß die inverse Matrix gleich der transponierten Matrix (γ_{ki}) ist, deren Elemente durch die Koeffizienten der Gleichungen (A.10) bis (A.12) gegeben sind. Man erhält damit

$$(\gamma_{ik}) = \begin{pmatrix} -\sin L & -\cos L \sin B & \cos L \cos B \\ \cos L & -\sin L \sin B & \sin L \cos B \\ 0 & \cos B & \sin B \end{pmatrix} \tag{A.14}$$

Änderungen sphärischer Koordinaten bei kleinen Drehungen des Systems: Wir betrachten hier den Fall, in welchem die oben behandelte Ortsveränderung des Objektes in einer reinen Drehung des Koordinatensystems besteht. Die Änderungen der sphärischen Koordinaten L und B werden dann ebenfalls durch die Beziehungen (A.11) und (A.12) – in Verbindung mit (A.9) – beschrieben; für die radiale Komponente gilt $v_r \equiv 0$.

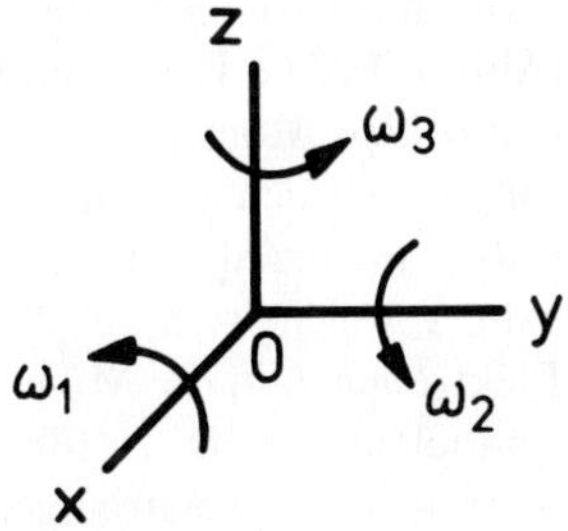

Abb. A.3: Zerlegung der Drehung des Koordinatensystems in Komponenten.

Wir zerlegen die Drehung des Systems in Drehkomponenten um die x-, y- und z-Achse: die Winkel ω_1, ω_2 und ω_3 (Abb. A.3). Man denke sich etwa diese drei Drehungen nacheinander durchgeführt. Unter der Voraussetzung, daß es sich um kleine Drehwinkel handelt, erhält man für die Koordinatenänderungen eines raumfesten Punktes anhand von Abb. A.3 unmittelbar

$$\begin{aligned} dx &= y\omega_3 - z\omega_2 \\ dy &= z\omega_1 - x\omega_3 \\ dz &= x\omega_2 - y\omega_1 . \end{aligned} \qquad \text{(A.15)}$$

Geht man zu den Änderungen pro Zeiteinheit, also zu Winkelgeschwindigkeiten ω_i und Koordinatenänderungen $\dot{x}$, $\dot{y}$, $\dot{z}$ über, dann ergeben sich durch Einführung von (A.15) in (A.11) und (A.12) unter Verwendung von (A.8) und (A.9) – r fällt heraus – die beiden Beziehungen

$$\begin{aligned} \dot{L}\cos B &= \omega_1 \sin B \cos L + \omega_2 \sin B \sin L - \omega_3 \cos B \\ \dot{B} &= -\omega_1 \sin L + \omega_2 \cos L \end{aligned} \qquad \text{(A.16)}$$

Anhang B: Energiezustände und Übergänge von Molekülen

Wir gehen davon aus, daß der Leser in großen Zügen mit der Bezeichnungsweise der Energiezustände von Atomen vertraut ist (kurze Darstellung in: PSS IV.1.9, Seite 323). Wir betrachten zunächst das zweiatomige Molekül anhand eines dem Bohrschen Atommodell analogen anschaulichen Bildes: Die für die chemische Bindung wichtigen Valenzelektronen bewegen sich vorzugsweise auf geschlossenen Bahnen um die Verbindungslinien der beiden Atome als Achse, während die „inneren" Elektronen jeweils Ladungswolken um die Kerne bilden (s. Abb. B.2a).

Elektronenterme: Die Energie des Systems hängt entscheidend von der Konfiguration der äußeren Elektronen (Valenzelektronen) ab. Für jeden Elektronenzustand gibt es einen bestimmten Verlauf der poteniellen Energie des zweiatomigen Moleküls mit variablem Abstand R der beiden Atome, eine bestimmte Potentialkurve (Abb. B.1). Die Bahndrehimpulse der Elektronen sind stark an das Feld zwischen den beiden Atomen gebunden und präzessieren um die Molekülachse, deren Richtung durch den Einheitsvektor $\boldsymbol{k}$ festgelegt werde. An die Stelle der Bahndrehimpulsquantenzahl L der Elektronen eines einzelnen Atoms tritt nun eine Quantenzahl Λ, welche sich auf die Projektion des gesamten Bahndrehimpulsvektors aller Elektronen $\boldsymbol{L}$ in die Molekülachse bezieht: $\Lambda = |\boldsymbol{k} \cdot \boldsymbol{L}|$. Und analog zu den Termsymbolen $S, P, D, \ldots$ für die inneren Quantenzahlen der Atome $L = 0, 1, 2, \ldots$, werden beim zweiatomigen Molekül den Werten $\Lambda = 0, 1, 2, \ldots$ die Elektronentermbezeichnungen $\Sigma, \Pi, \Delta, \ldots$ zugeordnet. Von der Summe der Elektronenspins, die wir auch bei den Valenzelektronen der Moleküle mit $\boldsymbol{S}$ bezeichnen wollen, bildet man ebenfalls die Komponente in Richtung der Kernverbindungslinie $\Sigma = |\boldsymbol{k} \cdot \boldsymbol{S}|$. Diese Größe darf nicht mit der Elektronentermbezeichnung Σ für $\Lambda = 0$ verwechselt werden. Λ und Σ setzen sich algebraisch zu $\Omega = \Lambda + \Sigma$ zusammen. Wie bei den Einzelatomen spaltet ein Term, der durch bestimmte Werte Λ und Σ charakterisiert ist, in $r = 2S + 1$ Feinstrukturniveaus auf. Σ-Zustände sind einfach, solange das Molekül nicht rotiert. Wie bei den Energietermen der Atome setzt man die Multiplizität r jeweils links oben an das Termsymbol. Bei den Σ-Termen ($\Lambda = 0$) hat man zwischen Σ^+- und Σ^--Zuständen zu unterscheiden („positive“ und „negative“ Terme), deren quantenmechanische Eigenfunktionen bei Spiegelung der Elektronen an einer durch die Kernverbindungslinie gelegten Ebene das Vorzeichen beibehalten bzw. ändern.

Die Energiezustände eines zweiatomigen Moleküls können aus den Energietermen der beiden einzelnen Atome hergeleitet werden, wenn diese noch weit voneinander getrennt sind. Dann ergeben sich Λ und S einfach durch Addition der entsprechenden Quantenzahlen L bzw. S für die Einzelatome. Geht man etwa von zwei H-Atomen in den Grundzuständen ^2S aus, so folgt $\Lambda = L_1 + L_2 = 0$, also ein Σ-Zustand. Die beiden Elektronen können parallele oder antiparallele Spins haben, so daß die Spinquantenzahl entweder $S = S_1 + S_2 = 1$ oder 0 beträgt und somit die beiden Terme $^3\Sigma$ und $^1\Sigma$ entstehen. Mit anderen Ausgangswerten L_1, L_2, S_1, S_2 ergeben sich weitere Terme. In ähnlicher Weise erhält man z. B. für ein C-Atom im Zustand ^3P und ein H-Atom im Zustand ^2S ein resultierendes CH-Molekül mit Σ- und Π-Zuständen (Dubletts und Quartetts, weil bei C zwei Elektronen vorhanden sind).

Bildet sich das Molekül aus zwei Atomen mit gleicher Kernladungszahl Z, so können zwei Arten von Termen auftreten: Die quantenmechanische Behandlung liefert zwei Eigenfunktionen, eine symmetrische und eine antisymmetrische (Spiegelung der Elektronenkoordinaten am Symmetriezentrum läßt das Vorzeichen der Eigenfunktion ungeändert oder kehrt es um). Die zugehörigen Terme werden gerade bzw. ungerade genannt und durch die Buchstaben g und u unten rechts am Termsymbol unterschieden, z. B. $^3\Sigma_g$ und $^3\Sigma_u$. Die beiden Möglichkeiten wurden zuerst beim H_2-Molekül gefunden. Abb. B.1 zeigt die Potentialkurven des ungeraden und des geraden Σ-Zustands des H_2-Moleküls, die der Abstoßung bzw. der Anziehung und stabilen Molekülbildung entsprechen. Bei einer symmetrischen Eigenfunktion stimmen Haupt-, Neben- und magnetische Quantenzahl beider Elektronen überein, so daß nach dem Pauli-Prinzip die beiden Spins antiparallel sein müssen. Nur die Annäherung von zwei H-Atomen mit antiparallelen Spins kann also zur direkten Bildung eines H_2-Moleküls führen.

Für die Übergänge zwischen elektronischen Zuständen zweiatomiger Moleküle, die mit der Emission bzw. Absorption von Strahlung verbunden sind, gelten folgende Auswahlregeln. Erlaubt sind Übergänge mit $\Delta\Lambda = 0, \pm 1$ und $\Delta S = 0$. Interkombinationen zwischen Termen verschiedener Multiplizität sind somit verboten. Darüber hinaus können nur gerade mit ungeraden Termen kombinieren, jedoch nicht positive mit negativen. Die bei Übergängen zwischen elektronischen Zuständen entstehenden Linien fallen in den sichtbaren und den ultravioletten Spektralbereich.

Für den molekularen Wasserstoff bedeuten diese Regeln zum Beispiel, daß Übergänge zwischen dem Grundzustand $^1\Sigma_g^+$ (Abb. B.1) und dem um 11.2 eV höheren Zustand $^1\Sigma_u^+$ (Lyman-Banden) bzw. zum $^1\Pi_u$-Zustand bei 12.3 eV (Werner-Banden) erlaubt sind. Verboten sind hingegen die interkombinierenden Übergänge zwischen $^3\Sigma_u^+$ (Abstoßung) und $^1\Sigma_g^+$ (Anziehung).

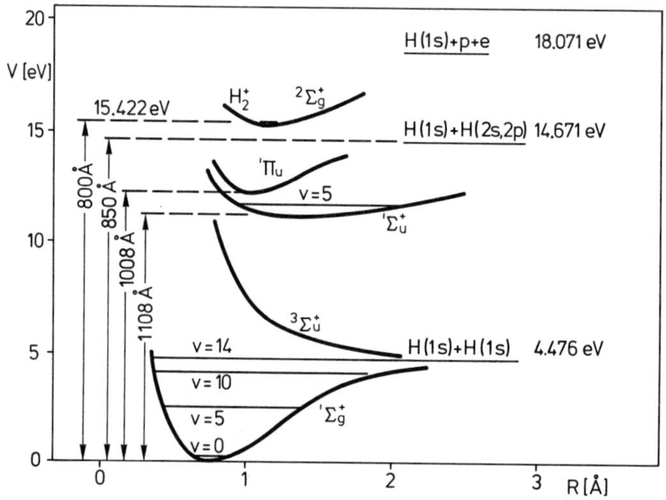

Abb. B.1: Potentielle Energie des H_2-Moleküls $V(R)$ in Abhängigkeit vom gegenseitigen Abstand R der beiden Protonen für einige wichtige elektronische Zustände. Durch horizontale Linien sind außerdem einige Schwingungszustände (Quantenzahl v) sowie die Dissoziationsenergie und die für direkte Photodissoziation und Photoionisation notwendigen Energien dargestellt. (Nach G. B. Field, W. B. Somerville und K. Dressler).

Schwingungs- und Rotationszustände: Abweichungen von der Analogie zu den Verhältnissen bei Einzelatomen ergeben sich daraus, daß ein Molekül rotieren kann und Schwingungen der beiden Kerne gegeneinander möglich sind. Dementsprechend besteht jeder der beschriebenen Elektronenterme aus einer Anzahl von Schwingungszuständen, deren gegenseitige Abstände wesentlich kleiner sind als bei den Elektronentermen und daher vorwiegend Spektren im nahen Infrarot (bis zu etwa 10 μm) liefern; die Schwingungsterme sind weiter in verschiedene Rotationsniveaus aufgespalten mit noch kleineren Abständen, so daß Übergänge zwischen diesen zu Spektren im fernen Infrarot oder im Radiofrequenzgebiet führen.

Die verschiedenen diskreten Schwingungszustände eines Moleküls werden durch die Schwingungsquantenzahl v charakterisiert. Einem Elektronenzustand des stabilen Moleküls, dem eine bestimmte Potentialkurve entspricht, ist ein Folge von Schwingungszuständen mit den Quantenzahlen $v = 0, 1, 2, \ldots$ zugeordnet. In Abb. B.1 sind einige dieser Schwingungssniveaus des elektronischen Grundterms $^1\Sigma_g^+$

eingezeichnet. Im Grenzfall $v = \infty$ sind beide Kerne vollständig getrennt. Die Differenz der Energien zwischen $v = 0$ oder $v = \infty$ ist die Dissoziationsenergie. Bei Übergängen zwischen verschiedenen elektronischen Termen gibt es für die Schwingungsquantenzahl v keine Auswahlregeln.

Anzahl und Lage der Rotationszustände ergeben sich je nach der Kopplung zwischen $\boldsymbol{S}$, $\boldsymbol{L}$ und dem axialen Feld. Im einfachsten Fall folgt der Gesamtdrehimpuls J durch die vektorielle Addition $\boldsymbol{J} = \boldsymbol{R} + \boldsymbol{k}\Omega$ aus dem mechanischen Moleküldrall $\boldsymbol{R}$ und der Komponente des Elektronenbahn- und Spinimpulses in Richtung der Molekülachse $\Omega = \Lambda + \Sigma$, multipliziert mit $\boldsymbol{k}$ = Einheitsvektor in der Molekülachse (s. Abb. B.2b). Dies ist der Hund'sche Kopplungsfall (a): $\boldsymbol{L}$ und $\boldsymbol{S}$ sind beide stark an das axiale Feld gekoppelt; zwischen der Rotation des Moleküls und der Elektronenbewegung besteht keine Wechselwirkung. Die Quantenzahl J der verschiedenen Rotationsniveaus kann dann die Werte annehmen $J = \Omega, \Omega + 1, \Omega + 2, \ldots$, wobei $\Omega = \Lambda + S, \Lambda + S - 1, \ldots, \Lambda - S$. Für jeden Wert von Ω erhält man eine Folge von Rotationsniveaus mit verschiedenen J-Werten. Der ganze Term wird durch Anfügen des Wertes von Ω unten rechts am Termsymbol charakterisiert. Bei einem äußeren Elektron, also $S = 1/2$, ergeben sich zum Beispiel für $\Lambda = 1$ die Werte $\Omega = 1/2$ und $\Omega = 3/2$, die zu den Niveaufolgen $^2\Pi_{1/2}$ mit $J = 1/2, 3/2, 5/2, \ldots$ bzw. $^2\Pi_{3/2}$ mit $J = 3/2, 5/2, \ldots$ führen.

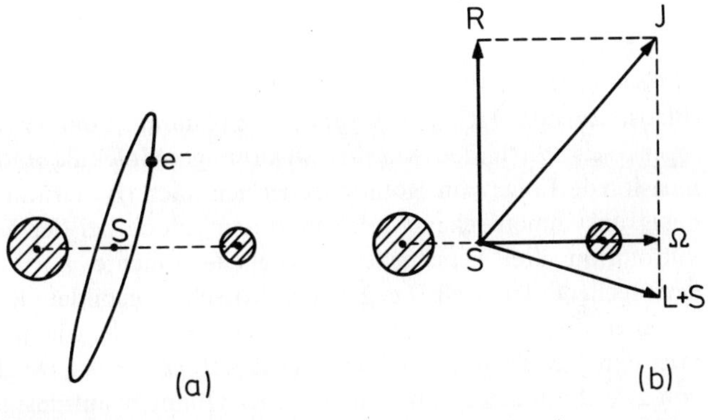

Abb. B.2: (a) Anschauliches Modell eines zweiatomigen Moleküls mit einem äußeren Elektron. S gibt die Lage des Massenmittelpunktes an. (b) Vektormodell des zweiatomigen Moleküls für Hund's Fall a (Erläuterung im Text).

Es gibt noch weitere Kopplungsfälle. Mit zunehmender Rotationsenergie spielt die in dem angeführten Fall vernachlässigte Wechselwirkung zwischen Elektronenbewegung charakterisiert durch Λ, und Molekülrotation eine Rolle und bewirkt, daß alle Energieniveaus mit $\Lambda \neq 0$ in zwei Komponenten aufspalten. Man spricht von **Λ-Verdoppelung.** Der Aufspaltungsbetrag ist im allgemeinen sehr klein. Astronomisch ist die Λ-Verdoppelung vor allem interessant geworden durch die Beobachtung der Übergänge zwischen den beiden Einzelniveaus des Rotationszustandes

$^2\Pi_{3/2}$, $J = 3/2$ des interstellaren OH-Moleküls mit einem äußeren Elektron (s. Abb. III.50), deren Energiedifferenz einer Wellenlänge $\lambda \approx 18$ cm entspricht.

Für die *Energiewerte* der einzelnen Rotationsniveaus liefert die Quantenmechanik im einfachsten Fall $S = \Lambda = 0$, der bei zwei äußeren Elektronen (z. B. CO, CS) vorkommt, mit der Annahme eines starren Rotators

$$E_J = hB_0J(J+1) \text{ mit } B_0 = \frac{h}{8\pi^2 I_0} \quad (J = 0, 1, 2, \ldots). \tag{B.1}$$

Dabei bezeichnet I_0 das Trägheitsmoment des Moleküls um eine Achse senkrecht zur Verbindungslinie der beiden Kerne durch das Massenzentrum; B_0 wird Rotationskonstante des Moleküls genannt. Für Übergänge gilt die Auswahlregel $\Delta J = \pm 1$, so daß der Ausdruck für die Frequenzen der einzelnen Linien des reinen Rotationsspektrums lautet

$$\nu = \frac{E_{J+1} - E_J}{h} = 2B_0(J+1). \tag{B.2}$$

Für $J = 0, 1, 2, \ldots$ erhält man eine Folge äquidistanter Linien mit dem Frequenzabstand $2B_0$. Ist $\Lambda \neq 0$, so geht der starre Rotator in den symmetrischen Kreisel über. Im Hund'schen Kopplungsfall (a) erhält man dann zum Beispiel

$$E_J = hB_0[J(J+1) - \Omega^2]. \tag{B.3}$$

Mehratomige Moleküle: Sind die Atome linear angeordnet, wie etwa bei HCN (Blausäure) oder HCCCN (Cyanacetylen), dann ist das Trägheitsmoment I_0 in analoger Weise zu bilden wie für zweiatomige Moleküle und man erhält die eindimensionale Folge von Rotationsenergien nach (B.1). Im allgemeinen Fall des beliebig unsymmetrischen Moleküls treten jedoch bei der Beschreibung der Molekülrotation drei verschiedene Trägheitsmomente $I_a < I_b < I_c$ auf, denen drei entsprechend der in (B.1) gegebenen Vorschrift gebildete Rotationskonstanten entsprechen. Für nichtlineare symmetrische Moleküle, wie etwa CH_3 oder NH_3, sind zwei der drei Trägheitsmomente gleich: $I_a = I_b < I_c$. Die Rotationsenergie hängt von zwei Parametern ab. Neben J, der Quantenzahl des gesamten Drehimpulses, führt man dann noch eine Quantenzahl K für die Projektion des Gesamtdrehimpulses auf die Symmetrieachse des Moleküls ein, und es gilt anstelle von (B.1)

$$E_{J,K} = hB_0J(J+1) + (A_0 - B_0)K^2 \tag{B.4}$$

mit $J \geqslant K$. Für Übergänge gilt die Auswahlregel $\Delta K = 0$. Zu einem Übergang $J+1 \rightarrow J$ gehört daher eine ganze Folge von Linien mit $K = 0, 1, 2, \ldots, J$. Ein Beispiel sind die in Richtung zur Radioquelle Sgr B2 beobachteten Linien für $K = 0, 1, \ldots, 5$ des Überganges $J = 6 \rightarrow 5$ von CH_3CN (Methylcyanid).

Eine zusätzliche Möglichkeit von Übergängen, die auf Mikrowellenlinien führen, ist die Inversionsverdoppelung von Energieniveaus. Wir erläutern diesen Fall am

Beispiel des NH_3. Hier bilden die drei H-Atome ein gleichseitiges Dreieck und das N-Atom kann entweder oberhalb oder unterhalb der Dreiecksfläche angeordnet sein (Abb. B.3), so daß es jeweils die Spitze einer dreiseitigen Pyramide bildet, die im zweiten Fall „auf dem Kopf steht". Die Frequenz der beim Übergang zwischen diesen beiden energetisch etwas unterschiedlichen Zuständen entstehenden Linie läßt sich auch als Pendelfrequenz des N-Atoms bei einer Schwingung zwischen den beiden Lagen – oberhalb und unterhalb des Basisdreiecks der H-Atome – deuten. Die Quantenzahlen J und K ändern sich dabei nicht.

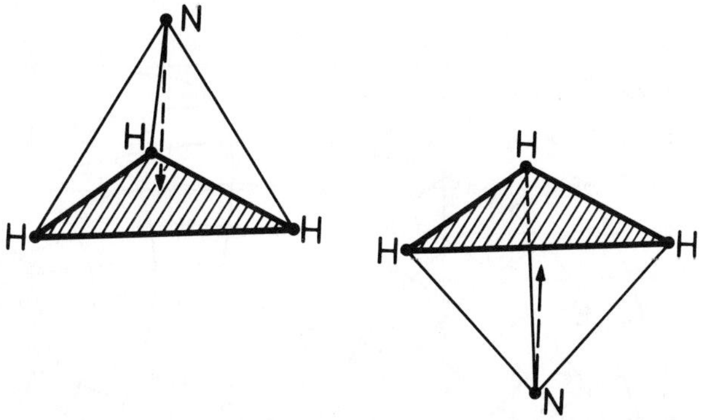

Abb. B.3: Zur Inversionsverdoppelung der Energiezustände des NH_3-Moleküls.

Bei unsymmetrischen Molekülen (asymmetrischer Kreisel, z. B. H_2O und H_2CO) ist ein Rotationszustand durch drei unabhängige Quantenzahlen zu charakterisieren. Neben J definiert man Quantenzahlen K_a, K_c für die Projektionen des Gesamtdrehimpulses auf die beiden Hauptachsen mit den größten Trägheitsmomenten. Die Bezeichnung der Einzelniveaus erfolgt dann gewöhnlich in der Form $J_{K_a K_c}$, also zum Beispiel 2_{12} für den durch $J = 2$, $K_a = 1$, $K_c = 2$ festgelegten Rotationszustand.

Anhang C:
Karten zur graphischen Ermittlung von genäherten galaktischen Koordinaten

Aus den nachfolgend wiedergegebenen Karten können zu den äquatorialen Koordinaten α[h] und δ[°] für das Äquinoktium 1950.0 unmittelbar die galaktischen Koordinaten l[°] und b[°] entnommen werden und umgekehrt. (Nach J. D. Kraus: Radio Astronomy, Cygnus-Quasar Books, Powell, Ohio 1986).

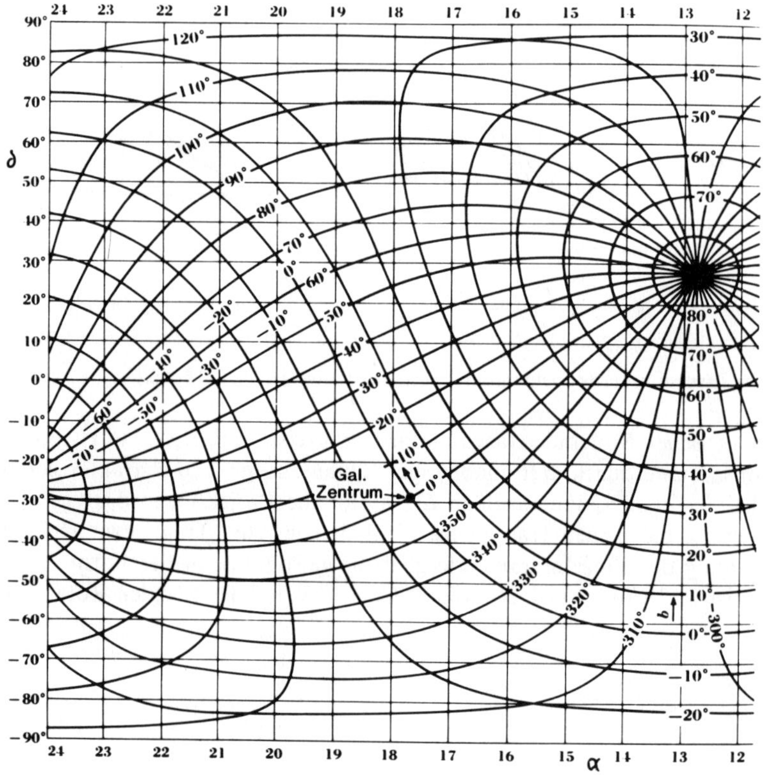

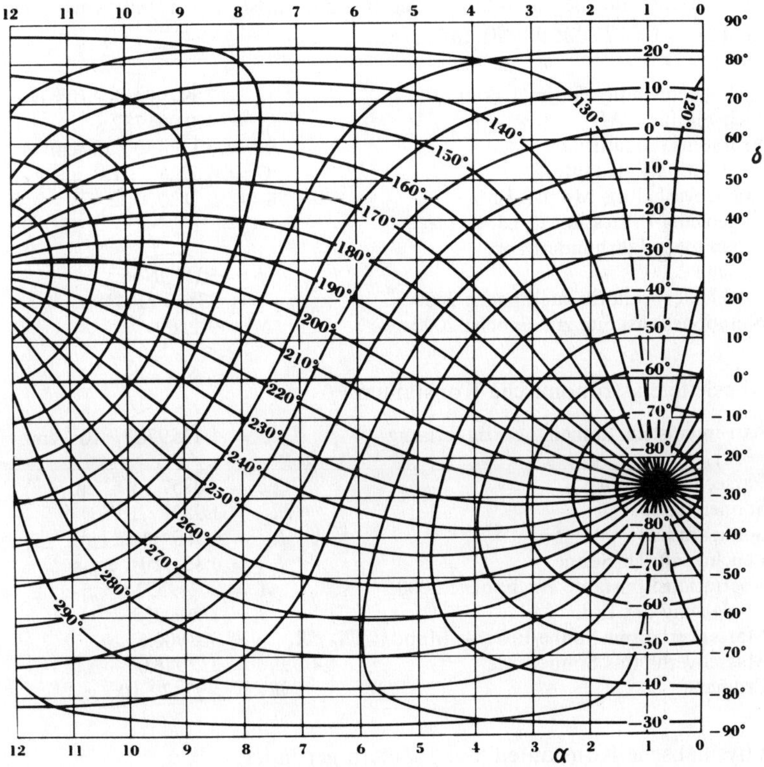
12 11 10 9 8 7 6 5 4 3 2 1 0
90° 80° 70° 60° 50° 40° 30° 20° 10° 0° −10° −20° −30° −40° −50° −60° −70° −80° −90°
δ
α
20° 10° 0° −10° −20° −30° −40° −50° −60° −70° −80° −80° −70° −60° −50° −40° −30°
120° 130° 140° 150° 160° 170° 180° 190° 200° 210° 220° 230° 240° 250° 260° 270° 280° 290°

Astronomische und physikalische Konstanten im Gaußschen cgs-System

Primäre astronomische Konstanten

Astronomische Einheit der Masse ist die Sonnenmasse ($\mathfrak{M}_\odot$). Astronomische Einheit der Zeit ist das Zeitintervall von einem Tag von 86400 Sekunden; 36525 Tage sind ein Julianisches Jahrhundert. Die astronomische Einheit der Länge (AE) ist die Längeneinheit, in der im dritten Keplerschen Gesetz für das Zwei-Körper-Problem $a^3/P^2 = (k^2/4\pi^2)(1 + \mathfrak{M})$ die große Bahnhalbachse a ausgedrückt werden muß, damit die hier benutzte sogenannte Gaußsche (Gravitations-)Konstante den Wert $k = 0.017202098950$ annimmt.

Lichtgeschwindigkeit (im Vakuum)	$c = 2.99792458 \cdot 10^{10}$ cm s^{-1}
Lichtzeit für 1 AE	$\tau_{AE} = 499.004782$ s
Erdradius (äquatorial)	$R_\oplus = 6.378140 \cdot 10^8$ cm
Gravitationskonstante	$G = 6.6726 \cdot 10^{-8}$ cm^3 g^{-1} s^{-2}
Massenverhältnis Mond – Erde	$\mathfrak{M}_☾/\mathfrak{M}_\oplus = 0.01230002$
Allgemeine Präzession in Länge pro Julianisches Jahrhundert zur Epoche 2000	$p = 5029''.0966$
Schiefe der Ekliptik zur Epoche 2000	$\varepsilon = 23°26'21''.448$
Nutationskonstante zur Epoche 2000	$N = 9''.2109$

Abgeleitete astronomische Konstanten

Astronomische Einheit der Entfernung (= $c\tau_{AE}$)	AE $= 1.4959787 \cdot 10^{13}$ cm
Parsec (= AE/sin 1″)	pc $= 3.0857 \cdot 10^{18}$ cm
Sonnenmasse	$\mathfrak{M}_\odot = 1.9891 \cdot 10^{33}$ g
Sonnenradius	$R_\odot = 6.960 \cdot 10^{10}$ cm
Leuchtkraft der Sonne	$L_\odot = 3.85 \cdot 10^{33}$ erg s^{-1}
Aberrationskonstante zur Epoche 2000	$A = 20''.49552$
Abplattung der Erde	$f = 1/298.257$
Massenverhältnis Sonne/Erde + Mond	$\mathfrak{M}_\odot/\mathfrak{M}_{\oplus+☾} = 328900.6$
Massenverhältnis Sonne/Erde	$\mathfrak{M}_\odot/\mathfrak{M}_\oplus = 332946.0$
Erdmasse	$\mathfrak{M}_\oplus = 5.9742 \cdot 10^{27}$ g

Physikalische Konstanten (auf 5 Ziffern gerundet)

Plancksche Konstante	$h = 6.6261 \cdot 10^{-27}$ erg s
Ruhemasse des Elektrons	$m_e = 9.1095 \cdot 10^{-28}$ g
Ruhmasse des Protons	$m_p = 1.6726 \cdot 10^{-24}$ g
Atomare Masseneinheit = $\frac{1}{12}$ ^{12}C	$u = 1.6605 \cdot 10^{-24}$ g
Elektrische Elementarladung	$e = 4.8032 \cdot 10^{-10}$ E.S.E.
Rydberg-Konstante	$R_\infty = 1.0974 \cdot 10^5$ cm^{-1}
Boltzmann-Konstante	$k = 1.3807 \cdot 10^{-16}$ erg K^{-1}
Gaskonstante	$\mathfrak{R} = 8.3145 \cdot 10^7$ erg K^{-1} mol^{-1}
Loschmidtsche Zahl	$L = 6.0221 \cdot 10^{23}$ mol^{-1}

Konstante des Stefan-Boltzmannschen Gesetzes für den Strahlungsstrom	$\sigma = 5.6705 \cdot 10^{-5}$ erg cm^{-2} s^{-1} K^{-4}
für die Strahlungsdichte	$a = 4\sigma/c = 7.5658 \cdot 10^{-15}$ erg cm^{-3} K^{-4}
Bohrscher Radius	$a_0 = 5.2918 \cdot 10^{-9}$ cm
Klassischer Elektronenradius	$r_0 = e^2/m_e c^2 = 2.8179 \cdot 10^{-13}$ cm
Compton-Wellenlänge	$\lambda_e = h/m_e c = 2.4263 \cdot 10^{-10}$ cm

Beziehungen zwischen Gaußschen cgs-Einheiten und Einheiten des SI-Systems

Kraft:	1 dyn = 1 cm g s^{-2} = 10^{-5} N
Druck:	1 dyn cm^{-2} = 10^{-6} bar = 10^{-1} Pa
Energie:	1 erg = 10^{-7} J = $6.2418 \cdot 10^{11}$ eV
	1 eV = $1.6021 \cdot 10^{-12}$ erg = $1.6021 \cdot 10^{-19}$ J
Elektrische Ladung:	1 E.S.E. = $3.3357 \cdot 10^{-10}$ C
Elektrische Spannung, Potential:	1 E.S.E. = $2.9980 \cdot 10^{2}$ V
Magnetische Flußdichte im Vakuum (magnetische Induktion):	1 Gauß = 10^{-4} T (Tesla)

Durch den Übergang zu SI-Einheiten geänderte Gleichungen

Gln. (IV.57), (IV.60), (IV.139), (IV.142), (IV.143)	zusätzlicher Faktor $\frac{1}{4\pi\varepsilon_0}$
Gl. (IV.135)	Vorfaktor $= \frac{1}{4\pi\varepsilon_0}\frac{\pi e^2}{m_e c}$
Gl. (IV.137)	$f_{mn} = \frac{4\varepsilon_0 m_e h\nu_{mn}}{e^2} B_{mn}$

ε_0 = elektrische Feldkonstante = $8.8542 \cdot 10^{-12}$ A s V^{-1} m^{-1}

Lateinische Sternbildnamen (Nominativ und Genitiv) und ihre Abkürzungen nach der IAU-Konvention

Andromeda, Andromedae	And
Antlia, Antliae	Ant
Apus, Apodis	Aps
Aquarius, Aquarii	Aqr
Aquila, Aquilae	Aql
Ara, Arae	Ara
Aries, Arietis	Ari
Auriga, Aurigae	Aur
Bootes, Bootis	Boo
Caelum, Caeli	Cae
Camelopardalis, Camelopardalis	Cam
Cancer, Cancri	Cnc
Canes venatici, Canum Venaticorum	CVn
Canis Major, Canis Majoris	CMa
Canis Minor, Canis Minoris	CMi
Capricornus, Capricorni	Cap
Carina, Carinae	Car
Cassiopeia, Cassiopeiae	Cas
Centaurus, Centauri	Cen
Cepheus, Cephei	Cep
Cetus, Ceti	Cet
Chamaeleon, Chamaelonis	Cha
Circinus, Circini	Cir
Columba, Columbae	Col
Coma Berenices, Comae Berenices	Com
Corona Austrina, Coronae Austrinae	CrA
Corona Borealis, Coronae Borealis	CrB
Corvus, Corvi	Crv
Crater, Crateris	Crt
Crux, Crucis	Cru
Cygnus, Cygni	Cyg
Delphinus, Delphini	Del
Dorado, Doradus	Dor
Draco, Draconis	Dra
Equuleus, Equulei	Equ
Eridanus, Eridani	Eri
Fornax, Fornacis	For
Gemini, Geminorum	Gem
Grus, Gruis	Gru
Hercules, Herculis	Her
Horologium, Horologii	Hor
Hydra, Hydrae	Hya
Hydrus, Hydri	Hyi
Indus, Indi	Ind
Lacerta, Lacertae	Lac
Leo, Leonis	Leo
Leo Minor, Leonis Minoris	LMi
Lepus, Leporis	Lep
Libra, Librae	Lib
Lupus, Lupi	Lup
Lynx, Lyncis	Lyn
Lyra, Lyrae	Lyr
Mensa, Mensae	Men
Microscopium, Microscopii	Mic
Monoceros, Monocerotis	Mon
Musca, Muscae	Mus
Norma, Normae	Nor
Octans, Octantis	Oct
Ophiuchus, Ophiuchi	Oph
Orion, Orionis	Ori
Pavo, Pavonis	Pav
Pegasus, Pegasi	Peg
Perseus, Persei	Per
Phoenix, Phoenicis	Phe
Pictor, Pictoris	Pic
Pisces, Piscium	Psc
Piscis Austrinus, Piscis Austrini	PsA
Puppis, Puppis	Pup
Pyxis, Pyxidis	Pyx
Reticulum, Reticuli	Ret
Sagitta, Sagittae	Sge
Sagittarius, Sagittarii	Sgr
Scorpius, Scorpii	Sco
Sculptor, Sculptoris	Scl
Scutum, Scuti	Sct
Serpens, Serpentis	Ser
Sextans, Sextantis	Sex
Taurus, Tauri	Tau
Telescopium, Telescopii	Tel
Triangulum, Trianguli	Tri
Triangulum Australe, Trianguli Australis	TrA
Tucana, Tucanae	Tuc
Ursa Major, Ursae Majoris	UMa
Ursa Minor, Ursae Minoris	UMi
Vela, Velorum	Vel
Virgo, Virginis	Vir
Volans, Volantis	Vol
Vulpecula, Vulpeculae	Vul

Ergänzende und weiterführende Literatur

PSS = Scheffler, H., Elsässer, H.: Physik der Sterne und der Sonne, 2. Auflage, B.I.-Wissenschaftsverlag, Mannheim/Wien/Zürich 1990

Übersichten, wichtige Literaturquellen und Zusammenstellungen des Datenmaterials enthalten die wie folgt abgekürzten Publikationsreihen:

Ann. Rev. Astron. Astrophys.	= Annual Review of Astronomy and Astrophysics. Ann. Reviews Inc., Palo Alto, Calif. Vol. I (1963) ... (wird jährlich fortgesetzt).
Landolt-Börnstein	= Landolt-Börnstein, Zahlenwerte und Funktionen aus Naturwissenschaften und Technik, Neue Serie, Gruppe VI: Astronomie, Astrophysik und Weltraumforschung. Springer-Verlag Berlin-Heidelberg-New York, Band VI/I (Herausg. H. H. Voigt) 1965, Bände VI/2a, b, c (Herausg. H. H. Voigt und K. Schaifers) 1982.
IAU-Symposien	= Symposien der Internationalen Astronomischen Union. Kluwer, Dordrecht/Holland. Jeder Band enthält Beiträge zahlreicher Autoren zu einem bestimmten Thema.
Mitt. Astron. Ges.	= Mitteilungen der Astronomischen Gesellschaft, Hamburg.

Einen Zugang zur neueren Literatur bieten die in dreijährigem Abstand erscheinenden „Reports on Astronomy" der Internationalen Astronomischen Union.

Zitate und kurze Inhaltsangaben der gesamten astronomischen Literatur bis zum jeweils vorangegangenen Jahr können aus den jährlich erscheinenden „Astronomy and Astrophysics Abstracts" (erstellt vom Astronomischen Rechen-Institut in Heidelberg und publiziert vom Springer-Verlag) entnommen werden.

Einleitender Überblick

Becker, F.: Geschichte der Astronomie. Bibliographisches Institut, Mannheim, 4. Aufl. 1980.

Hoskin, M.: The Milky Way from Antiquity to Modern Times. In: The Milky Way (ed. H. van Woerden, W. B. Burton, R. J. Allen), IAU-Sympoisum No. 106 (1985) 11-24.

Struve, O., Zebergs, V.: Astronomy of the 20th Century. MacMillan Co., New York-London 1962.

I Positionen, Bewegungen und Entfernungen der Sterne – Begriffe und Methoden

I.1 Örter und Bewegungen

Gesamtdarstellungen:

Podobed, V. V.: Fundamental Astrometry. Univ. of Chicago Press, Chicago, 1965.

Schaub, W.: Vorlesungen über Sphärische Astronomie. Akad. Verlagsges., Leipzig 1950.

Smart, W. M.: Text book on Spherical Astronomy, 6th ed. revised by R. M. Green, Cambridge Univ. Press, Cambridge 1977.

Astronomische Jahrbücher:

Grundlegend ist „The Astronomical Almanac", das jährlich in London (the Government Bookshop, P. O. Box 569, London SE1 9NA) und in Washington (U.S. Government Printing Office, Washington D.C., 20402) erscheint.

Astronomische Konstanten (Zusammenstellung s. S. 538):

Fricke, W.: The System of Astronomical Constants. In: Landolt-Börnstein VI/2a (1982) 79–81.

Sternpositionen allgemein:

Eichhorn, H.: Astronomy of Star Positions. Frederick Ungar Publ. Co., New York 1974.
van Altena, W. F.: Astrometry. Ann. Rev. Astron. Astrophys. **21** (1983) 131–164.

Positionen, Eigenbewegungen und weitere Daten aller Sterne heller als $V = 6^m.5$ (rund 9100 Sterne):

Bright Star Catalogue (eds. D. Hoffleit, C. Jaschek), fourth revised edition, Yale University Observatory, New Haven, Connecticut 1982.

Sterne heller als $8^m.0$:

Hirschfeld, A., Sinnot, R. W. (eds.): Sky Catalogue 2000.0, Sky Publishing Corporation, Cambridge, Mass. 1982.

Positionen und Eigenbewegungen für 258997 Sterne bis $V \approx 10^m$:

Smithsonian Astrophysical Observatory Star Catalogue (SAO-Catalog). Smithsonian Institution, Washington, D. C. 1966.

Bastian, U., Röser, S.: PPM: Der Nachfolger des SAO-Katalogs. Sterne und Weltraum **30** (1991) 592–596.

Positionen und Eigenbewegungen schwächerer Sterne s. Zusammenstellung in Landolt-Börnstein VI/2c (1982), S. 150ff.

Radialgeschwindigkeit:

Batten, A. H.: Vistas in Astronomy **22** (1980) 265–277.

Gliese, W.: Radial Velocities. In: Landolt-Börnstein VI/2c (1982) 159–163

Philip, A. G. D., Latham, D. W. (eds.): Stellar Radial Velocities. IAU-Colloquium No. 88. L. Davis Press, Schenectady, New York 1985.

Präzession

Fricke, W.: Basic Material for the Determination of Precession and of Galactic Rotation and a Review of Methods and Results. Veröff. Astron. Rechen-Institut Heidelberg Nr. 28. Verlag G. Braun, Karlsruhe 1977.

Gliese, W.: Precession Tables. In: Landolt-Börnstein VI/2c (1982) 153–155.

Fundamentales Koordinatensystem und radioastrometrisches Bezugssystem:

Counselman, Ch. C.: Radio Astrometry. Ann. Rev. Astron. Astrophys. **14** (1976) 197–214.

Fricke, W.: Probleme der fundamentalen Astrometrie und deren Beziehung zur Himmelsmechanik und Radioastrometrie. Mitteilungen des Astron. Rechen-Instituts Heidelberg Serie A, Nr. 107 (1977) = Mitt. Astron. Ges. Nr. 42 (1977), S. 29.

Fricke, W., et al.: Fifth Fundamental Catalogue (FK5). Veröffentlichungen d. Astron. Rechen-Instituts Heidelberg No. 32 (1988).

Schmeidler, F.: Geschichte der Fundamentalkataloge. Mitt. Astron. Ges. Nr. 48 (1980), S. 11.

van Altena, W. F.: Astrometry. Ann. Rev. Astron. Astrophys. **21** (1983) 131–164.

I.2 Entfernungen

Trigonometrische Parallaxen:

Strand, K. A.: Trigonometric Stellar Parallaxes. In: Stars Stellar Systems Vol. III (1963), Chapter 6, p. 55.

van Altena, W. F.: Astrometry. Ann. Rev. Astron. Astrophys. **21** (1983) 131–164

Sternstromparallaxen, Entfernung der Hyaden:

Atanasijevic, I.: Selected Exercises in Galactic Astronomy. Reidel, Dordrecht 1971 (Astrophysics and Space Science Library, Vol. 26), Exercise III, p. 32.

Eggen, O. J.: Moving Groups of Stars. In: Stars Stellar Systems Vol. V (1965), Chapter 6, p. 111.

Hanson, R. B.: The Hyades Cluster Distance. In: Star Clusters (ed. J. E. Hesser), IAU-Symposium Nr. 85 (1980), p. 71.

Seggewiß, W.: Das Hyadenproblem. Sterne und Weltraum **22** (1983) 474–478, 528–531.

Photometrische Entfernungen:

Heck, A.: Some Methods of Determining the Stellar Absolute Magnitude. Vistas in Astronomy **22** (1980) 221–264.

II Aufbau und Kinematik des Sternsystems

Gesamtdarstellungen:

Mihalas, D., Routly, P. M.: Galactic Astronomy, Freeman, San Francisco 1968.

Mihalas, D., Binney, J.: Galactic Astronomy, Structure and Kinematics. Freeman, San Francisco 1981.

Trumpler, R. J., Weaver, H. F.: Statistical Astronomy. Univ. of California Press, Berkeley 1953 (nachgedruckt 1962: Dover Publications Inc., New York).

Tagungsberichte mit Review-Artikeln:

Burton, W. B. (ed.): The Large-Scale Characteristics of the Galaxy. IAU-Symposium No. 84 (1979).

Übungsaufgaben:

Atanasijevic, I.: Selected Exercises in Galactic Astronomy, a.a.O. (unter I.2. Sternstromparallaxen, Entfernung der Hyaden).

II.1 Scheinbare Verteilung der Sterne

Ältere systematische Durchmusterungskataloge sind zusammengestellt in:

Scheffler, H., Elsässer, H.: Bau des Milchstraßensystems. In: Landolt-Börnstein, Band VI/1, 1965, Abschnitt 8.2.1.3.1.

Verteilung der einzelnen Sterntypen, integriertes Sternlicht, Flächenhelligkeit:

Beichmann, C. A.: The IRAS View of the Galaxy and Solar System. Ann. Rev. Astron. Astrophys. **25** (1987) 521–563.

Bowyer, S., Leinert, Ch. (eds.): Galactic and Extragalactic Background Radiation – Optical, Ultraviolet and Infrared Components. IAU-Symposium No. 139 (1990).

Debarbat, S., Eddy, J. A., Eichhorn, H. K., Upgren, A. R. (eds.): Mapping the Sky. IAU-Symposium No. 133 (1988).

Henry, R. C., et al.: Atlas of the Ultraviolet Sky. John Hopkins University Press, Baltimore 1988

Scheffler, H.: Structure of the Galaxy. In: Landolt-Börnstein, Band VI/2c, 1982, Abschnitt 8.3.1.

Weitwinkelaufnahmen der Milchstraße:

Schlosser, W., Schmidt-Kaler, Th. Hünecke, W.: Atlas der Milchstraße (Kugelspiegelaufnahmen mit 140° Bildwinkel in vier Farben: U, B, V, R). Astronomisches Institut der Ruhr-Universität Bochum 1979.

II.2 Methoden der Stellarstatistik

II.3 Das Sternfeld der Sonnenumgebung

Analyse von Sternzählungen:

Bahcall, J. N.: Star Counts and Galactic Structure. Ann. Rev. Astron. Astrophys. **24** (1986) 577–611.

Gilmore, G., Wyse, R. F. G.: The Multivariate Stellar Distribution Function. In: Gilmore, G., Carswell, B., The Galaxy. Reidel, Dordrecht 1987, p. 247.

Spaenhauer, A.: Milchstraßenmodelle. In: Buser, R. (Herausg.), Galaktische Struktur und Entwicklung. Preprint Nr. 2, Astronomisches Institut der Universität Basel 1981.

Trumpler, R. J., Weaver, H. F.: Statistical Astronomy, a.a.O. Part V, p. 413.

Verzeichnis der sonnennahen Sterne:

Gliese, W.: Catalogue of Nearby Stars. Veröffentl. Astron. Rechen-Institut, Heidelberg Nr. 22 (1969).

Leuchtkraftfunktion, Massenfunktion:

Scalo, J. M.: The Stellar Initial Mass Function. Fundamentals of Cosmic Physics **11** (1986) 1–278.

Regionale Studien der Sterndichteverteilung sind zusammengestellt in:

Scheffler, H.: Structure of the Galaxy, In: Landolt-Börnstein, Band VI/2c, 1982, Abschnitt 8.3.2.

Bewegungen der Sterne der Sonnenumgebung:

Delhaye, J., in: Stars Stellar Systems, Vol. V, Chapter 4, p. 61.

Eggen, O. J.: Vistas in Astronomy **12** (1970) 367.

Wielen, R.: Kinematics and Dynamics. In.: Landolt-Börnstein, Band VI/2c (1982), Abschnitt 8.4.1.2.

Smart, W. M.: Stellar Kinematics. Longmans, London 1968

II.4 Großräumige Verteilung der Sterne

Absolut helle Sterne, junge offene Haufen und Assoziationen:

Humphreys, R. M.: The Distribution of Young Stars, Clusters and Cepheids in the Milky Way and M33 – a Comparison. In: IAU-Symposium Nr. 84 (1979), p. 93.

Kataloge von Sternhaufen und Assoziationen:

Alter, C., Ruprecht, J., Vanýsek, V.: Catalogue of Star Clusters and Associations (in Karteiform). Czechoslovak Academy of Sciences, Prague, 2nd Edition 1970. Enthält 1039 offene Haufen, 5 Bewegungshaufen, 11 „Sterngruppen", 70 OB-Assoziationen und 125 Kugelhaufen. Supplement 1981.

Kukarkin, B. V.: Globular Star Clusters. Englische Übersetzung des 1974 in Moskau herausgegebenen Katalogs der Daten für 129 Objekte. NASA-TT-F-16157, Washington, D. C., 1975.

Übersichtsartikel über Sternhaufen und Assoziationen sind enthalten in:

Hesser, J. E. (ed.): Star Clusters. IAU-Symposium Nr. 85 (1980).

Kugelhaufen:

Hanes, D., Madore, M. (eds.): Globular Clusters. Univ. Press, Cambridge 1980.

Grindley, J. E., Philip, A. G. D. (eds.): Globular Cluster Systems in Galaxies. IAU-Symposium No. 126 (1988), Chapter II.

Bestimmung von R_0:

Feast, M. W.: Galactic Distance Scales. In: Gilmore, G., Carswell, B. (eds.), The Galaxy. Reidel, Dordrecht 1981, p. 1.

Reid, M. J.: The Distance to the Galactic Center: R_0. In: Morris, M. (ed.): The Center of the Galaxy. IAU-Symposium No. 136 (1989)

Sterne im galaktischen Halo und Bulge:

Becker, W.: Die galaktische Struktur aus optischen Beobachtungen. Mitt. Astron. Ges. Nr. 43, Hamburg 1978, S. 21.

Freeman, K. C.: The Galactic Spheroid and Old Disk. Ann. Rev. Astron. Astrophys. **25** (1987) 603–632.

Frogel, J. A.: The Galactic Nuclear Bulge and the Stellar Content of Spheroidal Systems. Ann. Rev. Astron. Astrophys. **26** (1988) 51–91.

van Woerden, H., Allen, R. J., Burton, W. B. (eds.), The Milky Way Galaxy. IAU-Symposium No. 106 (1985), Part II.2.

Gewinnung eines Modells der Galaxis auf der Basis von Sternzählungen:

Bahcall, J. N.: Star Counts and Galactic Structure. Ann. Rev. Astron. Astrophys. **24** (1986) 577–611.

Gilmore, G., Wyse, Rosemary F. G.: The Multivariate Stellar Distribution Function. In: Gilmore, G., Carswell, B. (eds.): The Galaxy. Reidel, Dordrecht 1987, 247–279.

Gilmore, G., Wyse, Rosemary, F. G., Kuijken, K.: s. II.5

Spaenhauer, A.: Milchstraßenmodelle. In: Buser, R. (Herausg.), Galaktische Struktur und Entwicklung. Preprint Nr. 2, Astronomisches Institut der Universität Basel 1981.

II.5 Großräumige Bewegung der Sterne

Freeman, K. C.: Kinematics of Old Stars. In: Gilmore, G., Carswell, B. (eds.), The Galaxy. Reidel, Dordrecht 1987, p. 291.

Fricke, W.: Basic Material for the Determination of Precession and of Galactic Rotation and a Review of Methods and Results. Veröff. Astron. Rechen-Institut Heidelberg Nr. 28 (1977).

Gilmore, G., Wyse, Rosemary F. G., Kuijken, K.: Kinematics, Chemistry and Structure of the Galaxy. Ann. Rev. Astron. Astrophys. 27 (1989) 555–627.

II.6 Zusammenfassende Übersicht, Sternpopulationen

Blaauw, A.: The Concept of Stellar Populations. In: Stars Stellar Systems Vol. V (1965), p. 435

Gilmore, G., Wyse, R. F. G., Kuijken, K.: Kinematics, Chemistry and Structure of the Galaxy. Ann. Rev. Astron. Astrophys. **27** (1989) 555–627.

Mould, J. R.: Stellar Populations in the Galaxy. Ann. Rev. Astron. Astrophys. **20** (1982) 91–115.

Pagel, B. E. J.: Galactic Chemical Evolution. In: Gilmore, G., Carswell, B., The Galaxy. Reidel, Dordrecht 1981, p. 341.

Sandage, A.: Kinematics and Galactic Structure. In: Gilmore, G., Carswell, B., The Galaxy. Reidel, Dordrecht 1981, p. 321.

III Interstellare Phänomene

III.1 Das allgemein verbreitete Medium

Interstellare Extinktion, Polarisation und Streuung von Sternlicht, thermische Emission:

Aannestad, P. A., Purcell, E. M.: Interstellar Grains. Ann. Rev. Astron. Astrophys. **11** (1973) 309–362.

Allamandola, L. J., Tielens, A.G.G.M. (eds.): Interstellar Dust. IAU-Symposium No. 135 (1989).

Hollenbach, D. J., Thronson, H. A. (eds.), Interstellar Processes. Reidel, Dordrecht 1987.

Savage, B. D., Mathis, J. S.: Observed Properties of Interstellar Dust. Ann. Rev. Astron. Astrophys. **17** (1979) 73–111.

Interstellare Absorptionslinien in Sternspektren:

Cowie, L. L., Songaila, A.: High-Resolution Optical and Ultraviolet Absorption-Line Studies of Interstellar Gas. Ann. Rev. Astron. Astrophys. **24** (1986) 499–535.

Münch, G.: Interstellar Absorption Lines. In: Stars Stellar Systems VII (1968) 365.

Spitzer, L., Jenkins, E. B.: Ultraviolet Studies of the Interstellar Gas. Ann. Rev. Astrophys. **13** (1975) 133–164.

Interstellares Strahlungsfeld:

Cox, P., Mezger, P. G.: The Galactic Infrared/Submillimeter Dust Radiation. Astron. Astrophys. Rev. **1** (1989) 49–83

Radiobeobachtungen; Magnetfeld:

Beck, R., Gräve, R.: Interstellar Magnetic Fields, Observations and Theory. Springer, Berlin 1987.

Heiles, C.: Interstellar Magnetic Fields. In: Hollenbach, D. J., Thronson, H. A., Interstellar Processes. Reidel, Dordrecht 1987, 171–194.

Kraus, J. D.: Radio Astronomy, 2nd ed., Cygnus-Quasar Books, Powell, Ohio 1986.

Rohlfs, K.: Tools of Radio Astronomy. Springer, Berlin 1986.

Verschuur, G. L., Kellermann, K. I. (eds.): Galactic and Extragalactic Radio Astronomy, 2nd ed., Springer, Berlin 1988.

Zu der in diesem Buch nicht behandelten interstellaren Szintillation kosmischer Radiofrequenzstrahlung:

Rickett, B. J.: Ann. Rev. Astron. Astrophys. **15** (1977) 479–504

Kosmische Röntgen- und Gammastrahlung:

Adams, D. J.: Cosmic X-Ray Astronomy. Hilger, Bristol 1980.

Baity, W. A., Peterson, L. E. (eds.): X-Ray Astronomy (COSPAR Symposium Series Vol. 3). Pergamon Press Oxford 1979.

Bloemen, H.: Diffuse Galactic Gamma-Ray Emission. Ann. Rev. Astron. Astrophys. **27** (1989) 469–516.

Morfill, G. E., Buccheri, R.: Galactic Astrophysics and Gamma-Ray Astronomy. Reidel, Dordrecht 1983.

Murthy, Ramana P. V., Wolfendale, A. W.: Gamma-Ray Astronomy. Cambridge University Press, Cambridge 1986.

3K-Hintergrundstrahlung:

Schmid-Burgk, J.: Die kosmische Hintergrundstrahlung. Sterne und Weltraum **27** (1988) 521–524.

Weiss, R.: Measurement of the Cosmic Background Radiation. Ann. Rev. Astron. Astrophys. **18** (1980) 489–535

Uson, J. M., Wilkinson, D. T.: The Microwave Background Radiation In: Verschuur, G. L., Kellermann, K. I. (eds.): Galactic and Extragalactic Radio Astronomy, 2nd ed., Springer, Berlin 1987, 603–640.

Kosmische Teilchenstrahlung:

Allkofer, O. C.: Introduction to Cosmic Radiation. K. Thiemig, München 1975.

Morfill, G. E., Buccheri, R.: Galactic Astrophysics and Gamma-Ray Astronomy. Reidel, Dordrecht 1983.

Setti, G., Spada, G., Wolfendale, A. W.: Origin of Cosmic Rays, IAU-Symposium No. 94 (1981).

III.2 Interstellare Wolken

Kataloge heller Nebel:

Lynds, B. T.: Astrophys. J. Suppl. **12** (1965) 163.

Rodgers, A. W., Campbell, C. T., Whiteoak, J. B.: Mon. Not. Roy. Astron. Soc. **121** (1960) 103.

Neckel, Th., Vehrenberg, H.: Atlas Galaktischer Nebel. Treugesell-Verlag, Düsseldorf, Teile I, II, III, 1985, 1987, 1990.

Weitere Kataloge sind zusammengestellt in: Landolt-Börnstein VI/2c (1982), Abschnitt 7.3.2.

Radio- und Infrarotbeobachtungen von HII-Regionen:

Gordon, M. A.: HII Regions and Radio Recombination Lines. In: Verschuur, G. L., Kellermann, K. I., Galactic and Extragalactic Radio Astronomy, 2nd ed., Springer, Berlin 1987, 37–94

Habing, H. J., Israel, F. P.: Compact HII Regions and OB Star Formation. Ann. Rev. Astron. Astrophys. **17** (1979) 345.

Setti, G., Fazio, G. G. (eds.): Infrared Astronomy. Reidel, Dordrecht-Holland 1978.

Shaver, P. A. (ed.): Radio Recombination Lines, Reidel, Dordrecht-Holland 1980.

Wilson, T. L., Downes, D. (eds.): HII-Regions and Related Topics. Lecture Notes in Physics No. 42, Springer, Berlin 1975.

Atlanten und Kataloge von Dunkelwolken:

Barnard, E. E.: A Photographic Atlas of Selected Regions of the Milky Way. Part I: Photographs and Descriptions, Part II: Charts and Tables. Carnergie Institution of Washington 1927.

Feitzinger, J. V., Stüwe, J. A.: A Large-Scale Atlas of the Milky Way Dark Clouds. Vistas in Astronomy **29** (1986) 291–293. – Katalog in: Astron. Astrophys. Suppl. **58** (1984) 365–386.

Lynds, B. T.: Astrophys. J. Suppl. **7** (1962) 1.

Schoenberg, E. E.: Veröff. Sternwarte München **5**, Nr. 21 (1964).

Weitere Atlanten und Kataloge s. Landolt-Börnstein VI/2c (1982), Abschnitt 7.2.2.

Molekülwolken:

Andrew, B. H. (ed.): Interstellar Molecules. IAU-Symposium No. 87, Reidel, Dordrecht-Holland, Boston, London 1980.

Peimbert, M., Jugaku, J. (eds.): Star Forming Regions. IAU-Symposium No. 115 (1987).

Serra, G., (ed.): Nearby Molecular Clouds. Lecture Notes in Physics 237, Springer, Berlin 1985.

Solomon, P. M., Rivolo, A. R.: Molecular Clouds in the Galaxy. In: Gilmore, G., Carswell, B. (eds.), The Galaxy. Reidel, Dordrecht 1987, 105–140

Maser Punktquellen:

Elitzur, M.: Masers in the Interstellar Medium. In: Hollenbach, D. J., Thronson, H. A., Interstellar Processes. Reidel, Dordrecht 1987, 763–780.

Reid, M. J., Moran, J. M.: Astronomical Masers. In: Verschuur, G. L., Kellermann, K. I. (eds.), Galactic and Extragalactic Radio Astronomy. 2nd ed., Springer, Berlin 1987, 255–294.

Siehe auch IV.2.

Interstellare Wolken und Sternentstehung:

Genzel, R., Stutzki, J.: The Orion Molecular Cloud and Star-Forming Region. Ann. Rev. Astron. Astrophys. **27** (1989) 41–85.

Habing, J. H., Israel, F. P.: Compact HII Regions and OB Star Formation. Ann. Rev. Astron. Astrophys. **17** (1979) 345–385.

Peimbert, M., Jugaku, J. (eds.): Star Forming Regions. IAU-Symposium No. 115 (1987).

Pudritz, R. E., Fich, M. (ed.): Galactic and Extragalactic Star Formation. Kluwer, Dordrecht 1988.

IV Physik der interstellaren Materie

Gesamtdarstellungen und Sammelwerke:

Hollenbach, D. J., Thronson, H. A. (eds.): Interstellar Processes. Reidel, Dordrecht 1987.

Osterbrock, D. E.: Astrophysics of Gaseous Nebulae and Active Nuclei. Oxford University Press, Oxford 1989.

Spitzer, L.: Physical Processes in the Interstellar Medium. Wiley, New York 1978.

Verschuur, G. L., Kellermann, K. I. (eds.): Galactic and Extragalactic Radio Astronomy, 2nd ed., Reidel, Dordrecht 1987.

IV.1 Strahlung im interstellaren Gas
IV.2 Zustand des interstellaren Gases

Strahlungstransport, Anregung, Non-LTE, Ionisation, Strahlungsprozesse:

Balian, R., Encrenaz, P., Lequeux, J. (eds.): Atomic and Molecular Physics and the Interstellar Matter. North-Holland, Amsterdam 1975.

Hollenbach, D. J., Thronson, H. A. (eds.): Interstellar Processes. Reidel, Dordrecht 1987.

Mihalas, D.: Stellar Atomspheres. Freeman, San Francisco 1978, Chapters 1–6.

Morfill, G. E., Scholer, M. (eds.): Physical Processes in Interstellar Clouds. Reidel, Dordrecht 1987.

Osterbrock, D. E.: Astrophysics of Gaseous Nebulae. Freemann, San Francisco 1974.

Spitzer, L., a.a.O., Chapters 2–5.

Den Zugang zu den Parametern der einzelnen physikalischen Prozesse: Energiezustände, Ionisationsenergien, Übergangswahrscheinlichkeiten, Koeffizienten der Stoßraten, Ionisationsraten und Rekombinationskoeffizienten für interstellare Atome und Ionen sowie Dipolmomente, Dissoziations-, Rekombinations- und Austauschraten für interstellare Moleküle vermittelt eine Zusammenstellung von Zahlenwerten und Literatur in:

Landolt-Börnstein VI/2c (1982), Abschnitt 7.5.2 und 7.5.3.

Synchrotronstrahlung:

Ginzburg, V. L., Syrovatskii, S. I.: Ann. Rev. Astron. Astrophys. **3** (1965) 297–350.

Salter, C. J., Brown, R. L.: Galactic Nonthermal Continuum Emission. In: Verschuur, G. L., Kellermann, K. I. (eds.), Galactic and Extragalactic Radio Astronomy, 2nd ed., Springer, Berlin 1988, 1–36.

Chemisches Gleichgewicht in den Wolken:

Dishoeck, E. F. van: Molecular Cloud Chemistry: In: Wolstencroft, R. D., Burton, W. B. (eds.), Millimetre and Submillimetre Astronomy. Kluwer, Dordrecht 1988, 117–164.

Herbst, E.: Gas Phase Chemical Processes in Molecular Clouds. In: Hollenbach, D. J., Thronson, H. A. (eds.) a.a.O., 611–629.

Watson, W. D.: Gas Phase Reactions in Astrophysics. Ann. Rev. Astron. Astrophys. **16** (1978) 585–615.

Heizung und Kühlung des Mediums:

Dalgarno, A., McCray, R. A.: Heating and Ionisation of HI Regions. Ann. Rev. Astron. Astrophys. **10** (1972) 375–426.

Hollenbach, D. J., Thronson, H. A. (eds.), a.a.O., Section III.

McCray, R., Snow, T. P.: The Violent Interstellar Medium. Ann. Rev. Astron. Astrophys. **17** (1979) 213–240.

Zustand der Molekülwolken:

Kutner, M. L.: Probing Molecular Clouds. Fundamentals of Cosmic Physics **9** (1984) 233.

HII-Regionen:

Felli, M.: Properties of HII-Regions. In: Westerlund, B. E. (ed.), Stars and Star Systems. Reidel, Dordrecht-Holland, 1979, p. 195.

Gordon, M. A.: HII-Regions and Radio-Recombination Lines. In: Verschuur, G. L., Kellermann, K. I. (eds.), Galactic and Extragalactic Radio Astronomy, 2nd ed., Springer, Berlin 1988, 37–94.

Osterbrock, D. E.: Astrophysics of Gaseous Nebulae, a.a.O.

Wilson, T. L., Downes, D. (eds.): HII-Regions and Related Topics. Springer, Berlin 1975.

Zusammenstellungen der charakteristischen Zustandsparameter zahlreicher HII-Regionen findet man bei:

Smith, L. F., Biermann, P., Mezger, P. G.: Astron. Astrophys. 66 (1978) 65.

Mezger, P. G., Pankonin, V., Schmidt-Burgk, J., Thum, C., Wink, J.: Astron. Astrophys. Letters **80** (1979) L 3.

Interstellare Maser:

Cook, A. H.: Celestial Masers. Cambridge Univ. Press, Cambridge 1977.

Downes, D., Genzel, R.: IAU-Symposium No. 87 (1980) 565.

Elitzur, M.: Masers in the Interstellar Medium. In: Hollenbach, D. J., Thronson, H. A., Interstellar Processes. Reidel, Dordrecht 1987, 763–780.

Kegel, W. H., in: Baschek, B., Kegel, W. H., Traving, G. (eds.): Problems in Stellar Atmospheres and Envelopes. Springer, Berlin-Heidelberg-New York 1975, 257–299.

Reid, M. J., Moran, J. M.: Masers. Ann. Rev. Astron. Astrophys. **19** (1981) 231–276

Elementhäufigkeiten im interstellaren Gas:

Jenkins, E. B.: Element Abundances in the Interstellar Atomic Material. In: Hollenbach, D. J., Thronson, H. A. (eds.), a.a.O., 533–559.

Irvine, W. M., Goldsmith, P. F. Hjalmarson, A.: Chemical Abundances in Molecular Clouds. Ebenda 561–609.

Waddington, C. J. (ed.): Cosmic Abundances of Matter. American Institute of Physics. New York 1989.

Wannier, P. G.: Nuclear Abundances and Evolution of the Interstellar Medium. Ann. Rev. Astron. Astrophys. **18** (1980) 399–437.

IV.3 Die interstellaren Staubteilchen

Optik kleiner fester Partikel:

Greenberg, J. M.: Stars Stellar Systems VII (1968) 221.

Greenberg, J. M., in: McDonnell, J. A. M. (ed.), Cosmic Dust. Wiley, New York 1978, p. 187.

Wickramasinghe, N. C.: Interstellar Grains, Chapman and Hall, London 1967.

Interpretation der Beobachtungen:

Allamandola, L. J., Tielens, A. (eds.): Interstellar Dust. IAU Symposium No. 135 (1989), Section VI.

Savage, B. D., Mathis, J. S.: Ann. Rev. Astron. Astrophys. **17** (1979) 73–111.

Tielens, A., Allamandola, L. J.: Composition, Structure and Chemistry of Interstellar Dust. In: Hollenbach, D. J., Thronson, H. A. (eds.), a.a.O., 397–469.

Temperatur, elektrische Ladung, Bildung und Zerstörung, Ausrichtung im interstellaren Magnetfeld:

Aannestad, P. A., Purcell, E. M.: Interstellar Grains. Ann. Rev. Astron. Astrophys. **11** (1973) 309–362

Allamandola, L. J., Tielens, A. (eds.): Interstellar Dust. IAU Symposium No. 135 (1989), Section III.

Morfill, G. E., Scholer, M. (eds.): Physical Processes in Interstellar Clouds. Reidel, Dordrecht 1987.

Spitzer, L.: Physical Processes in the Interstellar Medium, a.a.O. Chapters 8, 9.

Thermische Emission des Staubes:

Allamandola, L. J., Tielens, A.: Infrared Emission of PAH's. In: Hollenbach, D. J., Thronson, H. A. (eds.), a.a.O., 471–489.

Andriesse, C. D.: Vistas in Astronomy **21** (1977) 107.

Cox, P., Mezger, P. G.: The Galactic Infrared/Submillimeter Dust Radiation. Astron. Astrophys. Rev. **1** (1989) 49–83.

Israel, F. P. (ed.): Light on Dark Matter. Astrophysics and Space Sciences Library Vol. 124, Reidel, Dordrecht 1986.

Puget, J. L., Léger, A.: A New Component of the Interstellar Matter: Small Grains and Large Aromatic Molecules. Ann. Rev. Astron. Astrophys. **27** (1989) 161–198.

IV.4 Verteilung und Bewegung der interstellaren Materie

Verteilung des Staubes aus Infrarotbeobachtungen:

Burton, W. B., Deul, E. R.: The Morphology of Cool, Diffuse Gas and Dust in the Galaxy. In: Gilmore, G., Carswell, B. (eds.), The Galaxy, Reidel, Dordrecht 1987, 141–172.

Analyse der UV-Beobachtungen:

Spitzer, L.: Physical Processes in the Interstellar Medium, a.a.O., p. 156.

Spitzer, L., Jenkins, E. B.: Ultraviolet Studies of the Interstellar Gas. Ann. Rev. Astron. Astrophys. **13** (1975) 133–164.

Analyse der 21-cm-Linie, Grundlagen:

Elwert, G.: Ergebn. d. exakten Naturw. XXXII (1959) 1.

Kerr, F. J.: Stars Stellar Systems VII (1968) 575.

Verteilung und Bewegung des neutralen atomaren Wasserstoffs:

Cox, D. P., Reynolds, R. J.: The Local Interstellar Medium. Ann. Rev. Astron. Astrophys. **25** (1987) 303–344.

Verschuur, G. L., Kellermann, K. I. (eds.), Galactic and Extragalactic Radio Astronomy, 2nd ed., Springer, Berlin 1988, Chapters 3 and 7.

CO und molekularer Wasserstoff, Wolkenstruktur:

Goldsmith, P. F.: Molecular Clouds: An Overview. In: Hollenbach, D. J., Thronson, H. A. (eds.), Interstellar Processes. Reidel, Dordrecht 1987, 51–70.

Scoville, N. Z., Sanders, D. B.: H_2 in the Galaxy. In: Hollenbach, D. J., Thronson, H. A. (eds.), a.a.O. 21–50.

Shull, J. M., Beckwith, S.: Interstellar Molecular Hydrogen. Ann. Rev. Astron. Astrophys. **20** (1982) 163–190.

Solomon, P. M., Rivolo, A. R.: Molecular Clouds in the Galaxy. In: Gilmore, G., Carswell, B. (eds.), The Galaxy. Reidel, Dordrecht 1987, 105–140.

HII-Regionen:

Georgelin, Y. M., Georgelin, Y. P., Sivan, J.-P.: IAU-Symposium No. 84 (1979) 65–72.

Gordon, M. A.: HII-Regions and Radio-Recombination Lines. In: Verschuur, G. L., Kellermann, K. I. (eds.), Galactic and Extragalactic Radio Astronomy. 2nd ed., Springer, Berlin 1988, 37–94.

Spiralstruktur:

Elmegreen, D. M.: Spiral Structure of the Milky Way and External Galaxies. IAU-Symposium No. 106 (1985) 255–272.

Partikel der kosmischen Strahlung:

Cesarsky, C. J.: Cosmic-Ray Confinement in the Galaxy. Ann. Rev. Astron. Astrophys. **18** (1980) 289–319.

Cesarsky, C. J.: The High Energy Galaxy. In: Gilmore, G., Carswell, B. (eds.), The Galaxy. Reidel, Dordrecht 1987, 81–104.

Morfill, G. E., Buccheri, R.: Galactic Astrophysics and Gamma-Ray Astronomy. Reidel, Dordrecht 1983.

Beiträge in: IAU-Symposium No. 94 (Origin of Cosmic Rays) 1981.

Galaktisches Zentralgebiet:

Genzel, R.: The Galactic Center. In: Gilmore, G., Carswell, B. (eds.), The Galaxy. Reidel, Dordrecht 1987, 51–79.

Genzel, R.: The Galactic Nucleus at Millimeter, Submillimeter and Far-Infrared Wavelengths. In: Wolstencroft, R. D., Burton, W. B. (eds.), Millimetre and Submillimetre Astronomy, Kluwer, Dordrecht 1988, 223–248.

Genzel, R., Townes, C. H.: Physical Conditions, Dynamics and Mass Distribution in the Center of the Galaxy. Ann. Rev. Astron. Astrophys. **25** (1987) 377–423.

Morris, M. (ed.): The Center of the Galaxy. IAU-Symposium No. 136, 1989.

Galaktischer Gas-Halo:

de Boer, K. S.: Die Gashülle unserer Milchstraße. Sterne und Weltraum **30** (1991) 154–158.

York, D. G.: Gas in the Galactic Halo. Ann. Rev. Astron. Astrophys. **20** (1982) 221–248.

V Dynamik der Galaxis

V.1 Grundzüge der Stellardynamik

Gesamtdarstellungen:

Binney, J., Tremaine, S.: Galactic Dynamics. Princeton Univ. Press, Princeton 1987.

Chandrasekhar, S.: Principles of Stellar Dynamics. Univ. of Chicago Press 1942. Nachdruck: Dover Publ., New York 1960.

Freemann, K. C.: Stellar Dynamics and the Structure of Galaxies. In: Stars Stellar Systems, Vol. IX (Galaxies and the Universe), 1975, Chapter 11, 409.

Lindblad, B.: Galactic Dynamics. In: Hdb. d. Physik Band LIII (1959) 21.

Oort, J. H.: Stellar Dynamics. In: Stars Stellar Systems, Vol. V (Galactic Structure), 1965, Chapter 21, 455.

Sammelbände mit Einzelbeiträgen:

Contopoulos, G., Henon, M., Lynden-Bell, D. (eds.): Dynamical Structure and Evolution of Stellar Systems. Swiss Society of Astronomy and Astrophysics, Third Advanced Course, Saas-Fee 1973.

Goodman, J., Hut, P. (eds.): Dynamics of Star Clusters. IAU-Symposium No. 113 (1985).

Hayli, A. (ed.): Dynamics of Stellar Systems. IAU-Symposium No. 69, 1975.

Dynamik von Sternhaufen:

Wielen, R.: The Gravitational N-Body Problem for Star Clusters. In: Mavridis, L. N. (ed.), Stars in the Milky Way System. Springer, Berlin 1974, p. 326.

Spitzer, L.: Dynamical Evolution of Globular Clusters. Princeton Univ. Press, Princeton, New Jersey 1987.

Fluktuationen des Gravitationsfeldes und Geschwindigkeitsstreuung:

Fuchs, B., Wielen, R.: Dynamical Evolution of the Galactic Disk. In: Gilmore, G., Carswell, B.: The Galaxy. Reidel, Dordrecht 1987, 375–398.

Lokale Massendichte:

Bahcall, J. N.: Dark Matter in the Galactic Disk. IAU-Symposium No. 117 (1987) 17–31.

Gilmore, G., Wyse, R., Kuijken, K.: Kinematics, Chemistry, and Structure of the Galaxy. Ann. Rev. Astron. Astrophys. **27** (1989) 555–627.

Massenmodelle der Galaxis:

Schmidt, M.: Models of the Mass Distribution of the Galaxy. IAU-Symposium No. 106, 1985, 75–84.

Ostriker, J. P., Caldwell, J. A. R.: The Mass and Ligth Distribution of the Galaxy: A Three-Component Model. IAU-Symposium No. 84 (1979) 441–450.

Stabilität von Scheiben-Galaxien:

Sellwood, J. A.: The Global Stability of our Galaxy. IAU-Symposium No. 117 (1987) 301–310.

V.2 Gravitative Theorie der Spiralstruktur

Lin, C. C., Bertin, G.: Formation and Maintenance of Spiral Structure in Galaxies. IAU-Symposium No. 106 (1985) 513–532.

Lin, C. C.: Spiral Modes and the Milky Way. In: Shuter, W. H. (ed.), Kinematics, Dynamics and Structure of the Milky Way. Reidel, Dordrecht 1983, 277–281.

Rohlfs, K.: Lectures on Density Wave Theory. Lecture Notes in Physics Vol. 69, Springer-Verlag, Berlin-Heidelberg-New York 1977.

Toomre, A.: Theories of Spiral Structure. Ann. Rev. Astron. Astrophys. **15** (1977) 437–478.

Wielen, R.: The Density-Wave Theory Confronted by Observations. IAU-Symposium No. 84 (Large-Scale Characteristics of the Galaxy), 1979, 133–144.

V.3 Dynamik des interstellaren Gases

Gesamtdarstellungen:

Spitzer, L.: Diffuse Matter in Space. Wiley-Interscience, New York 1968, Chapters 5 and 6.

Spitzer, L.: Physical Processes in the Interstellar Medium. Wiley-Intersciene, New York 1978, Chapters 10–13.

Stoßwellen allgemein:

Lüst, R.: Hydrodynamik. B.I.-Wissenschaftsverlag, Mannheim/Wien/Zürich 1978, Kapitel 6.

Zeldovich, Ya. B., Raizer, Ya. P.: Elements of Gasdynamics and the Classical Theory of Shock Waves. Academic Press New York/London 1968.

Zeldovich, Ya. B., Raizer, Ya. P.: Physics of Shock Waves and High-Temperature Hydrodynamic Phenomena. Academic Press New York/San Francisco/London 1966, 1967.

Stoßfronten im interstellaren Gas:

McCray, R., Snow, T. P.: The Violent Interstellar Medium. Ann. Rev. Astron. Astrophys. **17** (1979) 213–240.

McKee, C. F., Hollenbach, D. J.: Interstellar Shock Waves. Ann. Rev. Astron. Astrophys. **18** (1980) 219–262.

Shull, J. M., Draine, B. T.: Physics of Interstellar Shock Waves. In: Hollenbach, D. J., Thronson, H. A. (eds.), Interstellar Processes, Reidel, Drodrecht 1987, 283–319

Dynamik von HII-Regionen:

Yorke, W. H.: The Dynamical Evolution of HII Regions – Recent Theoretical Developments. Ann. Rev. Astron. Astrophys. **24** (1986) 49–87.

Ausbreitung von Supernova-Hüllen:

Roger, R. S., Landecker, T. L.: The Interaction of Supernova Remnants with the Interstellar Medium. University Press, Cambridge 1988.

Galaktisches Magnetfeld:

Beck, R., Gräve, R. (eds.): Interstellar Magnetic Fields, Observations and Theory. Springer, Berlin 1987.

Beck, R., Kronberg, P. P., Wielebinski, R.: Galactic and Intergalactic Magnetic Fields. IAU-Symposium No. 140 (1990).

Cesarsky, C. J.: Cosmic Ray Confinement in the Galaxy. Ann. Rev. Astron. Astrophys. **18** (1980) 289–319.

Parker, E. N.: Cosmical Magnetic Fields. Clarendon Press, Oxford 1979.

Zweibel, E. G.: The Theory of the Galactic Magnetic Fields. In: Hollenbach, D. J., Thronson, H. A. (eds.), Interstellar Processes, Reidel, Dordrecht 1987, 195–221.

Gravitationsinstabilität und Sternbildung:

Appenzeller, I., Lequeux, J., Silk, J.: Star Formation. 10th Advanced Course Swiss Soc. of Astron. and Astrophys., Saas-Fee 1980.

De Jong, T., Maeder, A. (eds.): Star Formation. IAU-Symposium No. 75 (1977).

Falgarone, E., Boulanger, F., Duvert, G. (eds.): Fragmentation of Molecular Clouds and Star Formation. IAU-Symposium No. 147 (1991).

Pudritz, R. E., Fich, M. (eds.): Galactic and Extragalactic Star Formation. Kluwer, Dordrecht 1988, Part 1, Lectures.

Woodward, P. R.: Theoretical Models of Star Formation. Ann. Rev. Astron. Astrophys. **16** (1978) 555–584.

Spiralstruktur durch Fortpflanzung der Sternentstehung:

Feitzinger, J. V., Perschke, M.: Spiralstruktur in Sternsystemen. Sterne und Weltraum **26** (1987) 483–487, 556–560.

Seiden, E., Gerola, H.: Propagating Star Formation and the Structure and Evolution of Galaxies. Fundamentals of Cosmic Physics **7** (1982) 241–311.

Entwicklung der Galaxis:

Field, G. B.: The Formation and Early Dynamical History of Galaxies. In: Stars Stellar Systems Vol. IX (Galaxies and the Universe), 1975, Chapter 10, 359.

Freeman, K. C.: Stars Stellar Systems Vol. IX (Galaxies and the Universe), 1975, Chapter 11, 450ff.

Freeman, K. C., Larson, R. B., Tinsley, B.: Galaxies. Sixth Advanced Course, Swiss Soc. of Astronomy and Astrophysics, Saas-Fee 1976.

Hensler, G.: Galactic Evolution – Some Aspects Towards a Consistent Understanding. Mitt. Astron. Ges. **70** (1987) 141–190.

Trefzger, Ch. F., Chemische Struktur und Entwicklung von Galaxien. In: Galaktische Struktur und Entwicklung (Herausg. R. Buser), Preprint des Astronomischen Instituts der Universität Basel, Nr. 2 (1981), 201.

Quellen-Nachweis der Tabellen

Tab. I.3	Becker, W., Fenkart, R., Astron. Astrophys. 4 (1971) 241.
Tab. II.2	Nach Sharov, A. S., Lipaeva, N. A., Soviet Astronomy 17 (1973) 69.
Tab. II.3	Nach Nort, H., Bull. Astron. Inst. Netherlands 11 (1950) 181.
Tab. II.4	nach Table 4.1, S. 377 in: Trumpler, R. J. Weaver, H. F., Statistical Astronomy, Univ. of California Press, Berkeley and Los Angeles 1953.
Tab. II.6	Werte der zweiten Spalte aus: Jahreiß, H., Die räumliche Verteilung, Kinematik und Alter der sonnennahen Sterne. Dissertation Heidelberg 1974. Werte der dritten und fünften Spalte nach C. W. Allen, Astrophysical Quantities. 3rd. ed., Athlone Press, London 1973.
Tab. II.7	Upgren, A. R., Astron. J. **67** (1962) 37; **68** (1963) 194, 475; Sturch, C. R., Helfer, H. L., Astron. J. **77** (1972) 726.
Tab. II.8	Jahreiß, H. (weiter wie bei II.6).
Tab. II.9	Aus Table.1, S. 64 bei Delhaye, J., in: Blaauw, A., Schmidt, M. (eds.), Stars and Stellar Systems V: Galactic Structure, Univ. of Chicago Press, Chicago 1965.
Tab. II.10	Jahreiß, H., Die räumliche Verteilung, Kinematik und Alter der sonnennahen Sterne. Dissertation Heidelberg 1974; Wielen, R., Astron. Astrophys. **60** (1977) 263.
Tab. II.11	Normale Schnelläufer: Fricke, W., Astron. Nachr. 277 (1949) 241. Unterzwerge: Eggen, O. J., in: Vistas in Astronomy, Vol. 12 (Ed. A. Beer), Pergamon Press Oxford 1970, S. 409. Mira-Sterne und RR Lyrae-Sterne: Smak, J. I., Annual Review Astron. Astrophys. **4** (1966) 26; Plaut, L., Bull. Astron. Inst. Netherlands (BAN) **17** (1963) 81; van Herk, G., BAN **18** (1965) 71. Kugelhaufen: Kinman, T. D., Monthly Notices Roy. Astron. Soc. **119** (1959) 559; Woltjer, L., Astron. Astrophys. **42** (1975) 109.
Tab. II.12	Nach Sandage, A., in: O'Connell, J. K. (ed.) Stellar Populations, Vatican Observatory 1958, S. 84.
Tab. II.13	Daten aus: Bahcall, J. N., Soneira, R. M.: Astrophys. J. Suppl. **44** (1980) 73; **55** (1984) 67.
Tab. II.14	Nach Table 11, Abschnitt 8.3.3.1 in: Landolt-Börnstein, Zahlenwerte und Funktionen, Neue Serie Band VI/2c, Astronomie und Astrophysik (Herausg. K. Schaifers und H. H. Voigt), Springer, Berlin 1982.
Tab. III.1	Nach Daten aus: Schild, R. E., Astron. J. 82, (1977) 337, Table II; Becklin, E. E., Neugebauer, G., Hackwell, J. A., Gehrz, R. D., Astrophys. J. **194** (1974) 49, Table 4; Nandy, K., et al., Astron. Astrophys. **44** (1975) 195.
Tab. III.2	Auszug aus Table 5, Abschnitt 7.1.4.1 in: Landolt-Börnstein (weiter wie bei II.14).
Tab. III.3	Auszug aus Table 2, S. 68 bei Lillie, C. F., Witt, A. N., Astrophys. J. **208** (1976).
Tab. III.5	Morton, D. C., Astrophys. J. **197** (1975) 85.
Tab. III.6	Pottasch, S. R., in: Pinkau, K. (ed.). The Interstellar Medium, Reidel, Dordrecht-Holland 1974, S. 133.
Tab. III.7	Aus Table 8.1, S. 193 in: Verschuur, G. L., Kellermann, K. I. (eds.), Galactic and Extra-Galactic Radio Astronomy, Springer, Berlin 1974.

Tab. III.8	Auszug aus Table A 3, p. 226 bei Mathis, J. S., Mezger, P. G., Panagia, N.: Astron. Astrophys. **128** (1983).
Tab. III.10, 11, 12	Auszüge aus Tables 4a, 5a, 5b des Abschnittes 7.3.4 in: Landolt-Börnstein (weiter wie bei II.14).
Tab. III.13, 14	Auszüge aus Tables 2, 3 und 6 des Abschnittes 7.2 in: Landolt-Börnstein (weiter wie bei II.14).
Tab. III.15	Burke, B. F., in: Wilson, T. L., Downes, D. (eds.), HII Regions and Related Topics, Springer, Berlin 1975, S. 190.
Tab. IV.1	Nach Table 4.2, S. 76 bei Spitzer, L., Physical Processes in the Interstellar Medium, Wiley, New York 1978. Letzte Spalte: $\bar{\sigma}$ nach Table 4.1, S. 93 bei Spitzer, L., Diffuse Matter in Space, Wiley, New York 1968.
Tab. IV.2	Nach Burgess, A., Monthly Not. Roy. Astron. Soc. **118** (1958) 477.
Tab. IV.5	Nach Table 5.2, S. 107 und Table 6.2, S. 136 bei Spitzer, L., Physical Processes in the Interstellar Medium, Wiley, New York 1978.
Tab. IV.6	Nach Table 2.3, S. 22 bei Osterbrock, D. E., Astrophysics of Gaseous Nebulae, Freeman, San Francisco 1974.
Tab. IV.7	Nach Table 5.4, S. 113 bei Spitzer, L. (weiter wie bei IV.5).
Tab. IV.8	Mitchell, G. F., et al, Astrophys. J. Suppl. **38** (1978) 39.
Tab. IV.9a	Auszüge aus den Tabellen 2, 3 und 8 des Abschnittes 7.2 in: Landolt-Börnstein (weiter wie bei II.14).
Tab. IV.10	Nach Table 4b des Abschnittes 7.3.4 in: Landolt-Börnstein (weiter wie bei II.14).
Tab. IV.11	Nach Table 1, S. 247 in: Wilson, T. L., Downes, D. (eds.), HII Regions and Related Topics, Springer, Berlin 1975.
Tab. IV.13	Nach Table 6, S. 428 bei Hawley, S. A., Astrophys. J. **224** (1978).
Tab. IV.15	Nach Table 1, p. 100 bei Rohlfs, K., Kreitschmann, J.: Astron. Astrophys. **178** (1987).
Tab. IV.16	Nach Table 2, p. 195 und Table 5, p. 196 bei Sanders, D. B., Solomon, P. M., Scoville, N. Z.: Astrophys. J. **276** (1984). HI-Dichten nach Gordon, M. A., Burton, W. B. Astrophys. J. **208** (1976) 346.
Tab. IV.17	Nach Table II, p. 96 bei Güsten, R., in: IAU-Symposium No. 136, The Center of the Galaxy (1989).

Abbildungsnachweis

Abb. E.2, 3, 4b	Max-Planck-Institut füe Astronomie Heidelberg, Aufnahmen Calar Alto Sternwarte.
Abb. E.4a, 10	Hale Observatories, Pasadena, California, USA.
Abb. E.5	Freundlicherweise zur Verfügung gestellt von Herrn Prof. Dr. K. Mattila, Helsinki. Aufgenommen mit der 3-Zoll-Ross-Kamera am Boyden Observatorium in Südafrika.
Abb. E.6	Blatt R1 aus „Atlas der Milchstraße" von W. Schlosser, Th. Schmidt-Kaler und W. Hünecke, Astronomisches Institut der Ruhr-Universität Bochum.
Abb. E.7	Barnard, E. E.: A Photographic Atlas of Selected Regions of the Milky Way, Part I, Plate 4, Carnegie Institution of Washington 1927.
Abb. E.8	National Radio Astronomy Observatory, Green Bank, West Virginia, USA. Freundlicherweise zur Verfügung gestellt durch die Herren Prof. P. G. Mezger und Dr. W. J. Altenhoff, Max-Planck-Institut für Radioastronomie, Bonn.
Abb. E.9	Fig. 3 bei Hubble, E., Astrophys. J. **79** (1934) 8.
Abb. E.11	Mathewson, D. S., Ford, V. L.: Mem. Roy. Astron. Soc **74** (1970) S. 143.
Abb. E.12	Fig. 11, S. 624 aus: Landolt-Börnstein, Zahlenwerte und Funktionen, Band VI/1, Springer-Verlag, Berlin-Heidelberg-New York 1965.
Abb. E.13	nach Altenhoff, W. J., Downes, D., Goad, L., Maxwell, A., Rinehart, R.: Astron. Astrophys. Suppl. **1** (1971) S. 337.
Abb. E.14	Sterrewacht Leiden, P. O. Box 9513, 2300R Leiden, NL. E. R. Deul, W. B. Burton. Freundlicherweise zur Verfügung gestellt durch Dr. E. R. Deul.
Abb. E.15	Nach Fig. 4 bei van de Kamp, P., Sproul Observatory Reprint No. **95** (1956).
Abb. E.16	Nach Fig. 4, S. 390 bei van Bueren, H. G., Bull. Astron. Inst. Netherlands XI, No. **432** (1952).
Abb. II.2	B0-bis B5-Sterne nach Charlier, C. V. L., Medd. Lund Ser. II, Nr. 34 (1926). Offene Sternhaufen nach Collinder, P., Ann. Lund Nr. **2** (1931).
Abb. II.3	Nach Elsässer, H., Haug, U., Zeitschrift für Astrophysik **50** (1960) 121.
Abb. II.4	Nach Hayakawa, S., et al., Astron. Astrophys. **100** (1981), Fig. 1, S. 118.
Abb. II.5	Fig. 1, S. L72 bei Becklin, E. E., Neugebauer, G., Astrophys. J. Letters **200** (1975).
Abb. II.10, 18	Nach Jahreiß, H., Die räumliche Verteilung, Kinematik und Alter der sonnennahen Sterne. Dissertation Heidelberg 1974.
Abb. II.13	Kurvenverläufe nach Ergebnissen von Miller, G. E. und Scalo, J. M.: Astrophys. J. Suppl. **41** (1979) 513 sowie Scalo, J. M.: Fundamentals in Cosmic Physics **11** (1968) 1.
Abb. II.14	Nach Fig. 7, S. 15 und Fig. 9, S. 17 bei McCuskey, S. W., in: Blaauw, A., Schmidt, M. (eds.), Stars and Stellar Systems V, Galactic Structure. The Universtity of Chicago Press, Chicago 1965.

Abb. II.15	Nach Gschwind, P., Astron. Astrophys. Suppl. **19** (1975), Fig. 4, S. 295 sowie Fig. 8 und Fig. 9, S. 301.
Abb. II.23	Nach Fig. 19, S. 410 bei Eggen, O. J., in: Vistas in Astronomy, Vol. 12, Pergamon Press, Oxford 1970.
Abb. II.24	Nach Fig. 3, S. 257 bei Neckel, T., Klare, G., Astron. Astrophys. Suppl. **42** (1980).
Abb. II.25	Abb. 4, S. 54 bei Klare, G., Neckel, T.: Zeitschr. f. Astrophysik **66** (1967).
Abb. II.26	Oben: Nach Vogt, N., Moffat, A. F. J., Astron. Astrophys. **39** (1975), Fig. 1, S. 479. Unten: Nach Humphreys, R. M., Publ. Astron. Soc. Pacific **88** (1976), Fig. 2, S. 651.
Abb. II.29	Nach Fig. 1, S. 180 bei Racine, R. Astron. J. **78** (1973).
Abb. II.30, 31	Nach Harris, W. E., Astron. J. **81** (1976), Fig. 1, S. 1103, und Fig. 2, S. 1104, sowie Fig. 6, S. 1108.
Abb. II.33	Oberer Teil nach Oort, J. H., Plaut, L., Astron. Astrophys. **41** (1975), Fig. 2, S. 75.
Abb. II.34	Nach Fig. 3, S. 244 bei Tammann, G. A., in: Becker, W., Contopoulos, G. (eds.), The Spiral Structure of Our Galaxy, IAU-Symposium Nr.38 (1970).
Abb. II.35	Nach Abb. 1c, S. 91 bei Fenkart, R. P., Zeitschrift f. Astrophysik **68** (1968).
Abb. II.36	Nach Fenkart, R. P.: Zeitschrift für Astrophysik **66** (1967) 390.
Abb. II.37	Nach Fig. 1, p. 41, bei Habing, H. J.: Astron. Astrophys. **200** (1988).
Abb. II.38	Nach Fig. 5a, p. 76, bei Bahcall, J. N., Soneira, R. M.: Astrophys. J. Suppl. **55** (1984).
Abb. II.40	Nach Abb. 5, S. 131 bei Elsässer, H., Haug, U., Zeitschrift für Astrophysik **50** (1960) und Fig. 2 bei Hayakawa, S., et al., Preprint DPNU-4-79 (1979).
Abb. II.42	Nach Abb. 3, S. 119 bei Neckel, T., Zeitschrift für Astrophysik **69** (1968).
Abb. II.47	(a) nach Joy, A. H., Astrophys. J. **89** (1939), S. 356, Fig. 5, (b) nach Feast, M. W., Thackeray, A. D., Monthly Notices Roy. Astron. Soc. **118** (1958), Fig. 4, S. 134.
Abb. III.2	Nach Plate 13 bei Barnard, E. E. (weiter wie bei E.7).
Abb. III.5	Nach Fig. 1, S. 456 bei Danks, A. C., Lambert, D. L., Astron. Astrophys. **41** (1975).
Abb. III.7	Nach Serkowski, K., Mathewson, D. S., Ford, V. L., Astrophys. J. **196** (1975) 261.
Abb. III.8	Nach Abb. 1, S. 58 bei Dorschner, J., Gürtler, J., Astron. Nachr. **289** (1965).
Abb. III.10	Nach Fig. 3, p. L13, bei Giard, M., et al.: Astron. Astrophys. **201** (1988).
Abb. III.12	Smith, A. M., Astrophys. J.**172** (1972) 129.
Abb. III.13	Nach Fig. 1, S. 295 bei Savage, B. D., Bohlin, R. C., Drake, J. F., Budich, W., Astrophys. J. **216** (1977).
Abb. III.14	Freundlicherweise zur Verfügung gestellt von Herrn Prof. Dr. G. Münch, Max-Planck-Institut für Astronomie Heidelberg.
Abb. III.15	Fig. 2, S. 208 in: Blaauw, A., Schmidt, M. (eds.), Stars and Stellar Systems V (weiter wie bei II.14).

Abb. III.18	Nach einer freundlicherweise von Herrn Dr. E. R. Deul, Leiden zur Verfügung gestellten Vorlage.
Abb. III.19	Fig. 4.1, S. 83 bei W. B. Burton in: Galactic and Extra-Galactic Radio Astronomy (G. L. Verschuur, K. I. Kellermann, eds.), Springer-Verlag, Berlin-Heidelberg-New York 1974.
Abb. III.21	Nach Fig. 1 bei Hughes, M. P., Thompson, A. R., Colvin, R. S: Astrophys. J. Suppl. **23** (1971) 323.
Abb. III.22	Nach Fig. 1 bei Burton, W. B., Gordon, M. A., Astron. Astrophys. **63** (1978) 7.
Abb. III.23	Landecker, T. L., Wielebinski, R., Austral. J. Phys., Astrophys. Suppl. No. 16 (1970).
Abb. III.26	Nach Fig. 3, S. 187 bei Berkhuijsen, E. M., Brouw, W. N., Bull. Astron. Inst. Netherlands **17** (1983).
Abb. III.27	Nach Fig. 5–4, S. 146 bei Kraus, J. D., Radio Astronomy. McGraw-Hill, New York 1966.
Abb. III.28	Nach Fig. 3, S. 302 bei Gursky, H., in: De Witt, C., De Witt, B. S. (eds.), Black Holes, Gordon and Breach, New York 1973.
Abb. III.29	Nach Fig. 10.2, S. 364 in : Giacconi, R., Gursky, H. (eds.), X-Ray Astronomy, Reidel, Dordrecht-Holland 1974.
Abb. III.31	Nach Fig. 2, Seite L 32 bei Paul, J. A., et al., Astron. Astrophys. **63** (1978).
Abb. III.32	Nach Fig. I.2, S. 12 und Fig. I.3, S. 13 in: Wickramasinghe, N. C., Kahn, F. D., Mezger, P. G., Interstellar Matter. Publiziert durch Geneva Observatory, CH-1290 Sauverny/Schweiz, 1972.
Abb. III.33	Aufnahme von H.-E. Schuster mit dem Schmidt-Teleskop der Europäischen Südsternwarte (ESO). Freundlicherweise zur Verfügung gestellt von Mr. Claus Madsen, European Southern Observatory, Photographic Service, Garching bei München.
Abb. III.34	Hale Observatories, Pasadena, California, USA.
Abb. III.35	Max-Planck-Institut für Astronomie Heidelberg, Aufnahme Calar Alto Sternwarte.
Abb. III.36	Fig. 1, S. 352 bei Elliot, K. H., Meaburn, J., Astrophysics and Space Science **28** (1974).
Abb. III.37	Max-Planck-Institut für Astronomie Heidelberg. Freundlicherweise zur Verfügung gestellt durch Dr. H.-H. Hippelein.
Abb. III.39	Terzian, Y., Parrish, A., Astrophys. Letters **5** (190) 261.
Abb. III.40	Schraml, J., Mezger, P. G., Astrophys. J. **156** (1969) 269.
Abb. III.41	Max-Planck-Institut für Radioastronomie, Bonn. Freundlicherweise zur Verfügung gestellt durch Herrn Dr. D. Downes.
Abb. III.42a	Nach Fig. 1, S. 357 in: Burton, W. B. (ed.), The Large-Scale Characteristics of the Galaxy, Int. Astron. Union Symposium No. 84, Reidel, Dordrecht-Holland 1979.
Abb. III.42b	Nach Fig. 1, p. 648 bei Lo, K. Y., Claussen, M. J. Nature **306** (1983).
Abb. III.43	Lemke, D., Low, F. J.: Astrophys. J. Letters **177** (1972) L 53.

Abb. III.44	Nach Fig. 6, S. 15 bei Wynn-Williams, C. G., Becklin, E. E., Publ. Astron. Soc. Pacific **86** (1974).
Abb. III.45	Nach Fig. 3, S. 415 bei Mezger, P. G., Wink, J. E., in: Wilson, T. L., Downes, D. (eds.), HII Regions and Related Topics, Springer, Berlin 1975.
Abb. III.47	Aus dem National Geographic Society-Palomar Observatory Sky Atlas, California Institute of Technology, Pasadena, USA.
Abb. III.49	Neckel, T., Klare, G., Astron. Astrophys. Suppl. **42** (1980) 251.
Abb. III.51	Nach Fig. 1, S. 107 bei Milman, A. S., et al., Astron. J. **80** (1975).
Abb. III.52	Nach Fig. 4, S. 869 bei Myers, P. C., et al., Astrophys. J. **220** (1978).
Abb. III.53	Links: Fig. 1, S. 558 bei Liszt, H. S., et al., Astrophys. J. **190** (1974). Rechts: Fig. 2, S. L 61 bei Thaddeus, P., et al., Astrophys. J. Letters **168** (1971).
Abb. III.54	Nach Scoville, N. Z., et al., Astrophys. J. **201** (1975).
Abb. III.55	Nach Fig. 6, S. 19 bei Genzel, R., et al., Astron. Astrophys. **66** (1978).
Abb. III.56	Anlehnung an Fig. 1, S. 552 bei Kutner, M. L., Tucker, K. D., Chiu, G., Thaddeus, P., Astrophys. J. **215** (1977).
Abb. III.57	Nach Zuckermann, B., Astrophys. J. **183** (1973) 863.
Abb. III.58	Blair, G. N., et al., Astrophys. J. **219** (1978) 896.
Abb. III.59	Max-Planck-Institut für Astronomie Heidelberg, Aufnahme Calar Alto Sternwarte.
Abb. III.60	Nach Fig. 4, S. 595 bei Bieging, J. H., Astrophys. J. **286** (1984).
Abb. III.61	Nach Fig. 5, S. 623 bei R. L. Plambeck et al., Astrophys. J. **259** (1982).
Abb. IV.3	Sejnowski, T. J., Hjellming, R. M., Astrophys. J. **156** (1969) 915.
Abb. IV.4	Nach Fig. 5, S. 112, bei Osterbrock, D. E., Astrophysics of Gaseous Nebulae, Freemann, San Francisco 1974.
Abb. IV.7	Nach Fig 5, S. 350 bei Barsuhn, J., Walmsley, C. M., Astron. Astrophys. **54** (1977).
Abb. IV. 8	Nach Fig. 4.1, S. 134 bei Spitzer, L., Diffuse Matter in Space, Wiley, New York 1968.
Abb. IV.11	Nach Fig. 3, S. 445 bei Linke, R. A., Goldsmith, P. F., Astrophys. J. **235** (1980).
Abb. IV.14	Nach Fig. 5, S. 101 bei Morton, D. C., Astrophys. J. **197** (1975).
Abb. IV.15	Fig. 4, S. 389 in: Stars and Stellar Systems VII: Nebulae and Interstellar Matter (Middlehurst, B. M., Aller, L. H., eds.). The University of Chicago Press, Chicago 1968.
Abb. IV.16	Nach Fig. 5, S. 147 bei Spitzer, L., Jenkins, E. B., Annual Review Astron. Astrophys. **13** (1975).
Abb. IV.18	Fig. 3, S. 221 in: Wickramasinghe, N. C., Kahn, F. D., Mezger, P. G., Interstellar Matter. Publiziert durch: Geneva Observatory, CH-1290 Sauverny/Schweiz, 1972.
Abb. IV.19	van de Hulst, H. C., Light Scattering by Small Particles, Wiley, New York 1957.

Abb. IV.20	(a) nach Fig. 42, S. 282, (b) nach Fig. 51, S. 290 in: Stars and Stellar Systems VII (weiter wie bei IV.15).
Abb. IV.22	Nach Fig. 2, S. 27 bei Drapatz, S., Astron. Astrophys. **75** (1979).
Abb. IV.23	Nach Fig. 21, S. 288 in: Wickramasinghe, N. C., Kahn, F. D., Mezger, P. G., Interstellar Matter (weiter wie bei IV.18).
Abb. IV.26	Fig. 9a, S. 281 bei Neckel, T., Klare, G., Astron. Astrophys. Suppl. **42** (1980).
Abb. IV.28, 29	Schematisierte Wiedergabe der Teile HI und 60 μm von Fig. 4, p. 364 und Fig. 5, p. 366 bei Burton, W. B., Deul, E. R., Walker, H. J., Jongeneelen, A. A. W., in: Israel, F. P. (ed.), Light on Dark Matter, Reidel, Dordrecht 1986.
Abb. IV.32	Nach Fig. 5, S. 95 bei Rohlfs, K., Kreitschmann, J.: Astron. Astrophys. **178** (1987).
Abb. IV.34	Fig. 2, S. 213 bei Rubin, V. C.: Int. Astron. Union Symposium No. 84 (1979)
Abb. IV.33, 35	Nach Fig. 4.4, S. 87 und Fig. 4.10, S. 98 in: Verschuur, G. L., Kellermann, K. I. (eds.), Galactic and Extragalactic Radio Astronomy. Springer, Berlin 1974.
Abb. IV.37	Nach Fig. 6, S. 69 in: Burton, W. B. (ed.), The Large-Scale Characteristics of the Galaxy. Int. Astron. Union Symposium No. 84, Reidel, Dordrecht-Holland 1979.
Abb. IV.38	(a) Burton, W. B., Gordon, M. A., Astron. Astrophys. **63** (1978) 7. (b) Lockman, F. J., Astrophys. J. **209** (1976) 429. (c) Sanders, D. B., Solomon, P. M., Scoville, N. Z.: Astrophys. J. **276** (1984), Fig. 5, S. 190. (d) Caraveo, P. A., Paul, J. A., Astron. Astrophys. **75** (1979) 340.
Abb. IV.39	Fig. 4, S. 60 in: Bally, J., et al., Astrophys. J. Suppl. **65** (1987).
Abb. IV.40	Freundlicherweise zur Verfügung gestellt von Herrn Doz. Dr. O.E. Gerhard.
Abb. IV.41	Nach Fig. 3a, S. 127, bei Güsten, R., et al., Astrophys. J. **318** (1987).
Abb. IV.42, 43	Nach Fig. 13, S. 65 und Fig. 14, S. 67, bei Genzel, R., in: Gilmore, G., Carswell, B., The Galaxy, Reidel, Dordrecht 1987.
Abb. V.3	Nach Fig. 10, S. 349 bei Wielen, R. in: Proceedings of the First European Astronomical Meeting, September 4-9, 1972, Vol. 2. Springer, Berlin 1974.
Abb. V.4	Nach Fig. 1, S. 350 in: Hayli, A. (ed.), Dynamics of Stellar Systems. Int. Astron. Union Symposium No. 69, Reidel, Dordrecht-Holland 1975.
Abb. V.5	Nach Fig. 6, S. 302 und Fig. 7, S. 303 bei Sellwood, J. A., Astron. Astrophys. **89** (1980).
Abb. V.9	Nach Fig. 6, S. 43 bei van der Kruit, P. C., in: Gilmore, G., Carswell, B., The Galaxy, Reidel, Dordrecht 1987.
Abb. V.11, 12	Lin, C. C., Yuan, C., Shu, F. H., Astrophys. J. **155** (1969) 721.
Abb. V.17	Nach Fig. 1, S. 159 bei McKee, C. F., Ostriker, J. P., Astrophys. J. **218** (1977).
Abb. V.18	Nach Fig. 1, S. 60 bei Tenorio-Tagle, G., Astron. Astrophys. **71** (1979).
Abb. V.19	Nach Fig. 7, S. 68 bei Woodward, P. R., Astrophys. J. **195** (1975).

Abb. V.21	Fig. 8, S. 493 bei Woodward, P. R., Astrophys. J. **207** (1976).
Abb. V.22	Nach Fig. 1, S. 131 bei Gerola, H., Seiden, P. E., Astrophys. J. **223** (1978).
Abb. V.24	Nach Fig. 28, S. 469 in: Sandage, A., Sandage, M., Kristian, J. (eds.), Stars and Stellar Systems IX: Galaxies and the Universe. The University of Chicago Press, Chicago 1975.
Abb. V.25	Nach Fig. 2, S. 154 bei Hensler, G.: Mitt. Astron. Ges. **70** (1987).
Abb. B.1	Nach Fig. 1, S. 210 bei Field, G. B., Somerville, W. B., Dressler, K., Annual Review Astron. Astrophys, **4** (1966).

Register